Engineer
General
Machinery

일반기계기사 시험 대비

일반기계기사
[8개년] 과년도

이선곤 · 심재호 편저

- 2020년 최근 기출문제까지 수록
- 체계적 풀이 과정 및 연관 내용을 정리
- 전공학습 및 공무원, 공기업 시험유형의 기출문제 풀이

일·반·기·계·기·사·8·개·년·과·년·도

「**일반기계기사 8개년 과년도**」는 기계공학도와 수험생들을 위해 **산업인력관리공단**의 새로운 출제기준에 맞춰 수년간의 현장 실무와 강단에서의 교수 경험을 바탕으로 정확하고 자세한 문제풀이를 하였으며, 또한 단기간에 일반기계기사 합격을 위해 가장 효율적인 학습이 되도록 풀이 과정에서 개념과 이론 정리에도 집중하여 집필하였습니다.

이 책의 특징

- **기출문제 풀이**는 체계적인 방법으로 저자의 이론적, 실무적 경험을 바탕으로 구성하여 학과 공부 및 각종 공무원, 공기업 시험에 도움이 되도록 구성하였습니다.
- **문제풀이 과정**에 대한 체계적 유도 과정 및 관련 내용을 기술하여 이해도를 높일 수 있도록 구성하였습니다.
- **수험생들의 관점**에서 학과 공부 및 각종 시험에 도움이 되는 이론풀이 과정과 개념 정리에 집중하여 내용을 구성하였습니다.

「일반기계기사 8개년 과년도」에 대한 독자분들의 평가를 기대하며, 부족하거나 잘못된 부분을 말씀해 주시면 수정·보완하도록 하겠습니다.

아무쪼록 본 수험서가 수험생들에게 지속적인 사랑을 받으면서 전공학습의 개념 정리 및 일반기계기사 그리고 각종 공무원, 공기업 시험 합격에 꼭 필요한 책으로 기억되기를 바라며, 지속해서 보완하도록 하겠습니다.

본 수험서를 선택하신 여러분의 앞날에 무궁한 발전을 기원하며, 출판에 많은 도움을 주신 모든 분과 도서출판 건기원 직원 여러분께 진심 어린 감사의 마음을 전합니다.

공학박사 **이선곤·심재호**

출·제·기·준(필기)

직무 분야	기계	중직무 분야	기계제작	자격 종목	일반기계기사	적용 기간	2019. 1. 1.~2021.12.31.

▶ **직무내용** : 재료역학, 기계열역학, 기계유체역학, 기계재료 및 유압기기, 기계제작법 및 기계동력학 등 기계에 관한 지식을 활용하여 일반기계 및 구조물을 설계, 견적, 제작, 시공, 감리 등과 관련된 업무 수행

필기검정방법	객관식	문제수	100	시험시간	2시간 30분

필기 과목명	출제 문제수	주요 항목	세부 항목
재료역학	20	1. 재료역학의 기본사항	1. 힘과 모멘트 2. 평면도형의 성질
		2. 응력과 변형률	1. 응력의 개념 2. 변형률의 개념 및 탄, 소성 거동 3. 축 하중을 받는 부재
		3. 비틀림	1. 비틀림 하중을 받는 부재
		4. 굽힘 및 전단	1. 굽힘 하중 2. 전단 하중
		5. 보	1. 보의 굽힘과 전단 2. 보의 처짐 3. 보의 응용
		6. 응력과 변형률 해석	1. 응력 및 변형률 변환
		7. 평면응력의 응용	1. 압력용기, 조합하중 및 응력 상태
		8. 기둥	1. 기둥 이론
기계열역학	20	1. 열역학의 기본사항	1. 기본개념 2. 용어와 단위계
		2. 순수물질의 성질	1. 물질의 성질과 상태 2. 이상기체
		3. 일과 열	1. 일과 동력 2. 열전달
		4. 열역학의 법칙	1. 열역학 제1법칙 2. 열역학 제2법칙
		5. 각종 사이클	1. 동력 사이클 2. 냉동사이클
		6. 열역학의 적용사례	1. 열역학적 장치 2. 열역학적 응용

필기 과목명	출제 문제수	주요 항목	세부 항목
기계유체역학	20	1. 유체의 기본개념	1. 차원 및 단위 2. 유체의 점성법칙 3. 유체의 기타 특성
		2. 유체정역학	1. 유체정역학의 기초 2. 정수압 3. 작용 유체력
		3. 유체역학의 기본 물리법칙	1. 연속방정식 2. 베르누이방정식 3. 운동량 방정식 4. 에너지 방정식
		4. 유체운동학	1. 운동학 기초 2. 포텐셜 유동
		5. 차원해석 및 상사법칙	1. 차원해석 2. 상사법칙
		6. 관내 유동	1. 관내 유동의 개념 2. 층류점성유동 3. 관로 내 손실
		7. 물체 주위의 유동	1. 외부유동의 개념 2. 항력 및 양력
		8. 유체계측	1. 유체계측
기계재료 및 유압기기	20	1. 기계재료	1. 개요 2. 철과 강 3. 기계재료의 시험법과 열처리 4. 비철금속 재료 5. 비금속 재료
		2. 유압기기	1. 유압의 개요 2. 유압기기 3. 유압회로 4. 유압을 이용한 기계
기계제작법 및 기계동력학	20	1. 기계제작법	1. 비절삭가공 2. 절삭가공 3. 특수가공 4. 치공구 및 측정
		2. 기계동력학	1. 동력학의 기본이론과 질점의 운동학 2. 질점의 동역학(뉴튼의 제2법칙) 3. 질점의 동역학(에너지 운동량 방법) 4. 질점계의 동역학 5. 강체의 운동학 6. 강체의 동역학 7. 진동의 용어 및 기본이론 8. 1자유도 비감쇠계의 자유진동 9. 1자유도 감쇠계의 자유진동 10. 1자유도계의 강제진동 및 다자유도계의 진동

차례

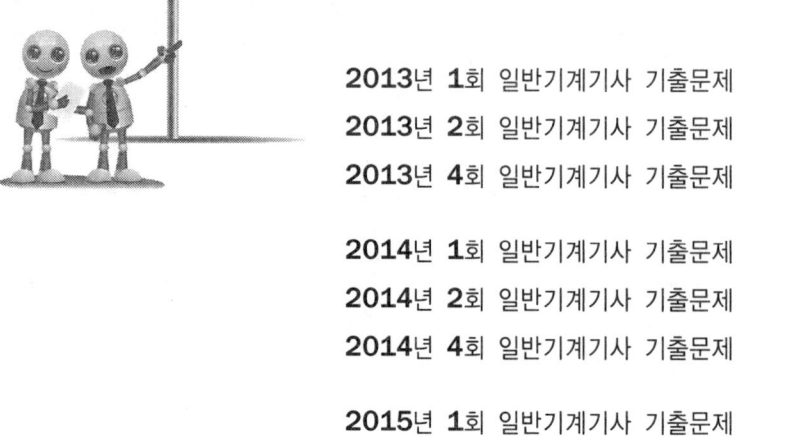

2013년 1회 일반기계기사 기출문제	8
2013년 2회 일반기계기사 기출문제	31
2013년 4회 일반기계기사 기출문제	55
2014년 1회 일반기계기사 기출문제	82
2014년 2회 일반기계기사 기출문제	104
2014년 4회 일반기계기사 기출문제	126
2015년 1회 일반기계기사 기출문제	150
2015년 2회 일반기계기사 기출문제	171
2015년 4회 일반기계기사 기출문제	192
2016년 1회 일반기계기사 기출문제	216
2016년 2회 일반기계기사 기출문제	238
2016년 4회 일반기계기사 기출문제	260
2017년 1회 일반기계기사 기출문제	282
2017년 2회 일반기계기사 기출문제	304
2017년 4회 일반기계기사 기출문제	327
2018년 1회 일반기계기사 기출문제	350
2018년 2회 일반기계기사 기출문제	372
2018년 4회 일반기계기사 기출문제	394
2019년 1회 일반기계기사 기출문제	418
2019년 2회 일반기계기사 기출문제	440
2019년 4회 일반기계기사 기출문제	461
2020년 1·2회 일반기계기사 기출문제	484
2020년 3회 일반기계기사 기출문제	509
2020년 4회 일반기계기사 기출문제	534

2·0·1·3

기출 문제

일·반·기·계·기·사·8·개년·과년도

2013년 1회 **일반기계기사 기출문제**
2013년 2회 **일반기계기사 기출문제**
2013년 4회 **일반기계기사 기출문제**

2013년 1회 일반기계기사 기출문제

1 재료역학

1 두 개의 목재·판재를 못으로 조립하여, 그림과 같은 단면을 갖는 목재 조립 보를 제작하였다. 이 보에 전단력이 작용하여, 두 판재의 접촉면에 보의 길이방향으로 균일하게 200kPa의 전단응력이 작용하고 있다. 못 하나의 허용 전단력이 2kN이라 할 때 못의 최소 허용 간격은?

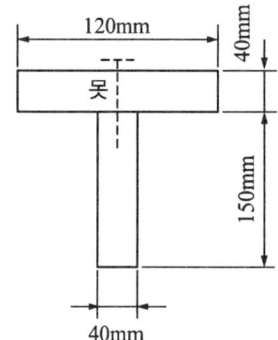

① 0.1m ② 0.15m
③ 0.2m ④ 0.25m

풀이 $\tau = \dfrac{P}{A} = \dfrac{P}{bl}$ 에서

$l = \dfrac{P}{\tau b} = \dfrac{2 \times 10^3}{(200 \times 10^3) \times (40 \times 10^{-3})} = 0.25\text{m}$

2 직육면체가 일반적인 3축응력 σ_x, σ_y, σ_z를 받고 있을 때 체적 변형률 ϵ_v는 대략 어떻게 표현되는가?

① $\epsilon_v = \dfrac{1}{3}(\epsilon_x + \epsilon_y + \epsilon_z)$

② $\epsilon_v = \epsilon_x + \epsilon_y + \epsilon_z$

③ $\epsilon_v = \epsilon_x\epsilon_y + \epsilon_y\epsilon_z + \epsilon_z\epsilon_x$

④ $\epsilon_v = \dfrac{1}{3}(\epsilon_x\epsilon_y + \epsilon_y\epsilon_z + \epsilon_z\epsilon_x)$

풀이 • 체적 변형률(Volumetric Strain)

$\epsilon_V = \dfrac{\Delta V(\text{변화된 체적})}{V(\text{원래 체적})}$

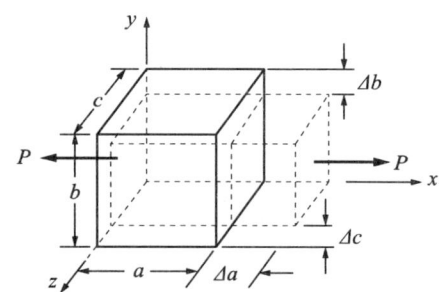

	원래 변위	변화된 변위
x축	a	$a + \Delta a = a + \epsilon_x \cdot a = a(1+\epsilon_x)$
y축	b	$b + \Delta b = b + \epsilon_y \cdot b = b(1+\epsilon_y)$
z축	c	$c + \Delta c = c + \epsilon_z \cdot c = c(1+\epsilon_z)$

$\epsilon_V = \dfrac{\Delta V}{V} = \dfrac{a \cdot b \cdot c(1+\epsilon_x)(1+\epsilon_y)(1+\epsilon_z) - a \cdot b \cdot c}{a \cdot b \cdot c}$

$= \dfrac{a \cdot b \cdot c(1+\epsilon_x+\epsilon_y+\epsilon_z+\epsilon_x\epsilon_y+\epsilon_y\epsilon_z+\epsilon_x\epsilon_z+\epsilon_x\epsilon_y\epsilon_z) - a \cdot b \cdot c}{a \cdot b \cdot c}$

$= \epsilon_x + \epsilon_y + \epsilon_z$ (변형률 ϵ은 매우 작은 값이므로 변형률의 고차항($\epsilon_x\epsilon_y$, $\epsilon_y\epsilon_z$, $\epsilon_x\epsilon_z$, $\epsilon_x\epsilon_y\epsilon_z$)은 0에 근접한 값을 가지므로 0으로 계산한다.)

답 1 ④ 2 ②

3 지름 4cm의 둥근 강봉에 60kN의 인장하중을 작용시키면 지름은 약 몇 mm만큼 감소하는가?(단, 탄성계수 E=200GPa, 포아송비 ν=0.33이라 한다.)

① 0.00513 ② 0.00315
③ 0.00596 ④ 0.000596

풀이 $\nu = \dfrac{\epsilon'}{\epsilon}$, $\epsilon' = \nu\epsilon$, $\epsilon' = \dfrac{\Delta d}{d} = \nu\epsilon$이고 $\sigma = E\epsilon$에서

$\epsilon = \dfrac{\sigma}{E}$이므로 $\dfrac{\Delta d}{d} = \nu\dfrac{\sigma}{E}$, $\Delta d = \nu\dfrac{d}{E}\dfrac{P}{A}$

$\Delta d = 0.33 \times \dfrac{40}{(200\times 10^9)\times 10^{-6}} \times \dfrac{60\times 10^3}{\dfrac{\pi\times 40^2}{4}}$

$\fallingdotseq 3.15\times 10^{-3}$mm

4 지름 8cm인 자축의 비틀림 각이 1.5m에 대해 1°를 넘지 않게 하기 위한 최대 비틀림 응력은 몇 MPa인가?(단, 전단탄성계수 G=80GPa이다.)

① 37.2 ② 50.2
③ 42.2 ④ 30.5

풀이 $180° : \pi = 1° : x$, $x = \dfrac{1}{180}\pi$ radian

$\theta(\text{radian}) = \dfrac{Tl}{GI_P} = \dfrac{32TL}{G\pi d^4}$, $T = \tau\dfrac{\pi d^3}{16}$에서

$\dfrac{1}{180}\pi = \dfrac{32l}{G\pi d^4}\times \dfrac{\tau\pi d^3}{16} = \dfrac{2\tau l}{Gd}$

$\tau = \dfrac{\dfrac{1}{180}\pi\times Gd}{2l} = \dfrac{\dfrac{1}{180}\pi\times(80\times 10^9)\times(8\times 10^{-2})}{2\times 1.5}$

$\fallingdotseq 37.2$MPa

5 그림과 같이 양단이 고정된 단면이 균일한 원형 단면 봉의 C점 단면에 비틀림 모멘트 T가 작용하고 있다. AC구간 봉의 비틀림 각을 구하는 미분 방정식은?(단, A, B 고정단에 생기는 고정 비틀림 모멘트는 각각 T_A, $T_B (T_A + T_B = T)$이고, 이 봉의 비틀림 강성은 GI_p이다. 또, 이 문제에 관한 한 비틀림 각 θ의 부호는 무시한다.)

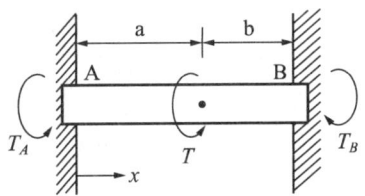

① $\dfrac{d\theta}{dx} = \dfrac{T}{GI_p}$ ② $\dfrac{d\theta}{dx} = \dfrac{T_A}{GI_p}$

③ $\dfrac{d\theta}{dx} = \dfrac{T_B}{GI_p}$ ④ $\dfrac{d\theta}{dx} = \dfrac{T\cdot x}{GI_p}$

풀이 $\theta_x = \dfrac{T_A x}{GI_P}$, $\dfrac{d\theta}{dx} = \dfrac{T_A}{GI_P}$

6 양단 힌지로 지지된 목재의 장주가 200×200mm의 정사각형 단면을 가질 때 좌굴 하중은 약 몇 kN인가?(단, 길이 L=5m, 탄성계수 E=10GPa, 오일러 공식을 적용한다.)

① 330 ② 430
③ 530 ④ 630

풀이 $P_{CR} = \dfrac{\pi^2 EI}{l^2} = \dfrac{\pi^2\times(10\times 10^9)}{5^2}\times\dfrac{(0.2\times 0.2^3)}{12}$

$\fallingdotseq 526.4$kN

7 일단은 고정, 타단(B 지점)은 스프링(스프링 상수 k)으로 지지하고, 이 B점에 하중 P를 작용할 때 B지점의 반력은?(단, 보의 굽힘 강성 EI는 일정하다.)

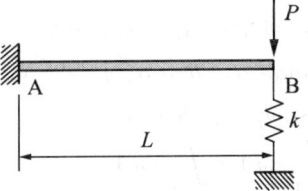

① P ② 0

③ $\dfrac{Pl^3}{kEI}$ ④ $\dfrac{kPL^3}{3EI+kL^3}$

 $\delta_1 = \dfrac{R_B \cdot L^3}{3EI} + \dfrac{R_B}{k}$, $\delta_2 = \dfrac{P \cdot L^3}{3EI}$ 에서

처짐이 같으므로

$\delta_1 = \delta_2 \Rightarrow \dfrac{R_B \cdot L^3}{3EI} + \dfrac{R_B}{k} = \dfrac{P \cdot L^3}{3EI}$

$R_B = \dfrac{P \cdot L^3 \cdot k}{kl^3 + 3EI}$

8 다음 그림과 같은 부채꼴의 도심(centroid)의 위치 $\bar{x}$는?

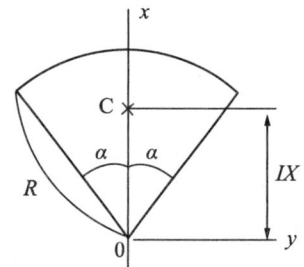

① $\bar{x} = \dfrac{2R}{3\alpha}\sin\alpha$ ② $\bar{x} = \dfrac{2}{3}R$

③ $\bar{x} = \dfrac{3}{4}R$ ④ $\bar{x} = \dfrac{3}{4}R\sin\alpha$

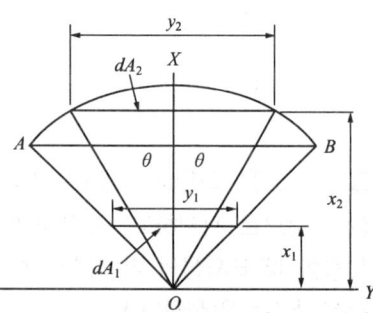

ΔOAB의 면적을 A_1, 나머지 부분의 면적을 A_2로 정의하고 각각의 미소면적을 dA_1, dA_2로 하면,

$y_1 : 2R\sin\alpha = x_1 : R\cos\alpha$, $y_1 = 2x_1\tan\alpha$

$y_2 = 2R\sin\theta$, $x_2 = R\cos\alpha$

$G_X = \int_{A_1} x_1 dA_1 + \int_{A_2} x_2 dA_2$

$= \int_{A_1} x_1 y_1 dx_1 + \int_{A_2} x_2 y_2 dx_2$

$= \int_{A_1} x_1 \times 2x_1 \tan\alpha dx_1 + \int_{A_2} R\cos\alpha \times 2R\sin\theta dx_2$

$= \dfrac{2}{3} R^3 \sin\alpha$

부채꼴의 면적 A는 $2\pi : 2\alpha = \pi R^2 : A$에서 $A = \alpha R^2$

$\bar{x} = \dfrac{G_X}{A} = \dfrac{\frac{2}{3}R^3\sin\alpha}{\alpha R^2} = \dfrac{2}{3}\dfrac{R}{\alpha}\sin\alpha$

9 지름이 d이고 길이가 L인 강봉에 인장하중 P가 작용하고 있다. 강봉의 탄성계수가 E라 하면 강봉의 전체 탄성 에너지 U는 얼마인가?

① $\dfrac{P^2 L}{2\pi E d^2}$ ② $\dfrac{P^2 L}{\pi E d^2}$

③ $\dfrac{2P^2 L}{\pi E d^2}$ ④ $\dfrac{4PL}{\pi E d^2}$

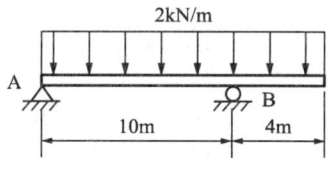 $U = \dfrac{1}{2}P\delta = \dfrac{1}{2}\dfrac{P^2 L}{AE} = \dfrac{2P^2 L}{\pi d^2 E}$

10 그림과 같이 균일분포하중을 받는 보의 지점 B에서의 굽힘 모멘트는 몇 kN·m인가?

① 16 ② 8

③ 10 ④ 1.6

 $R_A \times 10 - (2 \times 10^3 \times 10) \times 5 + (2 \times 10^3 \times 4) \times 2 = 0$

$R_A = 8400\text{N}$

$M_B = R_A \times 10 - (2 \times 10^3 \times 10) \times 5 = -16\text{kNm}$

답 8 ① 9 ③ 10 ①

11 그림과 같이 집중하중 P가 외팔보의 중앙 및 끝단에서 각각 작용할 때, 최대 처짐량은?(단, 보의 굽힘강성 EI는 일정하고, 자중은 무시한다.)

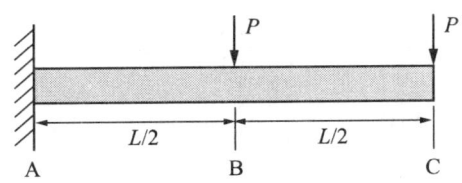

① $\dfrac{5}{48}\dfrac{PL^3}{EI}$ ② $\dfrac{11}{48}\dfrac{PL^3}{EI}$

③ $\dfrac{16}{48}\dfrac{PL^3}{EI}$ ④ $\dfrac{21}{48}\dfrac{PL^3}{EI}$

풀이 $A_m = \dfrac{1}{2}(\dfrac{l}{2}\times\dfrac{Pl}{2}) = \dfrac{Pl^2}{8}$, $\bar{x} = \dfrac{5}{6}l$.

$\theta = \dfrac{A_m}{EI} = \dfrac{Pl^2}{8EI}$

$\delta_1 = \theta\bar{x} = \dfrac{Pl^2}{8EI}\times\dfrac{5}{6}l = \dfrac{5Pl^3}{48EI}$

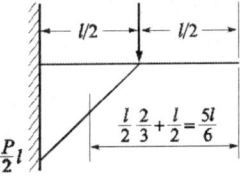

$A_m = \dfrac{1}{2}Pl^2$, $\theta = \dfrac{1}{EI}\dfrac{Pl^2}{2} = \dfrac{Pl^2}{2EI}$

$\delta_2 = \bar{x}\times\theta = \dfrac{2}{3}l\times\dfrac{Pl^2}{2EI} = \dfrac{Pl^3}{3EI}$

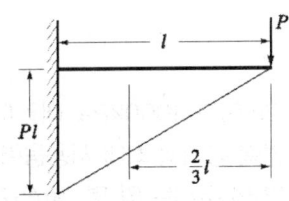

$\delta = \delta_1 + \delta_2 = \dfrac{5Pl^3}{48EI} + \dfrac{Pl^3}{3EI} = \dfrac{21Pl^3}{48EI}$

12 보의 전 길이(L)에 걸쳐 균일 분포하중이 작용하고 있는 단순보와 양단이 고정된 양단 고정보의 중앙($L/2$)에서 발생하는 처짐량의 비는?

① 2 : 1 ② 3 : 1
③ 4 : 1 ④ 5 : 1

풀이

㉠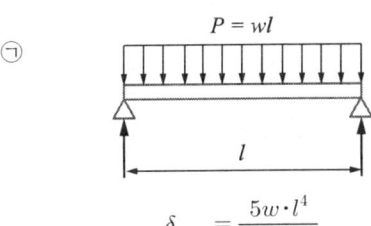

$\delta_{max} = \dfrac{5w\cdot l^4}{384E\cdot I}$

㉡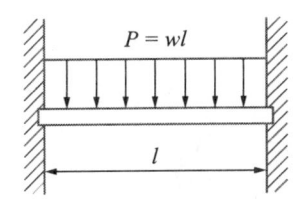

$\delta_{max} = \dfrac{w\cdot l^4}{384E\cdot I}$

㉢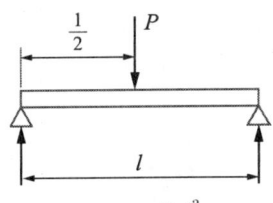

$\delta_{max} = \dfrac{P\cdot l^3}{48E\cdot I}$

㉣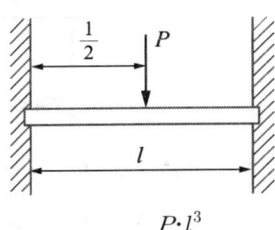

$\delta_{max} = \dfrac{P\cdot l^3}{192E\cdot I}$

13 보가 굽었을 때 곡률 반지름에 대한 설명으로 맞는 것은?

① 단면 2차 모멘트에 반비례한다.
② 굽힘 모멘트에 반비례한다.
③ 탄성계수에 반비례한다.
④ 하중에 반비례한다.

풀이 여기서 ρ : 곡률 반경(center of curvature)

$\dfrac{1}{\rho}$: 곡률(curvature)

① $\dfrac{1}{\rho} = \dfrac{M}{E \cdot I}$ 으로 곡률 반경은 단면 2차 모멘트에 비례한다.

② $\dfrac{1}{\rho} = \dfrac{\sigma_b}{E \cdot y} = \dfrac{M}{E \cdot I}$ 에서 곡률 반경은 굽힘 모멘트에 반비례한다.

③ $\dfrac{1}{\rho} = \dfrac{M}{E \cdot I}$ 으로 곡률 반경은 탄성계수에 비례한다.

④ $\dfrac{1}{\rho} = \dfrac{\sigma_b}{E \cdot y} = \dfrac{M}{E \cdot I}$ 에서 곡률 반경은 하중에 반비례한다.

14 그림에서 784.8N과 평형을 유지하기 위한 힘 F_1과 F_2는?

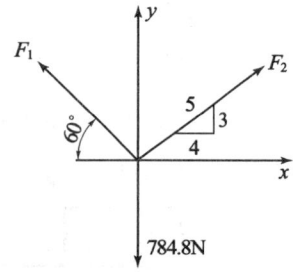

① $F_1 = 395.2\text{N},\ F_2 = 632.4\text{N}$
② $F_1 = 632.4\text{N},\ F_2 = 395.2\text{N}$
③ $F_1 = 790.4\text{N},\ F_2 = 632.4\text{N}$
④ $F_1 = 790.4\text{N},\ F_2 = 395.2\text{N}$

풀이 $\cos\theta = \dfrac{4}{5},\ \theta \fallingdotseq 36.9°$ 이므로

$\theta_1 = 36.9° + 90° \fallingdotseq 126.9°$
$\theta_2 = 60° + 90° = 150°$,
$\theta_3 = 360° - 126.9° - 150° \fallingdotseq 83.1°$

$\dfrac{F_1}{\sin 126.9°} = \dfrac{F_2}{\sin 150°} = \dfrac{784.8}{\sin 83.1°}$

$F_1 = \sin 126.9° \times \dfrac{784.8}{\sin 83.1°} \fallingdotseq 632.2\text{N}$

$F_2 = \sin 150° \times \dfrac{784.8}{\sin 83.1°} \fallingdotseq 395.3°$

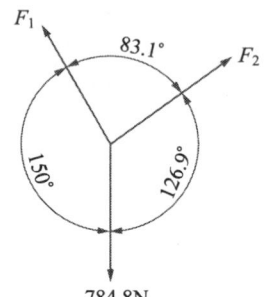

15 원형 단면을 가진 단순 지지보의 직경을 3배로 늘리고 같은 전단력이 작용한다고 하면, 그 단면에서의 최대 전단응력은 직경을 늘리기 전의 몇 배가 되는가?

① $\dfrac{1}{3}$ ② $\dfrac{1}{9}$
③ $\dfrac{1}{36}$ ④ $\dfrac{1}{81}$

풀이 $\tau_{\max} = \dfrac{4}{3}\dfrac{V}{A}$ 에서 $A = \dfrac{\pi}{4}d^2$ 이므로 직경이 3배 증가하면 면적은 9배 커진다. 그러므로 최대 전단응력은 $\dfrac{1}{9}$ 배가 된다.

16 지름이 2m이고 1000kPa 내압이 작용하는 원통형 압력 용기의 최대 사용응력이 200MPa이다. 용기의 두께는 약 몇 mm인가?(단, 안전계수는 2이다.)

① 5 ② 7.5
③ 10 ④ 12.5

답 13 ② 14 ② 15 ② 16 ③

• 원주응력 $\sigma_\theta = \dfrac{q_a d}{2t}$

$t = \dfrac{q_a d \times n}{2\sigma_\theta} = \dfrac{(1000 \times 10^3) \times 2 \times 2}{2 \times (200 \times 10^6)} = 10\text{mm}$

• 축 방향 응력 $\sigma_a = \dfrac{q_a d}{4t}$

$t = \dfrac{q_a d \times n}{4\sigma_a} = \dfrac{(1000 \times 10^3) \times 2 \times 2}{4 \times (200 \times 10^6)} = 5\text{mm}$

$\sigma_\theta = 2\sigma_a$, 내압을 받는 얇은 원통의 경우 원주 방향의 강도가 축 방향 강도의 2배가 되도록 설계해야 하므로 벽 두께는 최소 10mm이어야 한다.

17 그림과 같이 지름 50mm의 축이 인장하중 $P = 120\text{kN}$과 토크 $T = 2.4\text{kN·m}$를 받고 있다. 최대 주응력은 약 몇 MPa인가?

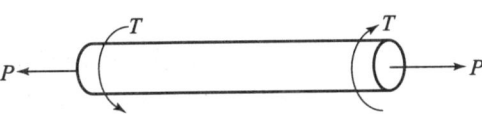

① 61.1 ② 97.8
③ 133.0 ④ 158.9

 $\sigma = \dfrac{\sigma_t}{2} + \sqrt{\left(\dfrac{\sigma_t}{2}\right)^2 + \tau^2}$

$= \left(\dfrac{61.1}{2} + \sqrt{\left(\dfrac{61.1}{2}\right)^2 + 97.8^2}\right) \times 10^6 ≒ 133\text{MPa}$

$\sigma_t = \dfrac{P}{A} = \dfrac{4P}{\pi d^2} = \dfrac{4 \times (120 \times 10^3)}{\pi \times (50 \times 10^{-3})^2} ≒ 61.1\text{MPa}$

$T = \tau \dfrac{\pi d^3}{16}$, $\tau = \dfrac{16T}{\pi d^3} = \dfrac{16 \times (2.4 \times 10^3)}{\pi \times (50 \times 10^{-3})^3} ≒ 97.8\text{MPa}$

18 그림에서 A지점에서의 반력 R_A를 구하면 약 몇 N인가?

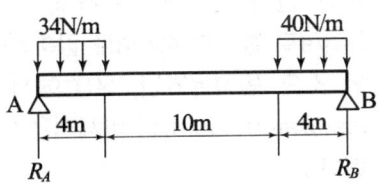

① 107 ② 127
③ 136 ④ 139

풀이 $R_A \times 18 - 34 \times 4 \times 16 - 40 \times 4 \times 2 ≒ 138.7\text{N}$

19 다음 그림과 같이 인장력 P가 작용하는 봉의 경사 단면 A-B에서 발생하는 법선응력과 전단응력이 각각 $\sigma_n = 10\text{MPa}$, $\tau = 6\text{MPa}$일 때, 경사각 ϕ는 약 몇 도인가?

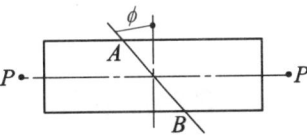

① 25° ② 31°
③ 35° ④ 41°

 $\dfrac{\sigma_n = \dfrac{P}{A}\cos^2\theta}{\tau = \dfrac{P}{A}\sin\theta \cdot \cos\theta} = \dfrac{\sigma_n}{\tau} = \dfrac{\cos\theta}{\sin\theta} = \dfrac{1}{\tan\theta}$,

$\tan\theta = \dfrac{6}{10}$, $\theta = 30.96°$

20 그림과 같이 단순화한 길이 1m의 차축 중심에 집중하중 100kN이 작용하고, 100rpm으로 400kW의 동력을 전달할 때 필요한 차축의 지름은 최소 몇 cm인가?(단, 축의 허용 굽힘응력은 85MPa로 한다.)

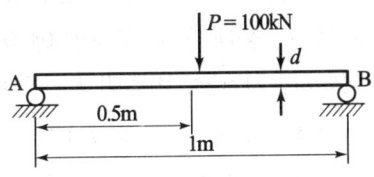

① 4.1 ② 8.1
③ 12.3 ④ 16.3

풀이 $T = 974\dfrac{1}{N}\text{kW} \times 9.8\text{Nm}$

답 17 ③ 18 ④ 19 ② 20 ④

$$= 974 \times \frac{1}{100} \times 400 \times 9.8 ≒ 38.2 \text{kNm}$$

$$M = \frac{(100 \times 10^3) \times 1}{4} = 25 \text{kNm}$$

$$M_e = \frac{1}{2}(M + \sqrt{M^2 + T^2})$$

$$= \frac{1}{2}(25 + \sqrt{25^2 + 38.2^2}) \times 1000 ≒ 35.3 \text{kNm}$$

$$M_e = \sigma_b s = \sigma_b \frac{\pi d^3}{32},$$

$$d = \sqrt[3]{\frac{32 M_e}{\sigma_b \pi}} = \sqrt[3]{\frac{32 \times 35.3 \times 10^3}{(85 \times 10^6)\pi}} ≒ 16.17 \text{cm}$$

과목 2 기계열역학

21 기체가 0.3MPa로 일정한 압력 하에 8m³에서 4m³까지 마찰 없이 압축되면서 동시에 500kJ의 열을 외부에 방출하였다면, 내부에너지(kJ)의 변화는 얼마나 되겠는가?

① 약 700 ② 약 1700
③ 약 1200 ④ 약 1300

 • 내부 에너지 변화량
$$_1Q_2 - _1W_2 = \Delta U$$
$$-500 \times 10^3 - 0.3 \times 10^6 \times (4-8) = \Delta U$$
$$\Delta U = 700 \text{kJ}$$

22 이상 기체의 가역 단열 변화에서는 압력 P, 체적 V, 절대 온도 T 사이에 어떤 관계가 성립하는가?(단, 비열비 $k = Cp/Cv$이다.)

① PV=일정 ② PV^{k-1}=일정
③ PT^k=일정 ④ TV^{k-1}=일정

 • 이상 기체의 단열 과정
Pv^k=일정, $P^{1-k} \times T^k$=일정, Tv^{k-1}=일정

23 어떤 가스의 비내부 에너지 u[kJ/kg], 온도 t[℃], 압력 P[kPa], 비체적 v[m³/kg] 사이에는 다음의 관계식이 성립한다.

$$u = 0.28t + 532$$
$$Pv = 0.560(t + 380)$$

이 가스의 정압 비열은 얼마 정도이겠는가?

① 0.84kJ/kg℃ ② 0.68kJ/kg℃
③ 0.50kJ/kg℃ ④ 0.28kJ/kg℃

 • 엔탈피
$h = u + Pv = 0.28t + 532 + 0.560(t + 380)$
• 정압 비열
$$C_p = \left(\frac{\partial h}{\partial T}\right)_p = 0.84 \text{kJ/kg} \cdot ℃$$

24 공기표준 Carnot 열기관 사이클에서 최저 온도는 280K이고, 열효율은 60%이다. 압축 전 압력과 열을 방출한 후 압력은 100kPa이다. 열을 공급하기 전의 온도와 압력은?(단, 공기의 비열비는 1.4이다.)

① 700K, 2470kPa
② 700K, 2200kPa
③ 600K, 2470kPa
④ 600K, 2200kPa

• 고온에서 압력
$$P_H = P_L \times \left(\frac{T_L}{T_H}\right)^{\frac{k}{1-k}} = 2470 \text{kPa}$$
여기서, 고온 온도(T_H)=700K

25 가역 단열 펌프에 100kPa, 50℃의 물이 2kg/s로 들어가 4MPa로 압축된다. 이 펌프의 소요 동력은?(단, 50℃에서 포화 액체(saturated liquid)의 비체적은 0.001m³/kg이다.)

답 21 ① 22 ④ 23 ① 24 ① 25 ③

① 3.9kW ② 4.0kW
③ 7.8kW ④ 8.0kW

풀이 • 펌프 소요 동력
$\dot{W} = m \cdot w_P = m \cdot v \cdot (P_2 - P_1) = 7.8\text{kW}$

26 증기 터빈 발전소에서 터빈 입출구의 엔탈피 차이는 130kJ/kg이고, 터빈에서의 열손실은 10kJ/kg이었다. 이 터빈에서 얻을 수 있는 최대 일은 얼마인가?
① 10kJ/kg ② 120kJ/kg
③ 130kJ/kg ④ 140kJ/kg

풀이 • 위치 에너지와 운동 에너지를 무시하고 터빈에서 얻을 수 있는 일
$w_t = q + h_i - h_e = 120\text{kJ/kg}$

27 이상 기체 1kg이 가역등온 과정에 따라 $P_1 = 2\text{kPa}$, $V_1 = 0.1\text{m}^3$로부터 $V_2 = 0.3\text{m}^3$로 변화했을 때 기체가 한 일은 몇 줄(J)인가?
① 9540 ② 2200
③ 954 ④ 220

풀이 • 기체가 한 일
$_1W_2 = P_1 V_1 \ln \dfrac{V_2}{V_1} = 219.7\text{J}$

28 400K의 물 1.0kg/s와 350K의 물 0.5kg/s가 정상 과정으로 혼합되어 나온다. 이 과정 중에 300kJ/s의 열손실이 있다. 출구에서 물의 온도는 약 얼마인가?(단, 물의 비열은 4.18kJ/kgK이다.)
① 369.2K ② 350.1K
③ 335.5K ④ 320.3K

풀이 • 혼합 후 물의 온도
$Q = mc\Delta T$
$1 \times 4.18 \times (400 - T_2) = 0.5 \times 4.18 \times (T_2 - 350)$
$T_2 = 383\text{K}$
제1법칙에 의해서 전체 에너지 변화는 없으므로
$Q + Q_{열손실} = 0$
$(1 + 0.5) \times 4.18 \times (383 - T_{exit}) - 300 = 0$
• 출구온도
$\therefore T_{exit} = 335.2\text{K}$

29 잘 단열된 노즐에서 공기가 0.45MPa에서 0.15MPa로 팽창한다. 노즐 입구에서 공기의 속도는 50m/s, 온도는 150℃이며 출구에서의 온도는 45℃이다. 출구에서의 공기 속도는?(단, 공기의 정압 비열과 정적 비열은 1.0035kJ/kgK, 0.7165kJ/kgK이다.)
① 약 350m/s ② 약 363m/s
③ 약 445m/s ④ 약 462m/s

풀이 • 출구 속도
$V_e = \sqrt{2 \times (h_i - h_e) + V_i^2} = 461.8\text{m/s}$
여기서, 엔탈피 변화량 $(h_i - h_e) = 105.4\text{kJ/kg}$

30 어떤 냉장고의 소비 전력이 200W이다. 이 냉장고가 부엌으로 배출하는 열이 500W라면, 이때 냉장고의 성능계수는 얼마인가?
① 1 ② 2
③ 0.5 ④ 1.5

풀이 • 냉장고의 성능계수
$COP = \dfrac{\dot{Q}_L}{\dot{W}} = 1.5$
여기서, $\dot{Q}_L = \dot{Q}_H - \dot{W} = 300\text{W}$

31 증기 동력 사이클에 대한 다음의 언급 중 옳은 것은?

① 이상적인 보일러에서는 등온 가열 과정이 진행된다.
② 재열 사이클은 주로 사이클 효율을 낮추기 위해 적용한다.
③ 터빈의 토출 압력을 낮추면 사이클 효율도 낮아진다.
④ 최고 압력을 높이면 사이클 효율이 높아진다.

 랭킨 사이클의 효율 $\eta_R = w_{net}/q_b$에서 최고 압력을 높이는 경우 출력일(w_{net})은 일정하나 방출하는 열이 감소하므로 최고 압력을 증가하면 랭킨 사이클의 효율도 증가한다.

32 압력 5kPa, 체적이 0.3m³인 기체가 일정한 압력 하에서 압축되어 0.2m³로 되었을 때 이 기체가 한 일은?(단, +는 외부로 기체가 일을 한 경우이고, −는 기체가 외부로부터 일을 받은 경우)

① 500J   ② −500J
③ 100J   ④ −1000J

 • 경계 이동일(정압 과정)

$$_1W_2 = \int_1^2 PdV = P(V_2 - V_1) = -500J$$

33 시스템의 온도가 가열과정에서 10℃에서 30℃로 상승하였다. 이 과정에서 절대 온도는 얼마나 상승하였는가?

① 11K   ② 20K
③ 293K ④ 303K

 • 온도 변화량
$\Delta T = T_2 - T_1 = 20K$ 상승
여기서, $T_1 = 283K$, $T_2 = 303K$

34 공기 10kg이 압력 200kPa, 체적 5m³인 상태에서 압력 400kPa, 온도 300℃인 상태로 변했다면 체적의 변화는?(단, 공기의 기체 상수 $R=0.287$kJ/kg·K이다.)

① 약 +0.6m³   ② 약 +0.9m³
③ 약 −0.6m³   ④ 약 −0.9m³

• 비체적 변화량
$\Delta v = v_2 - v_1 = -0.089$m³/kg
여기서, $v_1 = 0.5$m³/kg, $v_2 = 0.411$m³/kg

• 전체 체적 변화
$\Delta V = m \cdot \Delta v = -0.89$m³

35 다음 사항은 기계열역학에서 일과 열(熱)에 대한 설명이다. 이 중 틀린 것은?

① 일과 열은 전달되는 에너지이지 열역학적 상태량은 아니다.
② 일의 단위는 J(joule)이다.
③ 일(work)의 크기는 힘과 그 힘이 작용하여 이동한 거리를 곱한 값이다.
④ 일과 열은 점 함수이다.

일과 열은 경로에 따라 크기가 달라지는 경로 함수(path function)이다.

36 다음 그림은 오토 사이클의 $P-v$ 선도이다. 그림에서 3-4가 나타내는 과정은?

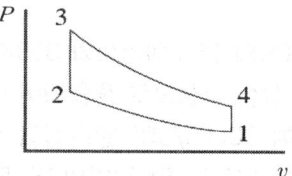

① 단열 압축 과정   ② 단열 팽창 과정
③ 정적 가열 과정   ④ 정적 방열 과정

과정 3-4: 등엔트로피(단열) 팽창 과정

답 31 ④ 32 ② 33 ② 34 ④ 35 ④ 36 ②

37 열펌프의 성능계수를 높이는 방법이 아닌 것은?
① 응축 온도를 낮춘다.
② 증발 온도를 낮춘다.
③ 손실 일을 줄인다.
④ 생성 엔트로피를 줄인다.

풀이 • 열펌프 성능계수
$$= \frac{\text{산출 에너지}(Q_H)}{\text{소요 에너지}(W)} = \frac{Q_H}{Q_H - Q_L} = \frac{1}{1 - \frac{T_L}{T_H}}$$
여기서, T_H=응축기 온도, T_L=증발기 온도

38 매시간 20kg의 연료를 소비하는 100PS인 가솔린 기관의 열효율은 약 얼마인가?(단, 1PS=750W이고, 가솔린의 저위 발열량은 43470kJ/kg이다.)
① 18% ② 22%
③ 31% ④ 43%

풀이 • 주어진 가솔린 기관의 효율
효율(η) = $\frac{\text{출력}}{\text{입력}}$ = 0.31
여기서, 입력 에너지=241.5kW
       가솔린 기관의 출력=100PS=75kW

39 10kg의 증기가 온도 50℃, 압력 38kPa, 체적 7.5m³일 때 총 내부 에너지는 6700kJ이다. 이와 같은 상태의 증기가 가지고 있는 엔탈피(enthalpy)는 몇 kJ인가?
① 1606 ② 1794
③ 2305 ④ 6985

풀이 • 주어진 상태에서 증기가 가지고 있는 엔탈피
$H = U + PV = 6985\text{kJ}$

40 227℃의 증기가 500kJ/kg의 열을 받으면서 가역 등온 팽창한다. 이때 증기의 엔트로피 변화는 약 얼마인가?
① 1.0kJ/kg·K ② 1.5kJ/kg·K
③ 2.5kJ/kg·K ④ 2.8kJ/kg·K

풀이 • 엔트로피 변화량
$ds = \frac{\delta q}{T} = 1\text{kJ/kg·K}$

3 기계유체역학

41 정상 상태인 포텐셜 유동에 대한 정지한 경계면에서의 경계 조건은?
① 경계면에서 속도가 0이다.
② 경계면에서 그 면에 대한 직각 방향의 속도 성분이 0이다.
③ 경계면에서 그 면에 대한 접선 방향의 속도 성분이 0이다.
④ 정지한 경계면이 등 포텐셜이어야 한다.

풀이 정지한 경계면에서 정상 상태 포텐셜 유동의 경계 조건은 경계면에 직각 방향 속도 성분이 0(영)이다.

42 다음 중에서 차원이 다른 물리량은?
① 압력   ② 전단응력
③ 동력   ④ 체적 탄성계수

풀이 ① 압력 → N/m²=Pa
② 전단응력 → N/m²=Pa
③ 동력 → J/s=(N·m)/s
④ 체적 탄성계수 → N/m²=Pa

답 37 ② 38 ③ 39 ④ 40 ① 41 ② 42 ③

43 그림과 같이 수두 H[m]에서 오리피스의 유출 속도가 V[m/s]이라면 유출 속도를 $2V$로 하기 위해서는 H를 얼마로 해야 하는가?

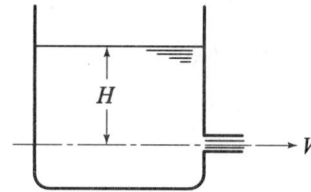

① $2H$ ② $3H$
③ $4H$ ④ $6H$

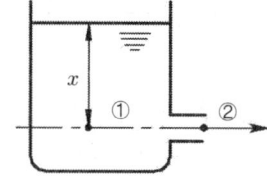

①점과 ②점에 베르누이 방정식을 적용

$$\frac{P_1}{\rho g}+\frac{V_1^2}{2g}+z_1=\frac{P_2}{\rho g}+\frac{V_2^2}{2g}+z_2$$

여기서, $P_2=0$, $V_1=0$, $z_1=z_2$

$$\frac{P_1}{\rho g}=\frac{V_2^2}{2g}$$

여기서, ②에서 유출 속도 $2V$이면
$V_2=2V$

수두 H인 경우 오리피스 유출 속도 $V=\sqrt{2gH}$과 ①점의 절대 압력 $P_1=\rho gx$를 대입하고 x에 대하여 정리하면
$x=4H$

44 수평 파이프의 직경이 입구 D에서 출구 $\frac{1}{2}D$로 감소되었을 때 비압축성 유체의 입구 속도 V에 대한 출구 유속으로 맞는 것은?

① $\frac{1}{2}V$ ② $\frac{1}{4}V$
③ $2V$ ④ $4V$

• 연속 방정식
$Q_1=Q_2$
$\frac{\pi}{4}D^2\times V_1=\frac{\pi}{4}\times\left(\frac{D}{2}\right)^2\times V_2 \rightarrow V_1=V$

• 출구 속도
$V_2=4V$

45 그림과 같이 아주 큰 저수조의 하부에 연결된 터빈이 있다. 직경 D=10cm인 노즐로부터 대기 중으로 분출되는 유량은 0.08m³/s이고 터빈 출력이 15kW일 때 수면 높이 H는 약 몇 m인가?(단, 터빈의 효율은 100%이고, 수면으로부터 출구 사이의 손실은 무시하며, 수면은 일정하게 유지된다고 가정한다.)

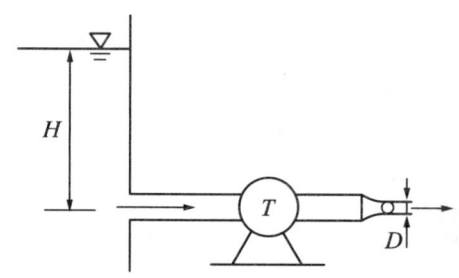

① 17.2 ② 21.7
③ 24.4 ④ 29.1

• 터빈 수두 항
$$H_{turbine}=(z_1-z_2)-\frac{V_2^2}{2g}=H-\frac{V_2^2}{2g} \cdots\cdots (1)$$

• 터빈을 통해 물에서 추출된 동력 수마력
$$\dot{W}_{water\,horsepower}=\rho g\dot{Q}H_{turbine} \cdots\cdots (2)$$

(1)식과 (2)식을 연립하면
$$\rho g\dot{Q}\left(H-\frac{V_2^2}{2g}\right)=\dot{W}_{water\,horsepower}$$

• 수면 높이
$$H=\frac{\dot{W}_{water\,horsepower}}{\rho g\dot{Q}}+\frac{V_2^2}{2g}=24.4\text{m}$$

여기서, $\dot{Q}=AV_2$, $V_2=\frac{\dot{Q}}{A}=\frac{4\dot{Q}}{\pi\times D^2}=10.2\text{m/s}$

답 43 ③ 44 ④ 45 ③

46 국소 대기압이 700mmHg일 때 절대 압력은 40kPa이다. 이는 게이지 압력으로 얼마인가?

① 47.7kPa 진공 ② 45.3kPa 진공
③ 40.0kPa 진공 ④ 53.3kPa 진공

풀이 • 국소 대기압
700mmHg=93326Pa
$P_{gage} = P_{abs} - P_{atm}$ =-53326Pa

47 그림과 같은 관에 유리관 A, B를 세우고 물을 흐르게 했을 때 유리관 B의 상승 높이 h_2는 약 몇 cm인가?

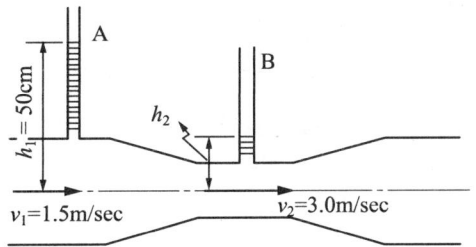

① 34.4 ② 10
③ 15.6 ④ 12.5

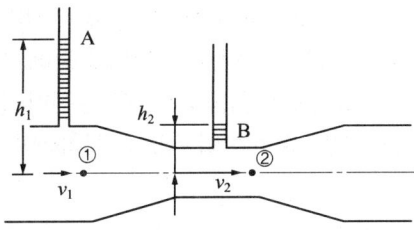

• ①, ②에 베르누이 방정식 적용하면
$$\frac{P_1}{\rho g} + \frac{V_1^2}{2g} + z_1 = \frac{P_2}{\rho g} + \frac{V_2^2}{2g} + z_2, z_1 = z_2$$
$$h_1 + \frac{V_1^2}{2g} = h_2 + \frac{V_2^2}{2g}$$
$$0.5 + \frac{1.5^2}{2 \times 9.8} = h_2 + \frac{3^2}{2 \times 9.8}$$
여기서, ①점의 절대압$(P_1) = \rho g h_1$
②점의 절대압$(P_2) = \rho g h_2$

• 유리관 상승 높이
$h_2 = 0.1556m = 15.6cm$

48 그림과 같이 수조에 안지름이 균일한 관을 연결하고 관의 한 점의 정압을 측정할 수 있도록 액주계를 설치하였다. 액주계의 높이 H가 나타내는 것은?

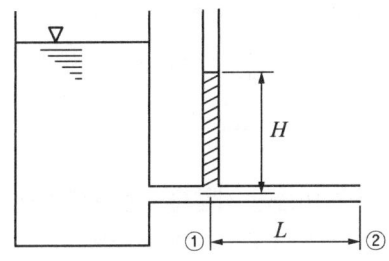

① 관의 길이 L에서 생긴 손실 수두와 같다.
② 수조 내의 액체가 갖는 단위 중량당의 총 에너지를 나타낸다.
③ 관에 흐르는 액체의 전압과 같다.
④ 관에 흐르는 액체의 동압을 나타낸다.

풀이 ① 관 길이 L에서 생긴 손실 수두로, 완전 발달된 내부 유동에서 압력 손실은 다음과 같다.
$$\Delta P_L = f \cdot \frac{L}{D} \cdot \frac{\rho V^2}{2}$$
압력 손실은 수두 손실(h_L)인 등가 액주 높이로 표현된다. 파이프 수두 손실은 압력 손실(ΔP_L)를 ρg로 나누면 얻을 수 있다.
$$h_L = \frac{\Delta P_L}{\rho g} = f \cdot \frac{L}{D} \cdot \frac{V^2}{2g}$$
③ 전압=정압+동압+정수압
$$P + \rho \cdot \frac{V^2}{2} + \rho g z$$
④ 동압
$$\rho \cdot \frac{V^2}{2}$$

답 46 ④ 47 ③ 48 ①

49 평행한 평판 사이의 층류 흐름을 해석하기 위해서 필요한 무차원수와 그 의미를 바르게 나타낸 것은?

① 레이놀즈수= 관성력/점성력
② 레이놀즈수= 관성력/탄성력
③ 프루드수= 중력/관성력
④ 프루드수= 관성력/점성력

풀이
- 레이놀즈수와 프루드수

$$레이놀즈수=\frac{관성력}{점성력}, \; 프루드수=\frac{관성력}{중력}$$

50 물을 이용한 기압계는 왜 실제적이지 못한가?

① 대기압이 물기둥을 지탱할 수 없다.
② 물기둥의 높이가 너무 높다.
③ 표면 장력의 영향이 너무 크다.
④ 정수 역학의 방정식을 적용할 수 없다.

풀이
- 표준 대기압

1atm=760mmHg=10.3mH$_2$O=101325Pa

표준 대기압에서 수은을 사용한 기둥 높이는 760mm이지만 물을 사용하면 물기둥 높이가 약 10.3m가 된다. 따라서 물을 사용하면 기압계 기둥 높이가 대단히 높게 된다.

51 내경이 50mm인 180° 곡관(Bend)을 통하여 물이 5m/s의 속도와 0의 계기 압력으로 흐르고 있다. 물이 곡관에 작용하는 힘은 약 몇 N인가?

① 0   ② 24.5
③ 49.1   ④ 98.2

풀이
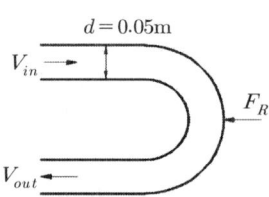

풀이
- 정상 1차원 운동량 방정식(x방향)

$$-F_R = -\rho Q V_{out,x} - \rho Q V_{in,x}$$

- 곡관에 작용하는 힘

$$F_R = 2\rho QV = 2\rho AV^2 = 98.2\text{N}$$

52 2차원 직각 좌표계(x, y)상에서 속도 포텐셜(velocity potential)이 $\phi = -3x^2y + y^3$으로 주어지는 어떤 이상 유체에 대한 유동장이 있다. 점(-1, 2)에서의 유속의 방향이 x축과 이루는 각도(degree)는?

① 36.9°   ② 51.5°
③ 62.7°   ④ 71.6°

풀이
- 직교 좌표계

$$u=\frac{\partial \phi}{\partial x}=-6xy, \; v=\frac{\partial \phi}{\partial y}=-3x^2+3y^2$$

$$\vec{V} = -6xy\hat{i} + (3y^2-3x^2)\hat{j}$$

- 주어진 점에서 속도 벡터

$$\vec{V}(1,2) = -12\hat{i} + 9\hat{j}$$

- x축과 이루는 각도

$$\theta = \tan^{-1}\left(\frac{9}{12}\right) = 36.9°$$

53 1/10 크기의 모형 잠수함을 해수 밀도의 1/2, 해수 점성계수의 1/2인 액체 중에서 실험한다. 실제 잠수함을 2m/s로 운전하려면 모형 잠수함은 몇 m/s의 속도로 실험해야 하는가?

① 20   ② 1
③ 0.5   ④ 4

풀이
- 레이놀즈수 상사

$$(Re)_m = (Re)_p$$

$$\frac{\rho_m V_m L_m}{\mu_m} = \frac{\rho_p V_p L_p}{\mu_p}$$

- 모형 잠수함 속도

$$V_m = V_p \times \frac{\mu_m}{\mu_p} \times \frac{\rho_p}{\rho_m} \times \frac{L_p}{L_m} = 20\text{m/s}$$

조건에서, $L_m = \frac{1}{10}L_p, \; \rho_m = \frac{1}{2}\rho_p, \; \mu_m = \frac{1}{2}\mu_p$

답 49 ① 50 ② 51 ④ 52 ① 53 ①

54 난류에서 평균 전단응력과 평균 속도 구배의 비를 나타내는 점성계수는?

① 유동의 혼합 길이와 평균 속도 구배의 함수로 나타낼 수 있다.
② 유체의 성질이므로 온도가 주어지면 일정한 상수이다.
③ 뉴턴의 점성 법칙으로 구한다.
④ 임계 레이놀즈수를 이용하여 결정한다.

풀이 • 난류 전단응력

$$\tau_{turb} = \mu_t \frac{\partial \overline{u}}{\partial y} = \rho l_m^2 \left(\frac{\partial \overline{u}}{\partial y}\right)^2$$

여기서, l_m=혼합 길이(mixing length)
  μ_t=난류 점성계수(turbulent viscosity)

55 원관 내 완전히 발달된 난류 속도 분포 $\frac{u}{u_0} = \left(1 - \frac{r}{R}\right)^{1/7}$ [R: 반지름]에 대한 단면 평균 속도는 중심 속도 u_0의 몇 배인가?

① 0.5   ② 0.571
③ 0.667 ④ 0.817

풀이 $n=8$인 경우 평균 유속은 중심속도 u_0에 대하여 약 0.8배 정도이다

56 아래 그림과 같이 폭이 3m이고, 높이가 4m인 수문의 상단이 수면 아래 1m에 놓여 있다. 이 수문에 작용하는 물에 의한 전압력의 작용점은 수면 아래로 몇 m인가?

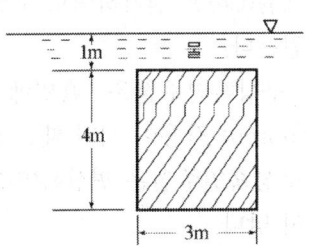

① 3.77   ② 3.44
③ 3.00   ④ 2.36

풀이 • 자유 표면에서 압력 중심의 수직 거리

$$y_P = y_C + \frac{I_{xx,C}}{y_C \cdot A} = y_C + \frac{1}{y_C \cdot ab} \times \frac{ab^3}{12} = 3.44\text{m}$$

57 다음 중 음속의 표현식이 아닌 것은?(단, $k=$비열비, $P=$절대 압력, $\rho=$밀도, $T=$절대 온도, $E=$체적 탄성계수, $R=$기체 상수)

① $\sqrt{\dfrac{P}{\rho^k}}$ ② $\sqrt{\dfrac{E}{\rho}}$

③ $\sqrt{kRT}$ ④ $\sqrt{\dfrac{\partial P}{\partial \rho}}$

풀이 • 음속

$$c^2 = k\left(\frac{\partial P}{\partial \rho}\right)_T = k\left(\frac{\partial (\rho RT)}{\partial \rho}\right)_T$$
$$= kRT = \frac{E_V}{\rho}$$

여기서, 체적 탄성계수(E_V)
  비열비(k)

$$E_V = \rho\left(\frac{\partial P}{\partial \rho}\right)_T, \quad k = \frac{C_P}{C_v}$$

58 아주 긴 원관에서 유체가 완전 발달된 층류(Laminar Flow)로 흐를 때 전단응력은 반경 방향으로 어떻게 변화하는가?

① 전단응력은 일정하다.
② 관 벽에서 0이고, 중심까지 포물선 형태로 증가한다.
③ 관 중심에서 0이고, 관 벽까지 선형적으로 증가한다.
④ 관 벽에서 0이고, 중심까지 선형적으로 증가한다.

풀이 완전히 발달된 층류 원관 흐름에서 유선에 수직인 면에 작용하는 전단응력 분포는 선형이다.

답 54 ① 55 ④ 56 ② 57 ① 58 ③

59 몸무게가 750N인 조종사가 지름 5.5m의 낙하산을 타고 비행기에서 탈출하고 있다. 항력 계수가 1.0이고, 낙하산의 무게를 무시한다면 조종사의 최대 종속도는 약 몇 m/s가 되는가?(단, 공기의 밀도는 1.2kg/m³이다.)

① 7.25　　② 8
③ 5.26　　④ 10

• 최대 종속도

$$V = \sqrt{\frac{2W}{\rho A C_D}} = \sqrt{\frac{2 \times 4W}{\rho \times \pi \times D^2 \times C_D}} = 7.25\text{m/s}$$

60 12mm의 간격을 가진 평행한 평판 사이에 점성계수가 0.4N·s/m²인 기름이 가득 차 있다. 아래쪽 판을 고정하고 윗 판을 3m/s인 속도로 움직일 때 발생하는 전단응력은 몇 N/m²인가?

① 100　　② 200
③ 300　　④ 400

• 전단응력

$$\tau = \mu \cdot \frac{du}{dy} = 100\text{N/m}^2$$

4과목 기계재료 및 유압기기

61 특수 청동 중 열전대 및 뜨임 시효 경화성 합금으로 사용되는 것은?

① 인청동　　② 알루미늄 청동
③ 베릴륨 청동　　④ 니켈 청동

• 니켈 청동(nickel bronze): Ni을 함유한 Cu-Sn 합금(Cu 88% + Sn 5 + Ni 5% + Zn 2%)으로 점성이 강하고, 내식성도 크며, 절삭가공이 용이하다. 열전대 뜨임 및 뜨임시효 경화성 합금으로 사용된다.

62 다음은 특수강 제조용 첨가 원소의 영향들 중에서 고속도강이 고온에서 기계적 성질을 계속 유지하는 것과 가장 관련이 많은 것은?

① 경화능 상승　　② 고용경화
③ 탄화물 형성　　④ 내식성 상승

• 탄화물: 금속과 탄소가 결합한 화합물

63 다음 중 공석강의 탄소 함유량으로 가장 적절한 것은?

① 약 0.08%　　② 약 0.02%
③ 약 0.2%　　④ 약 0.8%

• 공석강: 0.8%C(γ-Fe = α-Fe + Fe$_3$C, 펄라이트 = 페라이트 + 시멘타이트)
• 공석점: 0.8%C

64 다음 금속 중 비중이 가장 큰 것은?

① Fe　　② Al
③ Pb　　④ Cu

원소	Al	Fe	Cu	Pb
비중	2.7	7.87	8.93	11.34

65 다음 중 구상흑연주철을 설명한 것으로 틀린 것은?

① 용선에 마그네슘(Mg)을 첨가함으로써 구상흑연 조직을 얻는다.
② 세륨(Ce)을 첨가하여도 구상흑연 조직을 얻는다.
③ 구상흑연주철은 흑연에 의한 노치(notch) 작용이 적기 때문에 강인하다.
④ 구상흑연주철은 편상흑연주철보다 연성이 낮다.

답　59 ①　60 ①　61 ④　62 ③　63 ④　64 ③　65 ④

풀이 주철은 흑연의 상이 편상되어 있기 때문에 강에 비해 연성이 나쁘고, 취성이 크고, 열처리 시간이 길다. 이를 개선하기 위하여 용선에 Mg를 첨가하여 흑연을 소실시키고 Fe-Si, Cu-Si 등을 접종하여 흑연 핵을 형성시켜 흑연을 구상화한 것
㉠ 용선에 Mg를 첨가함으로써 구상흑연 조직을 얻는다. Ce(쎄륨)을 첨가하여도 구상흑연 조직을 얻을 수 있다.
㉡ 흑연에 의한 노치(notch) 작용이 적기 때문에 강인하다.
㉢ 강인하며 주조상태에서 구조용 강이나 주강에 가까운 기계적 성질을 가지고 있어 주철 중 기계적 성질이 우수하다.

66 담금질 균열의 원인이 아닌 것은?
① 담금질 온도가 너무 높다.
② 냉각 속도가 너무 빠르다.
③ 가열이 불균일하다.
④ 담금질하기 전에 노멀라이징을 충분히 했다.

풀이 • 담금질 균열(Quenching Crack): 담금질 온도가 너무 높을 때, 냉각 속도가 너무 빠를 때, 가열이 불균일할 때 주로 발생한다. 따라서 형상이 급격하게 변화되어 줄어드는 부분과 구멍이나 노치 등이 있는 부분의 냉각 속도를 줄여 방지한다.

67 구리에 65~70% Ni을 첨가한 것으로 내열 내식성이 우수하므로 터빈 날개, 펌프 임펠러 등의 재료로 사용되는 합금은?
① 콘스탄탄   ② 모넬메탈
③ Y 합금   ④ 문쯔메탈

풀이 • 모넬메탈(monel metal): Ni(65~70%) + Cu + Fe(1~3%)의 합금으로 내식성, 내열성, 내산성 및 내마멸성이 크며 터빈 날개, 펌프 임펠러 등의 재료 등으로 사용된다.

68 다음 STC에 관한 설명이 잘못된 것은?
① STC는 탄소 공구강이다.
② 인(P)과 황(S)의 양이 적은 것이 양질이다.
③ 주로 림드강으로 만들어진다.
④ 탄소의 함량이 0.6~1.5% 정도이다.

풀이 • 탄소공구강(Carbon Tool Steel, STC)
㉠ 킬드강으로 제조된 고탄소강(0.60~1.50%C)으로 담금질로 강도와 경도를 개선하고, 뜨임으로 점성을 부여한다.
㉡ 인(P)과 황(S)이 적은 것이 양질이다.
㉢ 경합금·연강 등의 저속 절삭공구로 적합하다(날 끝 온도가 300℃ 정도가 되면 연화되므로 고속 절삭에는 적합하지 않다).

69 주철 중에 함유되어 있는 유리탄소는 무엇인가?
① Fe_3C ② 화합탄소
③ 전탄소   ④ 흑연

풀이 탄소는 주철 중에 그 일부분이 유리탄소 상태인 흑연으로 분해되어 존재하며, 다른 일부분은 화합탄소 상태인 펄라이트 또는 시멘타이트로서 존재한다.

70 특수강의 질량 효과(Mass Effect)와 경화능에 관한 다음 설명 중 옳은 것은?
① 질량 효과가 큰 편이 경화능을 높이고 Mn, Cr 등은 질량 효과를 크게 한다.
② 질량 효과가 큰 편이 경화능을 높이고 Mn, Cr 등은 질량 효과를 작게 한다.
③ 질량 효과가 작은 편이 경화능을 높이고 Mn, Cr 등은 질량 효과를 크게 한다.
④ 질량 효과가 작은 편이 경화능을 높이고 Mn, Cr 등은 질량 효과를 작게 한다.

풀이 • 질량 효과가 작다 = 담금질성이 크다 = 경화능이 높다.
• 탄소강은 질량 효과가 크며(담금질성이 작다), Cr, Mn 등이 첨가된 특수강은 질량 효과가 작다(담금질성이 크다).

답 66 ④ 67 ② 68 ③ 69 ④ 70 ④

71 다단 베인 펌프 2개를 1개의 본체 내에 직렬로 연결시킨 베인 펌프를 무엇이라 하는가?
 ① 2단 베인 펌프(Two Stage Vane Pump)
 ② 2중 베인 펌프(Double Type Vane Pump)
 ③ 복합 베인 펌프(Combination Vane Pump)
 ④ 가변 용량형 베인 펌프(Variable Delivery Vane Pump)

풀이 • 2단 베인 펌프: 용량이 같은 2대의 펌프가 동일한 몸체 안에서 같은 구동축으로 회전 운동을 하는 구조

72 피스톤 펌프의 일반적인 특징을 설명한 것으로 틀린 것은?
 ① 가변 용량형 펌프로 제작이 가능하다.
 ② 피스톤의 배열에 따라 외접식과 내접식으로 나눈다.
 ③ 누설이 작아 체적 효율이 좋은 편이다.
 ④ 부품 수가 많고 구조가 복잡한 편이다.

풀이 기어 펌프의 종류에는 외접(external) 기어 펌프와 내접(internal) 기어 펌프가 있다.

73 속도 제어 회로 방식 중 미터-인 회로와 미터-아웃 회로를 비교하는 설명으로 틀린 것은?
 ① 미터-인 회로는 피스톤 측에만 압력이 형성되나 미터 아웃 회로는 피스톤 측과 피스톤 로드, 측 모두 압력이 형성된다.
 ② 미터-인 회로는 단면적이 넓은 부분을 제어하므로 상대적으로 유리하나, 미터-아웃 회로는 단면적이 좁은 부분을 제어하므로 상대적으로 불리하다.
 ③ 미터-인 회로는 인장력이 작용할 때 속도 조절이 불가능하나, 미터-아웃 회로는 부하의 방향에 관계없이 속도 조절이 가능하다.
 ④ 미터-인 회로는 탱크로 드레인되는 유압 작동유에 열이 발생하나, 미터-아웃 회로는 실린더로 공급되는 유압 작동유에 열이 발생한다.

풀이 미터인 회로는 실린더 앞에서 유량을 교축하고, 미터 아웃 회로는 실린더 뒤에 유량 조절 밸브를 두어 속도를 제어하는 회로이다.

74 밸브 몸체의 위치 중 주 관로의 압력이 걸리고 나서, 조작력에 의하여 예정 운전 사이클이 시작되기 전의 밸브 몸체 위치에 해당하는 용어는?
 ① 초기 위치(Initial position)
 ② 중앙 위치(Middle position)
 ③ 중간 위치(Intermediate position)
 ④ 과도 위치(Transient position)

풀이 • 초기 위치(Initial position)
주 관로의 압력이 걸리고 나서, 조작력에 의해 예정 운전 사이클이 시작되기 전의 밸브 몸체 위치

75 유압 작동유 선정 시 고려되어야 할 사항으로 거리가 먼 것은?
 ① 화학적으로 안정될 것
 ② 점도 지수가 작을 것
 ③ 체적 탄성계수가 클 것
 ④ 방열성이 클 것

풀이 • 점도 지수(viscosity index, VI)
온도 변화에 따른 점도 변화의 정도를 나타내는 지수이다.

답 71 ① 72 ② 73 ④ 74 ① 75 ②

76 밸브의 전환 도중에서 과도적으로 생기는 밸브 포트 사이의 흐름을 의미하는 용어는?

① 컷 오프(Cut-Off)
② 인터플로(Interflow)
③ 배압(Back Pressure)
④ 서지압(Surge Pressure)

풀이 • 인터플로(interflow)
밸브의 변환 도중에 과도적으로 생기는 밸브 포트 사이의 흐름

77 축압기(어큐뮬레이터)의 용량이 10L, 기체의 봉입압력이 3.5MPa일 때 작동 유압이 5.9MPa에서 3.9MPa까지 변화할 때 가스 방출량은 약 몇 L인가?

① 3.0 ② 4.5
③ 1.2 ④ 2.3

풀이 • 유압 에너지 축적용으로 축압기(어큐뮬레이터)를 사용하는 경우 소요 방출량

$P_0 V_0 = P_1 V_1 = P_2 V_2 = $ 일정

$\Delta V = V_2 - V_1 = P_0 V_0 \left(\dfrac{1}{P_2} - \dfrac{1}{P_1} \right)$

$= 0.00304 m^3 = 3.04 L$

78 채터링(chattering) 현상에 대한 설명으로 옳은 것은?

① 유량 제어 밸브의 개폐가 연속적으로 반복되어 심한 진동에 의한 밸브 포트에서의 누설현상
② 유동하고 있는 액체의 압력이 국부적으로 저하되어 증기나 함유 기체를 포함하는 기체가 발생하는 현상
③ 감압 밸브, 체크 밸브, 릴리프 밸브 등에서 밸브 시트를 두드려 비교적 높은 소음을 내는 자려 진동 현상
④ 슬라이드 밸브 등에서 밸브가 중립 점에서 조금 변위하여 포트가 열릴 때, 발생하는 압력 증가 현상

풀이 • 채터링(chattering)
릴리프 밸브 등에서 밸브 시트를 두들겨 비교적 높은 음을 발생시키는 자려 진동 현상

79 방향전환 밸브 중 탠덤 센터 형으로 실린더의 임의의 위치에서 고정시킬 수 있고, 펌프를 무부하 운전시킬 수 있는 밸브는?

①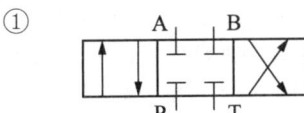

②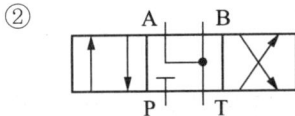

③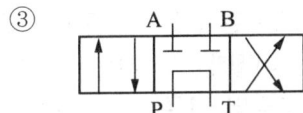

④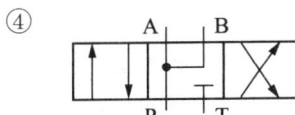

풀이
탠덤 중립 (tandom) — A, B 포트는 막혀 있고 P, T 포트는 연결되어 있다. 펌프를 무부하 운전시킬 수 있다.

80 다음 유압 작동유 중 난연성 작동유에 해당하지 않는 것은?

① 물-글리콜형 작동유
② 인산 에스테르형 작동유
③ 수중 유형 유화유
④ R&O형 작동유

풀이 유압 시스템에서 사용하는 작동 기름 중에서 R&O형은 석유계로 난연성 작동유에 해당하지 않는다.

답 76 ② 77 ① 78 ③ 79 ③ 80 ④

5과목 기계제작법 및 기계동력학

81 절삭 과정에 공부에 열전대를 삽입하기 위한 가공방법으로 다음 중 가장 적합한 것은?
① 화학연마 ② 전해연마
③ 방전가공 ④ 버핑가공

풀이 • 열전대(Thermocouple): 서로 다른 종류의 금속 양 끝을 접합하고, 양 접합 점에 온도차를 부여하면 열기전력이 발생하여 회로 속에는 열전류가 흐르는 제벡 효과(Seeback effect)가 일어나게 된다. 이러한 제벡 효과를 이용하여 온도를 검출하는 것이다. 방전을 시켜 센서를 부착하기에 방전가공이라 할 수 있다.

82 테일러의 절삭공구 수명식($VT^n = C$)에서 T와 V의 좌표 관계를 모눈종이에 표시하면 기울기는 어떻게 그려지는가?(단, 여기서 T는 공구수명, V는 절삭 속도, C는 상수이다.)
① 직선 ② 포물선
③ 지수곡선 ④ 쌍곡선

풀이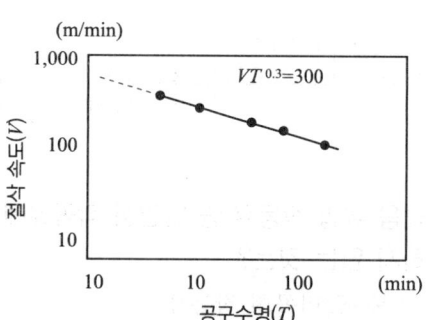

83 수퍼피니싱(super finishing)의 특징이 아닌 것은?
① 다듬질 면은 평활하고, 방향성이 없다.
② 원통형의 가공물 외면, 내면의 정밀다듬

질이 가능하다.
③ 가공에 의한 표면 변질 층이 극히 미세하다.
④ 입도가 비교적 크며, 경한 숫돌에 큰 압력으로 가압한다.

풀이 • 슈퍼 피니싱(super finishing): 숫돌에 진동 및 직선왕복운동을 주면서 공작물에 회전 이송 운동을 주어 표면을 다듬질하는 가공으로 입도가 미세하고 연한 숫돌 입자를 낮은 압력으로 공작물 표면에 접촉시켜 매끈하고 높은 정밀도의 표면으로 가공하는 방법이다.

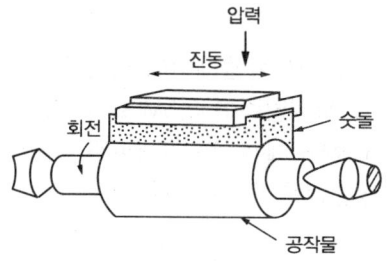

84 프로젝션 용접(Projection Welding)에 대한 설명이 틀린 것은?
① 돌기부는 모재의 두께가 서로 다를 경우, 얇은 판재에 만든다.
② 돌기부는 모재가 서로 다른 금속일 때, 열전도율이 큰 쪽에 만든다.
③ 판의 두께나 열용량이 서로 다른 것을 쉽게 용접할 수 있다.
④ 용접 속도가 빠르고, 돌기부에 전류와 가압력이 균일해 용접의 신뢰도가 높다.

풀이 • 프로젝션(Projection) 용접: 접합하고자 하는 모재의 접합부에 만들어진 돌기부를 접촉시켜 압력을 가하고, 전류를 통전시키면 통전 부위에 저항열을 발생하게 된다. 이러한 저항열로 특정 부위를 접합시키는 방법
㉠ 용접 속도가 빠르고 돌기부에 전류와 가압력이 균일하여 용접의 신뢰도가 높다
㉡ 판의 두께나 열용량이 서로 다른 것을 쉽게 용접할 수 있다.
㉢ 돌기부는 모재가 서로 다른 금속일 때 열전도율이 큰 쪽에 만든다.

답 81 ③ 82 ① 83 ④ 84 ①

85 두께 3mm, 장경이 50mm, 단경이 30mm인 강판을 블랭킹하는 데 필요한 펀치력은 얼마인가?(단, 강판의 전단 저항을 45N/mm² 로 한다.)

① 약 8.9kN   ② 약 9.8kN
③ 약 17kN   ④ 약 19kN

풀이 원의 둘레를 두께만큼 전단되면서 블랭킹이 생기므로 전단 면적은 타원의 둘레×두께이다.

$$\text{타원의 둘레} = 2\pi\sqrt{\frac{\alpha^2+\beta^2}{2}}$$

여기서 α는 단 반경이고 β는 장 반경이다.

$\tau = \dfrac{P}{A}$에서

$P = \tau \times A = 45 \times (2\pi\sqrt{\dfrac{25^2+15^2}{2}}) \times 3$
$\quad = 17486.7 \fallingdotseq 17\text{kN}$

86 H형강을 압연하기 위하여 특별히 구조한 압연기다. 동일 평면에 상하 수평롤러와 좌우 수직롤러의 축심이 있는 압연기는?

① 유니버설 압연기   ② 플러그 압연기
③ 로터리 압연기   ④ 릴링 압연기

풀이
• 유니버설 압연기(universal mill) : 수평 및 수직 롤러로 구성된 압연기로 주로 형강의 압연에 사용
• 플러그 압연기(plug mill) : 고온의 관 소재를 롤러 사이에 놓고 소재 안에 플러그를 넣은 상태에서 회전시켜 압연하는 것

87 주조 작업에서 원형 제작 시 고려해야 할 사항이 아닌 것은?

① 수축 여유
② 가공 여유
③ 구배량(draft)
④ 스프링 백(spring back)

풀이 • 목형 제작 시 고려사항
㉠ 수축 여유(shrinkage allowance)
㉡ 가공 여유(machining allowance)
㉢ 목형 구배(taper)
㉣ 라운딩(rounding)
㉤ 덧붙임(stop off)
㉥ 코어 프린트(core print)

88 구성인선(built up edge)을 감소시키는 다음 방법 중 옳은 것은?

① 절삭 속도를 크게 한다.
② 윗면 경사각을 작게 한다.
③ 절삭 깊이를 깊게 한다.
④ 마찰 저항이 큰 공구를 사용한다.

풀이 • 구성인선 방지법
㉠ 공구 경사각을 크게 한다.
㉡ 절삭 속도를 크게 한다.
㉢ 절삭 깊이를 적게 한다.
㉣ 윤활성이 좋은 절삭제를 사용하여 칩과 공구 경사면 간의 마찰을 적게 한다.
㉤ 절삭공구의 인선을 예리하게 한다.

89 선반가공에서 가공 시간과 관련성을 가지는 것은?

① 절삭 깊이×이송
② 절삭률×절삭 원가
③ 이송×분당 회전수
④ 절삭 속도×이송×절삭 깊이

풀이 절삭 속도 V[m/min], 회전수 N[rpm], 이송 속도 S [mm/rev], 공작물 지름 D[mm], 공작물 길이 L[mm]이라면, 절삭 속도 $V = \dfrac{\pi DN}{1000}$ [m/min], 회전수 $N = \dfrac{1000V}{\pi D}$ [rpm]에서 가공 시간은 $t = \dfrac{L}{NS}$ [min]이다.

답 85 ③ 86 ① 87 ④ 88 ① 89 ③

90 열처리 곡선에서 TTT 곡선과 관계있는 것은?

① 탄성-소성 곡선
② 항온-변태 곡선
③ 인장-변형 곡선
④ Fe-C 곡선

풀이 • 항온 변태(Time-Temperature-Transformation, TTT) 곡선: 강을 가열한 후 냉각할 때 특정 온도에서 냉각을 정지하고 변태 개시와 완료 온도를 시간(Time)-온도(Temperature)-변태(Transformation)의 곡선으로 나타낸 것

91 다음 그림에 나타낸 위치에서 질량 m인 균일한 봉이 병진 운동을 할 때 필요한 힘 P를 구하면?(단, 마찰력은 무시한다.)

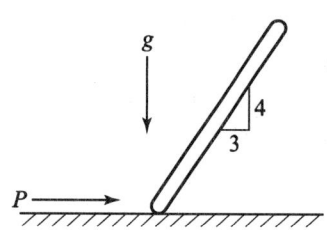

① $\dfrac{1}{4}mg$ ② $\dfrac{2}{4}mg$

③ $\dfrac{3}{4}mg$ ④ mg

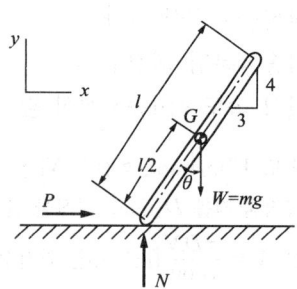

• 운동 방정식
$P = ma_x$
$N = mg$

$P\left(\dfrac{l}{2}\cos\theta\right) - N\left(\dfrac{l}{2}\sin\theta\right) = 0$

• 병진 운동을 할 때 필요한 힘
$P = \dfrac{3}{4}mg$

92 평면상에서 운동하고 있는 로봇 팔의 끝단 P점의 위치를 극좌표계로 나타내면 다음과 같다.

• 거리 $r(t) = 2 - \sin(\pi t)$
• 각 $\theta(t) = 1 - 0.5\cos(2\pi t)$

$t = 1$일 때 P점의 가속도의 크기로서 맞는 것은?

① π^2 ② $2\pi^2$
③ $3\pi^2$ ④ $4\pi^2$

풀이 • 극좌표로 나타낸 가속도 벡터
$r(t=1) = 2 - \sin(\pi t) = 2$
$\dot{r}(t=1) = -\pi\cos(\pi t) = \pi$
$\ddot{r}(t=1) = \pi^2\sin(\pi t) = 0$
$\dot{\theta}(t=1) = \pi\sin(2\pi t) = 0$
$\ddot{\theta}(t=1) = 2\pi^2\cos(2\pi t) = 2\pi^2$
$\vec{a} = a_r\hat{e}_r + a_\theta\hat{e}_\theta = (\ddot{r} - r\dot{\theta}^2)\hat{e}_r + (r\ddot{\theta} + 2\dot{r}\dot{\theta})\hat{e}_\theta$
$= (0 - 2\cdot 0)\hat{e}_r + (2\cdot 2\pi^2 + 2\cdot\pi\cdot 0)\hat{e}_\theta = 4\pi^2\hat{e}_\theta$

• 가속도 벡터 크기
$|\vec{a}| = 4\pi^2$

93 질량이 50kg인 바퀴의 질량 관성 모멘트가 8kg·m²이라면 이 바퀴의 회전 반경은 몇 m 인가?

① 0.2 ② 0.3
③ 0.4 ④ 0.5

풀이 • 회전 반경
회전 반경 $= \sqrt{\dfrac{I}{m}} = 0.4\,\text{m}$

답 90 ② 91 ③ 92 ④ 93 ③

94 10m/s의 속도로 움직이는 10kg인 물체가 정지하고 있는 5kg의 물체에 정면 중심 충돌한다면 충돌 후 질량 5kg인 물체의 속도는 몇 m/s인가?(단, 반발계수는 0.8이다.)

① 4　　　② 8
③ 10　　　④ 12

풀이

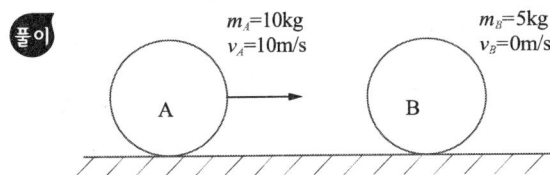

- 운동량 보존 법칙
$m_A v_A + m_B v_B = m_A v'_A + m_B v'_B$
$10 v'_A + 5 v'_B = 100$
- 반발계수($e=0.8$)
$e = \dfrac{v'_B - v'_A}{v_A - v_B}$
$-v'_A + v'_B = 8$
- 충돌 후 A, B의 속도
$v'_A = 4 \text{m/s}$
$v'_B = 12 \text{m/s}$

95 지표면에서 공을 초기 속도 v_0로 수직 상방으로 던졌다. 공이 제자리로 돌아올 때까지 걸린 시간은?(단, 공기 저항은 무시한다.)

① $t = \dfrac{v_0}{g}$　　② $t = \dfrac{2v_0}{g}$
③ $t = \dfrac{3v_0}{g}$　　④ $t = \dfrac{4v_0}{g}$

풀이
- 다시 제자리로 돌아올 때까지 걸린 시간
$2 \times$ 최고점 도달 시간 $= \dfrac{2v_0}{g}$
여기서, 최고점 도달 시간(t)$= \dfrac{v_0}{g}$

96 자유도(degree of freedom)에 대한 설명 중 옳은 것은?

① 한 주기 동안에 완성된 조화 운동
② 단위 시간 동안 이루어진 운동의 사이클 수
③ 운동을 기술하는 데 필요한 최소 좌표의 수
④ 운동 자체를 반복하는 데 필요한 시간

풀이　자유도(degree of freedom)는 운동을 기술하는 데 필요한 독립 좌표의 최소 개수를 말한다.

97 그림과 같이 줄의 길이 L, 질량 m인 공을 1의 위치에서 놓을 때, 2의 위치까지 공이 오려면 최초의 위치각 α는 몇 도이면 되는가?(단, 마찰력, 공기 저항, 줄의 질량은 무시한다.)

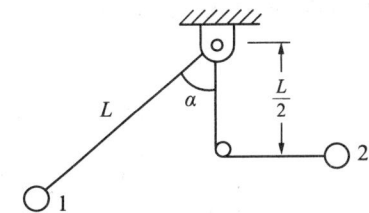

① 30°　　　② 45°
③ 60°　　　④ 90°

풀이

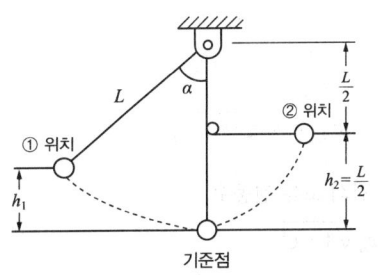

- ①, ② 위치에서 위치 에너지
$V_1 = mgL(1-\cos\alpha)$, $V_2 = mg \times \dfrac{L}{2}$
- 에너지 보존 법칙
$mgL(1-\cos\alpha) = mg \times \dfrac{L}{2} \rightarrow \cos\alpha = \dfrac{1}{2}$
- ② 위치까지 공이 오도록 하는 데 필요한 최초의 위치각
초기 위치각(α) $= 60°$

답　94 ④　95 ②　96 ③　97 ③

98 감쇠 진동계의 조화 가진에서 공진이 발생할 때 외력과 변위의 위상각은 서로 몇 도 차이가 나는가?

① 0°   ② 30°
③ 60° ④ 90°

풀이 조화 가진에서 공진 발생 시 가진력과 응답의 위상각 차는 90°이다.

99 그림의 진동계를 자유 진동시킬 때 변위 $x(t)$는 $x(t) = Ae^{-\zeta\omega_n t}\sin(\omega_d t - \psi)$로 표시된다. 여기서 감쇠계수 $\zeta = \dfrac{c}{2\sqrt{km}}$, 비감쇠 진동수 $\omega_n = \sqrt{\dfrac{k}{m}}$, 감쇠 진동수 ω_d 사이에 성립되는 관계식은?

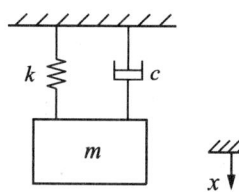

① $\omega_n = \sqrt{1-\zeta^2}\,\omega_d$
② $\omega_n = (1-\zeta^2)\omega_d$
③ $\omega_d = \sqrt{1-\zeta^2}\,\omega_n$
④ $\omega_d = \sqrt{\zeta-1}\,\omega_n$

풀이 • 감쇠 고유 진동수
$\omega_d = \omega_n\sqrt{1-\zeta^2}$

100 무게 468N의 큰 기계가 스프링으로 탄성 지지되어 있다. 이 스프링의 정적 변위(정적 수축량)가 0.24cm일 때 비감쇠 고유 진동수는 약 몇 Hz인가?

① 6.5   ② 10.2
③ 8.3   ④ 7.4

풀이 • 고유 각 진동수
$\omega_n = \sqrt{\dfrac{g}{\delta_{st}}} = 64\,\text{rad/s}$

• 고유 진동수
$f_n = \dfrac{\omega_n}{2\pi} = 10.2\,\text{Hz}$

2013년 2회 일반기계기사 기출문제

재료역학

1 직경 20mm, 길이 50mm의 구리 막대의 양단을 고정하고 막대를 가열하여 40℃ 상승했을 때 고정단을 누르는 힘은 약 몇 kN 정도인가?(단, 구리의 선팽창계수 $\alpha=0.16\times10^{-4}$/℃, 탄성계수 E=110GPa이다.)

① 52   ② 25
③ 30   ④ 22

풀이

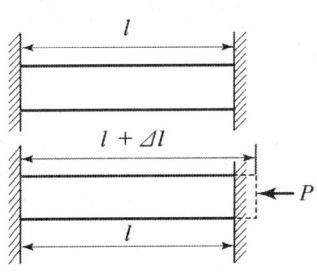

$\Delta l = l' - l = \alpha(t_2 - t_1)l = \alpha \Delta t\, l$,

$\dfrac{\Delta l}{l} = \alpha \cdot \Delta t,\ \epsilon = \alpha \cdot \Delta t$ 이므로

$\sigma_t = E \cdot \alpha \cdot \Delta t = \dfrac{P}{A}$ 에서 $P = E \cdot \alpha \cdot \Delta t \cdot A$ 이다.

$P = E \cdot \alpha \cdot \Delta t \cdot A$
$= (110 \times 10^9) \times (0.16 \times 10^{-4}) \times (40)$
$\times \left(\dfrac{\pi \times 0.02^2}{4}\right) \fallingdotseq 22\text{kN}$

2 피로한도(Fatigue Limit)와 가장 관계가 깊은 하중은?

① 충격하중   ② 정하중
③ 반복하중   ④ 수직하중

풀이 재료는 정하중(Static Load)에서 충분한 강도를 지니고 있더라도 반복하중(Repeated Load)이나 교번 하중(Alternate Load)을 받게 되면 그 하중이 작더라도 파괴를 일으키게 되는데 이러한 현상을 피로(Fatigue)라 한다. 그리고 반복하중이나 교번 하중을 받을 때 파단하지 않는 한도를 피로한도라 한다.

㉠ 충격하중(Impulsive Load): 초속도 없이 순간적이며, 매우 빠르게 충격적으로 작용하는 하중
㉡ 정하중(Static Load): 크기나 위치·방향 등이 시간의 경과와 더불어 변화하지 않는 정지하고 있는 하중으로 매우 천천히 가해지는 하중으로 사(死) 하중(Dead Load)이라고도 한다. 즉, 0으로부터 천천히 점진적으로 최댓값에 이르러 일정하게 유지되는 하중으로 초속도가 없다.
㉢ 반복하중(Repeated Load): 하중의 방향이 변하지 않고 반복 작용하는 하중으로 진폭과 주기가 일정하다.
㉣ 수직하중(Normal Load, 법선 하중): 물체에 힘을 가했을 때 물체의 단면에 대하여 직각 방향의 힘이 작용하고 있을 때를 수직하중이라 한다.

3 그림과 같은 평면 트러스에서 절점 A에 단일하중 P=80kN이 작용할 때, 부재 AB에 발생하는 부재력의 크기 및 방향을 구하면?

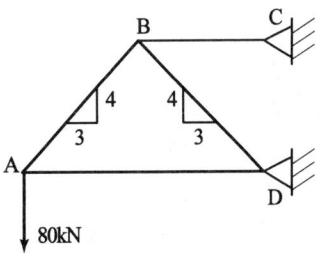

답 1 ④ 2 ③ 3 ④

① 60kN, 압축   ② 100kN, 압축
③ 60kN, 인장   ④ 100kN, 인장

 $\sum F_y = 0$에서 $-80 \times 10^3 + T_{AB} \times \sin\theta = 0$

$T_{AB} = \dfrac{80 \times 10^3}{\dfrac{4}{5}} = 100\text{kN}$

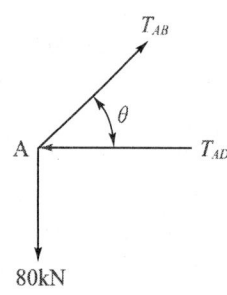

5 길이 $L=2$m이고 지름 $\phi25$mm인 원형 단면의 단순 지지보의 중앙에 집중하중 400kN이 작용할 때 최대 굽힘응력은 약 몇 kN/mm²인가?

① 65   ② 100
③ 130 ④ 200

 $M_{\max} = \sigma_b Z$

$\sigma_b = \dfrac{M_{\max}}{Z} = \dfrac{\dfrac{Pl}{4}}{\dfrac{\pi d^3}{32}} = \dfrac{32Pl}{4\pi d^3} = \dfrac{8Pl}{\pi d^3}$

$= \dfrac{8 \times (400 \times 10^3) \times 2}{\pi \times 0.025^3} \fallingdotseq 130\text{kN/mm}^2$

4 그림과 같은 직사각형 단면을 갖는 기둥이 단면의 도심에 깊이 방향의 압축하중을 받고 있다. $x-x$축 중심의 좌굴과 $y-y$축 중심의 좌굴에 대한 임계하중의 비는?(단, 두 경우에 있어서의 지지 조건은 동일하다.)

6 단면이 정사각형인 외팔보에서 그림과 같은 하중을 받고 있을 때 허용응력이 σ_ω이면 정사각형 단면의 한 변의 길이 b는 얼마 이상이어야 하는가?

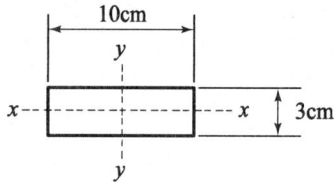

① 0.09   ② 0.18
③ 0.21   ④ 0.36

 $P_{CR} = \dfrac{\pi^2 \cdot EI}{L_e^2}$에서 지지 조건이 동일하므로 임계하중의 비는

$\dfrac{P_{CR-x}}{P_{CR-y}} = \dfrac{I_{G-x}}{I_{G-y}} = \dfrac{\dfrac{bh^3}{12}}{\dfrac{hb^3}{12}} = \dfrac{h^2}{b^2}$

$= \dfrac{3^2}{10^2} = 0.09$

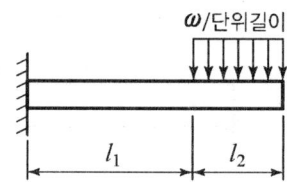

① $b = \left[\dfrac{3\omega l_2 (2lR_1 + l_2)}{\sigma_\omega}\right]^{\frac{1}{3}}$

② $b = \left[\dfrac{8\omega l_2 (2l_1 + l_2)}{\sigma_\omega}\right]^{\frac{1}{3}}$

③ $b = \left[\dfrac{12\omega l_2 (2l_1 + l_2)}{\sigma_\omega}\right]^{\frac{1}{3}}$

④ $b = \left[\dfrac{18\omega l_2 (2l_1 + l_2)}{\sigma_\omega}\right]^{\frac{1}{3}}$

 $M_{\max} = w \times l_2\left(l_1 + \dfrac{l_2}{2}\right)$, $M_{\max} = \sigma_\omega \cdot Z$이므로

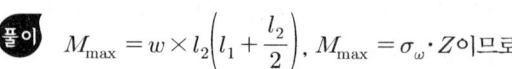

$$\sigma_\omega = \frac{M_{\max}}{Z} = \frac{M_{\max}}{\frac{bh^2}{6}} = \frac{6M_{\max}}{bh^2}$$ 에서

$$b = \frac{6\omega l_2}{\sigma_\omega h^2}\left(l_1 + \frac{l_2}{2}\right) = \frac{6\omega l_2}{\sigma_\omega h^2}\left(\frac{2}{2}l_1 + \frac{l_2}{2}\right)$$

$$= \frac{6\omega l_2}{2\sigma_\omega h^2}(2l_1 + l_2) = \frac{3\omega l_2(2l_1 + l_2)}{\sigma_\omega h^2}$$

정사각형이므로

$b = h \Rightarrow b$로 놓으면 $b^3 = \dfrac{3\omega l_2(2l_1+l_2)}{\sigma_\omega}$,

$$b = \left[\frac{3\omega l_2(2l_1+l_2)}{\sigma_\omega}\right]^{\frac{1}{3}}$$

7 재료가 순수 전단력을 받아 선형 탄성적으로 거동할 때 변형 에너지 밀도를 구하는 식이 아닌 것은?(단, τ: 전단응력, G: 전단탄성계수, γ: 전단 변형률)

① $\dfrac{1}{2}\tau\gamma$ ② $\dfrac{\tau^2}{2G}$

③ $\dfrac{1}{2}G\gamma^2$ ④ $\dfrac{1}{2}\tau^2\gamma$

풀이 순수 전단하중을 받아 탄성 한도 내에서 하중 P_s가 그림과 같이 bc에 작용하여 λ_s의 변형이 발생하였다면 한 일은 $\dfrac{1}{2}P_s\lambda_s$로 탄성 에너지로 변환되어 내부에 저장된다.

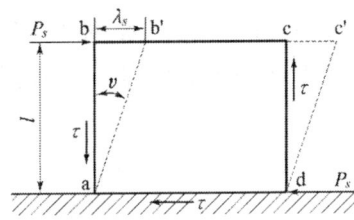

$$U = \frac{1}{2}P_s\lambda_s = \frac{1}{2}P_s \cdot \frac{P_s l}{AG} = \frac{P_s^2 l}{2AG} \times \frac{A}{A}$$

$$= \frac{Al}{2G}\frac{P_s^2}{A^2} = \frac{\tau^2 \cdot V}{2G}[\text{N} \cdot \text{m}]$$

※ 단위 체적당 탄성 에너지(변형 에너지 밀도)

$$u\left(\frac{U}{V}\right) = \frac{\tau^2}{2G} = \frac{(G\gamma)^2}{2G} = \frac{G^2\gamma^2}{2G} = \frac{G\gamma^2}{2}$$

$$= \frac{\gamma^2}{2}\frac{\tau}{\gamma} = \frac{\gamma\tau}{2}\text{N}\cdot\text{m/m}^3 = \text{J/m}^3$$

8 두께 2mm, 폭 6mm, 길이 60m인 강대(Steel Band)가 매달려 있을 때 자중에 의해서 몇 cm가 늘어나는가?(단, 강대의 탄성계수 $E=210$GPa, 단위 체적당 무게 $\gamma=78$kN/m³이다.)

① 0.067   ② 0.093
③ 0.104   ④ 0.127

풀이 비중량 $\gamma = \dfrac{W}{V}$에서 x 지점에서 발생하는 하중 $\gamma A(L-x)$이다.

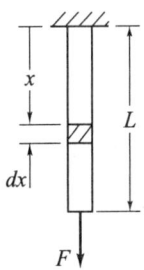

자중만 고려 시 ································ (1)
자중 $= \gamma A(L-x)$

$$U = \int_0^l \frac{\text{자중}^2}{2A \cdot E}dx$$

$$= \int_0^l \frac{[\gamma A(L-x)]^2}{2A \cdot E}dx$$

$$= \frac{\gamma^2 \cdot A \cdot L^3}{6E}$$

축하중만 고려 시 ···························· (2)

$$U = \int_0^l \frac{F^2}{2AE}dx = \frac{F^2 \cdot l}{2AE}$$

식 (1), (2)를 동시에 고려하면 축하중은
$P = \gamma A(L-x) + F$이다.

$$U = \int_0^l \frac{[\gamma A(L-x)+F]^2}{2A \cdot E}dx$$

답   7 ④   8 ①

$$= \frac{\gamma^2 AL^3}{6E} + \frac{F^2 l}{2AE} + \frac{\gamma FL^2}{2E}$$

⇒ 전체 처짐은

$$\delta = \frac{\partial U}{\partial P} = \frac{2FL}{2AE} + \frac{\gamma L^2}{2E}$$

$$= \frac{FL}{AE} + \frac{\gamma L^2}{2E}$$

이고 자중에 의한 처짐은 $\delta_1 = \frac{\gamma L^2}{2E}$ 이므로

$$\delta_1 = \frac{(78 \times 10^3) \times 60^2}{2 \times (210 \times 10^9)} \times 100 = 0.067 \text{cm}$$

9 100rpm으로 30kW를 전달시키는 길이 1m, 지름 7cm인 둥근 축단의 비틀림각은 약 몇 rad인가?(단, 전단탄성계수 G=83GPa이다.)

① 0.26 ② 0.30
③ 0.015 ④ 0.009

풀이 $T = 9555 \frac{1}{N} \text{kW} [\text{N} \cdot \text{m}]$

$= 9555 \frac{1}{100} 30 \text{N} \cdot \text{m}$

$= 2866.5 \text{N} \cdot \text{m}$

$\phi = \frac{Tl}{GI_P} = \frac{32 Tl}{G\pi d^4} [\text{rad}]$

$= \frac{32 \times 2866.5 \times 1}{(83 \times 10^9) \times \pi \times 0.07^4}$

$\fallingdotseq 0.015 \text{rad}$

10 원형 단면보의 지름 D를 $2D$로 2배 크게 하면, 동일한 전단력이 작용하는 경우 그 단면에서의 최대 전단응력($\tau_{\max}$)은 어떻게 되는가?

① $\frac{1}{2}\tau_{\max}$ ② $\frac{1}{4}\tau_{\max}$
③ $\frac{1}{6}\tau_{\max}$ ④ $\frac{1}{8}\tau_{\max}$

풀이 • 직경이 D인 경우

$$\tau_{\max} = \frac{4}{3}\frac{V}{A} = \frac{4}{3}\frac{V}{\frac{\pi d^2}{4}}$$

$$= \frac{4}{3}\frac{V}{\frac{\pi}{4}(D)^2} = \frac{4}{3}\frac{V}{\frac{\pi}{4}D^2}$$

• 직경이 $2D$인 경우

$$\tau_{2D-\max} = \frac{4}{3}\frac{V}{A} = \frac{4}{3}\frac{V}{\frac{\pi d^2}{4}}$$

$$= \frac{4}{3}\frac{V}{\frac{\pi}{4}(2D)^2} = \frac{4}{3}\frac{V}{\frac{\pi}{4}D^2 \times 4}$$

$$= \tau_{\max} \frac{1}{4}$$

11 회전 반경 K, 단면 2차 모멘트 I, 단면적을 A라고 할 때 다음 중 맞는 것은?

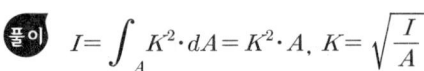

풀이 $I = \int_A K^2 \cdot dA = K^2 \cdot A$, $K = \sqrt{\frac{I}{A}}$

12 그림과 같이 두 외팔보가 롤러(Roller)를 사이에 두고 접촉되어 있을 때, 이 접촉점 C에서의 반력은?(단, 두 보의 굽힘강성 EI는 같다.)

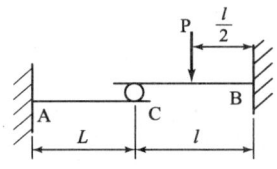

① $\frac{P}{6}$ ② $\frac{P}{24}$
③ $\frac{5}{16}\frac{Pl^3}{(L^3+l^3)}$ ④ $\frac{5}{32}\frac{Pl^3}{(L^3+l^3)}$

답 9 ③ 10 ② 11 ④ 12 ③

풀이
$$v_1 = \frac{R_C \cdot L^3}{3E \cdot I} = v_a = \frac{5P \cdot l^3}{48E \cdot I} - v_b = \frac{R_C \cdot L^3}{3EI}$$

$$v_1 = \frac{R_C \cdot L^3}{3E \cdot I},$$

$$v_2(v_a - v_b) = \left(\frac{P \cdot \left(\frac{l}{2}\right)^3}{3E \cdot I} + \frac{P \cdot \left(\frac{l}{2}\right)^2}{2E \cdot I} \cdot \frac{l}{2}\right) - \frac{R_C \cdot L^3}{3EI}$$

$$= \frac{5P \cdot l^3}{48E \cdot I} - \frac{R_C \cdot L^3}{3EI}$$

$v_1 = v_2$ 이므로
$$\frac{R_C \cdot L^3}{3E \cdot I} = \frac{5P \cdot l^3}{48E \cdot I} - \frac{R_C \cdot L^3}{3EI}.$$
$$\frac{5P \cdot l^3}{48E \cdot I} = \frac{R_C \cdot (L^3 + l^3)}{3E \cdot I}$$
$$R_C = \frac{5P \cdot l^3}{16(L^3 + l^3)}$$

13 바깥지름 $d_o = 40\text{cm}$, 안지름 $d_i = 20\text{cm}$의 중공축은 동일 단면적을 가진 중실축보다 몇 배의 토크를 견디는가?

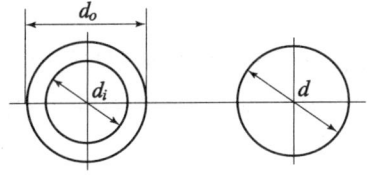

① 1.24
② 1.44
③ 1.64
④ 1.84

풀이 단면적이 서로 같으므로
$$\frac{\pi}{4}d^2 = \frac{\pi}{4}(d_0^2 - d_i^2), \quad d^2 = 40^2 - 20^2,$$
$d \fallingdotseq 34.64$

중실축 $T = \tau \dfrac{\pi d^3}{16}$

중공축 $T_o = \tau \times \dfrac{\pi}{16}\left(\dfrac{d_o^4 - d_i^4}{d_o}\right)$

$$\frac{T_h}{T_s} = \frac{\tau \times \frac{\pi}{16}\left(\frac{40^4 - 20^4}{40}\right)}{\tau \frac{\pi \times 34.64^3}{16}}$$

$$= \frac{\left(\frac{40^4 - 20^4}{40}\right)}{34.64^3} \fallingdotseq 1.443$$

14 지름 D인 두께가 얇은 링(ring)을 수평면 내에서 회전시킬 때, 링에 생기는 인장 응력을 나타내는 식은?(단, 링의 단위 길이에 대한 무게를 W, 링의 원주 속도를 V, 링의 단면적을 A, 중력가속도를 g로 한다.)

① $\dfrac{WV^2}{DAg}$ ② $\dfrac{WV^2}{Ag}$

③ $\dfrac{WDV^2}{Ag}$ ④ $\dfrac{WV^2}{Dg}$

풀이 $\gamma = \dfrac{\overline{W}}{V},\ W = \dfrac{\overline{W}}{L}$

단위 면적당 원심력
$$p = \frac{\text{원심력}}{\text{단면적}} = \frac{m(R\omega^2)}{A} = \frac{W(R\omega^2)}{Ag}$$
$$= \frac{\gamma At(R\omega^2)}{Ag} = \frac{\gamma t(R\omega^2)}{g}$$
$$= \frac{\gamma t R\left(\frac{V}{R}\right)^2}{g} = \frac{\gamma t V^2}{gR}$$

$$\sigma_t = \frac{\frac{\gamma t V^2}{gR} D}{2t} = \frac{\gamma V^2}{g} = \frac{\overline{W}}{V} \cdot \frac{V^2}{g}$$
$$= \frac{\overline{W}}{AL} \cdot \frac{V^2}{g} = \frac{WV^2}{Ag}$$

답 13 ② 14 ②

15 그림과 같이 균일 분포하중을 받고 있는 돌출보의 굽힘 모멘트 선도(BMD)는?

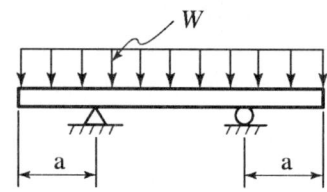

①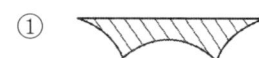

②
③
④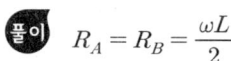

풀이 $R_A = R_B = \dfrac{\omega L}{2}$

모멘트		구간	구간별 모멘트
CA 구간	$-\dfrac{\omega x^2}{2}$	$x=0$	0
		$x=a$	$-\dfrac{\omega a^2}{2}$
AB 구간	$R_A(x-a) - \dfrac{\omega x^2}{2}$	$x=a$	$-\dfrac{\omega a^2}{2}$
		$x=\dfrac{L}{2}$	$\dfrac{\omega L}{2}\left(\dfrac{L}{2}-a\right) - \dfrac{\omega}{2}\left(\dfrac{L}{2}\right)^2$
		$x=a+L_1$	$-\dfrac{\omega a^2}{2}$
DB 구간	$-\dfrac{\omega x_1^2}{2}$	$x_1=0$	0
		$x_1=a$	$-\dfrac{\omega a^2}{2}$

$M_{\max(x=\frac{L}{2})} = \dfrac{\omega L L_1}{4} - \dfrac{\omega L^2}{8}$

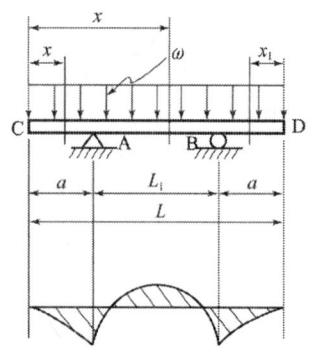

16 평면 변형률 상태에서 변형률 ϵ_x, ϵ_y 그리고 γ_{xy}가 주어졌다면 이때 주변형률 ϵ_1과 ϵ_2는 어떻게 주어지는가?

① $\epsilon_{1,2} = \dfrac{\epsilon_x + \epsilon_y}{2} \pm \sqrt{\left(\dfrac{\epsilon_x - \epsilon_y}{2}\right)^2 + \left(\dfrac{\gamma_{xy}}{2}\right)^2}$

② $\epsilon_{1,2} = \dfrac{\epsilon_x - \epsilon_y}{2} \pm \sqrt{\left(\dfrac{\epsilon_x + \epsilon_y}{2}\right)^2 + \left(\dfrac{\gamma_{xy}}{2}\right)^2}$

③ $\epsilon_{1,2} = \dfrac{\epsilon_x + \epsilon_y}{2} \pm \sqrt{\left(\dfrac{\epsilon_x - \epsilon_y}{2}\right)^2 + (\gamma_{xy})^2}$

④ $\epsilon_{1,2} = \dfrac{\epsilon_x - \epsilon_y}{2} \pm \sqrt{\left(\dfrac{\epsilon_x + \epsilon_y}{2}\right)^2 + (\gamma_{xy})^2}$

풀이 • 평면 응력에 대한 변환 공식

응력	변형률	
σ_x	ϵ_x	⇒ 최대, 최소의 수직응력(주응력)이 존재하고 전단응력(τ)이 0인 상태의 평면으로 $\tan 2\theta = \dfrac{2\tau_{xy}}{\sigma_x - \sigma_y}$ 인 조건을 가질 때 주응력은 $\sigma_{1,2}(\sigma_{\max}, \sigma_{\min}) = \dfrac{\sigma_x + \sigma_y}{2}$ $\pm \sqrt{(\dfrac{\sigma_x - \sigma_y}{2})^2 + \tau_{xy}^2}$ 이고 $\tan 2\theta = \dfrac{\tau_{xy}}{\epsilon_x - \epsilon_y}$ 인 조건에서 주변형률은 $\epsilon_{1,2} = \dfrac{\epsilon_x + \epsilon_y}{2} \pm \sqrt{(\dfrac{\epsilon_x - \epsilon_y}{2})^2 + (\dfrac{\gamma_{xy}}{2})^2}$ 이다.
σ_y	ϵ_y	
τ_{xy}	$\dfrac{\gamma_{xy}}{2}$	
σ_{x1}	ϵ_{x1}	
τ_{x1y1}	$\dfrac{\gamma_{x1y1}}{2}$	

17 그림과 같은 구조물에서 단면 $m-n$상에 발생하는 최대 수직응력의 크기는 몇 MPa인가?

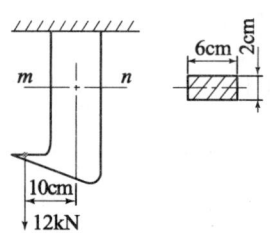

① 10 ② 90
③ 100 ④ 110

답 15 ② 16 ① 17 ④

풀이
$$\sigma_{max} = \frac{P}{A} + \frac{Pa}{Z}$$
$$= \left(\frac{12 \times 10^3}{0.02 \times 0.06} + \frac{(12 \times 10^3) \times 0.1}{\frac{0.02 \times 0.06^2}{6}}\right) \times 10^{-6}$$
$$= 110 \text{MPa}$$

18 길이가 L인 외팔보 AB가 오른쪽 끝 B가 고정되고 전 길이에 ω의 균일 분포하중이 작용할 때 이 보의 최대 처짐은?(단, 보의 굽힘강성 EI는 일정하고, 자중은 무시한다.)

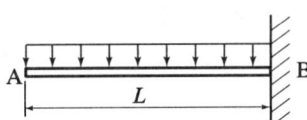

① $\frac{\omega L^4}{4EI}$ ② $\frac{2\omega L^4}{5EI}$

③ $\frac{\omega L^4}{8EI}$ ④ $\frac{5\omega L^4}{2EI}$

풀이 처짐각 $\theta_{max} = \frac{\omega L^3}{6EI}$, 처짐량 $v_{max} = \frac{\omega L^4}{8EI}$

19 다음 그림과 같이 집중하중을 받는 일단 고정, 타단 지지된 보에서 고정단에서의 모멘트는?

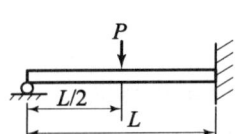

① 0   ② $\frac{PL}{2}$

③ $\frac{3PL}{8}$ ④ $\frac{3PL}{16}$

풀이

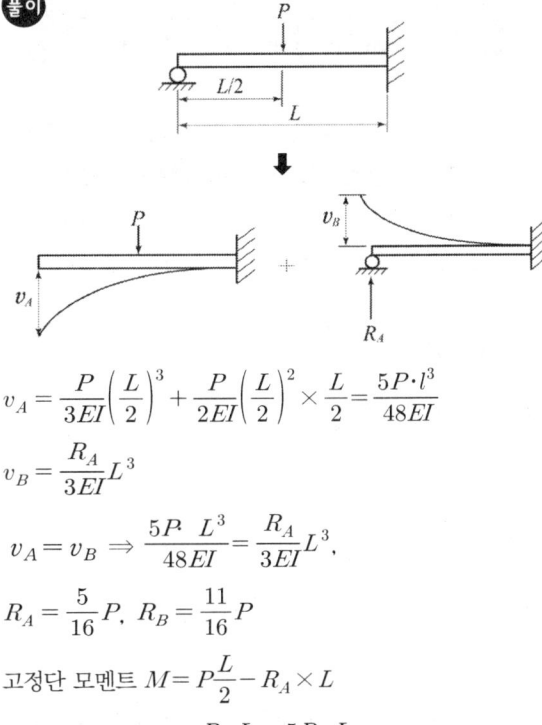

$$v_A = \frac{P}{3EI}\left(\frac{L}{2}\right)^3 + \frac{P}{2EI}\left(\frac{L}{2}\right)^2 \times \frac{L}{2} = \frac{5P \cdot l^3}{48EI}$$

$$v_B = \frac{R_A}{3EI}L^3$$

$$v_A = v_B \Rightarrow \frac{5P \cdot L^3}{48EI} = \frac{R_A}{3EI}L^3,$$

$$R_A = \frac{5}{16}P, \ R_B = \frac{11}{16}P$$

고정단 모멘트 $M = P\frac{L}{2} - R_A \times L$

$$= \frac{P \cdot L}{2} - \frac{5P \cdot L}{16}$$

$$= \frac{3}{16}P \cdot L$$

20 길이 1m, 지름 50mm, 전단탄성계수 $G = $ 75GPa인 환봉 축에 800N·m의 토크가 작용될 때 비틀림각은 약 몇 도인가?

① 1°   ② 2°

③ 3°   ④ 4°

풀이
$$\phi = \frac{T \cdot l}{G \cdot I_P} = \frac{32 T \cdot l}{G \cdot \pi \cdot d^4} [\text{rad}]$$
$$= \frac{32 Tl}{G\pi d^4} \times \frac{180}{\pi} [\text{degree}]$$
$$= \frac{32 \times 800 \times 1}{(75 \times 10^9) \times \pi \times 0.05^4} \times \frac{180}{\pi}$$
$$\fallingdotseq 0.99° \fallingdotseq 1°$$

답 18 ③ 19 ④ 20 ①

2 기계열역학

21 4kg의 공기를 온도 15℃에서 일정 체적으로 가열하여 엔트로피가 3.35kJ/K 증가하였다. 가열 후 온도는 어느 것에 가장 가까운가? (단, 공기의 정적 비열은 0.717kJ/kg℃이다.)

① 927K ② 337K
③ 535K ④ 483K

- 엔트로피 변화량

$$S_2 - S_1 = mC_v \ln \frac{T_2}{T_1}$$

- 가열 후 온도(T_2)

$$T_2 = e^{\frac{3.35}{4 \times 0.717}} \times (15+273) = 926K$$

22 전류 25A, 전압 13V를 가하여 축전지를 충전하고 있다. 충전하는 동안 축전지로부터 15W의 열손실이 있다. 축전지의 내부 에너지는 어떤 비율로 변하는가?

① +310J/s ② −310J/s
③ +340J/s ④ −340J/s

- 축전지의 내부 에너지 변화율

$$_1Q_2 = \Delta U = Q_1 - Q_2 = 310J/s$$

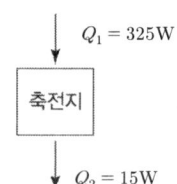

여기서, 축전지가 받는 에너지(Q_1)=325W
축전지 열손실(Q_2)=15W

23 어떤 사람이 만든 열기관을 대기압 하에서 물의 빙점과 비등점 사이에서 운전할 때 열효율이 28.6%였다고 한다. 다음에서 옳은 것은?

① 이론적으로 판단할 수 없다.
② 경우에 따라 있을 수 있다.
③ 이론적으로 있을 수 있다.
④ 이론적으로 있을 수 없다.

- 카르노 사이클 열효율

$$\eta_{carnot} = 1 - \frac{T_L}{T_H} = 0.268$$

여기서, 물의 빙점(T_L)=273K, 물의 비등점(T_H)=373K
카르노 사이클 열효율이 26.8%로 이 열기관은 이론적으로 있을 수 없다

24 1kg의 공기가 압력 P_1=100kPa, 온도 t_1=20℃의 상태로부터 P_2=200kPa, 온도 t_2=100℃의 상태로 변화하였다면 체적은 약 몇 배로 되는가?

① 0.64 ② 1.57
③ 3.64 ④ 4.57

- 초기 상태 체적(v_1)와 상태 변화 후 체적(v_2) 비(ratio)

$$\frac{v_2}{v_1} = \frac{\frac{RT_2}{P_2}}{\frac{RT_1}{P_1}} = \frac{P_1 \times T_2}{P_2 \times T_1} = 0.64$$

- 상태 변화 후 체적(v_2)

$$v_2 = 0.64 v_1$$

따라서, 상태 변화 후 체적(v_2)은 초기 상태 체적(v_1)의 0.64배가 된다.

25 기체가 167kJ의 열을 흡수하고 동시에 외부로 20kJ의 일을 했을 때, 내부 에너지의 변화는?

① 약 187kJ 증가 ② 약 187kJ 감소
③ 약 147kJ 증가 ④ 약 147kJ 감소

답 21 ① 22 ① 23 ④ 24 ① 25 ③

풀이
- 열역학 제1법칙
$_1Q_2 - _1W_2 = \Delta U$
$167 - 20 = \Delta U$
따라서, 내부 에너지 변화는
$\Delta U = 147 kJ$
증가한다.

26 성능계수가 3.2인 냉동기가 시간당 20MJ의 열을 흡수한다. 이 냉동기를 작동하기 위한 동력은 몇 kW인가?
① 2.25 ② 1.74
③ 2.85 ④ 1.45

풀이
- 냉동기를 작동하기 위한 동력
$\dot{W} = \dfrac{\dot{Q}_L}{COP} = 1736W$

27 이상 기체를 단열 팽창시키면 온도는 어떻게 되는가?
① 내려간다.   ② 올라간다.
③ 변화하지 않는다. ④ 알 수 없다.

풀이
- 단열 과정에서 온도와 비체적 관계
$\dfrac{T_2}{T_1} = \left(\dfrac{v_1}{v_2}\right)^{k-1}$
이며, $v_2 > v_1$이므로
$T_2 < T_1$
온도는 내려간다.

28 가정용 냉장고를 이용하여 겨울에 난방을 할 수 있다고 주장하였다면 이 주장은 이론적으로 열역학 법칙과 어떠한 관계를 갖겠는가?
① 열역학 1법칙에 위배된다.
② 열역학 2법칙에 위배된다.
③ 열역학 1, 2법칙에 위배된다.
④ 열역학 1, 2법칙에 위배되지 않는다.

풀이 열역학 법칙에 위배되지 않는다.

29 표준 대기압, 온도 100℃ 하에서 포화 액체 물 1kg이 포화 증기로 변하는데 열 2255kJ이 필요하였다. 이 증발 과정에서 엔트로피(entropy)의 증가량은 얼마인가?
① 18.6kJ/kg·K ② 14.4kJ/kg·K
③ 10.2kJ/kg·K ④ 6.0kJ/kg·K

풀이
- 단위 질량당 엔트로피 변화량
$ds = \dfrac{\delta q}{T} = 6.05 kJ/kg \cdot K$

30 밀폐 시스템에서 초기 상태가 300K, 0.5m³인 공기를 등온 과정으로 150kPa에서 600kPa까지 천천히 압축하였다. 이 과정에서 공기를 압축하는 데 필요한 일은 약 몇 kJ인가?
① 104 ② 208
③ 304 ④ 612

풀이
- 경계 이동일
$_1W_2 = \int_1^2 Pdv = 일정 \times \ln\dfrac{P_1}{P_2} = -103972J$
여기서, $PV = mRT = 일정 = P_1V_1 = P_2V_2$(등온 과정)

31 다음 중 이상적인 오토 사이클의 효율을 증가시키는 방안으로 맞는 것은?
① 최고 온도 증가, 압축비 증가, 비열비 증가
② 최고 온도 증가, 압축비 감소, 비열비 증가
③ 최고 온도 증가, 압축비 증가, 비열비 감소
④ 최고 온도 감소, 압축비 증가, 비열비 감소

풀이 오토 사이클 효율을 증가시키기 위해서는 최고 온도 증가, 압축비 증가, 비열비 등을 증가시키는 방법이 있다.

답 26 ② 27 ① 28 ④ 29 ④ 30 ① 31 ①

32 25℃, 0.01MPa 압력의 물 1kg을 5MPa 압력의 보일러로 공급할 때 펌프가 가역 단열 과정으로 작용한다면 펌프에 필요한 일의 양에 가장 가까운 값은?(단, 물의 비체적은 0.001m³/kg이다.)

① 2.58kJ ② 4.99kJ
③ 20.10kJ ④ 40.20kJ

• 단위 질량당 펌프 일
$$w_P = \int_1^2 vdP = v(P_2 - P_1) = 4990 \text{J/kg}$$

33 출력 10000kW의 터빈 플랜트의 매시 연료 소비량이 5000kg/hr이다. 이 플랜트의 열효율은?(단, 연료의 발열량은 33440kJ/kg이다.)

① 25% ② 21.5%
③ 10.9% ④ 40%

• 플랜트의 열효율
$$효율 = \frac{출력}{입력} = 0.215$$

34 초기에 온도 T, 압력 P 상태의 기체의 질량 m이 들어 있는 견고한 용기에 같은 기체를 추가로 주입하여 질량 $3m$이 온도 $2T$ 상태로 들어 있게 되었다. 최종 상태에서 압력은?(단, 기체는 이상 기체이다.)

① $6P$ ② $3P$
③ $2P$ ④ $3P/2$

• 체적이 일정한 경우 상태 방정식
$$P = \frac{mRT}{V} = mT \times 일정$$
• 초기 압력(P)
$P = mT \times 일정$

• 최종 상태에서 압력($P_{나중}$)
$P_{나중} = 3m \times 2T \times 일정 = 6P$

35 다음 정상 유동 기기에 대한 설명으로 맞는 것은?

① 압축기의 가역 단열 공기(이상 기체) 유동에서 압력이 증가하면 온도는 감소한다.
② 일차원 정상 유동 노즐 내 작동 유체의 출구 속도는 가역 단열 과정이 비가역 과정보다 빠르다.
③ 스로틀(Throttle)은 유체의 급격한 압력 증가를 위한 장치이다.
④ 디퓨저(Diffuser)는 저속의 유체를 가속시키는 기기로 압축기 내 과정과 반대이다.

풀이 ① 온도는 증가한다.
④ 디퓨저는 고속의 유체 속도를 줄이기 위해 사용하는 확대관이다.

36 온도가 127℃, 압력이 0.5MPa, 비체적이 0.4m³/kg인 이상 기체가 같은 압력 하에서 비체적이 0.3m³/kg으로 되었다면 온도는 약 몇 ℃인가?

① 16 ② 27
③ 96 ④ 300

풀이 • 비체적 감소 후 온도(정압 과정)
$$T_2 = T_1 \times \frac{v_2}{v_1} = 300K = 27℃$$

37 온도 5℃와 35℃ 사이에서 작동되는 냉동기의 최대성능계수는?

① 10.3 ② 5.3
③ 7.3 ④ 9.3

답 32 ② 33 ② 34 ① 35 ② 36 ② 37 ④

풀이 • 냉동기 성능계수

$$COP = \frac{T_L}{T_H - T_L} = 9.3$$

38 흡수식 냉동기에서 고온의 열을 필요로 하는 곳은?
① 응축기 ② 흡수기
③ 재생기 ④ 증발기

풀이 재생기에서는 고온의 열이 필요하다.

39 다음의 기본 랭킨 사이클의 보일러에서 가하는 열량을 엔탈피의 값으로 표시하였을 때 올바른 것은?(단, h는 엔탈피이다.)

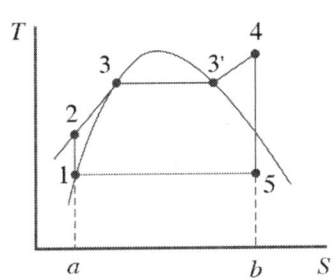

① $h_5 - h_1$ ② $h_4 - h_5$
③ $h_4 - h_2$ ④ $h_2 - h_1$

풀이 • 과정 2-4 보일러

$$q_b + h_i + \frac{1}{2}V_i^2 + gz_i = w + h_e + \frac{1}{2}V_e^2 + gz_e$$

$w = 0$, 운동 에너지, 위치 에너지 무시

$q_b = h_e - h_i = h_4 - h_2$

40 포화 상태량 표를 참조하여 온도 −42.5℃, 압력 100kPa 상태의 암모니아 엔탈피를 구하면?

암모니아의 포화 상태량 표		
온도(℃)	압력(kPa)	포화 액체 엔탈피(kJ/kg)
−45	54.5	−21.94
−40	71.7	0
−35	93.2	22.06
−30	119.5	44.26

① −10.97kJ/kg ② 11.03kJ/kg
③ 27.80kJ/kg ④ 33.16kJ/kg

풀이 • 보간법

$$\frac{-42.5 + 45}{h_f + 21.94} = \frac{-40 + 42.5}{0 - h_f}$$

$h_f = -10.97$kJ/kg

3과목 기계유체역학

41 다음의 그림과 같이 밑면이 2×2m인 탱크에 비중 0.8인 기름이 떠 있을 때 밑면이 받는 계기압력(게이지 압력)은 몇 kPa인가?(단, 물의 밀도는 1000kg/m³이고, 중력가속도는 9.8m/s²이다.

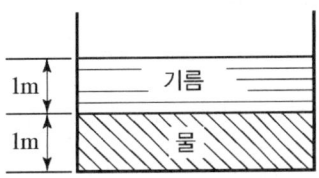

① 22.1 ② 19.6
③ 17.64 ④ 15.68

풀이 • 밑면이 받는 계기압력

$$P_{bottom} = \rho_{oil}gh_1 + \rho_{water}gh_2 = gh(\rho_{oil} + \rho_{water})$$
$$= gh(SG \times \rho_{water} + \rho_{water}) = 17.64\text{kPa}$$

여기서, $h_1 = h_2 = h = 1$m

답 38 ③ 39 ③ 40 ① 41 ③

42 그림과 같이 비중이 0.83인 기름이 12m/s의 속도로 수직 고정평판에 직각으로 부딪치고 있다. 판에 작용되는 힘 F는 몇 N인가?

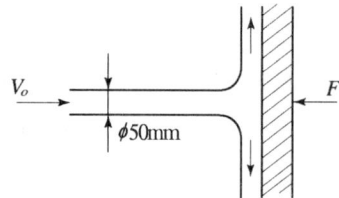

① 23.5 ② 28.9
③ 288.6 ④ 234.7

- x방향 운동량 방정식
$-F = -\dot{m}V_0 = -\rho_{oil}\dot{Q}V_0$
- 판에 작용하는 힘
$F = \rho_{oil}\dot{Q}V_0 = SG \times \rho_{water} \times \dfrac{\pi}{4} \times D^2 \times V_0^2 = 234.7\text{N}$

43 부르동관 압력계(bourdon gauge)에서 압력에 대한 설명으로 가장 올바른 것은?
① 액주의 중량과 평형을 이룬다.
② 탄성력과 평형을 이룬다.
③ 마찰력과 평형을 이룬다.
④ 게이지 압력과 평형을 이룬다.

 압력이 증가하면 Bourdon Tube에서 탄성에 의한 처짐이 발생한다. 부르동관 압력계는 이러한 처짐을 감지해서 압력을 측정한다.

44 두 유선 사이의 유동 함수 차이 값과 가장 관련이 있는 것은?
① 질량 유량 ② 유량
③ 압력 수두 ④ 속도 수두

 두 유선 사이의 유동 함수 값의 차이는 두 유선 사이의 폭(단위)당 체적 유량과 같다.

45 그림에서 입구 A에서 공기의 압력은 3×10⁵Pa(절대 압력), 온도 20℃, 속도 5m/s이다. 그리고 출구 B에서 공기의 압력은 2×10⁵Pa(절대 압력), 온도 20℃이면 출구 B에서의 속도는 몇 m/s인가?(단, 공기는 이상 기체로 가정한다.)

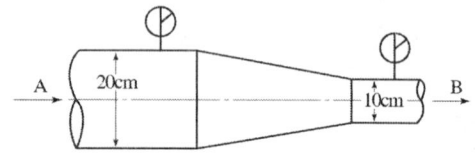

① 13.3 ② 25.2
③ 30 ④ 36

- 입구 A 지점에서 공기 밀도
$\rho_A = \dfrac{P_A}{RT_A} = 123.2\text{kg/m}^3$

조건에서 이상 기체 가정이며, 일반 기체 상수(R) = 8.31kJ/kmol·K

- 입구 B 지점에서 공기 밀도
$\rho_B = \dfrac{P_B}{RT_B} = 82.1\text{kg/m}^3$

조건에서 이상 기체 가정이며 일반 기체 상수(R) = 8.31kJ/kmol·K

- 입구 A 지점과 출구 B 지점에서 질량 보존 법칙
$\rho_A A_A V_A = \rho_B A_B V_B$

- 출구 B에서 속도
$V_B = V_A \times \dfrac{\rho_A}{\rho_B} \times \dfrac{A_A}{A_B} = V_A \times \dfrac{\rho_A}{\rho_B} \times \left(\dfrac{D_A}{D_B}\right)^2$
$= 30.01\text{m/s}$

46 다음의 그림과 같이 반지름 R인 한 쌍의 평행 원판으로 구성된 점도 측정기(parallel plate viscometer)를 사용하여 액체시료의 점성계수를 측정하는 장치가 있다. 위쪽의 원판은 아래쪽 원판과 높이 h를 유지하고 각속도 ω로 회전하고 있으며, 갭 사이를 채

운 유체의 점도는 위 평판을 정상적으로 돌리는 데 필요한 토크를 측정하여 계산한다. 갭 사이의 속도 분포는 선형적이며, newton 유체일 때, 다음 중 회전하는 원판의 밑면에 작용하는 전단응력의 크기에 대한 설명으로 맞는 것은?

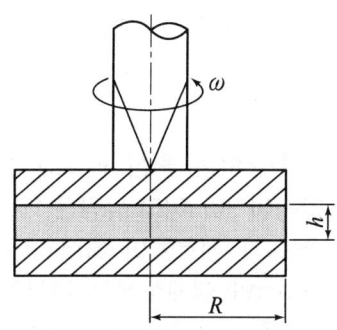

① 중심축으로부터의 거리에 관계없이 일정하다.
② 중심축으로부터의 거리에 비례하여 선형적으로 증가한다.
③ 중심축으로부터의 거리의 제곱으로 증가한다.
④ 중심축으로부터의 거리에 반비례하여 감소한다.

 • 뉴턴 유체의 유체 유동에서 전단응력과 속도 구배의 관계

$$\tau = \mu \frac{du}{dy} = \mu \frac{R\omega}{h}$$

전단응력(τ)의 크기는 반지름(R) 방향 길이와 비례한다.

47 공기가 평판 위를 3m/s의 속도로 흐르고 있다. 선단에서 50cm 떨어진 곳에서의 경계층 두께는?(단, 공기의 동점성계수 $\nu = 16 \times 10^{-6} \text{m}^2/\text{s}$이다.)

① 0.08mm ② 0.82mm
③ 8.2mm   ④ 82mm

 • 균일 흐름에 평행한 매끄러운 평판 위의 층류 경계층 두께

$$\frac{\delta}{x} = \frac{5}{\sqrt{Re_x}}$$

• 조건에 따른 평판 위 레이놀즈수를 계산

$$Re_x = \frac{Vx}{\nu} = 93750 < 10^5 (층류)$$

• 경계층 두께 계산

$$\delta = 5 \times \frac{x}{\sqrt{Re_x}} = 0.008165\text{m}$$

48 입구 단면적이 20cm²이고 출구 단면적이 10cm² 인 노즐에서 물의 입구 속도가 1m/s일 때, 입구와 출구의 압력 차이 $P_{입구} - P_{출구}$는 약 몇 kPa인가?(단, 노즐은 수평으로 놓여있고 손실은 무시할 수 있다.)

① -1.5   ② 1.5
③ -2.0   ④ 2.0

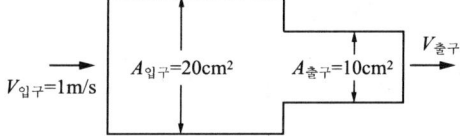

• 출구 속도

$$V_{출구} = \frac{A_{입구}}{A_{출구}} \times V_{입구} = 2\text{m/s}$$

• 입구와 출구에 베르누이 방정식을 적용

$$\frac{P_{입구}}{\rho g} + \frac{V_{입구}^2}{2g} + z_{입구} = \frac{P_{출구}}{\rho g} + \frac{V_{출구}^2}{2g} + z_{출구}$$

여기서, $z_{입구} = z_{출구}$

• 입구와 출구의 압력 차

$$P_{입구} - P_{출구} = \frac{1}{2}(V_{출구}^2 - V_{입구}^2) \times \rho = 1500\text{Pa}$$

49 밸브(지름 0.3m)에 연결된 수평원관(지름 0.3m)에 물(동점성계수 $\nu=1.5\times10^{-5}\text{m}^2/\text{s}$, $\rho=1.177\text{kg/m}^3$)로 완전히 상사한 조건에서 지름 0.15m인 수평원관에서 실험한다면 손실동력은 약 몇 kW인가?

① 6.0 ② 39.8
③ 51.4 ④ 159.0

 • 역학적 상사 성립. 레이놀즈수와 오일러수

$$\left(\frac{VL}{\nu}\right)_m = \left(\frac{VL}{\nu}\right)_p$$

$$\left(\frac{\Delta P}{\rho V^2/2}\right)_m = \left(\frac{\Delta P}{\rho V^2/2}\right)_p$$

• 공기 조건에서 유동 속도

$$V_m = \frac{\nu_m}{\nu_p}\times\frac{L_p}{L_m}\times V_p = 60\text{m/s}$$

한편, 동력 $W = F\cdot V = \Delta P L^2 V$이므로 대입하여 정리하면

$$\left(\frac{2W}{\rho L^2 V^3}\right)_m = \left(\frac{2W}{\rho L^2 V^3}\right)_p$$

• 상사 조건에서 실험한 손실 동력

$$W_m = W_p \times \frac{\rho_m}{\rho_p}\frac{L_m^2}{L_p^2}\frac{V_m^3}{V_p^3} = 39.8\text{kW}$$

50 유체 입자가 일정한 기간 내에 이동한 경로를 이은 선은?

① 유선 ② 유맥선
③ 유적선 ④ 시간선

• 유적선(Pathline)
유체 입자가 일정 시간 동안 이동한 실제 궤적

51 가로 5m, 세로 4m의 직사각형 평판이 평판 면과 수직한 방향으로 정지된 공기 속에서 10m/s로 운동할 때 필요한 동력은 약 몇 kW인가?(단, 공기의 밀도는 1.23kg/m³, 정면도 항력계수는 1.1이다.)

① 1.3 ② 13.5
③ 18.1 ④ 324.1

 • 동력

$$W = F\cdot V = F_D\cdot V = C_D\times\frac{1}{2}\rho V^2 A\times V = 13530\text{W}$$

여기서, $C_D = \dfrac{F_D}{1/2\rho V^2 A}$ = 항력 계수

52 물을 사용하는 원심 펌프의 설계점에서의 전 양정이 30m이고 유량은 1.2m³/min이다. 이 펌프의 전효율이 80%라면 이 펌프를 1200rpm의 설계점에서 운전할 때 필요한 축동력을 공급하기 위한 토크는 몇 N·m인가?

① 46.7 ② 58.5
③ 467 ④ 585

 • 각속도

$$\omega = \frac{2\pi N}{60} = 125.7\text{rad/s}$$

• 필요한 토크

$$T_{shaft} = \frac{\dot{W}_{w.h}}{\omega\times\eta_{pump}} = 58.5\text{N}\cdot\text{m}$$

여기서, 수마력($\dot{W}_{w.h}$) = $\rho g\dot{Q}H = 5880\text{W}$

53 지름이 5cm인 비누 풍선 속의 내부 초과 압력은 2.08Pa이다. 이 비누막의 표면 장력은 몇 N/m인가?

① 1.3×10^{-3} ② 5.2×10^{-3}
③ 5.2×10^{-2} ④ 1.3×10^{-3}

• 수평력 평형 방정식 적용

$2\times(2\pi R)\times\sigma = (\pi R^2)\times\Delta P_{비눗방울}$

여기서, 비누 거품의 내부 및 외부 압력 차($\Delta P_{비눗방울}$) = $P_{in} - P_{out}$

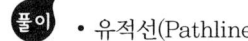 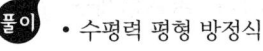
49 ② 50 ③ 51 ② 52 ② 53 ④

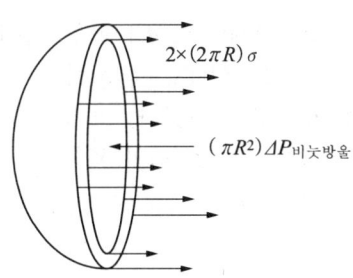

- 표면 장력

$$\sigma = \frac{R}{4} \times \Delta P_{비눗방울} = 0.013 \text{N/m}$$

54 다음 중 물리량의 차원이 틀리게 표시된 것은?(단, F: 힘, M: 질량, L: 길이, T: 시간을 의미한다.)

① 선운동량: MLT^{-1}
② 각운동량: ML^2T^{-1}
③ 동력: FLT^{-1}
④ 에너지: MLT^{-1}

풀이

선운동량	각운동량	동력	에너지
$M \cdot L \cdot T^{-1}$	$ML^2 \cdot T^{-1}$	$FL \cdot T^{-1}$	$ML^2 T^{-2}$

55 그림과 같이 지름 D와 깊이 H의 원통 용기 내에 액체가 가득 차 있다. 수평 방향으로의 등가속도(가속도=a) 운동을 하여 내부의 물의 35%가 흘러넘쳤다면 가속도 a와 중력가속도 g의 관계로 올바른 것은?(단, $D=1.2H$이다.)

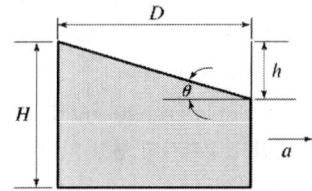

① $a = 1.2g$
② $a = 0.8g$
③ $a = 0.58g$
④ $a = 1.42g$

풀이
- 기울기

$$\tan\theta = \frac{a_x}{g+a_z} = \frac{a}{g}$$

여기서, $a_x = a$, $a_z = 0$

- 넘쳐 흐른 체적=V_a, 원통 체적=V

$$V_a = \frac{7}{20}V = \frac{7}{20} \times \frac{\pi D^2}{4} \times H = \frac{1}{2} \times \frac{\pi D^2}{4} \times h$$

따라서,

$$h = \frac{7}{10}H$$

$$\tan\theta = \frac{h}{D} = \frac{H}{D} \times \frac{7}{10} = \frac{1}{1.2} \times \frac{7}{10} = \frac{a}{g}$$

- 가속도와 중력가속도의 관계
$a = 0.58g$

56 지름이 일정하고 수평으로 놓여진 원관 내의 유동이 완전 발달된 층류 유동일 경우 압력은 유동의 진행 방향으로 어떻게 변화하는가?

① 선형으로 감소한다.
② 선형으로 증가한다.
③ 포물선형으로 증가한다.
④ 포물선형으로 감소한다.

풀이 유동 방향으로 선형적으로 감소한다.

57 어느 장치에서의 유량 $Q[\text{m}^3/\text{s}]$는 지름 D[cm], 높이 H[m], 중력가속도 $g[\text{m/s}^2]$, 동점성계수 $\nu[\text{m}^2/\text{s}]$와 관계가 있다. 차원해석(파이 정리)을 하여 무차원수 사이의 관계식으로 나타내고자 할 때 최소한 필요한 무차원수는 몇 개인가?

① 2   ② 3
③ 4   ④ 5

풀이
- 매개 변수 수(n)=5
여기서, 주어진 물리량= Q, D, H, g, ν

답 54 ④ 55 ③ 56 ① 57 ②

- 각 물리량 차원
  $[Q] = L^3 T^{-1}$, $[D] = L$, $[H] = L$, $[g] = LT^{-2}$,
  $[\nu] = L^2 T^{-1}$
- 기본 차원 수$(m)=2$
- 예상되는 무차원 개수
  $\alpha = n - m = 3$

58 위가 열린 원뿔형 용기에 그림과 같이 물이 채워져 있을 때 아래면(반지름 0.5m)에 작용하는 정수력은 약 몇 kN인가?

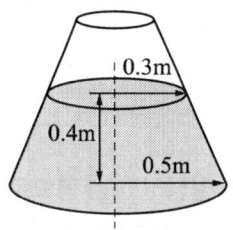

① 0.77   ② 2.28
③ 3.08   ④ 3.84

- 원뿔형 용기 아랫면($R = 0.5m$)에 작용하는 압력
  $P_{아랫면} = \rho_{water} g h = 3920 Pa$
- 용기 아랫면에 작용하는 정수력
  $F = P_{아랫면} A = P_{아랫면} \times \dfrac{\pi}{4} \times D^2 = 3.08 kN$

59 수평 원관 속을 흐르는 유체의 층류 유동에서 관마찰계수는?

① 상대 조도만의 함수이다.
② 마하수만의 함수이다.
③ 레이놀즈수만의 함수이다.
④ 프루드수만의 함수이다.

- 원형 파이프 층류 유동에서 마찰계수
  $f = \dfrac{64}{Re}$

원관 속 층류 유동에서 마찰계수는 레이놀즈수만의 함수이다.

60 안지름 30mm, 길이 1.5m인 파이프 안을 유체가 난류 상태로 유동하여 압력 손실이 14715Pa로 나타났다. 관 벽에 나타나는 전단응력은 약 몇 Pa인가?

① 7.35×10^{-3} ② 73.5
③ 7.35×10^{-5} ④ 7350

- 압력 손실
  $\dfrac{dP}{dx} = \dfrac{-2\tau}{R}$
- 관 벽에 나타나는 전단응력
  $\tau = -\dfrac{R}{2} \times \dfrac{dP}{dx} = 73.6 Pa$

4 기계재료 및 유압기기

61 순철의 자기 변태와 동소 변태를 설명한 것으로 틀린 것은?

① 동소 변태란 결정격자가 변하는 변태를 말한다.
② 자기 변태도 결정격자가 변하는 변태이다.
③ 동소 변태점은 A_3점과 A_4점이 있다.
④ 자기 변태점은 약 768℃ 정도이며 일명 큐리(Curie)점이라 한다.

㉠ 자기 변태(Magnetic Transformation) : 원자의 배열(결정격자의 형상)에는 변화가 일어나지 않으나, 자기적 성질이 변화를 일으키는 것이다. 시멘타이트(Fe_3C)의 자기변태는 210℃에서 발생하는 A_0 변태가 있으며, 순철의 자기 변태점은 A_2 변태로 768℃(큐리점, Curie point)에서 발생한다.
㉡ 동소 변태(Allotropic Transformation) : 온도 변화에 따라 원자의 배열(결정격자의 형상)이 변화되는 것이다. 순철(Pure Iron)에는 α-Fe, γ-Fe, δ-Fe의 3개의 동소체가 있다.

58 ③ 59 ③ 60 ② 61 ②

ferrite(α-Fe) BCC	→ 910℃	austenite(γ-Fe) FCC	→ 140℃	ferrite(δ-Fe) BCC
	A_3 변태		A_4 변태	1400℃

62 같은 조건하에서 금속의 냉각 속도가 빠르면 조직은 어떻게 변하는가?
① 결정입자가 미세해진다.
② 냉각 속도와 금속의 조직과는 관계가 없다.
③ 금속의 조직이 조대해진다.
④ 소수의 핵이 성장해서 응고된다.

63 다음의 탄소강 조직 중 일반적으로 경도가 가장 낮은 것은?
① 페라이트   ② 트루스타이트
③ 마텐자이트 ④ 시멘타이트

풀이 • 경도 순서: 시멘타이트(Cementite)>마텐자이트(Martensite)>트루스타이트(Troostite)>소르바이트(Sorbite)>펄라이트(Pearlite)>오스테나이트(Austenite)>페라이트(Ferrite)

64 금속을 소성가공할 때에 냉간가공과 열간가공을 구분하는 온도는?
① 담금질 온도 ② 변태 온도
③ 재결정 온도 ④ 단조 온도

풀이 재결정 온도를 기준으로 재결정 온도 이하에서 하는 가공을 냉간가공이라 하고 재결정 온도 이상에서 하는 가공을 열간 가공이라 한다.

65 베이나이트(Bainite) 조직을 얻기 위한 항온 열처리 조작으로 가장 적합한 것은?
① 오스포밍   ② 마아퀜칭
③ 오스템퍼링 ④ 마템퍼링

풀이 • 오스템퍼(링): 베이나이트 조직을 얻는 방법으로 뜨임이 필요가 없으며, 담금질 변형 및 균열을 방지한다.

66 황(S) 성분이 적은 선철을 용해로·전기로에서 용해한 후 주형에 주입 전 마그네슘, 세륨, 칼슘 등을 첨가시켜 흑연을 구상화한 것은?
① 합금주철   ② 구상흑연주철
③ 칠드주철   ④ 가단주철

풀이 • 구상흑연주철: 주철은 흑연의 상이 편상되어 있기 때문에 강에 비해 연성이 나쁘고, 취성이 크고, 열처리 시간이 길다. 이를 개선하기 위하여 S(황) 성분이 적은 선철을 용해로, 전기로에서 용해한 후 주형에 주입 전 Mg를 첨가함으로써 흑연을 구상화한 것. Ce(쎄륨), Ca(칼슘) 등을 첨가하여도 흑연을 구상화할 수 있다.

67 경도가 대단히 높아 압연이나 단조 작업을 할 수 없는 조직은?
① 시멘타이트(cementite)
② 오스테나이트(austenite)
③ 페라이트(ferrite)
④ 펄라이트(pearlite)

풀이 • 시멘타이트(cementite): 경도가 매우 크며(단조 작업 불가능), 탄화철(Fe_3C)로서 침상(針狀) 혹은 회백색의 조직이다.

68 특수강에 포함된 Ni 원소의 영향이다. 틀린 것은?
① Martensite 조직을 안정화시킨다.
② 담금질성이 증대된다.
③ 저온 취성을 방지한다.
④ 내식성이 증가한다.

풀이 • 니켈(Ni): 담금질성, 강인성, 내산성, 내식성 증가와 저온 취성 방지

답 62 ① 63 ① 64 ③ 65 ③ 66 ② 67 ① 68 ①

69 탄소강을 풀림(Annealing)하는 목적과 관계없는 것은?

① 결정 입도 조절
② 상온 가공에서 생긴 내부 응력 제거
③ 오스테나이트에서 탄소를 유리시킴
④ 재료에 취성과 경도 부여

풀이
• 풀림(annealing)
㉠ 기계 가공성을 개선시키고 냉간성 형성을 향상시킨다.
㉡ 내부 응력을 제거하고 재질을 연하고 금속 결정 입자의 조절(조직을 균일하게 만들어 줌)한다.(노중 냉각).
㉢ 단조를 한 제품의 경도가 높아서 후가공이 어려운 경우 가장 적합한 열처리
㉣ 주조, 기계 가공에서 생기는 내부 응력 제거(열처리로 인하여 경화된 재료의 연화)
㉤ 오스트나이트에서 탄소를 유리화시킨다.

70 주철에서 쇳물의 유동성을 감소시키는 가장 주된 원소는?

① P   ② Mn
③ S   ④ Si

풀이
• 황(S): 흑연화의 방해하며, 유동성을 저하시키고 재질을 경화시킨다. 또한 적열 취성 발생의 원인이 된다.

71 유압 기기에 사용되는 개스킷(gasket)의 용어 설명으로 다음 중 적합한 것은?

① 고정 부분에 사용되는 실(seal)
② 운동 부분에 사용되는 실(seal)
③ 대기로 개방되어 있는 구멍
④ 흐름의 단면적을 감소시켜 관로 내 저항을 갖게 하는 기구

풀이
• 개스킷(gasket): 정지 부분에서 사용하는 유체 누설 방지 부품

72 그림의 유압 회로는 시퀀스 밸브를 이용한 시퀀스 회로이다. 그림의 상태에서 2위치 4포트 밸브를 조작하여 두 실린더를 작동시킨 후 2위치 4포트 밸브를 반대 방향으로 조작하여 두 실린더를 다시 작동시켰을 때 두 실린더의 작동순서(ⓐ~ⓓ)로 올바른 것은?(단, ⓐ, ⓑ는 A 실린더 운동방향이고, ⓒ, ⓓ는 B 실린더의 운동 방향이다.)

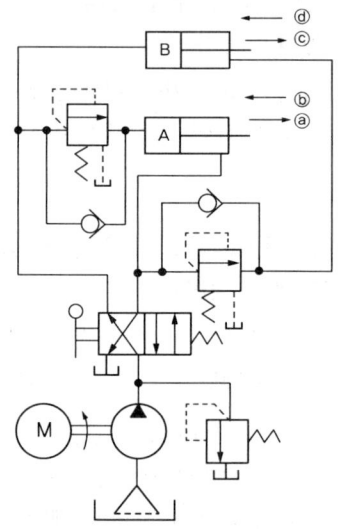

① ⓐ → ⓑ → ⓒ → ⓓ
② ⓑ → ⓓ → ⓐ → ⓒ
③ ⓒ → ⓐ → ⓑ → ⓓ
④ ⓐ → ⓒ → ⓓ → ⓑ

풀이
시퀀스 밸브 두 개를 사용해 실린더를 차례로 움직이는 순차 회로이다. 매뉴얼 밸브를 조작하면 기름은 실린더 B의 피스톤을 오른쪽인 ⓒ 방향으로 전진시킨다. 실린더 B가 ⓒ 방향으로 전진 이동한 후에 유압이 상승하면 시퀀스 밸브가 작동하게 된다. 시퀀스 밸브가 작동하면 실린더 A의 피스톤은 실린더 B와 같은 오른쪽인 ⓐ 방향으로 전진하게 된다. 매뉴얼 밸브를 반대로 조작하면 기름은 실린더 A의 로드 쪽으로 흘러들어가 실린더 A의 피스톤을 ⓑ 방향인 왼쪽으로 후진시킨다. 실린더 A의 후진이 끝나면 유압이 상승하고 실린더 A 아래쪽에 있는 시퀀스 밸브가 작동하게 된다. 이제 기름은 실린더 B의 로드 쪽으로 흘러들어가게 되고 실린더 B를 ⓓ 방향인 왼쪽으로 이동시킨다.

답 69 ④ 70 ③ 71 ① 72 ③

73 그림과 같은 유압 회로의 명칭으로 옳은 것은?

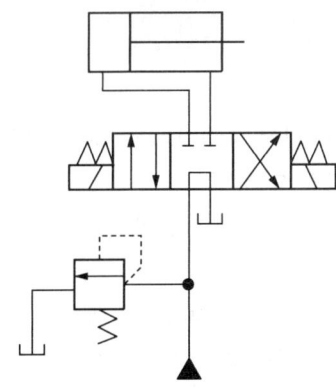

① 임의의 위치 로크 회로
② 증강 회로
③ 독립 작동 시퀀스 회로
④ 미터 아웃 회로

풀이 • 로크 회로: 문제에서 주어진 회로는 텐덤 중립(tandom center) 전환 밸브를 사용해서 물체의 위치를 고정하려고 하는 로크 회로이다.

74 그림과 같은 유압기호의 명칭은?

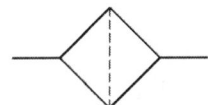

① 필터 ② 드레인 배출기
③ 가열기 ④ 온도 조절기

풀이

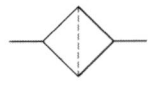
▲ 필터(일반 기호) ▲ 가열기

75 유압 펌프에서 토출되는 최대 유량이 50 L/min일 때 펌프 흡입 측의 배관 안지름으로 가장 적합한 것은?(단, 펌프 흡입 측 유속은 0.6m/s이다.)

① 22mm ② 42mm
③ 62mm ④ 82mm

풀이 • 배관 안지름

$Q = AV = \dfrac{\pi d^2}{4} \times V$

$d = \sqrt{\dfrac{4Q}{\pi V}} = 42\text{mm}$

76 유압 밸브의 전환 도중에서 과도적으로 생긴 밸브 포트 사이의 흐름을 의미하는 유압 용어는?

① 랩(lap)
② 풀 컷 오프(pull cut-off)
③ 서지압(surge pressure)
④ 인터플로(inter-flow)

풀이 • 인터플로(interflow): 밸브의 변환 도중에서 과도적으로 생기는 밸브 포트 사이의 흐름

77 부하의 낙하를 방지하기 위하여 배압(back pressure)을 부여하는 밸브는?

① 카운터 밸런스 밸브(counter balance valve)
② 릴리프 밸브(relief valve)
③ 무부하 밸브(unloading valve)
④ 시퀀스 밸브(sequence valve)

풀이 부하가 통제 불능 상태로 가속되는 것을 막기 위해 사용하는 압력제어 밸브는 카운터 밸런스 밸브이다.

78 어큐뮬레이터는 고압 용기이므로 장착과 취급에 각별히 주의가 요망된다. 이에 관련된 설명으로 틀린 것은?

① 점검 및 보수가 편리한 장소에 설치한다.
② 어큐뮬레이터에 용접, 가공, 구멍 뚫기 등은 금지한다.

③ 충격 완충용으로 사용할 경우는 가급적 충격이 발생하는 곳으로부터 멀리 설치한다.
④ 펌프와 어큐뮬레이터와의 사이에는 체크밸브를 설치하여 유압유가 펌프 쪽으로 역류하는 것을 방지한다.

[풀이] 충격 완충용으로 사용할 경우는 가급적 충격이 발생하는 근처에 설치한다.

79 유압유의 점도가 낮을 때 유압 장치에 미치는 영향에 대한 설명으로 거리가 먼 것은?
① 내부 및 외부의 기름 누출 증대
② 마모의 증대와 압력 유지 곤란
③ 펌프의 용적 효율 저하
④ 마찰 증가에 따른 기계 효율의 저하

[풀이] 점도가 높은 경우에 마찰 증가로 기계 효율이 떨어진다.

80 유압 기본 회로 중 미터인 회로에 대한 설명으로 틀린 것은?
① 유량 제어 밸브는 실린더 입구 측에 설치한다.
② 펌프의 송출압은 릴리프 밸브 설정압으로 정해진다.
③ 유량 여분이 필요치 않아 동력 손실이 거의 없다.
④ 속도 제어 회로로 체크 밸브에 의하여 한 방향만의 속도가 제어된다.

[풀이] 미터인 회로에서 펌프 압력은 릴리프 밸브 설정 압력으로 정해진다. 실린더에 걸리는 부하(로드)가 변동이 생겨도 펌프는 실린더에서 필요로 하는 일정량의 기름을 토출한다. 실린더에서 필요로 하는 기름 이외에 남는 기름은 릴리프 밸브를 통해 기름 탱크로 돌아오게 된다. 따라서, 추가 동력이 필요하기 때문에 회로 효율은 좋지 않다.

5 기계제작법 및 기계동력학

81 구성인선(built-up edge)의 방지 대책으로 옳은 것은?
① 절삭 깊이를 많게 한다.
② 절삭 속도를 느리게 한다.
③ 절삭공구 경사각을 작게 한다.
④ 절삭공구의 인선을 예리하게 한다.

[풀이] • 구성인선 방지법
㉠ 공구 경사각을 크게 한다.
㉡ 절삭 속도를 크게 한다.
㉢ 절삭 깊이를 적게 한다.
㉣ 윤활성이 좋은 절삭제를 사용하여 칩과 공구 경사면 간의 마찰을 적게 한다.
㉤ 절삭공구의 인선을 예리하게 한다.

82 다음 중 나사의 각도, 피치, 호칭 지름의 측정이 가능한 측정기는?
① 사인 바
② 정밀 수준기
③ 공구 현미경
④ 버니어 캘리퍼스

[풀이] • 공구 현미경 또는 투영기 : 나사산의 각, 높이, 피치 및 바깥지름(호칭 지름), 안지름, 유효 지름을 측정할 수 있다.

83 CNC 프로그래밍에서 G 기능이란?
① 보조 기능 ② 이송 기능
③ 주축 기능 ④ 준비 기능

[풀이] • M : 보조 기능, F : 이송 기능, S : 주축 기능, G : 준비 기능

답 79 ④ 80 ③ 81 ④ 82 ③ 83 ④

84 가공액은 물이나 경유를 사용하며 세라믹에 구멍을 가공할 수 있는 것은?
① 래핑가공 ② 전주가공
③ 전해가공 ④ 초음파가공

풀이
• 초음파가공: 공구의 진동면과 가공물 사이에 물이나 경유 등을 연삭입자를 혼합한 가공액을 넣고 초음파 진동을 주어 가공물을 가공하는 가공법으로 도체 및 부도체 가공이 가능하고, 유리 기구에 눈금, 무늬 등을 조각하며, 수정, 반도체, 세라믹 등의 재질에 미세한 구멍가공과 절단을 하는 경우에 주로 사용된다.

85 밀링 작업의 단식 분할법으로 이(tooth) 수가 28개인 스퍼 기어를 가공할 때 브라운 샤프형 분할판 No2 21구멍 열에서 분할 크랭크의 회전수와 구멍 수는?
① 0회전시키고 6구멍씩 전진
② 0회전시키고 9구멍씩 전진
③ 1회전시키고 6구멍씩 전진
④ 1회전시키고 9구멍씩 전진

풀이
$n = \dfrac{40}{N} = \dfrac{h}{H} = \dfrac{40}{28}$
여기서, n: 분할 크랭크 회전수
N: 일감의 등분 분할 수
h: 핸들을 돌리는 구멍 수
H: 원판의 구멍 수

86 표면이 서로 다른 모양으로 조각된 1쌍의 다이를 이용하여 메달, 주화 등을 가공하는 방법은?
① 벌징(bulging)
② 코이닝(coining)
③ 스피닝(spinning)
④ 엠보싱(embossing)

풀이
• 코이닝(coining)
㉠ 압인 가공으로도 불리우며 금속판이나 블랭크의 전체 표면을 상·하형(凹凸)으로 눌러서 형과 똑같은 모양의 요철을 가공하는 방법
㉡ 상·하의 요철과 관계없이 한 쌍의 다이로 누르기 하여 앞뒤 전혀 다른 무늬를 만드는 가공법(표면이 서로 다른 모양으로 조각된 1쌍의 다이를 이용하여 메달, 주화 등을 가공)

87 납, 즉석, 알루미늄 등의 연한 금속이나 얇은 판금의 가장자리를 다듬질 작업할 때 사용하는 줄눈의 모양은?
① 귀목 ② 단목
③ 복목 ④ 파목

풀이
• 줄눈의 형상
㉠ 홑 줄날(single cut, 단목): 납, 알루미늄 등의 연한 금속이나 얇은판의 가장자리 다듬질 작업할 때 사용
㉡ 겹 줄날(double cut, 복목): 강과 주철과 같이 보통 다듬질에 사용(상날 → 절삭, 하날 → 칩 배출)
㉢ 라스프 줄(rasp cut, 귀목): 목재, 가죽 등의 비금속재료의 다듬질에 사용
㉣ 곡선줄(courve cut, 단목): 칩 배출이 용이하며, 납, 알루미늄, 플라스틱, 목재 등의 다듬질에 사용

88 프레스 가공의 보조 장치 중 판금재료 바깥 둘레의 변형을 방지하기 위하여 사용하는 것은?
① 다이 세트 ② 다이 홀더
③ 판 누르게 ④ 금형 가이드

89 금속의 표면을 단단하게 하기 위한 물리적인 표면 경화법은?
① 청화법 ② 질화법
③ 침탄법 ④ 화염 경화법

풀이
• 표면 경화법의 종류
㉠ 화학적 방법: 표면의 화학조성을 변경시켜 표면을 경화시키는 방법으로 침탄법, 질화법, 청화법 등 침투(시멘테이션)법 등이 있다.
㉡ 물리적 방법: 열처리에 의한 표면 경화로 화염 경화법, 고주파 경화법, 숏 피닝법 등이 있다.

답 84 ④ 85 ④ 86 ② 87 ② 88 ③ 89 ④

90 초음파가공에서 나타나는 현상 및 작용에 대한 설명 중 틀린 것은?

① 공구의 해머링 작용에 의한 가공물의 미세한 파쇄
② 혼의 재료는 황동, 연강, 공구강 등을 사용
③ 가공물 표면에서의 증발 현상
④ 가속된 연삭입자의 충격 작용

풀이 • 초음파가공에서 나타나는 현상 및 작용
㉠ 공구의 해머링 작용에 의한 가공물의 미세한 파쇄
㉡ 혼(공구)의 재료는 황동, 연강, 공구강, 모넬메탈, 피아노 선재 등 사용
㉢ 연삭 입자의 재질은 알루미나, 탄화규소, 탄화붕소 등 사용
㉣ 가속된 연삭 입자의 충격 작용

91 높이 $2h$인 창문에서 질량 m인 물체를 떨어뜨렸는데 지상에 있는 사람이 이 물체를 받았을 경우 이 사람이 받은 충격량은 얼마인가?

① mg ② $2m\sqrt{gh}$
③ $m\sqrt{2gh}$ ④ $\frac{1}{2}mgh$

풀이 • 물체를 받았을 때 속도
$v_2 = 2\sqrt{gh}$
• 충격량과 운동량 법칙
$F\Delta t = mv_2 - mv_1 = 2m\sqrt{gh}$

92 반경 1m, 질량 2kg인 균일한 디스크가 그림과 같은 30° 경사면에 놓여 있다. 정지 상태에서 놓아 주어 10m 굴러갔을 때 디스크 중심부의 속도는 약 몇 m/s인가?(단, 디스크와 경사면 사이에는 미끄러짐이 없으며 중력가속도는 10m/s²로 계산한다.)

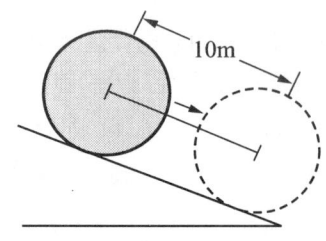

① 4.1   ② 6.2
③ 8.2   ④ 10.4

풀이 • 운동 에너지
$T_1 = 0, \ T_2 = \frac{3}{4}mv^2$
• 에너지 보존 법칙
$T_1 + V_1 = T_2 + V_2$
$0 + mg \times 10 \times \sin 30° = \frac{3}{4}mv^2 + 0$
• 10m 굴러갔을 때 디스크 중심부의 속도
$v = 8.2\,\text{m/s}$

93 그림과 같이 길이 L, 질량 m인 일정 단면의 가늘고 긴 봉에서 봉의 한 끝을 지나고 봉에 수직인 축에 대한 질량 관성 모멘트 I_y는?

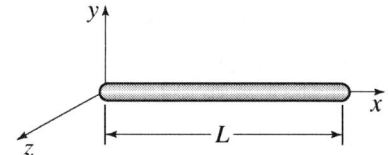

① $\frac{1}{3}mL^2$ ② $\frac{1}{6}mL^2$
③ $\frac{1}{12mL^2}$ ④ $\frac{1}{24}mL^2$

풀이 • 얇은 막대(slender roa)의 질량 중심에 대한 질량 관성 모멘트
$I_{z'} = I_{y'} = \frac{mL^2}{12}$
• 평행축 정리
$I_y = I_{y'} + md^2 = \frac{mL^2}{3}$

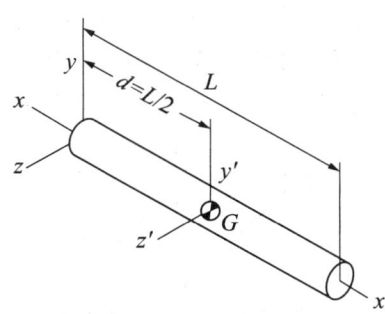

94 반지름 R인 구가 수평한 평면 위를 그림과 같이 미끄러짐 없이 구르고 있다. 중심점 O의 속도가 V일 때 A점 속도의 크기는?

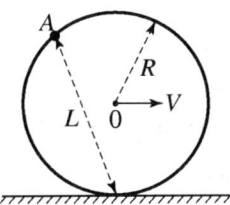

① V ② $V + \dfrac{R \cdot V}{L}$

③ $\dfrac{R \cdot V}{L}$ ④ $\dfrac{L \cdot V}{R}$

 • 각속도
$v_O = V = R\omega$
$\omega = \dfrac{V}{R}$

• 점 A의 속도
$r_d = L$
$v_A = r_d \cdot \omega = L \times \dfrac{V}{R}$
$v_A = \dfrac{LV}{R}$

95 스프링 상수가 1N/cm인 스프링의 양끝을 고정시키고 스프링의 중앙점에 질량 1kg의 질점을 붙였다. 이 시스템의 주기는?

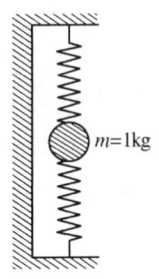

① 0.314s ② 0.628s
③ 1.257s ④ 1.571s

 • 병렬 연결, 등가 스프링 상수
$k_{eq} = 2k + 2k = 4k$

• 시스템의 운동 방정식
$m\ddot{x} + k_{eq}x = 0 \rightarrow m\ddot{x} + 4kx = 0$

• 시스템의 주기
$\omega = \sqrt{\dfrac{4k}{m}} = 2\pi \times \dfrac{1}{T} \rightarrow T = 2\pi\sqrt{\dfrac{m}{4k}} = 0.314s$

96 비감쇠 자유 진동수 ω_n와 감쇠 자유 진동수 ω_d 사이의 관계를 정확히 표시한 것은?(단, ζ는 감쇠비를 나타낸다.)

① $\omega_d = \omega_n\sqrt{1-\zeta^2}$
② $\omega_n = \omega_d\sqrt{1-\zeta}$
③ $\omega_d = \omega_n(1-\zeta^2)$
④ $\omega_n = \omega_d(1-\zeta)$

• 감쇠 고유 진동수(ω_d)와 비감쇠 고유 진동수(ω_n)와의 관계
$\omega_d = \omega_n\sqrt{1-\zeta^2}$

97 최대 가속도 720cm/s²이고, 매분 480사이클의 진동수로 조화 운동을 하고 있는 물체의 진동 진폭은?

① 2.85mm ② 5.71mm
③ 11.42mm ④ 28.52mm

답 94 ④ 95 ① 96 ① 97 ①

풀이 • 진동 진폭

$$X = \frac{\ddot{x}_{max}}{\omega^2} = 2.85mm$$

여기서, 각 진동수(ω)=50.27rad/s

최대 가속도$(\ddot{x}_{max})$=720×10^{-2}m/s²

98 그림에서 자전거 선수는 2m/s²의 일정 가속도로 달리고 있다. 만약 정지 상태에서 출발하였다면 5초 후의 위치는?(단, 지면과 자전거의 마찰은 무시한다.)

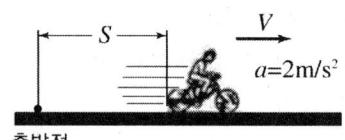

① 10m ② 12.5m
③ 20m ④ 25m

 • 5초 후의 위치

$$s = s_0 + v_0 t + \frac{1}{2}at^2 = 25\,m$$

99 운동 방정식 $m\ddot{x} + c\dot{x} + kx = F\sin\omega t$에서 변위에 대한 식이 $x = Xe^{-\zeta\omega_n t}\sin(\sqrt{1-\zeta^2}\omega_n t + \phi_1) + X_0\sin(\omega t - \phi_2)$로 표시될 때 초기 조건에 의해 결정되어야 할 임의 상수는?

① X 와 X_0 ② X 와 ϕ_1
③ X_0 와 ϕ_1 ④ X_0 와 ϕ_2

풀이 X와 ϕ_1은 초기 조건으로 결정된다.

100 질량이 m인 공이 그림과 같이 속력이 v, 각속도 α로 질량이 큰 금속판에 사출되었

다. 만일 공과 금속판 사이의 반발계수가 0.8이고, 공과 금속판 사이의 마찰이 무시된다면 입사각 α와 출사각 β의 관계는?

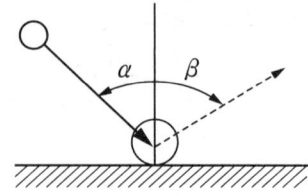

① $\beta = 0$ ② $\alpha > \beta$
③ $\alpha = \beta$ ④ $\alpha < \beta$

풀이 • 충돌 후 공의 법선 방향 속도$(v_1')_n$

$(v_1')_n = 0.8v\cos\alpha$

• 운동량 보존

$m(v_1)_t = m(v_1')_t$

$(m)(v\sin\alpha) = (m)(v_1')_t$

• 충돌 후 공의 접선 방향 속도$(v_1')_t$

$(v_1')_t = v\sin\alpha$

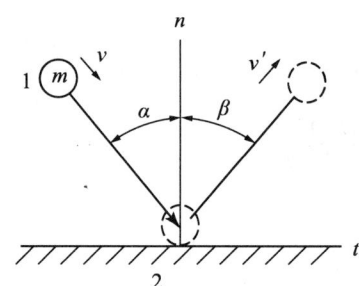

• 충돌 후 출사각(β)의 벡터 삼각형

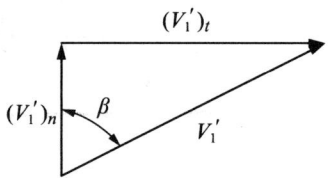

$$\tan\beta = \frac{(v_1')_t}{(v_1')_n} = 1.25\tan\alpha$$

$\frac{\tan\beta}{\tan\alpha} = 1.25 > 0$이므로 $\beta > \alpha$

답 98 ④ 99 ② 100 ④

2013년 4회 일반기계기사 기출문제

1과목 재료역학

1 단면적이 1cm², 탄성계수가 200GPa, 길이가 10m인 케이블이 장력을 받아 길이가 1mm만큼 늘어났다. 장력의 크기는 몇 N인가?

① 1000 ② 2000
③ 3000 ④ 4000

풀이
$\sigma = E\epsilon = E\dfrac{\Delta l}{l}$, $\dfrac{P}{A} = E\dfrac{\Delta l}{l}$,

$P = AE\dfrac{\Delta l}{l} = (1 \times 10^{-4}) \times (200 \times 10^9) \times \dfrac{1 \times 10^{-3}}{10}$
$= 2000\text{N}$

2 한 변의 길이가 10mm인 정사각형 단면의 막대가 있다. 온도를 60℃ 상승시켜서 길이가 늘어나지 않게 하기 위해 8kN의 힘이 필요하다. 막대의 선팽창계수(α)는?(단, 탄성계수 E = 200GPa이다.)

① $\dfrac{5}{3} \times 10^{-6}$ ② $\dfrac{10}{3} \times 10^{-6}$
③ $\dfrac{15}{3} \times 10^{-6}$ ④ $\dfrac{20}{3} \times 10^{-6}$

풀이
$\Delta l = \alpha \Delta T l$ 에서 $\dfrac{\Delta l}{l} = \alpha \Delta T$ 이므로 $\epsilon_t = \alpha \Delta T$ 이다.

$\sigma_t = E\epsilon_t$, $\alpha = \dfrac{\sigma_t}{E\Delta T} = \dfrac{1}{E\Delta T} \times \dfrac{P}{A}$

$\alpha = \dfrac{1}{(200 \times 10^9) \times 60} \times \dfrac{8 \times 10^3}{(10 \times 10) \times 10^{-6}}$

$\fallingdotseq \dfrac{20}{3} \times 10^{-6}/℃$

3 그림과 같이 직선적으로 변하는 불균일 분포하중을 받고 있는 단순보의 전단력 선도는?

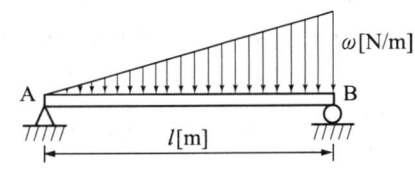

①

②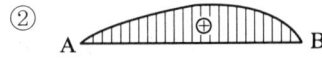

③

④

풀이
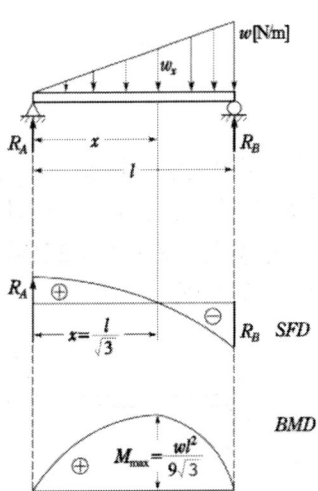

답 1② 2④ 3①

$R_A + R_B = \dfrac{w \cdot l}{2}$, $\Sigma M_B = 0$에서

$R_A l - \dfrac{wl}{2}\dfrac{l}{3} = 0 \Rightarrow R_A = \dfrac{wl}{6}$, $R_B = \dfrac{wl}{3}$

x 지점에서의 분포하중 w_x를 비례식으로 구하면

$w:l = w_x:x$에서 $w_x = \dfrac{w \cdot x}{l}$이다.

㉠ S.F.D

$F_x = R_A - \dfrac{1}{2}x \cdot w_x = \dfrac{w}{6}l - \dfrac{x}{2}\dfrac{wx}{l} = \dfrac{wl}{6} - \dfrac{wx^2}{2l}$

$F_{x=0} = \dfrac{wl}{6}$, $F_{x=l} = \dfrac{wl}{6} - \dfrac{wx^2}{2l} = \dfrac{wl}{6} - \dfrac{wl}{2} = -\dfrac{wl}{3}$

전단력이 0이 되는 지점(모멘트가 최대가 되는 지점)을 구하면

$F_x = \dfrac{wl}{6} - \dfrac{wx^2}{2l} = 0 \Rightarrow 2wl^2 = 6wx^2 \Rightarrow x = \dfrac{l}{\sqrt{3}}$

㉡ B.M.D

$M_x = R_A \cdot x - \dfrac{1}{2}x \cdot w_x \times \dfrac{x}{3} = \dfrac{wl}{6}x - \dfrac{x^2}{6}\dfrac{w \cdot x}{l}$

$= \dfrac{wl}{6}x - \dfrac{w \cdot x^3}{6l}$

$M_{x=0} = 0$, $M_{x=l} = \dfrac{wl}{6}x - \dfrac{w \cdot x^3}{6l} = \dfrac{wl^2}{6} - \dfrac{wl^2}{6} = 0$

※ $\dfrac{dM}{dx} = \dfrac{wl}{6} - \dfrac{w \cdot x^2}{6l} \cdot 3 = 0 \Rightarrow \dfrac{w \cdot l}{6} - \dfrac{w \cdot x^2}{2l} = 0$

미분해서 0이 되는 지점이 최댓값을 가진다. 따라서 모멘트의 최댓값은 $x = \dfrac{l}{\sqrt{3}}$인 지점에서 발생한다.

$M_{max} = M_{x=\frac{l}{\sqrt{3}}} = \dfrac{w \cdot l^2}{9\sqrt{3}}$

4 그림과 같이 단순 지지보가 B점에서 반시계 방향의 모멘트를 받고 있다. 이때 최대의 처짐이 발생하는 곳은 A점으로부터 얼마나 떨어진 거리인가?

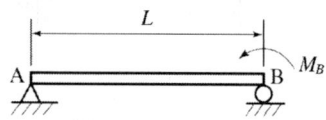

① $\dfrac{L}{2}$ ② $\dfrac{L}{\sqrt{2}}$

③ $L\left(1 - \dfrac{L}{\sqrt{3}}\right)$ ④ $\dfrac{L}{\sqrt{3}}$

풀이

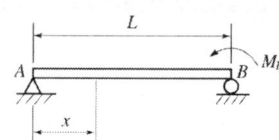

$R_A \times l - M_B = 0$, $R_A = \dfrac{M_B}{l}$,

$M_x = R_A x = \dfrac{M_B}{l}x$

$EI\delta'' = -\dfrac{M_B}{l}x$, $EI\delta' = -\dfrac{M_B}{2l}x^2 + C_1$

$EI\delta = -\dfrac{M_B}{6l}x^3 + C_1 x + C_2$에서 $x=0 \to \delta=0$이므로

$C_2 = 0$이고, $x=l \to \delta=0$이므로 $C_1 = \dfrac{M_B}{6}l$이다.

그러므로 $EI\delta' = -\dfrac{M_B}{2l}x^2 + \dfrac{M_B}{6}l$이며, 미분값이 0이 되는 지점이 최대·최소이므로 $\dfrac{M_B}{2l}x^2 = \dfrac{M_B}{6}l$, $3x^2 = l^2$, $x = \pm\dfrac{l}{\sqrt{3}}$

5 상단이 고정된 원추 형체의 단위 체적에 대한 중량을 γ라 하고 원추의 밑면의 지름이 d, 높이가 l일 때 이 재료의 최대 인장응력을 나타낸 식은?

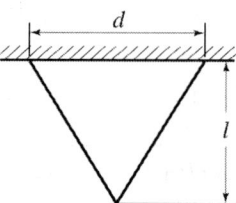

① $\sigma_{max} = \gamma l$ ② $\sigma_{max} = \dfrac{1}{2}\gamma l$

③ $\sigma_{max} = \dfrac{1}{3}\gamma l$ ④ $\sigma_{max} = \dfrac{1}{4}\gamma l$

답 4 ④ 5 ③

풀이 $w = \gamma Al$, 원기둥의 자중에 의한 응력 $\sigma_{max} = \dfrac{w}{A}$
$= \gamma l$이고 원추형의 원기둥의 $\dfrac{1}{3}$이므로 원추형의 σ_{max}
$= \gamma l \times \dfrac{1}{3}$이다.

6 그림과 같은 외팔보에 저장된 굽힘 변형 에너지는?(단, 탄성계수는 E이고, 단면의 관성 모멘트는 I이다.)

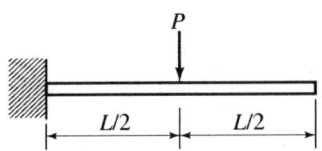

① $\dfrac{P^2 L^3}{8EI}$ ② $\dfrac{P^2 L^3}{12EI}$

③ $\dfrac{P^2 L^3}{24EI}$ ④ $\dfrac{P^2 L^3}{48EI}$

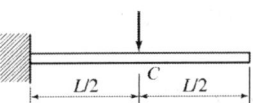

$\delta_C = \dfrac{P}{3EI}\left(\dfrac{l}{2}\right)^3 = \dfrac{Pl^3}{24EI}$

$U = \dfrac{1}{2}P\delta_C = \dfrac{1}{2} \times P \times \dfrac{Pl^3}{24EI} = \dfrac{P^2 l^3}{48EI}$

7 다음 그림과 같이 연속보가 균일 분포하중 (q)을 받고 있을 때, A점의 반력은?

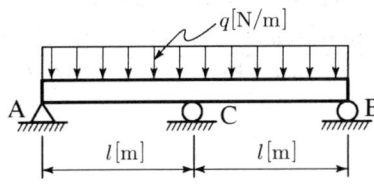

① $\dfrac{1}{8}ql$ ② $\dfrac{1}{4}ql$

③ $\dfrac{3}{8}ql$ ④ $\dfrac{1}{2}ql$

풀이

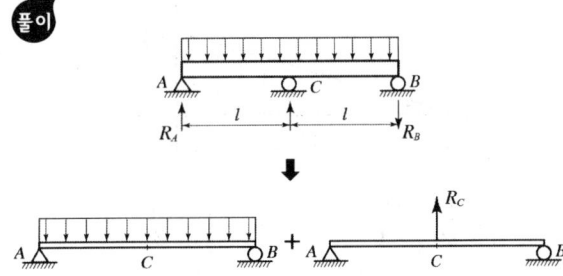

R_C가 없는 경우 $\delta = \dfrac{5q(2l)^4}{384E \cdot I} = \dfrac{5 \times 16 \times q \times l^4}{384E \cdot I}$
$= \dfrac{5q \cdot l^4}{24E \cdot I}$,

R_C만 있는 경우 $\delta = \dfrac{R_C(2l)^3}{48E \cdot I} = \dfrac{R_C \cdot 8 \cdot l^3}{48E \cdot I} = \dfrac{4R_C \cdot l^3}{24E \cdot I}$

C 지점에서 처짐량이 같으므로

$\delta_C = \dfrac{5q \cdot l^4}{24E \cdot I} = \dfrac{4R_C \cdot l^3}{24E \cdot I}$, $R_C = \dfrac{5}{4}q \cdot l$

$R_A + R_B + R_C = 2ql$이며 $R_A = R_B = \dfrac{3}{8}ql$

8 단면계수에 대한 설명으로 틀린 것은?

① 차원(Dimension)은 길이의 3승이다.
② 대칭 도형의 단면계수 값은 하나밖에 없다.
③ 도형의 도심 축에 대한 단면 3차 모멘트의 면적을 서로 곱한 것을 말한다.
④ 단면계수를 크게 설계하면 보가 강해진다.

풀이 • 단면계수(Modulus of Section): 부재가 굽힘을 받게 되면 도심 축에서 부터 떨어진 거리에 비례하여 굽힘응력을 받게 된다. 이때 도심 축에 대한 단면 2차 모멘트를 도심에서 연거리로 나눈 값을 단면계수라 하고 단위는 cm^3이다.

9 길이가 l인 외팔보에서 그림과 같이 삼각형 분포하중을 받고 있을 때 최대 전단력과 최대 굽힘 모멘트는?

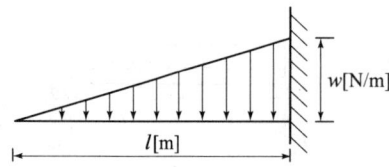

① $\dfrac{wl}{2}, \dfrac{wl^2}{6}$ ② $wl, \dfrac{wl^2}{3}$

③ $\dfrac{wl}{2}, \dfrac{wl^2}{3}$ ④ $\dfrac{wl^2}{2}, \dfrac{wl}{6}$

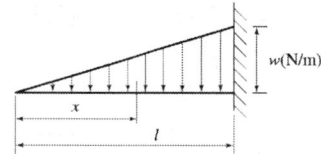

x 지점에서의 분포하중 w_x를 비례식으로 구하면
$w : l = w_x : x$ 에서 $w_x = \dfrac{w \cdot x}{l}$ 이다.

㉠ S.F.D

x 지점에서 전단력 $F_x = \dfrac{1}{2} x \dfrac{w \cdot x}{l} = \dfrac{w \cdot x^2}{2l}$ 로서

$F_{x=0} = 0, \; F_{x=l} = \dfrac{w \cdot l}{2}, \; F_{\max} = \dfrac{w \cdot l}{2}$

㉡ B.M.D

x 지점에서 모멘트

$M_x = \dfrac{w_x \cdot x}{2} \times \dfrac{x}{3} = \dfrac{w_x \cdot x^2}{6} = \dfrac{w \cdot x^3}{6l}$ 로서

$M_{x=0} = 0, \; M_{x=l} = \dfrac{w \cdot l^2}{6}, \; M_{\max} = \dfrac{w \cdot l^2}{6}$

10 그림에 표시한 단순 지지보에서의 최대 처짐량은?(단, 보의 굽힘강성 EI는 일정하고, 자중은 무시한다.)

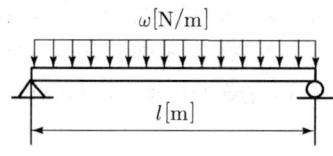

① $\dfrac{\omega l^3}{48EI}$ ② $\dfrac{\omega l^4}{24EI}$

③ $\dfrac{5\omega l^3}{253EI}$ ④ $\dfrac{5\omega l^4}{384EI}$

$R_a = R_b = \dfrac{w \cdot l}{2}$

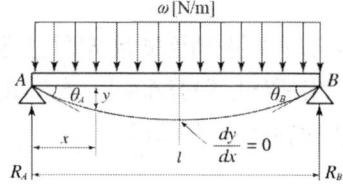

$M_x = \dfrac{w \cdot l}{2} x - \dfrac{w \cdot x^2}{2}, \; E \cdot I \cdot v'' = \dfrac{w}{2} l \cdot x - \dfrac{w}{2} x^2,$

$E \cdot I \cdot v' = \dfrac{w}{4} l \cdot x^2 - \dfrac{w}{6} x^3 + c_1 \cdots\cdots\cdots\cdots$ ①

$E \cdot I \cdot v = \dfrac{w}{12} l \cdot x^3 - \dfrac{w}{24} x^4 + c_1 \cdot x + c_2 \cdots\cdots$ ②

식 ②에서 $v = 0$인 지점은 $x = 0, x = l$일 때이므로

$x = 0 \to c_2 = 0, \; x = l \to \dfrac{w \cdot l^4}{12} - \dfrac{w \cdot l^4}{24} + c_1 \cdot l = 0$

$\therefore c_1 = \dfrac{w \cdot l^3}{24} - \dfrac{w \cdot l^3}{12} = -\dfrac{w \cdot l^3}{24}$

$E \cdot I \cdot v' = \dfrac{w}{4} l \cdot x^2 - \dfrac{w}{6} x^3 - \dfrac{w \cdot l^3}{24},$

$E \cdot I \cdot v = \dfrac{w \cdot l}{12} x^3 - \dfrac{w}{24} x^4 - \dfrac{w \cdot l^3}{24} x + c_2$

$x = 0$ 또는 $x = l$ 일 경우 $\theta_{\max} = -\dfrac{w \cdot l^3}{24 E \cdot I}$

$x = \dfrac{l}{2}$ 일 경우

$E \cdot I \cdot v = \dfrac{w \cdot l}{12} x^3 - \dfrac{w}{24} x^4 - \dfrac{w \cdot l^3}{24} x$

$= \dfrac{w \cdot l}{12} \dfrac{l^3}{8} - \dfrac{w}{24} \dfrac{l^4}{16} - \dfrac{w \cdot l^3}{24} \dfrac{l}{2}$

$v_{\max} = \dfrac{4w \cdot l^4 - w \cdot l^4 - 8w \cdot l^4}{24 \times 16} = -\dfrac{5w \cdot l^4}{384 E \cdot I}$

답 9 ① 10 ④

11 그림과 같이 6cm×12cm 단면의 직사각형 보가 단순 지지되어 B단면에 집중하중 5000N을 받고 있다. B 단면에서의 최대 굽힘응력은 약 몇 MPa인가?

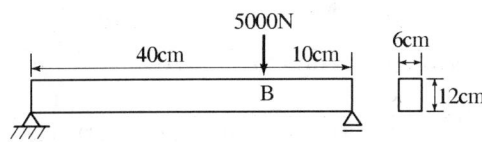

① 400　　② 0.463
③ 2.78　　④ 57600

 $R_A \times 0.5 - 5000 \times 0.1 = 0$,
$R_A = \dfrac{5000 \times 0.1}{0.5} = 1000\text{N}$,
$M_B = R_A \times 0.4 = 1000 \times 0.4 = 400\text{Nm}$
$Z = \dfrac{bh^2}{6} = \dfrac{0.06 \times 0.12^2}{6} = 1.44 \times 10^{-4} \text{m}^3$
$M = \sigma_b Z$, $\sigma_b = \dfrac{M}{Z}$ 이므로
$\sigma_b = \dfrac{M}{Z} = \dfrac{400}{1.44 \times 10^{-4}} \fallingdotseq 2.78\text{MPa}$

12 바깥지름 50cm, 안지름 30cm의 속이 빈 축은 동일한 단면적을 가지며 같은 재질의 원형 축에 비하여 약 몇 배의 비틀림 모멘트에 견딜 수 있는가?

① 1.7배　　② 1.4배
③ 1.2배　　④ 0.9배

 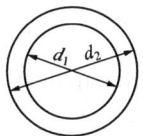

중공축과 중실축이 면적이 같으므로
$\dfrac{\pi(d_2^2 - d_1^2)}{4} = \dfrac{\pi d^2}{4}$, $d_2^2 - d_1^2 = d^2$ 이므로
$0.5^2 - 0.3^2 = d$, $d = 0.4$

$T_h = \tau \dfrac{\pi(d_2^4 - d_1^4)}{16 d_2} = \tau \dfrac{\pi(0.5^4 - 0.3^4)}{16 \times 0.5}$,
$T_s = \tau \dfrac{\pi d^3}{16} = \tau \dfrac{\pi \times 0.4^3}{16}$
$\dfrac{T_h}{T_s} = \dfrac{\dfrac{0.5^4 - 0.3^4}{0.5}}{0.4^3} = \dfrac{0.5^4 - 0.3^4}{0.5 \times 0.4^3} = 1.7$

13 평균 지름 $d=60\text{cm}$, 두께 $t=3\text{mm}$인 강관이 $P=2.1\text{MPa}$의 내압을 받고 있다. 이 관 속에 발생하는 원환 응력으로 인한 지름의 증가량은 약 몇 mm인가?(단, 탄성계수 $E=210\text{GPa}$이다.)

① 0.3　　② 0.6
③ 1.2　　④ 6

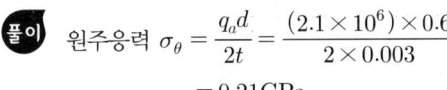 원주응력 $\sigma_\theta = \dfrac{q_a d}{2t} = \dfrac{(2.1 \times 10^6) \times 0.6}{2 \times 0.003}$
$= 0.21\text{GPa}$
축 방향 응력 $\sigma_a = \dfrac{q_a d}{4t} = \dfrac{(2.1 \times 10^6) \times 0.6}{4 \times 0.003} = 0.105\text{GPa}$
반지름의 변화량을 δ_c으로 하면 원주 방향의 변형률
$\epsilon_\theta = \dfrac{2\pi(r + \delta_c) - 2\pi r}{2\pi r} = \dfrac{\delta_c}{r}$, $\sigma_\theta = E\epsilon_\theta$ 에서
$\epsilon_\theta = \dfrac{\sigma_\theta}{E} = \dfrac{\delta_c}{r}$, 반지름 증가량
$\delta_c = \dfrac{\sigma_\theta \times r}{E} = \dfrac{(0.21 \times 10^9) \times 0.3}{210 \times 10^9} = 0.3\text{mm}$ 이며 지름의 증가량은 0.6mm이다.

14 지름 30mm의 환봉 시험편에서 표점거리를 10mm로 하고 스트레인 게이지를 부착하여 신장을 측정한 결과 인장하중 25kN에서 신장 0.0418mm가 측정되었다. 이때의 지름은 29.97mm이었다. 이 재료의 포아송비(ν)는?

① 0.239　　② 0.287
③ 0.0239　　④ 0.0287

풀이
$$\nu = \frac{\epsilon'}{\epsilon} = \frac{\frac{\Delta d}{d}}{\frac{\Delta l}{l}} = \frac{l\Delta d}{d\Delta l}$$
$$= \frac{10 \times (30 - 29.97)}{30 \times 0.0418} \fallingdotseq 0.239$$

15 직사각형 단면(가로 3m, 세로 2m)의 단주에 150kN 하중이 중심에서 1m만큼 편심되어 작용할 때 이 부재 AC에서 생기는 최대 인장 응력은 몇 kPa인가?

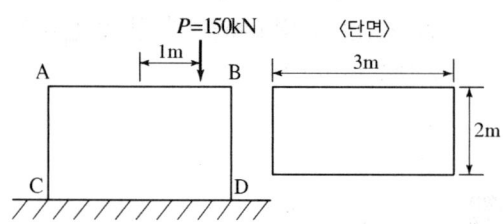

① 25 ② 50
③ 87.5 ④ 100

$$\sigma_{A-C} = \frac{P}{A} - \frac{M}{Z}$$
$$= \frac{150 \times 10^3}{3 \times 2} - \frac{(150 \times 10^3) \times 1}{\frac{2 \times 3^2}{6}} = -25000 = -25\text{kPa}$$

16 그림과 같이 길이가 동일한 2개의 기둥 상단에 중심 압축하중 2500N이 작용할 경우 전체 수축량은 약 몇 mm인가?(단, 단면적 A_1=1000mm², A_2=2000mm², 길이 L=300mm, 재료의 탄성계수 E=90GPa이다.)

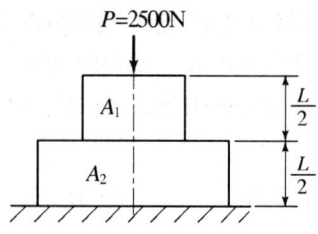

① 0.625 ② 0.0625
③ 0.00625 ④ 0.000625

풀이
$$\delta = \frac{P\frac{l}{2}}{A_1 E} + \frac{P\frac{l}{2}}{A_2 E}$$
$$= \frac{2500 \times \frac{0.3}{2}}{(1000 \times 10^{-6}) \times (90 \times 10^9)} + \frac{2500 \times \frac{0.3}{2}}{(2000 \times 10^{-6}) \times (90 \times 10^9)}$$
$$= 2500 \times \frac{0.3}{2} \times \frac{1}{90 \times 10^9} \times \left(\frac{1}{1000 \times 10^{-6}} + \frac{1}{2000 \times 10^{-6}}\right)$$
$$= 0.00625\text{mm}$$

17 단면적 A, 탄성계수(Young's Modulus) E, 길이 L_1인 봉재가 그림과 같이 천장에 매달려 있다. 이 부재의 B점에 하중 P가 작용될 때 B점의 하중 방향 변위는?

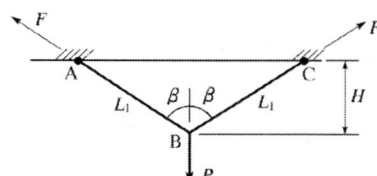

① $\dfrac{P^2 H}{4EA\cos^2\beta}$ ② $\dfrac{P^2 H}{4EA\cos^3\beta}$

③ $\dfrac{PH}{2EA\cos^2\beta}$ ④ $\dfrac{PH}{2EA\cos^3\beta}$

풀이 SIN 법칙에 의하여
$$\frac{P}{\sin 2\beta} = \frac{F}{\sin(180-\beta)} = \frac{F}{\sin(180-\beta)},$$
$$F = \frac{P \times \sin(180-\beta)}{\sin 2\beta}$$
$$= \frac{P \times (\sin 180 \cos\beta - \cos 180 \sin\beta)}{2\sin\beta\cos\beta}$$
$$= \frac{P}{2\cos\beta}$$
$$\delta = \frac{FL_1}{AE} = \frac{1}{AE} \times \frac{P}{2\cos\beta} \times \frac{H}{\cos\beta} = \frac{PH}{2AE\cos^2\beta},$$
$$\delta_B = \frac{\delta}{\cos\beta} = \frac{PH}{2AE\cos^3\beta}$$

답 15 ① 16 ③ 17 ④

18 비틀림 모멘트 T를 받고 봉의 길이 L인 부재에 발생하는 순수 전단(pure shear) 상태에서의 비틀림 변형 에너지 U는?(단, 비틀림 강성은 GJ이다.)

① $\dfrac{TL}{2GJ}$ ② $\dfrac{T^2L}{2GJ}$

③ $\dfrac{TL^2}{2GJ}$ ④ $\dfrac{T^2L^2}{2GJ}$

풀이 $U = \dfrac{1}{2}T\theta = \dfrac{1}{2}T\dfrac{TL}{GJ} = \dfrac{1}{2}\dfrac{T^2L}{GJ}$

19 하중을 받고 있는 기계요소의 응력 상태는 아래와 같다. 선분 (a-a)에서 수직응력(σ_n)과 전단응력(τ)은?

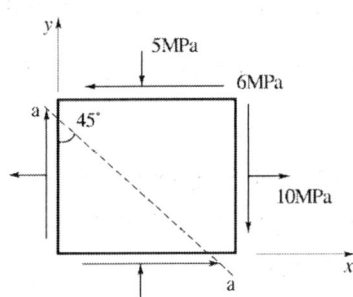

① σ_n=10MPa, τ=7.5MPa
② σ_n=-3.5MPa, τ=-7.5MPa
③ σ_n=10MPa, τ=-6MPa
④ σ_n=-3.5MPa, τ=6MPa

풀이 • 법선응력
$\sigma_n = \dfrac{1}{2}(\sigma_x+\sigma_y) + \dfrac{1}{2}(\sigma_x-\sigma_y)\cos2\theta - \tau_{xy}\cdot\sin2\theta$
$= \dfrac{1}{2}(10-5) + \dfrac{1}{2}(10+5)\cos90 - 6\sin90$
$= -3.5\text{MPa}$

전단응력 $\tau = -\dfrac{1}{2}(\sigma_x-\sigma_y)\sin2\theta - \tau_{xy}\cos2\theta$
$= -\dfrac{1}{2}(10+5)\sin90 - 6\cos90 = -7.5\text{MPa}$

20 그림과 같은 풀리에 장력이 작용하고 있을 때 풀리의 회전수가 100rpm이라면 전달 동력은 몇 kW인가?

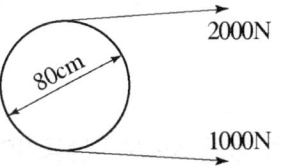

① 2.14 ② 16.55
③ 8.32 ④ 4.19

풀이 $H_{kW} = FV = \dfrac{(2000-1000)\times(\pi\times0.8\times100)}{60\times1000}$
$\fallingdotseq 4.19\text{kW}$

기계열역학

21 터빈의 효율에 대한 정의로 맞는 것은?
① 실제 과정의 일 ÷ 등엔트로피 과정의 일
② 등엔트로피 과정의 일 ÷ 실제 과정의 일
③ 실제 과정의 일 × 등엔트로피 과정의 일
④ (등엔트로피 과정의 일 ÷ 실제 과정의 일)^2

풀이 • 터빈 효율: 터빈이 수행한 실제일($w_{turbine,\,real}$)과 터빈의 등엔트로피 과정($w_{turbine,\,isentropic}$)의 일에 대한 비

$\eta_{turbine} = \dfrac{w_{turbine,\,real}}{w_{turbine,\,isentropic}}$

22 흑체의 온도가 20℃에서 80℃로 되었다면 방사하는 복사 에너지는 약 몇 배가 되는가?
① 1.2 ② 2.1
③ 4.0 ④ 5.0

답 18② 19② 20④ 21① 22②

• 복사 에너지

$$\dot{Q} \propto T^4 \rightarrow \frac{\dot{Q}_{80℃}}{\dot{Q}_{20℃}} = 2.1$$

20℃에서 방사하는 에너지보다 80℃에서 방사하는 복사 에너지가 2.1배 크다.

23 냉동 용량 23kW인 냉동기의 성능계수가 3이다. 이때 필요한 동력은 몇 kW인가?

① 4.4 ② 5.7
③ 6.7 ④ 7.7

 • 성능계수 3인 냉동기를 사용하는 데 필요한 동력

$$\dot{W} = \frac{\dot{Q}_L}{COP} = 7.7 \text{kW}$$

24 이상 기체 1kg을 300K, 100kPa에서 500K까지 "Pv^n=일정"의 과정(n=1.2)을 따라 변화시켰다. 기체의 비열비는 1.3, 기체 상수는 0.287kJ/kg·K라고 가정한다면 이 기체의 엔트로피 변화량은 약 몇 kJ/K인가?

① -0.244 ② -0.287
③ -0.344 ④ -0.373

 • 폴리트로픽 과정에서 압력과 온도의 관계

$$P_2 = P_1 \times \left(\frac{T_2}{T_1}\right)^{\frac{n}{n-1}} = 2143.35 \text{kPa}$$

• 엔트로피 변화량

$$S_2 - S_1 = m\left(C_p \ln\frac{T_2}{T_1} - R\ln\frac{P_2}{P_1}\right) = -0.244 \text{kJ/K}$$

여기서, 정압 비열(C_p)=1.244kJ/kg·K

25 어떤 냉동기에서 0℃의 물로 0℃의 얼음 2ton을 만드는데 180MJ의 일이 소요된다면 이 냉동기의 성능계수는?(단, 물의 융해열은 334kJ/kg이다.)

① 2.05 ② 2.32
③ 2.65 ④ 3.71

 • 냉동기의 성능계수

$$COP = \frac{\dot{Q}_L}{\dot{W}} = 3.71$$

0℃의 물을 0℃ 얼음으로 만들 때 물이 흡수해야 하는 열량 ($\dot{Q}_L$)=668MJ

26 증기 압축 냉동 사이클에 대한 설명 중 맞는 것은?

① 팽창 밸브를 통한 과정은 등엔트로피 과정이다.
② 압축기 단열 효율은 100%보다 클 수 있다.
③ 응축 온도는 주위 온도보다 낮을 수 있다.
④ 성능계수는 1보다 클 수 있다.

풀이 냉동 사이클의 성능계수는 일반적으로 1보다 크다.

27 다음 열과 일에 대한 설명 중 맞는 것은?

① 과정에서 열과 일은 모두 경로에 무관하다.
② Watt(W)는 열의 단위이다.
③ 열역학 제1법칙은 열과 일의 방향성을 제시한다.
④ 사이클에서 시스템의 열전달 양은 곧 시스템이 수행한 일과 같다.

풀이 열역학 제1법칙의 기본적 서술은 다음과 같다.

$$\oint \delta Q = \oint \delta W$$

28 33kW의 동력을 내는 열기관이 1시간 동안 하는 일은 약 얼마인가?

① 83600kJ ② 104500kJ
③ 118800kJ ④ 988780kJ

- 열기관이 1시간 동안 하는 일
  $33kW = 33 \times 10^3 J/s = 33 \times 3600 \times 10^3 J/hr$
  $= 118800 kJ/hr$

29 이상 랭킨(Rankine) 사이클에서 정적 단열 과정이 진행되는 곳은?
① 보일러   ② 펌프
③ 터빈   ④ 응축기

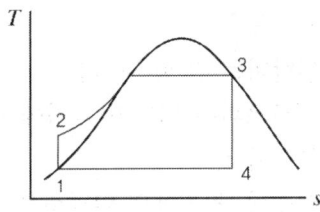

▲ 기본 랭킨 사이클의 $T-s$ 선도

과정 1-2에서 펌프는 단열 압축이며 액체의 비체적은 거의 일정($v \approx v_1$)하므로 정적 과정이다.

30 다음의 설명 중 틀린 것은?
① 엔트로피는 종량적 상태량이다.
② 과정이 비가역으로 되는 요인에는 마찰, 불구속 팽창, 유한 온도차에 의한 열전달 등이 있다.
③ Carnot Cycle은 비가역이므로 모든 과정을 역으로 운전할 수 없다.
④ 시스템의 가역과정은 한 번 진행된 과정이 역으로 진행될 수 있으며, 그때 시스템이나 주위에 아무런 변화를 남기지 않는 과정이다.

카르노 사이클은 가역 과정으로 모든 과정을 역으로 운전할 수 있다.

31 질소의 압축성 인자(계수)에 대한 설명으로 맞는 것은?
① 상온 및 상압인 300K, 1기압 상태에서 압축성 인자는 거의 1에 가까워 이상 기체의 거동을 보인다.
② 온도에 관계없이 압력이 0에 가까워지면 압축성 인자도 0에 접근한다.
③ 압력이 30MPa 이상인 초고밀도 영역에서 압축성 인자는 항상 1보다 작다.
④ 상온 및 상압인 300K, 1기압 상태에서 온도가 증가하면 압축성 인자는 감소한다.

① 질소의 압축성 인자는 상온 온도(300K) 이상에서 약 10MPa 정도까지 거의 1이다. 이것은 질소인 경우에 이상 기체의 거동을 보이며, 이상 기체 상태방정식을 사용해도 매우 정확하다는 것을 알려준다.

32 마찰이 없는 피스톤과 실린더로 구성된 밀폐계에 분자량이 25인 이상 기체가 2kg 있다. 기체의 압력이 100kPa로 일정할 때 체적이 1m³에서 2m³로 변화한다면 이 과정 중 열전달량은?(단, 정압 비열은 1.0kJ/kg·K 이다.)
① 약 150kJ   ② 약 202kJ
③ 약 268kJ   ④ 약 300kJ

- 실린더 체적 변화에 따른 경계 이동일
  $_1W_2 = \int_1^2 PdV = P(V_2 - V_1) = 100kJ$
- 주어진 조건을 갖는 기체의 정적 비열
  $C_v = C_p - R = 0.6676 kJ/kg \cdot K$
  여기서, 이상 기체의 특정 기체 상수(R) = 0.332 kJ/kg·K
- 상태 1과 상태 2에서 온도
  $T_1 = \dfrac{PV_1}{mR} = 150.4K, \quad T_2 = \dfrac{PV_2}{mR} = 300.8K$
- 열역학 제1법칙
  $_1Q_2 = mC_v(T_2 - T_1) + {_1W_2} = 300.8kJ$

33 임계점 및 삼중점에 대한 설명으로 옳은 것은?

① 헬륨이 상온에서 기체로 존재하는 이유는 임계 온도가 상온보다 훨씬 높기 때문이다.
② 초임계 압력에서는 두 개의 상이 존재한다.
③ 물의 삼중점 온도는 임계 온도보다 높다.
④ 임계점에서는 포화 액체와 포화 증기의 상태가 동일하다.

 ④ 포화 증기와 포화 액체의 상태는 임계점에서 동일하며 등온 증발 과정이 없다.

34 한 시간에 3600kg의 석탄을 소비하여 6050kW를 발생하는 증기 터빈을 사용하는 화력 발전소가 있다면, 이 발전소의 열효율은?(단, 석탄의 발열량은 29900kJ/kg이다.)

① 약 20%   ② 약 30%
③ 약 40%   ④ 약 50%

• 공급 연료의 발열량=연료 소비율×연료 발열량
 =29900kW
여기서, 연료 소비율($\dot{m}$)=1kg/s이다.
• 열효율(η)
 η=출력/공급 연료 발열량
  =(6050kW)/(29900kW)=0.2

35 상온의 감자를 가열하여 뜨거운 감자로 요리하였다. 감자의 에너지 변동 중 맞는 것은?

① 위치 에너지가 증가
② 엔탈피 감소
③ 운동 에너지 감소
④ 내부 에너지가 증가

• 열역학 1법칙
 $_1Q_2 = U_2 - U_1 + _1W_2 = U_2 - U_1$

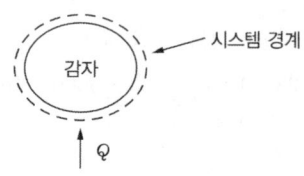

감자를 가열하면 체적 변화는 없으므로 시스템 경계를 통한 경계 일은 0(영)이다. 따라서, 감자에 가해진 열이 내부 에너지 증가로 나타난다.

36 다음 열역학 성질(상태량)에 대한 설명 중 맞는 것은?

① 엔탈피는 점 함수이다.
② 엔트로피는 비가역 과정에 대해서 경로 함수이다.
③ 시스템 내 기체의 열평형은 압력이 시간에 따라 변하지 않을 때를 말한다.
④ 비체적은 종량적 상태량이다.

• 점 함수(Point Function) : 정해진 시점에서 상태를 나타내는 열역학적인 성질이다.

37 이상 기체가 정압 하에서 엔탈피 증가가 939.4kJ, 내부 에너지 증가는 512.4kJ이었으며, 체적은 0.5m³ 증가하였다. 이 기체의 압력은?

① 665kPa   ② 754kPa
③ 854kPa   ④ 786kPa

• 주어진 기체의 압력
$$P = \frac{(H_2 - H_1) - (U_2 - U_1)}{V_2 - V_1} = 854kPa$$
여기서, 엔탈피 변화량=939.4kJ
    내부 에너지 변화량=512.4kJ
    체적 변화량=0.5m³

답 33 ④ 34 ① 35 ④ 36 ① 37 ③

38 증기 터빈에서 질량 유량이 1.5kg/s이고, 열 손실률이 8.5kW이다. 터빈으로 출입하는 수증기에 대하여 그림에 표시한 바와 같은 데이터가 주어진다면 터빈의 출력은? (단, 중력가속도 $g=9.8m/s^2$이다.)

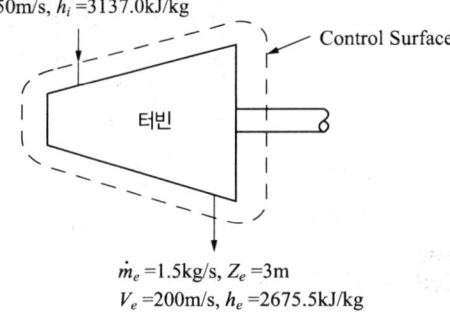

① 약 273kW ② 약 656kW
③ 약 1357kW ④ 약 2616kW

 • 터빈 출력

$\dot{W} = \dot{m}w_t$
$= 651.4kJ/s = 651.4kW$

여기서, 질량 유량($\dot{m}$)=1.5kg/s, 단위 질량당 터빈 출력 (w_t)=434279.4J/kg,
열 손실률($\dot{q}$)=8.5kW

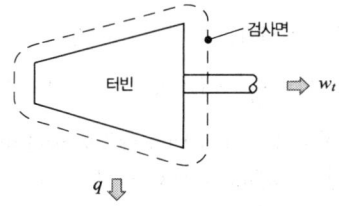

39 피스톤-실린더 내에 공기 3kg이 있다. 공기가 200kPa, 10℃인 상태에서 600kPa이 될 때까지 "$Pv^{1.3}$=일정"인 과정으로 압축된다. 이 과정에서 공기가 한 일은 약 몇 kJ인가?(단, 공기의 기체 상수는 0.287kJ/kg·K이다.)

① −285 ② −235
③ 13   ④ 125

 • 단위 질량당 경계 이동일

$_1w_2 = \int_1^2 Pdv = 일정 \int_1^2 v^{-1.3}dv$
$= \dfrac{P_1 v_1^{1.3}}{1-1.3}[v_2^{1-1.3} - v_1^{1-1.3}]$
$= -78094.9 J/kg$

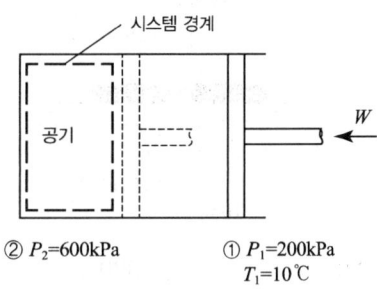

여기서, 상태 ①에서 실린더 안에 있는 공기의 비체적(v_1)
$=0.406m^3/kg$
상태 ②에서 비체적(v_2)=$0.1744m^3/kg$

• 실린더 안에 있는 전체 질량 공기가 수행한 경계 이동일
$_1W_2 = m_1w_2 = -234.3kJ$

40 600kPa, 300K 상태의 아르곤(argon) 기체 1kmol이 엔탈피가 일정한 과정을 거쳐 압력이 원래의 1/3배가 되었다. 일반 기체 상수 $\overline{R}=8.31451kJ/kmol·K$이다. 이 과정 동안 아르곤(이상 기체)의 엔트로피 변화량은?

① 0.782kJ/K ② 8.31kJ/K
③ 9.13kJ/K   ④ 60.0kJ/K

 • 엔트로피 변화량

$s_2 - s_1 = ds = -\overline{R}\ln\dfrac{P_2}{P_1} = -\overline{R}\ln\dfrac{\frac{1}{3}P_1}{P_1}$
$= 9.13kJ/K$

답 38 ② 39 ② 40 ③

3 기계유체역학

41 그림과 같이 지름 0.1m인 구멍이 뚫린 철판을 지름 0.2m, 유속 10m/s인 분류가 완벽하게 균형이 잡힌 정지 상태로 떠받치고 있다. 이 철판의 질량은 약 몇 kg인가?

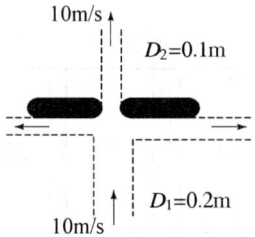

① 240 ② 320
③ 400 ④ 800

 • y축 운동량 방정식

$$-m_{steel} \cdot g = \dot{m}_{water,2} \cdot V_{y,2} - \dot{m}_{water,1} \cdot V_{y,1}$$
$$= \rho \dot{Q}_2 V - \rho \dot{Q}_1 V = \rho A_2 V^2 - \rho A_1 V^2$$

여기서, $V_{y,2} = V_{y,1} = V$

• 철판 질량

$$m_{steel} = \frac{\rho A_1 V^2 - \rho A_2 V^2}{g} = \frac{\pi \rho V^2 (D_1^2 - D_2^2)}{4g} = 240 \text{kg}$$

42 유체의 밀도 ρ, 속도 V, 압력강하 ΔP의 조합으로 얻어지는 무차원 수는?

① $\dfrac{\sqrt{\Delta P}}{\rho V}$ ② $\rho \sqrt{\dfrac{V}{\Delta P}}$

③ $V \sqrt{\dfrac{\rho}{\Delta P}}$ ④ $\Delta P \sqrt{\dfrac{V}{\rho}}$

압력	밀도	속도	$V\sqrt{\dfrac{\rho}{\Delta P}}$
$MT^{-2}L^{-1}$	ML^{-3}	LT^{-1}	$LT^{-1} \times \sqrt{\dfrac{ML^{-3}}{MT^{-2}L^{-1}}} = 1$

43 그림과 같은 원통형 축 틈새에 점성계수 $\mu = 0.51$Pa·s인 윤활유가 채워져 있을 때, 축을 1800rpm으로 회전시키기 위해서 필요한 동력은 몇 W인가?(단 틈새에서의 유동은 couette 유동이라고 간주한다.)

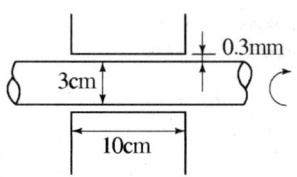

① 45.3 ② 128
③ 4807 ④ 13610

풀이 • 원통형 축의 접선 속도
$u = R_{avg} \cdot \omega = 2.83$m/s
여기서, 원통형 축과 하우징 사이 평균 반지름(R_{avg})
$= 0.01515$m

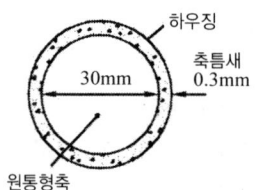

▲ 문제의 측면도

• 원통형 축을 회전시키는 데 필요한 회전력
$$F = \mu \frac{du}{dy} \times A = \mu \frac{du}{dy} \times (2\pi R_{avg} \times l) = 45.8\text{N}$$
여기서, l=하우징 길이=10cm, 원통형 축과 고정 베어링 사이 속도 구배$(du/dy) = 9433.3 s^{-1}$
• 문제 조건으로부터 원통형 축을 회전시키는 데 필요한 동력
동력=힘·속도=$F \cdot u = 129.6 W$

44 수력 기울기선(HGL: Hydraulic Grade Line)이 관보다 아래에 있는 곳에서의 압력은?
① 완전 진공이다. ② 대기압보다 낮다.
③ 대기압과 같다. ④ 대기압보다 높다.

답 41 ① 42 ③ 43 ② 44 ②

풀이 수력 기울기선(HGL)보다 관이 위에 있으면 관속 압력은 대기압보다 낮다.($P<0$)

45 질량 60g, 직경 64mm인 테니스공이 25m/s의 속도로 회전하며 날아갈 때, 이 공에 작용하는 공기 역학적 양력은 몇 N인가?(단, 공기의 밀도는 1.23kg/m³, 양력 계수는 0.3이다.)

① 0.37 ② 0.45
③ 1.50 ④ 3.63

풀이
• 양력: 유체가 흘러 움직이는 방향과 수직 방향으로 작용하는 힘
$$F_L = C_L \times \frac{1}{2}\rho V^2 A = 0.3709\text{N}$$

46 물이 들어있는 탱크에 수면으로부터 20m 깊이에 지름 5cm의 노즐이 있다. 이 노즐의 송출 계수(discharge coefficient)가 0.9일 때 노즐에서의 유속은 몇 m/s인가?

① 392 ② 36.4
③ 17.8 ④ 22.0

풀이
• 노즐 유속
$$V = C\sqrt{2gH} = 17.8\text{m/s}$$
여기서, C=송출 계수

47 그림과 같은 반지름 R인 원관 내의 층류유동 속도 분포는 $u(r) = U\left(1 - \dfrac{r^2}{R^2}\right)$으로 나타내어진다. 여기서 원관 내 전체가 아닌 $0 \leq r \leq \dfrac{R}{2}$인 원형 단면을 흐르는 체적 유량 Q를 구하면?

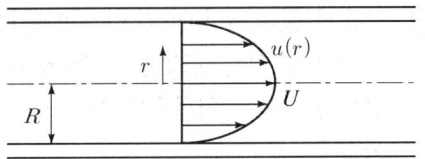

① $Q = \dfrac{5\pi UR^2}{16}$ ② $Q = \dfrac{7\pi UR^2}{16}$

③ $Q = \dfrac{5\pi UR^2}{32}$ ④ $Q = \dfrac{7\pi UR^2}{32}$

풀이
• 단면을 흐르는 체적 유량
$$Q = \int V dA = \int_0^{R/2} U\left(1 - \frac{r^2}{R^2}\right)(2\pi r dr)$$
적분해서 체적 유량을 구하면 다음과 같다.
$$Q = (2\pi U)\left[\frac{r^2}{2} - \frac{1}{4R^2} \cdot r^4\right]_0^{R/2} = \frac{7\pi UR^2}{32}$$

48 그림과 같은 지름이 2m인 원형 수문의 상단이 수면으로부터 6m 깊이에 놓여 있다. 이 수문에 작용하는 힘과 힘의 작용점의 수면으로부터 깊이는?

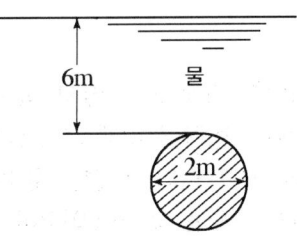

① 188kN, 6.036m
② 216kN, 6.036m
③ 216kN, 7.036m
④ 188kN, 7.036m

풀이
• 원형 수문에 작용하는 힘
$$F = P_c A = \rho g h \times \frac{\pi}{4}D^2 = 216\text{kN}$$

• 압력 중심
$$y_P = y_C + \frac{I_{xx,C}}{y_C A} = y_C + \frac{D^2}{16 y_C} = 7.036\text{m}$$

답 45 ① 46 ③ 47 ④ 48 ③

49 그림과 같이 지름이 D인 물방울을 지름 d인 N개의 작은 물방울로 나누려고 할 때 요구되는 에너지양은?(단, $D \gg d$이고, 표면장력은 σ이다.)

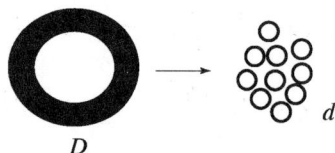

① $4\pi D^2 \left(\dfrac{D}{d} - 1\right)\sigma$

② $2\pi D^2 \left(\dfrac{D}{d} - 1\right)\sigma$

③ $\pi D^2 \left(\dfrac{D}{d} - 1\right)\sigma$

④ $2\pi D^2 \left[\left(\dfrac{D}{d}\right)^2 - 1\right]\sigma$

풀이 지름이 D인 물방울을 지름 d인 N개의 작은 물방울로 나누려고 할 때 요구되는 에너지양

$\pi D^2 \left(\dfrac{D}{d} - 1\right)\sigma$

50 길이가 5mm이고 발사 속도가 400m/s인 탄환의 항력을 10배 큰 모형을 사용하여 측정하려고 한다. 모형을 물에서 실험하려면 발사 속도는 몇 m/s이어야 하는가?(단, 공기의 점성계수는 2×10^{-5}kg/m·s, 밀도는 1.2kg/m³이고, 물의 점성계수는 0.001kg/m·s라고 한다.)

① 2.0 ② 2.4
③ 4.8 ④ 9.6

풀이 • 실형(prototype)과 모형(model)의 역학적 상사

$\left.\dfrac{\rho VL}{\mu}\right)_p = \left.\dfrac{\rho VL}{\mu}\right)_m$

$V_m = V_p \times \dfrac{\rho_p}{\rho_m} \times \dfrac{L_p}{L_m} \times \dfrac{\mu_m}{\mu_p} = 2.4\text{m/s}$

51 경계층(boundary layer)에 관한 설명 중 틀린 것은?

① 경계층 바깥의 흐름은 포텐셜 흐름에 가깝다.
② 균일 속도가 크고, 유체의 점성이 클수록 경계층의 두께는 얇아진다.
③ 경계층 내에서는 점성의 영향이 크다.
④ 경계층은 평판 선단으로부터 하류로 갈수록 두꺼워진다.

풀이 점성이 크면 레이놀즈수가 작아지고 경계층 두께는 두꺼워 진다.

52 다음 중 아래의 베르누이 방정식을 적용시킬 수 있는 조건으로만 나열된 것은?

$$\dfrac{P_1}{\rho g} + \dfrac{V_1}{2g} + z_1 = \dfrac{P_2}{\rho g} + \dfrac{V_2}{2g} + z_2$$

① 비정상 유동, 비압축성 유동, 점성 유동
② 정상 유동, 압축성 유동, 비점성 유동
③ 비정상 유동, 압축성 유동, 점성 유동
④ 정상 유동, 비압축성 유동, 비점성 유동

풀이 베르누이 방정식은 비압축성, 비점성, 정상 유동에서 유선을 따라 사용할 수 있다.

53 이상 유체 유동에서 원통 주위의 순환(Circulation)이 없을 때 양력과 항력은 각각 얼마인가?(단, ρ: 밀도, V: 상류 속도, D: 원통의 지름)

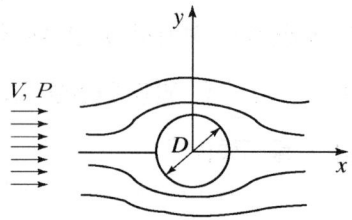

답 49 ③ 50 ② 51 ② 52 ④ 53 ④

① 양력= $\rho V^2 D$, 항력= $\frac{1}{2}\rho V^2 D$

② 양력= 0, 항력= $\frac{1}{4}\rho V^2 D$

③ 양력= $\rho V^2 D$, 항력= $\rho V^2 D$

④ 양력= 0, 항력= 0

 순환이 없으면 양력이 없고, 양력이 없으면 항력도 발생하지 않는다.

54 다음 중 차원이 잘못 표시된 것은?(단, M: 질량, L: 길이, T: 시간)

① 압력(Pressure): MLT^{-2}
② 일(Work): ML^2T^{-2}
③ 동력(Power): ML^2T^{-3}
④ 동점성계수(Kinematic Viscosity): L^2T^{-1}

압력 (Pressure)	일 (Work)	동력 (Power)	동점성계수 (Kinematic Viscosity)
$ML^{-1}T^{-2}$	ML^2T^{-2}	ML^2T^{-3}	L^2T^{-1}

55 그림과 같이 입구 속도 U의 비압축성 유체의 유동이 평판 위를 지나 출구에서의 속도 분포가 $U_0 \frac{y}{\delta}$ 가 된다. 검사 체적을 ABCD로 취한다면 단면 CD를 통과하는 유량은?(단, 그림에서 검사 체적의 두께는 δ, 평판의 폭은 b이다.)

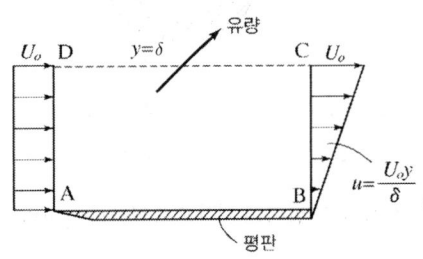

① $\frac{U_0 b \delta}{2}$ ② $U_0 b \delta$

③ $\frac{U_0 b \delta}{4}$ ④ $\frac{U_0 b \delta}{8}$

• 단면 CD를 통과하는 미소유량
$$dQ = A \cdot du = b \cdot y \cdot U_0 \cdot \frac{1}{\delta} dy$$

• 단면 CD를 통과하는 유량
$$Q = \int_0^\delta dQ = \int_0^\delta \left(\frac{bU_0}{\delta}y\right) dy = \frac{bU_0 \delta}{2}$$

56 그림과 같이 15℃인 물(밀도는 998.6kg/m³)이 200kg/min의 유량으로 안지름이 5cm 인 관 속을 흐르고 있다. 이때 관마찰계수 f 는?(단, 액주계에 들어있는 액체의 비중(S)는 3.2이다.)

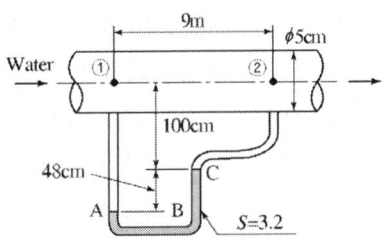

① 0.02   ② 0.04
③ 0.07   ④ 0.09

• 질량 유량
$\dot{m} = 200\text{kg/min} = 3.3\text{kg/s}$

• 관 속을 흐르는 물의 속도
$$V = \frac{\dot{m}}{\rho A} = 1.68\text{m/s}$$

• ①점과 ②점의 압력 차($h_1 = 100\text{cm}$, $h_2 = 48\text{cm}$)
$\Delta P = P_1 - P_2 = (SG \times \rho_w - \rho_w)gh_2 = 10334.3\text{Pa}$
여기서, $SG = S =$ 액주계에 들어있는 액체의 비중

• 관마찰계수
$$f = \frac{2D \times \Delta P}{LV^2 \times \rho} = 0.04$$

답 54 ① 55 ① 56 ②

57 안지름 40cm인 관 속을 동점성계수 1.2× 10^{-3} m²/s의 유체가 흐를 때 임계 레이놀즈 수(Reynolds number)가 23000이면 임계 속도는 몇 m/s인가?

① 1.1 ② 2.3
③ 4.7 ④ 6.9

 • 임계 레이놀즈수
$$Re_{cr} = \frac{\rho V_{cr} D}{\mu} = \frac{V_{cr} D}{\nu}$$

• 임계 속도
$$V_{cr} = \frac{\nu \times Re_{cr}}{D} = 6.9 \text{m/s}$$

58 직경이 6cm이고 속도가 23m/s인 수평 방향 물제트가 고정된 수직 평판에 수직으로 충돌한 후 평판면의 주위로 유출된다. 물제트의 유동에 대항하여 평판을 현재의 위치에 유지시키는 데 필요한 힘은 약 몇 N인가?

① 1200 ② 1300
③ 1400 ④ 1500

 • x방향 운동량 방정식 표현
$$-F_R = 0 - \dot{m} V_{1,x} = -\rho A V_{1,x}^2$$

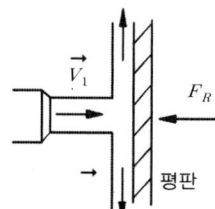

여기서, $V_{1,x}=23$m/s, $V_{2,x}=0$
• 평판을 현재 위치에 유지시키는 데 필요한 힘
$$F_R = \rho A V_{1,x}^2 = \rho \times \frac{\pi}{4} D^2 \times V_{1,x}^2 = 1496 \text{N}$$

59 2차원 흐름 속의 한 점 A에 있어서 유선 간격은 4cm이고 평균 유속은 12m/s이다. 다른 한 점 B에 있어서의 유선 간격이 2cm일 때 B의 평균 유속은 얼마인가?(단, 유체의 흐름은 비압축성 유동이다.)

① 24m/s ② 12m/s
③ 6m/s   ④ 3m/s

 • 2차원 유동이며 질량 유량은 일정
$$V_{A,avg} L_1 = V_{B,avg} L_2$$
• B의 평균 유속
$$V_{B,avg} = V_{A,avg} \times \frac{L_1}{L_2} = 24 \text{m/s}$$

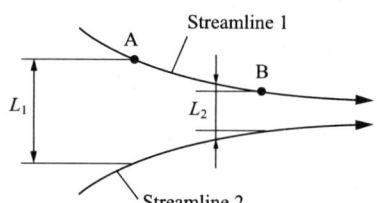

60 그림과 같이 동일한 단면의 U자 관에서 상호 간 혼합되지 않고 화학 작용도 하지 않는 두 종류의 액체가 담겨져 있다. $\rho_A =$ 1000kg/m³, $l_A=50$cm, $\rho_B=500$kg/m³ 일 때 l_B는 몇 cm인가?

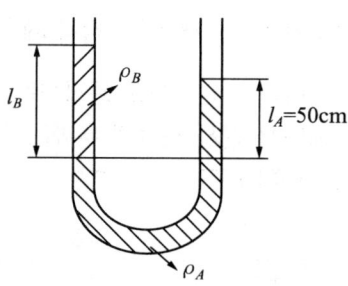

① 100 ② 50
③ 75   ④ 25

 • 점 ①의 압력을 시작으로 U자관을 따라가며 $\rho g l$ 항

답 57 ④ 58 ④ 59 ① 60 ①

을 더하거나 빼서 점 ②까지 이동하면 다음과 같은 관계식을 얻을 수 있다.

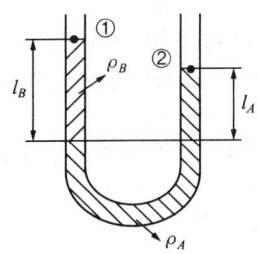

$P_1 + \rho_B g l_B - \rho_A g l_A = P_2 = P_{atm}$

여기서, $P_1 = P_2 = P_{atm}$

• 관 길이

$l_B = l_A \times \dfrac{\rho_A}{\rho_B} = 100\text{cm}$

과목 4 기계재료 및 유압기기

61 C와 Si의 함량에 따른 주철의 조직을 나타낸 조직 분포도는?
① Gueiner, Klingenstein 조직도
② 마우러(Maurer) 조직도
③ Fe-C 복평형 상태도
④ Guilet 조직도

풀이 • 마우러의 조직도(Maurer's diagram): C와 Si량에 따른 주철의 조직 관계를 표시한 조직 분포도

62 강에 적당한 원소를 첨가하면 기계적 성질을 개선하는데 특히 강인성, 저온 충격 저항을 증가시키기 위하여 어떤 원소를 첨가하는 것이 가장 좋은가?
① W   ② Ag
③ S   ④ Ni

풀이 • 니켈(Ni): 강인성, 내산성, 내식성 증가와 저온 충격 저항 증가
• 텅스텐(W): 고온 강도, 고온 경도 증대
• 황(S): 절삭성 향상

63 강의 표면에 탄소를 침투시켜 표면을 경화시키는 방법은?
① 질화법   ② 크로마이징
③ 침탄법   ④ 담금질

풀이 • 침탄법(carburizing): 저탄소강(0.2%C 이하) 재료의 표면에 탄소를 침투시켜 표면만 경화시키는 방법

64 금형 부품 용도로 사용되고 있는 스프링강의 설명 중 틀린 것은?
① 탄성 한도가 높고 피로에 대한 저항이 크다.
② 소르바이트 조직으로 비교적 경도가 높다.
③ 정밀한 고급 스프링 재료에는 Cr-V강을 사용한다.
④ 탄소강에 납(Pb), 황(S)을 많이 첨가시킨 강이다.

풀이 • 스프링(spring)강: 탄성 한도가 높고 피로에 대한 저항이 크다. 탄성 한도를 높이는 망간강, 규소 망간강 등이 쓰인다.
㉠ 소르바이트 조직으로 비교적 경도가 높고 일반적으로 유 중에 담금질하며, 뜨임 후 사용한다.
㉡ 스프링의 탄성 한도를 높기 위해서 Mn을 첨가한다.
㉢ 항복 강도, 크리프 한도, 탄성 한도, 피로한도, 인성이 커야 하며 진동 및 반복하중이 강해야 한다.
㉣ 정밀한 고급 스프링 재료에는 Cr-V강을 사용한다.

65 탄소강에서 탄소량이 증가하면 일반적으로 감소하는 성질은?
① 전기저항   ② 열팽창 계수
③ 항자력   ④ 비열

탄소량 증가	증가	감소
	비열, 전기저항, 항자력	비중, 열팽창 계수, 온도 계수, 열전도도

66 금속 원자 결정면은 밀러 지수(Miller Index)의 기호를 사용하여 표시할 수 있다. 다음 그림에서 빗금으로 표시한 입방 격자면의 밀러 지수는?

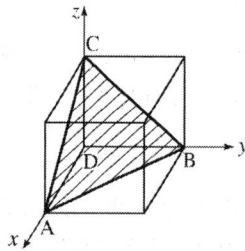

① (100) ② (010)
③ (110) ④ (111)

① x, y, z축에 대한 교점은 1, 1, 1
② 역수를 취한 면은 1, 1, 1
③ Miller 지수는 (1 1 1)

67 과냉 오스테나이트 상태에서 소성가공을 하고 그 후 냉각 중에 마텐자이트화하는 항온 열처리 방법을 무엇이라고 하는가?
① 크로마이징   ② 오스포밍
③ 인덕션하드닝 ④ 오스템퍼링

• 오스포밍(Ausforming)

68 일반적인 합성수지의 공통적인 성질을 설명한 것으로 잘못된 것은?
① 가공성이 크고 성형이 간단하다.
② 열에 강하고 산, 알칼리, 기름, 약품 등에 강하다.
③ 투명한 것이 많고, 착색이 용이다.
④ 전기절연성이 좋다.

• 합성수지(플라스틱)의 공통적인 특징
• 가공성이 크고 성형이 간단하며 전기절연성이 좋은 특징을 가지고 있다.
• 일반적으로 비중이 낮으며, 단단하며, 비강도는 높은 편이나 표면 강도는 낮고 열에 약하다.
• 투명한 것이 많고 착색이 용이하다

69 실용 금속 중 비중이 가장 작아 항공기 부품이나 전자 및 전기용 제품의 케이스 용도로 사용되고 있는 합금 재료는?
① Ni 합금   ② Cu 합금
③ Pb 합금   ④ Mg 합금

합금 재료로 Mg는 강도, 절삭성이 우수하고 실용 금속 중 비중이 가장 작아 경량화가 요구되는 항공기, 자동차, 선박 등의 부품이나 전자 및 전기용 제품의 케이스 용도로 사용되고 있으며 구상흑연주철, CV 흑연주철의 첨가제로도 사용된다.

70 흑심가단주철은 풀림 온도를 850~950℃와 680~730℃의 2단계로 나누어 각 온도에서 30~40시간 유지시키는 데 제2단계로 풀림의 목적으로 가장 알맞은 것은?
① 펄라이트 중의 시멘타이트의 흑연화
② 유리 시멘타이트의 흑연화
③ 흑연의 구상화
④ 흑연의 치밀화

• 흑심가단주철: 백주철을 2단계 풀림 처리(850~950℃, 680~730℃)를 각 온도에서 30~40시간 유지하여 펄라이트 중의 시멘타이트를 흑연화시킨 것
• 백심가단주철: 백주철을 산화철(철광석)과 함께 풀림 처리(950~1000℃, 80시간)하여 탈산시켜 연성을 가지게 한 것
• 펄라이트 가단주철: 흑심가단주철의 흑연화를 완전히 시키지 않고, 일부 탄소를 Fe_3C로 잔류시켜 만든 것

답 66 ④ 67 ② 68 ② 69 ④ 70 ①

71 배관 내에서의 유체의 흐름을 결정하는 레이놀즈수(Reynold's Number)가 나타내는 의미는?

① 점성력과 관성력의 비
② 점성력과 중력의 비
③ 관성력과 중력의 비
④ 압력 힘과 점성력의 비

풀이 레이놀즈수
$$Re = \frac{관성력}{점성력} = \frac{\rho VD}{\mu}$$

72 액추에이터의 공급 쪽 관로에 설정된 바이패스 관로의 흐름을 제어함으로써 속도를 제어하는 회로는?

① 미터인 회로
② 블리드 오프 회로
③ 배압 회로
④ 플립플롭 회로

풀이 속도 제어의 3가지 기본 회로는 미터인 회로, 미터 아웃 회로, 블리드 오프 회로

73 유압 실린더의 마운팅(Mounting) 구조 중 실린더 튜브에 축과 직각 방향으로 피벗(Pivot)을 만들어 실린더가 그것을 중심으로 회전할 수 있는 구조는?

① 풋 형(Foot Mounting Type)
② 트러니언 형(Trunnion Mounting Type)
③ 플랜지 형(Flange Mounting Type)
④ 클레비스 형(Clevis Mounting Type)

풀이 트러니언 형(Trunnion Mounting type)
실린더 축선과 직각 방향으로 핀이 설치된 구조이다. 이 핀을 중심으로 실린더가 요동하는 축심 요동 형이다.

74 그림과 같은 4/3-way 솔레노이드 밸브에서 중립 위치의 형식 중 플로트 센터 위치(Float Center Position)에 대한 설명으로 옳은 것은?

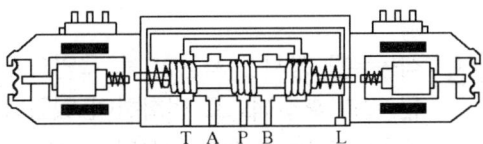

① 밸브의 중립 위치에서 모든 연결구가 닫혀 있다.
② 밸브의 중립 위치는 공급 라인 P가 두 개의 작업 라인 A, B와 연결되어 있고, 드레인 라인은 막혀 있는 상태이다.
③ 밸브의 중립 위치는 두 개의 작업 라인은 막혀 있고, 공급 라인과 드레인 라인이 연결되어 있다.
④ 밸브의 중립 위치에서 공급 라인 P는 막혀 있고, 두 개의 작업 라인은 모두 드레인 라인과 연결되어 있는 형태이다.

풀이 • 플로트 센터(Float)

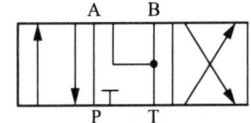

밸브 중립 위치에서 압력 라인(P)은 막혀 있고 두 개의 작업 라인(A, B)은 드레인 라인(T)과 연결되어 있다.

75 유압 장치에서 펌프의 무부하 운전 시 특징으로 틀린 것은?

① 펌프의 수명 연장
② 유온 상승 방지
③ 유압유 노화 촉진
④ 유압 장치의 가열 방지

답 71 ① 72 ② 73 ② 74 ④ 75 ③

- 무부하 운전 시 특징
㉠ 펌프의 수명 연장
㉡ 유온 상승 방지
㉢ 유압 장치의 가열 방지

- 실(seal)의 구비 조건
㉠ 탄성이 좋아야 하고 압축에 의한 변형이 적어야 한다.
㉡ 노화성이 좋아야 한다.
㉢ 내마모성 및 내구성이 좋아야 한다.
㉣ 상대 쪽 금속을 부식시키지 말아야 한다.

76 작동유를 장시간 사용한 후 육안으로 검사한 결과 흑갈색으로 변화하여 있었다면 작동유는 어떤 상태로 추정되는가?
① 양호한 상태이다.
② 산화에 의한 열화가 진행되어 있다.
③ 수분에 의한 오염이 발생되었다.
④ 공기에 의한 오염이 발생되었다.

풀이 산화에 따른 열화가 진행하고 있어 새로운 작동유로 교환해야 한다.

77 1회전 당의 유량이 40cc인 베인 모터가 있다. 공급 유압을 600N/cm², 유량을 30L/min으로 할 때 발생할 수 있는 최대 토크(torque)는 약 몇 N·m인가?
① 28.2 ② 38.2
③ 48.2 ④ 58.2

풀이
- 이론 구동 토크 계산
$$T_{th} = \frac{\Delta P \cdot V_M}{2\pi} = 38.2 \text{N·m}$$
여기서, 모터의 1회전 당 배출 유량(V_M)
$= 40 \times 10^{-6} \text{m}^3/\text{rev}$, 공급 유압($P$) $= 600 \times 10^4 \text{N/m}^2$

78 유압 기기에서 실(Seal)의 요구 조건과 관계가 먼 것은?
① 압축 복원성이 좋고 압축 변형이 적을 것
② 체적 변화가 적고 내약품성이 양호할 것
③ 마찰 저항이 크고 온도에 민감할 것
④ 내구성 및 내마모성이 우수할 것

79 그림과 같은 파일럿 조작 체크 밸브를 사용한 회로는 어떤 회로인가?

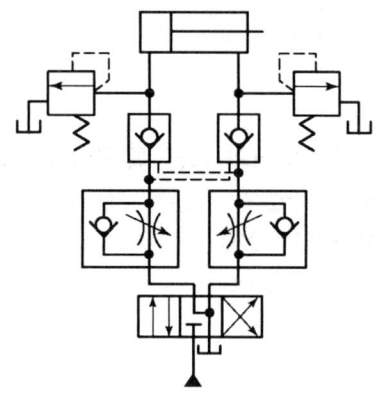

① 동조 회로 ② 시퀀스 회로
③ 완전 로크 회로 ④ 미터인 회로

풀이 정지 위치를 확실하게 유지하기 위해 파일럿 조작 체크 밸브를 사용한 완전 로크 회로이다.

80 그림과 같은 유압 기호의 설명으로 틀린 것은?

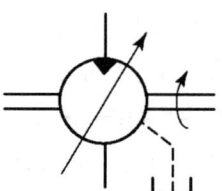

① 유압 펌프를 의미한다.
② 1방향 유동을 나타낸다.
③ 가변 용량형 구조이다.
④ 외부 드레인을 가졌다.

답 76 ② 77 ② 78 ③ 79 ③ 80 ①

풀이 • 1방향 유동: 외부 드레인을 가진 1방향 회전형 양축 가변 용량형 유압 모터이다.

5과목 기계제작법 및 기계동력학

81 방전가공의 설명으로 잘못된 것은?
① 전극 재료는 전기 전도도가 높아야 한다.
② 방전가공은 가공 변질층이 깊고 가공면에 방향성이 있다.
③ 초경공구, 담금질강, 특수강 등도 가공할 수 있다.
④ 경도가 높은 공작물의 가공이 용이하다.

풀이 • 방전가공
등유와 같은 절연성이 있는 가공액에 소재를 담그고 방전에 일으켜 소재를 미량씩 용해하여 가면서 구멍 뚫기, 조각, 절단 등의 가공을 하는 가공법
㉠ 초경공구, 담금질강, 특수강 등도 가공할 수 있다.
㉡ 가공물과 전극 사이에 발생하는 아크(Arc) 열을 이용한다.
㉢ 가공 후 가공 변질층이 남는다.
㉣ 임의의 단면 형상의 구멍 가공도 할 수 있다.
㉤ 가공물의 경도와 관계없이 가공이 가능하다.
㉥ 전극의 형상대로 정밀도 높은 가공을 할 수 있다.
㉦ 전극 및 가공물에 큰 힘이 가해지지 않는다.

82 용접 작업을 할 때 금속의 녹는 온도가 가장 낮은 것은?
① 연강   ② 주철
③ 동   ④ 알루미늄

풀이 알루미늄의 용융점은 약 659℃이다.

83 수정 또는 유리로 만들어진 것으로 광파 간섭 현상을 이용한 측정기는?
① 공구 현미경
② 실린더 게이지
③ 옵티컬 플랫
④ 요한슨식 각도게이지

풀이 • 옵티컬 플랫: 수정 또는 유리로 만들어진 것으로 광파 간섭 현상을 이용한 측정이다. 외측 마이크로미터 측정 면의 평면도 검사 등에 사용된다.

84 두께 $t=1.5mm$, 탄소 $C=0.2\%$의 경질탄소 강판에 지름 25mm의 구멍을 펀치로 뚫을 때 전단하중 $P=4500N$이었다. 이때의 전단 강도는?
① 약 $19.1N/mm^2$
② 약 $31.2N/mm^2$
③ 약 $38.2N/mm^2$
④ 약 $62.4N/mm^2$

풀이 $\tau = \dfrac{P}{A} = \dfrac{4500}{\pi \times 25 \times 1.5} \fallingdotseq 38.2\,N/mm^2$

85 전해연마의 특징 설명 중 틀린 것은?
① 복잡한 형상도 연마가 가능하다.
② 가공면에 방향성이 없다.
③ 탄소량이 많은 강일수록 연마가 용이하다.
④ 가공변질 층이 나타나지 않으므로 평활한 면을 얻을 수 있다.

풀이 • 전해연마: 전기도금의 반대 현상으로 가공물을 양극(+), 전기저항이 적은 구리, 아연을 음극(-)으로 연결하고, 전기에 의한 화학적인 작용으로 가공물의 표면이 용출되어 필요한 형상으로 가공하는 방법으로 거울면과 같이 광택이 있는 가공면을 비교적 쉽게 얻을 수 있는 가공법
㉠ 복잡한 형상의 제품도 연마가 가능하다.
㉡ 연질금속, 알루미늄, 구리 등을 용이하게 연마할 수 있다.

답 81 ② 82 ④ 83 ③ 84 ③ 85 ③

ⓒ 가공면에 방향성이 없다.
ⓓ 가공변질 층이 없고, 평활한 가공면을 얻을 수 있다.
ⓔ 기계 부품들 중에서 나사, 스프링 및 단조물의 스케일 제거와 표면처리를 한다.
ⓕ 바늘, 주사침 등이 표면 완성가공에 사용된다.

86 구성인선(built-up edge)이 생기는 것을 방지하기 위한 대책으로 틀린 것은?
① 바이트 윗면 경사각을 크게 한다.
② 절삭 속도를 크게 한다.
③ 윤활성이 좋은 절삭유를 준다.
④ 절삭 깊이를 크게 한다.

[풀이] • 구성인선 방지법
ⓐ 공구 경사각을 크게 한다.
ⓑ 절삭 속도를 크게 한다.
ⓒ 절삭 깊이를 적게 한다.
ⓓ 윤활성이 좋은 절삭제를 사용하여 칩과 공구 경사면 간의 마찰을 적게 한다.
ⓔ 절삭공구의 인선을 예리하게 한다.

87 지름 10mm의 드릴로 연강판에 구멍을 뚫을 때 절삭 속도가 62.8m/min이라면 드릴의 회전수는 약 얼마인가?
① 1000rpm ② 2000rpm
③ 3000rpm ④ 4000rpm

[풀이] 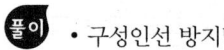 $V=\dfrac{\pi dN}{1,000}$ [m/min],

$N=\dfrac{1000\,V}{\pi d}=\dfrac{1000\times 62.8}{\pi\times 10}≒2000\text{rpm}$

여기서, V : 절삭 속도(m/min)
 d : 드릴의 지름(mm)
 N : 드릴의 회전수(rpm)

88 엠보싱(Embossing)은 프레스가공 분류 중 어떤 가공에 해당되는가?

① 전단가공(shearing)
② 압축가공(squeezing)
③ 드로잉가공(drawing)
④ 절삭가공(cutting)

[풀이] • 압축가공(squeezing working)
ⓐ 압인가공(coining, 코이닝)
ⓑ 엠보싱(embossing)
ⓒ 스웨이징(swaging)
ⓓ 버니싱(burnishing)

89 다음 특수가공 중 화학적 가공의 특징에 대한 설명으로 틀린 것은?
① 재료의 강도나 경도에 관계없이 가공할 수 있다.
② 변형이나 거스러미가 발생하지 않는다.
③ 가공경화 또는 표면변질 층이 발생한다.
④ 표면 전체를 한 번에 가공할 수 있다.

[풀이] • 화학 가공 : 화학 반응을 이용하여 재료를 가공하는 방법

90 피스톤링, 실린더 라이너 등의 주물을 주조하는 데 쓰이는 적합한 주조법은?
① 셀 주조법
② 탄산가스 주조법
③ 원심 주조법
④ 인베스트먼트 주조법

[풀이] • 원심 주조법(centrifugal casting) : 원통의 주형을 고속으로 회전시키면 원심력에 의한 압축 및 응고로 코어 없이 중공 주물을 제작할 수 있다.
ⓐ 코어 없이 중공주물을 만들 수 있다.
ⓑ 원심력에 의하여 가압력을 받으므로 압탕이 필요 없다.
ⓒ 주로 파이프, 피스톤 링, 실린더 라이너 등의 대량생산에 이용된다.
ⓓ 조직이 치밀하고 균일하며 강도가 우수하다.

91 자동차가 경사진 30° 비탈길에 주차되어 있다. 미끄러지지 않기 위해서는 노면과 바퀴와의 마찰계수 값이 얼마 이상이어야 하는가?

① 0.500
② 0.578
③ 0.366
④ 0.122

풀이 • 중력을 성분 분해(x와 y방향)
$$\vec{W} = -mg\sin\theta\,\hat{i} - mg\cos\theta\,\hat{j}$$

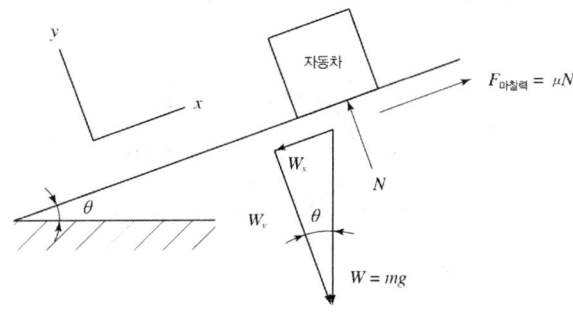

• 운동 방정식
$N - mg\cdot\cos\theta = 0$
$N = mg\cos\theta$
$\mu N - mg\sin\theta = 0$
$\mu = \dfrac{mg\sin\theta}{N} = \tan\theta$

• 미끄러지지 않기 위한 마찰 계수 값
$\mu \geq \tan\theta = 0.577$
여기서, $\theta = 30°$

92 그림과 같은 진동계에서 임계 감쇠치(c_{cr})는?

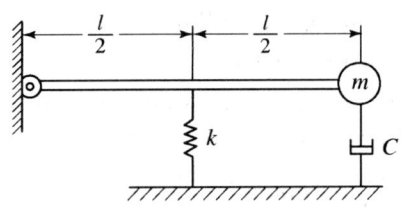

① $\dfrac{1}{2}\sqrt{mk}$
② $\sqrt{mk}$
③ $2\sqrt{mk}$
④ $\sqrt{4mk}$

풀이 • 운동 방정식
$$m\ddot{\theta} + c\dot{\theta} + \dfrac{k}{4}\theta = 0$$
$$(c_c)^2 = 4\cdot m\cdot\dfrac{k}{4} = mk$$

• 임계 감쇠치(c_{cr})
$c_c = \sqrt{mk}$

93 스프링과 질량으로 구성된 계에서 스프링 상수를 k, 스프링의 질량을 m_s, 질량을 M이라 할 때 고유 진동수는?

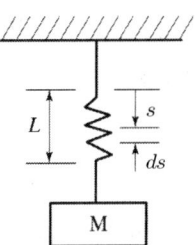

① $\dfrac{1}{2\pi}\sqrt{k/(M+m_s)}$
② $\dfrac{1}{2\pi}\sqrt{k/\left(M+\dfrac{1}{2}m_s\right)}$
③ $\dfrac{1}{2\pi}\sqrt{k/\left(M+\dfrac{1}{3}m_s\right)}$
④ $\dfrac{1}{2\pi}\sqrt{k/\left(M+\dfrac{1}{4}m_s\right)}$

풀이 • 스프링 질량을 고려해야 하는 경우 고유 진동수
$$\omega_n = \dfrac{1}{2\pi}\sqrt{k/\left(M+\dfrac{1}{3}m_s\right)}$$

답 91 ② 92 ② 93 ③

94 질량 $m=10$kg인 질점이 그림의 위치를 지날 때의 속력 $v_1=1$m/s 이다. 질점이 경사면을 5m만큼 내려가 스프링과 충돌한다. 스프링의 최대 변형 $x_{\max}$는?(단, 경사면의 동마찰계수 $\mu_k=0.3$, 스프링 상수 $k=1000$ N/m이다.)

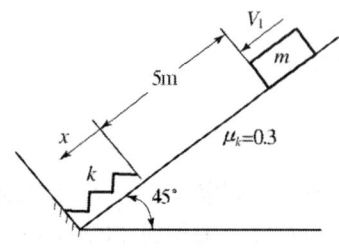

① 0.576m ② 0.754m
③ 0.875m ④ 0.973m

- 위치 ①에서 운동 에너지
$v_1=1\text{m/s}$
$T_1=\dfrac{1}{2}mv_1^2=5\text{ J}$
- 위치 ②에서 운동 에너지
$v_2=0$
$T_2=\dfrac{1}{2}mv_2^2=0\text{ J}$

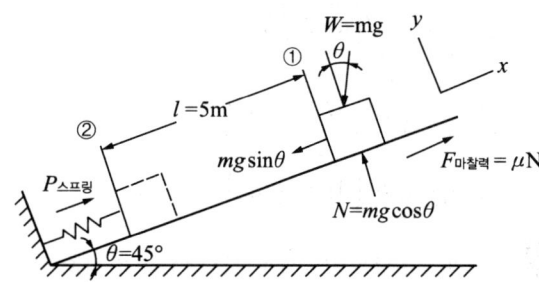

- 마찰력이 한 일
$\mu mg\cos\theta\cdot(-l)=-103.9\text{J}$
- 중력의 x 성분이 한 일
$(-mg\sin\theta)\cdot(-l)=346.5\text{J}$
- 스프링이 한 일
$P_{\text{스프링}}\cdot(-\Delta x)=-500\Delta x^2\text{J}$

- 일과 에너지 법칙
$T_1+U_{1\to 2}=T_2$
$5-103.9+346.5-500\Delta x^2=0$
- 스프링의 최대 변형
$\Delta x=0.704\text{m}$

95 질량이 100kg이고 반지름이 1m인 구의 중심에 420N의 힘이 그림과 같이 작용하여 수평면 위에서 미끄러짐 없이 구르고 있다. 바퀴의 각가속도는 몇 rad/s²인가?

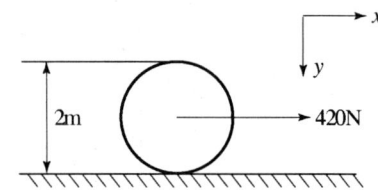

① 2.2 ② 2.8
③ 3   ④ 3.2

- 질량 중심 G에 작용하는 모멘트
$F\cdot R+P\cdot 0=I_G\cdot\alpha$
$F=I_G\cdot\alpha=50\cdot\alpha$
여기서, 바퀴(실린더)의 질량 관성 모멘트(I_G)=50kg·m²

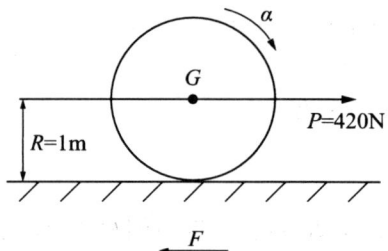

- 운동 방정식
$P-F=m\cdot a_{G,x}=m\cdot R\cdot\alpha$
$420-50\alpha=100\cdot 1\cdot\alpha$
여기서, 질량 중심 G에서 x방향 가속도($a_{G,x}$)=$R\cdot\alpha$
- 바퀴의 각가속도
$\alpha=\dfrac{420}{150}=2.8\text{rad/s}^2$

96 질량 20kg의 기계가 스프링 상수 10kN/m 인 스프링 위에 지지되어 있다. 크기 100N 의 조화 가진력이 기계에 작용할 때 공진 진 폭은 약 몇 cm인가?(단, 감쇠계수는 6kN·s/m이다.)

① 0.75 ② 7.5
③ 0.0075 ④ 0.075

풀이 • 공진 시 진폭
$$X = \frac{F_0/k}{2\zeta} = \frac{F_0}{2\zeta k} = 0.075 \text{ cm}$$
여기서, $\zeta = \frac{c}{2\sqrt{mk}} = 6.7$

97 다음은 진동수(f), 주기(T), 각 진동수(ω) 의 관계를 표시한 식으로 옳은 것은?

① $f = \frac{1}{T} = \frac{\omega}{2\pi}$

② $f = T = \frac{\omega}{2\pi}$

③ $f = \frac{1}{T} = \frac{2\pi}{\omega}$

④ $f = \frac{2\pi}{T} = \omega$

풀이 • 진동수, 주기, 각 진동수의 관계
$$\omega = 2\pi f = 2\pi \cdot \frac{1}{T}$$
$$f = \frac{1}{T} = \frac{\omega}{2\pi}$$

98 지름 1m의 플라이휠(Flywheel)이 등속 회 전 운동을 하고 있다. 플라이휠 외측의 접선 속도가 4m/s일 때, 회전수는 약 몇 rpm인가?

① 76.4 ② 86.4
③ 96.4 ④ 106.4

풀이 • 플라이휠 회전수(N)
$$N = \frac{60v}{2\pi r} = \frac{60v}{\pi D} = 76.4 \text{ rpm}$$

99 그림과 같이 평면상에서 원 운동하는 물체 가 있다. 물체의 질량(m)은 1kg이고, 속력 (v_0)은 3m/s이며, 반경(R)은 1m이다. 이 물체가 운동하는 중에 질량 0.5kg의 정지하 고 있던 진흙덩어리와 달라붙어 같은 반경 으로 원 운동하게 되었다. 합체된 물체의 속 력은 몇 m/s인가?

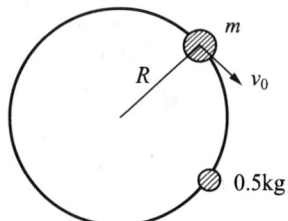

① 4 ② 3
③ 2 ④ 1

풀이 • 운동량 보존 법칙
$$m_A v_A + m_B v_B = m_A v_A' + m_B v_B'$$
$$m_A v_A + m_B v_B = (m_A + m_B) \cdot v$$
여기서, 충돌 후 두 물체는 합체되므로 $v_B' = v_A' = v$

• 합체 후 속력
$$v = \frac{m_A v_A + m_B v_B}{m_A + m_B} = 2 \text{m/s}$$

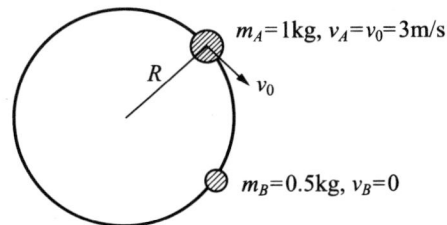

답 96 ④ 97 ① 98 ① 99 ③

100 곡률 반경이 ρ인 커브 길을 자동차가 달리고 있다. 자동차의 법선 방향(횡방향) 가속도가 0.5g를 넘지 않도록 하면서 달릴 수 있는 최대 속도는?(여기서, g는 중력가속도이다.)

① $\sqrt{0.1\rho g}$ ② $\sqrt{2\rho g}$
③ $\sqrt{\rho g}$ ④ $\sqrt{0.5\rho g}$

풀이
- 조건에서 법선 방향 가속도
$a_n = \dfrac{v^2}{\rho} < 0.5g$

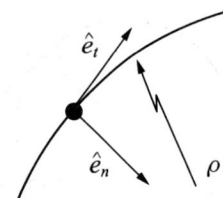

- 법선 방향(횡방향) 가속도가 0.5g를 넘지 않도록 하면서 달릴 수 있는 최대 속도
$v_{\max} < \sqrt{0.5\rho g}$

답 100 ④

2·0·1·4

기출문제

일·반·기·계·기·사·8·개·년·과·년·도

2014년 1회 일반기계기사 기출문제
2014년 2회 일반기계기사 기출문제
2014년 4회 일반기계기사 기출문제

2014년 1회 일반기계기사 기출문제

재료역학

1 그림과 같은 외팔보에서 집중하중 $P=50\text{kN}$이 작용할 때 자유단의 처짐은 약 몇 cm인가?(단, 탄성계수 $E=200\text{GPa}$, 단면 2차 모멘트 $I=10^5\text{cm}^4$이다.)

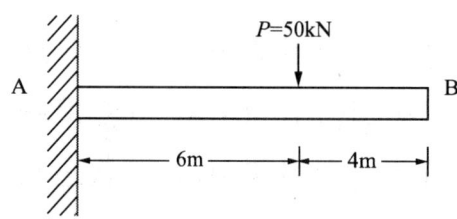

① 2.4 ② 3.6
③ 4.8 ④ 6.4

 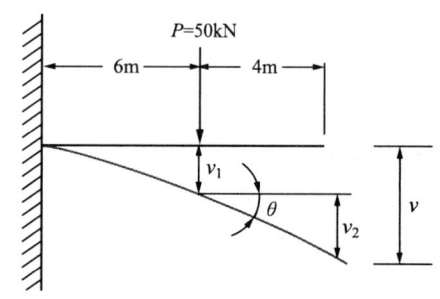

$A \cdot A = A,\ \nu_2 = \theta b = \dfrac{Pa^2}{2EI}b$

$\nu = \nu_1 + \nu_2 = \dfrac{Pa^3}{3EI} + \dfrac{Pa^2}{2EI}b = \dfrac{Pa^2}{6EI}(2a+3b)$

$= \dfrac{(50\times 10^3)\times 6^2}{6\times(200\times 10^9)\times(10^5\times 10^{-8})} \times (2\times 6 + 3\times 4)$

$= 0.036\text{m} = 3.6\text{cm}$

2 무게가 100N의 강철구가 그림과 같이 매끄러운 경사면과 유연한 케이블에 의해 매달려 있다. 케이블에 작용하는 응력은 몇 MPa인가?(단, 케이블의 단면적은 2cm²이다.)

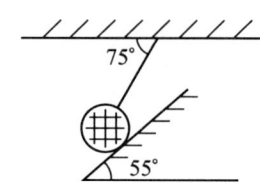

① 0.436 ② 4.36
③ 5.12   ④ 51.2

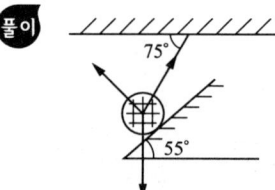 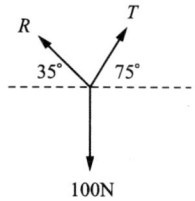

R: 반력, T: 케이블 장력

$\dfrac{100}{\sin 70} = \dfrac{R}{\sin 165} = \dfrac{T}{\sin 125}$ 에서

$T = \dfrac{100}{\sin 70} \times \sin 125 ≒ 87.17\text{N}$

$\sigma = \dfrac{T}{A} = \dfrac{87.17}{2\times 10^{-4}} ≒ 0.436\text{MPa}$

3 폭 $b=3\text{cm}$, 높이 $h=4\text{cm}$의 직사각형 단면을 갖는 외팔보가 자유단에 그림에서와 같이 집중하중을 받을 때 보 속에 발생하는 최대 전단응력은 몇 N/cm²인가?

답 1 ② 2 ① 3 ①

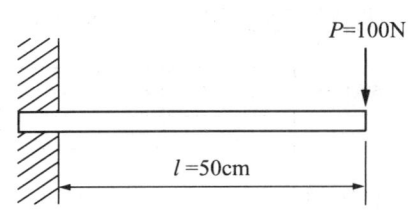

① 12.5 ② 13.5
③ 14.5 ④ 15.5

 $\tau = \dfrac{3}{2}\dfrac{V}{A} = \dfrac{3}{2}\dfrac{100}{(3\times 4)} = 12.5\,\text{N/cm}^2$

4 지름 d인 강봉의 지름을 2배로 했을 때 비틀림 강도는 몇 배가 되는가?

① 2배 ② 4배
③ 8배 ④ 16배

 $T = \tau\dfrac{\pi d^3}{16}$ 이므로 직경 d가 2배로 커지면 $(2d)^3$이 되므로 8배 커진다.

5 강재 중공축이 25kN·m의 토크를 전달한다. 중공축의 길이가 3m이고, 허용 전단응력이 90MPa이며, 축의 비틀림각이 2.5°를 넘지 않아야 할 때 축의 최소 외경과 내경을 구하면 각각 약 몇 mm인가?(단, 전단탄성계수는 85GPa이다.)

① 146, 124 ② 136, 114
③ 140, 132 ④ 133, 112

 $I_P = \dfrac{\pi}{32}(d_2^4 - d_1^4)$,

$T = \tau\dfrac{I_P}{e} = \tau\dfrac{\dfrac{\pi}{32}(d_2^4 - d_1^4)}{\dfrac{d_2}{2}}$

$= \tau \times \dfrac{\pi(d_2^4 - d_1^4)}{16 d_2}$ 이다.

$\phi = \dfrac{Tl}{GI_P}\,(\text{rad})$,

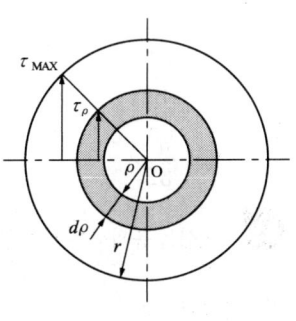

$\phi = \dfrac{32\,Tl}{G\pi(d_2^4 - d_1^4)}\,[\text{rad}]$

$\phi \times \dfrac{\pi}{180} = \dfrac{32\,Tl}{G\pi(d_2^4 - d_1^4)}\,[\text{degree}]$ 이므로

$\phi \times \dfrac{\pi}{180} = \dfrac{32\,l}{G\pi(d_2^4 - d_1^4)} \times \tau \dfrac{\pi(d_2^4 - d_1^4)}{16 d_2}$

$= \dfrac{2 l \tau}{G d_2}$, $2.5° \times \dfrac{\pi}{180} = \dfrac{2 \times 3 \times (90 \times 10^6)}{(85 \times 10^9) \times d_2}$

$d_2 = \dfrac{2 \times 3 \times (90 \times 10^6)}{(85 \times 10^9)} \times \dfrac{180}{2.5 \times \pi} ≒ 0.146\,\text{m}$

$T = \tau \times \dfrac{\pi(d_2^4 - d_1^4)}{16 d_2}$ 에서,

$d_1^4 = d_2^4 - \dfrac{T \times 16 d_2}{\tau\pi}$

$= 0.146^4 - \dfrac{(25 \times 10^3) \times 16 \times 0.146}{(90 \times 10^6) \times \pi} ≒ 0.124\,\text{m}$

6 축 방향 단면적 A인 임의의 재료를 인장하여 균일한 인장 응력이 작용하고 있다. 인장 방향 변형률이 ϵ, 포아송의 비를 ν라 하면 단면적의 변화량은 약 얼마인가?

① $\nu\epsilon A$ ② $2\nu\epsilon A$
③ $3\nu\epsilon A$ ④ $4\nu\epsilon A$

- 단면적 변형률(Area Strain)

$\epsilon_A = \dfrac{\Delta A(\text{변화된 단면적})}{V(\text{원래 단면적})}$,

$\nu = \dfrac{\epsilon'}{\epsilon}$, $\dfrac{\Delta a}{a} = \epsilon'$, $\dfrac{\Delta Eb}{b} = \epsilon'$

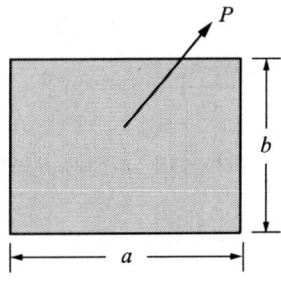

x축: $a - \Delta a = a - \epsilon' a = a - \nu\epsilon a = a(1 - \nu\epsilon)$
y축: $b - \Delta b = b - \epsilon' b = b - \nu\epsilon b = b(1 - \nu\epsilon)$

답 4③ 5① 6②

$$\epsilon_A = \frac{\Delta A}{A} = \frac{a(1-\nu\epsilon)b(1-\nu\epsilon) - ab}{ab}$$
$$= 1 + \nu^2\epsilon^2 - 2\nu\epsilon - 1 \fallingdotseq -2\nu\epsilon = \frac{\Delta A}{A}$$
$$\Delta A = -2\nu\epsilon A$$

$\epsilon_A = -2\nu\epsilon$으로 (-)값은 감소를 의미하며 인장하중을 받으면 감소하고 압축하중을 받으면 증가한다.

7 지름 7mm, 길이 250mm인 연강 시험편으로 비틀림 시험을 하여 얻은 결과, 토크 4.08N·m에서 비틀림 각이 8°로 기록되었다. 이 재료의 전단탄성계수는 약 몇 GPa인가?

① 64 ② 53
③ 41 ④ 31

풀이 $T = \tau \cdot Z_P = \tau \frac{\pi d^3}{16} = G\gamma \frac{\pi d^3}{16} = G \frac{r\phi}{l} \frac{\pi d^3}{16}$.

$T \times \frac{16}{\pi d^3} \frac{l}{r\phi} = G$

$G = \dfrac{4.08 \times 16 \times (250 \times 10^{-3})}{\pi \times (7 \times 10^{-3})^3 \times (3.5 \times 10^{-3}) \times (8 \times \frac{\pi}{180})}$

$\fallingdotseq 31\text{GPa}$

8 선형 탄성 재질의 정사각형 단면봉에 500kN의 압축력이 작용할 때 80MPa의 압축응력이 생기도록 하려면 한 변의 길이를 몇 cm로 해야 하는가?

① 3.9 ② 5.9
③ 7.9 ④ 9.9

풀이 $\sigma = \dfrac{P}{A} = \dfrac{500 \times 10^3}{a^2} = 80 \times 10^6$.

$a^2 = \dfrac{500 \times 10^3}{80 \times 10^6} = 6.25 \times 10^{-3}\text{m}$, $a \fallingdotseq 0.079\text{m} \fallingdotseq 7.9\text{cm}$

9 단면적이 4cm²인 강봉에 그림과 같이 하중이 작용할 때 이 봉은 약 몇 cm 늘어나는가?(단, 탄성계수 $E = 210$GPa이다.)

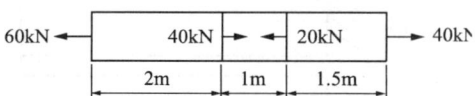

① 0.24 ② 0.0028
③ 0.80 ④ 0.015

풀이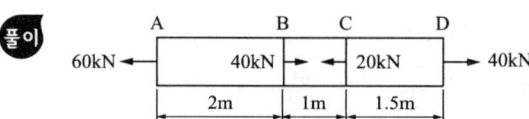

$\sigma_{AB} = \dfrac{60 \times 10^3}{4} = 15000\text{N/cm}^2$,

$\sigma_{BC} = \dfrac{(40-20) \times 10^3}{4} = 5000\text{N/cm}^2$,

$\sigma_{CD} = \dfrac{40 \times 10^3}{4} = 10000\text{N/cm}^2$,

$\delta = \dfrac{Pl}{AE} = \dfrac{\sigma l}{E}$ 에서

$\dfrac{10^4}{210 \times 10^9}[(15000 \times 2) + (5000 \times 1) + (10000 \times 1.5)]$

$\fallingdotseq 2.38 \times 10^{-3}\text{m} \fallingdotseq 0.238\text{cm}$

10 그림과 같은 단면의 $x-x$축에 대한 단면 2차 모멘트는?

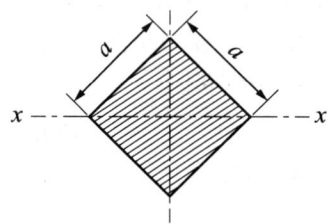

① $\dfrac{a^4}{8}$ ② $\dfrac{a^4}{24}$
③ $\dfrac{a^4}{32}$ ④ $\dfrac{a^4}{12}$

풀이 도심을 통과하는 사각형의 단면 2차 모멘트 $\dfrac{bh^3}{12}$ 에서 정사각형이므로 $\dfrac{a^4}{12}$

11 그림과 같은 부정정보의 전 길이에 균일 분포하중이 작용할 때 전단력이 0이 되고 최대 굽힘 모멘트가 작용하는 단면은 B단에서 얼마나 떨어져 있는가?

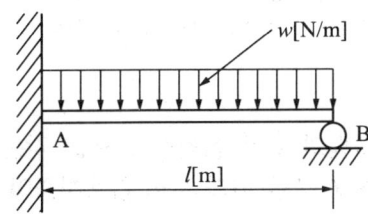

① $\frac{2}{3}l$ ② $\frac{3}{8}l$

③ $\frac{5}{8}l$ ④ $\frac{3}{4}l$

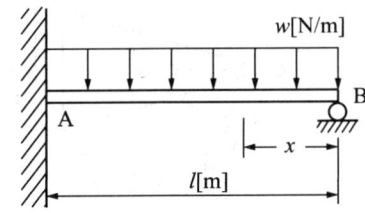

$M_x = R_B \cdot x - \dfrac{wx^2}{2}$

$v(A) = \dfrac{1}{EI}\int_0^l \left(R_B \cdot x - \dfrac{wx^2}{2}\right)x \cdot dx$

$ = \dfrac{1}{EI}\int_0^l \left(R_B \cdot x^2 - \dfrac{wx^3}{2}\right)dx$

$ = \dfrac{1}{EI}\left[\dfrac{1}{3}R_B \cdot l^3 - \dfrac{wx^4}{8}\right]$ 이 되며, $v(A) = 0$ 이므로

$\dfrac{1}{3}R_B \cdot l^3 - \dfrac{wx^4}{8} = 0$ 에서 $R_B = \dfrac{3}{8}wl$ 이며,

$R_A + R_B = wl$ 이므로 $R_A = \dfrac{5}{8}wl$ 이다.

정정보의 경우 모멘트를 미분하여 0인 지점이 모멘트의 최댓값을 나타내나, 부정정보에서는 모멘트를 미분하여 0이 되는 지점이 모멘트의 최댓값을 나타내지 않으며 각 지점에서의 모멘트 값을 구하여 비교 하여야 한다. 부정정보의 경우 일반적으로 고정단에서 최댓값을 나타내는 경향이 있다.

모멘트를 미분하면 전단력이 되고 전단력이 0이 되는 지점을 찾으면 $\dfrac{dM}{dx} = R_B - wx = 0$, $x = \dfrac{R_B}{w} = \dfrac{3}{8}l$ 이다.

이 지점에서의 모멘트를 구하면

$M_{x = \frac{3l}{8}} = \dfrac{3}{8}wl \cdot \dfrac{3l}{8} - \dfrac{w}{2}\left(\dfrac{3}{8}l\right)^2$

$\phantom{M_{x = \frac{3l}{8}}} = \dfrac{9wl^2}{64} - \dfrac{9wl^2}{128} = \dfrac{9wl^2}{128}$ 이다.

문제 보기에서 전단응력이 0이 되는 지점에서 모멘트의 최댓값을 찾으면 $x = \dfrac{3}{8}l$ 이다.

12 그림과 같은 단면을 가진 A, B, C의 보가 있다. 이 보들이 동일한 굽힘 모멘트를 받을 때 최대 굽힘응력의 비로 옳은 것은?

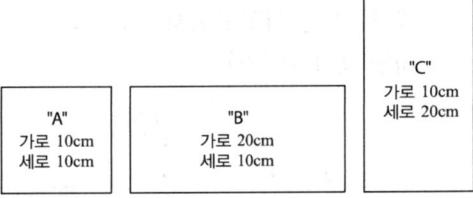

① A : B : C = 3 : 2 : 1
② A : B : C = 4 : 2 : 1
③ A : B : C = 16 : 4 : 1
④ A : B : C = 9 : 3 : 1

$M = \sigma Z$, $\sigma = \dfrac{M}{Z}$ 이다.

$Z_A\left(\dfrac{10 \times 10^2}{6}\right) : Z_B\left(\dfrac{20 \times 10^2}{6}\right) : Z_C\left(\dfrac{10 \times 20^2}{6}\right) = \dfrac{1}{1} : \dfrac{1}{2} : \dfrac{1}{4}$

이므로 $\sigma_A : \sigma_B : \sigma_C = 4 : 2 : 1$

13 보의 임의의 점에서 처짐을 평가할 수 있는 방법이 아닌 것은?

① 변형 에너지법(Strain Energy Method) 사용
② 불연속 함수(Discontinuity Function) 사용
③ 중첩법(Method of Superposition) 사용
④ 시컨트 공식(Secant Fomula) 사용

풀이 축 방향으로 편심거리 e만큼 떨어진 곳에 하중 P가 작용할 경우 편심에 의하여 기둥에 굽힘과 처짐이 발생하게 된다. 이 경우 기둥의 허용응력은 처짐의 크기와 굽힘응력에 의하여 결정되며,

$$\sigma_{\max} = \frac{P}{A} + \frac{M_{\max}c}{I}$$

$$= \frac{P}{A}\left[1 + \frac{ec}{r^2}\sec\left(\frac{\pi}{2}\sqrt{\frac{P}{P_{CR}}}\right)\right]$$

$$= \frac{P}{A}\left[1 + \frac{ec}{r^2}\sec\left(\frac{L}{2r}\sqrt{\frac{P}{AE}}\right)\right]$$ 로 표현할 수 있다.

이를 시컨트 공식이라 한다.

14 그림과 같은 보가 분포하중과 집중하중을 받고 있다. 지점 B에서의 반력의 크기를 구하면 몇 kN인가?

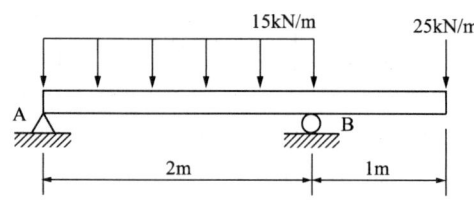

① 28.5 ② 40.0
③ 52.5 ④ 55.0

풀이 $\sum M_A = 0$ 에서
$R_B \times 2 = (15 \times 10^3 \times 2) \times 1 + (25 \times 10^3) \times 3$
$R_B = 52.5\text{kN}$

15 강재 나사봉을 기온이 27°C일 때에 24MPa의 인장 응력을 발생시켜 놓고 양단을 고정하였다. 기온이 7°C로 되었을 때의 응력은 약 몇 MPa인가?(단, 탄성계수 E=210GPa, 선팽창계수 α=11.3×10^{-6}/°C이다.)

① 47.46 ② 23.46
③ 71.46 ④ 65.46

풀이 • 열응력
$\sigma_T = E\alpha\Delta T$
$= (210 \times 10^9) \times (11.3 \times 10^{-6}) \times (27-7)$
$= 47.46\text{MPa}$

• 나사봉이 받는 응력
$\sigma = 24\text{MPa} + 47.46\text{MPa} = 71.46\text{MPa}$

16 그림과 같은 삼각형 단면을 갖는 단주에서 선 A-A를 따라 수직 압축하중이 작용할 때 단면에 인장 응력이 발생하지 않도록 하는 하중 작용점의 범위(d)를 구하면?(단, 그림에서 길이 단위는 mm이다.)

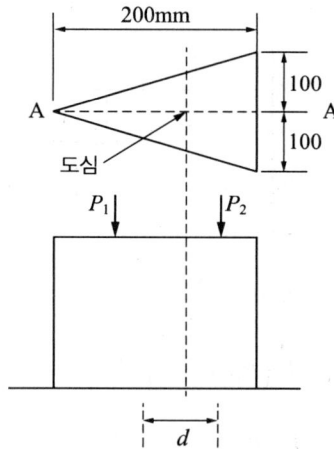

① 25mm ② 50mm
③ 75mm ④ 100mm

풀이 • P_1에 하중 작용 시

$$\sigma_{\min} = 0 = \frac{P_1}{A} - \frac{P_1 e_1}{Z_1} = \frac{P}{\frac{1}{2}bh} - \frac{Pe_1}{\frac{bh^3}{36}\cdot\frac{1}{3}h}$$

$$= \frac{2P_1}{bh} - \frac{12P_1 e_1}{bh^2}, \quad \frac{2P_1}{bh} = \frac{12P_1 e_1}{bh^2}, \quad e_1 = \frac{h}{6}$$

답 14 ③ 15 ③ 16 ②

• P_2에 하중 작용 시

$$\sigma_{\min} = 0 = \frac{P_2}{A} - \frac{P_2 e_2}{Z_2} = \frac{P_2}{\frac{1}{2}bh} - \frac{P_2 e_2}{\frac{bh^3}{36}}$$
$$= \frac{2P_2}{bh} - \frac{24P_2 e_2}{bh^2}$$

$\frac{2P_2}{bh} = \frac{24 P_2 e_2}{bh^2}$, $e_2 = \frac{h}{12}$

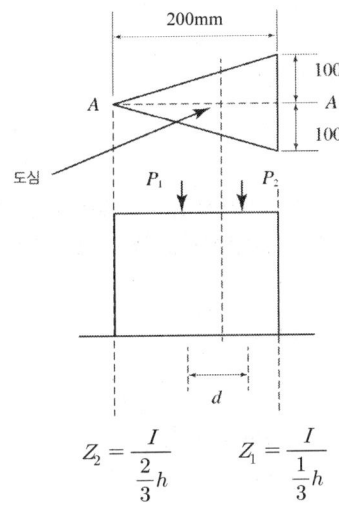

$Z_2 = \dfrac{I}{\frac{2}{3}h}$ $Z_1 = \dfrac{I}{\frac{1}{3}h}$

$d = e_1 + e_2 = \dfrac{h}{6} + \dfrac{h}{12} = \dfrac{h}{4} = \dfrac{200}{4} = 50\text{mm}$

17 평면 응력 상태에서 $\sigma_x = 300\text{MPa}$, $\sigma_y = -900\text{MPa}$, $\tau_{xy} = 450\text{MPa}$일 때 최대 주응력 σ_1은 몇 MPa인가?
① 1150 ② 300
③ 450   ④ 750

풀이 • 주응력

$\sigma_{1,2}(\sigma_{\max}, \sigma_{\min}) = \dfrac{\sigma_x + \sigma_y}{2} \pm \sqrt{\left(\dfrac{\sigma_x - \sigma_y}{2}\right)^2 + \tau_{xy}^2}$

$= \dfrac{\sigma_x + \sigma_y}{2} \pm \tau_{\max}$ 에서

$\sigma_1 = \dfrac{300 - 900}{2} + \sqrt{\left(\dfrac{300 + 900}{2}\right)^2 + 450^2} = 450\text{MPa}$

18 그림과 같은 외팔보에서 고정부에서의 굽힘 모멘트를 구하면 약 몇 kN·m인가?

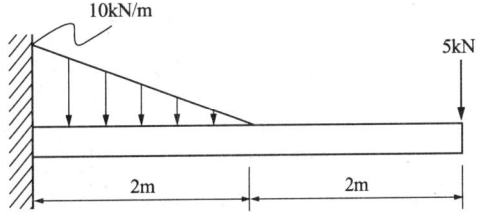

① 26.7(반시계방향)
② 26.7(시계방향)
③ 46.7(반시계방향)
④ 46.7(시계방향)

풀이 $M = (5 \times 10^3) \times 4 + (10 \times 10^3 \times 2) \times \dfrac{1}{3}$
$\fallingdotseq 26.7\text{kNm}$ 반시계방향

19 아래와 같은 보에서 C점(A에서 4m 떨어진 점)에서의 굽힘 모멘트 값은?

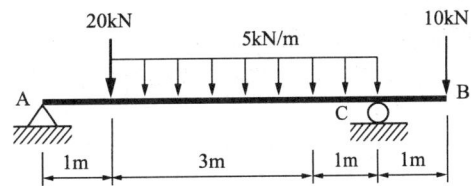

① 5.5 kN·m
② 11 kN·m
③ 13 kN·m
④ 22 kN·m

풀이 $R_A \times 5 = (20 \times 10^3) \times 4 + (5 \times 10^3 \times 4) \times 2 - (10 \times 10^3) \times 1$, $R_A = 22000\text{N}$

$M_C = R_A \times 4 - (20 \times 10^3) \times 3 - (5 \times 10^3 \times 3) \times 1.5$
$= 5.5\text{kNm}$

20 그림과 같이 지름 50mm의 연강봉의 일단을 벽에 고정하고, 자유단에는 50cm 길이의 레버 끝에 600N의 하중을 작용시킬 때 연강봉에 발생하는 최대 주응력과 최대 전단응력은 각각 몇 MPa인가?

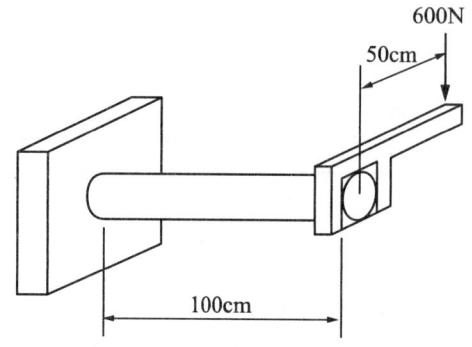

① 최대 주응력: 51.8 최대 전단응력: 27.3
② 최대 주응력: 27.3 최대 전단응력: 51.8
③ 최대 주응력: 41.8 최대 전단응력: 27.3
④ 최대 주응력: 27.3 최대 전단응력: 41.8

 굽힘과 모멘트를 동시에 받는 축으로 상당 비틀림 토크 $T_e = \sqrt{M^2 + T^2}$, 상당 비틀림 모멘트는
$M_e = \dfrac{M + \sqrt{M^2 + T^2}}{2} = \dfrac{1}{2}(M + T_e)$ 이다.
$M = 600 \times 1 = 600\text{Nm}$, $T = 600 \times 0.5 = 300\text{Nm}$,
$T_e = \sqrt{M^2 + T^2} = \sqrt{600^2 + 300^2} ≒ 670.8\text{Nm}$
$M_e = \dfrac{1}{2}(M + T_e) = \dfrac{1}{2}(600 + 670.8) ≒ 635.4\text{Nm}$
최대 주응력 $M_e = \sigma Z$,
$\sigma = \dfrac{M_e}{Z} = \dfrac{M_e}{\dfrac{\pi d^3}{32}} = \dfrac{32 M_e}{\pi d^3} = \dfrac{32 \times 635.4}{\pi \times 0.05^3} ≒ 51.8\text{MPa}$
최대 전단응력 $T_e = \tau Z_P$,
$\tau = \dfrac{T_e}{Z_P} = \dfrac{T_e}{\dfrac{\pi d^3}{16}} = \dfrac{16 T_e}{\pi d^3} = \dfrac{16 \times 670.8}{\pi \times 0.05^3} ≒ 27.3\text{Nm}$

2 기계열역학

21 저온실로부터 46.4kW의 열을 흡수할 때 10kW의 동력을 필요로 하는 냉동기가 있다면 이 냉동기의 성능계수는?
① 4.64   ② 5.65
③ 56.5   ④ 46.4

 • 냉동기 성능계수
$COP = \dfrac{Q_L}{W} = 4.64$

22 교축 과정(throttling process)에서 처음 상태와 최종 상태의 엔탈피는 어떻게 되는가?
① 처음 상태가 크다.
② 최종 상태가 크다.
③ 같다.
④ 경우에 따라 다르다.

 교축 과정은 등엔탈피 과정이다.
$h_i = h_e$

23 500W의 전열기로 4kg의 물을 20℃에서 90℃까지 가열하는 데 몇 분이 소요되는가?(단, 전열기에서 열은 전부 온도 상승에 사용되고 물의 비열은 4180kJ/kg·K이다.)
① 16   ② 27
③ 39   ④ 45

 • $4kg$의 물을 20℃에서 90℃까지 가열하는 데 필요한 에너지
$Q_w = mC\Delta T = 1170.4\text{kJ}$
• 소요 시간
$\min = Q_w / Q_h = 39$분
여기서, 전열기 발생 열량(Q_h)=30kJ/min

답 20 ① 21 ① 22 ③ 23 ③

24 두께 10mm, 열전도율 15W/m·°C인 금속판의 두 면의 온도가 각각 70°C와 50°C일 때 전열면 1m²당 1분 동안에 전달되는 열량은 몇 kJ인가?

① 1800 ② 14000
③ 92000 ④ 162000

풀이
- 금속판을 통한 전도
$$\dot{Q} = -kA\frac{\Delta T}{\Delta x} = -30 \text{kW}$$
- 1분 동안 금속판을 통해 전달되는 열량
$$Q = 60s \times 30 \times 10^3 \frac{J}{s} = 1800 \text{kJ}$$

25 냉매 $R-134a$를 사용하는 증기-압축 냉동 사이클에서 냉매의 엔트로피가 감소하는 구간은 어디인가?

① 증발 구간 ② 압축 구간
③ 팽창 구간 ④ 응축 구간

풀이 증기 압축 냉동 사이클에서 냉매의 엔트로피는 응축 구간에서 감소한다.

26 절대 온도 T_1 및 T_2의 두 물체가 있다. T_1에서 T_2로 열량 Q가 이동할 때 이 두 물체가 이루는 계의 엔트로피 변화를 나타내는 식은?(단, $T_1 > T_2$이다.)

① $\dfrac{T_1 - T_2}{Q(T_1 \times T_2)}$ ② $\dfrac{Q(T_1 + T_2)}{T_1 \times T_2}$

③ $\dfrac{Q(T_1 - T_2)}{T_1 \times T_2}$ ④ $\dfrac{T_1 + T_2}{Q(T_1 \times T_2)}$

풀이
- 두 물체가 이루는 계의 엔트로피 변화
$$S_{net} = \Delta S_1 + \Delta S_2 = \frac{Q}{T_2} + \left(-\frac{Q}{T_1}\right) = \frac{Q(T_1 - T_2)}{T_1 \times T_2}$$

27 카르노 열기관에서 열 공급은 다음 중 어느 가역 과정에서 이루어지는가?

① 등온 팽창 ② 등온 압축
③ 단열 팽창 ④ 단열 압축

풀이 카르노 기관에서 열 공급은 등온 팽창에서 이루어진다.

28 밀폐된 실린더 내의 기체를 피스톤으로 압축하는 동안 300kJ의 열이 방출되었다. 압축일의 양이 400kJ이라면 내부 에너지 증가는?

① 100kJ ② 300kJ
③ 400kJ ④ 700kJ

풀이
- 1법칙
$$dU = \delta Q - \delta W = 100 \text{kJ}$$

29 어떤 시스템이 100kJ의 열을 받고, 150kJ의 일을 하였다면 이 시스템의 엔트로피는?

① 증가했다.
② 감소했다.
③ 변하지 않았다.
④ 시스템의 온도에 따라 증가할 수도 있고 감소할 수도 있다.

풀이
- 주어진 조건에서
$$\Downarrow Q = 100 \text{kJ}$$
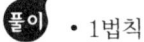 ⇒ $W = 150$kJ이므로

주어진계(어떤 시스템)의 열교환은
$$S = \frac{Q}{T} > 0$$
따라서, 이 시스템의 엔트로피는 증가했다.

답 24 ① 25 ④ 26 ③ 27 ① 28 ① 29 ①

30 1kg의 공기를 압력 2MPa, 온도 20℃의 상태로부터 4MPa, 온도 100℃의 상태로 변화하였다면 최종 체적은 초기 체적의 약 몇 배인가?
① 0.125
② 0.637
③ 3.86
④ 5.25

 • 최종 체적
$$v_2 = \left(\frac{P_1}{P_2}\right)\left(\frac{T_2}{T_1}\right)v_1 = 0.637 v_1$$

31 서로 같은 단위를 사용할 수 없는 것으로 나타낸 것은?
① 열과 일
② 비내부 에너지와 비엔탈피
③ 비엔탈피와 비엔트로피
④ 비열과 비엔트로피

 • 비내부 에너지, 비엔탈피 → J/kg
• 비열, 비엔트로피 → J/kg·K
• 열과 일 → J

32 질량(質量) 50kg인 계(系)의 내부 에너지(u)가 100kJ/kg이며, 계의 속도는 100m/s이고, 중력장(重力場)의 기준면으로부터 50m의 위치에 있다고 할 때, 계에 저장된 에너지(E)는?
① 3254.2kJ
② 4827.7kJ
③ 5274.5kJ
④ 6251.4kJ

• 시스템이 갖는 에너지(E)
E=내부 에너지(u)+운동 에너지(KE)+위치 에너지(PE)
=5274.5kJ

33 온도가 –23℃인 냉동실로부터 기온이 27℃인 대기 중으로 열을 뽑아내는 가역 냉동기가 있다. 이 냉동기의 성능계수는?
① 3
② 4
③ 5
④ 6

 • 냉동기의 성능계수
$$COP = \frac{T_L}{T_H - T_L} = 5$$

34 온도 300K, 압력 100kPa 상태의 공기 0.2kg이 완전히 단열된 강체 용기 안에 있다. 패들(paddle)에 의하여 외부에서 공기에 5kJ의 일이 행해진다. 최종 온도는 얼마인가?(단, 공기의 정압 비열과 정적 비열은 1.0035kJ/kg·K, 0.7165kJ/kg·K이다.)
① 약 325K
② 약 275K
③ 약 335K
④ 약 265K

• 최종 온도
$$T_2 = \frac{m_{air}C_v T_1 - W_2}{m_{air}C_v} = 334.9K$$

35 공기 1kg을 1MPa, 250℃의 상태로부터 압력 0.2MPa까지 등온 변화한 경우 외부에 대하여 한 일량은 약 몇 kJ인가?(단, 공기의 기체 상수는 0.287kJ/kg·K이다.)
① 157
② 242
③ 313
④ 465

• 외부에 대해서 행한 일량
$$_1W_2 = m \cdot _1w_2 = 241.6kJ$$
여기서, $_1w_2 = RT \ln \frac{P_1}{P_2} = 241.6kJ/kg$

답 30 ② 31 ③ 32 ③ 33 ③ 34 ③ 35 ②

36 다음 중 열전달률을 증가시키는 방법이 아닌 것은?

① 2중 유리창을 설치한다.
② 엔진 실린더의 표면 면적을 증가시킨다.
③ 팬의 풍량을 증가시킨다.
④ 냉각수 펌프의 유량을 증가시킨다.

풀이 • 열전달률
$$\dot{Q} = -kA\frac{dT}{dx} = -kA\frac{\Delta T}{\Delta x}$$
Δx가 커지면 열전달은 작아진다.

37 이상 기체의 마찰이 없는 정압과정에서 열량 Q는?(단, C_v는 정적 비열, C_p는 정압 비열, k는 비열비, dT는 임의의 점의 온도 변화이다.)

① $Q = C_v dT$ ② $Q = k^2 C_v dT$
③ $Q = C_p dT$ ④ $Q = k C_p dT$

풀이 • 정압 과정에서 열량 Q
$\delta q = du + Pdv = dh - vdP = dh = C_p dT (dP= 정압)$

38 그림과 같은 공기 표준 브레이튼(Brayton) 사이클에서 작동유체 1kg당 터빈 일은 얼마인가?(단, $T_1 = 300K, T_2 = 475.1K, T_3 = 1100K, T_4 = 694.5K$이고, 공기의 정압 비열과 정적 비열은 각각 1.0035kJ/kg·K, 0.7165kJ/kg·K이다.)

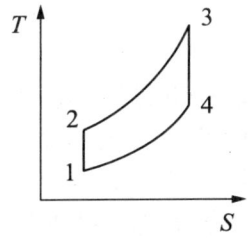

① 406.9kJ/kg ② 290.6kJ/kg
③ 627.2kJ/kg ④ 448.3kJ/kg

풀이 • 작동 유체 1kg당 터빈 일
$w_t = h_3 - h_4 = 406.9 \text{kJ/kg}$

39 준 평형 과정으로 실린더 안의 공기를 100kPa, 300K 상태에서 400kPa까지 압축하는 과정 동안 압력과 체적의 관계는 "$PV^{1.3} = 일정\ (n=1.3)$"이며, 공기의 정적 비열은 $C_v = 0.717 \text{kJ/kg·K}$, 기체 상수 $(R) = 0.287 \text{kJ/kg·K}$이다. 단위 질량당 일과 열의 전달량은?

① 일=-108.2kJ/kg, 열=-27.11kJ/kg
② 일=-108.2kJ/kg, 열=-189.3kJ/kg
③ 일=-125.4kJ/kg, 열=-27.11kJ/kg
④ 일=-125.4kJ/kg, 열=-189.3kJ/kg

풀이 • 일전달량
$$_1w_2 = \frac{R}{n-1}(T_1 - T_2) = -108.2\text{kJ/kg}$$
여기서, $T_2 = 413.1K$

• 열전달량
$$_1q_2 = u_2 - u_1 + {}_1w_2 = -27.11\text{kJ/kg}$$
여기서, $u_2 - u_1 = 81.1\text{kJ/kg}$

40 공기는 압력이 일정할 때 그 정압 비열이 $C_p = 1.0053 + 0.000079t\ \text{kJ/kg·℃}$ 라고 하면 공기 5kg을 0℃에서 100℃까지 일정한 압력 하에서 가열하는 데 필요한 열량은 약 얼마인가?(단, $t = ℃$이다.)

① 100.5kJ ② 100.9kJ
③ 502.7kJ ④ 504.6kJ

풀이 • 가열 시 필요한 열량
$$_1Q_2 = m\int_1^2 C_p dT = 504.6\text{kJ}$$

답 36 ① 37 ③ 38 ① 39 ① 40 ④

기계유체역학

41 포텐셜 유동 중 2차원 자유 와류(Free Vortex)의 속도 포텐셜은 $\phi = K\theta$로 주어지고, K는 상수이다. 중심에서의 거리 $r=10m$에서의 속도가 20m/s이라면 $r=5m$에서의 계기 압력은 몇 Pa인가?(단, 중심에서 멀리 떨어진 곳에서의 압력은 대기압이며 이 유체의 밀도는 1.2kg/m³이다.)

① −60 ② −240
③ −960 ④ 240

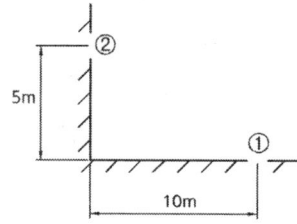

- ②점의 계기 압력

$$P_2 = P_1 + \frac{\rho}{2}(V_1^2 - V_2^2) = -960\text{Pa}$$

여기서, ①점의 계기압(P_1)=−240Pa
①점의 속도(V_1)=20m/s
②점의 속도(V_2)=40m/s

42 점도가 0.101N/m², 비중이 0.85인 기름이 내경 300mm, 길이 3km의 주철관 내부를 흐르며, 유량은 0.0444m³/s이다. 이 관을 흐르는 동안 기름 유동이 겪은 수두 손실은 약 몇 m인가?

① 7.14 ② 8.12
③ 7.76 ④ 8.44

- 파이프 시스템 해석에서 압력 손실

$$\frac{\Delta P_L}{\rho g} = f \cdot \frac{L}{D} \cdot \frac{V_{avg}^2}{2g} = 8.12\text{m}$$

여기서, 마찰계수(f)=0.0404,
관로 내의 평균 속도(V_{avg})=0.628m/s

43 지름 5cm의 구가 공기 중에서 매초 40m의 속도로 날아갈 때 항력은 약 몇 N인가?(단, 공기의 밀도는 1.23kg/m³, 항력계수는 0.6이다.)

① 1.16 ② 3.22
③ 6.35 ④ 9.23

- 주어진 수치를 대입하면 항력

$$F_D = \frac{1}{2} \times \rho V^2 A \times C_D = 1.16\text{N}$$

여기서, A=정면도 면적

44 다음 중 유선의 방정식은 어느 것인가?(단, ρ : 밀도, A : 단면적, V : 평균 속도, u, v, w는 각각 x, y, z 방향의 속도이다.)

① $\dfrac{d\rho}{\rho} + \dfrac{dA}{A} + \dfrac{dV}{V} = 0$

② $\dfrac{\partial u}{\partial x} + \dfrac{\partial v}{\partial y} + \dfrac{\partial w}{\partial z} = 0$

③ $\dfrac{dx}{u} = \dfrac{dy}{v} = \dfrac{dz}{w}$

④ $d\left(\dfrac{v^2}{2} + \dfrac{P}{\rho} + gy\right) = 0$

- 유선(Stream Line)
속도장에서 속도 벡터에 접하는 가상 곡선이다.

$$\frac{dx}{u} = \frac{dy}{v} = \frac{dz}{w}$$

45 수면 차가 15m인 두 물탱크를 지름 300mm, 길이 1500mm인 원관으로 연결하고 있다. 관로의 도중에 곡관이 4개 연결되어 있을 때 관로를 흐르는 유량은 몇 L/s인가?(단,

답 41 ③ 42 ② 43 ① 44 ③ 45 ③

관마찰계수는 0.032, 입구 손실계수는 0.45, 출구 손실계수는 1, 곡관의 손실계수는 0.17 이다.)

① 89.6　　② 92.3
③ 95.2　　④ 98.5

 • 원관 내 물의 속도

$$V = \sqrt{\frac{2g \times Z_1}{162.1}} = 1.35 \text{m/s}$$

여기서, 수면 차(Z_1)=15m

• 관로를 흐르는 체적 유량

$$\dot{Q} = AV = \frac{\pi}{4}D^2 \times V = 0.09543 \text{m}^3/\text{s} = 95.4 \text{L/s}$$

46 한 변이 2m인 위가 열려있는 정육면체 통에 물을 가득 담아 수평 방향으로 9.8m/s²의 가속도로 잡아끌 때 통에 남아 있는 물의 양은 얼마인가?

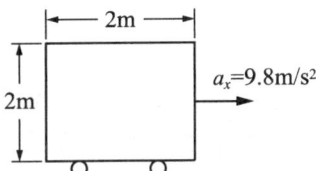

① 8m³　　② 4m³
③ 2m³　　④ 1m³

 • 자유 표면이 수평면과 만드는 각의 탄젠트

$$\tan\theta = \frac{a_x}{g} = 1 \text{ 따라서, } \theta = 45°$$

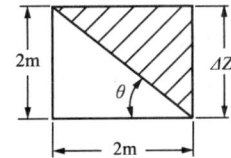

• 자유 표면에서 수직 하강 값
$\Delta z = 2\tan\theta = 2\text{m}$

• 흘러넘친 물의 체적=높이×삼각형 면적=2×삼각형 면적
　　　　　　　　　=4m³

• 통에 남아 있는 물의 양
$8\text{m}^3 - 4\text{m}^3 = 4\text{m}^3$

47 길이 150m의 배가 8m/s의 속도로 항해한다. 배가 받는 조파 저항을 연구하는 경우, 길이 1.5m의 기하학적으로 닮은 모형의 속도는 몇 m/s인가?

① 12　　② 80
③ 1　　④ 0.8

 • 모형의 속도 항

$$V_m = V_p \times \sqrt{\frac{L_m}{L_p}} = 0.8 \text{m/s}$$

여기서, 자유 표면 → 프루드수 상사

48 점성계수 $\mu = 1.1 \times 10^{-3} \text{N·s/m}^2$인 물이 직경 2cm의 수평 원관 내를 층류로 흐를 때, 관의 길이가 1000m, 압력강하는 8800Pa이면 유량 Q는 약 몇 m³/s인가.

① 3.14×10^{-5}　　② 3.14×10^{-2}
③ 3.14　　④ 314

• 유량
$$Q = \frac{\Delta P R^2}{8\mu L} \times \pi R^2 = \frac{\pi \Delta P R^4}{8\mu L} = 3.14 \times 10^{-5} \text{m}^3/\text{s}$$

49 동점성계수의 차원을 $[M]^a$, $[L]^b$, $[T]^c$로 나타낼 때 $a+b+c$의 값은?

① -1　　② 0
③ 1　　④ 3

• 동점성계수
$$\nu = \frac{\mu}{\rho} \, [\text{m}^2/\text{s}]$$
$[L]^2[T]^{-1}[M]^0$
$a=0, b=2, c=-1 \rightarrow a+b+c=1$

50 100m 높이에 있는 물의 낙차를 이용하여 20MW의 발전을 하기 위해서 필요한 유량은 약 m³/s인가?(단, 터빈의 효율은 90%이고, 모든 마찰 손실은 무시한다.)

① 18.4　　② 22.7
③ 180　　④ 222

 • 필요한 유량

$$\dot{Q} = \frac{BHP}{\rho_w g H \times \eta_{turbine}} = 22.7 \text{m}^3/\text{s}$$

51 기온이 27℃인 여름날 공기 속에서의 음속은 -3℃인 겨울날에 비해 몇 배나 빠른가?(단, 공기의 비열비의 변화는 무시한다.)

① 1.00　　② 1.05
③ 1.11　　④ 1.23

 • 음속비

$$\frac{C_{27℃}}{C_{-3℃}} = \sqrt{\frac{T_{27℃}}{T_{-3℃}}} = \sqrt{\frac{27+273}{-3+273}} = 1.05$$

-3℃인 날보다 27℃인 날이 1.05배 빠르다.
여기서, 음속(C) = $\sqrt{kRT}$

52 시속 800km의 속도로 비행하는 제트기가 400m/s의 상대 속도로 배기가스를 노즐에서 분출할 때의 추진력은?(단, 이때 흡기량은 25kg/s이고, 배기되는 연소 가스는 흡기량에 비해 2.5% 증가하는 것으로 본다)

① 3920N　　② 4694N
③ 4870N　　④ 7340N

 • 추진력

$$F = \dot{m}_{out} V_{out} - \dot{m}_{in} V_{in} = 4695 \text{N}$$

여기서, 비행기 속도(V_{in}) = 222.2m/s
　　　　배기가스 분출속도(V_{out}) = 400m/s

흡입공기량($\dot{m}_{in}$) = 25kg/s
배기공기량($\dot{m}_{out}$) = 25.625kg/s

53 $2h$ 떨어진 두 개의 평행 평판 사이에 뉴턴 유체의 속도 분포가 $u = u_0[1-(y/h)^2]$와 같을 때 밑판에 작용하는 전단응력은?(단, μ는 점성계수이고, $y=0$은 두 평판의 중앙이다.)

① $\dfrac{2\mu u_0}{h}$　　② $\dfrac{\mu u_0}{h}$

③ $2\mu u_0 h$　　④ $\mu u_0 h$

 • 밑판에 작용하는 속도 구배($y=-h$)

$$\left(\frac{du}{dy}\right)_{h=-h} = +\frac{2u_0}{h}$$

• 밑판에 작용하는 전단응력

$$\tau = \mu\left(\frac{du}{dy}\right)_{y=-h} = \frac{2u_0 \mu}{h}$$

54 절대 압력 700kPa의 공기를 담고 있고 체적은 0.1m³, 온도는 20℃인 탱크가 있다. 순간적으로 공기는 밸브를 통해 바깥으로 단면적 75mm²를 통해 방출되기 시작한다. 이 공기의 유속은 310m/s이고, 밀도는 6kg/m³이며 탱크 내의 모든 물성치는 균일한 분포를 갖는다고 가정한다. 방출하기 시작하는 시각에 탱크 내 밀도의 시간에 따른 변화율은 몇 kg/(m³·s)인가?

① -12.338　　② -2.582
③ -20.381　　④ -1.395

 • 밀도의 시간에 대한 변화율

$$\frac{d\rho}{dt} = \frac{-\sum_{out}\dot{m}}{V} = -1.395 \text{kg/m}^3\cdot\text{s}$$

여기서, 유출되는 질량유량($\sum_{out}\dot{m}$) = $\rho_{air}AV$ = 0.1395kg/s
V = 체적 = 0.1m³

답　50 ②　51 ②　52 ②　53 ①　54 ④

55 다음 중 유량 측정과 직접적인 관련이 없는 것은?

① 오리피스(Orifice)
② 노즐(Nozzle)
③ 벤투리(Venturi)
④ 부르동관(Bourdon Tube)

풀이 • 유량 측정 기구
벤투리, 노즐, 오리피스

56 비중 0.85인 기름의 자유 표면으로부터 10m 아래서의 계기 압력은 약 몇 kPa인가?

① 83   ② 830
③ 98   ④ 980

풀이 • 계기 압력
$P = \rho g h = SG \times \rho_w \times g \times h = 83.3\text{kPa}$

57 점성력에 대한 관성력의 비로 나타나는 무차원 수의 명칭은?

① 레이놀즈수
② 코우시수
③ 푸르드수
④ 웨버수

풀이 • 레이놀즈수
$Re = \dfrac{관성력}{점성력}$

58 관내 층류 유동에서 관마찰계수 f는?

① 조도만의 함수이다.
② 오일러수의 함수이다.
③ 상대 조도와 레이놀즈수와의 함수이다.
④ 레이놀즈수만의 함수이다.

풀이 • 관내 층류의 마찰계수
$f = \dfrac{64}{Re}$
층류 유동의 마찰계수는 Re 수만의 함수이다.

59 다음 후류(wake)에 관한 설명 중 옳은 것은?

① 표면 마찰이 주원인이다.
② $\left(\dfrac{dP}{dx}\right) < 0$ 인 영역에서 일어난다.
③ 박리점 후방에 생긴다.
④ 압력이 높은 구역이다.

풀이 박리점 뒤에서 소용돌이치는 불규칙적인 흐름이 나타나는데 이것을 후류(wake)라고 한다.

60 분수에서 분출되는 물줄기 높이를 2배로 올리려면 노즐로 공급되는 게이지 압력을 몇 배로 올려야 하는가?(단, 이곳에서의 동압은 무시한다.)

① 1.414   ② 2
③ 2.828   ④ 4

풀이 • 노즐에 공급되는 게이지 압력
$P_1 = \rho g (z_2 - z_1)$
물줄기 높이$(z_2 - z_1)$=2배이려면 게이지 압력(P_1)이 2배이어야 한다.

4과목 기계재료 및 유압기기

61 게이지강이 갖추어야 할 조건으로 틀린 것은?
① 내마모성이 크고, HRC55 이상의 경도를 가질 것
② 담금질에 의한 변형 및 균열이 적을 것
③ 오랜 시간 경과하여도 치수의 변화가 적을 것
④ 열팽창 계수는 구리와 유사하며 취성이 좋을 것

풀이 • 게이지강(Gauge Steel)
㉠ 담금질에 있어서 변형이나 균열이 없어야 한다.
㉡ 시효(Aging)에 의한 치수 변화가 없어야 한다.
㉢ 산화가 되지 않아야 하며, 심냉 처리(Sub-Zero)하여 HRC55 이상의 경도를 가지며, 내마성과 내식성이 크고, 열팽창률이 적어야 한다.

62 미하나이트 주철(MeehanitE Cast Iron)의 바탕 조직은?
① 오스테나이트
② 펄라이트
③ 시멘타이트
④ 페라이트

풀이 • 미하나이트(Meehanite)주철: 펄라이트 구조를 가지고 있으며, 백선화를 억제시키고 흑연을 미세하고 균일하게 만들기 위해 용해 주철에 Si와 칼슘-실리사이트(Cacium- Silicide, Ca-Si) 분말을 접종(Inoculation)하여 만든 주철

63 내열성과 인성이 좋고 강한 충격이 가해지는 곳에 적합한 스프링강 계는?
① 고탄소
② 망간-크롬
③ 규소-크롬
④ 크롬-바나듐

풀이 • Cr-V강
㉠ 정밀한 고급 스프링 재료에 사용
㉡ 내열성과 인성이 좋고 강한 충격이 가해지는 곳에 사용

64 마그네슘(Mg)을 설명한 것 중 틀린 것은?
① 마그네슘(Mg)의 비중은 알루미늄의 약 2/3 정도이다.
② 구상흑연주철의 첨가제로도 사용된다.
③ 용융점은 약 930℃로 산화가 잘된다.
④ 전기전도도는 알루미늄보다 낮으나 절삭성은 좋다.

풀이 • 마그네슘
㉠ 비중은 1.74(실용 금속 중에서 가장 가볍고 Al의 2/3 정도), 용융점은 650℃이고 원자의 배열은 조밀육방격자이며 고온에서 발화하기 쉽다.
㉡ 알칼리에는 잘 견디나, 일반적으로 산이나 염류에는 침식되기 쉽다.
㉢ 전기 전도율은 Cu, Al보다 낮고 강도도 작으나 절삭성이 우수하다.
㉣ 합금 재료로 Mg는 강도, 절삭성이 우수하고 비중이 작아 경량화가 요구되는 항공기, 자동차, 선박 등의 부품이나 전자 및 전기용 제품의 케이스 용도로 사용되고 있으며 구상흑연주철, CV흑연주철의 첨가제로도 사용된다.

65 다음 중 일반적으로 담금질에서 요구되지 않는 것은?
① 담금질 경도가 높을 것
② 경화 깊이가 깊을 것
③ 담금질 균열의 발생이 없을 것
④ 담금질 연화가 잘될 것

풀이 • 담금질(Quenching): 강을 적당한 온도로 가열 후 급냉시켜 경도 및 강도를 증가시키며, 강의 변태를 정지시켜 마르텐사이트 조직을 얻기 위한 것이다.

답 61 ④ 62 ② 63 ④ 64 ③ 65 ④

66 담금질에 의한 변형에 관한 설명 중 틀린 것은?
① 열응력으로 생김
② 경화 상태의 불균일로 생김
③ 탄소함유량 변화
④ 변태 응력으로 생김

풀이 • 담금질 균열(Quenching Crack): 담금질 온도가 너무 높을 때, 냉각속도가 너무 빠를 때, 가열이 불균일 할 때 주로 발생한다. 따라서 형상이 급격하게 변화되어 줄어드는 부분과 구멍이나 노치 등이 있는 부분의 냉각속도를 줄여 방지한다.
㉠ 담금질 직후의 균열: 외부는 급격한 냉각에 의해 수축되고, 내부는 냉각 속도가 느려 펄라이트로 변하는 과정에서 팽창되어 균열 발
㉡ 담금질 후 균열: 외부가 마텐자이트로 변하는 과정에서 팽창되어 균열이 발생
㉢ 담금질 변형: 열응력, 경화상태의 불균일, 변태응력으로 변형이 발생할 수 있다.

67 다음 중 가단주철을 설명한 것으로 가장 적합한 것은?
① 기계적 특성과 내식성, 내열성을 향상시키기 위해 Mn, Si, Ni, Cr, Mo, V, Al, Cu 등의 합금원소를 첨가한 것이다.
② 탄소량 2.5% 이상의 주철을 주형에 주입한 그 상태로 흑연을 구상화한 것이다.
③ 표면을 칠(chill)상에서 경화시키고 내부조직은 펄라이트와 흑연인 회주철로 해서 전체적으로 인성을 확보한 것이다.
④ 백주철을 고온도로 장시간 풀림해서 시멘타이트를 분해 또는 감소시키고 인성이나 연성을 증가시킨 것이다.

풀이 • 가단주철(Malleable Cast iron): 주철의 여리고 약한 인성을 개선하기 위하여 규소가 적은 백주철을 산화철 등의 탈탄재와 함께, 풀림 열처리하여 탈탄, 흑연화시켜 인성이나 연성을 증가시켜 사용하는 주철이다.

68 순철에서 온도 변화에 따라 원자 배열의 변화가 일어나는 것은?
① 소성 변형 ② 동소 변태
③ 자기 변태 ④ 황온 변태

풀이 • 호이슬러 합금(Heusler's alloy): 1901년 독일의 F. Heusler가 발명한 것으로 특이한 점은 강자성이 아닌 원소들의 조합으로 강자성체가 만들어 진다는 것이다.

69 다음 중 Mn 26.3%, Al 13% 나머지가 구리인 합금으로 강자성체인 것은?
① 스테인리스강 ② 고망간강
③ 포금 ④ 호이슬러 합금

풀이 • 호이슬러 합금(Heusler's alloy): 1901년 독일의 F. Heusler가 발명한 것으로 특이한 점은 강자성이 아닌 원소들의 조합으로 강자성체가 만들어진다는 것이다.

70 다음 중 플라스틱 재료 중에서 내충격성이 가장 좋은 것은?
① 폴리스틸렌 ② 폴리카보네이트
③ 폴리에틸렌 ④ 폴리프로필렌

풀이 ① 폴리스틸렌(Polystyrene: PS): 맑고 투명한 수지로 착색이 잘되고 성형성이 좋으나 취성이 있으며 100℃ 이상의 열에 견디지 못한다.
② 폴리카보네이트(Polycarbonate: PC): 내충격성은 폴리아세탈 다음으로 크며, 내열성, 투명성, 유연성, 가공성이 우수하다. 내후성(weather resistance)은 우수하나 자외선에 약하고 마찰 마모성에 취약하다.
③ 폴리에틸렌(Polyethylene: PE): 비중이 작으며 인장강도, 연신율이 크고 충격에 강하며 성형 수축률이 크나 접착이 잘 안 되며 저온에서 취약하다.
④ 폴리프로필렌(Polypropylene: PP): 비중이 0.9로 가볍고 내충격성과 반복 굽힘에 강하다.

답 66 ③ 67 ④ 68 ② 69 ④ 70 ②

71 그림에서 표기하고 있는 밸브의 명칭은 무엇인가?

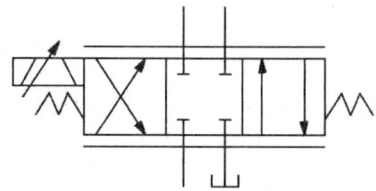

① 셔틀 밸브 ② 파일럿 밸브
③ 서보 밸브 ④ 교축 전환 밸브

풀이 • 서보 밸브(servo valve): 입력 전기 신호에 비례하는 출력 신호를 발생하는 전자 제어 밸브의 다른 형태

72 일반적으로 저점도유를 사용하며 유압 시스템의 온도도 60~80°C정도로 높은 상태에서 운전하여 유압 시스템 구성기기의 이물질을 제거하는 작업은?

① 엠보싱 ② 블랭킹
③ 커미싱 ④ 플러싱

풀이 플러싱 작업은 점도가 낮은 기름을 사용하고 유압 시스템의 온도는 60~80°C 정도로 높은 상태로 운전한다. 유압 시스템의 배관 계통과 시스템 구성에 이용되는 유압기기 등 배관 내 오염 물질을 제거하는 작업이 플러싱이다.

73 방향 전환 밸브에서 밸브와 관로가 접속하는 통로의 수를 무엇이라고 하는가?

① 방수(number of way)
② 포트수(number of port)
③ 스풀수(number of spool)
④ 위치수(number of position)

풀이 • 포트수(number of ports)
밸브와 주 관로를 연결하는 통로의 수

74 유압 호스에 관한 설명으로 옳지 않은 것은?

① 진동을 흡수한다.
② 유압 회로의 서지 압력을 흡수한다.
③ 고압 회로로 변환하기 위해 사용한다.
④ 결합부의 상대 위치가 변하는 경우 사용한다.

풀이 • 유압 호스는 유연하고 유압 부품 사이에서 상대 운동을 하는 유압 장비에 사용한다.
• 파이프는 두꺼운 강철 배관을 말한다. 고압에 견딜 수 있다.

75 유압 장치에 사용되는 밸브를 압력 제어 밸브, 방향 제어 밸브, 유량 제어 밸브 등으로 분류 하였다면, 이는 어떤 기준에 의해 분류한 것인가?

① 기능상의 분류
② 조작 방식상의 분류
③ 구조상의 분류
④ 접속 형식상의 분류

풀이 유압 장치에서 액추에이터를 작동시키기 위한 밸브는 압력 제어 밸브, 유량 제어 밸브, 방향 제어 밸브이다.

76 유압 회로의 액추에이터(Actuator)에 걸리는 부하의 변동, 회로압의 변화, 기타 조작에 관계없이 유압 실린더를 필요한 위치에 고정하고 자유 운동이 일어나지 못하도록 방지하기 위한 회로는?

① 증압 회로 ② 로크 회로
③ 감압 회로 ④ 무부하 회로

풀이 • 로크 회로: 유압 실린더를 필요한 위치에 정지시키기 위한 회로

답 71 ③ 72 ④ 73 ② 74 ③ 75 ① 76 ②

77 다음 중 오일의 점성을 이용한 유압 응용 장치는?
① 압력계
② 토크 컨버터
③ 진동개폐 밸브
④ 쇼크 업소버

풀이 • 쇼크 업소버(Shock Absorber): 충격이나 진동을 흡수하는 현가장치로 충격 흡수 장치이다.

78 유압 장치의 특징으로 옳지 않은 것은?
① 자동 제어가 가능하다
② 공기압보다 작동속도가 빠르다.
③ 소형 장치로 큰 출력을 얻을 수 있다.
④ 유온의 변화에 따라 출력 효율이 변화된다.

풀이 기름은 비압축성 유체로 유압 시스템은 공압 시스템 보다 정밀한 제어가 가능하다.

79 기어 펌프에서 발생하는 폐입 현상을 방지하기 위한 방법으로 가장 적절한 것은?
① 오일을 보충한다.
② 베인을 교환한다.
③ 베어링을 교환한다.
④ 릴리프 밸브 홈이 적용된 기어를 사용한다.

풀이 • 폐입 현상(trapping): 기어 펌프에서 발생하는 현상이다. 기어의 맞물린 두 이 사이 틈새에 유압유가 갇혀 있는 경우, 기어가 회전함에 따라 유압유는 압축과 팽창을 반복한다. 기어 펌프에서 발생하는 이러한 현상을 폐입 현상이라고 한다. 폐입 현상을 방지하기 위해서 릴리프 홈이 적용된 기어 등을 사용한다.

80 작동유의 압력이 $700N/cm^2$이고, 유량이 $30l/min$인 유압 모터의 출력 토크는 약 몇 N·m인가?(단, 1회전 당 배출 유량은 25cc/rev이다.)
① 28
② 42
③ 56
④ 74

풀이 • 유압 모터의 출력 토크
$$T_{th} = \frac{V_M \cdot \Delta P}{2\pi} = 27.8 N \cdot m$$

5과목 기계제작법 및 기계동력학

81 CNC 선반에서 프로그램으로 사용할 수 없는 기능은?
① 이송 속도의 선정
② 절삭 속도와 주축 회전수의 선정
③ 공구의 교환
④ 가공물의 장착, 제거

풀이 • NC에 사용되는 Address의 구성
G: 준비 기능, F: 이송 기능, S: 주축 기능, T: 공구 기능

82 딥 드로잉(Deep Drawing) 가공의 특징이 아닌 것은?
① 큰 단면 감소율을 얻을 수 있다.
② 복잡한 형상에서도 금속의 유동이 잘된다.
③ 중간에 어닐링(Annealing)이 필요 없다.
④ 압판 압력을 정확히 조정할 필요가 없다.

풀이 • 딥 드로잉(Deep Drawing): 펀치(Punch)와 다이(Die)를 사용하여 블랭크(Blank, 판형의 소재)를 다이 위에 올려놓고, 펀치를 사용하여 다이 구멍 속에 밀어 넣어 밑면(Bottom)이 있는 용기를 만드는 가공
㉠ 평평한 소재를 이용하여 원통형, 각통형, 반구형 등의 이

음매 없는 용기를 만들 수 있다.
ⓒ 큰 단면 감소율을 얻을 수 있다.
ⓒ 복잡한 형상에서도 금속의 유동이 잘된다.

83 평면도를 측정할 때, 가장 관계가 적은 측정기는?
① 수준기   ② 광선정반
③ 오토콜리메이터   ④ 공구 현미경

풀이
• 평면도 측정기: 다이얼 게이지, 공기 마이크로미터, 오토콜리메이터, 광선 정반, 옵티컬 플랫 등

84 선반에서 절삭비(Cutting Ratio, γ)의 표현식으로 옳은 것은?(단, ϕ는 전단각, α는 공구 윗면 경사각이다.)

① $r = \dfrac{\cos(\phi - \alpha)}{\sin\phi}$

② $r = \dfrac{\sin(\phi - \alpha)}{\cos\phi}$

③ $r = \dfrac{\cos\phi}{\sin(\phi - \alpha)}$

④ $r = \dfrac{\sin\phi}{\cos(\phi - \alpha)}$

85 방전가공의 특징 설명으로 틀린 것은?
① 전극의 형상대로 정밀하게 가공할 수 있다.
② 숙련된 전문 기술자만 할 수 있다.
③ 전극 및 가공물에 큰 힘이 가해지지 않는다.
④ 가공물의 경도와 관계없이 가공이 가능하다.

풀이
• 방전가공: 등유와 같은 절연성이 있는 가공액에 소재를 담그고 방전에 일으켜 소재를 미량씩 용해하여 가면서 구멍 뚫기, 조각, 절단 등의 가공을 하는 가공법

㉠ 초경공구, 담금질강, 특수강 등도 가공할 수 있다.
ⓒ 가공물과 전극 사이에 발생하는 아크(Arc) 열을 이용한다.
ⓒ 가공 후 가공 변질층이 남는다.
㉣ 임의의 단면 형상의 구멍 가공도 할 수 있다.
㉤ 가공물의 경도와 관계없이 가공이 가능하다.
㉥ 전극의 형상대로 정밀도 높은 가공을 할 수 있다.
㉦ 전극 및 가공물에 큰 힘이 가해지지 않는다.

86 압연공정에서 압연하기 전 원재료의 두께를 40mm, 압연 후 재료의 두께를 20mm로 한다면 압하율(Draft Percent)은 얼마인가?
① 20%   ② 30%
③ 40%   ④ 50%

풀이
압하율 $= \dfrac{H_0 - H_1}{H_0} \times 100 = \dfrac{40 - 20}{40} \times 100 = 50\%$

87 방전가공의 전극 재질로 적합한 것은?
① 아연   ② 구리
③ 연강   ④ 다이아몬드

풀이
• 방전가공
㉠ 전극 재료(+ 전원): 청동, 구리, 황동, 은-텅스텐, 흑연, 와이어 컷 방전 가공기
ⓒ 가공 재료(- 전원): 탄소공구강, 초경합금, 고속도강

88 목형에 라카나 니스 등의 도료를 칠하는 이유로 가장 적합한 이유는?
① 건조가 잘되게 하기 위하여
② 습기를 방지하고 모래의 분리를 쉽게 하기 위하여
③ 보기 좋게 하기 위하여
④ 주물사의 강도에 잘 견디게 하기 위하여

풀이
주물사 중의 수분흡수에 의한 목형의 변형을 방지하고 주물사와의 분리가 잘 되도록 하기 위하여 도장을 한다. 도료는 라카, 니스, 알루미늄 분말 등이 사용된다.

답 83 ④ 84 ④ 85 ② 86 ④ 87 ② 88 ②

89 절삭가공을 할 때 발생하는 가공 변질층에 관한 설명 중 틀린 것은?

① 가공 변질층은 절삭 저항의 크기에는 관계가 없다.
② 가공 변질층은 내식성과 내마모성이 좋지 않다.
③ 가공 변질층은 흔히 잔류응력이 남는다.
④ 절삭 온도는 가공 변질층에 영향을 미친다.

풀이 • 가공 변질층(Deformed Layer): 절삭가공 시 가공 재료의 다듬질 면의 표피층은 내부의 모재와는 다른 성질의 변질층이 생긴다. 이러한 변질층을 가공 변질층이라 한다.
㉠ 가공 변질층은 가공면의 내마모성, 내식성을 저하시킨다.
㉡ 가공 변질층 잔류응력이 남는다.
㉢ 절삭 온도는 가공 변질층에 영향을 미친다.

90 용접의 종류 중 불활성 가스 분위기 내에서 모재와 동일 또는 유사한 금속을 전극으로 하여 모재와의 사이에 아크를 발생시켜 용접하는 것은?

① 피복 아크 용접
② MIG 용접
③ 서브머지드 용접
④ CO_2 가스 용접

풀이 • 불활성 가스 아크 용접: 전극(텅스텐 봉, 금속 봉) 주위에 불활성 가스(He, Ne, Ar 등)를 방출시켜 모재와 전극사이에 아크를 발생시켜 용접을 하는 방법으로 불활성 가스 텅스텐 아크 용접(TIG)과 불화성 가스 금속 아크 용접봉(MIG)이 있다.
㉠ TIG 용접: 텅스텐 봉(비소모식)을 전극으로 사용
㉡ MIG 용접: 피복제가 필요 없으며 금속 와이어(소모식)를 전극으로 사용하며, 사용 전원은 직류 역극성이다.

91 두 파동 $x_1 = \sin\omega t$, $x_2 = \cos\omega t$을 합성하였을 때, 진폭과 위상각으로 옳은 것은?

① 진폭은 $\sqrt{2}$, 위상각은 $90°$
② 진폭은 $\sqrt{2}$, 위상각은 $60°$
③ 진폭은 2, 위상각은 $45°$
④ 진폭은 $\sqrt{2}$, 위상각은 $45°$

풀이 • 정현파와 여현파의 합성
$x_1 + x_2 = \sin\omega t + \cos\omega t = \sqrt{2}\sin(\omega t + \phi)$
여기서, $\tan\phi = 1$, $\phi = 45°$

92 반경 r인 균일한 원판이 평면 위에서 미끄럼 없이 각속도 ω, 각가속도 α로 굴러가고 있다. 이 원판 중심점의 수평 방향의 가속도 성분의 크기는?

① $r\alpha$ ② $r\omega$
③ ω^2/r ④ α^2/r

풀이 • 수평 방향 가속도 성분
$a_G = \dfrac{dv_G}{dt} = r\dfrac{d\omega}{dt} = r \cdot \alpha \leftarrow \alpha = \dfrac{d\omega}{dt}$

93 질량 0.6kg인 강철 블록이 오른쪽으로 4m/s의 속도로 이동하고, 질량 0.9kg인 강철 블록이 왼쪽으로 2m/s의 속도로 이동하다가 정면으로 충돌하였다. 반발계수가 0.75일 때 충돌하는 동안 손실된 에너지는 약 몇 J인가?

① 2.8 ② 3.8
③ 6.6 ④ 10.4

풀이 • 충돌 전 운동 에너지, 충돌 후 운동 에너지
$T = \dfrac{1}{2}m_A v_A^2 + \dfrac{1}{2}m_B v_B^2 = 6.6\text{J}$
$T' = \dfrac{1}{2}m_A v_A'^2 + \dfrac{1}{2}m_B v_B'^2 = 3.8\text{J}$
여기서, $v_A' = -2.3\text{m/s}$, $v_B' = 2.2\text{m/s}$
• 충돌하는 동안 손실된 에너지
손실된 에너지 $= T - T' = 2.8\text{J}$

답 89 ① 90 ② 91 ④ 92 ① 93 ①

94 중량 2400N, 회전수 1500rpm인 공기 압축기가 있다. 스프링으로 균등하게 6개소를 지지시켜 진동수비를 2.4로 할 때, 스프링 1개의 스프링 상수를 구하면 약 몇 kN/m인가?(단, 감쇠비는 무시한다.)

① 175
② 165
③ 194
④ 125

- 스프링 1개의 스프링 상수

$$k = \frac{m}{6}\left(\frac{\omega}{r}\right)^2 = 174.7 \text{kN/m}$$

여기서, 진동수비$(r) = \frac{\omega}{\omega_n} = 2.4$

가진 주파수$(\omega) = 157 \text{rad/s}$

공기 압축기 질량$(m) = 245 \text{kg}$

95 질량 관성 모멘트가 20kg·m²인 플라이휠(flywheel)을 정지 상태로부터 10초 후 3600rpm으로 회전시키기 위해 일정한 비율로 가속하였다. 이때 필요한 토크는 약 몇 N·m인가?

① 654
② 754
③ 854
④ 954

- 충격량과 운동량 원리

$$I_G\omega_1 + \sum \int_{t_1}^{t_2} M_G dt = I_G\omega_2$$

$20(0) + M_G(10) = 20(377)$

M_G에 대하여 풀면 $M_G = 754 \text{N·m}$

여기서, 초기 정지 상태$(t_1=0)$에서 각속도$(\omega_1)=0$
10초$(t_2=10)$후 각속도$(\omega_2)=377 \text{ rad/s}$
플라이휠의 질량 관성 모멘트$(I_G)=20\text{kg·m}^2$

96 그림과 같이 한 개의 움직도르래와 한 개의 고정 도르래로 연결된 시스템의 고유 각 진동수는?(단, 도르래의 질량은 무시한다.)

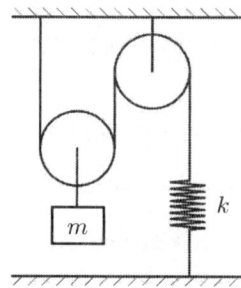

① $\sqrt{\dfrac{k}{m}}$ ② $\sqrt{\dfrac{2k}{m}}$

③ $\sqrt{\dfrac{3k}{m}}$ ④ $\sqrt{\dfrac{4k}{m}}$

- 주어진 진동계의 운동 방정식

$$\ddot{x} + \frac{4k}{m}x = 0$$

- 고유 각 진동수(ω_n)

$$\omega_n = \sqrt{\frac{4k}{m}}$$

97 회전하는 원판 위의 점 P에서 접선 가속도가 10m/s², 법선 가속도가 5m/s²일 때, 이 점 P에서의 가속도의 크기는 몇 m/s²인가?

① 2.2
② 3.9
③ 7.1
④ 11.2

- 가속도 크기$(|\vec{a}|)$

$$|\vec{a}| = \sqrt{a_t^2 + a_n^2} = 11.2 \text{m/s}^2$$

여기서, 접선 방향$(a_t)=10\text{m/s}^2$, 법선 방향$(a_n)=5\text{m/s}^2$

94 ① 95 ② 96 ④ 97 ④

98 무게 10kN의 구를 위치 A에서 정지 상태로부터 놓았을 때, 구가 위치 B를 통과할 때의 속도는 약 몇 cm/s인가?

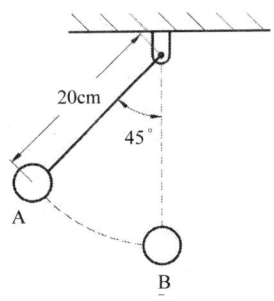

① 102   ② 105
③ 107   ④ 110

- 에너지 보존 법칙
$T_A + U_A = T_B + U_B$
$0 + 585.8 = 510.2 v_B^2 + 0$
여기서, A 위치에서 위치 에너지(U_A)=585.8N·m
운동 에너지(T_A)=0,
B 위치에서 위치 에너지 (U_B)=0
운동 에너지(T_B)=510.2v_B^2
- B 지점 통과 속도(v_B)
v_B=107cm/s

99 질량이 2500kg인 화물차가 수평면에서 견인되고 있다. 정지 상태로부터 일정한 가속도로 견인되어 150m를 움직였을 때 속도가 8m/s이었다면, 화물차에 가해진 수평 견인력의 크기는 약 몇 N인가?

① 443   ② 533
③ 622   ④ 712

- 일과 에너지 법칙
$T_1 + U_{1 \to 2} = T_2$
$0 + 150F = 80 \times 10^3$

- 화물차에 가해진 수평 견인력
견인력(F)=533N

100 다음 1자유도계의 감쇠 고유 진동수는 몇 Hz인가?

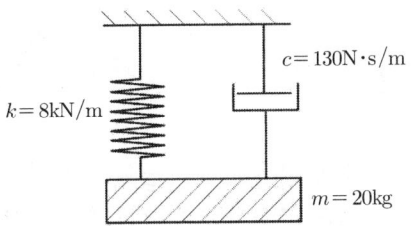

① 1.14   ② 2.14
③ 3.14   ④ 4.14

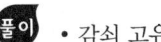
- 감쇠 고유 각 진동수
$\omega_d = \omega_n \sqrt{1-\zeta^2} = 19.7 \text{rad/s}$
- 고유 진동수
$f_n = \dfrac{\omega_d}{2\pi} = 3.14 \text{Hz}$

2014년 2회 일반기계기사 기출문제

1과목 재료역학

1 그림과 같은 보에서 균일 분포하중(ω)과 집중하중(P)이 동시에 작용할 때 굽힘 모멘트의 최댓값은?

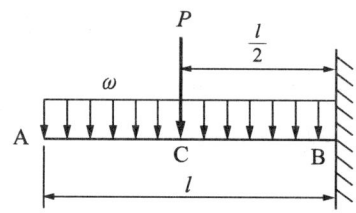

① $l(P-\omega l)$ ② $\dfrac{l}{2}(P-\omega l)$

③ $l(P+\omega l)$ ④ $\dfrac{l}{2}(P+\omega l)$

풀이 굽힘 모멘트의 최댓값=외팔보에 집중하중이 작용 시 $M_{\max 1}\left(=P\times\dfrac{l}{2}\right)$ + 외팔보에 분포하중이 작용 시 $M_{\max 2}\left(=w\cdot l\times\dfrac{l}{2}\right)$이므로

$M_{\max}=\dfrac{P\cdot l}{2}+\dfrac{wl^2}{2}=\dfrac{l}{2}(P+wl)$

2 길이 3m이고, 지름이 16mm인 원형 단면봉에 30kN의 축하중을 작용시켰을 때 탄성 신장량 2.2mm가 생겼다. 이 재료의 탄성계수는 약 몇 GPa인가?

① 203 ② 20.3
③ 136 ④ 13.7

풀이 $\delta=\dfrac{PL}{AE}$

$E=\dfrac{PL}{\delta A}=\dfrac{30\times 10^3\times 3}{2.2\times 10^{-3}}\times\dfrac{4}{\pi\times 0.016^2}\fallingdotseq 203\times 10^9 \text{Pa}$

3 단면계수가 0.01m³인 사각형 단면의 양단 고정보가 2m의 길이를 가지고 있다. 중앙에 최대 몇 kN의 집중하중을 가할 수 있는가? (단, 재료의 허용 굽힘응력은 80MPa이다.)

① 800 ② 1600
③ 2400 ④ 3200

풀이

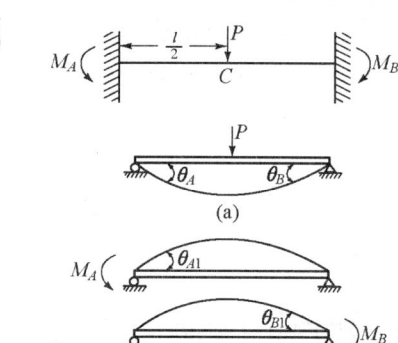

2차 부정적 차수를 가지는 부정정보로 먼저 M_A와 M_B를 여분 분력으로 선정하면 그림과 같은 단순보 형태가 되므로 문제를 해결할 수 있다. 중앙에 힘 P가 작용하는 대칭성 구조이므로

$R_A=R_B=\dfrac{P}{2}$, $M_A=M_B$이다.

$M_A=\dfrac{Pl}{8}=M_B$, $M_C=R_A\times\dfrac{l}{2}-\dfrac{Pl}{8}=\dfrac{Pl}{8}$이다.

$M_{\max}=\sigma Z$, $\dfrac{PL}{8}=(80\times 10^6)\times 0.01$,

$P=\dfrac{(80\times 10^6\times 0.01)\times 8}{2}=3200\times 10^3 \text{N}$

답 1 ④ 2 ① 3 ④

4 다음과 같은 단면에 대한 2차 모멘트 I_Z는?

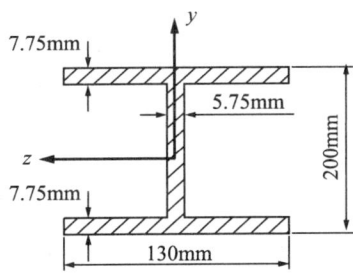

① $18.6 \times 10^6 \text{mm}^4$
② $21.6 \times 10^6 \text{mm}^4$
③ $24.6 \times 10^6 \text{mm}^4$
④ $27.6 \times 10^6 \text{mm}^4$

풀이 전체 사각형의 단면계수 $\left(\dfrac{130 \times 200^3}{12}\right)$에서 작은 사각형의 단면계수 $2\left(2 \times \left(\dfrac{62.125 \times 184.5^3}{12}\right)\right)$개를 빼서 구한다.

$\dfrac{130 \times 200^3}{12} - 2 \times \left(\dfrac{62.125 \times 184.5^3}{12}\right) = 21.6 \times 10^6$

여기서, $(130 - 5.75) \times \dfrac{1}{2} = 62.125$,
$200 - 2 \times 7.75 = 184.5$

5 그림과 같이 비틀림 하중을 받고 있는 중공축의 $a-a$ 단면에서 비틀림 모멘트에 의한 최대 전단응력은?(단, 축의 외경은 10cm, 내경은 6cm이다.)

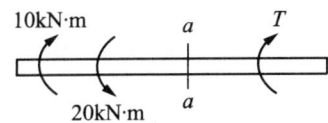

① 25.5MPa ② 36.5MPa
③ 47.5MPa ④ 58.5MPa

풀이 $T = T_1 + T_2 = 20 - 10 = 10\text{kN} \cdot \text{m}$

$T = \tau z_p = \tau \dfrac{\pi(d_2^4 - d_1^4)}{16 d_2}$

$\tau = \dfrac{16 d_2 T}{\pi(d_2^4 - d_1^4)} = \dfrac{16 \times 0.1 \times 10 \times 10^3}{\pi(0.1^4 - 0.06^4)}$

$\fallingdotseq 58.5 \times 10^6 \text{Pa}$

6 지름 10mm이고, 길이가 3m인 원형 축이 716rpm으로 회전하고 있다. 이 축의 허용 전단응력이 160MPa인 경우 전달할 수 있는 최대 동력은 약 몇 kW인가?

① 2.36 ② 3.15
③ 6.28 ④ 9.42

풀이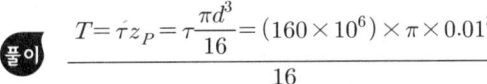

$\fallingdotseq 31.4\text{Nm}$

$\text{kW} = \dfrac{TN}{9549} = \dfrac{31.4 \times 716}{9549} \fallingdotseq 2.36\text{kW}$

7 다음 그림과 같은 구조물에서 비틀림각 θ는 약 몇 rad인가?(단, 봉의 전단탄성계수 $G = $ 120GPa이다.)

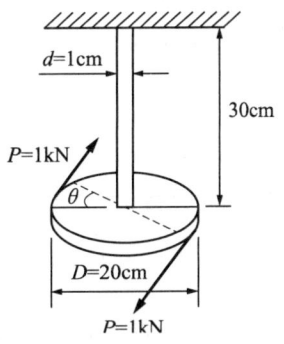

① 0.12 ② 0.5
③ 0.05 ④ 0.032

풀이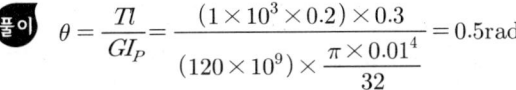

8 다음과 같은 외팔보에 집중하중과 모멘트가 자유단 B에 작용할 때 B점의 처짐은 몇 mm인가?(단, 굽힘강성 EI=10MN·m²이고, 처짐 δ의 부호가 +이면 위로, -이면 아래로 처짐을 의미한다.)

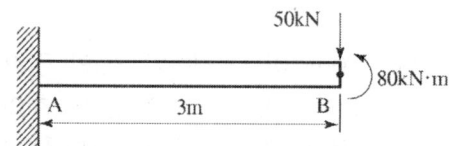

① +81
② -81
③ +9
④ -9

• 집중하중에 의한 처짐

$$\delta_1 = -\frac{Pl^3}{3EI} = -\frac{50 \times 10^3 \times 3^3}{3 \times 10 \times 10^6} = -0.045\text{m}$$

모멘트에 의한 처짐

$$\delta_2 = \frac{Ml^2}{2EI} = \frac{80 \times 10^3 \times 3^2}{2 \times 10 \times 10^6} = 0.036\text{m}$$

처짐은 $\delta = \delta_1 + \delta_2 = -0.045 + 0.036$
$= -9 \times 10^{-3}\text{m} = -9\text{mm}$

9 단면적이 2cm²이고 길이가 4m인 환봉에 10kN의 축 방향 하중을 가하였다. 이때 환봉에 발생한 응력은?
① 5000N/m²
② 2500N/m²
③ 5×10⁷N/m²
④ 5×10⁵N/m²

$\sigma = \dfrac{P}{A} = \dfrac{10 \times 10^3}{2 \times 10^{-4}} = 5 \times 10^7 \text{N/m}^2$

10 길이 L, 단면 2차 모멘트 I, 탄성계수 E인 긴 기둥의 좌굴 하중 공식은 $\dfrac{\pi^2 EI}{(kL)^2}$이다. 여기서 k의 값은 기둥의 지지조건에 따른 유효 길이 계수라 한다. 양단 고정일 때 k의 값은?

① 2
② 1
③ 0.7
④ 0.5

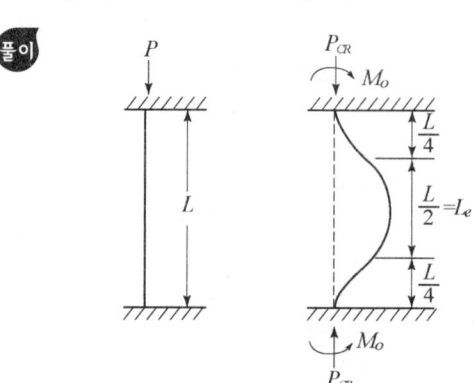

양단 고정 기둥의 경우 축하중 P가 상단에 작용하면 하단에서 같은 반력이 발생하며, 좌굴이 발생할 때 반력 모멘트 M_o도 양 지점에서 발생 한다. 처짐 곡선은 양단에서 $\dfrac{L}{4}$ 되는 지점에 변곡점을 가지는 삼각 함수이다. 유효 길이는 변곡점 길이와 같으며 $L_e = \dfrac{L}{2}$ 이다. 좌굴(임계) 하중은

$$P_{CR} = \frac{\pi^2}{L_e^2} EI = \frac{\pi^2}{(\frac{1}{2}L)^2} EI = \frac{4\pi^2}{L^2} EI 이다.$$

▼ 지지점이 다른 기둥의 오일러의 좌굴(임계) 하중(P_{CR})

지지점	좌굴(임계) 하중	유효길이	기둥의 조건
① 일단 고정 타단 자유	$P_{CR} = \dfrac{\pi^2 \cdot EI}{4L^2}$	$L_e = 2L$	
② 양단 회전	$P_{CR} = \dfrac{\pi^2 \cdot EI}{L^2}$	$L_e = L$	
③ 일단 고정 타단 회전	$P_{CR} = \dfrac{2\pi^2 \cdot EI}{L^2}$	$L_e = 0.7L$	

답 8 ④ 9 ③ 10 ④

| ④ 양단 고정 | $P_{CR} = \dfrac{4\pi^2 \cdot EI}{L^2}$ | $L_e = 0.5L$ | |

11 일정한 두께를 갖는 반원통이 핀에 의해서 A점에서 지지되고 있다. 이때 B점에서 마찰이 존재하지 않는다고 가정할 때 A점에서의 반력은?(단, 원통 무게는 W, 반지름은 r 이며, A, 0, B점은 지구 중심 방향으로 일직선에 놓여 있다.)

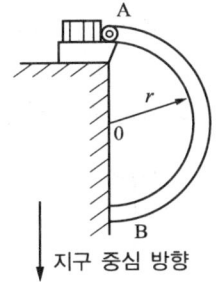

① 1.80W ② 1.05W
③ 0.80W ④ 0.50W

12 원통형 압력용기에 내압 P가 작용할 때, 원통부에 발생하는 축 방향의 변형률 ε_x 및 원주 방향 변형률 ε_y는?(단, 강판의 두께 t는 원통의 지름 D에 비하여 충분히 작고, 강판 재료의 탄성계수 및 포아송비는 각각 E, ν이다.)

① $\varepsilon_x = \dfrac{PD}{4tE}(1-2\nu)$, $\varepsilon_y = \dfrac{PD}{4tE}(1-\nu)$

② $\varepsilon_x = \dfrac{PD}{4tE}(1-2\nu)$, $\varepsilon_y = \dfrac{PD}{4tE}(2-\nu)$

③ $\varepsilon_x = \dfrac{PD}{4tE}(2-\nu)$, $\varepsilon_y = \dfrac{PD}{4tE}(1-\nu)$

④ $\varepsilon_x = \dfrac{PD}{4tE}(1-\nu)$, $\varepsilon_y = \dfrac{PD}{4tE}(2-\nu)$

풀이 축 방향 응력$(\sigma_x) = \dfrac{PD}{4t} = \dfrac{PR}{2t}$

원주 방향 응력$(\sigma_y) = \dfrac{PD}{2t} = \dfrac{PR}{t}$

후크의 법칙에 의하면
$\epsilon_x = \dfrac{1}{E}(\sigma_x - \upsilon\sigma_y) = \dfrac{1}{E}\left(\dfrac{PD}{4t} - \upsilon\dfrac{PD}{2t}\right)$
$= \dfrac{1}{E}\dfrac{PD}{4t}(1-2\upsilon)$
$\epsilon_y = \dfrac{1}{E}(\sigma_y - \upsilon\sigma_x) = \dfrac{1}{E}\left(\dfrac{PD}{2t} - \upsilon\dfrac{PD}{4t}\right)$
$= \dfrac{1}{E}\dfrac{PD}{4t}(2-\upsilon)$

13 다음 금속 재료의 거동에 대한 일반적인 설명으로 틀린 것은?

① 재료에 가해지는 응력이 일정하더라도 오랜 시간이 경과하면 변형률이 증가할 수 있다.
② 재료의 거동이 탄성 한도로 국한된다고 하더라도 반복하중이 작용하면 재료의 강도가 저하될 수 있다.
③ 일반적으로 크리프는 고온보다 저온 상태에서 더 잘 발생한다.
④ 응력-변형률 곡선에서 하중을 가할 때와 제거할 때의 경로가 다르게 되는 현상을 히스테리시스라 한다.

풀이 크리프는 고온에서 정하중일 때 발생한다.

답 11 ② 12 ② 13 ③

14 그림과 같은 형태로 분포하중을 받고 있는 단순 지지보가 있다. 지지점 A에서의 반력 R_A는 얼마인가?(단, 분포하중 $\omega(x) = \omega_o \sin\dfrac{\pi x}{L}$)

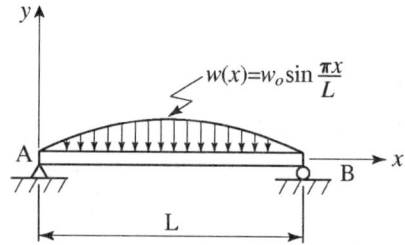

① $\dfrac{2\omega_o L}{\pi}$ ② $\dfrac{\omega_o L}{\pi}$

③ $\dfrac{\omega_o L}{2\pi}$ ④ $\dfrac{\omega_o L}{2}$

풀이
$R_A + R_B = \displaystyle\int_0^L w_0 \sin\dfrac{\pi x}{L} dx$
$= \dfrac{w_0 \cdot L}{\pi}\left[\cos\dfrac{\pi x}{L}\right]_0^L = \dfrac{2w_0 \cdot L}{\pi}$

$R_A = R_B = \dfrac{w_0 \cdot L}{\pi}$

15 평면 응력 상태에 있는 어떤 재료가 2축 방향에 응력 $\sigma_x > \sigma_y > 0$가 작용하고 있을 때 임의의 경사 단면에 발생하는 법선 응력 σ_n은?

① $\sigma_x \cos 2\theta + \sigma_y \sin 2\theta$
② $\sigma_x \sin 2\theta + \sigma_y \cos 2\theta$
③ $\sigma_x \cos\theta + \sigma_y \sin\theta$
④ $\sigma_x \cos^2\theta + \sigma_y \sin^2\theta$

풀이 AC 경사면에 발생하는 법선 응력은 힘의 평형관계를 고려하면 다음과 같다.
$\sigma_n \cdot A_n = \sigma_x A_x \cos\theta + \sigma_y A_y \sin\theta$

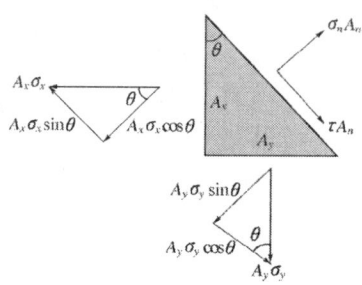

$= \sigma_x A_n \cos^2\theta + \sigma_y A_n \sin^2\theta$
$\sigma_n = \sigma_x \cos^2\theta + \sigma_y \sin^2\theta$

16 그림과 같이 서로 다른 2개의 봉에 의하여 AB봉이 수평으로 있다. AB봉을 수평으로 유지하기 위한 하중 P의 작용점의 위치 x의 값은?(단, A단에 연결된 봉의 세로탄성계수는 210GPa, 길이는 3m, 단면적은 2cm²이고, B단에 연결된 봉의 세로탄성계수는 70GPa, 길이는 1.5m, 단면적은 4cm²이며, 봉의 자중은 무시한다.)

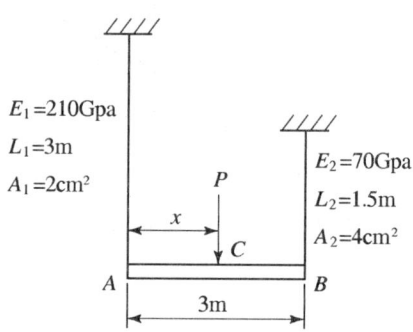

① 144.6cm ② 171.4cm
③ 191.5cm ④ 213.2cm

풀이 $P = P_1 + P_2$, $P_1 x = P_2(L-x)$, $P_1 = \dfrac{L-x}{x}P_2$

$\delta_A = \delta_B = \dfrac{P_1 l_1}{A_1 E_1} = \dfrac{P_2 l_2}{A_2 E_2}$

$\dfrac{l_1}{A_1 E_1}\left(\dfrac{L-x}{x}P_2\right) = \dfrac{P_2 l_2}{A_2 E_2}$

답 14 ② 15 ④ 16 ②

$$\frac{L-x}{x} = \frac{l_2 \cdot A_1 E_1}{l_1 \cdot A_2 E_2}$$

$$\frac{L}{x} - 1 = \frac{l_2 \cdot A_1 E_1}{l_1 \cdot A_2 E_2}$$

$$\frac{L}{x} = \frac{l_2 \cdot A_1 E_1}{l_1 \cdot A_2 E_2} + 1 = \frac{l_2 \cdot A_1 E_1 + l_1 \cdot A_2 E_2}{l_1 \cdot A_2 E_2}$$

$$\frac{1}{x} = \frac{l_2 \cdot A_1 E_1 + l_1 \cdot A_2 E_2}{(l_1 \cdot A_2 E_2) L}$$

$$x = \frac{(l_1 \cdot A_2 E_2) L}{l_2 \cdot A_1 E_1 + l_1 \cdot A_2 E_2}$$

$$= \frac{(4 \times 10^{-4} \times 70 \times 10^9 \times 3) \times 3}{(1.5 \times 2 \times 10^{-4} \times 210 \times 10^9) + (3 \times 4 \times 10^{-4} \times 70 \times 10^9)}$$

$$\fallingdotseq 1.714 \text{ m} \fallingdotseq 171.4 \text{ cm}$$

17 길이가 L이고 직경이 d인 강봉을 벽 사이에 고정하였다. 그리고 온도를 ΔT만큼 상승시켰다면 이때 벽에 작용하는 힘은 어떻게 표현되나?(단, 강봉의 탄성계수는 E이고, 선팽창계수는 α이다.)

① $\dfrac{\pi E \alpha \Delta T d^2}{2}$ ② $\dfrac{\pi E \alpha \Delta T d^2}{4}$

③ $\dfrac{\pi E \alpha \Delta T d^2 L}{8}$ ④ $\dfrac{\pi E \alpha \Delta T d^2 L}{16}$

풀이 열응력 $\sigma = E\alpha\Delta T = \dfrac{P}{A}$에서

$P = E\alpha\Delta T \times A = E\alpha\Delta T \times \dfrac{\pi d^2}{4}$

18 그림과 같이 사각형 단면을 가진 단순보에서 최대 굽힘응력은 약 몇 MPa인가?(단, 보의 굽힘강성 EI는 일정하다.)

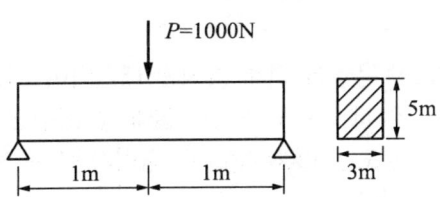

① 80   ② 74.5
③ 60   ④ 40

풀이 $\sigma_{max} = \dfrac{M_{max}}{Z} = \dfrac{\dfrac{PL}{4}}{\dfrac{bh^2}{6}} = \dfrac{6PL}{4bh^2}$

$= \dfrac{6 \times 1000 \times 2}{4 \times 0.03 \times 0.05^2} = 40 \times 10^6 \text{ Pa}$

19 재료의 허용 전단응력이 150N/mm²인 보에 굽힘하중이 작용하여 전단력이 발생한다. 이 보의 단면은 정사각형으로 가로, 세로의 길이가 각각 5mm이다. 단면에 발생하는 최대 전단응력이 허용 전단응력보다 작게 되기 위한 전단력의 최대치는 몇 N인가?

① 2500   ② 3000
③ 3750   ④ 5625

풀이 직사각형 단면인 보의 $\tau_{max} = \dfrac{3}{2}\dfrac{V}{A}$이다.

$V = \dfrac{\tau_{max} 2A}{3} = \dfrac{150 \times 2 \times 25}{3} = 2500 \text{N}$

20 그림과 같이 등분포하중 w가 가해지고 B점에서 지지되어 있는 고정 지지보가 있다. A점에 존재하는 반력 중 모멘트는?

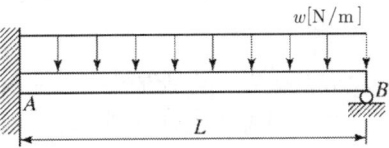

① $\dfrac{1}{8}wL^2$ (시계방향)

② $\dfrac{1}{8}wL^2$ (반시계방향)

③ $\dfrac{7}{8}wL^2$ (시계방향)

④ $\dfrac{7}{8}wL^2$ (반시계방향)

풀이

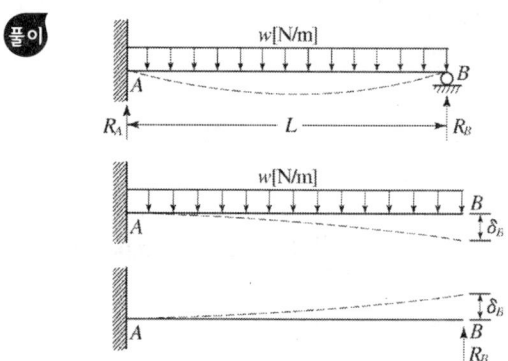

부정정보이므로 평형 방정식을 만들기 위해서는 조건식이 1개가 더 필요하다. 그래서 지점요소 B를 반력 R_B가 작용하는 것으로 가정할 경우 분포하중에 의한 처짐량 $\left(\dfrac{wL^4}{8EI}\right)$과 반력 R_B에 의한 처짐량 $\left(\dfrac{R_B L^3}{3EI}\right)$이 그림과 같이 같아야 하므로 $\dfrac{wL^4}{8EI} = \dfrac{R_B L^3}{3EI}$ 관계식에서 $R_B = \dfrac{3wL}{8}$이므로 문제를 해결할 수 있다. 즉, $R_A = \dfrac{5}{8}wL$이고, $M_A = \dfrac{3}{8}wl^2 - \dfrac{1}{2}wl^2 = -\dfrac{1}{8}wl^2$이다.(반시계방향)

2과목 기계열역학

21 열병합 발전 시스템에 대한 설명으로 옳은 것은?

① 증기 동력 시스템에서 전기와 함께 공정용 또는 난방용 스팀을 생산하는 시스템이다.
② 증기 동력 사이클 상부에 고온에서 작동하는 수은 동력 사이클을 결합한 시스템이다.
③ 가스터빈에서 방출되는 폐열을 증기 동력 사이클의 열원으로 사용하는 시스템이다.
④ 한 단의 재열 사이클과 여러 단의 재생 사이클의 복합 시스템이다.

풀이 터빈에서 추출한 수증기를 시설이나 공간 등에 난방목적으로 제공하는 형태를 열병합 발전(cogeneration)이라 한다.

22 27℃의 물 1kg과 87℃의 물 1kg이 열의 손실 없이 직접 혼합될 때 생기는 엔트로피의 차는 다음 중 어느 것에 가장 가까운가?(단, 물의 비열은 4.18kJ/kg·K로 한다.)

① 0.035kJ/K   ② 1.36kJ/K
③ 4.22kJ/K   ④ 5.02kJ/K

풀이
• 전체 엔트로피 변화
$\Delta S = \Delta S_{27℃} + \Delta S_{87℃} = 0.034$kJ/K
여기서, 27℃의 물이 57℃의 물로 변할 때까지 엔트로피 변화($\Delta S_{27℃}$)=0.398kJ/K
87℃의 물이 57℃의 물로 변할 때까지 엔트로피 변화($\Delta S_{87℃}$)=−0.364kJ/K
최종 온도 $T_2 = 57℃$

23 압력이 일정할 때 공기 5kg을 0℃에서 100℃까지 가열하는 데 필요한 열량은 약 몇 kJ인가?(단, 공기 비열 C_p[kJ/kg·℃] = 1.01 + 0.000079t[℃]이다.)

① 102   ② 476
③ 490   ④ 507

풀이
• 필요한 열량
$_1Q_2 = m\int_1^2 C_p\, dT = m\left[1.01t + \dfrac{1}{2}\times 79\times 10^{-6}\, t^2\right]_{t_1=0℃}^{t_2=100℃}$
$= 506.9$kJ

24 수은주에 의해 측정된 대기압이 753mmHg일 때 진공도 90%의 절대 압력은?(단, 수은의 밀도는 13600kg/m³, 중력가속도는 9.8m/s²이다.)

답 21 ① 22 ① 23 ④ 24 ④

① 약 200.08kPa ② 약 190.08kPa
③ 약 100.04kPa ④ 약 10.04kPa

풀이 • 진공도 90%의 절대 압력
$760 : 101.3 = 753(1-0.9) : x$
$x = 10.04\,kPa$

25 실린더 내의 유체가 68kJ/kg의 일을 받고 주위에 36kJ/kg의 열을 방출하였다. 내부 에너지 변화는?

① 32kJ/kg 증가 ② 32kJ/kg 감소
③ 104kJ/kg 증가 ④ 104kJ/kg 감소

풀이 • 내부 에너지 변화
$\delta q - \delta w = du$
32kJ/kg 증가

26 완전히 단열된 실린더 안의 공기가 피스톤을 밀어 외부로 일을 하였다. 이때 일의 양은(단, 절대량을 기준으로 한다.)

① 공기의 내부 에너지 차
② 공기의 엔탈피 차
③ 공기의 엔트로피 차
④ 단열되었으므로 일의 수행은 없다.

풀이 일의 양은 내부 에너지 차로 나타난다.
$\delta q - \delta w = du$
$\delta q = 0$(단열)

27 어떤 가솔린 기관의 실린더 내경이 6.8cm, 행정이 8cm일 때 평균 유효 압력이 1200kPa이다. 이 기관의 1행정당 출력(kJ)은?

① 0.04 ② 0.14
③ 0.35 ④ 0.44

풀이 • 1행정당 한 개의 실린더가 수행한 순 일
$W_{net} = mw_{net} = P_{meff}(V_{max} - V_{min}) = 348.6\,J$

28 시간당 380000kg의 물을 공급하여 수증기를 생산하는 보일러가 있다. 이 보일러에 공급하는 물의 엔탈피는 830kJ/kg이고, 생산되는 수증기의 엔탈피는 3230kJ/kg이라고 할 때 발열량이 32000kJ/kg인 석탄을 시간당 34000kg씩 보일러에 공급한다면 이 보일러의 효율은 얼마인가?

① 22.6% ② 39.5%
③ 72.3% ④ 83.8%

풀이 • 보일러 효율
$\eta_{Boiler} = \dfrac{Q_{output}}{Q_{input}} = 0.838$

여기서, $Q_{output} = \dot{m}_{물} \cdot q_{output} = 253440\,kW$
$Q_{input} = \dot{m}_{석탄} \cdot q_{input} = 302208\,kW$
$q_{output} = h_e - h_i = 2400\,kJ/kg$

29 200m의 높이로부터 250kg의 물체가 땅으로 떨어질 경우 일을 열량으로 환산하면 약 몇 kJ인가?(단, 중력가속도는 9.8m/s² 이다.)

① 79 ② 117
③ 203 ④ 490

풀이 • 1법칙
$W = mgH, \; W = Q$

30 일반적으로 증기 압축식 냉동기에서 사용되지 않는 것은?

① 응축기 ② 압축기
③ 터빈 ④ 팽창 밸브

풀이 • 이상적인 증기 압축 냉동 사이클 구성품: 증발기, 압축기, 응축기, 팽창 밸브

답 25 ① 26 ① 27 ③ 28 ④ 29 ④ 30 ③

31 경로 함수(Path Function)인 것은?
① 엔탈피   ② 열
③ 압력   ④ 엔트로피

풀이 • 경로 함수(Path Function): 수학적으로 불완전 미분이며 두 상태에 있어 경로에 따라 달라지는 물리적 양이다. 일과 열이 있다.

32 피스톤이 끼워진 실린더 내에 들어있는 기체가 계로 있다. 이 계에 열이 전달되는 동안 "$PV^{1.3}$=일정"하게 압력과 체적의 관계가 유지될 경우 기체의 최초 압력 및 체적이 200kPa 및 0.04m³이었다면 체적이 0.1m³로 되었을 때 계가 한 일(kJ)은?
① 약 4.35   ② 약 6.41
③ 약 10.56 ④ 약 12.37

풀이 • 계가 한 일
$$_1W_2 = \frac{1}{n-1}(P_1V_1 - P_2V_2) = 6.4\text{kJ}$$
여기서, P_2=60.8kPa

33 이상적인 냉동 사이클을 따르는 증기 압축 냉동장치에서 증발기를 지나는 냉매의 물리적 변화로 옳은 것은?
① 압력이 증가한다.
② 엔트로피가 감소한다.
③ 엔탈피가 증가한다.
④ 비체적이 감소한다.

풀이 증발기를 지나는 구간은 정압 과정으로 엔탈피가 증가한다.

34 10℃에서 160℃까지의 공기의 평균 정적 비열은 0.737kJ/kg이다. 이 온도 변화에서 공기 1kg의 내부 에너지 변화는?

① 107.1kJ   ② 109.7kJ
③ 120.6kJ   ④ 121.7kJ

풀이 • 내부 에너지 변화
$$U_2 - U_1 = mC_v(T_2 - T_1) = 109.7\text{kJ}$$

35 카르노 열기관의 열효율(η) 식으로 옳은 것은?(단, 공급열량은 Q_1, 방열량은 Q_2)
① $\eta = 1 - \frac{Q_2}{Q_1}$ ② $\eta = 1 + \frac{Q_2}{Q_1}$
③ $\eta = 1 - \frac{Q_1}{Q_2}$ ④ $\eta = 1 + \frac{Q_1}{Q_2}$

풀이 • 카르노 열기관의 열효율
$$\eta_{carnot} = \frac{Q_1 - Q_2}{Q_1} = 1 - \frac{Q_2}{Q_1}$$

36 아래 보기 중 가장 큰 에너지는?
① 100kW 출력의 엔진이 10시간 동안 한 일
② 발열량 10000kJ/kg의 연료를 100kg 연소시켜 나오는 열량
③ 대기압 하에서 10℃물 10m³를 90℃로 가열하는 데 필요한 열량(물의 비열은 4.2kJ/kg·℃이다)
④ 시속 100km로 주행하는 총 질량 2000kg인 자동차의 운동 에너지

풀이 • 100kW 출력의 엔진이 10시간 동안 한 일
$$100 \times 10^3 \times 10 \times 3600 = 36 \times 10^8 \text{J}$$

37 이상 기체의 내부 에너지 및 엔탈피는?
① 압력만의 함수이다.
② 체적만의 함수이다.
③ 온도만의 함수이다.
④ 온도 및 압력의 함수이다.

답 31 ② 32 ② 33 ③ 34 ② 35 ① 36 ① 37 ③

풀이 • 내부 에너지, 엔탈피
$du = C_v dT$
$dh = C_p dT$

38 액체 상태 물 2kg을 30℃에서 80℃로 가열하였다. 이 과정 동안 물의 엔트로피 변화량을 구하면?(단, 액체 상태 물의 비열은 4.184kJ/kg·K로 일정하다.)
① 0.6391kJ/K   ② 1.278kJ/K
③ 4.100kJ/K   ④ 8.208kJ/K

풀이 • 트로피 변화량
$\Delta S = m \int_{T_1}^{T_2} \frac{CdT}{T} = 1.278 \text{kJ/K}$

39 이상 기체의 비열에 대한 설명으로 옳은 것은?
① 정적 비열과 정압 비열의 절댓값의 차이가 엔탈피이다.
② 비열비는 기체의 종류에 관계없이 일정하다.
③ 정압 비열은 정적 비열보다 크다
④ 일반적으로 압력은 비열보다 온도의 변화에 민감하다.

풀이 이상 기체에 있어서 정압 비열과 정적 비열의 차는 기체 상수 R과 같고 정압 비열이 정적 비열보다 크다.
$C_p - C_v = R$

40 과열과 과냉이 없는 증기 압축 냉동 사이클에서 응축 온도가 일정할 때 증발 온도가 높을수록 성능계수는?
① 증가한다.
② 감소한다.
③ 증가할 수도 있고 감소할 수도 있다.
④ 증발 온도는 성능계수와 관계없다.

풀이 증발 온도가 높으면 성능계수는 증가한다.

3 기계유체역학

41 안지름이 250mm인 원형관 속을 평균 속도 1.2m/s로 유체가 흐르고 있다. 흐름 상태가 완전 발달된 층류라면 단면 최대 유속은 몇 m/s인가?
① 1.2   ② 2.4
③ 1.8   ④ 3.6

풀이 완전 발달된 층류 원형 파이프 내부 유동에서 최대 속도는 파이프 중심에서 나타난다.
$U_{max} = 2V_{avg} = 2.4 \text{m/s}$

42 어떤 온도의 공기가 50m/s의 속도로 흐르는 곳에서 정압(Static Pressure)이 120kPa이고, 정체압(Stagnation Pressure)이 121kPa일 때, 이곳을 흐르는 공기의 온도는 약 몇 ℃인가?(단, 공기의 기체 상수는 287kJ/kg·K이다.)
① 249   ② 278
③ 522   ④ 556

풀이 • 공기 온도
$T = \frac{P}{\rho \times R} = 522.7\text{K} = 249℃$

여기서, 공기 밀도$(\rho) = \frac{2(P_{stag} - P)}{V^2} = 0.8 \text{kg/m}^3$

공기의 기체 상수$(R) = 287 \text{kJ/kg·K}$

43 2차원 공간에서 속도장이 $\vec{V} = 2xt\hat{i} - 4y\hat{j}$로 주어질 때, 가속도 $\vec{a}$는 어떻게 나타나는가?(여기서, t는 시간을 나타낸다.)

답 38 ② 39 ③ 40 ① 41 ② 42 ① 43 ④

① $4xt\hat{i} - 16y\hat{j}$
② $4xt\hat{i} + 16y\hat{j}$
③ $2x(1+2t^2)\hat{i} - 16y\hat{j}$
④ $2x(1+2t^2)\hat{i} + 16y\hat{j}$

 • 직교좌표계에서 가속도 벡터의 성분
$a_x = \dfrac{\partial u}{\partial t} + u\dfrac{\partial u}{\partial x} + v\dfrac{\partial u}{\partial y} = 2x + 4xt^2 = 2x(1+2t^2)$
$a_y = \dfrac{\partial v}{\partial t} + u\dfrac{\partial v}{\partial x} + v\dfrac{\partial v}{\partial y} = 16y$
$\vec{a} = 2x(1+2t^2)\hat{i} + 16y\hat{j}$

44 속도 3m/s로 움직이는 평판에 이것과 같은 방향으로 수직하게 10m/s의 속도를 가진 제트가 충돌한다. 이 제트가 평판에 미치는 힘 F는 얼마인가?(단, 유체의 밀도를 ρ라 하고 제트의 단면적을 A라 한다.)
① $F = 10\rho A$ ② $F = 100\rho A$
③ $F = 49\rho A$ ④ $F = 7\rho A$

• 제트가 평판에 미치는 힘
$-F_x = \rho Q(0-(V-u)) = \rho \times 7A \times (-7) = -49\rho A$
$F_x = 49\rho A$
여기서, 평판에 대한 제트의 상대속도$(V-u) = 7$m/s
       제트가 평판에 미치는 유량$(Q) = A(V-u) = 7A$

45 그림과 같이 안지름이 2m인 원관의 하단에 0.4m/s의 평균 속도로 물이 흐를 때, 체적 유량은 약 몇 m³/s인가?(단, 그림에서 $\theta = 120°$이다.)

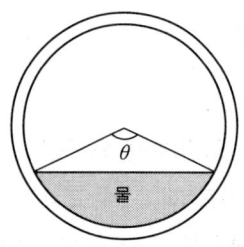

① 0.25   ② 0.36
③ 0.61   ④ 0.83

• 원관에 흐르는 물의 단면적
$A = S_1 - S_2 = \dfrac{\pi D^2}{12} - \dfrac{\sqrt{3}D^2}{16}$
여기서, 부채꼴 면적$(S_1) = \dfrac{1}{2}rl = \dfrac{\pi D^2}{12}$,
삼각형 면적$(S_2) = \dfrac{\sqrt{13}D^2}{16}$

• 원관에 흐르는 물의 체적 유량$(\dot{Q})$
$\dot{Q} = Av = \left(\dfrac{\pi D^2}{12} - \dfrac{\sqrt{3}D^2}{16}\right) \times v = 0.246\text{m}^3/\text{s}$

46 길이 100m인 배가 10m/s의 속도로 항해한다. 길이 1m인 배를 만들어 조파 저항을 측정한 후 원형 배의 조파 저항을 구하고자 동일한 조건의 해수에서 실험할 경우 모형 배의 속도를 약 몇 m/s로 하면 되겠는가?
① 1   ② 10
③ 100   ④ 200

• 자유 표면에서는 프루드수(Fr) 상사
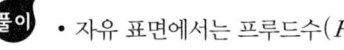
$V_m = \sqrt{\dfrac{L_m}{L_p}} \times V_p = 1\text{m/s}$

47 한 변의 길이가 3m인 뚜껑이 없는 정육면체 통에 물이 가득 담겨 있다. 이 통을 수평방향으로 9.8m/s로 잡아끌어 물이 넘쳤을 때, 통에 남아 있는 물의 양은 몇 m³인가?
① 13.5   ② 27.0
③ 9.0   ④ 18.5

 • 자유 표면이 수평면과 만드는 각의 탄젠트
$\tan\theta = \dfrac{a_x}{g} = 1$ 따라서, $\theta = 45°$

답 44 ③ 45 ① 46 ① 47 ①

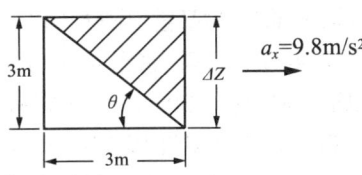

- 자유 표면에서 수직 하강 값
  $\Delta z = 3\tan\theta = 3\text{m}$
- 흘러넘친 물의 체적
  $3 \times$ 빗금 친 삼각형 면적 $= 13.5\text{m}^3$
- 통에 남아있는 물의 양
  $27\text{m}^3 - 13.5\text{m}^3 = 13.5\text{m}^3$

48 폭이 2m, 길이가 3m인 평판이 물속에 수직으로 잠겨있다. 이 평판의 한쪽 면에 작용하는 전체 압력에 의한 힘은 약 얼마인가?

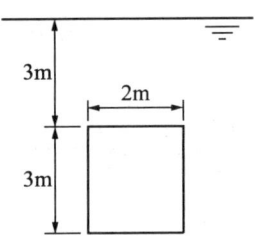

① 88kN　　② 176kN
③ 265kN　　④ 353kN

 • 수직 직사각형 판에 작용하는 힘
$F_R = \left[P_0 + \rho g\left(s + \dfrac{b}{2}\right)\right]ab = 264.6\text{kN}$

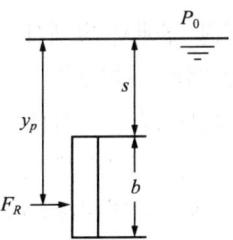

49 흐르는 물의 유속을 측정하기 위해 피토 정압관을 사용하고 있다. 압력 측정결과 전 압력 수두가 15m이고 정압 수두가 7m일 때, 이 위치에서 유속은?

① 5.91m/s　　② 9.75m/s
③ 10.58m/s　　④ 12.52m/s

 • 속도
$V = \sqrt{2g(h_2 - h_1)} = 12.52\text{m/s}$

50 지름 D인 구가 V로 흐르는 유체 속에 놓여 있을 때 받는 항력이 F이고, 이때의 항력계수(Drag Coefficient)가 4이다. 속도가 $2V$일 때 받는 항력이 $3F$라면 이때의 항력계수는 얼마인가?

① 3　　② 4.5
③ 8　　④ 12

 • 속도 V인 경우 항력계수
$C_D = \dfrac{F}{1/2\rho V^2 A} = 4$

• 속도 $2V$인 경우 항력계수
$C_D = \dfrac{3 \times F}{1/2\rho V^2 \times 4A} = 3$

51 다음 중 2차원 비압축성 유동이 가능한 유동은 어떤 것인가?(단, u는 x 방향 속도 성분이고, v는 y 방향 속도 성분이다.)

① $u = x^2 - y^2$, $v = -2xy$
② $u = x^2 + y^2$, $v = 3x^2 - 2y^2$
③ $u = 2x^2 - y^2$, $v = 4xy$
④ $u = 2x + 3xy$, $v = -4xy + 3y$

• 연속 방정식
$\dfrac{\partial u}{\partial x} + \dfrac{\partial v}{\partial y} = 0$

① $\dfrac{\partial u}{\partial x} = 2x$, $\dfrac{\partial v}{\partial y} = -2x$ → $\dfrac{\partial u}{\partial x} + \dfrac{\partial v}{\partial y} = 0$

유동이 비압축성이면 연속 방정식을 만족해야 한다.

52 일반적으로 뉴턴 유체에서 온도상승에 따른 액체의 점성계수 변화를 가장 바르게 설명한 것은?

① 분자의 무질서한 운동이 커지므로 점성계수가 증가한다.
② 분자의 무질서한 운동이 커지므로 점성계수가 감소한다.
③ 분자 간의 응집력이 약해지므로 점성계수가 증가한다.
④ 분자 간의 응집력이 약해지므로 점성계수가 감소한다.

풀이 액체에서 점성은 분자 사이 응집력에 의해, 기체에서는 분자 충돌에 의해 크게 변한다. 액체에서 점성은 온도 증가에 따라 감소하고, 기체에서 점성은 온도 증가에 따라 상승한다.

53 정지해 있는 평판에 층류가 흐를 때 평판 표면에서 박리(Separation)가 일어나기 시작할 조건은?(단, P는 압력, u는 속도, ρ는 밀도를 나타낸다.)

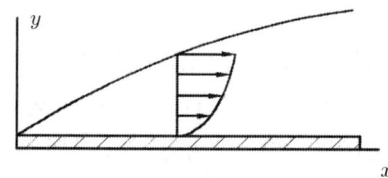

① $u = 0$
② $\dfrac{\partial u}{\partial y} = 0$
③ $\dfrac{\partial u}{\partial x} = 0$
④ $\rho u \dfrac{\partial u}{\partial x} = \dfrac{\partial P}{\partial x}$

풀이 박리가 일어날 조건

$\left. \dfrac{\partial u}{\partial y} \right)_{y=0} = 0$

54 그림과 같은 펌프를 이용하여 $0.2 m^3/s$의 물을 퍼올리고 있다. 흡입부 ①과 배출부 ②의 고도 차이는 3m이고 ①에서의 압력은 $-20kPa$, ②에서의 압력은 $150kPa$이다. 펌프의 효율이 70%이면 펌프에 공급해야 할 동력(kW)은?(단, 흡입관과 배출관의 지름은 같고 마찰 손실은 무시한다.)

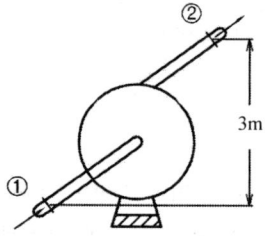

① 34
② 40
③ 49
④ 57

풀이
• 펌프의 순 수두

$H = \left(\dfrac{P}{\rho g} + \dfrac{V^2}{2g} + z \right)_2 - \left(\dfrac{P}{\rho g} + \dfrac{V^2}{2g} + z \right)_1$

$= \dfrac{P_2 - P_1}{\rho g} + (z_2 - z_1) = 20.3m$

여기서, $V_1 = V_2$

• 공급해야 할 동력(제동 마력)

$BHP = \dfrac{\rho g \dot{Q} H}{\eta_{pump}} = 56.8kW$

55 수평원관 내에서 유체가 완전 발달한 층류 유동일 때의 유량은?

① 압력강하에 반비례한다.
② 관 안지름의 4승에 반비례한다.
③ 점성계수에 반비례한다.
④ 관의 길이에 비례한다.

풀이 • 직경(D) 길이(L)인 수평 파이프 내부 층류 유동의 체적 유량

$$\dot{Q} = \frac{\triangle P \pi D^4}{128 \mu L}$$

㉠ 압력강하에 비례한다.
㉡ 관 내경의 4승에 비례한다.
㉢ 점성계수에 반비례한다.
㉣ 관 길이에 반비례한다.

56 어떤 윤활유의 비중이 0.89이고 점성계수가 0.29kg/m·s이다. 이 윤활유의 동 점성계수는 약 몇 m²/s인가?

① 3.26×10^{-5} ② 3.26×10^{-4}
③ 0.258   ④ 2.581

풀이 • 동 점성계수
$\nu = \dfrac{\mu}{\rho} = 3.26 \times 10^{-4} \text{m}^2/\text{s}$
여기서, 윤활유의 밀도(ρ)=890kg/m³

57 다음 그림에서 A점과 B점의 압력 차는 약 얼마인가?(단, A는 비중 1의 물, B는 비중 0.899의 벤젠이고, 그 중간에 비중 13.6의 수은이 있다.)

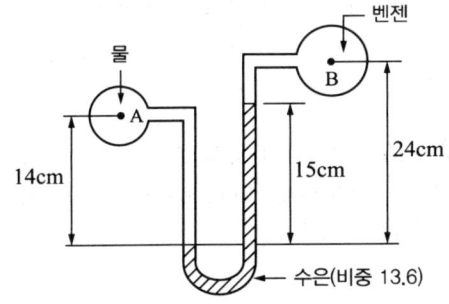

① 22.17kPa   ② 19.4kPa
③ 278.7kPa   ④ 191.4kPa

 • A점과 B점의 압력 차
$P_A - P_B = \rho_\text{물} g \{ SG_\text{벤젠}(h_3 - h_2) + SG_\text{수은} h_2 - SG_\text{물} h_1 \}$
= 19.4kPa
여기서, h_3=24cm, h_2=15cm, h_1=14cm

58 지름 2cm인 관에 부착되어 있는 밸브의 부차적 손실계수 K가 5일 때 이것을 관 상당 길이로 환산하면 몇 m인가?(단, 관마찰계수 $f = 0.025$이다)

① 2   ② 2.5
③ 4   ④ 5

풀이 부차적 손실을 등가 길이로 표현하면
$L_{equiv} = \dfrac{D}{f} \cdot K_L = 4\text{m}$

59 Buckingham의 파이(Pi) 정리를 바르게 설명한 것은?(단, k는 변수의 개수, r은 변수를 표현하는 데 필요한 최소한의 기준차원의 개수이다.)

① $(k-r)$개의 독립적인 무차원수의 관계식을 만들 수 있다.
② $(k+r)$개의 독립적인 무차원수의 관계식을 만들 수 있다.
③ $(k-r+1)$개의 독립적인 무차원수의 관계식을 만들 수 있다.
④ $(k+r+1)$개의 독립적인 무차원수의 관계식을 만들 수 있다.

풀이 물리량(변수)이 k개이고, 기본 차원(기준 차원)의 수가 r개이면 $(k-r)$개의 독립 무차원수의 관계식을 생산할 수 있다.

60 액체의 표면 장력에 관한 일반적인 설명으로 틀린 것은?

① 표면 장력은 온도가 증가하면 감소한다.
② 표면 장력의 단위는 N/m이다.
③ 표면 장력은 분자력에 의해 생긴다.
④ 구형 액체 방울의 내외부 압력 차는 $P = \dfrac{\sigma}{R}$이다.(단, 여기서 σ는 표면 장력이고, R은 반지름이다.)

답 56 ② 57 ② 58 ③ 59 ① 60 ④

• 물방울의 표면 장력

$$\sigma_s = \frac{R\Delta P}{2}$$

• 비눗방울의 표면 장력

$$\sigma_s = \frac{RT\Delta P}{4}$$

과목 4 기계재료 및 유압기기

61 피아노 선의 조직으로 가장 적당한 것은?
① austenite
② ferrite
③ sorbite
④ martensite

 • 소르바이트(sorbite)
㉠ 큰 강재를 유냉한 조직으로 Fe_3C와 $\alpha - Fe$의 혼합 조직이다.
㉡ 강인성이 크며 연해서 강선이나 스프링 제조에 사용된다.

62 산화알루미나(Al_2O_3) 등을 주성분으로 하며 철과 친화력이 없고, 열을 흡수하지 않으므로 공구를 과열시키지 않아 고속 정밀가공에 적합한 공구의 재질은?
① 세라믹
② 인코넬
③ 고속도강
④ 탄소공구강

 • 세라믹(ceramic)
㉠ Al_2O_3(alumina)를 주성분으로 하는 재료를 1600℃ 이상에서 소결하여 제조한 것으로 고온경도, 내열성 및 내마모성이 우수하여 고속 및 고온 절삭이 가능하다.
㉡ Fe와 친화력이 없고, 열을 흡수하지 않으므로 절삭 중에 피삭재와 공구가 융착되는 빌트업 에지(built-up edge)가 나타나지 않는다. 고속 정밀가공에 적합하다.

63 다음 중 불변강의 종류가 아닌 것은?
① 인바
② 코엘린바
③ 쾌스테르바
④ 엘린바

• 불변강: 주위 온도가 변화하더라도 재료가 가지고 있는 선팽창계수, 탄성계수 등의 특성이 변화하지 않는 강으로 내식성이 강한 비자성강이다. 대표적인 종류는 인바(Invar), 초인바(Super Invar), 엘린바(Elinvar), 코엘린바(Coelinvar), 플레티나이트(Platinite) 등이 있다.

64 편석의 균일화 및 황화물의 편석을 제거하는 열처리 방법으로 가장 적합한 것은?
① 노멀라이징
② 변태점 이하 풀림
③ 재결정 풀림
④ 확산 풀림

• 풀림(Annealing)
㉠ 기계 가공성 개선, 냉간성 형성 향상, 내부 응력을 제거하고 재질을 연하고 금속 결정 입자의 조절(조직을 균일하게 만들어 줌)을 위함(노중 냉각).
㉡ 확산 풀림: 편석의 균일화 및 황화물의 편석을 제거하기 위한 열처리

65 Mo 금속은 어떤 결정격자로 되어 있는가?
① 면심입방격자
② 체심입방격자
③ 조밀육방격자
④ 정방격자

• Fe(α-Fe, δ-Fe), W, Cr, Mo, V, Li 등이 상온에서 체심입방격자(Body-Centered Cubic lattice: BCC)의 구조를 가지고 있다.

66 Fe-C 상태도에서 공석강의 탄소 함유량은 약 얼마인가?
① 0.5%
② 0.8%
③ 1.0%
④ 1.5%

• 공석강: 0.8%C (γ-Fe = α-Fe + Fe_3C, 펄라이트 = 페라이트 + 시멘타이트)

답 61 ③ 62 ① 63 ③ 64 ④ 65 ② 66 ②

67 재료의 표면을 경화시키기 위해 침탄을 하고자 한다. 침탄효과가 가장 좋은 재료는?
① 구상흑연주철
② Ferrite형 스테인리스강
③ 피아노 선
④ 고탄소강

68 특수강에 첨가되는 특수원소의 효과가 아닌 것은?
① Ms, Mf점을 상승시킨다.
② 질량 효과를 적게 한다.
③ 담금질성을 좋게 한다.
④ 상부 임계 냉각속도를 저하시킨다.

풀이 • 특수강(합금강)의 일반적인 특징
㉠ 인장강도와 경도가 증가하며, 절삭성이 개선된다.
㉡ 연신율과 단면 수축률이 감소한다.
㉢ 전기저항이 증가하고, 열전도율이 낮아진다.
㉣ 용융점이 낮아지고 전성과 연성이 감소한다.
㉤ 내마멸성, 내식성, 내열성 및 내산성이 증가한다.
㉥ 담금질 효과(경화능력 증가, 질량효과 감소)와 주조성이 향상된다.
㉦ 상부 임계 냉각 속도를 저하시킨다.

69 다음 중 Ni-Fe계 합금인 인바(Invar)를 바르게 설명한 것은?
① Ni 35~36%, C 0.1~0.3%, Mn 0.4%와 Fe의 합금으로 내식성이 우수하고, 상온 부근에서 열팽창 계수가 매우 작아 길이 측정용 표준자, 시계의 추, 바이메탈 등에 사용된다.
② Ni 50%, Fe 50% 합금으로 초투자율, 포화 자기, 전기저항이 크므로 저출력 변성기, 저주파 변성기 등의 자심으로 널리 사용된다.
③ Ni에 Cr 13~21%, Fe 6.5%를 함유한 강으로 내식성, 내열성 우수하여 다이얼게이지, 유량계 등에 사용된다.
④ Ni 40~45%, Mo 1.4%~2.0%에 나머지 Fe의 합금으로 내식성이 우수하여 조선에 사용되는 부품의 재료로 이용된다.

풀이 • 인바(Invar) : Fe-Ni(약 Ni 35~36%, Mn 0.4%, C 0.1~0.3%) 합금으로 내식성이 우수하며, 상온에서 열팽창계수가 매우 적어(길이 불변) 길이 측정용 표준자, 시계추, 바이메탈 등에 사용된다.

70 다음 합금 중 다이캐스팅용 아연 합금은?
① Zamak   ② Y 합금
③ RR 50   ④ Lo-Ex

풀이 • 다이캐스팅 아연 합금 : Zn-Al 및 Zn-Al-Cu계, Al을 4% 포함하는 재마크(zamak)계 합금이 널리 사용된다.

71 유압 시스템에서 비압축성 유체를 사용하기 때문에 얻어지는 가장 중요한 특성은?
① 무단 변속이 가능하다.
② 운동 방향의 전환이 용이하다.
③ 과부하에 대한 안전성이 좋다.
④ 정확한 위치 및 속도 제어가 가능하다.

풀이 기름은 비압축성 유체로 유압 시스템은 공압 시스템보다 정밀한 제어가 가능하다.

72 3위치 밸브에서 사용하는 용어로 밸브의 작동신호가 없을 때 유압 배관이 연결되는 밸브 몸체 위치에 해당하는 용어는?
① 초기 위치(Initial Position)
② 중앙 위치(Middle Position)
③ 중간 위치(Intermediate Position)
④ 과도 위치(Transient Position)

답 67 ② 68 ① 69 ① 70 ① 71 ④ 72 ②

풀이 • 중앙 위치(Middle Position): 밸브의 작동 신호가 없을 경우 유압 배관이 연결되는 밸브 몸체 위치

73 그림과 같이 실린더에서 A측에서 3MPa의 압력으로 기름을 보낼 때 B측 출구를 막으면 B측에 발생하는 압력 P_B는 몇 MPa인가?(단, 실린더 안지름은 50mm로드 지름은 25mm이며, 로드에는 부하가 없는 것으로 가정한다.)

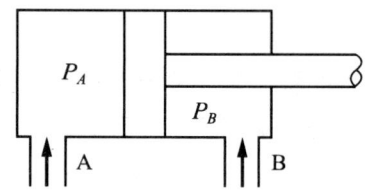

① 1.5 ② 3.0
③ 4.0 ④ 6.0

풀이 $P_B = P_A \times \dfrac{D^2}{D^2 - d^2} = 4\text{MPa}$

74 다음 기호에 대한 명칭은?

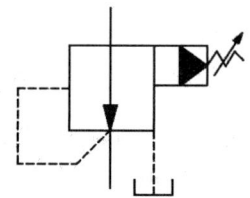

① 비례 전자식 릴리프 밸브
② 릴리프 붙이 시퀀스 밸브
③ 파일럿 작동형 감압 밸브
④ 파일럿 작동형 릴리프 밸브

풀이 파일럿 작동형 감압 밸브(외부 드레인)이다.

75 분말 성형 프레스에서 유압을 한 층 더 증대시키는 작용을 하는 장치는?
① 유압 부스터(Hydraulic Booster)
② 유압 컨버터(Hydraulic Converter)
③ 유니버설 조인트(Universal Joint)
④ 유압 피트먼 암(Hydraulic Pitman Arm)

풀이 • 유압 부스터: 유압을 가하여 증폭, 확대하는 장치

76 다음 중 실린더에 배압이 걸리므로 끌어당기는 힘이 작용해도 자주(自走)할 염려가 없어서 밀링이나 보링 머신 등에 사용하는 회로는?
① 미터인 회로
② 어큐뮬레이터 회로
③ 미터 아웃 회로
④ 싱크로나이즈 회로

풀이 • 미터 아웃 회로: 교축을 실린더 뒤에서 하므로 배압이 걸린다.

77 그림의 회로가 가진 특징에 관한 설명으로 옳은 것은?

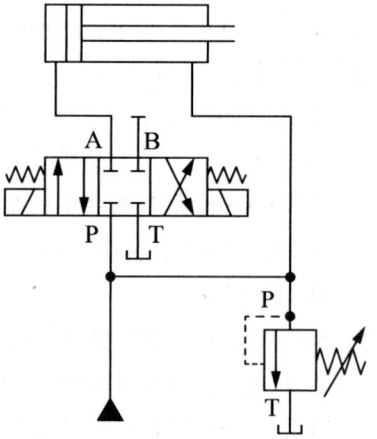

답 73 ③ 74 ③ 75 ① 76 ③ 77 ③

① 전진 운동 시 속도가 느려진다.
② 후진 운동 시 속도가 빨라진다.
③ 전진 운동 시 작용력은 작아진다.
④ 밸브의 작동 시 한 가지 속도만 가능하다.

풀이 실린더가 전진하는 동안 부하 운반 능력은 떨어진다.

78 그림은 유압 모터를 이용한 수동 유압 윈치의 회로이다. 이 회로의 명칭은 무엇인가?

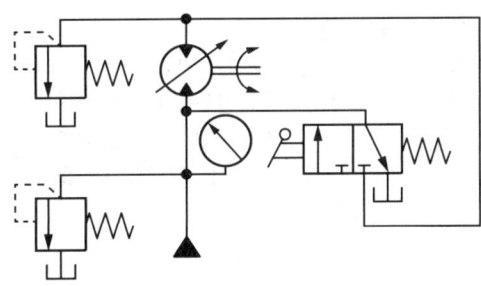

① 직렬 배치 회로
② 탠덤형 배치 회로
③ 병렬 배치 회로
④ 정출력 구동 회로

풀이 가변 용량형 유압 모터를 사용한 정출력 구동 회로이다.

79 실(Seal)의 구비 조건으로 옳지 않은 것은?
① 마찰계수가 커야 한다.
② 내유성이 좋아야 한다.
③ 내마모성이 우수해야 한다.
④ 복원성이 양호하고 압축 변형이 작아야 한다.

풀이 표면이 너무 거칠면 실(Seal)이 빨리 마모된다.

80 유압 작동유에 수분이 많이 혼입되었을 때 발생되는 현상으로 옳지 않은 것은?
① 윤활 작용이 저하된다.
② 산화 촉진을 막아준다.
③ 작동유의 방청성을 저하시킨다.
④ 유압 펌프의 캐비테이션 발생 원인이 된다.

풀이 유압 작동유에 수분이 많이 혼입되면 산화에 의한 열화가 진행된다.

과목 5 기계제작법 및 기계동력학

81 선반에서 절삭 속도 120m/min, 이송 속도 0.25mm/rev로 지름 80mm의 환봉을 선삭하려고 할 때 500mm 길이를 1회 선삭하는 데 필요한 가공 시간은?
① 약 1.5분
② 약 4.2분
③ 약 7.3분
④ 약 10.1분

풀이 절삭 속도 V[m/min], 회전수 N[rpm], 이송 속도 S[mm/rev], 공작물 지름 D[mm], 공작물 길이 L[mm]이라면, 절삭 속도 $V = \dfrac{\pi DN}{1000}$[m/min], 회전수 $N = \dfrac{1000V}{\pi D}$[rpm]에서 가공 시간은 $t = \dfrac{L}{NS}$이다.

$N = \dfrac{1000V}{\pi D} = \dfrac{1000 \times 120}{\pi \times 80} ≒ 477.5 \text{rpm}$

$t = \dfrac{L}{NS} = \dfrac{500}{477.5 \times 0.25} ≒ 4.19 \text{min}$

82 다음 중 화학적 가공 공정 순서가 올바른 것은?
① 청정 – 마스킹(masking) – 에칭(etching) – 피막 제거 – 수세
② 청정 – 수세 – 마스킹(masking) – 피막 제거 – 에칭(etching)
③ 마스킹(masking) – 에칭(etching) – 피막 제거 – 청정 – 수세
④ 에칭(etching) – 마스킹(masking) – 청정 – 피막 제거 – 수세

83 전단 가공의 종류에 해당하지 않는 것은?
① 비딩(beading)
② 펀칭(punching)
③ 트리밍(trimming)
④ 블랭킹(blanking)

풀이 • 레스 가공의 분류
㉠ 전단 가공(shearing operation): 펀칭(punching), 블랭킹(blanking), 전단(shearing), 분단(parting), 노칭(notching), 트리밍(trimming), 셰이빙(shaving),
㉡ 성형 가공(forming operation): 굽힘(bending), 인장(stretching), 비딩(beading), 딥 드로잉(deep drawing), 스피닝(spinning), 시이밍(seaming), 컬링(curling), 마폼(marforming), 하이드로폼(hydroforming)법, 벌징(bulging)
㉢ 압축 가공(squeezing operation): 코이닝(coining, 압인), 엠보싱(embossing), 스웨이징(swaging), 버니싱(burnishing)

84 숏 피닝(shot peening)에 대한 설명으로 틀린 것은?
① 숏 피닝은 두꺼운 공작물일수록 효과가 크다.
② 가공물 표면에 작은 해머와 같은 작용을 하는 형태로 일종의 연간 가공법이다.
③ 가공물 표면에 가공경화된 압축 잔류 응력층이 형성된다.
④ 반복하중에 대한 피로한도를 증가시킬 수 있어서 각종 스프링에 널리 이용되고 있다.

풀이 • 숏 피닝(Shot Peening): 압축 공기로 강구(금속 입자)를 고속으로 가공물의 표면에 분사시켜 강구의 충격 작용으로 금속 표면층의 경도와 강도를 증가시켜 피로한계를 높여주는 가공으로 반복하중을 받는 부품에 가장 효과적이다.
㉠ 가공물의 표면을 다듬질하고, 동시에 피로강도 및 기계적 성질이 개선된다.
㉡ 표면경도와 피로강도가 증가된다.
㉢ 숏 피닝은 두꺼운 공작물일수록 효과가 크다.
㉣ 가공물의 표면에 가공경화된 압축 잔류 응력층이 형성된다.
㉤ 반복하중에 대한 피로한도를 증가시킬 수 있어 각종 스프링에 널리 이용된다.

85 압연가공에서 압하율을 나타내는 공식은?
① $\dfrac{H_0 - H_1}{H_0} \times 100\%$
② $\dfrac{H_1 - H_0}{H_1} \times 100\%$
③ $\dfrac{H_1 + H_0}{H_0} \times 100\%$
④ $\dfrac{H_1}{H_0} \times 100\%$

풀이 • 압하율 $= \dfrac{H_0 - H_1}{H_0} \times 100\%$
• 압하량 $= H_0 - H_1$

86 사형(砂型)과 금속형(金屬型)을 사용하며 내마모성이 큰 주물을 제작할 때 표면은 백주철이 되고 내부는 회주철이 되는 주조 방법은?
① 다이캐스팅법 ② 원심 주조법
③ 칠드 주조법   ④ 셸 주조법

답 82 ① 83 ① 84 ② 85 ① 86 ③

풀이
• 칠드 주조법(Chilled Casting): 금형에 의하여 급랭되는 표면 부분은 탄소가 흑연으로 석출하지 못하고 탄화철이 되면서 백선조직의 백주철이 되어 표면은 경하고 내부는 응고가 늦어져 흑연이 석출되어 회주철의 연질 조직이 된다. 이러한 주조 방법을 칠드 주조라 한다.
롤러, 기차 바퀴 등 표면은 경하고 내부는 인성을 가진 부품(내마모성이 큰 주물) 제작에 주로 이용된다.

87 절삭 바이트에서 마찰력의 결정에 영향을 미치는 요인이 아닌 것은?
① 공구의 형상   ② 절삭 속도
③ 공구의 재질   ④ 모터 동력

풀이
• 절삭 저항에 영향을 미치는 요인: 절삭 속도, 공구의 형상(날끝의 형상), 공구의 재질, 절삭 깊이(절삭량), 절삭 및 윤활제 등

88 저온 뜨임을 설명한 것 중 틀린 것은?
① 담금질에 의한 응력 제거
② 치수의 경년 변화 방지
③ 염마균열 생성
④ 내마모성 향상

풀이
㉠ 저온 뜨임(100~200℃): 담금질에 의해 발생한 내부 응력이 제거되며, 치수의 경년 변화 방지, 내마모성 향상의 효과를 얻을 수 있다. 주로 경도를 요구할 때 이용되며, 인성이 낮아진다.
㉡ 고온 뜨임(500~600℃): 높은 인성을 요구할 때 이용하며, 경도 값이 낮아진다.

89 산소-아세틸렌 가스 용접에서 표준불꽃(중성불꽃)의 화학 반응식은?
① $H_2 + \frac{1}{2}O_2 \rightarrow H_2O$
② $C_2H_2 + O_2 = 2CO + H_2$
③ $2CO + O_2 \rightarrow 2CO_2$
④ $CaC_2 + 2H_2O \rightarrow C_2H_2 + Ca(OH)_2$

풀이
• 표준불꽃(중성불꽃): 산소와 아세틸렌의 혼합 비율이 1:1인 경우에 발생하는 불꽃으로 연강, 주철 등의 용접에 적합($C_2H_2 + O_2 = 2CO + H_2$)

90 봉재의 지름이나 판재의 두께를 측정하는 게이지는?
① 와이어 게이지(Wire Gage)
② 틈새 게이지(Thickness Gage)
③ 반지름 게이지(Radius Gage)
④ 센터 게이지(Center Gage)

풀이
① 와이어 게이지(Wire Gage): 철사의 지름 및 봉재의 지름이나 판재의 두께 측정
② 틈새 게이지(Thickness Gage): 미세한 간격이나 틈새 측정
③ 반지름 게이지(Radius Gage): 제품의 반지름(라운딩) 측정
④ 센터 게이지(Center Gage): 선박의 나사 절삭 시 바이트의 위치나 각도 측정에 사용

91 6kg의 물체 A가 마찰이 없는 표면 위를 정지 상태에서 미끄러져 내려가 정지하고 있던 4kg의 물체 B와 충돌한 후 두 물체가 붙어서 함께 움직였다. 이때의 속도는 몇 m/s 인가?(단, 두 물체 사이의 수직 방향 거리 차이는 5m이다.)

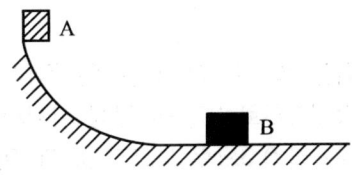

① 3   ② 4
③ 5   ④ 6

답 87 ④ 88 ③ 89 ② 90 ① 91 ④

- 에너지 보존
$T_1 + V_1 = T_2 + V_2$
$(v_A)_2 = 10\,\text{m/s}$
여기서, $T_1 = 0$, $V_1 = 300J$, $T_2 = 3 \times (v_A)_2^2$, $V_2 = 0$
- 운동량 보존
$m_A(v_A)_2 + m_B(v_B)_2 = (m_A + m_B)v_3$
$v_3 = 6\,\text{m/s}$
여기서, 충돌 후 속도 = v_3

92 질량이 50kg이고 반경이 2m인 원판의 중심에 1000N의 힘이 그림과 같이 작용하여 수평면 위를 구르고 있다. 미끄럼이 없이 굴러간다고 가정할 때 각가속도는?

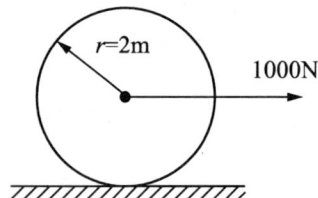

① $3.34\,\text{rad/s}^2$ ② $4.91\,\text{rad/s}^2$
③ $6.67\,\text{rad/s}^2$ ④ $10\,\text{rad/s}^2$

- 운동 방정식
$P - F = mr\alpha$
여기서, $F = $ 마찰력 $= \dfrac{mr\alpha}{2}$
- 각가속도(α)
$\alpha = \dfrac{2P}{3mr} = 6.67\,\text{rad/s}^2$

93 회전 속도가 2000rpm인 원심 팬이 있다. 방진고무로 비감쇠 탄성 지지시켜 진동 전달률을 0.3으로 하고자 할 때, 이 팬의 고유 진동수는 약 몇 Hz인가?

① 26 ② 12
③ 16 ④ 24

- 진동수비
$TR = \dfrac{1}{\left|1 - \left(\dfrac{\omega}{\omega_n}\right)^2\right|} = 0.3$

$\dfrac{\omega}{\omega_n} = \sqrt{4.3}$ 여기서, 진동 전달률(TR) = 0.3
- 팬의 고유 진동수
$\dfrac{\omega}{\sqrt{4.3}} = 101\,\text{rad/s} \rightarrow f_n = 16\,\text{Hz}$
여기서, 가진 주파수(ω) = 209.4 rad/s

94 외력이 없는 다음과 같은 계의 운동 방정식은 어느 것인가?

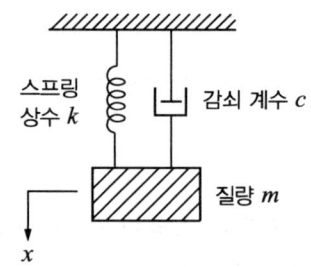

① $m\ddot{x} + c\dot{x} + kx = 0$
② $m\dot{x} + cx + k = 0$
③ $c\ddot{x} + k\dot{x} + mx = 0$
④ $c\dot{x} + kx + m = 0$

- 1자유도계 감쇠 자유 진동계로 운동 방정식
$m\ddot{x} + c\dot{x} + kx = 0$

95 물방울이 떨어지기 시작하여 3초 후의 속도는 약 몇 m/s인가?(단, 공기의 저항은 무시하고 초기 속도는 0으로 한다.)

① 3 ② 9.8
③ 19.6 ④ 29.4

풀이
- 3초 후의 속도
$v(3) = v_0 + gt = 29.4\,\text{m/s}$
여기서, 물방울의 초기 속도(v_0) = 0

답 92 ③ 93 ③ 94 ① 95 ④

96 그림과 같이 질량 1kg인 블록이 궤도를 마찰 없이 움직일 때 A점에서 표면과 접촉을 유지하면서 통과할 수 있는 A지점에서의 블록의 최대 속도 v는 몇 m/s인가?(단, A점의 곡률 반경(ρ)은 10m, 중력가속도(g)는 10m/s² 로 본다.)

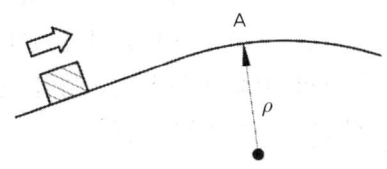

① 100 ② 10000
③ 0.01 ④ 10

풀이
- 법선 방향 합력
$mg - N = m \cdot \dfrac{v^2}{\rho}$ 여기서, $N=0$
- A지점에서의 블록의 최대 속도(v)
$v = \sqrt{\rho g}$

97 직선 진동계에서 질량 98kg의 물체가 16초 간 10회 진동하였다. 이 진동계의 스프링 상수는 몇 N/cm인가?

① 37.8 ② 15.1
③ 22.7 ④ 30.2

풀이
- 스프링 상수
$k = m \cdot \omega_n^2 = 15.1 \text{N/cm}$
여기서, 진동계의 진동수(f) = 0.625Hz
각 진동수(ω) = 3.93rad/s

98 작은 공이 아래 그림과 같이 수평면에 비스듬히 충돌한 후 튕겨 나갔을 경우의 설명으로 틀린 것은?(단, 공의 수평면 사이의 마찰, 그리고 공의 회전은 무시하며 반발계수는 1이다.)

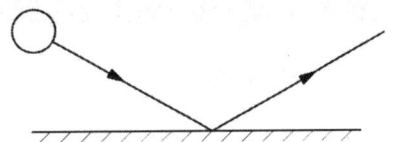

① 충돌 직전과 직후 공의 운동량은 같다.
② 충돌 직전과 직후에 공의 운동 에너지는 보존된다.
③ 충돌 과정에서 공이 받은 충격량과 수평면이 받은 충격량의 크기는 같다.
④ 공의 운동 방향이 수평면과 이루는 각의 크기는 충돌 직전과 직후가 같다.

풀이 반발계수=1은 완전 탄성 충돌이다.

99 질량 m, 반경 r인 균질한 구(球)의 질량 중심을 지나는 축에 대한 관성 모멘트는?

① $\dfrac{2}{5}mr^2$ ② $\dfrac{1}{3}mr^2$
③ $\dfrac{1}{2}mr^2$ ④ $\dfrac{2}{3}mr^2$

풀이
- 균질한 구(球)의 질량 중심을 지나는 축에 대한 관성 모멘트(I_G)
$I_G = I_x = I_y = I_z = \dfrac{2}{5}mr^2$

100 고유 진동수 f[Hz], 고유 원 진동수 ω rad/s, 고유 주기 T[s] 사이의 관계를 바르게 나타낸 식은?

① $T = \dfrac{\omega}{2\pi}$ ② $T \cdot f = 1$
③ $T \cdot \omega = f$ ④ $f \cdot \omega = 2\pi$

풀이
- 고유 진동수, 고유 원 진동수, 고유 주기 관계
$T \cdot f = 1$
$\omega = 2\pi f$

답 96 ④ 97 ② 98 ① 99 ① 100 ②

2014년 4회 일반기계기사 기출문제

과목 1 재료역학

1 아래 그림과 같은 보에 대한 굽힘 모멘트 선도로 옳은 것은?

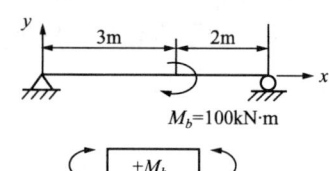

①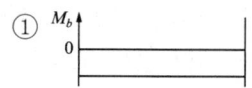
②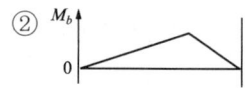
③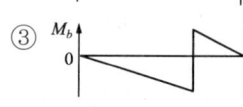
④

풀이 $R_A \times 5 + M_b = 0$,
$R_A = -\dfrac{100\text{kNm}}{5\text{m}}$
$= -20\text{kN}$

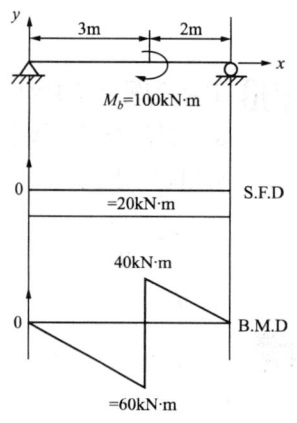

2 지름이 d이고 길이가 L인 환축에 비틀림 모멘트가 작용하여 비틀림각 ϕ가 발생하였다. 이때 환축의 최대 전단응력 τ은 얼마인가?(단, G는 전단탄성계수)

① $\dfrac{Gd}{L\phi}$ ② $\dfrac{Gd}{2L\phi}$

③ $\dfrac{Gd\phi}{L}$ ④ $\dfrac{Gd\phi}{2L}$

풀이 $\phi = \dfrac{TL}{GI_P}$, $T = \tau \dfrac{\pi d^3}{16}$ 에서

$\phi = \dfrac{\tau \dfrac{\pi d^3}{16} L}{G \dfrac{\pi d^4}{32}} = \dfrac{2\tau L}{Gd}$, $\tau = \dfrac{Gd\phi}{2L}$

3 어떤 축이 동력마력 $H[\text{kW}]$를 전달할 때 비틀림 모멘트 $T[\text{N}\cdot\text{m}]$가 발생하였다면 이 때 축의 회전수를 구하는 식은?

① $N = 7160 \dfrac{H}{T} [\text{rpm}]$

② $N = 7160 \dfrac{T}{H} [\text{rpm}]$

③ $N = 9550 \dfrac{T}{H} [\text{rpm}]$

④ $N = 9550 \dfrac{H}{T} [\text{rpm}]$

풀이 그림은 기관의 축 단면을 도시한 것으로 회전체의 T는 주위에 작용하는 접선력 $F[\text{N}]$에 의한 회전 모멘트(Moment)이며, 회전체의 반경을 $r[\text{m}]$이라 하면, $T = F \cdot r$ $[\text{N}\cdot\text{m}]$이다.

답 1 ③ 2 ④ 3 ④

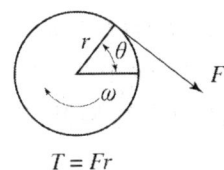

$T = Fr$

여기에서 미소일을 구하면, $dW = F \cdot r \cdot d\theta = T \cdot d\theta$ [θ는 축의 회전 각도].

$$W_1(1\text{회전으로 한 일}) = \int_0^{2\pi} T \cdot d\theta = \int_0^{2\pi} T \cdot \theta^0 d\theta$$
$$= T\left[\frac{1}{0+1}\theta^{0+1}\right] = 2\pi T [\text{N} \cdot \text{m}]$$

이를 분당 회전수(N=rpm; rev/min)로 계산하면

$$\dot{W} = 2\pi TN \left[\frac{\text{N} \cdot \text{m} \cdot \text{rev}}{\text{min}}\right]$$
$$= 2\pi T\frac{N}{60}\left[\frac{\text{N} \cdot \text{m} \cdot \text{rev}}{\text{sec}}\right]$$
$$= T\omega \,[\omega\text{는 각속도로 } \frac{2\pi n}{60}]$$

1kW(동력)=102kgf·m/s=102×9.81N·m/s이므로 이를 고려하면 토크는

$$T = \frac{60 \times 102 \times 9.81\, H_{kW}}{2\pi N}[\text{N} \cdot \text{m}]$$
$$\doteq 9555\frac{1}{N}H_{kW}[\text{N} \cdot \text{m}] \doteq 974\frac{1}{N}H_{kW}[\text{kg}_f \cdot \text{m}]$$

로 정의된다.

$T = 9555\frac{1}{N}H_{kW}[\text{N} \cdot \text{m}]$ 에서

$N = 9555\frac{1}{T}H_{kW}[\text{N} \cdot \text{m}]$

4 길이 5m인 양단 고정보의 중앙에서 집중하중이 작용할 때 최대 처짐이 10cm 발생하였다면, 같은 조건에서 양단 지지보로 하면 처짐은 얼마가 되겠는가?

① 20cm ② 27cm
③ 30cm ④ 40cm

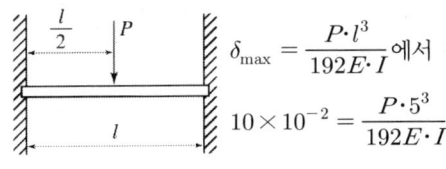

$\delta_{\max} = \frac{P \cdot l^3}{192 E \cdot I}$ 에서

$10 \times 10^{-2} = \frac{P \cdot 5^3}{192 E \cdot I}$

$\frac{10 \times 10^{-2} \times 192}{5^3} = \frac{P}{E \cdot I}$

$\frac{P}{E \cdot I} = 0.1536$

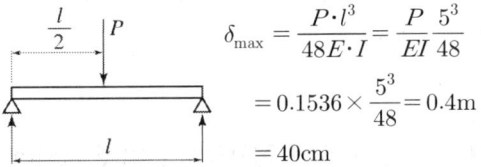

$\delta_{\max} = \frac{P \cdot l^3}{48 E \cdot I} = \frac{P}{EI}\frac{5^3}{48}$
$= 0.1536 \times \frac{5^3}{48} = 0.4\text{m}$
$= 40\text{cm}$

5 바깥지름 d_2=30cm, 안지름 d_1=20cm의 속이 빈 원형 단면의 단면 2차 모멘트는?

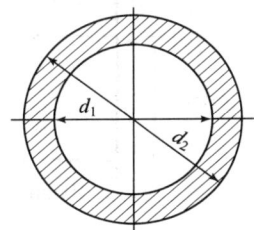

① 27850cm⁴ ② 29800cm⁴
③ 30120cm⁴ ④ 31906cm⁴

풀이: $I_2 = \frac{\pi d_2^4}{64}$, $I_1 = \frac{\pi d_1^4}{64}$ 에서

$I = I_2 - I_1 = \frac{\pi}{64}(d_2^4 - d_1^4)$
$= \frac{\pi}{64}(30^4 - 20^4) \doteq 31906\text{cm}^4$

6 안지름 80cm의 얇은 원통에 내압 1MPa이 작용할 때 원통의 최소 두께는 몇 mm인가?(단, 재료의 허용응력은 80MPa이다.)

① 2.5 ② 5
③ 8   ④ 10

풀이: 원주응력(σ_θ) = $\frac{q_a d}{2t} = \frac{q_a r}{t}$ 에서

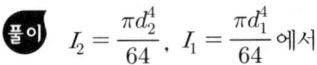

$t = \frac{q_a d}{2\sigma_\theta} = \frac{(1 \times 10^6) \times 0.8}{2 \times (80 \times 10^6)} = 5 \times 10^{-3}\text{m} = 5\text{mm}$

답 4 ④ 5 ④ 6 ②

축 방향 응력(σ_a) = $\dfrac{q_a d}{4t} = \dfrac{q_a r}{2t}$ 에서

$t = \dfrac{q_a d}{4\sigma_\theta} = \dfrac{(1\times 10^6)\times 0.8}{4\times(80\times 10^6)} = 2.5\times 10^{-3}$m $= 2.5$mm

원주응력(σ_θ) = 축 방향 응력(σ_a)×2이므로 원주응력 기준으로 설계한다.

7 그림과 같은 정사각형 판이 변형되어, 네 변이 직선을 유지한 채 A, B점이 모두 수평 방향 우측으로 1mm만큼 이동되었다. D점에서의 전단 변형률 γ_{xy}?

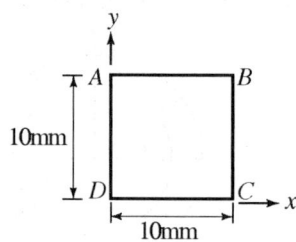

① 0.01   ② 0.05
③ 0.1   ④ 0.15

풀이
- 전단 변형률(Shearing Strain): 전단하중을 받아서 λ 만큼 부재에 미끄럼 변형량(전단 변형량)이 발생하게 될 때, l과 전단 변형된 λ와의 비 $\tan\gamma = \dfrac{AB}{OA}$ 를 전단 변형률로 정의한다. 이때 γ는 매우 작은 미소각이므로 $\tan\gamma \fallingdotseq \gamma$ 로 표기할 수 있다. 즉, 전단 변형률은 $\gamma = \dfrac{\lambda}{l}$ 로 각 변형률이다.

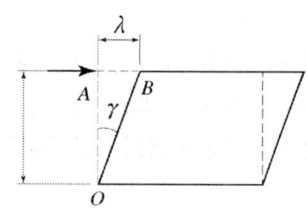

$\gamma_{xy} = \dfrac{\lambda}{l} = \dfrac{1}{10} = 0.1$

8 외팔보 AB의 자유단에 브라켓 BCD가 붙어 있으며 D점에 하중 P가 작용하고 있다. B점에서의 처짐이 0이 되기 위한 a/L의 비는 얼마인가?

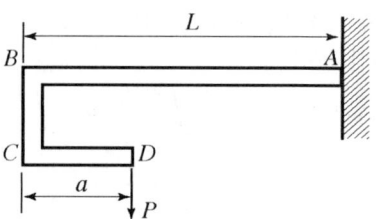

① $\dfrac{1}{4}$ ② $\dfrac{2}{3}$
③ $\dfrac{1}{2}$ ④ $\dfrac{3}{4}$

풀이 하중 P에 의한 처짐 $\delta_1 = \dfrac{PL^3}{3EI}$,

우력에 의한 처짐 $\delta_2 = -\dfrac{PL^2}{2EI}\times a$

$\delta_B = \delta_1 + \delta_2 = \dfrac{PL^3}{3EI} - \dfrac{PL^2}{2EI}\times a$에서 $\delta_B = 0$이므로

$\delta_B = \dfrac{PL^2}{EI}\left(\dfrac{L}{3} - \dfrac{a}{2}\right) = 0$, $\dfrac{L}{3} - \dfrac{a}{2} = 0$, $\dfrac{2}{3} = \dfrac{a}{L}$

9 지름이 50mm이고 길이가 200mm인 시편으로 비틀림 실험을 하여 얻은 결과, 토크 30.6N·m에서 전 비틀림 각이 7°로 기록되었다. 이 재료의 전단탄성계수 G는 약 몇 MPa인가?

① 81.6   ② 40.6
③ 66.6   ④ 97.6

풀이 $\phi = \dfrac{TL}{GI_P} = \dfrac{32TL}{G\pi d^4}\times\dfrac{180}{\pi}$ (degree),

$G = \dfrac{32TL}{\phi\pi d^4}\times\dfrac{180}{\pi} = \dfrac{32\times 30.6\times 0.2}{7\times\pi\times 0.05^4}\times\dfrac{180}{\pi}$
$\fallingdotseq 81.6$MPa

답   7 ③   8 ②   9 ①

10 $\sigma_x = \sigma_y = 0$, $\tau_{xy} = 0.1$GPa일 때 두 주응력의 크기 σ_1, σ_2는?

① $\sigma_1 = 0.25$GPa, $\sigma_2 = 0.1$GPa
② $\sigma_1 = 0.2$GPa, $\sigma_2 = 0.05$GPa
③ $\sigma_1 = 0.1$GPa, $\sigma_2 = -0.1$GPa
④ $\sigma_1 = 0.075$GPa, $\sigma_2 = -0.05$GPa

풀이 $\sigma_{1,2}(\sigma_{\max}, \sigma_{\min})$

$= \dfrac{\sigma_x + \sigma_y}{2} \pm \sqrt{\left(\dfrac{\sigma_x - \sigma_y}{2}\right)^2 + \tau_{xy}^2} = \dfrac{\sigma_x + \sigma_y}{2} \pm \tau_{\max}$ 에서

$\sigma_1 = \dfrac{\sigma_x + \sigma_y}{2} + \sqrt{\left(\dfrac{\sigma_x - \sigma_y}{2}\right)^2 + \tau_{xy}^2}$

$= \dfrac{0+0}{2} + \sqrt{\left(\dfrac{0-0}{2}\right)^2 + (0.1 \times 10^9)^2} = 0.1$GPa

$\sigma_2 = \dfrac{\sigma_x + \sigma_y}{2} - \sqrt{\left(\dfrac{\sigma_x - \sigma_y}{2}\right)^2 + \tau_{xy}^2}$

$= \dfrac{0+0}{2} - \sqrt{\left(\dfrac{0-0}{2}\right)^2 + (0.1 \times 10^9)^2} = -0.1$GPa

11 다음 그림에서 최대 굽힘응력은?

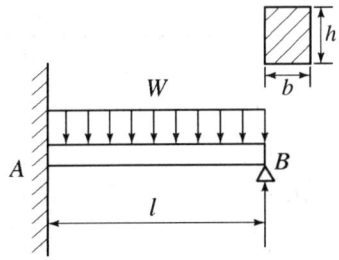

① $\dfrac{27}{64}\dfrac{wl^2}{bh^2}$ ② $\dfrac{64}{27}\dfrac{wl^2}{bh^2}$
③ $\dfrac{7}{128}\dfrac{wl^2}{bh^2}$ ④ $\dfrac{64}{128}\dfrac{wl^2}{bh^2}$

풀이 $M_x = R_B \cdot x - \dfrac{wx^2}{2}$

$v(A) = \dfrac{1}{EI} \int_0^l (R_B \cdot x - \dfrac{wx^2}{2}) x \cdot dx$

$= \dfrac{1}{EI} \int_0^l (R_B \cdot x^2 - \dfrac{wx^3}{2}) dx$

$= \dfrac{1}{EI}[\dfrac{1}{3}R_B \cdot l^3 - \dfrac{wx^4}{8}]$ 이 되며 $v(A) = 0$이므로

$\dfrac{1}{3}R_B \cdot l^3 - \dfrac{wx^4}{8} = 0$에서 $R_B = \dfrac{3}{8}wl$이며,

$R_A + R_B = wl$이므로 $R_A = \dfrac{5}{8}wl$이다.

$\dfrac{dM}{dx} = R_B - wx = 0$에서 $x = \dfrac{R_B}{w} = \dfrac{3}{8}l$인 지점에서의 모멘트를 구하면

$M_{x=\frac{3l}{8}} = \dfrac{3}{8}wl \cdot \dfrac{3l}{8} - \dfrac{w}{2}\left(\dfrac{3}{8}l\right)^2$

$= \dfrac{9wl^2}{64} - \dfrac{9wl^2}{128} = \dfrac{9wl^2}{128}$

$M = \sigma_b Z$, $\sigma_b = \dfrac{M}{Z} = \dfrac{\frac{9wl^2}{128}}{\frac{bh^2}{6}} = \dfrac{6 \times 9wl^2}{128 bh^2} = \dfrac{27}{64}\dfrac{wl^2}{bh^2}$

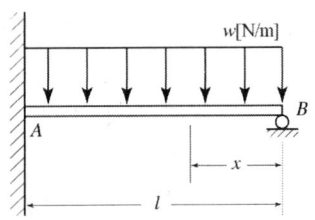

12 단면의 형상이 일정한 재료에 노치(Notch) 부분을 만들어 인장할 때 응력의 분포 상태는?

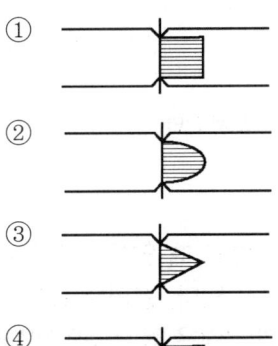

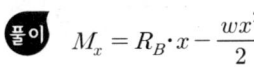 10 ③ 11 ① 12 ④

풀이 • 응력 집중계수(Factor Of Stress Concentration): 응력 집중으로 발생한 최대 응력을 응력 집중을 고려하지 않은 최소 단면의 평균응력 즉, 공칭응력(σ_n)으로 나눈값으로 형상계수(Form Factor)이다. $\sigma_k = \dfrac{\sigma_{max}}{\sigma_n}$

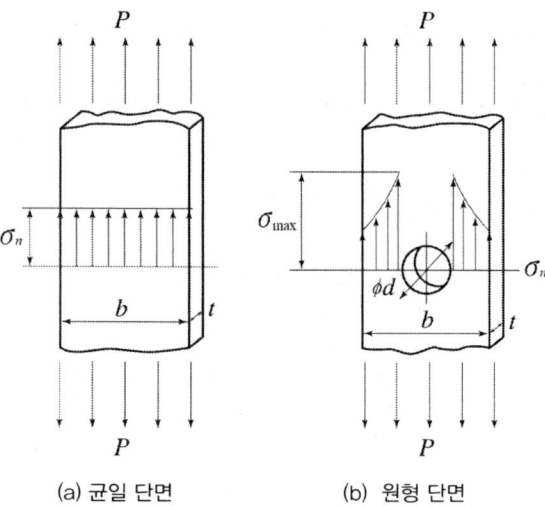

(a) 균일 단면 (b) 원형 단면

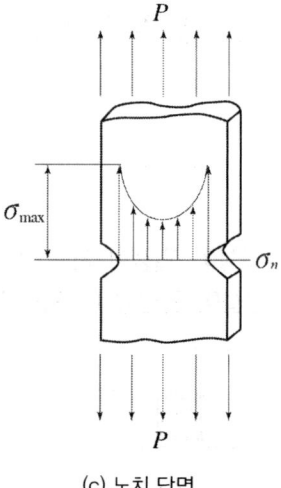

(c) 노치 단면

13 봉의 온도가 25℃일 때 양쪽의 강성지점들에 끼워 맞추어져 있다. 봉의 온도가 100℃일 때 AC부분의 응력은 몇 MPa인가?(단, 봉 재료의 $E = 200$GPa, $\alpha = 12 \times 10^{-6}/℃$,

$L_1 = L_2 = 0.5$m, $A_1 = 1000$mm^2, $A_2 = 500$mm^2)

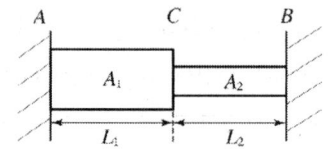

① 120   ② 150
③ 220   ④ 250

풀이 $\delta = \delta_1 + \delta_2 = \dfrac{PL_1}{A_1 E} + \dfrac{PL_2}{A_2 E} = \alpha \Delta TL$,

$\dfrac{P}{A_1} \times \dfrac{1}{E}(L_1 + \dfrac{A_1}{A_2}L_2) = \alpha \Delta TL$

$\sigma_1 \times \dfrac{1}{200 \times 10^9}(0.5 + 2 \times 0.5)$
$= 12 \times 10^{-6} \times (100 - 25) \times 1$,
$\sigma_1 = 120$MPa

14 그림과 같은 단순보에서 보 중앙의 처짐으로 옳은 것은?(단, 보의 굽힘강성 EI는 일정하고, M_0는 모멘트, l은 보의 길이이다.)

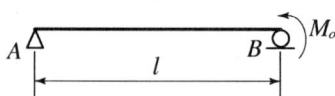

① $\dfrac{M_0 l^2}{16EI}$ ② $\dfrac{M_0 l^2}{48EI}$

③ $\dfrac{M_0 l^2}{120EI}$ ④ $\dfrac{5M_0 l^2}{384EI}$

풀이 $R_A \times l - M_0 = 0$, $R_A = \dfrac{M_0}{l}$, $M_x = \dfrac{M_0}{l}x$

$EIv'' = -M_x = -\dfrac{M_0}{l}x$

$EIv' = -\dfrac{M_0}{2l}x^2 + c_1$

$EIv = -\dfrac{M_0}{6l}x^3 + c_1 x + c_2$

답 13 ① 14 ①

$EIv_{x=0} = -\dfrac{M_0}{6l}x^3 + c_1 x + c_2 = 0$ 이므로 $c_2 = 0$,

$EIv_{x=l} = -\dfrac{M_0}{6l}x^3 + c_1 x = 0$ 이므로 $\dfrac{M_0}{6}l^2 = c_1 l$ 에서

$c_1 = \dfrac{M_0 l}{6}$

$EIv = -\dfrac{M_0}{6l}x^3 + \dfrac{M_0 l}{6}x$,

$EIv_{x=\frac{l}{2}} = -\dfrac{M_0}{6l}\left(\dfrac{l}{2}\right)^3 + \dfrac{M_0 l}{6}\left(\dfrac{l}{2}\right)$

$= -\dfrac{M_0 l^2}{48} + \dfrac{M_0 l^2}{12} = \dfrac{3M_0 l^2}{48} = \dfrac{M_0 l^2}{16}$

15 외팔보의 자유단에 하중 P가 작용할 때, 이 보의 굽힘에 의한 탄성 변형 에너지를 구하면?(단, 보의 굽힘강성 EI는 일정하다.)

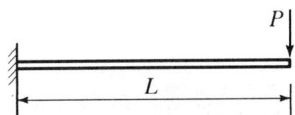

① $\dfrac{PL^3}{6EI}$ ② $\dfrac{PL^3}{3EI}$

③ $\dfrac{P^2 L^3}{6EI}$ ④ $\dfrac{P^2 L^3}{3EI}$

풀이 $U = \dfrac{1}{2}P\delta = \dfrac{1}{2}P\dfrac{PL^3}{3EI} = \dfrac{P^2 L^3}{6EI}$

16 $b \times h = 20\text{cm} \times 40\text{cm}$의 외팔보가 두 가지 하중을 받고 있을 때 분포하중 ω를 얼마로 하면 안전하게 지지할 수 있는가?(단, 허용 굽힘응력 $\sigma_a = 10\text{MPa}$이다.)

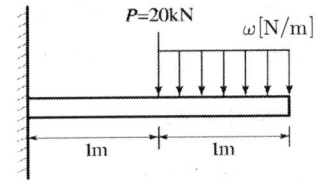

① 22kN/m ② 35kN/m
③ 53kN/m ④ 55kN/m

풀이 $M = w \times 1 \times 1.5 + (20 \times 10^3) \times 1$

$= 1.5w + (20 \times 10^3)$

$M = \sigma_a Z, \ 1.5w \times (20 \times 10^3)$

$= (10 \times 10^6) \times \dfrac{0.2 \times 0.4^2}{6}$

$w \fallingdotseq 22.2\text{kN/m}$

17 직경 10cm, 길이 3m인 양단의 고정된 2개의 원형 기둥에 가해줄 수 있는 최대 하중은?(단, $E = 200000\text{MPa}$, $\sigma_r = 280\text{MPa}$)

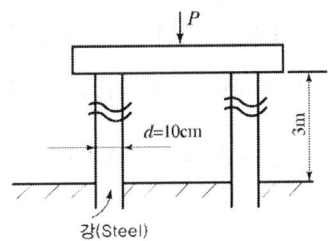

① 2800kN ② 4400kN
③ 7800kN ④ 8770kN

풀이 병렬조합 단면으로 $P = P_1 + P_2$ (외력=내력의 합)
$= \sigma_1 A_1 + \sigma_2 A_2$, 면적이 같고 재질이 같으므로 $P = 2\sigma A$

$P = 2 \times (280 \times 10^6) \times \dfrac{\pi \times 0.1^2}{4} \fallingdotseq 4398.2\text{kN}$

18 포아송(Poission)비가 0.3인 재료에서 탄성계수(E)와 전단탄성계수(G)의 비(E/G)는?

① 0.15 ② 1.5
③ 2.6 ④ 3.2

풀이 $G = \dfrac{E}{2(1+\mu)}, \ 1+\mu = \dfrac{E}{2G}, \ 2(1+\mu) = \dfrac{E}{G},$

$\dfrac{E}{G} = 2(1+0.3) = 2.6$

답 15 ③ 16 ① 17 ② 18 ③

19 그림에서 윗면의 지름이 d, 높이가 l인 원추형의 상단을 고정할 때 이 재료에 발생하는 신장량 δ의 값은?(단, 단위 체적당의 중량을 γ, 탄성계수를 E라 함)

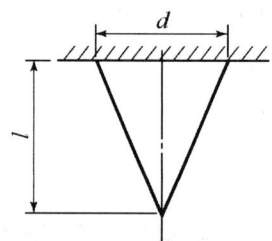

① $\delta = \gamma l^2/2E$ ② $\delta = \gamma l^2/3E$
③ $\delta = \gamma l^2/6E$ ④ $\delta = \gamma l^2/8E$

풀이 원추형의 자중만 고려 시 처짐은 균일 단면봉의 자중에 의한 처짐의 $\frac{1}{3}$이므로 먼저 균일 단변봉의 자중에 의한 처짐을 구한 뒤 $\frac{1}{3}$을 곱하여 계산하였다.

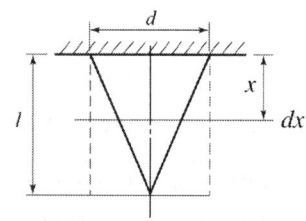

$w = \gamma Al$이고 x지점에서 발생하는 자중은 $\gamma A(L-x)$이다.

$\delta_{균일\ 단면봉} = \int_0^l \frac{W_x}{AE}dx = \int_0^l \frac{\gamma A(L-x)}{AE}dx$

$= \int_0^l \frac{\gamma L}{E}dx - \int_0^l \frac{\gamma x}{E}dx = \frac{\gamma L^2}{E} - \frac{\gamma L^2}{2E}$

$= \frac{\gamma L^2}{2E}$

$\delta_{원추형} = \frac{\gamma l^2}{2E} \times \frac{1}{3} = \frac{\gamma l^2}{6E}$

20 그림과 같은 구조물에서 AB 부재에 미치는 힘은?

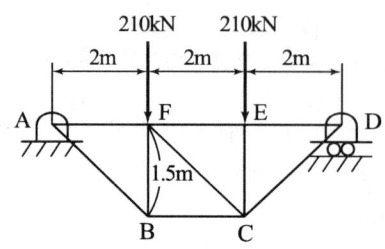

① 250kN   ② 350kN
③ 450kN   ④ 150kN

풀이 $R_A = R_D = 210k$, $F_{BC} : F_{BF} = 2 : 1.5$,
$2F_{BF} = 1.5F_{BC}$,

$F_{BC} = \frac{2}{1.5}F_{BF} = \frac{2}{1.5} \times 210\text{kN}$

$= 280\text{kN}$

$F_{AB} = \sqrt{(280 \times 10^3)^2 + (210 \times 10^3)^2}$

$= 350\text{kN}$

2 기계열역학

21 외부에서 받은 열량이 모두 내부 에너지 변화만을 가져오는 완전가스의 상태변화는?
① 정적 변화.   ② 정압 변화.
③ 등온 변화   ④ 단열 변화

풀이 상태가 정적 과정으로 변화하면 외부에서 받은 열량은 모두 내부 에너지 변화를 가져온다.

22 질량 4kg의 액체를 15℃에서 100℃까지 가열하기 위해 714kJ의 열을 공급하였다면 액체의 비열은 몇 J/kg·K인가?
① 1100   ② 2100
③ 2100   ④ 4100

풀이 • 주어진 액체의 비열
$C = \frac{Q}{m \cdot \Delta T} = 2.1\text{kJ/kg·K}$

답 19 ③ 20 ② 21 ① 22 ②

23 50℃, 25℃, 10℃의 온도인 3가지 종류의 액체 A, B, C가 있다. A와 B를 동일 중량으로 혼합하면 40℃로 되고 A와 C를 동일 중량으로 혼합하면 30℃로 된다. B와 C를 동일 중량으로 혼합할 때는 몇 ℃로 되겠는가?

① 16.0℃ ② 18.4℃
③ 20.0℃ ④ 22.5℃

풀이 ㉠ A와 B 혼합
$mC_A(50-40) = mC_B(40-25)$
$10C_A = 15C_B$
㉡ A와 C 혼합
$mC_A(50-30) = mC_C(30-10)$
$C_A = C_C$
따라서, $C_B/C_C = 10/15$
㉢ B와 C 혼합
$mC_B(25-T') = mC_C(T'-10)$
$\dfrac{C_B}{C_C} = \dfrac{T'-10}{25-T'} = \dfrac{10}{15}$
B와 C를 동일 중량으로 혼합했을 때 온도(T')
$T' = 16℃$

24 응축기 온도가 40℃이고 증발기 온도가 -20℃인 이상 냉동 사이클의 성능계수(COP)는?

① 5.22 ② 4.22
③ 4.02 ④ 3.22

풀이 • 냉동 사이클의 성능계수
$\text{COP} = \dfrac{T_L}{T_H - T_L} = 4.22$

25 상태 1에서 경로 A를 따라 상태 2로 변화하고 경로 B를 따라 다시 상태 1로 돌아오는 사이클이 있다. 아래의 사이클에 대한 설명으로 틀린 것은?

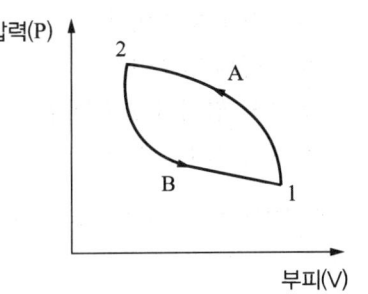

① 사이클 과정 동안 시스템의 내부 에너지 변화량은 0이다.
② 사이클 과정 동안 시스템은 외부로부터 순(net) 일을 받았다.
③ 사이클 과정 동안 시스템의 내부에서 외부로 순(net) 열이 전달되었다.
④ 이 그림으로 사이클 과정 동안 총 엔트로피 변화량을 알 수 없다.

풀이 A 경로는 시스템에 일이 가해졌으며 B 경로를 따라 시스템이 외부로 일을 하였다.

26 다음 $P-h$ 선도를 이용한 증기 압축 냉동기의 성능계수는 얼마인가?

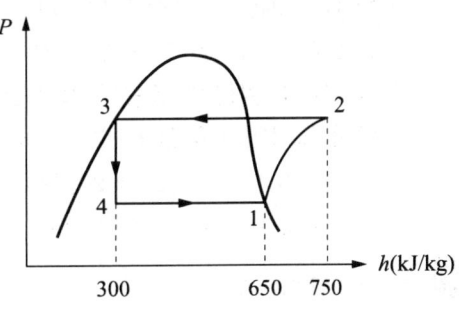

① 3.5 ② 4.5
③ 5.5 ④ 6.5

풀이 • 냉동기의 성능계수
$\text{COP} = \dfrac{q_L}{w_c} = \dfrac{h_1 - h_4}{h_2 - h_1} = 3.5$

27 이상 기체의 내부 에너지는 무엇의 함수인가?
① 온도만의 함수이다.
② 압력만의 함수이다.
③ 온도와 압력의 함수이다.
④ 비체적만의 함수이다.

풀이 이상 기체의 내부 에너지는 온도만의 함수이다.
$du = C_v dT$

28 한 밀폐 계가 190kJ의 열을 받으면서 외부에 20kJ의 일을 한다면 이 계의 내부 에너지의 변화는 약 얼마인가?
① 210kJ만큼 증가한다.
② 210kJ만큼 감소한다.
③ 170kJ만큼 증가한다.
④ 170만큼 감소한다.

풀이
- 1법칙
$_1Q_2 = U_2 - U_1 + {_1W_2}$
$U_2 - U_1 = 170kJ$ 증가한다.

29 시속 30km로 주행하고 있는 질량 306kg의 자동차가 브레이크를 밟았더니 8.8m에서 정지했다. 베어링 마찰을 무시하고 브레이크에 의해서 제동된 것으로 보았을 때 브레이크로부터 발생한 열량은 얼마인가?(단, 차륜과 도로면의 마찰계수는 0.4로 한다.)
① 약 25.6kJ   ② 약 20.6kJ
③ 약 15.6kJ   ④ 약 10.6kJ

풀이
- 제동력에 의한 일
$W = \mu mg \cdot s = -10.6kJ$

30 랭킨 사이클을 터빈 입구 상태와 응축기 압력을 그대로 두고 재생 사이클로 바꾸었을 때 랭킨 사이클과 비교한 재생 사이클의 특징에 대한 설명을 틀린 것은?
① 터빈 일이 크다.
② 사이클 효율이 높다.
③ 응축기의 방열량이 작다.
④ 보일러에서 가해야 할 열량이 작다.

풀이 재생 사이클은 터빈 내에서 증기의 일부를 추출해서 보일러에 들어가는 저온의 급수를 가열시켜 온도가 높아진 급수를 보일러에 넣어 효율을 향상시킨 사이클이다.

31 밀폐 계에서 기체의 압력이 100kPa으로 일정하게 유지되면서 체적이 1m³에서 2m³로 증가되었을 때 옳은 설명은?
① 밀폐 계의 에너지 변화는 없다.
② 외부로 행한 일은 100kJ이다.
③ 기체가 이상 기체라면 온도가 일정하다.
④ 기체가 받은 열은 100kJ이다.

풀이
- 경계 이동일
$_1W_2 = P(V_2 - V_1) = 100kJ$ (정압 과정)
기체가 외부로 일을 수행하였다.

32 비열이 0.475kJ/kg·K인 철 10kg을 20℃에서 80℃로 올리는 데 필요한 열량은 몇 kJ인가?
① 222   ② 232
③ 285   ④ 315

풀이
- 철 10kg을 20℃에서 80℃로 올리는 데 필요한 열량
$Q = mC\Delta T = 285kJ$

33 어느 발명가가 바닷물로부터 매시간 1800kJ의 열량을 공급받아 0.5kW 출력의 열기관을 만들었다고 주장한다면, 이 사실은 열역학 제 몇 법칙에 위반되겠는가?
① 제0법칙   ② 제1법칙
③ 제2법칙   ④ 제3법칙

답 27 ① 28 ③ 29 ④ 30 ① 31 ② 32 ③ 33 ③

풀이 열기관의 출력이 0.5kW이고 공급받은 열량이 0.5kW로 100% 효율을 갖는 열기관이다. 이것은 열역학 제2법칙에 위배된다.

34 과열과 과냉이 없는 증기 압축 냉동 사이클에서 응축 온도가 일정하고 증발 온도가 낮을수록 성능계수는 어떻게 되겠는가?
① 증가한다.
② 감소한다.
③ 일정하다.
④ 성능계수와 응축 온도는 무관하다.

풀이 • 냉동기의 성능계수
$$COP = \frac{T_L}{T_H - T_L}$$
조건에서 T_H=일정, $T_L \downarrow$ 이므로 성능계수는 감소한다.

35 어떤 유체의 밀도가 741kg/m³이다. 이 유체의 비체적은 약 몇 m³/kg인가?
① 0.787×10^{-3} ② 1.35×10^{-3}
③ 2.35×10^{-3} ④ 2.98×10^{-3}

풀이 • 유체의 비체적
$$v = \frac{1}{\rho} = 1.35 \times 10^{-3} \text{m}^3/\text{kg}$$

36 공기 10kg이 정적과정으로 20℃에서 250℃까지 온도가 변하였다. 이 경우 엔트로피의 변화량은?(단, 공기의 $C_v = 0.7174.2$kJ/kg·K이다.)
① 약 2.39kJ/K   ② 약 3.07kJ/K
③ 약 4.15kJ/K   ④ 약 5.31kJ/K

풀이 • 단위 질량당 엔트로피 변화량
$$s_2 - s_1 = \int_1^2 \frac{C_v}{T} dT = C_v \ln \frac{T_2}{T_1} = 0.415 \text{kJ/kg·K}$$

• 전체 질량에 대한 엔트로피 변화량
$$S_2 - S_1 = m \cdot (s_2 - s_1) = 4.15 \text{kJ/K}$$

37 100℃와 50℃ 사이에서 작동되는 가역 열기관의 최대 열효율 약 얼마인가?
① 55.0%   ② 16.7%
③ 13.4%   ④ 8.3%

풀이 • carnot 사이클의 열효율
$$\eta_{carnot} = 1 - \frac{T_L}{T_H} = 0.134$$

38 27kPa의 압력 차는 수은주로 어느 정도 높이가 되겠는가?(단, 수은의 밀도는 13590 kg/m³이다.)
① 약 158mm   ② 약 203mm
③ 약 265mm   ④ 약 557mm

풀이 • 수은주 높이
$$H = \frac{P_2 - P_1}{\rho g} = 202.7 \text{mm}$$

39 어떤 작동 유체가 550K의 고열원으로부터 20kJ의 열량을 공급받아 250K의 저열원에 14kJ의 열량을 방출할 때 이 사이클은?
① 가역이다.
② 비가역이다.
③ 가역 또는 비가역이다.
④ 가역도 비가역도 아니다.

풀이 • 클라우지우스 부등식
$$\oint \frac{\delta Q}{T} = \frac{Q_H}{T_H} + \frac{Q_L}{T_L}$$
$$= 0.0364 + (-0.056) = -0.0196 < 0$$
이 사이클은 비가역이다.

답 34 ② 35 ② 36 ③ 37 ③ 38 ② 39 ②

40 냉동기의 효율은 성능계수로 나타난다. 냉동기의 성능계수에 대한 설명 중 잘못된 것은?

① 성능계수는 증발기에서 흡수된 열량과 압축기에 공급된 일량의 비로 정의된다.
② 성능계수는 일반적으로 1보다 작다.
③ 냉동기의 작동 온도에 따라 성능계수는 변한다.
④ 동일한 작동 온도에서 운전되는 냉동기라도 사용되는 냉매에 따라 성능계수는 달라질 수 있다.

 냉동기의 성능계수는 일반적으로 1보다 크다.

3 기계유체역학

41 다음 중 무차원에 해당하는 것은?
① 비중 ② 비중량
③ 점성계수 ④ 동점성계수

 • 비중(Specific Gravity, SG)

$$SG = \frac{\rho}{\rho_{water}}$$

42 4℃물의 체적 탄성계수는 $2.0 \times 10^9 \, N/m^2$이다. 이 물에서의 음속은 약 몇 m/s인가?
① 141 ② 341
③ 19300 ④ 1414

• 음속
$$c = \sqrt{\frac{E_V}{\rho}} = 1414 \, m/s$$

43 바닷속 임의의 한 지점에서 측정한 계기 압력이 98.7MPa이다. 이 지점의 깊이는 몇 m인가?(단, 해수의 비중량은 10kN/m³이다.)
① 9540 ② 9635
③ 9680 ④ 9870

 • 측정 깊이
$$h = \frac{P}{\rho g} = 9870 \, m$$

44 수면의 높이가 지면에서 h인 물통 벽의 측면에 구멍을 뚫고 물을 지면으로 분출시킬 때 지면을 기준으로 물이 가장 멀리 떨어지게 하는 구멍의 높이는?

① $\frac{3}{4}h$ ② $\frac{1}{2}h$
③ $\frac{1}{4}h$ ④ $\frac{1}{3}h$

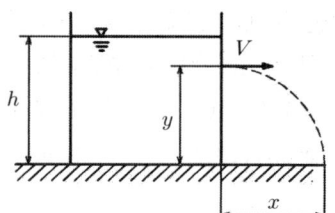

• 분출 속도
$$V = \sqrt{2g(h-y)}$$
$$\frac{x}{t} = V = \sqrt{2g(h-y)}$$

• 수평 이동 거리
$$x = t \times \sqrt{2g(h-y)} = 2\sqrt{y(h-y)}$$
여기서, 등가속도식 $(y) = \frac{1}{2}gt^2$

$$\frac{dx}{dy} = \frac{(h-2y)}{\sqrt{y(h-y)}}$$
여기서, x가 최대가 되기 위한 조건 $\left(\frac{dx}{dy} = 0\right)$

• 물이 가장 멀리 떨어지게 하는 구멍의 높이
$$y = \frac{h}{2}$$

답 40 ② 41 ① 42 ④ 43 ④ 44 ②

45 30명의 흡연가가 피우는 담배 연기를 처리할 수 있는 흡연실에서 1인당 최소 30L/s의 신선한 공기를 필요로 할 때, 공급되어야 할 공기의 최소 유량은 몇 m³/s인가?

① 0.9 ② 1.6
③ 2.0 ④ 2.3

풀이
- 필요한 공기의 1인당 체적 유량
$\dot{Q} = 30\text{L/s} = 30 \times 10^{-3}\text{m}^3/\text{s}$
- 흡연실의 수용인원은 30명
$\dot{Q} = 30 \times 30 \times 10^{-3}\text{m}^3/\text{s} = 9 \times 10^{-1}\text{m}^3/\text{s}$

46 원관 내를 완전한 층류로 흐를 경우 관마찰 계수 f는?

① 상대 조도만의 함수가 된다.
② 마하수만의 함수이다.
③ 오일러수만의 함수이다.
④ 레이놀즈수만의 함수이다.

풀이
- 원형 파이프 층류 유동인 경우 관마찰계수
$f = \dfrac{64}{Re}$
층류유동의 마찰계수는 Re수만의 함수

47 그림과 같이 사이펀에 물이 흐르고 있다. 사이펀의 안지름은 5cm이고, 물탱크의 수면은 항상 일정하게 유지된다고 가정한다. 수면으로부터 출구 사이의 총 손실 수두가 1.5m이면, 사이펀을 통해 나오는 유량은 약 몇 m³/min인가?

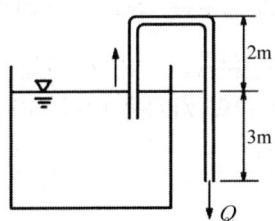

① 0.38 ② 0.41
③ 0.64 ④ 0.92

풀이
- 물탱크 표면과 사이펀 출구에 에너지 방정식 적용
$\dfrac{P_1}{\rho g} + \dfrac{V_1^2}{2g} + z_1 = \dfrac{P_2}{\rho g} + \dfrac{V_2^2}{2g} + z_2 + h_L$

$\dfrac{V_2^2}{2g} = -z_2 - h_L = 1.5\text{m}$

여기서, $P_1 = P_2 = 0$, $V_1 \ll V_2$, $z_1 = $ 기준점 $= 0$
$z_2 = -3$

- 출구 속도
$V_2 = \sqrt{2g \times 1.5} = 5.4\text{m/s}$

- 출구 유량
$\dot{Q} = AV = \dfrac{\pi}{4} \times d^2 \times V = 0.0106\text{m}^3/\text{s} = 0.64\text{m}^3/\text{min}$

48 유속 V의 균일 유동장에 놓인 물체 둘레의 순환이 Γ일 때, 이 물체에 발생하는 양력 L(Kutta-Joukowski의 정리)은?(단, 유체의 밀도는 ρ라 한다.)

① $L = \dfrac{\Gamma}{\rho V}$ ② $L = \dfrac{\rho \Gamma}{V}$
③ $L = \dfrac{V\Gamma}{\rho}$ ④ $L = \rho V \Gamma$

풀이
- Kutta-Joukowski 정리는 양력(lift force)을 설명하는 데 사용하는 공기역학 이론
단위 스팬당 양력(L) $= \rho V \Gamma$
여기서, 유체 밀도 $= \rho$, 유체 속도 $= V$

49 다음 중 경계층에서 유동 박리 현상이 발생할 수 있는 조건은?

① 유체가 가속될 때
② 순압력 구배가 존재할 때
③ 역압력 구배가 존재할 때
④ 유체의 속도가 일정할 때

답 45 ① 46 ④ 47 ③ 48 ④ 49 ③

풀이 • 유동 박리(flow separation): 유체의 흐름이 물체의 표면에서 이탈되는 현상이다. 유동 방향으로 압력이 증가하는 역압력 구배가 존재할 때 발생한다.

50 밀도가 ρ_1, ρ_2인 두 종류의 액체 속에 완전히 잠긴 물체의 무게를 스프링 저울로 측정한 결과 각각 W_1, W_2이었다. 공기 중에서 이 물체의 무게 G는?

① $G = \dfrac{W_1\rho_2 + W_2\rho_1}{\rho_2 - \rho_1}$

② $G = \dfrac{W_1\rho_2 - W_2\rho_1}{\rho_2 - \rho_1}$

③ $G = \dfrac{W_1\rho_2 + W_2\rho_1}{\rho_2 + \rho_1}$

④ $G = \dfrac{W_1\rho_2 - W_2\rho_1}{\rho_2 + \rho_1}$

풀이 • 공기 중 물체의 무게

$G = W_1 + \rho_1 g V = W_1 + \rho_1 g \times \dfrac{W_2 - W_1}{g(\rho_1 - \rho_2)}$

$= \dfrac{W_2\rho_1 - W_1\rho_1}{\rho_1 - \rho_2}$

$= \dfrac{W_1\rho_2 - W_2\rho_1}{\rho_2 - \rho_1}$

여기서, 물체의 체적(V) $= \dfrac{W_2 - W_1}{g(\rho_1 - \rho_2)}$

51 다음 그림에서 관 입구의 부차적 손실계수 K는?(단, 관의 안지름은 20mm 관마찰계수는 0.0188이다.)

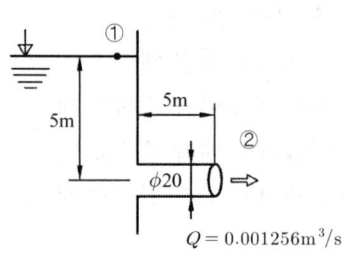

$Q = 0.001256 \text{m}^3/\text{s}$

① 0.0188   ② 0.273
③ 0.425   ④ 0.621

풀이 • 평균 유속

$V_{avg} = \dfrac{Q}{A} = 4\text{m/s}$

• ①과 ②에 베르누이 방정식 적용

$0 + 0 + 5 = 0 + \dfrac{4^2}{2 \times 9.8} + 0 + K \times \dfrac{4^2}{2 \times 9.8} + 0.0188$

$\times \dfrac{5}{0.02} \times \dfrac{4^2}{2 \times 9.8}$

• 부차적 손실계수
$K = 0.418$

52 2차원 유동 중 속도 포텐셜이 존재하는 것은?(단, $\vec{V} = (u, v)$이다.)

① $\vec{V} = (x^2 - y^2, 2xy)$

② $\vec{V} = (x^2 - y^2, -2xy)$

③ $\vec{V} = (x^2 + y^2, -2xy)$

④ $\vec{V} = (x^2 + y^2, 2xy)$

풀이 • 포텐셜 유동

$\dfrac{\partial v}{\partial x} = \dfrac{\partial u}{\partial y}$

② $\dfrac{\partial v}{\partial x} = -2y$, $\dfrac{\partial u}{\partial y} = -2y$ ④ $\dfrac{\partial v}{\partial x} = 2y$, $\dfrac{\partial u}{\partial y} = 2y$

• 비압축성 가정

$\dfrac{\partial u}{\partial x} + \dfrac{\partial v}{\partial y} = 0$

② $\dfrac{\partial u}{\partial x} = 2x$, $\dfrac{\partial v}{\partial y} = -2x$ ④ $\dfrac{\partial u}{\partial x} = 2x$, $\dfrac{\partial v}{\partial y} = 2x$

53 압력과 밀도를 각각 P, ρ라 할 때 $\sqrt{\dfrac{\Delta P}{\rho}}$ 의 차원은?(단, M, L, T는 각각 질량, 길이, 시간의 차원을 나타낸다.)

① $\dfrac{M}{LT}$ ② $\dfrac{M}{L^2T}$

③ $\dfrac{L}{T}$ ④ $\dfrac{L}{T^2}$

풀이

압력(P)	밀도(ρ)	$\sqrt{\dfrac{\Delta P}{\rho}} = \dfrac{L}{T}$
$ML^{-1}T^{-2}$	ML^{-3}	$\dfrac{L}{T}$

54 유체 속에 잠겨있는 경사진 판의 윗면에 작용하는 압력 힘의 작용점에 대한 설명 중 맞는 것은?

① 판의 도심보다 위에 있다.
② 판의 도심에 있다
③ 판의 도심보다 아래에 있다
④ 판의 도심과는 관계가 없다.

풀이 • 경사진 판에 작용하는 압력 힘의 작용점

$$y_P = y_C + \dfrac{I_{xx,C}}{y_C \cdot A}$$

압력 힘이 작용하는 작용점은 도심보다 아래에 있다.

55 다음 중 원관 내 층류 유동의 전단응력 분포로 옳은 것은?

①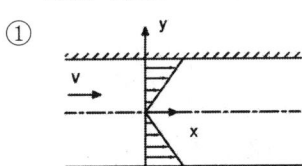

②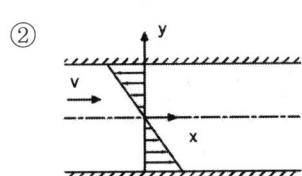

③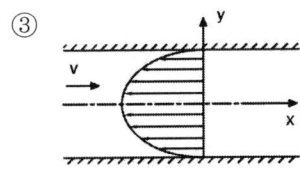

④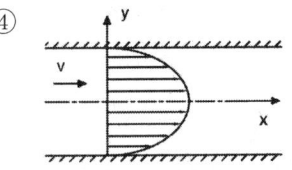

풀이 • 원관 내 층류 유동

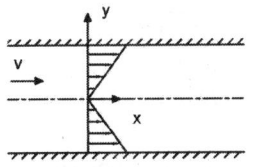

▲ 파이프 층류 유동의 전단응력 분포

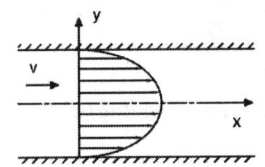

▲ 파이프 내 층류 유동의 속도 분포

56 직경이 30mm이고, 틈새가 0.2mm인 슬라이딩 베어링이 1800rpm으로 회전할 때, 윤활유에 작용하는 전단응력은 약 몇 Pa인가?(단, 윤활유의 점성계수 $\mu = 0.38$N·s/m²이다.)

① 5372 ② 8550
③ 10744 ④ 17100

풀이 • 전단응력

$\tau = \mu \cdot \dfrac{du}{dy} = 5371.3$Pa

57 유량계수가 0.75이고, 목지름이 0.5m인 벤투리미터를 사용하여 안지름이 1m인 송유관 내의 유량을 측정하고 있다. 벤투리 입구와 목의 압력 차가 수은주 80mm이면 기름의 질량 유량은 몇 kg/s인가?(단, 기름의 비중은 0.9, 수은의 비중은 13.6이다.)

① 158　　② 166
③ 666　　④ 739

[풀이] • 유량 관계식

$$\dot{Q} = A_2 C_v \times \sqrt{\frac{2(\rho_{Hg} - \rho_{oil})gh}{\rho_{oil}\left[1-\left(\frac{d}{D}\right)^4\right]}}$$

$$= A_2 C_v \times \sqrt{\frac{2(\rho_{Hg}/\rho_{oil}-1)gh}{1-\left(\frac{d}{D}\right)^4}}$$

$$= 0.71578 \text{m}^3/\text{s}$$

여기서, $A_2 = 0.19635\text{m}^2$, $\rho_{Hg} = 13600\text{kg/m}^3$
$\rho_{oil} = 900\text{kg/m}^3$, $\frac{d}{D} = 0.5$

• 질량 유량
$\dot{m}_{oil} = \rho_{oil} \dot{Q} = 900 \times 0.71578 = 644.2 \text{kg/s}$

58 길이 125m, 속도 9m/s인 선박의 모형실험을 길이 5m인 모형선으로 프루드(Froude) 상사가 성립되게 실험하려면 모형선의 속도는 약 몇 m/s로 해야 하는가?

① 1.80　　② 4.02
③ 0.36　　④ 36

[풀이] • 프루드(Froude)상사

$$\left(\frac{V}{\sqrt{Lg}}\right)_p = \left(\frac{V}{\sqrt{Lg}}\right)_m$$

여기서, $g_p = g_m$

$$V_m = V_p \times \sqrt{\frac{L_m}{L_p}} = 1.8\text{m/s}$$

59 그림과 같이 유량 $Q = 0.03\text{m}^3/\text{s}$의 물 분류가 $V = 40\text{m/s}$의 속도로 곡면 판에 충돌하고 있다. 판은 고정되어 있고 휘어진 각도가 135°일 때 분류로부터 판이 받는 충격력의 크기는 약 몇 N인가?

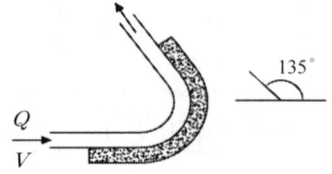

① 2049　　② 2217
③ 2638　　④ 2898

[풀이] • 운동량 방정식
$-F_x = \rho Q(V_{x2} - V_{x1}) = -2049\text{N}$
$F_y = \rho Q(V_{y2} - V_{y1}) = 849\text{N}$
여기서, $V_{x1} = 40\text{m/s}$,　$V_{y1} = 0$
$V_{x2} = -28.3\text{m/s}$, $V_{y2} = 28.3\text{m/s}$

• 분류로부터 판이 받는 총 힘의 크기(F)
$F = \sqrt{F_x^2 + F_y^2} = 2217.9\text{N}$
여기서, $F_x = 2049\text{N}$, $F_y = 849\text{N}$

60 2차원 유동장에서 속도벡터가 $\vec{V} = 6y\vec{i} + 2x\vec{j}$일 때 점(3, 5)을 지나는 유선의 기울기는?(단, $\vec{i}$, $\vec{j}$는 x, y방향의 단위 벡터이다.)

① $\frac{1}{3}$　　② $\frac{1}{5}$
③ $\frac{1}{9}$　　④ $\frac{1}{12}$

[풀이] • 점(3, 5)에서 기울기

$$\left.\frac{dy}{dx}\right)_{x=3,\,y=5} = \frac{1}{5}$$

여기서, 유선의 방정식 $\frac{dy}{dx} = \frac{v}{u} = \frac{x}{3y}$

4과목 기계재료 및 유압기기

61 강에서 열처리 조직으로 경도가 가장 큰 것은?
① 펄라이트 ② 페라이트
③ 마텐자이트 ④ 오스테나이트

풀이 • 경도 순서: 시멘타이트＞마텐자이트＞트루스타이트＞소르바이트＞펄라이트＞오스테나이트＞페라이트

62 자기 변태의 설명으로 옳은 것은?
① 상은 변하지 않고 자기적 성질만 변한다.
② 자기 변태점에서는 열을 흡수하거나 방출한다.
③ 자기 변태점에서는 자유도가 0이므로 온도가 정체된다.
④ 원자 내부의 변화로 자기적 성질이 비연속적으로 변화한다.

풀이 • 자기 변태(magnetic transformation): 원자의 배열(결정격자의 형상)에는 변화가 일어나지 않으나, 자기적 성질이 변화를 일으키는 것이다. 시멘타이트(Fe_3C)의 자기 변태는 210℃에서 발생하는 A_0 변태가 있으며, 순철의 자기 변태점은 A_2 변태로 768℃ 발생한다.

63 질화법과 침탄법을 비교 설명한 것으로 틀린 것은?
① 침탄법보다 질화법이 경도가 높다.
② 침탄법은 침탄 후에도 수정이 가능하지만, 질화법은 질화 후의 수정은 불가능하다.
③ 침탄법은 침탄 후에는 열처리가 필요없고, 질화법은 질화 후에는 열처리가 필요하다.
④ 침탄법은 경화에 의한 변형이 생기지만, 질화법은 경화에 의한 변형이 적다.

풀이 ㉠ 침탄법(carburizing)
ⓐ 열처리(침탄 경화)가 필요하며 경화에 의한 변형이 발생한다.
ⓑ 침탄 후 수정이 가능하다.
㉡ 질화법(nitriding)
ⓐ 경도가 크며, 내식성 및 내마모성이 좋다.
ⓑ 열처리가 필요 없으므로 경화에 의한 변형이 적다.
ⓒ 질화 후의 수정은 불가능하다.
ⓓ 주로 마모가 심한 곳(자동차의 크랭크축, 캠, 스핀들, 동력전달 체인 등 각종 내마모용 부품)에 많이 사용된다.

64 델타 메탈이라고도 하며 강도가 크고 내식성이 좋아 광산 기계, 선박용 기계, 화학 기계 등에 사용되는 것은?
① 철 황동 ② 규소 황동
③ 네이벌 황동 ④ 애드미럴티 황동

풀이 • 델타 메탈(delta metal): 철 황동(Eisen Bronze)으로도 불리며 6-4황동+Fe1~2%의 합금이다. 강도가 크고 내식성이 좋아 광산기계, 선박기계, 화학기계 등에 사용된다.

65 탄소강에 미치는 인(P)의 영향으로 옳은 것은?
① 인성과 내식성을 주는 효과는 있으나 청열취성을 준다.
② 강도와 경도는 감소시키고, 고온취성이 있어 가공이 곤란하다.
③ 경화능이 감소하는 것 이외에는 기계적 성질에 해로운 원소이다.
④ 강도와 경도를 증가시키고 연신율을 감소시키며 상온취성을 일으킨다.

풀이 • P(인)
㉠ 강도와 경도, 절삭성을 증가시킨다.
㉡ 연신율을 감소시키며, 상온취성의 원인이 된다.
㉢ 결정립을 크고(조대화), 거칠게 하며 냉간가공을 저하시킨다.

답 61 ③ 62 ① 63 ③ 64 ① 65 ④

66 주조성, 가공성, 내마멸성 및 강도가 우수하고 인성, 연성, 가공성 및 경화능 등이 강의 성질과 비슷하며 자동차용 주물로 가장 적합한 주철은?

① 내열주철
② 보통주철
③ 칠드주철
④ 구상흑연주철

풀이 • 구상흑연주철
㉠ 강인하며 주조 상태에서 구조용 강이나 주강에 가까운 기계적 성질을 가지고 있어 주철 중 기계적 성질이 매우 우수하다.
㉡ 내마멸성 내열성이 요구되는 자동차용 주물과 강인성 요구되는 크랭크축, 캠축 등에 사용된다.

67 고속도공구강에서 요구되는 일반적 성질과 관련이 없는 것은?

① 전연성
② 고온경도
③ 내마모성
④ 내충격성

풀이 • 고속도강(High Speed Tool Steels, 하이스, HSS)
㉠ W(18%) – Cr(4%) – V(1%) – C(0.8%)
㉡ 높은 인성과 고온 경도, 내충격성 및 내마모성이 크고 500~600℃에서도 경도(고온 경도)가 저하되지 않아 고속절삭 효율이 좋다.

68 지름 15mm의 연강 봉에 5000kgf의 인장하중이 작용할 때 생기는 응력은 약 몇 kgf/mm²인가?

① 10
② 18
③ 24
④ 28

풀이 응력은 단위 면적당 작용하는 힘이므로
$$\sigma = \frac{5000}{\frac{\pi \times 15^2}{4}} \fallingdotseq 28.29 \text{kgf/mm}^2$$

69 일반적인 주철의 장점이 아닌 것은?

① 주조성이 우수하다.
② 고온에서 쉽게 소성변형 되지 않는다.
③ 가격이 강에 비해 저렴하여 널리 이용된다.
④ 복잡한 형상으로도 쉽게 주조된다.

풀이 • 주철의 장·단점

장점	단점
내식성이 우수하며 압축강도가 크다.	인장강도가 작고 취성이 크다.
주조성이 좋고(용융점이 낮다), 대형 및 복잡한 형상도 주물을 쉽게 만들 수 있다.	고온에서도 소성변형이 어렵다. (가단성 및 전·연성이 부족하다.)
기계 가공 시 절삭성이 좋다.	가공은 가능하나 용접성이 불량하다.
유동성은 P가 추가되면 특히 좋다.	유동성은 S가 추가되면 나빠진다.
마찰저항이 크고, 녹이 잘 생기지 않는다.	산에 약하고, 알칼리에는 강함.
진동을 잘 흡수한다. (흑연이 존재하므로)	
열전도율이 좋다.	
내마모성과 내식성이 좋다.	
가격이 강에 비해 저렴하여 널리 이용된다.	

70 톱날이나 줄의 재료로 가장 적합한 합금은?

① 황동
② 고탄소강
③ 알루미늄
④ 보통주철

풀이 • 고탄소강: 탄소 함유량이 0.5~1.7%가 포함된 탄소강을 고탄소강이라 하며 담금질이 가능하며 경화성이 높아 목공구, 수공구, 절삭공구, 게이지 등 각종 공구 및 하중을 많이 받는 축 등에 사용된다.

답 66 ④ 67 ① 68 ④ 69 ② 70 ②

71 전기 모터나 내연 기관 등의 원동기로부터 공급받은 동력을 기계적 유압 에너지로 변환시켜 작동 매체인 작동유(압축유)를 통하여 유압 계통에 에너지를 가해주는 기기는?

① 유압 모터
② 유압 밸브
③ 유압 펌프
④ 유압 실린더

풀이 • 유압 펌프: 펌프는 원동기에서 기계적 동력을 받아 유체 동력으로 변환해 유압 시스템에 에너지를 공급하는 역할을 한다.

72 다음 중 압력 단위 환산이 잘못된 것은?

① 1bar = 9.80665Pa
② 1mm H_2O = 9.80665Pa
③ 1atm = 1.01325 × 10^5 Pa
④ 1Pa = 1.01972 × 10^{-5} kg_f/cm^2

풀이 • 1bar = 0.1MPa

73 유압유를 이용하여 진동을 흡수하거나 충격을 완화시키는 기기는?

① 유체 클러치(fluid clutch)
② 유체 커플링(fluid coupling)
③ 쇼크 업소버(shock absorber)
④ 토크 컨버터(torque converter)

풀이 • 쇼크 업소버(shock absorber): 쇼크 업소버는 진동을 흡수하거나 충격을 완화시키는 기기이다.

74 기름의 압축률이 6.8×10^{-5} cm^2/kg_f일 때 압력을 0에서 100kg_f/cm^2까지 압축하면 체적은 몇 % 감소하는가?

① 0.48%
② 0.68%
③ 0.89%
④ 1.46%

풀이 • 체적 변화율
$\Delta V = -$ 압축률 $\times \Delta P \times V = -0.0068V$

75 작동유가 갖고 있는 에너지를 잠시 저축했다가 이것을 이용하여 완충 작용도 할 수 있는 부품은?

① 축압기
② 제어 밸브
③ 스테이너
④ 유체 커플링

풀이 • 축압기(accumulator): 에너지를 저장하고 정전이 되면 비상 압력과 유량 공급원으로 사용할 수 있다.

76 유압 기기의 통로(또는 관로)에서 탱크(또는 매니폴드 등)로 돌아오는 액체 또는 액체가 돌아오는 현상을 나타내는 용어는?

① 누설
② 드레인(drain)
③ 컷 오프(cut off)
④ 인터플로(interflow)

풀이 • 드레인(drain): 기기의 통로나 관로에서 탱크나 매니폴드 등으로 돌아오는 액체 또는 액체가 돌아오는 현상

77 다음 기호 중 유량계를 표시하는 것은?

①
②
③
④

풀이 • 유량계 도면 기호

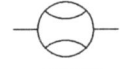
▲ 유량계

답 71 ③ 72 ① 73 ③ 74 ② 75 ① 76 ② 77 ②

78 유압 회로에서 정규 조작 방법에 우선하여 조작할 수 있는 대체 조작 수단으로 정의되는 에너지 제어·조작 방식 일반에 관한 용어는?

① 직접 파일럿 조작　② 솔레노이드 조작
③ 간접 파일럿 조작　④ 오버라이드 조작

풀이 • 오버라이드 조작(override control) : 유압 시스템에서 정규 조작 방법에 우선해서 조작할 수 있는 대체 조작 수단

79 오일 탱크의 구비 조건에 관한 설명으로 옳지 않은 것은?

① 오일 탱크의 바닥면은 바닥에서 일정 간격이상을 유지하는 것이 바람직하다.
② 오일 탱크는 스트레이너의 삽입이나 분리를 용이하게 할 수 있는 출입구를 만든다.
③ 오일 탱크 내에 방해판은 오일의 순환 거리를 짧게 하고 기포의 방출이나 오일의 냉각을 보존한다.
④ 오일 탱크의 용량은 장치의 운전 중지 중 장치 내의 작동유가 복귀하여도 지장이 없을 만큼의 크기를 가져야 한다.

풀이 방해판은 기름의 순환 거리를 길게 한다.

80 구조가 가장 간단하며 값이 싸고 유압유에 섞인 이물질에 의한 고장 발생이 적고 가혹한 조건에 잘 견디는 유압 모터로 가장 적합한 것은?

① 기어 모터
② 볼 피스톤 모터
③ 액시얼 피스톤 모터
④ 레이디얼 피스톤 모터

풀이 • 기어 모터 : 효율이 좋지 않으나 오염에 따른 고장 발생이 적다.

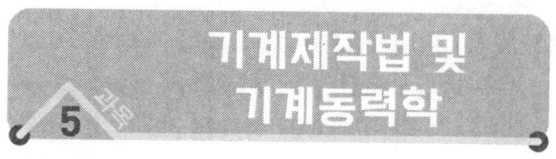

5과목 기계제작법 및 기계동력학

81 상온에서 가공할 수 없는 내열합금이나 담금질강과 같은 강한 재질의 고온가공(Hot Machining) 특징이 아닌 것은?

① 소비 동력이 감소한다.
② 공구 수명이 연장된다.
③ 공작물의 피삭성이 증가한다.
④ 빌트 업 에지가 발생하여 가공면이 나쁘게 된다.

풀이 • 열간 가공(hot working, 고온 가공)
㉠ 재결정 온도 이상의 온도에서 하는 가공
㉡ 가열 때문에 산화되기 쉬워 정밀 가공이 어렵다.
㉢ 강괴의 기공이 압착된다.
㉣ 가공도가 크므로 거친 가공에 적합하다.(공작물의 피삭성이 증가 한다.)
㉤ 재질의 균일화가 이루어진다.
㉥ 작은 동력으로 커다란 변형을 줄 수 있다.
㉦ 공구 수명이 연장된다.

82 서보 제어 방식 중 아래 그림과 같이 모터에 내장된 펄스 제너레이터에서 속도를 검출하고, 엔코더에서 위치를 검출하여 피드백하는 제어 방식은?

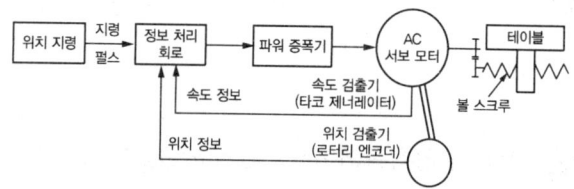

① 개방 회로 방식　② 복합 회로 방식
③ 폐쇄 회로 방식　④ 반 폐쇄 회로 방식

풀이 • 반 폐쇄 회로 방식(Semi-Closed Loop System) : 모터에 내장된 펄스(타코) 제너레이터에서 속도를 검출하고

답 78 ④　79 ③　80 ①　81 ④　82 ④

엔코더에서 위치를 검출하여 피드백하는 제어 방식으로 NC에서 가장 많이 사용된다.

83 절삭유제를 사용하는 목적이 아닌 것은?
① 공작물과 공구의 냉각
② 공구 윗면과 칩 사이의 마찰계수 증대
③ 능률적인 칩 제거
④ 절삭열에 의한 정밀도 저하 방지

풀이 • 절삭유의 사용 목적
마찰 감소, 절삭 온도 강하, 칩 제거 등을 원활하게 하여 구성 인선을 방지하고 공구 수명을 연장하여 궁극적으로는 가공면의 조도를 향상시키기 위하여 사용한다.
㉠ 냉각 작용: 공작물과 공구의 온도 상승을 방지하여 공구 수명을 연장시키고 절삭열에 의한 변질 및 정밀도 저하를 방지한다.
㉡ 윤활 작용: 마찰을 감소시켜 가공면을 매끄럽게 하고, 절삭 효율을 향상시킨다.
㉢ 세정 작용: 절삭 칩 배출이 용이하며 팁 융착을 방지한다.

84 삼침법으로 나사를 측정할 때 유효 지름(mm)은 약 얼마인가?
① 35.33   ② 35.45
③ 35.65   ④ 35.76

85 보석, 유리, 자기 등을 정밀 가공하는 데 가장 적합한 가공방법은?
① 전해연삭   ② 방전가공
③ 전해연마   ④ 초음파가공

풀이 • 초음파가공: 공구의 진동면과 가공물 사이에 물이나 경유 등을 연삭입자를 혼합한 가공액을 넣고 초음파 진동을 주어 가공물을 가공하는 가공법으로 텅스텐, 초경합금, 열처리 강 및 수정, 루비, 다이아몬드 등의 보석류 그리고 공작 기계로 가공이 곤란한 유리, 자기제품 등을 가공하는 데 유용한 특수 가공이다.

86 용접봉의 기호 중 E4324에서 세 번째 숫자 2의 표시는 용접 자세를 나타낸다. 어떠한 자세인가?
① 전 자세
② 아래 보기 자세
③ 전 자세 또는 특정 자세
④ 아래 보기와 수평 필릿 자세

풀이   E   43   △   □
㉠ E : 피복 아크 용접봉(electric arc welding)
㉡ 43: 용착 금속의 최저 인장강도(kgf/mm^2)
㉢ △: 용접 자세 (0, 1: 전 자세, 2: 아래 보기와 수평 필릿 자세, 3: 아래 보기 자세, 4: 전 자세 또는 특정 자세)

87 주물의 후처리 작업이 아닌 것은?
① 주물 표면을 깨끗이 청소한다.
② 쇳물아궁이와 라이저를 절단한다.
③ 주형의 각부로부터 가스 빼기를 한다.
④ 주입 금속이 응고되면 주형을 해체한다.

풀이 가스 빼기(Venting)는 주형 내의 공기 및 가스나 수증기의 배출을 위하여 설치된 중공 파이프 주물 제작 과정에 필요한 조치이다.

88 곧은 날을 갖는 직선 절단기에서 전단각에 관한 설명으로 틀린 것은?
① 전단각이란 아랫날에 대한 윗날의 기울기 각도이다.
② 전단각이 크면 절단된 판재의 끝면이 고르지 못하다.
③ 전단각은 일반적으로 박판에는 크게, 후판에는 작게 한다.
④ 절단 날에 전단각을 두는 것은 절단할 때, 충격을 감소시키고 절단 소요력을 감소시키기 위한 것이다.

답 83 ② 84 ② 85 ④ 86 ④ 87 ③ 88 ③

89 프레스 가공에서 전단 가공에 해당하는 것은?
① 펀칭   ② 비딩
③ 시밍   ④ 업세팅

 • 프레스 가공의 분류
㉠ 전단 가공(shearing operation): 펀칭(punching), 블랭킹(blanking), 전단(shearing), 분단(parting), 노칭(notching), 트리밍(trimming), 셰이빙(shaving),
㉡ 성형 가공(forming operation): 굽힘(bending), 인장(stretching), 비딩(beading), 딥 드로잉(deep drawing), 스피닝(spinning), 시이밍(seaming), 컬링(curling), 마폼(marforming), 하이드로폼(hydroforming)법, 벌징(bulging)
㉢ 압축 가공(squeezing operation): 코이닝(coining, 압인), 엠보싱(embossing), 스웨이징(swaging), 버니싱(burnishing)

90 두께 50mm의 연강판을 압연 롤러를 통과시켜 40mm가 되었을 때 압하율(%)은?
① 10   ② 15
③ 20   ④ 25

 ① 압하율 $= \dfrac{H_0 - H_1}{H_0} \times 100\%$

$= \dfrac{50 - 40}{50} \times 100 = 20\%$

여기서, 압연 전의 두께는 H_0
압연 후의 두께는 H_1

91 강체의 평면 운동에 대한 다음 설명 중 옳지 않은 것은?
① 평면 운동은 병진과 회전으로 구분할 수 있다.
② 평면 운동은 순간 중심점에 대한 회전으로 생각할 수 있다.
③ 순간 중심점은 위치가 고정된 점이다.
④ 곡선 경로를 움직이더라도 병진 운동이 가능하다.

• 순간 중심(Instantaneous Center): 어떤 순간에 속도가 0(영)이 되는 점

92 질량 30kg의 물체를 담은 두레박 B가 레일을 따라 이동하는 크레인 A에 수직으로 매달려 이동하고 있다. 매단 줄의 길이는 6m이다. 일정한 속도로 이동하던 크레인이 갑자기 정지하자, 두레박 B가 수평으로 3m까지 흔들렸다. 크레인 A의 이동 속력은 몇 m/s인가?

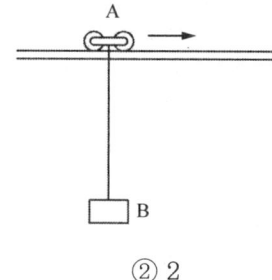

① 1   ② 2
③ 3   ④ 4

 • 하단점에서부터 올라간 높이
$h = l - H = 0.804$m
여기서, $l = 6$m, $H = 5.196$m
• B점의 속도 = A의 속도
$\dfrac{1}{2} m V_B^2 + 0 = 0 + mgh$
$V_B = V_A = \sqrt{2gh} = 3.9697$m/s

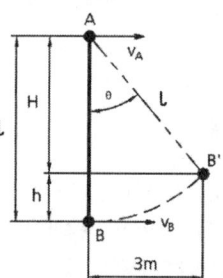

답 89 ① 90 ③ 91 ③ 92 ④

93 계의 등가 스프링 상수 값은 어떤 것인가?

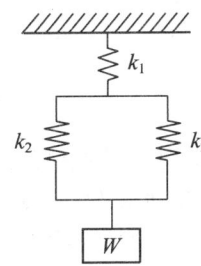

① $\dfrac{2k_1k_2}{k_1+2k_2}$ ② $\dfrac{2k_1k_2}{2k_1+k_2}$

③ $\dfrac{k_1+2k_2}{2k_1k_2}$ ④ $\dfrac{k_1k_2}{2k_1+k_2}$

풀이
- 병렬연결 등가 스프링 상수($k_{2,eq}$)
$k_{2,eq}=k_2+k_2=2k_2$
- $k_{2,eq}$와 k_1은 직렬연결, 등가 스프링 상수(k_{eq})
$\dfrac{1}{k_{eq}}=\dfrac{k_1+2k_2}{2\times k_1\cdot k_2}$
- 등가 스프링 상수(k_{eq})
$k_{eq}=\dfrac{2k_1\cdot k_2}{k_1+2k_2}$

94 스프링으로 지지되어 있는 질량의 정적 처짐이 0.05cm일 때 스프링의 고유 진동수는 얼마인가?

① 22.3Hz ② 223Hz
③ 310Hz ④ 3100Hz

풀이
- 고유 각 진동수와 고유 진동수
$\omega_n=\sqrt{\dfrac{g}{\delta_{st}}}=140\text{rad/s}, \ f_n=22.3\text{Hz}$

95 총포류의 반동을 감소시키는 제동장치는 피스톤과 포신의 이동속도(v)에 비례하여 감속하게 된다. 즉, 가속도 $a=-kv$의 관계로 나타날 때 속도 v를 시간 t에 대한 함수로 나타내는 수식은?(단, 초기 속도는 v_0, 초기 위치는 0이라고 가정한다.)

① $v=v_0t$
② $v=v_0e^{-kt}$
③ $v=v_0-kt$
④ $v=v_0(1-e^{-kt})$

풀이
- 조건에서 주어진 가속도
$a=\dfrac{dv}{dt}=-kv$
$\ln\dfrac{v}{v_0}=-kt$
- 속도 v를 시간 t에 대한 함수로 나타낸 식
$v=v_0e^{-kt}$

96 각각 중량이 10kN인 객차 10량이 2m/s²의 가속도로 직선 주로를 달리고 있을 때, 5번째와 6번째 차량 사이의 연결부에 작용하는 힘은?

① 8.2kN ② 9.2kN
③ 10.2kN ④ 11.2kN

풀이
- 객차 한 량의 질량
$m=\dfrac{W}{g}=1020.4\text{kg}$
- 5번째와 6번째 연결부에 작용하는 힘
$F=5m\times a=10.2\text{kN}$
여기서, $a=2\text{m/s}^2$

97 계의 고유 진동수에 영향을 미치지 않는 것은?

① 진동 물체의 질량
② 계의 스프링 계수
③ 계의 초기 조건
④ 계를 형성하는 재료의 탄성계수

답 93 ① 94 ① 95 ② 96 ③ 97 ③

• 고유 각 진동수

$$\omega_n = \sqrt{\dfrac{k}{m}}$$

98 1자유도 시스템 A, B의 전달률을 나타낸 그래프에서 두 시스템의 감쇠비 ζ의 관계로 옳은 것은?

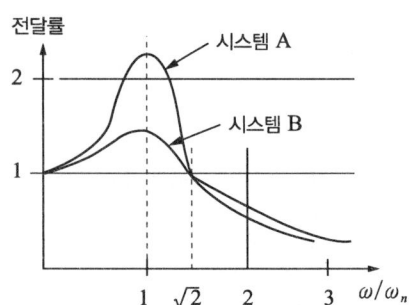

① $\zeta_A < \zeta_B$ ② $\zeta_B < \zeta_A$
③ $\zeta_A = \zeta_B$ ④ $|\zeta_A| = |\zeta_B|$

 진동수비가 $\sqrt{2}$ 이상인 곳은 절연 영역, $\sqrt{2}$ 이하인 곳은 확대 영역이며, 기초에 전달되는 전달률은 감쇠비가 클수록 작아진다.

99 길이 l, 질량 m인 균일한 막대가 ω의 각속도로 회전하고 있다. 막대의 운동 에너지는 얼마인가

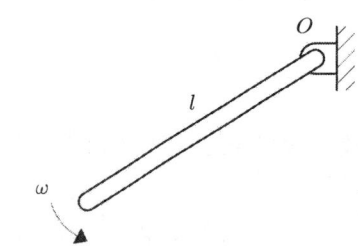

① $\dfrac{1}{3}ml^2\omega^2$ ② $\dfrac{1}{6}ml^2\omega^2$
③ $\dfrac{1}{12}ml^2\omega^2$ ④ $\dfrac{1}{24}ml^2\omega^2$

 • O축에 대한 회전운동 에너지

회전운동 에너지 $= \dfrac{1}{2}I_O \cdot \omega^2 = \dfrac{1}{6}ml^2\omega^2$

100 20m/s의 같은 속력으로 달리던 자동차 A, B가 교차로에서 직각으로 충돌하였다. 충돌 직후 자동차 A의 속력은 몇 m/s인가?(단, 자동차 A, B의 질량은 동일하며 반발계수 $e = 0.7$, 마찰은 무시한다.)

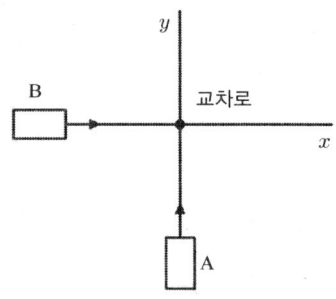

① 17.3 ② 18.7
③ 19.2 ④ 20.4

 • x 방향에 대한 운동량 보존 법칙
$(v_B)_x + (v_A)_x = (v_B')_x + (v_A')_x = 20 + 0$
• 반발계수(e)
$e = \dfrac{(v_B')_x - (v_A')_x}{(v_A)_x - (v_B)_x} = \dfrac{(v_B')_x - (v_A')_x}{0 - 20} = 0.7$
두 식을 연립하면,
$(v_A')_x = 17 \text{m/s}$
• y 방향에 대한 운동량 보존 법칙
$(v_B)_y + (v_A)_y = (v_B')_y + (v_A')_y = 0 + 20$
• 반발계수(e)
$e = \dfrac{(v_B')_y - (v_A')_y}{(v_A)_y - (v_B)_y} = \dfrac{(v_B')_y - (v_A')_y}{20 - 0} = 0.7$
두 식을 연립하면,
$(v_A')_y = 3 \text{m/s}$
• 충돌 직후 자동차 A의 속도의 크기
$|\vec{v}'_A| = 17.3 \text{m/s}$

답 98 ① 99 ② 100 ①

2·0·1·5

기출 문제

일·반·기·계·기·사·8·개·년·과·년·도

2015년 1회 일반기계기사 기출문제
2015년 2회 일반기계기사 기출문제
2015년 4회 일반기계기사 기출문제

2015년 1회 일반기계기사 기출문제

1 재료역학

1 균일 분포하중(q)을 받는 보가 그림과 같이 지지되어 있을 때, 전단력 선도는?(단, A 지점은 핀, B 지점은 롤러로 지지되어 있다.)

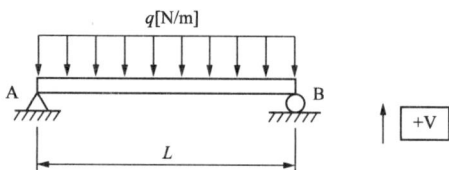

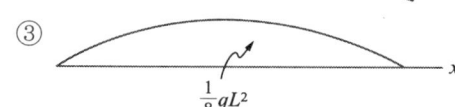

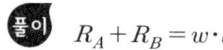

풀이 $R_A + R_B = w \cdot l$

$\Sigma M_B = 0 = R_A l - wl \dfrac{l}{2} \Rightarrow R_A = \dfrac{wl}{2}, \ R_B = \dfrac{wl}{2}$

• S.F.D

$F_x = R_A - w \cdot x = \dfrac{w \cdot l}{2} - w \cdot x$,

$F_{x=0} = \dfrac{w \cdot l}{2}, \ F_{x=l} = -\dfrac{w \cdot l}{2}$

전단력이 0이 되는 지점은 $x = \dfrac{l}{2}$

2 높이 h, 폭 b인 직사각형 단면을 가진 보 A와 높이 b, h인 직사각형 단면을 가진 보 B의 단면 2차 모멘트의 비는?(단, $h = 1.5b$)

① 1.5:1 ② 2.25:1
③ 3.375:1 ④ 5.06:1

풀이 $I_A : I_B = \dfrac{bh^3}{12} : \dfrac{hb^3}{12}$

$\qquad = h^2 : b^2 = (1.5b)^2 : b^2 = 2.25 : 1$

3 안지름 1m, 두께 5mm의 구형 압력 용기에 길이 15mm 스트레인 게이지를 그림과 같이 부착하고, 압력을 가하였더니 게이지의 길이가 0.009mm 만큼 증가했을 때, 내압 p의 값은?(단, E = 200GPa, ν = 0.3)

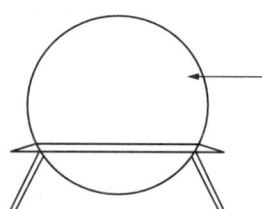

① 3.43MPa ② 6.43MPa
③ 13.4MPa ④ 16.4MPa

풀이 $\sigma = \dfrac{q_a d}{4t} = \dfrac{q_q r}{2t}$

후크의 법칙에서 $\epsilon = \dfrac{\sigma}{E}(1-\mu) = \dfrac{q_a r}{2Et}(1-\mu)$이므로

$\epsilon = \dfrac{\triangle l}{l} = \dfrac{q_a r}{2Et}(1-\mu)$에서 $q_a = \dfrac{2Et\triangle l}{lr(1-\mu)}$이다.

$q_a = \dfrac{2Et\Delta l}{lr(1-\mu)}$

답 1 ② 2 ② 3 ①

$$= \frac{2 \times (200 \times 10^9) \times (5 \times 10^{-3}) \times (0.009 \times 10^{-3})}{(15 \times 10^{-3}) \times 0.5 \times 0.7}$$

$$\fallingdotseq 3.43 \text{MPa}$$

4 비틀림 모멘트를 T, 극관성 모멘트를 I_p, 축의 길이를 L, 전단탄성계수를 G라 할 때, 단위 길이당 비틀림 각은?

① $\dfrac{TG}{I_P}$ ② $\dfrac{T}{GI_P}$

③ $\dfrac{L^2}{I_P}$ ④ $\dfrac{T}{I_P}$

풀이 $T = \tau \cdot Z_P = \tau \dfrac{\pi d^3}{16} = G\gamma \dfrac{\pi d^3}{16} = G \dfrac{r\phi}{l} \dfrac{\pi d^3}{16}$

$\phi = \dfrac{T \cdot l}{G \cdot I_P} = \dfrac{32 T \cdot l}{G \cdot \pi \cdot d^4}$ [rad]

$\dfrac{\phi}{l} = \dfrac{T}{G \cdot I_P}$

5 그림과 같이 자유단에 $M = 40 \text{N} \cdot \text{m}$의 모멘트를 받는 외팔보의 최대 처짐량은?(단, 탄성계수는 $E = 200 \text{GPa}$, 단면 2차 모멘트 $I = 50 \text{cm}^4$)

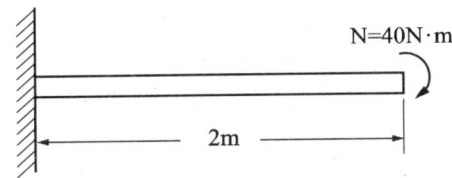

① 0.08cm ② 0.16cm
③ 8.00cm ④ 10.67cm

풀이 $\delta_{max} = \dfrac{Ml^2}{2EI}$

$= \dfrac{40 \times 2^2}{2 \times (200 \times 10^9) \times (50 \times 10^{-8})}$

$\fallingdotseq 0.0008 \text{m}$

6 그림과 같은 보에서 발생하는 최대 굽힘 모멘트는?

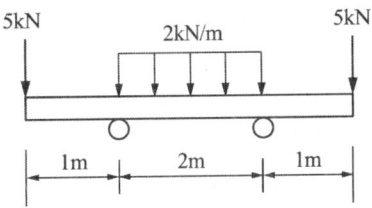

① 2kN·m ② 5kN·m
③ 7kN·m ④ 10kN·m

풀이 좌우 대칭이고 전체 하중은 5kN + 4kN + 5kN이므로 반력은 각각 7kN이다. 그리고 중앙에서 최대 모멘트가 일어나므로

$M_{중앙} = -5\text{k} \times 2\text{m} + 7\text{k} \times 1\text{m} - 2\text{k} \times 1 \times 0.5\text{m} = -4\text{km}$

$M_{지점} = -5\text{k} \times 1 = -5\text{km}$

7 그림과 같이 전 길이에 걸쳐 균일 분포하중 ω를 받는 보에서 최대 처짐 δ_{max}를 나타내는 식은?(단, 보의 굽힘강성 EI는 일정하다.)

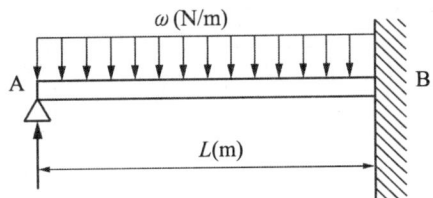

① $\dfrac{\omega L^4}{64EI}$ ② $\dfrac{\omega L^4}{128.5EI}$

③ $\dfrac{\omega L^4}{184.6EI}$ ④ $\dfrac{\omega L^4}{192EI}$

풀이 $R_B = \dfrac{3}{8} w \cdot L$, $M_A = \dfrac{1}{8} w \cdot L^2$

변곡점 : $F_x = R_B - w \cdot x = 0$, $x = \dfrac{3}{8} L$

$\delta_{max} = \dfrac{wL^4}{184.6} = \dfrac{0.00541 w \cdot L^4}{EI}$

답 4② 5① 6② 7③

8 2축 응력에 대한 모어(Mohr)원의 설명으로 틀린 것은?

① 원의 중심은 원점의 상하 어디라도 놓일 수 있다.
② 원의 중심은 원점 좌우의 응력 축상의 어디라도 놓일 수 있다.
③ 이 원에서 임의의 경사면상의 응력에 관한 가능한 모든 지식을 얻을 수 있다.
④ 공핵응력 σ_n과 σ_n'의 합은 주어진 두 응력의 합 σ_x과 σ_y와 같다.

풀이 원의 중심은 원점 좌우 응력 축상 어디라도 놓일 수 있다.

9 안지름이 80mm, 바깥지름이 90mm이고 길이가 3m인 좌굴 하중을 받는 파이프 압축부재의 세장비는 얼마 정도인가?

① 100 ② 103
③ 110 ④ 113

풀이 원형이므로

$$r = \sqrt{\frac{I}{A}} = \sqrt{\frac{\frac{\pi(d_2^4 - d_1^4)}{64}}{\frac{\pi(d_2^2 - d_1^2)}{4}}} = \sqrt{\frac{(d_2^2 - d_1^2)(d_2^2 + d_1^2)}{16(d_2^2 - d_1^2)}}$$

$$= \frac{1}{4}\sqrt{(d_2^2 + d_1^2)}$$

$$= \frac{1}{4}\sqrt{(0.09^2 + 0.08^2)} \approx 0.030,\ 세장비는$$

$$\lambda = \frac{L}{r} = \frac{3}{0.03} = 100$$

10 주철제 환봉이 축 방향 압축응력 40MPa과 모든 반경 방향으로 압축응력 10MPa를 받는다. 탄성계수 E=100GPa, 포아송비 v=0.25, 환봉의 직경 d=120mm, 길이 L=200mm일 때, 실린더 체적의 변화량 ΔV는 몇 mm³인가?

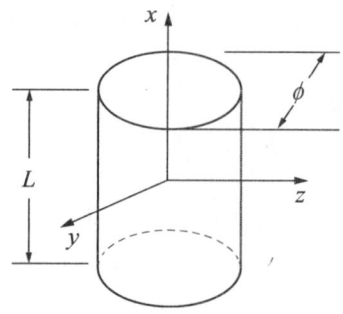

① −121 ② −254
③ −428 ④ −679

풀이 $\epsilon_V = \dfrac{\Delta V}{V} = \dfrac{\sigma_x + \sigma_y + \sigma_z}{E}(1-2\mu)$ 에서

$$\Delta V = V \times \frac{\sigma_x + \sigma_y + \sigma_z}{E}(1-2\mu)$$

$$= \left(\frac{\pi \times 0.12^2}{4} \times 0.2\right) \times \frac{-(40+10+10) \times 10^6}{100 \times 10^9} \times (1-0.5)$$

$$\approx -6.79 \times 10^{-7}\,\mathrm{m}^3$$

11 최대 굽힘 모멘트 8kN·m를 받는 원형 단면의 굽힘응력을 60MPa로 하려면 지름을 약 몇 cm로 해야 하는가?

① 1.11 ② 11.1
③ 3.01 ④ 30.1

풀이 $M = \sigma S = \sigma \dfrac{\pi d^3}{32},\ d^3 = \dfrac{32M}{\sigma\pi}$,

$$d = \sqrt[3]{\frac{32M}{\sigma\pi}} = \sqrt[3]{\frac{32 \times 8000}{(60 \times 10^6)\pi}} \approx 0.1107\,\mathrm{m}$$

12 지름 10mm 스프링강으로 만든 코일 스프링에 2kN의 하중을 작용시켜 전단응력이 250MPa을 초과하지 않도록 하려면 코일의 지름을 어느 정도로 하면 되는가?

① 4cm ② 5cm
③ 6cm ④ 7cm

풀이 $T = \tau\dfrac{\pi d^3}{16}$ 에서

$\tau \geq \dfrac{16T}{\pi d^3} = \dfrac{16}{\pi d^3} \times (P\dfrac{D}{2}) = \dfrac{8PD}{\pi d^3}$, $D \leq \dfrac{\tau \times \pi d^3}{8P}$ 에서

$D \leq \dfrac{(250 \times 10^6) \times (\pi \times 0.01^3)}{8 \times 2000} \fallingdotseq 0.049\text{m}$

$D \leq 4.9\text{cm}$

$\tau(250\text{MPa}) \geq \dfrac{8PD}{\pi d^3} = \dfrac{8 \times 2000 \times 0.04}{\pi \times 0.01^3} \fallingdotseq 2037\text{MPa}$

$\tau(250\text{MPa}) \geq \dfrac{8PD}{\pi d^3} = \dfrac{8 \times 2000 \times 0.05}{\pi \times 0.01^3} \fallingdotseq 254.6\text{MPa}$ (부적격)

따라서 답은 4cm

13 다음 그림 중 봉 속에 저장된 탄성 에너지가 가장 큰 것은?(단, $E = 2E_1$ 이다.)

①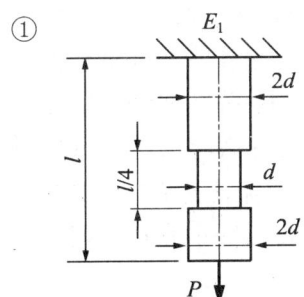

②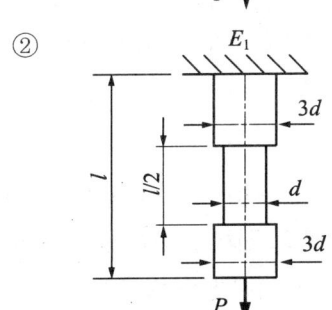

③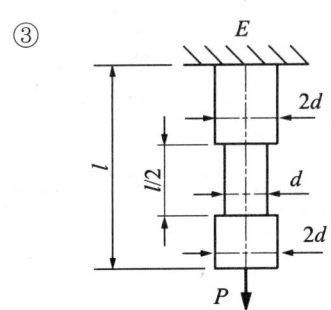

④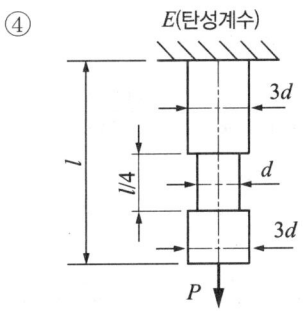

풀이 $U = \dfrac{1}{2}P\delta = \dfrac{1}{2}P \cdot \dfrac{Pl}{AE} = \dfrac{P^2 l}{2AE}$

14 지름이 25mm이고 길이가 6m인 강봉의 양쪽 단에 100kN의 인장력이 작용하여 6mm가 늘어났다. 이때의 응력과 변형률은?(단, 재료는 선형 탄성 거동을 한다.)

① 203.7MPa, 0.01
② 203.7kPa, 0.01
③ 203.7MPa, 0.001
④ 203.7kPa, 0.001

풀이 $\sigma = \dfrac{P}{A} = \dfrac{100 \times 10^3}{\dfrac{\pi \times 0.025^2}{4}} \fallingdotseq 203.7\text{MPa}$

$\epsilon = \dfrac{\Delta l}{l} = \dfrac{6 \times 10^{-3}}{6} = 0.001$

15 그림과 같은 트러스에서 부재 AB가 받고 있는 힘의 크기는 약 몇 N 정도인가?

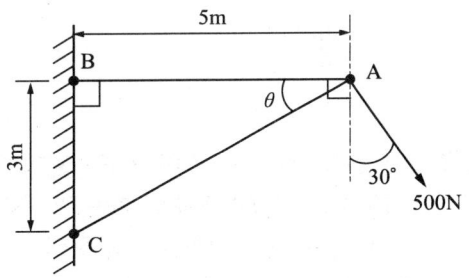

① 781
② 894
③ 972
④ 1081

풀이 $\tan\theta = \dfrac{3}{5}$, $\theta = 30.96°$

$\dfrac{P_{AB}}{\sin(180-90-30.96+30)} = \dfrac{500}{\sin 30.96}$

$P_{AB} \fallingdotseq 972\text{N}$

16 그림과 같이 두께가 20mm, 외경이 200mm인 원관을 고정벽으로부터 수평으로 4m만큼 돌출시켜 물을 방출한다. 원관 내에 물이 가득차서 방출될 때 자유단의 처짐은 몇 mm인가?(단, 원관 재료의 탄성계수 $E = 200\text{GPa}$, 비중은 7.8이고 물의 밀도는 1000kg/m^3이다.)

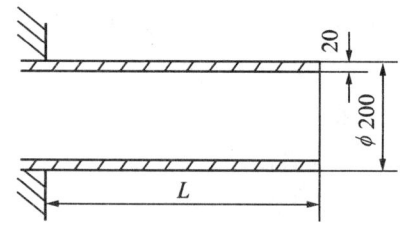

① 9.66 ② 7.66
③ 5.66 ④ 3.66

풀이 $w = (7.8 \times 9.8 \times 1000) \times \dfrac{\pi(0.2^2 - 0.16^2)}{4} \dfrac{1}{m^2} +$

$(9.8 \times 1000) \times \dfrac{\pi \times 0.16^2}{4} \fallingdotseq 1061.56\text{N/m}$

$v_{\max} = \dfrac{wl^4}{8EI} = \dfrac{1061.56 \times 4^4}{8 \times (200 \times 10^9) \times \dfrac{\pi \times (0.2^4 - 0.16^4)}{64}}$

$\fallingdotseq 3.66 \times 10^{-3}\text{m}$

17 포아송의 비 0.3, 길이 3m인 원형 단면의 막대에 축 방향의 하중이 가해진다. 이 막대의 표면에 원주 방향으로 부착된 스트레인 게이지가 -1.5×10^{-4}의 변형률을 나타낼 때, 이 막대의 길이 변화로 옳은 것은?

① 0.135mm 압축
② 0.135mm 인장
③ 1.5mm 압축
④ 1.5mm 인장

풀이 원주 방향의 변형률 $\epsilon' = -1.5 \times 10^{-4}$의 부호가 -이므로 인장하중이 작용된 것이다.

$\mu = \left|\dfrac{\text{가로변형률}}{\text{세로변형률}}\right| = \left|\dfrac{\epsilon'}{\epsilon}\right|$, $\epsilon' = 1.5 \times 10^{-4} = \mu\epsilon$

$\epsilon = \left|\dfrac{1.5 \times 10^{-4}}{0.3}\right| \fallingdotseq 5 \times 10^{-4} = \dfrac{\Delta l}{3}$,

$\Delta l = 1.5 \times 10^{-3}\text{m}$ 인장

18 탄성(Elasticity)에 대한 설명으로 옳은 것은?
① 물체의 변형률을 표시하는 것
② 물체에 작용하는 외력의 크기
③ 물체에 영구 변형을 일어나게 하는 성질
④ 물체에 가해진 외력이 제거되는 동시에 원형으로 되돌아가려는 성질

풀이 • 탄성: 강체는 탄성 범위 내에서 물체에 외력을 가하면 변형이 일어나고 외력을 제거하면 원래의 상태로 돌아가는 성질

19 직경이 d이고 길이가 L인 균일한 단면을 가진 직선 축이 전체 길이에 걸쳐 토크 t_0가 작용할 때, 최대 전단응력은?

① $\dfrac{2t_0 L}{\pi d^3}$ ② $\dfrac{4t_0 L}{\pi d^3}$

③ $\dfrac{16t_0 L}{\pi d^3}$ ④ $\dfrac{32t_0 L}{\pi d^3}$

풀이 $T = \tau\dfrac{\pi d^3}{16}$에서 $T = t_0 L = \tau\dfrac{\pi d^3}{16}$, $\tau = \dfrac{16t_0 L}{\pi d^3}$

답 16 ④ 17 ④ 18 ④ 19 ③

20 길이가 L인 균일 단면, 막대기에 굽힘 모멘트 M이 그림과 같이 작용하고 있을 때, 막대에 저장된 탄성 변형 에너지는?(단, 막대기의 굽힘강성 EI는 일정하고, 단면적은 A이다.)

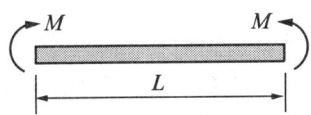

① $\dfrac{M^2 L}{3AE}$ ② $\dfrac{L^3}{4EI}$

③ $\dfrac{M^2 L}{2AE}$ ④ $\dfrac{M^2 L}{2EI}$

풀이 $\dfrac{1}{\rho} = \dfrac{d\theta}{dx} = \dfrac{M}{EI}$ 에서 $d\theta = \dfrac{M}{EI} dx$

$U = \int \dfrac{M}{2} d\theta = \int_0^l \dfrac{M^2}{2EI} dx = \dfrac{M^2 \cdot l}{2EI}$

2과목 기계열역학

21 냉동 효과가 70kW인 카르노 냉동기의 방열기 온도가 20℃, 흡열기 온도가 -10℃이다. 이 냉동기를 운전하는 데 필요한 이론 동력(일률)은?

① 약 6.02kW ② 약 6.98kW
③ 약 7.98kW ④ 약 8.99kW

풀이 • 이 냉동기를 운전하는 데 필요한 이론 동력

$\dot{W} = \dfrac{\dot{Q}_L}{COP} = 7.98\text{kW}$

여기서, $COP = 8.77$

22 저온 열원의 온도가 T_L, 고온 열원의 온도가 T_H인 두 열원 사이에서 작동하는 이상적인 냉동 사이클의 성능계수를 향상시키는 방법으로 옳은 것은?

① T_L을 올리고 $(T_H - T_L)$을 올린다.
② T_L을 올리고 $(T_H - T_L)$을 줄인다.
③ T_L을 내리고 $(T_H - T_L)$을 올린다.
④ T_L을 내리고 $(T_H - T_L)$을 줄인다.

풀이 • 냉동기 성능계수

$COP = \dfrac{T_L}{T_H - T_L}$

냉동 사이클의 성능계수를 향상시키기 위해서는 저온 열원의 온도(T_L)를 올리고, 고온 열원의 온도(T_H)와 저온 열원의 온도(T_L) 차($T_H - T_L$)를 줄인다.

23 대기압하에서 물의 어는점과 끓는점 사이에서 작동하는 카르노 사이클(Carnot Cycle) 열기관의 열효율은 약 몇 %인가?

① 2.7 ② 10.5
③ 13.2 ④ 26.8

풀이 • 카르노 사이클 열효율

$\eta_{carnot} = 1 - \dfrac{T_L}{T_H} = 0.268$

24 과열기가 있는 랭킨 사이클에 이상적인 재열 사이클을 적용할 경우에 대한 설명으로 틀린 것은?

① 이상 재열 사이클의 열효율이 더 높다.
② 이상 재열 사이클의 경우 터빈 출구 건도가 증가한다.
③ 이상 재열 사이클의 기기 비용이 더 많이 요구된다.
④ 이상 재열 사이클의 경우 터빈 입구 온도를 더 높일 수 있다.

재열 사이클은 터빈의 저압 출구에서 습분이 많아지지 않도록 건도를 증가시킨 사이클로 압력을 증가시켜 효율을 높인 사이클이다.

25 20℃ 공기(기체 상수 $R=0.287kJ/kg·K$, 정압 비열 $C_P=1.004kJ/kg·K$) 3kg이 압력 0.1MPa에서 등압 팽창하여 부피가 두 배로 되었다. 이 과정에서 공급된 열량은 대략 얼마인가?

① 약 252kJ ② 약 883kJ
③ 약 441kJ ④ 약 1765kJ

 • 공급된 열량
$_1Q_2 = mC_P(T_2-T_1) = mC_PT_1 = 882.5kJ$
여기서, $T_2 = 2T_1$ ← (정압, $v_2 = 2v_1$)

26 단열된 용기 안에 두 개의 구리 블록이 있다. 블록 A는 10kg, 온도 300K이고, 블록 B는 10kg, 900K이다. 구리의 비열은 0.4kJ/kg·K일 때, 두 블록을 접촉시켜 열교환이 가능하게 하고 장시간 놓아 두어 최종 상태에서 두 구리 블록의 온도가 같아졌다. 이 과정 동안 시스템의 엔트로피 증가량(kJ/K)은?

① 1.15 ② 2.04
③ 2.77 ④ 4.82

 • 결합 후 최종 온도(T_2)
$T_2 = \dfrac{T_{A1}+T_{B1}}{2} = 600K$
여기서, $T_{A1}=300K$, $T_{B1}=900K$
• 전체 시스템의 단위 질량당 엔트로피 변화량
$s_2-s_1 = (s_2-s_1)_A + (s_2-s_1)_B$
$= C\ln\left(\dfrac{T_2}{T_1}\right)_A + C\ln\left(\dfrac{T_2}{T_1}\right)_B$
$= 0.115kJ/kg·K$

• 과정 동안 전체 엔트로피 변화량
$S_2-S_1 = m(s_2-s_1) = 1.15kJ/K$

27 오토 사이클에 관한 설명 중 틀린 것은?
① 압축비가 커지면 열효율이 증가한다.
② 열효율이 디젤 사이클보다 좋다
③ 불꽃 점화 기관의 이상 사이클이다.
④ 열의 공급(연소)이 일정한 체적하에 일어난다.

 실제 가능한 압축비를 선정하고 비교해 보면 디젤 사이클 효율이 더 좋다.

28 어떤 이상 기체 1kg이 압력 100kPa, 온도 30℃의 상태에서 0.8m³을 점유한다면 기체 상수는 몇 kJ/kg·K인가?
① 0.251 ② 0.264
③ 0.275 ④ 0.293

 • 기체 상수
$R = \dfrac{PV}{mT} = 0.264kJ/kg·K$

29 카르노 사이클에 대한 설명으로 옳은 것은?
① 이상적인 2개의 등온 과정과 이상적인 2개의 정압 과정으로 이루어진다.
② 이상적인 2개의 정압 과정과 이상적인 2개의 단열 과정으로 이루어진다.
③ 이상적인 2개의 정압 과정과 이상적인 2개의 정적 과정으로 이루어진다.
④ 이상적인 2개의 등온 과정과 이상적인 2개의 단열 과정으로 이루어진다.

 • 카르노 사이클: 2개의 이상적인 등온 과정과 2개의 이상적인 단열 과정으로 구성되어 있다.

30 최고 온도 1300K와 최저 온도 300K 사이에서 작동하는 공기 표준 Brayton 사이클의 열효율은 약 얼마인가?(단, 압력비는 9, 공기의 비열비는 1.4이다)

① 30% ② 36%
③ 42% ④ 47%

• Brayton 사이클의 열효율

$$\eta_{th,brayton} = 1 - \frac{1}{(P_2/P_1)^{(k-1)/k}}$$
$$= 0.466$$

31 한 사이클 동안 열역학 계로 전달되는 모든 에너지의 합은?

① 0이다.
② 내부 에너지 변화량과 같다.
③ 내부 에너지 및 일량의 합과 같다.
④ 내부 에너지 및 열전달량의 합과 같다.

• 1법칙
$\delta q = \delta w$

32 전동기에 브레이크를 설치하여 출력 시험을 하는 경우 축 출력 10kW의 상태에서 1시간 운전을 하고, 이때 마찰열을 20℃의 주위로 전할 때 주위의 엔트로피는 어느 정도 증가하는가?

① 123kJ/K ② 133kJ/K
③ 143kJ/K ④ 153kJ/K

• 주위의 엔트로피 변화량
$$ds = \frac{\delta Q}{T} = 122.87 kJ/K$$
여기서, 주위로의 열전달량(δQ)=36MJ

33 밀폐 계에서 기체의 압력이 500kPa로 일정하게 유지되면서 체적이 0.2m³에서 0.7m³로 팽창하였다. 이 과정 동안에 내부 에너지의 증가가 60kJ이라면 계가 한 일은?

① 450kJ ② 350kJ
③ 250kJ ④ 150kJ

• 경계 이동에 의한 일
$_1W_2 = P(V_2 - V_1)$
$= 250kJ$

34 성능계수(COP)가 0.8인 냉동기로서 7200 kJ/h로 냉동하려면 이에 필요한 동력은?

① 약 0.9kW ② 약 1.6kW
③ 약 2.0kW ④ 약 2.5kW

• 필요한 동력
$$\dot{W} = \frac{\dot{Q}_L}{COP} = 2.5 kW$$

35 대기압하에서 물질의 질량이 같을 때 엔탈피의 변화가 가장 큰 경우는?

① 100℃ 물이 100℃ 수증기로 변화
② 100℃ 공기가 200℃ 공기로 변화
③ 90℃의 물이 91℃ 물로 변화
④ 80℃의 공기가 82℃ 공기로 변화

풀이 잠열은 일정한 온도에서 상변화를 할 때 필요한 열이고 현열은 상변화 없이 온도 변화에만 사용하는 열이다. ①번의 경우 100℃ 물을 100℃ 수증기로 변화시킬 때 상변화에 필요한 잠열이 필요하고 ②, ③, ④의 경우 상변화가 아닌 온도 변화에 필요한 현열이 필요하다. 잠열≫현열이기 때문에 ①번의 엔탈피 변화가 가장 크다.

36 증기압축 냉동기에는 다양한 냉매가 사용된다. 이러한 냉매의 특징에 대한 설명으로 틀린 것은?

① 냉매는 냉동기의 성능에 영향을 미친다.
② 냉매는 무독성, 안정성, 저가격 등의 조건을 갖추어야 한다.
③ 우수한 냉매로 알려져 널리 사용되던 염화불화탄화수소(CFC) 냉매는 오존층을 파괴한다는 사실이 밝혀진 이후 사용이 제한되고 있다.
④ 현재 CFC 냉매 대신에 R-12(CCl_2F_2)가 냉매로 사용되고 있다.

풀이 CFC, R-11, R-12를 대체하는 물질 개발이 필요하다.

37 난방용 열펌프가 저온 물체에서 1500kJ/h의 열을 흡수하여 고온 물체에 2100kJ/h로 방출한다. 이 열펌프의 성능계수는?

① 2.0 ② 2.5
③ 3.0 ④ 3.5

풀이 • 열펌프 성능계수

열펌프 성능계수 $= \dfrac{\dot{Q}_H}{\dot{W}} = 3.5$

38 밀폐 시스템의 가역 정압 변화에 관한 다음 사항 중 옳은 것은?(단, U: 내부 에너지, Q: 전달열, H: 엔탈피, V: 체적, W: 일이다.)

① $dU = dQ$ ② $dH = dQ$
③ $dV = dQ$ ④ $dW = dQ$

풀이 • 1법칙
$\delta Q = du + Pdv = dH - vdP = dH (dP=0)$

39 물질의 양을 1/2로 줄이면 강도성(강성적) 상태량의 값은?

① 1/2로 줄어든다.
② 1/4로 줄어든다.
③ 변화가 없다.
④ 2배로 늘어난다.

풀이 • 강성적 상태량: 질량과 무관. 물질을 2등분했을 때 처음과 같은 상태량. 예) 온도, 압력, 밀도, 비체적

40 온도 T_1의 고온 열원으로부터 온도 T_2의 저온 열원으로 열량 Q가 전달될 때 두 열원의 총 엔트로피 변화량을 옳게 표현한 것은?

① $-\dfrac{Q}{T_1} + \dfrac{Q}{T_2}$ ② $\dfrac{Q}{T_1} - \dfrac{Q}{T_2}$
③ $\dfrac{Q(T_1+T_2)}{T_1 \cdot T_2}$ ④ $\dfrac{T_1 - T_2}{Q(T_1 \cdot T_2)}$

풀이 • 두 열원의 총 엔트로피 변화량
$S_{net} = S_1 + S_2 = \dfrac{-Q}{T_1} + \dfrac{Q}{T_2}$

3과목 기계유체역학

41 파이프 내에 점성 유체가 흐른다. 다음 중 파이프 내의 압력 분포를 지배하는 힘은?

① 관성력과 중력
② 관성력과 표면 장력
③ 관성력과 탄성력
④ 관성력과 점성력

풀이 • 레이놀즈수
$Re = \dfrac{\text{관성력}}{\text{점성력}}$

답 36 ④ 37 ④ 38 ② 39 ③ 40 ① 41 ④

42 역학적 상사성(相似性)이 성립하기 위해 프루드(Froude)수를 같게 해야 되는 흐름은?
① 점성계수가 큰 유체의 흐름
② 표면 장력이 문제가 되는 흐름
③ 자유 표면을 가지는 유체의 흐름
④ 압축성을 고려해야 되는 유체의 흐름

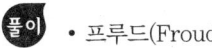
• 프루드(Froude)수
$$Fr = \frac{V}{\sqrt{gL}}\left(\frac{관성력}{중력}\right)$$
프루드수는 자유 표면을 갖는 유체 흐름에서 중요하며, 관성력과 중력의 비이다.

43 비중이 0.8인 오일을 직경이 10cm인 수평 원관을 통하여 1km떨어진 곳까지 수송하려고 한다. 유량이 0.02m³/s, 동 점성계수가 2×10^{-4}m²/s라면 1km에서의 손실 수두는 약 얼마인가?
① 33.2m ② 332m
③ 16.6m ④ 166m

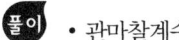
• 관마찰계수
$$f = \frac{64}{Re} = 5.02 \times 10^{-2}$$
여기서, 레이놀즈수(Re)=1275
• 파이프 손실 수두
$$h_L = f \cdot \frac{L}{D} \cdot \frac{V^2}{2g} = 166.5\text{m}$$

44 지름 20cm인 구의 주위에 밀도가 1000 kg/m³, 점성계수는 1.8×10^{-3}Pa·s인 물이 2m/s의 속도로 흐르고 있다. 항력계수가 0.2인 경우 구에 작용하는 항력은 약 몇 N인가?
① 12.6 ② 200
③ 0.2   ④ 25.12

• 항력(F_D)
$$F_D = C_D \times \frac{1}{2} \times \rho \times V^2 \times A = 12.56\text{N}$$
여기서, 구의 운동 방향 투영면적(A) $= \frac{\pi}{4}D^2$

45 산 정상에서의 기압은 93.8kPa이고, 온도는 11°C이다. 이때 공기의 밀도는 약 몇 kg/m³ 인가?(단, 공기의 기체 상수는 287J/kg·°C 이다.)
① 0.00012 ② 1.15
③ 29.7   ④ 1150

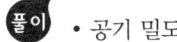
• 공기 밀도
$$\rho = \frac{P}{RT} = 1.15\text{kg/m}^3$$

46 다음 중 유동장에 입자가 포함되어 있어야 유속을 측정할 수 있는 것은?
① 열선 속도계
② 정압 피토관
③ 프로펠러 속도계
④ 레이저 도플러 속도계

• 레이저 도플러 속도법(Laser Doppler Velocimetry, LDV): 레이저 도플러 속도법으로 유속을 측정할 때, 유동 중에 조그마한 입자가 포함되어 있어야 한다.

47 비중이 0.8인 기름이 지름 80mm인 곧은 원관 속을 90L/min로 흐른다. 이때의 레이놀즈수는 약 얼마인가?(단, 이 기름의 점성계수는 5×10^{-4}kg/(s·m)이다.)
① 38200 ② 19100
③ 3820   ④ 1910

답 42 ③ 43 ④ 44 ① 45 ② 46 ④ 47 ①

풀이 • 레이놀즈수
$$Re = \frac{\rho VD}{\mu} = 38195.2$$
여기서, 기름의 유속(V)=0.2984m/s

48 그림과 같은 노즐에서 나오는 유량이 0.078 m³/s일 때 수위(H)는 얼마인가?(단, 노즐 출구의 안지름은 0.1m이다.)

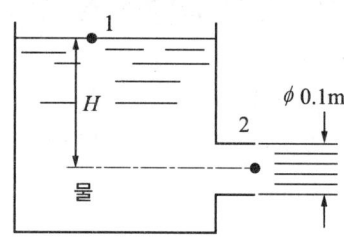

① 5m ② 10m
③ 0.5m ④ 1m

풀이 • 수위
$$H = z_1 - z_2 = \frac{V^2}{2g} = 5.03\text{m}$$
여기서, 노즐 출구에서의 유속 V=9.93m/s

49 정지 상태의 거대한 두 평판 사이로 유체가 흐르고 있다. 이때 유체의 속도 분포(u)가 $u = V\left[1 - \left(\frac{y}{h}\right)^2\right]$ 일 때, 벽면 전단응력은 약 몇 N/m²인가?(단, 유체의 점성계수는 4N·s/m²이며, 평균 속도 V는 0.5m/s, 유로 중심으로부터 벽면까지의 거리 h는 0.01m이며, 속도 분포는 유체 중심으로부터의 거리(y)의 함수이다.)

① 200 ② 300
③ 400 ④ 500

풀이 • 속도 구배
$$\frac{du}{dy} = \frac{-2V}{h^2} \cdot y$$

• 전단응력
$$\tau = \mu \cdot \frac{du}{dy} = -\frac{2\mu V}{h^2} y = -400\text{N/m}^2$$

50 검사 체적에 대한 설명으로 옳은 것은?
① 검사 체적은 항상 직육면체로 이루어진다.
② 검사 체적은 공간상에서 등속 이동하도록 설정해도 무방하다
③ 검사 체적 내의 질량은 변화하지 않는다.
④ 검사 체적을 통해서 유체가 흐를 수 없다.

풀이 검사 체적의 경계를 질량과 에너지는 통과할 수 있다.

51 다음 중 기체 상수가 가장 큰 기체는?
① 산소 ② 수소
③ 질소 ④ 공기

풀이 • 주어진 보기의 기체 상수
① 산소=0.25983kJ/kg·K
② 수소=4.12418kJ/kg·K
③ 질소=0.2968kJ/kg·K
④ 공기=0.87kJ/kg·K

52 다음 그림과 같이 큰 댐 아래에 터빈이 설치되어 있을 때, 마찰 손실 등을 무시한 최대 가능한 터빈의 동력은 약 얼마인가?(단, 터빈 출구관의 안지름은 1m이고, 수면과 터빈 출구관 중심까지의 높이차는 20m이며, 출구 속도는 10m/s, 출구 압력은 대기압이다.)

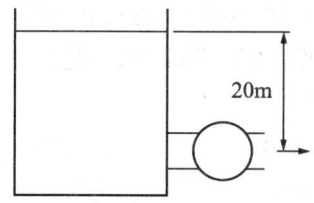

 답 48 ① 49 ③ 50 ② 51 ② 52 ①

① 1150kW   ② 1930kW
③ 1540kW   ④ 2310kW

풀이
• 터빈의 순수두(Hturbine)
$$H_{turbine} = (z_1 - z_2) - \frac{V^2}{2g} = 14.9\text{m}$$
• 터빈을 통해서 추출할 수 있는 최대 동력($\dot{W}_{ideal}$)
$$\dot{W}_{ideal} = \rho g \dot{Q} H_{turbine} = 1.1468\text{MW} \approx 1150\text{kW}$$

53 경계층 내의 무차원 속도 분포가 경계층 끝에서 속도 구배가 없는 2차원 함수로 주어졌을 때 경계층의 배제 두께(δ_t)와 경계층 두께(δ)의 관계로 올바른 것은?

① $\delta_t = \delta$ ② $\delta_t = \dfrac{\delta}{2}$
③ $\delta_t = \dfrac{\delta}{3}$ ④ $\delta_t = \dfrac{\delta}{4}$

풀이 평판 위의 층류 유동에서 배제 두께는 경계층 두께의 약 $\dfrac{1}{3}$배이다.

54 2차원 직각좌표계(x, y)에서 속도장이 다음과 같은 유동이 있다. 유동장 내의 점(L, L)에서의 유속의 크기는?(단, $\vec{i}, \vec{j}$는 각각 x, y 방향의 단위 벡터를 나타낸다.)

$$\vec{V}(x, y) = \frac{U}{L}(-x\vec{i} + y\vec{j})$$

① 0   ② U
③ $2U$ ④ $\sqrt{2}\,U$

풀이
• 속도 성분
$$u = -\frac{U}{L}x,\ v = \frac{U}{L}y$$
• 유동장 내의 점(L, L)에서 속도 성분 크기
$$u(L) = -\frac{U}{L} \times L = -U,\ v(L) = \frac{U}{L} \times L = U$$

• 유동장 내의 점(L, L)에서 유속의 크기
$|\vec{V}| = \sqrt{2}\,U$

55 그림과 같은 수문에서 멈춤 장치 A가 받는 힘은 약 몇 kN인가?(단, 수문의 폭은 3m이고, 수은의 비중은 13.6이다.)

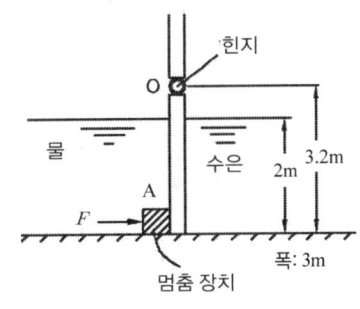

① 37   ② 510
③ 586   ④ 879

풀이
• 힌지 O점에 대한 모멘트
$$F_{water} \times 2.53 - F_{Hg} \times 2.53 + F_A \times 3.2 = 0$$
여기서, 수문 좌측에 걸리는 힘(F_{water}) = 58.8kN
수문 좌측 압력 중심($y_{p,water}$) = 2.53m
수문 우측에 걸리는 힘(F_{Hg}) = 799.7kN
수문 우측 압력 중심($y_{p,Hg}$) = 2.53m

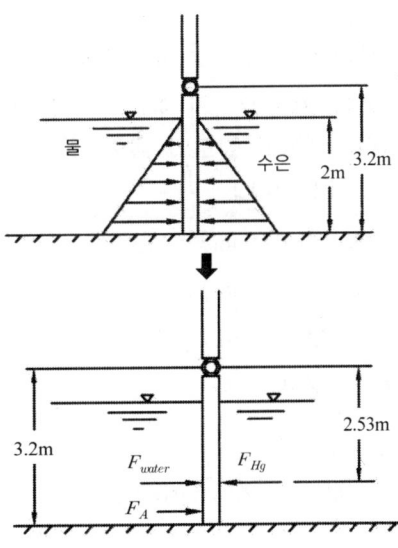

답 53 ③   54 ④   55 ③

• 멈춤 장치 A가 받는 힘
$$F_A = \frac{2.53 \times (F_{Hg} - F_{water})}{3.2} = 585.8\text{kN}$$

56 용기에 너비 4m, 깊이 2m인 물이 채워져 있다. 이 용기가 수직 방향으로 9.8m/s²로 가속될 때 B점과 A점의 압력 차 $P_B - P_A$는 약 몇 kPa인가?

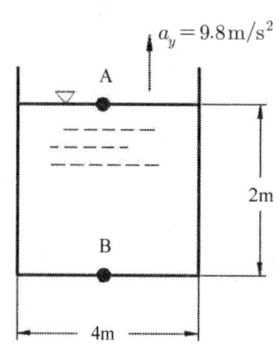

① 9.8　　② 19.6
③ 39.2　　④ 78.4

 • B점과 A점의 압력 차
$P_B - P_A = 2g\rho h = 39.2\text{kPa}$

57 프로펠러 이전 유속을 u_0, 이후 유속을 u_2라 할 때 프로펠러의 추진력 F는 얼마인가?(단, 유체의 밀도와 유량 및 비중량을 ρ, Q, γ라 한다.)
① $F = \rho Q(u_2 - u_0)$
② $F = \rho Q(u_0 - u_2)$
③ $F = \gamma Q(u_2 - u_0)$
④ $F = \gamma Q(u_0 - u_2)$

• 운동량 방정식
$F = \rho \dot{Q} u_2 - \rho Q u_0 = \rho Q(u_2 - u_0)$

58 2차원 비압축성 정상류에서 x, y의 속도 성분이 각각 $u = 4y$, $v = 6x$로 표시될 때, 유선의 방정식은 어떤 형태를 나타내는가?
① 직선　　② 포물선
③ 타원　　④ 쌍곡선

• 유선의 기울기
$$\frac{dy}{dx} = \frac{v}{u} = \frac{6x}{4y} = \frac{3}{2} \cdot \frac{x}{y}$$
$y dy = x dx$
• 유선을 따르는 y와 x 관계
$x^2 - y^2 = C^2$
쌍곡선이다.

59 반지름 3cm, 길이 15m, 관마찰계수 0.025인 수평 원관 속을 물이 난류로 흐를 때 관 출구와 입구의 압력 차가 9810Pa이면 유량은?
① $5.0\text{m}^3/\text{s}$　　② 5.0L/s
③ $5.0\text{cm}^3/\text{s}$　　④ 0.5L/s

• 원관 속 평균 속도
$$V = \sqrt{\frac{2d \times (P_1 - P_2)}{f \times \rho \times l}} = 1.772\text{m/s}$$
• 원관 내 유량
$\dot{Q} = AV = \frac{\pi}{4} d^2 \times V = 5\text{L/s}$

60 다음 중 점성계수 μ의 차원으로 옳은 것은?(단, M: 질량, L: 길이, T: 시간이다.)
① $ML^{-1}T^{-2}$　　② $ML^{-2}T^{-2}$
③ $ML^{-1}T^{-1}$　　④ $ML^{-2}T$

• 점성계수 차원
kg/m·s → $ML^{-1}T^{-1}$

답　56 ③　57 ①　58 ④　59 ②　60 ③

4과목 기계재료 및 유압기기

61 탄소강에 함유된 인(P)의 영향을 바르게 설명한 것은?
① 강도와 경도를 감소시킨다.
② 결정립을 미세화시킨다.
③ 연신율을 증가시킨다.
④ 상온 취성의 원인이 된다.

풀이 • 탄소강에 함유된 P(인)의 영향
㉠ 강도와 경도, 절삭성을 증가시킨다.
㉡ 연신율을 감소시키며, 상온취성의 원인이 된다.
㉢ 결정립을 크고(조대화), 거칠게 하며 냉간가공을 저하시킨다.

62 심냉(sub-zero) 처리의 목적의 설명으로 옳은 것은?
① 자경강에 인성을 부여하기 위함
② 급열·급냉 시 온도 이력현상을 관찰하기 위함
③ 항온 담금질하여 베이나이트 조직을 얻기 위함
④ 담금질 후 시효 변형을 방지하기 위해 잔류 오스테나이트를 마텐자이트 조직으로 얻기 위함

풀이 • 서브 제로 처리(sub zero treatment, 심냉 처리)
㉠ 담금질된 강에서 잔류 오스테나이트를 제거하여 마텐자이트화하여 경도 증가와 성능을 향상시키는 것
㉡ 스텐인리스강에는 우수한 기계적 성질을 부여한다.
㉢ 시효 변형을 방지하기 위해 0℃ 이하(~ -200℃)의 온도에서 처리한다.

63 합금과 특성의 관계가 옳은 것은?
① 규소강: 초내열성
② 스텔라이트(Stellite): 자성
③ 모넬금속(Monel Metal): 내식용
④ 멜린바(Fe-Ni-Cr): 내화학성

풀이 • 모넬메탈(monel metal): Ni(65~70%)+Cu+Fe(1~3%), 내식성, 내열성, 내산성 및 내마멸성이 크며 터빈 날개, 펌프 임펠러 등의 재료 등으로 사용된다.

64 일정 중량의 추를 일정 높이에서 떨어뜨려 그 반발하는 높이로 경도를 나타내는 방법은?
① 브리넬 경도 시험
② 로크웰 경도 시험
③ 비커즈 경도 시험
④ 쇼어 경도 시험

풀이 • 쇼어 경도(Shore Hardness): 추를 일정한 높이에서 낙하한 후 반발 높이로 경도 측정

65 표준형 고속도 공구강의 주성분으로 옳은 것은?
① 18% W, 4% Cr, 1% V, 0.8~0.9% C
② 18% C, 4% Mo, 1% V, 0.8~0.9% Cu
③ 18% W, 4% V, 1% Ni, 0.8~0.9% C
④ 18% C, 4% Mo, 1% Cr, 0.8~0.9% Mg

풀이 • 고속도강(High Speed Tool Steels, 하이스, HSS)
㉠ W(18%) - Cr(4%) - V(1%) - C(0.8%)
㉡ 높은 인성과 고온경도, 내충격성 및 내마모성이 크고 500~600℃에서도 경도(고온경도)가 저하되지 않아 고속절삭 효율이 좋다.
㉢ 열처리: 예열(약 900℃) → 담금질(약 1250℃) → 유냉 → 뜨임(약 550℃) → 공냉
㉣ KS 재료 기호: SKH((Steel K: 공구 High Speed)

답 61 ④ 62 ④ 63 ③ 64 ④ 65 ①

66 다음 중 ESD(Extra Super Duralumin) 합금계는?
① Al-Cu-Zn-Ni-Mg-Co
② Al-Cu-Zn-Ti-Mn-Co
③ Al-Cu-Sn-Si-Mn-Cr
④ Al-Cu-Zn-Mg-Mn-Cr

풀이
- 초초두랄루민(ESD: Extra Super Duralumin)
  ㉠ Al과 Cu(1.2%), Zn(8.0%), Mg(1.5%), Mn(0.6%), Cr(0.25%)
  ㉡ 고강도 합금으로 항공기용 재료에 사용된다.
- 두랄루민(duralumin)
  Al+Cu(4%)+Mg(0.5%)+Mn(0.5%)+Si(0.5%)

67 금형 재료로서 경도와 내마모성이 우수하고 대량 생산에 적합한 소결합금은?
① 주철   ② 초경합금
③ Y합금강   ④ 탄소공구강

풀이
- 초경합금(소결경질합금)
  ㉠ WC, TiC, TaC 등의 금속 탄화물 분말을 결합제인 Co 분말 또는 Ni 분말과 함께 금형에 넣고 성형, 압축하고 용융점 이하로 가열하여 소결시켜 만든 합금강으로 내마모성 고온경도는 크나 충격에는 부적합하다.
  ㉡ 소결 방법은 제1차 800~1000℃에서 예비 소결시킨 후, 제2차 1400~1500℃에서 수소 기류 중에서 소결한 합금

68 조선 압연판으로 쓰이는 것으로 편석과 불순물이 적은 균질의 강은?
① 람드강   ② 킬드강
③ 캡트강   ④ 세미킬드강

풀이
- 킬드강(killed steel): 완전 탈산강으로 평로나 전기로에 규소철(Fe-Si, 페로실리콘), 알루미늄 등의 강력한 탈산제를 첨가하여 충분히 탈산시킨 고급강이다. 헤어크랙이나, 상부에 수축공이 발생하므로 이 부분을 제거 후 사용하여야 한다. 편석과 불순물이 적은 균질의 강으로 조선 압연판으로 사용된다.

69 Fe-C 상태도에서 온도가 가장 낮은 것은?
① 공석점
② 포정점
③ 공정점
④ 순철의 자기 변태점

풀이 공석점 약 723℃, 공정점 약 1148℃, 포정점 약 1493℃, 순철의 자기 변태점 약 768℃

70 특수강에서 합금 원소의 영향에 대한 설명으로 옳은 것은?
① Ni은 결정입자의 조절
② Si는 인성 증가, 저온 충격 저항 증가
③ V, Ti는 전자기적 특성, 내열성 우수
④ Mn, W은 고온에 있어서의 경도와 인장강도 증가

풀이
㉠ 니켈(Ni): 담금질성, 강인성, 내산성, 내식성 증가와 저온취성 방지
㉡ 규소(Si): 전자기적 특성, 내열성 증대
㉢ 망간(Mn): 내마멸성, 강도, 경도, 인성이 증가하며, 고온 가공에 용이하고 담금질 효과가 크다.
㉣ 텅스텐(W): 고온 강도, 고온 경도 증대, 담금질 효과가 Cr보다 양호하다.

71 다음 중 펌프에서 토출된 유량의 맥동을 흡수하고, 토출된 압유를 축적하여 간헐적으로 요구되는 부하에 대해서 압유를 방출하여 펌프를 소경량화할 수 있는 기기는?
① 필터   ② 스트레이너
③ 오일 냉각기   ④ 어큐뮬레이터

풀이
- 축압기(accumulator) 사용 목적
에너지 보조원, 충격압 흡수, 유체 맥동 흡수

답 66 ④ 67 ② 68 ② 69 ① 70 ④ 71 ④

72 펌프의 토출 압력 3.92MPa, 실제 토출 유량은 60ℓ/min이다. 이때 펌프의 회전수는 1000rpm, 소비 동력이 3.68kW라고 하면, 펌프의 전 효율은 얼마인가?

① 80.4% ② 84.7%
③ 88.8% ④ 92.2%

풀이 • 펌프의 전 효율

전 효율 = $\dfrac{\text{출력 동력}(kW_H)}{\text{입력 동력}(kW_l)} = 0.888$

73 배관용 플랜지 등과 같이 정지 부분의 밀봉에 사용되는 실(seal)의 총칭으로 정지용 실이라고도 하는 것은?

① 초크(choke)   ② 개스킷(gasket)
③ 패킹(packing) ④ 슬리브(sleeve)

풀이 • 개스킷(gasket)
플랜지와 같은 정지 부분을 밀봉할 때 사용하는 실(seal)로 정지용 실이라고도 부른다.

74 액추에이터에 관한 설명으로 가장 적합한 것은?

① 공기 베어링의 일종이다.
② 전기 에너지를 유체 에너지로 변환시키는 기기이다.
③ 압력 에너지를 속도 에너지로 변환시키는 기기이다.
④ 유체 에너지를 이용하여 기계적인 일을 하는 기기이다.

풀이 • 액추에이터(actuator): 유체가 가지고 있는 에너지를 회전 운동이나 직선 운동 등으로 변환시킬 수 있는 기구

75 점성계수(coefficient of viscosity)는 기름의 중요 성질이다. 점성이 지나치게 클 경우 유압 기기에 나타나는 현상이 아닌 것은?

① 유동 저항이 지나치게 커진다.
② 마찰에 의한 동력 손실이 증대된다.
③ 부품 사이에 윤활 작용을 하지 못한다.
④ 밸브나 파이프를 통과할 때 압력 손실이 커진다.

풀이 작동유의 점도가 많이 큰 경우에 유압 기기의 작동이 원활해지지 않는다.

76 길이가 단면 치수에 비해서 비교적 짧은 죔구(restriction)는?

① 초크(choke)
② 오리피스(orifice)
③ 벤트관로(vent line)
④ 휨 관로(flexible line)

풀이 • 오리피스(orifice): 유체 흐름의 단면적을 감소시킨 통로로서 그 길이가 단면 치수에 비해서 비교적 짧은 경우의 흐름

77 유압 모터의 종류가 아닌 것은?

① 나사 모터   ② 베인 모터
③ 기어 모터   ④ 회전 피스톤 모터

풀이 • 유압 모터: 기어 모터, 피스톤 모터, 베인 모터

78 피스톤 부하가 급격히 제거되었을 때 피스톤이 급진하는 것을 방지하는 등의 속도제어 회로로 가장 적합한 것은?

① 증압 회로   ② 시퀀스 회로
③ 언로드 회로   ④ 카운터 밸런스 회로

답 72 ③ 73 ② 74 ④ 75 ③ 76 ② 77 ① 78 ④

풀이 • 카운터 밸런스 회로: 자중(自重)에 의한 낙하를 방지하거나, 부하가 작아져도 실린더가 급진하지 않도록 실린더에 배압(back pPressure)을 부여한 회로. 카운터 밸런스 밸브를 사용한다.

79 다음 중 상시 개방형 밸브는?
① 감압 밸브   ② 언로드 밸브
③ 릴리프 밸브 ④ 시퀀스 밸브

풀이 감압 밸브는 평상시 열려 있다.

80 유압 장치에서 실시하는 플러싱에 대한 설명으로 옳지 않은 것은?
① 플러싱하는 방법은 플러싱 오일을 사용하는 방법과 산세정법 등이 있다.
② 플러싱은 유압 시스템의 배관 계통과 시스템 구성에 사용되는 유압 기기의 이물질을 제거하는 작업이다.
③ 플러싱 작업을 할 때 플러싱 유의 온도는 일반적인 유압 시스템의 유압유 온도보다 낮은 20~30℃ 정도로 한다.
④ 플러싱 작업은 유압 기계를 처음 설치하였을 때, 유압 작동유를 교환할 때, 오랫동안 사용하지 않던 설비의 운전을 다시 시작할 때, 부품의 분해 및 청소 후 재조립하였을 때 실시한다.

풀이 플러싱 작업은 점도가 낮은 기름을 사용하고 60~80℃ 정도로 유압 시스템 온도를 높인 상태로 작업한다.

5 기계제작법 및 기계동력학

81 주조의 탕구계 시스템에서 라이저(riser)의 역할로서 틀린 것은?
① 수축으로 인한 쇳물 부족을 보충한다.
② 주형 내의 가스, 기포 등을 밖으로 배출한다.
③ 주형 내의 쇳물에 압력을 가해 조직을 치밀화한다.
④ 주물의 냉각도에 따른 균열이 발생되는 것을 방지한다.

풀이 • 라이저(riser): 주형에 쇳물 주입 시 넘쳐 올라오는 쇳물을 통하여 쇳물이 주형에 가득찬 것을 관찰하기 위하여 설치하며, 피더나 가스빼기 역할도 한다. 설치 위치는 주형의 높은 곳이나 탕구에서 먼 곳에 설치한다.
• 냉각판(chilled plate): 두께가 같지 않은 주물의 냉각속도를 같게 하기 위하여 설치하는 판으로 주물의 재질과 같은 재질을 사용하여야 한다. 위치는 주물의 두꺼운 부분에 설치한다.

82 Taylor의 공구 수명에 관한 실험식에서 세라믹 공구를 사용하고자 할 때 적합한 절삭속도[m/min]는 약 얼마인가?(단, $VT^n = C$에서 $n = 0.5$, $C = 200$이고 공구수명은 40분이다.)
① 31.6
② 32.6
③ 33.6
④ 35.6

풀이 $VT^n = C$에서
$V = \dfrac{C}{T^n} = \dfrac{200}{40^{0.5}} ≒ 31.6\,\text{m/min}$

답 79 ① 80 ③ 81 ④ 82 ①

83 강관을 길이 방향으로 이음매 용접하는데, 가장 적합한 용접은?

① 심 용접 ② 점 용접
③ 프로젝션 용접 ④ 업셋 맞대기용접

풀이 • 심(seam) 용접: 전극에 전류를 통전시키며, 압력을 가하여 전극을 회전시키면서 접합 부위를 연속적인 접합하는 방법으로 강관을 길이 방향으로 이음매 용접에 적합하다.

84 특수가공 중에서 초경합금, 유리 등을 가공하는 방법은?

① 래핑 ② 전해 가공
③ 액체 호닝 ④ 초음파가공

풀이 • 초음파가공: 공구의 진동면과 가공물 사이에 물이나 경유 등을 연삭입자를 혼합한 가공액을 넣고 초음파 진동을 주어 가공물을 가공하는 가공법으로 도체 및 부도체 가공이 가능하다. 초경합금, 유리기구에 눈금, 무늬 등을 조각하며, 수정, 반도체, 세라믹 등의 재질에 미세한 구멍 가공과 절단을 하는 경우에 주로 사용된다.

85 아래 도면과 같은 테이퍼를 가공할 때의 심압대의 편위 거리[mm]는?

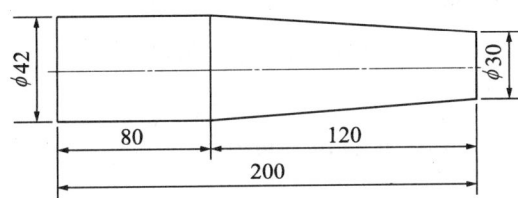

① 6 ② 10
③ 12 ④ 20

풀이 • 편위 거리
$$X = \frac{(D-d)L}{2l} = \frac{(42-30) \times 200}{2 \times 120} = 10$$

86 두께가 다른 여러 장의 강재 박판(薄板)을 겹쳐서 부채살 모양으로 모은 것이며, 물체 사이에 삽입하여 측정하는 기구는?

① 와이어 게이지 ② 롤러 게이지
③ 틈새 게이지 ④ 드릴 게이지

풀이 • 틈새 게이지(Thickness Gage): 두께가 다른 여러 장의 강재 박판(薄板)을 겹쳐서 부채살 모양으로 모은 것이며 물체 사이에 삽입하여 미세한 간격이나 틈새 측정하는 기구

87 단조의 기본 작업 방법에 해당하지 않는 것은?

① 늘리기(drawing)
② 업세팅(up-setting)
③ 굽히기(bending)
④ 스피닝(spinning)

풀이 • 단조(forging): 재료를 일정한 온도로 가열하고 단조기계나 해머로 두들겨 성형하는 가공
• 스피닝(spinning): 프레스 가공 중 성형 가공으로 회전하는 축에 원통형(mandrel)을 고정하고 그 뒤에 소재를 넣고 소재에 외력을 가하여 원통형과 같은 모양의 제품을 성형하는 가공법

88 두께 4mm인 탄소강판에 지름 1000mm의 펀칭을 할 때 소요되는 동력[kW]은 약 얼마인가?(단, 소재의 전단 저항은 245.25MPa, 프레스 슬라이드의 평균 속도는 5m/min, 프레스의 기계효율(η)은 65%이다.)

답 83 ① 84 ④ 85 ② 86 ③ 87 ④ 88 ③

① 146 ② 280
③ 396 ④ 538

풀이 $\tau = \dfrac{P}{A}$ 에서

$P = \tau \times A = (245.25 \times 10^6) \times (\pi \times 1 \times 0.004)$
$\fallingdotseq 3.0819\text{MN}$

동력 $H \times \eta = P \times V$ 이므로

$H = \dfrac{(3.0819 \times 10^6) \times 5}{0.65} \times \dfrac{1}{60} \fallingdotseq 395.1\text{kW}$

89 방전가공에 대한 설명으로 틀린 것은?
① 경도가 높은 재료는 가공이 곤란하다.
② 가공 전극은 동, 흑연 등이 쓰인다.
③ 가공 정도는 전극의 정밀도에 따라 영향을 받는다.
④ 가공물과 전극 사이에 발생하는 아크(arc) 열을 이용한다.

풀이
• 방전가공: 등유와 같은 절연성이 있는 가공액에 소재를 담그고 방전에 일으켜 소재를 미량씩 용해하여 가면서 구멍 뚫기, 조각, 절단 등의 가공을 하는 가공법으로 가공 정도는 전극 정밀도에 따라 영향을 받는다.
㉠ 초경공구, 담금질강, 특수강 등도 가공할 수 있다.
㉡ 가공물과 전극 사이에 발생하는 아크(arc) 열을 이용한다.
㉢ 가공 후 가공 변질층이 남는다.
㉣ 임의의 단면 형상의 구멍 가공도 할 수 있다.
㉤ 가공물의 경도와 관계없이 가공이 가능하다.
㉥ 전극의 형상대로 정밀도 높은 가공을 할 수 있다.
㉦ 전극 및 가공물에 큰 힘이 가해지지 않는다.
㉧ 전극 재료(+ 전원): 청동, 구리, 황동, 은-텅스텐, 흑연, 와이어 컷 방전가공기
㉨ 가공 재료(- 전원): 탄소공구강, 초경합금, 고속도강

90 Al을 강의 표면에 침투시켜 내스케일성을 증가시키는 금속 침투 방법은?
① 파커라이징(Parkerizing)
② 칼로라이징(Calorizing)
③ 크로마이징(Chromizing)
④ 금속용사법(Metal Spraying)

풀이
• 칼로라이징(Calorizing, Al 침투): 내스케일성 증가, 고온산화에 강함
• 크로마이징(chromizing, Cr 침투): 내산, 내마멸성을 향상

91 그림과 같은 용수철-질량계의 고유 진동수는 약 몇 Hz인가?(단, $m = 5\text{kg}$, $k_1 = 15\text{N/m}$, $k_2 = 8\text{N/m}$)

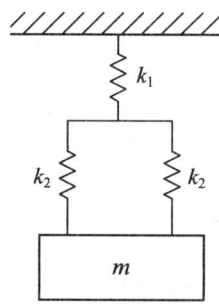

① 0.1Hz ② 0.2Hz
③ 0.3Hz ④ 0.4Hz

풀이
• 고유 각 진동수

$\omega_n = \sqrt{\dfrac{k_{eq}}{m}} = 1.244\text{rad/s}$

여기서, 등가 스프링 상수 $(k_{eq}) = 7.742\text{N/m}$

• 고유 진동수

$f_n = \dfrac{\omega_n}{2\pi} = 0.198\text{Hz} \approx 0.2\text{Hz}$

92 타격 연습용 투구기가 지상 1.5m 높이에서 수평으로 공을 발사한다. 공이 수평 거리 16m를 날아가 땅에 떨어진다면, 공의 발사 속도의 크기는 약 몇 m/s인가?
① 11 ② 16
③ 21 ④ 29

답 89 ① 90 ② 91 ② 92 ④

• 수직 운동

$(v_y)_0 = 0$

$a_y = -9.8 \, \text{m/s}^2$

• 지면에 도달하는 시간

$y = y_o + (v_y)_0 t + \frac{1}{2} a_y t^2$

$-1.5 = 0 + 0 - \frac{1}{2} \times 9.8 \times t^2$

$t = 0.55 \, (s)$

• 수평 운동

$(v_x)_0 = v$

• 발사 속도

$x = (v_x)_0 \cdot t$

$(v_x)_0 = v = \frac{x}{t} = \frac{16}{0.55} = 29 \, \text{m/s}$

93 그림에서 질량 100kg의 물체 A와 수평면 사이의 마찰계수는 0.3이며 물체 B의 질량은 30kg이다. 힘 P_y의 크기는 시간($t[s]$)의 함수이며 $P_y[N] = 15t^2$이다. t는 $0s$에서 물체 A가 오른쪽으로 2.0m/s로 운동을 시작한다면 t가 $5s$일 때 이 물체의 속도는 약 몇 m/s인가?

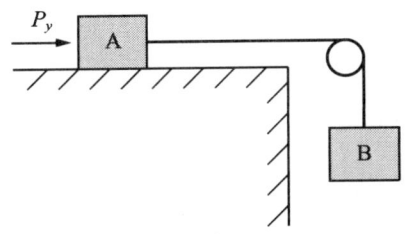

① 6.81 ② 6.92
③ 7.31 ④ 7.54

 • 시간 t에 대한 함수로 나타낸 질량의 속도

$v(t) = v_0 + \frac{1}{26} t^3$

• 5초 후 물체 속도

$v(5) = 2 + \frac{1}{26} \times 5^3 = 6.81 \, \text{m/s}$

94 $x = Ae^{i\omega t}$인 조화 운동의 가속도 진폭의 크기는?

① $\omega^2 A$ ② ωA
③ ωA^2 ④ $\omega^2 A^2$

 • 가속도 진폭의 크기

$x = Ae^{i\omega t}$

$\frac{dx}{dt} = Ai\omega e^{i\omega t} = i\omega x$

$\frac{d^2 x}{dt^2} = \frac{d}{dt}(Ai\omega e^{i\omega t}) = -A\omega^2 e^{i\omega t} = -\omega^2 x$

95 인장 코일 스프링에서 100N의 힘으로 10cm 늘어나는 스프링을 평형 상태에서 5cm만큼 늘어나게 하려면 몇 J의 일이 필요한가?

① 10 ② 5
③ 2.5 ④ 1.25

 • 스프링 강성

$k = \frac{F}{x} = 1000 \, \text{N/m}$

• 정적 평형 상태에서 x만큼 변위했을 때 스프링에 저장되는 탄성 에너지

$E_s = \frac{1}{2} kx^2 = 1.25 \, \text{N} \cdot \text{m}$

96 반경이 R인 바퀴가 미끄러지지 않고 구른다. O점의 속도(V_O)에 대한 A점의 속도(V_A)의 비는 얼마인가?

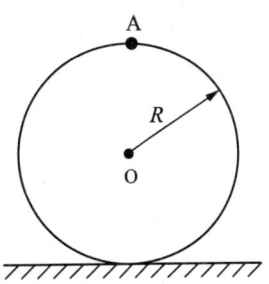

① $V_A/V_O = 1$ ② $V_A/V_O = \sqrt{2}$
③ $V_A/V_O = 2$ ④ $V_A/V_O = 4$

 • 점 A의 속도
$\vec{V_A} = \vec{V_O} + \vec{V_{A/O}} = 2V_O\hat{i}$

97 반경이 r인 원을 따라서 각속도 ω, 각가속도 α로 회전할 때 법선 방향 가속도의 크기는?

① $r\alpha$ ② $r\omega$
③ $r\omega^2$ ④ $r\alpha^2$

 • 가속도
$\vec{a} = \vec{\alpha} \times \vec{r} + \vec{\omega} \times \vec{r} = \vec{a_t} + \vec{a_n}$

98 질량관성 모멘트가 7.036kg·m²인 플라이휠이 3600rpm으로 회전할 때, 이 휠이 갖는 운동 에너지는 약 몇 kJ인가?

① 300 ② 400
③ 500 ④ 600

 • 회전 운동 에너지
$\frac{1}{2}I\omega^2 = \frac{1}{2} \times 7.036 \times 377^2 = 500\text{kJ}$

99 두 질점의 완전 소성 충돌에 대한 설명 중 틀린 것은?

① 반발계수가 0이다.
② 두 질점의 전체 에너지가 보존된다.
③ 두 질점의 전체 운동량이 보존된다.
④ 충돌 후, 두 질점의 속도는 서로 같다.

풀이 완전 탄성 충돌이 아닌 ($e \neq 1$) 경우에는 질점들의 전체 에너지는 보존되지 않는다.

100 회전 속도가 2000rpm인 원심 팬이 있다. 방진고무로 탄성 지지시켜 진동 전달률을 0.3으로 하고자 할 때, 정적 수축량은 약 몇 mm인가?(단, 방진고무의 감쇠계수는 0으로 가정한다)

① 0.71 ② 0.97
③ 1.41 ④ 2.20

 • 정적 수축량
$\delta_{st} = \dfrac{g}{\omega^2} \times \dfrac{TR+1}{TR} = g \times \left(\dfrac{60}{2\pi N}\right)^2 \times \dfrac{TR+1}{TR}$
$= 0.97\text{mm}$
여기서, 진동 전달률(TR) = 0.3

답 97 ③ 98 ③ 99 ② 100 ②

2015년 2회 일반기계기사 기출문제

1 재료역학

1 그림과 같은 트러스가 점 B에서 그림과 같은 방향으로 5kN의 힘을 받을 때 트러스에 저장되는 탄성에너지는 몇 kJ인가?(단, 트러스의 단면적은 1.2cm², 탄성계수는 10^6 Pa이다.)

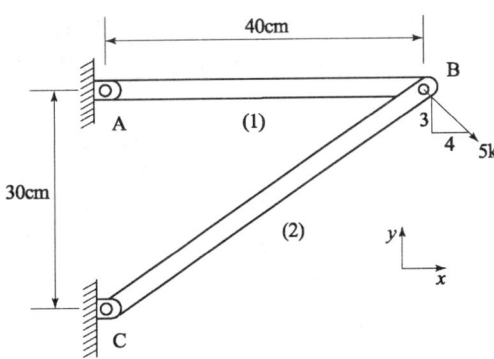

① 52.1   ② 106.7
③ 159.0   ④ 267.7

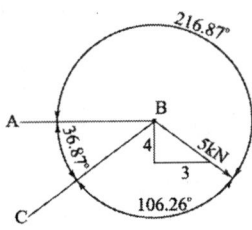

라미의 정리에 의거

$$\frac{BC}{\sin 216.87°} = \frac{AB}{\sin 106.26°} = \frac{5000}{\sin 36.87°}$$

$AB = \sin 106.26° \times \dfrac{5000}{\sin 36.87°} \fallingdotseq 8000\text{N}$

$BC = \sin 216.87° \times \dfrac{5000}{\sin 36.87°} \fallingdotseq -5000\text{N}$

$U = \dfrac{P^2 l}{2AE} = \dfrac{(8000^2 \times 0.4) + (-5000^2 \times 0.5)}{2 \times (1.2 \times 10^{-4}) \times 10^6} = 158750$

$J = 158.75\text{kJ}$

2 단면이 가로 100mm, 세로 150mm인 사각 단면보가 그림과 같이 하중(P)을 받고 있다. 전단응력에 의한 설계에서 P는 각각 100kN씩 작용할 때 안전 계수를 2로 설계하였다고 하면, 이 재료의 허용 전단응력은 약 몇 MPa인가?

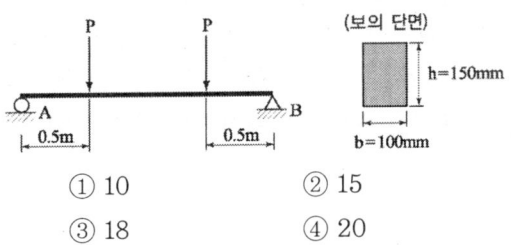

① 10   ② 15
③ 18   ④ 20

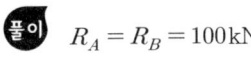 $R_A = R_B = 100\text{kN}$

$\dfrac{\tau_{\max}}{S} = \dfrac{3}{2}\dfrac{V}{A} = \dfrac{3}{2} \times \dfrac{100 \times 10^3}{0.1 \times 0.15} = 10\text{MPa}$이며

안전율이 2이므로 $\tau_{\max} = 10 \times 2 = 20\text{MPa}$

3 원형 막대의 비틀림을 이용한 토션바 (Torsion Bar) 스프링에서 길이와 지름을 모두 10%씩 증가시킨다면 토션바의 비틀림 스프링 상수$\left(\dfrac{\text{비틀림 토크}}{\text{비틀림 각도}}\right)$는 몇 배로 되겠는가?

답 1 ③ 2 ④ 3 ③

① 1.1^{-2}배   ② 1.1^2배
③ 1.1^3배   ④ 1.1^4배

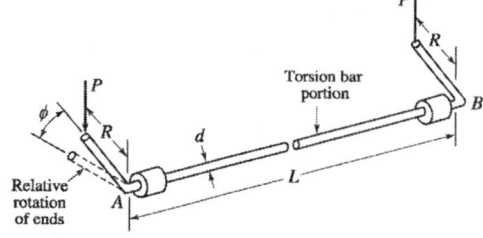

$T = PR$, $\delta = \phi R$

비틀림 각 $\phi = \dfrac{TL}{GJ} = \dfrac{32}{\pi d^4}\dfrac{TL}{G}$

비틀림 스프링 상수 $k = \dfrac{T}{\phi} = \dfrac{\pi d^4}{32}\dfrac{G}{L}$에서

$k(10\%\ \text{증가}) = \dfrac{\pi(1.1d)^4}{32}\dfrac{G}{(1.1L)}$ 이므로

$k(10\%\ \text{증가}) = 1.1^3 k$

4 양단이 힌지인 기둥의 길이가 2m이고, 단면이 직사각형(30mm×20mm)인 압축 부재의 좌굴하중을 오일러 공식으로 구하면 몇 kN인가?(단, 부재의 탄성계수는 200GPa이다.)

① 9.9kN
② 11.1kN
③ 19.7kN
④ 22.2kN

 $P_{CR} = \dfrac{\pi^2 \cdot EI}{L^2}$, $I = \displaystyle\int_A r^2 dA = r^2 \cdot A$,

$r = \sqrt{\dfrac{I}{A}}$ 이며 $r = \sqrt{\dfrac{I}{A}} = \sqrt{\dfrac{\frac{hb^3}{12}}{b \cdot h}} = \dfrac{b}{\sqrt{12}}$

(I는 $\dfrac{bh^3}{12}$과 $\dfrac{hb^3}{12}$ 중 작은값을 선택)

$P_{CR} = \dfrac{\pi^2 \cdot EI}{L^2} = \dfrac{\pi^2 \times (200 \times 10^9)}{2^2} \times \left(\dfrac{0.02}{\sqrt{12}}\right)^2$

$\times (0.03 \times 0.02) \fallingdotseq 9.9\ \text{kN}$

5 지름 3mm의 철사로 평균지름 75mm의 압축코일 스프링을 만들고 하중 10N에 대하여 3cm의 처짐량을 생기게 하려면 감은 횟수(n)는 대략 얼마로 해야 하는가?(단, 전단탄성계수 $G=88$GPa이다.)

① $n=8.9$ ② $n=8.5$
③ $n=5.2$ ④ $n=6.3$

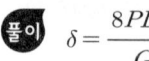 $\delta = \dfrac{8PD^3 N_a}{Gd^4}$에서

$N_a = \dfrac{\delta \times Gd^4}{8PD^3} = \dfrac{0.03 \times (88 \times 10^9) \times 0.003^4}{8 \times 10 \times 0.075^3} \fallingdotseq 6.3$

6 무게가 각각 300N, 100N인 물체 A, B가 경사면 위에 놓여있다. 물체 B와 경사면과는 마찰이 없다고 할 때 미끄러지지 않을 물체 A와 경사면과의 최소 마찰계수는 얼마인가?

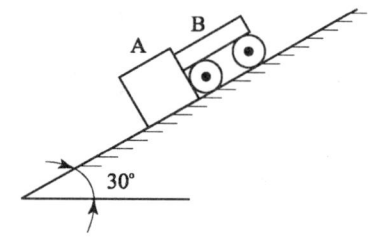

① 0.19   ② 0.58
③ 0.77   ④ 0.94

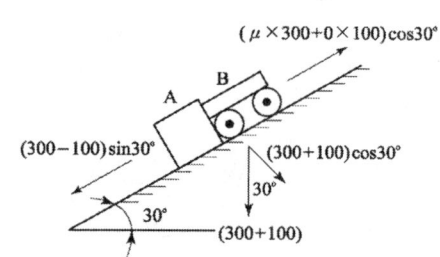

$(300+100)\sin30° = (\mu \times 300 + 0 \times 100)\cos30°$,

$\dfrac{400 \times \sin30°}{\cos30° G} = \mu 300$, $\mu \fallingdotseq 0.77$

답 4 ① 5 ④ 6 ③

7 그림과 같이 단순보의 지점 B에 M_0의 모멘트가 작용할 때 최대 굽힘 모멘트가 발생되는 A단에서부터의 거리 x는?

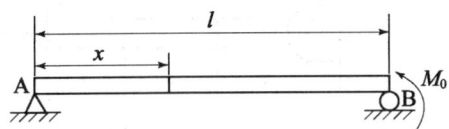

① $x = \dfrac{l}{5}$ ② $x = l$

③ $x = \dfrac{l}{2}$ ④ $x = \dfrac{3}{4}l$

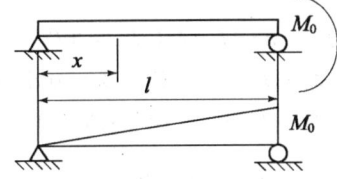

$R_A = \dfrac{M_0}{l}$

$M_x = R_A \times x = \dfrac{M_0}{l} \times x$

$M_{\max(x=l)} = M_0$

8 바깥지름 50cm, 안지름 40cm의 중공 원통에 500kN의 압축하중이 작용했을 때 발생하는 압축응력은 약 몇 MPa인가?

① 5.6   ② 7.1
③ 8.4   ④ 10.8

풀이 $\sigma = \dfrac{500 \times 10^3}{\dfrac{\pi}{4}(0.5^2 - 0.4^2)} \fallingdotseq 7.1\text{MPa}$

9 그림과 같은 계단 단면의 중실 원형 축의 양단을 고정하고 계단 단면부에 비틀림 모멘트 T가 작용할 경우 지름 D_1과 D_2의 축에 작용하는 비틀림 모멘트의 비 T_1/T_2은?

(단, $D_1 = 8\text{cm}$, $D_2 = 4\text{cm}$, $l_1 = 40\text{cm}$, $l_2 = 10\text{cm}$이다.)

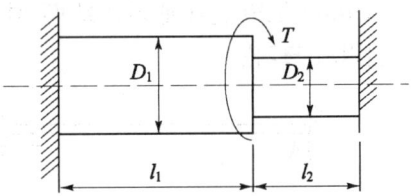

① 2   ② 4
③ 8   ④ 16

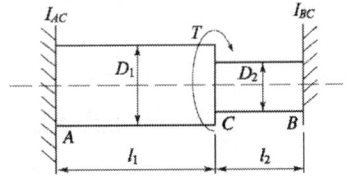

평형 방정식: $T_1 + T_2 = T$, $\phi_1 + \phi_2 = 0$

$T_1 = T\left(\dfrac{l_2 I_{AB}}{l_2 I_{AC} + l_1 I_{BC}}\right)$, $T_2 = T\left(\dfrac{l_1 I_{BC}}{l_2 I_{AC} + l_1 I_{BC}}\right)$

$\dfrac{T_1}{T_2} = \dfrac{T\left(\dfrac{l_2 I_{AB}}{l_2 I_{AC} + l_1 I_{BC}}\right)}{T\left(\dfrac{l_1 I_{BC}}{l_2 I_{AC} + l_1 I_{BC}}\right)} = \dfrac{l_2 I_{AB}}{l_1 I_{BC}} = \dfrac{l_2 \times \dfrac{\pi D_1^4}{64}}{l_1 \times \dfrac{\pi D_2^4}{64}} = \dfrac{l_2}{l_1}\dfrac{D_1^4}{D_2^4}$

$\dfrac{T_1}{T_2} = \dfrac{l_2}{l_1}\dfrac{D_1^4}{D_2^4} = \dfrac{10}{40} \times \dfrac{8^4}{4^4} = 4$

10 $\sigma_x = 400\text{MPa}$, $\sigma_y = 300\text{MPa}$, $\tau_{xy} = 200\text{MPa}$가 작용하는 재료 내에 발생하는 최대 주응력의 크기는?

① 206MPa   ② 556MPa
③ 350MPa   ④ 753MPa

풀이 $\sigma_{1,2}(\sigma_{\max}, \sigma_{\min})$

$= \dfrac{\sigma_x + \sigma_y}{2} \pm \sqrt{\left(\dfrac{\sigma_x - \sigma_y}{2}\right)^2 + \tau_{xy}^2}$ 에서 최대 주응력은

$\sigma_{\max} = \dfrac{400 + 300}{2} + \sqrt{\left(\dfrac{400 - 300}{2}\right)^2 + 200^2}$

$\fallingdotseq 556\text{MPa}$

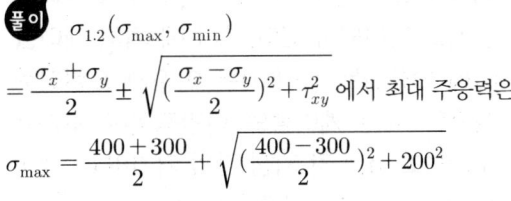

11 길이가 L(m)이고, 일단 고정에 타단 지지인 그림과 같은 보의 자중에 의한 분포하중 w(N/m)가 보의 전체에 가해질 때 점 B에서의 반력의 크기는?

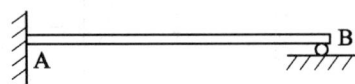

① $\dfrac{wL}{4}$ ② $\dfrac{3}{8}wL$

③ $\dfrac{5}{16}wL$ ④ $\dfrac{7}{16}wL$

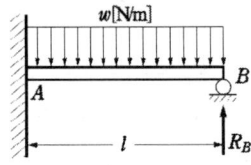

보의 자중에 의한 분포하중 w(N/m)가 보의 전체에 가해지므로 다음 그림으로 가정하면,

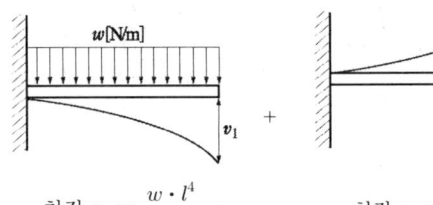

처짐 $v_1 = \dfrac{w \cdot l^4}{8E \cdot I}$ 처짐 $v_2 = \dfrac{R_B l^3}{3EI}$

$v_1 = v_2$이므로 $\dfrac{w \cdot l^4}{8EI} = \dfrac{R_B l^3}{3EI}$에서

$R_B = \dfrac{3}{8}w \cdot l$, $R_A = \dfrac{5}{8}w \cdot l$

12 강체로 된 봉 C, D가 그림과 같이 같은 단면적과 재료가 같은 케이블 ①, ②와 C점에서 힌지로 지지되어 있다. 힘 P에 의해 케이블 ①에 발생하는 응력(σ)은 어떻게 표현되는가?(단, A는 케이블의 단면적이며 자중은 무시하고, a는 각 지점 간의 거리이고, 케이블 ①, ②의 길이 l은 같다.)

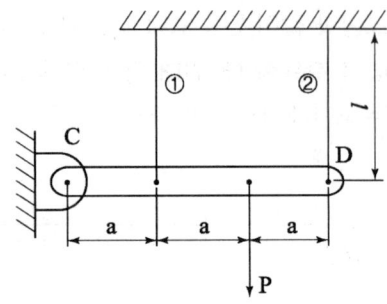

① $\dfrac{2P}{3A}$ ② $\dfrac{P}{3A}$

③ $\dfrac{4P}{5A}$ ④ $\dfrac{P}{5A}$

$a : T_① = 3a : T_②$에서 $T_② = 3T_①$,
$M_C = P \times 2a - T_① \times a - T_② \times 3a = 0$이므로
$M_C = P \times 2a - T_① \times a - 3T_① \times 3a = 0$
$P \times 2 = 10T_①$, $T_① = \dfrac{1}{5}P$이다.

따라서, $\sigma = \dfrac{T_①}{A} = \dfrac{P}{5A}$

13 길이가 2m인 환봉에 인장하중을 가하여 변화된 길이가 0.14cm일 때 변형률은?

① 70×10^{-6} ② 700×10^{-6}
③ 70×10^{-3} ④ 700×10^{-3}

$\varepsilon = \dfrac{0.14}{200} \fallingdotseq 7 \times 10^{-4} \fallingdotseq 700 \times 10^{-6}$

14 왼쪽이 고정단인 길이 l의 외팔보가 w의 균일 분포 하중을 받을 때, 굽힘 모멘트 선도(BMD)의 모양은?

① 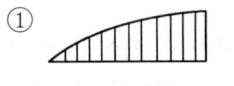 ②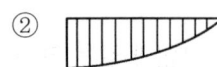

③ 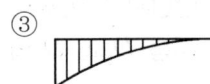 ④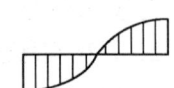

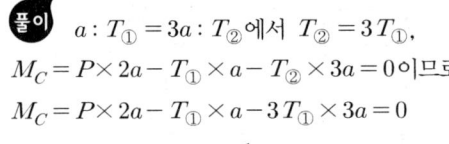

풀이
- S.F.D: x 지점에서 전단력
$$F_x = w \cdot x \text{로서 } F_{x=0} = 0$$
$$F_{x=l} = w \cdot l$$
- B.M.D: x 지점에서 모멘트
$$M_x = -w \cdot x \cdot \frac{x}{2}$$
$$= -\frac{w \cdot x^2}{2} \text{로서}$$
$$M_{x=0} = 0$$
$$M_{x=l} = -\frac{w \cdot l^2}{2}$$
$$M_{max} = -\frac{w \cdot l^2}{2}$$

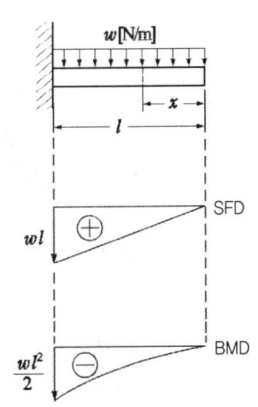

15 그림과 같은 직사각형 단면의 단순보 AB에 하중이 작용할 때, A단에서 20cm 떨어진 곳의 굽힘응력은 몇 MPa인가?(단, 보의 폭은 6cm이고, 높이는 12cm이다.)

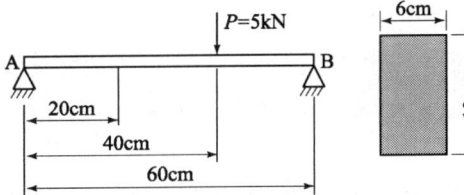

① 2.3　　② 1.9
③ 3.7　　④ 2.9

풀이
$$R_A = \frac{(5 \times 10^3) \times 0.2}{0.6} \fallingdotseq 1666.67\text{N},$$
$$R_B = \frac{(5 \times 10^3) \times 0.4}{0.6} \fallingdotseq 3333.33\text{N}$$
$$M = \sigma Z$$
$$\sigma = \frac{M}{Z} = \frac{R_A \times 0.2}{\frac{0.06 \times 0.12^2}{6}} = \frac{6 \times 1666.67 \times 0.2}{0.06 \times 0.12^2}$$
$$\fallingdotseq 2.3\text{MPa}$$

16 재료가 전단 변형을 일으켰을 때, 이 재료의 단위 체적당 저장된 탄성 에너지는?(단, r은 전단응력, G는 전단탄성계수이다.)

① $\dfrac{\tau^2}{2G}$　　② $\dfrac{\tau}{2G}$

③ $\dfrac{\tau^4}{2G}$　　④ $\dfrac{\tau^2}{4G}$

풀이
$$U = \frac{1}{2}P_s\lambda_s = \frac{1}{2}P_s \cdot \frac{P_s l}{AG} = \frac{P_s^2 l}{2AG} \times \frac{A}{A}$$
$$= \frac{Al}{2G} \frac{P_s^2}{A^2} = \frac{\tau^2 \cdot V}{2G}[\text{N}\cdot\text{m}]\text{이며},$$

단위 체적당 탄성 에너지는 $u\left(\dfrac{U}{V}\right) = \dfrac{\tau^2}{2G}$

$$= \frac{(G\gamma)^2}{2G} = \frac{G^2\gamma^2}{2G} = \frac{G\gamma^2}{2}[\text{N}\cdot\text{m/m}^3 = \text{J/m}^3]$$

17 두께 8mm의 강판으로 만든 안지름 40cm의 얇은 원통에 1MPa의 내압이 작용할 때 강판에 발생하는 후프 응력(원주응력)은 몇 MPa인가?

① 25　　② 37.5
③ 12.5　　④ 50

풀이
- 원주응력(hoop stress, 접선 응력, σ_θ)
$$= \frac{q_a d}{2t} = \frac{q_a r}{t} = \frac{(1 \times 10^6) \times 0.2}{0.008} = 25\text{MPa}$$

18 그림과 같은 외팔보가 집중하중 P를 받고 있을 때, 자유단에서의 쳐짐 δ_A는?(단, 보의 굽힘강성 EI는 일정하고, 자중은 무시한다.)

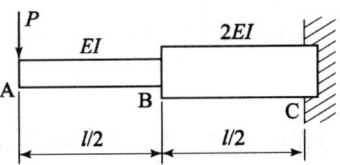

15 ①　16 ①　17 ①　18 ④

① $\dfrac{5Pl^3}{16EI}$ ② $\dfrac{7Pl^3}{16EI}$

③ $\dfrac{9Pl^3}{16EI}$ ④ $\dfrac{3Pl^3}{16EI}$

풀이 $U = \int_0^{\frac{l}{2}} \dfrac{P^2 \cdot x^2}{2EI} dx + \int_{\frac{l}{2}}^{l} \dfrac{P^2 \cdot x^2}{2EI \times 2} dx$

$= \dfrac{P^2}{2EI} \times \left(\left[\dfrac{x^3}{3} \right]_0^{\frac{l}{2}} + \left[\dfrac{x^3}{6} \right]_{\frac{l}{2}}^{l} \right)$

$= \dfrac{P^2}{2E \cdot I}(\dfrac{l^3}{24} + \dfrac{l^3}{6} - \dfrac{l^3}{48}) = \dfrac{3P^2 \cdot l^3}{32E \cdot I}$, $\delta_A = \dfrac{\partial U}{\partial P_i}$ 이므로

$\delta_A = \dfrac{3P \cdot l^3}{16E \cdot I}$

19 그림과 같은 단면에서 가로방향 중립축에 대한 단면 2차 모멘트는?

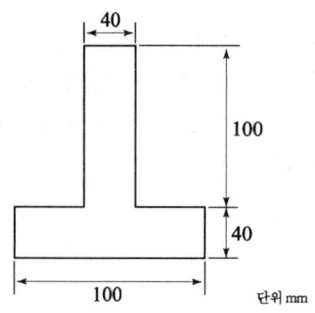

① $10.67 \times 10^6 \text{mm}^4$
② $13.67 \times 10^6 \text{mm}^4$
③ $20.67 \times 10^6 \text{mm}^4$
④ $23.67 \times 10^6 \text{mm}^4$

풀이 $\bar{y} = \dfrac{(100 \times 40 \times 20) + (100 \times 40 \times 90)}{(100 \times 40) + (100 \times 40)} = 55$

$I = \dfrac{100 \times 40^3}{12} + 35^2 \times (100 \times 40) + \dfrac{40 \times 100^3}{12}$
$+ 35^2 \times (100 \times 40) ≒ 13.67 \times 10^6 \text{mm}^4$

20 그림과 같은 가는 곡선 보가 1/4 원 형태로 있다. 이 보의 B단에 M_0의 모멘트를 받을 때, 자유단의 기울기는?(단, 보의 굽힘강성 EI는 일정하고, 자중은 무시한다.)

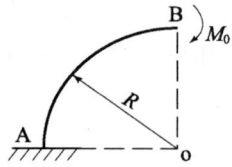

① $\dfrac{\pi M_0 R}{2EI}$ ② $\dfrac{\pi M_0}{2EI}$

③ $\dfrac{M_0 R}{2EI}\left(\dfrac{\pi}{2} + 1\right)$ ④ $\dfrac{\pi M_0 R^2}{4EI}$

풀이 $dU = \dfrac{M_0^2}{2EI} R d\theta$,

$U = \int_0^{\frac{\pi}{2}} \dfrac{M_0^2}{2EI} R d\theta = \dfrac{M_0^2 R}{2EI}\left[\dfrac{\pi}{2} - 0\right] = \dfrac{M_0^2 R \pi}{4EI}$ 이다.

따라서 $\theta = \dfrac{\partial U}{\partial M} = \dfrac{M_0 R \pi}{2EI}$

2 기계열역학

21 상태와 상태량과의 관계에 대한 설명 중 틀린 것은?

① 순수 물질 단순 압축성 시스템의 상태는 2개의 독립적 강도성 상태량에 의해 완전하게 결정된다.
② 상변화를 포함하는 물과 수증기의 상태는 압력과 온도에 의해 완전하게 결정된다.
③ 상변화를 포함하는 물과 수증기의 상태는 온도와 비체적에 의해 완전하게 결정된다.
④ 상변화를 포함하는 물과 수증기의 상태는 압력과 비체적에 의해 완전하게 결정된다.

풀이 포화 상태에서 온도와 압력은 독립된 상태량이 아니기 때문에 포화 상태를 완전히 결정할 수 없다.

22 기본 Rankine 사이클의 터빈 출구 엔탈피 $h_{t.e}$ =1200kJ/kg, 응축기 발열량 q_L =1000kJ/kg, 펌프 출구 엔탈피 $h_{p.e}$ =210kJ/kg, 보일러 가열량 q_H =1210kJ/kg이다. 이 사이클의 출력일은?

① 210kJ/kg ② 220kJ/kg
③ 230kJ/kg ④ 420kJ/kg

풀이 • 사이클의 출력일
$w_{net} = \eta_{th} \times q_H$ =210kJ/kg
여기서, 열효율(η_{th})=0.173554

23 분자량이 30인 C_2H_6(에탄)의 기체 상수는 몇 kJ/kg·K인가?

① 0.277 ② 2.013
③ 19.33 ④ 265.43

풀이 • 특정 기체 상수
$R = \dfrac{\overline{R}}{M}$ =0.277kJ/kg·K

24 펌프를 사용하여 150kPa, 26°C의 물을 가역 단열 과정으로 650kPa로 올리려고 한다. 26°C의 포화액의 비체적이 0.001m³/kg이면 펌프일은?

① 0.4kJ/kg ② 0.5kJ/kg
③ 0.6kJ/kg ④ 0.7kJ/kg

풀이 • 펌프 일
$w_P = \int_1^2 vdP = v_1(P_2 - P_1)$ =0.5kJ/kg

25 클라우지우스(Clausius) 부등식을 표현한 것으로 옳은 것은?(단, T는 절대 온도, Q는 열량을 표시한다.)

① $\oint \dfrac{\delta Q}{T} \geq 0$ ② $\oint \dfrac{\delta Q}{T} \leq 0$
③ $\oint \delta Q \geq 0$ ④ $\oint \delta Q \leq 0$

풀이 • 클라우지우스 부등식
$\oint \dfrac{\delta Q}{T} \leq 0$

26 공기 2kg이 300K, 600kPa 상태에서 500K, 400kPa 상태로 가열된다. 이 과정 동안의 엔트로피 변화량은 약 얼마인가?(단, 공기의 정적 비열과 정압 비열은 각각 0.717kJ/kg·K와 1.004kJ/kg·K로 일정하다)

① 0.73kJ/K ② 1.83kJ/K
③ 1.02kJ/K ④ 1.26kJ/K

풀이 • 엔트로피 변화량
$s_2 - s_1 = C_v \ln\dfrac{T_2}{T_1} + R\ln\dfrac{v_2}{v_1} = C_v \ln\dfrac{T_2}{T_1} + R\ln\dfrac{P_1 \times T_2}{P_2 \times T_1}$
=629.24J/kg·K
여기서, 기체 상수(R)=0.287kJ/kg·K
• 전체 질량에 대한 엔트로피 변화량
$\Delta S = m(s_2 - s_1)$ =1.26kJ/K

27 역카르노 사이클로 작동하는 증기 압축 냉동 사이클에서 고열원의 절대 온도를 T_H, 저열원의 절대 온도를 T_L이라 할 때, $\dfrac{T_H}{T_L}$=1.6이다. 이 냉동 사이클이 저열원으로부터 2.0kW의 열을 흡수한다면 소요 동력은?

① 0.7kW ② 1.2kW
③ 2.3kW ④ 3.9kW

풀이 • 소요 동력
$\dot{W} = \dfrac{\dot{Q}_L}{COP}$ =1.2kW
여기서, COP=1.67

답 22 ① 23 ① 24 ② 25 ② 26 ④ 27 ②

28 용기에 부착된 압력계에 읽힌 계기 압력이 150kPa이고, 국소 대기압이 100kPa일 때, 용기 안의 절대 압력은?

① 250kPa ② 150kPa
③ 100kPa ④ 50kPa

풀이 절대 압력=계기압 + 대기압=250kPa

29 자연계에 비가역 변화와 관련 있는 법칙은?

① 제0법칙 ② 제1법칙
③ 제2법칙 ④ 제3법칙

풀이 비가역 변화에서 엔트로피는 증가한다.

30 이상 기체의 등온 과정에 관한 설명 중 옳은 것은?

① 엔트로피 변화가 없다.
② 엔탈피 변화가 없다.
③ 열 이동이 없다.
④ 일이 없다.

풀이 등온 과정에서 엔탈피 변화는 없다.

31 오토 사이클(otto cycle)의 압축비가 $\epsilon = 8$이라고 하면 이론 열효율은 약 몇 %인가? (단, $k=1.4$이다.)

① 36.8% ② 46.7%
③ 56.5% ④ 66.6%

풀이 • 오토 사이클 열효율
$$\eta_{th} = 1 - \frac{1}{\epsilon^{k-1}} = 0.565$$

32 두께 1cm, 면적 0.5m²의 석고판의 뒤에 가열판이 부착되어 1000W의 열을 전달한다. 가열판의 뒤는 완전히 단열되어 열은 앞면으로만 전달된다. 석고판 앞면의 온도는 100℃이다. 석고의 열전도율이 $k=0.79$ W/m·K일 때 가열판에 접하는 석고면의 온도는 약 몇 ℃인가?

① 110 ② 125
③ 150 ④ 212

풀이 • 가열판에 접하는 석고면 온도(T_R)
$$T_R = T_F + \frac{\Delta t \times \dot{Q}}{kA} = 398K = 125℃$$

33 어떤 냉장고에서 엔탈피 17kJ/kg의 냉매가 질량 유량 80kg/hr로 증발기에 들어가 엔탈피 36kJ/kg가 되어 나온다. 이 냉장고의 냉동 능력은?

① 1220kJ/hr ② 1800kJ/hr
③ 1520kJ/hr ④ 2000kJ/hr

풀이 • 냉동 능력
$$\dot{Q}_L = \dot{m}(h_{out} - h_{in}) = 1520 kJ/hr$$

34 출력이 50kW인 동력기관이 한 시간에 13kg의 연료를 소모한다. 연료의 발열량이 45000kJ/kg이라면, 이 기관의 열효율은 약 얼마인가?

① 25% ② 28%
③ 31% ④ 36%

풀이 • 열효율(η)
$$\eta = \frac{출력}{입력} = 0.308$$
여기서, 입력=162.5kW

35 해수면 아래 20m에 있는 수중다이버에게 작용하는 절대 압력은 약 얼마인가?(단, 대기압은 101kPa이고, 해수의 비중은 1.030이다.)

① 101kPa   ② 202kPa
③ 303kPa   ④ 504kPa

풀이 • 절대 압력
절대 압력 = 계기압 + 대기압 = 303kPa
여기서, 계기압=201.88kPa

36 실린더에 밀폐된 8kg의 공기가 그림과 같이 P_1=800kPa, 체적 V_1=0.27m³에서 P_2=350kPa, 체적 V_2=0.80m³으로 직선 변화하였다. 이 과정에서 공기가 한 일은 약 몇 kJ인가?

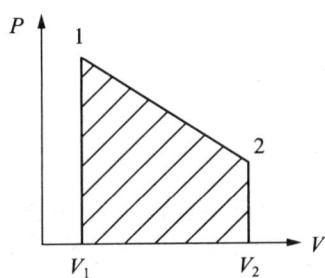

① 254   ② 305
③ 382   ④ 390

풀이 • 공기가 한 일
$_1W_2 = P_2 \times (V_2 - V_1) + 0.5 \times (V_2 - V_1) \times (P_1 - P_2)$
$= 304.75$kJ

37 대기압 하에서 물을 20℃에서 90℃로 가열하는 동안의 엔트로피 변화량은 약 얼마인가?(단, 물의 비열은 4.184kJ/kg·K로 일정하다)

① 0.8kJ/kg·K   ② 0.9kJ/kg·K
③ 1.0kJ/kg·K   ④ 1.2kJ/kg·K

풀이 • 과정 동안 엔트로피 변화량
$s_2 - s_1 = C \ln \dfrac{T_2}{T_1} = 0.896$kJ/kg·K

38 절대 온도가 0에 접근할수록 순수 물질의 엔트로피는 0에 접근한다는 절대 엔트로피 값의 기준을 규정한 법칙은?

① 열역학 제0법칙이다.
② 열역학 제1법칙이다.
③ 열역학 제2법칙이다.
④ 열역학 제3법칙이다.

풀이 • 열역학 제3법칙: 순수 물질의 온도가 절대 영도에 접근할 때 순수 물질의 엔트로피는 0에 근접한다는 법칙

39 압축기 입구 온도가 -10℃, 압축기 출구 온도가 100℃, 팽창기 입구 온도가 5℃, 팽창기 출구 온도가 -75℃로 작동되는 공기 냉동기의 성능계수는?(단, 공기의 C_p는 1.0035kJ/kg·℃로서 일정하다.)

① 0.56   ② 2.17
③ 2.34   ④ 3.17

풀이 • 냉동기 성능계수
$COP = \dfrac{q_L}{w_{net}} = 2.17$
여기서, w_{net}=30.1kJ/kg, q_L=65.2kJ/kg

40 배기체적이 1200cc, 간극체적이 200cc의 가솔린 기관의 압축비는 얼마인가?

① 5   ② 6
③ 7   ④ 8

풀이 • 압축비
$r_v = \dfrac{V_{max}}{V_{min}} = 7$

기계유체역학

41 길이 20m의 미끈한 원관에 비중 0.8의 유체가 평균 속도 0.3m/s로 흐를 때, 압력 손실은 약 얼마인가?(단, 원관의 안지름은 50mm, 점성계수는 $8 \times 10^{-3} \text{Pa} \cdot \text{s}$ 이다.)

① 614Pa ② 734Pa
③ 1235Pa ④ 1440Pa

 • 압력 손실

$\Delta P_L = \dfrac{128 \mu L \times V}{\pi D^2} = 614.4 \text{Pa}$

원관 속 흐름은 층류($Re = 1500$)이다.

42 속도 15m/s로 항해하는 길이 80m의 화물선의 조파 저항에 관한 성능을 조사하기 위하여 수조에서 길이 3.2m인 모형 배로 실험을 할 때 필요한 모형 배의 속도는 몇 m/s인가?

① 9.0 ② 3.0
③ 0.33 ④ 0.11

 • 자유 표면 → 프루드수
• 모형 배의 속도

$V_m = V_p \times \sqrt{\dfrac{L_m}{L_p}} = 3\text{m/s}$

43 한 변이 1m인 정육면체 나무토막의 아랫면에 1080N의 납을 매달아 물속에 넣었을 때, 물 위로 떠오르는 나무토막의 높이는 몇 cm인가?(단, 나무토막의 비중은 0.45, 납의 비중은 11이고, 나무토막의 밑면은 수평을 유지한다.)

① 55 ② 48
③ 45 ④ 42

 • 부력(F_B)=나무토막 무게(W_{wood})+납의 무게(W_{Pb})
$9800 \times 1 \times 1 \times h = 4410 + 1080$
$h = 0.56\text{m}$
여기서, 나무토막 무게(W_{wood})=4410N
납의 무게(W_{Pb})=1080N
물 아래 가라앉은 높이(h)
• 물 위로 떠오른 나무토막의 높이(x)
$x = 1 - h = 0.44\text{m}$

44 공기가 기압 200kPa일 때, 20°C에서의 공기의 밀도는 약 몇 kg/m³인가?(단, 이상 기체이며, 공기의 기체 상수 R=287J/kg·K 이다.)

① 1.2 ② 2.38
③ 1.0 ④ 999

 • 공기의 밀도

$\rho = \dfrac{P}{RT} = 2.38 \text{kg/m}^3$

45 정상, 균일 유동장 속에 유동방향과 평행하게 놓여진 평판 위에 발생하는 층류 경계층의 두께 δ는 x를 평판 선단으로부터의 거리라 할 때 비례값은?

① x^1 ② $x^{1/2}$
③ $x^{1/3}$ ④ $x^{1/4}$

 • 층류 경계층 두께(δ)와 평판 선단으로부터의 거리(x)와의 관계

$\dfrac{\delta}{x} = \dfrac{5}{Re_x^{1/2}}$

$\delta = \dfrac{5x}{Re_x^{1/2}} = \dfrac{5x}{\left(\dfrac{Ux}{\nu}\right)^{1/2}} = \alpha x^{1/2}$

$\delta \propto x^{1/2}$

답 41 ① 42 ② 43 ② 44 ② 45 ②

46 원관에서 난류로 흐르는 어떤 유체의 속도가 2배가 되었을 때, 마찰계수가 $1/\sqrt{2}$ 배로 줄었다. 이때 압력 손실은 몇 배인가?

① $2^{1/2}$ 배 ② $2^{3/2}$ 배
③ 2 배 ④ 4 배

풀이
- 완전 발달한 내부 유동의 압력 손실
$\Delta P_L \propto f \cdot v^2 = 2^{3/2}$

47 비점성, 비압축성 유체가 그림과 같이 작은 구멍을 향해 쐐기 모양의 벽면 사이를 흐른다. 이 유동을 근사적으로 표현하는 무차원 속도 포텐셜이 $\phi = -2\ln r$로 주어질 때, $r=1$인 지점에서 유속 V는 몇 m/s인가? (단, $\vec{V} = \nabla\phi = \mathrm{grad}\,\phi$로 정의한다.)

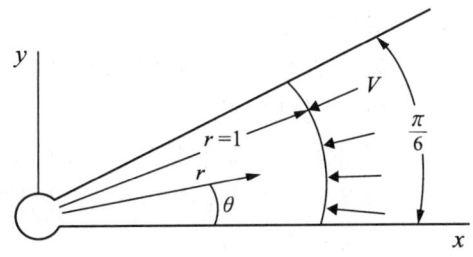

① 0 ② 1
③ 2 ④ π

풀이
- 주어진 속도 포텐셜(ϕ)의 grad ϕ
$\vec{V} = \vec{\nabla}\phi = \dfrac{\partial \phi}{\partial r}\hat{e}_r + \dfrac{\partial \phi}{\partial \theta}\hat{e}_\theta = -\dfrac{2}{r}\hat{e}_r$
- $r=1$에서 유속의 크기
$|\vec{V}|_{r=1} = \left|\dfrac{2}{r}\right| = 2\,\mathrm{m/s}$

48 그림과 같은 노즐을 통하여 유량 Q만큼의 유체가 대기로 분출될 때, 노즐에 미치는 유체의 힘 F는? (단, A_1, A_2는 노즐의 단면 1, 2에서의 단면적이고, ρ는 유체의 밀도이다.)

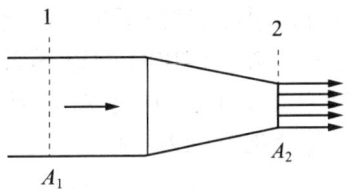

① $F = \dfrac{\rho A_2 Q^2}{2}\left(\dfrac{A_2 - A_1}{A_1 A_2}\right)^2$

② $F = \dfrac{\rho A_2 Q^2}{2}\left(\dfrac{A_1 + A_2}{A_1 A_2}\right)^2$

③ $F = \dfrac{\rho A_1 Q^2}{2}\left(\dfrac{A_1 + A_2}{A_1 A_2}\right)^2$

④ $F = \dfrac{\rho A_1 Q^2}{2}\left(\dfrac{A_1 - A_2}{A_1 A_2}\right)^2$

풀이
- 노즐에 미치는 유체의 힘
$P_1 A_1 - F = \rho Q(V_2 - V_1)$
$F = \dfrac{\rho A_1 Q^2}{2}\left(\dfrac{A_1 - A_2}{A_1 \cdot A_2}\right)^2$

여기서, ①단면에서
압력(P_1) = $\dfrac{\rho Q^2}{2}\left(\dfrac{1}{A_2^2} - \dfrac{1}{A_1^2}\right)$, $V_2 = \dfrac{Q}{A_2}$, $V_1 = \dfrac{Q}{A_1}$

49 중력과 관성력의 비로 정의되는 무차원수는? (단, ρ: 밀도, V: 속도, l: 특성 길이, μ: 점성계수, P: 압력, g: 중력가속도, c: 소리의 속도)

① $\dfrac{\rho Vl}{\mu}$ ② $\dfrac{V}{\sqrt{gl}}$

③ $\dfrac{P}{\rho V^2}$ ④ $\dfrac{V}{c}$

풀이
- 프루드수(Froude Number)
$= \dfrac{\text{관성력(inertia force)}}{\text{중력(gravitional force)}} = \dfrac{V}{\sqrt{gl}}$

답 46 ② 47 ③ 48 ④ 49 ②

50 아래 그림과 같이 직경이 2m, 길이가 1m인 관에 비중량 9800N/m³인 물이 반 차있다. 이 관의 아래쪽 사분면 A, B 부분에 작용하는 정수력의 크기는?

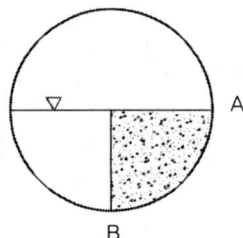

① 4900N   ② 7700N
③ 9120N   ④ 12600N

풀이 • 합력의 크기(F_R)
$F_R = \sqrt{F_H^2 + F_V^2}$ =9124N
여기서, 수평력의 크기(F_H)=4900N,
  수직력의 크기(F_V)= W=7697N

51 그림과 같이 경사관 마노미터의 직경 $D=10d$이고 경사관은 수평면에 대해 θ만큼 기울어져 있으며 대기 중에 노출되어 있다. 대기압보다 Δp의 큰 압력이 작용할 때, L과 Δp와 관계로 옳은 것은?(단, 점선은 압력이 가해지기 전 액체의 높이이고, 액체의 밀도는 ρ, $\theta = 30°$이다.)

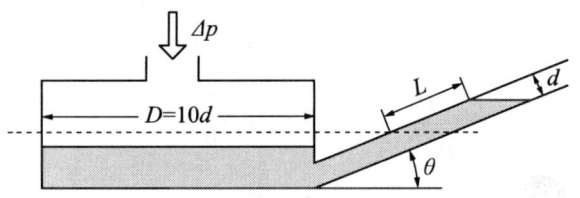

① $L = \dfrac{201}{2} \cdot \dfrac{\Delta p}{\rho g}$

② $L = \dfrac{100}{51} \cdot \dfrac{\Delta p}{\rho g}$

③ $L = \dfrac{51}{100} \cdot \dfrac{\Delta p}{\rho g}$

④ $L = \dfrac{2}{201} \cdot \dfrac{\Delta p}{\rho g}$

풀이 • L과 Δp와 관계
$P_1 - P_2 = \Delta p = \rho g L \left[\sin\theta + \left(\dfrac{d}{D}\right)^2\right]$
$= \rho g L \left[\dfrac{50}{100} + \dfrac{1}{100}\right] = \rho g L \times \dfrac{51}{100}$

$\Delta p = \rho g L \times \dfrac{51}{100}$

여기서, $\sin 30° = \dfrac{1}{2}$, $\dfrac{d}{D} = \dfrac{1}{10}$

52 유선(Streamline)에 관한 설명으로 틀린 것은?
① 유선으로 만들어지는 관을 유관(Stream tube)이라 부르며, 두께가 없는 관벽을 형성한다.
② 유선 위에 있는 유체의 속도 벡터는 유선의 접선 방향이다.
③ 비정상 유동에서 속도는 유선에 따라 시간적으로 변화할 수 있으나, 유선 자체는 움직일 수 없다.
④ 정상 유동일 때 유선은 유체의 입자가 움직이는 궤적이다.

풀이 비정상 유동인 경우에는 시간에 따라 유선의 형태가 변화할 수 있다.

53 다음 중 체적 탄성계수와 차원이 같은 것은?
① 힘   ② 체적
③ 속도 ④ 전단응력

풀이 • 체적 탄성계수
$E_V = -\dfrac{\Delta P}{\Delta V/V} = -\dfrac{압력 변화}{체적 변화}$ Pa

답 50 ③ 51 ② 52 ③ 53 ④

54 다음 중 유체에 대한 일반적인 설명으로 틀린 것은?

① 점성은 유체의 운동을 방해하는 저항의 척도로서 유속에 비례한다.
② 비점성 유체 내에서는 전단응력이 작용하지 않는다.
③ 정지유체 내에서는 전단응력이 작용하지 않는다.
④ 점성이 클수록 전단응력이 크다.

풀이 • 전단응력

$\tau = \mu \cdot \dfrac{du}{dy}$

점성은 유속과 반비례한다.

55 관로 내 물(밀도 1000kg/m³)이 30m/s로 흐르고 있으며 그 지점의 정압이 100kPa일 때 정체압은 몇 kPa인가?

① 0.45 ② 100
③ 450   ④ 550

풀이 • 정체압(Stagnation Pressure)

$P_{stag} = P + \rho \cdot \dfrac{V^2}{2} = 550\text{kPa}$

56 유속 3m/s로 흐르는 물속에 흐름방향의 직각으로 피토관을 세웠을 때, 유속에 의해 올라가는 수주의 높이는 약 몇 m인가?

① 0.46 ② 0.92
③ 4.6   ④ 9.2

풀이 • 유속에 의해 올라가는 수주 높이

$H_V = \dfrac{V^2}{2g} = 0.46\text{m}$

57 다음 중 질량 보존을 표현한 것으로 가장 거리가 먼 것은?

① $\rho A V = 0$
② $\rho A V = $ 일정
③ $d(\rho A V) = 0$
④ $\dfrac{d\rho}{\rho} + \dfrac{dA}{A} + \dfrac{dV}{V} = 0$

풀이 $\rho A V = 0 \rightarrow \dot{m} = 0$

58 안지름 0.1m인 파이프를 평균 유속 5m/s로 어떤 액체가 흐르고 있다. 길이 100m 사이의 손실 수두는 약 몇 m인가?(단, 관내의 흐름으로 레이놀즈수는 1000이다.)

① 81.6   ② 50
③ 40   ④ 16.32

풀이 • 파이프 손실 수두

$h_L = f \cdot \dfrac{L}{D} \cdot \dfrac{V^2}{2g} = 81.6\text{m}$

여기서, 관마찰계수(f) = 0.064

59 항력에 관한 일반적인 설명 중 틀린 것은?

① 난류는 항상 항력을 증가시킨다.
② 거친 표면은 항력을 감소시킬 수 있다.
③ 항력은 압력과 마찰력에 의해서 발생한다.
④ 레이놀즈수가 아주 작은 유동에서 구의 항력은 유체의 점성계수에 비례한다.

풀이 난류의 유동특성은 무질서 한 유동이다. 골프공 표면에 홈이 나있는 것은 무질서한 유동인 난류를 만들어 항력을 최소화하기 위한 것이다.

답 54 ① 55 ④ 56 ① 57 ① 58 ① 59 ①

60 압력 구배가 영인 평판 위의 경계층 유동과 관련된 설명 중 틀린 것은?

① 표면 조도가 천이에 영향을 미친다.
② 경계층 외부 유동에서의 교란 정도가 천이에 영향을 미친다.
③ 층류에서 난류로의 천이는 거리를 기준으로 하고 Reynolds수의 영향을 받는다.
④ 난류의 속도 분포는 층류보다 덜 평평하고 층류 경계층보다 다소 얇은 경계층을 형성한다.

풀이 난류 유동의 속도 분포는 층류 유동의 속도 분포보다 훨씬 평평하다.

과목 4 기계재료 및 유압기기

61 탄소강에 함유되어 있는 원소 중 많이 함유되면 적열 취성의 원인이 되는 것은?

① 인   ② 규소
③ 구리   ④ 황

풀이 • S(황)
㉠ 유해한 원소로 인장강도, 연신율 및 충격내성을 저하시킨다.
㉡ 단조 및 압연 시 강재의 파괴 원인이 된다.
㉢ 적열(고온) 취성의 원인으로 고온 가공성을 저하시킨다.
㉣ 절삭성을 향상시킨다.

62 충격에는 약하나 압축강도는 크므로 공작기계의 베드, 프레임, 기계 구조물의 몸체 등에 가장 적합한 재질은?

① 합금 공구강   ② 탄소강
③ 고속도강   ④ 주철

풀이 주철은 취성이 커서 충격에는 약하나 압축강도가 커서 공작기계의 베드, 프레임, 기계 구조물의 몸체 등에 적합하다.
㉠ 주철의 장점
  ⓐ 내식성이 우수하며 압축강도가 크다.
  ⓑ 주조성이 좋고(용융점이 낮다), 대형 및 복잡한 형상도 주물을 쉽게 만들 수 있다.
  ⓒ 기계 가공 시 절삭성이 좋다.
  ⓓ 유동성은 P가 추가되면 특히 좋다.
  ⓔ 마찰저항이 크고, 녹이 잘 생기지 않는다.
  ⓕ 진동을 잘 흡수 한다(흑연이 존재하므로).
  ⓖ 열전도율이 좋다.
  ⓗ 내마모성과 내식성이 좋다.
  ⓘ 가격이 강에 비해 저렴하여 널리 이용된다.
㉡ 주철의 단점
  ⓐ 인장강도가 작고 취성이 크다.
  ⓑ 고온에서도 소성 변형이 어렵다.
   (가단성 및 전·연성이 부족하다.)
  ⓒ 가공은 가능하나 용접성이 불량하다.
  ⓓ 유동성은 S가 추가되면 나빠진다.
  ⓔ 산에 약하고, 알칼리에는 강하다.

63 철강 재료의 열처리에서 많이 이용되는 S곡선이란 어떤 것을 의미하는가?

① T.T.L 곡선   ② S.C.C 곡선
③ T.T.T 곡선   ④ S.T.S 곡선

풀이 • 항온 변태(Time-Temperature-Transformation, TTT) 곡선: 강을 가열 후 냉각할 때 특정 온도에서 냉각을 정지하고 변태 개시와 완료 온도를 시간(Time)-온도(Temperature)-변태(Transformation)의 곡선으로 나타낸 것을 항온 변태 곡선이라 한다. 그리고 그래프가 C 또는 S형을 하고 있어 C곡선 또는 S곡선이라 한다.

64 백주철을 열처리로에서 가열한 후 탈탄시켜, 인성을 증가시킨 주철은?

① 가단주철   ② 회주철
③ 보통주철   ④ 구상흑연주철

답 60 ④ 61 ④ 62 ④ 63 ③ 64 ①

풀이 • 가단주철(Malleable Cast Iron): 주철의 여리고 약한 인성을 개선하기 위하여 규소가 적은 백주철을 산화철 등의 탈탄제와 함께, 장시간 풀림처리하여 탈탄, 흑연화시켜 인성이나 연성을 증가시켜 사용하는 주철이다.

65 특수강인 엘린바(elinvar)의 성질은 어느 것인가?
① 열팽창 계수가 크다.
② 온도에 따른 탄성률의 변화가 적다.
③ 소결합금이다.
④ 전기전도도가 아주 좋다.

풀이 • 엘린바(elinvar): 상온에서 탄성계수가 거의 변하지 않는 Fe-Ni-Cr(약 Ni 36%, Cr13%)의 합금으로 고급시계, 정밀 저울의 스프링이나 정밀계기의 부품 등에 사용된다. 엘린바는 탄성이 온도에 따라 변하지 않는다는 뜻이다.

66 탄소강을 경화 열처리할 때 균열을 일으키지 않게 하는 가장 안전한 방법은?
① Ms점까지는 급냉하고 Ms, Mf 사이는 서냉한다.
② Mf점 이하까지 급냉한 후 저온도로 뜨임한다.
③ Ms점까지 서냉하여 내외부가 동일온도가 된 후 급냉한다.
④ Ms, Mf 사이의 온도까지 서냉한 후 급냉한다.

67 배빗 메탈이라고도 하는 베어링용 합금인 화이트 메탈의 주요 성분으로 옳은 것은?
① Pb-W-Sn   ② Fe-Sn-Cu
③ Sn-Sb-Cu   ④ Zn-Sn-Cr

풀이 • 주석계 화이트 메탈: 배빗 메탈(babbitt metal): 이라고도 불리우는 미끄럼 베어링용의 합금이다. 주석(Sn)-안티몬(Sb)-구리(Cu)의 합금으로 내연기관을 비롯하여 각종 기계장치에 베어링으로 널리 사용되고 있다.

68 고속도강의 특징을 설명한 것 중 틀린 것은?
① 열처리에 의하여 경화하는 성질이 있다.
② 내마모성이 크다.
③ 마텐자이트(martensite)가 안정되어, 600℃까지는 고속으로 절삭이 가능하다.
④ 고Mn강, 칠드주철, 경질유리 등의 절삭에 적합하다.

풀이 • 고속도강(High Speed Tool Steels, 하이스, HSS)
㉠ W(18%) - Cr(4%) - V(1%) - C(0.8%)
㉡ 높은 인성과 고온경도, 내충격성 및 내마모성이 크고 500~600℃에서도 경도(고온경도)가 저하되지 않아 고속 절삭 효율이 좋다.
- 마텐자이트(martensite)가 안정되어 600℃까지는 고속으로 절삭이 가능하다.
㉢ 열처리: 예열(약 900℃) → 담금질(약 1250℃) → 유냉 → 뜨임(약 550℃) → 공냉
- 열처리에 의하여 경화하는 성질이 있다.
㉣ KS 재료 기호: SKH(Steel K: 공구 High Speed)

69 오일리스 베어링과 관계가 없는 것은?
① 구리와 납의 합금이다.
② 기름 보급이 곤란한 곳에 적당하다.
③ 너무 큰 하중이나 고속 회전부에는 부적당하다.
④ 구리, 주석 흑연의 분말을 혼합 성형한 것이다.

풀이 • 오일리스 베어링(oil less bearing): 구리, 주석, 흑연 분말을 가압 소결한 것으로 내마멸성이 우수하나 강도가 적어 고속 회전 및 큰 하중에는 부적당하다. 급유가 어려운 베어링용으로 사용된다.

답 65 ② 66 ① 67 ③ 68 ④ 69 ①

70 쾌삭강(Free Cutting Steel)에 절삭 속도를 크게 하기 위하여 첨가하는 주된 원소는?
① Ni   ② Mn
③ W   ④ S

풀이 • 쾌삭강: 절삭성을 개선한 강으로서 강에 S, Pb 및 흑연 등을 첨가하여 가공 재료의 피절삭성을 높인 강

71 그림과 같은 압력제어 밸브의 기호가 의미하는 것은?

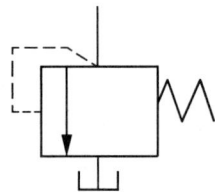

① 정압 밸브   ② 2-way 감압 밸브
③ 릴리프 밸브   ④ 3-way 감압 밸브

풀이 • 릴리프 밸브: 유압 회로에서 최대 압력을 제한하는 압력 밸브이다.

72 유압기기와 관련된 유체의 동역학에 관한 설명으로 옳은 것은?
① 유체의 속도는 단면적이 큰 곳에서는 빠르다.
② 유속이 작고 가는 관을 통과할 때 난류가 발생한다.
③ 유속이 크고 굵은 관을 통과할 때 층류가 발생한다.
④ 점성이 없는 비압축성의 액체가 수평관을 흐를 때, 압력수두와 위치 수두 및 속도 수두의 합은 일정하다.

풀이 • 베르누이 방정식
압력 수두+속도 수두+위치 수두= $\dfrac{P}{\rho g} + \dfrac{V^2}{2g} + z$ = 일정

73 유압 펌프에 있어서 체적 효율이 90%이고 기계 효율이 80%일 때 유압 펌프의 전효율은?
① 23.7%   ② 72%
③ 88.8%   ④ 90

풀이 • 펌프의 전효율
전효율=체적 효율×기계 효율=0.72

74 그림과 같은 유압 잭에서 지름이 $D_2 = 2D_1$ 일 때 누르는 힘 F_1과 F_2의 관계를 나타낸 식으로 옳은 것은?

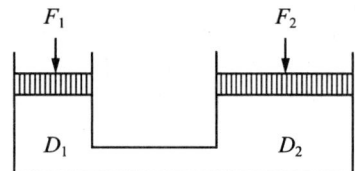

① $F_2 = F_1$ ② $F_2 = 2F_1$
③ $F_2 = 4F_1$ ④ $F_2 = 8F_1$

풀이 • 힘 F_1과 F_2의 관계
$$\dfrac{4F_1}{\pi D_1^2} = \dfrac{4F_2}{\pi \times 4D_1^2}$$
$F_2 = 4F_1$

75 다음 중 작동유의 방청제로서 가장 적당한 것은?
① 실리콘유
② 이온화합물
③ 에나멜화합물
④ 유기산 에스테르

풀이 • 방청제(Rust inhibitor): 금속에 생기는 녹 방지를 위해서 사용하는 물질

76 펌프의 무부하 운전에 대한 장점이 아닌 것은?
① 작업 시간 단축
② 구동 동력 경감
③ 유압유의 열화 방지
④ 고장 방지 및 펌프의 수명 연장

풀이 • 무부하 운전의 장점
㉠ 펌프에 걸리는 구동력을 절약할 수 있다.
㉡ 펌프의 수명을 연장시킨다.
㉢ 작동 기름의 노화 방지

77 그림과 같은 회로도는 크기가 같은 실린더로 동조하는 회로이다. 이 동조 회로의 명칭으로 가장 적합한 것은?

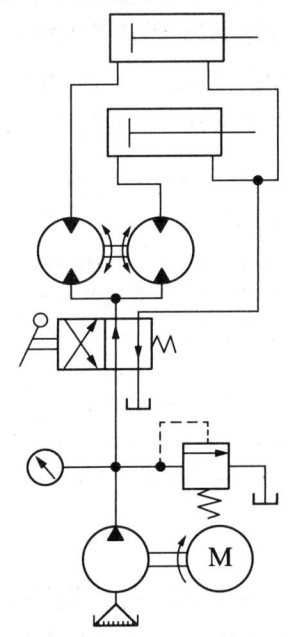

① 래크와 피니언을 사용한 동조 회로
② 2개의 유압 모터를 사용한 동조 회로
③ 2개의 릴리프 밸브를 사용한 동조 회로
④ 2개의 유량 제어 밸브를 사용한 동조 회로

풀이 ② 유압 모터 2개
③ 릴리프 밸브 1개
④ 방향 제어 밸브 1개

78 램이 수직으로 설치된 유압 프레스에서 램의 자중에 의한 하강을 막기 위해 배압을 주고자 설치하는 밸브로 적절한 것은?
① 로터리 베인 밸브
② 파일럿 체크 밸브
③ 블리드 오프 밸브
④ 카운터 밸런스 밸브

풀이 • 카운터 밸런스 밸브: 부하가 가속되어 통제 불능 상태가 되는 것을 방지하기 위해서 사용하는 압력 제어 밸브

79 유압 배관 중 석유계 작동유에 대하여 산화 작용을 조장하는 촉매 역할을 하기 때문에 내부에 카드뮴 또는 니켈을 도금하여 사용하여야 하는 것은?
① 동관   ② PPC관
③ 엑셀관   ④ 고무관

풀이 구리가 석유계 작동 기름에 대해서 산화를 촉진하기 때문에 도관 중에서 구리로 만들어진 동관은 유압 시스템에서 사용하지 않는다. 동관을 유압 시스템에서 배관으로 사용하려면 카드뮴이나 니켈 등으로 도금해야 한다.

80 베인 모터의 장점에 관한 설명으로 옳지 않은 것은?
① 베어링 하중이 작다.
② 정·역회전이 가능하다.
③ 토크 변동이 비교적 작다.
④ 기동 시나 저속 운전 시 효율이 높다.

풀이 축에 작용하는 압력이 축의 양쪽에서 평형을 이루기 때문에 작용하는 베어링 하중이 작다.
저압이나 저속 운전인 경우 효율이 낮다.

답 76 ① 77 ② 78 ④ 79 ① 80 ④

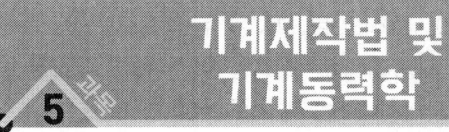

5 기계제작법 및 기계동력학

81 고상 용접(solid-stage welding) 형식이 아닌 것은?
① 롤 용접 ② 고온 압접
③ 압출 용접 ④ 전자빔 용접

풀이 • 압접(pressure welding, 가압 용접, 고상 용접): 깨끗하고 매끈한 접합면을 원자와 원자 간의 인력이 작용할 수 있는 거리로 접근시키고 기계적 압력을 가하여 접합하는 방법으로 일명 가압 용접, 고상 용접이라고도 한다.
종류로는 롤 용접, 압출 용접, 가열을 하지 않는 냉간 압접과 가열하는 열간(고온) 압접이 있으며, 열간 압접에는 가열 열원에 따라 전기저항 용접, gas 압접, 단접, 마찰 용접, 초음파 용접 및 폭발 압접 등이 있다.

82 주조에서 열점(hot spot)의 정의로 옳은 것은?
① 유로의 확대부
② 응고가 가장 더딘 부분
③ 유로 단면적이 가장 좁은 부분
④ 주조 시 가장 고온이 되는 부분

풀이 • 열점(hot spot): 응고가 가장 더딘 부분 즉, 천천히 냉각되고 국소적인 비정상 수축부로 기포나 수축 공동과 같은 결함

83 조립형 프레임이 주조 프레임과 비교할 때 장점이 아닌 것은?
① 무게가 1/4 정도 감소된다.
② 파손된 프레임의 수리가 비교적 용이하다.
③ 기계 가공이나 설계 후 오차 수정이 용이하다.
④ 프레임이 복잡하거나 무게가 비교적 큰 경우에 적합하다.

풀이 복잡한 형상의 경우 주조가 적합하다.

84 판재의 두께 6mm, 원통의 바깥지름 500mm인 원통의 마름질한 판뜨기의 길이(mm)는 약 얼마인가?
① 1532 ② 1542
③ 1552 ④ 1562

풀이 • 판뜨기 길이는=(원통의 바깥지름-두께)×π
=(500-6)×π ≒ 1551.19

85 측정기의 구조상에서 일어나는 오차로서 눈금 또는 피치의 불균일이나 마찰, 측정압 등의 변화 등에 의해 발생하는 오차는?
① 개인 오차 ② 기기 오차
③ 우연 오차 ④ 불합리 오차

풀이 • 측정 오차 = 측정값 - 참값
㉠ 기기 오차(측정기 오차): 측정기의 구조상에서 일어나는 오차로서 눈금 또는 피치의 불균일이나 측정 압력, 측정 온도, 측정기의 마모 등의 변화 등에 의해 발생하는 오차
㉡ 개인 오차: 측정자의 부주의 또는 숙련도에서 발생하는 오차
㉢ 우연 오차: 주위 환경에 의한 오차 또는 자연 현상의 급변 등으로 생기는 오차로서 우연 오차를 줄이려면 여러 번 반복 측정하여 평균값을 얻는 것이 좋다.

86 슈퍼 피니싱에 관한 내용으로 틀린 것은?
① 숫돌 길이는 일감 길이와 같은 것을 일반적으로 사용한다.
② 숫돌의 폭은 일감의 지름과 같은 정도의 것이 일반적으로 쓰인다.
③ 원통의 외면, 내면, 평면을 다듬을 수 있으므로 많은 기계 부품의 정밀 다듬질에 응용된다.

답 81 ④ 82 ② 83 ④ 84 ③ 85 ② 86 ②

④ 접촉 면적이 넓으므로 연삭 작업에서 나타난 이송선, 숫돌이 떨림으로 나타난 자리는 완전히 없앨 수 없다.

풀이 숫돌에 진동 및 직선 왕복 운동을 주면서 공작물에 회전 이송 운동을 주어 표면을 다듬질하는 가공으로 입도가 미세하고 연한 숫돌 입자를 낮은 압력으로 공작물 표면에 접촉시켜 매끈하고 높은 정밀도의 표면으로 가공하는 방법이다.
㉠ 원통의 외면, 내면, 평면을 다듬질할 수 있으므로 많은 기계 부품의 정밀 다듬질에 응용된다.
㉡ 숫돌 길이는 일감 길이와 같은 것을 일반적으로 사용한다.
㉢ 접촉 면적이 넓으므로 연삭 작업에서 나타난 이송선, 숫돌이 떨림으로 나타난 자리는 완전히 없앨 수 없다.

87 단조를 위한 재료의 가열법 중 틀린 것은?
① 너무 과열되지 않게 한다.
② 될수록 급격히 가열하여야 한다.
③ 너무 장시간 가열하지 않도록 한다.
④ 재료의 내외부를 균일하게 가열한다.

풀이 재료를 급격히 가열하면 재질이 변하기 쉬우므로 피해야 한다.

88 밀링 작업에서 분할대를 사용하여 원주를 $7\frac{1}{2}°$씩 등분하는 방법으로 옳은 것은?
① 18구멍짜리에서 15구멍씩 돌린다.
② 15구멍짜리에서 18구멍씩 돌린다.
③ 36구멍짜리에서 15구멍씩 돌린다.
④ 36구멍짜리에서 18구멍씩 돌린다.

풀이 $n = \dfrac{D°}{9} = \dfrac{7\frac{1}{2}°}{9} = \dfrac{15}{18}$ 으로 18구멍짜리에서 15구멍씩 돌린다.

89 방전가공에서 가장 기본적인 회로는?
① RC 회로 ② 고전압법 회로
③ 트랜지스터 회로 ④ 임펄스 발전기 회로

풀이 방전가공의 기본은 RC 회로(축전기법 회로)로 축전이 진행됨과 함께 축전기압은 상승하고 방전하면 순간적으로 0까지 하강한다. 이때 방전 전류가 흐르며 전류의 열적 작용으로 고온 가공하는 것이다.

90 금속 표면에 크롬을 고온에서 확산 침투시키는 것을 크로마이징(cromizing)이라 한다. 이는 주로 어떤 성질을 향상시키기 위함인가?
① 인성 ② 내식성
③ 전연성 ④ 내충격성

풀이 • 크로마이징(chromizing, Cr 침투) : 내산, 내식, 내마멸성을 향상

91 1자유도 진동계에서 다음 중 옳은 것은?
① $\omega = 2\pi f$ ② $c_{cr} = \sqrt{2mk}$
③ $\omega_n = \dfrac{k}{m}$ ④ $T = \omega f$

풀이 • 진동수와 각 진동수와의 관계
$\omega = 2\pi f$

92 직선 운동을 하고 있는 한 질점의 위치가 $s = 2t^3 - 24t + 6$으로 주어졌다. 이때 $t=0$의 초기 상태로부터 126m/s의 속도가 될 때까지의 걸린 시간은 얼마인가?(단, s는 임의의 고정으로부터의 거리이고, 단위는 m이며, 시간의 단위는 초(sec)이다.)
① 2초 ② 4초
③ 5초 ④ 6초

풀이 • 걸린 시간
$v = \dfrac{ds}{dt} = 126$
$t = 5$초

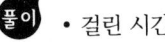

93 진자형 충격시험장치에 외부 작용력 P가 작용할 때, 물체의 회전축에 있는 베어링에 반작용력이 작용하지 않기 위한 점 A는?

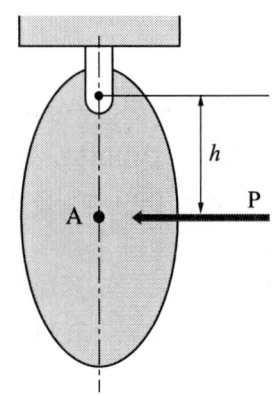

① 회전 반경(radius of gyration)
② 질량 중심(center of mass)
③ 질량 관성 모멘트(mass moment of inertia)
④ 충격 중심(center of percussion)

풀이 충격 중심에 외부에서 힘이 가해지면 회전축에 작용하는 수평력은 매우 작다.

94 자동차 운전자가 정지된 차의 속도를 42km/h로 증가시켰다. 그 후 다른 차를 추월하기 위해 속도를 84km/h로 높였다. 그렇다면, 42km/h에서 84km/h의 속도로 증가시킬 때 필요한 에너지는 처음 정지해 있던 차의 속도를 42km/h로 증가시키는 데 필요한 에너지의 몇 배인가?(단, 마찰로 인한 모든 에너지 손실은 무시한다.)

① 1배   ② 2배
③ 3배   ④ 4배

풀이 • 에너지 비
$$\frac{U_{1\to 2}}{U_{0\to 1}} = \frac{V_2^2 - V_1^2}{V_1^2 - V_0^2} = 3$$

95 다음 그림과 같은 두 개의 질량이 스프링에 연결되어 있다. 이 시스템의 고유 진동수는?

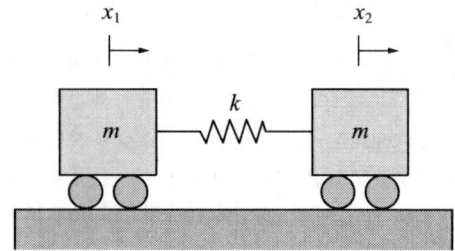

① $0, \sqrt{\dfrac{k}{m}}$ ② $\sqrt{\dfrac{k}{m}}, \sqrt{\dfrac{2k}{m}}$

③ $0, \sqrt{\dfrac{2k}{m}}$ ④ $\sqrt{\dfrac{k}{m}}, \sqrt{\dfrac{3k}{m}}$

풀이 • 2자유도계의 고유 진동수
$\omega_1 = 0, \ \omega_2 = \sqrt{\dfrac{2k}{m}}$

96 진폭 2mm, 진동수 250Hz로 진동하고 있는 물체의 최대 속도는 몇 m/s인가?

① 1.57   ② 3.14
③ 4.71   ④ 6.28

풀이 • 속도
$\dot{x} = A\omega = A \times (2\pi f) = 3.14\,\text{m/s}$

97 질량이 m인 쇠공을 높이 A에서 떨어뜨린다. 쇠공과 바닥 사이의 반발계수 e가 "0"이라면 충돌 후 쇠공이 오르는 높이 B는?

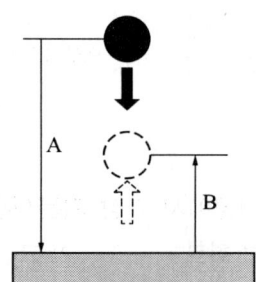

답 93 ④ 94 ③ 95 ③ 96 ② 97 ①

① $B=0$ ② $B<A$
③ $B=A$ ④ $B>A$

풀이 쇠공과 바닥의 반발계수 $e=0$이므로 완전소성충돌이다. 충돌 후 쇠공은 바닥과 일체가 되어 공은 튀어 오르지 않는다.

98 직경이 600mm인 플라이휠이 z축을 중심으로 회전하고 있다. 플라이휠의 원주상의 점 P의 가속도가 그림과 같은 위치에서 "$a=-1.8i-4.8j$"라면 이 순간 플라이휠의 각가속도 α는 얼마인가?(단, i, j는 각각 x, y 방향의 단위 벡터이다.)

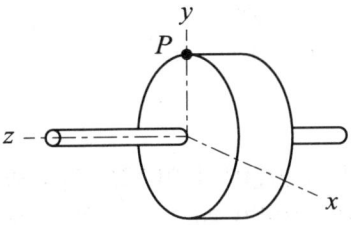

① 3rad/s^2 ② 4rad/s^2
③ 5rad/s^2 ④ 6rad/s^2

풀이 • 고정축에 대한 회전 운동으로 접선 성분과 법선 성분
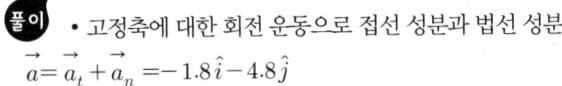
• 각가속도
$$\alpha = \frac{a_t}{r} = 6\,\text{rad/s}$$

99 질량과 탄성스프링으로 이루어진 시스템이 그림과 같이 자유낙하고 평면에 도달한 후 스프링의 반력에 의해 다시 튀어 오른다. 질량 "m"의 속도가 최대가 될 때, 탄성스프링의 변형량(x)은?(단, 탄성스프링의 질량은 무시하며, 스프링 상수는 k, 스프링의 바닥은 지면과 분리되지 않는다.)

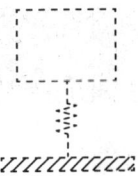

① 0 ② $\dfrac{mg}{2k}$
③ $\dfrac{mg}{k}$ ④ $\dfrac{2mg}{k}$

풀이 • 질량 m의 속도가 최대일 때 스프링의 변형량
$$mg = kx \rightarrow x = \frac{mg}{k}$$

100 질량 2000kg의 자동차가 평평한 길을 시속 90km/h로 달리다 급제동을 걸었다. 바퀴와 노면 사이의 동 마찰계수가 0.45일 때 자동차의 정지거리는 몇 m인가?

① 60 ② 71
③ 81 ④ 86

풀이 • 운동 방정식
$-\mu mg = ma$
$a = -\mu g$
여기서, 자동차의 제동력(F)=μmg, 자동차의 가속도=a
• 정지 거리
$$s = \frac{v_0^2}{2\mu g} = 70.86\,\text{m}$$

답 98 ④ 99 ③ 100 ②

2015년 4회 일반기계기사 기출문제

1 재료역학

1 그림과 같이 지름과 재질이 다른 3개의 원통을 끼워 조합된 구조물을 만들어 강판 사이에 P의 압축하중을 작용시키면 ①번 림의 재료에 발생되는 응력(σ_1)은?(단, E_1, E_2, E_3와 A_1, A_2, A_3는 각각 ①, ②, ③번의 세로탄성계수와 단면적이다.)

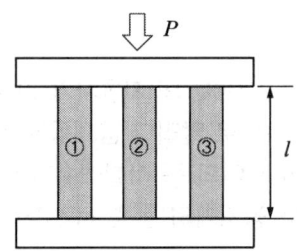

① $\sigma_1 = \dfrac{PA_1}{A_1E_1 + A_2E_2 + A_3E_3}$

② $\sigma_1 = \dfrac{P\ell}{A_1E_1 + A_2E_2 + A_3E_3}$

③ $\sigma_1 = \dfrac{PE_1}{A_1E_1 + A_2E_2 + A_3E_3}$

④ $\sigma_1 = \dfrac{PE_2}{A_1E_1 + A_2E_3 + A_3E_1}$

풀이
- 외력(外力)=내력(內力)의 합(合)
$P = P_1 + P_2 + P_3 = \sigma_1 A_1 + \sigma_2 A_2 + \sigma_3 A_3$
- 변형률 일정 $\epsilon = \epsilon_1 = \epsilon_2 = \epsilon_2 = \dfrac{\sigma_1}{E_1} = \dfrac{\sigma_2}{E_2} = \dfrac{\sigma_3}{E_3}$

$\Rightarrow \sigma_2 = \dfrac{E_2}{E_1}\sigma_1,\ \sigma_3 = \dfrac{E_3}{E_1}\sigma_1$

$P = \sigma_1 \cdot A_1 + \dfrac{E_2}{E_1}\sigma_1 \cdot A_2 + \dfrac{E_3}{E_1}\sigma_1 \cdot A_3$

$= \sigma_1 \cdot A_1 \dfrac{E_1}{E_1} + \sigma_1 \cdot A_2 \dfrac{E_2}{E_1} + \sigma_1 \cdot A_3 \dfrac{E_3}{E_1}$

$= \dfrac{\sigma_1}{E_1}(A_1 E_1 + A_2 E_2 + A_3 E_3)$

$\sigma_1 = \dfrac{PE_1}{A_1 E_1 + A_2 E_2 + A_3 E_3}$

2 사각 단면의 폭이 10cm이고 높이가 8cm이며, 길이가 2m인 장주의 양 끝이 회전형으로 고정되어 있다. 이 장주의 좌굴하중은 약 몇 kN인가?(단, 장주의 세로탄성계수는 10GPa이다.)

① 67.45   ② 106.28
③ 186.88   ④ 257.64

풀이 양단 회전이므로

$P_{CR} = \dfrac{\pi^2 \cdot EI}{L^2} = \dfrac{\pi^2 \times (10 \times 10^9) \times \dfrac{0.1 \times 0.08^3}{12}}{2^2}$

$≒ 105.3$

3 원통형 코일 스프링에서 코일 반지름 R, 소선의 지름 d, 전단탄성계수 G라고 하면 코일 스프링 한 권에 대해서 하중 P가 작용할 때 비틀림 각도 ϕ를 나타내는 식은?

답 1 ③ 2 ② 3 ④

① $\dfrac{32PR}{Gd^2}$ ② $\dfrac{32PR^2}{Gd^2}$

③ $\dfrac{64PR}{Gd^4}$ ④ $\dfrac{64PR^2}{Gd^4}$

풀이 $\phi = \dfrac{TL}{GI_P} = \dfrac{TL}{G\dfrac{\pi d^4}{32}} = \dfrac{32TL}{G\pi d^4} = \dfrac{32T(\pi D)}{G\pi d^4}$

$= \dfrac{32T(2R)}{Gd^4} = \dfrac{64PR^2}{Gd^4}$

$L = \pi D N_a$으로 N_a는 스프링의 유효 권수

4 그림과 같은 균일 단면을 갖는 부정정보가 단순 지지단에서 모멘트 M_o를 받는다. 단순 지지단에서의 반력 R_a는?(단, 굽힘강성 EI는 일정하고, 자중은 무시한다.)

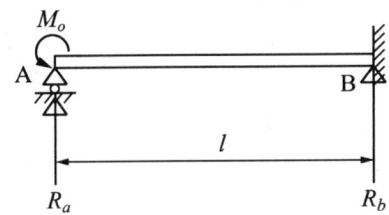

① $\dfrac{3M_0}{4l}$ ② $\dfrac{3M_0}{2l}$

③ $\dfrac{2M_0}{3l}$ ④ $\dfrac{4M_0}{3l}$

풀이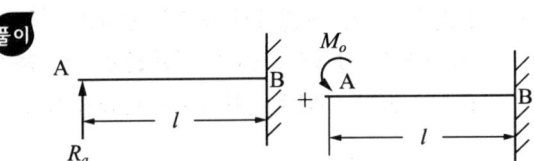

중첩법으로 A 지점의 처짐이 0인 조건을 이용하면

$\dfrac{R_a l^2}{3EI} = \dfrac{M_0 l^2}{2EI}$, $R_a = \dfrac{3M_0}{2l}$

5 그림과 같은 외팔보가 균일분포하중 ω를 받고 있을 때 자유단의 처짐 δ는 얼마인가?(단, 보의 굽힘강성 EI는 일정하고, 자중은 무시한다.)

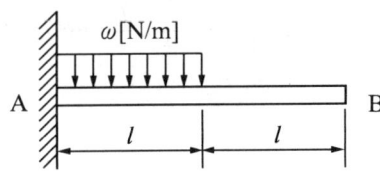

① $\dfrac{3}{24EI}\omega l^4$ ② $\dfrac{5}{24EI}\omega l^4$

③ $\dfrac{7}{24EI}\omega l^4$ ④ $\dfrac{9}{24EI}\omega l^4$

풀이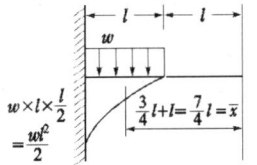

$A_m = \dfrac{1}{3} \times \dfrac{wl^2}{2} \times l = \dfrac{wl^3}{6}$, $\bar{x} = \dfrac{7}{4}l$

$\theta = \dfrac{w \cdot l^3}{6E \cdot I}$

$v = \bar{x} \cdot \theta = \dfrac{7}{4}l \times \dfrac{w \cdot l^3}{6E \cdot I} = \dfrac{7w \cdot l^4}{24E \cdot I}$

6 그림과 같은 보에 C에서 D까지 균일 분포하중 ω가 작용하고 있을 때, A점에서의 반력 R_A 및 B점에서의 반력 R_B는?

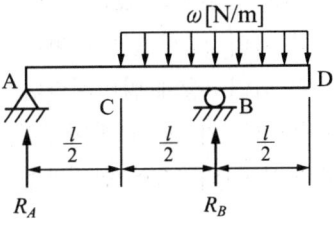

① $R_A = \dfrac{\omega l}{2}$, $R_B \dfrac{\omega l}{2}$

② $R_A = \dfrac{\omega l}{4}$, $R_B \dfrac{3\omega l}{4}$

③ $R_A = 0$, $R_B = \omega l$

④ $R_A = -\dfrac{\omega l}{4}$, $R_B \dfrac{5\omega l}{4}$

답 4 ② 5 ③ 6 ③

B지점에서 모멘트의 합은 0이므로

$R_A \times l - \omega \times \dfrac{l}{2} \times \dfrac{l}{4} + \omega \times \dfrac{l}{2} \times \dfrac{l}{4} = 0$ 에서 $R_A = 0$

$R_A + R_B = \omega l$ 이므로 $R_B = \omega l$

7 보에서 원형과 정사각형의 단면적이 같을 때, 단면계수의 비 Z_1/Z_2는 약 얼마인가? (단, 여기에서 Z_1은 원형 단면의 단면계수, Z_2는 정사각형 단면의 단면계수이다.)

① 0.531 ② 0.846
③ 1.258 ④ 1.182

 원형의 면적

= 사각형의 면적 → $\dfrac{\pi}{4}d^2 = a^2$, $a = \dfrac{\sqrt{\pi}}{2}d$

$Z_1 = \dfrac{\pi d^3}{32}$, $Z_2 = \dfrac{1}{6}a \times a^2 = \dfrac{1}{6} \cdot \dfrac{\sqrt{\pi}}{2}d \times \dfrac{\pi d^2}{4}$

$= \dfrac{\pi \cdot d^3 \cdot \sqrt{\pi}}{48}$ 에서 $\dfrac{Z_1}{Z_2} = \dfrac{\dfrac{\pi \cdot d^3}{32}}{\dfrac{\pi \cdot d^3 \cdot \sqrt{\pi}}{48}} = \dfrac{3}{2\sqrt{\pi}}$

8 직사각형 $[b \times h]$ 단면을 가진 보의 곡률 $\left(\dfrac{1}{\rho}\right)$ 에 관한 설명으로 옳은 것은?

① 폭(b)의 2승에 반비례한다.
② 폭(b)의 3승에 반비례한다.
③ 높이(h)의 2승에 반비례한다.
④ 높이(h)의 3승에 반비례한다.

풀이 $\dfrac{1}{\rho} = \dfrac{M}{E \cdot I} = \dfrac{M}{E\left(\dfrac{bh^3}{12}\right)}$

9 균일 분포하중 $\omega = 200 \text{N/m}$가 작용하는 단순 지지보의 최대 굽힘응력은 몇 MPa인가?(단, 보의 길이는 2m이고, 폭×높이 = 3cm×4cm인 사각형 단면이다.)

① 12.5 ② 25.0
③ 14.9 ④ 17.0

풀이 $M = \sigma S$ 이고 $M = \dfrac{wl^2}{8}$, $S = \dfrac{bh^2}{6}$ 이므로

$\sigma = \dfrac{M}{S} = \dfrac{\dfrac{wl^2}{8}}{\dfrac{bh^2}{6}} = \dfrac{6wl^2}{8bh^2} = \dfrac{6 \times 200 \times 2^2}{8 \times 0.03 \times 0.04^2} = 12.5 \text{MPa}$

10 원형 단면축이 비틀림을 받을 때, 그 속에 저장되는 탄성 변형 에너지 U는 얼마인가?(단, T: 토크, L: 길이, G: 가로탄성계수, I_P: 극관성 모멘트, I: 관성 모멘트, E: 세로탄성계수)

① $U = \dfrac{T^2 L}{2GI}$ ② $U = \dfrac{T^2 L}{2EI}$

③ $U = \dfrac{T^2 L}{2EI_P}$ ④ $U = \dfrac{T^2 L}{2GI_P}$

풀이 $U = \dfrac{1}{2}T\phi = \dfrac{1}{2}T\dfrac{Tl}{GI_P} = \dfrac{T^2 l}{2GI_P}$

11 보에 작용하는 수직전단력을 V, 단면 2차 모멘트는 I, 단면 1차 모멘트는 Q, 단면폭을 b라고 할 때 단면에 작용하는 전단응력(τ)의 크기는?(단, 단면은 직사각형이다.)

① $\tau = \dfrac{VQ}{Ib}$ ② $\tau = \dfrac{IV}{Qb}$

③ $\tau = \dfrac{Ib}{QV}$ ④ $\tau = \dfrac{Qb}{IV}$

풀이 $\tau_y = \dfrac{V}{I \cdot b}\int y \cdot dA = \dfrac{V}{I \cdot b}\int_{y_1}^{\frac{h}{2}} y \cdot dA$

$= \dfrac{V}{I \cdot b}\int_{y_1}^{\frac{h}{2}} y \cdot b \cdot dy$

답 7 ② 8 ④ 9 ① 10 ④ 11 ①

$$= \frac{V}{I \cdot b} b \left[\frac{1}{2} y^2\right]_{y_1}^{\frac{h}{2}} = \frac{V}{I \cdot b} b \frac{1}{2} \left[\frac{h^2}{2^2} - (y_1)^2\right]$$

$$= \frac{V}{I \cdot b} \frac{b}{2} \left(\frac{h}{2} + y_1\right)\left(\frac{h}{2} - y_1\right)$$

$$= \frac{V}{I \cdot b} b \left(\frac{h}{2} + y_1\right) \times \frac{\left(\frac{h}{2} - y_1\right)}{2} = \frac{V}{I \cdot b} \times \frac{b}{2}\left(\frac{h^2}{4} - y_1^2\right)$$

그리고

$$\tau_y = \frac{V}{I \cdot b} b \left(\frac{h}{2} + y_1\right) \times \frac{\left(\frac{h}{2} - y_1\right)}{2}$$

$$= \frac{V}{I \cdot b} \times A^* \times \bar{y} = \frac{V}{I \cdot b} Q$$

12 그림과 같은 분포하중을 받는 단순보의 $m-n$ 단면에 생기는 전단력의 크기는 얼마인가?(단, $q=300$N/m이다.)

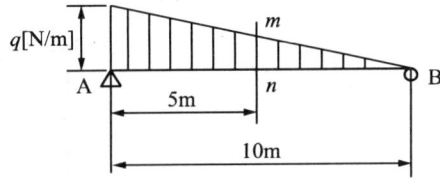

① 300N ② 250N
③ 167N ④ 125N

풀이 $R_A + R_B = \frac{q \cdot l}{2}$, $\Sigma M_A = 0$

$R_B l - \frac{ql}{2} \frac{l}{3} = 0 \Rightarrow R_B = \frac{ql}{6} = \frac{300 \times 10}{6} = 500$N,

$m-n$ 지점에서의 분포하중 q_{m-n}를 비례식으로 구하면

$q : 10 = q_{m-n} : 5$에서 $q_{m-n} = \frac{q \cdot 5}{10}$ 이다.

$$F_{m-n} = R_B - \frac{1}{2} 5 \cdot q_{m-n} = \frac{ql}{6} - \frac{5}{2} \frac{q5}{10}$$

$$= \frac{300 \times 10}{6} - \frac{300 \times 5^2}{2 \times 10}$$

$$= 125\text{N}$$

13 지름이 d인 연강환봉에 인장하중 P가 주어졌다면 지름 감소량(δ)은?(단, 재료의 탄성계수는 E, 포아송비는 ν이다.)

① $\delta = \dfrac{P\nu}{\pi Ed}$ ② $\delta = \dfrac{P\nu}{2\pi Ed}$

③ $\delta = \dfrac{P\nu}{4\pi Ed}$ ④ $\delta = \dfrac{4P\nu}{\pi Ed}$

풀이 $\epsilon = \dfrac{\sigma}{E} = \dfrac{P}{A}\dfrac{1}{E} = \dfrac{4P}{\pi d^2}\dfrac{1}{E} = \dfrac{4P}{\pi d^2 E}$, $\epsilon' = \dfrac{\delta}{d}$

$$\nu = \frac{\epsilon'}{\epsilon} = \frac{\frac{\delta}{d}}{\frac{4P}{\pi d^2 E}} = \frac{\delta \times \pi d^2 E}{d \times 4P} = \frac{\delta \pi d E}{4P}$$

$$\delta = \frac{4P\nu}{\pi dE}$$

14 그림과 같이 축 방향으로 인장하중을 받고 있는 원형 단면봉에서 θ의 각도를 가진 경사단면에 전단응력(τ)과 수직응력(σ)이 작용하고 있다. 이때 전단응력 τ가 수직응력 σ의 $\dfrac{1}{2}$이 되는 경사단면의 경사각(θ)은?

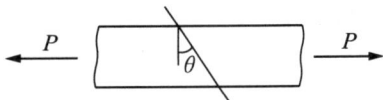

① $\theta = \tan^{-1}\left(\dfrac{1}{2}\right)$ ② $\theta = \tan^{-1}(1)$

③ $\theta = \tan^{-1}(2)$ ④ $\theta = \tan^{-1}(4)$

풀이 $\sigma_n = \dfrac{P}{A}\cos^2\theta$, $\tau = \dfrac{P}{A}\sin\theta \cdot \cos\theta$

$$\tan\theta = \frac{\tau}{\sigma_n} = \frac{\frac{P}{A}\sin\theta\cos\theta}{\frac{P}{A}\cos^2\theta} = \frac{\sin\theta}{\cos\theta}$$ 이므로

$$\tan\theta = \frac{\tau}{\sigma_n} = \frac{\frac{1}{2}}{1} = \frac{1}{2}$$

15 그림과 같이 지름이 다른 두 부분으로 된 원형 축에 비틀림 토크(T) 680N·m가 B점에 작용할 때, 최대 전단응력은 얼마인가?(단, 전단탄성계수 $G=80$GPa이다.)

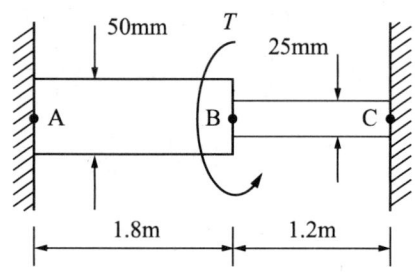

① 19.0MPa ② 38.1MPa
③ 30.6MPa ④ 25.3MPa

 $T_{AB} + T_{BC} = T$

$\phi_{AB} = \phi_{BC}$이므로 $\dfrac{T_{AB}l_{AB}}{GI_{P(AB)}} = \dfrac{T_{BC}l_{BC}}{GI_{P(BC)}}$

$T_{AB} = T_{BC}\dfrac{I_{P(AB)}l_{BC}}{I_{P(BC)}l_{AB}}$

$T_{BC}\left(\dfrac{I_{P(AB)}l_{BC}}{I_{P(BC)}l_{AB}} + 1\right) = T$

$T_{BC} = \dfrac{T}{\dfrac{I_{P(AB)}l_{BC}}{I_{P(BC)}l_{AB}} + 1} = \dfrac{680}{\dfrac{\dfrac{\pi \times 0.05^4}{32} \times 1.2}{\dfrac{\pi \times 0.025^4}{32} \times 1.8} + 1}$

$= \dfrac{680}{\dfrac{0.05^4 \times 1.2}{0.025^4 \times 1.8} + 1} \fallingdotseq 58.2\text{Nm}$

$T_{AB} = T - T_{BC} = 680 - 58.2 = 621.8$

$\tau_{AB} = \dfrac{T_{AB}}{\dfrac{\pi d^3}{16}} = \dfrac{16 \times 621.8}{\pi \times 0.05^3} \fallingdotseq 25.3\text{MPa}$

$\tau_{BC} = \dfrac{T_{BC}}{\dfrac{\pi d^3}{16}} = \dfrac{16 \times 58.2}{\pi \times 0.025^3} \fallingdotseq 18.97\text{MPa}$

$\tau_{\max} = \tau_{AB}$

16 단면적이 30cm², 길이가 30cm인 강봉이 축 방향으로 압축력 $P=21$kN을 받고 있을 때, 그 봉 속에 저장되는 변형 에너지의 값은 약 몇 N·m인가?(단, 강봉의 세로탄성계수는 210GPa이다.)

① 0.085 ② 0.105
③ 0.135 ④ 0.195

 $U = \dfrac{P^2 l}{2AE} = \dfrac{21000^2 \times 0.3}{2 \times (30 \times 10^{-4}) \times (210 \times 10^9)}$
$= 0.105\text{N·m}$

17 폭이 2cm이고 높이가 3cm인 직사각형 단면을 가진 길이 50cm의 외팔보의 고정단에서 40cm되는 곳에 800N의 집중하중을 작용시킬 때 자유단의 처짐은 약 몇 μm인가?(단, 외팔보의 세로탄성계수는 210GPa이다.)

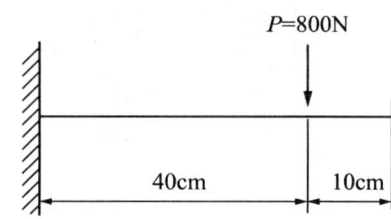

① 0.074 ② 0.25
③ 1.48 ④ 12.52

 $v_{\max} = \dfrac{P \times 0.4^3}{3EI} + \dfrac{P \times 0.4^2}{2EI} \times 0.1$

$= \dfrac{0.4^2 P}{EI}\left(\dfrac{0.4}{3} + \dfrac{1}{2} \times 0.1\right)$

$= \dfrac{0.4^2 \times 800}{(210 \times 10^9)\dfrac{0.02 \times 0.03^3}{12}} \times 0.18333$

$\fallingdotseq 2.48 \times 10^{-3}\text{m}$

답 15 ④ 16 ② 17 ②

18 지름 10mm인 환봉에서 1kN의 전단력이 작용할 때 이 환봉에 걸리는 전단응력은 약 몇 MPa인가?

① 6.36 ② 12.73
③ 24.56 ④ 32.22

풀이 $\tau = \dfrac{P}{A} = \dfrac{4P}{\pi d^2} = \dfrac{4 \times 1000}{\pi \times 0.01^2} \fallingdotseq 12.73 \text{MPa}$

19 지름 2cm, 길이 20cm인 연강봉이 인장하중을 받을 때 길이는 0.016cm 만큼 늘어나고 지름은 0.0004cm 만큼 줄었다. 이 연강봉의 포아송비는?

① 0.25 ② 0.3
③ 0.33 ④ 4

풀이 $\mu = \dfrac{\epsilon'}{\epsilon} = \dfrac{\dfrac{0.0004}{2}}{\dfrac{0.016}{20}} = 0.25$

20 반원 부재에 그림과 같이 0.5R 지점에 하중 P가 작용할 때 지지점 B에서의 반력은?

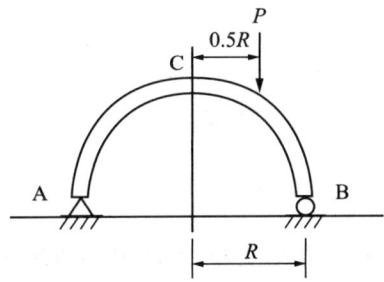

① $\dfrac{P}{4}$ ② $\dfrac{P}{2}$
③ $\dfrac{3P}{4}$ ④ P

풀이 $\sum M_A = 0$에서 $R_B \times 2R - P(0.5R + R) = 0$
$R_B = \dfrac{1.5P}{2} = \dfrac{3}{2}\dfrac{P}{2} = \dfrac{3P}{4}$

2 기계열역학

21 이상 기체의 엔탈피가 변하지 않는 과정은?
① 가역 단열 과정
② 비가역 단열 과정
③ 교축 과정
④ 정적 과정

풀이 교축 과정 전후의 엔탈피는 변하지 않는다.

22 어느 이상 기체 1kg을 일정 체적하에 20℃로부터 100℃로 가열하는 데 836kJ의 열량이 소요되었다. 이 가스의 분자량이 2라고 한다면 정압 비열은?

① 약 2.09kJ/kg℃ ② 약 6.27kJ/kg℃
③ 약 10.5kJ/kg℃ ④ 약 14.6kJ/kg℃

풀이 • 정압 비열
$C_p = C_v + R = 14.6 \text{kJ/kg℃}$
여기서, 기체 상수(R)=4.16kJ/kg·K
정적 비열(C_v)=10.45kJ/kg·K

23 증기 터빈으로 질량 유량 1kg/s, 엔탈피 h_1=3500kJ/kg의 수증기가 들어온다. 중간 단에서 h_2=3100kJ/kg의 수증기가 추출되며 나머지는 계속 팽창하여 h_3=2500kJ/kg 상태로 출구에서 나온다면, 중간 단에서 추출되는 수증기의 질량 유량은?(단, 열손실은 없으며, 위치 에너지 및 운동 에너지의 변화가 없고, 터빈 출력은 900kW이다.)

① 0.167kg/s ② 0.323kg/s
③ 0.714kg/s ④ 0.886kg/s

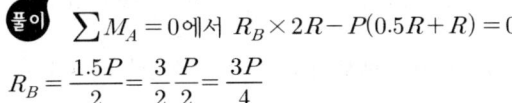

풀이 • 터빈 출력(W_t)

$W_t = 1 \cdot (h_1 - h_2) + (1-m_1)(h_2 - h_3)$

• 중간단에서 추출되는 수증기 질량 유량(m_1)

$m_1 = \dfrac{h_3 - h_1 + W_t}{h_3 - h_2} = 0.1667 \text{kg}$

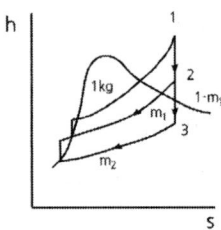

24 열역학 제2법칙에 대한 설명 중 틀린 것은?

① 효율이 100%인 열기관은 얻을 수 없다.
② 제 2종의 영구 기관은 작동 물질의 종류에 따라 가능하다.
③ 열은 스스로 저온의 물질에서 고온의 물질로 이동하지 않는다.
④ 열기관에서 작동 물질이 일을 하게 하려면 그보다 더 저온인 물질이 필요하다.

풀이 • 제2종 영구기관
– 열원에서 받은 열을 모두 다른 에너지로 변환하는 기관
– 제2종 영구기관 제작이 불가능하다는 것을 설명할 수 있는 법칙이 열역학 제2법칙이다.

25 튼튼한 용기 안에 100kPa, 30℃의 공기가 5kg 들어있다. 이 공기를 가열하여 온도를 150℃로 높였다. 이 과정 동안에 공기에 가해 준 열량을 구하면?(단, 공기의 정적 비열 및 정압 비열은 각각 0.717kJ/kg·K와 1.004 kJ/kg·K이다.)

① 86.0kJ ② 12.05kJ
③ 430.2kJ ④ 602.4kJ

풀이 • 공기에 가해 준 열량

$_1Q_2 = m_{air} C_v (T_2 - T_1) = 430.2 \text{kJ}$

26 이상 기체의 등온 과정에서 압력이 증가하면 엔탈피는?

① 증가 또는 감소 ② 증가
③ 불변 ④ 감소

풀이 등온 과정에서 엔탈피는 변하지 않는다.

27 절대 온도가 T_1, T_2인 두 물체 사이에 열량 Q가 전달될 때 이 두 물체가 이루는 계의 엔트로피 변화는?(단, $T_1 > T_2$이다.)

① $\dfrac{T_1 - T_2}{Q \cdot T_1}$ ② $\dfrac{T_1 - T_2}{Q \cdot T_2}$

③ $\dfrac{Q}{T_1} - \dfrac{Q}{T_2}$ ④ $\dfrac{Q}{T_2} - \dfrac{Q}{T_1}$

풀이 • 고온 열원 T_1에서 엔트로피 변화량

$\dfrac{-Q}{T_1} = S_1$

• 저온 열원 T_2에서 엔트로피 변화량

$\dfrac{+Q}{T_2} = S_2$

• 두 열원의 총 엔트로피 변화량

$S_{net} = S_1 + S_2 = \dfrac{-Q}{T_1} + \dfrac{Q}{T_2}$

28 시스템의 경계 안에 비가역성이 존재하지 않는 내적 가역 과정을 온도–엔트로피 선도 상에 표시하였을 때, 이 과정 아래의 면적은 무엇을 나타내는가?

① 일량 ② 내부 에너지 변화량
③ 열전달량 ④ 엔탈피 변화량

풀이 $T-s$ 선도상에서 아래 면적은 열전달량을 나타낸다.

답 24 ② 25 ③ 26 ③ 27 ④ 28 ③

29 정압 비열이 0.931kJ/kg·K이고, 정적 비열이 0.666kJ/kg·K인 이상 기체를 압력 400kPa, 온도 20℃로서, 0.25kg을 담은 용기의 체적은 약 몇 m³인가?

① 0.213   ② 0.0265
③ 0.0381 ④ 0.0485

풀이 • 용기의 체적
$$V = \frac{mRT}{P} = 0.0485 \, m^3$$
여기서, $R = C_p - C_v = 0.265 \, kJ/kg·K$

30 기체의 초기 압력이 20kPa, 초기 체적이 0.1m³인 상태에서부터 "PV=일정"인 과정으로 체적이 0.3m³로 변했을 때의 일량은 약 얼마인가?

① 2200J   ② 4000J
③ 2200kJ ④ 4000kJ

풀이 • 일량
$$_1W_2 = \int_1^2 PdV = P_1V_1 \ln\frac{V_2}{V_1} = 2197J$$

31 분자량이 28.5인 이상 기체가 압력 200kPa, 온도 100℃ 상태에 있을 때 비체적은?(단, 일반 기체 상수=8.314kJ/kmo·K이다.)

① 0.146kg/m³   ② 0.545kg/m³
③ 0.146m³/kg   ④ 0.545m³/kg

풀이 • 비체적
$$v = \frac{RT}{P} = \frac{\overline{R}}{M} \times \frac{T}{P} = 0.544 \, m^3/kg$$

32 고온 측이 20℃, 저온 측이 -15℃인 Carnot 열펌프의 성능계수(COP_H)를 구하면?

① 8.38   ② 7.38
③ 6.58   ④ 4.28

풀이 • 펌프의 성능계수(COP_H)
$$COP_H = \frac{T_H}{T_H - T_L} = 8.37$$

33 밀폐 단열된 방에 다음 두 경우에 대하여 가정용 냉장고를 가동시키고 방안의 평균온도를 관찰한 결과 가장 합당한 것은?

 a) 냉장고의 문을 열었을 경우
 b) 냉장고의 문을 닫았을 경우

① a), b) 경우 모두 방안의 평균 온도는 감소한다.
② a), b) 경우 모두 방안의 평균 온도는 상승한다.
③ a), b) 경우 모두 방안의 평균 온도는 변하지 않는다.
④ a)의 경우는 방안의 평균 온도는 변하지 않고, b)의 경우는 상승한다.

풀이 밀폐 단열된 방에서 냉장고 문을 열거나 닫을 경우 모두 방안의 평균 온도는 상승한다.

34 피스톤-실린더 장치 안에 300kPa, 100℃의 이산화탄소 2kg이 들어 있다. 이 가스를 $PV^{1.2}$=constant인 관계를 만족하도록 피스톤 위에 추를 더해가며 온도가 200℃가 될 때까지 압축하였다. 이 과정 동안의 열전달량은 약 몇 kJ인가?(단, 이산화탄소의 정적 비열(C_v)=0.653kJ/kg·K이고, 정압 비열(C_p)=0.842kJ/kg·K이며, 각각 일정하다)

① -189   ② -58
③ -20   ④ 130

답 29 ④ 30 ① 31 ④ 32 ① 33 ② 34 ②

풀이 • 폴리트로픽 과정 동안 경계 이동으로 수행한 일
$${}_1W_2 = \frac{mR(T_2-T_1)}{1-n} = -189 \times 10^3 \text{J}$$
여기서, 기체 상수(R)=0.189kJ/kg·K
• 과정동안 열전달량
$${}_1Q_2 = mC_v(T_2-T_1) + {}_1W_2 = -58.4\text{kJ}$$

35 이상 냉동기의 작동을 위해 두 열원이 있다. 고열원이 100℃이고, 저열원이 50℃이라면 성능계수는?
① 1.00 ② 2.00
③ 4.25 ④ 6.46

풀이 • 냉동기 성능계수
$$COP = \frac{T_L}{T_H - T_L} = 6.46$$

36 -10℃와 30℃ 사이에서 작동되는 냉동기의 최대성능계수로 적합한 것은?
① 8.8 ② 6.6
③ 3.3 ④ 2.8

풀이 • 냉동기 성능계수
$$COP = \frac{T_L}{T_H - T_L} = 6.575$$

37 이상 기체의 폴리트로프(Polytropoe) 변화에 대한 식이 $PV^n = C$ 라고 할 때 다음의 변화에 대하여 표현이 틀린 것은?
① $n = 0$ 일 때는 정압 변화를 한다.
② $n = 1$ 일 때는 등온 변화를 한다.
③ $n = \infty$ 일 때는 정적 변화를 한다.
④ $n = k$ 일 때는 등온 및 정압 변화를 한다.
(단, k=비열비이다.)

풀이 $n = k$ 일 때는 등엔트로피 과정이다.

38 실제 가스 터빈 사이클에서 최고 온도가 630℃이고, 터빈 효율이 80%이다. 손실 없이 단열 팽창한다고 가정했을 때의 온도가 290℃라면 실제 터빈 출구에서의 온도는? (단, 가스의 비열은 일정하다고 가정한다.)
① 348℃ ② 358℃
③ 368℃ ④ 378℃

풀이 • 실제 터빈 출구 온도
$$T_4 = T_3 - \eta_t(T_3 - T_{4s}) = 631\text{K} = 358℃$$
여기서, 사이클 최고 온도(T_3)=903K
이상적인 등엔트로피 팽창 온도(T_{4s})=563K

39 밀폐 용기에 비 내부 에너지가 200kJ/kg인 기체 0.5kg이 있다. 이 기체를 용량이 500W인 전기 가열기로 2분 동안 가열한다면 최종 상태에서 기체의 내부 에너지는?(단, 열량은 기체로만 전달된다고 한다.)
① 20kJ ② 100kJ
③ 120kJ ④ 160kJ

풀이 • 최종 상태 내부 에너지
$$U_2 = {}_1Q_2 + U_1 + {}_1W_2 = 160\text{kJ}$$
여기서, ${}_1W_2=0$, 2분 동안 가열한 열량(${}_1Q_2$)=60kJ

40 클라우지우스(Clausius) 부등식이 옳은 것은?(단, T는 절대 온도, Q는 열량을 표시한다.)
① $\oint \delta Q \leq 0$ ② $\oint \delta Q \geq 0$
③ $\oint \frac{\delta Q}{T} \leq 0$ ④ $\oint \frac{\delta Q}{T} \geq 0$

풀이 • 클라우지우스(Clausius) 부등식
$$\oint \frac{\delta Q}{T} \leq 0$$
여기서, "= 가역 사이클", "< 비가역 사이클"

답 35 ④ 36 ② 37 ④ 38 ② 39 ④ 40 ③

기계유체역학

41 물의 높이 8cm와 비중 2.94인 액주계 유체의 높이 6cm를 합한 압력은 수은주(비중 13.6) 높이의 몇 cm에 상당하는가?

① 1.03 ② 1.89
③ 2.24 ④ 3.06

풀이 • 압력 환산
$P_w + P_l = 2512.7\text{Pa}$
여기서, 물높이 8cm인 경우 압력(P_w)=784Pa,
액주계 6cm인 경우 압력(P_l)=1728.7Pa
• 수은주 높이(h)
$h = \dfrac{2512.7 \times 760}{101292.8} = 18.9\text{mmHg}$

42 선운동량의 차원으로 옳은 것은?(단, M: 질량, L: 길이, T: 시간이다.)

① MLT ② $ML^{-1}T$
③ MLT^{-1} ④ MLT^{-2}

풀이 • 선운동량
운동량=질량·속도[kg·m/s] → MLT^{-1}

43 비중이 0.65인 물체를 물에 띄우면 전체 체적의 몇 %가 물속에 잠기는가?

① 12 ② 35
③ 42 ④ 65

 • 물체의 체적(V), 물속에 잠긴 체적(V_1)
물체의 무게=부력
$0.65 \times 9800 V = 9800 V_1$
$\dfrac{V_1}{V} = 0.65$

44 2m×2m×2m의 정육면체로 된 탱크 안에 비중이 0.8인 기름이 가득 차 있고, 위 뚜껑이 없을 때 탱크의 옆 한 면에 작용하는 전체 압력에 의한 힘은 약 몇 kN인가?

① 1.6 ② 15.7
③ 31.4 ④ 62.8

 • 탱크의 한 면에 작용하는 수평 방향 힘
$F = SG \times \gamma_w \times h_c \times A = 31.4\text{kN}$

45 그림과 같이 노즐이 달린 수평관에서 압력계 읽음이 0.49MPa이었다. 이 관의 안지름이 6cm이고 관의 끝에 달린 노즐의 출구 지름이 2cm라면 노즐 출구에서 물의 분출 속도는 약 몇 m/s인가?(단, 노즐에서의 손실은 무시하고 관마찰계수는 0.025로 한다.)

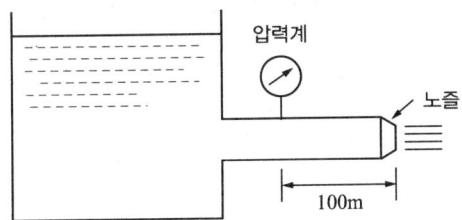

① 16.8 ② 20.4
③ 25.5 ④ 28.4

 • 압력계와 노즐 출구
$\dfrac{P_1}{\rho g} + \dfrac{V_1^2}{2g} + z_1 = \dfrac{P_2}{\rho g} + \dfrac{(9V_1)^2}{2g} + z_2 + h_L$
여기서, 노즐 출구에서 분출 속도(V_2)=$9V_1$
수치 대입하면 $\dfrac{0.49 \times 10^6}{1000 \times 9.8} + \dfrac{V_1^2}{2 \times 9.8}$
$= 0 + \dfrac{(9V_1)^2}{2 \times 9.8} + \left(0.025 \cdot \dfrac{100}{6 \times 10^{-2}} \cdot \dfrac{V_1^2}{2 \times 9.8}\right)$
정리하면, 관내 유속(V_1)=2.838m/s
• 노즐 출구에서 분출 속도
$V_2 = 9V_1 = 25.54\text{m/s}$

46 다음 ΔP, L, Q, ρ 변수들을 이용하여 만든 무차원수로 옳은 것은?(단, ΔP: 압력차, ρ: 밀도, L: 길이, Q: 유량)

① $\dfrac{\rho \cdot Q}{\Delta P \cdot L^2}$ ② $\dfrac{\rho \cdot L}{\Delta P \cdot TQ^2}$

③ $\dfrac{\Delta P \cdot L \cdot Q}{\rho \cdot}$ ④ $\dfrac{Q}{L^2}\sqrt{\dfrac{\rho}{\Delta P}}$

 ④ $\dfrac{Q}{L^2}\sqrt{\dfrac{\rho}{t}\Delta P} = \dfrac{L^3 T^{-1}}{L^2} \times \sqrt{\dfrac{ML^{-3}}{ML^{-1}T^{-2}}}$
$= LT^{-1} \times L^{-1}T = 1$

47 그림과 같은 원통 주위의 포텐셜 유동이 있다. 원통 표면상에서 상류 유속과 동일한 유속이 나타나는 위치(θ)는?

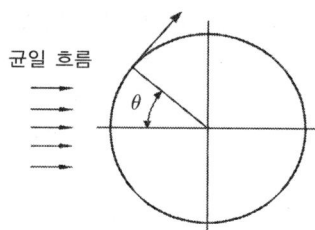

① 0° ② 30°
③ 45° ④ 90°

 • 원통(실린더) 표면에서 속도 성분
$u_r = 0$, $u_\theta = -2U\sin\theta$
$u_\theta = U$이면 $\sin\theta = -\dfrac{1}{2}$
$\theta = 30°$

48 다음 중 유선(Stream Line)에 대한 설명으로 옳은 것은?
① 유체의 흐름에 있어서 속도 벡터에 대하여 수직한 방향을 갖는 선이다.
② 유체의 흐름에 있어서 유동 단면의 중심을 연결한 선이다.
③ 유체의 흐름에 있어서 모든 점에서의 접선 방향의 속도 벡터의 방향을 갖는 연속적인 선이다.
④ 비정상 흐름에서만 유동의 특성을 보여주는 선이다.

풀이 • 유선(Stream Line): 유선 위에 있는 유체의 속도 벡터는 유선의 접선 방향이다.

49 비중 0.8인 알코올이 든 U자관 압력계가 있다. 이 압력계의 한 끝은 피토관의 전압부에, 다른 끝은 정압부에 연결하여 피토관으로 기류의 속도를 재려고 한다. U자관 읽음의 차가 78.8mm, 대기 압력이 1.0266×10^5Pa abs, 온도 21°C일 때 기류의 속도는?(단, 기체 상수 $R = 287$N·m/kg·K이다)

① 38.8m/s ② 27.5m/s
③ 43.5m/s ④ 31.8m/s

풀이 • 기류속도(V_1)
$V_1 = \sqrt{\dfrac{2(P_2 - P_1)}{\rho_{기류}}} = \sqrt{\dfrac{2}{\rho_{기류}}\Delta h(\gamma_{알코올} - \gamma_{기류})}$
$= \sqrt{2g\Delta h\left(\dfrac{SG_{알코올} \cdot \rho_w}{\rho_{기류}} - 1\right)} = 31.8$m/s

여기서, 압력 차$(P_2 - P_1) = \Delta h(\gamma_{알코올} - \gamma_{기류})$

기류의 밀도$(\rho_{기류}) = \dfrac{P}{RT} = 1.2167$kg/m³

50 안지름이 50mm인 180° 곡관(bend)을 통하여 물이 5m/s의 속도와 0의 계기압력으로 흐르고 있다. 물이 곡관에 작용하는 힘은 약 몇 N인가?

① 0 ② 24.5
③ 49.1 ④ 98.2

답 46 ④ 47 ② 48 ③ 49 ④ 50 ④

- 물이 곡관에 작용하는 힘

$P_1 A_1 - F = -\dot{m} V_2 - \dot{m} V_1$
$(P_1 = 0, \ V_1 = V_2 = V)$
$F = 2\dot{m} V = 2 \times \rho A V^2 = 98.2 \text{N}$

51 한 변이 30cm인 윗면이 개방된 정육면체 용기에 물을 가득 채우고 일정 가속도 (9.8m/s²)로 수평으로 끌 때 용기 밑면의 좌측 끝단(A 부분)에서의 게이지 압력은?

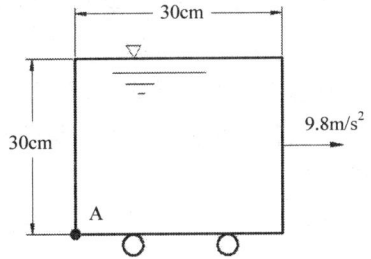

① 1470N/m² ② 2079N/m²
③ 2940N/m² ④ 4158N/m²

- A점의 게이지 압력($h = 0.3\text{m}$)

$P_A = \rho g h = 2940 \text{N/m}^2$

52 지름 5cm인 원관 내 완전발달 층류 유동에서 벽면에 걸리는 전단응력이 4Pa이라면 중심축과 거리가 1cm인 곳에서의 전단응력은 몇 Pa인가?

① 0.8   ② 1
③ 1.6   ④ 2

- 원형 파이프 층류 유동의 전단응력 분포는 관 중심에서는 0(영)이고 관 벽까지 직선으로 증가한다.

$5/2 : \tau = 1 : x$

$x = \frac{2}{5}\tau = 1.6 \text{Pa}$

53 익폭 10m, 익현의 길이 1.8m인 날개로 된 비행기가 112m/s의 속도로 날고 있다. 익현의 받음각이 1°, 양력 계수 0.326, 항력 계수 0.0761일 때, 비행에 필요한 동력은 약 몇 kW인가?(단, 공기의 밀도는 1.2173 kg/m³이다)

① 1172   ② 1343
③ 1570   ④ 6730

- 항력

$F_D = \frac{C_D}{2} \times \rho A V^2 = 10.458 \text{kN}$

- 동력

$P = F_D \times V = 1171.3 \text{kW}$

여기서, V = 비행기 속도

54 수력 기울기선과 에너지 기울기선에 관한 설명 중 틀린 것은?

① 수력 기울기선의 변화는 총에너지의 변화를 나타낸다.
② 수력 기울기선은 에너지 기울기선의 크기보다 작거나 같다.
③ 정압은 수력 기울기선과 에너지 기울기선에 모두 영향을 받는다.
④ 관의 진행 방향으로 유속이 일정한 경우 부차적 손실에 의한 수력 기울기선과 에너지 기울기선의 변화는 같다.

에너지 기울기선(EGL)은 수력 기울기선(HGL)보다 속도 수두 $\left(\dfrac{V^2}{2g}\right)$ 만큼 위에 있으며, 전 수두를 연결한 선이 에너지 구배선이다.

답 51 ③ 52 ③ 53 ① 54 ①

55 파이프 내 유동에 대한 설명 중 틀린 것은?
① 층류인 경우 파이프 내에 주입된 염료는 관을 따라 하나의 선을 이룬다.
② 레이놀즈수가 특정 범위를 넘어가면 유체 내의 불규칙한 혼합이 증가한다.
③ 입구 길이란 파이프 입구부터 완전 발달된 유동이 시작되는 위치까지의 거리이다.
④ 유동이 완전 발달되면 속도 분포는 반지름 방향으로 균일(uniform)한다.

 • 파이프 내 유동 속도 분포

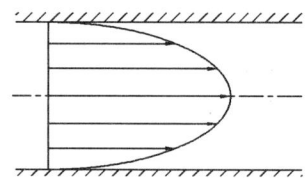
▲ 완전 발달 층류 원형 파이프 흐름에서 속도 분포

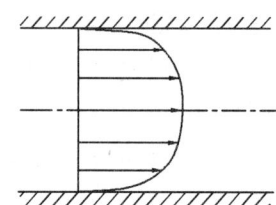
▲ 원형 파이프 내 난류 흐름의 속도 분포

56 다음 중 질량 보존의 법칙과 가장 관련이 깊은 방정식은 어느 것인가?
① 연속 방정식   ② 상태 방정식
③ 운동량 방정식 ④ 에너지 방정식

풀이 질량 보존의 법칙과 관련이 있는 방정식은 연속 방정식이다.
$\dot{Q} = A_1 V_1 = A_2 V_2$

57 평판을 지나는 경계층 유동에서 속도 분포를 경계층 내에서는 $u = U\dfrac{y}{\delta}$, 경계층 밖에서는 $u = U$로 가정할 때, 경계층 운동량 두께(Boundary Layer Momentum Thickness)는 경계층 두께 δ의 몇 배인가?(단, $U=$ 자유 흐름 속도, $y=$ 평판으로부터의 수직 거리)
① 1/6   ② 1/3
③ 1/2   ④ 7/6

 • 운동량 두께
$$\theta = \int_0^\infty \dfrac{u}{U}\left(1 - \dfrac{u}{U}\right)dy = \int_0^\delta \left(\dfrac{y}{\delta} - \dfrac{y^2}{\delta^2}\right)dy = \dfrac{\delta}{6}$$

58 간격이 10mm인 평행 평판 사이에 점성계수가 14.2poise인 기름이 가득 차있다. 아래쪽 판을 고정하고 위의 평판을 2.5m/s인 속도로 움직일 때, 평판 면에 발생되는 전단응력은?
① $316N/cm^2$ ② $316N/m^2$
③ $355N/m^2$ ④ $355N/cm^2$

 • 전단응력
$\tau = \mu \cdot \dfrac{u}{y} = 355N/m^2$
여기서, 점성계수(14.2poise) $= 1.42Pa \cdot s$

59 어뢰의 성능을 시험하기 위해 모형을 만들어서 수조 안에서 24.4m/s의 속도로 끌면서 실험하고 있다. 원형(Prototype)의 속도가 6.1m/s라면 모형과 원형의 크기 비는 얼마인가?
① 1:2   ② 1:4
③ 1:8   ④ 1:10

 • 레이놀즈수가 같아야 한다.
$\dfrac{V_p D_p}{\nu_p} = \dfrac{V_m D_m}{\nu_m}$
$\dfrac{D_m}{D_p} = \dfrac{V_p}{V_m} \times \dfrac{\nu_m}{\nu_p} = \dfrac{6.1}{24.4} = \dfrac{1}{4}$
여기서, $\nu_m = \nu_p$

60 $\dfrac{P}{\gamma}+\dfrac{v^2}{2g}+z=\text{Const}$ 로 표시되는 Bernoulli 의 방정식에서 우변의 상수 값에 대한 설명으로 가장 옳은 것은?

① 지면에서 동일한 높이에서는 같은 값을 가진다.
② 유체 흐름의 단면상의 모든 점에서 같은 값을 가진다.
③ 유체 내의 모든 점에서 같은 값을 가진다.
④ 동일 유선에 대해서는 같은 값을 가진다.

풀이 Bernoulli의 방정식 $\dfrac{P}{\gamma}+\dfrac{v^2}{2g}+z=\text{Const}$ 에서 각 항목은 유동 유체의 수두(Head)를 나타낸다. 각 항목은 길이의 차원을 갖고 동일한 유선을 따라 성립한다.

$\dfrac{P}{\rho g}$ = 압력 수두

$\dfrac{v^2}{2g}$ = 속도 수두

z = 위치 수두

4과목 기계재료 및 유압기기

61 탄소강의 기계적 성질에 대한 설명으로 틀린 것은?

① 아공석강의 인장강도, 항복점은 탄소 함유량의 증가에 따라 증가한다.
② 인장강도는 공석강이 최고이고, 연신율 및 단면수축률은 탄소량과 더불어 감소한다.
③ 온도가 증가함에 따라 인장강도, 경도, 항복점은 항상 저하한다.
④ 재료의 온도가 300℃ 부근으로 되면 충격 치는 최소치를 나타낸다.

풀이 • 탄소강의 특징
㉠ 아공석강은 탄소 함유량에 비례하여 인장강도, 경도, 항복점 등은 탄소의 함유량 증가에 따라 증가한다.
㉡ 공석강에서는 인장강도가 최대로 되며, 연신율 및 단면 수축률은 탄소량과 더불어 감소한다.
㉢ 과공석강에서는 시멘타이트(cementite)가 망상으로 나타나 인장강도는 탄소가 증가하여도 감소되나 경도는 증가한다.
㉣ 동일 성분의 탄소강이라도 온도에 따라 그 기계적 성질은 달라진다. 탄소가 0.25%인 강은 0~500℃에서 탄성계수, 탄성한계, 항복점 등은 온도의 상승에 따라 감소하고, 인장강도는 200~300℃까지는 상승하여 최대가 되며, 연신율과 단면 수축률은 온도 상승에 따라 감소하여 인장강도가 최대가 되는 점에서 최솟값을 나타내고 다시 커진다.
㉤ 충격값은 300℃ 부근에서 최소치를 나타낸다.

62 구상흑연주철에서 흑연을 구상으로 만드는 데 사용하는 원소는?

① Cu   ② Mg
③ Ni   ④ Ti

풀이 • 구상흑연주철 : 주철은 흑연의 상이 편상되어 있기 때문에 강에 비해 연성이 나쁘고, 취성이 크고, 열처리 시간이 길다. 이를 개선하기 위하여 용선에 Mg를 첨가하여 흑연을 소실시키고 Fe-Si, Cu-Si 등을 접종하여 흑연핵을 형성시켜 흑연을 구상화한 것

63 다음 중 강의 상온 취성을 일으키는 원소는?

① P   ② Si
③ S   ④ Cu

풀이 • 탄소강에서 P(인)의 영향
㉠ 강도와 경도, 절삭성을 증가시킨다.
㉡ 연신율을 감소시키며, 상온 취성의 원인이 된다.
㉢ 결정립을 크고(조대화), 거칠게 하며 냉간가공을 저하시킨다.

답 60 ④ 61 ③ 62 ② 63 ①

64 담금질한 강의 여린 성질을 개선하는 데 쓰이는 열처리법은?
① 뜨임 처리 ② 불림 처리
③ 풀림 처리 ④ 침탄 처리

풀이 • 열처리법 종류
㉠ 담금질(quenching): 급냉으로 재질경화
㉡ 뜨임 (tempering): 담금질한 재료에 인성부여로 여린 성질 개선
㉢ 풀림(annealing): 재료를 연하고 균일하게
㉣ 불림(normalizing): 재료 조직의 표준화

65 고속도강에 대한 설명으로 틀린 것은?
① 고온 및 마모 저항이 크고 보통강에 비하여 고온에서 3~4배의 강도를 갖는다.
② 600℃ 이상에서도 경도 저하 없이 고속 절삭이 가능하며 고온 경도가 크다.
③ 18-4-1형을 주조한 것은 오스테나이트와 마텐자이트 기지에 망상을 한 오스테나이트와 복합 탄화물의 혼합 조직이다.
④ 열전달이 좋아 담금질을 위한 예열이 필요없이 가열을 하여도 좋다.

풀이 • 고속도강 열처리: 예열(약 900℃) → 담금질(약 1250℃) → 유냉 → 뜨임(약 550℃) → 공냉

66 다음 중 가공성이 가장 우수한 결정격자는?
① 면심입방격자
② 체심입방격자
③ 정방격자
④ 조밀육방격자

풀이 • 면심입방격자(FCC: Face Centered Cubic Lattice): 체심입방격자 및 조밀육방격자에 비해 가공성과 전연성은 좋지만, 강도는 그다지 크지 않다.

67 고강도 합금으로 항공기용 재료에 사용되는 것은?
① 베릴륨 등
② 알루미늄 청동
③ Naval brass
④ Extra Supper Duralumin(ESD)

풀이 • 초초두랄루민(ESD: Extra Super Duralumin): 성분은 Al과 Cu(1.2%), Zn(8.0%), Mg(1.5%), Mn(0.6%), Cr(0.25%)으로 구성되어 있으며 고강도 합금으로 항공기용 재료에 사용된다.

68 고체 내에서 온도 변화에 따라 일어나는 동소 변태는?
① 첨가원소가 일정량 초과할 때 일어나는 변태
② 단일한 고상에서 2개의 고상이 석출되는 변태
③ 단일한 액상에서 2개의 고상이 석출되는 변태
④ 한 결정구조가 다른 결정구조로 변하는 변태

풀이 • 동소 변태(Allotropic Transformation): 온도 변화에 따라 원자의 배열(결정격자의 형상)이 변화되는 것이다. 한 결정구조가 다른 결정구조로 변하는 변태로 순철(pure iron)에는 α-Fe, γ-Fe, δ-Fe 의 3개의 동소체가 있다.

69 오스테나이트형 스테인리스강의 대표적인 강종은?
① S80 ② V2B
③ 18-8형 ④ 17-10P

풀이 • 18-8(크롬-니켈) 스테인레스강: 크롬 18%, 니켈 8% 함유하고 있으며, 오스테나이트(Austenite)계이고 내식성이 우수하며 비자성체이다.

답 64 ① 65 ④ 66 ① 67 ④ 68 ④ 69 ③

70 합금주철에서 특수합금 원소의 영향을 설명한 것으로 틀린 것은?

① Ni 흑연화를 방지한다.
② Ti은 강한 탈산제이다.
③ V은 강한 흑연화 방지 원소이다.
④ Cr은 흑연화를 방지하고 탄화물을 안정화한다.

풀이 ① Ni: 흑연화 촉진, 흑연화 촉진 능력은 Si의 1/2~1/3 정도
② Ti: 강한 탈산제인 동시에 흑연화를 촉진하며 주철의 성장을 저지하고 내마모성을 향상시킨다.
③ V: 강력한 흑연화 방지
④ Cr: 흑연화 방지, 탄화물을 안정화시키며, Cr이 증가되면 내부식성과 내열성은 증가하나 절삭이 어려워진다.

71 작동 순서의 규제를 위해 사용되는 밸브는?
① 안전밸브   ② 릴리프 밸브
③ 감압 밸브   ④ 시퀀스 밸브

풀이 • 시퀀스 밸브: 액추에이터를 차례로 작동시키기 위한 압력 제어 밸브

72 그림과 같은 무부하 회로의 명칭은 무엇인가?

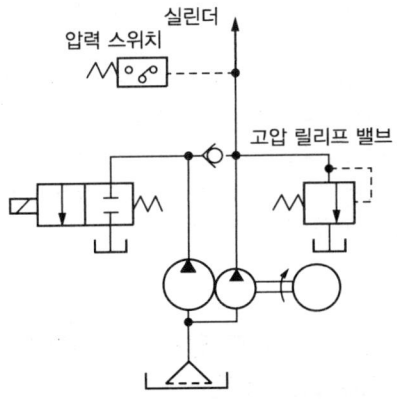

① 전환 밸브에 의한 무부하 회로
② 파일럿 조작 릴리프 밸브에 의한 무부하 회로
③ 압력 스위치와 솔레노이드 밸브에 의한 무부하 회로
④ 압력 보상 가변 용량형 펌프에 의한 무부하 회로

풀이 압력 스위치와 솔레노이드 밸브를 이용한 무부하 회로이다.

73 유압 펌프에서 토출되는 최대 유량이 100L/min일 때 펌프 흡입 측의 배관 안지름으로 가장 적합한 것은?(단, 펌프 흡입 측 유속은 0.6m/s이다.)
① 60mm   ② 65mm
③ 73mm   ④ 84mm

풀이 • 흡입 측 배관 안지름
$$d = \sqrt{\frac{4Q}{\pi v}} = 5.95 \times 10^{-2}\text{m} \approx 60\text{mm}$$

74 크래킹 압력(Cracking Pressure)에 관한 설명으로 가장 적합한 것은?
① 파일럿 관로에 작용시키는 압력
② 압력제어 밸브 등에서 조절되는 압력
③ 체크 밸브, 릴리프 밸브 등에서 압력이 상승하고 밸브가 열리기 시작하여 어느 일정한 흐름의 양이 인정되는 압력
④ 체크 밸브, 릴리프 밸브 등의 입구 쪽 압력이 강하하고 밸브가 닫히기 시작하여 밸브의 누설량이 어느 규정의 양까지 감소했을 때의 압력

풀이 • 리시트 압력(Reseat Pressure): 릴리프 밸브나 체크 밸브 등에서 밸브의 흡입 쪽 압력이 낮아져 밸브가 닫히기 시작할 때 기름 누설양이 어떤 규정된 양까지 감소되었을 때의 압력

75 주로 펌프의 흡입구에 설치되어 유압 작동유의 이물질을 제거하는 용도로 사용하는 기기는?

① 배플(baffle)
② 블래더(bladder)
③ 스트레이너(strainer)
④ 드레인 플러그(drain plug)

 • 스트레이너
펌프를 이용해 기름 탱크 안에 있는 기름을 흡입할 때, 기름 속에 붙어 있는 이물질을 제거해서 흡입해야 한다. 이때 사용하는 부품이 스트레이너로 주로 펌프 흡입구에 설치한다.

76 밸브의 전환 도중에서 과도적으로 생긴 밸브 포트 간의 흐름을 의미하는 유압 용어는?

① 인터플로(interflow)
② 자유 흐름(free flow)
③ 제어 흐름(controlled flow)
④ 아음속 흐름(subsonic flow)

 • 인터플로(interflow)
밸브를 변환하는 도중에 일시적으로 생기는 밸브 포트 사이의 흐름

77 그림의 유압 회로는 시퀀스 밸브를 이용한 시퀀스 회로이다. 그림의 상태에서 2위치 4포트 밸브를 조작하여 두 실린더를 작동시킨 후 2위치 4포트 밸브를 반대 방향으로 조작하여 두 실린더를 다시 작동시켰을 때 두 실린더의 작동 순서(ⓐ~ⓓ)로 올바른 것은?(단, ⓐ, ⓑ는 A실린더의 운동 방향이고, ⓒ, ⓓ는 B 실린더의 운동 방향이다.)

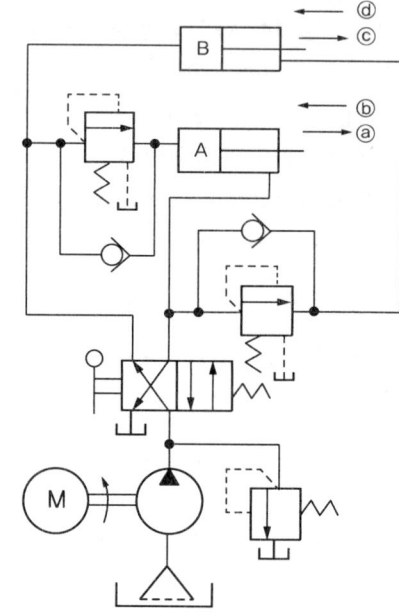

① ⓐ → ⓓ → ⓑ → ⓒ
② ⓒ → ⓐ → ⓑ → ⓓ
③ ⓓ → ⓑ → ⓒ → ⓐ
④ ⓓ → ⓐ → ⓒ → ⓑ

시퀀스 밸브 두 개를 사용해 실린더를 차례로 움직이는 순차 회로이다. 매뉴얼 밸브를 조작하면 기름은 실린더 B의 피스톤을 오른쪽인 ⓒ 방향으로 전진시킨다. 실린더 B가 ⓒ 방향으로 전진 이동한 후에 유압이 상승하면 시퀀스 밸브가 작동하게 된다. 시퀀스 밸브가 작동하면 실린더 A의 피스톤은 실린더 B와 같은 오른쪽인 ⓐ 방향으로 전진하게 된다. 매뉴얼 밸브를 반대로 조작하면 기름은 실린더 A의 로드 쪽으로 흘러들어가 실린더 A의 피스톤을 ⓑ 방향인 왼쪽으로 후진시킨다. 실린더 A의 후진이 끝나면 유압이 상승하고 실린더 A 아래쪽에 있는 시퀀스 밸브가 작동하게 된다. 이제 기름은 실린더 B의 로드 쪽으로 흘러들어가게 되고 실린더 B를 ⓓ 방향인 왼쪽으로 이동시킨다.

78 피스톤 펌프의 일반적인 특징에 관한 설명으로 옳은 것은?

① 누설이 많아 체적 효율이 나쁜 편이다.
② 부품수가 적고 구조가 간단한 편이다.

답 75 ③ 76 ① 77 ② 78 ④

③ 가변 용량형 펌프로 제작이 불가능하다.
④ 피스톤 배열에 따라 사축식과 사판식으로 나눈다.

풀이 • 피스톤 펌프의 특징
㉠ 누설이 적어 효율이 좋다.
㉡ 부품수가 많고 구조가 복잡하다.
㉢ 가변 용량형 펌프로 제작이 가능하다.
㉣ 피스톤 배열에 따라 사축식과 사판식이 있다.

79 다음 중 유압기기의 장점이 아닌 것은?
① 정확한 위치 제어가 가능하다.
② 온도 변화에 대해 안정적이다.
③ 유압 에너지원을 축적할 수 있다.
④ 힘과 속도를 무단으로 조절할 수 있다.

풀이 기름은 온도가 변하면 점도가 변하고 점도가 변하면 유량이 달라진다. 따라서, 유압 기기는 온도 변화에 따라 안정적이지 않다.

80 기어 펌프나 피스톤 펌프와 비교하여 베인 펌프의 특징을 설명한 것으로 옳지 않은 것은?
① 토출 압력의 맥동이 적다.
② 일반적으로 저속으로 사용하는 경우가 많다.
③ 베인의 마모로 인한 압력 저하가 적어 수명이 길다.
④ 카트리지 방식으로 인하여 호환성이 양호하고 보수가 용이하다.

풀이 • 베인 펌프의 특징
㉠ 맥동이 자주 발생하지 않으며 소음이 작다
㉡ 카트리지 방식으로 정비를 할 수 있어 호환성이 좋고 보수가 편하다.
㉢ 작게 만들 수 있어 피스톤 펌프보다 가격이 싸다.
㉣ 기름 오염에 주의해야 한다.

기계제작법 및 기계동력학

81 큐폴라(Cupola)의 유효 높이에 대한 설명으로 옳은 것은?
① 유효 높이는 송풍구에서 장입구까지의 높이이다.
② 유효 높이는 출탕구에서 송풍구까지의 높이를 말한다.
③ 출탕구에서 굴뚝 끝까지의 높이를 직경으로 나눈 값이다.
④ 열효율이 높아지므로, 유효높이는 가급적 낮추는 것이 바람직하다.

풀이 유효 높이는 송풍구에서 장입구까지의 높이이며, 유효높이 비는 "유효 높이/송풍기 안지름"으로 나타낸다.

82 주형 내에 코어가 설치되어 있는 경우 주형에 필요한 압상력(F)을 구하는 식으로 옳은 것은?(단, 투영면적은 S, 주입금속의 비중량은 P, 주물의 윗면에서 주입구 면까지의 높이는 H, 코어의 체적은 V이다.)

① $F = (S \cdot P \cdot H + \dfrac{1}{2} V \cdot P)$
② $F = (S \cdot P \cdot H - \dfrac{1}{2} V \cdot P)$
③ $F = (S \cdot P \cdot H + \dfrac{3}{4} V \cdot P)$
④ $F = (S \cdot P \cdot H - \dfrac{3}{4} V \cdot P)$

풀이 ㉠ 쇳물의 압상력 $F = SPH$
㉡ 코어를 포함하고 있을 때 압상력
$F = S \cdot P \cdot H + \dfrac{3}{4} V \cdot P$

여기서, S: 투영 면적, P: 주입 금속의 비중량, H: 주물의 윗면에서 주입구 면까지 높이, V: 코어의 체적

답 79 ② 80 ② 81 ① 82 ③

83 CNC 공작 기계에서 서보 기구의 형식 중 모터에 내장된 타코 제너레이터에서 속도를 검출하고 엔코더에서 위치를 검출하여 피드백하는 제어 방식은?

① 개방 회로 방식
② 폐쇄 회로 방식
③ 반 폐쇄 회로 방식
④ 하이브리드 방식

풀이
- 반 폐쇄 회로 방식(Semi-Closed Loop System) : 모터에 내장된 펄스(타코) 제너레이터에서 속도를 검출하고 엔코더에서 위치를 검출하여 피드백하는 제어 방식으로 NC에서 가장 많이 사용된다.

84 피복 아크 용접봉의 피복제(Flux)의 역할로 틀린 것은?

① 아크를 안정시킨다.
② 모재 표면에 산화물을 제거한다.
③ 용착 금속의 탈산 정련 작용을 한다.
④ 용착 금속의 냉각 속도를 빠르게 한다.

풀이
- 피복제(Flux)의 역할
㉠ 대기 중의 산소(산화) 및 질소(질화)의 침입을 방지하고 용융 금속을 보호
㉡ 용착 금속의 기계적 성질 개선하고 탈산 정련 작용을 한다.
㉢ 아크를 안정시키고, 용착 효율을 높인다.
㉣ 슬래그 제거 및 비드를 깨끗이 한다.
㉤ 용융 금속의 응고와 냉각 속도를 지연시켜 준다.
㉥ 모재 표면에 산화물을 제거한다.

85 가스 침탄법에서 침탄층의 깊이를 증가시킬 수 있는 첨가 원소는?

① Si   ② Mn
③ Al   ④ N

86 두께 2mm, 지름이 30mm인 구멍을 탄소강판에 펀칭할 때, 프레스의 슬라이드 평균 속도 4m/min, 기계 효율 η=70% 이면 소요 동력[PS]은 약 얼마인가?(단, 강판의 전단 저항은 25kgf/mm², 보정 계수는 1로 한다.)

① 3.2   ② 6.0
③ 8.2   ④ 10.6

풀이
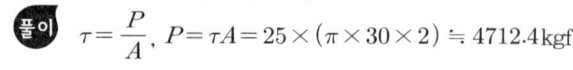
$$PS = \frac{4712.4 \times 4}{0.7 \times 75} \times \frac{1}{60} ≒ 5.984 PS$$

87 전해연마의 특징에 대한 설명으로 틀린 것은?

① 가공 변질층이 없다.
② 내부식성이 좋아진다.
③ 가공면에 방향성이 생긴다.
④ 복잡한 형상을 가진 공작물의 연마도 가능하다.

풀이
- 전해연마 특징
㉠ 복잡한 형상의 제품도 연마가 가능하다.
㉡ 연질금속, 알루미늄, 구리 등을 용이하게 연마할 수 있다.
㉢ 가공면에 방향성이 없다.
㉣ 가공 변질층이 없고, 평활한 가공면을 얻을 수 있다.
㉤ 기계 부분품 중에서 나사, 스프링 및 단조물의 스케일 제거와 표면처리를 한다.
㉥ 바늘, 주사침 등이 표면 완성가공에 사용된다.
㉦ 내부식성이 좋아진다.

88 절삭가공할 때 유동형 칩이 발생하는 조건으로 틀린 것은?

① 절삭 깊이가 적을 때
② 절삭 속도가 느릴 때
③ 바이트 인선의 경사각이 클 때
④ 연성의 재료(구리, 알루미늄 등)를 가공할 때

답 83 ③ 84 ④ 85 ② 86 ② 87 ③ 88 ②

풀이 • 유동형 칩 발생 원인
㉠ 절삭 깊이가 적을 때
㉡ 고속 절삭할 때
㉢ 바이트 인선의 경사각이 클 때
㉣ 연성의 재료(구리, 알루미늄 등)를 가공할 때
㉤ 바이트 윗면 경사각이 클 때

89 소성가공에 속하지 않는 것은?
① 압연가공 ② 인발가공
③ 단조가공 ④ 선반가공

풀이 소성가공은 칩(Chip)이 발생하지 않는 비절삭가공이고, 선반가공은 칩이 발생하는 가공으로 절삭가공이다.

90 스핀들과 앤빌의 측정면이 뾰족한 마이크로미터로서 드릴의 웨브(web), 나사의 골지름 측정에 주로 사용되는 마이크로미터는?
① 깊이 마이크로미터
② 내측 마이크로미터
③ 포인트 마이크로미터
④ V-앤빌 마이크로미터

풀이 • 포인트 마이크로미터 : 깊은 홈이나 곡면 형상 측정, 스핀들과 앤빌의 측정면이 뾰족한 마이크로미터로 드릴의 웨브(web), 나사의 골지름 측정에 주로 사용

91 자동차 A는 시속 60km로 달리고 있으며, 자동차 B는 A의 바로 앞에서 같은 방향으로 시속 80km로 달리고 있다. 자동차 A에 타고 있는 사람이 본 자동차 B의 속도는?
① 20km/h ② 60km/h
③ -20km/h ④ -60km/h

풀이 • 자동차 A에 타고 있는 사람이 본 자동차 B의 속도
$V_{B/A} = V_B - V_A = 20$km/h

92 100kg의 균일한 원통(반지름 2m)이 그림과 같이 수평면 위를 미끄럼 없이 구른다. 이 원통에 연결된 스프링의 탄성계수는 450 N/m, 초기 변위 $x(0) = 0$m이며, 초기 속도는 $\dot{x}(0) = 2$m/s일 때 변위 $x(t)$를 시간의 함수로 옳게 표현한 것은?(단, 스프링은 시작점에서는 늘어나지 않은 상태로 있다고 가정한다.)

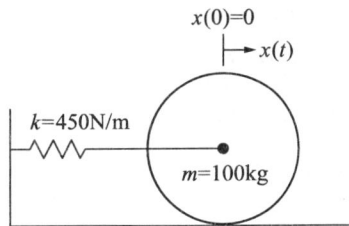

① $1.15\cos(\sqrt{3}\,t)$
② $1.15\sin(\sqrt{3}\,t)$
③ $3.46\cos(\sqrt{2}\,t)$
④ $3.46\sin(\sqrt{2}\,t)$

풀이 • 주어진 진동계의 운동 방정식
$m\ddot{x} + \dfrac{2}{3}kx = 0$

• 고유 각 진동수
$\omega_n = \sqrt{\dfrac{2k}{3m}} = \sqrt{3}$ rad/s

• 진동계의 일반해
$x(t) = A_1\cos\omega_n t + B_1\sin\omega_n t$
이므로, 주어진 조건에서 $x(0) = 0$, $\dot{x}(0) = 2$이면
$x(0) = A_1 = 0$, $\dot{x}(0) = B_1\omega_n = 2$
따라서,
$B_1 = \dfrac{2}{\omega_n} = \dfrac{2}{\sqrt{3}} = 1.15$

• 시간의 함수($x(t)$)로 표현한 진동계의 변위
∴ $x(t) = 1.15\sin\sqrt{3}\,t$

답 89 ④ 90 ③ 91 ① 92 ②

93 1자유도계에서 질량을 m, 감쇠계수를 c, 스프링 상수를 k라 할 때, 임펄스 응답이 그림과 같기 위한 조건은?

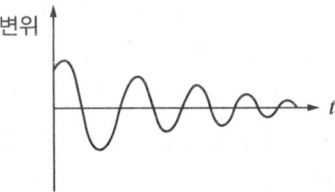

① $c > 2\sqrt{mk}$ ② $c > 2mk$
③ $c < 4mk$ ④ $c < 2\sqrt{mk}$

 • 부족 감쇠계의 감쇠비 $\zeta < 1$
$\zeta = \dfrac{c}{2\sqrt{mk}} < 1$
• 감쇠계수
$c < 2\sqrt{mk}$

94 전동기를 이용하여 무게 9800N의 물체를 속도 0.3m/s로 끌어올리려 한다. 장치의 기계적 효율을 80%로 하면 최소 몇 kW의 동력이 필요한가?

① 3.2 ② 3.7
③ 4.9 ④ 6.2

 • 입력 동력
효율(η) = $\dfrac{출력}{입력}$
입력 = $\dfrac{출력}{\eta} = \dfrac{F \times v}{\eta} = 3675W = 3.7kW$

95 길이 l의 가는 막대가 O점에 고정되어 회전한다. 수평 위치에서 막대를 놓아 수직 위치에 왔을 때, 막대의 각속도는 얼마인가?(단, g는 중력가속도이다.)

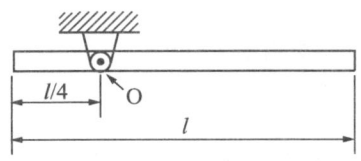

① $\sqrt{\dfrac{7l}{24g}}$ ② $\sqrt{\dfrac{24g}{7l}}$
③ $\sqrt{\dfrac{9l}{32g}}$ ④ $\sqrt{\dfrac{32g}{9l}}$

• 각가속도
$mg\cos\theta \times \dfrac{l}{4} = \dfrac{7}{48}ml^2 \times \alpha$ ← 고정점 O에 대한 모멘트 방정식
$\alpha = \dfrac{12}{7l}g\cos\theta$
• 막대가 수직 위치에 도달하는 순간 각속도
$\omega = \sqrt{\dfrac{24g}{7l}}$

96 12000N의 차량이 20m/s의 속도로 평지를 달리고 있다. 자동차의 제동력이 6000N이라고 할 때, 정지하는 데 걸리는 시간은?

① 4.1초 ② 6.8초
③ 8.2초 ④ 10.5초

• 충격량과 운동량 법칙
$mv_1 - F\Delta t = mv_2$
• 정지하는 데 소요되는 시간
$\Delta t = \dfrac{m(v_1 - v_2)}{F} = 4.08s$

97 고정축에 대해서 등속 회전운동을 하는 강체 내부에 두 점 A, B가 있다. 축으로부터 점 A까지의 거리는 축으로부터 점 B까지 거리의 3배이다. 점 A의 선속도는 점 B의 선속도의 몇 배인가?

① 같다. ② 1/3배
③ 3배 ④ 9배

답 93 ④ 94 ② 95 ② 96 ① 97 ③

• A점의 속도

$\vec{v}_A = \vec{\omega} \times \vec{r}_A = -6\omega \hat{j}$

• B점의 속도

$\vec{v}_B = \vec{\omega} \times \vec{r}_B = -2\omega \hat{j}$

여기서, $r_A = 3r_B$, $\vec{r}_B = 2\hat{i}$, $\vec{r}_A = 6\hat{i}$

A점의 속도는 B점 속도의 3배가 된다.

98 무게 10kN의 해머(Hammer)를 10m의 높이에서 자유 낙하시켜 무게 300N의 말뚝을 50cm박았다. 충돌한 직후에 해머와 말뚝은 일체가 된다고 볼 때, 충돌 직후의 속도는 몇 m/s인가?

① 50.4 ② 20.4
③ 13.6 ④ 6.7

 • 운동량 보존 법칙

$m_{해머}v_{해머} + m_{말뚝}v_{말뚝} = m_{해머}v'_{해머} + m_{말뚝}v'_{말뚝}$
$= v(m_{해머} + m_{말뚝})$

여기서, $v'_{말뚝} = v'_{해머} = v$

• 충돌 후 속도

$v = \dfrac{m_{해머}v_{해머} + m_{말뚝}v_{말뚝}}{m_{해머} + m_{말뚝}} = 13.6 \text{m/s}$

여기서, 해머의 낙하 속도($v_{해머}$) = 14m/s

99 다음 중 감쇠 형태의 종류가 아닌 것은?

① hysteretic damping
② Coulomb damping
③ viscous damping
④ critical damping

풀이 진동은 임계 감쇠(critical damping)에서 나타난다.

100 스프링 정수 2.4N/cm인 스프링 4개가 병렬로 어떤 물체를 지지하고 있다. 스프링의 변위가 1cm라면 지지된 물체의 무게는 몇 N인가?

① 7.6 ② 9.6
③ 18.2 ④ 20.4

 스프링력과 물체의 무게는 평형을 이루므로

$W - k_{eq} \cdot x = 0$

$W = 9.6\text{N}$

여기서, 병렬연결 등가 스프링 상수(k_{eq}) = $4k$

답 98 ③ 99 ④ 100 ②

2·0·1·6

기출 문제

일·반·기·계·기·사·8·개·년·과·년·도

2016년 1회 일반기계기사 기출문제
2016년 2회 일반기계기사 기출문제
2016년 4회 일반기계기사 기출문제

2016년 1회 일반기계기사 기출문제

1 재료역학

1 그림과 같이 최대 q_o인 삼각형 분포하중을 받는 버팀 외팔보에서 B 지점의 반력 R_B를 구하면?

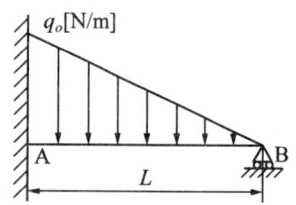

① $\dfrac{q_oL}{4}$ ② $\dfrac{q_oL}{6}$

③ $\dfrac{q_oL}{8}$ ④ $\dfrac{q_oL}{10}$

풀이

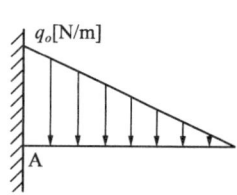

$$v_1 = \dfrac{q_0 L^4}{30EI}$$

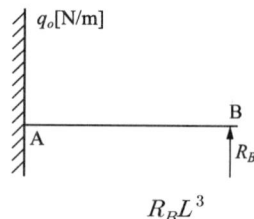

$$v_2 = \dfrac{R_B L^3}{3EI}$$

$v_1 = v_2$ 이므로 $\dfrac{q_0 L^4}{30EI} = \dfrac{R_B L^3}{3EI}$ 에서

$R_B = \dfrac{q_0 L}{10}$

2 그림과 같은 장주(long column)에 하중 P_{cr}을 가했더니 오른쪽 그림과 같이 좌굴이 일어났다. 이때 오일러 좌굴응력 σ_{cr}은?(단, 세로탄성계수는 E, 기둥 단면의 회전반경 (radius of gyration)은 r, 길이는 L이다.)

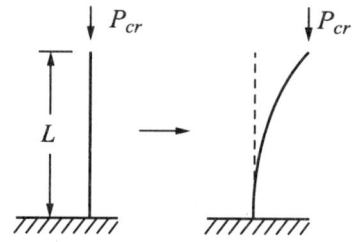

① $\dfrac{\pi^2 E r^2}{4L^2}$ ② $\dfrac{\pi^2 E r^2}{L^2}$

③ $\dfrac{\pi E r^2}{4L^2}$ ④ $\dfrac{\pi E r^2}{L^2}$

풀이 일단 고정 타단 자유 $P_{CR} = \dfrac{\pi^2 \cdot EI}{4L^2}$ 에서

$I = \int_A r^2 \cdot dA \Rightarrow I = r^2 \cdot A$ 이므로

$P_{CR} = \dfrac{\pi^2 \cdot E(r^2 A)}{4L^2}$

$\sigma_{CR} = \dfrac{P_{CR}}{A} = \dfrac{\pi^2 \cdot E r^2}{4L^2}$

답 1 ④ 2 ①

3 다음과 같은 평면 응력 상태에서 최대 전단 응력은 약 몇 MPa인가?

- x 방향 인장응력: 175MPa
- y 방향 인장응력: 35MPa
- xy 방향 전단응력: 60MPa

① 38 ② 53
③ 92 ④ 108

풀이
$\tau_{\max} = \sqrt{\left(\dfrac{\sigma_x - \sigma_y}{2}\right)^2 + \tau_{xy}^2}$
$= \sqrt{\left(\dfrac{175M - 35M}{2}\right)^2 + (60M)^2} \fallingdotseq 92.2\text{MPa}$

4 반지름이 r인 원형 단면의 단순보에 전단력 F가 가해졌다면, 이때 단순보에 발생하는 최대 전단응력은?

① $\dfrac{2F}{3\pi r^2}$ ② $\dfrac{3F}{2\pi r^2}$
③ $\dfrac{4F}{3\pi r^2}$ ④ $\dfrac{5F}{3\pi r^2}$

풀이
㉠ $\tau = \dfrac{F}{I \cdot b}\int y \cdot dA = \dfrac{F}{I \cdot b}Q$ 에서

$Q = A\bar{y} = \dfrac{\pi r^3}{2} \times \dfrac{4r}{3\pi} = \dfrac{2r^3}{3}$ 이므로

$\tau_{\max} = \dfrac{F}{I \cdot b}Q = \dfrac{F \times \dfrac{2r^3}{3}}{\dfrac{\pi r^4}{4} \times 2r} = \dfrac{4F}{3\pi r^2} = \dfrac{4F}{3A}$

㉡ 중립축 위의 면적 $A^* = \dfrac{\pi d^2}{4} \times \dfrac{1}{2} = \dfrac{\pi d^2}{8}$

$\tau_{\max} = \dfrac{F}{I \cdot b}A^* \cdot \bar{y} = \dfrac{F}{\dfrac{\pi \cdot d^4}{64} \cdot d} \times \dfrac{\pi \cdot d^2}{8} \times \dfrac{2d}{3\pi}$

$= \dfrac{4}{3}\dfrac{F}{A}$

5 바깥지름이 46mm인 속이 빈 축이 120kW의 동력을 전달하는데 이때의 각속도는 40rev/s이다. 이 축의 허용 비틀림 응력이 80MPa일 때, 안지름은 약 몇 mm 이하이어야 하는가?

① 29.8   ② 41.8
③ 36.8   ④ 48.8

풀이
$\text{kW} = \dfrac{FV}{1000} = \dfrac{Tn}{9549}$

$T = \dfrac{\text{kW} \times 9549}{n} = \dfrac{120 \times 9549}{40 \times 60} = 477.45\text{Nm}$

$T = \tau \times \dfrac{\pi(d_2^4 - d_1^4)}{16d_2}$, $T\,16d_2 = \tau\pi(d_2^4 - d_1^4)$

$d_1^4 = d_2^4 - \dfrac{T16d_2}{\tau\pi} = 0.046^4 - \dfrac{477.45 \times 16 \times 0.046}{80 \times 10^6 \times \pi}$

$\fallingdotseq 3.079 \times 10^{-6}\text{m}^4$

$d_1 \fallingdotseq 0.04189\text{m} = 41.89\text{mm}$

6 지름 d인 원형 단면으로부터 절취하여 단면 2차 모멘트 I가 가장 크도록 사각형 단면[폭$(b)\times$높이(h)]을 만들 때 단면 2차 모멘트를 사각형 폭(b)에 관한 식으로 옳게 나타낸 것은?

① $\dfrac{\sqrt{3}}{4}b^4$ ② $\dfrac{\sqrt{3}}{4}b^3$
③ $\dfrac{4}{\sqrt{3}}b^3$ ④ $\dfrac{4}{\sqrt{3}}b^4$

풀이
$d^2 = b^2 + h^2$

$I = \dfrac{bh^3}{12}$ 에서 $\dfrac{dI}{db} = \dfrac{d^2}{12} - \dfrac{4b^2}{12} = 0$

$d^2 = 4b^2$, $h^2 = 3b^2$

$I = \dfrac{bh^3}{12} = \dfrac{b3\sqrt{3}b^3}{12} = \dfrac{\sqrt{3}b^4}{4}$

7 그림과 같은 외팔보가 하중을 받고 있다. 고정단에 발생하는 최대 굽힘 모멘트는 몇 N·m인가?

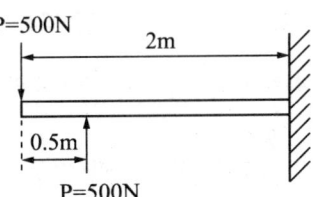

답 3 ③ 4 ③ 5 ② 6 ① 7 ①

① 250   ② 500
③ 750   ④ 1000

 고정단의 모멘트는
$500 \times 2 - 500 \times (2-0.5) = 250 \text{N} \cdot \text{m}$

8 재료 시험에서 연강 재료의 세로탄성계수가 210GPa로 나타났을 때 포아송비(ν)가 0.303이면 이 재료의 전단탄성계수 G는 몇 GPa인가?

① 80.5   ② 10.51
③ 35.21   ④ 80.58

$G = \dfrac{E}{2(1+\nu)} = \dfrac{210 \times 10^9}{2(1+0.303)} \fallingdotseq 80.58 \text{GPa}$

9 그림과 같이 강봉에서 A, B가 고정되어 있고 25℃에서 내부 응력은 0인 상태이다. 온도가 −40℃로 내려갔을 때 AC 부분에서 발생하는 응력은 약 몇 MPa인가?(단, 그림에서 A_1은 AC 부분에서의 단면적이고, A_2는 BC 부분에서의 단면적이다. 그리고 강봉의 탄성계수는 200GPa이고, 열팽창 계수는 12×10^{-6}/℃이다.)

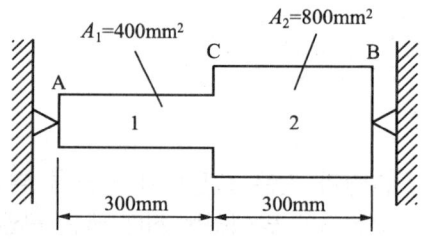

① 416   ② 350
③ 208   ④ 154

$\sigma_1 A_1 = \sigma_2 A_2$, $\sigma_2 = \sigma_1 \dfrac{A_1}{A_2}$ 이며 외력에 의한 변형은

$\delta = \dfrac{P_1 l_1}{A_1 E} + \dfrac{P_2 l_2}{A_2 E} = \dfrac{l_1}{E}\sigma_1 + \dfrac{l_2}{E}\sigma_2 = \dfrac{l_1}{E}\sigma_1 + \dfrac{l_2}{E} \cdot \sigma_1 \dfrac{A_1}{A_2}$

$= \sigma_1 \left(\dfrac{l_1}{E} + \dfrac{l_2}{E} \cdot \dfrac{A_1}{A_2} \right)$

열에 의한 변형 $\Delta l = \alpha \Delta T l_1 + \alpha \Delta T l_2 = \alpha \Delta T(l_1 + l_2)$

$\delta = \Delta l$ 이므로

$\sigma_1 = \dfrac{\alpha \Delta T(l_1 + l_2)}{\left(\dfrac{l_1}{E} + \dfrac{l_2}{E} \cdot \dfrac{A_1}{A_2} \right)} = \dfrac{E \alpha \Delta T(l_1 + l_2)}{\left(l_1 + l_2 \cdot \dfrac{A_1}{A_2} \right)}$

$= \dfrac{(200 \times 10^9) \times (12 \times 10^{-6}) \times 65 \times 0.6}{0.3 + 0.3 \dfrac{400}{800}} = 208 \text{MPa}$

10 그림과 같은 트러스 구조물의 AC, BC 부재가 핀 C에서 수직하중 $P=1000$의 하중을 받고 있을 때 AC 부재의 인장력은 약 몇 N인가?

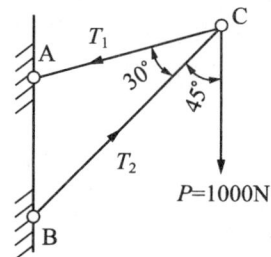

① 141   ② 707
③ 1414   ④ 1732

$\dfrac{1000}{\sin 30°} = \dfrac{T_1}{\sin 45°}$, $\dfrac{1000}{\sin 30°} \times \sin 45° = T_1$,
$T_1 \fallingdotseq 1414.2 \text{N}$

11 보의 길이 l에 등분포하중 w를 받는 직사각형 단순보의 최대 처짐량에 대하여 옳게 설명한 것은?(단, 보의 자중은 무시한다.)

① 보의 폭에 정비례한다.
② l의 3승에 정비례한다.
③ 보의 높이의 2승에 반비례한다.
④ 세로탄성계수에 반비례한다.

$v_{\max} = \dfrac{5w \cdot l^4}{384 E \cdot I} = \dfrac{5w \cdot l^4}{384 \cdot E \cdot \dfrac{bh^3}{12}}$

답 8 ④   9 ③   10 ③   11 ④

12 양단이 고정된 축을 그림과 같이 $m-n$ 단면에서 T만큼 비틀면 고정단 AB에서 생기는 저항 비틀림 모멘트의 비 T_A/T_B는?

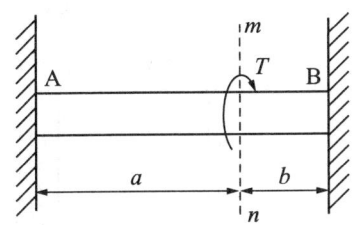

① $\dfrac{b^2}{a^2}$ ② $\dfrac{b}{a}$

③ $\dfrac{a}{b}$ ④ $\dfrac{a^2}{b^2}$

풀이 $T_A = \dfrac{Tb}{a+b}$, $T_B = \dfrac{Ta}{a+b}$, $\dfrac{T_A}{T_B} = \dfrac{b}{a}$

13 그림과 같은 원형 단면봉에 하중 P가 작용할 때 이봉의 신장량은?(단, 봉의 단면적은 A, 길이는 L, 세로탄성계수는 E이고, 자중 W를 고려해야 한다.)

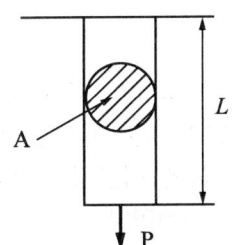

① $\dfrac{PL}{AE} + \dfrac{WL}{2AE}$

② $\dfrac{2PL}{AE} + \dfrac{2WL}{AE}$

③ $\dfrac{PL}{2AE} + \dfrac{WL}{AE}$

④ $\dfrac{PL}{AE} + \dfrac{WL}{AE}$

풀이 비중량 $\gamma = \dfrac{W}{V}$에서 임의의 x지점에서 발생하는 하중은 $\gamma A(L-x)$이다. 자중과 축하중을 동시에 고려하면 전체 하중은 $F = \gamma A(L-x) + P$이다.

$$U = \int_0^l \dfrac{[\gamma A(L-x) + P]^2}{2A \cdot E} dx$$

$$= \dfrac{\gamma^2 AL^3}{6E} + \dfrac{P^2 l}{2AE} + \dfrac{\gamma PL^2}{2E}$$

⇒ 전체 처짐은 $\delta = \dfrac{\partial U}{\partial P} = \dfrac{2PL}{2AE} + \dfrac{\gamma L^2}{2E} = \dfrac{PL}{AE} + \dfrac{\gamma L^2}{2E}$

$\gamma = \dfrac{W}{V}$에서 $W = \gamma AL$, $\dfrac{W}{A} = \gamma L$이므로

$\delta = \dfrac{PL}{AE} + \dfrac{\gamma L^2}{2E} = \dfrac{PL}{AE} + \dfrac{\gamma LL}{2E} = \dfrac{PL}{AE} + \dfrac{WL}{2AE}$

14 직사각형 단면(폭×높이)이 4cm×8cm이고 길이 1m의 외팔보의 전 길이에 6kN/m의 등분포하중이 작용할 때 보의 최대 처짐각은?(단, 탄성계수 E=210GPa이고 보의 자중은 무시한다.)

① 0.0028rad ② 0.0028°
③ 0.0008rad ④ 0.0008°

풀이

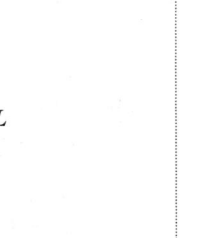

$A = \dfrac{b \cdot h}{3}$이므로 $A_m = \dfrac{1}{3} \times l \times \dfrac{wl^2}{2} = \dfrac{wl^3}{6}$, $\bar{x} = \dfrac{3}{4}b$

$\theta = \dfrac{1}{E \cdot I} \dfrac{1}{3} l \dfrac{w \cdot l^2}{2} = \dfrac{w \cdot l^3}{6E \cdot I} = \dfrac{w \cdot l^3}{6E \cdot \dfrac{bh^3}{12}} = \dfrac{2w \cdot l^3}{E \cdot bh^3}$

$= \dfrac{2 \times 6000 \times 1^3}{(210 \times 10^9) \times 0.04 \times 0.08^3} \fallingdotseq 2.79 \times 10^{-3}$rad

$\fallingdotseq 0.00279$rad

답 12 ② 13 ① 14 ①

15 다음 중 수직응력(normal stress)을 발생시키지 않는 것은?
① 인장력　　② 압축력
③ 비틀림 모멘트　　④ 굽힘 모멘트

풀이) 비틀림 모멘트는 전단응력을 발생시킨다.

16 그림과 같은 일단 고정 타단지지 보에 등분포하중 ω가 작용하고 있다. 이 경우 반력 R_A와 R_B는?(단, 보의 굽힘강성 EI는 일정하다.)

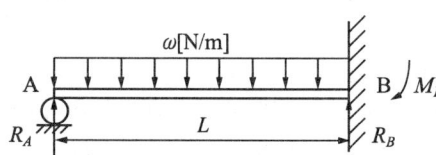

① $R_A = \dfrac{4}{7}\omega L$, $R_B = \dfrac{3}{7}\omega L$

② $R_A = \dfrac{3}{7}\omega L$, $R_B = \dfrac{4}{7}\omega L$

③ $R_A = \dfrac{5}{8}\omega L$, $R_B = \dfrac{3}{8}\omega L$

④ $R_A = \dfrac{3}{8}\omega L$, $R_B = \dfrac{5}{8}\omega L$

풀이)

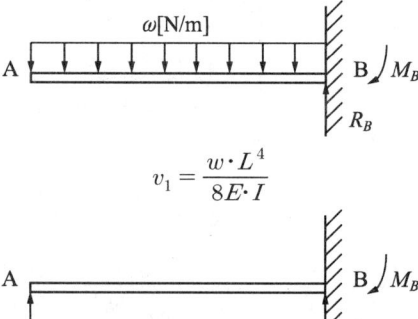

$v_1 = \dfrac{w \cdot L^4}{8E \cdot I}$

$v_2 = \dfrac{R_A L^3}{3EI}$

$v_1 = v_2$이므로 $\dfrac{w \cdot L^4}{8EI} = \dfrac{R_A L^3}{3EI}$ 에서

$R_A = \dfrac{3}{8}w \cdot L$, $R_B = \dfrac{5}{8}w \cdot L$

17 그림과 같은 블록의 한쪽 모서리에 수직력 10kN이 가해질 경우, 그림에서 위치한 A점에서의 수직응력 분포는 약 몇 kPa인가?

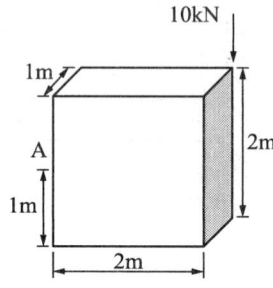

① 25　　② 30
③ 35　　④ 40

풀이)
$\sigma_A = -\dfrac{P}{A} + \dfrac{M_x}{Z_x} + \dfrac{M_y}{Z_y} = -\dfrac{P}{A} + \dfrac{P \cdot y}{\dfrac{b \cdot h^2}{6}} + \dfrac{P \cdot x}{\dfrac{h \cdot b^2}{6}}$

$= -\dfrac{10 \times 10^3}{(2 \times 1)} + \dfrac{6 \times (10 \times 10^3) \times 0.5}{2 \times 1^2}$

$\quad + \dfrac{6 \times (10 \times 10^3) \times 1}{1 \times 2^2}$

$= (10 \times 10^3)\left[\dfrac{-1}{(2 \times 1)} + \dfrac{6 \times 0.5}{2 \times 1^2} + \dfrac{6 \times 1}{1 \times 2^2}\right]$

$= 25000\text{Pa}$

18 길이가 3.14m인 원형 단면의 축 지름이 40mm일 때 이축이 비틀림 모멘트 100N·m를 받는다면 비틀림 각은?(단, 전단탄성계수는 80GPa이다.)
① 0.156°　　② 0.251°
③ 0.895°　　④ 0.625°

풀이)
$\phi = \dfrac{T \cdot l}{G \cdot I_P} = \dfrac{32\,T \cdot l}{G \cdot \pi \cdot d^4}\,(\text{rad})$

$= \dfrac{32\,Tl}{G\pi d^4} \times \dfrac{180}{\pi}\,(\text{degree})$

$\phi = \dfrac{T \cdot l}{G \cdot I_P} = \dfrac{32 \times (100) \times 3.14}{(80 \times 10^9) \times \pi \times 0.04^4} \times \dfrac{180}{\pi} \fallingdotseq 0.895°$

답 15 ③　16 ④　17 ①　18 ③

19 단면의 치수가 $b \times h = 6\text{cm} \times 3\text{cm}$인 강철보가 그림과 같이 하중을 받고 있다. 보에 작용하는 최대 굽힘응력은 약 몇 N/cm²인가?

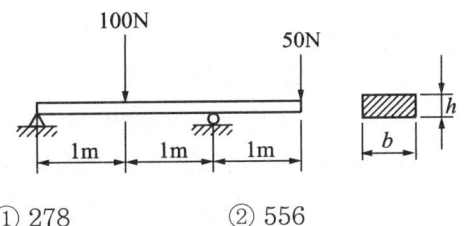

① 278　　　　② 556
③ 1111　　　④ 2222

풀이

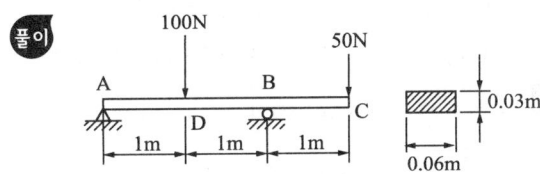

$\sum M_B = 0 = R_A \times 2 - 100 \times 1 + 50 \times 1$ 에서
$R_A = 25$
$R_A + R_B = 100 + 50$에서 $R_B = 125$
$M_D = R_A \times 1 = 25$
$M_{B=\max} = R_A \times 2 - 100 \times 1 = -50$
$M_C = R_A \times 3 - 100 \times 2 + R_B \times 1 = 0$
$M_{\max} = \sigma_{\max} Z = \sigma_{\max} \times \dfrac{bh^2}{6}$,
$\sigma_{\max} = \dfrac{6M_{\max}}{bh^2} = \dfrac{6 \times 50}{0.06 \times 0.03^2} \fallingdotseq 555.6 \times 10^4 \text{Pa}$
$\fallingdotseq 555.6 \text{ N/cm}^2$

20 힘에 의한 재료의 변형이 그 힘의 제거(除去)와 동시에 원형(原形)으로 복귀하는 재료의 성질은?

① 소성(plasticity)　② 탄성(elasticity)
③ 연성(ductility)　④ 취성(brittleness)

풀이
- 소성(plasticity): 재료를 파괴시키지 않고 영구히 변형시킬 수 있는 성질
- 탄성(elasticity): 재료에 작용한 외력이 비례한도보다 작을 경우, 외력을 제거하면 원래의 형태로 복귀하는 성질

2과목 기계열역학

21 랭킨 사이클의 열효율 증대 방법에 해당하지 않는 것은?
① 복수기(응축기) 압력 저하
② 보일러 압력 증가
③ 터빈의 질량 유량 증가
④ 보일러에서 증기를 고온으로 과열

풀이 랭킨 사이클의 효율증대법은 응축기 압력 감소, 보일러 압력 증대, 보일러에서 증기 온도를 고온으로 과열시키는 방법이 있다.

22 질량이 m이고 비체적이 v인 구(sphere)의 반지름 R이면, 질량이 $4m$이고, 비체적이 $2v$인 구의 반지름은?
① $2R$　　　　② $\sqrt{2}\,R$
③ $\sqrt[3]{2}\,R$　　　④ $\sqrt[3]{4}\,R$

풀이
- 질량이 m이고 비체적이 v인 구의 체적(V_1)과 질량이 $4m$이고 비체적이 $2v$인 구의 체적(V_2)의 관계
$V_2 = 8V_1$
- 체적 V_1인 구의 반지름(R), 체적 V_2인 구의 반지름(R_2)이면
$R_2^3 = 8R^3$
$R_2 = 2R$

23 내부 에너지 40kJ, 절대 압력이 200kPa, 체적이 0.1m³, 절대 온도가 300K인 계의 엔탈피는 약 몇 kJ인가?
① 42　　　　② 60
③ 80　　　　④ 240

풀이 • 엔탈피
$H = $ 내부 에너지(U) + 압력(P) × 체적(V) = 60kJ

24 비열비가 1.29, 분자량이 44인 이상 기체의 정압 비열은 약 몇 kJ/kg·K인가?(단, 일반 기체 상수는 8.314kJ/kmol·K이다.)

① 0.51 ② 0.69
③ 0.84 ④ 0.91

• 정압 비열

$$C_p = \frac{R}{1-\frac{1}{k}} = 0.84 \text{kJ/kg·K}$$

여기서, 비열비(k)=1.29
　　　　특정 기체 상수(R)=0.1889kJ/kg·K

25 기체가 열량 80kJ을 흡수하여 외부에 대하여 20kJ의 일을 하였다면 내부 에너지 변화는 몇 kJ인가?

① 20 ② 60
③ 80 ④ 100

• 1법칙
$_1Q_2 - {_1W_2} = \Delta U$
80−20=ΔU

26 다음 중 폐쇄계의 정의를 올바르게 설명한 것은?

① 동작 물질 및 일과 열이 그 경계를 통과하지 아니하는 특정 공간
② 동작 물질은 계의 경계를 통과할 수 없으나 열과 일은 경계를 통과할 수 있는 특정 공간
③ 동작 물질은 계의 경계를 통과할 수 있으나 열과 일은 경계를 통과할 수 없는 특정 공간
④ 동작 물질 및 일과 열이 모두 그 경계를 통과할 수 있는 특정 공간

• 폐쇄계(closed system): 동작 물질은 계의 경계를 통과할 수 없고 열과 일은 통과할 수 있는 공간

27 실린더 내부에 기체가 채워져 있고 실린더에는 피스톤이 끼워져 있다. 초기 압력 50kPa, 초기 체적 0.05m³인 기체를 버너로 $PV^{1.4}$=constant가 되도록 가열하여 기체 체적이 0.2m³이 되었다면, 이 과정 동안 시스템이 한 일은?

① 1.33kJ ② 2.66kJ
③ 3.99kJ ④ 5.32kJ

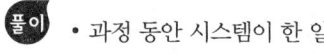
• 과정 동안 시스템이 한 일

$$_1W_2 = \frac{1}{n-1}(P_1V_1 - P_2V_2) = 2.66\text{kJ}$$

여기서, 가열 후 압력(P_2)=7.18kPa

28 체적이 0.01m³인 밀폐 용기에 대기압의 포화 혼합물이 들어있다. 용기 체적의 반은 포화 액체, 나머지 반은 포화 증기가 차지하고 있다면, 포화 혼합물 전체의 질량과 건도는?(단, 대기압에서 포화 액체와 포화 증기의 비체적은 각각 0.001044m³/kg, 1.6729 m³/kg이다.)

① 전체 질량: 0.0119kg, 건도: 0.50
② 전체 질량: 0.0119kg, 건도: 0.00062
③ 전체 질량: 4.792kg, 건도: 0.50
④ 전체 질량: 4.792kg, 건도: 0.00062

• 혼합물 전체 질량
$m = m_{liq} + m_{vap} = 4.7923\text{kg}$
여기서, 포화 액체 질량(m_{liq})=4.7893kg, 포화 증기 질량(m_{vap})=0.0029888kg
• 포화 혼합물의 비체적
$v = \dfrac{V}{m} = 2.0867 \times 10^{-3} \text{m}^3/\text{kg}$

답 24 ③ 25 ② 26 ② 27 ② 28 ④

여기서, 밀폐 용기 체적(V) = 0.01m^3
- 상태량
  $v_{fg} = v_g - v_f = 1.6719$
- 포화 혼합물의 건도
  $x = \dfrac{v - v_f}{v_{fg}} = 0.000624$

29 여름철 외기의 온도가 30℃일 때 김치냉장고의 내부를 5℃로 유지하기 위해 3kW의 열을 제거해야 한다. 필요한 최소 동력은 약 몇 kW인가?(단, 이 냉장고는 카르노 냉동기이다.)

① 0.27
② 0.54
③ 1.54
④ 2.73

풀이 • 필요한 최소 동력

$W = Q_L \times \dfrac{T_H - T_L}{T_L} = 0.27\text{kW}$

30 준평형 정적 과정을 거치는 시스템에 대한 열전달량은?(단, 운동 에너지와 위치 에너지의 변화는 무시한다.)

① 0이다.
② 이루어진 일량과 같다.
③ 엔탈피 변화량과 같다
④ 내부 에너지 변화량과 같다.

풀이 • 정적 과정 열전달량

$\delta q + \delta w = du$ ($\delta w = Pdv = 0$, 정적)
$\delta q = du$

31 2개의 정적 과정과 2개의 등온 과정으로 구성된 동력 사이클은?

① 브레이턴(brayton) 사이클
② 에릭슨(ericsson) 사이클
③ 스털링(stirling) 사이클
④ 오토(otto) 사이클

풀이 • 스털링 사이클: 2개의 정적 과정과 2개의 등온 과정으로 구성되어 있는 동력 사이클

32 4kg의 공기가 들어 있는 용기 A(체적 0.5m³)와 진공 용기 B(체적 0.3m³) 사이를 밸브로 연결하였다. 이 밸브를 열어서 공기가 자유 팽창하여 평형에 도달했을 경우 엔트로피 증가량은 약 몇 kJ/K인가?(단, 온도 변화는 없으며 공기의 기체 상수는 0.287kJ/kg·K이다.)

① 0.54
② 0.49
③ 0.42
④ 0.37

풀이 • 전체 엔트로피 변화량

$\Delta S = m \cdot \Delta s = 0.54\text{kJ/K}$

여기서, 단위 질량당 엔트로피 변화량(Δs)
    = 0.135kJ/kg·K

33 물 2kg을 20℃에서 60℃가 될 때까지 가열할 경우 엔트로피 변화량은 약 몇 kJ/K인가?(단, 물의 비열은 4.184kJ/Kg·K이고, 온도 변화 과정에서 체적은 거의 변화가 없다고 가정한다.)

① 0.78
② 1.07
③ 1.45
④ 1.96

풀이 • 전체 엔트로피 변화량

$\Delta S = m\Delta s = mC\ln\dfrac{T_2}{T_1} = 1.07\text{kJ/K}$

답 29 ① 30 ④ 31 ③ 32 ① 33 ②

34 밀폐 시스템이 압력 $P_1=200\text{kPa}$, 체적 $V_1=0.1\text{m}^3$인 상태에서 $P_2=100\text{kPa}$, 체적 $V_2=0.3\text{m}^3$인 상태까지 가역 팽창되었다. 이 과정이 $P-V$ 선도에서 직선으로 표시된다면 이 과정 동안 시스템이 한 일은 약 몇 kJ인가?

① 10 ② 20
③ 30 ④ 45

 • 경계이동일
$$W=\frac{1}{2}\times(0.3-0.1)\times100+(0.3-0.1)\times100$$
$$=30\text{kJ}$$

35 랭킨 사이클로 구성하는 요소는 펌프, 보일러, 터빈, 응축기로 구성된다. 각 구성 요소가 수행하는 열역학적 변화 과정으로 틀린 것은?

① 펌프: 단열 압축 ② 보일러: 정압 가열
③ 터빈: 단열 팽창 ④ 응축기: 정적 냉각

 랭킨 사이클에서 응축기(condensor)는 정압 과정으로 열 방출

36 온도 600℃의 구리 7kg을 8kg의 물속에 넣어 열적 평형을 이룬 후 구리와 물의 온도가 64.2℃가 되었다면 물의 처음 온도는 약 몇 ℃인가?(단, 이 과정 중 열손실은 없고, 구리의 비열은 0.386kJ/Kg·K이며, 물의 비열은 4.184kJ/Kg·K이다.)

① 6℃ ② 15℃
③ 21℃ ④ 84℃

 • 물의 처음 온도
$$T_{H_2O}=T_2-\frac{m_{cu}C_{cu}\times(T_{cu}-T_2)}{m_{H_2O}C_{H_2O}}=294\text{K}$$

37 한 시간에 3600kg의 석탄을 소비하여 6050kW를 발생하는 증기 터빈을 사용하는 화력 발전소가 있다면, 이 발전소의 열효율은 약 몇 %인가?(단, 석탄의 발열량은 29900 kJ/kg이다.)

① 약 20% ② 약 30%
③ 약 40% ④ 약 50%

• 투입되는 에너지
$\dot{Q}_{in}=$ 석탄소비량$(\dot{m})\times$석탄의 발열량$=29900$kW
여기서, 발전소의 석탄 소비량$(\dot{m})=1$kg/s
• 발전소 열효율
효율=출력/입력$=0.2023$, $\eta=20\%$

38 증기 압축 냉동기에서 냉매가 순환되는 경로를 올바르게 나타낸 것은?

① 증발기 → 팽창밸브 → 응축기 → 압축기
② 증발기 → 압축기 → 응축기 → 팽창 밸브
③ 팽창 밸브 → 압축기 → 응축기 → 증발기
④ 응축기 → 증발기 → 압축기 → 팽창 밸브

• 증기 압축 냉동기 냉매 순환 경로
증발기 → 압축기 → 응축기 → 팽창 밸브

39 고온 400℃, 저온 50℃의 온도 범위에서 작동하는 Carnot 사이클 열기관의 열효율을 구하면 몇 %인가?

① 37 ② 42
③ 47 ④ 52

• Carnot 사이클 열효율
$$\eta_{carnot}=1-\frac{T_L}{T_H}=0.52$$

답 34 ③ 35 ④ 36 ③ 37 ① 38 ② 39 ④

40 계가 비가역 사이클을 이룰 때 클라우지우스(Clausius)의 적분을 옳게 나타낸 것은? (단, T는 온도, Q는 열량이다.)

① $\oint \frac{\delta Q}{T} < 0$ ② $\oint \frac{\delta Q}{T} > 0$
③ $\oint \frac{\delta Q}{T} \geq 0$ ④ $\oint \frac{\delta Q}{T} \leq 0$

풀이 • 클라우지우스(Clausius) 부등식

$$\oint \frac{\delta Q}{T} \leq 0$$

여기서, '= 가역 사이클', '< 비가역 사이클'

과목 3 기계유체역학

41 그림과 같이 수평 원관 속에서 완전히 발달된 층류 유동이라고 할 때 유량 Q의 식으로 옳은 것은?(단, μ는 점성계수, Q는 유량, P_1과 P_2는 1과 2 지점에서의 압력을 나타낸다.)

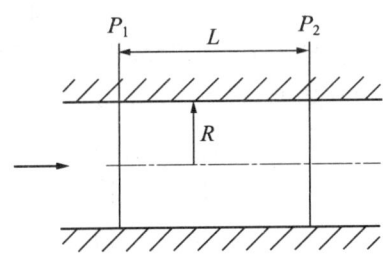

① $Q = \frac{\pi R^4}{8\mu l}(P_1 - P_2)$

② $Q = \frac{\pi R^3}{6\mu l}(P_1 - P_2)$

③ $Q = \frac{8\pi R^4}{\mu l}(P_1 - P_2)$

④ $Q = \frac{6\pi R^2}{\mu l}(P_1 - P_2)$

풀이 • hagen-poiseuille 유동

$$Q = \frac{\Delta P \pi D^4}{128\mu l} = \frac{\Delta P \pi (2R)^4}{128\mu l} = \frac{\Delta P \pi R^4}{8\mu l}$$

42 골프공(지름 D=4cm, 무게 W=0.4N)이 50m/s의 속도로 날아가고 있을 때, 골프공이 받는 항력은 골프공 무게의 몇 배인가? (단, 골프공의 항력계수 C_D=0.24이고, 공기의 밀도는 1.2kg/m³이다.)

① 4.52배 ② 1.7배
③ 1.13배 ④ 0.452배

풀이 • 골프공의 무게(W)와 항력(F_D) 비

$$\frac{F_D}{W} = 1.13$$

항력(F_D) = 1.13 × 무게(W)

여기서, 골프공의 항력(F_D) = 0.45N

43 Navier-Stokes 방정식을 이용하여 정상, 2차원, 비압축성 속도장 $\vec{V} = ax\hat{i} - ay\hat{j}$에서 압력을 x, y의 방정식으로 옳게 나타낸 것은?(단, a는 상수이고, 원점에서의 압력은 0이다.)

① $P = -\frac{\rho a^2}{2}(x^2 + y^2)$

② $P = -\frac{\rho a}{2}(x^2 + y^2)$

③ $P = \frac{\rho a^2}{2}(x^2 + y^2)$

④ $P = \frac{\rho a}{2}(x^2 + y^2)$

풀이 • 주어진 속도장에 대한 압력장

$$P(x, y) = -\frac{1}{2}\rho a^2 y^2 - \frac{1}{2}\rho a^2 x^2 + C$$

조건에서, $P(0, 0) = 0 \rightarrow C = 0$

$$P(x, y) = -\frac{\rho a^2}{2}(x^2 + y^2)$$

답 40 ① 41 ① 42 ③ 43 ①

44 물이 흐르는 관의 중심에서 피토관을 삽입하여 압력을 측정하였다. 전압력은 20mAq, 정압은 5mAq일 때 관 중심에서 물의 유속은 약 몇 m/s인가?

① 10.7　② 17.2
③ 5.4　④ 8.6

풀이 · 물의 유속
$$V=\sqrt{\frac{2\Delta P}{\rho_w}}=17.1\text{m/s}$$
여기서, $\Delta P=147\text{kPa}$

45 어떤 액체가 800kPa의 압력을 받아 체적이 0.05% 감소한다면, 이 액체의 체적 탄성계수는 얼마인가?

① 1265kPa　② 1.6×10^4kPa
③ 1.6×10^6kPa　④ 2.2×10^6kPa

풀이 · 체적 탄성계수
$$E_V=-\frac{\Delta P}{\Delta V/V}=1.6\times10^6\text{kPa}$$

46 30m의 폭을 가진 개수로(open channel)에 20cm의 수심과 5m/s의 유속으로 물이 흐르고 있다. 이 흐름의 Froude수는 얼마인가?

① 0.57　② 1.57
③ 2.57　④ 3.57

풀이 · Froude수
$$Fr=\frac{V}{\sqrt{gL_C}}=\frac{V}{\sqrt{gy}}=3.57$$
여기서, $V=$평균 속도,
　　　　$L_C=$특성 길이(유동 깊이 y 선택)

47 수평으로 놓인 지름 10cm, 길이 200m인 파이프에 완전히 열린 글로브 밸브가 설치되어 있고, 흐르는 물의 평균 속도는 2m/s이다. 파이프의 관마찰계수가 0.02이고, 전체 수두 손실이 10m이면, 글로브 밸브의 손실계수는?

① 0.4　② 1.8
③ 5.8　④ 9.0

풀이 · 손실계수
$$K=\frac{h_L}{V^2/2g}-f\cdot\frac{l}{d}=9$$

48 점성계수 0.3poise, 동점성계수는 2stokes인 유체의 비중은?

① 6.7　② 1.5
③ 0.67　④ 0.15

풀이 · 유체의 밀도
$\rho=\mu/\nu=1.5\times10^2\text{kg/m}^3$
· 유체의 비중
$$SG=\frac{\rho}{\rho_{H_2O}}=0.15$$

49 그림에서 $h=100$cm이다. 액체의 비중이 1.50일 때 A점의 계기 압력은 몇 kPa인가?

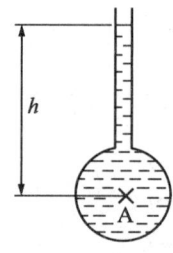

① 9.8　② 14.7
③ 9800　④ 14700

풀이 · A점 계기 압력
$P_A=\rho gh=14.7\times10^3\text{Pa}$
여기서, 액체 밀도(ρ)$=1.5\times10^3\text{kg/m}^3$

답 44 ②　45 ③　46 ④　47 ④　48 ④　49 ②

50 비중 0.9, 점성계수 $5 \times 10^{-3} N \cdot s/m^2$의 기름이 안지름 15cm의 원형관 속을 0.6m/s의 속도로 흐를 경우 레이놀즈수는 약 얼마인가?

① 16200　② 2755
③ 1651　④ 3120

 • 레이놀즈수
$Re = \dfrac{\rho VD}{\mu} = 16200$

51 그림과 같이 비점성, 비압축성 유체가 쐐기 모양의 벽면 사이를 흘러 작은 구멍을 통해 나간다. 이 유동을 극좌표계 (r, θ)에서 근사적으로 표현한 속도 포텐셜은 $\phi = 3\ln r$ 일 때 원호 $r = 2\left(0 \leq \theta \leq \dfrac{\pi}{2}\right)$를 통과하는 단위 길이당 체적 유량은 얼마인가?

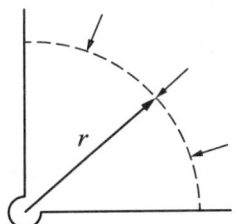

① $\dfrac{\pi}{4}$　② $\dfrac{3}{4}\pi$
③ π　④ $\dfrac{3}{2}\pi$

 • 속도 포텐셜
$u_r = \dfrac{\partial \phi}{\partial r} = \dfrac{3}{r}$
$u_\theta = \dfrac{1}{r}\dfrac{\partial \phi}{\partial \theta} = 0$
• 면적
$A = \int_0^{\pi/2} r d\theta = \dfrac{\pi r}{2}$
$A_{r=2} = \pi$

• 단위 길이당 체적 유량
$\dot{Q}_{r=2} = A_{r=2} \times u_r = \dfrac{3\pi}{2}$

52 평판에서 층류 경계층의 두께는 다음 중 어느 값에 비례하는가?(단, 여기서 x는 평판의 선단으로부터의 거리이다.)

① $x^{-1/2}$　② $x^{1/4}$
③ $x^{1/7}$　④ $x^{1/2}$

 • 층류 경계층 두께
$\delta = \dfrac{5x}{Re_x^{1/2}} = \dfrac{5x}{\left(\dfrac{Ux}{\nu}\right)^{1/2}} = \alpha x^{1/2}$

$\delta \propto x^{1/2}$

53 다음 중 동 점성계수(kinematic viscosity)의 단위는?

① $N \cdot s/m^2$　② $kg/(m \cdot s)$
③ m^2/s　④ m/s^2

• 동점성계수
stokes=$0.0001 m^2/s$

54 물제트가 연직하 방향으로 떨어지고 있다. 높이 12m 지점에서의 제트 지름은 5cm, 속도는 24m/s였다. 높이 4.5m 지점에서의 물제트의 속도는 약 몇 m/s인가?(단, 손실 수두는 무시한다.)

① 53.9　② 42.7
③ 35.4　④ 26.9

• 물제트의 속도
$V_2 = \sqrt{\left[\dfrac{V_1^2}{2g} + (z_1 - z_2)\right] \times 2g} = 26.9 m/s$

답　50 ①　51 ④　52 ④　53 ③　54 ④

55 반지름 R인 원형 수문이 수직으로 설치되어 있다. 수면으로부터 수문에 작용하는 물에 의한 전 압력의 작용점까지의 수직거리는?(단, 수문의 최상단은 수면과 동일 위치에 있으며 h는 수면으로부터 원판의 중심(도심)까지의 수직거리이다.)

① $h + \dfrac{R^2}{16h}$ ② $h + \dfrac{R^2}{8h}$

③ $h + \dfrac{R^2}{4h}$ ④ $h + \dfrac{R^2}{2h}$

풀이 • 전 압력 작용점
$$y_P = y_C + \dfrac{I_{xx,C}}{y_C A} = h + \dfrac{R^2}{4h}$$

56 다음 중 수력 기울기선(hydraulic grade line)은 에너지 구배선(energy grade line)에서 어떤 것을 뺀 값인가?
① 위치 수두 값
② 속도 수두 값
③ 압력 수두 값
④ 위치 수두와 압력 수두를 합한 값

풀이 • 수력 기울기선(HGL)=정압 수두+위치 수두=$\dfrac{P}{\rho g}+z$

57 그림과 같은 통에 물이 가득 차 있고 이것이 공중에서 자유낙하할 때, 통에서 A점의 압력과 B점의 압력은?

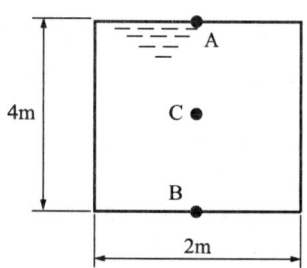

① A점의 압력은 B점의 압력의 1/2이다.
② A점의 압력은 B점의 압력의 1/4이다.
③ A점의 압력은 B점의 압력의 2배이다.
④ A점의 압력은 B점의 압력과 같다.

풀이 • 자유낙하의 경우
$$\dfrac{\partial P}{\partial x} = \dfrac{\partial P}{\partial y} = \dfrac{\partial P}{\partial z} = 0$$
$P = \text{const}(일정)$

58 1/10 크기의 모형 잠수함을 해수에서 실험한다. 실제 잠수함을 2m/s로 운전하려면 모형 잠수함은 약 몇 m/s의 속도로 실험하여야 하는가?
① 20   ② 5
③ 0.2   ④ 0.5

풀이 • 역학적 상사
$$V_m = \dfrac{\mu_m}{\mu_p} \times \dfrac{L_p}{L_m} \times \dfrac{\rho_p}{\rho_m} \times V_p = 20\text{m/s}$$
여기서, $\mu_m = \mu_p$, $\rho_p = \rho_m$, $L_p/L_m = 10$

59 안지름 D_1, D_2의 관이 직렬로 연결되어 있다. 비압축성 유체가 관 내부를 흐를 때 지름 D_1인 관과 D_2인 관에서의 평균 유속이 각각 V_1, V_2이면 D_1/D_2은?
① V_1/V_2
② $\sqrt{V_1/V_2}$
③ V_2/V_1
④ $\sqrt{V_2/V_1}$

풀이 • 연속 방정식
$A_1V_1 = A_2V_2 \rightarrow D_1^2 V_1 = D_2^2 V_2 \rightarrow D_1/D_2 = \sqrt{V_2/V_1}$

답 55 ③ 56 ② 57 ④ 58 ① 59 ④

60 그림과 같이 속도 3m/s로 운동하는 평판에 속도 10m/s인 물 분류가 직각으로 충돌하고 있다. 분류의 단면적이 0.01m²이라고 하면 평판이 받는 힘은 몇 N이 되겠는가?

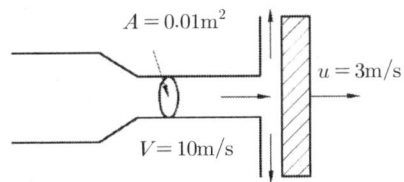

① 295 ② 490
③ 980 ④ 16900

풀이 • 평판이 받는 힘
$F = \rho \dot{Q}(V-u) = 490N$
여기서, 평판에 대한 물 분류의 상대속도 $(V-u) = 7m/s$
분출 유량 $(\dot{Q}) = 0.07m^3/s$

4과목 기계재료 및 유압기기

61 가공 열처리 방법에 해당되는 것은?
① 마퀜칭(marquenching)
② 오스포밍(ausforming)
③ 마템퍼링(martempering)
④ 오스템퍼링(austempering)

풀이 • 항온 열처리(isothermal heat treatment)
㉠ 항온 담금질(isothermal hardening):
 ⓐ 오스템퍼링(austempering)
 ⓑ 마템퍼링(martempering)
 ⓒ 마퀜칭(marquenching)
 ⓓ Ms퀜칭(Ms quenching)
㉡ 항온 뜨임(isothermal tempering)
㉢ 항온 풀림(isothermal annealing)

62 니켈-크롬 합금강에서 뜨임 메짐을 방지하는 원소는?
① Cu ② Mo
③ Ti ④ Zr

풀이 • 몰리브덴(Mo): 담금질성, 내식성, 크리프 저항성 증대, 뜨임취성(메짐) 방지

63 재료의 연성을 알기 위해 구리판, 알루미늄판 및 그 밖의 연성판재를 가압 형성하여 변형 능력을 시험하는 것은?
① 굽힘 시험
② 압축 시험
③ 비틀림 시험
④ 에릭센 시험

64 Y 합금의 주성분으로 옳은 것은?
① Al + Cu + Ni + Mg
② Al + Cu + Mn + Mg
③ Al + Cu + Sn + Zn
④ Al + Cu + Si + Mg

풀이 • Y 합금: Al+Cu(4%)+Ni(2%)+Mg(1.5%)

65 다음 중 비중이 가장 작아 항공기 부품이나 전자 및 전기용 제품의 케이스 용도로 사용되고 있는 합금 재료는?
① Ni 합금 ② Cu 합금
③ Pb 합금 ④ Mg 합금

풀이 합금 재료로 Mg는 강도, 절삭성이 우수하고 비중이 작아 경량화가 요구되는 항공기, 자동차, 선박 등의 부품이나 전자 및 전기용 제품의 케이스 용도로 사용되고 있으며 구상 흑연주철, CV흑연주철의 첨가제로도 사용된다.

66 그림은 3성분계를 표시하는 다이아그램이다. X 합금에 속하는 B의 성분은?

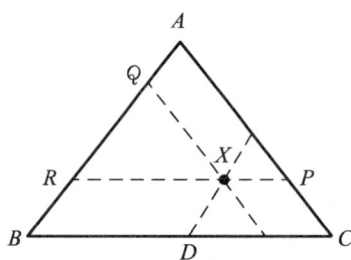

① $\overline{XD}$이다. ② $\overline{XR}$이다.
③ $\overline{XQ}$이다. ④ $\overline{XP}$이다.

67 주철에 대한 설명으로 틀린 것은?
① 흑연이 많을 경우에는 그 파단면이 회색을 띤다.
② C와 P의 양이 적고 냉각이 빠를수록 흑연화하기 쉽다.
③ 주철 중에 전 탄소량은 유리탄소와 화합탄소를 합한 것이다.
④ C와 Si의 함량에 따른 주철의 조직관계를 마우러 조지도라 한다.

풀이 냉각속도가 느리고 Si량이 많을수록 흑연화하기 쉽다.

68 금속재료에서 단위격자 소속 원자 수가 2이고, 충전율이 68%인 결정 구조는?
① 단순입방격자   ② 면심입방격자
③ 체심입방격자   ④ 조밀육방격자

69 순철의 변태점이 아닌 것은?
① A_1 ② A_2
③ A_3 ④ A_4

풀이
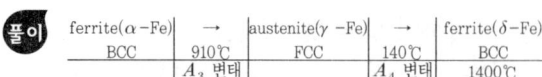

• 자기 변태(magnetic transformation): 원자의 배열(결정격자의 형상)에는 변화가 일어나지 않으나, 자기적 성질이 변화를 일으키는 것이다. 시멘타이트(Fe_3C)의 자기 변태는 210℃(큐리점, curie point)에서 발생하는 A_0 변태가 있으며, 순철의 자기 변태점은 A_2 변태로 768℃에서 발생한다.

70 오스테나이트형 스테인리스강의 예민화(sensitize)를 방지하기 위하여 Ti, Nb 등의 원소를 함유시키는 이유는?
① 입계 부식을 촉진한다.
② 강 중의 질소(N)와 질화물을 만들어 안정화시킨다.
③ 탄화물을 형성하여 크롬 탄화물의 생성을 억제한다.
④ 강 중의 산소(O)와 산화물을 형성하여 예민화를 방지한다.

71 방향 제어 밸브 기호 중 다음과 같은 설명에 해당하는 기호는?

• 3/2-way 밸브이다.
• 정상 상태에서 P는 외부와 차단된 상태이다.

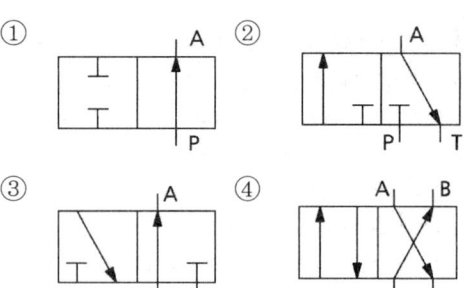

풀이 ② 3방향 2위치 정상 상태 P 폐쇄

답 66 ④ 67 ② 68 ③ 69 ① 70 ③ 71 ②

72 주로 시스템의 작동이 정부하일 때 사용되며, 실린더의 속도제어를 실린더에 공급되는 입구 측 유량을 조절하여 제어하는 회로는?

① 로크 회로
② 무부하 회로
③ 미터인 회로
④ 미터 아웃 회로

풀이 • 미터인 회로: 실린더 입구 쪽에 유량 제어 밸브를 넣어 액추에이터에 들어가는 유량을 교축해서 속도를 제어하는 회로

73 유압 필터를 설치하는 방법은 크게 복귀라인에 설치하는 방법, 흡입라인에 설치하는 방법, 압력라인에 설치하는 방법, 바이패스 필터를 설치하는 방법으로 구분할 수 있는데, 다음 회로는 어디에 속하는가?

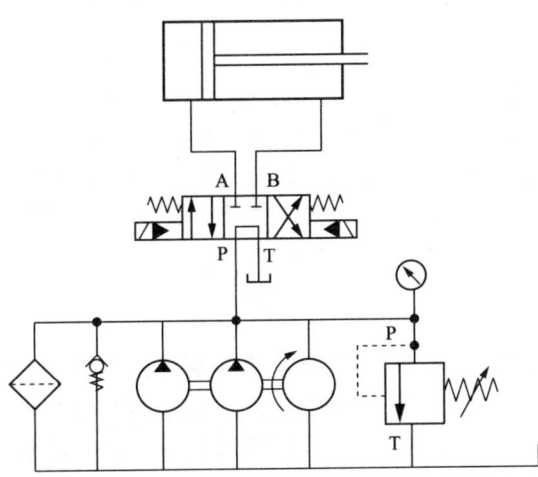

① 복귀라인에 설치하는 방법
② 흡입라인에 설치하는 방법
③ 압력라인에 설치하는 방법
④ 바이패스 필터를 설치하는 방법

풀이 • 바이패스 필터: 유압유 전체를 여과할 필요가 없을 때 펌프에서 토출되는 유량 일부분을 가는 눈의 필터로 여과하고 나머지는 탱크로 가도록 하는 방법

74 그림과 같은 유압 회로의 명칭으로 옳은 것은?

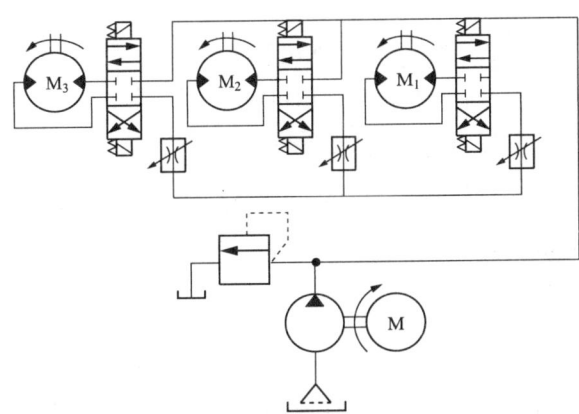

① 유압 모터 병렬배치 미터인 회로
② 유압 모터 병렬배치 미터 아웃 회로
③ 유압 모터 직렬배치 미터인 회로
④ 유압 모터 직렬배치 미터 아웃 회로

풀이 유압 모터 병렬배치 미터 아웃 회로이다.

75 유압 실린더로 작동되는 리프터에 작용하는 하중이 15000N이고 유압의 압력이 7.5MPa일 때 이 실린더 내부의 유체가 하중을 받는 단면적은 약 몇 cm²인가?

① 5
② 20
③ 500
④ 2000

풀이 • 실린더 내부 유체가 하중을 받는 단면적
$A = \dfrac{F}{P} = 20\,\mathrm{cm}^2$

답 72 ③ 73 ④ 74 ② 75 ②

76 그림과 같은 유압 기호의 설명으로 틀린 것은?

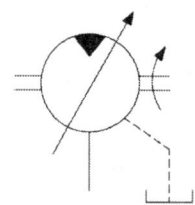

① 유압 펌프를 의미한다.
② 1방향 유동을 나타낸다.
③ 가변 용량형 구조이다.
④ 외부 드레인을 가졌다.

풀이 유압 모터, 1방향 유동, 가변 용량형, 외부 드레인, 1방향 회전형

77 유압 작동유에서 공기의 혼입(용해)에 관한 설명으로 옳지 않은 것은?
① 공기 혼입 시 스폰지 현상이 발생할 수 있다.
② 공기 혼입 시 펌프의 캐비테이션 현상을 일으킬 수 있다.
③ 압력이 증가함에 따라 공기가 용해되는 양도 증가한다.
④ 온도가 증가함에 따라 공기가 용해되는 양도 증가한다.

풀이 유압 시스템에서 사용하는 작동 기름 속에 혼입 공기가 있으면 산화가 촉진되며 압축성이 커져 펌프에서 공동 현상이 나타날 수 있다.

78 유압 및 공기압 용어에서 스텝 모양 입력 신호의 지령에 따르는 모터로 정의되는 것은?
① 오버 센터 모터
② 다공정 모터
③ 유압 스테핑 모터
④ 베인 모터

풀이 • 스테핑 모터: 펄스 모터라고도 하며, 스텝 모양의 입력 신호인 펄스 지령을 따르는 모터

79 그림의 유압 회로는 펌프 출구 직후에 릴리프 밸브를 설치한 회로로서 안전 측면을 고려하여 제작된 회로이다. 이 회로의 명칭으로 옳은 것은?

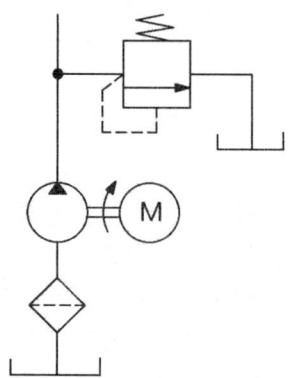

① 압력 설정 회로
② 카운터 밸런스 회로
③ 시퀀스 회로
④ 감압 회로

풀이 릴리프 밸브는 회로 압력을 사전 설정하고 회로 압력이 설정값에 이르게 되면 유압유가 빠져나갈 수 있도록 다른 경로를 제공해서 유압 회로의 최대 압력을 제한하는 밸브이다. 주어진 유압 회로는 압력 설정 회로로 릴리프 밸브를 사용해서 최대 압력을 제한한다.

80 다음 중 펌프 작동 중에 유면을 적절하게 유지하고, 발생하는 열을 방산하여 장치의 가열을 방지하며, 오일 중의 공기나 이물질을 분리시킬 수 있는 기능을 갖춰야 하는 것은?
① 오일 필터
② 오일 제너레이터
③ 오일 미스터
④ 오일 탱크

풀이 • 기름 탱크: 유압 시스템에서 유압 회로에 공급해야 할 작동 기름을 저장한다. 일을 하고 돌아온 작동 기름 속에 포함되어 있는 오염 물질을 정화시키거나 냉각 작용 등을 담당하는 유압 장치이다.

답 76 ① 77 ④ 78 ③ 79 ① 80 ④

기계제작법 및 기계동력학

81 공작물의 길이가 600mm, 지름이 25mm인 강재를 아래의 조건으로 선반가공할 때 소요되는 가공시간(t)은 약 몇 분인가?(단, 1회 가공이다.)

- 절삭 속도: 180m/min
- 절삭 깊이: 2.5mm
- 이송 속도: 0.24mm/rev

① 1.1 ② 2.1
③ 3.1 ④ 4.1

 가공 시간 $t = \dfrac{L}{NS}$ (min)

$N = \dfrac{1000V}{\pi D} = \dfrac{1000 \times 180}{\pi \times 25} \fallingdotseq 2291.8\text{RPM}$

$t = \dfrac{L}{NS} = \dfrac{600}{2291.8 \times 0.24} \fallingdotseq 1.0908$

82 압출 가공(extrusion)에 관한 일반적인 설명으로 틀린 것은?

① 직접 압출보다 간접 압출에서 마찰력이 적다.
② 직접 압출보다 간접 압출에서 소요 동력이 적게 든다.
③ 압출 방식으로는 직접(전방) 압출과 간접(후방) 압출 등이 있다.
④ 직접 압출이 간접 압출보다 압출 종료 시 콘테이너에 남는 소재량이 적다.

풀이 실린더 모양의 컨테이너 속에 가열한 재료를 넣고 압력을 가하여 재료를 압출시켜 원하는 형상을 얻는 가공법으로 제품의 재질이 치밀하고 기계적 성질이 좋아지며, 복잡한 형상의 제품을 제작할 수 있어서 대량생산에 적합하다.
㉠ 직접 압출(direct process): 전방 압출(forward extrusion)로 불리며 램의 진행 방향으로 소재가 압출된다.
㉡ 간접 압출(indirect process)
 ⓐ 후방 압출(backward extrusion) 또는 역식 압출(inverse extrusion)로도 불리며, 램의 방향과 반대 방향으로 소재가 압출된다.
 ⓑ 다이와 펀치의 틈새로부터 펀치의 진행과 반대 방향으로 재료를 유출시키는 압출 가공
 ⓒ 직접 압출보다 간접 압출에서 마찰력이 더 적게 든다.
 ⓓ 직접 압출보다 간접 압출에서 소요 동력이 적게 든다.

83 와이어 방전가공액 비저항값에 대한 설명으로 틀린 것은?

① 비저항값이 낮을 때에는 수돗물을 첨가한다.
② 일반적으로 방전가공에서는 10~100kΩ·cm의 비저항값을 설정한다.
③ 비저항값이 높을 때에는 가공액을 이온교환장치로 통과시켜 이온을 제거한다.
④ 비저항값이 과다하게 높을 때에는 방전 간격이 넓어져서 방전 효율이 저하된다.

84 전기저항 용접 중 맞대기 용접의 종류가 아닌 것은?

① 업셋 용접
② 퍼커션 용접
③ 플래시 용접
④ 프로젝션 용접

풀이 • 전기저항 용접
㉠ 맞대기 이음: 업셋(upset) 맞대기 용접, 플래시(flash) 용접, 방전 충격(퍼커션) 용접
㉡ 겹치기 이음: 스폿(spot, 점) 용접, 프로젝션(projection) 용접, 심(seam) 용접

답 81 ① 82 ④ 83 ④ 84 ④

85 질화법에 관한 설명 중 틀린 것은?
① 경화층은 비교적 얇고, 경도는 침탄한 것 보다 크다.
② 질화법은 재료 중심까지 경화하는 데 그 목적이 있다.
③ 질화법의 기본적인 화학반응식은 $2NH_3 \rightarrow 2N+3H_2$ 이다.
④ 질화법의 효과를 높이기 위해 첨가되는 원소는 Al, Cr, Mo 등이 있다.

풀이 • 질화법(nitriding): 표면 경화법
㉠ 화학 반응식: $2NH_3 \rightarrow 2N+3H_2$
㉡ 경화층이 비교적 얇고, 경도는 침탄한 것보다 크다.
㉢ 내식성 및 내마모성이 좋다. 주로 마모가 심한 곳(자동차의 크랭크축, 캠, 스핀들, 동력 전달 체인 등 각종 내마모용 부품)에 많이 사용된다.
㉣ 열처리가 필요 없으므로 경화에 의한 변형이 적다.
㉤ 질화 후의 수정은 불가능하다.
㉥ 질화법의 효과를 높이기 위해 사용되는 첨가 원소로는
ⓐ Cr, Mn: 경도 및 깊이 증가
ⓑ Mo: 경도 증가 및 취화 방지
ⓒ Al: 경도 증가 등이 있다.

86 주물사로 사용되는 모래에 수지, 시멘트, 석고 등의 점결제를 사용하며, 경화시간을 단축하기 위하여 경화촉진제를 사용하여 조형하는 주형법은?
① 원심 주형법   ② 셸몰드 주형법
③ 자경성 주형법   ④ 인베스트먼트 주형법

풀이 • 자경성 주형(self-strengthening mold): 조형 후 경화시간의 단축을 위하여 경화촉진제를 사용하여 점결제의 화학 반응에 의해서 경화하는 주형으로 건조 공정이 생략되며, 주형의 성질도 개선된다.

87 절삭유가 갖추어야 할 조건으로 틀린 내용은?
① 마찰계수가 적고 인화점, 발화점이 높을 것
② 냉각성이 우수하고 윤활성, 유동성이 좋을 것
③ 장시간 사용해도 변질되지 않고 인체에 무해할 것
④ 절삭유의 표면 장력이 크고 칩의 생성부에는 침투되지 않을 것

풀이 • 절삭유의 구비 조건
㉠ 마찰계수가 적고 휘발성이 없으며 인화점과 발화점이 높을 것
㉡ 냉각성이 우수하고 윤활성, 유동성이 좋을 것
㉢ 불연성, 난연성이고 위생상 해롭지 않을 것
㉣ 사용 중 점도 저하 방지 및 산성화에 강해야 한다.
㉤ 칩 분리가 용이하며 회수가 쉬울 것
㉥ 장시간 사용해도 변질되지 않고 인체에 무해할 것

88 유압 프레스에서 램의 유효 단면적이 $50cm^2$, 유효 단면적에 작용하는 최고 유압이 $40kgf/cm^2$일 때 유압 프레스의 용량(ton)은?
① 1   ② 1.5
③ 2   ④ 2.5

풀이 $\sigma = \dfrac{P}{A}$ 에서 $P = \sigma \times A = 40 \times 50 = 2000 kgf$

89 플러그 게이지에 대한 설명으로 옳은 것은?
① 진원도 검사할 수 있다.
② 통과 측이 통과되지 않을 경우는 기준 구멍보다 큰 구멍이다.
③ 플러그 게이지는 치수공차의 합격 유·무만을 검사할 수 있다.
④ 정지 측이 통과할 때에는 기준 구멍보다 작고, 통과 측이 마멸이 심하다.

풀이 구멍용 한계 게이지로 비교적 작은 구멍(1~100mm)의 검사에 사용되며, 치수공차의 합격 유·무만을 검사할 수 있다.

답 85 ② 86 ③ 87 ④ 88 ③ 89 ③

90 다음 중 다이아몬드, 수정 등 보석류 가공에 가장 적합한 가공법은?

① 방전가공
② 전해 가공
③ 초음파가공
④ 슈퍼 피니싱 가공

풀이 • 초음파가공: 텅스텐, 초경합금, 열처리강 및 수정, 루비, 다이아몬드 등의 보석류 그리고 공작 기계로 가공이 곤란한 유리·자기 제품 등을 가공하는 데 유용한 특수 가공이다.

91 다음 1자유도 진동계의 고유 각 진동수는? (단, 3개의 스프링에 대한 스프링 상수는 k 이며 물체의 질량은 m 이다.)

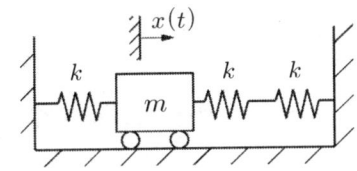

① $\sqrt{\dfrac{2m}{3k}}$ ② $\sqrt{\dfrac{3k}{2m}}$
③ $\sqrt{\dfrac{2k}{3m}}$ ④ $\sqrt{\dfrac{3m}{2k}}$

풀이 • 우측 등가 스프링 상수
$k_{eq,R} = \dfrac{k}{2}$
• 시스템의 등가 스프링 상수
$k_{eq} = = \dfrac{3}{2}k$
• 고유 각 진동수
$\omega_n = \sqrt{\dfrac{3k}{2m}}$

92 3kg의 칼라 C가 고정된 막대 A, B에 초기에 정지해 있다가 그림과 같이 변동하는 힘 Q에 의해 움직인다. 막대 A, B와 칼라 C 사이의 마찰계수가 0.3일 때 시각 $t=1$초일 때의 칼라의 속도는?

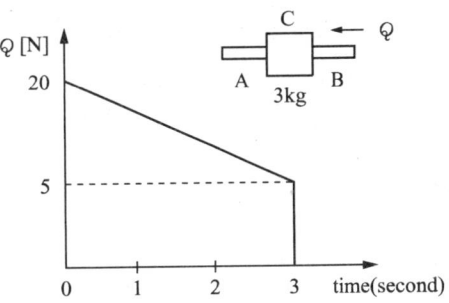

① 2.89m/s   ② 5.25m/s
③ 7.26m/s   ④ 9.32m/s

풀이 • 가속도
$a(t) = -\dfrac{5}{3}t + 3.7$
• 칼라의 속도
$v(t) = -\dfrac{5}{6}t^2 + 3.7t$
$v(1) = -\dfrac{5}{6} + 3.7 = 2.89 \text{m/s}$

93 질점의 단순조화 진동을 $y = C\cos(\omega_n t - \phi)$라 할 때 이 진동의 주기는?

① $\dfrac{\pi}{\omega_n}$ ② $\dfrac{2\pi}{\omega_n}$
③ $\dfrac{\omega_n}{2\pi}$ ④ $2\pi\omega_n$

풀이 • 각 진동수
$\omega = 2\pi \times \dfrac{1}{T}$
• 진동 주기
$T = \dfrac{2\pi}{\omega_n}$

답 90 ③ 91 ② 92 ① 93 ②

94 질량이 $10t$인 항공기가 활주로에서 착륙을 시작할 때 속도는 100m/s이다. 착륙부터 정지 시까지 항공기는 $\sum F_x = -1000v_x\,N$ (v_x는 비행기 속도 $[\text{m/s}]$)의 힘을 받으며 $+x$방향의 직선운동을 한다. 착륙부터 정지 시까지 항공기가 활주한 거리는?

① 500m ② 750m
③ 900m ④ 1000m

 • 운동 방정식

$mdv_x = -1000dx$

$\int_{100}^{0} mdv_x = -\int_{0}^{x} 1000\,dx$

• 착륙부터 정지 시까지 항공기가 활주한 거리

$x = \dfrac{1}{10} \times m = 1000\text{m}$

95 반경 r인 실린더가 위치 1의 정지 상태에서 경사를 따라 높이 h만큼 굴러 내려갔을 때, 실린더의 중심의 속도는?(단, g는 중력가속도이며, 미끄러짐은 없다고 가정한다.)

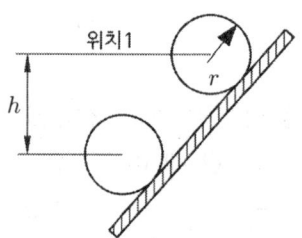

① $0.7070\sqrt{2gh}$
② $0.816\sqrt{2gh}$
③ $0.845\sqrt{2gh}$
④ $\sqrt{2gh}$

 • 에너지 보존 법칙

$0 + mgh = \dfrac{1}{2}mv^2 + \dfrac{1}{2}I\omega^2$

$mgh = \dfrac{3}{4}mv^2$

• 실린더 중심 속도

$v = \sqrt{\dfrac{4}{3}gh} = 0.816\sqrt{2gh}$

96 등가속도운동에 관한 설명으로 옳은 것은?
① 속도는 시간에 대하여 선형적으로 증가하거나 감소한다.
② 변위는 시간에 대하여 선형적으로 증가하거나 감소한다.
③ 속도는 시간의 제곱에 비례하여 증가하거나 감소한다.
④ 변위는 속도의 세제곱에 비례하여 증가하거나 감소한다.

 • 등가속도운동에 관한 식
$v = v_0 + at$

속도는 시간에 대해서 선형적으로 증가하거나 감소하는 1차 식이다.

97 두 질점이 충돌할 때 반발계수가 1인 경우에 대한 설명 중 옳은 것은?
① 두 질점의 상대적 접근 속도와 이탈 속도의 크기는 다르다.
② 두 질점의 운동량의 합은 증가한다.
③ 두 질점의 운동 에너지 합은 보존된다.
④ 충돌 후에 열에너지나 탄성파 발생 등에 의한 에너지 소실이 발생한다.

탄성 충돌($e=1$)은 실제로는 발생할 수 없는 현상으로 충돌 시 에너지 손실은 발생하지 않는다.

답 94 ④ 95 ② 96 ① 97 ③

98 질량이 12kg, 스프링 상수가 150N/m, 감쇠비가 0.033인 진동계를 자유 진동시키면 5회 진동 후 진폭은 최초의 몇 %인가?

① 15% ② 25%
③ 35% ④ 45%

- 감쇠 고유 주기
$\tau_d = \dfrac{2\pi}{\omega_d} = 1.778\text{s}$
- 진폭비
$x_n = x_1 \cdot e^{-n\zeta\omega_n \tau_d}$
- 5회 진동 후 진폭(x_5)
$x_5 = e^{-5 \times 0.033 \times \sqrt{150/12} \times 1.778} \cdot x_1$
$x_5 = 0.3544 x_1$

99 평면에서 강체가 그림과 같이 오른쪽에서 왼쪽으로 이동하였을 때 이 운동의 명칭으로 가장 옳은 것은?

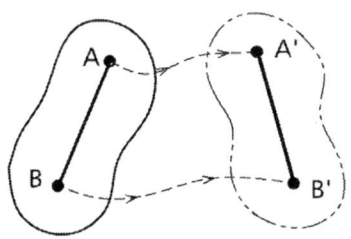

① 직선 병진 운동
② 곡선 병진 운동
③ 고정축 회전 운동
④ 일반 평면 운동

- 일반 평면 운동: 강체 운동 중에서 곡선 병진 운동과 회전 운동이 동시에 일어나는 운동

100 질량 m인 기계가 강성계수 $k/2$인 2개의 스프링에 의해 바닥에 지지되어 있다. 바닥이 $y = 6\sin\sqrt{\dfrac{4k}{m}}\,t\,[\text{mm}]$로 진동하고 있다면 기계의 진폭은 얼마인가?(단, t는 시간이다.)

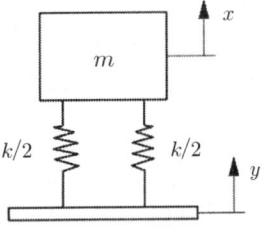

① 1mm ② 2mm
③ 3mm ④ 4mm

- 바닥 진동에 따른 질량 m의 진폭
$X = \dfrac{1}{3}Y = \dfrac{1}{3} \times 6 = 2\text{mm}$

2016년 2회 일반기계기사 기출문제

1과목 재료역학

1 그림과 같이 균일 분포하중 w를 받는 보에서 굽힘 모멘트 선도는?

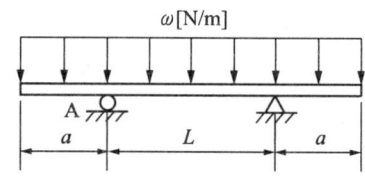

①
②
③
④

풀이 $w(L+2a) = R_A + R_B$이고 좌우 대칭이므로 $R_A = R_B = \dfrac{w}{2}(2a+L)$이고 지점 A, B에서 모멘트는 ④이다.

2 일단 고정 타단 롤러 지지된 부정정보의 중앙에 집중하중 P를 받고 있을 때, 롤러 지지점의 반력은 얼마인가?

① $\dfrac{3}{16}P$
② $\dfrac{5}{16}P$
③ $\dfrac{7}{16}P$
④ $\dfrac{9}{16}P$

풀이

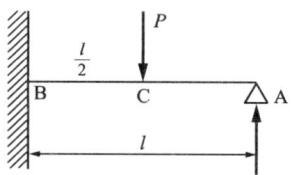

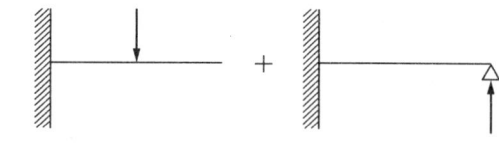

$v_1 = \dfrac{P}{3E \cdot I}(\dfrac{l}{2})^3 + \dfrac{P}{2E \cdot I}(\dfrac{l}{2})^2 \times \dfrac{l}{2}$

$= \dfrac{P \cdot l^3}{24 E \cdot I} + \dfrac{P \cdot l^3}{16 E \cdot I} = \dfrac{5 P \cdot l^3}{48 E \cdot I}$

$v_2 = \dfrac{R_A \cdot l^3}{3 E \cdot I}$

$v_1 = v_2$이므로 $\dfrac{5P \cdot l^3}{48 E \cdot I} = \dfrac{R_A \cdot l^3}{3 E \cdot I}$

$R_A = \dfrac{5P}{16},\ R_B = \dfrac{11P}{16}$

3 지름이 d인 짧은 환봉의 축 중심으로부터 a만큼 떨어진 지점에 편심압축하중이 P가 작용할 때 단면상에서 인장응력이 일어나지 않는 a 범위는?

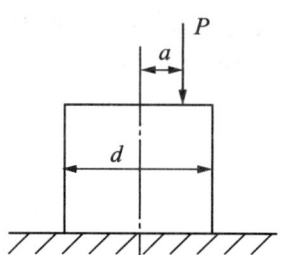

답 1 ④ 2 ② 3 ①

① $\dfrac{d}{8}$ 이내 ② $\dfrac{d}{6}$ 이내

③ $\dfrac{d}{4}$ 이내 ④ $\dfrac{d}{2}$ 이내

풀이 $\sigma_{max} = \sigma_C + \sigma_B = \dfrac{P}{A} + \dfrac{M}{Z} \leq \sigma_{all}$ (압축강도)

$\sigma_{min} = \sigma_C - \sigma_B = \dfrac{P}{A} - \dfrac{M}{Z}$

여기서, $\sigma_{min} = 0$일 경우 단주가 튀어 나간다.

$\sigma_{min} = 0 = \dfrac{P}{A} - \dfrac{M}{Z} \Rightarrow \dfrac{P}{A} = \dfrac{P \cdot a}{Z}$

$a = \dfrac{Z}{A} = \dfrac{\dfrac{\pi d^3}{32}}{\dfrac{\pi d^2}{4}} = \dfrac{d}{8}$ 이내이며, 직경은 $\dfrac{d}{4}$ 이내이다.

4 바깥지름 30cm, 안지름 10cm인 중공 원형 단면의 단면계수는 약 몇 cm³인가?

① 2618 ② 3927
③ 6584 ④ 1309

풀이 $I = \dfrac{\pi \cdot (d_2^4 - d_1^4)}{64}$,

$Z = \dfrac{I}{e} = \dfrac{\dfrac{\pi \cdot (d_2^4 - d_1^4)}{64}}{\dfrac{d_2}{2}} = \dfrac{\pi \cdot (d_2^4 - d_1^4)}{32 d_2}$

여기서, 안지름: d_1, 바깥지름: d_2

$Z = \dfrac{\pi \cdot (d_2^4 - d_1^4)}{32 d_2} = \dfrac{\pi (30^4 - 10^4)}{32 \times 30} \fallingdotseq 2618 \text{cm}^3$

5 그림과 같이 하중을 받는 보에서 전단력의 최댓값은 약 몇 kN인가?

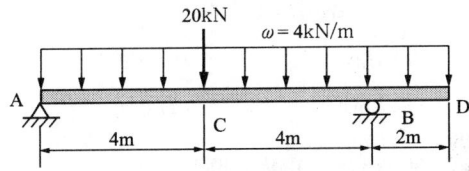

① 11kN ② 25kN
③ 27kN ④ 35kN

풀이 $\sum M_B = 0$에서

$R_A \times 8 - (w \times 8 \times 4) - P \times 4 + w \times 2 \times 1 = 0$

$R_A = \dfrac{32w + 4P - 2w}{8} = \dfrac{30 \times 4000 + 4 \times 20000}{8} = 25000$

$R_A + R_B = w \times 10 + P = 40000 + 20000 = 60000$,

$R_B = 35000$

$F_A = 25000$,

$F_C = 25000 - (4000 \times 4) - 20000 = -11000$

$F_{B(아랫부분)} = -11000 - 4000 \times 4 = -27000$

$F_{B(상단부분)} = -27000 + 35000 = 8000$

$F_D = 8000 - 4000 \times 2 = 0$

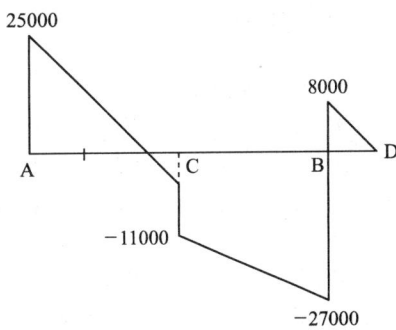

6 그림과 같은 일단 고정 타단 롤러로 지지된 등분포하중을 받는 부정정보의 B단에서 반력은 얼마인가?

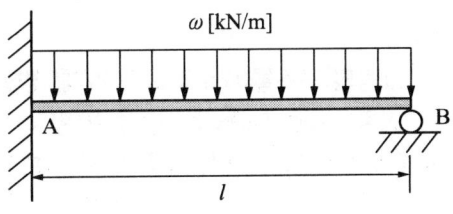

① $\dfrac{Wl}{2}$ ② $\dfrac{5}{8} Wl$

③ $\dfrac{2}{3} Wl$ ④ $\dfrac{3}{8} Wl$

답 4① 5③ 6④

풀이

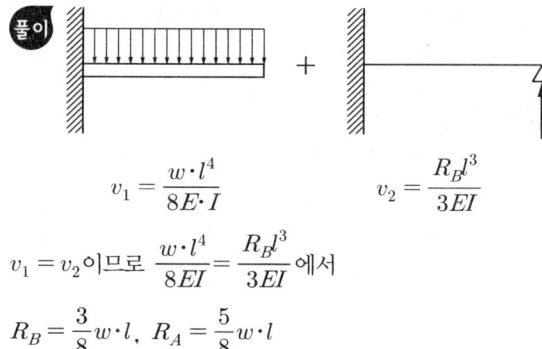

$v_1 = \dfrac{w \cdot l^4}{8E \cdot I}$, $v_2 = \dfrac{R_B l^3}{3EI}$

$v_1 = v_2$이므로 $\dfrac{w \cdot l^4}{8EI} = \dfrac{R_B l^3}{3EI}$ 에서

$R_B = \dfrac{3}{8} w \cdot l$, $R_A = \dfrac{5}{8} w \cdot l$

7 그림과 같이 단붙이 원형 축(stepped circular shaft)의 풀리에 토크가 작용하여 평형 상태에 있다. 이 축에 발생하는 최대 전단응력은 몇 MPa인가?

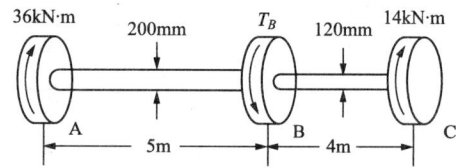

① 18.2　　　② 22.9
③ 41.3　　　④ 147.4

풀이 $T_{AB} = \dfrac{T_A}{\dfrac{\pi d_{AB}^3}{16}} = \dfrac{(36 \times 10^3) \times 16}{\pi \times 0.2^3} \fallingdotseq 22.92\,\text{MPa}$

$T_{BC} = \dfrac{T_C}{\dfrac{\pi d_{BC}^3}{16}} = \dfrac{(14 \times 10^3) \times 16}{\pi \times 0.12^3} \fallingdotseq 41.26\,\text{MPa}$

8 그림의 구조물이 수직하중 $2P$를 받을 때 구조물 속에 저장되는 탄성 변형 에너지는? (단, 단면적 A, 탄성계수의 E는 모두 같다.)

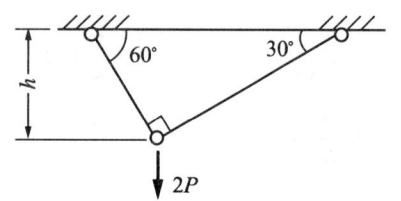

① $\dfrac{P^2 h}{4AE}(1+\sqrt{3})$　② $\dfrac{P^2 h}{2AE}(1+\sqrt{3})$

③ $\dfrac{P^2 h}{AE}(1+\sqrt{3})$　④ $\dfrac{2P^2 h}{AE}(1+\sqrt{3})$

풀이

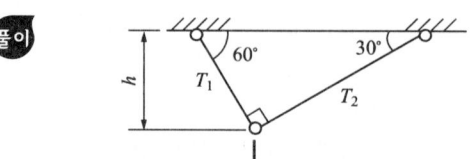

$\dfrac{2P}{\sin 90°} = \dfrac{T_1}{\sin 120°} = \dfrac{T_2}{\sin 150°}$

$T_1 = \sqrt{3}\,P$, $T_2 = P$

$l_1 \cos 30° = h$, $l_1 = \dfrac{2}{\sqrt{3}} h$

$l_2 \cos 60° = h$, $l_2 = 2h$

$U = \dfrac{T_1^2 l_1}{2AE} + \dfrac{T_2^2 l_2}{2AE} = \dfrac{1}{2AE}\left(3P^2 \times \dfrac{2}{\sqrt{3}} h + P^2 \times 2h\right)$

$= \dfrac{P^2 h}{AE}(\sqrt{3}+1)$

9 지름이 동일한 봉에 위 그림과 같이 하중이 작용할 때 단면에 발생하는 축하중 선도는 아래 그림과 같다. 단면 C에 작용하는 하중 (F)은 얼마인가?

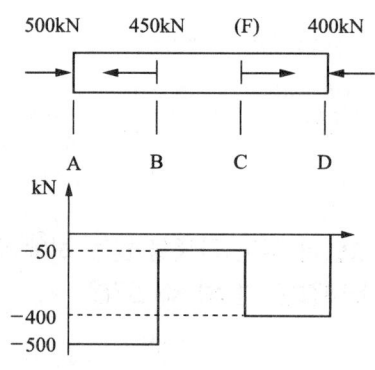

① 150　　　② 250
③ 350　　　④ 450

풀이 $500k + F = 450k + 400k$

$F = 350k$

답　7 ③　8 ③　9 ③

10 강재의 인장시험 후 얻어진 응력-변형률 선도로부터 구할 수 없는 것은?

① 안전 계수   ② 탄성계수
③ 인장강도   ④ 비례 한도

풀이
- 응력-변형률 선도(stress-strain curve)

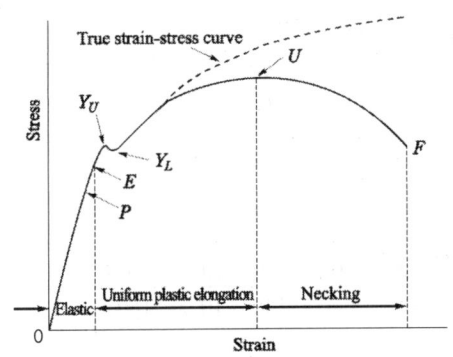

㉠ σ_P: 비례 한도(proportional limit)로 응력과 변형률이 직선적으로 변화
㉡ σ_E: 탄성 한도(elastic limit)로 응력을 제거하여도 영구 변형률이 존재하지 않는다.
㉢ σ_{YU}: 상항복 응력, σ_L: 하항복 응력
㉣ σ_U: 극한 강도(ultimate strength) 또는 인장강도(tensile strength)로 불리며, 부재가 갖는 최대 응력이다.
㉤ σ_F: 파단 강도(fracture stress)로 파단되기 직전의 응력

11 두께 1.0mm의 강판에 한 변의 길이가 25mm인 정사각형 구멍을 펀칭하려고 한다. 이 강판의 전단 파괴응력이 250MPa일 때 필요한 압축력은 몇 kN인가?

① 6.25   ② 12.5
③ 25.0   ④ 156.2

풀이 $\tau = \dfrac{P}{A}$,
$P = \tau A = (250 \times 10^6)[(4 \times 0.025) \times 0.001] = 25\,\text{kN}$

12 정육면체 형상의 짧은 기둥에 그림과 같이 측면에 홈이 파여져 있다. 도심에 작용하는 하중 P로 인하여 단면 $m-n$에 발생하는 최대 압축응력은 홈이 없을 때 압축응력의 몇 배인가?

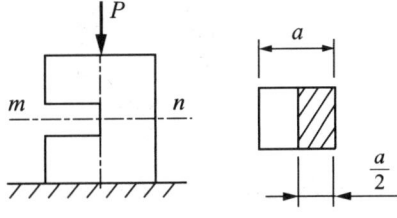

① 2   ② 4
③ 8   ④ 12

풀이 $\sigma_{m-n} = \dfrac{P}{A} + \dfrac{M}{Z} = \dfrac{P}{a \times \dfrac{a}{2}} + \dfrac{P \times \dfrac{a}{4}}{\dfrac{a \times \left(\dfrac{a}{2}\right)^2}{6}}$

$= \dfrac{P}{a^2} \times 8$ 이므로 8배

13 길이가 L이고 지름이 d_0인 원통형의 나사를 끼워 넣을 때 나사의 단위 길이당 t_0의 토크가 필요하다. 나사 재질의 전단탄성계수가 G일 때 나사 끝단 간의 비틀림 회전량(rad)은 얼마인가?

① $\dfrac{16 t_o L^2}{\pi d_o^4 G}$ ② $\dfrac{32 t_o L^2}{\pi d_o^4 G}$

③ $\dfrac{t_o L^2}{16\pi d_o^4 G}$ ④ $\dfrac{t_o L^2}{32\pi d_o^4 G}$

풀이 $\phi = \dfrac{TL}{GI_p} = \dfrac{32\,TL}{G\pi d^4}$ 에서 단의 길이당 $T = t_0 L$ 이고 나사 끝단 간의 비틀림 회전량은 비틀림각의 반각이므로

$\dfrac{\phi}{2} = \dfrac{16\,TL}{G\pi d^4} = \dfrac{16 t_0 L^2}{G\pi d_0^4}$

14 그림과 같이 순수 전단을 받는 요소에서 발생하는 전단응력 $\tau=70$MPa, 재료의 세로탄성계수는 200GPa, 포아송의 비는 0.25일 때 전단 변형률은 약 몇 rad인가?

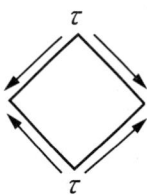

① 8.75×10^{-4} ② 8.75×10^{-3}
③ 4.38×10^{-4} ④ 4.38×10^{-3}

 $G = \dfrac{E}{2(1+\mu)} = \dfrac{200 \times 10^9}{2(1+0.25)} \doteqdot 8 \times 10^{10}$

$\tau = G \cdot \gamma \to \gamma = \dfrac{\tau}{G} = \dfrac{70 \times 10^6}{8 \times 10^{10}} = 8.75 \times 10^{-4}$

15 그림과 같은 단순 지지보의 중앙에 집중하중 P가 작용할 때 단면이 (가)일 경우의 처짐 y_1은 단면이 (나)일 경우의 처짐 y_2의 몇 배인가?(단, 보의 전체 길이 및 보의 굽힘강성은 일정하며 자중은 무시한다.)

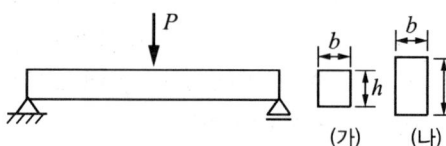

① 4 ② 8
③ 16 ④ 32

 $v_{\max} = \dfrac{P \cdot l^3}{48E \cdot I}$ 에서

$\dfrac{P \cdot l^3}{48E \cdot \dfrac{bh^3}{12}} : \dfrac{P \cdot l^3}{48E \cdot \dfrac{b(8h^3)}{12}} = 1 : \dfrac{1}{8}$

8배이다.

16 지름 35cm의 차축이 $0.2°$만큼 비틀렸다. 이때 최대 전단응력이 49MPa이고, 재료의 전단탄성계수가 80GPa이라고 하면 이 차축의 길이는 약 몇 m인가?

① 2.0 ② 2.5
③ 1.5 ④ 1.0

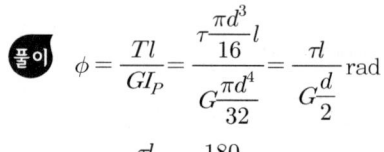 $\phi = \dfrac{Tl}{GI_P} = \dfrac{\tau \dfrac{\pi d^3}{16} l}{G \dfrac{\pi d^4}{32}} = \dfrac{\tau l}{G \dfrac{d}{2}}$ rad

$= \dfrac{\tau l}{G \dfrac{d}{2}} \times \dfrac{180}{\pi}$ degree

$l = \dfrac{\phi G \dfrac{d}{2} \pi}{\tau \cdot 180} = \dfrac{0.2 \times (80 \times 10^9) \times 0.175 \times \pi}{(49 \times 10^6) \times 180} \doteqdot 0.997$m

17 그림과 같이 벽돌을 쌓아 올릴 때 최하단 벽돌의 안전계수를 20으로 하면 벽돌의 높이 h를 얼마만큼 높이 쌓을 수 있는가?(단, 벽돌의 비중량은 16kN/m³, 파괴 압축응력을 11MPa로 한다.)

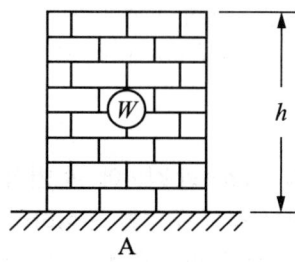

① 34.3m ② 25.5m
③ 45.0m ④ 23.8m

풀이 $\sigma_a = \dfrac{W}{A} = \dfrac{\gamma A h}{A} = \gamma h$

그리고 $S = \dfrac{\sigma_c}{\sigma_a}$, $\sigma_a = \dfrac{\sigma_c}{S}$ 이다.

여기서, $\gamma h = \dfrac{\sigma_c}{S}$ 이므로 $(16 \times 10^3) h = \dfrac{11 \times 10^6}{20}$

$h \doteqdot 34.3$m

18 평면 응력 상태에서 σ_x와 σ_y 만이 작용하는 2축 응력에서 모어원의 반지름이 되는 것은?(단, $\sigma_x > \sigma_y$이다.)

① $(\sigma_x + \sigma_y)$ ② $(\sigma_x - \sigma_y)$
③ $\frac{1}{2}(\sigma_x + \sigma_y)$ ④ $\frac{1}{2}(\sigma_x - \sigma_y)$

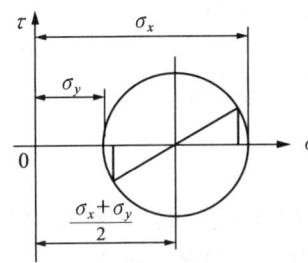

19 전단력 10kN이 작용하는 지름 10cm인 원형 단면의 보에서 그 중립축 위에 발생하는 최대 전단응력은 약 몇 MPa인가?

① 1.3 ② 1.7
③ 130 ④ 170

$\tau_{\max} = \frac{V}{I \cdot b} A^* \cdot \bar{y} = \frac{V}{\frac{\pi \cdot d^4}{64} \cdot d} \times \frac{\pi \cdot d^2}{8} \times \frac{2d}{3\pi}$

$= \frac{4}{3} \frac{V}{A}$ 에서

$\tau_{\max} = \frac{4}{3} \frac{V}{A} = \frac{4}{3} \frac{(10 \times 10^3)}{\frac{\pi \times 0.1^2}{4}} \fallingdotseq 1.7\text{MPa}$

20 지름 100mm의 양단 지지보의 중앙에 2kN의 집중하중이 작용할 때 보 속의 최대 굽힘 응력이 16MPa일 경우 보의 길이는 약 몇 m 인가?

① 1.51 ② 3.14
③ 4.22 ④ 5.86

풀이 $M_{\max} = \sigma_b \cdot Z$에서 $\frac{Pl}{4} = \sigma_b \frac{\pi d^3}{32}$

$l = \sigma_b \frac{\pi d^3}{32} \times \frac{4}{P}$

$= (16 \times 10^6) \frac{\pi \times 0.1^3}{32} \times \frac{4}{(2 \times 10^3)} \fallingdotseq 3.14\text{m}$

2 기계열역학

21 질량 1kg의 공기가 밀폐계에서 압력과 체적이 100kPa, 1m³이었는데 폴리트로픽 과정($PV^n = $일정)을 거쳐 체적이 0.5m³이 되었다. 최종 온도(T_2)와 내부 에너지 변화량(ΔU)은 각각 얼마인가?(단, 공기의 기체 상수는 287J/kg·K, 정적 비열은 718J/kg·K, 정압 비열은 1005J/kg·K, 폴리트로픽 지수는 1.30이다.)

① $T_2 = 459.7$K, $\Delta U = 111.3$kJ
② $T_2 = 459.7$K, $\Delta U = 79.9$kJ
③ $T_2 = 428.9$K, $\Delta U = 80.5$kJ
④ $T_2 = 428.9$K, $\Delta U = 57.8$kJ

풀이 • 내부 에너지 변화량
$u_2 - u_1 = C_v(T_2 - T_1) = 57.8$kJ/kg
여기서, 초기 상태에서 온도(T_1)=348.4K
• 폴리트로픽 과정을 거친 후 최종 온도(T_2)=428.9K

22 카르노 열기관 사이클 A는 0°C와 100°C 사이에서 작동되며, 카르노 열기관 사이클 B는 100°C와 200°C 사이에서 작동된다. 사이클 A의 효율(η_A)과 사이클 B의 효율(η_B)을 각각 구하면?

① η_A=26.8%, η_A=50.0%
② η_A=26.8%, η_A=21.14%
③ η_A=38.75%, η_A=50.0%
④ η_A=38.75%, η_A=21.14%

답 18 ④ 19 ② 20 ② 21 ④ 22 ②

풀이
- A기관 열효율
$$\eta_A = 1 - \frac{T_L}{T_H} = 0.268$$
- B기관 열효율
$$\eta_B = 1 - \frac{T_L}{T_H} = 0.211$$

23 대기압 100kPa에서 용기에 가득 채운 프로판을 일정한 온도에서 진공 펌프를 사용하여 2kPa까지 배기하였다. 용기 내에 남은 프로판의 중량은 처음 중량의 몇 % 정도 되는가?

① 20% ② 2%
③ 50% ④ 5%

풀이
- 용기 내에 남은 프로판의 중량과 처음 중량의 비
$$\frac{m_2}{m_1} = \frac{v_1}{v_2} = 0.02$$
$$m_2 = 0.02 m_1$$
초기 중량의 2%만이 남는다.

24 이상 기체에서 엔탈피 h와 내부 에너지 u, 엔트로피 s 사이에 성립하는 식으로 옳은 것은?(단, T는 온도, v는 체적, P는 압력이다.)

① $Tds = dh + vdP$
② $Tds = dh - vdP$
③ $Tds = du - Pdv$
④ $Tds = dh + d(Pv)$

풀이
- Gibbs 관계식
$$\delta q = Tds = du + Pdv = dh - vdP$$

25 온도 T_2인 저온체에서 열량 Q_A를 흡수해서 온도가 T_1인 고온체로 열량 Q_R을 방출할 때 냉동기의 성능계수(coefficient of performance)는?

① $\dfrac{Q_R - Q_A}{Q_A}$ ② $\dfrac{Q_R}{Q_A}$
③ $\dfrac{Q_A}{Q_R - Q_A}$ ④ $\dfrac{Q_A}{Q_R}$

풀이
- 냉동기 성능계수
$$COP = \frac{\dot{Q}_L}{\dot{W}} = \frac{\dot{Q}_A}{\dot{Q}_R - \dot{Q}_A}$$

26 비열비가 k인 이상 기체로 이루어진 시스템이 정압 과정으로 부피가 2배로 팽창할 때 시스템이 한 일이 W, 시스템에 전달된 열이 Q일 때, $\dfrac{W}{Q}$는 얼마인가?(단, 비열은 일정하다.)

① k ② $\dfrac{1}{k}$
③ $\dfrac{k}{k-1}$ ④ $\dfrac{k-1}{k}$

풀이
- 단위 질량당 시스템에 전달된 열과 시스템이 한 일의 비(주어진 조건)
$$\frac{_1w_2}{_1q_2} = \frac{R}{C_p} = \frac{k-1}{k}$$
여기서, $C_p - C_v = R$, $\dfrac{C_p}{C_v} = k$

27 냉동기 냉매의 일반적인 구비 조건으로서 적합하지 않은 사항은?

① 임계 온도가 높고, 응고 온도가 낮을 것
② 증발열이 적고, 증기의 비체적이 클 것
③ 증기 및 액체의 점성이 작을 것
④ 부식성이 없고, 안정성이 있을 것

풀이 냉매의 구비 조건으로 비체적이 크면 장치가 커진다.

28 공기 1kg을 정적과정으로 40℃에서 120℃까지 가열하고, 다음에 정압 과정으로 120℃에서 220℃까지 가열한다면 전체 가열에 필요한 열량은 약 얼마인가?(단, 정압 비열은 1.0kJ/kg·K, 정적 비열은 0.71kJ/kg·K이다.)

① 127.8kJ/kg
② 141.5kJ/kg
③ 156.8kJ/kg
④ 185.2kJ/kg

풀이 • 전체 가열에 필요한 열량
$Q = {_A}Q_{12} + {_B}Q_{23} = 156.8kJ$
여기서, 40℃ → 120℃로 가열하는 데 필요한 열량$({_A}Q_{12})$
$= 56.8kJ$
120℃ → 220℃로 가열하는 데 필요한 열량$({_B}Q_{23})$
$= 100kJ$

29 열역학적 상태량은 일반적으로 강도성 상태량과 용량성 상태량으로 분류할 수 있다. 강도성 상태량에 속하지 않는 것은?

① 압력 ② 온도
③ 밀도 ④ 체적

풀이 • 강성적 상태량(강도성 상태량): 질량과 무관하다. 상태량을 두 부분으로 2등분하였을 때 처음과 같은 상태량이 된다.
예 온도, 압력, 밀도, 비체적

30 그림과 같이 중간에 격벽이 설치된 계에서 A에는 이상 기체가 충만되어 있고, B는 진공이며, A와 B의 체적은 같다. A와 B 사이의 격벽을 제거하면 A의 기체는 단열 비가역 자유 팽창을 하여 어느 시간 후에 평형에 도달하였다. 이 경우의 엔트로피 변화 Δs는?(단, C_v는 정적 비열, C_p는 정압 비열, R은 기체 상수이다.)

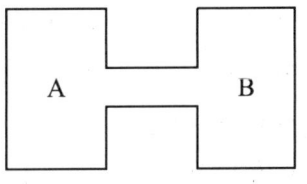

① $\Delta s = C_v \times \ln 2$ ② $\Delta s = C_p \times \ln 2$
③ $\Delta s = 0$ ④ $\Delta s = R \times \ln 2$

풀이 • 엔트로피 변화
$\Delta s = R\ln\dfrac{v_2}{v_1} = R\ln 2$
여기서, $v_2 = 2v_1$

31 수소(H_2)를 이상 기체로 생각하였을 때, 절대 압력 1MPa, 온도 100℃에서의 비체적은 약 몇 m^3/kg인가?(단, 일반 기체 상수는 8.3145kJ/kmol·K이다)

① 0.781 ② 1.26
③ 1.55 ④ 3.46

풀이 • 100℃에서의 비체적
$v = \dfrac{RT}{P} = 1.55 m^3/kg$
여기서, 수소의 특정 기체 상수$(R) = 4.16kJ/kg·K$

32 그림과 같은 Rankine 사이클의 열효율은 약 몇 %인가?(단, $h_1 = 191.8kJ/kg$, $h_2 = 193.8kJ/kg$, $h_3 = 2799.5kJ/kg$, $h_4 = 2007.5kJ/kg$이다)

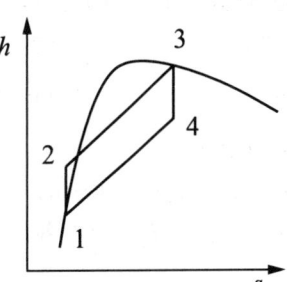

① 30.3% ② 39.7%
③ 46.9% ④ 54.1%

풀이 • 랭킨 사이클 열효율

$$\eta_R = \frac{(h_1-h_2)+(h_3-h_4)}{h_3-h_2} = 0.3032$$

33 20℃의 공기 5kg이 정압 과정을 거쳐 체적이 2배가 되었다. 공급한 열량은 약 몇 kJ인가?(단, 정압 비열은 1kJ/kg·K이다.)

① 1465 ② 2198
③ 2931 ④ 4397

풀이 • 공급한 열량
$_1Q_2 = mC_p(T_2-T_1) = 1465$ kJ
여기서, 과정 후 온도(T_2)=586K

34 밀도 1000kg/m³인 물이 단면적 0.01m²인 관 속을 2m/s의 속도로 흐를 때, 질량 유량은?

① 20kg/s ② 2.0kg/s
③ 50kg/s ④ 5.0kg/s

풀이 • 질량 유량
$\dot{m} = \rho\dot{Q} = \rho A V = 20$ kg/s

35 온도가 150℃인 공기 3kg이 정압 냉각되어 엔트로피가 1.063kJ/K만큼 감소되었다. 이 때 방출된 열량은 약 몇 kJ인가?(단, 공기의 정압 비열은 1.01kJ/kg·K이다.)

① 27 ② 379
③ 538 ④ 715

풀이 • 방출된 열량
$_1Q_2 = mC_p(T_2-T_1) = -379.4$ kJ
여기서, 냉각 후 온도(T_2)=297.8K

36 밀폐계의 가역 정적 변화에서 다음 중 옳은 것은?(단, U: 내부 에너지, Q: 전달된 열, H: 엔탈피, V: 체적, W: 일이다.)

① $dU = dQ$
② $dH = dQ$
③ $dV = dQ$
④ $dW = dQ$

풀이 • Gibbs 관계식
$\delta q = Tds = du + Pdv\,(dv=0)$
∴ $\delta q = du$

37 과열증기를 냉각시켰더니 포화영역 안으로 들어와서 비체적이 0.2327m³/kg이 되었다. 이때의 포화액과 포화증기의 비체적이 각각 1.079×10⁻³m³/kg, 0.5243m³/kg이라면 건도는?

① 0.964 ② 0.772
③ 0.653 ④ 0.443

풀이 • 건도
$x = \dfrac{v-v_f}{v_{fg}} = 0.443$
여기서, 포화액에서 포화증기로 변할 때의 상태량(v_{fg})= 0.52322 m³/kg

38 오토 사이클의 압축비가 6인 경우 이론 열효율은 약 몇 %인가?(단, 비열비=1.4이다.)

① 51 ② 54
③ 59 ④ 62

풀이 • 오토 사이클의 열효율
$\eta_{th} = 1 - \dfrac{1}{r_v^{k-1}} = 0.5116$

답 33 ① 34 ① 35 ② 36 ① 37 ④ 38 ①

39 30℃, 100kPa의 물을 800kPa까지 압축한다. 물의 비체적이 0.001m³/kg로 일정하다고 할 때, 단위 질량당 소요된 일(공업일)은?

① 167J/kg ② 602J/kg
③ 700J/kg ④ 1400J/kg

• 단위 질량당 소요된 일
$w_t = (800 \times 10^3 - 100 \times 10^3) \times 0.001 = 700 \text{J/kg}$

40 냉동실에서의 흡수 열량이 5냉동톤(RT)인 냉동기의 성능계수(COP)가 2, 냉동기를 구동하는 가솔린 엔진의 열효율이 20%, 가솔린의 발열량이 43000kJ/kg일 경우, 냉동기 구동에 소요되는 가솔린의 소비율은 약 몇 kg/h인가?(단, 1냉동톤(RT)은 약 3.86 kW이다.)

① 1.28kg/h ② 2.54kg/h
③ 4.04kg/h ④ 4.85kg/h

• 시간당 소비되는 가솔린 질량
$m = \dfrac{\dot{Q}_L}{\eta \times q \times COP} = 4.04 \text{kg/h}$

여기서, η=가솔린 엔진의 열효율, q=가솔린의 발열량

3 기계유체역학

41 무차원수인 스트라홀 수(strouhal number)와 가장 관계가 먼 항목은?

① 점도
② 속도
③ 길이
④ 진동 흐름의 주파수

• 스트라홀 수

$\text{St} = \dfrac{f \cdot D}{V}$

여기서, f=와류 흘림 주파수, D=원통의 직경, V=유체의 속도

42 수면의 높이 차이가 H인 두 저수지 사이에 지름 d, 길이 l인 관로가 연결되어 있을 때 관로에서의 평균 유속(V)을 나타내는 식은?(단, f는 관마찰계수이고, g는 중력가속도이며, K_1, K_2는 관 입구와 출구에서의 부차적 손실계수이다)

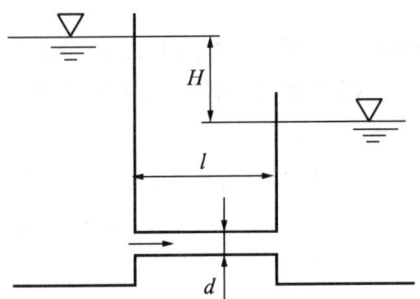

① $V = \sqrt{\dfrac{2gdH}{K_1 + f \cdot l + K_2}}$

② $V = \sqrt{\dfrac{2gH}{K_1 + f + K_2}}$

③ $V = \sqrt{\dfrac{2gH}{K_1 + \dfrac{f}{l} + K_2}}$

④ $V = \sqrt{\dfrac{2gH}{K_1 + f\dfrac{l}{d} + K_2}}$

• 관로에서의 평균 유속

$h_l = K_1 \dfrac{V^2}{2g} + f \cdot \dfrac{l}{d} \cdot \dfrac{V^2}{2g} + K_2 \cdot \dfrac{V^2}{2g} = H$

$V = \sqrt{\dfrac{2gH}{K_1 + f \cdot \dfrac{l}{d} + K_2}}$

h_l=총손실 수두

답 39 ③ 40 ③ 41 ① 42 ④

43 다음 〈보기〉 중 무차원수를 모두 고른 것은?

> **보기**
> a. Reynolds   b. 관마찰계수
> c. 상대 조도   d. 일반 기체 상수

① a, c   ② a, b
③ a, b, c   ④ b, c, d

• 일반 기체 상수
$R = 8.31 \text{kJ/kmol·K}$

44 정지된 액체 속에 잠겨있는 평면이 받는 압력에 의해 발생하는 합력에 대한 설명으로 옳은 것은?
① 크기가 액체의 비중량에 반비례한다.
② 크기는 도심에서의 압력에 면적을 곱한 것과 같다.
③ 작용점은 평면의 도심과 일치한다.
④ 수직 평면의 경우 작용점이 도심보다 위쪽에 있다.

• 합력의 크기
$F_R = (P_{atm} + \rho g h_c) \cdot A$
• 압력 중심
$y_P = y_C + \dfrac{I_{xx,C}}{y_C A}$

압력 중심(y_P)은 도심(y_C)보다 $\dfrac{I_{xx}}{y_C A}$ 만큼 아래에 있다.

45 평판으로부터의 거리를 y라고 할 때 평판에 평행한 방향의 속도 분포($u(y)$)가 아래와 같은 식으로 주어지는 유동장이 있다. 여기에서 U와 L은 각각 유동장의 특성 속도와 특성 길이를 나타낸다. 유동장에서는 속도 $u(y)$만 있고, 유체는 점성계수 μ의 뉴턴 유체일 때 $y = L/8$에서의 전단응력은?

$$u(y) = U \cdot \left(\dfrac{y}{L}\right)^{2/3}$$

① $\dfrac{2\mu U}{3L}$ ② $\dfrac{4\mu U}{3L}$

③ $\dfrac{8\mu U}{3L}$ ④ $\dfrac{16\mu U}{3L}$

• 뉴턴 유체에서 전단응력과 속도 구배의 선형적 관계식
$\tau = \mu \dfrac{du}{dy} = \dfrac{4\mu U}{3L}$
여기서, $\left(\dfrac{du}{dy}\right)_{y=L/8} = \dfrac{4U}{3L}$

46 다음 중 단위계(system of unit)가 다른 것은?
① 항력(drag)
② 응력(stress)
③ 압력(pressure)
④ 단위 면적당 작용하는 힘

• 단위 면적당 작용하는 힘(N/m^2)
• 항력(N), 응력($\text{N/m}^2 = \text{Pa}$), 압력($\text{N/m}^2 = \text{Pa}$)

47 지름 비가 1:2:3인 모세관의 상승 높이 비는 얼마인가?(단, 다른 조건은 모두 동일하다고 가정한다.)
① 1:2:3   ② 1:4:9
③ 3:2:1   ④ 6:3:2

• 모세관 상승 높이
$h = \dfrac{2\sigma_s}{\rho g R} \cos\phi \rightarrow h \propto \dfrac{1}{R}$
$h_1 : h_2 : h_3 = 6 : 3 : 2$

답 43 ③ 44 ② 45 ② 46 ① 47 ④

48 다음 중 유량을 측정하기 위한 장치가 아닌 것은?

① 위어(weir)
② 오리피스(orifice)
③ 피에조미터(piezo meter)
④ 벤투리미터(venturi meter)

풀이 • 피에조미터(piezo meter): 유체의 압력 측정 장치

49 국소 대기압 710mmHg일 때, 절대 압력 50kPa은 게이지 압력으로 약 얼마인가?

① 44.7Pa 진공
② 44.7Pa
③ 44.7kPa 진공
④ 44.7kPa

풀이 • 게이지 압력
$P_{gage} = P_{abs} - P_{atm} = -44.6\text{kPa} = 44.6\text{kPa}(진공)$
여기서, 국소 대기압(P_{atm})=94629Pa

50 지름은 200mm에서 지름 100mm로 단면적이 변하는 원형관 내의 유체 흐름이 있다. 단면적 변화에 따라 유체 밀도가 변경 전 밀도의 106%로 커졌다면, 단면적이 변한 후의 유체 속도는 약 몇 m/s인가?(단, 지름 200mm에서 유체의 밀도는 800kg/m³, 평균 속도는 20m/s이다.)

① 52
② 66
③ 75
④ 89

풀이 • 질량 보존 법칙
$\dot{m}_1 = \dot{m}_2 \rightarrow \dot{\rho}_1 A_1 V_1 = \dot{\rho}_2 A_2 V_2 = 1.06 \dot{\rho}_1 A_2 V_2$
• 단면적 변화 후 유체 속도
$V_2 = \frac{1}{1.06} \times \frac{A_1}{A_2} \times V_1 = 75.5\text{m/s}$

51 지름이 0.01m인 관 내로 점성계수 0.005N·s/m², 밀도 800kg/m³인 유체가 1m/s의 속도로 흐를 때 이 유동의 특성은?

① 층류 유동
② 난류 유동
③ 천이 유동
④ 위 조건으로는 알 수 없다

풀이 • 레이놀즈수
$Re = \frac{\rho VD}{\mu} = 1600 < 2300$
층류 유동이다.

52 스프링 상수가 10N/cm인 4개의 스프링으로 벽 B에 그림과 같이 장착하였다. 유량 0.01m³/s, 속도 10m/s인 물 제트가 평판 A의 중앙에 직각으로 충돌할 때, 평판과 벽 사이에서 줄어드는 거리는 약 몇 cm인가?

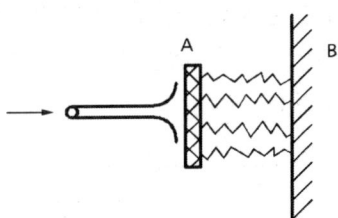

① 2.5
② 1.25
③ 10.0
④ 5.0

풀이 • 물 분류에 의해서 줄어든 거리
$x = \frac{\rho Q V_{in}}{k_{eq}} = 0.025\text{m}$
여기서, 등가 스프링 상수=4000N/m

53 2차원 속도장이 $\vec{V} = y^2\hat{i} - xy\hat{j}$로 주어질 때 (1,2) 위치에서의 가속도의 크기는 약 얼마인가?

① 4
② 6
③ 8
④ 10

답 48 ③ 49 ③ 50 ③ 51 ① 52 ① 53 ④

• 가속도
$$\vec{a} = a_x \hat{i} + a_y \hat{j} = -2xy^2 \hat{i} + (x^2y - y^3)\hat{j}$$
$$\vec{a} = -8\hat{i} - 6\hat{j}$$
• 가속도 크기
$$|\vec{a}| = \sqrt{8^2 + 6^2} = 10$$

54 낙차가 100m이고 유량이 500m³/s인 수력 발전소에서 얻을 수 있는 최대 발전 용량은?

① 50kW ② 50MW
③ 490kW ④ 490MW

 • 터빈을 통해서 추출할 수 있는 최대 동력
$$\dot{W}_{ideal} = \gamma \dot{Q} H_{turbine} = 490MW$$

55 노즐을 통하여 풍량 $Q=0.8\text{m}^3/\text{s}$일 때 마노미터 수두 높이차 h는 약 몇 m인가?(단, 공기의 밀도는 1.2kg/m³, 물의 밀도는 1000kg/m³이며, 노즐 유량계의 송출계수는 1로 가정한다.)

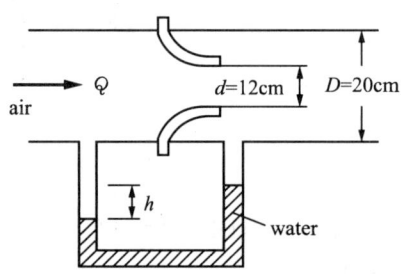

① 0.13 ② 0.27
③ 0.48 ④ 0.62

• 수두 높이차
$$h = \frac{P_A - P_B}{g(\rho_w - \rho_{air})} = 0.265\text{m}$$
여기서, A점과 B점의 압력 차$(P_A - P_B) = 2.6$kPa

56 Blasius의 해석 결과에 따라 평판 주위의 유동에 있어서 경계층 두께에 관한 설명으로 틀린 것은?

① 유체 속도가 빠를수록 경계층 두께는 작아진다.
② 밀도가 클수록 경계층 두께는 작아진다.
③ 평판 길이가 길수록 평판 끝단부의 경계층 두께는 커진다.
④ 점성이 클수록 경계층 두께는 작아진다.

• 평판 위의 흐름에서 경계층 두께
$$\delta \propto \frac{\mu}{\rho V D}$$
㉠ 속도가 빠를수록 경계층 두께는 작아진다.
㉡ 밀도가 클수록 경계층 두께는 작아진다.
㉢ 점성이 클수록 경계층 두께는 커진다.

57 포텐셜 함수가 $K\theta$인 선와류 유동이 있다. 중심에서 반지름 1m인 원주를 따라 계산한 순환(circulation)은?(단, $\vec{V} = \nabla\phi = \frac{\partial\phi}{\partial r}\hat{i}_r + \frac{1}{r}\frac{\partial\phi}{\partial\theta}\hat{i}_\theta$이다.)

① 0
② K
③ πK
④ $2\pi K$

• 선와류 유동의 포텐셜 함수
$$\phi = K\theta$$
$$u_r = \frac{\partial\phi}{\partial r} = 0, \quad u_\theta = \frac{1}{r}\frac{\partial\phi}{\partial\theta} = \frac{1}{r}K = \frac{\Gamma}{2\pi r}$$
• 순환(circulation, Γ)
$$\Gamma = \frac{1}{r}K \times 2\pi r = 2\pi K$$

답 54 ④ 55 ② 56 ④ 57 ④

58 수면에 떠 있는 배의 저항 문제에 있어서 모형과 원형 사이의 역학적 상사(相似)를 이루려면 다음 중 어느 것이 중요한 요소가 되는가?

① Reynolds number, Mach number
② Reynolds number, Froude number
③ Weber number, Euler number
④ Mach number, Weber number

풀이
- 역학적 상사 → 레이놀즈수
- 자유 표면 → 프루드수

59 지름 D인 파이프 내에 점성 μ인 유체가 층류로 흐르고 있다. 파이프 길이가 L일 때 유량과 압력 손실 Δp의 관계로 옳은 것은?

① $Q = \dfrac{\pi \Delta p D^2}{128\mu L}$ ② $Q = \dfrac{\pi \Delta p D^2}{256\mu L}$

③ $Q = \dfrac{\pi \Delta p D^4}{128\mu L}$ ④ $Q = \dfrac{\pi \Delta p D^4}{256\mu L}$

풀이
- Hagen-Poiseuille 유동

$Q = \dfrac{\pi \Delta p D^4}{128\mu L}$

60 조종사가 2000m의 상공을 일정 속도로 낙하산으로 강하하고 있다. 조종사의 무게가 1000N, 낙하산 지름이 7m, 항력계수가 1.3일 때 낙하 속도는 약 몇 m/s인가?(단, 공기 밀도는 1kg/m³이다.)

① 5.0 ② 6.3
③ 7.5 ④ 8.2

풀이
- 낙하 속도

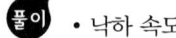

$V = \sqrt{\dfrac{2 \times 4 \times W}{\rho \pi D^2 \times C_D}} = 6.3\text{m/s}$

4과목 기계재료 및 유압기기

61 대표적인 주조경질 합금으로 코발트를 주성분으로 한 Co-Cr-W-C계 합금은?

① 라우탈(lutal)
② 실루민(silumin)
③ 세라믹(ceramic)
④ 스텔라이트(stellite)

풀이
- 주조경질합금(casted hard metal, 스텔라이트)
Co(40~55%) - Cr(25~35%) - W(4~25%) - C(1~3%)

62 두랄루민의 합금 조성으로 옳은 것은?

① Al-Cu-Zn-Pb
② Al-Cu-Mg-Mn
③ Al-Zn-Si-Sn
④ Al-Zn-Ni-Mn

풀이
- 두랄루민(duralumin)
Al+Cu(4%)+Mg(0.5%)+Mn(0.5%)+Si(0.5%)
- 초초두랄루민(ESD: Extra Super Duralumin)
㉠ Al과 Cu(1.2%), Zn(8.0%), Mg(1.5%), Mn(0.6%), Cr(0.25%)
㉡ 고강도 합금으로 항공기용 재료에 사용된다.

63 강의 열처리 방법 중 표면 경화법에 해당하는 것은?

① 마퀜칭
② 오스포밍
③ 침탄질화법
④ 오스템퍼링

풀이
- 표면 경화 열처리(surface hardening heat treatment): 침탄법, 청화법, 질화법, 고주파 경화법, 플라즈마 화학 기상 증착법, 화염 경화법, 침투(시멘테이션)법, 화염 경화법, 쇼트 피닝, 하드 페이싱 등

답 58 ② 59 ③ 60 ② 61 ④ 62 ② 63 ③

64 고속도공구강(SKH2)의 표준 조성에 해당하지 않는 것은?
① W ② V
③ Al ④ Cr

풀이 • 고속도강(High Speed Tool Steels, 하이스, HSS): W(18%) – Cr(4%) – V(1%) – C(0.8%)

65 다음 중 비중이 가장 큰 금속은?
① Fe ② Al
③ Pb ④ Cu

풀이 금속 중 리듐(Li, 0.55)의 비중이 가장 작으며, 가장 큰 금속은 이리듐(Ir, 22.5)이다.

원소	Li	Mg	P	Al	Ti	Fe	Ni	Cu	Pb	W	Ir
비중	0.55	1.74	2	2.7	4.3	7.87	8.9	8.93	11.34	19	22.5

66 서브 제로(sub-zero) 처리 관한 설명으로 틀린 것은?
① 마모성 및 피로성이 향상된다.
② 잔류오스테나이트를 마텐자이트화한다.
③ 담금질을 한 강의 조직이 안정화된다.
④ 시효 변화가 적으며 부품의 치수 및 형상이 안정된다.

풀이 • 서브 제로 처리(sub zero treatment, 심냉 처리)
㉠ 담금질된 강에서 잔류 오스테나이트를 제거하여 마텐자이트화하여 경도 증가와 성능을 향상시키는 것
㉡ 스텐인리스강에는 우수한 기계적 성질을 부여한다.
㉢ 시효 변형을 방지하기 위해 0℃ 이하(~ –200℃)의 온도에서 처리한다.

67 고망간강에 관한 설명으로 틀린 것은?
① 오스테나이트 조직을 갖는다.
② 광석·암석의 파쇄기의 부품 등에 사용된다.
③ 열처리에 수인법(water toughening)이 이용된다.
④ 열전도성이 좋고 팽창계수가 작아 열변형을 일으키지 않는다.

68 강의 5대 원소만을 나열한 것은?
① Fe, C, Ni, Si, Au
② Ag, C, Si, Co, P
③ C, Si, Mn, P, S
④ Ni, C, Si, Cu, S

풀이 강의 5대 원소에는 탄소(C), Mn(망간), Si(규소), P(인), S(황) 등으로 이중 탄소는 철강의 성질에 큰 영향을 미친다.

69 C와 Si의 함량에 따른 주철의 조직을 나타낸 조직 분포도는?
① Gueiner, Klingenstein 조직도
② 마우러(maurer) 조직도
③ Fe-C 복평형 상태도
④ Guilet 조직도

70 과공석강의 탄소 함유량(%)으로 옳은 것은?
① 약 0.01~0.02%
② 약 0.02~0.80%
③ 약 0.80~2.0%
④ 약 2.0~4.3%

풀이 • 과공석강: 0.8%C~2.0%C(γ –Fe + Fe$_3$C, 펄라이트 + 시멘타이트)

답 64 ③ 65 ③ 66 ① 67 ④ 68 ③ 69 ② 70 ③

71 그림과 같이 P_3의 압력은 실린더에 작용하는 부하의 크기 혹은 방향에 따라 달라질 수 있다. 그러나 중앙의 'A'에 특정 밸브를 연결하면 P_3의 압력 변화에 대하여 밸브 내부에서 P_2의 압력을 변화시켜 ΔP를 항상 일정하게 유지시킬 수 있는데, 'A'에 들어갈 수 있는 밸브는 무엇인가?

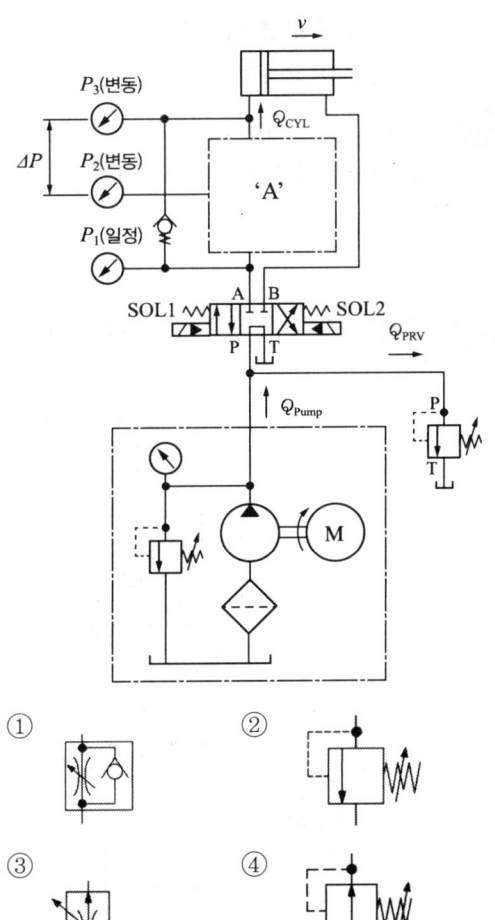

풀이 유량 제어 밸브의 단점은 압력이 떨어지면 유압 시스템의 압력이 변화한다는 것이다. 이렇게 압력이 변화하면 밸브를 통과하는 유량이 바뀌어 밸브를 열고 닫음과 상관없이 액추에이터의 속도가 변하게 된다. 이러한 문제를 제거한 유량 제어 밸브가 압력 보상형 유량 제어 밸브이다.

72 유량 제어 밸브를 실린더 출구 측에 설치한 회로로서 실린더에서 유출되는 유량을 제어하여 피스톤 속도를 제어하는 회로는?
① 미터인 회로
② 카운터 밸런스 회로
③ 미터 아웃 회로
④ 블리드 오프 회로

풀이 • 미터 아웃 회로: 실린더 출구(로드쪽)에서 유량을 교축해서 속도를 조절하는 회로

73 그림과 같은 방향 제어 밸브의 명칭으로 옳은 것은?

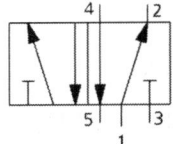

① 4ports-4control position valve
② 5ports-4control position valve
③ 4ports-2control position valve
④ 5ports-2control position valve

풀이 포트가 5개이고 2위치인 방향 제어 밸브

74 다음 유압 작동유 중 난연성 작동유에 해당하지 않는 것은?
① 물-글리콜형 작동유
② 인산 에스테르형 작동유
③ 수중 유형 유화유
④ R&O형 작동유

풀이 유압 시스템에서 사용하는 작동유 중 R&O형은 석유계이다.

답 71 ③ 72 ③ 73 ④ 74 ④

75 유입 관로의 유량이 25L/min일 때 내경이 10.9mm라면 관내 유속은 약 몇 m/s인가?
① 4.47   ② 14.62
③ 6.32   ④ 10.27

풀이 • 관내 유속
$$v = \frac{Q}{A} = 4.47 \text{m/s}$$
여기서, 유량(Q)=$4.17 \times 10^{-4} \text{m}^3/\text{s}$

76 일반적으로 저점도유를 사용하며 유압 시스템의 온도도 60~80℃ 정도로 높은 상태에서 운전하여 유압 시스템 구성기기의 이물질을 제거하는 작업은?
① 엠보싱   ② 블랭킹
③ 플러싱   ④ 커미싱

풀이 플러싱 작업은 점도가 낮은 기름을 사용하고 유압 시스템의 온도는 60~80℃ 정도로 높은 상태로 운전한다. 유압 시스템의 배관 계통과 시스템 구성에 이용되는 유압 기기 등 배관 내 오염 물질을 제거하는 작업이 플러싱이다.

77 실린더 안을 왕복 운동하면서, 유체의 압력과 힘의 주고받음을 하기 위한 지름에 비하여 길이가 긴 기계 부품은?
① spool   ② land
③ port   ④ plunger

풀이 • 플런저(plunger): 실린더 안에서 왕복 운동하면서 힘과 압력을 주고받는 기구물이다. 일정한 단면을 갖고 있으며, 길이가 지름보다 길다.

78 한쪽 방향으로 흐름은 자유로우나 역방향의 흐름을 허용하지 않는 밸브는?
① 셔틀 밸브   ② 체크 밸브
③ 스로틀 밸브 ④ 릴리프 밸브

풀이 • 체크 밸브: 유체가 한쪽 방향으로만 흐르게 하고 반대쪽 방향으로는 흐르지 못하게 하는 밸브

79 유압 회로에서 감속 회로를 구성할 때 사용되는 밸브로 가장 적합한 것은?
① 디셀러레이션 밸브
② 시퀀스 밸브
③ 저압 우선형 셔틀 밸브
④ 파일럿 조작형 체크 밸브

풀이 • 디셀러레이션 밸브(deceleration valve): 액추에이터를 감속시키기 위해 캠 조작 등으로 유량을 천천히 감소시키는 밸브

80 그림과 같은 유압 회로도에서 릴리프 밸브는?

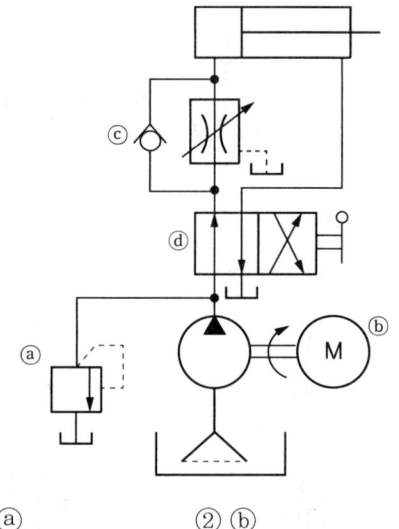

① ⓐ   ② ⓑ
③ ⓒ   ④ ⓓ

풀이 • 회로 기호명
ⓐ 릴리프 밸브
ⓑ 전동기
ⓒ 유량제어 밸브
ⓓ 방향제어 밸브

답 75 ① 76 ③ 77 ④ 78 ② 79 ① 80 ①

5 기계제작법 및 기계동력학

81 x 방향에 대한 운동방정식이 다음과 같이 나타날 때 이 진동계에서의 감쇠 고유 진동수(damped natural frequency)는 약 몇 rad/s인가?

$$2\ddot{x}+3\dot{x}+8x=0$$

① 2.75 ② 1.35
③ 2.25 ④ 1.85

풀이
- 비감쇠 고유 진동수
  $\omega_n = 2\,\text{rad/s}$
- 감쇠비
  $\zeta = \dfrac{c}{c_c} = 0.375$
- 감쇠 고유 진동수
  $\omega_d = \omega_n\sqrt{1-\zeta^2} = 1.85\,\text{rad/s}$

82 감쇠비 ζ가 일정할 때 전달률을 1보다 작게 하려면 진동수비는 얼마의 크기를 가지고 있어야 하는가?

① 1보다 작아야 한다.
② 1보다 커야 한다.
③ $\sqrt{2}$ 보다 작아야 한다.
④ $\sqrt{2}$ 보다 커야 한다.

풀이 진동수비 $\left(\dfrac{\omega}{\omega_n}\right)$가 $\sqrt{2}$ 이상인 곳은 절연 영역, $\sqrt{2}$ 이하인 곳은 확대 영역이라고 부른다.

83 그림과 같이 길이가 서로 같고 평행인 두 개의 부재에 매달려 운동하는 평판의 운동의 형태는?

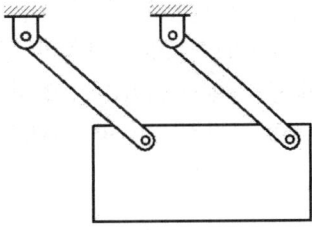

① 병진 운동
② 고정축에 대한 회전 운동
③ 고정점에 대한 회전 운동
④ 일반적인 평면 운동(회전 운동 및 병진 운동이 아닌 평면 운동)

풀이 보기와 같은 평판의 운동 형태는 곡선 경로를 따르는 곡선 병진 운동이다.

84 질량 10kg인 상자가 정지한 상태에서 경사면을 따라 A 지점에서 B 지점까지 미끄러져 내려왔다. 이 상자의 B 지점에서의 속도는 약 몇 m/s인가?(단, 상자와 경사면 사이의 동마찰계수(μ_k)는 0.3이다.)

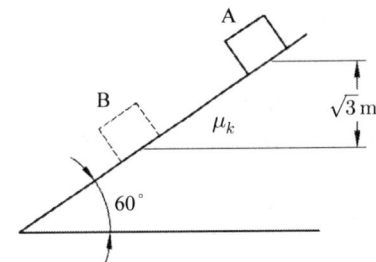

① 5.3 ② 3.9
③ 7.2 ④ 4.6

풀이
- 일과 에너지 법칙
  $0 + 140.3 = \dfrac{1}{2} \times 10 \times v_B^2$
- B 지점에서 속도
  $v_B = \sqrt{\dfrac{2 \times 140.3}{10}} = 5.3\,\text{m/s}$

85 질량이 100kg이고 반지름이 1m인 구의 중심에 420N의 힘이 그림과 같이 작용하여 수평면 위에서 미끄러짐 없이 구르고 있다. 바퀴의 각가속도는 몇 rad/s²인가?

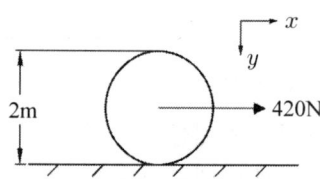

① 2.2 ② 2.8
③ 3   ④ 3.2

 • 질량 중심 G에 작용하는 모멘트
$F \cdot R + P \cdot 0 = I_G \cdot \alpha$
$F = I_G \cdot \alpha = 50 \cdot \alpha$
여기서, 바퀴(실린더)의 질량 관성 모멘트(I_G)=50kg·m²

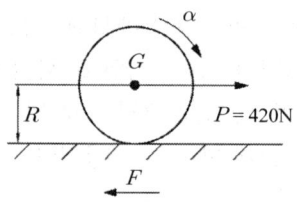

• 운동 방정식
$P - F = m \cdot a_{G,x} = m \cdot R \cdot \alpha$
$420 - 50\alpha = 100 \cdot 1 \cdot \alpha$
여기서, 질량 중심 G에서 x방향 가속도($a_{G,x}$)=$R \cdot \alpha$

• 바퀴의 각가속도
$\alpha = \dfrac{420}{150} = 2.8 \text{rad/s}^2$

※ 문제에서 질량 관성 모멘트(실린더) $I_G = \dfrac{1}{2}mR^2$ 대신 구의 질량 관성 모멘트 $I_G = \dfrac{2}{5}mR^2$을 적용하면 각가속도는 3ad/s²이 된다.

86 주기 운동의 변위 $x(t)$가 $x(t) = A\sin\omega t$로 주어졌을 때 가속도의 최댓값은 얼마인가?

① A ② ωA
③ $\omega^2 A$ ④ $\omega^3 A$

 • 속도
$\dot{x}(t) = A\omega\cos\omega t$
• 가속도
$\ddot{x}(t) = -A\omega^2\sin\omega t$

87 36km/h의 속력으로 달리던 자동차 A가, 정지하고 있던 자동차 B와 충돌하였다. 충돌 후 자동차 B는 2m만큼 미끄러진 후 정지하였다. 두 자동차 사이의 반발계수 e는 약 얼마인가?(단, 자동차 A, B의 질량은 동일하며 타이어와 노면의 동마찰계수는 0.8이다.)

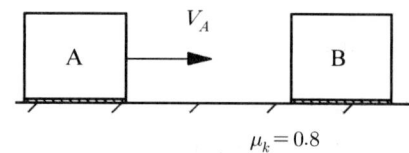

① 0.06 ② 0.08
③ 0.10 ④ 0.12

 • 충돌 후 마찰력이 한 일($U_{1 \to 2}$)
$U_{1 \to 2} = \mu m g \times 2$
• 일과 에너지
$T_1 + U_{1 \to 2} = T_2$
• 충돌 후 자동차 B의 속도
$v_B' = \sqrt{4\mu g} = 5.6\text{m/s}$
• 운동량 보존
$m_A v_A = m_A v_A' + m_B v_B'$ ← 조건에서 $m_A = m_B = m$
• 충돌 직후 자동차 B의 속도(v_A')
$v_A' = v_A - v_B' = 4.4\text{m/s}$
• 반발계수(e)
$e = \dfrac{v_B' - v_A'}{v_A - v_B} = 0.12$

88 기중기 줄에 200N과 160N의 일정한 힘이 작용하고 있다. 처음에 물체의 속도는 밑으로 2m/s였는데, 5초 후에 물체 속도의 크기는 약 몇 m/s인가?

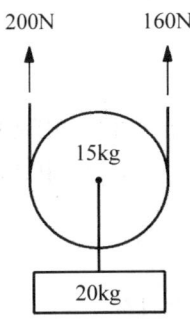

① 0.18m/s ② 0.28m/s
③ 0.38m/s ④ 0.48m/s

풀이 • 물체의 y 방향 가속도
$a_y = 0.4757 \, \text{m/s}$
$v_2 - v_1 = a_y(t_2 - t_1)$
• 5초 후 물체 속도
$v_2 = 0.3785 \, \text{m/s}$

89 스프링으로 지지되어 있는 질량의 정적 처짐이 0.5cm일 때 이 진동계의 고유 진동수는 몇 Hz인가?

① 3.53 ② 7.05
③ 14.09 ④ 21.15

풀이 • 고유 진동수, 고유 각 진동수
$\omega_n = \sqrt{\dfrac{g}{\delta_{st}}} = 2\pi f$
$f_n = \dfrac{1}{2\pi}\sqrt{\dfrac{g}{\delta_{st}}} = 7.05 \, \text{Hz}$

90 어떤 사람이 정지 상태에서 출발하여 직선 방향으로 등가속도운동을 하여 5초 만에 10m/s의 속도가 되었다. 출발하여 5초 동안 이동한 거리는 몇 m인가?

① 5 ② 10
③ 25 ④ 50

풀이 • 이동 거리
$s = v_0 t + \dfrac{1}{2}at^2 = 25\text{m}$

91 다음 중 열처리(담금질)에서의 냉각능력이 가장 우수한 냉각제는?

① 비눗물
② 글리세린
③ 18℃의 물
④ 10% NaCl액

풀이 • 담금질 효과(냉각제): 소금물(10%의 식염수) NaOH 용액>물(처음에는 경화능이 크나 온도가 올라 갈수록 저하)>기름(처음에는 경화능이 작으나 온도가 올라갈수록 증가)

92 경화된 작은 철구(鐵球)를 피가공물에 고압으로 분사하여 표면의 경도를 증가시켜 기계적 성질, 특히 피로강도를 향상시키는 가공법은?

① 버핑 ② 버니싱
③ 숏 피닝 ④ 슈퍼 피니싱

풀이 • 숏 피닝(shot peening): 압축 공기로 경화된 작은 철구(鐵球)를 고압으로 피가공물의 표면에 분사시켜 철구의 충격작용으로 표면의 경도와 강도를 증가시켜 기계적 성질, 특히 피로강도를 높여주는 가공으로 반복하중을 받는 부품에 가장 효과적이다.

답 88 ③ 89 ② 90 ③ 91 ④ 92 ③

93 허용 동력이 3.6kW인 선반의 출력을 최대한으로 이용하기 위하여 취할 수 있는 허용 최대 절삭 면적은 몇 mm²인가?(단, 경제적 절삭 속도는 120m/min을 사용하며, 피삭재의 비절삭 저항이 45kgf/mm², 선반의 기계 효율이 0.80이다.)
① 3.26　　② 6.26
③ 9.26　　④ 12.26

풀이 $\tau = \dfrac{P}{A}$, $P = \tau A$이고 $H \times \eta = P \times V$이므로
$H \times \eta = \tau A \times V$이다.
$$A = \dfrac{H \times \eta}{\tau \times V} = \dfrac{(3.6 \times 10^3) \times 0.8 \,\text{Nm}}{\dfrac{45 \times 9.8\,\text{N}}{\text{m}^2 \times 10^{-6}} \times \dfrac{120\,\text{ms}}{\text{s} \times 60}}$$
$\fallingdotseq 3.26 \times 10^{-6} \text{m}^2 \fallingdotseq 3.26\,\text{mm}^2$

94 용제와 와이어가 분리되어 공급되고 아크가 용제 속에서 발생되므로 불가 시 아크 용접이라고 불리는 용접법은?
① 피복 아크 용접
② 탄산가스 아크 용접
③ 가스텅스텐 아크 용접
④ 서브머지드 아크 용접

풀이 잠호 용접 또는 불가시 용접으로도 불리며 모재 표면 위에 미세한 입상의 용제를 미리 산포하여 두고 이 용제 속으로 용접봉을 공급해 아크를 발생시켜 용접하는 용접법으로 열손실이 적다.

95 주조에서 주물의 중심부까지의 응고시간 (t), 주물의 체적(V), 표면적(S)과의 관계로 옳은 것은?(단, K는 주형 상수이다.)
① $t = K\dfrac{V}{S}$
② $t = K\left(\dfrac{V}{S}\right)^2$
③ $t = K\sqrt{\dfrac{V}{S}}$
④ $t = K\left(\dfrac{V}{S}\right)^3$

풀이 응고 시간 $t = K\left(\dfrac{V}{S}\right)^2$

96 CNC 공작 기계의 이동량을 전기적인 신호로 표시하는 회전 피드백 장치는?
① 리졸버
② 볼 스크루
③ 리밋 스위치
④ 초음파 센서

풀이 • CNC 공작 기계의 주요 구성 요소
㉠ 컨트롤러(controller): 정보를 받아서 펄스(pulse)화 시키는 역할을 하며, 이 펄스화 정보는 서보 기구에 전달되어 여러 가지 제어 역할을 한다.
㉡ 서보 모터(servo motor): 펄스에 의한 지령에 따라 회전운동을 하는 장치
㉢ 서보 기구(servo unit): 펄스화된 정도를 전달받아 각종 제어를 수행
㉣ 볼 스크루(ball screw): 서보 모터의 회전 운동을 직선 운동으로 변화시켜 주는 장치
㉤ 리졸버(resolver): 공작 기계의 움직임을 전기적인 신호로 표시하는 일종의 회전 피드백(feedback) 장치
㉥ 엔코더(encoder): 서보 모터 회전 운동의 위치 검출 및 이송 속도 검출 장치

97 소성가공에 포함되지 않는 가공법은?
① 널링 가공
② 보링 가공
③ 압출 가공
④ 전조 가공

풀이 보링 가공은 뚫린 구멍을 깎아서 크게 하거나, 정밀도를 높게 하기 위한 절삭가공이다.

답 93 ① 94 ④ 95 ② 96 ① 97 ②

98 절삭가공 시 절삭유(cutting fluid)의 역할로 틀린 것은?
① 공구와 칩의 친화력을 돕는다.
② 공구나 공작물의 냉각을 돕는다.
③ 공작물의 표면 조도 향상을 돕는다.
④ 공작물과 공구의 마찰 감소를 돕는다.

풀이 절삭유는 칩 분리가 용이하며 회수가 쉽도록 하는 역할을 한다.

99 판 두께 5mm인 연강 판에 직경 10mm의 구멍을 프레스로 블랭킹하려고 할 때, 총 소요 동력(P_t)은 약 몇 kW인가?(단, 프레스의 평균 속도는 7m/min, 재료의 전단 강도는 300N/mm², 기계의 효율은 80%이다.)
① 5.5
② 6.9
③ 26.9
④ 68.4

풀이 $\tau = \dfrac{P}{A}$, $P = \tau A$이고 $P_t \times \eta = P \times V$이므로
$P_t \times \eta = \tau A \times V$이다. 여기서 $A = \pi d t$
$P_t \times 0.8 = (300\text{N/mm}^2 \times (\pi \times 10 \times 5)\text{mm}^2)$
$\qquad \times \dfrac{7 \times 10^3 \text{mm}^2}{60\text{s}}$
$P_t \fallingdotseq 6.87 \times 10^{-6}\text{Nmm/s} \fallingdotseq 6.9\text{kW}$

100 래핑 다듬질에 대한 특징 중 틀린 것은?
① 내식성이 증가된다.
② 마멸성이 증가된다.
③ 윤활성이 좋게 된다.
④ 마찰계수가 적어진다.

풀이 래핑 다듬질은 게이지 블록 제작 등과 같은 정도가 높은 매끈한 표면(마찰계수가 적어진다)을 얻기 위한 정밀가공으로 가공된 면은 윤활성 및 내식성, 내마모성이 좋다.

답 98 ① 99 ② 100 ②

2016년 4회 일반기계기사 기출문제

1과목 재료역학

1 그림과 같이 지름 d인 강철봉이 안지름 d, 바깥지름 D인 동관에 끼워져서 두 강체 평판 사이에서 압축되고 있다. 강철봉 및 동관에 생기는 응력을 각각 σ_s, σ_c라고 하면 응력의 비(σ_s/σ_c)의 값은?(단, 강철(E_s) 및 동(E_c)의 탄성계수는 각각 E_s =200GPa, E_c =120GPa이다.)

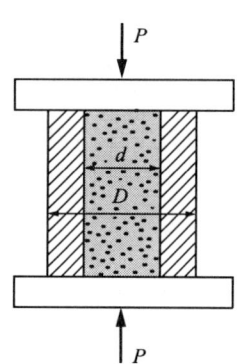

① $\dfrac{3}{5}$ ② $\dfrac{4}{5}$
③ $\dfrac{5}{4}$ ④ $\dfrac{5}{3}$

• 외력(外力)=내력(內力)의 합(合)
$P = P_s + P_c = \sigma_s A_s + \sigma_c A_c$

• 변형률 일정 $\epsilon = \epsilon_s = \epsilon_c = \dfrac{\sigma_s}{E_s} = \dfrac{\sigma_c}{E_c}$

$\Rightarrow \dfrac{\sigma_s}{\sigma_c} = \dfrac{E_s}{E_c} = \dfrac{200}{120} \equiv \dfrac{5}{3}$

2 오일러 공식이 세장비 $\dfrac{l}{k} > 100$에 대해 성립한다고 할 때, 양단이 힌지인 원형 단면 기둥에서 오일러 공식이 성립하기 위한 길이 'l' 과 지름 'd' 와의 관계가 옳은 것은?

① $l > 4d$ ② $l > 25d$
③ $l > 50d$ ④ $l > 100d$

풀이 • 원형(중실축) 회전 반경

$k = \sqrt{\dfrac{I}{A}} = \sqrt{\dfrac{\dfrac{\pi d^4}{64}}{\dfrac{\pi d^2}{4}}} = \dfrac{d}{4}$ 이므로

세장비 $\dfrac{l}{k} > 100$은 $\dfrac{l}{\dfrac{d}{4}} > 100$, $l > 25d$

3 단면적이 A, 탄성계수가 E, 길이가 L인 막대에 길이방향의 인장하중을 가하여 그 길이가 δ만큼 늘어났다면, 이때 저장된 탄성변형 에너지는?

① $\dfrac{AE\delta^2}{L}$ ② $\dfrac{AE\delta^2}{2L}$
③ $\dfrac{EL^3\delta^2}{A}$ ④ $\dfrac{EL^3\delta^2}{2A}$

풀이 $U = \dfrac{1}{2}P\delta = \dfrac{1}{2}P\delta\dfrac{\delta}{\delta} = \dfrac{P\delta^2}{2}\dfrac{1}{\dfrac{AE}{PL}}$

$= \dfrac{P\delta^2}{2}\dfrac{AE}{PL} = \dfrac{\delta^2}{2}\dfrac{AE}{L}$

답 1 ④ 2 ② 3 ②

4 그림과 같은 단순보의 중앙점(C)에서 굽힘 모멘트는?

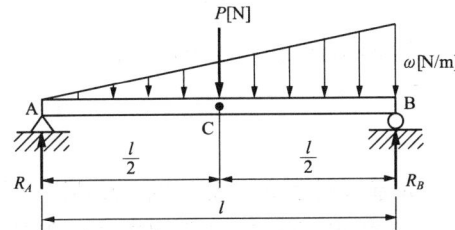

① $\dfrac{Pl}{2}+\dfrac{wl^2}{8}$ ② $\dfrac{Pl}{4}+\dfrac{wl^2}{16}$

③ $\dfrac{Pl}{4}+\dfrac{wl^2}{48}$ ④ $\dfrac{Pl}{4}+\dfrac{5}{48}wl^2$

풀이 C 지점에서의 분포하중 w_C를 비례식으로 구하면
$w:l=w_C:\dfrac{l}{2}$에서 $w_C=\dfrac{w}{2}$이다. $\Sigma M_B=0$에서

$R_A l - P\times\dfrac{l}{2} - \dfrac{wl}{2}\cdot\dfrac{l}{3}=0$, $R_A l - P\times\dfrac{l}{2} - \dfrac{wl^2}{6}=0$

$R_A = \dfrac{P}{2}+\dfrac{wl}{6}$

$M_C = R_A\times\dfrac{l}{2} - \dfrac{1}{2}\cdot\dfrac{l}{2}w_C\times\left(\dfrac{l}{2}\times\dfrac{1}{3}\right)$

$= R_A\times\dfrac{l}{2} - \dfrac{1}{2}\cdot\dfrac{l}{2}\cdot\dfrac{w}{2}\times\left(\dfrac{l}{2}\times\dfrac{1}{3}\right) = R_A\times\dfrac{l}{2} - \dfrac{wl^2}{48}$

$= \left(\dfrac{P}{2}+\dfrac{wl}{6}\right)\times\dfrac{l}{2} - \dfrac{wl^2}{48} = \dfrac{Pl}{4}+\dfrac{wl^2}{12}-\dfrac{wl^2}{48}$

$= \dfrac{Pl}{4}+\dfrac{3wl^2}{48}$

$= \dfrac{Pl}{4}+\dfrac{wl^2}{16}$

5 길이 L인 봉 AB가 그 양단에 고정된 두 개의 연직강선에 의하여 그림과 같이 수평으로 매달려 있다. 봉 AB의 자중은 무시하고, 봉이 수평을 유지하기 위한 연직하중 P의 작용점까지의 거리 x는?(단, 강선들은 단면적은 같지만 A단의 강선은 탄성계수 E_1, 길이 l_1이고, B단의 강선은 탄성계수 E_2, 길이 l_2이다.)

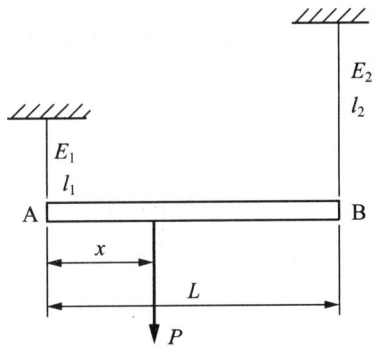

① $x=\dfrac{E_1 l_2 L}{E_1 l_2 + E_2 l_1}$

② $x=\dfrac{2E_1 l_2 L}{E_1 l_2 + E_2 l_1}$

③ $x=\dfrac{2E_2 l_1 L}{E_1 l_2 + E_2 l_1}$

④ $x=\dfrac{E_2 l_1 L}{E_2 l_2 + E_2 l_1}$

풀이 $P=P_1+P_2$, $P_1 x = P_2(L-x)$,

$P_1 = \dfrac{P_2(L-x)}{x}$

$\delta_A = \delta_B = \dfrac{P_1 l_1}{A_1 E_1} = \dfrac{P_2 l_2}{A_2 E_2}$, $\dfrac{l_1}{A_1 E_1}\left(\dfrac{L-x}{x}P_2\right) = \dfrac{P_2 l_2}{A_2 E_2}$,

$\dfrac{L-x}{x} = \dfrac{l_2}{l_1}\dfrac{A_1 E_1}{A_2 E_2}$, $\dfrac{L}{x}-1=\dfrac{l_2}{l_1}\dfrac{A_1 E_1}{A_2 E_2}$,

$\dfrac{L}{x} = \dfrac{l_2}{l_1}\dfrac{A_1 E_1}{A_2 E_2}+1 = \dfrac{l_2 A_1 E_1 + l_1 A_2 E_2}{l_1 A_2 E_2}$,

$\dfrac{1}{x} = \dfrac{l_2 A_1 E_1 + l_1 A_2 E_2}{l_1 A_2 E_2 L}$,

$x = \dfrac{l_1 A_2 E_2 L}{l_2 A_1 E_1 + l_1 A_2 E_2} = \dfrac{l_1 E_2 L}{l_2 E_1 + l_1 E_2}$

6 지름 d인 원형 단면 기둥에 대하여 오일러 좌굴식의 회전 반경은 얼마인가?

① $\dfrac{d}{2}$ ② $\dfrac{d}{3}$

③ $\dfrac{d}{4}$ ④ $\dfrac{d}{6}$

풀이 • 회전 반경(radius of gyration, 최소 단면 2차 반경): $r = \sqrt{\dfrac{I}{A}}$

원형(중실축) $r = \sqrt{\dfrac{I}{A}} = \sqrt{\dfrac{\frac{\pi d^4}{64}}{\frac{\pi d^2}{4}}} = \dfrac{d}{4}$

7 그림과 같이 4kN/cm의 균일 분포하중을 받는 일단 고정 타단 지지보에서 B점에서의 모멘트 M_B는 약 몇 kN·m인가?(단, 균일 단면보이며, 굽힘강성(EI)은 일정하다.)

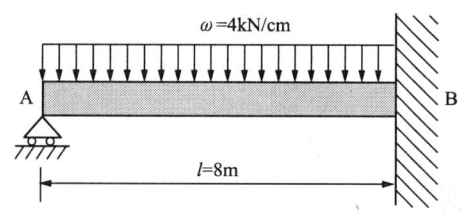

① 800 ② 2000
③ 3200 ④ 4000

풀이

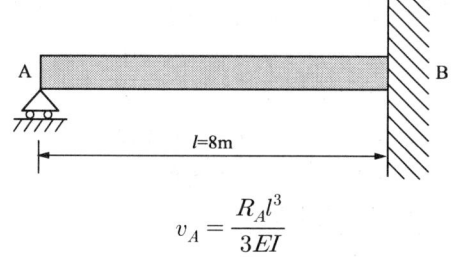

$$v_A = \dfrac{R_A l^3}{3EI}$$

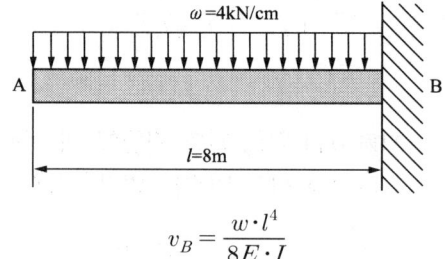

$$v_B = \dfrac{w \cdot l^4}{8E \cdot I}$$

$v_A = v_B$ 이므로 $\dfrac{R_A l^3}{3EI} = \dfrac{w \cdot l^4}{8EI}$ 에서

$R_A = \dfrac{3}{8} w \cdot l$, $R_B = \dfrac{5}{8} w \cdot l$

$M_B = \dfrac{5}{8} w \cdot l^2 - \dfrac{1}{2} w \cdot l^2 = \dfrac{1}{8} w \cdot l^2$

$\quad = \dfrac{1}{8}(400{,}000 \times 8^2) = 3200 \text{kN·m}$

8 지름 d인 원형 단면보에 가해지는 전단력을 V라 할 때 단면의 중립축에서 일어나는 최대 전단응력은?

① $\dfrac{3}{2} \dfrac{V}{\pi d^2}$ ② $\dfrac{4}{3} \dfrac{V}{\pi d^2}$

③ $\dfrac{5}{3} \dfrac{V}{\pi d^2}$ ④ $\dfrac{16}{3} \dfrac{V}{\pi d^2}$

풀이 ㉠ $\tau = \dfrac{V}{I \cdot b} \int y \cdot dA = \dfrac{V}{I \cdot b} Q$ 에서

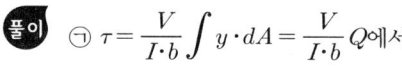

$Q = A\bar{y} = \dfrac{\pi r^3}{2} \times \dfrac{4r}{3\pi} = \dfrac{2r^3}{3}$ 이므로

$\tau_{max} = \dfrac{V}{I \cdot b} Q = \dfrac{V \times \frac{2r^3}{3}}{\frac{\pi r^4}{4} \times 2r} = \dfrac{4V}{3\pi r^2} = \dfrac{16V}{3\pi d^2} = \dfrac{4V}{3A}$

㉡ 중립축 위의 면적 $A^* = \dfrac{\pi d^2}{4} \times \dfrac{1}{2} = \dfrac{\pi d^2}{8}$

$\tau_{max} = \dfrac{V}{I \cdot b} A^* \cdot \bar{y} = \dfrac{V}{\frac{\pi \cdot d^4}{64} \cdot d} \times \dfrac{\pi \cdot d^2}{8} \times \dfrac{2d}{3\pi}$

$\quad = \dfrac{4}{3} \dfrac{V}{A} = \dfrac{16}{3} \dfrac{V}{\pi d^2}$

9 어떤 직육면체에서 x방향으로 40MPa의 압축응력이 작용하고 y방향과 z방향으로 각각 10MPa씩 압축응력이 작용한다. 이 재료의 세로탄성계수는 100GPa, 포아송비는 0.25, x방향 길이는 200mm일 때 x방향 길이의 변화량은?

① −0.07mm   ② 0.07mm
③ −0.085mm ④ 0.085mm

풀이
$$\epsilon_x = \frac{\sigma_x}{E} - \nu\frac{\sigma_y}{E} - \nu\frac{\sigma_z}{E} = \frac{1}{E}[\sigma_x - \nu(\sigma_y + \sigma_z)]$$
$$= \frac{1}{(100\times10^9)}10^6 \times [-40 - 0.25(-10-10)]$$
$$= -3.5\times10^{-4}$$
$\epsilon_x = \frac{\Delta l}{l}$ 에서 $\Delta l = (-3.5\times10^{-4})\times 200$
$$= -0.07\,\text{mm}$$

10 균일분포하중을 받고 있는 길이가 L인 단순보의 처짐량을 δ로 제한하다면 균일 분포 하중의 크기는 어떻게 표현되겠는가?(단, 보의 단면은 폭이 b이고 높이가 h인 직사각형이고 탄성계수는 E이다.)

① $\frac{32Ebh^3\delta}{5L^4}$

② $\frac{32Ebh^3\delta}{7L^4}$

③ $\frac{16Ebh^3\delta}{5L^4}$

④ $\frac{16Ebh^3\delta}{7L^4}$

풀이 $\delta = \frac{5w\cdot L^4}{384E\cdot I} = \frac{5w\cdot L^4}{384E\cdot\frac{bh^3}{12}} = \frac{5w\cdot L^4\times 12}{384E\cdot bh^3}$

$w = \frac{384E\ bh^3\delta}{5L^4\times 12} = \frac{32E\ bh^3\delta}{5L^4}$

11 회전수 120rpm과 35kW를 전달할 수 있는 원형 단면축의 길이가 2m이고, 지름이 6cm일 때 축단(軸端)의 비틀림 각도는 약 몇 rad인가?(단, 이 재료의 가로탄성계수는 83GPa이다.)

① 0.019 ② 0.036
③ 0.053 ④ 0.078

풀이 $kW = \frac{TN}{9549}$,
$T = \frac{kW\times 9549}{n} = \frac{35\times 9549}{120} = 2785.125$
$\phi = \frac{T\cdot l}{G\cdot I_P} = \frac{32\,T\cdot l}{G\cdot\pi\cdot d^4}[\text{rad}]$
$= \frac{32\times 2785.125\times 2}{(83\times 10^9)\times\pi\times 0.06^4} \fallingdotseq 0.05275\,\text{rad}$

12 2축 응력 상태의 재료 내에서 서로 직각 방향으로 400MPa의 인장 응력과 300MPa의 압축응력이 작용할 때 재료 내에 생기는 최대 수직 응력은 몇 MPa인가?

① 500 ② 300
③ 400 ④ 350

풀이 $\sigma_{n)max} = \frac{1}{2}(\sigma_x+\sigma_y) + \frac{1}{2}\sqrt{(\sigma_x-\sigma_y)^2}$
$= \frac{M}{2}(400-300) + \frac{M}{2}\sqrt{(400+300)^2}$
$= 50M + 350M = 400M$

13 지름이 1.2m, 두께가 10mm인 구형 압력 용기가 있다. 용기 재질의 허용 인장 응력이 42MPa일 때 안전하게 사용할 수 있는 최대 내압은 약 몇 MPa인가?

① 1.1 ② 1.4
③ 1.7 ④ 2.1

풀이 ㉠ 원주 방향 응력 $\sigma_\theta = \frac{q_a d}{2t} = \frac{q_a r}{t}$

$q_a = \frac{2t\sigma_\theta}{d} = \frac{2\times 0.01\times(42\times 10^6)}{1.2} = 0.7\,\text{MPa}$

㉡ 축 방향 응력 $\sigma_a = \frac{q_a d}{4t} = \frac{q_a r}{2t}$

$q_a = \frac{4t\sigma_\theta}{d} = 1.4\,\text{MPa}$

답 10 ① 11 ③ 12 ③ 13 ②

14 5cm×4cm 블록이 x축을 따라 0.05cm만큼 인장되었다. y 방향으로 수축되는 변형률(ϵ_y)은?(단, 포아송비(ν)는 0.3이다.)

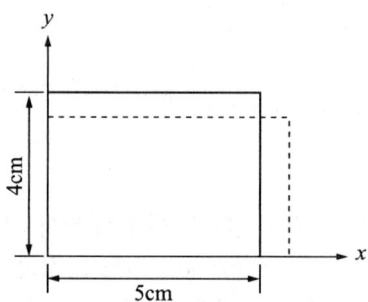

① 0.00015 ② 0.0015
③ 0.003   ④ 0.03

풀이 $\epsilon_x = \dfrac{0.05}{5} = 0.01$, $\nu = \dfrac{\epsilon'}{\epsilon} = \dfrac{\epsilon_y}{\epsilon_x}$,
$\epsilon_y = \nu \epsilon_x = 0.3 \times 0.01 = 0.003$

15 지름 4cm의 원형 알루미늄 봉을 비틀림 재료시험기에 걸어 표면의 45° 나선에 부착한 스트레인 게이지로 변형도를 측정하였더니 토크 120N·m일 때 변형률 $\varepsilon = 150 \times 10^{-6}$을 얻었다. 이 재료의 전단탄성계수는?

① 31.8GPa
② 38.4GPa
③ 43.1GPa
④ 51.2GPa

풀이 $T = P\dfrac{d}{2}$, $P = \dfrac{2T}{d} = \dfrac{2 \times 120}{0.04} = 6000$
$\tau = G\gamma = \dfrac{P}{A}$,
$G = \dfrac{P}{\gamma A} = \dfrac{4P}{\gamma \times \pi d^2} = \dfrac{4 \times 6000}{(150 \times 10^{-6}) \times \pi \times 0.04^2}$
$\fallingdotseq 31.83 \text{GPa}$

16 그림과 같이 분포하중이 작용할 때 최대 굽힘 모멘트가 일어나는 곳은 보의 좌측으로부터 얼마나 떨어진 곳에 위치하는가?

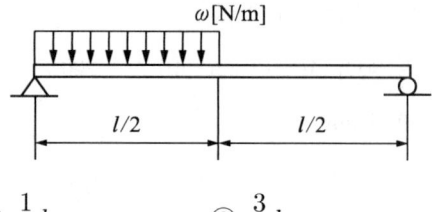

① $\dfrac{1}{4}l$ ② $\dfrac{3}{8}l$

③ $\dfrac{5}{12}l$ ④ $\dfrac{7}{16}l$

풀이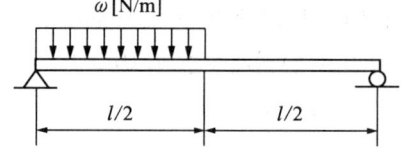

$\sum M_B = 0$에서 $R_A \times l - \left(w \times \dfrac{l}{2}\right) \times \left(\dfrac{l}{4} + \dfrac{l}{2}\right) = 0$

$R_A = \dfrac{3}{8}wl$, $R_A + R_B = \dfrac{1}{2}wl$, $R_B = \dfrac{1}{8}wl$

최대 굽힘 모멘트가 일어나는 지점은 전단력이 0인 지점이므로 임의의 x 구간의 전단력 $V_x = R_A - wx$에서 전단력이 0인 지점은 $wx = \dfrac{3}{8}wl$, $x = \dfrac{3}{8}l$이다. 즉 $x = \dfrac{3}{8}l$ 지점에서 굽힘 모멘트가 최대이다.

17 그림과 같이 길이와 재질이 같은 두 개의 외팔보가 자유단에 각각 집중하중 P를 받고 있다. 첫째 보(1)의 단면 치수는 $b \times h$이고, 둘째 보(2)의 단면 치수는 $b \times 2h$라면, 보(1)의 최대 처짐 δ_1과 보(2)의 최대 처짐 δ_2의 비(δ_1/δ_2)는 얼마인가?

(1)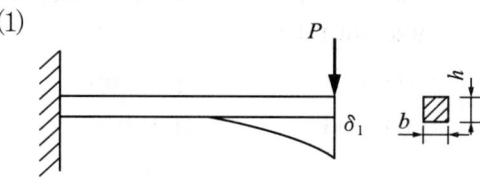

답 14 ③ 15 ① 16 ② 17 ④

(2)

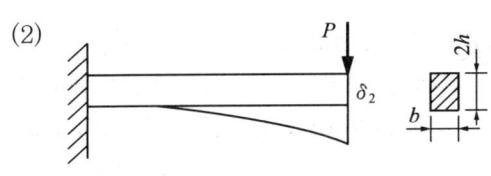

① 1/8　　② 1/4
③ 4　　④ 8

풀이 $\delta_1 = \dfrac{P \cdot l^3}{3E \cdot I} = \dfrac{P \cdot l^3}{3E \cdot \dfrac{bh^3}{12}} = \dfrac{12P \cdot l^3}{3E \cdot bh^3} = \dfrac{4P \cdot l^3}{E \cdot bh^3}$

$\delta_2 = \dfrac{P \cdot l^3}{3E \cdot I} = \dfrac{P \cdot l^3}{3E \cdot \dfrac{b(2h)^3}{12}} = \dfrac{12P \cdot l^3}{3E \cdot b8h^3} = \dfrac{P \cdot l^3}{2E \cdot bh^3}$

$\delta_1/\delta_2 = \dfrac{\dfrac{4P \cdot l^3}{E \cdot bh^3}}{\dfrac{P \cdot l^3}{2E \cdot bh^3}} = 8$

18 그림과 같은 벨트 구조물에서 하중 W가 작용할 때 P값은?(단, 벨트는 하중 W의 위치를 기준으로 좌우 대칭이며 0°< a <180°이다.)

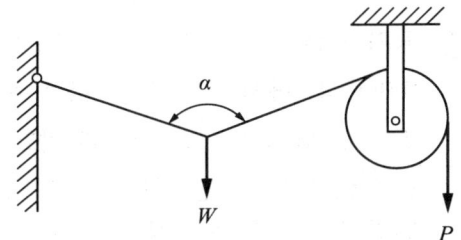

① $P = \dfrac{2W}{\cos\dfrac{\alpha}{2}}$　　② $P = \dfrac{W}{\cos\dfrac{\alpha}{2}}$

③ $P = \dfrac{W}{2\cos\alpha}$　　④ $P = \dfrac{W}{2\cos\dfrac{\alpha}{2}}$

풀이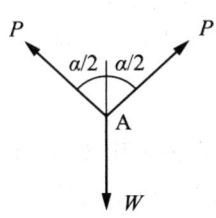

A 지점에서의 힘의 평형을 구하면 $\sum F_y = 0$이므로

$2P\cos\dfrac{\alpha}{2} - W = 0$, $P = \dfrac{W}{2\cos\dfrac{\alpha}{2}}$

19 동일재료로 만든 길이 L, 지름 D인 축 A와 길이 $2L$, 지름 $2D$인 축 B를 동일각도만큼 비트는 데 필요한 비틀림 모멘트의 비 T_A/T_B의 값은 얼마인가?

① $\dfrac{1}{4}$　　② $\dfrac{1}{8}$

③ $\dfrac{1}{16}$　　④ $\dfrac{1}{32}$

풀이 $T_A = \tau \dfrac{\pi d^3}{16}$, $T_B = \tau \dfrac{\pi 8d^3}{16} = \tau \dfrac{\pi d^3}{2}$

$T_A/T_B = \dfrac{\tau \dfrac{\pi d^3}{16}}{\tau \dfrac{\pi d^3}{2}} = \dfrac{1}{8}$

20 지름 2cm, 길이 1cm의 원형 단면 외팔보의 자유단에 집중하중이 작용할 때, 최대 처짐량이 2cm가 되었다면, 최대 굽힘응력은 약 몇 MPa인가?(단, 보의 세로탄성계수는 200GPa이다.)

① 80　　② 120
③ 180　　④ 220

풀이 $\delta = \dfrac{P \cdot l^3}{3E \cdot I}$에서 $P = \dfrac{\delta \times 3EI}{l^3}$

$M_{max} = P \cdot l = \sigma_b \cdot Z$이므로

$\sigma_b = \dfrac{Pl}{Z} = \dfrac{Pl}{\dfrac{\pi d^3}{32}} = \dfrac{32l}{\pi d^3} \times \dfrac{3\delta E}{l^3}\left(\dfrac{\pi d^4}{64}\right) = \dfrac{3}{2}\dfrac{\delta dE}{l^2}$

$= \dfrac{3}{2} \times \dfrac{0.02 \times 0.02 \times (200 \times 10^9)}{1^2} = 120\text{MPa}$

18 ④　19 ②　20 ②

2과목 기계열역학

21 다음에 제시된 에너지 값 중 가장 크기가 작은 것은?

① 400N·cm ② 4cal
③ 40J ④ 4000Pa·m³

 • 에너지 비교
① =4J, ② =16.7J, ③ =40J, ④ =4000J

22 열역학적 관점에서 일과 열에 관한 설명 중 틀린 것은?

① 일과 열은 온도와 같은 열역학적 상태량이 아니다.
② 일의 단위는 J(joule)이다.
③ 일의 크기는 힘과 그 힘이 작용하여 이동한 거리를 곱한 값이다.
④ 일과 열은 점 함수(point function)이다.

• 일과 열은 경로 함수이다.

23 5kg의 산소가 정압하에서 체적이 0.2m³에서 0.6m³로 증가했다. 산소를 이상 기체로 보고 정압 비열 C_p =0.92kJ/(kg·K)로 하여 엔트로피의 변화를 구하였을 때 그 값은 약 얼마인가?

① 1.857kJ/K ② 2.746kJ/K
③ 5.054kJ/K ④ 6.507kJ/K

• 전체 엔트로피 변화량
$S_2 - S_1 = m(s_2 - s_1)$ =5.054kJ/K
여기서, 단위 질량당 엔트로피 변화량$(s_2 - s_1)$
=1.01kJ/(kg·K)

24 온도가 300K이고, 체적이 1m³, 압력이 10^5N/m²인 이상 기체가 일정한 온도에서 3×10⁴J의 일을 하였다. 계의 엔트로피 변화량은?

① 0.1J/K ② 0.5J/K
③ 50J/K ④ 100J/K

• 엔트로피 변화량
$S_2 - S_1 = \dfrac{_1W_2}{T}$ =100J/K

25 어느 이상 기체 2kg이 압력 200kPa, 온도 30℃의 상태에서 체적 0.8m³를 차지한다. 이 기체의 기체 상수는 약 몇 kJ/(kg·K)인가?

① 0.264 ② 0.528
③ 2.67 ④ 3.53

• 기체의 기체 상수
$R = \dfrac{PV}{mT}$ = 0.264kJ/(kg·K)

26 공기 1kg을 t_1 =10℃, P_1 =0.1MPa, V_1 = 0.8m³ 상태에서 단열 과정으로 t_2 =167℃, P_2 =0.7MPa까지 압축시킬 때 압축에 필요한 일량은 약 얼마인가?(단, 공기의 정압 비열과 정적 비열은 각각 1.0035kJ/(kg·K), 0.7165kJ/(kg·K)이고, t는 온도, P는 압력, V는 체적을 나타낸다.)

① 112.5J ② 112.5kJ
③ 157.5J ④ 157.5kJ

• 압축에 필요한 일량
$_1W_2 = mC_v(T_2 - T_1)$ =112.5kJ

27 고열원의 온도가 157℃이고, 저열원의 온도가 27℃인 카르노 냉동기의 성적 계수는 약 얼마인가?

답 21 ① 22 ④ 23 ③ 24 ④ 25 ① 26 ② 27 ③

① 1.5　　　　　② 1.8
③ 2.3　　　　　④ 3.2

풀이 • 냉동기의 성적 계수
$$COP = \frac{T_L}{T_H - T_L} = 2.3$$

28 공기 표준 Brayton 사이클 기관에서 최고 압력이 500kPa, 최저 압력이 100kPa이다. 비열비(k)는 1.4일 때, 이 사이클의 열효율은?

① 약 3.9%　　　② 약 18.9%
③ 약 36.9%　　④ 약 26.9%

풀이 • Brayton 사이클의 열효율
$$\eta_{th} = 1 - \frac{1}{r_P^{(k-1)/k}} = 0.369$$
여기서, 등엔트로피 압력비(r_P) = 5

29 1kg의 기체가 압력 50kPa, 체적 2.5m³의 상태에서 압력 1.2MPa, 체적 0.2m³의 상태로 변하였다. 엔탈피의 변화량은 약 몇 kJ인가?(단, 내부 에너지의 변화는 없다.)

① 365　　　　② 206
③ 155　　　　④ 115

풀이 • 엔탈피
$$H_2 - H_1 = P_2 V_2 - P_1 V_1 = 115 \text{kJ}$$

30 성능계수가 3.2인 냉동기가 시간당 20MJ의 열을 흡수한다. 이 냉동기를 작동하기 위한 동력은 몇 kW인가?

① 2.25　　　② 1.74
③ 2.85　　　④ 1.45

풀이 • 냉동기를 작동하기 위한 동력
$$\dot{W} = \frac{\dot{Q_L}}{COP} = 1.75 \text{kW}$$
여기서, 냉동기가 흡수하는 열전달률($\dot{Q_L}$) = 5.6kW

31 실린더 내의 공기가 100kPa, 20℃상태에서 300kPa이 될 때까지 가역단열 과정으로 압축된다. 이 과정에서 실린더 내의 계에서 엔트로피의 변화는?(단, 공기의 비열비 k = 1.4이다)

① −1.35kJ/(kg·K)　② 0kJ/(kg·K)
③ 1.35kJ/(kg·K)　　④ 13.5kJ/(kg·K)

풀이 • 가역 단열 과정에서 엔트로피 변화
$$s_2 = s_1$$

32 압력(P)과 부피(V)의 관계가 (PV^k = 일정하다)고 할 때 절대일(W_{12})과 공업일(W_t)의 관계로 옳은 것은?

① $W_t = k W_{12}$
② $W_t = \frac{1}{k} W_{12}$
③ $W_t = (k-1) W_{12}$
④ $W_t = \frac{1}{(k-1)} W_{12}$

풀이 • 절대일(W_{12})과 공업일(W_t)의 관계
$$w_t = k \cdot {}_1w_2$$
여기서, $${}_1w_2 = \frac{RT_1}{k-1}\left[1 - \left(\frac{P_2}{P_1}\right)^{\frac{k-1}{k}}\right]$$
$$w_t = \frac{kRT_1}{k-1}\left[1 - \left(\frac{P_2}{P_1}\right)^{\frac{k-1}{k}}\right]$$

33 분자량이 29이고, 정압 비열이 1005J/(kg·K)인 이상 기체의 정적 비열은 약 몇 J/(kg·K)인가?(단, 일반 기체 상수는 8314.5J/(kmol·K)이다.)

① 976　　　　② 287
③ 718　　　　④ 546

답 28 ③　29 ④　30 ②　31 ②　32 ①　33 ③

• 정적 비열
$C_v = C_p - R = 718 \text{J/(kg·K)}$
여기서, $R = 286.7 \text{J/(kg·K)}$

34 그림과 같은 이상적인 Rankine cycle에서 각각의 엔탈피는 $h_1 = 168 \text{kJ/kg}$, $h_2 = 173 \text{kJ/kg}$, $h_3 = 3195 \text{kJ/kg}$, $h_4 = 2071 \text{kJ/kg}$일 때, 이 사이클의 열효율은 약 얼마인가?

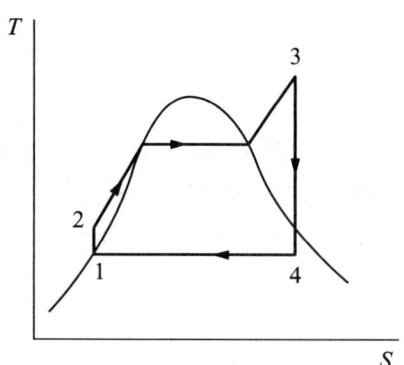

① 30% ② 34%
③ 37% ④ 43%

 • Rankine cycle 열효율
$\eta_R = \dfrac{(h_1 - h_2) + (h_3 - h_4)}{h_3 - h_2} = 0.37$

35 이상적인 증기 압축 냉동 사이클의 과정은?
① 정적 방열 과정 → 등엔트로피 압축 과정 → 정적 증발 과정 → 등엔탈피 팽창 과정
② 정압 방열 과정 → 등엔트로피 압축 과정 → 정압 증발 과정 → 등엔탈피 팽창 과정
③ 정적 증발 과정 → 등엔트로피 압축 과정 → 정적 방열 과정 → 등엔탈피 팽창 과정
④ 정압 증발 과정 → 등엔트로피 압축 과정 → 정압 방열 과정 → 등엔탈피 팽창 과정

 ㉠ 증발기: 정압 증발
㉡ 압축기: 등엔트로피 압축
㉢ 응축기: 정압 방열
㉣ 팽창 밸브: 등엔탈피 팽창

36 폴리트로픽 변화의 관계식 '$PV^n =$일정'에 있어서 n이 무한대로 되면 어느 과정이 되는가?
① 정압 과정 ② 등온 과정
③ 정적 과정 ④ 단열 과정

 $n = \infty \to v =$ 일정(정적 과정)

37 물질의 양에 따라 변화하는 종량적 상태량(extensive property)은?
① 밀도 ② 체적
③ 온도 ④ 압력

 • 종량적 상태량: 질량에 비례. 두 부분으로 이등분했을 때 처음의 절반이 되는 상태량

38 피스톤-실린더 장치에 들어있는 100kPa, 26.85℃의 공기가 600kPa까지 가역 단열 과정으로 압축된다. 비열비 $k = 1.4$로 일정하다면 이 과정 동안에 공기가 받은 일은 약 얼마인가?(단, 공기의 기체 상수는 0.287 kJ/(kg·K)이다.)
① 263kJ/kg ② 171kJ/kg
③ 144kJ/kg ④ 116kJ/kg

 • 공기가 받은 일
$_1w_2 = \dfrac{R(T_2 - T_1)}{1 - k} = -144 \text{kJ/kg}$
여기서, 압축 후 온도(T_2) = 500K

39 0.6MPa, 200℃의 수증기가 50m/s의 속도로 단열 노즐로 유입되어 0.15MPa, 건도 0.99인 상태로 팽창하였다. 증기의 유출 속도는?(단, 노즐 입구에서 엔탈피는 2850kJ/kg, 출구에서 포화액의 엔탈피는 467kJ/kg, 증발 잠열은 2227kJ/kg이다.)

① 약 600m/s ② 약 700m/s
③ 약 800m/s ④ 약 900m/s

풀이 • 출구 속도(V_e)

$V_e = \sqrt{V_i^2 + 2(h_i - h_e)} = 599.2 \text{m/s}$

여기서, 출구 엔탈피(h_e) = $h_f + x \cdot h_{fg}$ = 2671.7kJ/kg

40 다음 중 비체적의 단위는?

① kg/m³ ② m³/kg
③ m³/(kg·s) ④ m³/(kg·s²)

풀이 • 비체적(v)의 단위

비체적(v) = $\dfrac{체적}{질량} \left(\dfrac{m^3}{kg}\right)$

과목 3 기계유체역학

41 안지름 0.25m, 길이 100m인 매끄러운 수평 강관으로 비중 0.8, 점성계수 0.1Pa·s인 기름을 수송한다. 유량이 100L/s일 때의 관마찰 손실 수두는 유량이 50L/s 일 때의 몇 배 정도가 되는가?(단, 층류의 관마찰계수는 64/Re이고, 난류일 때의 관마찰계수는 0.3164Re$^{-1/4}$이며, 임계레이놀즈수는 2300이다.)

① 1.55 ② 2.12
③ 4.13 ④ 5.04

풀이 • 관마찰 손실 수두 비

$\dfrac{h_{l,100}}{h_{l,50}} = 5.01$

여기서, 유량이 100L/s일 때 관마찰 손실 수두($h_{l,100}$) = 3.36m,
유량이 50L/s일 때 관마찰 손실 수두($h_{l,50}$) = 0.67m

42 다음과 같은 수평으로 놓인 노즐이 있다. 노즐의 입구는 면적이 0.1m²이고 출구의 면적은 0.02m²이다. 정상, 비압축성이며 점성의 영향이 없다면, 출구의 속도가 50m/s일 때 입구와 출구의 압력 차 ($P_1 - P_2$)는 약 몇 kPa인가?(단, 이 공기의 밀도는 1.23kg/m³이다.)

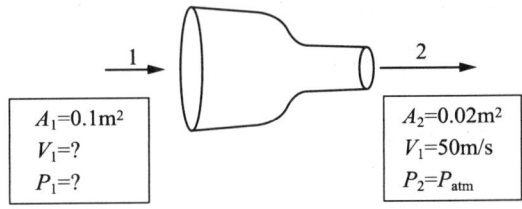

① 1.48 ② 14.8
③ 2.96 ④ 29.6

풀이 • 입구와 출구의 압력 차

$P_1 - P_2 = \dfrac{\rho}{2}(V_2^2 - V_1^2) = 1.48\text{kPa}$

여기서, 입구 속도 $V_1 = \dfrac{A_2}{A_1} \times V_2 = 10\text{m/s}$

43 지름이 2cm인 관에 밀도 1000kg/m³, 점성계수 0.4N·s/m²인 기름이 수평면과 일정한 각도로 기울어진 관에서 아래로 흐르고 있다. 초기 유량 측정 위치의 유량이 1×10⁻⁵ m³/s이었고, 초기 측정 위치에서 10m 떨어진 곳에서의 유량도 동일하다고 하면, 이 관은 수평면에 대해 약 몇 ° 기울어져 있는가?(단, 관 내 흐름은 완전 발달 층류 유동이다.)

답 39 ① 40 ② 41 ④ 42 ① 43 ①

① 6°   ② 8°
③ 10° ④ 12°

풀이 • 수평면과 기울어진 각
$$\theta = \sin^{-1}\left(\frac{P_1 - P_2}{\rho g l}\right) = 5.96°$$
여기서, 두 지점의 압력 차 $(P_1 - P_2) = 10186\text{Pa}$

44 물이 흐르는 어떤 관에서 압력이 120kPa, 속도가 4m/s일 때, 에너지선(energy line)과 수력 기울기선(hydraulic grade line)의 차이는 약 몇 cm인가?
① 41   ② 65
③ 71   ④ 82

풀이 에너지 기울기선(EGL)은 수력 기울기선(HGL)보다 속도 수두 $\left(\dfrac{V^2}{2g}\right)$만큼 위에 있다.
$$\frac{V^2}{2g} = 81.6\text{cm}$$

45 관로 내에 흐르는 완전발달 층류 유동에서 유속을 1/2로 줄이면 관로 내 마찰 손실 수두는 어떻게 되는가?
① 1/4로 줄어든다.   ② 1/2로 줄어든다.
③ 변하지 않는다.   ④ 2배로 늘어난다.

풀이 • 마찰 손실 수두
$$h_L = f \cdot \frac{l}{D} \cdot \frac{V^2}{2g} = \frac{64\mu}{\rho VD} \times \frac{l}{D} \times \frac{V^2}{2g} = \alpha V$$
$$h_L \propto V$$
유속이 1/2로 줄어들면 마찰 손실 수두는 1/2로 줄어든다.

46 절대 압력 700kPa의 공기를 담고 있고 체적은 0.1m³, 온도는 20℃인 탱크가 있다. 순간적으로 공기는 밸브를 통해 바깥으로 단 면적 75mm²를 통해 방출되기 시작한다. 이 공기의 유속은 310m/s이고, 밀도는 6kg/m³이며 탱크 내의 모든 물성치는 균일한 분포를 갖는다고 가정한다. 방출하기 시작하는 시각에 탱크 내 밀도의 시간에 따른 변화율은 몇 kg/(m³·s)인가?
① -12.338   ② -2.582
③ -20.381   ④ -1.395

풀이 • 밀도의 시간에 대한 변화율
$$\frac{d\rho}{dt} = \frac{-\sum_{out}\dot{m}}{V} = -1.395 \text{kg/m}^3\cdot\text{s}$$
여기서, 유출되는 질량 유량 $\left(\sum_{out}\dot{m}\right)$
$= \rho_{air}AV = 0.1395\text{kg/s}$, V=체적=0.1m³

47 비점성, 비압축성 유체의 균일한 유동장에 유동 방향과 직각으로 정지된 원형 실린더가 놓여 있다고 할 때, 실린더에 작용하는 힘에 관하여 설명한 것으로 옳은 것은?
① 항력과 양력이 모두 영(0)이다.
② 항력은 영(0)이고 양력은 영(0)이 아니다.
③ 양력은 영(0)이고 항력은 영(0)이 아니다.
④ 항력과 양력 모두 영(0)이 아니다.

풀이 원형 실린더는 유동장에 정지한 상태($V=0$)로 놓여 있으므로 양력과 항력이 모두 영(0)이다.
$$C_D = \frac{F_D}{\dfrac{1}{2}\rho V^2 A}, \quad C_L = \frac{F_L}{\dfrac{1}{2}\rho V^2 A}$$

48 일률(power)을 기본 차원인 M(질량), L(길이), T(시간)로 나타내면?
① L^2T^{-2} ② $MT^{-2}L^{-1}$
③ ML^2T^{-2} ④ ML^2T^{-3}

답 44 ④ 45 ② 46 ④ 47 ① 48 ④

풀이
- 일률(power)=일/시간

$ML^2T^{-2} \times T^{-1} = ML^2T^{-3}$

49 그림과 같이 45° 꺾어진 관에 물이 평균 속도 5m/s로 흐른다. 유체의 분출에 의해 지지점 A가 받는 모멘트는 약 몇 N·m인가? (단, 출구 단면적은 $10^{-3}m^2$이다.)

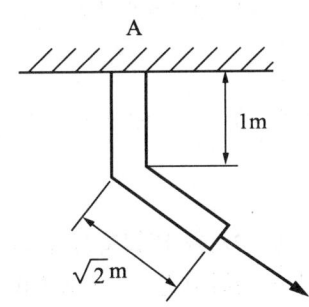

① 3.5 ② 5
③ 12.5 ④ 17.7

풀이
- 운동량 방정식

$-M_A = F_x r_y - F_y r_x = 17.678 \text{N·m}$

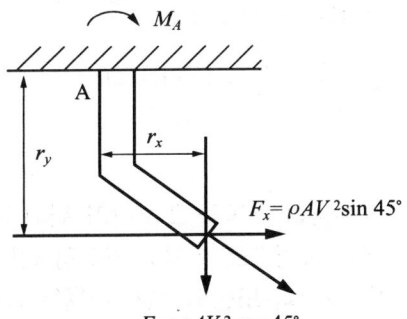

- A 지점이 받는 모멘트
$\curvearrowleft M_A = 17.678 \text{N·m}$

여기서, $F_x = \dot{m}V\sin 45° = 17.678\text{N}$,
$F_y = \dot{m}V\cos 45° = 17.678\text{N}$,
$r_x = \sqrt{2}\cos 45° = 1\text{m}$,
$r_y = \sqrt{2}\sin 45° + 1 = 2\text{m}$,
질량 유량($\dot{m}$) = $\rho A V$ = 5kg/s

50 비중 8.16의 금속을 비중 13.6의 수은에 담근다면 수은 속에 잠기는 금속의 체적은 전체 체적의 약 몇 %인가?

① 40% ② 50%
③ 60% ④ 70%

풀이
- 금속 전체 체적(V), 수은 속에 잠긴 체적(V_1)
금속의 무게(W)=부력(F_B)
$8.16 \times 9800 \times V = 13.6 \times 9800 \times V_1$

$V_1 = \dfrac{8.16}{13.6}V = 0.6V$

51 동점성계수가 15.68×10^{-6} m²/s인 공기가 평판 위를 길이 방향으로 0.5m/s의 속도로 흐르고 있다. 선단으로부터 10cm되는 곳의 경계층 두께의 2배가 되는 경계층의 두께를 가지는 곳은 선단으로부터 몇 cm되는 곳인가?

① 14.14 ② 20
③ 40 ④ 80

풀이
- 경계층 두께(선단에서 10cm)

$\delta_{10} = \dfrac{5x}{Re_x^{1/2}} = 0.008854\text{m}$

여기서, 공기 흐름의 레이놀즈수$((Re)_x = 3189$(층류)

- δ_{10}의 2배가 되는 경계층

$2\delta_{10} = \dfrac{5x}{Re_x^{1/2}} = \dfrac{5x}{\left(\dfrac{V \cdot x}{\nu}\right)^{1/2}}$

$0.017708^2 = \dfrac{\nu \times 5^2 \times x}{V}$

여기서, $2\delta_{10} = 0.017708$

- 선단으로 부터의 거리

$x = \dfrac{0.017708^2 \times V}{\nu \times 5^2} = 39.9\text{cm}$

답 49 ④ 50 ③ 51 ③

52 그림과 같이 비중 0.85인 기름이 흐르고 있는 개수로에 피토관을 설치하였다. $\Delta h = 30mm$, $h = 100mm$일 때 기름의 유속은 약 몇 m/s인가?

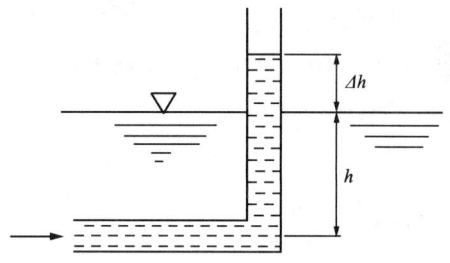

① 0.767
② 0.976
③ 6.25
④ 1.59

풀이 • 기름 유속
$V = \sqrt{2g\Delta h} = 0.767 m/s$

53 원관(pipe) 내에 유체가 완전 발달한 층류 유동일 때 유체 유동에 관계한 가장 중요한 힘은 다음 중 어느 것인가?

① 관성력과 점성력 ② 압력과 관성력
③ 중력과 압력   ④ 표면 장력과 점성력

풀이 관로 유동에서 중요한 힘은 점성력과 관성력이다.

54 주 날개의 평면도 면적이 21.6m²이고 무게가 20kN인 경비행기의 이륙 속도는 약 몇 km/h 이상이어야 하는가?(단, 공기의 밀도는 1.2kg/m³, 주 날개의 양력 계수는 1.2이고, 항력은 무시한다.)

① 41   ② 91
③ 129   ④ 141

풀이 • 이륙 속도
$V = \sqrt{\dfrac{W}{C_L \times \rho \times A \times 1/2}} = 35.9 m/s = 129 km/h$

55 유체 내에 수직으로 잠겨있는 원형판에 작용하는 정수력학적 힘의 작용점에 관한 설명으로 옳은 것은?

① 원형판의 도심에 위치한다.
② 원형판의 도심 위쪽에 위치한다.
③ 원형판의 도심 아래쪽에 위치한다.
④ 원형판의 최하단에 위치한다.

풀이 • 압력 중심(힘의 작용점(y_P))
$$y_P = y_C + \dfrac{I_{xx,C}}{y_C A}$$
압력 중심(힘의 작용점,(y_P))은 도심(y_C)보다 아래에 있다.

56 다음 중 2차원 비압축성 유동의 연속 방정식을 만족하지 않는 속도 벡터는?

① $V = (16y - 12x)i + (12y - 9x)j$
② $V = -5xi + 5yj$
③ $V = (2x^2 + y^2)i + (-4xy)j$
④ $V = (4xy + y)i + (6xy + 3x)j$

풀이 • 2차원 유동 연속 방정식 $\dfrac{\partial u}{\partial x} + \dfrac{\partial v}{\partial y} = 0$

• ④의 경우 $\dfrac{\partial u}{\partial x} + \dfrac{\partial v}{\partial y} = 4y + 6x \neq 0$

57 잠수함의 거동을 조사하기 위해 바닷물 속에서 모형으로 실험을 하고자 한다. 잠수함의 실형과 모형의 크기 비율은 7:10이며, 실제 잠수함이 8m/s로 운전한다면 모형의 속도는 약 몇 m/s인가?

① 28   ② 56
③ 87   ④ 132

풀이 역학적 상사를 이루어야 하므로
$V_m = \dfrac{\mu_m}{\mu_p} \times \dfrac{L_p}{L_m} \times \dfrac{\rho_p}{\rho_m} \times V_p = 56 m/s$
여기서, $\mu_m = \mu_p$, $\rho_p = \rho_m$

답 52 ① 53 ① 54 ③ 55 ③ 56 ④ 57 ②

58 뉴턴의 점성 법칙은 어떤 변수(물리량)들의 관계를 나타낸 것인가?
① 압력, 속도, 점성계수
② 압력, 속도 기울기, 동점성계수
③ 전단응력, 속도 기울기, 점성계수
④ 전단응력, 속도, 동점성계수

풀이 점성 법칙 $\tau = \mu \cdot \dfrac{du}{dy}$

여기서, τ=전단응력
du/dy=속도 기울기
μ=점성계수

59 그림과 같은 밀폐된 탱크 안에 각각 비중이 0.7, 1.0인 액체가 채워져 있다. 여기서 θ가 20°로 기울어진 경사관에서 3m 길이까지 비중 1.0인 액체가 채워져 있을 때 점 A의 압력과 점 B의 압력 차이는 약 몇 kPa인가?

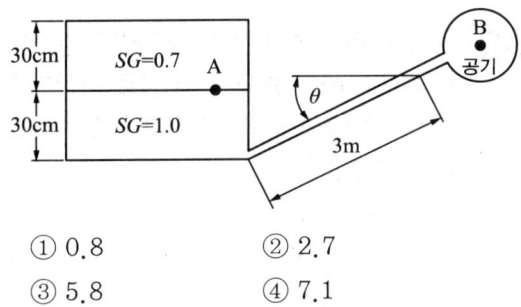

① 0.8　　② 2.7
③ 5.8　　④ 7.1

풀이 • 점 A의 압력과 점 B의 압력 차
$P_{바닥} = P_A + SG_{1.0} \times \rho_w gh$
$\qquad = P_B + SG_{1.0} \times \rho_w \times g \times 3\sin20°$
$P_A - P_B = SG_{1.0} \times \rho_w \times g(h - 3\sin20°)$
$\qquad = -7115.4 Pa$

60 그림과 같이 U자 관 액주계가 x방향으로 등가속도 운동하는 경우 x방향 가속도 a_x는 약 몇 m/s²인가?(단, 수은의 비중은 13.6이다.)

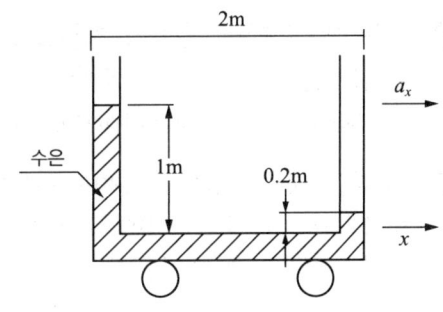

① 0.4　　② 0.98
③ 3.92　　④ 4.9

풀이 • 등압선 기울기
$\dfrac{dy}{dx} = \dfrac{(1-0.2)}{2} = \dfrac{a_x}{g+a_y}$
$a_x = 0.4 \times 9.8 = 3.92 \text{m/s}^2$
$a_y = 0$

4 기계재료 및 유압기기

61 다음 중 Ni-Fe계 합금이 아닌 것은?
① 인바　　② 톰백
③ 엘린바　　④ 플래티나이트

풀이 • 톰백(tombac): Cu+Zn 5~20%

62 구리합금 중에서 가장 높은 경도와 강도를 가지며, 피로한도가 우수하여 고급스프링 등에 쓰이는 것은?
① Cu - Be 합금　② Cu - Cd 합금
③ Cu - Si 합금　④ Cu - Ag 합금

풀이 • 베릴륨 구리(beryllium copper, Cu+Be 2~3% + Co + Ni): 내식성, 내열성, 내마모성, 피로한도, 스프링 특성이 우수하다. 열전도도가 좋아서 성형 시간이 단축 된다. 인장강도, 경도가 높다. 금형 전체의 균일 열처리가 용이하다. 고급 스프링, 베어링, 전극 등에 사용된다.

답 58 ③　59 ④　60 ③　61 ②　62 ①

63 Al에 10~13%Si를 함유한 합금은?
① 실루민 ② 라우탈
③ 두랄루민 ④ 하이드로 날륨

풀이 • 실루민(silumin): 절삭성이 불량하고 주조성이 우수(주조용 알루미늄 합금)하므로 주물에 적합하여 실린더 헤드 등의 다이캐스팅에 사용된다.

64 탄소를 제품에 침투시키기 위해 목탄을 부품과 함께 침탄상자 속에 넣고 900~950℃의 온도 범위로 가열로 속에서 가열 유지시키는 처리법은?
① 질화법
② 가스 침탄법
③ 시멘테이션에 의한 경화법
④ 고주파 유도 가열 경화법

풀이 • 침탄법(carburizing): 저탄소강(0.2%C 이하) 재료의 표면에 탄소를 침투시켜 표면만 경화시키는 방법으로 침탄 후 열처리(침탄 경화)가 필요하므로 경화에 의한 변형이 발생 한다. 결정의 미세화를 위해 1차 담금질을 하며 침탄 후 수정이 가능하다.

65 탄소강에서 인(P)으로 인하여 발생하는 취성은?
① 고온 취성 ② 불림 취성
③ 상온 취성 ④ 뜨임 취성

풀이 • P(인)
㉠ 강도와 경도, 절삭성을 증가시킨다.
㉡ 연신율을 감소시키며, 상온 취성의 원인이 된다.
㉢ 결정립을 크고(조대화), 거칠게 하며 냉간가공을 저하시킨다.

66 면심입방격자(FCC) 금속의 원자 수는?
① 2 ② 4
③ 6 ④ 8

풀이 입방체의 각 모서리에 원자가 배열되고, 각 면의 중심에 각각 1개씩 원자가 배열된 결정 구조(14개 원자)를 가지고 있다.
• 소속 원자 수: $\frac{1}{8} \times 8 + \frac{1}{2} \times 6 = 4$
• 인접 원자 수: 12개

67 베이나이트(bainnite) 조직을 얻기 위한 항온 열처리 조작으로 가장 적합한 것은?
① 마퀜칭
② 소성가공
③ 노멀라이징
④ 오스템퍼링

풀이 • 오스템퍼링(austempering): 베이나이트 조직을 얻는 방법으로 뜨임이 필요가 없으며, 담금질 변형 및 균열을 방지하고 탄성이 증가한다.

68 철과 아연을 접촉시켜 가열하면 양자의 친화력에 의하여 원자 간의 상호 확산이 일어나서 합금화하므로 내식성이 좋은 표면을 얻는 방법은?
① 칼로라이징
② 크로마이징
③ 세러다이징
④ 보로나이징

풀이 • 침투(cementation, 시멘테이션)법: Zn, Cr, Al, Si, B, Ti, Co 등을 고온에서 확산 및 침투시키는 표면 처리법
㉠ 세러다이징(ceradizing, Zn 침투): 소형 제품에 적합, 침투층 균일, 내식성 피막 형성
㉡ 크로마이징(chromizing, Cr 침투): 내산, 내마멸성을 향상
㉢ 카로라이징(calorizing, Al 침투): 내스케일성 증가, 고온 산화에 강함
㉣ 실리코나이징(siliconizing, Si 침투): 내식성 향상
㉤ 보로나이징(boronizing, B 침투): 내마모성 증대

답 63 ① 64 ② 65 ③ 66 ② 67 ④ 68 ③

69 다음 중 금속의 변태점 측정 방법이 아닌 것은?
① 열분석법 ② 자기분석법
③ 전기저항법 ④ 정점분석법

 • 변태점 측정법: 물질은 변태점을 전후하여 부피, 결정 구조, 열 및 자성 특성 등의 변화가 이루어진다. 따라서 열분석법(열분석), 부피 측정법(부피 변화 측정), 전기저항법(전기 전항 측정) 및 자기 분석법(자성특성 분석) 등의 분석법으로 변태점을 측정한다.

70 담금질 조직 중 가장 경도가 높은 것은?
① 펄라이트 ② 마텐자이트
③ 소르바이트 ④ 트루스타이트

 • 경도 순서
시멘타이트(cementite)>마텐자이트(martensite)>트루스타이트(troostite)>소르바이트(sorbite)>펄라이트(pearlite)>오스테나이트(austenite)>페얼라이트(ferrite)

71 베인 펌프의 1회전 당 유량이 40cc일 때, 1분당 이론 토출 유량이 25리터이면 회전수는 약 몇 rpm인가?(단, 내부 누설량과 흡입 저항은 무시한다.)
① 62 ② 625
③ 125 ④ 745

 • 회전수
$\left(\dfrac{1}{40\times 10^{-6}}\right)\left(\dfrac{\text{rev}}{\text{m}^3}\right) \times (25\times 10^{-3})\left(\dfrac{\text{m}^3}{\text{min}}\right)$
=625rev/min

72 유압 회로에서 캐비테이션이 발생하지 않도록 하기 위한 방지 대책으로 가장 적합한 것은?
① 흡입관에 급속 차단 장치를 설치한다.
② 흡입 유체의 유온을 높게 하여 흡입한다.
③ 과부하 시는 패킹부에서 공기가 흡입되도록 한다.
④ 흡입관 내의 평균 유속이 3.5m/s 이하가 되도록 한다.

 • 온도가 올라가면 공기 방울의 운동이 가속화되므로 온도 조절이 중요하다.
• 흡입관 속 평균 유속은 3.5m/s 이하가 되도록 한다.

73 다음과 같은 특징을 가진 유압유는?

> • 난연성 작동유에 속함.
> • 내마모성이 우수하여 저압에서 고압까지 각종 유압 펌프에 사용됨.
> • 점도지수가 낮고 비중이 커서 저온에서 펌프 시동 시 캐비테이션이 발생하기 쉬움.

① 인산에스테르형 작동유
② 수중 유형 유화유
③ 순광유
④ 유중 수형 유화유

 작동유 중 인산에스테르형은 난연 온도가 높은 합성유로 고무나 패킹 등의 재질에 적합하지 않다.

74 유압 모터에서 1회전당 배출 유량이 60cm³/rev이고 유압유의 공급 압력은 7MPa일 때 이론 토크는 약 몇 N·m인가?
① 668.8 ② 66.8
③ 1137.5 ④ 113.8

 • 생산할 수 있는 출력 토크
$T_{th}=\dfrac{V_M\cdot \Delta P}{2\pi}=66.8\text{N}\cdot\text{m}$

75 다음 중 유량 제어 밸브에 속하는 것은?
① 릴리프 밸브 ② 시퀀스 밸브
③ 교축 밸브 ④ 체크 밸브

답 69 ④ 70 ② 71 ② 72 ④ 73 ① 74 ② 75 ③

풀이 • 유량 제어 밸브: 교축 밸브(스로틀 밸브, 스톱 밸브), 압력 보상형 유량 제어 밸브

76 유압유의 여과 방식 중 유압 펌프에서 나온 유압유의 일부만을 여과하고 나머지는 그대로 탱크로 가도록 하는 형식은?
① 바이패스 필터(by-pass filter)
② 전류식 필터(full-flow filter)
③ 샨트식 필터(shunt flow filter)
④ 원심식 필터(centrifugal filter)

풀이 • 바이패스 필터: 유압유 전체를 여과할 필요가 없을 때 사용하는 형식이다. 펌프에서 토출하는 유량 중 일부분을 눈이 가는 필터로 여과하고 나머지 유량은 탱크로 가도록 하는 방법이다.

77 채터링(chattering) 현상에 대한 설명으로 틀린 것은?
① 일종의 자려 진동 현상이다.
② 소음을 수반한다.
③ 압력이 감소하는 현상이다.
④ 릴리프 밸브 등에서 발생한다.

풀이 • 채터링(chattering) 현상: 릴리프 밸브 등에서 밸브 시트를 두들겨 비교적 높은 음을 발생시키는 자려 진동 현상

78 속도 제어 회로 방식 중 미터-인 회로와 미터-아웃 회로를 비교하는 설명으로 틀린 것은?
① 미터-인 회로는 피스톤 측에만 압력이 형성되나 미터-아웃 회로는 피스톤 측과 피스톤 로드 측 모두 압력이 형성된다.
② 미터-인 회로는 단면적이 넓은 부분을 제어하므로 상대적으로 속도 조절에 유리하나, 미터-아웃 회로는 단면적이 좁은 부분을 제어하므로 상대적으로 불리하다.
③ 미터-인 회로는 인장력이 작용할 때 속도 조절이 불가능하나, 미터-아웃 회로는 부하의 방향에 관계없이 속도 조절이 가능하다.
④ 미터-인 회로는 탱크로 드레인되는 유압 작동유에 주로 열이 발생하나, 미터-아웃 회로는 실린더로 공급되는 유압 작동유에 주로 열이 발생한다.

풀이 • 미터인 회로: 유량 제어 밸브를 실린더 입구 쪽에 설치해 속도를 조절한다.
• 미터 아웃 회로: 유량 제어 밸브를 실린더 출구 쪽에 설치해 속도를 조절한다.

79 유압 작동유의 점도가 너무 높은 경우 발생되는 현상으로 거리가 먼 것은?
① 내부 마찰이 증가하고 온도가 상승한다.
② 마찰 손실에 의한 펌프 동력 소모가 크다
③ 마찰 부분의 마모가 증대된다.
④ 유동 저항이 증대하여 압력 손실이 증가된다.

풀이 마찰 부분에서 마모가 증대하는 것은 작동 기름의 점도가 낮을 때 나타나는 현상이다.

80 다음 보기와 같은 유압 기호가 나타내는 것은?

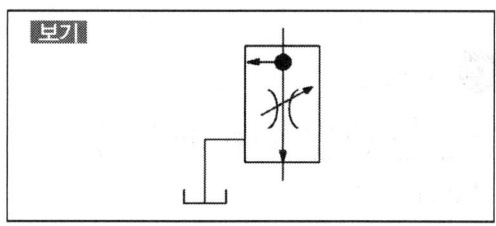

① 가변 교축 밸브
② 무부하 릴리프 밸브
③ 직렬형 유량 조정 밸브
④ 바이패스형 유량 조정 밸브

풀이 바이패스형 유량 조정 밸브를 나타내는 간략 기호이다.

답 76 ① 77 ③ 78 ④ 79 ③ 80 ④

기계제작법 및 기계동력학

81 20Mg의 철도 차량이 0.5m/s의 속력으로 직선 운동하여 정지되어 있는 30Mg의 화물 차량과 결합한다. 결합하는 과정에서 차량에 공급되는 동력은 없으며 브레이크도 풀렸다. 결합 직후의 속력은 약 몇 m/s인가?

① 0.25 ② 0.20
③ 0.15 ④ 0.10

풀이
- 운동량 보존 법칙
$m_A(v_A)_1 + m_B(v_B)_1 = (m_A + m_B)v_2$
- 결합 직후 속도
$v_2 = \dfrac{m_A(v_A)_1 + m_B(v_B)_1}{m_A + m_B} = 0.2\text{m/s}$

82 고유 진동수가 1Hz인 진동 측정기를 사용하여 2.2Hz의 진동을 측정하려고 한다. 측정기에 기록된 진폭이 0.05cm라면 실제 진폭은 약 몇 cm인가?(단, 감쇠는 무시한다)

① 0.01cm
② 0.02cm
③ 0.03cm
④ 0.04cm

풀이
- 기록된 진폭 $Z = 0.05 \times 10^{-2}\text{m}$, $f_n = 1\text{Hz}$, $f = 2.2\text{Hz}$, $\zeta = 0$으로 측정기에 기록된 수치
$Z = \dfrac{(2.2/1)^2}{\left[\left\{1 - \left(\dfrac{2.2}{1}\right)^2\right\}^2 + 0\right]^{1/2}} Y = 1.26Y$
- 측정한 구조물의 실제 진폭(Y)
$Y = \dfrac{Z}{1.26} = 0.04\text{cm}$

83 정지된 물에서 0.5m/s의 속도를 낼 수 있는 뱃사공이 있다. 이 뱃사공이 0.1m/s로 흐르는 강물을 거슬러 400m를 올라가는 데 걸리는 시간은?

① 10분   ② 13분 20초
③ 16분 40초 ④ 22분 13초

풀이
- 흐르는 강물에 대한 뱃사공의 속도
$v_{A/B} = v_A - v_B = 0.4\text{m/s}$
여기서, 뱃사공의 속도$=v_A$, 흐르는 강물의 속도$=v_B$
- 400m를 올라가는 데 걸리는 시간
$t = \dfrac{s}{v_{A/B}} = 1000(초) = 16분\ 40초$

84 고유 진동수 $f[\text{Hz}]$, 고유 원진동수 $\omega[\text{rad/s}]$, 고유주기 $T(s)$ 사이의 관계를 바르게 나타낸 식은?

① $T = \dfrac{\omega}{2\pi}$ ② $T\omega = f$
③ $Tf = 1$ ④ $f\omega = 2\pi$

풀이
- 고유 진동수 $f[\text{Hz}]$, 고유 원진동수 $\omega[\text{rad/s}]$, 고유주기 $T[s]$ 사이의 관계
$\omega = 2\pi f = 2\pi \times \dfrac{1}{T}$ 여기서, $f = \dfrac{1}{T}$

85 1자유도 질량-스프링계에서 초기 조건으로 변위 x_0가 주어진 상태에서 가만히 놓아 진동이 일어난다면 진동 변위를 나타내는 식은?(단, ω_n은 계의 고유 진동수이고, t는 시간이다)

① $x_0\cos\omega_n t$ ② $x_0\sin\omega_n t$
③ $x_0\cos^2\omega_n t$ ④ $x_0\sin^2\omega_n t$

풀이
- 초기 조건으로 변위 x_0인 경우 진동 변위
$x(t) = x_0\cos\omega_n t$

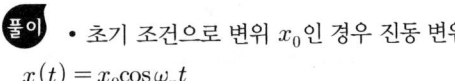

86 질량 관성 모멘트가 20kg·m²인 플라이휠(fly wheel)을 정지 상태로부터 10초 후 3600rpm으로 회전시키기 위해 일정한 비율로 가속하였다. 이때 필요한 토크는 약 몇 N·m인가?

① 654　　② 754
③ 854　　④ 954

 • 각가속도

$$\alpha = \frac{\omega - \omega_0}{t} = 37.7\,\text{rad/s}^2$$

여기서, $\omega = 2\pi f = 377\,\text{rad/s}$
• 필요한 토크
$$T = I \times \alpha = 754\,\text{N}\cdot\text{m}$$

87 질량 70kg인 군인이 고공에서 낙하산을 펼치고 10m/s의 초기 속도로 낙하하였다. 공기의 저항이 350N일 때 20m 낙하한 후의 속도는 약 몇 m/s인가?

① 16.4m/s　　② 17.1m/s
③ 18.9m/s　　④ 20.0m/s

 • 가속도

$$a_z = \frac{-W + F_D}{m} = -51\,\text{m/s}^2$$

• 20m 낙하한 후 속도
$$v = 17.3\,\text{m/s}$$

88 그림과 같이 바퀴가 가로 방향(x축 방향)으로 미끄러지지 않고 굴러가고 있을 때 A점의 속력과 그 방향은?(단, 바퀴 중심점의 속도는 v이다.)

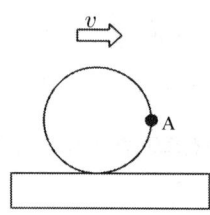

① 속력 v, 방향: x축 방향
② 속력 v, 방향: $-y$축 방향
③ 속력 $\sqrt{2}\,v$, 방향: $-y$축 방향
④ 속력 $\sqrt{2}\,v$, 방향: x축 방향에서 아래로 45° 방향

풀이 • A점의 속도
$$\vec{v}_A = v\hat{i} - \omega\hat{k} \times r\hat{i}$$
$$\vec{v}_A = v\hat{i} - v\hat{j}$$

89 질량, 스프링, 댐퍼로 구성된 단순화된 1자유도 감쇠계에서 다음 중 그 값만으로 직접 감쇠비(damping ratio, ζ)를 구할 수 있는 것은?

① 대수 감소율(logarithmic decrement)
② 감쇠 고유 진동수(damped natural frequency)
③ 스프링 상수(spring coefficient)
④ 주기(period)

풀이 감쇠 자유 진동에 있어서 진폭이 감소하는 빠르기를 나타내는 값이 대수 감소율(δ)이다.

90 그림과 같이 질량 100kg의 상자를 동마찰계수가 $\mu_1 = 0.2$인 길이 2.0m의 바닥 a와 동마찰계수가 $\mu_2 = 0.3$인 길이 2.5m의 바닥 b를 지나 A 지점에서 C 지점까지 밀려고 한다. 사람이 하여야 할 일은 약 몇 J인가?

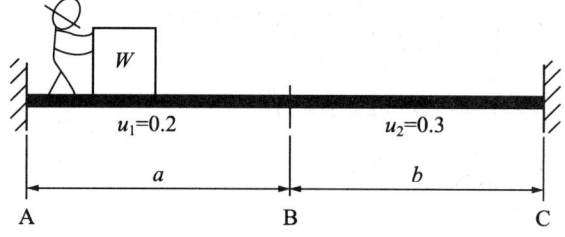

① 1128J   ② 2256J
③ 3760J   ④ 5640J

> 풀이 • 전체 경로 A→B→C를 따라 사람이 하여야 하는 일
> $_AW_C = {_AW_B} + {_BW_C} = 392J + 735J = 1127J$

$m_1 = \dfrac{d_1}{d_0} = \dfrac{60}{100} = 0.6$,

$m_2 = \dfrac{d_2}{d_1}$ 에서 $d_2 = m_2 \times d_1 = 0.8 \times 60 = 48$

여기서, 각 공정의 드로잉률 m_1, m_2, m_3…, 소재의 지름 d_0, 각 공정별 제품 지름 d_1, d_2, d_3…

91 이미 가공되어 있는 구멍에 다소 큰 강철 볼을 압입하여 통과시켜서 가공물의 표면을 소성 변형시켜 정밀도가 높은 면을 얻는 가공법은?

① 버핑(buffing)
② 버니싱(burnishing)
③ 숏 피닝(shot peening)
④ 배럴 다듬질(barrel finishing)

> 풀이 • 버니싱(burnishing): 1차로 가공된 가공물의 안지름보다 다소 큰 강철 볼을 압입 통과시켜 가공물의 표면을 소성 변형시켜 표면 거칠기가 우수하고 정밀도를 높이는 가공법

93 오토콜리메이터의 부속품이 아닌 것은?

① 평면경   ② 콜리 프리즘
③ 펜타 프리즘   ④ 폴리곤 프리즘

> 풀이 • 오토콜리메이터(autocollimator): 미소 각을 측정하는 광학적 측정기로서 정밀 정반의 평면도, 마이크로미터 측정면의 직각도, 평행도 및 미소 각의 차, 변화, 흔들림 등을 측정한다. 주요 부속품으로는 평면경, 폴리곤 프리즘, 펜타 프리즘, 조정기, 변압기 등이 있다.

94 호브 절삭 날의 나사를 여러 줄로 한 것으로 거친 절삭에 주로 쓰이는 호브는?

① 다줄 호브   ② 단체 호브
③ 조립 호브   ④ 초경 호브

92 다음 빈칸에 들어갈 숫자가 옳게 짝지어진 것은?

> 지름 100mm의 소재를 드로잉하여 지름 60mm의 원통을 가공할 때 드로잉률은 (A)이다. 또한, 이 60mm의 용기를 재드로잉률 0.8로 드로잉을 하면 용기의 지름은 (B)mm가 된다.

① A: 0.36, B: 48
② A: 0.36, B: 75
③ A: 0.6, B: 48
④ A: 0.6, B: 75

> 풀이 • 드로잉률(drawing rate): 깊은 용기는 한 번의 작업으로 완료하지 않고 여러 번 나누어서 작업을 하여 완료한다. 드로잉률의 역수기 드로잉 비(drawing ration)이다.

95 절삭가공 시 발생하는 절삭 온도 측정 방법이 아닌 것은?

① 부식을 이용하는 방법
② 복사 고온계를 이용하는 방법
③ 열전대(thermocouple)에 의한 방법
④ 칼로리미터(calorimeter)에 의한 방법

> 풀이 • 절삭 온도의 측정
> ㉠ 칩의 색깔에 의한 측정
> ㉡ 열량계(칼로리미터, calorimeter)에 의한 측정
> ㉢ 열전대(thermo couple)에 의한 측정
> ㉣ 복사 고온계에 의한 측정

답 91 ②   92 ③   93 ②   94 ①   95 ①

96 나사측정 방법 중 삼침법(three wire method)에 대한 설명으로 옳은 것은?
① 나사의 길이를 측정하는 법
② 나사의 골지름을 측정하는 법
③ 나사의 바깥지름을 측정하는 법
④ 나사의 유효지름을 측정하는 법

풀이 • 삼침법: 나사의 종류와 피치, 나사산에 알맞은 지름이 같은 3개의 철심을 나사산에 삽입하여 바깥지름을 마이크로미터로 측정하여 유효직경을 구하는 방법

97 다이에 아연, 납, 주석 등의 연질금속을 넣고 제품 형상의 펀치로 타격을 가하여 길이가 짧은 치약 튜브, 약품 튜브 등을 제작하는 압출 방법은?
① 간접 압출   ② 열간 압출
③ 직접 압출   ④ 충격 압출

풀이 • 충격 압출(impact extrusion): 아연(Zn), 납(Pb), 알루미늄(Al), 구리(Cu) 등 순금속 및 일부 합금 등의 연질금속을 컨테이너에 넣고 펀치에 타격을 가하여 치약 튜브, 약품 튜브, 건전지 케이스, 화장품, 약품 등의 용기 등 연한 금속의 길이가 짧고 얇은 관의 제작에 사용된다.

98 공작물을 양극으로 하고 전기저항이 작은 Cu, Zn을 음극으로 하여 전해액 속에 넣고 전기를 통하면, 가공물 표면이 전기에 의한 화학적 작용으로 매끈하게 가공되는 가공법은?
① 전해 연마   ② 전해 연삭
③ 워터젯 가공   ④ 초음파가공

풀이 • 전해 연마: 전기 도금의 반대 현상으로 가공물을 양극(+), 전기저항이 작은 구리, 아연을 음극(-)으로 연결하고, 전기에 의한 화학적인 작용으로 가공물의 표면이 용출되어 필요한 형상으로 가공하는 방법으로 거울면과 같이 광택이 있는 가공면을 비교적 쉽게 얻을 수 있는 가공법

99 제작 개수가 적고, 큰 주물품을 만들 때 재료와 제작비를 절약하기 위해 골격만 목재로 만들고 골격 사이를 점토로 메워 만든 모형은?
① 현형   ② 골격형
③ 긁기형   ④ 코어형

풀이 • 골격목형(skeleton pattern): 골격만을 목재로 만들고 빈 공간에 점성재료(점토, 모래)로 메워서 현형으로 만드는 목형으로 주조 개수가 적을 때 사용(대형 주물, 대형 파이프, 큰 곡관 등)

100 용접을 기계적인 접합 방법과 비교할 때 우수한 점이 아닌 것은?
① 기밀, 수밀, 유밀성이 우수하다.
② 공정 수가 감소되고 작업 시간이 단축된다.
③ 열에 의한 변질이 없으며 품질 검사가 쉽다.
④ 재료가 절약되므로 공작물의 중량을 가볍게 할 수 있다.

풀이

장점
① 재료 및 공정 수 절감과 작업속도가 빠르다.
② 체결 효율이 좋다(기밀 및 수밀성 우수).
③ 자재 절약 및 자동화가 가능하다.
④ 설비 및 작업비가 저렴하다.

단점
① 열응력에 의한 응력집중이 발생하고 충격을 흡수하지 못하여 충격에 약하다.
② 용접의 기술 및 용접 모재의 재질에 따라 용접성이 좌우된다.
③ 열에 의한 변형 및 열응력이 발생한다.
④ 용접부의 결합검사가 곤란하다.

답 96 ④ 97 ④ 98 ① 99 ② 100 ③

2017

기출문제

일·반·기·계·기·사·8·개·년·과·년·도

2017년 1회 일반기계기사 기출문제
2017년 2회 일반기계기사 기출문제
2017년 4회 일반기계기사 기출문제

2017년 1회 일반기계기사 기출문제

1 재료역학

1 그림과 같이 원형 단면의 원주에 접하는 $x-x$축에 관한 단면 2차 모멘트는?

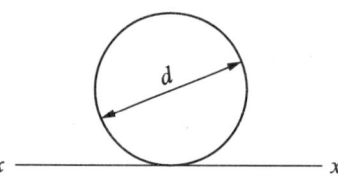

① $\dfrac{\pi d^4}{32}$ ② $\dfrac{\pi d^4}{64}$

③ $\dfrac{3\pi d^4}{64}$ ④ $\dfrac{5\pi d^4}{64}$

풀이 $I_x = I_{x'} + a^2 \cdot A = \dfrac{\pi \cdot d^4}{64} + \left(\dfrac{d}{2}\right)^2 \cdot \dfrac{\pi \cdot d^2}{4} = \dfrac{5\pi \cdot d^4}{64}$

단, $I_{x'}$는 도심을 통과하는 단면 2차 모멘트

2 그림과 같은 구조물에서 AB 부재에 미치는 힘은 몇 kN인가?

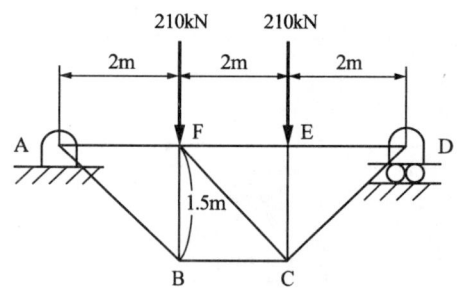

① 450   ② 350
③ 250   ④ 150

풀이 $R_A = R_D = 210\text{k}$, $F_{BC} : F_{BF} = 2 : 1.5$,
$2F_{BF} = 1.5 F_{BC}$,
$F_{BC} = \dfrac{2}{1.5} F_{BF} = \dfrac{2}{1.5} \times 210 \text{kN} = 280 \text{kN}$
$F_{AB} = \sqrt{(280 \times 10^3)^2 + (210 \times 10^3)^2} = 350 \text{kN}$

3 다음과 같은 평면 응력 상태에서 X축으로부터 반시계방향으로 30° 회전된 X'축 상의 수직응력($\sigma_x{'}$)은 약 몇 MPa인가?

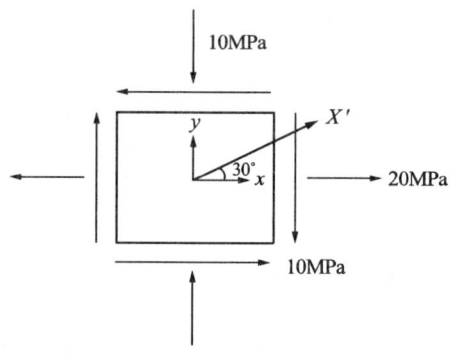

① $\sigma_x{'} = 3.84$
② $\sigma_x{'} = -3.84$
③ $\sigma_x{'} = 17.99$
④ $\sigma_x{'} = -17.99$

풀이 $\sigma_x{'} = \dfrac{1}{2}(\sigma_x + \sigma_y) + \dfrac{1}{2}(\sigma_x - \sigma_y)\cos 2\theta$
$= \dfrac{1}{2}(20 + 10) - \dfrac{1}{2}(20 - 10)\cos 60 - 10 \times \sin 60$
$\fallingdotseq 3.84 \text{MPa}$

답 1 ④ 2 ② 3 ①

4 그림과 같은 하중을 받고 있는 수직 봉의 자중을 고려한 총 신장량은?(단, 하중=P, 막대 단면적=A, 비중량=γ, 탄성계수=E 이다.)

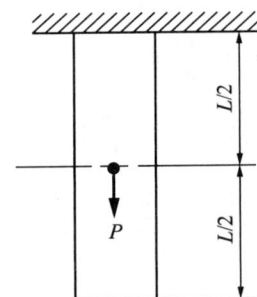

① $\dfrac{L}{E}\left(\gamma L+\dfrac{P}{A}\right)$

② $\dfrac{L}{2E}\left(\gamma L+\dfrac{P}{A}\right)$

③ $\dfrac{L^2}{2E}\left(\gamma L+\dfrac{P}{A}\right)$

④ $\dfrac{L^2}{E}\left(\gamma L+\dfrac{P}{A}\right)$

풀이 자중에 의한 $\dfrac{L}{2}$ 지점의 응력

$$\sigma_{\frac{L}{2}}=\dfrac{\text{자중}}{A_{L/2}}=\dfrac{\gamma A_{L/2}\times \dfrac{L}{2}}{A_{L/2}}=\dfrac{\gamma L}{2}$$

자중에 의한 $\dfrac{L}{2}$ 지점의 미소 처짐을 $d\delta$라 하면 $\epsilon_{L/2}=\dfrac{d\delta}{dx}$,

$\delta_1=\int_0^L d\delta=\int_0^L \epsilon_{L/2}\cdot dx=\int_0^L \dfrac{\sigma_{L/2}}{E}dx$ 이다.

따라서 자중에 의한 처짐

$\delta_1=\int_0^L \dfrac{\gamma L}{2E}dx=\dfrac{\gamma}{2E}[L^2]_0^L=\dfrac{\gamma}{2E}L^2$ 이다.

그리고 하중 P에 의한 처짐은

$\delta_2=\dfrac{P\dfrac{L}{2}}{AE}=\dfrac{PL}{2AE}$

따라서 하중과 자중을 고려한 총 신장량

$\delta=\delta_1+\delta_2=\dfrac{\gamma}{2E}L^2+\dfrac{PL}{2AE}=\dfrac{L}{2E}\left(\gamma L+\dfrac{P}{A}\right)$

5 단면 2차 모멘트가 251cm⁴인 I형강 보가 있다. 이 단면의 높이가 20cm라면, 굽힘 모멘트 $M=2510\text{N}\cdot\text{m}$을 받을 때 최대 굽힘응력은 몇 MPa인가?

① 100 ② 50
③ 20   ④ 5

풀이 $M_{\max}=\sigma_b\cdot Z=\sigma_b\cdot\dfrac{I}{y}$.

$\sigma_b=\dfrac{M\times y}{I}=\dfrac{(2510\times 100)\times 10}{251}=10000\,\text{N/cm}^2$
$=100\,\text{MPa}$

6 다음 그림과 같은 외팔보에 하중 P_1, P_2가 작용될 때 최대 굽힘 모멘트의 크기는?

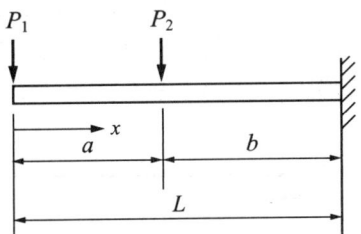

① $P_1\cdot a+P_2\cdot b$ ② $P_1\cdot b+P_2\cdot a$
③ $(P_1+P_2)\cdot L$ ④ $P_1\cdot L+P_2\cdot b$

풀이 고정단에 최대 모멘트가 발생하므로
$M_{\max}=(P_1\times L)+(P_2\times b)$

7 중공 원형 축에 비틀림 모멘트 $T=100\text{N}\cdot\text{m}$가 작용할 때, 안지름이 20mm, 바깥지름이 25mm라면 최대 전단응력은 약 몇 MPa인가?

① 42.2 ② 55.2
③ 77.2 ④ 91.2

풀이 중공축 $T=\tau\times\dfrac{\pi(d_2^4-d_1^4)}{16d_2}$.

$\tau=\dfrac{16d_2\times T}{\pi(d_2^4-d_1^4)}=\dfrac{(16\times 0.025)\times 100}{\pi(0.025^4-0.020^4)}\fallingdotseq 55.2\,\text{MPa}$

답 4② 5① 6④ 7②

8 직경 20mm인 구리합금 봉에 30kN의 축 방향 인장하중이 작용할 때 체적 변형률은 대략 얼마인가?(단, 탄성계수 $E=100\text{GPa}$, 포아송비 $\mu=0.3$)

① 0.38
② 0.038
③ 0.0038
④ 0.00038

풀이
$$\epsilon_V = \frac{\Delta V}{V} = (1-2\mu)\epsilon = (1-2\mu)\frac{\sigma}{E}$$
$$= (1-2\mu)\frac{1}{E}\frac{P}{A}$$
$$= (1-2\times 0.3)\times \frac{1}{100\times 10^9}\times \frac{(30\times 10^3)\times 4}{\pi \times 0.02^2}$$
$$\fallingdotseq 3.82\times 10^{-4} \fallingdotseq 0.00038$$

9 그림과 같은 단순보에서 보 중앙의 처짐으로 옳은 것은?(단, 보의 굽힘강성 EI는 일정하고, M_0는 모멘트, l은 보의 길이이다.)

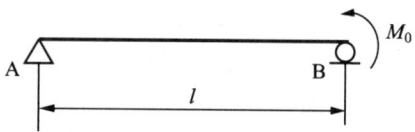

① $\dfrac{M_0 l^2}{16EI}$
② $\dfrac{M_0 l^2}{48EI}$
③ $\dfrac{M_0 l^2}{120EI}$
④ $\dfrac{5M_0 l^2}{384EI}$

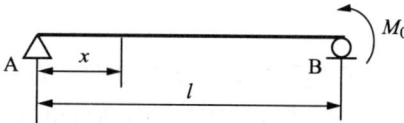

$R_A\times l - M_0 = 0$, $R_A = \dfrac{M_0}{l}$, $M_x = \dfrac{M_0}{l}x$

$EIv'' = -M_x = -\dfrac{M_0}{l}x$

$EIv' = -\dfrac{M_0}{2l}x^2 + c_1$

$EIv = -\dfrac{M_0}{6l}x^3 + c_1 x + c_2$

$EIv_{x=0} = -\dfrac{M_0}{6l}x^3 + c_1 x + c_2 = 0$이므로 $c_2 = 0$

$EIv_{x=l} = -\dfrac{M_0}{6l}x^3 + c_1 x = 0$이므로

$\dfrac{M_0}{6}l^2 = c_1 l$에서 $c_1 = \dfrac{M_0 l}{6}$

$EIv = -\dfrac{M_0}{6l}x^3 + \dfrac{M_0 l}{6}x$

$EIv_{x=\frac{l}{2}} = -\dfrac{M_0}{6l}\left(\dfrac{l}{2}\right)^3 + \dfrac{M_0 l}{6}\left(\dfrac{l}{2}\right)$

$= -\dfrac{M_0 l^2}{48} + \dfrac{M_0 l^2}{12} = \dfrac{3M_0 l^2}{48} = \dfrac{M_0 l^2}{16}$

$v_{x=\frac{l}{2}} = \dfrac{M_0 l^2}{16EI}$

10 다음 중 좌굴(buckling) 현상에 대한 설명으로 가장 알맞은 것은?

① 보에 휨하중이 작용할 때 굽어지는 현상
② 트러스의 부재에 전단하중이 작용할 때 굽어지는 현상
③ 단주에 축 방향의 인장하중을 받을 때 기둥이 굽어지는 현상
④ 장주에 축 방향의 압축하중을 받을 때 기둥이 굽어지는 현상

풀이 길이가 단면의 치수에 비하여 가늘고 긴 봉을 장주(long column, 長柱)라 하며, 이러한 장주에 축 방향으로 압축하중이 가해질 경우 재료의 탄성 한도 이하의 하중으로도 장주에 구부러짐과 파괴가 일어나게 되는데, 이러한 현상을 좌굴이라 하며, 긴 기둥이나 봉재(棒材)에 편심 하중이 작용할 때 일어나기 쉽다.

11 동일한 길이와 재질로 만들어진 두 개의 원형 단면 축이 있다. 각각의 지름이 d_1, d_2일 때 각 축에 저장되는 변형 에너지 u_1, u_2의 비는?(단, 두 축은 모두 비틀림 모멘트 T를 받고 있다.)

답 8 ④ 9 ① 10 ④ 11 ①

① $\dfrac{u_1}{u_2}=\left(\dfrac{d_2}{d_1}\right)^4$ ② $\dfrac{u_2}{u_1}=\left(\dfrac{d_2}{d_1}\right)^3$

③ $\dfrac{u_1}{u_2}=\left(\dfrac{d_2}{d_1}\right)^3$ ④ $\dfrac{u_2}{u_1}=\left(\dfrac{d_2}{d_1}\right)^4$

[풀이] 비틀림을 받는 원형 단면 축은 축의 내부에 토크에 의하여 생성된 에너지가 저장된다. 이러한 에너지를 비틀림 탄성 에너지(변형률 에너지)라 한다.

$$u=\dfrac{1}{2}T\phi=\dfrac{1}{2}T\dfrac{32TL}{G\pi d^4}=\dfrac{16T^2L}{G\pi d^4}$$

여기서 두 축 모두 동일한 길이와 재질로 만들어졌으면 비틀림 모멘트 T를 받으므로

$$\dfrac{u_1}{u_2}=\dfrac{\dfrac{1}{d_1^4}}{\dfrac{1}{d_2^4}}=\left(\dfrac{d_2}{d_1}\right)^4$$

12 직경 20mm인 와이어로프에 매달린 1000N의 중량물(W)이 낙하하고 있을 때, A점에서 갑자기 정지시키면 와이어로프에 생기는 최대 응력은 약 몇 GPa인가?(단, 와이어로프의 탄성계수 $E=20$GPa이다.)

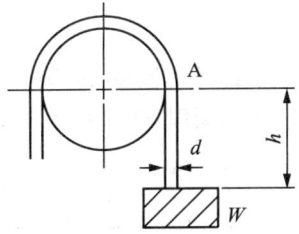

① 0.93   ② 0.36
③ 1.72   ④ 1.93

[풀이] 위치 에너지가 와이어로프의 탄성 에너지로 저장되므로 $Wh=\dfrac{\sigma^2}{2E}AL$이고, $h=L$이므로 $W=\dfrac{\sigma^2}{2E}A$

$$\sigma=\sqrt{\dfrac{2WE}{A}}=\sqrt{\dfrac{2\times 1000\times(20\times 10^9)}{\dfrac{\pi}{4}0.02^2}}$$

$\fallingdotseq 0.3568\text{GPa}$

13 그림과 같이 하중 P가 작용할 때 스프링의 변위 δ는?(단, 스프링 상수는 k이다.)

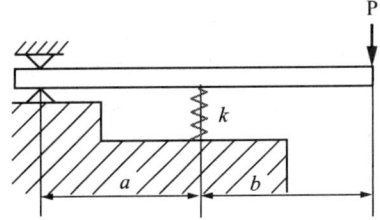

① $\delta=\dfrac{(a+b)}{bk}P$ ② $\delta=\dfrac{(a+b)}{ak}P$

③ $\delta=\dfrac{ak}{(a+b)}P$ ④ $\delta=\dfrac{bk}{(a+b)}P$

[풀이] 고정점에서 모멘트 합은 0이므로
$P\times(a+b)-k\delta\times a=0$
$\delta=\dfrac{P(a+b)}{ka}$

14 두께 10mm의 강판을 사용하여 직경 2.5m의 원통형 압력 용기를 제작하였다. 용기에 작용하는 최대 내부 압력이 1200kPa일 때 원주응력(후프응력)은 MPa인가?

① 50   ② 100
③ 150   ④ 200

[풀이]
• 원주응력(후프응력, circumferential stress)
$$\sigma_\theta=\dfrac{q_a d}{2t}=\dfrac{q_a r}{t}=\dfrac{(1200\times 10^3)\times 1.25}{10\times 10^{-3}}=150\text{MPa}$$

• 축 방향 응력(longitudinal stress)
$$\sigma_a=\dfrac{q_a d}{4t}=\dfrac{q_a r}{2t}=75\text{MPa}$$

15 열응력에 대한 다음 설명 중 틀린 것은?
① 재료의 선팽창계수와 관계있다.
② 세로탄성계수와 관계있다.
③ 재료의 비중과 관계있다.
④ 온도차와 관계있다.

풀이 열에 의하여 변형된 길이 $\Delta l = \alpha \cdot \Delta T \cdot l$ 이며, $\dfrac{\Delta l}{l} = \dfrac{\alpha \cdot \Delta T \cdot l}{l}$ 에서 열에 의한 변형률은 $\epsilon_T = \alpha \cdot \Delta T$ 이다.

후크의 법칙 $\sigma = E\epsilon$ 에서 $\epsilon_T = \alpha \cdot \Delta T$을 대입하면 열응력 $\sigma_t = E \cdot \alpha \cdot \Delta T$ 로 정의되므로 열응력은 단면적에는 무관하고 종(세로) 탄성계수, 선팽창계수 및 온도차에만 비례함을 알 수 있다.

16 다음 그림과 같은 양단 고정보 AB에 집중하중 $P = 14\text{kN}$이 작용할 때 B점의 반력 $R_B[\text{kN}]$는?

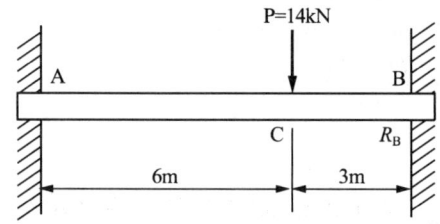

① $R_B = 8.06$
② $R_B = 9.25$
③ $R_B = 10.37$
④ $R_B = 11.08$

풀이 $R_A = \dfrac{Pb^2(3a+b)}{L^3}$

$= \dfrac{(14 \times 10^3) \times (3^2) \times (3 \times 6 + 3)}{9^3}$

$≒ 3629.6$

$R_B = 14 \times 10^3 - R_A ≒ 10370.37 ≒ 10.37\text{kN}$

17 단순 지지보의 중앙에 집중하중(P)이 작용한다. 점 C에서의 기울기를 $\dfrac{M}{EI}$ 선도를 이용하여 구하면?(단 E=재료의 종탄성계수, I=단면 2차 모멘트)

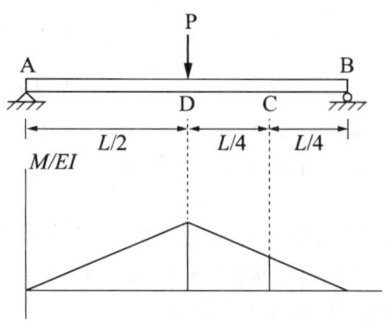

① $\dfrac{1}{64}\dfrac{PL^2}{EI}$ ② $\dfrac{1}{32}\dfrac{PL^2}{EI}$

③ $\dfrac{3}{64}\dfrac{PL^2}{EI}$ ④ $\dfrac{1}{16}\dfrac{PL^2}{EI}$

풀이

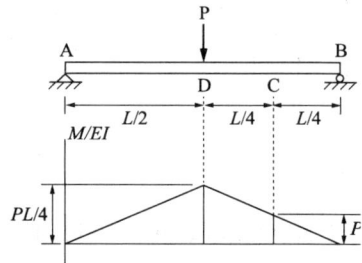

$A_M = \dfrac{1}{2} \times \dfrac{L}{2} \times \dfrac{PL}{4} - \dfrac{1}{2} \times \dfrac{L}{4} \times \dfrac{PL}{8} = \dfrac{3PL^2}{64}$

$\theta = \dfrac{A_m}{E \cdot I} = \dfrac{3}{64}\dfrac{PL^2}{EI}$

18 그림과 같이 등분포하중이 작용하는 보에서 최대 전단력의 크기는 몇 kN인가?

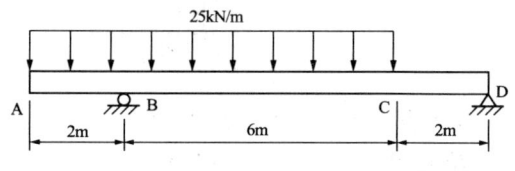

① 50   ② 100
③ 150   ④ 200

풀이 $\sum M_D = 0$ 에서
$(25 \times 2 \times 9) - R_B \times 8 + (6 \times 25 \times 5) = 0$, $R_B = 150\text{kN}$
이므로 B 지점에서의 전단력이 $-25 \times 2 + 150 = 100\text{kN}$으로 최대 전단력 값을 가진다.

19 전단탄성계수가 80GPa인 강봉(steel bar)에 전단응력이 1kPa로 발생했다면 이 부채에 발생한 전단 변형률은?

① 12.5×10^{-3} ② 12.5×10^{-6}
③ 12.5×10^{-9} ④ 12.5×10^{-12}

풀이 $\tau = G\gamma$, $\gamma = \dfrac{\tau}{G} = \dfrac{1 \times 10^3}{80 \times 10^9} \fallingdotseq 12.5 \times 10^{-9}$

20 길이가 l이고 원형 단면의 직경이 d인 외팔보의 자유단에 하중 P가 가해진다면, 이 외팔보의 전체 탄성 에너지는?(단, 재료의 탄성계수는 E이다.)

① $U = \dfrac{3P^2l^3}{64\pi Ed^4}$ ② $U = \dfrac{62P^2l^3}{9\pi Ed^4}$
③ $U = \dfrac{32P^2l^3}{3\pi Ed^4}$ ④ $U = \dfrac{64P^2l^3}{3\pi Ed^4}$

풀이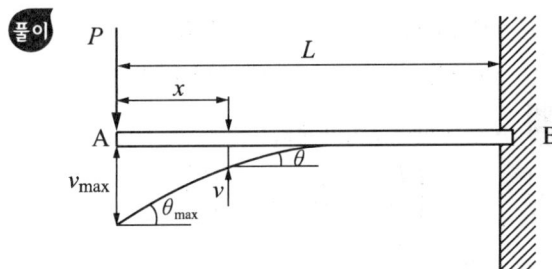

㉠ 처짐각 $\theta_{\max} = \dfrac{P \cdot l^2}{2E \cdot I}$

㉡ 처짐량 $v_{\max} = \dfrac{P \cdot l^3}{3E \cdot I}$

㉢ 탄성 에너지 $U = \dfrac{P \cdot v}{2} = \dfrac{P}{2} \dfrac{P \cdot l^3}{3E \cdot I} = \dfrac{P^2 \cdot l^3}{6E \cdot I}$

$= \dfrac{P^2 \cdot l^3}{6E \cdot \dfrac{\pi d^4}{64}} = \dfrac{64P^2 \cdot l^3}{6E \cdot \pi d^4} = \dfrac{32P^2 \cdot l^3}{3E \cdot \pi d^4}$

2과목 기계열역학

21 다음에 열거한 시스템의 상태량 중 종량적 상태량인 것은?

① 엔탈피   ② 온도
③ 압력   ④ 비체적

풀이 • 종량적 상태량: 질량에 비례. 두 부분으로 이등분했을 때 처음의 절반이 되는 상태량(질량, 전체 체적, 엔탈피)

22 열역학 제1법칙에 관한 설명으로 거리가 먼 것은?

① 열역학적 계에 대한 에너지 보존법칙을 나타낸다.
② 외부에 어떠한 영향을 남기지 않고 계가 열원으로부터 받은 열을 모두 일로 바꾸는 것은 불가능하다.
③ 열은 에너지의 한 형태로서 일을 열로 변환하거나 열을 일로 변환하는 것이 가능하다.
④ 열을 일로 변환하거나 일을 열로 변환할 때, 에너지의 총량은 변하지 않고 일정하다.

풀이 ② 열역학 제2법칙

23 폴리트로픽 과정 $PV^n = C$에서 지수 $n = \infty$인 경우는 어떤 과정인가?

① 등온 과정   ② 정적 과정
③ 정압 과정   ④ 단열 과정

풀이 $n = \infty \rightarrow v =$일정 $\rightarrow$ 정적 과정

24 온도 300K, 압력 100kPa 상태의 공기 0.2kg이 완전히 단열된 강체 용기 안에 있다. 패들(paddle)에 의하여 외부로부터 공기에 5kJ의 일이 행해질 때 최종 온도는 약 몇 K인가?(단, 공기의 정압 비열과 정적 비열은 각각 1.0035kJ/(kg·K), 0.7165kJ/(kg·K)이다.)

① 315　　② 275
③ 335　　④ 255

 • 최종 온도
$$T_2 = \frac{m_{air}C_v T_1 - {}_1W_2}{m_{air}C_v} = 334.9K$$

25 다음 냉동 사이클에서 열역학 제1법칙과 제2법칙을 모두 만족하는 Q_1, Q_2, W는?

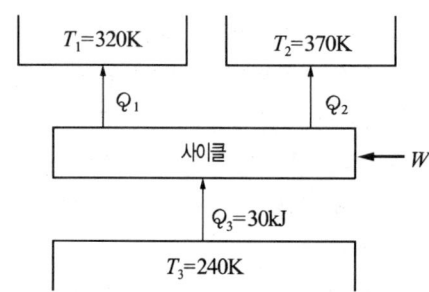

① $Q_1 = 20\text{kJ}, Q_2 = 20\text{kJ}, W = 20\text{kJ}$
② $Q_1 = 20\text{kJ}, Q_2 = 30\text{kJ}, W = 20\text{kJ}$
③ $Q_1 = 20\text{kJ}, Q_2 = 20\text{kJ}, W = 10\text{kJ}$
④ $Q_1 = 20\text{kJ}, Q_2 = 15\text{kJ}, W = 5\text{kJ}$

 • 에너지 방정식(②)
$Q_H = Q_1 + Q_2,\ Q_L = Q_H - W \leftarrow$ 에너지 방정식 만족
• 엔트로피 변화량(②)
$$S_1 = \frac{Q_1}{T_1} = 0.0625\text{kJ/K}$$
$$S_2 = \frac{Q_2}{T_2} = 0.0811\text{kJ/K}$$
$S_3 = 0.125\text{kJ/K} < S_1 + S_2 = 0.144 \leftarrow$ 엔트로피 증가
여기서, $S_3 = \frac{Q_3}{T_3} = 0.125\text{kJ/K}$

26 1kg의 공기가 100℃를 유지하면서 등온 팽창하여 외부에 100kJ의 일을 하였다. 이때 엔트로피의 변화량은 약 몇 kJ/(kg·K)인가?

① 0.268　　② 0.373
③ 1.00　　　④ 1.54

• 엔트로피 변화량
$$s_2 - s_1 = \frac{{}_1w_2}{T} = 0.268\text{kJ/kg·K}$$

27 300L 체적의 진공인 탱크가 25℃, 6MPa의 공기를 공급하는 관에 연결된다. 밸브를 열어 탱크 안의 공기 압력이 5MPa이 될 때까지 공기를 채우고 밸브를 닫았다. 이 과정이 단열이고 운동 에너지와 위치 에너지의 변화는 무시해도 좋을 경우에 탱크 안의 공기의 온도는 약 몇 ℃가 되는가?(단, 공기의 비열비는 1.40이다.)

① 1.5℃　　② 25.0℃
③ 84.4℃　　④ 144.3℃

• 탱크 안의 공기의 온도
$$\frac{1}{T_2} = \frac{1}{T_1} \times \left(\frac{P_1}{P_2}\right) + \frac{1}{kT_i} \times \left(1 - \frac{P_1}{P_2}\right)$$
$$T_2 = kT_i = \frac{C_p}{C_v} \times T_i = 144.2℃$$
여기서, $P_1 = 0$(최초에 탱크 안이 진공 상태)

28 Rankine 사이클에 대한 설명으로 틀린 것은?
① 응축기에서의 열방출 온도가 낮을수록 열효율이 좋다.
② 증기의 최고 온도는 터빈 재료의 내열 특성에 의하여 제한된다.
③ 팽창일에 비하여 압축일이 적은 편이다.
④ 터빈 출구에서 건도가 낮을수록 효율이 좋아진다.

답 24 ③　25 ②　26 ①　27 ④　28 ④

- 랭킨(Ranking) 사이클 효율

$\eta_R = 1 - \dfrac{T_C}{T_B}$

여기서, $\overline{T_B}$ = 보일러에서 유체의 평균 온도, T_C = 응축기에서 열 방출 온도

29 증기 터빈의 입구 조건은 3MPa, 350℃이고 출구의 압력은 30kPa이다. 이때 정상 등엔트로피 과정으로 가정할 경우, 유체의 단위 질량당 터빈에서 발생되는 출력은 약 몇 kJ/kg인가?(단, 표에서 h는 단위 질량당 엔탈피, s는 단위 질량당 엔트로피이다)

	h(kJ/kg)	s(kJ/(kg·K))
터빈 입구	3115.3	6.7428
엔트로피(kJ/(kg·K))		
	포화액 s_f	증발 s_{fg}	포화증기 s_g
터빈 출구	0.9439	6.8247	7.7686
엔탈피(kJ/(kg·K))		
	포화액 h_f	증발 h_{fg}	포화증기 h_g
터빈 출구	289.2	2336.1	2625.3

① 679.2 ② 490.3
③ 841.1 ④ 970.4

- 터빈이 단위 질량당 만들어 내는 출력

$w_t = h_3 - h_4 = 841.3\text{kJ/kg}$

여기서, $h_3 = 3115\text{kJ/kg}$, $h_4 = 2274\text{kJ/kg}$

30 4kg의 공기가 들어 있는 체적 0.4m³의 용기(A)와 체적이 0.2m³인 진공의 용기(B)를 밸브로 연결하였다. 두 용기의 온도가 같을 때 밸브를 열어 용기 A와 B의 압력이 평형에 도달했을 경우, 이 계의 엔트로피 증가량은 약 몇 J/K인가?(단, 공기의 기체 상수는 0.287kJ/(kg·K)이다.)

① 712.8 ② 595.7
③ 465.5 ④ 348.2

- 엔트로피 변화량

$\Delta S = m \cdot \Delta s = mR\ln\dfrac{v_2}{v_1} = 465.5\text{J/K}$

31 압력 5kPa, 체적이 0.3m³인 기체가 일정한 압력하에서 압축되어 0.2m³로 되었을 때 이 기체가 한 일은?(단, +는 외부로 기체가 일을 한 경우이고, −는 외부로부터 일을 받은 경우이다.)

① −1000J ② 1000J
③ −500J   ④ 500J

- 경계 이동으로 시스템이 외부로 한 일

$_1W_2 = P(V_2 - V_1) = -0.5\text{kJ}$

32 14.33W의 전등을 매일 7시간 동안 사용하는 집이 있다. 1개월(30일) 동안 약 몇 kJ의 에너지를 사용하는가?

① 10830 ② 15020
③ 17420 ④ 22840

- 하루 동안 사용하는 전등 에너지
$14.33\text{J/s} \times (7 \times 3600\text{s}) = 361116\text{J}$
- 30일 동안 사용하는 전등 에너지
$30 \times 361116 = 10833480\text{J}$

33 오토 사이클로 작동되는 기관에서 실린더의 간극 체적이 행정 체적의 15%라고 하면 이론 열효율은 약 얼마인가?(단, 비열비 $k = 1.4$이다)

① 45.2% ② 50.6%
③ 55.7% ④ 61.4%

- 오토 사이클 열효율

$\eta_{th} = 1 - \dfrac{1}{r_v^{k-1}} = 0.557$

여기서, 압축비 $(r_v) = 7.67$

답 29 ③ 30 ③ 31 ③ 32 ① 33 ③

34 분자량이 M이고 질량이 $2V$인 이상 기체 A가 압력 p, 온도 T(절대 온도)일 때 부피가 V이다. 동일한 질량의 다른 이상 기체 B가 압력 $2p$, 온도 $2T$(절대 온도)일 때 부피가 $2V$이면 이 기체의 분자량은 얼마인가?

① $0.5M$ ② M
③ $2M$ ④ $4M$

• 이상 기체 A
$$\frac{T}{p} = \frac{1}{2} \times \frac{M}{R}$$
• 이상 기체 B
$$M_B = \frac{T}{p} \times \overline{R} = \frac{1}{2} \times \frac{M}{R} \times \overline{R} = \frac{1}{2}M$$
여기서, M_B=이상 기체 B의 분자량, $v = \frac{V}{m} = \frac{2V}{2V} = 1$

35 다음 압력 값 중에서 표준 대기압(1atm)과 차이가 가장 큰 압력은?

① 1MPa   ② 100kPa
③ 1bar   ④ 100hPa

풀이 $1\text{atm} \approx 101\text{kPa} \approx 0.1\text{MPa}$

36 물 1kg이 포화 온도 120°C에서 증발할 때, 증발 잠열은 2203kJ이다. 증발하는 동안 물의 엔트로피 증가량은 약 몇 kJ/K인가?

① 4.3 ② 5.6
③ 6.5 ④ 7.4

• 엔트로피 변화량
$$ds = \frac{\delta q}{T} = 5.6 \text{kJ/kg·K}$$

37 단열된 가스터빈의 입구 측에서 가스가 압력 2MPa, 온도 1200K로 유입되어 출구 측에서 압력 100kPa, 온도 600K로 유출된다. 5MW의 출력을 얻기 위한 가스의 질량 유량은 약 몇 kg/s인가?(단, 터빈의 효율은 100%이고, 가스의 정압 비열은 1.12kJ/(kg·K)이다.)

① 6.44 ② 7.44
③ 8.44 ④ 9.44

• 1법칙(단위 질량당 터빈 출력, w_t)
$$w_t = h_i - h_e = C_p(T_i - T_e) = 672 \text{kJ/kg}$$
• 5MW 출력을 얻기 위한 가스 질량 유량($\dot{m}$)
$$\dot{m} = \frac{W_t}{w_t} = 7.44 \text{kg/s}$$
여기서, W_t=5MW

38 10°C에서 160°C까지 공기의 평균 정적 비열은 0.7315kJ/(kg·K)이다. 이 온도 변화에서 공기 1kg의 내부 에너지 변화는 약 몇 kJ인가?

① 101.1kJ ② 109.7kJ
③ 120.6kJ ④ 131.7kJ

풀이
• 내부 에너지 변화
$$u_2 - u_1 = C_v(T_2 - T_1) = 109.7 \text{kJ/kg}$$

39 이상적인 증기-압축 냉동 사이클에서 엔트로피가 감소하는 과정은?

① 증발 과정 ② 압축 과정
③ 팽창 과정 ④ 응축 과정

풀이 응축기에서 엔트로피 감소

40 피스톤-실린더 시스템에 100kPa의 압력을 갖는 1kg의 공기가 들어있다. 초기 체적은 0.5m³이고, 이 시스템에 온도가 일정한 상태에서 열을 가하여 부피가 1.0m³이 되었다. 이 과정 중 전달된 에너지는 약 몇 kJ인가?

① 307   ② 34.7
③ 44.8 ④ 50.0

답 34 ① 35 ① 36 ② 37 ② 38 ② 39 ④ 40 ②

- 열역학 제1법칙

$\delta q - \delta w = du = C_v dT = 0$

$\delta q = \delta w$ ← 공기가 외부에 한 일은 시스템에 공급된 열량과 같다

- 경계 이동으로 시스템이 외부에 한 일

$_1w_2 = P_1 v_1 \ln \dfrac{v_2}{v_1} = 34657 J/kg$

기계유체역학

41 유체의 정의를 가장 올바르게 나타낸 것은?

① 아무리 작은 전단응력에도 저항할 수 없어 연속적으로 변형되는 물질
② 탄성계수가 0을 초과하는 물질
③ 수직응력을 가해도 물체가 변하지 않는 물질
④ 전단응력이 가해질 때 일정한 양의 변형이 유지되는 물질

 유체(fluid)는 접선 방향 응력이 작용하면 연속적으로 변형이 발생하는 기체나 액체 상태의 물질을 말한다.

42 지름 0.1mm이고 비중이 7인 작은 입자가 비중이 0.8인 기름 속에서 0.01m/s의 일정한 속도로 낙하하고 있다. 이때 기름의 점성계수는 약 몇 kg/(m·s)인가?(단, 이 입자는 기름 속에서 Stokes 법칙을 만족한다고 가정한다.)

① 0.003379 ② 0.009542
③ 0.02486   ④ 0.1237

• 힘평형 방정식
$F_B + F_D - W = 0$

$SG_{oil} \times \rho_w \times g \times \dfrac{\pi}{6} d^3 + 3\pi\mu V d - SG_s \times \rho_w \times g \times \dfrac{\pi}{6} d^3 = 0$

여기서, 부력$(F_B) = SG_{oil} \times \rho_w \times g \times \dfrac{\pi}{6} d^3$

Stokes법칙에 따른 항력$(F_D) = 3\pi\mu V d$

강구 무게$(W) = SG_s \times \rho_w \times g \times \dfrac{\pi}{6} d^3$

- 점성계수(μ)

$\mu = \dfrac{\rho_w g (SG_s - SG_{oil}) \times d^2}{18V} = 0.003376$

여기서, V=낙하속도, ρ_w=물의 밀도, SG_s=강구의 비중
SG_{oil}=기름의 비중, d=강구의 지름

43 체적 $2\times10^{-3}m^3$의 돌이 물속에서 무게가 40N이었다면 공기 중에서의 무게는 약 몇 N인가?

① 2   ② 19.6
③ 42   ④ 59.6

• 공기 중에서 무게 W, 물속에서 무게 W'이면
$W' = W - F_B$
$W = W' + F_B = W' + \rho_w g V = 59.6N$
여기서, F_B=부력

44 새로 개발한 스포츠카의 공기역학적 항력을 기온 25°C(밀도는 1.184kg/m³, 점성계수는 1.849×10⁻⁵kg/(m·s)), 100km/h 속력에서 예측하고자 한다. 1/3 축척 모형을 사용하여 기온이 5°C(밀도는 1.269kg/m³ 점성계수는 1.754×10⁻⁵kg/(m·s))인 풍동에서 항력을 측정할 때 모형과 원형 사이의 상사를 유지하기 위해 풍동 내 공기의 유속은 약 몇 km/h가 되어야 하는가?

① 153   ② 266
③ 442   ④ 549

• 역학적 상사 → 레이놀즈수

$V_m = \dfrac{\mu_m}{\mu_p} \times \dfrac{L_p}{L_m} \times \dfrac{\rho_p}{\rho_m} \times V_p = 265.5 \text{km/h}$

45 안지름이 20mm인 수평으로 놓인 곧은 파이프 속에 점성계수 $0.4\text{N}\cdot\text{s/m}^2$, 밀도 900kg/m^3인 기름이 유량 $2\times10^{-5}\text{m}^3/\text{s}$로 흐르고 있을 때, 파이프 내의 10m 떨어진 두 지점 간의 압력강하는 약 몇 kPa인가?

① 10.2　　② 20.4
③ 30.6　　④ 40.8

 • 압력강하

$\Delta P = \dfrac{Q \times 128\mu L}{\pi D^4} = 20371.8 \text{Pa}$

46 공기 중에서 질량이 166kg인 통나무가 물에 떠 있다. 통나무에 납을 매달아 통나무가 완전히 물속에 잠기게 하고자 하는데 필요한 납(비중: 11.3)의 최소 질량이 34kg이라면 통나무의 비중은 얼마인가?

① 0.600　　② 0.670
③ 0.817　　④ 0.843

 • 부력

부력(F_B) = 통나무 무게(W_1) + 납 무게(W_2)

$\rho_w g V = W_1 + W_2$

여기서, W_1 = 통나무 무게 = 1626.8N
　　　　W_2 = 납 무게 = 333.2N

• 통나무 체적

$V = \dfrac{W_1 + W_2}{\rho_w g} = 0.2\text{m}^3$

• 통나무 비중

$SG_1 = \dfrac{m_1}{\rho_w V} = 0.83$

$SG_1 \times \rho_w V = m_1 g$

여기서, m_1 = 통나무 질량, SG_1 = 통나무 비중

47 안지름 35cm인 원관으로 수평거리 2000m 떨어진 곳에 물을 수송하려고 한다. 24시간 동안 15000m^3을 보내는 데 필요한 압력은 약 몇 kPa인가?(단, 관마찰계수는 0.032이고, 유속은 일정하게 송출한다고 가정한다.)

① 296　　② 423
③ 537　　④ 351

 • 파이프 시스템 해석에서 압력 손실

$\Delta P_L = f \cdot \dfrac{L}{D} \cdot \dfrac{1}{2} \cdot \left(\dfrac{4\dot{Q}}{\pi D^2}\right)^2 \times \rho_w = 297704.2 \text{Pa}$

48 지면에서 계기 압력이 200kPa인 급수관에 연결된 호스를 통하여 임의의 각도로 물이 분사될 때, 물이 최대로 멀리 도달할 수 있는 수평 거리는 약 몇 m인가?(단, 공기 저항은 무시하고, 발사점과 도달점의 고도는 같다.)

① 20.4　　② 40.8
③ 61.2　　④ 81.6

 • 베르누이 방정식(급수관과 출구)

$\dfrac{P_1}{\rho g} + \dfrac{V_1^2}{2g} + z_1 = \dfrac{P_2}{\rho g} + \dfrac{V_2^2}{2g} + z_2$

$\dfrac{200 \times 10^3}{1000 \times 9.8} = \dfrac{V_2^2}{2 \times 9.8}$

호스 분출 속도(V_2) = 20m/s
최대로 멀리 날아가는 각도(θ) = 45°
분출 속도의 x 방향 성분$(V_2)_x = V_2\cos\theta$
　　　　　　　　　　　　　　$= 20 \times \cos45 = 14.14\text{m/s}$
분출 속도의 y 방향 성분$(V_2)_y = V_2\sin\theta$
　　　　　　　　　　　　　　$= 20 \times \sin45 = 14.14\text{m/s}$

• 최고점 도달 시간

$t = \dfrac{(V_2)_y}{g} = 1.44\text{s}$

전체운동시간 = $2t = 2.88\text{s}$

• 최대로 멀리 도달할 수 있는 수평 거리

$L = (V_2)_x \times 2t = 14.14 \times 2.88 = 40.72\text{m}$

답 45 ② 46 ④ 47 ① 48 ②

49 입구 단면적이 20cm²이고 출구 단면적이 10cm²인 노즐에서 물의 입구 속도가 1m/s일 때, 입구와 출구의 압력 차이 $P_{입구} - P_{출구}$는 약 몇 kPa인가?(단, 노즐은 수평으로 놓여 있고 손실은 무시할 수 있다.)

① -1.5   ② 1.5
③ -2.0   ④ 2.0

풀이
- 입구와 출구의 압력 차
$$P_1 - P_2 = \frac{\rho_w}{2}(V_2^2 - V_1^2) = 1500\text{Pa}$$
여기서, 첨자 1=입구, 첨자 2=출구
출구 속도(V_2)=2m/s

50 뉴턴 유체(newtonian fluid)에 대한 설명으로 가장 옳은 것은?

① 유체 유동에서 마찰 전단응력이 속도 구배에 비례하는 유체이다.
② 유체 유동에서 마찰 전단응력이 속도 구배에 반비례하는 유체이다.
③ 유체 유동에서 마찰 전단응력이 일정한 유체이다.
④ 유체 유동에서 마찰 전단응력이 존재하지 않는 유체이다.

풀이
- 뉴턴 유체의 유체 유동에서 전단응력과 속도 구배의 관계
$$\tau = \mu \frac{du}{dy}$$

51 지름의 비가 1:2인 2개의 모세관을 물속에 수직으로 세울 때, 모세관 현상으로 물이 관 속으로 올라가는 높이의 비는?

① 1:4   ② 1:2
③ 2:1   ④ 4:1

풀이
- 모세관 상승 높이
$$h = \frac{2\sigma_s \cos\phi}{\rho g R}$$
$$h \propto \frac{1}{R}$$
- 지름비가 1:2이므로 상승 높이 비는 2:1

52 다음과 같은 비 회전 속도장의 속도 퍼텐셜을 옳게 나타낸 것은?(단, 속도 퍼텐셜 ϕ는 $\vec{V} = \nabla\phi = \text{grad }\phi$로 정의되며, a와 C는 상수이다.)

$$u = a(x^2 - y^2), \quad v = -2axy$$

① $\phi = \dfrac{ax^4}{4} - axy^2 + c$

② $\phi = \dfrac{ax^3}{3} - \dfrac{axy^2}{2} + c$

③ $\phi = \dfrac{ax^4}{4} - \dfrac{axy^2}{2} + c$

④ $\phi = \dfrac{ax^3}{3} - axy^2 + c$

풀이
- 속도 성분
$$u = \frac{\partial \phi}{\partial x} = a(x^2 - y^2) \rightarrow \phi = \frac{a}{3}x^3 - axy^2 + c \cdots\cdots(1)$$
$$v = \frac{\partial \phi}{\partial y} = -2axy \rightarrow \phi = -axy^2 + c \cdots\cdots\cdots\cdots(2)$$
(1)식과 (2)식을 모두 만족하는 속도 퍼텐셜은 다음과 같다.
$$\phi = \frac{a}{3}x^3 - axy^2 + c$$

53 경계층 밖에서 퍼텐셜 흐름의 속도가 10m/s일 때, 경계층의 두께는 속도가 얼마일 때의 값으로 잡아야 하는가?(단, 일반적으로 정의하는 경계층 두께를 기준으로 삼는다.)

① 10m/s   ② 7.9m/s
③ 8.9m/s   ④ 9.9m/s

• 경계층 두께: 경계층 두께(δ)는 평판의 벽면에서부터 수평 속도(u)가 자유흐름 속도(U)의 99%되는 평판 표면에서부터 y방향 거리
$$u = 0.99U$$

54 그림과 같이 (1), (2), (3), (4)의 용기에 동일한 액체가 동일한 높이로 채워져 있다. 각 용기의 밑바닥에서 측정한 압력에 관한 설명으로 옳은 것은?(단, 가로 방향 길이는 모두 다르나, 세로 방향 길이는 모두 동일하다.)

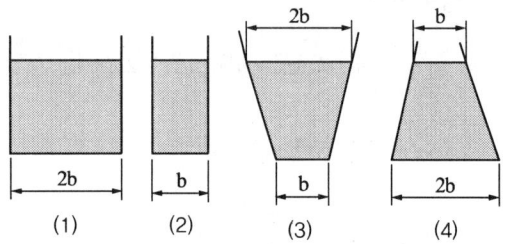

① (2)의 경우가 가장 낮다.
② 모두 동일하다.
③ (3)의 경우가 가장 높다.
④ (4)의 경우가 가장 낮다.

 • 아랫면에 작용하는 압력
$P_{아랫면} = \rho g h$ = 일정
여기서, ρ = 동일한 액체, h = 동일한 높이

55 지름 5cm의 구가 공기 중에서 매초 40m의 속도로 날아갈 때 항력은 약 몇 N인가?(단, 공기의 밀도는 1.23kg/m³이고, 항력 계수는 0.6이다)
① 1.16   ② 3.22
③ 6.35   ④ 9.23

 • 항력(drag force): 유체가 유동 방향으로 물체에 가하는 힘
$F_D = C_D \times \dfrac{1}{2}\rho V^2 A = 1.16\text{N}$

56 다음 무차원 수 중 역학적 상사(inertia force) 개념이 포함되어 있지 않은 것은?
① Froude number   ② Reynolds number
③ Mach number   ④ Fourier number

 • 프루드수 = $\dfrac{관성력}{중력}$

• 레이놀즈수 = $\dfrac{관성력}{점성력}$

• 마하수 = $\dfrac{유체 속도}{소리 속도}$

57 안지름 10cm인 원관 속을 0.0314m³/s의 물이 흐를 때 관 속의 평균 유속은 약 몇 m/s인가?
① 1.0   ② 2.0
③ 4.0   ④ 8.0

 • 관 속의 평균 유속
$V = \dfrac{Q}{A} = \dfrac{4Q}{\pi D^2} = 4\text{m/s}$

58 그림과 같이 속도 V인 유체가 속도 U로 움직이는 곡면에 부딪혀 90°의 각도로 유동 방향이 바뀐다. 다음 중 유체가 곡면에 가하는 힘의 수평 방향 성분 크기가 가장 큰 것은?(단, 유체의 유동 단면적은 일정하다.)

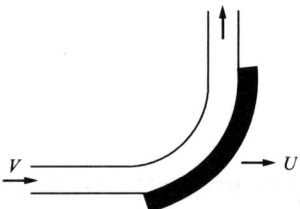

① $V = 10\text{m/s}$, $U = 5\text{m/s}$
② $V = 20\text{m/s}$, $U = 15\text{m/s}$
③ $V = 10\text{m/s}$, $U = 4\text{m/s}$
④ $V = 25\text{m/s}$, $U = 20\text{m/s}$

답 54 ② 55 ① 56 ④ 57 ③ 58 ③

풀이 • 운동량 방정식

$F \propto V$

• 곡면에서 볼 때 곡면에 유입되는 유체의 상대속도

$V_{유체/곡면} = V_{유체} - V_{곡면} = V - U$

59 원관 내의 완전 발달된 층류 유동에서 유체의 최대 속도(V_c)와 평균 속도(V)의 관계는?

① $V_c = 1.5V$ ② $V_c = 2V$
③ $V_c = 4V$ ④ $V_c = 8V$

풀이 최대 속도는 중심선에서 나타난다.
$V_c = 2V$

60 비압축성 유동에 대한 Navier-Stokes 방정식에서 나타나지 않는 힘은?

① 체적력(중력)   ② 압력
③ 점성력   ④ 표면 장력

풀이 • 비압축성 유동에 대한 Navier-Stokes 방정식

$\rho \dfrac{D\vec{V}}{Dt} = -\vec{\nabla}P + \rho\vec{g} + \mu\nabla^2\vec{V}$

4과목 기계재료 및 유압기기

61 마그네슘(Mg)의 특징을 설명한 것 중 틀린 것은?

① 감쇠능이 주철보다 크다.
② 소성가공성이 높아 상온 변형이 쉽다.
③ 마그네슘(Mg)의 비중은 약 1.74이다.
④ 비강도가 커서 휴대용 기기 등에 사용된다.

풀이 • 마그네슘(Mg)
㉠ 비중은 1.74(실용금속 중에서 가장 가볍고 Al의 2/3 정도), 용융점은 650℃이고 원자의 배열은 조밀육방격자이며 고온에서 발화하기 쉽다.
㉡ 알칼리에는 잘 견디나, 일반적으로 산이나 염류에는 침식되기 쉽다.
㉢ 전기전도율은 Cu, Al보다 낮고 강도도 작으나 절삭성은 우수하다.
㉣ 합금 재료로 Mg는 강도, 절삭성이 우수하고 비중이 작아 경량화가 요구되는 항공기, 자동차, 선박 등의 부품이나 전자 및 전기용 제품의 케이스 용도로 사용되고 있으며 구상흑연주철, CV흑연주철의 첨가제로도 사용된다.

62 Al-Cu-Si계 합금의 명칭은?

① 실루민   ② 라우탈
③ Y합금   ④ 두랄루민

풀이 • 라우탈(lautal) : Al+Cu(3~8%)+Si(3~8%), Si 첨가로 주조성을 개선하고, Cu를 첨가하여 절삭성을 향상시킨 것으로 피스톤, 기계부품용으로 사용되는 주조용 알루미늄 합금

63 플라스틱을 결정성 플라스틱과 비결정성 플라스틱으로 나눌 때, 결정성 플라스틱의 특성에 대한 설명 중 틀린 것은?

① 수지가 불투명하다.
② 배향(orientation)의 특성이 작다.
③ 굽힘, 휨, 뒤틀림 등의 변형이 크다.
④ 수지 용융 시 많은 열량이 필요하다.

풀이 • 배향(orientation)은 일정한 방향성을 보이는 것으로 결정성 플라스틱은 같은 배열로 쌓여있는 구조로 빛이 투과가 안 되어 불투명하고 배향의 특성이 크며, 수지 용융 시 많은 열량이 필요하다. 비결정 플라스틱의 경우는 불규칙한 배열로 쌓여있는 구조로 빛의 투과가 가능하다.

64 같은 조건하에서 금속의 냉각 속도가 빠르면 조직은 어떻게 변화하는가?

① 결정 입자가 미세해진다.
② 금속의 조직이 조대해진다.
③ 소수의 핵이 성장해서 응고된다.
④ 냉각 속도와 금속의 조직과는 관계가 없다.

답 59 ② 60 ④ 61 ② 62 ② 63 ② 64 ①

풀이 금속은 냉각되면서 금속이 가지고 있던 운동 에너지를 주위로 방출하고 결정핵이 생성되기 시작하는 데, 급속 냉각의 경우가 좀 더 많은 결정핵이 생성되며 결정의 성장 시간도 짧아져서 결정의 크기가 작아진다.

65 자기 변태의 설명으로 옳은 것은?
① 상은 변하지 않고 자기적 성질만 변한다.
② Fe-C 상태도에서 자기 변태점은 A_3, A_4이다.
③ 한 원소로 이루어진 물질에서 결정 구조가 바뀌는 것이다.
④ 원자 내부의 변화로 자기적 성질이 비연속적으로 변한다.

풀이 • 자기 변태(magnetic transformation): 원자의 배열(결정격자의 형상)에는 변화가 일어나지 않으나, 자기적 성질이 변화를 일으키는 것이다.

65 탄소강이 950°C 전후의 고온에서 적열메짐(red brittleness)을 일으키는 원인이 되는 것은?
① Si ② P
③ Cu ④ S

풀이 • S(황): 적열(고온) 취성의 원인으로 고온가공성을 저하시킨다.

67 다음 중 비파괴 시험 방법이 아닌 것은?
① 충격 시험법
② 자기 탐상 시험법
③ 방사선 비파괴 시험법
④ 초음파 탐상 시험법

풀이 • 비파괴 검사: 재료를 파괴하지 않고 내부의 균열 및 결함을 검사하는 시험 방법으로 시간의 단축 및 재료를 절약할 수 있으며, 완성된 제품의 검사가 가능하다. 종류로는 타진법(acoustic test), 자기탐상법(magnetic inspection method), 초음파 탐상법(ultrasonic test), 방사선 투과시험(radiographic test), 금속 현미경 검사법, 설퍼 프린트법(sulfur print) 등이 있다.

68 공정주철(eutectic cast iron)의 탄소 함량은 약 몇 %인가?
① 4.3%   ② 0.80~2.0%
③ 0.025~0.80% ④ 0.025% 이하

풀이 • 공정주철: 4.3%C(레데뷰라이트 = 오스테나이트+시멘타이트)

69 A_1 변태점 이하에서 인성을 부여하기 위하여 실시하는 가장 적합한 열처리는?
① 뜨임   ② 풀림
③ 담금질   ④ 노멀라이징

풀이 • 뜨임(tempering): 담금질한 재료는 경도와 강도는 높으나, 취성이 크므로 담금질로 인한 내부 응력을 제거 하거나 인성을 증가시키고 경도를 낮추기 위하여 금속을 담금질 후, A_1 변태점 이하의 온도로 가열하여 냉각(급냉 또는 공냉)시키는 방법이다.

70 고속도강(SKH51)을 퀜칭, 템퍼링하여 HRC 64 이상으로 하려면 퀜칭 온도(quenching temperature)는 약 몇 °C인가?
① 720°C   ② 910°C
③ 1220°C   ④ 1580°C

풀이 고속도강은 주성분으로 텅스텐 W(18%), 크롬 Cr(4%), 바나듐 V(1%) 등으로 구성되며, 텅스텐 계열의 합금은 SKH2에서 SKH10까지이고, 몰리브덴 계열의 합금은 몰리브덴를 첨가하여 재료의 질긴 성질을 강화한 것으로 SKH51에서 SKH59까지이다. 퀜칭 온도는 보통 1250~1300°C이고, 템퍼링 온도는 550~600°C이다. 열처리 경도 HRC 63~65 공구의 종류에 따라 경도와 열처리 방법이 다르다. JIS 등록 SKH51은 HRC64일 때 퀜칭 온도는 1220°C이고, 템퍼링 온도는 560°C이다.

답 65 ① 65 ④ 67 ① 68 ① 69 ① 70 ③

71 그림과 같은 실린더에서 A측에서 3MPa의 압력으로 기름을 보낼 때 B측 출구를 막으면 B측에 발생하는 압력 P_B는 몇 MPa인가?(단, 실린더 안지름은 50mm, 로드 지름은 25mm이며, 로드에는 부하가 없는 것으로 가정한다.)

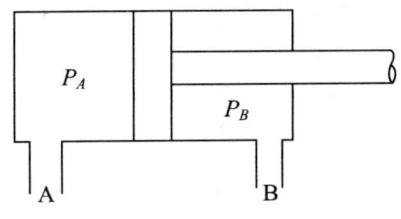

① 1.5　　　② 3.0
③ 4.0　　　④ 6.0

 • 힘 평형 방정식

$$\frac{\pi}{4}D^2 \times P_A = P_B \times \frac{\pi}{4}(D^2 - d^2)$$

$$P_B = \frac{D^2}{D^2 - d^2} \times P_A = 4\text{MPa}$$

72 오일 탱크의 구비 조건에 관한 설명으로 옳지 않은 것은?
① 오일 탱크의 바닥면은 바닥에서 일정 간격이상을 유지하는 것이 바람직하다.
② 오일 탱크는 스트레이너의 삽입이나 분리를 용이하게 할 수 있는 출입구를 만든다.
③ 오일 탱크 내에 방해판은 오일의 순환거리를 짧게 하고 기포의 방출이나 오일의 냉각을 보존한다.
④ 오일 탱크의 용량은 장치의 운전중지 중 장치 내의 작동유가 복귀하여도 지장이 없을 만큼의 크기를 가져야 한다.

• 기름 탱크에서 방해판은 기름의 순환 거리를 길게 한다.

73 방향 전환 밸브에 있어서 밸브와 주 관로를 접속시키는 구멍을 무엇이라 하는가?
① port　　　② way
③ spool　　　④ position

• 포트(port): 밸브와 주 관로를 접속시키는 구멍

74 유압 실린더에서 유압유 출구 측에 유량 제어 밸브를 직렬로 설치하여 제어하는 속도 제어 회로의 명칭은?
① 미터인 회로　　② 미터 아웃 회로
③ 블리드 온 회로　　④ 블리드 오프 회로

• 실린더 속도 제어 회로: 미터인 회로, 미터 아웃 회로, 블리드 오프 회로

75 유압 프레스의 작동원리는 다음 중 어느 이론에 바탕을 둔 것인가?
① 파스칼의 원리
② 보일의 법칙
③ 토리첼리의 원리
④ 아르키메데스의 원리

• 파스칼의 원리: 밀폐된 공간에서 압력을 받는 유체가 힘을 전달하는 원리를 설명하는 이론

76 유압 용어를 설명한 것으로 올바른 것은?
① 서지 압력: 계통 내 흐름의 과도적인 변동으로 인해 발생하는 압력
② 오리피스: 길이가 단면 치수에 비해서 비교적 긴 죔구
③ 초크: 길이가 단면 치수에 비해서 비교적 짧은 죔구
④ 크래킹 압력: 체크 밸브, 릴리프 밸브 등의 입구 쪽 압력이 강하하고, 밸브가 닫히

기 시작하여 밸브의 누설량이 규정량 까지 감소했을 때의 압력

> 풀이
- 서지 압력: 과도적으로 상승한 압력의 최댓값

77 가변 용량형 베인 펌프에 대한 일반적인 설명으로 틀린 것은?
① 로터와 링 사이의 편심량을 조절하여 토출량을 변화시킨다.
② 유압회로에 의하여 필요한 만큼의 유량을 토출할 수 있다.
③ 토출량 변화를 통하여 온도 상승을 억제시킬 수 있다.
④ 펌프의 수명이 길고 소음이 적은 편이다.

> 풀이
- 가변 용량형 베인 펌프: 링의 편심량을 바꾸면 토출량을 변화시킬 수 있다. 온도 상승 감소 등 우수한 점이 있으나, 소음/진동이 크고 펌프 수명이 짧은 단점이 있다.

78 그림에서 표기하고 있는 밸브의 명칭은?

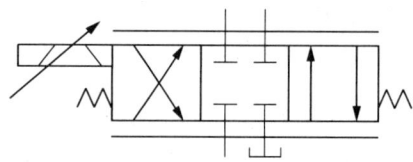

① 셔틀 밸브
② 파일럿 밸브
③ 서보 밸브
④ 교축 전환 밸브

> 풀이
- 서보 밸브(servo valve): 입력 전기 신호에 비례하는 출력 신호를 발생하는 전자 제어 밸브의 다른 형태

79 다음 중 점성계수의 차원으로 옳은 것은? (단, M은 질량, L은 길이, T는 시간이다.)
① $ML^{-2}T^{-1}$
② $ML^{-1}T^{-1}$
③ MLT^{-2}
④ $ML^{-2}T^{-2}$

> 풀이
- 점성계수 단위
$Pa \cdot s = (N \cdot s)/m^2 = kg/(m \cdot s) \rightarrow ML^{-1}T^{-1}$

80 다음 필터 중 유압유에 혼입된 자성 고형물을 여과하는 데 가장 적합한 것은?
① 표면식 필터
② 적층식 필터
③ 다공체식 필터
④ 자기식 필터

> 풀이
- 유압 회로에서 사용하는 기본적인 여과 방법
㉠ 표면식: 철망과 같은 그물을 사용해서 여과하는 방법
㉡ 적층식: 여과망을 여러 개로 중첩해서 사용하는 방법
㉢ 자기식: 작동 기름에 혼합되어 있는 자성체 고형물을 자석을 이용해서 흡착/여과하는 방법

과목 5 기계제작법 및 기계동력학

81 질량 20kg의 기계가 스프링 상수 10kN/m인 스프링 위에 지지되어 있다. 100N의 조화 가진력이 기계에 작용할 때 공진 진폭은 약 몇 cm인가?(단, 감쇠계수는 6kN·s/m이다.)
① 0.75
② 7.5
③ 0.0075
④ 0.075

> 풀이
- 공진 진폭
$X_R = \dfrac{F}{2\zeta \cdot k} = 0.000746m$

82 같은 차종인 자동차 B, C가 브레이크가 풀린 채 정지하고 있다. 이때 같은 차종의 자동차 A가 1.5m/s의 속력으로 B와 충돌하면,

답 77 ④ 78 ③ 79 ② 80 ④ 81 ④ 82 ③

이후 B와 C가 다시 충돌하게 되어 결국 3대의 자동차가 연쇄 충돌하게 된다. 이때, B와 C가 충돌한 직후 자동차 C의 속도는 약 몇 m/s인가?(단, 모든 자동차 간 반발계수는 $e=0.75$이다.)

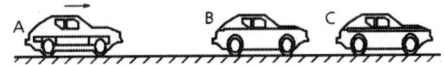

① 0.16　　② 0.39
③ 1.15　　④ 1.31

• 운동량 보존 법칙(A자동차와 B자동차)
$m_A v_A + m_B v_B = m_A v_A' + m_B v_B'$
$1.5 + 0 = v_A' + v_B'$
여기서, $m_A = m_B = m_C$
• 반발계수(A자동차와 B자동차)
$e = \dfrac{v_A' - v_B'}{v_A - v_B} = -v_A' + v_B' = 1.125$
• A자동차와 충돌 후 B자동차의 속도
$v_B' = 1.313 \, m/s$
• 운동량 보존 법칙(B자동차와 C자동차)
$v_B' + v_C = v_B'' + v_C'$
$1.313 + 0 = v_B'' + v_C'$
• 반발계수(B자동차와 C자동차)
$e = \dfrac{v_A' - v_B'}{v_A - v_B} = -v_B'' + v_C' = 0.98$
• B자동차와 충돌 후 C자동차 속도
$v_c' = 1.15 \, m/s$

83 원판 A와 B는 중심점이 각각 고정되어 있고, 고정점을 중심으로 회전운동을 한다. 원판 A가 정지하고 있다가 일정한 각가속도 $\alpha_A = 2\,rad/s^2$로 회전한다. 이 과정에서 원판 A는 10회전하고 난 직후 원판 B의 각속도는 약 몇 rad/s인가?(단, 원판 A의 반지름은 20cm, 원판 B의 반지름은 15cm이다.)

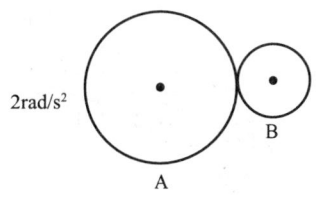

① 15.9　　② 21.1
③ 31.4　　④ 62.8

• 원판 A와 B의 접촉점을 P라 하면 접촉점 P의 속도 (v_P)
$v_P = r_A \times \omega_A = 3.16 \, m/s$
여기서, 원판 A의 각속도$(\omega_A) = 15.8\,rad/s$
• 원판 A가 10회전 하고 난 직후 원판 B의 각속도(ω_B)
$\omega_B = \dfrac{v_P'}{r_B} = 21.1 \, rad/s$
여기서, $v_P = v_P'$

84 1자유도 진동 시스템의 운동 방정식은 $m\ddot{x} + c\dot{x} + kx = 0$으로 나타내고 고유 진동수가 ω_n일 때 임계 감쇠계수로 옳은 것은? (단, m은 질량, c는 감쇠계수, k는 스프링 상수를 나타낸다.)

① $2\sqrt{mk}$　　② $\sqrt{\dfrac{\omega_n}{2k}}$
③ $\sqrt{2m\omega_n}$　　④ $\sqrt{\dfrac{2k}{\omega_n}}$

• 임계 감쇠 상수
$c_c = 2m\omega_n = 2\sqrt{k \cdot m}$

85 회전하는 막대의 홈을 따라 움직이는 미끄럼 블록 P의 운동을 r과 θ로 나타낼 수 있다. 현재 위치에서 $r = 300mm$, $\dot{r} = 40mm/s$ (일정), $\dot{\theta} = 0.1\,rad/s$, $\ddot{\theta} = -0.04\,rad/s^2$이다. 미끄럼 블록 P의 가속도는 약 몇 m/s^2인가?

83 ② 84 ① 85 ④

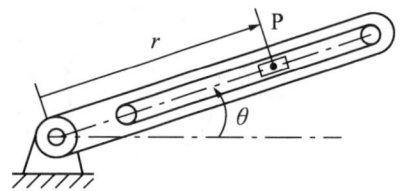

① 0.01　　② 0.001
③ 0.002　② 0.005

 • 극 좌표계로 나타낸 가속도
$\vec{a} = (\ddot{r} - r\dot{\theta}^2)\hat{e}_r + (r\ddot{\theta} + 2\dot{r}\dot{\theta})\hat{e}_\theta = -0.003\hat{e}_r - 0.004\hat{e}_\theta$

• 블록 P의 가속도 크기
$|\vec{a}| = 0.005\,\text{m/s}^2$

86 질량과 탄성 스프링으로 이루어진 시스템이 그림과 같이 높이 h에서 자유낙하를 하였다. 그 후 스프링의 반력에 의해 다시 튀어 오른다고 할 때 탄성 스프링의 최대 변형량 ($x_{\max}$)은?(단, 탄성 스프링 및 밑판의 질량은 무시하고 스프링 상수는 k, 질량은 m, 중력가속도는 g이다. 또한, 아래 그림은 스프링의 변형이 없는 상태를 나타낸다.)

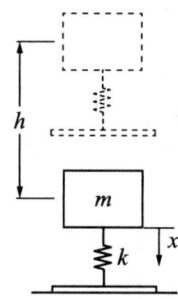

① $\sqrt{2gh}$

② $\sqrt{\dfrac{2mgh}{k}}$

③ $\dfrac{mg + \sqrt{(mg)^2 + 2kmgh}}{k}$

④ $\dfrac{mg + \sqrt{(mg)^2 + kmgh}}{k}$

 • 일과 에너지 법칙
$T_1 + U_{1 \to 2} = T_2$
$kx_{\max}^2 - 2mgx_{\max} - 2mgh = 0$

• 최대 변형량
$x_{\max} = \dfrac{mg \pm \sqrt{(mg)^2 + 2mgh \times k}}{k}$

87 작은 공이 그림과 같이 수평면에 비스듬히 충돌한 후 튕겨 나갔을 경우에 대한 설명으로 틀린 것은?(단, 공과 수평면 사이의 마찰, 그리고 공의 회전은 무시하며 반발계수는 1이다.)

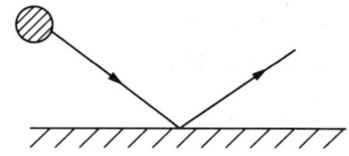

① 충돌 직전과 직후, 공의 운동량은 같다.
② 충돌 직전과 직후, 공의 운동 에너지는 보존된다.
③ 충돌 과정에서 공이 받은 충격량과 수평면이 받은 충격량의 크기는 같다.
④ 공의 운동 방향이 수평면과 이루는 각의 크기는 충돌 직전과 직후가 같다

풀이 반발계수=1은 완전 탄성 충돌이다.

88 스프링으로 지지되어 있는 어떤 물체가 매분 60회 반복하면서 상하로 진동한다. 만약 조화운동으로 움직인다면, 이 진동수를 rad/s 단위와 Hz로 옳게 나타낸 것은?

① 6.28rad/s, 0.5Hz
② 6.28rad/s, 1Hz
③ 12.56rad/s, 0.5Hz
④ 12.56rad/s, 1Hz

답　86 ③　87 ①　88 ②

• 진동수 $f=1\text{Hz}$
• 각 진동수 $\omega=2\pi f=6.28\text{rad/s}$

89 질량이 m, 길이가 L인 균일하고 가는 막대 AB가 A점을 중심으로 회전한다. $\theta=60°$에서 정지 상태인 막대를 놓는 순간 막대 AB의 각가속도(α)는?(단, g는 중력가속도이다.)

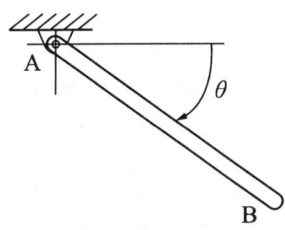

① $\alpha = \dfrac{3}{2}\dfrac{g}{L}$ ② $\alpha = \dfrac{3}{4}\dfrac{g}{L}$
③ $\alpha = \dfrac{3}{2}\dfrac{g}{L^2}$ ④ $\alpha = \dfrac{3}{4}\dfrac{g}{L^2}$

 • 각가속도
$\alpha = \dfrac{mgL\cos\theta/2}{mL^2/3} = \dfrac{3}{2}\times\dfrac{g}{L}\times\cos\theta = \dfrac{3}{4}\times\dfrac{g}{L}$
여기서, $\theta=60°$

90 무게가 5.3kN인 자동차가 시속 80km로 달릴 때 선형운동량의 크기는 약 몇 N·s인가?
① 4240   ② 8480
③ 12010   ④ 16020

 • 선운동량의 크기
$|\vec{L}|=mv=12017\text{N·s}$
여기서, 자동차 질량(m)=540.8kg
자동차 속력(v)=22.2m/s

91 공작물의 길이가 340mm이고, 행정 여유가 25mm, 절삭 평균 속도가 15m/min일 때 셰이퍼의 1분간 바이트 왕복 횟수는 약 얼마인가?(단, 바이트 1왕복 시간에 대한 절삭 행정 시간의 비는 3/5이다.)
① 20회   ② 25회
③ 30회   ④ 35회

 • 셰이퍼의 절삭 속도: $V[\text{m/min}]$
$V=\dfrac{LN}{1,000k}[\text{m/min}]$에서
$N=\dfrac{V\times 1000k}{L}=\dfrac{15\times 1000\times \dfrac{3}{5}}{340+25}=24.65$
∴ 25회
여기서, N: 램(바이트)의 분당 왕복 횟수(stroke/min)
L: 행정 길이(mm)
k: 급속 귀환비 $\left(\dfrac{3}{5}\sim\dfrac{2}{3}\right)$

92 방전가공의 특징으로 틀린 것은?
① 전극이 필요하다.
② 가공 부분에 변질층이 남는다.
③ 전극 및 가공물에 큰 힘이 가해진다.
④ 통전되는 가공물은 경도와 관계없이 가공이 가능하다.

 • 장점
㉠ 초경공구, 담금질 강, 특수강 등도 가공할 수 있다.
㉡ 가공물과 전극 사이에 발생하는 아크(arc) 열을 이용한다.
㉢ 기계 가공으로 변형이 쉬운 경우의 가공에 용이하다
㉣ 가공 형상이 복잡한 가공에 적합하다(임의의 단면 형상의 구멍 가공도 할 수 있다.).
㉤ 가공물의 경도와 관계없이 가공이 가능하다.
㉥ 전극의 형상대로 정밀도 높은 가공할 수 있다.
㉦ 전극 및 가공물에 큰 힘이 가해지지 않는다.
㉧ 인성 취성이 큰 재료 가공에 용이하다.
• 단점
㉠ 가공 후 가공 변질층이 남는다.
㉡ 방전 간극(clearance)으로 인한 오차가 발생할 수 있다
㉢ 각 가공 때마다 다른 전극 필요하다.

답 89 ② 90 ③ 91 ② 92 ③

93 빌트 업 에지(built up edge)의 크기를 좌우하는 인자에 관한 설명으로 틀린 것은?
① 적삭 속도: 고속으로 절삭할수록 빌트 업 에지는 감소된다.
② 칩 두께: 칩 두께를 감소시키면 빌트 업 에지의 발생이 감소한다.
③ 윗면 경사각: 공구의 윗면 경사각이 클수록 빌트 업 에지는 커진다.
④ 칩의 흐름에 대한 저항: 칩의 흐름에 대한 저항이 클수록 빌트 업 에지는 커진다.

풀이
• 구성인선(bult-up edge) 방지법
㉠ 공구 경사각을 크게 한다.
㉡ 절삭 속도를 크게 한다.
㉢ 절삭 깊이를 적게 한다.
㉣ 윤활성이 좋은 절삭제를 사용하여 칩과 공구 경사면 간의 마찰을 적게 한다.
㉤ 절삭공구의 인선을 예리하게 한다.

94 단조에 관한 설명 중 틀린 것은?
① 열간 단조에는 콜드 헤딩, 코이닝, 스웨이징이 있다.
② 자유 단조는 앤빌 위에 단조물을 고정하고 해머로 타격하여 필요한 형상으로 가공한다.
③ 형단조는 제품의 형상을 조형한 한 쌍의 다이 사이에 가열한 소재를 넣고 타격이나 높은 압력을 가하는 제품을 성형한다.
④ 업셋 단조는 가열된 재료를 수평 틀에 고정하고 한쪽 끝을 돌출시키고 돌출부를 축 방향으로 압축하여 성형한다.

풀이
• 열간 단조(hot forging): 해머 단조, 자유 단조, 형단조, 프레스 단조, 업셋 단조, 압연 단조
• 냉간 단조(cold forging): 콜드 헤딩, 코이닝, 스웨이징

95 인발가공 시 다이의 압력과 마찰력을 감소시키고 표면을 매끈하게 하기 위해 사용하는 윤활제가 아닌 것은?
① 비누
② 석회
③ 흑연
④ 사염화탄소

풀이
• 인발가공의 윤활
㉠ 건식 윤활: 석회, 그리스, 비누, 흑연
㉡ 습식 윤활: 식물유에 비누 1.5~3% 첨가 후 많은 물을 혼합하여 사용, 비누와 식물유로 된 에멜전 사용
㉢ 경질 소재: 납, 아연 등을 도금 후 사용
㉣ 강철용: 물과 석회를 혼합액에 가루비누를 묻혀 건식으로 인발, 인산염을 피복 후 사용

96 버니싱 가공에 관한 설명으로 틀린 것은?
① 주철만을 가공할 수 있다.
② 작은 지름의 구멍을 매끈하게 마무리할 수 있다.
③ 드릴, 리머 등 전 단계의 기계 가공에서 생긴 스크래치 등을 제거하는 작업이다.
④ 공작물 지름보다 약간 더 큰 지름의 볼(ball)을 압입 통과시켜 구멍 내면을 가공한다.

풀이
• 버니싱(burnishing) 다듬질: 1차로 가공된 가공물의 안지름보다 다소 큰 강철 볼을 압입 통과시켜 가공물의 표면을 소성 변형시키며, 표면 거칠기가 우수하고 정밀도를 높이는 가공법

97 용접 시 발생하는 불량(결함)에 해당하지 않는 것은?
① 오버 랩
② 언더 컷
③ 용입 불량
④ 콤퍼지션

풀이 • 아크 용접부의 주된 결함
㉠ 언더 컷: 용접선 끝에 생기는 작은 홈으로 전류가 너무 높고, 아크 길이가 너무 길 때, 운봉 속도가 너무 빠를 때 발생
㉡ 오버 랩: 용접봉의 용융점이 모재의 용융점보다 낮거나 용입이 얕아서 비드가 정상적으로 형성되지 못하고 위로 겹쳐지는 현상으로 전류가 너무 낮고, 아크 길이가 너무 짧을 때, 운봉 속도가 너무 느릴 때 발생
㉢ 슬래그 섞임: 녹은 피복제가 용착 금속 표면에 떠 있거나 용착금속 속에 남아 있는 것으로 운봉의 불량, 피복제의 조성 불량, 용접 전류 및 속도가 부적당할 때 발생
㉣ 기공: 용착 금속 속에 남아 있는 가스(H_2, O_2, CO)로 인한 구멍으로 습기가 많고 부착, 용접부 급랭, 과대 전류 사용 시에 발생
㉤ 용입 불량
㉥ 균열
㉦ 선상 조직, 은점
㉧ 잔류 응력의 과대

98 밀링 머신에서 직경 100mm, 날수 8인 평면 커터로 절삭 속도 30m/min, 절삭 깊이 4mm, 이송 속도 240m/min에서 절삭할 때 칩의 평균 두께 t_m[mm]는?

① 0.0584　② 0.0596
③ 0.0625　④ 0.0734

풀이 • 칩의 평균 두께
$$t_m = f_z\sqrt{\frac{t}{d}} = 0.314 \times \sqrt{\frac{4}{100}} = 0.0628\,\text{mm}$$
여기서, d: 밀링 커터의 지름(mm)
　　　　t: 절삭 깊이(mm)
$V = \dfrac{\pi d n}{1,000}$[m/min]에서
$n = \dfrac{v \times 1000}{\pi \times D} = \dfrac{30 \times 1000}{\pi \times 100} = 95.493\,\text{rpm}$
여기서, d: 밀링커터의 지름(mm)
　　　　n: 밀링 커터의 회전수(rpm)
$f = f_z \cdot Z \cdot n$에서

$f_z = \dfrac{f}{Z \times n} = \dfrac{240}{8 \times 95.493} = 0.314\,\text{mm/tooth}$
여기서, f: 테이블 이송량(mm/min)
　　　　f_z: 날 1개당 피트(mm/tooth)
　　　　Z: 커터 날의 수
　　　　n: 커터의 회전수

99 담금질한 강을 상온 이하의 적합한 온도로 냉각시켜 잔류 오스테나이트를 마텐사이트 조직으로 변화시키는 것을 목적으로 하는 열처리 방법은?
① 심냉 처리
② 가공 경화법 처리
③ 가스 침탄법 처리
④ 석출 경화법 처리

풀이 • 심냉 처리(sub zero treatment)
㉠ 담금질된 강을 상온 이하의 적당한 온도로 냉각시켜 잔류 오스테나이트를 마텐자이트 조직으로 변화시켜 경도 증가와 성능을 향상시키는 것
㉡ 스텐인리스강에는 우수한 기계적 성질을 부여한다.
㉢ 시효 변형을 방지하기 위해 0℃ 이하(~-200℃)의 온도에서 처리한다.

100 얇은 판재로 된 목형은 변형되기 쉽고 주물의 두께가 균일하지 않으면 용융 금속이 냉각 응고 시에 내부 응력에 의해 변형 및 균열이 발생할 수 있으므로, 이를 방지하기 위한 목적으로 쓰고 사용한 후에 제거하는 것은?
① 구배
② 덧붙임
③ 수축 여유
④ 코어 프린트

풀이 • 덧붙임(stop off): 주물의 두께가 일정하지 않거나 얇고 넓은 목형 등 변형하기 쉬운 구조의 목형 변형을 막기 위하여 주형이나 목형에 붙이는 보강대

2017년 2회 일반기계기사 기출문제

1  재료역학

1 길이 15m, 봉의 지름 10mm인 강봉에 $P=8kN$을 작용시킬 때 이 봉의 길이 방향 변형량은 약 몇 cm인가?(단, 이 재료의 세로탄성계수는 210GPa이다.)

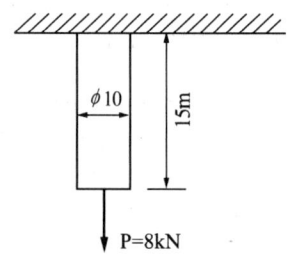

① 0.52　　② 0.64
③ 0.73　　④ 0.85

풀이 $\delta = \dfrac{Pl}{AE} = \dfrac{(8\times 10^3)\times 15}{\dfrac{\pi\times 0.01^2}{4}\times (210\times 10^9)}$

$\fallingdotseq 7.27\times 10^{-3}\text{m}$

2 그림과 같은 일단 고정 타단 지지보의 중앙에 $P=800N$의 하중이 작용하면 지지점의 반력(R_B)은 약 kV인가?

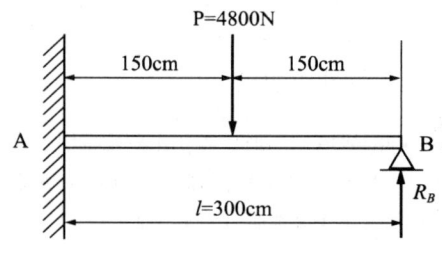

① 3.2　　② 2.6
③ 1.5　　④ 1.2

풀이

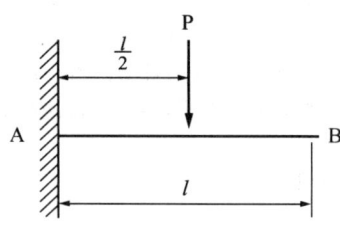

$v_A = \dfrac{P}{3E\cdot I}\left(\dfrac{l}{2}\right)^3 + \dfrac{P}{2E\cdot I}\left(\dfrac{l}{2}\right)^2\times \dfrac{l}{2}$

$= \dfrac{P\cdot l^3}{24E\cdot I} + \dfrac{P\cdot l^3}{16E\cdot I} = \dfrac{5P\cdot l^3}{48E\cdot I}$

$+$

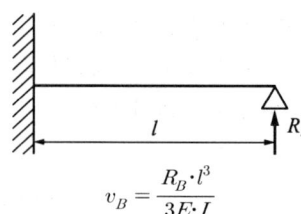

$v_B = \dfrac{R_B\cdot l^3}{3E\cdot I}$

$v_A = v_B$이므로 $\dfrac{5P\cdot l^3}{48E\cdot I} = \dfrac{R_B\cdot l^3}{3E\cdot I}$에서

$R_B = \dfrac{5P}{16} = \dfrac{5\times 4800}{16} = 1500\text{N}$, $R_A = \dfrac{11P}{16}$

3 정사각형의 단면을 가진 기둥에 $P=80kN$의 압축하중이 작용할 때 6MPa의 압축응력이 발생하였다면 단면의 한 변의 길이는 몇 cm인가?

① 11.5　　② 15.4
③ 20.1　　④ 23.1

답 1 ③　2 ③　3 ①

풀이
$$\sigma = \frac{P}{A} = \frac{P}{a^2}$$
$$a = \sqrt{\frac{P}{\sigma}} = \sqrt{\frac{80 \times 10^3}{6 \times 10^6}} \fallingdotseq 0.11547\,\text{m}$$

4 다음 막대의 z 방향으로 80kN의 인장력이 작용할 때 x 방향의 변형량은 몇 μm인가? (단, 탄성계수 E=200GPa, 포아송비 v=0.32 막대 크기 x=100mm, y=50mm, z=1.5m이다.)

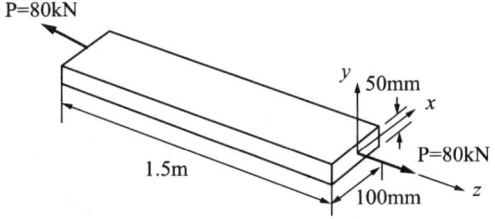

① 2.56   ② 25.6
③ −2.56 ④ −25.6

풀이 $\epsilon_x = \frac{\sigma_x}{E} - \mu\frac{\sigma_y}{E} - \mu\frac{\sigma_z}{E} = \frac{1}{E}[\sigma_x - \mu(\sigma_y + \sigma_z)]$에서 z 축에만 하중이 작용하므로

$$\epsilon_x = \frac{0}{E} - \mu\frac{0}{E} - 0.32 \times \frac{1}{200 \times 10^9} \times \frac{P}{0.1 \times 0.05}$$
$$\fallingdotseq -2.56 \times 10^{-5}\,\text{m}$$

5 그림과 같은 단순보(단면 8cm×6cm)에 작용하는 최대 전단응력은 몇 kPa인가?

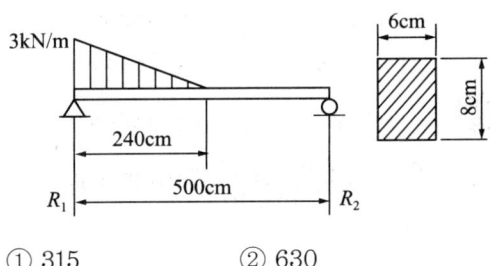

① 315   ② 630
③ 945   ④ 1260

풀이
$w = \frac{1}{2} \times 2.4 \times 3\text{k} = 3.6\text{k}$
$M_2 = R_1 \times 5 - \frac{1}{2} \times 2.4 \times 3\text{k} \times (\frac{2}{3} \times 2.4 + 2.6) = 0$,
$R_1 = 3.024\text{k}$, $R_2 = 0.576\text{k}$이므로
$V = 3.024\text{k}$
$\tau_{\max} = \frac{3}{2}\frac{V}{A} = \frac{3 \times 3.024\text{k}}{2 \times (0.08 \times 0.06)} = 945\,\text{kPa}$

6 그림과 같은 단순보에서 전단력이 0이 되는 위치는 A지점에서 몇 m 거리에 있는가?

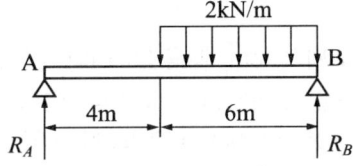

① 4.8   ② 5.8
③ 6.8   ④ 7.8

풀이 $\sum M_B = 0$과 $R_A + R_B = 12\,\text{kN}$에서
$R_A \times 10 - (2{,}000 \times 6) \times 3 = 0$, $R_A = 3600\,\text{N} = 3.6\,\text{kN}$,
$R_B = 8.4\,\text{kN}$

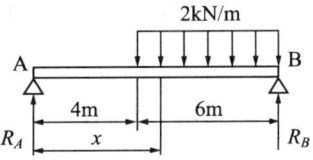

$F_x = R_A - (x-4) \times 2\text{k} = 0$에서
$3.6\text{k} - 2\text{k}x + 8\text{k} = 0$에서 $x = 5.8\text{k}$

7 그림과 같은 직사각형 단면의 보에 P=4kN의 하중이 10° 경사진 방향으로 작용한다. A점에서의 길이 방향의 수직응력을 구하면 약 몇 MPa인가?

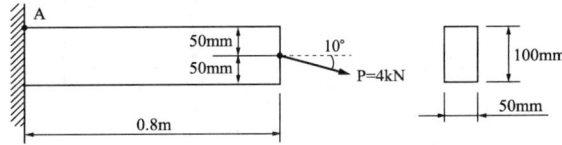

답 4 ③ 5 ③ 6 ② 7 ④

① 3.89 ② 5.67
③ 0.79 ④ 7.46

풀이 수직응력과 굽힘응력을 동시에 받으므로

$\sigma = \dfrac{P\cos 10°}{A} + \dfrac{M}{Z}$ 에서

$M = P\sin 10° \times 0.8$ 이고, $Z = \dfrac{bh^2}{6}$ 이므로

$\sigma = \dfrac{(4\times 10^3)\cos 10°}{0.05\times 0.1} + \dfrac{(4\times 10^3)\sin 10° \times 0.8}{\dfrac{0.05\times 0.1^2}{6}}$

$\fallingdotseq 7.46\,\text{MPa}$

8 두께가 1cm, 지름 25cm의 원통형 보일러에 내압이 작용하고 있을 때, 면내 최대 전단응력이 −62.5MPa이었다면 내압 P는 몇 MPa인가?

① 5 ② 10
③ 15 ④ 20

풀이 축 방향 응력에서 $\sigma_a = \dfrac{P}{\pi dt}$

$\Rightarrow P = \sigma_a \times \pi dt$

$= 62.5\text{M} \times \pi \times 0.25 \times 0.01 \fallingdotseq 0.4908\,\text{MN}$

$\sigma_a = \dfrac{q_a d}{4t} = \dfrac{q_a r}{2t}$ 이므로

$q_a = \dfrac{4t\times \tau}{d} = \dfrac{4\times 0.01 \times 62.5\text{M}}{0.25} = 10\,\text{MPa}$ 이고,

원주응력(σ_θ)=축 방향 응력(σ_a)×2이므로 원주응력 기준으로 설계해야 한다. 따라서 $q_a = 20\,\text{MPa}$이다.

9 그림과 같이 전체 길이가 $3L$인 외팔보에 하중 P가 B점과 C점에 작용할 때 자유단 B에서의 처짐량은?(단, 보의 굽힘강성 EI는 일정하고, 자중은 무시한다.)

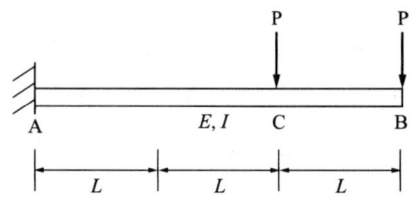

① $\dfrac{35}{3}\dfrac{PL^3}{EI}$ ② $\dfrac{37}{3}\dfrac{PL^3}{EI}$

③ $\dfrac{41}{3}\dfrac{PL^3}{EI}$ ④ $\dfrac{44}{3}\dfrac{PL^3}{EI}$

풀이 $v = v_a + v_b = \dfrac{14PL^3}{3EI} + \dfrac{27PL^3}{3EI} = \dfrac{41PL^3}{3EI}$

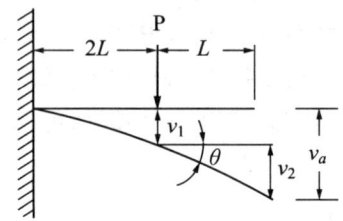

$v_1 = \dfrac{P(2L)^3}{3EI}$, $v_2 = \theta b = \dfrac{P(2L)^2}{2EI}L$

$v_a = v_1 + v_2 = \dfrac{P(2L)^3}{3EI} + \dfrac{P(2L)^2}{2EI}L = \dfrac{14PL^3}{3EI}$

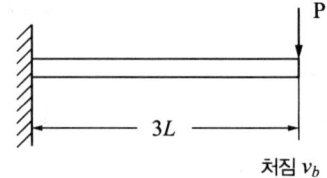

처짐 v_b

$v_b = \dfrac{P(3L)^3}{3EI} = \dfrac{27PL^3}{3EI}$

10 세로탄성계수가 210GPa인 재료에 200MPa의 인장응력을 가했을 때 재료 내부에 저장되는 단위 체적당 탄성 변형 에너지는 약 몇 N·m/m³인가?

① 95.238 ② 95238
③ 18.538 ④ 185380

풀이 • 단위 체적 속에 저장되는 탄성 에너지

$U = \dfrac{\sigma^2}{2E} = \dfrac{(200\times 10^6)^2}{2\times(210\times 10^9)} \fallingdotseq 95238.095$

답 8 ④ 9 ③ 10 ②

11 그림과 같이 한 변의 길이가 d인 정사각형의 단면의 $Z-Z$축에 관한 단면계수는?

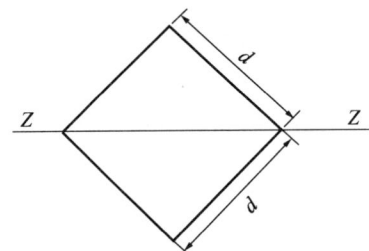

① $\dfrac{\sqrt{2}}{6}d^3$ ② $\dfrac{\sqrt{2}}{12}d^3$

③ $\dfrac{d^3}{24}$ ④ $\dfrac{\sqrt{2}}{24}d^3$

풀이 $I_Z = \dfrac{d^4}{12}$,

$Z_Z = \dfrac{I_Z}{e} = \dfrac{\dfrac{d^4}{12}}{\dfrac{d\sqrt{2}}{2}} = \dfrac{2d^4}{12d\sqrt{2}} = \dfrac{\sqrt{2}}{12}d^3$

12 J를 극단면 2차 모멘트, G를 전단탄성계수, l을 축의 길이, T를 비틀림 모멘트라 할 때 비틀림 각을 나타내는 식은?

① $\dfrac{l}{GT}$ ② $\dfrac{TJ}{Gl}$

③ $\dfrac{Jl}{GT}$ ④ $\dfrac{Tl}{GJ}$

풀이 • 중실축의 모멘트 T에 의한 비틀림 각 ϕ는

$T = \tau \cdot Z_P = \tau \dfrac{\pi d^3}{16} = G\gamma \dfrac{\pi d^3}{16} = G\dfrac{r\phi}{l} \dfrac{\pi d^3}{16}$,

$\phi = \dfrac{T \cdot l}{G \cdot J(=I_P)} = \dfrac{32 \cdot l}{G \cdot \pi \cdot d^4}$ (rad)

$= \dfrac{32 Tl}{G\pi d^4} \times \dfrac{180}{\pi}$ (degree)

• 극단면계수(Z_P) $= \dfrac{\pi d^3}{16}$

• 극단면 2차 모멘트(J 또는 I_P) $= \dfrac{\pi d^4}{32}$

13 직경 d, 길이 l인 봉의 양단을 고정하고 단면 $m-n$의 위치에 비틀림 모멘트 T를 작용시킬 때 봉의 A 부분에 작용하는 비틀림 모멘트는?

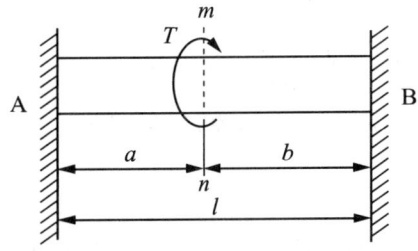

① $T_A = \dfrac{a}{l+a}T$

② $T_A = \dfrac{a}{a+b}T$

③ $T_A = \dfrac{b}{a+b}T$

④ $T_A = \dfrac{a}{l+b}T$

풀이 하중이 작용하는 지점에서의 비틀림 각은 같으므로

$\phi_A = \phi_B = \phi$이며 $\phi = \dfrac{T_A \cdot a}{G \cdot I_P} = \dfrac{T_B \cdot b}{G \cdot I_P}$이다.

$T = T_A + T_B$, $T_A = \dfrac{T \cdot b}{l}$, $T_B = \dfrac{T \cdot a}{l}$

14 그림과 같은 직사각형 단면을 갖는 단순 지지보에 3kN/m의 균일 분포하중과 축 방향으로 50kN의 인장력이 작용할 때 단면에 발생하는 최대 인장 응력은 약 몇 MPa인가?

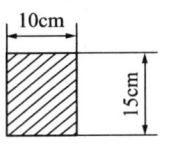 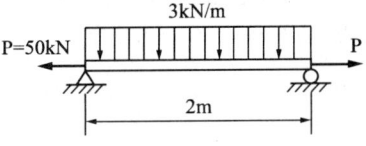

① 0.67 ② 3.33

③ 4 ④ 7.33

풀이 $\sigma_b = \dfrac{M_{\max}}{Z} = \dfrac{\dfrac{w \cdot l^2}{8}}{\dfrac{bh^2}{6}}$

$= \dfrac{1500}{\dfrac{0.1 \times 0.15^2}{6}} = \dfrac{1500}{3.75 \times 10^{-4}} = 4\text{MPa}$

$\sigma_t = \dfrac{P}{A} = \dfrac{50 \times 10^3}{0.1 \times 0.15} \fallingdotseq 3.33\text{MPa}$

$\sigma_{\max} = \sigma_b + \sigma_t \fallingdotseq 4 + 3.33 \fallingdotseq 7.33\text{MPa}$

15 공칭응력(nominal stress: σ_n)과 진응력(true stress: σ_t) 사이의 관계식으로 옳은 것은?(단, ε_n은 공칭 변형률(nominal strain), ε_t는 진변형률(true strain)이다.)

① $\sigma_t = \sigma_n(1 + \sigma_t)$ ② $\sigma_t = \sigma_n(1 + \sigma_n)$
③ $\sigma_t = \ln(1 + \sigma_n)$ ④ $\sigma_t = \ln(\sigma_n + \sigma_n)$

풀이

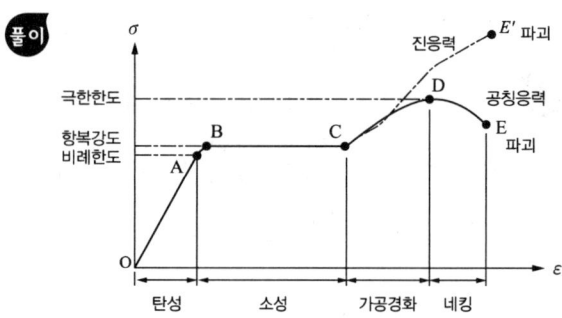

- 공칭응력(nominal stress): 응력 계산에 최초의 단면적을 사용
  $\sigma_n = \dfrac{P}{A_0}$
  여기서, A_0는 초기 단면적(변형 전 단면적)
- 진응력(true stress): 응력 계산 시 실제 단면적(변형된 단면적)을 사용
  $\sigma_t = \dfrac{P}{A'} = \dfrac{P}{\dfrac{A_0}{1 + \epsilon_n}} = \sigma_n(1 + \epsilon_n)$
  여기서, A'는 변화된 단면적
- 공칭 변형률(nominal strain): 최초 길이에 대한 변화된 길이의 비

$\epsilon_n = \dfrac{l' - l_0}{l_0} = \dfrac{\Delta l}{l_0}$

여기서, l_0: 초기 길이, l': 변화된 길이

- 진변형률(true strain): 변형률 계산 시 변형된 길이에 대한 변형률

$\epsilon_t = \displaystyle\int_{l_0}^{l'} \dfrac{dl}{l} = \ln\dfrac{l'}{l_0} = \ln\dfrac{l_0(1+\epsilon_n)}{l_0} = \ln(1+\epsilon_n)$

16 그림과 같은 부정정보의 전 길이에 균일 분포하중이 작용할 때 전단력이 0이 되고 최대 굽힘 모멘트가 작용하는 단면은 B단에서 얼마나 떨어져 있는가?

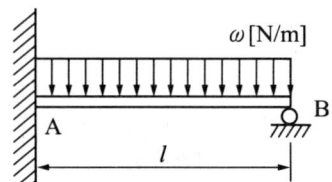

① $\dfrac{2}{3}l$ ② $\dfrac{3}{8}l$
③ $\dfrac{5}{8}l$ ④ $\dfrac{3}{4}l$

풀이 $v_1 = \dfrac{w \cdot l^4}{8E \cdot I}$, $v_2 = \dfrac{R_B \cdot l^3}{3E \cdot I}$ 이고, $v_1 = v_2$이므로

$\dfrac{w \cdot l^4}{8E \cdot I} = \dfrac{R_B \cdot l^3}{3E \cdot I}$ 이므로 $R_A = \dfrac{5}{8}w \cdot l$, $R_B = \dfrac{3}{8}w \cdot l$,

$F_x = R_B - wx = 0$, $x = \dfrac{3}{8}l$, 전단력이 0이 되는 지점 그리고

모멘트의 최댓값(미분값이 0인 지점) $M_x = R_B \cdot x - wx \times \dfrac{x}{2}$,

$\dfrac{dM}{dx} = R_B - wx = 0$으로 모멘트 값이 최대가 되는 지점은

$x = \dfrac{3}{8}l$이다.

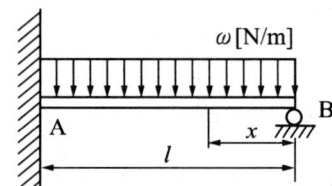

답 15 ② 16 ②

17 동일한 전단력이 작용할 때 원형 단면 보의 지름을 d에서 $3d$로 하면 최대 전단응력의 크기는?(단, $\tau_{\max}$는 지름이 d일 때의 최대 전단응력이다.)

① $9\tau_{\max}$
② $3\tau_{\max}$
③ $\dfrac{1}{3}\tau_{\max}$
④ $\dfrac{1}{9}\tau_{\max}$

풀이 $\tau = \dfrac{P}{A} = \dfrac{P}{\dfrac{\pi d^2}{4}} = \dfrac{4P}{\pi d^2}$ 이므로 지름의 제곱에 반비례

한다. 따라서 직경이 3배 커지면 전단응력은 $\dfrac{1}{9}$ 배로 줄어든다.

18 오일러의 좌굴 응력에 대한 설명으로 틀린 것은?
① 단면의 회전 반경의 제곱에 비례한다.
② 길이의 제곱에 반비례한다.
③ 세장비의 제곱에 비례한다.
④ 탄성계수에 비례한다.

풀이 $\sigma_{CR} = \dfrac{P_{CR}}{A} = \dfrac{n\cdot\pi^2\cdot E}{\left(\dfrac{L}{r}\right)^2}$

$= \dfrac{n\cdot\pi^2\cdot E\cdot r^2}{L^2} = \dfrac{n\cdot\pi^2\cdot E}{(\lambda)^2}$

세장비의 제곱에 반비례한다.

19 그림과 같이 단순화한 길이 1m의 차축 중심에 집중하중 100kN이 작용하고, 100rpm으로 400kW의 동력을 전달할 때 필요한 차축의 지름은 최소 몇 cm인가?(단, 축의 허용 굽힘응력은 85MPa로 한다.)

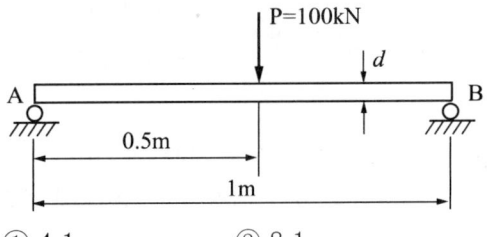

① 4.1 ② 8.1
③ 12.3 ④ 16.3

풀이 $T = 974\dfrac{1}{N}\text{kW} \times 9.8\text{Nm}$

$= 974 \times \dfrac{1}{100} \times 400 \times 9.8 \fallingdotseq 38.2\text{kNm}$

$M = \dfrac{(100\times 10^3)\times 1}{4} = 25\text{kNm}$

$M_e = \dfrac{1}{2}(M + \sqrt{M^2+T^2})$

$= \dfrac{1}{2}(25 + \sqrt{25^2+38.2^2}) \times 1000 \fallingdotseq 35.3\text{kNm}$

$M_e = \sigma_b s = \sigma_b \dfrac{\pi d^3}{32}$.

$d = \sqrt[3]{\dfrac{32M_e}{\sigma_b \pi}} = \sqrt[3]{\dfrac{32\times 35.3\times 10^3}{(85\times 10^6)\pi}} \fallingdotseq 16.17\text{cm}$

20 그림과 같이 강선이 천장에 매달려 100kN의 무게를 지탱하고 있을 때, AC 강선이 받고 있는 힘은 약 몇 kN인가?

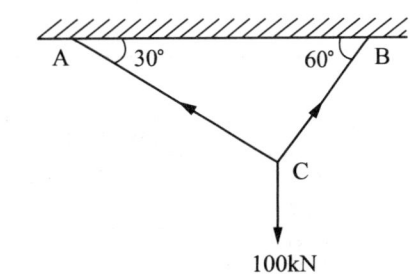

① 30 ② 40
③ 50 ④ 60

풀이 • 라미의 정의
$\dfrac{100}{\sin(90)} = \dfrac{BC}{\sin(30+90)} = \dfrac{AC}{\sin(60+90)}$ 를 이용하면

$AC = \dfrac{\sin 150° \times 100}{\sin 90°} = 50\text{kN}$

17 ④ 18 ③ 19 ④ 20 ③

2과목 기계열역학

21 역 carnot cycle로 300K와 240K 사이에서 작동하고 있는 냉동기가 있다. 이 냉동기의 성능계수는?

① 3   ② 4
③ 5   ④ 6

• 냉동기 성능계수
$$COP = \frac{T_L}{T_H - T_L} = 4$$

22 그림의 랭킨 사이클(온도(T)-엔트로피(s) 선도)에서 각각의 지점에서 엔탈피는 표와 같을 때 이 사이클의 효율은 약 몇 %인가?

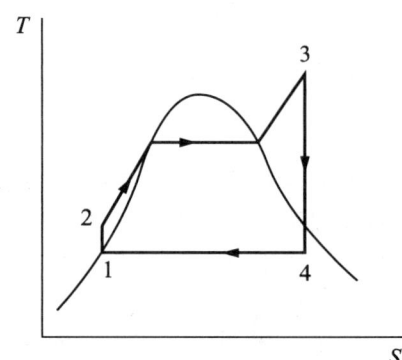

	엔탈피(kJ/kg)
1지점	185
2지점	210
3지점	3100
4지점	2100

① 33.7%   ② 28.4%
③ 25.2%   ④ 22.9%

• 랭킨 사이클 효율
$$\eta_R = \frac{(h_1 - h_2) + (h_3 - h_4)}{h_3 - h_2} = 0.337$$

23 보일러 입구의 압력이 9800kN/m²이고, 응축기의 압력이 4900N/m²일 때 펌프가 수행한 일은 약 몇 kJ/kg인가?(단, 물의 비체적은 0.001m³/kg이다.)

① 9.79   ② 15.17
③ 87.25   ④ 180.52

• 펌프가 수행한 일
$$w_P = \int_1^2 v\,dP = v_1(P_2 - P_1) = 9.79 \text{kJ/kg}$$

24 다음 중 정확하게 표기된 SI 기본단위(7가지)의 개수가 가장 많은 것은?(단, SI유도 단위 및 그 외 단위는 제외한다.)

① A, Cd, ℃, kg, m, Mol, N, s
② cd, J, K, kg, m, Mol, Pa, s
③ A, J, ℃, kg, km, mol, S, W
④ K, kg, km, mol, N, Pa, S, W

• SI 기본 단위

기본량	길이	질량	시간	전류	온도	물질의 량	빛의 세기
기호	m	kg	s	A	K	mol	cd

25 압력이 10⁶N/m², 체적이 1m³인 공기가 압력이 일정한 상태에서 400kJ의 일을 하였다. 변화 후의 체적은 약 몇 m³인가?

① 1.4   ② 1.0
③ 0.6   ④ 0.4

• 경계 이동 후 체적
$$V_2 = V_1 + \frac{1 W_2}{P} = 1.4 \text{m}^3$$

답 21 ② 22 ① 23 ① 24 ② 25 ①

26 8℃의 이상 기체를 가역단열 압축하여 그 체적을 1/5로 하였을 때 기체의 온도는 약 몇 ℃인가?(단, 이 기체의 비열비는 1.4이다.)

① −125℃   ② 294℃
③ 222℃   ④ 262℃

풀이 • 단열 압축 후 기체 온도
$$T_2 = T_1 \times \left(\frac{v_1}{v_2}\right)^{k-1} = 534.9K = 262℃$$

27 그림과 같이 상태 1, 2 사이에서 계가 1 → A → 2 → B → 1과 같은 사이클을 이루고 있을 때, 열역학 제1법칙에 가장 적합한 표현은?(단, 여기서 Q는 열량, W는 계가 하는 일, U는 내부 에너지를 나타낸다.)

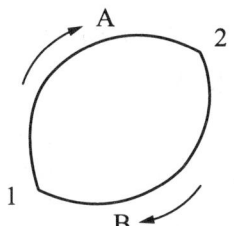

① $dU = \delta Q + \delta W$
② $\Delta U = Q - W$
③ $\oint \delta Q = \oint \delta W$
④ $\oint \delta Q = \oint \delta U$

풀이 • 열역학 제1법칙에 대한 기본적 서술
$$\oint \delta Q = \oint \delta W$$

28 열교환기를 흐름 배열(flow arrangement)에 따라 분류할 때 그림과 같은 형식은?

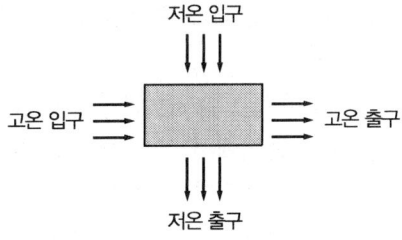

① 평행류   ② 대향류
③ 병행류   ④ 직교류

풀이 열교환기 흐름 배열에서 주어진 형식은 직교류 배열이다.

29 100kPa, 25℃ 상태의 공기가 있다. 이 공기의 엔탈피가 298.615kJ/kg이라면 내부 에너지는 약 몇 kJ/kg인가?(단, 공기는 분자량 28.97인 이상 기체로 가정한다.)

① 213.05kJ/kg
② 241.07kJ/kg
③ 298.15kJ/kg
④ 383.72kJ/kg

풀이 ① 상태에서 내부 에너지
$u_1 = h_1 - P_1 v_1 = h_1 - RT_1 = 213.05$kJ/kg
여기서, 주어진 상태를 ① 상태라 하고, 첨자 1을 사용
$R = 0.287$kJ/kg·K

30 다음 중 비가역 과정으로 볼 수 없는 것은?
① 마찰 현상
② 낮은 압력으로의 자유 팽창
③ 등온 열전달
④ 상이한 조성물질의 혼합

풀이 • 비가역 과정의 원인: 조성 물질이 서로 다른 물질을 혼합했을 때, 유한한 온도차에 의한 열전달, 자유 팽창(불구속 팽창, unrestrained expansion), 마찰 등이 있다.

31 열역학 제2법칙과 관련된 설명으로 옳지 않은 것은?

① 열효율이 100%인 열기관은 없다.
② 저온 물체에서 고온 물체로 열은 자연적으로 전달되지 않는다.
③ 폐쇄계와 그 주변계가 열교환이 일어날 경우 폐쇄계와 주변계 각각의 엔트로피는 모두 상승한다.
④ 동일한 온도 범위에서 작동되는 가역 열기관은 비가역 열기관보다 열효율이 높다.

 • 엔트로피 변화: 계(系)가 열 교환을 하면 엔트로피는 증가할 수도, 감소할 수도, 변하지 않을 수도 있다.

32 온도 15℃, 압력 100kPa 상태의 체적이 일정한 용기 안에 어떤 이상 기체 5kg이 들어 있다. 이 기체가 50℃가 될 때까지 가열되는 동안의 엔트로피 증가량은 약 몇 kJ/K인가?(단, 이 기체의 정압 비열과 정적 비열은 각각 1.001kJ/(kg·K), 0.7171kJ/(kg·K)이다.)

① 0.411 ② 0.486
③ 0.575 ④ 0.732

 • 시스템 전체 엔트로피 변화량
$$S_2 - S_1 = mC_v \ln\frac{T_2}{T_1} = 0.411 \text{kJ/K}$$

33 저열원 20℃와 고열원 700℃ 사이에서 작동하는 카르노 열기관의 열효율은 약 몇 %인가?

① 30.1% ② 69.9%
③ 52.9% ④ 74.1%

 • Carnot 사이클 열효율
$$\eta_{carnot} = 1 - \frac{T_L}{T_H} = 0.6998$$

34 어느 증기 터빈에 0.4kg/s로 증기가 공급되어 260kW의 출력을 낸다. 입구의 증기 엔탈피 및 속도는 각각 3000kJ/kg, 720m/s, 출구의 증기 엔탈피 및 속도는 각각 2500kJ/kg, 120m/s이면, 이 터빈의 열손실은 약 몇 kW가 되는가?

① 15.9 ② 40.8
③ 20.0 ④ 104

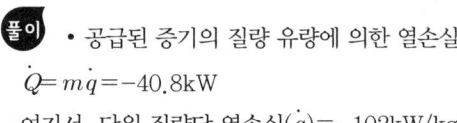 • 공급된 증기의 질량 유량에 의한 열손실
$$\dot{Q} = \dot{m}\dot{q} = -40.8\text{kW}$$
여기서, 단위 질량당 열손실($\dot{q}$)=-102kW/kg

35 압력이 일정할 때 공기 5kg을 0℃에서 100℃까지 가열하는 데 필요한 열량은 약 몇 kJ인가?(단, 비열(C_P)은 온도 T(℃)에 관계한 함수로 C_P(kJ/kg·℃)= 1.01+0.000079×T이다.)

① 365 ② 436
③ 480 ④ 507

• 전체 필요한 열량
$${}_1Q_2 = m\int_1^2 C_p dT = 506.9\text{kJ}$$

36 다음 온도에 관한 설명 중 틀린 것은?

① 온도는 뜨겁거나 차가운 정도를 나타낸다.
② 열역학 제0법칙은 온도 측정과 관계된 법칙이다.
③ 섭씨온도는 표준 기압하에서 물의 어는 점과 끓는 점을 각각 0과 100으로 부여한 온도 척도이다.
④ 화씨온도 F와 절대 온도 K 사이에는 $K = F + 273.15$의 관계가 성립한다.

풀이 • 섭씨온도(℃)와 절대 온도(K) 사이의 관계
K = ℃ + 273.15

37 오토(otto) 사이클에 관한 일반적인 설명 중 틀린 것은?
① 불꽃 점화 기관의 공기 표준 사이클이다.
② 연소 과정을 정적 가열 과정으로 간주한다.
③ 압축비가 클수록 효율이 높다.
④ 효율은 작업 기체의 종류와 무관하다.

풀이 • 오토 사이클의 효율
$\eta_{th} = 1 - \dfrac{1}{r_v^{k-1}}$
여기서, k = 비열비(작동 기체에 따라 값이 다르다)
r_v = 압축비

38 출력 1000kW의 터빈 플랜트의 시간당 연료 소비량이 5000kg/h이다. 이 플랜트의 열효율은 약 몇 %인가?(단, 연료의 발열량은 33440kJ/kg이다.)
① 25.4%   ② 21.5%
③ 10.9%   ④ 40.8%

풀이 • 플랜트의 열효율
출력/입력=$(1000 \times 10^3)/46481.6$=21.5%
여기서, 플랜트의 소비 에너지=46481.6W
플랜트 출력=1000kW

39 밀폐계에서 기체의 압력이 100kPa으로 일정하게 유지되면서 체적이 1m³에서 2m³으로 증가되었을 때 옳은 설명은?
① 밀폐계의 에너지 변화는 없다.
② 외부로 행한 일은 100kJ이다.
③ 기체가 이상 기체라면 온도가 일정하다.
④ 기체가 받은 열은 100kJ이다.

풀이 • 경계 이동으로 시스템이 외부에 한 일
$_1W_2 = P(V_2 - V_1) = 100$kJ
여기서, P=일정=100kPa

40 10kg의 증기가 온도 50℃, 압력 38kPa, 체적 7.5m³일 때 총 내부 에너지는 6700kJ이다. 이와 같은 상태의 증기가 가지고 있는 엔탈피는 약 몇 kJ인가?
① 606   ② 1794
③ 3305   ④ 6985

풀이 • 주어진 상태에서 엔탈피
$H_1 = U_1 + P_1 V_1 = 6985$kJ

3과목 기계유체역학

41 압력 용기에 장착된 게이지 압력계의 눈금이 400kPa를 나타내고 있다. 이때 실험실에 놓여진 수은 기압계에서 수은의 높이는 750mm이었다면 압력 용기의 절대 압력은 약 몇 kPa인가?(단, 수은의 비중은 13.60이다.)
① 300   ② 500
③ 410   ④ 620

풀이 • 절대 압력(absolute pressure)
$P_{abs} = P_{atm} + P_{gage} \approx 500$kPa
여기서, 750mmHg=$\dfrac{750}{760} \times 101293$Pa=99960Pa

42 나란히 놓인 두 개의 무한한 평판 사이의 층류 유동에서 속도 분포는 포물선 형태를 보인다. 이때 유동의 평균 속도(V_{av})와 중심에서의 최대 속도(V_{max})의 관계는?

① $V_{av} = \dfrac{1}{2} V_{\max}$ ② $V_{av} = \dfrac{2}{3} V_{\max}$

③ $V_{av} = \dfrac{3}{4} V_{\max}$ ④ $V_{av} = \dfrac{\pi}{4} V_{\max}$

풀이 • 고정 평판 사이의 층류 유동 속도 분포

$u = \dfrac{1}{2\mu}\left(\dfrac{\partial P}{\partial x}\right)(y^2 - h^2)$

• 평균 속도

$V_{av} = \dfrac{h^2 \Delta P}{3\mu l}$

• 최대 속도

$V_{\max} = -\dfrac{h^2}{2\mu}\left(\dfrac{\partial P}{\partial x}\right) = \dfrac{3}{2} V_{av}$

43 점성계수의 차원으로 옳은 것은?(단, F는 힘, L은 길이, T는 시간의 차원이다.)

① FLT^{-2} ② $FL^2 T$

③ $FL^{-1}T^{-1}$ ④ $FL^{-2}T$

풀이 • 점성계수

$\mu = \tau \cdot \dfrac{dy}{du}$ (N·s/m²)

$FL^{-2}T$

44 무게가 1000N인 물체를 지름 5m인 낙하산에 매달아 낙하할 때 종속도는 몇 m/s가 되는가?(단, 낙하산의 항력계수는 0.8, 공기의 밀도는 1.2kg/m³이다.)

① 5.3 ② 10.3
③ 18.3 ④ 32.2

풀이 • 종속도

$V = \sqrt{\dfrac{2W}{\rho A C_D}} = 10.3 \text{m/s}$

45 2m/s의 속도로 물이 흐를 때 피토관 수두 높이 h는?

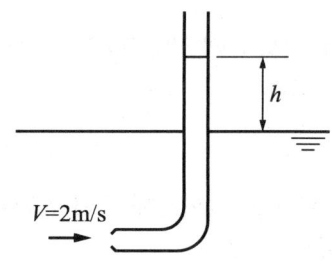

① 0.053m ② 0.102m
③ 0.204m ④ 0.412m

풀이 • 수두 높이

$h = \dfrac{V^2}{2g} = 0.204 \text{m}$

46 안지름 10cm인 파이프에 물이 평균 속도 1.5cm/s로 흐를 때(경우 ⓐ)와 비중이 0.6이고 점성계수가 물의 1/5인 유체 A가 물과 같은 평균 속도로 동일한 관에 흐를 때(경우 ⓑ), 파이프 중심에서 최고 속도는 어느 경우가 더 빠른가?(단, 물의 점성계수는 0.001kg/(m·s)이다.)

① 경우 ⓐ
② 경우 ⓑ
③ 두 경우 모두 최고 속도가 같다.
④ 어느 경우가 더 빠른지 알 수 없다.

풀이 • 수평 원관 내 완전 발달 층류 유동에서 최대 속도와 평균 속도의 관계

$u_{\max,ⓐ} = 2 V_{avg}$

ⓐ인 경우 최대 속도

$u_{\max,ⓐ} = 3 \text{cm/s}$

여기서, ⓐ인 경우 층류

• 난류 파이프 유동에서 속도 분포는 거듭제곱 법칙

$\dfrac{V_{avg}}{u_{\max}} = \left(1 - \dfrac{r}{R}\right)^{1/n}$

ⓑ인 경우. 중심($r = 0$)에서 최대 속도

$u_{\max,ⓑ} = V_{avg} = 1.5 \text{cm/s}$

$u_{\max,ⓐ} > u_{\max,ⓑ}$

여기서, ⓑ인 경우 난류

답 43 ④ 44 ② 45 ③ 46 ①

47 다음 중 2차원 비압축성 유동이 가능한 유동은 어떤 것인가?(단, u는 x방향 속도 성분이고, v는 y방향 속도 성분이다.)

① $u = x^2 - y^2, \ v = -2xy$
② $u = 2x^2 - y^2, \ v = 4xy$
③ $u = x^2 + y^2, \ v = 3x^2 - 2y^2$
④ $u = 2x + 3xy, \ v = -4xy + 3y$

풀이 • 유동이 비압축성이면 직교 좌표계에서 연속 방정식을 만족해야 한다.
$$\frac{\partial u}{\partial x} + \frac{\partial v}{\partial y} + \frac{\partial w}{\partial z} = 0$$
① $\frac{\partial u}{\partial x} = 2x, \ \frac{\partial v}{\partial y} = -2x \to \frac{\partial u}{\partial x} + \frac{\partial v}{\partial y} = 0$

48 유량 측정 장치 중 관의 단면에 축소 부분이 있어서 유체를 그 단면에서 가속시킴으로써 생기는 압력강하를 이용하여 측정하는 것이 있다. 다음 중 이러한 방식을 사용한 측정 장치가 아닌 것은?

① 노즐
② 오리피스
③ 로터미터
④ 벤투리미터

풀이 • 로터미터(rotameter, 플로트 미터(floatmeter)) : 유량 눈금을 읽는데 로터미터는 속이 보이는 튜브 내부에 플로트(float)가 들어 있다. 튜브 안으로 유체가 들어오면 플로트에 작용하는 항력, 부력, 자중 등이 평형을 이루어 플로트가 멈춘다. 이때 플로트가 정지한 곳에서 유량 눈금을 읽을 수 있다.

49 폭이 2m, 길이가 3m인 평판이 물속에 수직으로 잠겨있다. 이 평판의 한쪽 면에 작용하는 전체 압력에 의한 힘은 약 얼마인가?

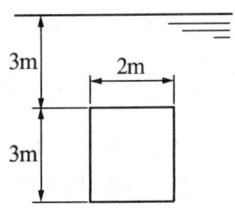

① 88kN
② 176kN
③ 265kN
④ 353kN

풀이 • 수직 직사각형 판에 작용하는 힘
$$F_R = \left[P_0 + \rho g\left(s + \frac{b}{2}\right)\right]ab = 264.6\text{kN}$$

50 정상 2차원 속도장 $\vec{V} = 2x\vec{i} - 2y\vec{j}$ 내의 한 점 (2,3)에서 유선의 기울기 $\frac{dy}{dx}$는?

① $-3/2$
② $-2/3$
③ $2/3$
④ $3/2$

풀이 • 유선의 기울기
$$\frac{dy}{dx} = \frac{v}{u} = -\frac{y}{x}$$
$$\left(\frac{dy}{dx}\right)_{x=2, \ y=3} = -\frac{3}{2}$$

51 동점성계수가 $0.1 \times 10^{-5} \text{m}^2/\text{s}$인 유체가 안지름 10cm인 원관 내에 1m/s로 흐르고 있다. 관마찰계수가 0.022이며 관의 길이가 200m일 때의 손실 수두는 약 몇 m인가?(단, 유체의 비중량은 9800N/m^3이다.

① 22.2
② 11.0
③ 6.58
④ 2.24

풀이 • 손실 수두
$$h_L = f \cdot \frac{L}{D} \cdot \frac{V^2}{2g} = 2.24\text{m}$$

답 47 ① 48 ③ 49 ③ 50 ① 51 ④

52 평판 위의 경계층 내에서의 속도 분포(u)가 $\dfrac{u}{U}=\left(\dfrac{y}{\delta}\right)^{1/7}$일 때 경계층 배제 두께(boundary layer displacement thickness)는 얼마인가?(단, y는 평판에서 수직한 방향으로의 거리이며, U는 자유 유동의 속도, δ는 경계층의 두께이다.)

① $\dfrac{\delta}{8}$ ② $\dfrac{\delta}{7}$

③ $\dfrac{6}{7}\delta$ ④ $\dfrac{7}{8}\delta$

• 배제 두께

$\delta^* = \displaystyle\int_0^\infty \left(1-\dfrac{u}{U}\right)dy = \dfrac{1}{8}\delta$

53 다음 변수 중에서 무차원수는 어느 것인가?
① 가속도   ② 동점성계수
③ 비중   ④ 비중량

• 비중(SG: Specfic Gravity)

$SG=\dfrac{\rho}{\rho_{water}}$

54 그림과 같이 반지름 R인 원추와 평판으로 구성된 점도측정기(cone and plate viscometer)를 사용하여 액체 시료의 점성계수를 측정하는 장치가 있다. 위쪽의 원추는 아래쪽 원판과의 각도를 0.5° 미만으로 유지하고 일정한 각속도 ω로 회전하고 있으며, 갭 사이를 채운 유체의 점도는 위 평판을 정상적으로 돌리는 데 필요한 토크를 측정하여 계산한다. 여기서 갭 사이의 속도 분포가 반지름 방향 길이에 선형적일 때, 원추의 밑면에 작용하는 전단응력의 크기에 관한 설명으로 옳은 것은?

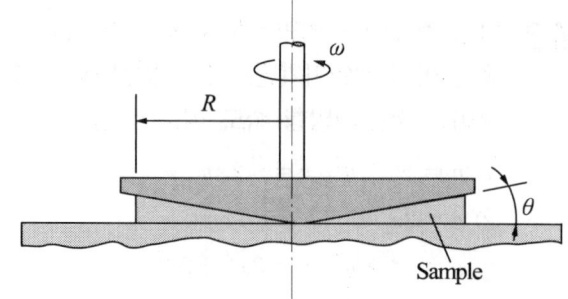

① 전단응력의 크기는 반지름 방향 길이에 관계없이 일정하다.
② 전단응력의 크기는 반지름 방향 길이에 비례하여 증가한다.
③ 전단응력의 크기는 반지름 방향 길이의 제곱에 비례하여 증가한다.
④ 전단응력의 크기는 반지름 방향 길이의 1/2승에 비례하여 증가한다.

• 뉴턴 유체의 유체 유동에서 전단응력과 속도 구배의 관계

$\tau = \mu\dfrac{du}{dy} = \mu\dfrac{R\omega}{a} = \dfrac{\mu\omega}{\tan\theta}$

여기서, $\tan\theta = \dfrac{a}{R} \rightarrow a = R\tan\theta$

전단응력의 크기는 반지름 방향 길이에 관계없다.

55 5°C의 물(밀도 1000kg/m³, 점성계수 1.5×10^{-3}kg/(m·s))이 안지름 3mm, 길이 9m인 수평 파이프 내부를 평균 속도 0.9m/s로 흐르게 하는 데 필요한 동력은 약 몇 W인가?

① 0.14   ② 0.28
③ 0.42   ④ 0.56

• 펌프 소요 동력

$\dot{W}_{pump} = \dot{Q}\Delta P = AV\Delta P = \dfrac{\pi}{4}D^2 \times V \times \Delta P = 0.275\mathrm{W}$

여기서, 압력 손실(ΔP) = 43254Pa

답 52 ① 53 ③ 54 ① 55 ②

56 유효 낙차가 100m인 댐의 유량이 10m³/s일 때 효율 90%인 수력 터빈의 출력은 약 몇 MW인가?

① 8.83　　② 9.81
③ 10.9　　④ 12.4

풀이 • 터빈 출력
$\dot{W}_{shaft} = \eta_{turbine} \times \rho g \dot{Q} H = 8.82 \text{MW}$

57 그림과 같은 수압기에서 피스톤의 지름이 $d_1 = 300\text{mm}$, 이것과 연결된 램(ram)의 지름이 $d_2 = 200\text{mm}$이다. 압력 P_1이 1MPa의 압력을 피스톤에 작용시킬 때 주 램의 지름이 $d_3 = 400\text{mm}$이면 주 램에서 발생하는 힘(W)은 약 몇 kN인가?

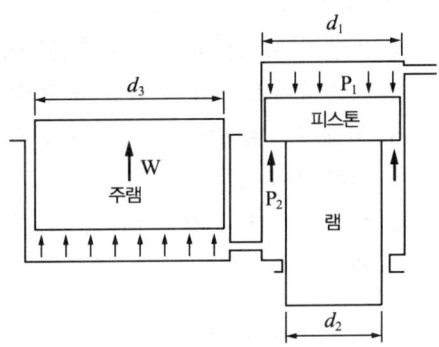

① 226　　② 284
③ 334　　④ 438

풀이 • 주 램에서 발생하는 힘(W)
$W = F \times \dfrac{A_3}{A_2} = F \times \dfrac{d_3^2}{d_1^2 - d_2^2} = 226195 \text{N}$

여기서, 피스톤에 작용하는 힘(F) = 70686N

58 스프링클러의 중심축을 통해 공급되는 유량은 총 3L/s이고 네 개의 회전이 가능한 관을 통해 유출된다. 출구 부분은 접선 방향과 30°의 경사를 이루고 있고 회전 반지름은 0.3m이고 각 출구 지름은 1.5cm로 동일하다. 작동 과정에서 스프링클러의 회전에 대한 저항 토크가 없을 때 회전 각속도는 약 몇 rad/s인가?(단, 회전축상의 마찰은 무시한다.)

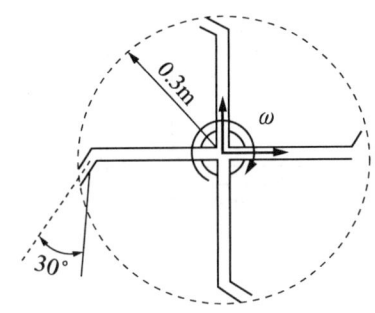

① 1.225　　② 42.4
③ 4.24　　④ 12.25

풀이 • 물 제트의 접선 방향 속도($V_{jet,t}$)와 회전 각속도(ω)
$V_{jet,t} = V_{jet} \times \cos 30° = r\omega$

$\omega = \dfrac{V_{jet} \times \cos 30°}{r} = 12.25 \text{rad/s}$

여기서, 관을 통한 물 제트의 유출 속도(V_{jet}) = 4.244m/s

59 높이 1.5m의 자동차가 108km/h의 속도로 주행할 때의 공기흐름 상태를 높이 1m의 모형을 사용해서 풍동 실험하여 알아보고자 한다. 여기서 상사법칙을 만족시키기 위한 풍동의 공기 속도는 약 몇 m/s인가?(단, 그 외 조건은 동일하다고 가정한다.)

① 20　　② 30
③ 45　　④ 67

풀이 • 풍동의 공기 속도
$V_m = V_p \times \left(\dfrac{L_p}{L_m}\right) = 45 \text{m/s}$

답 56 ① 57 ① 58 ④ 59 ③

60 밀도가 ρ인 액체와 접촉하고 있는 기체 사이의 표면 장력이 σ라고 할 때 그림과 같은 지름 d의 원통 모세관에서 액주의 높이 h를 구하는 식은?(단, g는 중력가속도이다.)

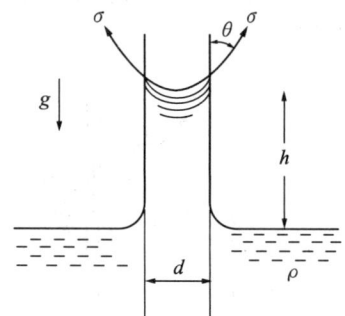

① $\dfrac{\sigma \sin\theta}{\rho g d}$　　② $\dfrac{\sigma \cos\theta}{\rho g d}$

③ $\dfrac{4\sigma \sin\theta}{\rho g d}$　　④ $\dfrac{4\sigma \cos\theta}{\rho g d}$

풀이 • 모세관 상승 높이
$h = \dfrac{2\sigma \cos\phi}{\rho g R}$

4 기계재료 및 유압기기

61 경도가 매우 큰 담금질한 강에 적당한 강인성을 부여할 목적으로 A_1 변태점 이하의 일정 온도로 가열 조작하는 열처리법은?

① 퀜칭(quenching)
② 템퍼링(tempering)
③ 노멀라이징(normalizing)
④ 마퀜칭(marquenching)

풀이 • 뜨임(tempering) : 담금질한 재료는 경도와 강도는 높으나 취성이 크므로 담금질로 인한 내부 응력을 제거하거나, 인성을 증가시키고 경도를 낮추기 위하여 금속을 담금질 후, A_1 변태점 이하의 온도로 가열하여 냉각(급냉 또는 공냉)시키는 방법이다.

62 피아노선재의 조직을 가장 적당한 것은?

① 페라이트(ferrite)
② 소르바이트(sorbite)
③ 오스테나이트(austenite)
④ 마텐자이트(martensite)

풀이 • 소르바이트(sorbite)
㉠ 큰 강재를 유냉한 조직으로 Fe_3C와 $\alpha - Fe$의 혼합 조직이다.
㉡ 강인성이 크고 연해서 강선이나 스프링 제조에 사용된다.

63 마텐자이트(martensite) 변태의 특징에 대한 설명으로 틀린 것은?

① 마텐자이트는 고용체의 단일상이다.
② 마텐자이트 변태는 확산 변태이다.
③ 마텐자이트 변태는 협동적 원자 운동에 의한 변태이다.
④ 마텐자이트의 결정 내에는 격자 결함이 존재한다.

풀이 마텐자이트(martensite)는 C를 과포화로 고용한 페라이트의 일종(체심 입방격자)이다.
마텐자이트 변태는 냉각 속도에 의해서 거의 좌우되지 않는 무확산 변태(diffusionless transformation)로서 어떤 일정한 온도 M_s(마텐자이트에서 페라이트로 되는 온도)에서 시작하여 매우 짧은 시간에 끝나며, 많은 원자가 한꺼번에 협동적으로 이동해서 새로운 원자 위치를 점유한다.
또한 냉간가공의 경우와 마찬가지로 다수의 전위나 쌍정의 발생과 운동에 의해 격자 변태가 진행된다.

64 순철(α-Fe)의 자기 변태 온도는 약 몇 ℃인가?
① 210℃   ② 768℃
③ 910℃   ④ 1410℃

풀이 • 자기 변태(magnetic transformation): 원자의 배열(결정격자의 형상)에는 변화가 일어나지 않으나, 자기적 성질이 변화를 일으키는 것이다. 시멘타이트(Fe_3C)의 자기 변태는 210℃(큐리점, curie point)에서 발생하는 A_0 변태가 있으며, 순철의 자기 변태점은 A_2변태로 768℃에서 발생한다.

65 황동 가공재 특히 관·봉 등에서 잔류 응력에 기인하여 균열이 발생하는 현상은?
① 자연 균열   ② 시효 경화
③ 탈아연 부식   ④ 저온 풀림 경화

풀이 황동이 공기 중의 암모니아, 기타의 염류에 의한 부식으로 냉간가공한 내부에 응력이 발생해 생기는 균열을 자연 균열(season crack)이라 한다. 이를 방지하기 위해 도금, 도료, 180~260℃에서 20~30분간 저온 풀림처리를 한다.

66 빗금으로 표시한 입방격자면의 밀러 지수는?

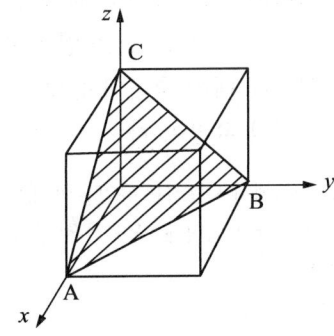

① (100)   ② (010)
③ (110)   ④ (111)

풀이 x, y, z축에 대한 교점은 1, 1, 1
→ 역수를 취하면 1, 1, 1
→ Miller 지수는 (1 1 1)

67 Fe-C 평형 상태도에서 나타나는 철강의 기본 조직이 아닌 것은?
① 페라이트   ② 펄라이트
③ 시멘타이트   ④ 마텐자이트

풀이 • 탄소강의 기본 조직: α-페라이트(Ferrite), 오스테나이트(Austenite), 시멘타이트(cementite, Fe_3C), δ-페라이트(δ-Ferrite), 펄라이트(Pearlite), 레데부라이트(lededburite)

68 6:4 황동에 Pb을 약 1.5~3.0%를 첨가한 합금으로 정밀 가공을 필요로 하는 부품 등에 사용되는 합금은?
① 쾌삭 황동
② 강력 황동
③ 델타메탈
④ 애드미럴티 황동

풀이 • 쾌삭 황동(free cutting brass): 6:4 황동+Pb (0.1~3%), 피삭성과 타발성이 우수하다. 시계의 톱니바퀴 등 정밀 가공이 필요한 부품에 사용

69 고속도 공구 강재를 나타내는 한국산업표준 기호로 옳은 것은?
① SM20C   ② STC
③ STD   ④ SKH

풀이 • KS 재료 기호: SKH(Steel K:공구 High Speed)

70 스테인리스강을 조직에 따라 분류한 것 중 틀린 것은?
① 페라이트계
② 마텐자이트계
③ 시멘타이트계
④ 오스테나이트계

답 64 ② 65 ① 66 ④ 67 ④ 68 ① 69 ④ 70 ③

• 스테인리스강(stainless steel)의 종류
㉠ Cr계 스테인리스강: 마텐사이트계 스테인리스강, 페라이트계 스테인리스강
㉡ Cr-Ni계 스테인리스강: 오스테나이트계 스테인리스강, 오스트나이트계-페라이트계 스테인리스강, 석출경화계 스테인리스강

71 기름의 압축률이 $6.8 \times 10^{-5} cm^2/kgf$일 때 압력을 0에서 $100 kgf/cm^2$까지 압축하면 체적은 몇 %감소하는가?

① 0.48 ② 0.68
③ 0.89 ④ 1.46

 • 체적 변화율
$\Delta V = -$ 압축률 $\times \Delta P \times V = -0.0068 V$

72 그림의 유압 회로도에서 ①의 밸브 명칭으로 옳은 것은?

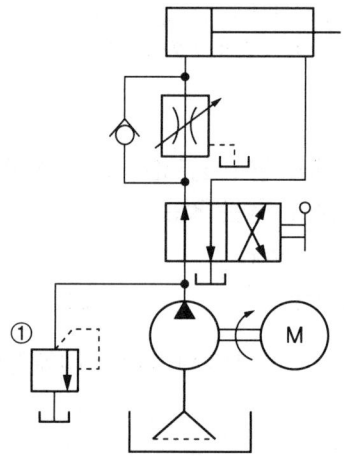

① 스톱 밸브
② 릴리프 밸브
③ 무부하 밸브
④ 카운터 밸런스 밸브

풀이 • 릴리프 밸브: 회로 전체의 압력을 설정하는 압력 제어 밸브

73 그림과 같이 액추에이터의 공급 쪽 관로 내의 흐름을 제어함으로써 속도를 제어하는 회로는?

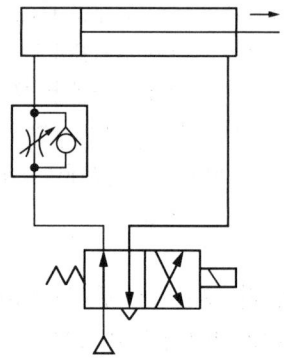

① 시퀀스 회로 ② 체크 백 회로
③ 미터인 회로 ④ 미터 아웃 회로

풀이 • 미터인 회로: 실린더 입구 쪽으로 들어오는 유량을 조정해서 실린더 속도를 제어하는 회로

74 공기압 장치와 비교하여 유압장치의 일반적인 특징에 대한 설명 중 틀린 것은?

① 인화에 따른 폭발의 위험이 적다.
② 작은 장치로 큰 힘을 얻을 수 있다.
③ 입력에 대한 출력의 응답이 빠르다.
④ 방청과 윤활이 자동적으로 이루어진다.

풀이 유압 장치에서 사용하는 유압유의 대부분은 화재의 위험이 있고, 파스칼의 법칙에 따라 작은 입력으로 큰 출력을 얻을 수 있다.

75 4포트 3위치 방향 밸브에서 일명 센터 바이패스형이라고도 하며, 중립 위치에서 A, B 포트가 모두 닫히면 실린더는 임의의 위치에서 고정되고 또 P포트와 T포트가 서로 통하게 되므로 펌프를 무부하시킬 수 있는 형식은?

답 71 ② 72 ② 73 ③ 74 ① 75 ①

① 탠덤 센터형
② 오픈 센터형
③ 클로즈드 센터형
④ 펌프 클로즈드 센터형

풀이
• 탠덤 센터형: 중립 위치에서 A, B 포트는 막혀 있고 P, T 포트는 연결되어 있다. 펌프를 무부하 운전시킬 수 있다.

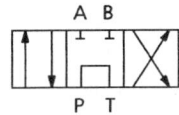

76 그림과 같은 유압 기호의 조작 방식에 대한 설명으로 옳지 않은 것은?

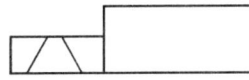

① 2방향 조작이다.
② 파일럿 조작이다.
③ 솔레노이드 조작이다.
④ 복동으로 조작할 수 있다.

풀이 복동 솔레노이드, 2방향 조작

77 관(튜브)의 끝을 넓히지 않고 관과 슬리브의 먹힘 또는 마찰에 의하여 관을 유지하는 관 이음쇠는?

① 스위블 이음쇠
② 플랜지 관 이음쇠
③ 플레어드 관 이음쇠
④ 플레어리스 관 이음쇠

풀이 • 플레어리스 관이음(flareless fitting): 관과 슬리브를 꼭 끼워 마찰에 의해 관을 유지하는 이음 방법

78 비중량(specific weight)의 MLT계 차원은? (단, M: 질량, L: 길이, T: 시간)

① $ML^{-1}T^{-1}$ ② ML^2T^{-3}
③ $ML^{-2}T^{-2}$ ④ ML^2T^{-2}

풀이
• 비중량
$$\gamma = \frac{W(weight)}{V(volumn)} = \frac{kg \cdot m/s^2}{m^3} = \frac{kg}{m^2 \cdot s^2}$$
$ML^{-2}T^{-2}$

79 다음 중 일반적으로 가변 용량형 펌프로 사용할 수 없는 것은?

① 내접 기어 펌프
② 축류형 피스톤 펌프
③ 반경류형 피스톤 펌프
④ 압력 불평형형 베인 펌프

풀이
• 기어 펌프(기하학적 구조에 따른 정용량형 펌프)
• 베인 펌프
  – 평형 베인 펌프(정용량형)
  – 불평형 베인 펌프(정용량형 or 가변 용량형)
• 피스톤 펌프(정용량형 or 가변 용량형)

80 다음 중 드레인 배출기 붙이 필터를 나타내는 공유압 기호는?

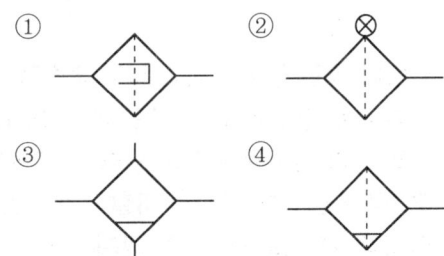

풀이 • 드레인 배출기 붙이 필터를 나타내는 공유압 기호

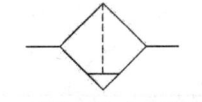

▲ 드레인 배출기 붙이 필터

5 기계제작법 및 기계동력학

81 ω인 진동수를 가진 기저 진동에 대한 전달률(TR, transmissibility)을 1 미만으로 하기 위한 조건으로 가장 옳은 것은?(단, 진동계의 고유 진동수는 ω_n이다.)

① $\dfrac{\omega}{\omega_n} < 2$ ② $\dfrac{\omega}{\omega_n} > \sqrt{2}$

③ $\dfrac{\omega}{\omega_n} > 2$ ④ $\dfrac{\omega}{\omega_n} < \sqrt{2}$

 진동수비 $\left(\dfrac{\omega}{\omega_n}\right)$가 $\sqrt{2}$ 이상인 곳은 절연 영역, $\sqrt{2}$ 이하인 곳은 확대 영역이라고 부른다.

82 스프링으로 지지되어 있는 어느 물체가 매분 120회를 진동할 때 진동수는 약 몇 rad/s인가?

① 3.14   ② 6.28
③ 9.42   ④ 12.57

 • 진동수, 각 진동수
$f = 2\text{Hz}, \ \omega = 2\pi f = 12.57 \text{rad/s}$

83 질량이 m인 공이 그림과 같이 속력이 v, 각도가 α로 질량이 큰 금속판에 사출되었다. 만일 공과 금속판 사이의 반발계수가 0.8이고, 공과 금속판 사이의 마찰이 무시된다면 입사각 α와 출사각 β의 관계는?

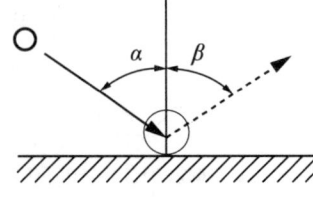

① α에 관계없이 $\beta = 0$
② $\alpha > \beta$
③ $\alpha = \beta$
④ $\alpha < \beta$

 • 충돌 후 공의 법선 방향 속도
$(v_1')_n = 0.8v\cos\alpha$

• 경사 충돌 후 공의 t 방향 운동량 보존
$m(v_1)_t = m(v_1')_t$
$(m)(v\sin\alpha) = (m)(v_1')_t$

• 충돌 후 공의 접선 방향 속도
$(v_1')_t = v\sin\alpha$

• 입사각 α와 출사각 β의 관계
$\tan\beta = \dfrac{(v_1')_t}{(v_1')_n} = \dfrac{v\sin\alpha}{0.8v\cos\alpha} = 1.25\tan\alpha$

$\dfrac{\tan\beta}{\tan\alpha} = 1.25 > 0$

$\beta > \alpha$

84 10°의 기울기를 가진 경사면에 놓인 질량 100kg인 물체에 수평 방향의 힘 500N을 가하여 경사면 위로 물체를 밀어 올린다. 경사면의 마찰계수가 0.2라면 경사면 방향으로 2m를 움직인 위치에서 물체의 속도는 약 얼마인가?

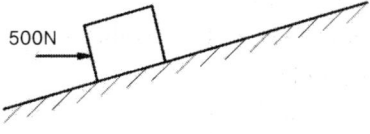

① 1.1m/s   ② 2.1m/s
③ 3.1m/s   ④ 4.1m/s

 • 일과 에너지 법칙
$T_A + U_{A \to B} = T_B$
$0 + (F\cos\theta - \mu mg\cos\theta - mg\sin\theta) \cdot s = \dfrac{1}{2}mv_B^2$
$v_B = 2.27\text{m/s}$

답 81 ② 82 ④ 83 ④ 84 ②

85 그림과 같은 1자유도 진동 시스템에서 임계 감쇠계수는 약 몇 N·s/m인가?

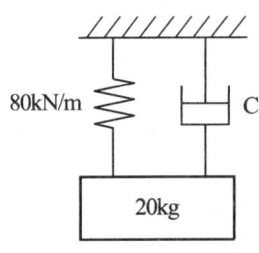

① 80
② 400
③ 800
④ 2000

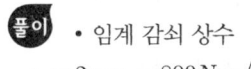
· 임계 감쇠 상수
$c_c = 2m\omega_n = 800\,\text{N}\cdot\text{s/m}$

86 길이가 1m이고 질량이 5kg인 균일한 막대가 그림과 같이 지지되어 있다. A점은 힌지로 되어 있어 B점에 연결된 줄이 갑자기 끊어졌을 때 막대는 자유로이 회전한다. 여기서 막대가 수직 위치에 도달한 순간 각속도는 약 몇 rad/s인가?

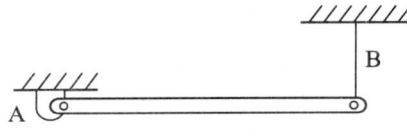

① 2.62
② 3.43
③ 3.91
④ 5.42

· 막대가 수직 위치에 도달한 순간 각속도
$\omega = \sqrt{\dfrac{3g}{l}} = 5.42\,\text{rad/s}$

87 그림과 같이 질량이 m이고 길이가 L인 균일한 막대에 대하여 A점을 기준으로 한 질량 관성 모멘트를 나타내는 식은?

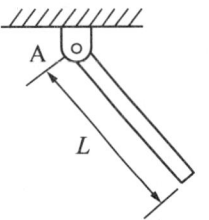

① mL^2
② $\dfrac{1}{3}mL^2$
③ $\dfrac{1}{4}mL^2$
④ $\dfrac{1}{12}mL^2$

· 균일한 막대의 도심 축에 대한 질량 관성 모멘트
$I_G = \dfrac{1}{12}mL^2$

· A점에 대한 질량 관성 모멘트
$I_A = \dfrac{1}{3}mL^2$

88 x방향에 대한 비감쇠 자유진동 식은 다음과 같이 나타난다. 여기서 시간(t)=0일 때의 변위를 x_0, 속도를 v_0라 하면 이 진동의 진폭을 옳게 나타낸 것은?(단, m은 질량, k는 스프링 상수이다.)

$$m\ddot{x} + kx = 0$$

① $\sqrt{\dfrac{m}{k}x_0^2 + v_0^2}$
② $\sqrt{\dfrac{k}{m}x_0^2 + v_0^2}$
③ $\sqrt{x_0^2 + \dfrac{m}{k}v_0^2}$
④ $\sqrt{x_0^2 + \dfrac{k}{m}v_0^2}$

· 단순 정현파 운동으로 표현한 비 감쇠 자유 진동 운동 방정식의 일반 해
$x = C\sin(\omega_n t + \phi)$
여기서, $\sin(\theta+\phi) = \sin\theta\cdot\cos\phi + \cos\theta\cdot\sin\phi$,
$C = \sqrt{A^2+B^2} = \sqrt{\left(\dfrac{\dot{x}_0}{\omega_n}\right)^2 + x_0^2}$, $\phi =$ 위상각

답 85 ③ 86 ④ 87 ② 88 ③

89 북극과 남극이 일직선으로 관통된 구멍을 통하여, 북극에서 지구 내부를 향하여 초기 속도 v_0 =10m/s로 한 질점을 던졌다. 그 질점이 A점($S=R/2$)을 통과할 때의 속력은 약 얼마인가?(단, 지구 내부는 균일한 물질로 채워져 있으며, 중력가속도는 O점에서 0이고, O점으로부터의 위치 S에 비례한다고 가정한다. 그리고 지표면에서 중력가속도는 9.8m/s², 지구 반지름은 R=6371km이다.

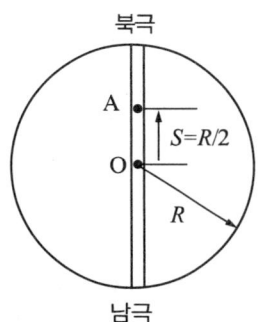

① 6.84km/s ② 7.90km/s
③ 8.44km/s ④ 9.81km/s

풀이 · $S=\dfrac{R}{2}$ 에서 속도

$v^2 = \dfrac{3}{4}gR + 100$

$v = \sqrt{\dfrac{3}{4}gR+100}$ =6843m/s=6.843km/s

90 물방울이 떨어지기 시작하여 3초 후의 속도는 약 몇 m/s인가?(단, 공기의 저항은 무시하고, 초기 속도는 0으로 한다.)

① 29.4 ② 19.6
③ 9.8 ④ 3

풀이 · 3초 후의 속도
$v = v_0 + gt$ =29.4m/s

91 피복 아크 용접에서 피복제의 주된 역할이 아닌 것은?

① 용착 효율을 높인다.
② 아크를 안정하게 한다.
③ 질화를 촉진한다.
④ 스패터를 적게 발생시킨다.

풀이 · 피복제(flux)의 역할
㉠ 대기 중의 산소(산화) 및 질소(질화)의 침입을 방지하고 용융 금속을 보호
㉡ 용착 금속의 기계적 성질 개선하고 탈산 정련 작용을 한다.
㉢ 아크를 안정시키고, 용착 효율을 높인다.
㉣ 슬래그 제거 및 비드를 깨끗이 한다.
㉤ 용융 금속의 응고와 냉각 속도를 지연시켜 준다.
㉥ 모재 표면에 산화물을 제거한다.

92 선반에서 절삭비(cutting, ratio, γ)의 표현식으로 옳은 것은?(단, ϕ는 전단각, α는 공구 윗면 경사각이다.)

① $r = \dfrac{\cos(\phi-\alpha)}{\sin\phi}$

② $r = \dfrac{\sin(\phi-\alpha)}{\cos\phi}$

③ $r = \dfrac{\cos\phi}{\sin(\phi-\alpha)}$

④ $r = \dfrac{\sin\phi}{\cos(\phi-\alpha)}$

풀이

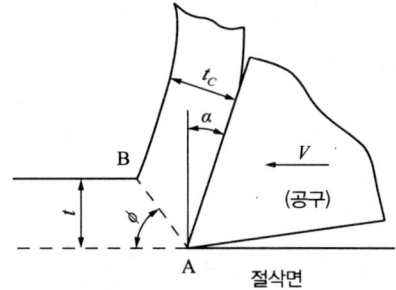

$\gamma = \dfrac{t}{t_c} = \dfrac{\overline{AB}\sin\phi}{\overline{AB}\cos(\phi-\alpha)} = \dfrac{\sin\phi}{\cos(\phi-\alpha)}$

여기서, t=절삭 깊이, t_c=칩 두께, α=경사각, ϕ=전단각

답 89 ① 90 ① 91 ③ 92 ④

93 표면 경화법에서 금속 침투법 중 아연을 침투시키는 것은?
① 칼로라이징 ② 세라다이징
③ 크로마이징 ④ 실리코나이징

풀이 • 침투(cementation, 시멘테이션)법
㉠ 세라다이징(ceradizing, Zn 침투): 소형 제품에 적합, 침투층 균일, 내식성 피막 형성
㉡ 크로마이징(chromizing, Cr 침투): 내산, 내식, 내마멸성을 향상
㉢ 칼로라이징(calorizing, Al 침투): 내스케일성 증가, 고온 산화에 강함
㉣ 실리코나이징(siliconizing, Si 침투): 내식성 향상
㉤ 보로나이징(boronizing, B 침투): 내마모성 증대

94 테르밋 용접(thermit welding)의 일반적인 특징으로 틀린 것은?
① 전력 소모가 크다.
② 용접 시간이 비교적 짧다.
③ 용접 작업 후의 변형이 작다.
④ 용접 작업 장소의 이동이 쉽다.

풀이 • 테르밋 용접(thermit welding): 용접 작업이 단순한데 비해 용접 결과의 재현성이 높다. 설비비가 저렴하고, 용접 장소의 이동이 쉽다. 용접 시간이 비교적 짧으며 용접 작업 후 변형이 작다.

95 4개의 조가 각각 단독을 이동하여 불규칙한 공작물의 고정에 적합하고 편심 가공이 가능한 선반척은?
① 연동척 ② 유압척
③ 단동척 ④ 콜릿척

풀이 • 척(chuck)
㉠ 단동척(independent chuck): 조(jaw)는 4개이며 각각의 조는 개별적으로 움직인다. 불규칙한 형상을 물릴 때 적합하다.
㉡ 연동척(universal chuck): 스크롤(scroll) 척이라고도 하며, 조는 3개이며 동시에 움직인다. 원형, 삼각, 육각 봉재 등 규칙적인 외경 재료를 물릴 때 사용된다.
㉢ 복동척(combination chuck): 단동척과 연동척의 기능을 갖도록 한 척
㉣ 전자석 척(magnetic chuck): 마그네틱 척, 자기 척으로 두 개가 얇은 공작물 고정용으로 적합
㉤ 콜릿척(collet chuck): 가늘고 긴 외경 고정에 적합하다.
㉥ 공기척(air chuck): 자동 선반, 터릿 선반, 모방 선반 등에서 사용
㉦ 유압척(hydraulic chuck): 신속하게 고정력을 쉽게 조절할 수 있으며, CNC 선반 등에서 사용하는 척

96 프레스 가공에서 전단 가공의 종류가 아닌 것은?
① 셰이빙 ② 블랭킹
③ 트리밍 ④ 스웨이징

풀이 • 전단 가공의 종류
㉠ 펀칭(punching, 타공)
㉡ 블랭킹(blanking, 타발)
㉢ 전단(shearing)
㉣ 분단(parting)
㉤ 노칭(notching)
㉥ 트리밍(trimming)
㉦ 셰이빙(shaving)

97 초음파가공의 특징으로 틀린 것은?
① 부도체도 가공이 가능하다.
② 납, 구리, 연강의 가공이 쉽다.
③ 복잡한 형상도 쉽게 가공한다.
④ 공작물에 가공 변형이 남지 않는다.

풀이 • 초음파가공(ultrasonic machining): 공구의 진동면과 가공물 사이에 물이나 경유 등을 연삭입자를 혼합한 가공액을 넣고 초음파 진동을 주어 가공물을 가공하는 가공법으로 도체 및 부도체 가공이 가능하고, 유리기구에 눈금, 무늬 등의 복잡한 형상을 가공을 하며, 수정, 반도체, 세라믹 등의 재질에 미세한 구멍 가공과 절단을 하는 경우에 주로 사용되지만 연질 재료(연강, 구리, 납)의 가공은 어렵다.

답 93 ② 94 ① 95 ③ 96 ④ 97 ②

98 지름 100mm, 판의 두께 3mm, 전단 저항 45kgf/mm²인 SM40C 강판을 전단할 때 전단하중은 약 몇 kgf인가?

① 42410　　② 53240
③ 67420　　④ 70680

풀이 $\tau = \dfrac{P}{A}$ 에서 $P = \tau \times A$ 이다. 여기서 강판일 경우 면적은 강판일 경우 길이×두께, 원판일 경우 원둘레×두께이므로 $P = \pi dt\tau$[N](원판인 경우 면적: $\pi d \times t$)
　　$= 45\text{kgf/mm}^2 \times (\pi \times 100 \times 3)\text{mm}^2 = 42411.5\text{kgf}$

99 용탕의 충전 시에 모래의 팽창력에 의해 주형이 팽창하여 발생하는 것으로, 주물 표면에 생기는 불규칙한 형상의 크고 작은 돌기 모양을 하는 주물 결함은?

① 스캡　　② 탕경
③ 블로홀　　④ 수축공

풀이 • 주물 결함: 용융 금속의 압력, 가스, 통기성, 주물사의 입자 크기 등에 영향을 받으며 주물사의 선택, 첨가제의 선정, 주형 제작 등에 유의하여야 한다.
　㉠ 와시(wash): 주물사의 결합력 부족으로 생긴 결함
　㉡ 스캡(scab): 주물 표면의 불규칙한 형상의 크고 작은 금속 돌출부 모양의 주물 결함
　㉢ 버클(bukle): 용탕과 주형의 충돌 및 주형 강도 부족으로 생긴 결함

100 와이어 컷(wire cut) 방전가공의 특징으로 틀린 것은?

① 표면 거칠기가 양호하다.
② 담금질강과 초경합금의 가공이 가능하다.
③ 복잡한 형상의 가공물을 높은 정밀도로 가공할 수 있다.
④ 가공물의 형상이 복잡함에 따라 가공 속도가 변한다.

풀이 • 장점
　㉠ 초경공구, 담금질 강, 특수강 등도 가공할 수 있다.
　㉡ 가공물과 전극 사이에 발생하는 아크(arc) 열을 이용한다.
　㉢ 기계 가공으로 변형이 쉬운 경우의 가공에 용이하다
　㉣ 가공 형상이 복잡한 가공에 적합하다.(임의의 단면 형상의 구멍 가공도 할 수 있다.)
　㉤ 가공물의 경도와 관계없이 가공이 가능하다.
　㉥ 전극의 형상대로 정밀도 높은 가공을 할 수 있다.
　㉦ 전극 및 가공물에 큰 힘이 가해지지 않는다.
　㉧ 인성 취성이 큰 재료 가공에 용이하다.
• 단점
　㉠ 가공 후 가공 변질층이 남는다.
　㉡ 방전 간극(Clearance)으로 인하 오차가 발생할 수 있다
　㉢ 각 가공 때마다 다른 전극 필요

답　98 ①　99 ①　100 ④

2017년 4회 일반기계기사 기출문제

1 재료역학

1 길이가 L인 양단 고정보의 중앙점에 집중 하중 P가 작용할 때 모멘트가 0이 되는 지점에서의 처짐량은 얼마인가?(단, 보의 굽힘강성 EI는 일정하다.)

① $\dfrac{PL^3}{384EI}$ ② $\dfrac{PL^3}{192EI}$
③ $\dfrac{PL^3}{96EI}$ ④ $\dfrac{PL^3}{48EI}$

풀이 2차 부정정 차수를 가지는 부정정보로 대칭성 구조이므로 $R_A=R_B=\dfrac{P}{2}$, $M_A=M_B=\dfrac{PL}{8}$,

모멘트가 0인 지점은 $M_x=\dfrac{Px}{2}-\dfrac{PL}{8}$, $x=\dfrac{L}{4}$.

$\delta=\dfrac{Px^2}{48EI}(3L-4x)\ \left(0\leq x\leq \dfrac{L}{2}\right)$에서

$\delta_{x=\frac{L}{4}}=\dfrac{P\left(\dfrac{L}{4}\right)^2}{48EI}\left(3L-4\times\dfrac{L}{4}\right)=\dfrac{PL^2}{768}\times 2L=\dfrac{PL^3}{384}$

2 길이가 L인 외팔보의 자유단에 집중하중 P가 작용할 때 최대 처짐량은?(단, E: 탄성계수, I: 단면 2차 모멘트이다.)

① $\dfrac{PL^3}{8EI}$ ② $\dfrac{PL^3}{4EI}$
③ $\dfrac{PL^3}{3EI}$ ④ $\dfrac{PL^3}{2EI}$

풀이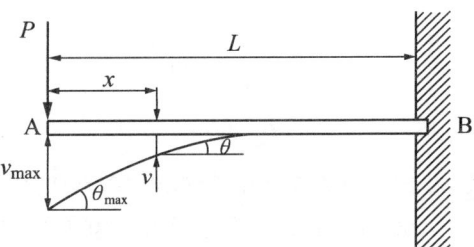

- 처짐각 $\theta_{max}=\dfrac{PL^2}{2EI}$
- 처짐량 $V_{max}=\dfrac{PL^3}{3EI}$

3 다음 그림과 같은 사각단면의 상승 모멘트(Product of inertia) I_{xy}는 얼마인가?

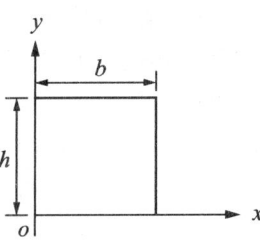

① $\dfrac{b^2h^2}{4}$ ② $\dfrac{b^2h^2}{3}$
③ $\dfrac{b^2h^3}{4}$ ④ $\dfrac{bh^3}{3}$

풀이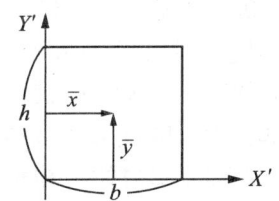

답 1① 2③ 3①

도심축 $I_{XY} = \int_A x \cdot y \cdot dA$

$= \int_{-\frac{b}{2}}^{\frac{b}{2}} x \cdot dx \times \int_{-\frac{h}{2}}^{\frac{h}{2}} y \cdot dy = 0$

$X'Y'$ 축 $I_{X'Y'} = \int_A x \cdot y \cdot dA = \int_0^b x \cdot dx \times \int_0^h y \cdot dy$

$= \left[\frac{x^2}{2}\right]_0^b \cdot \left[\frac{y^2}{2}\right]_0^h$

$= \frac{b^2}{2} \cdot \frac{h^2}{2} = \frac{b^2 \cdot h^2}{4}$

4 바깥지름 50cm, 안지름 40cm의 중공원통에 500kN의 압축하중이 작용했을 때 발생하는 압축응력은 약 몇 MPa인가?

① 5.6　　② 7.1
③ 8.4　　④ 10.8

풀이 $\sigma = \dfrac{500 \times 10^3}{\frac{\pi}{4}(0.5^2 - 0.4^2)} \fallingdotseq 7.07\,\text{MPa}$

5 두께 10mm인 강판으로 직경 2.5m의 원통형 압력 용기를 제작하였다. 최대 내부 압력이 1200kPa일 때 축 방향 응력은 몇 MPa인가?

① 75　　② 100
③ 125　　④ 150

풀이 • 축 방향 응력

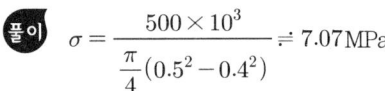
$\sigma_a = \dfrac{q_a d}{4t} = \dfrac{(1200 \times 10^3) \times 2.5}{4 \times 0.01} = 75\,\text{MPa}$

6 지름 50mm인 중실축 ABC가 A에서 모터에 의해 구동된다. 모터는 600rpm으로 50kW의 동력을 전달한다. 기계를 구동하기 위해서 기어 B는 35kW, C는 15kW를 필요로 한다. 축 ABC에 발생하는 최대 전단응력은 몇 MPa인가?

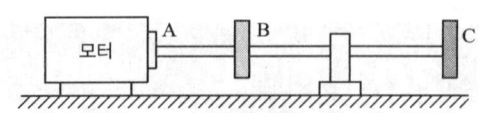

① 9.73　　② 22.7
③ 32.4　　④ 64.8

풀이 $T = 974 \times \dfrac{50}{600} \times 9.8 \fallingdotseq 795.4\,\text{Nm} = \tau\dfrac{\pi d^3}{16}$ 에서

$\tau = \dfrac{16 \times 795.4}{\pi \times 0.05^3} \fallingdotseq 32.4\,\text{MPa}$

7 그림과 같은 두 평면 응력 상태의 합에서 최대 전단응력은

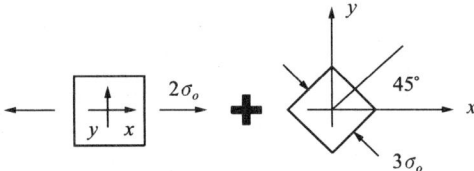

① $\dfrac{\sqrt{3}}{2}\sigma_o$　　② $\dfrac{\sqrt{6}}{2}\sigma_o$

③ $\dfrac{\sqrt{13}}{2}\sigma_o$　　④ $\dfrac{\sqrt{16}}{2}\sigma_o$

풀이 $\tau_{\max} = \dfrac{1}{2}\sqrt{(2\sigma_0)^2 + (3\sigma_0)^2} = \dfrac{\sqrt{13}}{2}\sigma_0$

8 그림에서 블록 A를 이동시키는 데 필요한 힘 P는 몇 N 이상인가?(단, 블록과 접촉면과의 마찰계수 $\mu = 0.4$이다.)

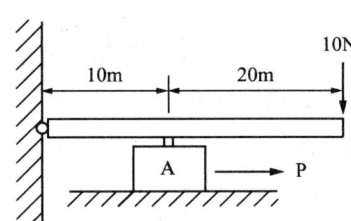

① 4　　② 8
③ 10　　④ 12

답　4② 5① 6③ 7③ 8④

풀이 $010 \times (10+20) = R_A \times 10$, $R_A = \dfrac{10 \times 30}{10} = 30$
이므로 $P = \mu R_A = 0.4 \times 30 = 12$

9 최대 굽힘 모멘트 $M = 8kN \cdot m$를 받는 단면의 굽힘응력을 60MPa로 하려면 정사각 단면에서 한 변의 길이는 약 몇 cm인가?

① 8.2   ② 9.3
③ 10.1   ④ 120

풀이 $M = \sigma_b \times S = \sigma_b \times \dfrac{bh^2}{6}$ 정사각형이므로
$a^3 = \dfrac{6 \times M}{\sigma_b}$, $a = \sqrt[3]{\dfrac{6 \times M}{\sigma_b}} \fallingdotseq 9.3 cm$

10 T형 단면을 갖는 외팔보에 $5kN \cdot m$의 굽힘모멘트가 작용하고 있다. 이 보의 탄성선에 대한 곡률 반지름은 몇 m인가? (단, 탄성계수 $E = 150GPa$, 중립축에 대한 2차 모멘트 $I = 868 \times 10^{-9} m^4$이다.)

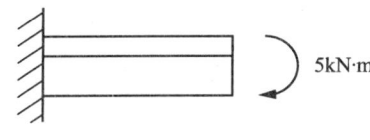

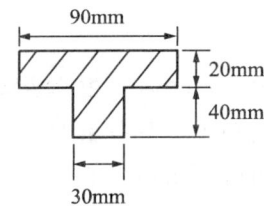

① 26.04   ② 36.04
③ 46.04   ④ 56.04

풀이 • 곡률 $\dfrac{1}{\rho} = \dfrac{M}{E \cdot I}$ 에서 곡률 반지름
$\rho = \dfrac{E \cdot I}{M} = \dfrac{(150 \times 10^9) \times (868 \times 10^{-9})}{5 \times 10^3} = 26.04 m$

11 그림과 같은 단순 지지보에서 반력 R_A는 몇 kN인가?

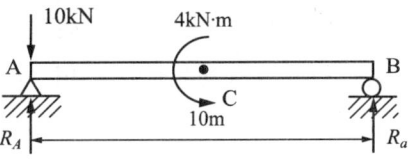

① 8   ② 8.4
③ 10   ④ 10.4

풀이 $M_B = R_A \times 10 - 10k \times 10 - 4k = 0$,
$R_A = 10.4 kN$

12 원형 단면의 단순보가 그림과 같이 등분포 하중 50N/m을 받고 허용 굽힘응력이 40MPa일 때 단면의 지름은 최소 약 몇 mm가 되어야 하는가?

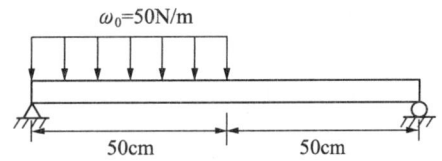

① 4.1   ② 4.3
③ 4.5   ④ 4.7

풀이 $R_A \times L - w \times \dfrac{L}{2}\left(\dfrac{L}{4} + \dfrac{L}{2}\right) = 0$ 에서

$R_A = \dfrac{3}{8} wL$

$M_x = R_A \cdot x - wx \cdot \dfrac{x}{2} = \dfrac{3}{8} wL \cdot x - \dfrac{w \cdot x^2}{2}$,

$M'_x = \dfrac{3}{8} wL - w \cdot x = 0$ 에서

M_{max}는 $x = \dfrac{3}{8}L$에서 발생한다.

$M_{max} = \dfrac{3}{8} \times 50 \times 1 \times \left(\dfrac{3}{8} \times 1\right) - \dfrac{50}{2}\left(\dfrac{3}{8}\right)^2 \fallingdotseq 3.5 Nm$

$M = \sigma_b \cdot S = \sigma_b \dfrac{\pi d^3}{32}$, $d = \sqrt[3]{\dfrac{32 \cdot M}{\pi \sigma_b}} \fallingdotseq 4.467 mm$

답 9 ② 10 ① 11 ④ 12 ③

13 그림과 같이 두 가지 재료로 된 봉이 하중 P를 받으면서 강체로 된 보를 수평으로 유지시키고 있다. 강봉에 작용하는 응력이 150MPa일 때 Al 봉에 작용하는 응력은 MPa인가? (단, 강과 Al의 탄성계수의 비는 $E_s/E_a = 3$ 이다.)

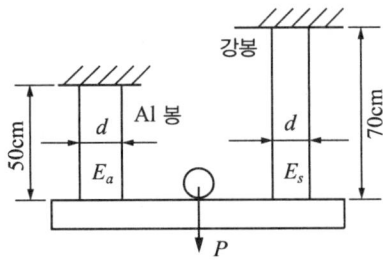

① 70 ② 270
③ 555 ④ 875

풀이 $P = P_1 + P_2$, $\delta_a = \delta_s = \dfrac{P_a l_a}{A_a E_a} = \dfrac{P_s l_s}{A_s E_s}$,

$\sigma_a \dfrac{l_a}{E_a} = \sigma_s \dfrac{l_s}{E_s}$,

$\sigma_a = \sigma_s \dfrac{E_a l_s}{E_s l_a} = 150 \,\mathrm{M} \dfrac{1}{3} \times \dfrac{0.7}{0.5} = 70\,\mathrm{MPa}$

14 바깥지름이 46mm인 중공축이 120kW의 동력을 전달하는데 이때의 각속도는 40rev/s이다. 이 축의 허용 비틀림 응력이 $T_a = 80\mathrm{MPa}$ 일 때, 최대 안지름은 약 몇 mm인가?

① 35.9 ② 41.9
③ 45.9 ④ 51.9

풀이 $40\,\dfrac{\mathrm{rev}}{\mathrm{s}} = 2400\,\dfrac{\mathrm{rev}}{\mathrm{min}}$

$T = 974 \dfrac{120}{2400} \times 9.8 = 477.26\,\mathrm{N \cdot m}$

$T = \tau \times \dfrac{\pi(d_2^4 - d_1^4)}{16 d_2}$,

$T \times 16 d_2 = \tau \cdot \pi \cdot d_2^4 - \tau \cdot \pi \cdot d_1^4$,

$d_1 = \sqrt[4]{\dfrac{\tau \pi d_2^4 - 16 T \cdot d_2}{\tau \pi}}$

$= \sqrt[4]{\dfrac{80 \times 10^6 \times \pi \times 0.046^4 - 16 \times 477.26 \times 0.046}{80 \times 10^6 \times \pi}}$

$\fallingdotseq 41.89\,\mathrm{mm}$

15 그림과 같은 반지름 a인 원형 단면축에 비틀림 모멘트 T가 작용한다. 단면의 임의의 위치 $r(0 < r < a)$에서 발생하는 전단응력은 얼마인가?(단, $I_o = I_x + I_y$이고, I는 단면 2차 모멘트이다.)

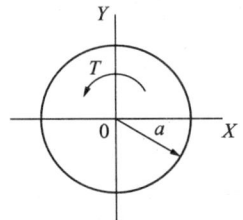

① 0 ② $\dfrac{T}{I_o}r$
③ $\dfrac{T}{I_x}r$ ④ $\dfrac{T}{I_y}r$

풀이 $T = \tau Z_P = \tau \times \dfrac{I_o}{r} = \tau = \dfrac{T}{I_o}r$

16 탄성(elasticity)에 대한 설명으로 옳은 것은?
① 물체의 변형률을 표시하는 것
② 물체에 작용하는 외력의 크기
③ 물체에 영구 변형을 일어나게 하는 성질
④ 물체에 가해진 외력이 제거되는 동시에 원형으로 되돌아가려는 성질

풀이 물체에 영구변형을 일어나게 하는 성질은 소성이다.

답 13 ① 14 ② 15 ② 16 ④

17 길이가 L인 균일 단면 막대기에 굽힘 모멘트 M이 그림과 같이 작용하고 있을 때, 막대에 저장된 탄성 변형 에너지는?(단, 막대기의 굽힘강성 EI는 일정하고, 단면적은 A이다.)

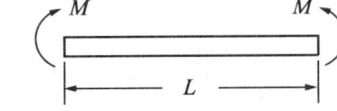

① $\dfrac{M^2L}{2AE^2}$ ② $\dfrac{L^3}{4EI}$

③ $\dfrac{M^2L}{2AE}$ ④ $\dfrac{M^2L}{2EI}$

풀이 $\dfrac{1}{\rho} = \dfrac{d\theta}{dx} = \dfrac{M}{EI}$ 에서 $d\theta = \dfrac{M}{EI}dx$

$U = \int \dfrac{M}{2}d\theta = \int_0^l \dfrac{M^2}{2EI}dx = \dfrac{M^2 \cdot l}{2EI}$

18 직경이 2cm인 원통형 막대에 2kN의 인장하중이 작용하여 균일하게 신장되었을 때, 변형 후 직경의 감소량은 약 몇 mm인가? (단, 탄성계수는 30GPa이고, 포아송비는 0.3이다.)

① 0.0128 ② 0.00128
③ 0.064 ④ 0.0064

풀이 $\epsilon_A = -2\mu\epsilon$으로 (−)값은 감소를 의미하며 인장하중을 받으면 감소하고 압축하중을 받으면 증가한다.

$\mu = \left|\dfrac{\text{가로변형률}}{\text{세로변형률}}\right| = \left|\dfrac{\epsilon'}{\epsilon}\right| = \dfrac{\dfrac{\Delta d}{d}}{\dfrac{\Delta l}{l}}$

$= \dfrac{l \cdot \Delta d}{d \cdot \Delta l} = \dfrac{l \cdot \Delta d}{d \cdot \dfrac{Pl}{AE}} = \dfrac{l \cdot \Delta d \times AE}{d \cdot Pl}$ 에서

$\Delta d = \dfrac{\mu \times d \times P \times l}{l \times AE} = \dfrac{\mu \times d \times P}{AE}$

$= \dfrac{0.3 \times 0.02 \times (2 \times 10^3)}{\dfrac{\pi \times 0.02^2}{4} \times (30 \times 10^9)} \fallingdotseq 0.00127$

19 그림과 같이 20cm×10cm의 단면적을 갖고 양단이 회전단으로 된 부재가 중심축 방향으로 압축력 P가 작용하고 있을 때 장주의 길이가 2m라면 세장비는?

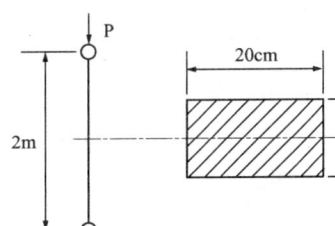

① 89 ② 69
③ 49 ④ 29

풀이 세장비(slenderness ration) $\lambda = \dfrac{L}{r}$ 에서

$r = \sqrt{\dfrac{I}{A}} = \sqrt{\dfrac{\dfrac{hb^3}{12}}{bh}} = \dfrac{b(\text{또는 } h)}{\sqrt{12}}$ (I는 $\dfrac{bh^3}{12}$ 과 $\dfrac{hb^3}{12}$ 중 작은 값을 선택)이므로

$r = \dfrac{0.1}{\sqrt{12}}$ $\lambda = \dfrac{2}{\dfrac{0.1}{\sqrt{12}}} \fallingdotseq 69.28$

20 길이가 L이고 직경이 d인 강봉을 벽 사이에 고정하고 온도를 ΔT만큼 상승시켰다. 이때 벽에 작용하는 힘은 어떻게 표현되나?(단, 강봉의 탄성계수는 E이고, 선팽창계수는 α이다.)

① $\dfrac{\pi E \alpha \Delta T d^2 L}{16}$ ② $\dfrac{\pi E \alpha \Delta T d^2}{2}$

③ $\dfrac{\pi E \alpha \Delta T d^2 L}{8}$ ④ $\dfrac{\pi E \alpha \Delta T d^2}{4}$

풀이 • 양단이 고정된 경우

열응력 $\sigma_T = E \cdot \alpha \cdot \Delta T = \dfrac{P}{A}$ 에서

$P = E \cdot \alpha \cdot \Delta T \cdot A = E \cdot \alpha \cdot \Delta T \cdot A \dfrac{\pi \cdot d^2}{4}$

2과목 기계열역학

21 다음 중 등 엔트로피(entropy) 과정에 해당하는 것은?
① 가역 단열 과정
② polytropic 과정
③ Joule-Thomson 교축 과정
④ 등온 팽창 과정

풀이 등 엔트로피 과정 → 가역 단열 과정

22 227℃의 증기가 500kJ/kg의 열을 받으면서 가역 등온 팽창한다. 이때 증기의 엔트로피 변화는 약 몇 kJ/(kg·K)인가?
① 1.0 ② 1.5
③ 2.5 ④ 2.8

풀이 • 증기의 엔트로피 변화
$ds = \dfrac{\delta q}{T} = 1\,\text{kJ/(kg·K)}$

23 최고온도 1300K와 최저온도 300K 사이에서 작동하는 공기표준 Brayton 사이클의 열효율은 약 얼마인가?(단, 압력비는 9, 공기의 비열비는 1.4이다.)
① 30% ② 36%
③ 42% ④ 47%

풀이 • Brayton 사이클의 열효율
$\eta_{th,brayton} = 1 - \dfrac{1}{(P_2/P_1)^{(k-1)/k}} = 0.466$

24 포화 증기를 단열 상태에서 압축시킬 때 일어나는 일반적인 현상 중 옳은 것은?
① 과열증기가 된다. ② 온도가 떨어진다.
③ 포화수가 된다.   ④ 습증기가 된다.

풀이 포화 증기 상태에서 압력을 올리면 과열증기가 된다.

25 물의 증발열은 101.325kPa에서 2257kJ/kg이고, 이때 비체적은 0.00104m³/kg에서 1.67m³/kg으로 변화한다. 이 증발 과정에 있어서 내부 에너지의 변화량은(kJ/kg)은?
① 237.5 ② 2375
③ 208.8 ④ 2088

풀이 • 내부 에너지 변화량
$du = \delta q - Pdv = 2087.9\,\text{kJ/kg}$

26 가스 터빈 엔진의 열효율에 대한 다음 설명 중 잘못된 것은?
① 압축기 전후의 압력비가 증가할수록 열효율이 증가한다.
② 터빈 입구의 온도가 높을수록 열효율은 증가하나 고온에 견딜 수 있는 터빈 블레이드 개발이 요구된다.
③ 터빈 일에 대한 압축기 일의 비를 back work ratio라고 하며, 이 비가 클수록 열효율이 높아진다.
④ 가스 터빈 엔진은 증기 터빈 원동소와 결합된 복합시스템을 구성하여 열효율을 높일 수 있다.

풀이 • 역일비(back work ratio, rb. w)
터빈 일에 대한 압축기 일의 비를 말한다.
$\text{rb.w} = \dfrac{w_{압축기}}{w_{turbine}}$
• 열효율(thermal efficiency, η_{th})
$\eta_{th} = \dfrac{w_{net}}{q_{in}} = \dfrac{w_t - w_c}{q_{in}}$

답 21 ① 22 ① 23 ④ 24 ① 25 ④ 26 ③

27 1MPa의 일정한 압력(이때의 포화 온도는 180℃)하에서 물이 포화액에서 포화 증기로 상변화를 하는 경우 포화액의 비체적과 엔탈피는 각각 0.00113m³/kg, 763kJ/kg이고, 포화 증기의 비체적과 엔탈피는 각각 0.1944m³/kg, 2778kJ/kg이다. 이때 증발에 따른 내부 에너지 변화(u_{fg})와 엔트로피 변화(s_{fg})는 약 얼마인가?

① $u_{fg}=1822$kJ/kg, $s_{fg}=3.704$kJ/(kg·K)
② $u_{fg}=2002$kJ/kg, $s_{fg}=3.704$kJ/(kg·K)
③ $u_{fg}=1822$kJ/kg, $s_{fg}=4.447$kJ/(kg·K)
④ $u_{fg}=2002$kJ/kg, $s_{fg}=4.447$kJ/(kg·K)

 • 내부 에너지 변화
$u_g - u_f = (h_g - h_f) - P(v_g - v_f) = 1821.7$kJ/kg
• 엔트로피 변화
$s_g - s_f = \dfrac{h_g - h_f}{T} = 4.448$kJ/kg
여기서, $v_g = 0.1944$m³/kg
$v_f = 0.00113$m³/kg
$h_g = 2778$kJ/kg, $h_f = 763$kJ/kg

28 온도 5℃와 35℃ 사이에서 역카르노 사이클로 운전하는 냉동기의 최대 성적 계수는 약 얼마인가?

① 12.3   ② 5.3
③ 7.3   ④ 9.3

 • 냉동기의 최대 성적 계수
$COP = \dfrac{T_L}{T_H - T_L} = 9.3$

29 압력 1N/cm², 체적 0.5m³인 기체 1kg을 가역과정으로 압축하여 압력이 2N/cm², 체적이 0.3m³로 변화되었다. 이 과정이 압력-체적($P-V$) 선도에서 선형적으로 변화되었다면 이때 외부로부터 받은 일은 약 몇 N·m인가?

① 2000   ② 3000
③ 4000   ④ 5000

 • 외부에서 받은 일
$_1W_2 = (V_1 - V_2)P_1 + \dfrac{1}{2} \times (V_1 - V_2) \times (P_2 - P_1)$
$= 3000$N·m

30 밀폐된 실린더 내의 기체를 피스톤으로 압축하는 동안 300kJ의 열이 방출되었다. 압축일의 양이 400kJ이라면 내부 에너지 변화량은 약 몇 kJ인가?

① 100   ② 300
③ 400   ④ 700

• 내부 에너지 변화량
$_1Q_2 = U_2 - U_1 + {_1W_2}$
$-300 \times 10^3 = U_2 - U_1 - 400 \times 10^3$
$U_2 - U_1 = 100$kJ

31 두께가 4cm인 무한히 넓은 금속 평판에서 가열면의 온도를 200℃, 냉각면의 온도를 50℃로 유지하였을 때 금속판을 통한 정상상태의 열유속이 300kW/m²이면 금속판의 열전도율(thermal conductivity)은 약 몇 W(m·K)인가?(단, 금속판에서의 열전달은 Fouiere 법칙을 따른다고 가정한다.)

① 20   ② 40
③ 60   ④ 80

• 열전도율
$k = -\dfrac{\dot{Q}}{A} \times \dfrac{dx}{dT} = 80$W/m·K

답 27 ③ 28 ④ 29 ② 30 ① 31 ④

32 고열원과 저열원 사이에서 작동하는 카르노 사이클 열기관이 있다. 이 열기관에서 60kJ의 일을 얻기 위하여 100kJ의 열을 공급하고 있다. 저열원의 온도가 15℃라고 하면 고열원의 온도는?

① 128℃ ② 288℃
③ 447℃ ④ 720℃

 • 고열원의 온도

$$\frac{W}{Q_H} = 1 - \frac{T_L}{T_H}$$

$$\frac{60}{100} = 1 - \frac{288}{T_H}$$

$T_H = 720K = 447℃$

33 20℃, 400kPa의 공기가 들어 있는 1m³의 용기와 30℃, 150kPa의 공기가 들어있는 용기가 밸브로 연결되어 있다. 밸브가 열려서 전체 공기가 섞인 후 25℃의 주위와 열적 평형을 이룰 때 공기의 압력은 약 몇 kPa인가?(단, 공기의 기체 상수는 0.287kJ/(kg·K)이다)

① 110 ② 214
③ 319 ④ 417

 • 혼합 후 공기 압력

$$P = \frac{mRT}{V} = 216.7 kPa$$

여기서, 혼합 후 전체 질량(m) = 9.756kg
혼합 후 전체 체적(V) = 3.85m³

34 다음 장치들에 대한 열역학적 관점의 설명으로 옳은 것은?

① 노즐은 유체를 서서히 낮은 압력으로 팽창하여 속도를 감속시키는 기구이다.
② 디퓨저는 저속의 유체를 가속하는 기구이며 그 결과 유체의 압력이 증가한다.
③ 터빈은 작동유체의 압력을 이용하여 열을 생성하는 회전식 기계이다.
④ 압축기의 목적은 외부에서 유입된 동력을 이용하여 유체의 압력을 높이는 것이다.

• 압축기는 외부에서 동력을 공급받아 유체의 압력을 높이는 장치이다.

35 상온(25℃)의 실내에 있는 수은 기압계에서 수은주의 높이가 730mm라면, 이때 기압은 약 몇 kPa인가?(단, 25℃ 기준, 수은 밀도는 13534kg/m³이다.)

① 91.4 ② 96.9
③ 99.8 ④ 104.2

• 수은주의 높이가 730mm인 경우 기압
760 : 101293 = 730 : x
$x = 97$kPa

36 자동차 엔진을 수리한 후 실린더 블록과 헤드 사이에 수리 전과 비교하여 더 두꺼운 개스킷을 넣었다면 압축비와 열효율은 어떻게 되겠는가?

① 압축비는 감소하고, 열효율도 감소한다.
② 압축비는 감소하고, 열효율은 증가한다.
③ 압축비는 증가하고, 열효율은 감소한다.
④ 압축비는 증가하고, 열효율도 증가한다.

• Otto 사이클의 열효율

$$\eta_{th} = 1 - \frac{1}{r_v^{k-1}}$$

압축비가 감소하면 열효율도 감소한다.

37 100℃와 50℃ 사이에서 작동되는 가역 열기관의 최대 열효율은 약 얼마인가?

① 55.0% ② 16.7%
③ 13.4% ④ 8.3%

답 32 ③ 33 ② 34 ④ 35 ② 36 ① 37 ③

풀이 • 카르노 사이클 효율

$$\eta_{carnot} = 1 - \frac{T_L}{T_H} = 0.134$$

38 냉매의 요구 조건으로 옳은 것은?
① 비체적이 커야 한다.
② 증발 압력이 대기압보다 낮아야 한다.
③ 응고점의 높아야 한다.
④ 증발열이 커야 한다.

풀이 비체적이 커지면 용기가 커져야 한다.

39 섭씨온도 -40℃를 화씨온도(°F)로 환산하면 약 얼마인가?
① -16°F   ② -24°F
③ -32°F   ④ -40°F

풀이 • 섭씨온도와 화씨온도의 관계

$$F = \frac{9}{5}℃ + 32 = -40°F$$

40 어떤 냉매를 사용하는 냉동기의 압력-엔탈피 선도($P-h$) 선도가 다음과 같다. 여기서 각각의 엔탈피는 $h_1 = 1638$kJ/kg, $h_2 = 1983$kJ/kg, $h_3 = h_4 = 559$kJ/kg일 때, 성적계수는 약 얼마인가?(단, h_1, h_2, h_3, h_4는 $P-h$ 선도에서 각각 1, 2, 3, 4에서의 엔탈피를 나타낸다.)

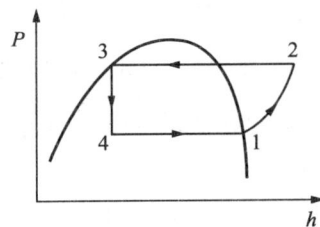

① 1.5   ② 3.1
③ 5.2   ④ 7.9

풀이 • 냉동기 성능계수

$$COP = \frac{h_1 - h_4}{h_2 - h_1} = 3.13$$

3과목 기계유체역학

41 그림과 같이 유량 $Q = 0.03$m³/s의 물 분류가 $V = 40$m/s의 속도로 곡면판에 충돌하고 있다. 판은 고정되어 있고 휘어진 각도가 135°일 때 분류로부터 판이 받는 총 힘의 크기는 약 몇 N인가?

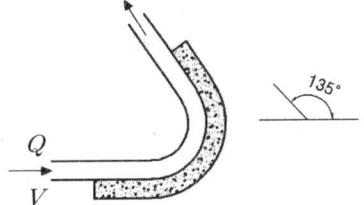

① 2049   ② 2217
③ 2638   ④ 2898

풀이 • 운동량 방정식
$-F_x = \rho Q(V_{x2} - V_{x1}) = -2049$N
$F_y = \rho Q(V_{y2} - V_{y1}) = 849$N
여기서, $V_{x1} = 40$m/s, $V_{y1} = 0$
        $V_{x2} = -28.3$m/s, $V_{y2} = 28.3$m/s
• 분류로부터 판이 받는 총 힘의 크기
$F = \sqrt{F_x^2 + F_y^2} = 2217.9$N
여기서, $F_x = 2049$N, $F_y = 849$N

답 38 ④ 39 ④ 40 ② 41 ②

42 대기압을 측정하는 기압계에서 수은을 사용하는 가장 큰 이유는?

① 수은의 점성계수가 작기 때문에
② 수은의 동점성계수가 크기 때문에
③ 수은의 비중량이 작기 때문에
④ 수은의 비중이 크기 때문에

풀이 수은의 비중은 약 $SG_{Hg}=13.6$ 정도로 비중이 커 무겁기 때문이다.

43 단면적이 10cm²인 관에, 매분 6kg의 질량유량으로 비중 0.8인 액체가 흐르고 있을 때 액체의 평균 속도는 약 몇 m/s인가?

① 0.075   ② 0.125
③ 6.66   ④ 7.50

풀이 • 평균 속도
$$V=\frac{\dot{Q}}{A}=\frac{\dot{m}}{A \times SG \times \rho_w}=0.125\text{m/s}$$
여기서, 질량 유량($\dot{m}$)=0.1kg/s, 비중(SG)=0.8

44 그림과 같이 지름이 D인 물방울을 지름 d인 N개의 작은 물방울로 나누려고 할 때 요구되는 에너지량은?(단, $D \gg d$이고, 물방울의 표면 장력은 σ이다.)

① $4\pi D^2\left(\dfrac{D}{d}-1\right)\sigma$

② $2\pi D^2\left(\dfrac{D}{d}-1\right)\sigma$

③ $\pi D^2\left(\dfrac{D}{d}-1\right)\sigma$

④ $2\pi D^2\left[\left(\dfrac{D}{d}\right)^2-1\right]\sigma$

풀이 지름이 D인 물방울을 지름 d인 N개의 작은 물방울로 나누려고 할 때 요구되는 에너지량
$$\pi D^2\left(\dfrac{D}{d}-1\right)\sigma$$

45 그림과 같은 원통형 축 틈새에 점성계수가 0.51Pa·s인 윤활유가 채워져 있을 때, 축을 1800rpm으로 회전시키기 위해서 필요한 동력은 약 몇 W인가?(단, 틈새에서의 유동은 Couette 유동이라고 간주한다.)

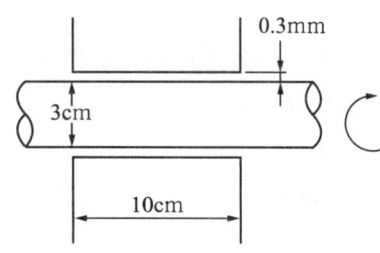

① 45.3   ② 128
③ 4807   ④ 13610

풀이 원통형 축을 회전시키는 데 필요한 동력
동력=힘·속도=$F \cdot u$=129.6W
여기서, 축을 회전시키는 데 필요한 회전력(F)=45.8N
원통형 축의 접선속도(u)=2.83m/s

46 관마찰계수가 거의 상대 조도(relative roughness)에만 의존하는 경우는?

① 완전 난류 유동   ② 완전 층류 유동
③ 임계 유동   ④ 천이 유동

풀이 • 파이프 내 완전 발달된 난류 유동의 마찰계수 Reynolds수와 상대 조도$\left(\dfrac{\text{파이프벽의 거칠기}}{\text{파이프 직경}}=\dfrac{\epsilon}{D}\right)$의 함수 관계이다.

답 42 ④ 43 ② 44 ③ 45 ② 46 ①

47 안지름 20cm의 원통형 용기의 축을 수직으로 놓고 물을 넣어 축을 중심으로 300rpm의 회전수로 용기를 회전시키면 수면의 최고점과 최저점의 높이 차(H)는 약 몇 cm인가?

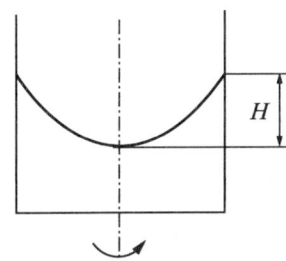

① 40.3cm ② 50.3cm
③ 60.3cm ④ 70.3cm

풀이
• 최대 상승 높이
$$z = \frac{r^2 \omega^2}{2g} = 50.3\text{cm}$$
여기서, $r = D/2 = 0.1$cm,
$\omega = 2\pi N/60 = (2\pi \times 300)/60 = 31.4$rad/s

48 물이 5m/s로 흐르는 관에서 에너지선(E.L)과 수력기울기선(H.G.L)의 높이 차이는 약 몇 m인가?

① 1.27 ② 2.24
③ 3.82 ④ 6.45

풀이 에너지 기울기선은 수력기울기선보다 속도 수두 $\left(\dfrac{V^2}{2g}\right)$ 만큼 위에 있다.

$\dfrac{V^2}{2g} = 1.27$m

49 그림과 같은 물탱크에 Q의 유량으로 물이 공급되고 있다. 물탱크의 측면에 설치한 지름 10cm의 파이프를 통해 물이 배출될 때, 배출구로부터의 수위 h를 3m로 일정하게 유지하려면 유량 Q는 약 몇 m³/s이어야 하는가?(단, 물탱크의 지름은 3m이다.)

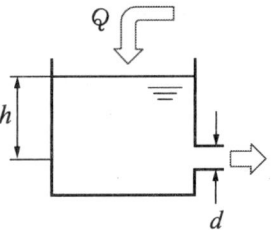

① 0.03 ② 0.04
③ 0.05 ④ 0.06

풀이 • 파이프를 통해 배출되는 유량
$$\dot{Q} = AV_2 = \frac{\pi D^2}{4} \times V_2 = 0.06\text{m}^3/\text{s}$$
여기서, 파이프를 통해 배출되는 유량의 유속(V_2)
$= 7.67$ m/s
물탱크의 수위를 일정하게 유지하기 위해서는 배출 유량과 유입 유량이 같아야 하므로 필요한 유량은 0.06m³/s이다.

50 다음 중 유체 속도를 측정할 수 있는 장치로 볼 수 없는 것은?
① Pitot-static tube
② Laser Doppler Velocimetry
③ Hot Wire
④ Piezometer

풀이 • 피에조미터(piezometer) → 유체의 정압측정

51 레이놀즈수가 매우 작은 느린 유동(creeping flow)에서 물체의 항력 F는 속도 V, 크기 D, 그리고 유체의 점성계수 μ에 의존한다. 이와 관계하여 유도되는 무차원수는?

① $\dfrac{F}{\mu V D}$ ② $\dfrac{VD}{F\mu}$
③ $\dfrac{FD}{\mu V}$ ④ $\dfrac{F}{\mu D V^2}$

답 47 ② 48 ① 49 ④ 50 ④ 51 ①

• 항력 F의 함수 형태

$F = f(D, \mu, V) = KD^\alpha \mu^\beta V^\gamma$

• 차원 방정식(항력, F의 기본 차원)

$[MLT^{-2}] = K[L]^\alpha [ML^{-1}T^{-1}]^\beta [LT^{-1}]^\gamma$

여기서, $\beta = 1$, $\alpha + \gamma = 2$, $\gamma = 1$, $\alpha = \beta = \gamma = 1$

• 주어진 관계로 차원해석을 통해 유도되는 무차원수

$\dfrac{F}{D\mu V} =$ 상수

52 정상, 비압축성 상태의 2차원 속도장이 (x, y) 좌표계에서 다음과 같이 주어졌을 때 유선의 방정식으로 옳은 것은?(단, u와 v는 각각 x, y 방향의 속도 성분이고, C는 상수이다.)

$$u = -2x, \quad v = 2y$$

① $x^2 y = C$ ② $xy^2 = C$
③ $xy = C$ ④ $\dfrac{x}{y} = C$

 • 유선의 방정식

$\dfrac{dy}{dx} = \dfrac{v}{u} = \dfrac{2y}{-2x} = -\dfrac{y}{x}$

$\dfrac{1}{y}dy = -\dfrac{1}{x}dx \rightarrow \ln y = -\ln x + C \rightarrow xy = C$

53 부차적 손실계수가 4.5인 밸브를 관마찰계수가 0.020이고, 지름이 5cm인 관으로 환산한다면 관의 상당길이는 약 몇 m인가?

① 9.34   ② 11.25
③ 15.37 ④ 19.11

 • 부차적 손실의 등가 길이 표현

$L_{equiv} = \dfrac{D}{f} \times K_L = 11.25$

54 어떤 물체의 속도가 초기 속도의 2배가 되었을 때 항력계수가 초기 항력계수의 $\dfrac{1}{2}$로 줄었다. 초기에 물체가 받는 저항력이 D라고 할 때 변화된 저항력은 얼마가 되는가?

① $\dfrac{1}{2}D$ ② $\sqrt{2}D$
③ $2D$ ④ $4D$

 • 변화 후 저항력

$F_D = \dfrac{1}{2}C_D \times \dfrac{1}{2}\rho \times (2V)^2 \times A$

$= \dfrac{1}{2}C_D \times 2\rho V^2 A = 2D$

여기서, C_D = 초기 항력 계수
  V = 초기 속도
  D = 초기 저항력 = $\dfrac{1}{2}C_D \times \rho V^2 A$

55 자동차의 브레이크 시스템의 유압 장치에 설치된 피스톤과 실린더 사이의 환형 틈새 사이를 통한 누설 유동은 두 개의 무한 평판 사이의 비압축성, 뉴턴 유체의 층류 유동으로 가정할 수 있다. 실린더 내 피스톤의 고압 측과 저압 측과의 압력 차를 2배로 늘렸을 때, 작동 유체의 누설 유량은 몇 배가 될 것인가?

① 2배   ② 4배
③ 8배   ④ 16배

 • 수평 파이프 층류 유동 유량

$\dot{Q} = \dfrac{\Delta P \pi D^4}{128 \mu L}$

$\dot{Q} \propto \Delta P$이므로, 압력 차가 2배이면 유체의 누설 유량도 2배가 될 것이다.

답 52 ③ 53 ② 54 ③ 55 ①

56 속도 성분이 $u = 2x$, $v = -2y$인 2차원 유동의 속도 포텐셜 함수 ϕ로 옳은 것은?(단, 속도 포텐셜 함수 ϕ는 $\vec{V} = \nabla\phi$로 정의된다.)

① $2x - 2y$ ② $x^3 - y^3$
③ $-2xy$ ④ $x^2 - y^2$

 • 2차원 유동의 속도성분의 포텐셜 함수 표현

$u = 2x = \dfrac{\partial \phi}{\partial x}$, $v = -2y = \dfrac{\partial \phi}{\partial y}$ 적분하면,

$\phi = x^2 + f(y)$, $\phi = -y^2 + f(x)$

• 두 식을 모두 만족시키는 속도 포텐셜 함수(ϕ)

$\phi = x^2 - y^2 + C = x^2 - y^2$

여기서, C는 임의의 상수=0

57 평판 위에서 이상적인 층류 경계층 유동을 해석하고자 할 때 다음 중 옳은 설명을 모두 고른 것은?

㉮ 속도가 커질수록 경계층 두께는 커진다.
㉯ 경계층 밖의 외부 유동은 비점성 유동으로 취급할 수 있다.
㉰ 동일한 속도 및 밀도일 때 점성계수가 커질수록 경계층 두께는 커진다.

① ㉯ ② ㉮, ㉯
③ ㉮, ㉰ ④ ㉯, ㉰

 • 경계층 두께와 속도, 밀도, 점성계수와의 관계

$\delta \propto \dfrac{1}{Re} \rightarrow \delta \propto \dfrac{\mu}{\rho VD}$

• ∴ 속도가 커질수록 경계층 두께는 작아진다.

58 다음 중 체적 탄성계수와 차원이 같은 것은?
① 체적
② 힘
③ 압력
④ 레이놀즈(reynolds)수

• 체적 탄성계수

$E_V = -\dfrac{\Delta P}{\Delta V/V}$ Pa

압력 단위와 같다.

59 실제 잠수함 크기의 1/25인 모형 잠수함을 해수 실험하고자 한다. 만일 실형 잠수함을 5m/s로 운전하고자 할 때 모형 잠수함의 속도는 몇 m/s로 실험해야 하는가?

① 0.2 ② 3.3
③ 50 ④ 125

• 모형 잠수함 속도

$V_m = V_p \times \dfrac{\mu_m}{\mu_p} \times \dfrac{\rho_p}{\rho_m} \times \dfrac{D_p}{D_m} = 125\text{m/s}$

조건에서, $\rho_p = \rho_m$, $\mu_p = \mu_m$

60 액체 속에 잠겨진 경사면에 작용되는 힘의 크기는?(단, 면적을 A, 액체의 비중을 γ, 면의 도심까지의 깊이를 h_c라 한다.)

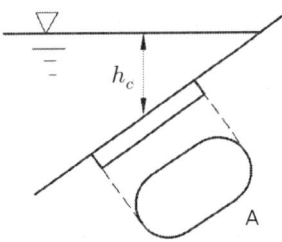

① $\dfrac{1}{3}\gamma h_c A$ ② $\dfrac{1}{2}\gamma h_c A$
③ $\gamma h_c A$ ④ $2\gamma h_c A$

 • 경사면에 작용하는 힘의 크기

$F_R(P_o + \rho g h_c)A = \rho g h_c A = \gamma h_c A$

56 ④ 57 ④ 58 ③ 59 ④ 60 ③

4 기계재료 및 유압기기

61 전기 전도율이 높은 것에서 낮은 순으로 나열된 것은?
① Al > Au > Cu > Ag
② Au > Cu > Ag > Al
③ Cu > Au > Al > Ag
④ Ag > Cu > Au > Al

풀이 • 전기 전도도(electric conductivity): 물질이나 용액이 전하를 운반할 수 있는 정도로 전기 전도도의 크기는 Ag > Cu > Au > Al > Be(베릴륨) > Rh(로듐) > Ir(이리듐) > W(텅스텐) > Mo(몰리브덴) > Zn(아연) > Ni > Fe > Pd(팔라듐) > Sn > Pb(납)이다.

62 철강을 부식시키기 위한 부식제로 옳은 것은?
① 왕수
② 질산 용액
③ 나이탈 용액
④ 염화제2철 용액

풀이 • 철강 부식제: 왕수, 질산 용액, 염화제2철 용액, 황산, 염산, 나이탈 용액 등
• 왕수: 진한 염산과 진한 질산을 3:1로 섞은 용액이다.
※ 철강을 부식시키기 위한 부식제는 보기항 모두가 해당되므로 전항 정답으로 처리함.

63 α-Fe과 Fe_3C의 층상 조직은?
① 펄라이트
② 시멘타이트
③ 오스테나이트
④ 레데뷰라이트

풀이 • 펄라이트(Pearlite): 0.8%C에서 서냉한 조직으로 강도·경도가 크고 경화능력이 좋으며 ferrite(α-Fe) + cementite(Fe_3C) 층상 조직이다. 강도가 크며, 연성도 다소 있다.

64 구상흑연주철의 구상화 첨가제로 주로 사용되는 것은?
① Mg, Ca
② Ni, Co
③ Cr, Pb
④ Mn, Mo

풀이 • 구상흑연주철: 주철은 흑연의 상이 편상되어 있기 때문에 강에 비해 연성이 나쁘고, 취성이 크고, 열처리 시간이 길다. 이를 개선하기 위하여 용선에 Mg를 첨가하여 흑연을 소실시키고 Fe-Si, Cu-Si 등을 접종하여 흑연 핵을 형성시켜 흑연을 구상화한 것으로서 S(황) 성분이 적은 선철을 용해로, 전기로에서 용해한 후 주형에 주입 전 Mg를 첨가함으로써 흑연을 구상화한 것이다. Ce(쎄륨), Ca(칼슘) 등을 첨가하여도 흑연을 구상화할 수 있다.

65 심냉 처리를 하는 주요 목적으로 옳은 것은?
① 오스테나이트 조직을 유지시키기 위해
② 시멘타이트 변태를 촉진시키기 위해
③ 베이나이트 변태를 진행시키기 위해
④ 마텐자이트 변태를 완전히 진행시키기 위해

풀이 • 서브제로 처리(sub zero treatment, 심냉 처리)
㉠ 담금질된 강에서 잔류 오스테나이트를 제거하여 마텐자이트화하여 경도 증가와 성능을 향상시키는 것
㉡ 담금질을 한 강의 조직이 안정화 된다.
㉢ 시효 변화가 적으며 부품의 치수 및 형상이 안정화된다.
㉣ 스테인리스강에는 우수한 기계적 성질을 부여한다.
㉤ 시효 변형을 방지하기 위해 0℃ 이하(~ -200℃)의 온도에서 처리한다.

66 배빗메탈이라고도 하는 베어링용 합금인 화이트 메탈의 주요 성분으로 옳은 것은?
① Pb-W-Sn
② Fe-Sn-Al
③ Sn-Sb-Cu
④ Zn-Sn-Cr

풀이 화이트 메탈(white metal)에는 주석계(Sn-Sb-Cu 합금) 화이트 메탈(속칭 Babbit metal이라고 하는 것)과 납계(Pb-Sn-Sb-Cu 합금과 Pb-Ca-Ba-Na 합금) 화이트 메탈이 있다.

답 61 ④ 62 전항 정답 63 ① 64 ① 65 ④ 66 ③

67 게이지용 강이 갖추어야 할 조건으로 틀린 것은?

① HRC55 이상의 경도를 가져야 한다.
② 담금질에 의한 변형 및 균열이 적어야 한다.
③ 오랜 시간 경과하여도 치수의 변화가 적어야 한다.
④ 열팽창 계수는 구리와 유사하며 취성이 커야 한다.

풀이
㉠ 담금질에 있어서 변형이나 균열이 없어야 한다.
㉡ 시효(aging)에 의한 치수 변화가 없어야 한다.
㉢ 산화가 되지 않아야 하며, 심냉 처리(sub-zero)하여 HRC55 이상의 경도를 가지며, 내마성과 내식성이 크고, 열팽창률이 작아야 한다.

68 마템퍼링(martempering)에 대한 설명으로 옳은 것은?

① 조직은 완전한 펄라이트가 된다.
② 조직은 베이나이트와 마텐자이트가 된다.
③ M_s점 직상의 온도까지 급냉한 후 그 온도에서 변태를 완료시키는 것이다.
④ M_r점 이하의 온도까지 급냉한 후 그 온도에서 변태를 완료시키는 것이다.

풀이 마템퍼링(martempering)은 마텐자이트 + 베이나이트의 혼합조직을 얻는 방법으로 마텐자이트의 자기뜨임과 담금질 변형을 제거하고, 오스트나이트의 베이나이트화에 의한 변형 및 균열이 제거되어 취성이 없어진다.
마텐자이트 구역 내의 등온처리이며, Ms점 이하의 담금질 온도에서 변태가 끝날 때까지 등온 유지한 후에 공랭시킨다.

69 Ni-Fe 합금으로 불변강이라 불리우는 것이 아닌 것은?

① 인바   ② 엘린바
③ 콘스탄탄   ④ 플래티나이트

풀이 주위 온도가 변화하더라도 재료가 가지고 있는 선팽창 계수, 탄성계수 등의 특성이 변화하지 않는 강으로 내식성이 강한 비자성강이다.
㉠ 인바(invar): Fe-Ni(약 Ni 35~36%, Mn 0.4%, C 0.1~0.3%) 합금으로 내식성이 우수하며, 상온에서 열팽창 계수가 매우 적어(길이 불변) 측량기구, 표준기구, 시계추, 바이메탈 등에 사용된다.
㉡ 초인바(Super invar): Fe-Ni-Co(Ni 32%, Co 4~6%)합금으로 인바 선팽창계수의 1/12밖에 안 되며 정밀 기계 부품체에 사용된다.
㉢ 엘린바(elinvar): 상온에서 탄성계수가 거의 변하지 않는 Fe-Ni-Cr(약 Ni 36%, Cr 13%)의 합금으로 고급시계, 정밀저울의 스프링이나 정밀계기의 부품 등에 사용된다. 엘린바는 탄성이 온도에 따라 변하지 않는다는 뜻이다.
㉣ 코엘린바(Coelinvar): Ni(10~16%), Cr(10~11%), Co(2.6~5.8%) 정도의 Fe-Ni-Cr-Co 합금으로 공기나 물에서 부식이 안 되는 특성이 있어 기상 관측용 기구부품에 사용된다.
㉤ 플레티나이트(platinite): Ni(40~50%) 정도의 Fe-Ni 합금으로 열팽창계수가 유리나 백금과 동일하여 전구나 진공관의 도입선으로 사용된다.

| 콘스탄탄 (constan tan) | Ni 40~50%+Cu | 열기전력, 전기저항이 크고, 온도계수가 적어서 열전대(thermo couple) 재료, 전기저항선으로 사용된다. |

70 열경화성 수지에 해당하는 것은?

① ABS 수지   ② 폴리스티렌
③ 폴리에틸렌 ④ 에폭시수지

풀이
• 열경화성 수지: 열과 압력을 가하면 용융되나 경화 과정에서 새로운 합성수지를 생성하기 때문에 다시 열을 가하더라도 용융되지 않아 재사용이 불가한 수지
㉠ 페놀수지(phenolic resin): 기계적 성질이 우수하고 전기절연성이 좋아 전기절연물, 기어 프로펠러 등으로 쓰이는 플라스틱 재료로서 일명 베이클라이트라고도 불리움
㉡ 요소수지(urea resin): 착색 자유, 광택이 있음
㉢ 멜라민수지(melamine resin): 극히 높은 경도, 우수하고

변색되지 않은 착색성이 있으며, 접시류 등에 많이 사용되는 수지
ㄹ) 규소수지(silicone resin): 내열성, 전기절연성, 내한성 등이 우수, 실리콘 주형 수지로 이용
ㅁ) 에폭시수지(epoxy resin): 경화 시 부피의 수축이 없으며 재료면에서 큰 접착력을 가진다. 굽힘 강도, 전기절연성 등이 우수
ㅂ) 폴리에스터수지(polyester resin): 가볍고 내식성이 우수하다. 식료품 물통, 쟁반 등에 사용

71 그림과 같은 실린더를 사용하여 $F=3$kN의 힘을 발생시키는 데 최소한 몇 MPa의 유압이 필요한가?(단, 실린더의 내경은 45mm이다.)

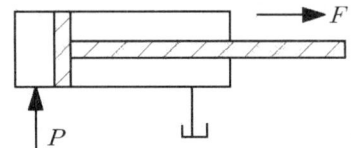

① 1.89
② 2.14
③ 3.88
④ 4.14

풀이 • 필요한 유압

$P = \dfrac{F}{A} = 1.89\text{MPa}$

72 축압기 특성에 대한 설명으로 옳지 않은 것은?
① 중추형 축압기 안에 유압유 압력은 항상 일정하다.
② 스프링 내장형 축압기인 경우 일반적으로 소형이며 가격이 저렴하다.
③ 피스톤형 가스 충진 축압기의 경우 사용 온도 범위가 블래더형에 비하여 넓다.
④ 다이어프램 충진 축압기의 경우 일반적으로 대형이다.

풀이 다이어프램 충진 축압기는 구(球)형으로 소형, 고압용에 적합하다.

73 그림과 같은 유압 기호의 명칭은?

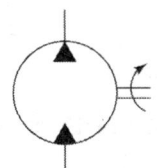

① 공기압 모터
② 요동형 액추에이터
③ 정용량형 펌프·모터
④ 가변 용량형 펌프·모터

풀이
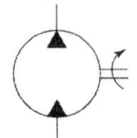
▲ 정 용량형 유압 펌프·모터

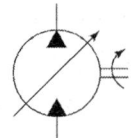
▲ 가변 용량형 유압 펌프·모터

74 유압 밸브의 전환 도중에 과도하게 생기는 밸브 포트 간의 흐름을 무엇이라고 하는가?
① 랩
② 풀 컷 오프
③ 서지 압
④ 인터플로

풀이 • 인터플로(interflow): 밸브의 변환 도중에서 과도적으로 생기는 밸브 포트 사이의 흐름

답 71 ① 72 ④ 73 ③ 74 ④

75 유압 펌프의 토출 압력이 6MPa, 토출 유량이 40cm³/min일 때 소요 동력은 몇 W인가?
① 240
② 4
③ 0.24
④ 0.4

풀이 • 유압 시스템에서 유체가 가지는 수동력(P_H)과 압력(P), 유량(Q)과의 관계
$P_H = PQ = 4W$

76 압력 제어 밸브에서 어느 최소 유량에서 최대 유량까지의 사이에 증대하는 압력은?
① 오버라이드 압력
② 전량 압력
③ 정격 압력
④ 서지 압력

풀이 • 오버라이드 압력: 압력 제어 밸브에서 어느 최소 유량에서 어느 최대 유량까지의 사이에 증대하는 압력

77 밸브 입구 측 압력이 밸브 내 스프링 힘을 초과하여 포펫의 이동이 시작되는 압력을 의미하는 용어는?
① 배압
② 컷오프
③ 크래킹
④ 인터플로

풀이 • 배압(back pressure): 유압 회로의 귀로 쪽, 또는 압력 작동면의 배후에 작용하는 압력
• 컷오프(cut off): 펌프 출구 쪽 압력이 설정 압력에 가깝게 되었을 때, 가변 토출량 제어가 작용하여 유량을 감소시키는 것
• 인터플로(interflow): 밸브의 변환 도중에 과도적으로 생기는 밸브 포트 사이의 흐름

78 액추에이터의 배출 쪽 관로 내의 공기의 흐름을 제어함으로써 속도를 제어하는 회로는?
① 클램프 회로
② 미터인 회로
③ 미터 아웃 회로
④ 블리드 오프 회로

풀이 • 미터 아웃 회로: 실린더 출구 쪽에 빠져나가는 유량을 조정해서 실린더 속도를 제어하는 회로

79 다음 중 압력 제어 밸브들로만 구성되어 있는 것은?
① 릴리프 밸브, 무부하 밸브, 스로틀 밸브
② 무부하 밸브, 체크 밸브, 감압 밸브
③ 셔틀 밸브, 릴리프 밸브, 시퀀스 밸브
④ 카운터 밸런스 밸브, 시퀀스 밸브, 릴리프 밸브

풀이 ① 스로틀 밸브 → 유량 조절 밸브
② 체크 밸브 → 방향 제어 밸브
③ 셔틀 밸브 → 방향 제어 밸브

80 유압 기기의 통로(또는 관로)에서 탱크(또는 매니폴드 등)로 돌아오는 액체 또는 액체가 돌아오는 현상을 나타내는 용어는?
① 누설
② 드레인
③ 컷오프
④ 토출량

풀이 • 드레인: 기기의 통로에서 탱크로 돌아오는 액체 또는 액체가 돌아오는 현상

답 75 ② 76 ① 77 ③ 78 ③ 79 ④ 80 ②

기계제작법 및 기계동력학

81 수평 직선 도로에서 일정한 속도로 주행하던 승용차의 운전자가 앞에 놓인 장애물을 보고 급제동을 하여 정지하였다. 바퀴자국으로 파악한 제동 거리가 25m이고, 승용차 바퀴와 도로의 운동 마찰계수는 0.35일 때 제동하기 직전의 속력은 약 몇 m/s인가?

① 11.4　　② 13.1
③ 15.9　　④ 18.6

- 등가속도 식
$$-2\mu gs = -v_0^2$$
- 제동직전 속력
$$v_0 = \sqrt{2\mu gs} = 13.1 \text{ m/s}$$

82 그림과 같이 경사진 표면에 50kg의 블록이 놓여있고 이 블록은 질량이 m인 추와 연결되어 있다. 경사진 표면과 블록 사이의 마찰계수를 0.5라 할 때 이 블록을 경사면으로 끌어올리기 위한 추의 최소 질량(m)은 약 몇 kg인가

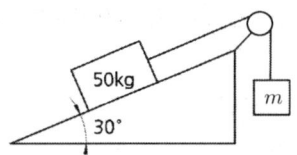

① 36.5　　② 41.8
③ 46.7　　④ 54.2

- 블록 A를 끌어올리기 위한 장력
$$T = m_A g \sin 30° + f = 457.2 \text{N}$$
- 블록 B의 운동 방정식
$$m_B \cdot g - T = 0$$

블록 A를 끌어올리기 위해서는 $m_B \cdot g - T > 0$이어야 하므로
$$T < m_B \cdot g$$
- 블록 A를 끌어올리기 위한 추의 최소 질량
$$m_B > \frac{T}{g} = 46.7 \text{kg}$$

83 두 조화운동 $x_1 = \sin 10t$와 $x_2 = 4\sin 10.2t$를 합성하면 맥놀이(beat) 현상이 발생하는데 이때 맥놀이 진동수(Hz)는?(단, t의 단위는 s이다.)

① 31.4　　② 62.8
③ 0.0159　　④ 0.0318

- 맥놀이 진동수
$$f_b = f_2 - f_1 = \frac{\omega + \epsilon}{2\pi} - \frac{\omega}{2\pi} = 0.0318 \text{Hz}$$

84 외력이 가해지지 않고 오직 초기 조건에 의하여 운동한다고 할 때 그림의 계가 지속적으로 진동하면서 감쇠하는 부족 감쇠 운동(underdamped motion)을 나타내는 조건으로 가장 옳은 것은?

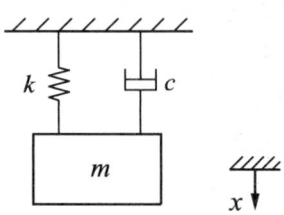

① $0 < \dfrac{c}{\sqrt{km}} < 1$

② $\dfrac{c}{\sqrt{km}} > 1$

③ $0 < \dfrac{c}{\sqrt{km}} < 2$

④ $\dfrac{c}{\sqrt{km}} > 2$

풀이 · 감쇠비

$$\zeta = \frac{c}{c_c} = \frac{c}{2m\omega_n} = \frac{c}{2\sqrt{km}}$$

· 부족 감쇠 조건($0 < \zeta < 1$)

$$0 < \frac{c}{\sqrt{km}} < 2$$

85 보 AB는 질량을 무시할 수 있는 강체이고 A점은 마찰 없는 힌지(hinge)로 지지되어 있다. 보의 중점 C와 끝점 B에 각각 질량 m_1과 m_2가 놓여 있을 때 이 진동계의 운동방정식을 $m\ddot{x} + kx = 0$이라고 하면 m의 값으로 옳은 것은?

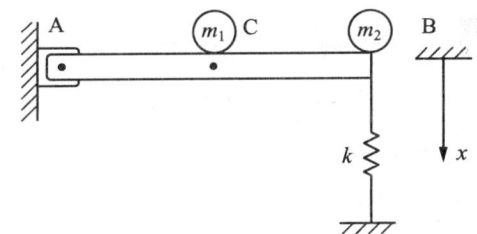

① $m = \dfrac{m_1}{4} + m_2$ ② $m = m_1 + \dfrac{m_2}{2}$

③ $m = m_1 + m_2$ ④ $m = \dfrac{m_1 - m_2}{2}$

풀이 · 주어진 진동계의 운동 방정식

$$\left(\frac{m_1}{4} + m_2\right)\ddot{\theta} + k\theta = 0$$

· 진동계의 질량

$$m = \frac{m_1}{4} + m_2$$

86 그림은 2톤의 질량을 가진 자동차가 18km/h의 속력으로 벽에 충돌하는 상황을 위에서 본 것이며 범퍼를 병렬 스프링 2개로 가정하였다. 충돌 과정에서 스프링의 최대 압축량이 0.2m라면 스프링 상수 k는 얼마인가?(단, 타이어와 노면의 마찰은 무시한다.)

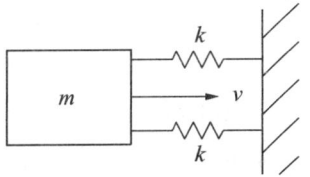

① 625kN/m   ② 312.5kN/m
③ 725kN/m   ④ 1450kN/m

풀이 · 스프링 상수

$$k = \frac{m}{2}\left(\frac{v}{x}\right)^2 = 625\text{kN/m}$$

87 그림과 같이 질량이 동일한 두 개의 구슬 A, B가 있다. 초기에 A의 속도는 v이고 B는 정지되어 있다. 충돌 후 A와 B의 속도에 관한 설명으로 옳은 것은?(단, 두 구슬 사이의 반발계수는 1이다.)

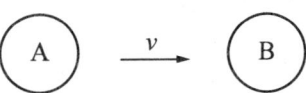

① A와 B는 모두 정지한다.
② A와 B 모두 v의 속도를 가진다.
③ A와 B 모두 $v/2$의 속도를 가진다.
④ A는 정지하고 B는 v의 속도를 가진다.

풀이 · 운동량 보존 법칙

$m_A v + 0 = m_A v'_A + m_B v'_B$ ($v_B = 0$, 정지상태)

$v = v'_A + v'_B$

여기서, $m_A = m_B = m$, $v_A = v$

· 반발계수($e = 1$)

$$e = \frac{v'_B - v'_A}{v - 0}$$

$v = v'_B - v'_A$

· 충돌 후 A와 B의 속도

$v'_B = v$
$v'_A = 0$

구슬 A는 멈추고, B는 v의 속도를 갖는다.

답 85 ① 86 ① 87 ④

88 그림과 같이 길이 1m, 질량 20kg인 봉으로 구성된 기구가 있다. 봉은 A점에서 카트에 핀으로 연결되어 있고, 처음에는 움직이지 않고 있었으나 하중 P가 작용하여 카트가 왼쪽 방향으로 4m/s²의 가속도가 발생하였다. 이때 봉의 초기 각가속도는?

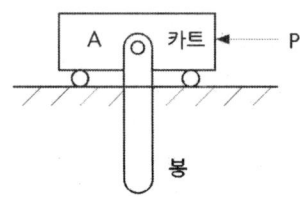

① 6.0rad/s^2, 시계방향
② 6.0rad/s^2, 반시계방향
③ 7.3rad/s^2, 시계방향
④ 7.3rad/s^2, 시계방향

• 고정축 A에 대한 회전
$$0 = \frac{l}{2} \times ma_{G,t} + \frac{1}{3}ml^2 \times \alpha$$
$$0 = \frac{l}{2} \times 20 \times (-4) + \frac{1}{3} \times 20 \times 1^2 \times \alpha$$
• 봉의 각가속도
$\alpha = 6\text{rad/s}^2$

89 질량이 30kg인 모형 자동차가 반경 40m인 원형 경로를 20m/s의 일정한 속력으로 돌고 있을 때 이 자동차가 법선 방향으로 받는 힘은 약 몇 N인가?

① 100 ② 200
③ 300 ④ 600

• 법선력
$F_n = m \cdot \dfrac{v^2}{\rho} = 300\text{N}$

90 OA와 AB의 길이가 각각 1m인 강체 막대 OAB가 $x-y$ 평면 내에서 O점을 중심으로 회전하고 있다. 그림의 위치에서 막대 OAB의 각속도는 반시계방향으로 5rad/s이다. 이때 A에서 측정한 B점의 상대속도 $\vec{v}_{B/A}$의 크기는?

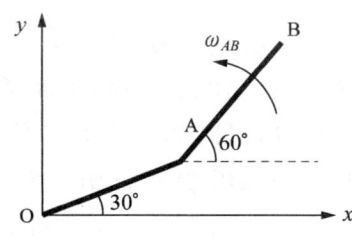

① 4m/s ② 5m/s
③ 6m/s ④ 7m/s

• A점에 대한 B점의 상대 속도
$$\vec{v}_{B/A} = \frac{dr}{dt}\hat{e}_r + r\omega\hat{e}_\theta = -4.33\hat{i} + 2.5\hat{j}$$
• 상대 속도 크기
$|\vec{v}_{B/A}| = 5\text{m/s}$

91 기계 부품, 식기, 전기저항선 등을 만드는 데 사용되는 양은의 성분으로 적절한 것은?
① Al의 합금
② Ni과 Ag의 합금
③ Zn과 Sn의 합금
④ Cu, Zn 및 Ni의 합금

양은, 황동(Cu+Zn) 및 Ni의 합금

92 버니어 캘리퍼스에서 어미자 49mm를 50등분한 경우 최소 읽기 값은 몇 mm인가?(단, 어미자의 최소 눈금은 1.0mm이다.)

① $\dfrac{1}{50}$ ② $\dfrac{1}{25}$
③ $\dfrac{1}{24.5}$ ④ $\dfrac{1}{20}$

• 최소 측정값 계산법

$$C = S - V = S - \frac{(n-1)S}{n}$$
$$= \frac{n-n+1}{n} \times S = \frac{S}{n} = \frac{1}{50}$$

여기서, S : 어미자의 1눈금 간격
V : 아들자의 1눈금 간격
C : 아들자로 읽을 수 있는 최소 측정값
n : 아들자의 등분 눈금수

93 Fe-C 평형 상태도에서 탄소 함유량이 약 0.80%인 강을 무엇이라고 하는가?
① 공석강 ② 공정주철
③ 아공정주철 ④ 과공정주철

 • 아공석강 : 0.02~0.77%C
• 공석강 : 0.77(약 0.8)%C
• 과공석강 : 0.77~2.11%C
• 아공정주철 : 2.11~4.3%C
• 공정주철 : 4.3%C
• 과공정주철 : 4.3~6.68%C

94 펀치와 다이를 프레스에 설치하여 판금 재료로부터 목적하는 형상의 제품을 뽑아내는 전단 가공은?
① 스웨이징 ② 엠보싱
③ 브로칭 ④ 블랭킹

풀이 ① 스웨이징(swaging) : 재료의 두께를 감소시키는 작업
② 엠보싱(embossing) : 소재의 두께를 변화시키고 않고 상·하형이 서로 대응하는 요철(凹凸) 모양의 성형틀 사이에 넣고 성형하는 것
③ 브로칭 머신(broaching machine) : 구멍의 키 홈 가공에 가장 적당한 공작기계로 많은 절삭 날을 갖고 있는 공구를 공작물의 외면 또는 내면을 눌러대고 당겨서 1회 통과되는 동안에 절삭이 완료되며, 공구의 단면 형상으로 가공하는 공작기계

④ 블랭킹(blanking, 타발) : 판재에서 펀치로서 소요의 형상을 뽑는 작업으로 뽑힌 부분이 제품이고 남는 부분이 스크랩(scrap)이 된다.

95 방전가공에서 전극 재료의 구비 조건으로 가장 거리가 먼 것은?
① 기계 가공이 쉬워야 한다.
② 가공 전극의 소모가 커야 한다.
③ 가공 정밀도가 높아야 한다.
④ 방전이 안전하고 가공 속도가 빨라야 한다.

 • 전극 재료 구비 조건
㉠ 방전이 안전하고 가공속도가 클 것
㉡ 구하기 쉽고 값이 저렴할 것
㉢ 기계 가공이 쉬울 것
㉣ 가공 정밀도가 높을 것

96 연삭 중 숫돌의 떨림 현상이 발행하는 원인으로 가장 거리가 먼 것은?
① 숫돌의 결합도가 약할 때
② 숫돌축이 편심되어 있을 때
③ 숫돌의 평형 상태가 불량할 때
④ 연삭기 자체에서 진동이 있을 때

풀이 • 연삭 작업 중 진동으로 떼는 연삭 떨림(grinding chatter)의 원인
① 연삭숫돌의 균형이 잘 맞지 않았다.
② 연삭숫돌의 재질이 불균일할 때
③ 연삭숫돌의 중심이 잘 맞지 않았다.
④ 숫돌의 측면에 무리한 압력이 가해지는 등 연삭 조건이 부적당할 때
⑤ 연삭기 자체의 진동이 있을 때

답 93 ① 94 ④ 95 ② 96 ①

97 주조에 사용되는 주물사의 구비 조건으로 옳지 않은 것은?
① 통기성이 좋을 것
② 내화성이 적을 것
③ 주형 제작이 용이할 것
④ 주물 표면에서 이탈이 용이할 것

풀이 • 주물사의 구비 조건
① 주물사는 화학적 변화가 없어야 하며, 내화성(refractoriness)이 크고, 성형성과 통기성이 좋아야 한다.
② 열전도율이 불량하고 보온성이 있어야 하며 주물 표면에서 이탈이 쉽게 되어야 한다.
③ 적당한 입도(크기)를 가지고 주탕 시 탕압에 견딜 수 있는 적당한 강도와 경도를 가져야 한다.
④ 가격이 저렴하고, 구입이 용이하며 재사용을 할 수 있어야 한다.

98 전기저항 용접의 종류에 해당하지 않는 것은?
① 심 용접   ② 스폿 용접
③ 테르밋 용접 ④ 프로젝션 용접

풀이 • 전기저항 용접
① 맞대기 이음: 업셋(upset) 맞대기 용접, 플래시(flash) 용접, 방전 충격(퍼커션) 용접
② 겹치기 이음: 스폿(spot, 점) 용접, 프로젝션(projection) 용접, 심(seam) 용접

99 전기 도금의 반대 현상으로 가공물을 양극, 전기저항이 적은 구리, 아연을 음극에 연결한 후 용액에 침지하고 통절하여 금속 표면의 미소 돌기 부분을 용해하여 거울면과 같이 광택이 있은 면을 가공할 수 있는 특수가공은?
① 방전가공   ② 전주가공
③ 전해연마   ④ 슈퍼 피니싱

풀이 ① 방전가공(EDM: Electrical Discharge Machining): 등유와 같은 절연성이 있는 가공액에 소재를 담그고 방전에 일으켜 소재를 미량씩 용해하여 가면서 구멍 뚫기, 조각, 절단 등의 가공을 하는 가공법으로 가공 정도는 전극 정밀도에 따라 영향을 받는다.
② 전주 가공: 전기도금을 이용한 가공방식으로 모형에 도금을 한 후 도금을 분리하여 금형으로 이용하여 모형을 복제하는 가공법
③ 전해연마: 전기도금의 반대 현상으로 가공물을 양극(+), 전기저항이 적은 구리, 아연을 음극(-)으로 연결하고, 전기에 의한 화학적인 작용으로 가공물의 표면이 용출되어 필요한 형상으로 가공하는 방법으로 거울면과 같이 광택이 있는 가공면을 비교적 쉽게 얻을 수 있는 가공법
④ 슈퍼 피니싱(super finishing): 숫돌에 진동 및 직선 왕복 운동을 주면서 공작물에 회전 이송 운동을 주어 표면을 다듬질하는 가공

100 Taylor의 공구 수명에 관한 실험식에서 세라믹 공구를 사용하여 지수(n)=0.5 상수(C)=200, 공구 수명(T)을 30(min)으로 조건을 주었을 때, 적합한 절삭 속도는 약 몇 m/min인가?
① 30.3   ② 32.6
③ 34.4   ④ 36.5

풀이 $VT^n = C$에서 $V = \dfrac{C}{T^n} = \dfrac{200}{30^{0.5}} = 36.514$ [m/min]
여기서, V: 절삭 속도(m/min)
T: 공구 수명(min)
n: 상수로 고속도강(0.05~0.2), 초경합금(0.125~0.25), 세라믹 공구(0.4~0.55) 일반적으로 1/10~1/5 적용
C: 공구, 공작물 절삭 조건에 따라 변하는 값

답 97 ② 98 ③ 99 ③ 100 ④

2·0·1·8

기출문제

일·반·기·계·기·사·8개년·과년도

2018년 1회 일반기계기사 기출문제
2018년 2회 일반기계기사 기출문제
2018년 4회 일반기계기사 기출문제

2018년 1회 일반기계기사 기출문제

1 재료역학

1. 최대 사용강도(σ_{max})=240Mpa, 내경 1.5m, 두께 3mm의 강재 원통형 용기가 견딜 수 있는 최대 압력은 몇 kPa인가?(단, 안전계수는 2이다.)

① 240   ② 480
③ 960   ④ 1920

풀이 $\sigma_a = \dfrac{q_a d}{4t} = \dfrac{q_a r}{2t}$, $\sigma_\theta = \dfrac{q_a d}{2t} = \dfrac{q_a r}{t}$ 에서 $\sigma_\theta = 2\sigma_a$

이므로 $\dfrac{\sigma_\theta}{n} = \dfrac{q_a r}{t}$, $q_a = \dfrac{\sigma_\theta t}{nr} = \dfrac{240 \times 0.003}{2 \times \dfrac{1.5}{2}} = 0.48\,\text{MPa}$

2. 그림과 같은 직사각형 단면의 목재 외팔보에 집중하중 P가 C점에 작용하고 있다. 목재의 허용압축응력을 8MPa, 끝단 B점에서의 허용 처짐량을 23.9mm라고 할 때 허용압축응력과 허용 처짐량을 모두 고려하여 이 목재에 가할 수 있는 집중하중 P의 최댓값은 약 몇 kN인가?(단, 목재의 탄성계수는 12GPa, 단면 2차 모멘트 1022×10⁻⁶m³, 단면계수는 4.601×10⁻³m³이다.)

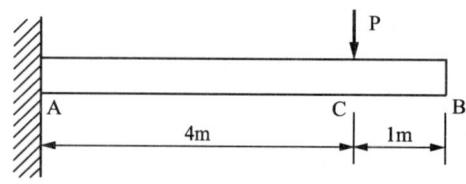

① 7.8   ② 8.5
③ 9.2   ④ 10.0

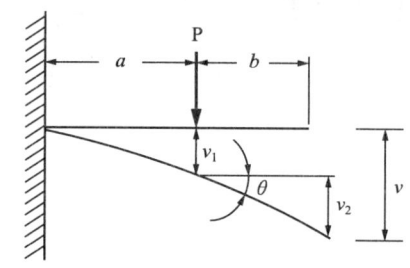

풀이
㉠ 모멘트에 의한 계산
$M = \sigma_b Z$, $P \times 4 = (8 \times 10^6) \times (4.601 \times 10^{-3})$
$P = 9.2\,\text{kN}$

㉡ B 지점 처짐량을 고려한 계산
끝단 B 지점에서의 허용 처짐량이 23.9mm이므로
$\nu_1 = \dfrac{Pa^3}{3EI}$, $\nu_2 = \theta b = \dfrac{Pa^2}{2EI}b$

$\nu_B = \nu_1 + \nu_2 = \dfrac{Pa^3}{3EI} + \dfrac{Pa^2}{2EI}b = \dfrac{Pa^2}{6EI}(2a+3b)$

$= \dfrac{P \times 4^2}{6 \times (12 \times 10^9) \times (1022 \times 10^{-6})} \times (2 \times 4 + 3 \times 1)$

$\fallingdotseq P \times (2.3918 \times 10^{-6})$

$v_B = (P \times 2.3918 \times 10^{-6}) \fallingdotseq 23.9 \times 10^{-3}\,\text{m}$
$P \fallingdotseq 9.992 \fallingdotseq 10\,\text{kN}$

여기서, $M = \sigma_b Z$, $(10 \times 10^3) \times 4$
$= \sigma_b \times (4.601 \times 10^{-3})$

$\sigma_b \fallingdotseq 8.69\,\text{MPa}$으로 문제에서 주어진 허용압축응력을 초과하므로 답은 모멘트에 의해 계산된 9.2kN으로 선정

답 1. ② 2. ③

3 길이가 $L+2a$인 균일 단면 봉의 양단에 인장력 P가 작용하고, 양단에서의 거리가 a인 단면에 Q의 축하중이 가하여 인장될 때 봉에 일어나는 변형량은 약 몇 cm인가?(단, $L=$ 60cm, $a=$30cm, $P=$10kN, $Q=$5kN, 단면적 $A=$4cm², 탄성계수는 210GPa이다.)

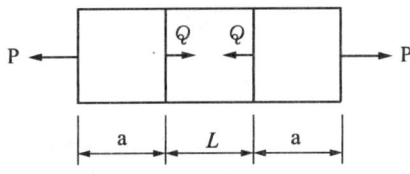

① 0.0107　② 0.0207
③ 0.0307　④ 0.0407

풀이 $\delta_A = \dfrac{P \cdot a}{AE}$, $\delta_B = \dfrac{(P-Q) \cdot l}{AE}$, $\delta_C = \dfrac{P \cdot a}{AE}$

$\delta = \delta_A + \delta_B + \delta_C = \dfrac{1}{AE}(2aP + (P-Q)l)$

$= \dfrac{1}{AE}(P(2a+l) - Ql)$

$= \dfrac{10^3}{4 \times 10^{-4} \times 210 \times 10^9}((10 \times 1.2) - 5 \times 0.6))$

$\fallingdotseq 1.0712 \times 10^{-4}$ m

$\fallingdotseq 0.01071$ cm

4 양단이 힌지로 지지되어 있고 길이가 1m인 기둥이 있다. 단면이 30mm×30mm인 정사각형이라면 임계하중은 약 몇 kN인가?(단, 탄성계수는 210Gpa이고, Euler의 공식을 적용한다.)

① 133　② 137
③ 140　④ 146

풀이 $P_{CR} = \dfrac{\pi^2 EI}{l^2}$

$= \dfrac{\pi^2 \times (210 \times 10^9)}{1^2} \times \dfrac{(0.03 \times 0.03^3)}{12}$

$\fallingdotseq 139.9$ kN

5 직사각형 단면(폭×높이=12cm×5cm)이고, 길이 1m인 외팔보가 있다. 이 보의 허용굽힘응력이 500MPa이라면 높이와 폭의 치수를 서로 바꾸면 받을 수 있는 하중의 크기는 어떻게 변화하는가?

① 1.2배 증가　② 2.4배 증가
③ 1.2배 감소　④ 변화 없다.

풀이 $M = \sigma Z$에서 $PL = \sigma Z$, $P = \dfrac{\sigma}{L} Z = \dfrac{\sigma}{L}\dfrac{bh^2}{6}$ 이므로

$\dfrac{P_2}{P_1} = \dfrac{\dfrac{\sigma}{L} \dfrac{5 \times 12^2}{6}}{\dfrac{\sigma}{L} \dfrac{12 \times 5^2}{6}} = \dfrac{5 \times 12^2}{12 \times 5^2} = 2.4$

6 아래 그림과 같은 보에 대한 굽힘 모멘트 선도로 옳은 것은?

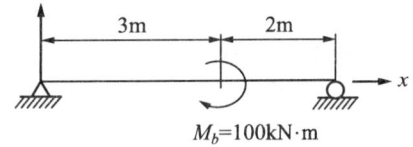

M_b=100kN·m

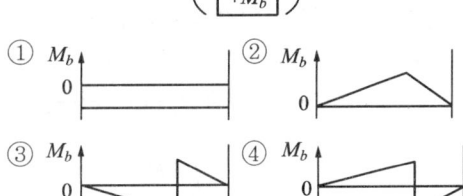

풀이
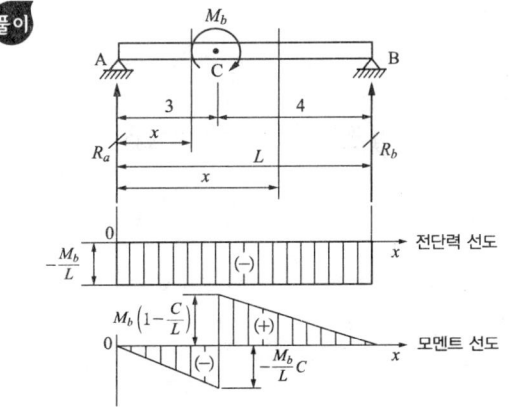

답 3.① 4.③ 5.② 6.③

7 코일 스프링의 권수를 n, 코일의 지름 D, 소선의 지름 d인 코일 스프링의 전체 처짐 δ 는?(단, 이 코일에 작용하는 힘은 P, 가로탄성계수는 G이다.)

① $\dfrac{8nPD^3}{Gd^4}$　　② $\dfrac{8nPD^2}{Gd}$

③ $\dfrac{8nPD^2}{Gd^2}$　　④ $\dfrac{8nPD}{Gd^2}$

풀이 비틀림 각 $\phi = \dfrac{TL}{GI_P}$ 에서

$d\delta = \dfrac{D}{2}d\phi = \dfrac{D}{2}d\left(\dfrac{TL}{GI_P}\right) = \dfrac{8PD^2}{G\pi d^4}d(L)$,

$\delta = \dfrac{8PD^3 N_a}{Gd^4} = \dfrac{8PC^3 N_a}{Gd}$

$L = \pi Dn$ 으로 n은 스프링의 유효 권수이다. 또는

$\delta = R\phi = \dfrac{D}{2} \cdot \dfrac{TL}{GI_P} = \dfrac{D}{2} \cdot \dfrac{TL \cdot 32}{G\pi d^4}$

$= \dfrac{D}{2} \cdot \dfrac{(PR)(\pi Dn) \cdot 32}{G\pi d^4} = \dfrac{8PD^3 n}{Gd^4}$

8 그림과 같은 정삼각형 트러스의 B점에 수직으로, C점에 수평으로 하중이 작용하고 있을 때, 부재 AB에 작용하는 하중은?

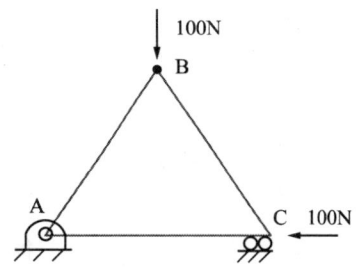

① $\dfrac{100}{\sqrt{3}}N$　　② $\dfrac{100}{3}N$

③ $100\sqrt{3}\,N$　　④ $50N$

풀이 $\dfrac{50}{\sin 120} = \dfrac{T_{AB}}{\sin 90}$, $T_{AB} = \dfrac{50}{\dfrac{\sqrt{3}}{2}} = \dfrac{100}{\sqrt{3}}$

9 $\sigma_x = 700\text{Mpa}$, $\sigma_y = -300\text{Mpa}$가 작용하는 평면 응력 상태에서 최대 수직응력($\sigma_{\max}$)과 최대 전단응력($\tau_{\max}$)은 각각 몇 MPa인가?

① $\sigma_{\max} = 700$, $\tau_{\max} = 300$
② $\sigma_{\max} = 600$, $\tau_{\max} = 400$
③ $\sigma_{\max} = 500$, $\tau_{\max} = 700$
④ $\sigma_{\max} = 700$, $\tau_{\max} = 500$

풀이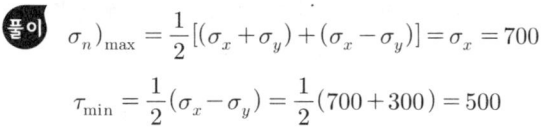

$\tau_{\min} = \dfrac{1}{2}(\sigma_x - \sigma_y) = \dfrac{1}{2}(700 + 300) = 500$

10 그림과 같이 초기 온도 20℃, 초기 길이 19.95cm, 지름 5cm인 봉을 간격이 20cm인 두 벽면 사이에 넣고, 봉의 온도를 220℃로 가열하였을 때 봉에 발생되는 응력은 몇 MPa인가?(단, 균일 단면을 갖는 봉의 선팽창계수 $\alpha = 1.2 \times 10^{-5}/℃$이고 탄성계수 $E = 210\text{GPa}$이다.)

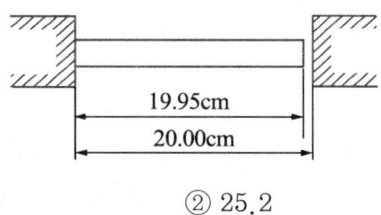

① 0　　② 25.2
③ 257　　④ 504

풀이 • 열에 의하여 늘어난 길이
$\Delta l = \alpha \cdot \Delta ET \cdot l = 1.2 \times 10^{-5} \times (220 - 20) \times 19.95$
$= 0.04788$

틈새 간격(20-19.95)보다 작으므로 열에 의한 응력은 0이다.

답 7 ①　8 ①　9 ④　10 ①

11 그림과 같이 T형 단면을 갖는 돌출보의 끝에 집중하중 $P=4.5$kN이 작용한다. 단면 A-A에서의 최대 전단응력은 약 몇 kPa인가?(단, 보의 단면 2차 모멘트는 5313cm⁴이고, 밑면에서 도심까지의 거리는 125mm이다.)

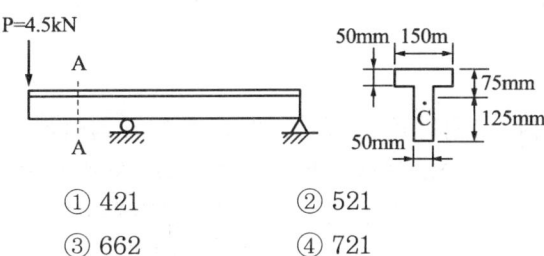

① 421　　② 521
③ 662　　④ 721

풀이
$$\tau_{max} = \frac{V}{I \cdot b} A^* \cdot \bar{y}$$
$$= \frac{4.5 \times 10^3}{5313 \times 10^{-8} \times 0.05} \times (0.05 \times 0.125) \times \frac{0.125}{2}$$
$$\fallingdotseq 661.7 \times 10^3 \text{Pa}$$

12 다음 금속 재료의 거동에 대한 일반적인 설명으로 틀린 것은?

① 재료에 가해지는 응력이 일정하더라도 오랜 시간이 경과하면 변형률이 증가할 수 있다.
② 재료의 거동이 탄성한도로 국한된다고 하더라도 반복하중이 작용하면 재료의 강도가 저하될 수 있다.
③ 응력-변형률 곡선에서 하중을 가할 때와 제거할 때의 경로가 다르게 되는 현상을 히스테리시스라 한다.
④ 일반적으로 크리프는 고온보다 저온상태에서 더 잘 발생한다.

풀이
• 크리프(creep): 온도, 하중, 시간의 그래프로 고온에서 일정한 하중이 작용하였을 때 시간의 경과에 따라 변형량이 커지는 현상을 의미한다. 크리프는 용융점이 낮은 금속에서 잘 일어난다.

13 다음 그림과 같이 집중하중 P를 받고 있는 고정 지지보가 있다. B점에서의 반력의 크기를 구하면 몇 kN인가?

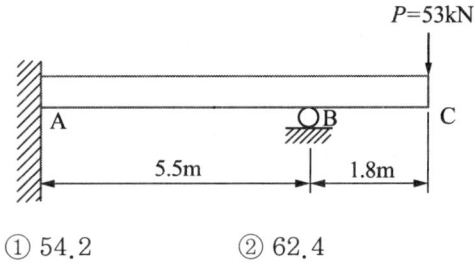

① 54.2　　② 62.4
③ 70.3　　④ 79.0

풀이

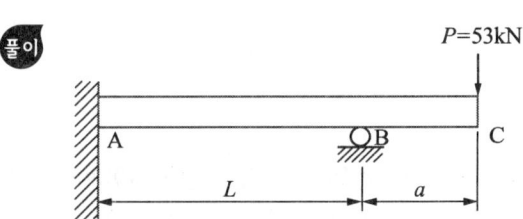

A지점의 모멘트 합은
$$R_B \times L - P \times L - P \times a - \frac{P \times a}{2} = 0$$
$$R_B = P\left(1 + \frac{3a}{2L}\right) = 53 \times 10^3 \times \left(1 + \frac{3 \times 1.8}{2 \times 5.5}\right)$$
$$\fallingdotseq 79 \times 10^3 \text{N}$$
$$M_A = \frac{(53 \times 10^3) \times 1.8}{2}$$
A지점의 모멘트는
$$R_B \times 5.5 - P \times 5.5 - P \times 1.8 - \frac{P \times 1.8}{2} = 0$$

14 지름 80mm의 원형 단면의 중립축에 대한 관성 모멘트는 약 몇 mm⁴인가?

① 0.5×10^6　　② 1×10^6
③ 2×10^6　　④ 4×10^6

풀이
$$I_X = \frac{\pi r^4}{4} = \frac{\pi d^4}{64} = \frac{\pi \times 80^4}{64} \fallingdotseq 2 \times 10^6$$

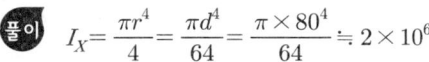

15 길이가 L이며, 관성 모멘트가 I_P이고, 전단탄성계수 G인 부재에 토크 T가 작용될 때 이 부재에 저장된 변형 에너지는?

① $\dfrac{TL}{GI_P}$ ② $\dfrac{T^2L}{2GI_P}$
③ $\dfrac{T^2L}{GI_P}$ ④ $\dfrac{TL}{2GI_P}$

풀이 $T=\tau \cdot Z_P = \tau \dfrac{\pi d^3}{16} = G\gamma \dfrac{\pi d^3}{16} = G\dfrac{r\phi}{L}\dfrac{\pi d^3}{16}$에서

$\phi = \dfrac{T \cdot l}{G\,I_P}\left(I_P = \dfrac{\pi d^4}{32}\right)$이므로

$U = \dfrac{1}{2}T\phi = \dfrac{1}{2}T\dfrac{32\,TL}{G\pi d^4} = \dfrac{1}{2}T\dfrac{TL}{GI_P} = \dfrac{T^2L}{2GI_P}$

16 지름 50mm의 알루미늄 봉에 100kN의 인장하중이 작용할 때 300mm의 표점거리에서 0.219mm의 신장이 측정되고, 지름은 0.01215mm만큼 감소되었다. 이 재료의 전단탄성계수 G는 약 몇 GPa인가?(단, 알루미늄 재료는 탄성 거동 범위 내에 있다.)

① 21.2 ② 26.2
③ 31.2 ④ 36.2

풀이 $G = \dfrac{E}{2(1+\mu)} = \dfrac{mE}{2(m+1)}$에서 $\sigma = E\epsilon$.

$E = \dfrac{\sigma}{\epsilon} = \dfrac{\dfrac{P}{A}}{\dfrac{\Delta l}{l}} = \dfrac{\dfrac{4\times(100\times10^3)}{\pi\times0.05^2}}{\dfrac{0.219\times10^{-3}}{300\times10^{-3}}} \fallingdotseq 69.7666\,\text{GPa}$

$\mu = \dfrac{\epsilon'}{\epsilon} = \dfrac{\dfrac{0.01215}{50}}{\dfrac{0.219}{300}} \fallingdotseq 0.33$, $\dfrac{1}{\mu}=m \fallingdotseq 3$이므로

$G = \dfrac{mE}{2(m+1)} = \dfrac{3\times69.7666}{2(3+1)} \fallingdotseq 26.16$

17 비틀림 모멘트 T를 받고 있는 직경이 d인 원형 축의 최대 전단응력은?

① $\tau = \dfrac{8T}{\pi d^3}$ ② $\tau = \dfrac{16T}{\pi d^3}$
③ $\tau = \dfrac{32T}{\pi d^3}$ ④ $\tau = \dfrac{64T}{\pi d^3}$

풀이 $T = \tau \cdot Z_P = \tau\dfrac{I_P}{e} = \tau\dfrac{\dfrac{\pi d^4}{32}}{\dfrac{d}{2}} = \tau\dfrac{\pi d^3}{16}$, $\tau = \dfrac{16T}{\pi d^3}$

18 그림과 같은 외팔보가 있다. 보의 굽힘에 대한 허용응력을 80MPa로 하고, 자유단 B로부터 보의 중앙점 C 사이에 등분포하중 ω를 작용시킬 때, ω의 허용 최댓값은 몇 kN/m인가?(단, 외팔보의 폭 x, 높이는 5cm×9cm이다.)

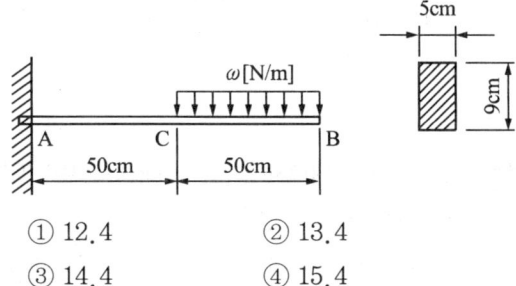

① 12.4 ② 13.4
③ 14.4 ④ 15.4

풀이 $M = \sigma_b Z$에서

$0.5\times w \times 0.75 = (80\times10^6)\times\dfrac{0.05\times0.09^2}{6}$

$w \fallingdotseq 14.4\,\text{kN/m}$

19 다음 정사각형 단면(40mm×40mm)을 가진 외팔보가 있다. a-a면에서의 수직응력(σ_n)과 전단응력(τ_s)은 각각 몇 kPa인가?

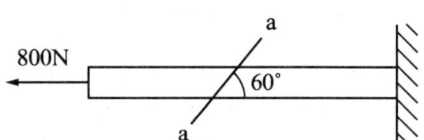

① $\sigma_n = 693$, $\tau_s = 400$
② $\sigma_n = 400$, $\tau_s = 693$
③ $\sigma_n = 375$, $\tau_s = 217$
④ $\sigma_n = 217$, $\tau_s = 375$

풀이 $\sigma_n = \dfrac{P}{A}\cos^2\theta = \sigma_x\cos^2\theta$

$= \dfrac{800}{0.04 \times 0.04} \times (\cos30°)^2 ≒ 375 \times 10^3$

$\tau = \dfrac{1}{2}\sigma_x\sin2\theta = \dfrac{1}{2}\dfrac{800}{0.04 \times 0.04} \times \sin60°$

$≒ 216.5 \times 10^3$

20 다음 보의 자유단 A지점에서 발생하는 처짐은 얼마인가?(단, EI는 굽힘강성이다.)

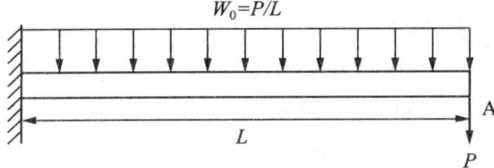

① $\dfrac{5PL^3}{6EI}$ ② $\dfrac{7PL^3}{12EI}$

③ $\dfrac{11PL^3}{24EI}$ ④ $\dfrac{17PL^3}{48EI}$

풀이

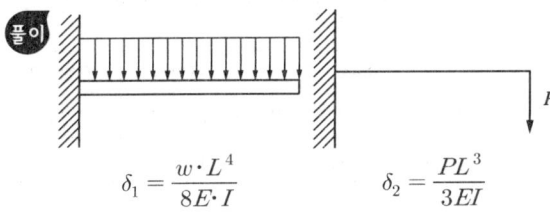

$\delta_1 = \dfrac{w \cdot L^4}{8E \cdot I}$ $\delta_2 = \dfrac{PL^3}{3EI}$

$\delta = \dfrac{\dfrac{P}{L}L^4}{8E \cdot I} + \dfrac{P \cdot L^3}{3E \cdot I}$

$= \dfrac{PL^3}{8EI} + \dfrac{PL^3}{3EI} = \dfrac{PL^3(3+8)}{24EI} = \dfrac{11PL^3}{24EI}$

2 기계열역학

21 다음 4가지 경우에서 (　) 안의 물질이 보유한 엔트로피가 증가한 경우는?

ⓐ 컵에 있는 (물)이 증발하였다.
ⓑ 목욕탕의 (수증기)가 차가운 타일 벽에서 물로 응결되었다.
ⓒ 실린더 안의 (공기)가 가역 단열적으로 팽창되었다.
ⓓ 뜨거운 (커피)가 식어서 주위 온도와 같게 되었다.

① ⓐ   ② ⓑ
③ ⓒ   ④ ⓓ

풀이 물이 증발하려고 하면 주위에서 δQ만큼 열량을 공급받아야 하므로

$ds_물 = \dfrac{+\delta Q}{T} > 0$

따라서, 엔트로피는 증가한다.

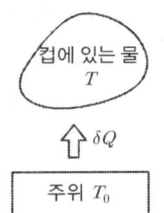

22 520K의 고온 열원으로부터 18.4kJ 열량을 받고 273K의 저온 열원에 13kJ의 열량 방출하는 열기관에 대하여 옳은 설명은

① Clausius 적분값은 -0.0122kJ/K이고, 가역 과정이다.
② Clausius 적분값은 -0.0122kJ/K이고, 비가역 과정이다.
③ Clausius 적분값은 +0.0122kJ/K이고, 가역 과정이다.

답 20 ③ 21 ① 22 ②

④ Clausius 적분값은 +0.0122kJ/K이고, 비가역 과정이다.

 • Clausius 적분
$$\oint \frac{\delta Q}{T} = \frac{Q_H}{T_H} + \frac{-Q_L}{T_L} = -0.0122 \text{kJ/K} < 0$$
비가역 과정이다.

23 이상 기체 공기가 안지름 0.1m인 관을 통하여 0.2m/s로 흐르고 있다. 공기의 온도는 20℃, 압력은 100kPa, 기체 상수는 0.287kJ/(kg·K)라면 질량 유량은 약 몇 kg/s인가?

① 0.0019 ② 0.0099
③ 0.0119 ④ 0.0199

 • 질량 유량
$\dot{Q} = \rho A V = 0.001868 \text{kg/s}$

24 어떤 기체가 5kJ의 열을 받고 0.18kN·m의 일을 외부로 하였다. 이때의 내부 에너지의 변화량은?

① 3.24kJ ② 4.82kJ
③ 5.18kJ ④ 6.14kJ

 • 내부 에너지 변화량
$U_2 - U_1 = {}_1Q_2 - {}_1W_2 = 4.82 \text{kJ}$

25 저온실로부터 46.4kW의 열을 흡수할 때 10kW의 동력을 필요로 하는 냉동기가 있다면, 이 냉동기의 성능계수는?

① 4.64 ② 5.65
③ 7.49 ④ 8.82

• 냉동기의 성능계수
$COP = \dfrac{\dot{Q}_L}{\dot{W}} = 4.64$

26 단위 질량의 이상 기체가 정적 과정하에서 온도가 T_1에서 T_2로 변하였고, 압력도 P_1에서 P_2로 변하였다면, 엔트로피 변화량 ΔS는?(단, C_v와 C_p는 각각 정적 비열과 정압 비열이다.)

① $\Delta S = C_v \ln \dfrac{P_1}{P_2}$ ② $\Delta S = C_p \ln \dfrac{P_2}{P_1}$

③ $\Delta S = C_v \ln \dfrac{T_2}{T_1}$ ④ $\Delta S = C_p \ln \dfrac{T_1}{T_2}$

• 단위 질량당 엔트로피 변화량
$s_2 - s_1 = C_v \ln \dfrac{T_2}{T_1}$

27 압력 2MPa, 온도 300℃의 수증기가 20m/s 속도로 증기 터빈으로 들어간다. 터빈 출구에서 수증기 압력이 100kPa, 속도는 100m/s이다. 가역 단열과정으로 가정 시, 터빈을 통과하는 수증기 1kg당 출력일은 약 몇 kJ/kg인가?(단, 수증기표로부터 2MPa, 300℃에서 비엔탈피는 3023.5kJ/kg, 비엔트로피는 6.7663kJ/(kg·K)이고, 출구에서의 비엔탈피 및 비엔트로피는 아래 표와 같다.

출구	포화액	포화증기
비엔트로피[kJ/(kg·K)]	1.3025	7.3593
비엔탈피[kJ/kg]	417.44	2675.46

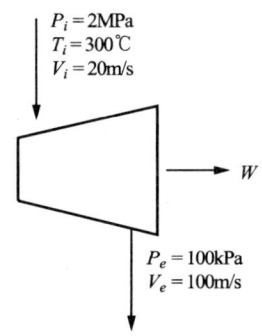

답 23 ① 24 ② 25 ① 26 ③ 27 ②

① 1534　　　② 564.3
③ 153.4　　 ④ 764.5

 • 등엔트로피 과정에 대한 수증기의 단위 질량당 출력 일
$$w_t = (h_i - h_e) + \frac{1}{2}(V_i^2 - V_e^2) = 564.53 kJ/kg$$

28 공기 압축기에서 입구 공기의 온도와 압력은 각각 27℃, 100kPa이고, 체적 유량은 0.01m³/s이다. 출구에서 압력이 400kPa이고, 이 압축기의 등엔트로피 효율이 0.8일 때, 압축기의 소요 동력은 약 몇 kW인가? (단, 공기의 정압 비열과 기체 상수는 각각 1kJ/(kg·K), 0.287kJ/(kg·K)이고, 비열비는 1.4이다.)

① 0.9　　　② 1.7
③ 2.1　　　④ 3.8

 • kg당 압축기 입력일
$$w_c = h_2 - h_1 = 145.8 kJ/kg$$
• 등엔트로피 효율이 0.8일 때 압축기 소요 동력
$$소요\ 동력 = \frac{\dot{m} \times w_c}{\eta_c} = 2.1 kW$$

29 증기 터빈 발전소에서 터빈 입구의 증기 엔탈피는 출구의 엔탈피보다 136kJ/kg 높고, 터빈에서의 열손실은 10kJ/kg이다. 증기 속도는 터빈 입구에서 10m/s이고, 출구에서 110m/s일 때 이 터빈에서 발생시킬 수 있는 일은 약 몇 kJ/kg인가?

① 10　　　② 90
③ 120　　　④ 140

• kg당 터빈에서 발생시킬 수 있는 출력 일
$$-10 \times 10^3 + 136 \times 10^3 + 50 - 6050 = w_t$$
$$w_t = 120 kJ/kg$$

30 그림과 같이 온도(T)-엔트로피(S)로 표시된 이상적인 랭킨 사이클에서 각 상태의 엔탈피(h)가 다음과 같다면, 이 사이클의 효율은 약 몇 %인가? (단, $h_1 = 30 kJ/kg$, $h_2 = 31 kJ/kg$, $h_3 = 274 kJ/kg$, $h_4 = 668 kJ/kg$, $h_5 = 764 kJ/kg$, $h_6 = 478 kJ/kg$이다.)

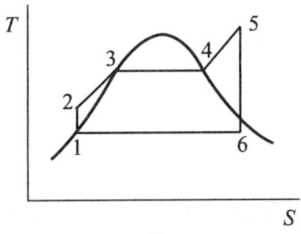

① 39　　　② 42
③ 53　　　④ 58

• 랭킨 사이클 효율
$$\eta_R = \frac{(h_1 - h_2) + (h_5 - h_6)}{h_5 - h_2} = 0.3888$$

31 온도가 각기 다른 액체 A(50℃), B(25℃), C(10℃)가 있다. A와 B를 동일 질량으로 혼합하면 40℃로 되고, A와 C를 동일 질량으로 혼합하면 30℃로 된다. B와 C를 동일 질량으로 혼합할 때 몇 ℃로 되겠는가?

① 16.0℃　　② 18.4℃
③ 20.0℃　　④ 22.5℃

㉠ A와 B 혼합
$$10 C_A = 15 C_B$$
㉡ A와 C 혼합
$$C_A = C_C$$
$$C_B / C_C = 10/15$$
㉢ B와 C 혼합
$$\frac{C_B}{C_C} = \frac{T' - 10}{25 - T'} = \frac{10}{15}$$
∴ B와 C를 동일 질량으로 혼합했을 때 온도
$$T' = 16℃$$

32 랭킨 사이클에서 25℃, 0.01MPa 압력의 물 1kg을 5MPa 압력의 보일러로 공급한다. 이때 펌프가 가역 단열 과정으로 작용한다고 가정할 경우 펌프가 한 일은 약 몇 kJ인가? (단, 물의 비체적은 0.001m³/kg이다.)

① 2.58　② 4.99
③ 20.10　④ 40.20

 • 펌프가 한 일
$$w_P = \int_1^2 v\,dP = v_1(P_2 - P_1) = 4.99\,\text{kJ/kg}$$

33 이상적인 오토 사이클에서 단열 압축되기 전 공기가 101.3kPa, 21℃이며, 압축비 7로 운전할 때 이 사이클의 효율은 약 몇 %인가?(단, 공기의 비열비는 1.4이다.)

① 62%　② 54%
③ 46%　④ 42%

 • 오토 사이클의 열효율
$$\eta_{th} = 1 - \frac{1}{r_v^{k-1}} = 0.5408$$

34 이상 기체가 정압 과정으로 dT만큼 온도가 변하였을 때 1kg당 변화된 열량 Q는?(단, C_v는 정적 비열, C_p는 정압 비열, k는 비열비를 나타낸다.)

① $Q = C_v dT$　② $Q = k^2 C_v dT$
③ $Q = C_p dT$　④ $Q = k C_p dT$

 • 1kg당 변화된 열량
$$Q = dh - v\,dp = C_p dT$$

35 초기 압력 100kPa, 초기 체적 0.1m³인 기체를 버너로 가열하여 기체 체적이 정압과정으로 0.5m³되었다면 이 과정 동안 시스템이 외부에 한 일은 약 몇 kJ인가?

① 10　② 20
③ 30　④ 40

 • 정압 과정 외부에 행한 일
$$_1W_2 = P(V_2 - V_1) = 40\,\text{kJ}$$

36 대기압이 100kPa일 때, 계기 압력이 5.23MPa인 증기의 절대 압력은 약 몇 MPa인가?

① 3.02　② 4.12
③ 5.33　④ 6.43

 • 절대압＝대기압＋계기압＝5.33MPa

37 열역학적 변화와 관련하여 다음 설명 중 옳지 않은 것은?

① 단위 질량당 물질의 온도를 1℃ 올리는 데 필요한 열량을 비열이라 한다.
② 정압 과정으로 시스템에 전달된 열량은 엔트로피 변화량과 같다.
③ 내부 에너지는 시스템의 질량에 비례하므로 종량적(extensive) 상태량이다.
④ 어떤 고체가 액체로 변화할 때 융해(Melting)라고 하고, 어떤 고체가 기체로 바로 변화할 때 승화(Sublimation)라고 한다.

정압 과정으로 시스템에 전달된 열량은 전부 엔탈비 변화량에 사용된다.

38 다음 중 강성적(강도성, intensive) 상태량이 아닌 것은?

① 압력　② 온도
③ 엔탈피　④ 비체적

• 강성적 상태량(intensive property): 압력, 온도, 밀도, 비체적

답 32 ② 33 ② 34 ③ 35 ④ 36 ③ 37 ② 38 ③

39 이상적인 복합 사이클(사바테 사이클)에서 압축비는 16, 최고 압력 비(압력 상승비)는 2.3, 체절비는 1.6이고, 공기의 비열비는 1.4일 때 이 사이클의 효율은 약 몇 %인가?

① 55.52 ② 58.41
③ 61.54 ④ 64.88

풀이 • 사바테 사이클 효율 관계식

$$\eta_{th} = 1 - \frac{1}{r_v^{k-1}} \frac{r_p r_c^k - 1}{(r_p-1) + kr_p(r_c-1)} = 0.648776$$

40 엔트로피(s) 변화 등과 같은 직접 측정할 수 없는 양들을 압력(P), 비체적(v), 온도(T)와 같은 측정 가능한 상태량으로 나타내는 Maxwell 관계식과 관련하여 다음 중 틀린 것은?

① $\left(\frac{\partial T}{\partial P}\right)_s = \left(\frac{\partial v}{\partial s}\right)_P$

② $\left(\frac{\partial T}{\partial v}\right)_s = -\left(\frac{\partial P}{\partial s}\right)_v$

③ $\left(\frac{\partial v}{\partial T}\right)_P = -\left(\frac{\partial s}{\partial P}\right)_T$

④ $\left(\frac{\partial P}{\partial v}\right)_T = \left(\frac{\partial s}{\partial T}\right)_v$

풀이 • 4개의 Maxwell 관계식

$\left(\frac{\partial T}{\partial v}\right)_s = -\left(\frac{\partial P}{\partial s}\right)_v$

$\left(\frac{\partial T}{\partial P}\right)_s = \left(\frac{\partial v}{\partial s}\right)_P$

$\left(\frac{\partial v}{\partial T}\right)_P = -\left(\frac{\partial s}{\partial P}\right)_T$

$\left(\frac{\partial P}{\partial T}\right)_v = \left(\frac{\partial s}{\partial v}\right)_T$

3 기계유체역학

41 유체(비중량 10N/m³)가 중량 유량 6.28N/s로 지름 40cm인 관을 흐르고 있다. 이 관 내부의 평균 유속은 약 몇 m/s인가?

① 50.0
② 5.0
③ 0.2
④ 0.8

풀이 • 평균 유속

$$V = \frac{\dot{W}}{\rho A g} = \frac{\dot{W}}{\gamma \times A} = 5 \text{m/s}$$

여기서, 중량 유량($\dot{W}$), 질량 유량($\dot{m}$), 체적 유량($\dot{Q}$)
관 내부 단면적(A)

42 연직 하방으로 내려가는 물 제트에서 높이 10m인 곳에서 속도는 20m/s였다. 높이 5m인 곳에서의 물의 속도는 약 몇 m/s인가?

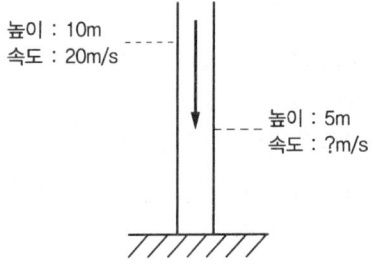

① 29.45
② 26.34
③ 23.88
④ 22.32

풀이 • 물 제트의 속도

$$V_2 = \sqrt{\left[\frac{V_1^2}{2g} + (z_1 - z_2)\right] \times 2g} = 22.32 \text{m/s}$$

43 다음과 같이 유체의 정의를 설명할 때 괄호 속에 가장 알맞은 용어는 무엇인가?

> 유체란 아무리 작은 (   )에도 저항할 수 없이 연속적으로 변형하는 물질이다.

① 수직응력   ② 중력
③ 압력   ④ 전단응력

풀이 유체는 아주 작은 전단응력에도 저항하지 못하고 연속적으로 변형을 발생시키는 물질이다.

44 수력 기울기선(HGL: Hydraulic Grade Line)이 관보다 아래에 있는 곳에서의 압력은?

① 완전 진공이다.
② 대기압보다 낮다.
③ 대기압과 같다.
④ 대기압보다 높다.

풀이 수력 기울기선(HGL)보다 관이 위에 있으면 관속 압력은 대기압보다 낮다.($P<0$)

45 지름 20cm, 속도 1m/s인 물 제트가 그림과 같이 넓은 평판에 60° 경사하여 충돌한다. 분류가 평판에 작용하는 수직 방향 힘 F_N약 몇 N인가?(단, 중력에 대한 영향은 고려하지 않는다.)

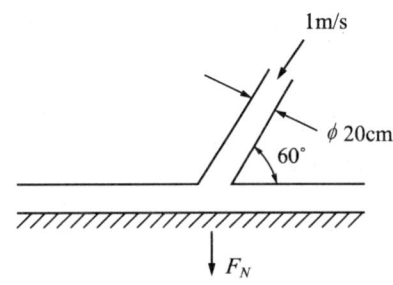

① 27.2   ② 31.4
③ 2.72   ④ 3.14

풀이
- 운동량 방정식
$-F_N = -\rho QV\sin 60°$
$F_N = \rho QV\sin 60° = 27.2\text{N}$

46 (x, y) 좌표계의 비회전 2차원 유동장에서 속도 포텐셜(potential) ϕ는 $\phi = 2x^2y$로 주어졌다. 이때 점(3,2)인 곳에서 속도 벡터는? (단, 속도 포텐셜 ϕ는 $\vec{V} \equiv \nabla\phi = \text{grad}\,\phi$로 정의된다.)

① $24\vec{i} + 18\vec{j}$ ② $-24\vec{i} + 18\vec{j}$
③ $24\vec{i} + 9\vec{j}$ ④ $-12\vec{i} + 9\vec{j}$

풀이
- 속도 성분
$u = \dfrac{\partial \phi}{\partial x} = 4xy,\ v = \dfrac{\partial \phi}{\partial y} = 2x^2$
- 속도 벡터($\vec{V}$)
$\vec{V} = 4xy\hat{i} + 2x^2\hat{j}$
- 점(3,2)에서 속도 벡터
$\vec{V}(3,2) = 24\hat{i} + 18\hat{j}$

47 어느 물리법칙이 $F(a, V, \nu, L) = 0$과 같은 식으로 주어졌다. 이 식을 무차원수의 함수로 표시하고자 할 때 이에 관계되는 무차원수는 몇 개인가?(단, a, V, ν, L은 각각, 가속도, 속도, 동점성계수, 길이이다.)

① 4   ② 3
③ 2   ④ 1

풀이
- 주어진 물리량에 따른 매개 변수 수 $n=4$
- 각 물리량 차원 $[a]=LT^{-2},\ [V]=LT^{-1},\ [\nu]=L^2T^{-1},\ [L]=L$이므로, 기본 차원은 $L,\ T$
- 기본 차원 수 $m=2$
- 예상되는 무차원 개수 $\alpha = n - m = 4 - 2 = 2$
  여기서, $n=$매개 변수 수
  $m=$기본 차원 수
  $\alpha=$무차원 개수

답 43 ④ 44 ② 45 ① 46 ① 47 ③

48 비압축성 유체의 2차원 유동 속도 성분이 $u = x^2 t$, $v = x^2 - 2xyt$ 이다. 시간(t)이 2일 때 $(x, y) = (2, -1)$에서 x 방향 가속도 (a_x)는 약 얼마인가?(단, u, v는 x, y 방향 속도 성분이고, 단위는 모두 표준 단위이다.)

① 32 ② 34
③ 64 ④ 68

- 비압축성 2차원 유동 속도장
$\vec{V} = x^2 t \hat{i} + (x^2 - 2xyt)\hat{j}$
- x 방향 가속도 성분
$a_x = \frac{\partial u}{\partial t} + u\frac{\partial u}{\partial x} + v\frac{\partial u}{\partial y} = x^2 + 2x^3 t^2$
- 점$(2, -1)$에서 x방향 가속도$(t = 2s)$
$a_x = 2^2 + 2 \times 2^3 \times 2^2 = 68 \text{m/s}^2$

49 지름 0.1mm, 비중 2.3인 작은 모래알이 호수 바닥으로 가라앉을 때, 잔잔한 물속에서 가라앉는 속도는 약 몇 mm/s인가?(단, 물의 점성계수는 $1.12 \times 10^{-3} \text{N} \cdot \text{s/m}^2$이다.)

① 6.32 ② 4.96
③ 3.17 ④ 2.24

- 힘평형 방정식
$F_B + F_D - W = 0$
여기서, 모래알에 작용하는 항력$(F_D) = 3\pi\mu VD$
모래알 무게$(W) = SG_{모래} \times \rho_w g \times \frac{\pi}{6}d^3$
모래알에 작용하는 부력$(F_B) = SG_w \times \rho_w g \times V$
- 모래알이 가라앉는 속도
$V = \frac{\rho_w g(SG_{모래} - SG_w) \times d^2}{18\mu} = 0.006319 \text{m/s}$
여기서, 모래알 지름$(d) = 0.1 \times 10^{-3}$m
모래알 비중$(SG_{모래}) = 2.3$

50 안지름이 20cm, 높이가 60cm인 수직 원통형 용기에 밀도 850kg/m³인 액체가 밑면으로부터 50cm 높이만큼 채워져 있다. 원통형 용기와 액체가 일정한 각속도로 회전할 때, 액체가 넘치기 시작하는 각속도는 약 몇 rpm인가?

① 134 ② 189
③ 276 ④ 392

- 용기 안에 있는 액체가 넘치기 시작하는 회전 각속도
$\omega = \sqrt{\frac{4g(H - h_0)}{R^2}} = 19.79 \text{rad/s}$
- 용기 안에 있는 액체가 넘치기 시작하는 회전 각속도
분당 회전수 $= \frac{\omega}{2\pi} = 189 \text{rpm}$

51 안지름 100mm인 파이프 안에 2.3m³/min의 유량으로 물이 흐르고 있다. 관 길이가 15m라고 할 때 이 사이에서 나타나는 손실 수두는 약 몇 m인가?(단, 관마찰계수는 0.01로 한다.)

① 0.92 ② 1.82
③ 2.13 ④ 1.22

- 마찰 손실 수두
$h_L = f \cdot \frac{l}{D} \cdot \frac{V^2}{2g} = 1.82 \text{m}$
여기서, 관내 평균 유속$(V) = 4.88 \text{m/s}$

52 유체 계측과 관련하여 크게 유체의 국소 속도를 측정하는 것과 체적 유량을 측정하는 것으로 구분할 때 다음 중 유체의 국소 속도를 측정하는 계측기는?

① 벤투리미터 ② 얇은 판 오리피스
③ 열선 속도계 ④ 로터미터

- 열선 유속계: 금속선에 전류가 흐르면 저항과 온도가 발생하는데 이 두 관계를 이용해서 유체의 속도를 측정하는 계측기이다.

답 48 ④ 49 ① 50 ② 51 ② 52 ③

53 수평면과 60° 기울어진 벽에 지름이 4m인 원형 창이 있다. 창의 중심으로부터 5m 높이에 물이 차 있을 때 창에 작용하는 합력의 작용점과 원형 창의 중심(도심)과의 거리(C)는 약 몇 m인가?(단, 원의 2차 면적 모멘트는 $\dfrac{\pi R^4}{4}$이고, 여기서 R은 원의 반지름이다.)

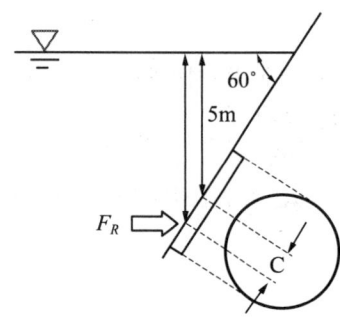

① 0.0866 ② 0.173
③ 0.866 ④ 1.73

풀이 • 창에 작용하는 합력의 작용점과 원형 창의 중심(도심)과의 거리

$$C = y_P - y_C = \dfrac{I_{xx,C}}{y_C \cdot A} = \dfrac{R^2 \times \sin\theta}{4h} = 0.1732\text{m}$$

54 $\dfrac{1}{20}$로 축소한 모형 수력 발전 댐과 역학적으로 상사한 실제 수력 발전 댐이 생성할 수 있는 동력의 비(모형 : 실제)는 약 얼마인가?

① 1 : 1800   ② 1 : 8000
③ 1 : 35800 ④ 1 : 160000

풀이 • 원형 댐이 생성할 수 있는 동력 비

$$\dfrac{W_m}{W_p} = \left(\dfrac{L_m}{L_p}\right)^{7/2} = \left(\dfrac{1}{20}\right)^{7/2} = \dfrac{1}{35777}$$

여기서, 모형과 실형의 기하학적 비(ratio)$=\dfrac{L_m}{L_p}=\dfrac{1}{20}$

55 평균 반지름이 R인 얇은 막 형태의 작은 비눗방울의 내부 압력을 P_i, 외부 압력을 P_o라고 할 경우, 표면 장력()에 의한 압력 차 ($|P_i - P_o|$)는?

① $\dfrac{\sigma}{4R}$ ② $\dfrac{\sigma}{R}$
③ $\dfrac{4\sigma}{R}$ ④ $\dfrac{2\sigma}{R}$

풀이 • 비눗방울의 표면 장력

$$\sigma_s = \dfrac{R(P_i - P_o)}{4}$$

여기서, P_i = 비눗방울의 내부 압력
P_o = 비눗방울의 외부 압력

56 경계층(boundary layer)에 관한 설명 중 틀린 것은?

① 경계층 바깥의 흐름은 포텐셜 흐름에 가깝다.
② 균일 속도가 크고, 유체의 점성이 클수록 경계층의 두께는 얇아진다.
③ 경계층 내에서는 점성의 영향이 크다.
④ 경계층은 평판 선단으로부터 하류로 갈수록 두꺼워진다.

풀이 경계층은 유체의 점성에 의한 점성 전단력의 영향을 받는 유동 영역을 말한다. 점성이 클수록 경계층 두께는 두꺼워진다.

57 반지름 R인 파이프 내에 점도 μ인 유체가 완전발달 층류 유동으로 흐르고 있다. 길이 L을 흐르는데 압력 손실이 Δp만큼 발생했을 때, 파이프 벽면에서의 평균 전단응력은 얼마인가?

① $\mu\dfrac{R}{4}\dfrac{\Delta p}{L}$ ② $\mu\dfrac{R}{2}\dfrac{\Delta p}{L}$

답 53 ② 54 ③ 55 ③ 56 ② 57 ④

③ $\dfrac{R}{4}\dfrac{\Delta p}{L}$ ④ $\dfrac{R}{2}\dfrac{\Delta p}{L}$

풀이 • 파이프 벽면 전단응력(wall shear stress)
$\tau = \dfrac{R\Delta P}{2L}$

58 원관 내부의 흐름이 층류 정상 유동일 때 유체의 전단응력 분포에 대한 설명으로 알맞은 것은?

① 중심축에서 0이고, 반지름 방향 거리에 따라 선형적으로 증가한다.
② 관 벽에서 0이고, 중심축까지 선형적으로 증가한다.
③ 단면에서 중심축을 기준으로 포물선 분포를 가진다.
④ 단면적 전체에서 일정하다.

풀이 원형 파이프 층류 유동의 전단응력 분포는 관 중심에서는 0(영)이고, 관 벽까지 직선으로 증가한다.

59 공기로 채워진 0.189m³의 오일 드럼통을 사용하여 잠수부가 해저 바닥으로부터 오래된 배의 닻을 끌어올리려 한다. 바닷물 속에서 닻을 끌어올리는 데 필요한 힘은 1780N이고, 공기 중에서 드럼통을 들어 올리는 데 필요한 힘은 222N이다. 공기로 채워진 드럼통을 닻에 연결한 후 잠수부가 이 닻을 끌어올리는 데 필요한 최소 힘은 약 몇 N인가? (단, 바닷물의 비중은 1.025이다.)

① 72.8   ② 83.4
③ 92.5   ④ 103.5

풀이 • 드럼통에 작용하는 부력
$F_B = SG_{바닷물} \times \rho_w g \times V = 1898.5N$
• 잠수부가 닻을 올리는 데 필요한 힘
$T = W_2 + W_1 - F_B = 103.5N$
여기서, 드럼통 무게(W_1)=222N, 닻 무게(W_2)=1780N

60 그림에서 압력 차($P_x - P_y$)는 약 몇 kPa인가?

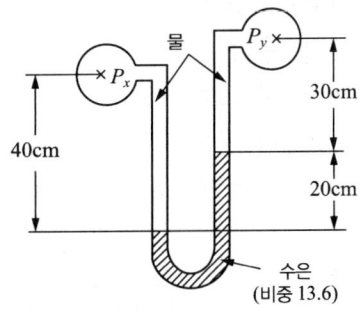

① 25.67   ② 2.57
③ 51.34   ④ 5.13

풀이 $P_x - P_y = \rho_물 g h_3 + SG_{수은}\rho_물 g h_2 - \rho_물 g h_1$
$= \rho_물 g(h_3 + SG_{수은} h_2 - h_1) \times 10^{-2} = 25676\text{Pa}$
여기서, h_3=30cm, h_2=20cm, h_1=40cm

4 기계재료 및 유압기기

61 플라스틱 재료의 일반적인 특징을 설명한 것 중 틀린 것은?

① 완충성이 크다.
② 성형성이 우수하다.
③ 자기 윤활성이 풍부하다.
④ 내식성은 낮으나, 내구성이 높다

풀이 • 합성수지(플라스틱)의 일반적인 성질
㉠ 온도에 의한 변화가 심하다.
㉡ 충격에 약한 것이 많다.
㉢ 가공성이 크고 성형이 간단하다.
㉣ 전기절연성이 좋은 특징을 가지고 있다.
㉤ 일반적으로 비중이 낮으며, 내열성에 약하다.
㉥ 투명한 것이 많고 착색이 용이하다.
㉦ 일반적으로 가볍고 강하나 표면의 경도가 약하다.

답 58 ① 59 ④ 60 ① 61 ④

62 주조용 알루미늄 합금의 질별 기호 중 T6가 의미하는 것은?
① 어닐링한 것
② 제조한 그대로의 것
③ 용체화 처리 후 인공시효 경화 처리한 것
④ 고온 가공에서 냉각 후 자연 시효시킨 것

풀이

질별 기호	의미
T2	고온 제조공정에서 냉각 후 냉간가공 처리한 것
T3	용체화 후 냉간가공 처리한 것
T4	용체화 후 자연 시효 처리한 것
T5	고온 제조 공정에서 냉각 후 인공시효 처리한 것
T6	용체화 후 인공시효 경화 처리한 것
T7	용체화 후 과일시효 경화 처리한 것
T8	용체화 후 냉간가공 처리 후 인공시효 처리한 것
T9	용체화 후 인공시효 처리 후 냉간가공한 것

63 주철에 대한 설명으로 옳은 것은?
① 주철은 액상일 때 유동성이 좋다.
② 주철은 C와 Si 등이 많을수록 비중이 커진다.
③ 주철은 C와 Si 등이 많을수록 용융점이 높아진다.
④ 흑연이 많을 경우 그 파단면은 백색을 띠며 백주철이라 한다.

풀이
- 백주철(white cast iron)
  ㉠ 주철 중의 탄소가 Fe_3C의 화합상태로 존재하는 것으로 파면은 백색이다.
  ㉡ 백주철은 Si의 양이 적고, Mn(흑연화 방지)이 많으며, 냉각속도가 빠를 때 발생한다.
  ㉢ 경도 및 내마모성이 커서 압연기의 롤러, 기차와 전차의 바퀴, 다이스(dies) 등에 사용된다.

64 특수강을 제조하는 목적이 아닌 것은?
① 절삭성 개선
② 고온 강도 저하
③ 담금질성 향상
④ 내마멸성, 내식성 개선

풀이
- 특수강(합금강)의 일반적인 특징
  ㉠ 인장강도와 경도가 증가하며, 절삭성이 개선된다.
  ㉡ 연신율과 단면 수축률이 감소한다.
  ㉢ 전기저항이 증가하고, 열전도율이 낮아진다.
  ㉣ 용융점이 낮아지고 전성과 연성이 감소한다.
  ㉤ 내마멸성, 내식성, 내열성 및 내산성이 증가한다.
  ㉥ 담금질 효과(경화능력 증가, 질량효과 감소)와 주조성이 향상된다.
  ㉦ 상부임계 냉각속도를 저하시킨다.

65 확산에 의한 경화 방법이 아닌 것은?
① 고체 침탄법 ② 가스 질화법
③ 쇼트 피이닝 ④ 침탄 질화법

풀이
- 쇼트 피이닝(shot peening) : 재료의 표면에 강이나 주철의 작은 입자($\phi 0.5 \sim 1.0mm$)를 고속 분사시켜 가공경화에 의하여 표면층의 경도 증가시키는 방법으로 피로한도가 증가한다.

66 조미니 시험(jominy test)은 무엇을 알기 위한 시험 방법인가?
① 부식성   ② 마모성
③ 충격 인성 ④ 담금질성

풀이
- 조미니 시험(jominy test) : 강의 담금질성 판정을 위한 시험법

67 기계태엽, 정밀계측기, 다이얼 게이지 등을 만드는 재료로 가장 적합한 것은?
① 인청동   ② 엘린바
③ 미하나이트 ④ 애드미럴티

62 ③ 63 ① 64 ② 65 ③ 66 ④ 67 ②

풀이 • 엘린바(elinvar) : 상온에서 탄성계수가 거의 변하지 않는 Fe-Ni-Cr(약 Ni 36%, Cr13%)의 합금으로 고급시계, 정밀저울의 스프링이나 정밀계기의 부품 등에 사용된다. 엘린바는 탄성이 온도에 따라 변하지 않는다는 뜻이다.

68 금속재료에 외력을 가했을 때 미끄럼이 일어나는 과정에서 생긴 국부적인 격자 배열의 선결함은?
① 전위 ② 공공
③ 적층결함 ④ 결정립 경계

풀이 • 전위(dislocation) : 금속 결정의 결함으로 결정면 위 부분의 부분적 미끄러짐으로 미끄럼면 상하에서 발생하는 격자의 엇갈림

69 배빗메탈(babbit metal)에 관한 설명으로 옳은 것은?
① Sn-Sb-Cu계 합금으로서 베어링 재료로 사용된다.
② Cu-Ni-Si계 합금으로서 도전율이 좋으므로 강력 도전 재료로 이용된다.
③ Zn-Cu-Ti계 합금으로서 강도가 현저히 개선된 경화형 합금이다.
④ Al-Cu-Mg계 합금으로서 상온시효 처리하여 기계적 성질을 개선시킨 합금이다.

풀이 • 배빗메탈
㉠ 주석(Sn)-안티몬(Sb)-구리(Cu)를 주성분으로 하는 베어링 메탈
㉡ 고온·고압에 잘 견디고, 점성이 강해 고속·고하중용 베어링 재료로 사용

70 Fe-C 평형 상태도에서 나타날 수 있는 반응이 아닌 것은?
① 포정 반응 ② 공정 반응
③ 공석 반응 ④ 편정 반응

풀이 • 편정 반응(monotectic reaction) : 하나의 액체에서 고체와 다른 종류의 액체를 동시에 형성하는 반응

액체 A ⇌ 고체 + 액체 B

71 다음 기호에 대한 명칭은?

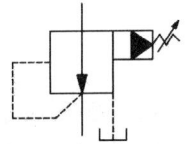

① 비례 전자식 릴리프 밸브
② 릴리프 붙이 시퀀스 밸브
③ 파일럿 작동형 감압 밸브
④ 파일럿 작동형 릴리프 밸브

풀이 파일럿 작동형 감압 밸브(외부 드레인) 기호이다.

72 다음 중 유압 장치의 운동 부분에 사용되는 실(seal)의 일반적인 명칭은?
① 심레스(seamless)
② 개스킷(gasket)
③ 패킹(packing)
④ 필터(filter)

풀이 • 패킹(packing) : 움직이는 면에 사용되는 유체 누설 방지 부품

73 크래킹 압력(cracking pressure)에 관한 설명으로 가장 적합한 것은?
① 파일럿 관로에 작용시키는 압력
② 압력 제어 밸브 등에서 조절되는 압력
③ 체크 밸브, 릴리프 밸브 등에서 압력이 상승하고 밸브가 열리기 시작하여 어느 일정한 흐름의 양이 인정되는 압력

④ 체크 밸브, 릴리프 밸브 등의 입구 쪽 압력이 강하하고, 밸브가 닫히기 시작하여 밸브의 누설량이 어느 규정의 양까지 감소했을 때의 압력

풀이 • 크래킹 압력: 릴리프 밸브나 체크 밸브 등에서 압력이 상승하여 밸브가 열리기 시작하고 어떤 일정한 흐름의 유량이 확인되는 압력

74 펌프의 압력이 50Pa, 토출 유량은 40m³/min인 레이디얼 피스톤 펌프의 축 동력은 약 몇 W인가?(단, 펌프의 전 효율은 0.85이다.)
① 3921 ② 39.21
③ 2352 ④ 23.52

풀이 • 수동력(출력 동력)
$P_H = kW_H = PQ = 33.3W$
• 입력 동력(축 동력)
입력 동력 $= \dfrac{출력\ 동력}{\eta_O} = 39.21W$

75 미터-아웃(meter-out) 유량 제어 시스템에 대한 설명으로 옳은 것은?
① 실린더로 유입하는 유량을 제어한다.
② 실린더의 출구 관로에 위치하여 실린더로부터 유출되는 유량을 제어한다.
③ 부하가 급격히 감소되더라도 피스톤이 급진되지 않도록 제어한다.
④ 순간적으로 고압을 필요로 할 때 사용한다.

풀이 • 미터 아웃 회로: 실린더 출구 쪽에서 빠져나가는 유량을 조정해 실린더 속도를 제어하는 회로

76 다음 중 기어 모터의 특성에 관한 설명으로 가장 거리가 먼 것은?

① 정회전, 역회전이 가능하다.
② 일반적으로 평 기어를 사용한다.
③ 비교적 소형이며 구조가 간단하기 때문에 값이 싸다
④ 누설량이 적고 토크 변동이 작아서 건설 기계에 많이 이용된다.

풀이 • 기어 모터: 일반적인 유압 모터인 피스톤, 베인, 기어 세 가지 형태 중 구조적인 측면에서는 가장 간단하다. 효율적인 면에서는 가장 비효율적이고 오염 물질에 대해서 고장이 잘 발생하지 않는 특징이 있다.

77 부하가 급격히 변화하였을 때 그 자중이나 관성력 때문에 소정의 제어를 못하게 된 경우 배압을 걸어주어 자유낙하를 방지하는 역할을 하는 유압 제어 밸브로 체크 밸브가 내장된 것은?
① 카운터 밸런스 밸브
② 릴리프 밸브
③ 스로틀 밸브
④ 감압 밸브

풀이 • 카운터 밸런스 밸브: 부하가 통제 불능으로 낙하하는 것을 막기 위해 사용하는 압력 제어 밸브

78 그림과 같은 유압 회로의 명칭으로 옳은 것은?

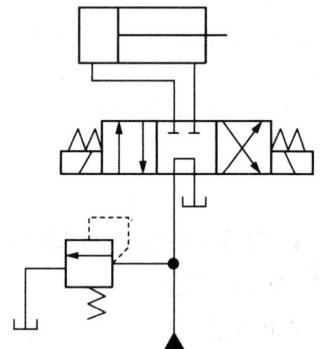

답 74 ② 75 ② 76 ④ 77 ① 78 ④

① 브레이크 회로
② 압력 설정 회로
③ 최대 압력 제한 회로
④ 임의의 위치 로크 회로

풀이 • 로크 회로: 주어진 회로는 텐덤 중립 전환 밸브를 사용해서 물체의 위치를 고정해 두려고 할 때 사용한다.

79 다음 중 어큐뮬레이터 용도에 대한 설명으로 틀린 것은?
① 에너지 축적용
② 펌프 맥동 흡수용
③ 충격압력의 완충용
④ 유압유 냉각 및 가열용

풀이 • 축압기(accumulator)의 주요 용도
㉠ 에너지 보조원으로 유압 에너지 축적
㉡ 충격 압력 흡수
㉢ 유체 맥동 흡수

80 온도 상승에 의하여 윤활유의 점도가 낮아질 때 나타나는 현상이 아닌 것은?
① 누설이 잘 된다.
② 기포의 제거가 어렵다.
③ 마찰 부분의 마모가 증대된다.
④ 펌프의 용적 효율이 저하된다.

풀이 점도가 높으면 캐비테이션이 발생하기 쉽다.

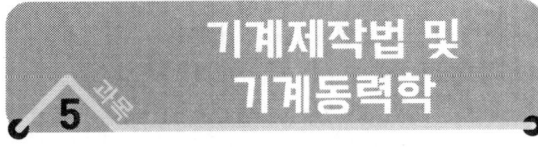

기계제작법 및 기계동력학

81 기계진동의 전달률(transmissibility ratio)을 1 이하로 조정하기 위해서는 진동수비 (ω/ω_n)를 얼마로 하면 되는가?
① $\sqrt{2}$ 이하로 한다.
② 1 이상으로 한다.
③ 2 이상으로 한다.
④ $\sqrt{2}$ 이상으로 한다.

풀이 진동수비 $\left(\dfrac{\omega}{\omega_n}\right)$가 $\sqrt{2}$ 이상인 곳은 절연 영역, $\sqrt{2}$ 이하인 곳은 확대 영역이라고 부른다.

82 동일한 질량과 스프링 상수를 가진 2개의 시스템에서 하나는 감쇠가 없고, 다른 하나는 감쇠비가 0.12인 점성 감쇠가 있다. 이때 감쇠 진동 시스템의 감쇠 고유 진동수와 비감쇠 진동 시스템의 고유 진동수의 차이는 비감쇠 진동 시스템 고유 진동수의 약 몇 %인가?
① 0.72% ② 1.24%
③ 2.15% ④ 4.24%

풀이 • 감쇠 고유 진동수(ω_d)와 비감쇠 고유 진동수(ω_n)의 차
$\omega_d - \omega_n = (\sqrt{1-\zeta^2}-1)\omega_n = -0.00723\omega_n$

83 전기 모터의 회전자가 3450rpm으로 회전하고 있다. 전기를 차단했을 때 회전하는 일정한 각가속도로 속도가 감소하여 정지할 때까지 40초가 걸렸다. 이때 각가속도의 크기는 약 몇 rad/s²인가?
① 361.0 ② 180.5
③ 86.25 ④ 9.03

답 79 ④ 80 ② 81 ④ 82 ① 83 ④

• 전기 모터 회전자의 초기 각속도
$\omega_0 = 361.3 \text{rad/s}$
• 각가속도 크기
$\omega = \omega_0 + \alpha t$
$|\alpha| = 9.03 \text{rad/s}$

84 스프링 상수가 20N/cm와 30N/cm인 두 개의 스프링을 직렬로 연결했을 때 등가 스프링 상수값은 몇 N/cm인가?

① 50 ② 12
③ 10 ④ 25

 • 직렬연결 등가 스프링 상수
$k_{eq} = \dfrac{k_1 \cdot k_2}{k_1 + k_2} = 12 \text{N/cm}$

85 반지름이 1m인 원을 각속도 60rpm으로 회전하는 1kg 질량의 선형 운동량(linear momentum)은 몇 kg·m/s인가?

① 6.28 ② 1.0
③ 62.8 ④ 10.0

 • 선형 운동량
$L = m \cdot v = m \times r\omega = 6.28 \text{kg} \cdot \text{m/s}$

86 국제단위 체계(SI)에서 1N에 대한 설명으로 옳은 것은?

① 1g의 질량에 1m/s²의 가속도를 주는 힘이다.
② 1g의 질량에 1m/s의 속도를 주는 힘이다.
③ 1kg의 질량에 1m/s²의 가속도를 주는 힘이다.
④ 1kg의 질량에 1m/s의 속도를 주는 힘이다.

풀이 $1\text{N} = 1\text{kg} \cdot 1\text{m/s}^2 = 1\text{kg}$의 질량을 갖는 물체가 1m/s^2의 가속도를 낼 수 있도록 하는 데 필요한 힘

87 질량 m인 물체가 h인 높이에서 자유 낙하한다. 공기 저항을 무시할 때, 이 물체가 도달할 수 있는 최대 속력은?(단, g는 중력가속도이다.)

① $\sqrt{mgh}$ ② $\sqrt{mh}$
③ $\sqrt{gh}$ ④ $\sqrt{2gh}$

풀이 • 도달할 수 있는 최대 속도
$v = \sqrt{2gh}$

88 그림과 같이 스프링 상수는 400N/m, 질량은 100kg인 1자유도계 시스템이 있다. 초기에 변위는 0이고 스프링 변형량도 없는 상태에서 x방향으로 3m/s의 속도로 움직이기 시작한다고 가정할 때 이 질량체의 속도 v를 위치 x에 관한 함수로 나타내면?

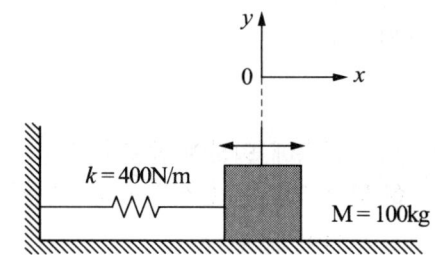

① $\pm (9 - 4x^2)$ ② $\pm \sqrt{(9 - 4x^2)}$
③ $\pm (16 - 9x^2)$ ④ $\pm \sqrt{(16 - 9x^2)}$

풀이 • 변위(x)와 속도(v)와의 관계
$4x^2(t) + v^2(t) = 9$
$v = \pm \sqrt{9 - 4x^2}$

89 20m/s의 속도를 가지고 직선으로 날아오는 무게 9.8N의 공을 0.1초 사이에 멈추게 하려면 약 몇 N의 힘이 필요한가?

① 20 ② 200
③ 9.8 ④ 98

답 84 ② 85 ① 86 ③ 87 ④ 88 ② 89 ②

• 0.1초 사이에 멈추는 데 필요한 힘
$F = \dfrac{m(v_1 - v_2)}{\Delta t} = 200\text{N}$

90 그림과 같이 0.6m 길이에 질량 5kg의 균질 봉이 축의 직각 방향으로 30N의 힘을 받고 있다. 봉이 $\theta = 0°$일 때 시계방향으로 초기 각속도 $\omega_1 = 10\text{rad/s}$ 이면 $\theta = 90°$일 때 봉의 각속도는?(단, 중력의 영향을 고려한다.)

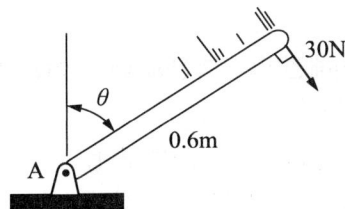

① 12.6rad/s ② 14.2rad/s
③ 15.6rad/s ④ 17.2rad/s

 • 고정점 O에 대한 초기 운동 에너지
$T_1 = 30\text{J}$
• 최종 위치인 $\theta = 90°$에 대한 운동 에너지
$T_2 = 0.3\omega_2^2$
• 일($U_{1\to2}$)
$\sum U_{1\to2} = 43\text{J}$
• 일과 에너지 원리
$T_1 + \sum U_{1\to2} = T_2$
• $\theta = 90°$일 때 봉의 각속도
$\omega_2 = \sqrt{\dfrac{30+43}{0.3}} = 15.59\text{rad/s}$

91 다음 가공법 중 연삭 입자를 사용하지 않는 것은?
① 초음파가공 ② 방전가공
③ 액체호닝   ④ 래핑

연삭 가공 공구	고정 입자	㉠ 연삭(grinding) ㉡ 호닝(honing) ㉢ 슈퍼 피니싱(superfinishing) ㉣ 버핑(buffing)
	분말 입자	㉠ 래핑(lapping) ㉡ 배럴가공(barrel working) ㉢ 초음파가공(ultrasonic machining)

92 다음 중 주물의 첫 단계인 모형(pattern)을 만들 때 고려사항으로 가장 거리가 먼 것은?
① 목형 구배   ② 수축 여유
③ 팽창 여유   ④ 기계 가공 여유

• 원(목)형 제작 시 고려해야 할 사항
㉠ 수축 여유(shrinkage allowance): 용융 금속이 냉각되면서 수축되는 것을 고려하여 크게 만든 보정 양
㉡ 기계 가공 여유(machining allowance): 주조 후 정밀도 및 표면처리 등으로 가공이 필요한 치수만큼의 여유 치수
㉢ 목형구배(taper): 주형에서 목형을 쉽게 뽑아내기 위하여 목형의 수직면에 부과한 구배
㉣ 라운딩(rounding): 모서리 부분을 둥글게 하여 결정의 균일 성장 및 내부 응력 집중을 최소화시키기 위하여 사용
㉤ 덧붙임(stop off): 얇은 판재로 된 목형은 변형이 일어나기 쉽고 주물의 두께가 균일하지 않으면 쇳물의 냉각 응고 시에 내부 응력에 의하여 변형 및 균열이 발생할 수 있어 이를 방지할 목적으로 쓰고 사용한 후에 제거한다.
㉥ 코어 프린트(core print): 코어를 주형 내에 고정하기 위하여 만든 목형의 돌기부로 목형 제작 시 현도에만 기재하고 제작도면에는 기재하지 않는다.

93 선반에서 주분력이 1.8kN, 절삭 속도가 150m/min일 때, 절삭 동력은 약 몇 kW인가?
① 4.5 ② 6
③ 7.5 ④ 9

 $H = \dfrac{P_1 \times v}{60 \times 75}\text{PS} = \dfrac{P_1 \times v}{60 \times 102}\text{kW}$
여기서 P_1: 절삭 운동(주분력), v: 절삭 속도(m/min)
$H = \dfrac{P_1 \times v}{60 \times 102} = \dfrac{1.8 \times 10^3 \times 150}{60 \times 102} \fallingdotseq 44.12\text{kW}$

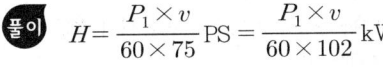 90 ③ 91 ② 92 ③ 93 ①

94 정격 2차 전류 300A인 용접기를 이용하여 실제 270A의 전류로 용접을 하였을 때, 허용 사용률이 94%이었다면 정격 사용률은 약 몇 %인가?

① 68 ② 72
③ 76 ④ 80

풀이 용접기는 항상 용량에 따른 정해진 사용량(정격 2차 전류)을 가지고 있으므로 정격 2차 전류에 따른 정격 사용률을 가지는 것이다.

$$\frac{허용\ 사용률(\%)}{정격\ 사용률(\%)} = \frac{정격\ 2차\ 전류^2}{실제\ 용접\ 전류^2}$$

$$= \frac{정격\ 사용률(\%) \times 정격\ 2차\ 전류^2}{허용\ 사용률(\%) \times 실제\ 사용\ 전류^2}$$

$$정격\ 사용률(\%) = \frac{허용\ 사용률(\%) \times 실제\ 사용\ 전류^2}{정격\ 2차\ 전류^2}$$

$$= \frac{94 \times 270^2}{300^2} = 76.14\%$$

95 다음 중 심냉 처리(sub-zero treatment)에 대한 설명으로 가장 적절한 것은?

① 강철은 담금질하기 전에 표면에 붙은 불순물은 화학적으로 제거시키는 것
② 처음에 기름으로 냉각한 다음 계속하여 물속에 담그고 냉각하는 것
③ 담금질 직후 바로 템퍼링하기 전에 얼마 동안 0에 두었다가 템퍼링하는 것
④ 담금질 후 0℃ 이하의 온도까지 냉각시켜 잔류 오스테나이트를 마텐자이트화하는 것

풀이 • 심냉처리(sub-zero treatment)
㉠ 담금질된 강을 상온 이하의 적당한 온도로 냉각시켜 잔류 오스테나이트를 마텐자이트 조직으로 변화시켜 경도 증가와 성능을 향상시키는 것
㉡ 0℃ 이하의 온도에서 냉각시키는 조직으로 공구강의 경도가 증가 및 성능을 향상시킬 수 있으며, 담금질된 오스테나이트를 마텐자이트화하는 열처리법
㉢ 스텐인리스강에는 우수한 기계적 성질을 부여한다.
㉣ 시효 변형을 방지하기 위해 0℃ 이하(~ -200℃)의 온도에서 처리한다.

96 다음 측정기구 중 진직도를 측정하기에 적합하지 않은 것은?

① 실린더 게이지 ② 오토콜리메이터
③ 측미 현미경 ④ 정밀 수준기

풀이 실린더 게이지는 안지름(내경) 측정기이다.

97 전해연마의 특징에 대한 설명으로 틀린 것은?

① 가공 변질 층이 없다.
② 내부식성이 좋아진다.
③ 가공면에는 방향성이 있다.
④ 복잡한 형상을 가진 공작물의 연마도 가능하다.

풀이 • 전해연마: 전기도금의 반대 방법으로 공작물을 양극(+)으로 하고 전기저항이 적은 구리 등을 음극(-)으로 연결하여 전해액 속에서 전기에 의한 화학적인 작용으로 가공물의 미소 돌기를 용출시켜 광택면을 얻는 가공법
㉠ 전해연마 면은 반사능이 좋아서 식기, 장식품 등의 광택과 내식성이 증가한다.
㉡ 기계 부품품 중에서 나사, 스프링 및 단조물의 스케일 제거와 표면 처리를 한다.
㉢ 바늘, 주사침 등이 표면 완성 가공을 한다.
㉣ 거울면과 같이 광택이 있는 가공면을 비교적 쉽게 얻을 수 있는 가공법
㉤ 복잡한 형상을 가진 공작물의 연마도 가능하다.
㉥ 연질금속, 알루미늄, 구리 등을 용이하게 연마할 수 있다.
㉦ 가공면에 방향성이 없다.
㉧ 가공 변질층이 없고, 평활한 가공면을 얻을 수 있다.
㉨ 기계 부품품 중에서 나사, 스프링 및 단조물의 스케일 제거와 표면처리를 한다.
㉩ 내부식성이 좋아진다.

답 94 ③ 95 ④ 96 ① 97 ③

98 냉간가공에 의하여 경도 및 항복강도가 증가하나 연신율은 감소하는데 이 현상을 무엇이라 하는가?

① 가공경화　　② 탄성경화
③ 표면경화　　④ 시효경화

풀이 • 가공경화(work hardening)
㉠ 변형경화(strain hardening)로도 불리며 탄성한계의 상승으로, 경도의 증가를 일으키는 현상이다.
㉡ 재료를 변형시킴으로써 변형 저항이 증가하는 현상으로 냉간가공에 의하여 경도 및 강도가 증가한다.
㉢ 가공경화된 금속을 가열하면 첫째 내부 응력이 제거된다. 이런 현상을 회복(recovery)이라 한다.

99 절삭유제를 사용하는 목적이 아닌 것은?

① 능률적인 칩 제거
② 공작물과 공구의 냉각
③ 절삭열에 의한 정밀도 저하 방지
④ 공구 윗면과 칩 사이의 마찰계수 증대

풀이 • 절삭유의 사용목적: 마찰 감소, 절삭 온도 강하, 칩 제거 등을 원활하게 하여 구성인선을 방지하고 공구 수명을 연장하여 궁극적으로는 가공면의 조도를 향상시키기 위하여 사용한다.
㉠ 냉각작용: 공작물과 공구의 온도상승을 방지하여 공구수명을 연장시키고 절삭열에 의한 변질 및 정밀도 저하를 방지한다.
㉡ 윤활작용: 마찰을 감소시켜 가공면을 매끄럽게 하고, 절삭 효율을 향상시킨다.
㉢ 세정작용: 절삭 칩 배출이 용이하며 팁 융착을 방지한다.
㉣ 방청작용: 가공표면의 방청 작용(부식방지)을 돕는다.

100 다음 중 자유단조에 속하지 않는 것은?

① 업세팅(up-setting)
② 블랭킹(blanking)
③ 늘리기(drawing)
④ 굽히기(bending)

풀이 • 단조 방법에 따른 분류
㉠ 자유단조(free forging): 앤빌 위에 단조물을 고정하고 해머로 타격하여 필요한 형상을 성형 단조 후 절삭가공을 하여 완성품 제조로 늘이기(drawing), 절단(cutting off), 굽히기(bending)와 소재의 특정 단면을 경계로 하여 늘리는 작업인 단 짓기(setting down), 그리고 업세팅(up-setting) 등이 있다.
㉡ 형단조(die forging): 제품의 형상을 조형한 한 쌍의 틀 사이에 가열한 소재를 넣고 타격이나 높은 압력으로 압력을 가하여 제품의 성형틀을 사용하여 정밀도가 높고 대량 생산에 적합하며 가격이 저렴하다.

답 98 ① 99 ④ 100 ②

2018년 2회 일반기계기사 기출문제

1 재료역학

1 원형 단면축이 비틀림을 받을 때, 그 속에 저장되는 탄성 변형 에너지 U는 얼마인가?(단, T: 토크, L: 길이, G: 가로탄성계수, I_P: 극관성 모멘트, I: 관성 모멘트, E: 세로탄성계수이다.)

① $U = \dfrac{T^2 L}{2GI}$ ② $U = \dfrac{T^2 L}{2EI}$

③ $U = \dfrac{T^2 L}{2EI_P}$ ④ $U = \dfrac{T^2 L}{2GI_P}$

$\phi = \dfrac{T \cdot l}{G \cdot I_P} = \dfrac{32 T \cdot l}{G \cdot \pi \cdot d^4}$ [rad]에서

$U = \dfrac{1}{2} T\phi = \dfrac{T^2 L}{2GI_P}$

2 그림과 같은 전 길이에 걸쳐 균일 분포하중 ω를 받는 보에서 최대 처짐 $\delta_{\max}$를 나타내는 식은?(단, 보의 굽힘강성계수는 EI이다.)

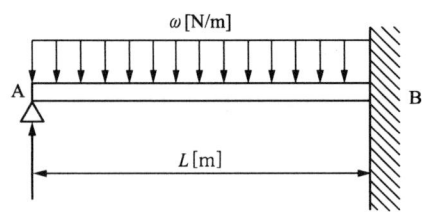

① $\dfrac{wL^4}{64EI}$ ② $\dfrac{wL^4}{128.5EI}$

③ $\dfrac{wL^4}{184.6EI}$ ④ $\dfrac{wL^4}{192EI}$

풀이 $R_B = \dfrac{3}{8} w \cdot l$, $M_A = \dfrac{1}{8} w \cdot l^2$

변곡점: $F_x = R_B - w \cdot x = 0$, $x = \dfrac{3}{8} l$

$\delta_{\max} = \dfrac{wL^4}{184.6} = \dfrac{0.00541 w \cdot l^4}{EI}$

3 그림과 같은 보에서 발생하는 최대 굽힘 모멘트는 몇 kN·m인가?

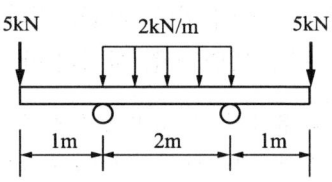

① 2   ② 5
③ 7   ④ 10

풀이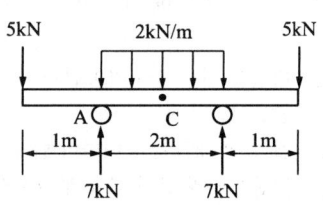

A지점에서 모멘트 $M_A = 5 \times 1 = 5$
중앙지점에서의 모멘트
$M_C = 5 \times (1+1) - 7 \times 1 + (2 \times 1 \times 0.5) = 4$

답 1 ④ 2 ③ 3 ②

4 그림의 H형 단면의 도심축인 Z축에 관한 회전반경(radius of gyration)은 얼마인가?

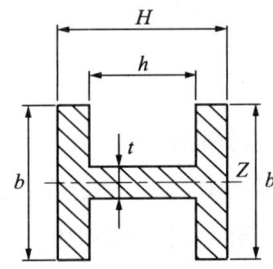

① $K_z = \sqrt{\dfrac{Hb^3 - (b-t)^3 b}{12(bH - bh + th)}}$

② $K_z = \sqrt{\dfrac{12Hb^3 + (b-t)^3 b}{(bH + bh + th)}}$

③ $K_z = \sqrt{\dfrac{ht^3 + Hb - hb^3}{12(bH - bh + th)}}$

④ $K_z = \sqrt{\dfrac{12Hb^3 + (b+t)^3 b}{(bH + bh - th)}}$

풀이 $K_z = \sqrt{\dfrac{I}{A}}$

$I = \dfrac{b(H-h)^2}{12} + \dfrac{ht^3}{12}$

$A = b(H-b) + ht$

5 그림에 표시한 단순 지지보에서의 최대 처짐량은?(단, 보의 굽힘강성은 EI이고, 자중은 무시한다.)

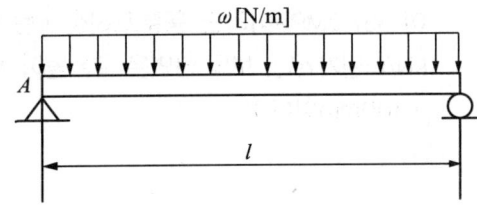

① $\dfrac{wl^3}{48EI}$　② $\dfrac{wl^4}{24EI}$

③ $\dfrac{wl^3}{253EI}$　④ $\dfrac{5wl^4}{384EI}$

풀이 $\theta_{\max} = \dfrac{w \cdot l^3}{24E \cdot I}$, $v_{\max} = \dfrac{5w \cdot l^4}{384E \cdot I}$

6 그림에서 784.8N과 평형을 유지하기 위한 힘 F_1과 F_2는?

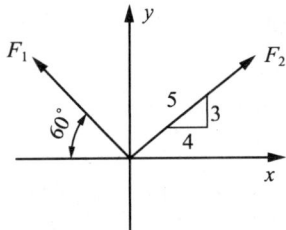

① $F_1 = 392.5$ N, $F_2 = 632.4$N
② $F_1 = 790.4$ N, $F_2 = 632.4$N
③ $F_1 = 790.4$ N, $F_2 = 395.2$N
④ $F_1 = 632.4$ N, $F_2 = 395.2$N

풀이

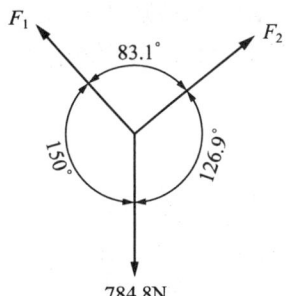

$\cos\theta = \dfrac{4}{5}$, $\theta ≒ 36.9°$ 이므로

$\theta_1 = 36.9° + 90° ≒ 126.9°$

$\theta_2 = 60° + 90° = 150°$

$\theta_3 = 360° - 126.9° - 150° ≒ 83.1°$

$\dfrac{F_1}{\sin 126.9°} = \dfrac{F_2}{\sin 150°} = \dfrac{784.8}{\sin 83.1°}$

$F_1 = \sin 126.9° \times \dfrac{784.8}{\sin 83.1°} ≒ 632.2\text{N}$

$F_2 = \sin 150° \times \dfrac{784.8}{\sin 83.1°} ≒ 395.3°$

답　4 ③　5 ④　6 ④

7 지름이 60mm인 연강축이 있다. 이 축의 허용전단응력은 40MPa이며 단위 길이 1m당 허용 회전각도는 1.5°이다. 연강의 전단탄성계수를 80GPa이라 할 때 이 축의 최대 허용 토크는 약 몇 N·m인가?(단, 이 코일에 작용하는 힘은 P, 가로탄성계수는 G이다.)

① 696　　② 1696
③ 2664　② 3664

풀이 $\phi = \dfrac{Tl}{GI_P},\ T = \phi\dfrac{GI_P}{l}$

$= \left(1.5 \times \dfrac{\pi}{180}\right) \times \dfrac{80 \times 10^9}{1} \times \dfrac{\pi \times 0.06^4}{32} \fallingdotseq 2664.793\,\text{Nm}$

그리고 $T = \tau\dfrac{\pi d^3}{16} = 40 \times 10^6 \times \dfrac{\pi \times 0.06^3}{16} \fallingdotseq 1696.46\,\text{Nm}$

에서 안전을 고려하여 작은 토크값 선정

8 지름 3cm인 강축이 26.5rev/s의 각속도로 26.5kW의 동력을 전달하고 있다. 이 축에 발생하는 최대 전단응력은 약 몇 MPa인가?

① 30　　② 40
③ 50　　④ 60

풀이 $kW = \dfrac{FV}{1000} = \dfrac{Tn}{9549}$에서

$T = \dfrac{kW \times 9549}{n} = \dfrac{26.5 \times 9549}{26.5 \times 60} = 159.15\,\text{Nm}$

$T = \tau \times \dfrac{\pi d^3}{16},\ \tau = \dfrac{16T}{\pi d^3} = \dfrac{16 \times 159.15}{\pi \times 0.03^3} \fallingdotseq 30.02\,\text{MPa}$

9 폭 3cm, 높이 4cm의 직사각형 단면을 갖는 외팔보가 자유단에 그림에서와 같이 집중하중을 받을 때 보 속에 발생하는 최대 전단응력은 몇 N/cm²인가?

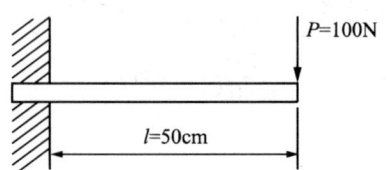

① 12.5　　② 13.5
③ 14.5　　④ 15.5

풀이 $\tau_{\max} = \dfrac{3}{2}\dfrac{V}{A} = \dfrac{3}{2} \times \dfrac{100}{3 \times 4} = 12.5\,\text{N/cm}^2$

10 평면 응력 상태에서 $\varepsilon_x = -150 \times 10^{-6}$, $\varepsilon_y = -280 \times 10^{-6}$, $r_{xy} = 850 \times 10^{-6}$일 때, 최대주변형률($\varepsilon_1$)과 최소주변형률($\varepsilon_2$)은 각각 약 얼마인가?

① $\varepsilon_1 = 215 \times 10^{-6},\ \varepsilon_2 = 645 \times 10^{-6}$
② $\varepsilon_1 = 645 \times 10^{-6},\ \varepsilon_2 = 215 \times 10^{-6}$
③ $\varepsilon_1 = 315 \times 10^{-6},\ \varepsilon_2 = 645 \times 10^{-6}$
④ $\varepsilon_1 = -545 \times 10^{-6},\ \varepsilon_2 = 315 \times 10^{-6}$

풀이 $\epsilon_{1,2}(\epsilon_{\max}, \epsilon_{\min})$

$= \dfrac{\epsilon_x + \epsilon_y}{2} \pm \sqrt{\left(\dfrac{\epsilon_x - \epsilon_y}{2}\right)^2 + \left(\dfrac{\gamma_{xy}}{2}\right)^2}$

$\epsilon_1 = \left(\dfrac{-150 - 280}{2} + \sqrt{\left(\dfrac{-150 + 280}{2}\right)^2 + \left(\dfrac{850}{2}\right)^2}\right) \times 10^{-6}$

$\fallingdotseq 214.94 \times 10^{-6}$

$\epsilon_2 = \left(\dfrac{-150 - 280}{2} - \sqrt{\left(\dfrac{-150 + 280}{2}\right)^2 + \left(\dfrac{850}{2}\right)^2}\right) \times 10^{-6}$

$\fallingdotseq 644.9 \times 10^{-6}$

11 길이 6m인 단순 지지보에 등분포하중 q가 작용할 때 단면에 발생하는 최대 굽힘응력이 337.5MPa이라면 등분포하중 q는 약 몇 kN/m인가?(단, 보의 단면은 폭×높이=40mm ×100mm이다.)

① 4　　② 5
③ 6　　④ 7

풀이 $M_{\max} = \dfrac{ql^2}{8}$,

$Z = \dfrac{bh^2}{6} = \dfrac{0.04 \times 0.1^2}{6} \fallingdotseq 6.667 \times 10^{-5}$

$M = \sigma Z$에서 $\dfrac{q \times 6^2}{8} = 337.5 \times 10^6 \times 6.667 \times 10^{-5}$

$q = \dfrac{337.5 \times 10^6 \times 6.667 \times 10^{-5} \times 8}{6^2} \fallingdotseq 5 \times 10^3 \text{N/m}$

12 보의 자중을 무시하고 그림과 같이 자유단 C에 집중하중 $2P$가 작용할 때 B점에서 처짐곡선의 기울기 각은?(단, 기울기 각 θ을 탄성계수 E, 단면 2차 모멘트를 I라고 한다.)

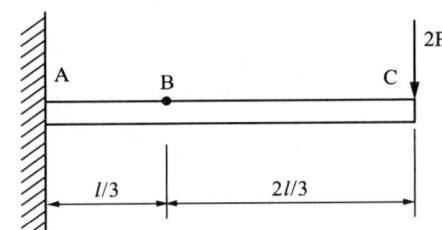

① $\dfrac{5Pl^2}{9EI}$ ② $\dfrac{5Pl^2}{18EI}$

③ $\dfrac{5Pl^2}{27EI}$ ④ $\dfrac{5Pl^2}{36EI}$

풀이

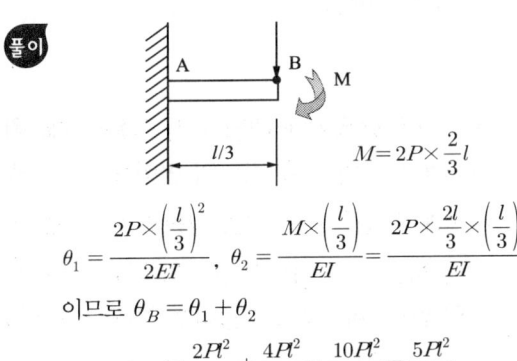

$M = 2P \times \dfrac{2}{3}l$

$\theta_1 = \dfrac{2P \times \left(\dfrac{l}{3}\right)^2}{2EI}$, $\theta_2 = \dfrac{M \times \left(\dfrac{l}{3}\right)}{EI} = \dfrac{2P \times \dfrac{2l}{3} \times \left(\dfrac{l}{3}\right)}{EI}$

이므로 $\theta_B = \theta_1 + \theta_2$

$= \dfrac{2Pl^2}{18EI} + \dfrac{4Pl^2}{9EI} = \dfrac{10Pl^2}{18EI} = \dfrac{5Pl^2}{9EI}$

13 그림과 같은 외팔보에 대한 전단력 선도로 옳은 것은?(단, 아래방향을 양(+)으로 본다.)

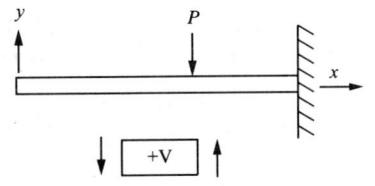

① ② ③ ④ (shear diagrams shown)

풀이

(shear force and moment diagrams)

P 전단력 선도

P 모멘트 선도

14 그림과 같이 길이가 동일한 2개의 기둥 상단에 중심 압축하중 2500N이 작용할 경우 전체 수축량은 약 몇 mm인가?(단, 단면적 $A_1 = 1000\text{mm}^2$, $A_2 = 2000\text{mm}^2$, 길이 $L = 300\text{mm}$, 재료의 탄성계수 $E = 90\text{GPa}$이다.)

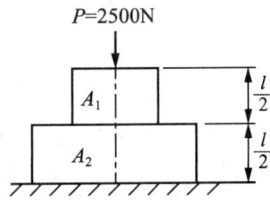

① 0.625 ② 0.0625
③ 0.00625 ④ 0.000625

풀이 $\delta = \dfrac{P\dfrac{l}{2}}{A_1 E} + \dfrac{P\dfrac{l}{2}}{A_2 E}$

$= \dfrac{2500 \times \dfrac{0.3}{2}}{(1000 \times 10^{-6}) \times (90 \times 10^9)} + \dfrac{2500 \times \dfrac{0.3}{2}}{(2000 \times 10^{-6}) \times (90 \times 10^9)}$

$= 2500 \times \dfrac{0.3}{2} \times \dfrac{1}{90 \times 10^9} \times \left(\dfrac{1}{1000 \times 10^{-6}} + \dfrac{1}{2000 \times 10^{-6}}\right)$

$= 0.00625 \text{mm}$

답 12 ① 13 ④ 14 ③

15 최대 사용강도 400MPa의 연강봉에 30kN의 축 방향의 인장하중이 가해질 경우 강봉의 최소지름은 몇 cm까지 가능한가?(단, 안전율은 5이다.)

① 2.69   ② 2.99
③ 2.19   ④ 3.02

풀이 $\dfrac{\sigma}{s} = \dfrac{P}{A}$ 에서 $\dfrac{400 \times 10^6}{5} = \dfrac{30 \times 10^3}{\dfrac{\pi d^2}{4}}$

$d = \sqrt{\dfrac{(4 \times 30 \times 10^3) \times 5}{\pi \times 400 \times 10^6}}$

$\fallingdotseq 0.02185 \text{m} = 2.185 \text{cm}$

16 그림과 같이 A, B의 원형 단면 봉은 길이가 같고, 지름이 다르며, 양단에서 같은 압축하중 P를 받고 있다. 응력은 각 단면에서 균일하게 분포된다고 할 때 저장되는 탄성 변형 에너지의 $\dfrac{U_B}{U_A}$는 얼마가 되겠는가?

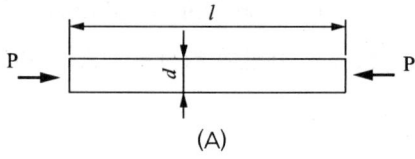
(A)

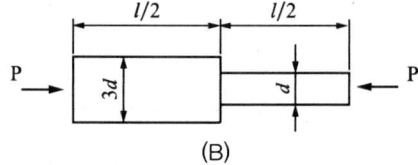
(B)

① 1/3   ② 5/9
③ 2   ④ 9/5

풀이 $U = \dfrac{P^2 l}{2AE}$ 이므로 $U_A = \dfrac{P^2 l}{2\dfrac{\pi d^2}{4}E}$,

$U_B = \dfrac{P^2 \dfrac{l}{2}}{2\dfrac{\pi (3d)^2}{4}E} + \dfrac{P^2 \dfrac{l}{2}}{2\dfrac{\pi d^2}{4}E}$, $\dfrac{U_B}{U_A} = \dfrac{\dfrac{10P^2 l}{9\pi d^2 E}}{\dfrac{2P^2 l}{\pi d^2 E}} = \dfrac{5}{9}$

17 다음과 같이 3개의 링크를 핀을 이용하여 연결하였다. 2000N의 하중 P가 작용할 경우 핀에 작용되는 전단응력은 약 몇 MPa인가?(단, 핀의 직경은 1cm이다.)

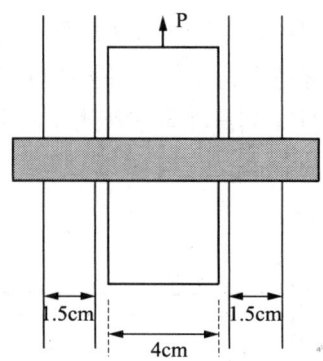

① 12.73   ② 13.24
③ 15.63   ④ 16.56

풀이 $\tau = \dfrac{P}{2A} = \dfrac{P}{2\dfrac{\pi \times d^2}{4}} = \dfrac{2000}{2 \times \dfrac{\pi \times 0.01^2}{4}}$

$\fallingdotseq 12.73 \times 10^6 \text{Pa}$

18 원통형 압력용기에 내압 P가 작용할 때, 원통부에 발생하는 축 방향의 변형률 ϵ_x 및 원주 방향 변형률 ϵ_y는?(단, 강판의 두께 t는 원통의 지름 D에 비하여 충분히 작고, 강판 재료의 탄성계수 및 포아송비는 각 E, v이다.)

① $\epsilon_x = \dfrac{PD}{4tE}(1-2v)$, $\epsilon_y = \dfrac{PD}{4tE}(1-v)$

② $\epsilon_x = \dfrac{PD}{4tE}(1-2v)$, $\epsilon_y = \dfrac{PD}{4tE}(2-v)$

③ $\epsilon_x = \dfrac{PD}{4tE}(2-v)$, $\epsilon_y = \dfrac{PD}{4tE}(1-v)$

④ $\epsilon_x = \dfrac{PD}{4tE}(1-v)$, $\epsilon_y = \dfrac{PD}{4tE}(2-v)$

풀이 축 방향 응력 $\sigma_x = \dfrac{Pd}{4t} = \dfrac{Pr}{2t}$, 원주 방향 응력

답 15 ③ 16 ② 17 ① 18 ②

$$\sigma_y = \frac{Pd}{2t} = \frac{Pr}{t} \text{에서 } \sigma_y = 2\sigma_x$$

$$\epsilon_x = \frac{\sigma_x}{E} - \nu\frac{\sigma_y}{E} = \frac{1}{E}(\sigma_x - \nu\sigma_y)$$

$$= \frac{1}{E}(\sigma_x - \nu 2\sigma_x) = \frac{\sigma_x}{E}(1-2\nu) = \frac{PD}{4tE}(1-2\nu)$$

$$\epsilon_x = \frac{\sigma_y}{E} - \nu\frac{\sigma_x}{E} = \frac{1}{E}(\sigma_y - \nu\sigma_x)$$

$$= \frac{1}{E}(2\sigma_x - \nu\sigma_x) = \frac{\sigma_x}{E}(2-\nu) = \frac{PD}{4tE}(2-\nu)$$

19 지름 20mm, 길이 1000mm의 연강 봉이 50kN의 인장하중을 받을 때 발생하는 신장량은 약 몇 mm인가?(단, 탄성계수 E=210GPa이다.)

① 7.58 ② 0.758
③ 0.0758 ④ 0.00758

풀이 $\delta = \frac{Pl}{AE} = \frac{(50 \times 10^3) \times 1}{\frac{\pi \times 0.02^2}{4} \times (210 \times 10^9)}$

$\fallingdotseq 7.5788 \times 10^{-4}\text{m} = 0.7578\text{mm}$

20 지름이 0.1m이고 길이가 15m인 양단 힌지인 원형강 장주의 좌굴 임계하중은 약 몇 kN인가?(단, 장주의 탄성계수는 200GPa이다.)

① 43 ② 55
③ 67 ④ 79

풀이 $P_{CR} = \frac{\pi^2 \cdot EI}{L^2}\text{N}$

$= \frac{\pi^2 \times (200 \times 10^9) \times \frac{\pi \cdot 0.1^4}{64}}{15^2} = 43.06 \times 10^3$

기계열역학

21 온도 150℃, 압력 0.5MPa의 공기 0.2kg이 압력이 일정한 과정에서 원래 체적의 2배로 늘어난다. 이 과정에서의 일은 약 몇 kJ인가?(단, 공기는 기체 상수가 0.287kJ/(kg·K)인 이상 기체로 가정한다.)

① 12.3kJ ② 16.5kJ
③ 20.5kJ ④ 24.3kJ

풀이 • 단위 질량당 경계 이동일

$$_1w_2 = \int Pdv = P(v_2 - v_1) = Pv_1$$

여기서, 정압과정, $v_2 = 2v_1$, $v_1 = 0.242802\text{m}^3/\text{kg}$

• 경계 이동일
$_1W_2 = m \times {_1w_2} = 24.3\text{kJ}$

22 마찰이 없는 실린더 내에 온도 500K, 비엔트로피 3kJ/(kg·K)인 이상 기체가 2kg 들어 있다. 이 기체의 비엔트로피가 10kJ/(kg·K)이 될 때까지 등온 과정으로 가열한다면 가열량은 약 몇 kJ인가?

① 1400kJ ② 2000kJ
③ 3500kJ ④ 7000kJ

풀이 • 단위 질량당 가열량

$$\delta q = \int_1^2 Tds = T(s_2 - s_1)$$

• 외부에서 실린더에 가한 열량
$_1Q_2 = mT(s_2 - s_1) = 7000\text{kJ}$

23 랭킨 사이클의 열효율을 높이는 방법으로 틀린 것은?

① 복수기의 압력을 저하시킨다.
② 보일러 압력을 상승시킨다.

③ 재열(reheat) 장치를 사용한다.
④ 터빈 출구 온도를 높인다.

 랭킨 사이클의 효율 증대 방법은 응축기 압력 감소, 보일러 압력 증대, 보일러에서 증기 온도를 고온으로 과열시키는 방법이 있다.

24 유체의 교축 과정에서 Joule-Thomson계수(μ_J)가 중요하게 고려되는데 이에 대한 설명으로 옳은 것은?

① 등엔탈피 과정에 대한 온도 변화와 압력 변화의 비를 나타내며 $\mu_J < 0$인 경우 온도 상승을 의미한다.
② 등엔탈피 과정에 대한 온도 변화와 압력 변화 비를 나타내며 $\mu_J < 0$인 경우 온도 강하를 의미한다.
③ 정적 과정에 대한 온도 변화와 압력 변화의 비를 나타내며 $\mu_J < 0$인 경우 온도 상승을 의미한다.
④ 정적 과정에 대한 온도 변화와 압력 변화의 비를 나타내며 $\mu_J < 0$인 경우 온도 강하를 의미한다.

 • Joule-Thomson 계수
$$\mu_J = \left.\frac{\partial T}{\partial P}\right)_h$$
$\mu_J < 0$인 경우, 압력강하에 따른 온도 상승을 나타낸다.

25 이상적인 카르노 사이클의 열기관이 500°C인 열원으로부터 500kJ를 받고, 25°C에 열을 방출한다. 이 사이클의 일(W)과 효율(η_{th})은 얼마인가?

① $W = 307.2$kJ, $\eta_{th} = 0.6143$
② $W = 207.2$kJ, $\eta_{th} = 0.5748$
③ $W = 250.3$kJ, $\eta_{th} = 0.8316$
④ $W = 401.5$kJ, $\eta_{th} = 0.6517$

 • Carnot cycle 효율
$$\eta_{th} = 1 - \frac{T_L}{T_H} = 0.6145$$
• 사이클의 일
$$W = \eta_{th} \cdot Q_H = 307.3 \text{kJ}$$

26 Brayton사이클에서 압축기 소요일은 175kJ/kg, 공급 열은 627kJ/kg, 터빈 발생일은 406kJ/kg로 작동될 때 열효율은 약 얼마인가?

① 0.28 ② 0.37
③ 0.42 ④ 0.48

• 브레이튼 사이클 열효율
$$\eta_{brayton} = \frac{w_{net}}{q_H} = \frac{w_t + w_c}{q_H} = 0.368$$
여기서, $q_H = 627$kJ/kg
$w_t = 406$kJ/kg
$w_c = -175$kJ/kg

27 그림과 같이 다수의 추를 올려놓은 피스톤이 장착된 실린더가 있는데, 실린더 내의 초기 압력은 300kPa, 초기 체적은 0.05m³이다. 이 실린더에 열을 가하면서 적절히 추를 제거하여 폴리트로픽 지수가 1.3인 폴리트로픽 변화가 일어나도록 하여 최종적으로 실린더 내의 체적이 0.2m³이 되었다면 가스가 한 일은 약 몇 kJ인가?

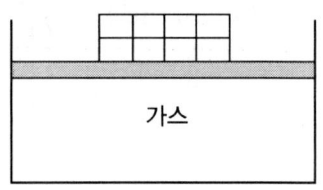

① 17 ② 18
③ 19 ④ 20

답 24 ① 25 ① 26 ② 27 ①

풀이 • 최종 상태에서 압력

$$P_2 = P_1 \times \left(\frac{V_1}{V_2}\right)^n = 49.5\text{kPa}$$

• 경계 이동에 의한 일

$$_1W_2 = \frac{P_2V_2 - P_1V_1}{1-n} = 17\text{kJ}$$

28 다음의 열역학 상태량 중 종량적 상태량(extensive property)에 속하는 것은?

① 압력 ② 체적
③ 온도 ④ 밀도

풀이 • 종량적 상태량: 질량에 비례. 두 부분으로 이등분했을 때 처음의 절반이 되는 상태량
예 질량, 전체 체적, 엔탈피

29 피스톤-실린더 장치 내에 공기가 0.3m^3에서 0.1m^3으로 압축되었다. 압축되는 동안 압력(P)과 체적(V) 사이에 $P = aV^{-2}$의 관계가 성립하며 계수 $a = 6\text{kPa}\cdot\text{m}^6$이다. 이 과정 동안 공기가 한 일은 약 얼마인가?

① -53.3kJ ② -1.1kJ
③ 253kJ ④ -40kJ

풀이 • 압축 과정 동안 공기에 가한 일

$$_1W_2 = \int_1^2 PdV = \int_1^2 aV^{-2}dV = -a \times \left(\frac{1}{V_2} - \frac{1}{V_1}\right)$$
$$= -40\text{kJ}$$

30 매시간 20kg의 연료를 소비하여 74kW의 동력을 생산하는 가솔린 기관의 열효율은 약 몇 %인가?(단, 가솔린의 저위 발열량은 43470kJ/kg이다.)

① 18 ② 22
③ 31 ④ 43

풀이 • 가솔린 기관 효율

$$\eta = \frac{\text{출력}}{\text{입력}} = 0.306$$

여기서, 가솔린 기관의 출력=74kW,
입력 에너지=241.5kW

31 다음 중 이상적인 증기 터빈의 사이클인 랭킨 사이클을 옳게 나타낸 것은?

① 가역 등온 압축 → 정압 가열 → 가역 등온 팽창 → 정압 냉각
② 가역 단열 압축 → 정압 가열 → 가역 단열 팽창 → 정압 냉각
③ 가역 등온 압축 → 정적 가열 → 가역 등온 팽창 → 정적 냉각
④ 가역 단열 압축 → 정적 가열 → 가역 단열 팽창 → 정적 냉각

풀이 가역 단열 압축 → 정압 가열 → 가역 단열 팽창 → 정압 냉각

32 내부 에너지가 30kJ인 물체에 열을 가하여 내부 에너지가 50kJ이 되는 동안에 외부에 대하여 10kJ의 일을 하였다. 이 물체에 가해진 열량은?

① 10kJ ② 20kJ
③ 30kJ ④ 60kJ

풀이 • 가해진 열량

$$_1Q_2 = (U_2 - U_1) + {_1W_2} = 30\text{kJ}$$

33 천제연 폭포의 높이가 55m이고 주위와 열교환을 무시한다면 폭포수가 낙하한 후 수면에 도달할 때까지 온도 상승은 약 몇 K인가?(단, 폭포수의 비열은 4.2kJ/(kg·K)이다.)

답 28 ② 29 ④ 30 ③ 31 ② 32 ③ 33 ③

① 0.87   ② 0.31
③ 0.13   ④ 0.68

 • 온도 상승
$$\Delta T = \frac{gH}{C} = 0.128\text{K}$$

34 어떤 카르노 열기관이 100°C와 30°C 사이에서 작동되며 100°C의 고온에서 100kJ의 열을 받아 40kJ의 유용한 일을 한다면 이 열기관에 대하여 가장 옳게 설명한 것은?
① 열역학 제1법칙에 위배된다.
② 열역학 제2법칙에 위배된다.
③ 열역학 제1법칙과 제2법칙에 모두 위배되지 않는다.
④ 열역학 제1법칙과 제2법칙에 모두 위배된다.

 • 열기관의 효율
$$\eta = \frac{W}{Q_H} = 0.4$$
• 카르노 열기관 효율
$$\eta_{carnot} = 1 - \frac{T_L}{T_H} = 0.188$$

35 증기 압축 냉동 사이클로 운전하는 냉동기에서 압축기 입구, 응축기 입구, 증발기 입구의 엔탈피가 각각 387.2kJ/kg, 435.1kJ/kg, 241.8kJ/kg일 경우 성능계수는 약 얼마인가?
① 3.0   ② 4.0
③ 5.0   ④ 6.0

 • 증기 압축 냉동 시스템의 성능계수
$$COP = \frac{q_L}{w_c} = \frac{h_1 - h_4}{h_2 - h_1} = 3.04$$
여기서, h_1 =압축기 입구

h_2 =압축기 출구
h_4 =증발기 입구

36 온도 20°C에서 계기압력 0.183MPa의 타이어가 고속 주행으로 온도 80°C로 상승할 때 압력은 주행 전과 비교하여 약 몇 kPa 상승하는가?(단, 타이어의 체적은 변하지 않고, 타이어 내의 공기는 이상 기체로 가정한다. 그리고 대기압은 101.3kPa이다.)
① 37kPa   ② 58kPa
③ 286kPa   ④ 445kPa

 • 초기 상태에서 절대압
$P_1 = 284.3\text{kPa}$
• 온도 상승 후 절대압, 상태 방정식
$P_2 = P_1 \times \frac{T_2}{T_1} = 341.3\text{kPa}$
• 상태 전/후 압력 차
$P_2 - P_1 = 58\text{kPa}$

37 온도가 T_1인 고열원으로부터 온도가 T_2인 저열원으로 열전도, 대류, 복사 등에 의해 Q만큼 열전달이 이루어졌을 때 전체 엔트로피 변화량을 나타내는 식은?
① $\dfrac{T_1 - T_2}{Q(T_1 \times T_2)}$ ② $\dfrac{Q(T_1 + T_2)}{T_1 \times T_2}$
③ $\dfrac{Q(T_1 - T_2)}{T_1 \times T_2}$ ④ $\dfrac{T_1 + T_2}{Q(T_1 \times T_2)}$

 • 고온체의 엔트로피 변화량
$$\Delta S_1 = \frac{-Q}{T_1}$$
• 저온체의 엔트로피 변화량
$$\Delta S_2 = \frac{Q}{T_2}$$
• 두 물체가 이루는 계의 엔트로피 변화
$$S_{net} = \Delta S_1 + \Delta S_2 = \frac{Q(T_1 - T_2)}{T_1 \times T_2}$$

답 34 ② 35 ① 36 ② 37 ③

38 1kg의 공기가 100℃를 유지하면서 가역 등온 팽창하여 외부에 500kJ의 일을 하였다. 이때 엔트로피의 변화량은 약 몇 kJ/K인가?

① 1.895　　② 1.665
③ 1.467　　④ 1.340

풀이
- 공기가 등온 상태로 팽창하면서 행한 일

$$\delta w = Pdv = \frac{RT}{v}dv$$

$$_1w_2 = RT\ln\frac{v_2}{v_1}$$

$$R\ln\frac{v_2}{v_1} = \frac{_1w_2}{T} = 1.34\,kJ/K$$

- 엔트로피 변화량(등온 과정)

$$s_2 - s_1 = R\ln\frac{v_2}{v_1} = 1.34\,kJ/K$$

39 습증기 상태에서 엔탈피 h를 구하는 식은? (단, h_f는 포화액의 엔탈피, h_g는 포화증기의 엔탈피, x는 건도이다.)

① $h = h_f + (xh_g - h_f)$
② $h = h_f + x(h_g - h_f)$
③ $h = h_g + (xh_f - h_g)$
④ $h = h_g + x(h_g - h_f)$

풀이
- 건도가 x인 습증기의 엔탈피

$$h = h_f + xh_{fg}$$

여기서, $h_{fg} = h_g - h_f$

40 이상 기체에 대한 관계식 중 옳은 것은?(단, C_p, C_v는 정압 및 정적 비열, k는 비열비이고, R은 기체 상수이다.)

① $C_p = C_v - R$　　② $C_v = \frac{k-1}{k}R$
③ $C_p = \frac{k}{k-1}R$　　④ $R = \frac{C_p + C_v}{2}$

풀이
- 정압 비열과 정적 비열의 차

$$C_p - C_v = R$$

- 정적 비열

$$C_v = \frac{1}{k-1}R$$

- 정압 비열

$$C_p = \frac{k}{k-1}R$$

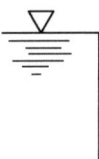

기계유체역학

41 길이가 150m의 배가 10m/s의 속도로 항해하는 경우를 길이 4m의 모형 배로 실험하고자 할 때 모형 배의 속도는 약 몇 m/s로 해야 하는가?

① 0.133　　② 0.534
③ 1.068　　④ 1.633

풀이
- 모형 배의 속도

$$V_m = V_p \times \sqrt{\frac{L_m}{L_p}} = 1.633\,m/s$$

여기서, $L_m/L_p = \frac{4}{150}$

42 그림과 같은 수문(폭×높이=3m×2m)이 있을 경우 수문에 작용하는 힘의 작용점은 수면에서 몇 m 깊이에 있는가?

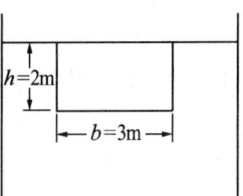

① 약 0.7m　　② 약 1.1m
③ 약 1.3m　　④ 약 1.5m

답 38 ④　39 ②　40 ③　41 ④　42 ③

수문에 작용하는 합력의 작용점(y_P), 수면에서 수문 도심까지의 거리(y_C), 수문의 단면 2차 모멘트($I_{xx,C}$)

$$y_P = y_C + \frac{I_{xx,C}}{y_C \cdot A} = 1.33\text{m}$$

43 흐르는 물의 속도가 1.4m/s일 때 속도 수두는 약 몇 m인가?

① 0.2   ② 10
③ 0.1   ④ 1

 • 속도 수두

$$\frac{V^2}{2g} = 0.1\text{m}$$

44 다음의 무차원수 중 개수로와 같은 자유 표면 유동과 가장 밀접한 관련이 있는 것은?

① Euler수   ② Froude수
③ Mach수   ④ Plandtl수

 자유 표면 유동 → Froude수

45 x, y평면의 2차원 비압축성 유동장에서 유동함수(stream function) $\psi = 3xy$로 주어진다. 점(6,2)과 점(4,2) 사이를 흐르는 유량은?

① 6   ② 12
③ 16   ④ 24

 • 점(6, 2)에서 유동 함수($\psi_1(6,2)$)

$\psi_1(6,2) = 36$

• 점(4, 2)에서 유동 함수($\psi_2(4,2)$)

$\psi_2(4,2) = 24$

• 두 유선 사이 유량(q)

$q = \psi_1 - \psi_2 = 12$

46 원통 속의 물이 중심축에 대하여 ω의 각속도로 강체와 같이 등속 회전하고 있을 때 가장 압력이 높은 지점은?

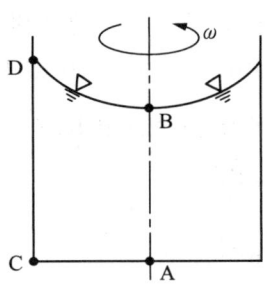

① 바닥면의 중심점 A
② 액체 표면의 중심점 B
③ 바닥면의 가장자리 C
④ 액체 표면의 가장자리 D

 가장 압력이 높은 지점 → 바닥면의 가장자리 C

47 개방된 탱크 내에 비중이 0.8인 오일이 가득 차 있다. 대기압이 101kPa라면, 오일탱크 수면으로부터 3m 깊이에서 절대 압력은 약 몇 kPa인가?

① 25   ② 249
③ 12.5   ④ 125

 • 절대 압력
$P_{abs} = P_{atm} + P_{gage} = P_{atm} + SG \times \rho_{water} \times g \times h$
$= 124.5\text{kPa}$

48 그림과 같이 물이 고여 있는 큰 댐 아래에 터빈이 설치되어 있고, 터빈의 효율이 85%이다. 터빈 이외에서의 다른 모든 손실을 무시할 때 터빈의 출력은 약 몇 kW인가?(단, 터빈 출구관의 지름은 0.8m, 출구 속도 $V=10$m/s이고 출구 압력은 대기압이다.)

답 43 ③ 44 ② 45 ② 46 ③ 47 ④ 48 ①

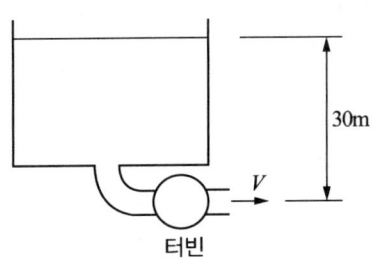

① 1043　　② 1227
③ 1470　　④ 1732

풀이
• 터빈을 통해서 추출 할 수 있는 최대 동력($\dot{W}_{ideal}$)
$\dot{W}_{ideal}=\rho g \dot{Q} H_{turbine}=1226578W$
여기서, 터빈의 순수두($H_{turbine}$)= 24.9m

• 터빈 출력($\dot{W}_{real}$)
$\dot{W}_{real}=\eta_t \times \dot{W}_{ideal}=1042591W$

49 2차원 정상 유동의 속도 방정식이 $V=3(-xi+yj)$라고 할 때, 이 유동의 유선의 방정식은?(단, C는 상수를 의미한다.)

① $xy=C$　　② $y/x=C$
③ $x^2y=C$　　④ $x^3y=C$

풀이
• 유선의 방정식
$\dfrac{dx}{u}=\dfrac{dy}{v}$
$\dfrac{1}{y}dy=-\dfrac{1}{x}dx \to \ln y=-\ln x+C \to xy=C$

50 지름 2cm의 노즐을 통하여 평균 속도 0.5m/s로 자동차의 연료 탱크에 비중 0.9 인 휘발유 20kg을 채우는 데 걸리는 시간은 약 몇 s인가?

① 66　　② 78
③ 102　　④ 141

풀이
• 질량 유량($\dot{m}$), 비중(SG=0.9)
$\dot{m}=\rho \dot{Q}=0.1413kg/s$

• 휘발유 20kg을 채우는 데 걸리는 시간(t)
$t=\dfrac{m}{\dot{m}}=141.5s$

51 체적 탄성계수가 2.086GPa인 기름의 체적을 1% 감소시키려면 가해야 할 압력은 몇 Pa 인가?

① 2.086×10^7　　② 2.086×10^4
③ 2.086×10^3　　④ 2.086×10^2

풀이
• 체적 탄성계수
$E_V=-\dfrac{\Delta P}{\Delta V/V}$

• 가해야 할 압력
압력$=E_V \times (-\Delta V/V)=2.086 \times 10^7 Pa$

52 경계층의 박리(separation) 현상이 일어나기 시작하는 위치는?

① 하류 방향으로 유속이 증가할 때
② 하류 방향으로 압력이 감소할 때
③ 경계층 두께가 0으로 감소될 때
④ 하류 방향의 압력기울기가 역으로 될 때

풀이 역압력 구배가 발생할 때, 경계층은 벽면에서 박리된다.

53 원관 내에 완전 발달 층류 유동에서 유량에 대한 설명으로 옳은 것은?

① 관의 길이에 비례한다.
② 관 지름의 제곱에 반비례한다.
③ 압력강하에 반비례한다.
④ 점성계수에 반비례한다.

풀이
• 직경 D, 길이 L인 수평 파이프 내부 층류 유동의 체적 유량
$\dot{Q}=\dfrac{\Delta P \pi D^4}{128\mu L}$

답 49 ① 50 ④ 51 ① 52 ④ 53 ④

54 표면 장력의 차원으로 맞는 것은?(단, M: 질량, L: 길이, T: 시간)

① MLT^{-2} ② ML^2T^{-1}
③ $ML^{-1}T^{-2}$ ④ MT^{-2}

 • 표면 장력의 차원
$$\sigma_s = \frac{\text{Force}}{\text{Length}} = M/T^2$$
• 힘의 차원
Force $= ML/T^2$

55 수평으로 놓인 안지름 5cm인 곧은 원관 속에서 점성계수 0.4Pa·s의 유체가 흐르고 있다. 관의 길이 1m당 압력강하가 8kPa이고 흐름 상태가 층류일 때 관 중심부에서의 최대 유속(m/s)은?

① 3.125 ② 5.217
③ 7.312 ④ 9.714

 • 수평 파이프 내부 층류 유동 평균 속도
$$V_{avg} = \frac{\Delta PR^2}{8\mu L} = 1.5625 \text{m/s}$$
• 최대 속도
$U_{max} = 2V_{avg} = 3.125 \text{m/s}$

56 그림과 같이 비중 0.8인 기름이 흐르고 있는 개수로에 단순 피토관을 설치하였다. $\Delta h = 20\text{mm}$, $h = 30\text{mm}$일 때 속도 V는 약 몇 m/s인가?

① 0.56 ② 0.63
③ 0.77 ④ 0.99

 • 기름 유속(V)
$V = \sqrt{2g\Delta h} = 0.626 \text{m/s}$

57 벽면에 평행한 방향의 속도(u) 성분만이 있는 유동장에서 전단응력을 τ, 점성계수를 μ 벽면으로부터의 거리를 y로 표시하면 뉴턴의 점성 법칙을 옳게 나타낸 식은?

① $\tau = \mu \dfrac{dy}{du}$ ② $\tau = \mu \dfrac{du}{dy}$
③ $\tau = \dfrac{1}{\mu} \dfrac{du}{dy}$ ④ $\mu = \tau \sqrt{\dfrac{du}{dy}}$

 • 전단응력
$\tau = \mu \dfrac{du}{dy}$

58 여객기가 888km/h로 비행하고 있다. 엔진의 노즐에서 연소가스를 375m/s로 분출하고, 엔진의 흡기량과 배출되는 연소가스의 양은 같다고 가정하면 엔진의 추진력은 약 몇 N인가?(단, 엔진의 흡기량은 30kg/s이다.)

① 3850N ② 5325N
③ 7400N ④ 11250N

• 흡기량($\dot{m}_{in}$)과 배출되는 연소가스의 양($\dot{m}_{out}$)
$\dot{m}_{in} = \dot{m}_{out} = \dot{m} = 30 \text{kg/s}$
• 추력(F)
$F = \dot{m}(V_{out} - V_{in}) = 3849 \text{N}$
여기서, 비행기 속도(V_{in}) $= 246.7 \text{m/s}$
배기가스 분출속도(V_{out}) $= 375 \text{m/s}$

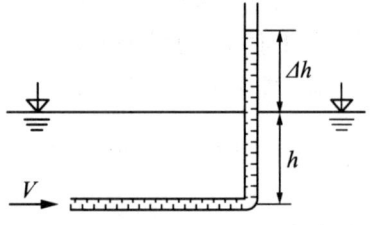

답 54 ④ 55 ① 56 ② 57 ② 58 ①

59 구형 물체 주위의 비압축성 점성 유체의 흐름에서 유속이 대단히 느릴 때(레이놀즈수가 1보다 작을 경우) 구형 물체에 작용하는 항력 D_r은?(단, 구의 지름은 d, 유체의 점성계수를 μ, 유체의 평균 속도를 V라 한다.)

① $D_r = 3\pi\mu dV$ ② $D_r = 6\pi\mu dV$
③ $D_r = \dfrac{3\pi\mu dV}{g}$ ④ $D_r = \dfrac{3\pi dV}{\mu g}$

풀이 • 스토크스 법칙: 구(球)형 물체를 점성이 있는 유체에서 자유 낙하시킬 때 구형 물체가 받는 저항에 관한 법칙이다.
$D_r = 3\pi\mu dV$

60 지름이 10mm의 매끄러운 관을 통해서 유량 0.02L/s의 물이 흐를 때 길이 10m에 대한 압력 손실은 약 몇 Pa인가?(단, 물의 동점성계수는 $1.4 \times 10^{-6} m^2/s$이다.)

① 1.140Pa   ② 1.819Pa
③ 1140Pa   ④ 1819Pa

풀이 • 압력 손실
$\Delta P = \dfrac{128\mu L \times \dot{Q}}{\pi D^4} = \dfrac{128 \times \rho\nu L \times \dot{Q}}{\pi D^4} = 1140 Pa$

4 기계재료 및 유압기기

61 다음은 일반적으로 수지에 나타나는 배향 특성에 대한 설명으로 틀린 것은?
① 금형 온도가 높을수록 배향은 커진다.
② 수지의 온도가 높을수록 배향이 작아진다.
③ 사출 시간이 증가할수록 배향이 증대된다.
④ 성형품의 살 두께가 얇아질수록 배향이 커진다.

풀이 • 배향(orientation)은 일정한 방향성을 보이는 것으로 결정성 플라스틱은 같은 배열로 쌓여있는 구조로 빛이 투과가 안 되어 불투명 하며 배향의 특성이 크며 수지 용융 시 많은 열량이 필요하다. 비결정 플라스틱은 불규칙한 배열로 쌓여있는 구조로 빛의 투과가 가능하다.
• 일반적인 수지에서 나타나는 배향 특성
㉠ 성형품의 살 두께가 얇아질수록 배향이 커진다.
㉡ 수지의 온도가 높을수록 배향이 작아진다.
㉢ 사출 시간이 증가할수록 배향이 증대된다.

62 표점거리가 100mm, 시험편의 평행부 지름이 14mm인 시험편을 최대하중 6400kgf로 인장한 후 표점거리가 120mm로 변화되었을 때 인장강도는 약 몇 kgf/mm²인가?
① 10.4   ② 32.7
③ 41.6   ④ 61.4

풀이 $\sigma = \dfrac{P}{A} = \dfrac{6400}{\dfrac{\pi \times 14^2}{4}} \fallingdotseq 41.575\, kgf/mm^2$

63 금속침투법 중 Z_n을 강 표면에 침투 확산시키는 표면처리법은?
① 크로마이징(chromizing)
② 세라다이징(ceradizing)
③ 칼로라이징(calorizing)
④ 보로나이징(boronizing)

풀이 • 침투(cementation, 시멘테이션)법: Zn, Cr, Al, Si, B, Ti, Co 등을 고온에서 확산 및 침투시키는 표면 처리법
㉠ 세라다이징(ceradizing, Zn 침투)
㉡ 크로마이징(chromizing, Cr 침투)
㉢ 칼로라이징(calorizing, Al 침투)
㉣ 실리코나이징(siliconizing, Si 침투)
㉤ 보로나이징(boronizing, B 침투)

답 59 ① 60 ③ 61 ① 62 ③ 63 ②

64 다음 그림과 같은 상태도의 명칭은?

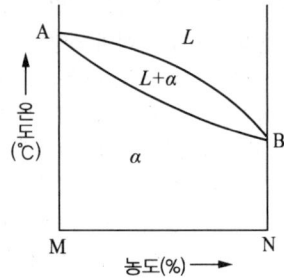

① 편정형 고용체 상태도
② 전율 고용체 상태도
③ 공정형 한율 상태도
④ 부분 고용체 상태도

풀이 • 전율 고용체(homogeneous solid solution): 용매 용질 간의 전 범위에 걸쳐 단상 고용체를 형성하는 합금

65 황(S) 성분이 적은 선철을 용해로에서 용해한 후 주형에 주입 전 Mg, Ca 등을 첨가시켜 흑연을 구상화한 주철은?

① 합금주철   ② 칠드주철
③ 가단주철   ④ 구상흑연주철

풀이 • 구상흑연주철: 주철은 흑연의 상이 편상되어 있기 때문에 강에 비해 연성이 나쁘고, 취성이 크고, 열처리 시간이 길다. 이를 개선하기 위하여 용선에 Mg를 첨가하여 흑연을 소실시키고 Fe-Si, Cu-Si 등을 접종하여 흑연 핵을 형성시켜 흑연을 구상화한 것

66 금속나트륨 또는 플루오르화 알칼리 등의 첨가에 의해 조직이 미세화되어 기계적 성질의 개선 및 가공성이 증대되는 합금은?

① Al-Si   ② Cu-Sn
③ Ti-Zr   ④ Cu-Zn

풀이 • 실루민: 개질 처리한 Al 합금으로 개질 처리는 Al-Si 합금에 금속 나트륨, 수산화나트륨, 플루오르화 알칼리 등을 첨가하여 조직을 미세화하여 기계적 성질을 개선시킨 것이다.

67 다음 합금 중 베어링용 합금이 아닌 것은?

① 화이트메탈   ② 켈밋합금
③ 배빗메탈   ④ 문쯔메탈

풀이 • 베어링용 합금
㉠ (주석계, 납계) 화이트 메탈
㉡ 구리계 베어링 합금
㉢ 카드뮴계, 아연계 합금
㉣ 소결 함유 베어링, 주철 함유 베어링

68 상온에서 순철의 결정격자는?

① 체심입방격자   ② 면심입방격자
③ 조밀육방격자   ④ 정밥격자

풀이 • 순철의 변태: α-Fe, γ-Fe, δ-Fe의 3개의 동소체가 있으며 순철의 변태는 A_2, A_3, A_4 변태가 있다. α-Fe는 910℃ 이하에서는 체심입방격자이고, γ-Fe은 910℃ 이상 1400℃까지는 면심입방격자이며, δ-Fe은 1400℃ 이상에서 체심입방격자로 존재한다.

69 탄소함유량이 0.8%가 넘는 고탄소강의 담금질 온도로 가장 적당한 것은?

① A1 온도보다 30~50℃ 정도 높은 온도
② A2 온도보다 30~50℃ 정도 높은 온도
③ A3 온도보다 30~50℃ 정도 높은 온도
④ A4 온도보다 30~50℃ 정도 높은 온도

풀이 • 담금질 온도
① 아공석강(0.025%C~0.8%C): A_3 변태점보다 30~50℃ 높은 온도로 가열 후 물이나 기름 속에 급랭시켜 냉각
② 공석강(0.8%C), 과공석강(0.8%C~2.0%C): A_1 변태점보다 30~50℃ 높은 온도로 가열 후 물이나 기름 속에 급랭시켜 냉각

답 64 ② 65 ④ 66 ① 67 ④ 68 ① 69 ①

70 영구 자석강이 갖추어야 할 조건으로 가장 적당한 것은?
① 잔류 자속 밀도 및 보자력이 모두 클 것
② 잔류 자속 밀도 및 보자력이 모두 작을 것
③ 잔류 자속 밀도가 작고 보자력이 클 것
④ 잔류 자속 밀도가 크고 보자력이 작을 것

풀이 • 영구 자석강: 높은 보자력(포화 자속 밀도의 상태에서 자화력을 제거하고, 다시 반대 방향으로 자화해 갈 때 자속 밀도가 0이 되는 자화력)과 잔류 자속 밀도(포화 자속 밀도의 상태에서 자화력을 완전히 제거했을 때의 자속 밀도)를 갖는 강자성 재료

71 체크 밸브, 릴리프 밸브 등에서 압력이 상승하고 밸브가 열리기 시작하여 어느 일정한 흐름의 양이 인정되는 압력은?
① 토출 압력   ② 서지 압력
③ 크래킹 압력 ④ 오버라이드 압력

풀이 • 크래킹 압력(cracking pressure): 릴리프 밸브나 체크 밸브 등에서 압력이 상승하고 밸브가 열리기 시작해서 어떤 일정한 흐름의 유량이 확인 되는 압력

72 그림은 KS 유압도면 기호에서 어떤 밸브를 나타낸 것인가?

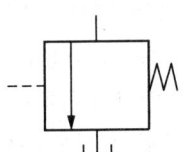

① 릴리프 밸브   ② 무부하 밸브
③ 시퀀스 밸브   ④ 감압 밸브

 • 무부하 밸브 유압 도면 기호이다.
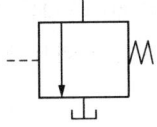

73 다음 유압 회로는 어떤 회로에 속하는가?

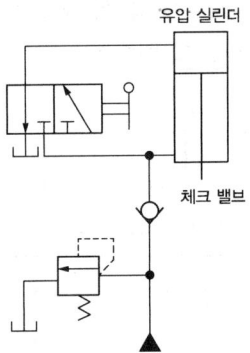

① 로크 회로   ② 무부하 회로
③ 블리드 오프 회로 ④ 어큐뮬레이터 회로

풀이 체크 밸브를 사용한 로크 회로이다.

74 유압 모터의 종류가 아닌 것은?
① 회전 피스톤 모터 ② 베인 모터
③ 기어 모터   ④ 나사 모터

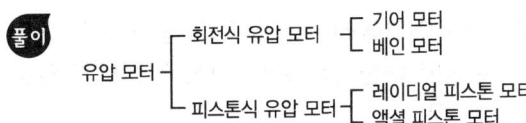

75 유압 베인 모터의 1회전당 유량이 50cc일 때, 공급 압력을 800N/cm², 유량을 30L/min으로 할 경우 베인 모터의 회전수는 약 몇 rpm인가?(단, 누설량은 무시한다.)
① 600   ② 1200
③ 2666   ④ 5333

풀이 • 회전수
$$N = \frac{Q_{th}}{V_M} = 600\text{rpm}$$
여기서, 모터의 1회전당 유량(V_M) = 50×10^{-6}m³/rev

76 그림과 같은 유압 잭에서 지름이 $D_2 = 2D_1$ 일 때 누르는 힘 F_1과 F_2의 관계를 나타낸 식으로 옳은 것은?

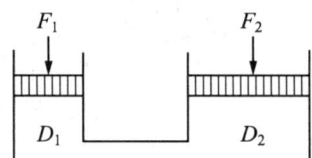

① $F_2 = F_1$ ② $F_2 = 2F_1$
③ $F_2 = 4F_1$ ④ $F_2 = 8F_1$

 • 파스칼 법칙
$P_1 = P_2$
$$\frac{4F_1}{\pi D_1^2} = \frac{4F_2}{\pi D_2^2} = \frac{4F_2}{\pi (2D_1)^2}$$
$F_2 = 4F_1$
여기서, $D_2 = 2D_1$
∴ 입력의 4배에 해당하는 힘이 출력된다.

77 다음 어큐뮬레이터의 종류 중 피스톤 형의 특징에 대한 설명으로 가장 적절하지 않는 것은?

① 대형도 제작이 용이하다.
② 축유량을 크게 잡을 수 있다.
③ 형상이 간단하고 구성품이 적다.
④ 유실에 가스 침입의 염려가 없다.

 피스톤형의 특징으로 유실에 가스가 침입할 우려가 있다.

78 주로 펌프의 흡입구에 설치되어 유압 작동유의 이물질을 제거하는 용도로 사용하는 기기는?

① 드레인 플러그
② 스트레이너

③ 블래더
④ 배플

 • 스트레이너: 펌프를 이용해서 기름 탱크 안에 있는 기름을 흡입하려고 하면 기름 속에 붙어 있는 이물질을 제거해서 흡입해야 한다. 이때 사용하는 부품이 스트레이너이라고 하는 기기이다. 주로 펌프 흡입구에 설치한다.

79 카운터 밸런스 밸브에 관한 설명으로 옳은 것은?

① 두 개 이상의 분기 회로를 가질 때 각 유압 실린더를 일정한 순서로 순차 작동시킨다.
② 부하의 낙하를 방지하기 위해서, 배압을 유지하는 압력제어 밸브이다.
③ 회로 내의 최고 압력을 설정해 준다.
④ 펌프를 무부하 운전시켜 동력을 절감시킨다.

 • 카운터 밸런스 밸브: 압력제어 밸브로 부하의 낙하 방지를 위해 사용한다.

80 유압 기본 회로 중 미터인 회로에 대한 설명으로 옳은 것은?

① 유량 제어 밸브는 실린더에서 유압 작동유의 출구 측에 설치한다.
② 유량 제어 밸브를 탱크로 바이패스되는 관로 쪽에 설치한다.
③ 릴리프 밸브를 통하여 분기되는 유량으로 인한 동력 손실이 크다.
④ 압력 설정 회로로 체크 밸브에 의하여 양방향만의 속도가 제어된다.

 미터인 회로는 남는 유량이 릴리프 밸브를 통해 기름 탱크로 방출된다. 따라서, 동력 손실이 크다.

기계제작법 및 기계동력학

81 압축된 스프링으로 100g의 추를 밀어 올려 위에 있는 종을 치는 완구를 설계하려고 한다. 스프링 상수가 80N/m라면 종을 치게 하기 위한 최소의 스프링 압축량은 약 몇 cm인가?(단, 그림의 상태는 스프링이 전혀 변형되지 않은 상태이며 추가 종을 칠 때는 이미 추와 스프링은 분리된 상태이다. 또한 중력은 아래로 작용하고 스프링의 질량은 무시한다.)

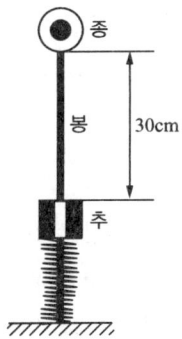

① 8.5cm ② 9.9cm
③ 10.6cm ④ 12.4cm

- 에너지 보존 법칙

$0 + \dfrac{1}{2}kx^2 = 0 + mg(0.3+x)$

- x에 대한 2차 방정식

$40x^2 - 0.98x - 0.294 = 0$

- 스프링 압축량

$x = 0.0986\text{m} = 9.9\text{cm}$

82 그림과 같은 진동계에서 무게 W는 22.68N, 댐핑계수 C는 0.0579N·s/cm, 스프링 정수 K가 0.357N/cm일 때 감쇠비(damping ratio)는 약 얼마인가?

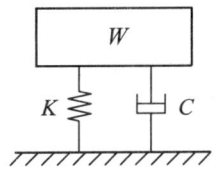

① 0.19 ② 0.22
③ 0.27 ④ 0.32

- 진동계 질량

$m = 2.31\text{kg}$

- 감쇠비

$\zeta = \dfrac{c}{2\sqrt{km}} = 0.318$

83 경사면에 질량 M의 균일한 원기둥이 있다. 이 원기둥에 감겨있는 실을 경사면과 동일한 방향으로 위쪽으로 잡아당길 때 미끄럼이 일어나지 않기 위한 실의 장력 T의 조건은?(단, 경사면의 각도를 α, 경사면과 원기둥 사이의 마찰계수를 μ_s, 중력가속도를 g라 한다.)

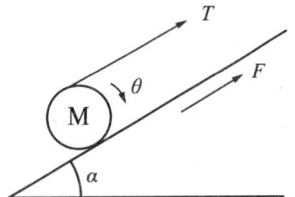

① $T \leq Mg(3\mu_s\sin\alpha + \cos\alpha)$
② $T \leq Mg(3\mu_s\sin\alpha - \cos\alpha)$
③ $T \leq Mg(3\mu_s\cos\alpha + \sin\alpha)$
④ $T \leq Mg(3\mu_s\cos\alpha - \sin\alpha)$

- 구르기 위한 마찰력

$F = \dfrac{T}{3} + \dfrac{Mg}{3}\sin\alpha$

- 미끄럼이 일어나지 않기 위한 실의 장력 T의 조건

$\dfrac{T}{3} + \dfrac{Mg}{3}\sin\alpha \leq \mu_s Mg\cos\alpha$

$T + Mg\sin\alpha \leq 3\mu_s Mg\cos\alpha$

$T \leq Mg(3\mu_s\cos\alpha - \sin\alpha)$

답 81 ② 82 ④ 83 ④

84 펌프가 견고한 지면 위의 네 모서리에 하나씩 총 4개의 동일한 스프링으로 지지되어 있다. 이 스프링의 정적 처짐이 3cm일 때, 이 기계의 고유 진동수는 약 몇 Hz인가?

① 3.5   ② 7.6
③ 2.9   ④ 4.8

 • 고유 진동수

$f_n = \dfrac{\omega_n}{2\pi} = 2.9 \text{Hz}$

85 그림과 같이 2개의 질량이 수평으로 놓인 마찰이 없는 막대 위를 미끄러진다. 두 질량의 반발계수가 0.6일 때 충돌 후 A의 속도(v_A)와 B의 속도(v_B)로 옳은 것은?(단, 오른쪽 방향이 +이다.)

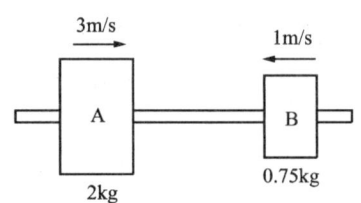

① $v_A = 3.65\text{m/s}$, $v_B = 1.25\text{m/s}$
② $v_A = 1.25\text{m/s}$, $v_B = 3.65\text{m/s}$
③ $v_A = 3.25\text{m/s}$, $v_B = 1.65\text{m/s}$
④ $v_A = 1.65\text{m/s}$, $v_B = 3.25\text{m/s}$

 • 운동량 보존 법칙

$m_A v_A + m_B v_B = m_A v_A' + m_B v_B'$
$2v_A' + 0.75 v_B' = 5.25$

• 반발계수($e = 0.6$)
$e = \dfrac{v_B' - v_A'}{v_A - v_B}$
$v_B' - v_A' = 2.4$

• 충돌 후 A의 속도(v_A)와 B의 속도(v_B)
$v_A = 1.25 \text{m/s}$
$v_B = 3.65 \text{m/s}$

86 다음 설명 중 뉴턴(Newton)의 제1법칙으로 맞는 것은?

① 질점의 가속도는 작용하고 있는 합력에 비례하고 그 합력의 방향과 같은 방향에 있다.
② 질점에 외력이 작용하지 않으면, 정지 상태를 유지하거나 일정한 속도로 일직선상에서 운동을 계속한다.
③ 상호 작용하고 있는 물체 간의 작용력과 반작용력은 크기가 같고 방향이 반대이며, 동일직선상에 있다.
④ 자유 낙하하는 모든 물체는 같은 가속도를 가진다.

 • 뉴턴의 제1법칙: 질점에 외력이 작용하지 않으면, 정지 상태를 유지하거나 일정한 속도로 일직선상에서 운동을 계속한다.

87 그림과 같은 질량은 3kg인 원판의 반지름이 0.2m일 때 $x-x'$축에 대한 질량 관성 모멘트의 크기는 약 몇 kg·m²인가?

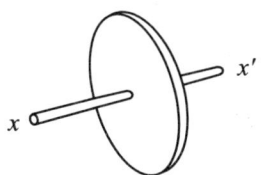

① 0.03   ② 0.04
③ 0.05   ④ 0.06

• $x-x'$에 대한 질량 관성 모멘트
$I_{xx'} = \dfrac{1}{2} m r^2 = 0.06 \text{ kg·m}^2$

답 84 ③ 85 ② 86 ② 87 ④

88 공을 지면에서 수직 방향으로 9.81m/s의 속도로 던져졌을 때 최대 도달 높이는 지면으로부터 약 몇 m인가?

① 4.9 ② 9.8
③ 14.7 ④ 19.6

풀이
- 에너지 보존 법칙
$\frac{1}{2}mv_1^2 + 0 = 0 + mgh$
- 최대 도달 높이
$h = \frac{v_1^2}{2g} = 4.9\text{m}$

89 엔진(질량 m)의 진동이 공장바닥에 직접 전달될 때 바닥에는 힘이 $F_0 \sin \omega t$로 전달된다. 이때 전달되는 힘을 감소시키기 위해 엔진과 바닥 사이에 스프링(스프링 상수 k)과 댐퍼(감쇠계수 c)를 달았다. 이를 위해 진동계의 고유 진동수(ω_n)와 외력의 진동수(ω)는 어떤 관계를 가져야 하는가?(단, $\omega_n = \sqrt{\frac{k}{m}}$ 이고, t는 시간을 의미한다.)

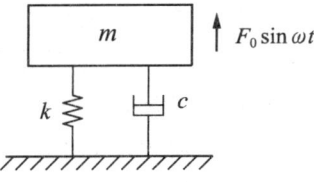

① $\omega_n < \omega$ ② $\omega_n > \omega$
③ $\omega_n < \frac{\omega}{\sqrt{2}}$ ④ $\omega_n > \frac{\omega}{\sqrt{2}}$

풀이
진동 전달률(TR)이 1 이하이려면 진동수비 (ω/ω_n)가 $\sqrt{2}$ 이상이어야 한다.
$\omega/\omega_n > \sqrt{2}$
$\omega_n < \frac{\omega}{\sqrt{2}}$

90 그림 (a)를 그림 (b)와 같이 모형화했을 때 성립되는 관계식은?

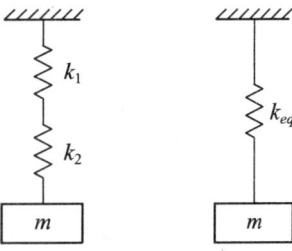

① $\frac{1}{k_{eq}} = \frac{1}{k_1} + \frac{1}{k_2}$
② $k_{eq} = k_1 + k_2$
③ $k_{eq} = k_1 + \frac{1}{k_2}$
④ $k_{eq} = \frac{1}{k_1} + \frac{1}{k_2}$

풀이
- 스프링 직렬연결 시 등가 스프링 상수
$\frac{1}{k_{eq}} = \frac{1}{k_1} + \frac{1}{k_2}$

91 사형(砂型)과 금속형(金屬型)을 사용하며 내마모성이 큰 주물을 제작할 때 표면은 백주철이 되고 내부는 회주철이 되는 주조 방법은?

① 다이캐스팅법
② 원심 주조법
③ 칠드 주조법
④ 셀 주조법

풀이
- 칠드 주조법(chilled casting) : 주형에 쇳물 주입 후 급냉 시키면, 표면부는 흑연의 석출 억제로 백선화(chill)되어 경도가 크고, 내부는 응고가 늦어, 흑연이 석출되어 연한 조직이 되는 현상을 칠드 현상이라 하며, 이러한 주철을 칠드 주철(강하고 인성이 있는 회주철로서 표면은 백주철이고, 내부는 회주철)이라고 한다.

답 88 ① 89 ③ 90 ① 91 ③

92 불활성 가스가 공급되면서 용가재인 소모성 전극 와이어를 연속적으로 보내서 아크를 발생시켜 용접하는 불활성 가스 아크 용접법은?

① MIG 용접　② TIG 용접
③ 스터드 용접　④ 레이저 용접

풀이 • MIG(불화성 가스 금속 아크) 용접: 불활성 가스 분위기 내에서 모재와 동일 또는 유사한 금속을 전극으로 하여 모재와의 사이에서 아크를 발생시켜 용접하는 것, 사용전원은 직류 역극성으로 피복제가 필요 없으며, 금속 와이어(소모식)를 전극으로 사용

93 절삭공구에 발생하는 구성인선의 방지법이 아닌 것은?

① 절삭 깊이를 작게 할 것
② 절삭 속도를 느리게 할 것
③ 절삭공구의 인선을 예리하게 할 것
④ 공구 윗면 경사각(rake angle)을 크게 할 것

풀이 • 구성인선 방지법
㉠ 공구 경사각을 크게 한다.
㉡ 절삭 속도를 크게 한다.
㉢ 절삭 깊이를 적게 한다.
㉣ 윤활성이 좋은 절삭제를 사용하여 칩과 공구 경사면 간의 마찰을 적게 한다.
㉤ 절삭공구의 인선을 예리하게 한다.

94 압연가공에서 압하율을 나타내는 공식은? (단, 압연 전의 두께: H_0, 압연 후의 두께: H_1)

① $\dfrac{H_1 - H_0}{H_1} \times 100\%$

② $\dfrac{H_0 - H_1}{H_0} \times 100\%$

③ $\dfrac{H_1 + H_0}{H_0} \times 100\%$

④ $\dfrac{H_1}{H_0} \times 100\%$

풀이 압하율 $= \dfrac{H_0 - H_1}{H_0} \times 100$, 압하량 $= H_0 - H_1$

95 0℃ 이하의 온도에서 냉각시키는 조직으로 공구강의 경도가 증가 및 성능을 향상시킬 수 있으며, 담금질된 오스테나이트를 마텐자이트화하는 열처리법은?

① 질량 효과(mass effect)
② 완전 풀림(full annealing)
③ 화염 경화(frame hardening)
④ 심냉 처리(sub-zero treatment)

풀이 담금질된 강을 상온 이하의 적당한 온도로 냉각시켜 잔류 오스테나이트를 마텐자이트 조직으로 변화시켜 경도 증가와 성능을 향상시키는 것

96 연삭가공을 한 후 가공 표면을 검사한 결과 연삭 크랙(crack)이 발생되었다. 이때 조치하여야 할 사항으로 옳지 않은 것은?

① 비교적 경(硬)하고 연삭성이 좋은 지석을 사용하고 이송을 느리게 한다.
② 연삭액을 사용하여 충분히 냉각시킨다.
③ 결합도가 연한 숫돌을 사용한다.
④ 연삭 깊이를 적게 한다.

풀이 • 연삭균열
㉠ 연삭 시 다듬질 면에 나타나는 그물 모양의 균열로 연삭열에 의한 열변형이 주요 원인이다.
㉡ 방지책으로는 연한 숫돌 사용, 이송 크게, 절삭 깊이 적게, 충분한 연삭액을 주어 발열방지 등이 있다.

답 92 ① 93 ② 94 ② 95 ④ 96 ①

97 다음 중 아크(Arc) 용접봉의 피복제 역할에 대한 설명으로 가장 적절한 것은?

① 용착효율을 낮춘다.
② 전기 통전 작용을 한다.
③ 응고와 냉각속도를 촉진시킨다.
④ 산화 방지와 산화물의 제거작용을 한다.

 • 피복제(flux)의 역할
㉠ 대기 중의 산소 및 질소의 침입을 방지하고 용융금속을 보호
㉡ 용착금속의 탈산 정련작용을 한다.
㉢ 아크를 안정시키고, 용착효율을 높인다.
㉣ 슬래그 제거 및 비드를 깨끗이 한다.
㉤ 용융금속의 응고와 냉각속도를 지연시켜 준다.
㉥ 모재 표면에 산화물을 제거한다.

98 다음 중 연삭숫돌의 결합제(bond)로 주성분이 점토와 장석이고, 열에 강하고 연삭액에 대해서도 안전하므로 광범위하게 사용되는 결합제는?

① 비트리파이드   ② 실리케이트
③ 레지노이드   ④ 셀락

• 결합제(bond)

기호	결합제 종류		주성분	용도
V	비트리파이드		점토, 장석	열에 강하고 연삭액에 대해서도 안전하므로 광범위하게 사용
S	실리케이트		규산나트륨	대형 숫돌, 균열이 생기기 쉬운 재료에 사용
E	탄성 물질	셀락	천연 셀락	얇은 숫돌을 만들 수 있으며, 열에 취약
R		고무	생고무, 인조고무	
B		레지노이드	합성수지	
PVA		비닐	폴리비닐 알코올	
M	금속		금속	초경합금, 유리, 보석류의 연삭에 사용
			다이아몬드	

99 두께 4mm인 탄소강판에 지름 1000mm의 펀칭을 할 때 소요되는 동력은 약 kW인가? (단, 소재의 전단 저항은 245.25MPa, 프레스 슬라이드의 평균속도는 5m/min, 프레스의 기계효율(η)은 65%이다.)

① 146   ② 280
③ 396   ④ 538

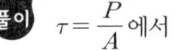 $\tau = \dfrac{P}{A}$ 에서 $P = \tau \times A$ 에서

$P = \pi d t \tau = \pi \times 1 \times 0.004 \times (245.25 \times 10^6)$
$\fallingdotseq 3081.7 \times 10^3 \text{N}$(원판인 경우 면적: $\pi d \times t$)

$H = \dfrac{Pv}{\eta} = \dfrac{3081.7 \times 5}{0.65} \dfrac{kNm}{60\sec} \fallingdotseq 395.089 \text{kW}$

100 회전하는 상자 속에 공작물과 숫돌 입자, 공작액, 콤파운드 등을 넣고 서로 충돌시켜 표면의 요철을 제거하며 매끈한 가공면을 얻는 가공법은?

① 호닝(honing)
② 배럴(barrel) 가공
③ 숏 피닝(shot peening)
④ 슈퍼 피니싱(super finishing)

• 배럴(barrel) 가공: 회전 또는 진동하는 상자에 가공물, 숫돌 입자, 가공액, 콤파운드 등을 함께 넣고 서로 부딪치게 하거나 마찰로 가공 표면의 요철을 제거하고 매끈한 가공면을 얻는 가공

2018년 4회 일반기계기사 기출문제

1 재료역학

1 다음 단면에서 도심의 y축 좌표는 얼마인가?

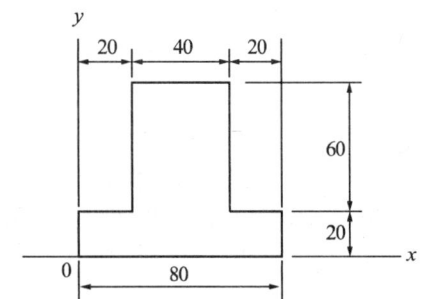

① 30 ② 34
③ 40 ④ 44

풀이) $\bar{y} = \dfrac{(20 \times 80 \times 10) + (60 \times 40 \times 50)}{(20 \times 80) + (60 \times 40)} = 34$

2 그림과 같이 원형 단면을 갖는 외팔보에 발생하는 최대 굽힘응력 σb는?

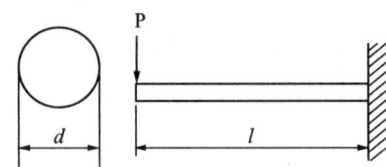

① $\dfrac{32Pl}{\pi d^3}$ ② $\dfrac{32Pl}{\pi d^4}$
③ $\dfrac{6Pl}{\pi d^2}$ ④ $\dfrac{\pi d}{6Pl}$

풀이) $M = \sigma_b Z,\ \sigma_b = \dfrac{M}{Z} = \dfrac{Pl}{\dfrac{\pi d^3}{32}} = \dfrac{32Pl}{\pi d^3}$

3 양단이 힌지로 된 길이가 4m인 기둥의 임계하중을 오일러 공식을 사용하여 구하면 약 몇 N인가?(단, 기둥의 세로탄성계수 E=200 GPa이다.)

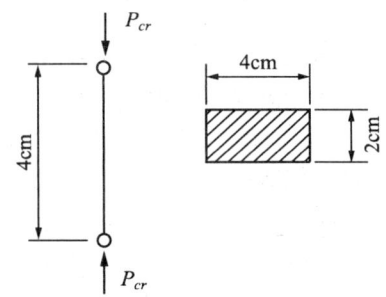

① 1645 ② 3290
③ 6580 ④ 13160

풀이) $P_{CR} = \dfrac{\pi^2 EI}{l^2}$

$= \dfrac{\pi^2 \times (200 \times 10^9) \times \dfrac{0.04 \times 0.02^3}{12}}{4^2} \fallingdotseq 3289.868N$

4 길이가 50cm인 외팔보의 자유단에 정적인 힘을 가하여 자유단에서의 처짐량이 1cm가 되도록 외팔보를 탄성 변형시키려고 한다. 이때 필요한 최소한의 에너지는 약 몇 J인가?(단, 외팔보의 세로탄성계수는 200GPa, 단면은 한 변의 길이가 2cm인 정사각형이라고 한다.)

답 1 ② 2 ① 3 ② 4 ①

① 3.2 ② 6.4
③ 9.6 ④ 12.8

 $U = \frac{1}{2}P\delta = \frac{1}{2}P\frac{Pl^3}{3EI} = \frac{P^2l^3}{6EI}$ 에서

$\delta = \frac{Pl^3}{3EI}$ 이므로 $P = \frac{\delta \times 3EI}{l^3}$ 이다.

따라서 $U = \frac{P^2l^3}{6EI} = \frac{l^3}{6EI} \times \frac{\delta^2 \times 9E^2I^2}{l^6} = \frac{\delta^2 \times 3EI}{2l^3}$

$= \frac{0.01^2 \times 3 \times (200 \times 10^9) \times \frac{0.02 \times 0.02^3}{12}}{2 \times 0.5^3} = 3.2$

5 그림에서 클램프(clamp)의 압축력이 $P=$ 5kN일 때 $m-n$ 단면의 최소두께 h를 구하면 약 몇 cm인가?(단, 직사각형 단면의 폭 $b=$10mm, 편심거리 $e=$50mm, 재료의 허용응력 $\sigma w=$200MPa이다.)

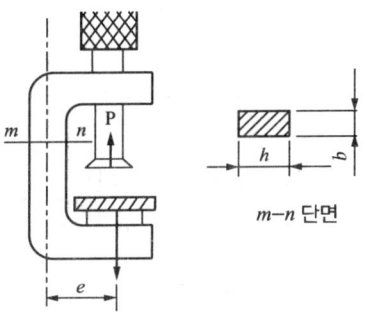

① 1.34 ② 2.34
③ 2.86 ④ 3.34

 $\sigma_{max} = \frac{P}{A} + \frac{M}{Z}$

$= \frac{P}{b \times h} + \frac{P \times e}{\frac{b \times h^2}{6}} = \frac{5000}{0.01 \times h} + \frac{5000 \times 0.05}{\frac{0.01 \times h^2}{6}}$

$= 200 \times 10^6$ 에서 $h \fallingdotseq 0.0286\text{m}$

6 강선의 지름이 5mm이고 코일의 반지름이 50mm인 15회 감긴 스프링이 있다. 이 스프링에 힘이 작용할 때 처짐량이 50mm일 때, P는 약 몇 N인가?(단, 재료의 전단탄성계수는 $G=$100Gpa이다.)

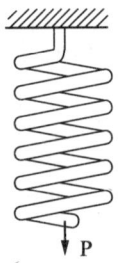

① 18.32 ② 22.08
③ 26.04 ④ 28.43

 $\delta = \frac{8PD^3N_a}{Gd^4}$, $0.05 = \frac{8 \times P \times 0.1^3 \times 15}{100 \times 10^9 \times 0.005^4}$ 에서

$P = 26.04\text{N}$

7 지름 d인 강봉의 지름을 2배로 했을 때 비틀림 강도는 몇 배가 되는가?

① 2배 ② 4배
③ 8배 ④ 16배

 $T = \tau \frac{\pi d^3}{16}$ 이므로 지름의 세제곱에 비례하므로 $2^3(8)$ 배 증가한다.

8 그림과 같이 단순 지지보가 B점에서 반시계 방향의 모멘트를 받고 있다. 이때 최대의 처짐이 발생하는 곳은 A점으로부터 얼마나 떨어진 거리인가?

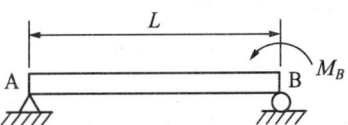

① $L/2$ ② $L/\sqrt{2}$
③ $L\left(1-\frac{1}{\sqrt{3}}\right)$ ④ $L/\sqrt{3}$

답 5 ③ 6 ③ 7 ③ 8 ④

[풀이]

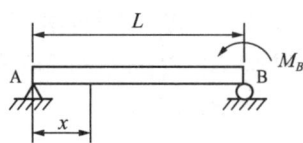

$R_A \times l - M_B = 0$, $R_A = \dfrac{M_B}{l}$, $M_x = R_A x = \dfrac{M_B}{l}x$

$EI\delta'' = -\dfrac{M_B}{l}x$, $EI\delta' = -\dfrac{M_B}{2l}x^2 + C_1$

$EI\delta = -\dfrac{M_B}{6l}x^3 + C_1 x + C_2$에서 $x=0 \to \delta=0$이므로

$C_2 = 0$이고 $x = l \to \delta = 0$이므로 $C_1 = \dfrac{M_B}{6}l$이다.

그러므로 $EI\delta' = -\dfrac{M_B}{2l}x^2 + \dfrac{M_B}{6}l$ 이며 미분값이 0이 되는 지점이 최대/최소이므로

$\dfrac{M_B}{2l}x^2 = \dfrac{M_B}{6}l$, $3x^2 = l^2$, $x = \pm \dfrac{l}{\sqrt{3}}$

9 포아송(poission)비가 0.3인 재료에서 세로 탄성계수(E)와 가로탄성계수(G)의 비(E/G)는?

① 0.15 ② 1.5
③ 2.6   ④ 3.2

[풀이] $G = \dfrac{E}{2(1+\mu)}$, $1+\mu = \dfrac{E}{2G}$, $2(1+\mu) = \dfrac{E}{G}$,

$\dfrac{E}{G} = 2(1+0.3) = 2.6$

10 그림과 같은 양단 고정보에서 고정단 A에서 발생하는 굽힘 모멘트는?(단, 보의 굽힘강성계수는 EI이다.)

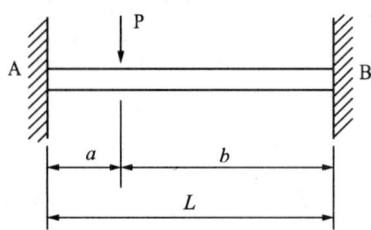

① $M_A = \dfrac{Pab}{L}$

② $M_A = \dfrac{Pab(a-b)}{L}$

③ $M_A = \dfrac{Pab}{L} \times \dfrac{a}{L}$

④ $M_A = \dfrac{Pab}{L} \times \dfrac{b}{L}$

[풀이] $M_A = \dfrac{Pab}{L} \times \dfrac{b}{L} = \dfrac{Pab^2}{L^2}$,

$M_B = \dfrac{Pab}{L} \times \dfrac{a}{L} = \dfrac{Pa^2b}{L^2}$

11 그림과 같은 선형 탄성 균일 단면 외팔보의 굽힘 모멘트 선도로 가장 적당한 것은?

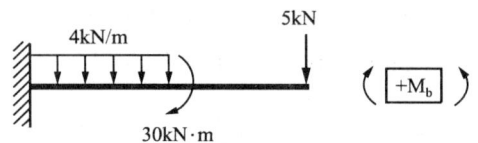

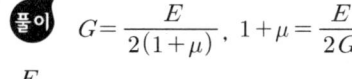

[풀이]

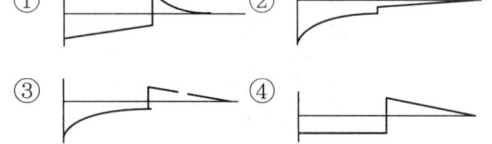

구간 BC
$M_x = -5\text{kN} \cdot x$ $\begin{cases} M_{x=0} = 0 \\ M_{x=2} = -10k \end{cases}$

구간 AB
$M_x = -5kx - 30k - 4kx \cdot \dfrac{x}{2}$
$= -2kx^2 - 5kx - 30k$
$\begin{cases} M_{x=2} = -48k \\ M_{x=4} = -82k \end{cases}$

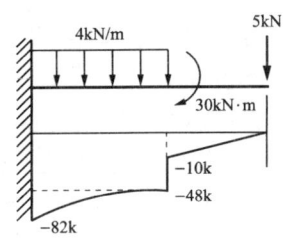

12 다음 단면의 도심 축(X-X)에 대한 관성 모멘트는 약 몇 m⁴인가?

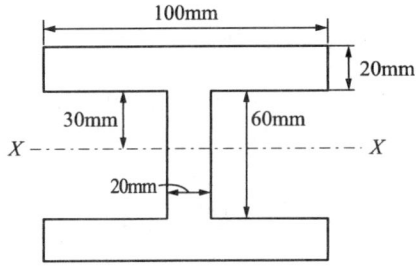

① 3.627×10^{-6}
② 4.627×10^{-7}
③ 4.933×10^{-7}
④ 6.893×10^{-6}

풀이 $I = \dfrac{0.1 \times 0.1^3}{12} - 2 \times \dfrac{0.04 \times 0.06^3}{12} ≒ 6.893 \times 10^{-6}$

13 한 변의 길이가 10mm인 정사각형 단면의 막대가 있다. 온도를 60℃ 상승시켜서 길이가 늘어나지 않게 하기 위해 8kN의 힘이 필요할 때 막대의 선팽창계수(α)는 약 몇 ℃⁻¹인가?(단, 탄성계수는 $E=$200GPa이다.)

① $\dfrac{5}{3} \times 10^{-6}$ ② $\dfrac{10}{3} \times 10^{-6}$

③ $\dfrac{15}{3} \times 10^{-6}$ ④ $\dfrac{20}{3} \times 10^{-6}$

풀이 $\Delta l = \alpha \Delta T l$에서 $\dfrac{\Delta l}{l} = \alpha \Delta T$이므로 $\epsilon_t = \alpha \Delta T$이다. $\sigma_t = E\epsilon_t$, $\alpha = \dfrac{\sigma_t}{E\Delta T} = \dfrac{1}{E\Delta T} \times \dfrac{P}{A}$

$\alpha = \dfrac{1}{(200 \times 10^9) \times 60} \times \dfrac{8 \times 10^3}{(10 \times 10) \times 10^{-6}}$

$≒ \dfrac{20}{3} \times 10^{-6}/℃$

14 그림과 같은 단순 지지보에서 길이(L)는 5m, 중앙에서 집중하중 P가 작용할 때 최대 처짐이 43mm라면 이때 집중하중 P의 값은 약 몇 kN인가?(단, 보의 단면(폭(b)×높이(h))=5cm×12cm, 탄성계수 $E=$210GPa로 한다.)

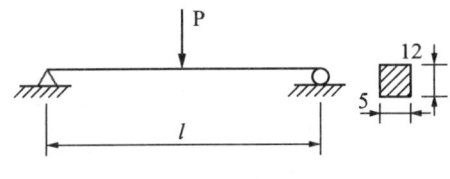

① 50   ② 38
③ 25   ④ 16

풀이 $\delta = \dfrac{Pl^3}{48EI}$에서 $I = \dfrac{bh^3}{12}$이므로

$\delta = \dfrac{Pl^3 \times 12}{48E(bh^3)}$

$P = \dfrac{\delta \times 48E(bh^3)}{l^3 \times 12}$

$= \dfrac{0.043 \times 48 \times (210 \times 10^9) \times 0.05 \times 0.12^3}{5^3 \times 12}$

$≒ 24.96 \times 10^3 N$

15 길이가 L인 외팔보에서 그림과 같이 삼각형 분포하중을 받고 있을 때 최대 전단력과 최대 굽힘 모멘트는?

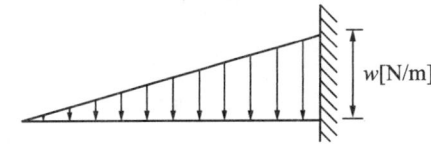

① $\dfrac{wl}{2}, \dfrac{wl^2}{6}$ ② $wl, \dfrac{wl^2}{3}$

③ $\dfrac{wl}{2}, \dfrac{wl^2}{3}$ ④ $\dfrac{wl^2}{2}, \dfrac{wl}{6}$

답 12 ④ 13 ④ 14 ③ 15 ①

풀이

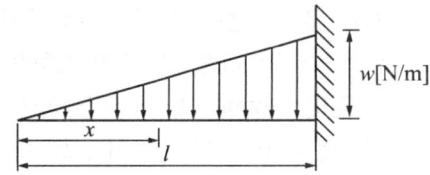

x 지점에서의 분포하중 w_x를 비례식으로 구하면

$w : l = w_x : x$ 에서 $w_x = \dfrac{w \cdot x}{l}$ 이다.

㉠ S.F.D: x 지점에서 전단력

$F_x = \dfrac{1}{2}x\dfrac{w \cdot x}{l} = \dfrac{w \cdot x^2}{2l}$ 로서

$F_{x=0} = 0$, $F_{x=l} = \dfrac{w \cdot l}{2}$, $F_{max} = \dfrac{w \cdot l}{2}$

㉡ B.M.D: x 지점에서 모멘트

$M_x = \dfrac{w_x \cdot x}{2} \times \dfrac{x}{3} = \dfrac{w_x \cdot x^2}{6} = \dfrac{w \cdot x^3}{6l}$ 로서

$M_{x=0} = 0$, $M_{x=l} = \dfrac{w \cdot l^2}{6}$, $M_{max} = \dfrac{w \cdot l^2}{6}$

16 볼트에 7200N의 인장하중을 작용시키면 머리부에 생기는 전단응력은 몇 MPa인가?

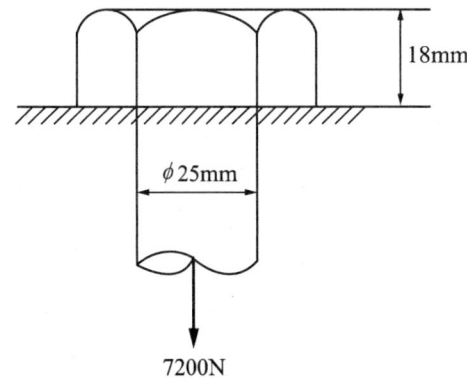

① 2.55　　② 3.1
③ 5.1　　　④ 6.25

풀이 전단되는 면적은 $\pi \cdot d \cdot h = \pi \times 0.025 \times 0.018$이다.

$\tau = \dfrac{7200}{\pi \times 0.025 \times 0.018} \fallingdotseq 5.093 \times 10^6 \mathrm{Pa}$

17 400rpm으로 회전하는 바깥지름 60mm, 안지름 40mm인 중공 단면축의 허용 비틀림 각도가 1°일 때 이 축이 전달할 수 있는 동력의 크기는 약 몇 kW인가?(단, 전단탄성계수 $G=80\mathrm{GPa}$, 축 길이 $L=3\mathrm{m}$이다.)

① 15　　② 20
③ 25　　④ 30

풀이 $\phi = \dfrac{32\,Tl}{G\pi(d_2^4 - d_1^4)}$ 에서 $1 \times \dfrac{\pi}{180} = \dfrac{32\,Tl}{G\pi(d_2^4 - d_1^4)}$,

$T = \dfrac{1 \times \pi \times G\pi(d_2^4 - d_1^4)}{180 \times 32 \times l}$

$= \dfrac{1 \times \pi \times (80 \times 10^9) \times \pi \times (0.06^4 - 0.04^4)}{180 \times 32 \times 3}$

$\fallingdotseq 475.2 \mathrm{Nm}$

$\mathrm{kW} = \dfrac{Tn}{9549} = \dfrac{475.2 \times 400}{9549} \fallingdotseq 19.9 \mathrm{kW}$

18 그림과 같은 구조물에 1000N의 물체가 매달려 있을 때 두 개의 강선 AB와 AC에 작용하는 힘의 크기는 약 몇 N인가?

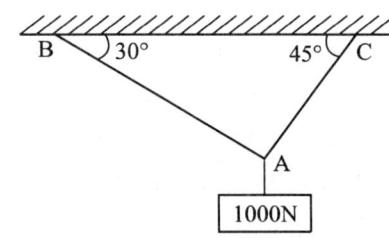

① AB = 732, AC = 897
② AB = 707, AC = 500
③ AB = 500, AC = 707
④ AB = 897, AC = 732

풀이 라미의 정리 $\dfrac{P_A}{\sin\theta_A} = \dfrac{P_{AB}}{\sin\theta_B} = \dfrac{P_{AC}}{\sin\theta_C}$ 를 이용하면

$\theta_A = 105°$, $\theta_B = 135°$, $\theta_C = 120°$

$P_{AB} = \dfrac{\sin\theta_B \times P_A}{\sin\theta_A} = \dfrac{\sin 135° \times 1000}{\sin 105°} = 732\mathrm{N}$

답　16 ③　17 ②　18 ①

$$P_{AC} = \frac{\sin\theta_C \times P_A}{\sin\theta_A} = \frac{\sin 120° \times 1000}{\sin 105°} = 896.575\text{N}$$

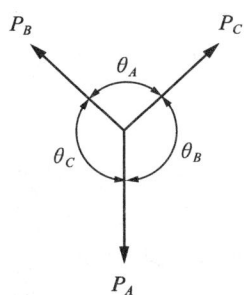

19 그림과 같이 스트레인 로제트(strain rosette)를 45°로 배열한 경우 각 스트레인 게이지에 나타나는 스트레인량을 이용하여 구해지는 전단 변형률 γ_{xy}는?

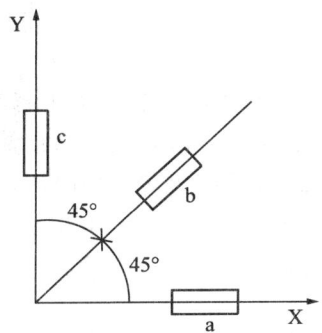

① $\sqrt{2}\,e_b - e_a - e_c$
② $2e_b - e_a - e_c$
③ $\sqrt{3}\,e_b - e_a - e_c$
④ $3e_b - e_a - e_c$

풀이
$\epsilon_b = \epsilon_x \cos^2\theta_b + \epsilon_y \sin^2\theta_b + \gamma_{xy}\sin\theta_b\cos\theta_b$
$\epsilon_b = \dfrac{\epsilon_x + \epsilon_y}{2} + \dfrac{\epsilon_x - \epsilon_y}{2}\cos 2\theta + \dfrac{\gamma_{xy}}{2}\sin 2\theta$
$= \dfrac{\epsilon_x + \epsilon_y}{2} + \dfrac{\epsilon_x - \epsilon_y}{2}\cos 90° + \dfrac{\gamma_{xy}}{2}\sin 90°$
$= \dfrac{\epsilon_x + \epsilon_y}{2} + \dfrac{\gamma_{xy}}{2}$
$\gamma_{xy} = -\epsilon_x - \epsilon_y + 2\epsilon_b = -\epsilon_a - \epsilon_b + 2\epsilon_b$

20 단면적이 4cm²인 강봉에 그림과 같이 하중이 작용할 때 이 봉은 약 몇 cm 늘어나는가?(단, 세로탄성계수 $E=210$GPa이다.)

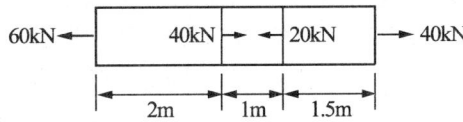

① 0.80
② 0.24
③ 0.0028
④ 0.015

풀이

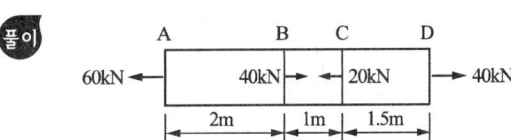

$\sigma_{AB} = \dfrac{60 \times 10^3}{4} = 15000\text{N/cm}^2$,

$\sigma_{BC} = \dfrac{(40-20) \times 10^3}{4} = 5000\text{N/cm}^2$,

$\sigma_{CD} = \dfrac{40 \times 10^3}{4} = 10000\text{N/cm}^2$

$\delta = \dfrac{Pl}{AE} = \dfrac{\sigma l}{E}$ 에서

$\dfrac{10^4}{210 \times 10^9}[(15000 \times 2) + (5000 \times 1) + (10000 \times 1.5)]$

$\fallingdotseq 2.38 \times 10^{-3}\text{m} \fallingdotseq 0.238\text{cm}$

2 기계열역학

21 그림의 증기 압축 냉동 사이클(온도(T)−엔트로피(s) 선도)이 열펌프로 사용될 때의 성능계수는 냉동기로 사용될 때의 성능계수의 몇 배인가?(단, 각 지점에서의 엔탈피는 $h_1=180$kJ/kg, $h_2=210$kJ/kg, $h_3=h_4=50$kJ/kg이다.)

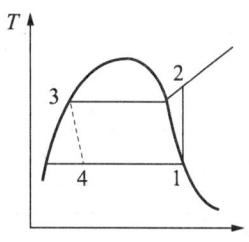

① 0.81 ② 1.23
③ 1.63 ④ 2.12

 • 열펌프 성능계수와 냉동기 성능계수의 비
$$\frac{COP_{HEAT}}{COP_{REF}}=1.23$$
여기서, $COP_{REF}=4.3$, $COP_{HEAT}=5.3$

22 물질이 액체에서 기체로 변해 가는 과정과 관련하여 다음 설명 중 옳지 않은 것은?

① 물질의 포화 온도는 주어진 압력하에서 그 물질의 증발이 일어나는 온도이다.
② 물의 포화 온도가 올라가면 포화 압력도 올라간다.
③ 액체의 온도가 현재 압력에 대한 포화 온도 보다 낮을 때 그 액체를 압축액 또는 과냉각액이라 한다.
④ 어떤 물질이 포화 온도하에서 일부는 액체로 존재하고 일부는 증기로 존재할 때, 전체 질량에 대한 액체 질량의 비를 건도로 정의한다.

 • 건도(quality, x)
$$x=\frac{m_{vap}}{m}$$
여기서, m_{vap}=증기 질량, m=전체 질량

23 공기 1kg을 1MPa, 250°C의 상태로부터 등온과정으로 0.2MPa까지 압력 변화를 할 때 외부에 대하여 한 일은 약 몇 kJ인가?(단, 공기는 기체 상수가 0.287kJ/(kg·K)인 이상 기체이다.

① 157 ② 242
③ 313 ④ 465

 • 단위 질량당 외부에 한 일
$$_1w_2=\int_1^2 Pdv=241.7\ kJ/kg$$

24 100kPa의 대기압 하에서 용기 속 기체의 진공압이 15kPa이었다. 이 용기 속 기체의 절대 압력은 약 몇 kPa인가?

① 85 ② 90
③ 95 ④ 115

 • 절대 압력
절대압=대기압+진공압=85kPa

25 다음 열역학 성질(상태량)에 대한 설명 중 옳은 것은?

① 엔탈피는 점 함수(point function)이다.
② 엔트로피는 비가역 과정에 대해서 경로 함수이다.
③ 시스템 내 기체가 열평형(thermal equilibrium) 상태라 함은 압력이 시간에 따라 변하지 않는 상태를 말한다.
④ 비체적은 종량적(extensive) 상태량이다.

답 21 ② 22 ④ 23 ② 24 ① 25 ①

풀이 • 종량적 상태량: 질량과 비례하는 상태량. 물질을 2등분했을 때 처음의 절반이 되는 상태량. 비체적은 강성적 상태량이다.

26 피스톤-실린더로 구성된 용기 안에 이상 기체 공기 1kg이 400K, 200kPa 상태로 들어 있다. 이 공기가 300K의 충분히 큰 주위로 열을 빼앗겨 온도가 양쪽 다 300K가 되었다. 그 동안 압력은 일정하다고 가정하고, 공기의 정압 비열은 1.004kJ/(kg·K)일 때 공기와 주위를 합친 총 엔트로피 증가량은 약 몇 kJ/K인가?

① 0.0229　② 0.0458
③ 0.1674　④ 0.3347

풀이 • 용기 안에 있는 공기의 엔트로피 변화량(정압 과정)
$(S_2 - S_1)_{air} = m\,Cp\ln\dfrac{T_2}{T_1} = -0.28883 \text{kJ/K}$

• 주위의 엔트로피 변화량
$(S_2 - S_1)_{주위} = \dfrac{1}{T}Q_2 = 0.3347 \text{kJ/K}$

• 총엔트로피 변화량
$\Delta S = (S_2 - S_1)_{air} + (S_2 - S_1)_{주위} = 0.04587 \text{kJ/K}$

27 폴리트로프 지수가 1.33인 기체가 폴리트로프 과정으로 압력이 2배가 되도록 압축된다면 절대 온도는 약 몇 배가 되는가?

① 1.19배　② 1.42배
③ 1.85배　④ 2.24배

풀이 • 폴리트로픽 과정($n=1.33$)
$v_1 = v_2 \times 2^{\frac{1}{1.33}} = 1.684 v_2$

• 압축 후 절대 온도
$T_2 = T_1 \times \left(\dfrac{v_1}{1.684 v_2}\right)^{1-1.33} = 1.188 T_1 \to T_2 = 1.19 T_1$

28 비열이 0.475kJ/(kg·K)인 철 10kg을 20℃에서 80℃로 올리는 데 필요한 열량은 몇 kJ인가?

① 222　② 252
③ 285　④ 315

풀이 • 철 10kg을 20℃에서 80℃로 올리는 데 필요한 열량
$Q = m\,C\Delta T = 285 \text{kJ}$

29 압축비가 7.5이고, 비열비가 1.4인 이상적인 오토 사이클의 열효율은 약 몇 %인가?

① 55.3　② 57.6
③ 48.7　④ 51.2

풀이 • 오토 사이클의 열효율
$\eta_{th} = 1 - \dfrac{1}{r_v^{k-1}} = 0.553$

30 정압 비열이 0.8418kJ/(kg·K)이고, 기체 상수가 0.1889kJ/(kg·K)인 이상 기체의 정적 비열은 약 몇 kJ/(kg·K)인가?

① 4.456　② 1.220
③ 1.031　④ 0.653

풀이 • 정압 비열, 정적 비열, 기체 상수와의 관계
$C_v = C_p - R = 0.6529 \text{kJ/(kg·K)}$

31 산소(O_2) 4kg, 질소(N_2) 6kg, 이산화탄소(CO_2) 2kg으로 구성된 기체 혼합물의 기체 상수 kJ/(kg·K)는 약 얼마인가?

① 0.328　② 0.294
③ 0.267　④ 0.241

풀이 • 혼합물의 기체 상수
$R = \dfrac{\overline{R}}{M} = 0.267 \text{kJ/(kg·K)}$

답 26 ②　27 ①　28 ③　29 ①　30 ④　31 ③

32 열기관이 1100K인 고온열원으로부터 1000kJ의 열을 받아서 온도가 320K인 저온 열원에서 600K의 열을 방출한다고 한다. 이 열기관이 클라우지우스 부등식 $\left(\oint \frac{\delta Q}{T} \leq 0\right)$을 만족하는지 여부와 동일 온도 범위에서 작동하는 카르노 열기관과 비교하여 효율은 어떠한가?

① 클라우지우스 부등식을 만족하지 않고, 이론적인 카르노 열기관과 효율이 같다.
② 클라우지우스 부등식을 만족하지 않고, 이론적인 카르노 열기관보다 효율이 크다.
③ 클라우지우스 부등식을 만족하고, 이론적인 카르노 열기관과 효율이 같다.
④ 클라우지우스 부등식을 만족하고, 이론적인 카르노 열기관보다 효율이 작다.

풀이 • 효율 비교
$\eta_{carnot} > \eta$
여기서, $\eta_{carnot}=0.709$, $\eta=0.4$. 이론적인 카르노 열기관보다 효율이 작다
• 클라우지우스 부등식
$\frac{\delta Q}{T} = -0.966 < 0$
주어진 열기관은 비가역 과정으로 클라우지우스 부등식을 만족한다.

33 실린더 내부의 기체의 압력을 150kPa로 유지하면서 체적을 0.05m³에서 0.1m³까지 증가시킬 때 실린더가 한 일은 약 몇 kJ인가?
① 1.5 ② 15
③ 7.5 ④ 75

풀이 • 경계 이동일
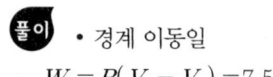$= P(V_2 - V_1) = 7.5\text{kJ}$

34 4kg의 공기를 압축하는데 300kJ의 일을 소비함과 동시에 110kJ의 열량이 방출되었다. 공기 온도가 초기에는 20℃이었을 때 압축 후의 공기 온도는 약 몇 ℃인가?(단, 공기는 정적 비열이 0.716kJ/(kg·K)인 이상 기체로 간주한다.
① 78.4 ② 71.7
③ 93.5 ④ 86.3

풀이 • 압축 후 공기 온도
$T_2 = T_1 + \frac{190}{4 \times 0.716} = 359.3\text{K} = 86.3℃$

35 체적이 200L인 용기 속에 기체가 3kg 들어 있다. 압력이 1MPa, 비내부 에너지가 219kJ/kg일 때 비엔탈피는 약 몇 kJ/kg인가?
① 286 ② 258
③ 419 ④ 442

풀이 • 기체의 비체적, 비엔탈피
$v = \frac{V}{m} = 0.067 \text{m}^3/\text{kg}$
$h = u + Pv = 286 \text{kJ/kg}$

36 위치 에너지의 변화를 무시할 수 있는 단열 노즐 내를 흐르는 공기의 출구 속도가 600m/s이고 노즐 출구에서의 엔탈피가 입구에 비해 179.2kJ/kg 감소할 때 공기의 입구 속도는 약 몇 m/s인가?
① 16 ② 40
③ 225 ④ 425

풀이 • 공기 입구 속도
$V_i = \sqrt{2 \times (h_e - h_i + 0.5 \times V_e^2)} = 40 \text{m/s}$

답 32 ④ 33 ③ 34 ④ 35 ① 36 ②

37 그림과 같은 압력(P)-부피(V) 선도에서 $T_1=561K$, $T_2=1010K$, $T_3=690K$, $T_4=383K$인 공기(정압 비열 1kJ/(kg·K)를 작동유체로 하는 이상적인 브레이턴 사이클(brayton cycle)의 열효율은?

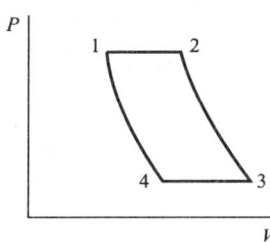

① 0.388 ② 0.444
③ 0.316 ④ 0.412

풀이 • 공기 표준 브레이턴 사이클의 열효율

$\eta_{th} = 1 - \dfrac{T_3 - T_4}{T_2 - T_1} = 0.3162$

38 효율이 30%인 증기동력 사이클에서 1kW의 출력을 얻기 위하여 공급되어야 할 열량은 약 몇 kW인가?

① 1.25 ② 2.51
③ 3.33 ④ 4.90

풀이 • 공급열량

$Q = \dfrac{W}{\eta} = 3.33 kW$

39 질량이 4kg인 단열된 강재 용기 속에 온도 25℃의 물 18L가 들어가 있다. 이 속에 200℃의 물체 8kg을 넣었더니 열평형에 도달하여 온도가 30℃가 되었다. 물의 비열은 4.187kJ/(kg·K)이고, 강재의 비열은 0.4648kJ/(kg·K)일 때 이 물체의 비열은 약 몇 kJ/(kg·K)인가?(단, 외부와의 열교환은 없다고 가정한다.)

① 0.244 ② 0.267
③ 0.284 ④ 0.302

풀이 • 물체의 비열

$C_{물체} = \dfrac{m_물 \times C_물 \times 5 + m_{용기} \times C_{용기} \times 5}{m_{물체} \times 170}$

$= 0.284 kJ/(kg·K)$

40 엔트로피에 관한 설명 중 옳지 않은 것은?
① 열역학 제2법칙과 관련한 개념이다.
② 우주 전체의 엔트로피는 증가하는 방향으로 변화한다.
③ 엔트로피는 자연 현상의 비가역성을 측정하는 척도이다.
④ 비가역 현상은 엔트로피가 감소하는 방향으로 일어난다.

풀이 비가역 현상은 엔트로피가 증가하는 방향으로 일어난다.

3 기계유체역학

41 지름 200mm 원형 관에 비중 0.9, 점성계수 0.52poise인 유체가 평균 속도 0.48m/s로 흐를 때 유체 흐름의 상태는?(단, 레이놀즈수(Re)가 $2100 \leq Re \leq 4000$일 때 천이 구간으로 한다.)

① 층류 ② 천이
③ 난류 ④ 맥동

풀이 • 레이놀즈수

$Re = \dfrac{\rho VD}{\mu} = 166$

∴ 층류이다.

답 37 ③ 38 ③ 39 ③ 40 ④ 41 ①

42 시속 800km의 속도로 비행하는 제트기가 400m/s의 상대 속도로 배기가스를 노즐에서 분출할 때의 추진력은?(단, 이때 배기량은 25kg/s이고, 배기되는 연소가스는 흡기량에 비해 2.5% 증가하는 것으로 본다.)

① 3922N　② 4694N
③ 4875N　④ 6346N

 • 추진력
$F = \dot{m}_{out} V_{out} - \dot{m}_{in} V_{in} = 4695N$
여기서, 비행기 속도(V_{in}) = 222.2m/s
　　　　배기가스 분출 속도(V_{out}) = 400m/s
　　　　흡입 공기량($\dot{m}_{in}$) = 25kg/s
　　　　배기공기량($\dot{m}_{out}$) = 25.625kg/s

43 온도 25℃인 공기에서의 음속은 약 몇 m/s인가?(단, 공기의 비열비는 1.4, 기체 상수는 287J/(kg·K)이다.)

① 312　② 346
③ 388　④ 433

풀이 • 음속(a)
$a = \sqrt{kRT} = 346 \text{m/s}$

44 다음 4가지의 유체 중에서 점성계수가 가장 큰 뉴턴 유체는?

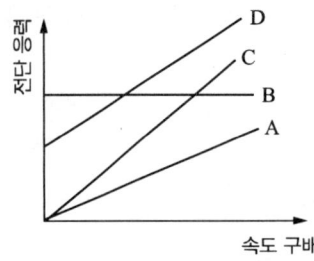

① A　② B
③ C　④ D

 기울기가 가장 큰 유체는 C이다.

45 함수 $f(a, V, t, \nu, L) = 0$을 무차원 변수로 표시하는 데 필요한 독립 무차원수 π는 몇 개인가?(단, a는 음속, V는 속도, t는 시간, ν는 동점성계수, L은 특성 길이이다.)

① 1　② 2
③ 3　④ 4

 • 매개 변수 수
$n = 5$
• 각 물리량 차원
$[a] = LT^{-1}, [V] = LT^{-1}, [t] = T^{-1}, [\nu] = L^2 T^{-1},$
$[L] = L$
• 기본 차원 수
$m = 2$
• Pi(π) 정리에 의한 무차원수
$\alpha = n - m = 3$

46 수두 차를 읽어 관내 유체의 속도를 측정할 때 U자관(U tube) 액주계 대신 역 U자관(inverted U tube) 액주계가 사용되었다면 그 이유로 가장 적절한 것은?

① 계기 유체(gauge fluid)의 비중이 관내 유체보다 작기 때문에
② 계기 유체(gauge fluid)의 비중이 관내 유체보다 크기 때문에
③ 계기 유체(gauge fluid)의 점성계수가 관내 유체보다 작기 때문에
④ 계기 유체(gauge fluid)의 점성계수가 관내 유체보다 크기 때문에

풀이 계기 유체(gauge fluid)의 비중이 관내 유체보다 작기 때문에 역 U자관 액주계가 사용되었다.

답　42 ②　43 ②　44 ③　45 ③　46 ①

47 안지름이 50cm인 원관에 물이 2m/s의 속도로 흐르고 있다. 역학적 상사를 위해 관성력과 점성력만을 고려하여 $\frac{1}{5}$로 축소된 모형에서 같은 물로 실험할 경우 모형에서의 유량은 약 몇 L/s인가?(단, 물의 동점성계수는 $1 \times 10^{-6} m^2/s$이다.)

① 34 ② 79
③ 118 ④ 256

 · 모형 속도
$$V_m = V_p \times \frac{\mu_m}{\mu_p} \times \frac{\rho_p}{\rho_m} \times \frac{L_p}{L_m} = 10 m/s$$
· 모형에서 유량
$$Q_m = A_m \times V_m = 79 L/s$$

48 다음 그림에서 벽 구멍을 통해 분사되는 물의 속도(V)는?(단, 그림에서 S는 비중을 나타낸다.)

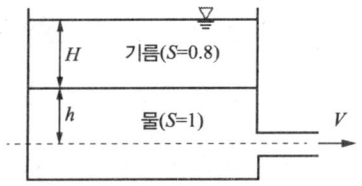

① $\sqrt{2gH}$
② $\sqrt{2g(H+h)}$
③ $\sqrt{2g(0.8H+h)}$
④ $\sqrt{2g(H+0.8h)}$

 · 베르누이 적용. 출구 속도
$$V_2 = \sqrt{(S_{기름}H + S_{물}h) \times 2g}$$
· 벽 구멍을 통해 분사되는 물의 속도
$$V = \sqrt{2g(0.8H+h)}$$

49 정지 유체 속에 잠겨 있는 평면이 받는 힘에 관한 내용 중 틀린 것은?
① 깊게 잠길수록 받는 힘이 커진다.
② 크기는 도심에서의 압력에 전체 면적을 곱한 것과 같다.
③ 수평으로 잠긴 경우, 압력 중심은 도심과 일치한다.
④ 수직으로 잠긴 경우, 압력 중심은 도심보다 약간 위쪽에 있다.

풀이 압력 중심은 도심(y_C)보다 약간 아래에 있다.

50 다음 물리량을 질량, 길이, 시간의 차원을 이용하여 나타내고자 한다. 이 중 질량의 차원을 포함하는 물리량은?

| ㉠ 속도 | ㉡ 가속도 |
| ㉢ 동점성계수 | ㉣ 체적 탄성계수 |

① ㉠ ② ㉡
③ ㉢ ④ ㉣

풀이 [체적 탄성계수] $= ML^{-1}T^{-2}$

51 극좌표(r, θ)로 표현되는 2차원 포텐셜 유동(potential flow)에서 속도 포텐셜(velocity potential, ϕ)이 다음과 같을 때 유동 함수(stream function, Ψ)로 가장 적절한 것은?(단, A, B, C는 상수이다.)

$$\phi = A\ln r + Br\cos\theta$$

① $\Psi = \frac{A}{r}\cos\theta + Br\sin\theta + C$
② $\Psi = \frac{A}{r}\sin\theta - Br\cos\theta + C$
③ $\Psi = A\theta + Br\sin\theta + C$
④ $\Psi = A\theta - Br\cos\theta + C$

답 47 ② 48 ③ 49 ④ 50 ④ 51 ③

• 원통 좌표계에서 비압축성 평면 유동 함수

$\dfrac{\partial \Psi}{\partial \theta} = A$

$\Psi = A\theta + f_1(r)$ ·················· (1)

$\dfrac{\partial \Psi}{\partial r} = B\sin\theta$

$\Psi = Br\sin\theta + f_2(\theta)$ ·················· (2)

두 식 (1)과 (2)를 동시에 만족하는 유동 함수는 다음과 같다.
$\Psi = A\theta + Br\sin\theta + C$

52 지름 2mm인 구가 밀도 0.4kg/m³, 동점성 계수 1.0×10^{-4}m²/s인 기체 속을 0.03m/s 로 운동한다고 하면 항력은 약 몇 N인가?

① 2.26×10^{-8} ② 3.52×10^{-7}
③ 4.54×10^{-8} ④ 5.86×10^{-7}

 • 낮은 레이놀즈수 유동에서 구의 항력 계수

$C_D = \dfrac{24}{0.6} = 40$

• 항력
$F_D = 1/2 \rho V^2 A \times C_D = 2.26\times 10^{-8}\text{N}$

53 60N의 무게를 가진 물체를 물속에서 측정하였을 때 무게가 10N이었다. 이 물체의 비중은 약 얼마인가?(단, 물속에서 측정할 시 물체는 완전히 잠겼다고 가정한다.)

① 1.0   ② 1.2
③ 1.4   ④ 1.6

 • 물속에서 무게(W'), 공기 중에서 무게(W), 물체에 작용하는 부력(F_B)

$F_B = W - W' = 50\text{N}$

• 물체에 작용한 부력(F_B), 물체의 체적(V)

$F_B = SG_물 \times \rho_물 g \times V = 50$

$V = \dfrac{50}{9800}\text{m}^3$

• 물체 비중($SG_{물체}$)

$SG_{물체} = \dfrac{W}{\rho_물 g \times V} = 1.2$

54 차원 속도장이 다음 식과 같이 주어졌을 때 유선의 방정식은 어느 것인가?(단, 직각 좌표계에서 u, v는 x, y 방향의 속도 성분을 나타내며 C는 임의의 상수이다.)

$$u = x, \; v = -y$$

① $xy = C$ ② $\dfrac{x}{y} = C$
③ $x^2 y = C$ ④ $xy^2 = C$

 • 유선의 방정식

$\dfrac{dy}{dx} = \dfrac{v}{u} = -\dfrac{y}{x}$

$\ln y = -\ln x + C \rightarrow xy = C$

55 물 펌프의 입구 및 출구의 조건이 아래와 같고 펌프의 송출 유량이 0.2m³/s이면 펌프의 동력은 약 몇 kW인가?(단, 손실은 무시한다.)

• 입구: 계기 압력 -3kPa, 안지름 0.2m, 기준면으로부터 높이 +2m
• 출구: 계기 압력 250kPa, 안지름 0.15m, 기준면으로부터 높이 +5m

① 45.7   ② 53.5
③ 59.3   ④ 65.2

• 입구 속도(V_{in}), 출구 속도(V_{out})

$V_{in} = \dfrac{Q}{A_{in}} = 6.37\text{m/s}$

$V_{out} = \dfrac{Q}{A_{out}} = 11.32\text{m/s}$

• 펌프의 순 수두(H)

$H = EGL_{out} - EGL_{in} = 33.3\text{m}$

• 펌프의 동력($\dot{W}_{h.p}$)

$\dot{W}_{h.p} = \rho g \dot{Q} H = 65268\text{W}$

답 52 ① 53 ② 54 ① 55 ④

56 경계층의 박리(separation)가 일어나는 주 원인은?

① 압력이 증기압 이하로 떨어지기 때문에
② 유동 방향으로 밀도가 감소하기 때문에
③ 경계층의 두께가 0으로 수렴하기 때문에
④ 유동 과정에 역압력 구배가 발생하기 때문에

 유동 박리는 유체 흐름이 물체 표면에서 이탈되는 현 상이다. 유동 과정에서 역압력 구배가 나타나면 유동 박리가 발생한다.

57 안지름이 각각 2cm, 3cm인 두 파이프를 통하여 속도가 같은 물이 유입되어 하나의 파이프로 합쳐져서 흘러나간다. 유출되는 속도가 유입 속도와 같다면 유출 파이프의 안지름은 약 몇 cm인가?

① 3.61 ② 4.24
③ 5.00 ④ 5.85

• 연속 방정식
$(D_1 = 2\text{cm}, D_2 = 3\text{cm}, V_1 = V_2 = V_{out} = V)$
$Q_1 + Q_2 = Q_{out}$
$2^2 + 3^2 = D_{out}^2$
• 유출 파이프의 안지름(D_{out})
$D_{out} = \sqrt{13} = 3.61\text{cm}$

58 원관 내 완전 발달 층류 유동에 관한 설명으로 옳지 않은 것은?

① 관 중심에서 속도가 가장 크다.
② 평균 속도는 관 중심 속도의 절반이다.
③ 관 중심에서 전단응력이 최댓값을 갖는다.
④ 전단응력은 반지름 방향으로 선형적으로 변화한다.

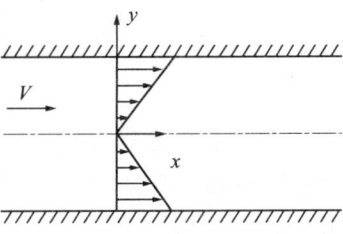
▲ 파이프 층류 유동의 전단응력 분포

59 안지름 0.1m의 물이 흐르는 관로에서 관 벽의 마찰 손실 수두가 물의 속도 수두와 같다면 그 관로의 길이는 약 몇 m인가?(단, 관마찰계수는 0.03이다.)

① 1.58 ② 2.54
③ 3.33 ④ 4.52

• 관로 길이
$l = \dfrac{d}{f} = 3.33\text{m}$

60 그림과 같이 용기에 물과 휘발유가 주입되어 있을 때, 용기 바닥면에서의 게이지 압력은 약 몇 kPa인가?(단, 휘발유의 비중은 0.7이다.)

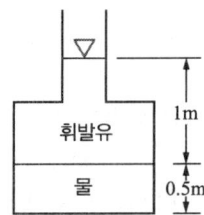

① 1.59 ② 3.64
③ 6.86 ④ 11.77

• 용기 바닥면에서 게이지 압력
$P_{bottom} = \rho_\text{물} g(SG \times h_1 + h_2) = 11760\text{Pa}$

61 0°C 이하의 온도로 냉각하는 작업으로 강의 잔류 오스테나이트를 마텐자이트로 변태시키는 것을 목적으로 하는 열처리는?
① 마퀜칭
② 마템퍼링
③ 오스포밍
④ 심랭처리

풀이 • 서브제로 처리(sub zero treatment, 심랭처리)
㉠ 담금질된 강에서 잔류 오스테나이트를 제거하여 마텐자이트화하여 경도 증가와 성능을 향상시키는 것
㉡ 담금질을 한 강의 조직이 안정화된다.
㉢ 시효 변화가 적으며 부품의 치수 및 형상이 안정화된다.
㉣ 스테인리스강에는 우수한 기계적 성질을 부여한다.
㉤ 시효 변형을 방지하기 위해 0°C 이하(~ -200°C)의 온도에서 처리한다.

62 다음 금속 중 자기변태점이 가장 높은 것은?
① Fe
② Co
③ Ni
④ Fe_3C

풀이 • 자기변태(magnetic transformation): 원자의 배열(결정격자의 형상)에는 변화가 일어나지 않으나, 자기적 성질이 변화를 일으키는 것이다. 시멘타이트(Fe_3C)의 자기변태는 210°C(큐리점, curie point)에서 발생하는 A_0 변태가 있으며, 순철의 자기변태점은 A_2변태로 768°C에서 발생한다. 그리고 코발트(Co)의 자기변태점은 1120°C이다.

63 산화알루미늄(Al_2O_3) 등을 주성분으로 하며 철과 친화력이 없고, 열을 흡수하지 않으므로 공구를 과열시키지 않아 고속 정밀 가공에 적합한 공구의 재질은?
① 세라믹
② 인코넬
③ 고속도강
④ 탄소공구강

풀이 • 세라믹(ceramic)
㉠ Al_2O_3(alumina)를 주성분으로 하는 재료를 1600°C 이상에서 소결하여 제조한 것으로 고온 경도, 내열성 및 내마모성이 우수하여 고속 및 고온 절삭이 가능하다.
㉡ Fe과 친화력이 없고, 열을 흡수하지 않으므로 공구를 가열시키지 않아 절삭 중에 피삭재와 공구가 융착되는 빌트 업 에지(built-up edge)가 나타나지 않는다. 고속 정밀 가공에 적합하다.

64 구상흑연주철을 제조하기 위한 접종제가 아닌 것은?
① Mg
② Sn
③ Ce
④ Ca

풀이 • 구상흑연주철
㉠ 주철은 흑연의 상이 편상되어 있기 때문에 강에 비해 연성이 나쁘고, 취성이 크고, 열처리 시간이 길다. 이를 개선하기 위하여 용선에 Mg를 첨가하여 흑연을 소실시키고 Fe-Si, Cu-Si 등을 접종하여 흑연 핵을 형성시켜 흑연을 구상화한 것
㉡ S(황) 성분이 적은 선철을 용해로, 전기로에서 용해한 후 주형에 주입 전 Mg를 첨가함으로써 흑연을 구상화한 것이다. Ce(세륨), Ca(칼슘) 등을 첨가하여도 흑연을 구상화할 수 있다.

65 다음 조직 중 경도가 가장 낮은 것은?
① 페라이트
② 마텐자이트
③ 시멘타이트
④ 트루스타이트

풀이 • 경도 순서: 시멘타이트(cementite) > 마텐자이트(martensite) > 트루스타이트(troostite) > 소르바이트(sorbite) > 펄라이트(pearlite) > 오스테나이트(austenite) > 페라이트(ferrite)

61 ④ 62 ② 63 ① 64 ② 65 ①

66 금속을 소성가공할 때에 냉간가공과 열간가공을 구분하는 온도는?
① 변태 온도
② 단조 온도
③ 재결정 온도
④ 담금질 온도

풀이 재결정 온도를 기준으로 재결정 온도 이하에서 하는 가공을 냉간가공이라 하고, 재결정 온도 이상에서 하는 가공을 열간가공이라 한다. 재결정 온도는 재결정 온도 부근에서 적당한 시간 가열하면 새로운 결정핵이 형성되는 것을 말한다.(재결정은 새로운 결정립에 핵 생성과 성장의 과정이다.)

67 금속에서 자유도(F)를 구하는 식으로 옳은 것은?(단, 압력은 일정하며, C: 성분 수, P: 상의 수이다.)
① $F = C - P + 1$
② $F = C + P + 1$
③ $F = C - P + 2$
④ $F = C + P + 2$

풀이 • 깁스의 상률(Gibbs' Phase Rule): 상률은 평형 상태의 닫힌 계에서 상의 수와 화학 성분의 수로 자유도를 나타내는 규칙
$F = C + 2 - P$(일반 물질), $F = C - P + 1$(금속)
여기서, C=구성 물질의 성분 수
P=존재하는 상의 수
F=자유도

68 켈밋 합금(kelmet alloy)의 주요 성분으로 옳은 것은?
① Pb-Sn
② Cu-Pb
③ Sn-Sb
④ Zn-Al

풀이 • 켈밋(Kelmet): Cu에 Pb를 첨가한 합금으로 고열전도도와 압축강도가 크다. 사용 중 온도 상승이 적어 고속·고하중용 베어링에 적합하다.

69 저탄소강 기어(gear)의 표면에 내마모성을 향상시키기 위해 붕소(B)를 기어 표면에 확산 침투시키는 처리는?
① 세러다이징(sherardizing)
② 아노다이징(anadizing)
③ 보로나이징(boronizing)
④ 칼로라이징(calorizing)

풀이 • 침투(cementation, 시멘테이션)법: Zn, Cr, Al, Si, B, Ti, Co 등을 고온에서 확산 및 침투시키는 표면 처리법
㉠ 세러다이징(ceradizing, Zn 침투)
㉡ 크로마이징(chromizing, Cr 침투)
㉢ 카로라이징(calorizing, Al 침투)
㉣ 실리코나이징(siliconizing, Si 침투)
㉤ 보로나이징(boronizing, B 침투)

70 60~70% Ni에 Cu를 첨가한 것으로 내열·내식성이 우수하므로 터빈 날개, 펌프 임펠러 등의 재료로 사용되는 합금은?
① Y 합금
② 모넬메탈
③ 콘스탄탄
④ 문쯔메탈

풀이 • 모넬메탈(monel metal): Ni(65~70%)+Cu+Fe(1~3%)의 합금으로 내식성, 내열성, 내산성 및 내마멸성이 크며 터빈 날개, 펌프 임펠러 등의 재료 등으로 사용된다.

71 두 개의 유입 관로의 압력에 관계없이 정해진 출구 유량이 유지되도록 합류하는 밸브는?
① 집류 밸브
② 셔틀 밸브
③ 적층 밸브
④ 프리필 밸브

풀이 • 집류 밸브(flow combining valve): 유체가 유입되는 두 개의 관로 압력과 상관없이 주어진 출구에서 유량이 일정하게 유지되는 기능을 갖는 밸브

답 66 ③ 67 ① 68 ② 69 ③ 70 ② 71 ①

72 유압 펌프의 종류가 아닌 것은?
  ① 기어 펌프 ② 베인 펌프
  ③ 피스톤 펌프 ④ 마찰 펌프

풀이 • 유압 펌프
예 기어 펌프, 베인 펌프, 피스톤 펌프

73 그림과 같은 유압 회로도에서 릴리프 밸브는?

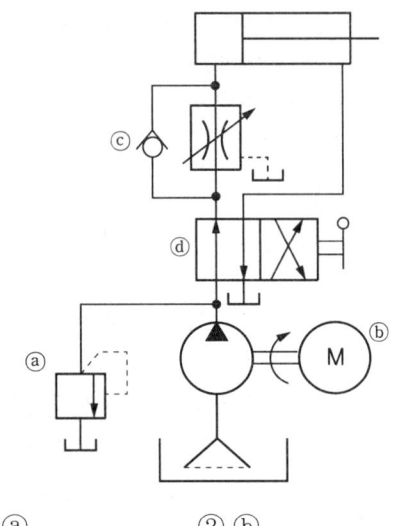

  ① ⓐ ② ⓑ
  ③ ⓒ ④ ⓓ

풀이 • 유압 회로 각 부분 명칭
ⓐ 릴리프 밸브, ⓑ 전동기, ⓒ 유량 제어 밸브, ⓓ 방향 제어 밸브

74 다음의 설명에 맞는 원리는?

> 정지하고 있는 유체 중의 압력은 모든 방향에 대하여 같은 압력으로 작용한다.

  ① 보일의 원리
  ② 샤를의 원리
  ③ 파스칼의 원리
  ④ 아르키메데스의 원리

풀이 • 파스칼의 원리 : 밀폐된 공간에서 압력을 받는 유체가 힘을 전달하는 원리를 설명하는 이론

75 유압 펌프에 있어서 체적 효율이 90%이고 기계효율이 80%일 때 유압 펌프의 전 효율은?
  ① 90% ② 88.8%
  ③ 72% ④ 23.7%

풀이 • 펌프의 전효율
전효율=체적 효율×기계 효율=0.72

76 다음 유압 기호는 어떤 밸브의 상세 기호인가?

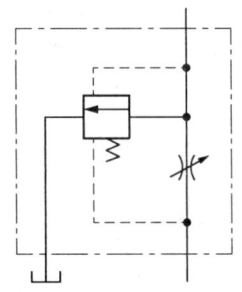

  ① 직렬형 유량 조정 밸브
  ② 바이패스형 유량 조정 밸브
  ③ 체크 밸브붙이 유량 조정 밸브
  ④ 기계 조작 가변 교축 밸브

풀이 바이패스형 유량 조정 밸브 상세 기호이다.

77 그림과 같은 유압 기호의 명칭은?

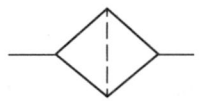

  ① 모터 ② 필터
  ③ 가열기 ④ 분류 밸브

답 72 ④ 73 ① 74 ③ 75 ③ 76 ② 77 ②

▲ 필터(일반 기호)

78 동일 축상에 2개 이상의 펌프 작용 요소를 가지고, 각각 독립한 펌프 작용을 하는 형식의 펌프는?
① 다단 펌프   ② 다련 펌프
③ 오버 센터 펌프   ④ 가역 회전형 펌프

• 다련 펌프(multiple pump) : 2대 이상의 펌프 작용 요소를 같은 축으로 작동하는데 서로 독립적으로 펌프 작용을 하는 형식

79 유압 펌프에서 실제 토출량과 이론 토출량의 비를 나타내는 용어는?
① 펌프의 토크 효율
② 펌프의 전효율
③ 펌프의 입력 효율
④ 펌프의 용적 효율

• 체적 효율(volumetric efficiency, η_V) : 실제 유량과 이론 유량의 비를 나타내는 용어

80 다음 중 어큐뮬레이터 회로(accumulator circuit)의 특징에 해당되지 않는 것은?
① 사이클 시간 단축과 펌프 용량 감소
② 배관 파손 방지
③ 서지압의 방지
④ 맥동의 발생

어큐뮬레이터는 유압 펌프에서 발생하는 맥동을 흡수해서 진동이나 소음을 방지하는 역할을 한다.

5과목 기계제작법 및 기계동력학

81 스프링과 질량만으로 이루어진 1자유도 진동 시스템에 대한 설명으로 옳은 것은?
① 질량이 커질수록 시스템의 고유 진동수는 커지게 된다.
② 스프링 상수가 클수록 움직이기가 힘들어져서 진동 주기가 길어진다.
③ 외력을 가하는 주기와 시스템의 고유 주기가 일치하면 이론적으로는 응답 변위는 무한대로 커진다.
④ 외력의 최대 진폭의 크기에 따라 시스템의 응답 주기는 변한다.

외력의 가진 주파수와 시스템의 고유 진동수가 일치하면 응답 변위가 무한대로 커지는 공진 현상이 나타난다.

82 공 A가 v_0의 속도로 그림과 같이 정지된 공 B와 C지점에서 부딪힌다. 두 공 사이의 반발계수가 1이고 충돌 각도가 θ일 때 충돌 후에 공 B의 속도의 크기는?(단, 두 공의 질량은 같고, 마찰은 없다고 가정한다.)

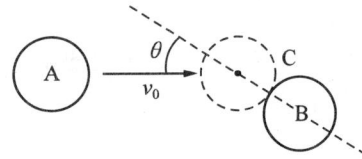

① $\frac{1}{2}v_0\sin\theta$
② $\frac{1}{2}v_0\cos\theta$
③ $v_0\sin\theta$
④ $v_0\cos\theta$

답 78 ② 79 ④ 80 ④ 81 ③ 82 ④

• 초기 속도 v_0에 대한 t, n 방향 성분
$(v_A)_t = v_0 \sin\theta$
$(v_A)_n = v_0 \cos\theta$
• 법선 방향 운동량 보존
$(v_A')_n + (v_B')_n = v_0 \cos\theta$
• 반발계수($e = 1$)
$-(v_A')_n + (v_B')_n = v_0 \cos\theta$
• 충돌 후 공 B에 대한 속도의 크기
$v_B' = \sqrt{(v_B')_t^2 + (v_B')_n^2} = v_0 \cos\theta$

83 그림에서 질량 100kg의 물체 A와 수평면 사이의 마찰계수는 0.3이며 물체 B의 질량은 30kg이다. 힘 P_y의 크기는 시간(t[s])의 함수이며 P_y[N]$= 15t^2$이다. t는 $0s$에서 물체 A가 오른쪽으로 2m/s로 운동을 시작한다면 t가 $5s$일 때 이 물체(A)의 속도는 약 몇 m/s인가?

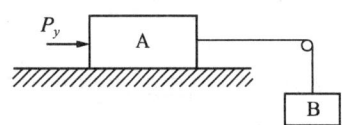

① 6.81
② 7.22
③ 7.81
④ 8.64

 • 시간 t에 대한 함수로 나타낸 질량의 속도
$v(t) = v_0 + \dfrac{1}{26}t^3$
• 5초 후 물체 속도($v(5)$)
$v(5) = 2 + \dfrac{1}{26} \times 5^3 = 6.81 \,\mathrm{m/s}$

84 다음 그림은 시간(t)에 대한 가속도(a)의 변화를 나타낸 그래프이다. 가속도를 시간에 대한 함수식으로 옳게 나타낸 것은?

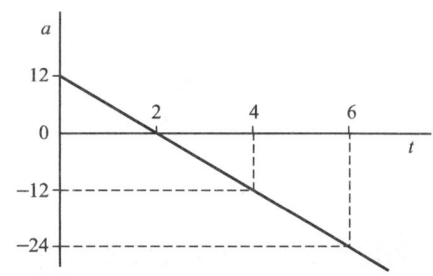

① $a = 12 - 6t$
② $a = 12 + 6t$
③ $a = 12 - 12t$
④ $a = 12 + 12t$

풀이 • 가속도와 시간에 대한 함수식(주어진 그래프)
$a(t) = -6t + 12$ ← 1차 함수임.

85 다음과 같은 운동 방정식을 갖는 진동시스템에서 감쇠비(damping ratio)를 나타내는 식은?

① $\dfrac{c}{2\sqrt{mk}}$ ② $\dfrac{k}{2\sqrt{mc}}$
③ $\dfrac{m}{2\sqrt{ck}}$ ④ $2\sqrt{mck}$

풀이 • 감쇠비
$\zeta = \dfrac{c}{c_{cr}} = \dfrac{c}{2m\omega_n} = \dfrac{c}{2\sqrt{km}}$

86 원판의 각속도가 5초 만에 0부터 1800rpm까지 일정하게 증가하였다. 이때 원판의 각가속도는 몇 rad/s²인가?

① 360   ② 60
③ 37.7   ④ 3.77

풀이 • 각가속도
$\alpha = \dfrac{\omega}{t} = 37.68 \,\mathrm{rad/s^2}$

답 83 ① 84 ① 85 ① 86 ③

87 물체의 최대 가속도가 680cm/s², 매분 480 사이클의 진동수로 조화 운동을 한다면 물체의 진동 진폭은 약 몇 mm인가?

① 1.8mm ② 1.2mm
③ 2.4mm ④ 2.7mm

풀이 • 최대 진폭

$$X = \frac{\ddot{x}_{max}}{\omega^2} = 2.7mm$$

88 스프링 상수가 k인 스프링을 4등분하여 자른 후 각각의 스프링을 그림과 같이 연결하였을 때, 이 시스템의 고유 진동수(ω_n)는 약 몇 rad/s인가?

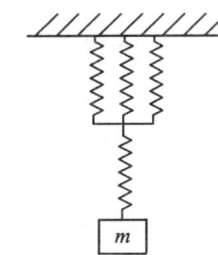

① $\omega_n = \sqrt{\dfrac{2k}{m}}$ ② $\omega_n = \sqrt{\dfrac{3k}{m}}$

③ $\omega_n = 2\sqrt{\dfrac{k}{m}}$ ④ $\omega_n = \sqrt{\dfrac{5k}{m}}$

풀이 • 병렬연결 등가 스프링($k_{eq,1}$)과 직렬연결한 스프링 상수 $4k$인 스프링의 등가 스프링 상수

$$\frac{1}{k_{eq}} = \frac{1}{k_{eq,1}} + \frac{1}{4k} = \frac{1}{12k} + \frac{1}{4k} = \frac{4}{12k} = \frac{1}{3k}$$

$k_{eq} = 3k$

• 고유 진동수

$$\omega_n = \sqrt{\frac{k_{eq}}{m}} = \sqrt{\frac{3k}{m}}$$

89 네 개의 가는 막대로 구성된 정사각 프레임이 있다. 막대 각각의 질량과 길이는 m과 b이고, 프레임은 ω의 각속도로 회전하고 질량 중심 G는 v의 속도로 병진운동하고 있다. 프레임의 병진 운동 에너지와 회전 운동 에너지가 같아질 때 질량 중심 G의 속도(v)는 얼마인가?

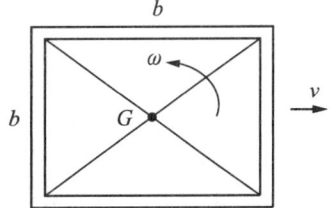

① $\dfrac{b\omega}{\sqrt{2}}$ ② $\dfrac{b\omega}{\sqrt{3}}$

③ $\dfrac{b\omega}{2}$ ④ $\dfrac{b\omega}{\sqrt{5}}$

풀이 • 조건에서 병진 운동 에너지 = 회전 운동 에너지

$$\frac{1}{2} \times (4m) \times v^2 = \frac{1}{2} \times 4 \times \frac{mb^2}{3} \times \omega^2$$

• 질량 중심 G의 속도

$$v_G = \frac{b\omega}{\sqrt{3}}$$

90 20g의 탄환이 수평으로 1200m/s의 속도로 발사되어 정지해 있던 300g의 블록에 박힌다. 이후 스프링에 발생한 최대 압축 길이는 약 몇 m인가?(단, 스프링 상수는 200N/m이고 처음에 변형되지 않은 상태였다. 바닥과 블록 사이의 마찰은 무시한다.)

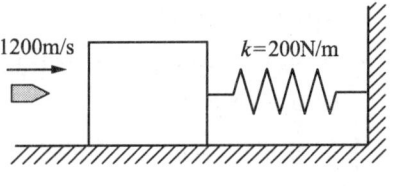

① 2.5 ② 3.0
③ 3.5 ④ 4.0

답 87 ④ 88 ② 89 ② 90 ②

풀이
- 블록과 탄환으로 결합된 계의 속도
$$v = \frac{m_{탄환}v_{탄환} + m_{블록}v_{블록}}{m_{탄환} + m_{블록}} = 75\text{m/s}$$
- 블록과 탄환으로 결합된 계의 운동 에너지
$$E_k = \frac{1}{2}mv^2 = \frac{1}{2}(m_{탄환} + m_{블록})v^2 = 900\text{J}$$
- 스프링의 압축 길이
$$x = \sqrt{\frac{2 \cdot E_k}{k}} = 3\text{m}$$

91 강의 열처리에서 탄소(C)가 고용된 면심입 방격자 구조의 γ 철로서 매우 안정된 비자성체인 급냉 조직은?
① 오스테나이트(Austenite)
② 마텐자이트(Martensite)
③ 트루스타이트(Troostite)
④ 소르바이트(sorbite)

풀이 오스테나이트(Austenite): γ 철에 탄소가 1148℃에서 최대 2.0C%까지 침입형으로 고용되는 면심입방격자(FCC: Face Centered Cubic lattice) 조직이다. 온도가 내려감에 따라서 탄소의 고용도는 감소하여 723℃에서 0.8C%로 된다. 안정된 조직으로 상자성체이며 인성이 크다.

92 단식분할법을 이용하여 밀링 가공으로 원을 중심각 $5\frac{2}{3}°$씩 분할하고자 한다. 분할판 27구멍을 사용하면 가장 적합한 가공법은?
① 분할판 27구멍을 사용하여 17구멍씩 돌리면서 가공한다.
② 분할판 27구멍을 사용하여 20구멍씩 돌리면서 가공한다.
③ 분할판 27구멍을 사용하여 12구멍씩 돌리면서 가공한다.
④ 분할판 27구멍을 사용하여 8구멍씩 돌리면서 가공한다.

풀이 $n = \dfrac{D°}{9} = \dfrac{5\frac{2}{3}°}{9} = \dfrac{17}{27}$이며, 27구멍짜리에서 17구멍씩 돌리면서 가공한다.

93 선반에서 연동척에 대한 설명으로 옳은 것은?
① 4개의 돌려 맞출 수 있는 조(jaw)가 있고, 조는 각각 개별적으로 조절된다.
② 원형 또는 6각형 단면을 가진 공작물을 신속히 고정시킬 수 있는 척이며, 조(jaw)는 3개가 있고, 동시에 작동한다.
③ 스핀들 테이퍼 구멍에 슬리브를 꽂고, 여기에 척을 꽂은 것으로 가는 지름 고정에 편리한다.
④ 원판 안에 전자석을 장입하고, 이것에 직류전류를 보내어 척(chuck)을 자화시켜 공작물을 고정한다.

풀이 스크롤(scroll) 척이라고도 하며, 조는 3개이며 동시에 움직인다. 원형, 삼각, 육각 봉재 등 규칙적인 외경 재료를 물릴 때 사용된다.

94 1차로 가공된 가공물의 안지름보다 다소 큰 강구를 압입하여 통과시켜서 가공물의 표면을 소성 변형시켜 가공하는 방법으로 표면 거칠기가 우수하고 정밀도를 높이는 것은?
① 래핑
② 호닝
③ 버니싱
④ 슈퍼 버니싱

95 특수 윤활제로 분류되는 극압 윤활유에 첨가하는 극압물이 아닌 것은?
① 염소
② 유황
③ 인
④ 동

답 91 ① 92 ① 93 ② 94 ③ 95 ④

풀이 • 특수 윤활제

㉠ 극압 윤활유(extreme-pressure lubricating oil): 극압 환경에서 유막이 파괴되기 쉬운 윤활상태에 사용하기 위한 극압 첨가제를 첨가한 윤활유

㉡ 극압 첨가제(extreme-pressure additive): 극압 윤활유에서 사용되는 첨가제로 염소, 유황, 인 등이 있다.

96 지름이 50mm인 연삭숫돌로 지름이 10mm인 공작물을 연삭할 때 숫돌바퀴의 회전수는 약 몇 rpm인가?(단, 숫돌의 원주 속도는 1500m/min이다.)

① 4759　　② 5809
③ 7449　　④ 9549

풀이 $V = \dfrac{\pi d n}{1{,}000}$ m/min 에서

$n = \dfrac{V \times 1000}{\pi d} ≒ 9549.3 \text{rpm}$

97 스폿용접과 같은 원리로 접합할 모재의 한쪽 판에 돌기를 만들어 고정전극 위에 겹쳐놓고 가동전극으로 통전과 동시에 가압하여 저항열로 가열된 돌기를 접합시키는 용접법은?

① 플래시 버트 용접
② 프로젝션 용접
③ 업셋 용접
④ 단접

풀이 • 프로젝션(projection) 용접: 접합하고자 하는 모재의 접합부에 만들어진 돌기부를 접촉시켜 압력을 가하면서 통전시켜 통전 부위에 발생하는 저항열을 이용하여 용접하는 방법

㉠ 용접속도가 빠르고 돌기부의 전류와 가압력이 균일하여 용접의 신뢰도가 높다.
㉡ 판의 두께나 열용량이 서로 다른 부분도 쉽게 용접할 수 있다.
㉢ 돌기부는 모재가 서로 다른 금속일 때 열전도율이 큰 쪽에 저항열을 만들어 용접한다.

98 용융금속에 압력을 가하여 주조하는 방법으로 주형을 회전시켜 주형 내면을 균일하게 압착시키는 주조법은?

① 셸 몰드법　　② 원심주조법
③ 저압주조법　　④ 진공주조법

풀이 • 원심주조법(centrifugal casting): 원통의 주형을 고속으로 회전시키면 원심력에 의한 압축 및 냉각으로 코어 없이 중공 주물제품 제작에 이용

99 압연공정에서 압연하기 전 원재료의 두께를 50mm, 압연 후 재료의 두께를 30mm로 한다면 압하율(draft percent)은 얼마인가?

① 20%　　② 30%
③ 40%　　④ 50%

풀이 압하율 $= \dfrac{H_0 - H_1}{H_0} \times 100\%$

압하량 $= H_0 - H_1$
여기서, 압연 전의 두께: H_0
　　　　압연 후의 두께: H_1

압하율 $= \dfrac{H_0 - H_1}{H_0} \times 100\% = \dfrac{50 - 30}{50} \times 100 = 40\%$

100 내경 측정용 게이지가 아닌 것은?

① 게이지 블록
② 실린더 게이지
③ 버니어 캘리퍼스
④ 내경 마이크로미터

풀이 • 안지름(내경) 측정기: 실린더 게이지, 내경 마이크로미터, 내경 지침 측미기, 구멍용 한계 게이지(플러그 게이지), 버니어 캘리퍼스 등

답　96 ④　97 ②　98 ②　99 ③　100 ①

2·0·1·9

기출 문제

일·반·기·계·기·사·8·개·년·과·년·도

2019년 1회 일반기계기사 기출문제
2019년 2회 일반기계기사 기출문제
2019년 4회 일반기계기사 기출문제

2019년 1회 일반기계기사 기출문제

1 재료역학

1 그림과 같은 막대가 있다. 길이는 4m이고 힘은 지면에 평행하게 200N만큼 주었을 때 o점에 작용하는 힘과 모멘트는?

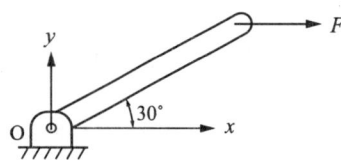

① $F_{ox}=0,\ F_{oy}=200N,\ M_z=200\text{N}\cdot\text{m}$
② $F_{ox}=200N,\ F_{oy}=0,\ M_z=400\text{N}\cdot\text{m}$
③ $F_{ox}=200\text{N},\ F_{oy}=200\text{N},\ M_z=200\text{N}\cdot\text{m}$
④ $F_{ox}=0,\ F_{oy}=0,\ M_z=400\text{N}\cdot\text{m}$

 $F_{ox}=F=200\text{N},\ F_{oy}=0\text{N}$
$M_Z=F\times L\sin\theta=200\times 4\times \sin 30=400\text{Nm}$

2 두께 8mm의 강판으로 만든 안지름 40cm의 얇은 원통에 1MPa의 내압이 작용할 때 강판에 발생하는 후프 응력(원주 응력)은 몇 MPa인가?

① 25   ② 37.5
③ 12.5 ④ 50

풀이) 원주 응력(hoop stress, 접선 응력, σ_θ)
$=\dfrac{q_a d}{2t}=\dfrac{q_a r}{t}=\dfrac{(1\times 10^6)\times 0.2}{0.008}=25\text{MPa}$

3 그림과 같은 균일 단면을 갖는 부정정보가 단순 지지단에서 모멘트 M_0를 받는다. 단순 지지단에서의 반력 R_a는?(단, 굽힘강성 EI는 일정하고, 자중은 무시한다.)

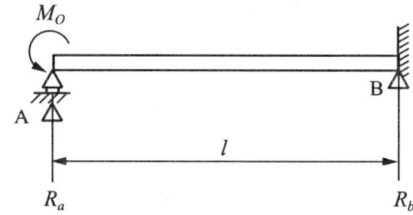

① $\dfrac{3M_0}{2l}$ ② $\dfrac{3M_0}{4l}$

③ $\dfrac{2M_0}{3l}$ ④ $\dfrac{4M_0}{3l}$

풀이)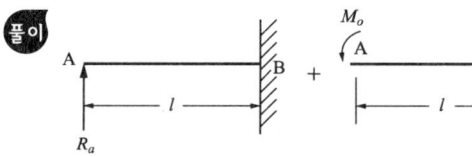

중첩법으로 A 지점의 처짐이 0인 조건을 이용하면
$\dfrac{R_A l^2}{3EI}=\dfrac{M_0 l^2}{2EI},\ R_A=\dfrac{3M_0}{2l}$

4 진변형률(ε_T)과 진응력(σ_T)을 공칭 응력(σ_n)과 공칭 변형률(ε_n)로 나타낼 때 옳은 것은?

① $\sigma_T=\ln(1+\sigma_n),\ \varepsilon_T=\ln(1+\varepsilon_n)$
② $\sigma_T=\ln(1+\sigma_n),\ \varepsilon_T=\ln\left(\dfrac{\sigma_T}{\sigma_n}\right)$

답 1② 2① 3① 4③

③ $\sigma_T = \sigma_n(1+\varepsilon_n)$, $\varepsilon_T = \ln(1+\varepsilon_n)$

④ $\sigma_T = \ln(1+\varepsilon_n)$, $\varepsilon_T = \sigma_n(1+\sigma_n)$

풀이 • A'는 변화된 단면적, A_0는 초기 단면적(변형 전 단면적), l_0: 초기 길이, l': 변화된 길이

㉠ 공칭 응력(nominal stress): 응력 계산에 최초의 단면적을 사용

$\sigma_n = \dfrac{P}{A_0}$

㉡ 공칭 변형률(nominal strain): 최초 길이에 대한 변화된 길이의 비

$\epsilon_n = \dfrac{l'-l_0}{l_0} = \dfrac{\Delta l}{l_0}$

㉢ 진응력(true stress): 응력 계산 시 실제 단면적(변형된 단면적)을 사용

$\sigma_T = \dfrac{P}{A'} = \dfrac{P}{\dfrac{A_0}{1+\epsilon_n}} = \sigma_n(1+\epsilon_n)$

㉣ 진변형률(True strain): 변형률 계산 시 변형된 길이에 대한 변형률

$\epsilon_T = \displaystyle\int_{l_0}^{l}\dfrac{dl}{l} = \ln\dfrac{l'}{l_0} = \ln\dfrac{l_0(1+\epsilon_n)}{l_0} = \ln(1+\epsilon_n)$

5 폭 $b=60\text{mm}$, 길이 $L=340\text{mm}$의 균일 강도 외팔보의 자유단에 집중하중 $P=3\text{kN}$이 작용한다. 허용 굽힘응력을 65MPa이라 하면 자유단에서 250mm되는 지점의 두께 h는 약 몇 mm인가?(단, 보의 단면은 두께는 변하지만 일정한 폭 b를 갖는 직사각형이다.)

① 24 ② 34
③ 44 ④ 54

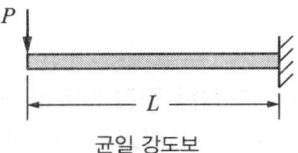

균일 강도보

$M_x = P \cdot x$, $M = \sigma_a \cdot Z$, $Z = \dfrac{M}{\sigma_a} \Rightarrow \dfrac{bh_1^2}{6} = \dfrac{3000 \times 0.34}{65 \times 10^6}$

$h_1 = \sqrt{\dfrac{6 \times (3000 \times 0.34)}{0.06 \times (65 \times 10^6)}} \fallingdotseq 0.0396\text{m}$

(a) 폭 b가 일정한 경우

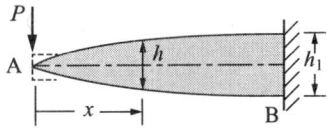

균일 강도보 옆면

x점: $\dfrac{b \cdot h^2}{6} = \dfrac{P \cdot x}{\sigma}$

고정단: $\dfrac{b \cdot h_1^2}{6} = \dfrac{P \cdot l}{\sigma}$ $= \dfrac{h^2}{h_1^2} = \dfrac{x}{l}$, $h = h_1\sqrt{\dfrac{x}{l}}$

$h = h_1\sqrt{\dfrac{x}{l}} = 0.0396 \times \sqrt{\dfrac{0.25}{0.34}} \fallingdotseq 0.03397\text{m}$

$\fallingdotseq 33.9\text{mm}$

6 부재의 양단이 자유롭게 회전할 수 있도록 되어 있고, 길이가 4m인 압축 부재의 좌굴하중을 오일러 공식으로 구하면 약 몇 kN인가?(단, 세로탄성계수는 100GPa이고, 단면 $b \times h = 100\text{mm} \times 50\text{mm}$이다.)

① 52.4 ② 64.4
③ 72.4 ④ 84.4

풀이 $P_{CR} = \dfrac{n \cdot \pi^2 \cdot EI}{L^2}$, 단말계수 $n=1$이므로

$P_{CR} = \dfrac{1 \cdot \pi^2 \cdot 100 \times 10^9 \times \dfrac{0.1 \times 0.05^3}{12}}{4^2} \fallingdotseq 64.25 \times 10^3$

$\fallingdotseq 64.4\text{kN}$

7 평면 응력 상태의 한 요소에 $\sigma_x = 100\text{MPa}$, $\sigma_y = -50\text{MPa}$, $\tau_{xy} = 0$을 받는 평판에서 평면 내에서 발생하는 최대 전단응력은 몇 MPa인가?

① 75 ② 50
③ 25 ④ 0

답 5 ② 6 ② 7 ①

$\tau_{\max} = \sqrt{(\dfrac{\sigma_x - \sigma_y}{2})^2 + \tau_{xy}^2}$

$\qquad = \sqrt{\left(\dfrac{100+50}{2}\right)^2 + 0^2} = 75\,\mathrm{MPa}$

8 탄성계수(영계수) E, 전단 탄성계수 G, 체적 탄성계수 K 사이에 성립되는 관계식은?

① $E = \dfrac{9KG}{2K+G}$

② $E = \dfrac{3K-2G}{6K+2G}$

③ $K = \dfrac{EG}{3(3G-E)}$

④ $E = \dfrac{9EG}{3E+G}$

 $K = \dfrac{\sigma}{\dfrac{3}{E}\sigma(1-2\mu)} = \dfrac{E}{3(1-2\mu)}$

$\qquad = \dfrac{Em}{3(m-2)} = \dfrac{EG}{9G-3E} = \dfrac{EG}{3(3G-E)}$

9 바깥지름 50cm, 안지름 30cm의 속이 빈 축은 동일한 단면적을 가지며 같은 재질의 원형 축에 비하여 약 몇 배의 비틀림 모멘트에 견딜 수 있는가?(단, 중공축과 중실축의 전단응력은 같다.)

① 1.1배 ② 1.2배
③ 1.4배 ④ 1.7배

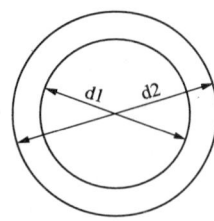
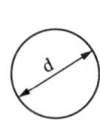

중공축과 중실축이 면적이 같으므로 $\dfrac{\pi(d_2^2-d_1^2)}{4} = \dfrac{\pi d^2}{4}$,

$d_2^2 - d_1^2 = d^2$ 이므로 $0.5^2 - 0.3^2 = d$, $d = 0.4$

$T_h = \tau \dfrac{\pi(d_2^4-d_1^4)}{16 d_2} = \tau \dfrac{\pi(0.5^4-0.3^4)}{16 \times 0.5}$,

$T_s = \tau \dfrac{\pi d^3}{16} = \tau \dfrac{\pi \times 0.4^3}{16}$

$\dfrac{T_h}{T_s} = \dfrac{\dfrac{0.5^4-0.3^4}{0.5}}{0.4^3} = \dfrac{0.5^4-0.3^4}{0.5 \times 0.4^3} ≒ 1.7$

10 그림과 같은 단면에서 대칭축 $n-n$에 대한 단면 2차 모멘트는 약 몇 cm^4인가?

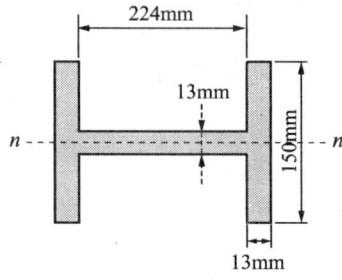

① 535 ② 635
③ 735 ④ 835

 $I = \dfrac{22.4 \times 1.3^3}{12} + 2 \times \dfrac{1.3 \times 15^3}{12} ≒ 735.35\,\mathrm{cm}^4$

11 단면적이 $2\mathrm{cm}^2$이고 길이가 4m인 환봉에 10kN의 축 방향 하중을 가하였다. 이때 환봉에 발생한 응력은 몇 $\mathrm{N/m}^2$인가?

① 5000 ② 2500
③ 5×10^5 ④ 5×10^7

 $\sigma = \dfrac{P}{A} = \dfrac{10 \times 1000}{2 \times 10^{-4}} = 5 \times 10^7$

12 양단이 고정된 직경 30mm, 길이가 10m인 중실축에서 그림과 같이 비틀림 모멘트 1.5kN·m가 작용할 때 모멘트 작용점에서의 비틀림 각은 약 몇 rad인가?(단, 봉재의 전단탄성계수 $G = 100\mathrm{GPa}$이다.)

답 8 ③ 9 ④ 10 ③ 11 ④ 12 ①

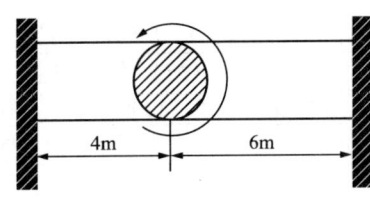

① 0.45 ② 0.56
③ 0.63 ④ 0.77

풀이 $T_L \times 10 - (1.5 \times 10^3) \times 6 = 0$,

$T_L = \dfrac{(1.5 \times 10^3) \times 6}{10} = 900\,\text{Nm}$,

$T_R = 1.5 \times 10^3 - T_L = 600\,\text{Nm}$

$\theta = \dfrac{Tl}{GI_P} = \dfrac{32\,Tl}{G\pi d^4}$ 이므로

$\theta = \dfrac{32\,T_R \times 6}{G\pi d^4} = \dfrac{32 \times 600 \times 6}{(100 \times 10^9) \times \pi \times 0.03^4} \fallingdotseq 0.45\,\text{rad}$

또는

$\theta = \dfrac{32\,T_L \times 4}{G\pi d^4} = \dfrac{32 \times 900 \times 4}{(100 \times 10^9) \times \pi \times 0.03^4}$

$\fallingdotseq 0.4527\,\text{rad}$

13 그림과 같이 길이 l인 단순 지지된 보 위를 하중 W가 이동하고 있다. 최대 굽힘응력은?

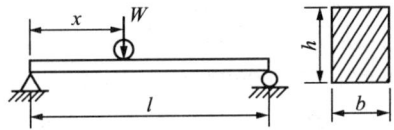

① $\dfrac{Wl}{bh^2}$ ② $\dfrac{9\,Wl}{4bh^3}$

③ $\dfrac{Wl}{2bh^2}$ ④ $\dfrac{3\,Wl}{2bh^2}$

풀이 $M_{\max}$는 $\dfrac{l}{2}$인 지점에서 발생하므로 $M_{\max} = \dfrac{Wl}{4}$

$\sigma_{\max} = \dfrac{M_{\max}}{Z} = \dfrac{\frac{Wl}{4}}{\frac{bh^2}{6}} = \dfrac{6\,Wl}{4bh^2} = \dfrac{3\,Wl}{2bh^2}$

14 그림과 같은 트러스가 점 B에서 그림과 같은 방향으로 5kN의 힘을 받을 때 트러스에 저장되는 탄성에너지는 약 몇 kJ인가?(단, 트러스의 단면적은 1.2cm², 탄성계수는 10^6Pa 이다.)

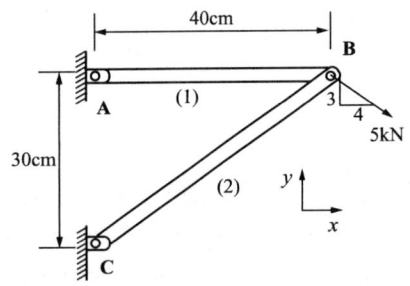

① 52.1 ② 106.7
③ 159.0 ④ 267.7

풀이
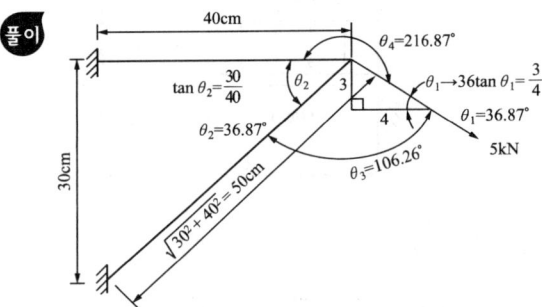

$\theta_1 = \tan^{-1}\left(\dfrac{3}{4}\right) \fallingdotseq 36.87°$,

$\theta_2 = \tan^{-1}\left(\dfrac{30}{40}\right) \fallingdotseq 36.87°$

$\theta_4 = 180° + 36.87° = 216.87°$

$\theta_3 = 360° - 36.87° - 216.87° = 106.26°$

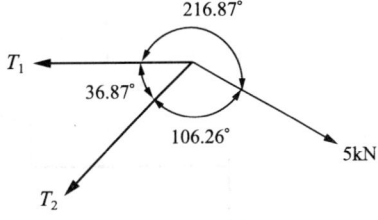

$\dfrac{T_1}{\sin 106.26°} = \dfrac{T_2}{\sin 216.87°} = \dfrac{5\,\text{kN}}{\sin 36.87°}$

$T_1 \fallingdotseq 8\,\text{kN}, \ T_2 \fallingdotseq -5\,\text{kN}$

답 13 ④ 14 ③

$$U = \frac{P^2 l}{2AE}$$

$$= \frac{T_1^2 \times 0.4}{2 \times (1.2 \times 10^{-4}) \times 10^6} + \frac{T_2^2 \times 0.5}{2 \times (1.2 \times 10^{-4}) \times 10^6}$$

$$= \frac{(T_1^2 \times 0.4) + (T_2^2 \times 0.5)}{2 \times (1.2 \times 10^{-4}) \times 10^6}$$

$$+ \frac{(8000^2 \times 0.4) + (-5000^2 \times 0.5)}{2 \times (1.2 \times 10^{-4}) \times 10^6} = 158.75 \, kN \cdot m$$

$$\fallingdotseq 159 \, kJ$$

15 길이 1m인 외팔보가 아래 그림처럼 $q = 5kN/m$의 균일 분포하중과 $P = 1kN$의 집중 하중을 받고 있을 때 B점에서의 회전각은 얼마인가?(단, 보의 굽힘강성은 EI이다.)

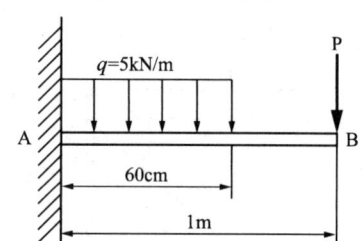

① $\frac{120}{EI}$ ② $\frac{260}{EI}$

③ $\frac{486}{EI}$ ④ $\frac{680}{EI}$

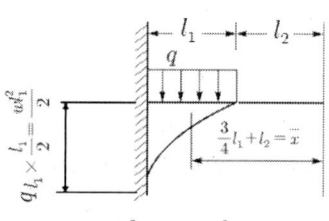

$$A_m = \frac{1}{3} \times \frac{q l_1^2}{2} \times l_1 = \frac{q l_1^3}{6}, \; \theta_1 = \frac{w \cdot l_1^3}{6E \cdot I}$$

$$+$$

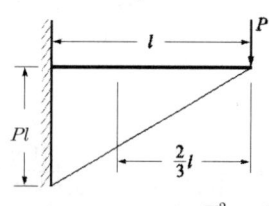

$$A_m = \frac{1}{2} P l^2, \; \theta_2 = \frac{1}{EI} \frac{P l^2}{2} = \frac{P l^2}{2EI}$$

$$\theta_1 = \frac{q \cdot l_1^3}{6E \cdot I} + \frac{P l^2}{2E \cdot I} = \frac{1}{2E \cdot I} \left(\frac{q \cdot l_1^3}{3} + \frac{P l^2}{1} \right)$$

$$= \frac{1}{2E \cdot I} \left(\frac{5000 \times 0.6^3}{3} + \frac{1000 \times 1^2}{1} \right) = \frac{680}{EI}$$

16 그림과 같은 단순 지지보에서 2kN/m의 분포하중이 작용할 경우 중앙의 처짐이 0이 되도록 하기 위한 힘 P의 크기는 몇 kN인가?

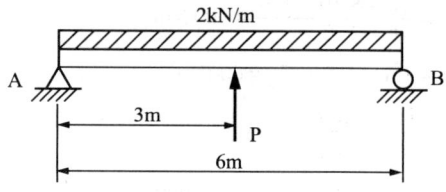

① 6.0   ② 6.5
③ 7.0   ④ 7.5

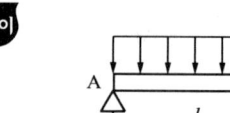

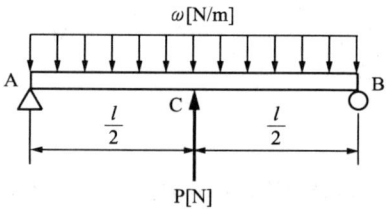

집중하중과 분포하중을 각각 분리하여 처짐을 계산하면

$$v_1 = \frac{5w \cdot l^4}{384 E \cdot I}, \; v_2 = \frac{P \cdot l^3}{48 E \cdot I} \text{이다.}$$

보 중앙점의 처짐이 0이면 $v_1 = v_2$이므로

$$\frac{5w \cdot l^4}{384 E \cdot I} = \frac{P \cdot l^3}{48 E \cdot I} \text{에서 } P = \frac{5}{8} w \cdot l \text{이다.}$$

$$P = \frac{5}{8} w \cdot l = \frac{5}{8} \times (2 \times 10^3) \times 6 = 7.5 \, kN$$

17 그림과 같이 길이 $l = 4m$의 단순보에 균일 분포하중 ω가 작용하고 있으며 보의 최대 굽힘응력 $\sigma_{max} = 85 N/cm^2$일 때 최대 전단응력은 약 몇 kPa인가?(단, 보의 단면적은 지름이 11cm인 원형 단면이다.)

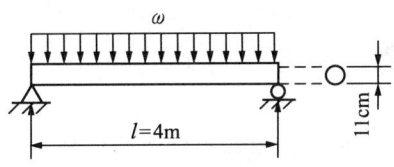

① 1.7   ② 15.6
③ 22.9 ④ 25.5

풀이 $\sigma_{max} = 85\,\text{N/cm}^2 = 85 \times 10^4\,\text{N/m}^2$,

$M_{max} = \dfrac{wl^2}{8} = \sigma_b \cdot Z$

$\dfrac{wl^2}{8} = \sigma_b \cdot \dfrac{\pi d^3}{32}$,

$w = \left((85 \times 10^4) \times \dfrac{\pi \times 0.11^3}{32}\right) \times \dfrac{8}{4^2} \fallingdotseq 55.535\,\text{N/m}$

$\tau_{max} = \dfrac{V}{I \cdot b} Q = \dfrac{V \times \dfrac{2r^3}{3}}{\dfrac{\pi r^4}{4} \times 2r} = \dfrac{4V}{3\pi r^2}$

$= \dfrac{4V}{3A} = \dfrac{4 \times \dfrac{wl}{2}}{3 \times \pi r^2} = \dfrac{4 \times \dfrac{55.535 \times 4}{2}}{3 \times \pi \times 0.055^2}$

$\fallingdotseq 15.58\,\text{kPa}$

18 그림과 같은 치차 전동 장치에서 A 치차로부터 D 치차로 동력을 전달한다. B와 C 치차의 피치원의 직경의 비가 $\dfrac{D_B}{D_C} = \dfrac{1}{9}$ 일 때, 두 축의 최대 전단응력들이 같아지게 되는 직경의 비 $\dfrac{d_2}{d_1}$ 은 얼마인가?

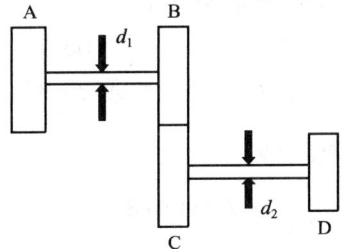

① $\left(\dfrac{1}{9}\right)^{\frac{1}{3}}$ ② $\dfrac{1}{9}$

③ $9^{\frac{1}{3}}$ ④ $9^{\frac{2}{3}}$

풀이 $T = \tau Z_P$ 에서 $\tau = \dfrac{T}{Z_P}$ 이므로 두 축의 전단응력이 같으므로

$\dfrac{7026\dfrac{Ps}{N_1}}{\dfrac{\pi d_1^3}{16}} = \dfrac{7026\dfrac{Ps}{N_2}}{\dfrac{\pi d_2^3}{16}}$ 에서 $\dfrac{1}{\dfrac{1}{N_1}} = \dfrac{1}{\dfrac{1}{N_2}}$,

$\dfrac{1}{d_1^3 N_1} = \dfrac{1}{d_2^3 N_2}$, $\dfrac{d_2^3}{d_1^3} = \dfrac{N_1}{N_2} \cdot \left(\dfrac{d_2}{d_1}\right)^3$

$= \dfrac{N_1}{N_2} = \dfrac{D_C}{D_B} = 9$ 이므로

$\dfrac{d_2}{d_1} = 9^{1/3}$

19 그림과 같은 외팔보에 균일분포하중 ω 가 전 길이에 걸쳐 작용할 때 자유단의 처짐 δ 는 얼마인가?(단, E: 탄성계수, I: 단면 2차 모멘트이다.)

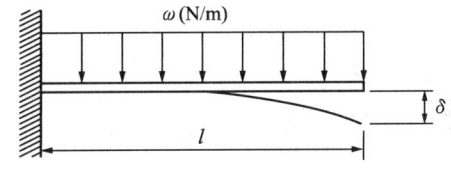

① $\dfrac{wl^4}{3EI}$ ② $\dfrac{wl^4}{6EI}$

③ $\dfrac{wl^4}{8EI}$ ④ $\dfrac{wl^4}{24EI}$

풀이 $E \cdot I \cdot \delta'' = M = \dfrac{1}{2} w \cdot x^2$

$E \cdot I \cdot \delta' = \dfrac{1}{6} w \cdot x^3 + c_1$: 초기값 $x = l$ (고정단)에서 $\delta'(\theta) = 0$ 이므로

$c_1 = -\dfrac{1}{6} w \cdot l^3$

$E \cdot I \cdot \delta' = \dfrac{1}{6} w \cdot x^3 - \dfrac{1}{6} w \cdot l^3$, $\theta_{max} = -\dfrac{w \cdot l^3}{6 E \cdot I}$

$E \cdot I \cdot \delta = \dfrac{1}{24} w \cdot x^4 - \dfrac{1}{6} w \cdot l^3 \cdot x + c_2$; $x = l$ 일 때

$v=0$이므로

$0 = \frac{1}{24} w \cdot x^4 - \frac{1}{6} w \cdot l^3 \cdot x + c_2$에서

$c_2 = \frac{3}{24} w \cdot l^4 = \frac{1}{8} w \cdot l^4$

$E \cdot I \cdot \delta = \frac{1}{24} w \cdot x^4 - \frac{1}{6} w \cdot l^3 \cdot x + \frac{1}{8} w \cdot l^4, \quad \delta = \frac{w \cdot l^4}{8E \cdot I}$

20 그림과 같이 단면적이 2cm²인 AB 및 CD 막대의 B점과 C점이 1cm만큼 떨어져 있다. 두 막대에 인장력을 가하여 늘인 후 B점과 C점에 핀을 끼워 두 막대를 연결하려고 한다. 연결 후 두 막대에 작용하는 인장력은 약 몇 kN인가?(단, 재료의 세로탄성계수는 200GPa이다.)

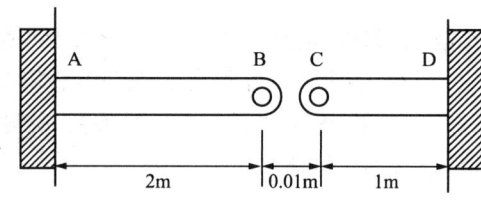

① 33.3 ② 66.6
③ 99.9 ④ 133.3

풀이

$\delta_{AB} + \delta_{CD} = 0.01, \quad \frac{1}{2}\delta_{AB} = \delta_{CD}$에서

$\delta_{AB} + \frac{1}{2}\delta_{AB} = 0.01, \quad \delta_{AB} = \frac{0.02}{3} ≒ 0.00667,$

$\delta_{CD} ≒ 0.00333$

$\sigma = E\epsilon$에서 $\frac{P}{A} = E\epsilon_{CD},$

$P = A \times E \times \epsilon_{CD}$

$= (2 \times 10^{-4}) \times (200 \times 10^9) \times \frac{0.00333}{1}$

$≒ 133200N ≒ 133.2kN$

2 기계열역학

21 어떤 기체 동력장치가 이상적인 브레이턴 사이클로 다음과 같이 작동할 때 이 사이클의 열효율은 약 몇 %인가?(단, 온도(T)-엔트로피(s) 선도에서 $T_1=30℃$, $T_2=200℃$, $T_3=1060℃$, $T_4=160℃$이다.)

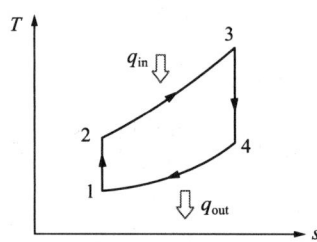

① 81% ② 85%
③ 89% ④ 92%

풀이 • 브레이턴 사이클 열효율

$\eta_{th} = 1 - \frac{T_1(T_4/T_1 - 1)}{T_2(T_3/T_2 - 1)} = 0.848$

여기서, T_1=303K, T_2=473K, T_3=1333K, T_4=433K

22 체적이 일정하고 단열된 용기 내에 80℃, 320kPa의 헬륨 2kg이 들어 있다. 용기 내에 있는 회전 날개가 20W의 동력으로 30분 동안 회전한다고 할 때 용기 내의 최종 온도는 약 몇 ℃인가?(단, 헬륨의 정적 비열은 3.12kJ/(kg·K)이다.

① 81.9℃ ② 83.3℃
③ 84.9℃ ④ 85.8℃

풀이 • 최종 온도

$T_2 = \frac{Q}{m_{he} \times C_v} + T_1℃ = 85.8℃$

여기서, 회전 날개가 30분 동안 가한 에너지(Q)
$= 36 \times 10^3 J$

23 유리창을 통해 실내에서 실외로 열전달이 일어난다. 이때 열전달량은 약 몇 W인가? (단, 대류 열전달계수는 50W/(m²·K), 유리창 표면 온도는 25℃, 외기온도는 10℃, 유리창 면적은 2m²이다.)

① 150 ② 500
③ 1500 ④ 5000

풀이 • 대류 열전달
$Q = h \times A \times \Delta T = 1500\text{W}$

24 밀폐계가 가역 정압 변화를 할 때 계가 받은 열량은?

① 계의 엔탈피 변화량과 같다.
② 계의 내부 에너지 변화량과 같다.
③ 계의 엔트로피 변화량과 같다.
④ 계가 주위에 대해 한 일과 같다.

풀이 • 열역학 제1법칙(정압과정 $dP=0$)
$\delta q - \delta w = du$
$\delta q = du + Pdv = dh - vdP$
$\delta q = dh$
계의 엔탈피 변화량과 같다.

25 실린더에 밀폐된 8kg의 공기가 그림과 같이 P_1=800kPa, V_1=0.27m³에서 P_2=350kPa, 체적 V_2=0.80m³으로 직선 변화하였다. 이 과정에서 공기가 한 일은 약 몇 kJ인가?

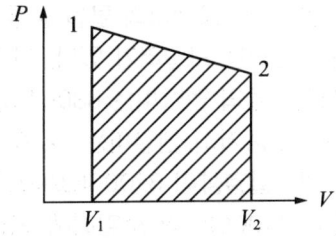

① 305 ② 334
③ 362 ④ 390

풀이 • 상태 1에서 상태 2로 변하는 동안 공기가 행한 일
$_1W_2 = \frac{1}{2} \times (V_2 - V_1) \times (P_1 - P_2) + (V_2 - V_1) \times P_2$
$= 304.8\text{kJ}$

26 이상기체에 대한 다음 관계식 중 잘못된 것은?(단, C_v는 정적 비열, C_p는 정압 비열, u는 내부 에너지, T는 온도, V는 부피, h는 엔탈피, R은 기체 상수, k는 비열비이다.)

① $C_v = \left(\frac{\partial u}{\partial T}\right)_V$ ② $C_p = \left(\frac{\partial h}{\partial T}\right)_V$

③ $C_p - C_v = R$ ④ $C_p = \frac{kR}{k-1}$

풀이 • 엔탈피와 온도의 관계(정압 비열 정의식)
$C_p = \left(\frac{\partial h}{\partial T}\right)_p$

27 터빈, 압축기, 노즐과 같은 정상 유동장치의 해석에 유용한 몰리에(Mollier) 선도를 옳게 설명한 것은?

① 가로축에 엔트로피, 세로축에 엔탈피를 나타내는 선도이다.
② 가로축에 엔탈피, 세로축에 온도를 나타내는 선도이다.
③ 가로축에 엔트로피, 세로축에 밀도를 나타내는 선도이다.
④ 가로축에 비체적, 세로축에 압력을 나타내는 선도이다.

풀이 엔탈피-엔트로피 선도를 몰리에(Mollier) 선도라고 한다.

답 23 ③ 24 ① 25 ① 26 ② 27 ①

28 다음 중 강도성 상태량(Intensive property)이 아닌 것은?

① 온도　　② 압력
③ 체적　　④ 밀도

풀이 • 강도성 상태량(Intensive property): 압력, 온도, 밀도, 비체적

29 600kPa, 300K 상태의 이상기체 1kmol이 엔탈피가 등온과정을 거쳐 압력이 200kPa로 변했다. 이 과정 동안의 엔트로피 변화량은 약 몇 kJ/K인가?(단, 일반 기계상수($\overline{R}$)은 8.31451kJ/(kmol·K)이다.)

① 0.782　　② 6.31
③ 9.13　　④ 18.6

풀이 • 엔트로피 변화량(등온과정 $dh = C_p dT = 0$)
$s_2 - s_1 = -\overline{R}\ln(P_2/P_1) = 9.13\text{kJ/K}$

30 공기 1kg이 압력 50kPa, 부피 3m³인 상태에서 압력 900kPa, 부피 0.5m³인 상태로 변화할 때 내부 에너지가 160kJ 증가하였다. 이때 엔탈피는 약 몇 kJ이 증가하였는가?

① 30　　② 185
③ 235　　④ 460

풀이 • 엔탈피 변화량
$H_2 - H_1 = (U_2 - U_1) + (P_2 V_2 - P_1 V_1) = 460\text{kJ}$

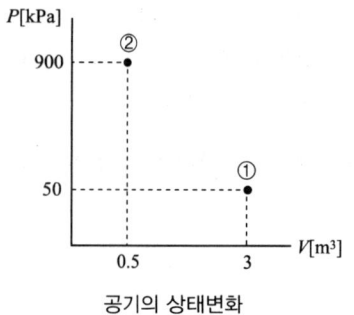

공기의 상태변화

31 그림과 같은 Rankine 사이클로 작동하는 터빈에서 발생하는 일은 약 몇 kJ/kg인가? (단, h는 엔탈피, s는 엔트로피를 나타내며, h_1=191.8kJ/kg, h_2=193.8kJ/kg, h_3=2799.5 kJ/kg, h_4=2007.5kJ/kg이다.)

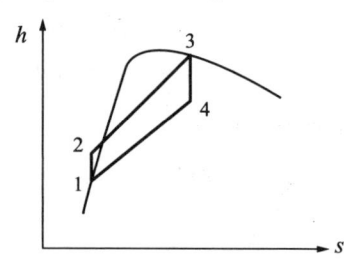

① 2.0kJ/kg　　② 792.0kJ/kg
③ 2605.7kJ/kg　　④ 1815.7kJ/kg

풀이 • 동력 생산
$w_t = h_3 - h_4 = 792\text{kJ/kg}$

32 열역학 제2법칙에 관해서는 여러 가지 표현으로 나타낼 수 있는데, 다음 중 열역학 제2법칙과 관계되는 설명으로 볼 수 없는 것은?

① 열을 일로 변환하는 것은 불가능하다.
② 열효율이 100%인 열기관을 만들 수 없다.
③ 열은 저온 물체로부터 고온 물체로 자연적으로 전달되지 않는다.
④ 입력되는 일 없이 작동하는 냉동기를 만들 수 없다.

풀이 ②, ③, ④ 열역학 제2법칙에 대한 설명이다.

33 시간당 380000kg의 물을 공급하여 수증기를 생산하는 보일러가 있다. 이 보일러에 공급하는 물의 엔탈피는 830kJ/kg이고, 생산되는 수증기의 엔탈피는 3230kJ/kg이라고 할 때, 발열량이 32000kJ/kg인 석탄을 시간당 34000kg씩 보일러에 공급한다면 이 보일러의 효율은 약 몇 %인가?

답　28 ③　29 ③　30 ④　31 ②　32 ①　33 ④

① 66.9% ② 71.5%
③ 77.3% ④ 83.8%

 · 보일러 효율(η_{Boiler})

$$\eta_{Boiler} = \frac{Q_{output}}{Q_{input}} = 0.838$$

34 그림과 같은 단열된 용기 안에 25℃의 물이 0.8m³들어 있다. 이 용기 안에 100℃, 50kg의 쇳덩어리를 넣은 후 열적 평형이 이루어졌을 때 최종 온도는 약 몇 ℃인가?(단, 물의 비열은 4.18kJ/(kg·K), 철의 비열은 0.45kJ/(kg·K)이다.)

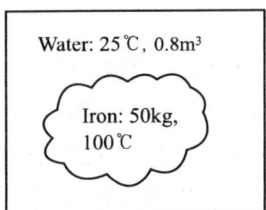

① 25.5 ② 27.4
③ 29.2 ④ 31.4

 · 최종 온도

$$T_2 = \frac{m_{철}C_{철}T_{철} + m_{물}C_{물}T_{물}}{m_{물}C_{물} + m_{철}C_{철}} = 298.5K = 25.5℃$$

35 어느 내연기관에서 피스톤의 흡기과정으로 실린더 속에 0.2kg의 기체가 들어 왔다. 이것을 압축할 때 15kJ의 일이 필요하였고, 10kJ의 열을 방출하였다고 한다면, 이 기체 1kg당 내부 에너지의 증가량은?

① 10kJ/kg ② 25kJ/kg
③ 35kJ/kg ④ 50kJ/kg

 · 단위 질량당 내부 에너지 증가량

$$du = \frac{{}_1Q_2 - {}_1W_2}{m} = 25kJ/kg$$

36 압력 2MPa, 300℃의 공기 0.3kg이 폴리트로픽 과정으로 팽창하여, 압력이 0.5MPa로 변화하였다. 이때 공기가 한 일은 약 몇 kJ인가?(단, 공기는 기체 상수가 0.287kJ/(kg·K)인 이상 기체이고, 폴리트로픽 지수는 1.3이다.)

① 416 ② 157
③ 573 ④ 45

 · 폴리트로픽 과정을 통해 공기가 한 경계 이동일

$${}_1W_2 = \frac{P_2V_2 - P_1V_1}{1-n} = 45.2kJ$$

여기서, $V_1 = 0.0247m^3$, $V_2 = 0.0717m^3$

37 이상적인 오토사이클에서 열효율을 55%로 하려면 압축비를 약 얼마로 하면 되겠는가?(단, 기체의 비열비는 1.4이다.)

① 5.9 ② 6.8
③ 7.4 ④ 8.5

· 오토사이클의 열효율

$$\eta_{otto} = 1 - \frac{1}{r_v^{k-1}} \rightarrow 0.55 = 1 - \left(\frac{1}{r_v}\right)^{1.4-1}$$

$r_v = 7.36$

38 이상기체 1kg이 초기에 압력 2kPa, 부피 0.1m³를 차지하고 있다. 가역등온과정에 따라 부피가 0.3m³로 변화 했을 때 기체가 한 일은 약 몇 J인가?

① 9540 ② 2200
③ 954   ④ 220

· 등온 과정을 따른 경계 이동일

$${}_1W_2 = P_1v_1\ln\frac{v_2}{v_1} = 219.7J$$

답 34 ① 35 ② 36 ④ 37 ③ 38 ④

39 다음 중 기체 상수(gas constant, $R[kJ/(kg \cdot k)]$)값이 가장 큰 기체는?
① 산소(O_2)
② 수소(H_2)
③ 일산화탄소(CO)
④ 이산화탄소(CO_2)

 · 수소(H_2) $M=2.016kg/kmol \rightarrow R_{H_2} = \dfrac{8.314}{2.016}$
$= 4.124 kJ/kg \cdot K$

40 계의 엔트로피 변화에 대한 열역학적 관계식 중 옳은 것은?(단, T는 온도, S는 엔트로피, U는 내부 에너지, V는 체적, P는 압력, H는 엔탈피를 나타낸다.)
① $TdS = dU - PdV$
② $TdS = dH - PdV$
③ $TdS = dU - VdP$
④ $TdS = dH - VdP$

 · Gibbs식
$TdS = dU + PdV = dH - VdP$

 **기계유체역학**

41 유속 3m/s로 흐르는 물속에 흐름방향의 직각으로 피토관을 세웠을 때, 유속에 의해 올라가는 수주의 높이는 약 몇 m인가?
① 0.46   ② 0.92
③ 4.6   ④ 9.2

 · 유속에 의해 올라가는 수주 높이
$H_V = \dfrac{V^2}{2g} = 0.459m$

42 온도 27℃, 절대 압력 380kPa인 기체가 6m/s로 지름 5cm인 매끈한 원관 속을 흐르고 있을 때 유동 상태는?(단, 기체 상수는 187.8N·m/(kg·K), 점성계수는 1.77×10^{-5} kg/(m·s), 상, 하 임계 레이놀즈수는 각각 4000, 2100이라 한다.)
① 층류 영역   ② 천이 영역
③ 난류 영역   ④ 포텐셜 영역

 · 원관 속 유동 상태
$R_e = \dfrac{\rho VD}{\mu} = 114305 > 4000$
여기서, $\rho = 6.744 kg/m^3$
난류이다.

43 일정 간격의 두 평판 사이에 흐르는 완전 발달된 비압축성 정상유동에서 x는 유동방향, y는 평판 중심을 0으로 하여 x 방향에 직교하는 방향의 좌표를 나타낼 때 압력강하와 마찰손실의 관계로 옳은 것은?(단, P는 압력, τ는 전단응력, μ는 점성계수(상수)이다.)
① $\dfrac{dP}{dy} = \mu \dfrac{d\tau}{dx}$ ② $\dfrac{dP}{dy} = \dfrac{d\tau}{dx}$
③ $\dfrac{dP}{dx} = \dfrac{d\tau}{dy}$ ④ $\dfrac{dP}{dx} = \dfrac{1}{\mu} \dfrac{d\tau}{dy}$

 · 압력강하와 마찰손실 관계
$dP/dx = d\tau/dy$

44 2m×2m×2m의 정육면체로 된 탱크 안에 비중이 0.8인 기름이 가득 차 있고, 위 뚜껑이 없을 때 탱크의 한 옆면에 작용하는 전체 압력에 의한 힘은 약 몇 kN인가?
① 7.6   ② 15.7
③ 31.4   ④ 62.8

 · 잠겨있는 수직 평판에 작용하는 힘
$F = SG \times \rho_w g \times h_c \times A = 31360N$

45 그림과 같은 원형관에 비압축성 유체가 흐를 때 A단면의 평균속도가 V_1일 때 B단면에서의 평균속도 V는?

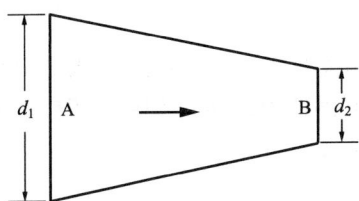

① $V = \left(\dfrac{d_1}{d_2}\right)^2 V_1$ ② $V = \dfrac{d_1}{d_2} V_1$

③ $V = \left(\dfrac{d_2}{d_1}\right)^2 V_1$ ④ $V = \dfrac{d_2}{d_1} V_1$

풀이 • B단면의 평균 속도
$V = (d_1/d_2)^2 \times V_1$

46 그림과 같이 유속 10m/s인 물 분류에 대하여 평판을 3m/s의 속도로 접근하기 위하여 필요한 힘은 약 몇 N인가?(단, 분류의 단면적은 0.01m²이다.)

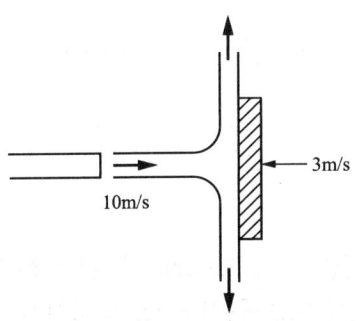

① 130 ② 490
③ 1350 ④ 1690

풀이 • 필요한 힘
x방향 운동량 방정식으로부터
$F_R = \rho A(V-u)^2 = 1690\text{N}$

47 정상 2차원, 비압축성 유동장의 속도성분이 아래와 같이 주어질 때 가장 간단한 유동함수(Ψ)의 형태는?(단, u는 x방향, v는 y방향의 속도 성분이다.)

$$u = 2y, \quad v = 4x$$

① $\Psi = -2x^2 + y^2$ ② $\Psi = -x^2 + y^2$
③ $\Psi = -x^2 + 2y^2$ ④ $\Psi = -4x^2 + 4y^2$

풀이 • 유동함수 Ψ에 대한 최종 식
$\Psi = y^2 - 2x^2 + C$
가장 간단한 유동함수 Ψ에 대한 형태는 적분 상수가 없는 ①번과 같다.

48 중력은 무시할 수 있으나 관성력과 점성력 및 표면장력이 중요한 역할을 하는 미세구조물 중 마이크로 채널 내부의 유동을 해석하는 데 중요한 역할을 하는 무차원 수만으로 짝지어진 것은?

① Reynolds수, Froude수
② Reynolds수, Mach수
③ Reynolds수, Weber수
④ Reynolds수, Cauchy수

풀이 • 레이놀즈 수(Re)=관성력/점성력
웨버수(We)=관성력/표면장력

49 다음과 같은 베르누이 방정식을 적용하기 위해 필요한 가정과 관계가 먼 것은?(단, 식에서 P는 압력, ρ는 밀도, V는 유속, γ는 비중량, Z는 유체의 높이를 나타낸다.)

$$P_1 + \dfrac{1}{2}\rho V_1^2 + \gamma Z_1 = P_2 + \dfrac{1}{2}\rho V_2^2 + \gamma Z_2$$

① 정상유동 ② 압축성 유체
③ 비점성 유체 ④ 동일한 유선

답 45 ① 46 ④ 47 ① 48 ③ 49 ②

풀이 베르누이 방정식은 비점성, 정상유동, 비압축성 유동에서 동일한 유선을 따라 적용되는 방정식이다.

50 물을 사용하는 원심 펌프의 설계점에서의 전 양정이 30m이고 유량은 1.2m³/min이다. 이 펌프를 설계점에서 운전할 때 필요한 축동력이 7.35kW라면 이 펌프의 효율은 약 얼마인가?

① 75% ② 80%
③ 85% ④ 90%

 • 펌프 효율
$$\eta_{pump} = \frac{\dot{W}_{w.h}}{\dot{W}_{shaft}} = 0.8$$

51 골프공 표면의 딤플(dimple, 표면 굴곡)이 항력에 미치는 영향에 대한 설명으로 잘못된 것은?

① 딤플은 경계층의 박리를 지연시킨다.
② 딤플이 층류경계층을 난류경계층으로 천이시키는 역할을 한다.
③ 딤플이 골프공의 전체적인 항력을 감소시킨다.
④ 딤플은 압력저항보다 점성저항을 줄이는 데 효과적이다.

풀이 매끈한 공보다 공의 표면을 거칠게 만들면 공의 압력저항을 크게 떨어뜨려 공은 더욱 멀리 날아간다.

52 점성계수가 0.3N·s/m²이고, 비중이 0.9인 뉴턴유체가 지름 30mm인 파이프를 통해 3m/s의 속도로 흐를 때 Reynolds 수는?

① 24.3 ② 270
③ 2700 ④ 26460

 • 레이놀즈수
$$R_e = \frac{\rho VD}{\mu} = 270$$

53 비중 0.85인 기름의 자유표면으로부터 10m 아래에서의 계기 압력은 약 몇 kPa인가?

① 83   ② 830
③ 98   ④ 980

풀이 • 게이지 압력
$P_{gage} = \rho\, gH = 83300 Pa$

54 2차원 유동장이 $\vec{V}(x,y) = cx\vec{i} - cy\vec{j}$로 주어질 때 가속도장 $\vec{a}(x,y)$는 어떻게 표시되는가?(단, 유동장에서 c는 상수를 나타낸다.)

① $\vec{a}(x,y) = cx^2\vec{i} - cy^2\vec{j}$
② $\vec{a}(x,y) = cx^2\vec{i} + cy^2\vec{j}$
③ $\vec{a}(x,y) = c^2x\vec{i} - c^2y\vec{j}$
④ $\vec{a}(x,y) = c^2x\vec{i} + c^2y\vec{j}$

 • 가속도 성분
$$a_x = u\frac{\partial u}{\partial x} + v\frac{\partial u}{\partial y} = c^2x,\quad a_y = u\frac{\partial v}{\partial x} + v\frac{\partial v}{\partial y} = c^2y$$
• 가속도장
$$\vec{a}(x,y) = a_x\vec{i} + a_y\vec{j} = c^2x\vec{i} + c^2y\vec{j}$$

55 물(비중량 9800N/m³) 위를 3m/s의 속도로 항진하는 길이 2m인 모형선에 작용하는 조파저항이 54N이다. 길이 50m인 실선을 이것과 상사한 조파상태인 해상에서 항진시킬 때 조파저항은 약 얼마인가?(단, 해수의 비중량은 10075N/m³이다.)

① 43kN   ② 433kN
③ 87kN   ④ 867kN

답 50 ② 51 ④ 52 ② 53 ① 54 ④ 55 ④

풀이 • 실선을 상사한 조파상태인 해상에서 항진시킬 때 조파저항

$$F_{D,p} = F_{D,m} \times \frac{\gamma_p}{\gamma_m} \times \left(\frac{L_p}{L_m}\right)^2 \times \left(\frac{V_p}{V_m}\right)^2 = 867427N$$

여기서, $V_p = 15m/s$

56 동점성계수가 $10cm^2/s$이고 비중이 1.2인 유체의 점성계수는 몇 Pa·s인가?

① 0.12 ② 0.24
③ 1.2   ④ 2.4

풀이 • 점성계수
$\mu = \mu = \nu \times \rho = 1.2 Pa \cdot s$

57 어떤 액체의 밀도는 $890kg/m^3$, 체적 탄성계수는 2200MPa이다. 이 액체 속에서 전파되는 소리의 속도는 약 몇 m/s인가?

① 1572 ② 1483
③ 981   ④ 345

풀이 • 소리 속도
$c = \sqrt{\dfrac{E_V}{\rho}} = 1572.2 m/s$

58 펌프로 물을 양수할 때 흡입 측에서의 압력이 진공 압력계로 75mmHg(부압)이다. 이 압력은 절대 압력으로 약 몇 kPa인가?(단, 수은의 비중은 13.6이고, 대기압은 760mmHg이다.)

① 91.3 ② 10.4
③ 84.5 ④ 23.6

풀이 • 절대 압력
절대 압력=대기압−진공압=685mmHg=91.3kPa

59 평판 위를 어떤 유체가 층류로 흐를 때, 선단으로부터 10cm 지점에서 경계층 두께가 1mm일 때, 20cm 지점에서의 경계층 두께는 얼마인가?

① 1mm
② $\sqrt{2}$ mm
③ $\sqrt{3}$ mm
④ 2mm

풀이 • 선단에서 20cm 지점에서 경계층 두께
$\delta_{20} = \delta_{10} \times \left(\dfrac{x_{20}}{x_{10}}\right)^{1/2} = \sqrt{2}$ mm

60 원관에서 난류로 흐르는 어떤 유체의 속도가 2배로 변하였을 때, 마찰계수가 변경 전 마찰계수의 $\dfrac{1}{\sqrt{2}}$로 줄었다. 이때 압력 손실은 몇 배로 변하는가?

① $\sqrt{2}$ 배
② $2\sqrt{2}$ 배
③ 2배
④ 4배

풀이 $\Delta P_L \propto f \cdot V^2 = 2\sqrt{2}$

답 56 ③ 57 ① 58 ① 59 ② 60 ②

4 기계재료 및 유압기기

61 S곡선에 영향을 주는 요소들을 설명한 것 중 틀린 것은?

① Ti, Al 등이 강재에 많이 함유될수록 S 곡선은 좌측으로 이동된다.
② 강중에 첨가원소로 인하여 편석이 존재하면 S 곡선의 위치도 변화한다.
③ 강재가 오스테나이트 상태에서 가열온도가 상당히 높으면 높을수록 오스테나이트 결정립은 미세해지고, S 곡선의 코(nose) 부근도 왼쪽으로 이동한다.
④ 강이 오스테나이트 상태에서 외부로부터 응력을 받으면 응력이 커지게 되어 변태 시간이 짧아져 S 곡선의 변태 개시선은 좌측으로 이동한다.

풀이
• 항온변태(Time-Temperature-Transformation, TTT) 곡선: 강을 가열 후 냉각할 때 특정 온도에서 냉각을 정지하고 변태 개시와 완료 온도를 시간(Time)-온도(Temperature)-변태(Transformation)의 곡선으로 나타낸 것을 항온변태 곡선이라 한다. 그리고 그래프가 C 또는 S형을 하고 있어 C 곡선 또는 S 곡선이라 한다.
• S 곡선에 영향을 주는 요소: 최고 가열 온도, 첨가 원소, 편석, 응력의 영향

62 구상흑연주철에서 나타나는 페딩(Fading) 현상이란?

① Ce, Mg첨가에 의해 구상 흑연화를 촉진하는 것
② 구상화처리 후 용탕상태로 방치하면 흑연 구상화 효과가 소멸하는 것
③ 코크스비를 낮추어 고온 용해하므로 용탕에 산소 및 황의 성분이 낮게 되는 것
④ 두께가 두꺼운 주물이 흑연 구상화처리 후에도 냉각속도가 늦어 편상흑연조직으로 되는 것

풀이
• 페딩(Fading) 현상: 흑연구상화 처리 후 용탕상태로 방치하면 흑연구상화 효과가 소멸되어 편상흑연화되는 것

63 순철의 변태에 대한 설명 중 틀린 것은?

① 동소 변태점은 A_3점과 A_4점이 있다.
② Fe의 자기 변태점은 약 768℃ 정도이며, 큐리(curie)점이라고도 한다.
③ 동소 변태는 결정격자가 변화하는 변태를 말한다.
④ 자기 변태는 일정온도에서 급격히 비연속으로 일어난다.

풀이
• 순철의 변태

		ferrite (α-Fe) BCC	austenite (γ-Fe) FCC	ferrite (δ-Fe) BCC	⇒ 액상
210℃ A_0 변태	723℃ A_1 변태	768℃ A_2 변태	910℃ A_3 변태	1400℃ A_4 변태	1538℃ 용융점
Fe_3C의 자기변태점 (큐리점, curie point)	공석 변태점	Fe의 자기변태점 (큐리점)	동소변태점		

• 동소 변태(Allotropic Transformation): 온도 변화에 따라 원자의 배열(결정격자의 형상)이 변화되는 것이다. 한 결정 구조가 다른 결정 구조로 변하는 변태로 순철(pure iron)에는 α-Fe, γ-Fe, δ-Fe 의 3개의 동소체가 있다.

64 Fe-C 평형 상태도에서 γ 고용체가 시멘타이트를 석출 개시하는 온도선은?

① Acm선
② A_3선
③ 공석선
④ A_2선

• Acm선: 오스테나이트(Austenite)로부터 시멘타이트가 석출하기 시작하는 온도를 나타낸다.
• A₃선: 동소 변태점
• A₂선: Fe의 자기 변태점(큐리점)
• 공석선: A₁변태

65 Mg-Al계 합금에 소량의 Zn과 Mn을 넣은 합금은?

① 엘렉트론(elektron) 합금
② 스텔라이트(stellite) 합금
③ 알클래드(alclad) 합금
④ 자마크(zamak) 합금

 • 엘렉트론(Elektron) 합금: Mg(90% 이상)-Al-Zn-Mn의 합금으로 내연기관의 피스톤, 봉, 관, 형봉 등에 상용된다.

66 경도시험에서 압입체의 다이아몬드 원추각이 120°이며, 기준하중이 10kgf인 시험법은?

① 쇼어 경도시험
② 브리넬 경도시험
③ 비커스 경도시험
④ 로크웰 경도시험

시험기	기호	경도 계산	구분
브리넬 경도 (Brinell Hardness)	H_B	압입자(볼, ball)에 하중을 작용시켜 압입자국의 표면적으로 경도 계산	압입 경도 시험
비커스 경도 (Vickers Hardness)	H_V	압입자(다이아몬드 사각뿔을 가진 피라미드형)에 하중을 작용시켜 압입자국의 대각선 길이로 경도 계산	
로크웰 경도 (Rockwell Hardness)	H_R (H_RB, H_RC)	압입체의 다이아몬드 원추각이 120°이며 기준하중이 10kgf인 시험법	
쇼어 경도 (Shore Hardness)	H_S	추를 일정한 높이에서 낙하한 후 반발 높이로 경도 측정	반발 경도 시험

67 다음 금속 중 재결정 온도가 가장 높은 것은?

① Zn
② Sn
③ Fe
④ Pb

구분	재결정 온도(℃)	구분	재결정 온도(℃)
납(Pb)	약 -3	아연(Zn)	약 18
주석(Sn)	약 -10	철(Fe)	약 450

68 아름답고 매끈한 플라스틱 제품을 생산하기 위한 금형재료의 요구되는 특성이 아닌 것은?

① 결정 입도가 클 것
② 편석 등이 적을 것
③ 핀홀 및 흠이 없을 것
④ 비금속 개재물이 적을 것

 • 결정 입도(Grain Size): 결정립의 크기를 의미하며, 금형의 결정 입도는 금형 제품의 표면 정밀도와 거칠기에 영향을 미친다.

69 심냉(sub-zero) 처리의 목적을 설명한 것 중 옳은 것은?

① 자경강에 인성을 부여하기 위한 방법이다.
② 급열·급냉 시 온도 이력현상을 관찰하기 위한 것이다.
③ 항온 담금질하여 베이나이트 조직을 얻기 위한 방법이다.
④ 담금질 후 변형을 방지하기 위해 잔류 오스테나이트를 마텐자이트 조직으로 얻기 위한 방법이다.

 • 서브제로 처리(sub zero treatment, 심냉 처리)
㉠ 담금질된 강에서 잔류 오스테나이트를 제거하여 마텐자이트화하여 경도 증가와 성능을 향상시키는 것

 65 ① 66 ④ 67 ③ 68 ① 69 ④

㉡ 담금질을 한 강의 조직이 안정화 된다.
㉢ 시효 변화가 적으며 부품의 치수 및 형상이 안정화 된다.
㉣ 스텐인리스강에는 우수한 기계적 성질을 부여한다.
㉤ 시효 변형을 방지하기 위해 0℃ 이하(~-200℃)의 온도에서 처리한다.

70 Al합금 중 개량처리를 통해 Si의 조대한 육각 판상을 미세화시킨 합금의 명칭은?
① 라우탈   ② 실루민
③ 문쯔메탈   ④ 두랄루민

풀이 실루민(silumin)
㉠ 절삭성이 불량하고 주조성이 우수(주조용 알루미늄 합금)하므로 주물에 적합하여 실린더 헤드 등의 다이캐스팅에 사용된다.
㉡ Al합금 중 개량처리를 통해 Si의 조대한 육각판상을 미세화시킨 합금

71 저압력을 어떤 정해진 높은 출력으로 증폭하는 회로의 명칭은?
① 부스터 회로
② 플립플롭 회로
③ 온오프제어 회로
④ 레지스터 회로

풀이 • 증압 회로(booster circuit): 증압 회로를 이용하면 회로 내의 일부 압력을 높일 수 있다.

72 점성계수(coefficient of viscosity)는 기름의 중요 성질이다. 점도가 너무 낮을 경우 유압기기에 나타나는 현상은?
① 유동저항이 지나치게 커진다.
② 마찰에 의한 동력 손실이 증대된다.
③ 각 부품 사이에서 누출 손실이 커진다.
④ 밸브나 파이프를 통과할 때 압력 손실이 커진다.

풀이 • 작동유의 점도가 많이 낮은 경우에는 내부 및 외부로 기름 누출 증대

73 베인 펌프의 일반적인 구성 요소가 아닌 것은?
① 캠링   ② 베인
③ 로터   ④ 모터

풀이 포트(ports)와 로터(rotor), 캠링(camring)과 베인(vane) 등이 베인 펌프의 주요 구성 요소이다.

74 지름이 2cm인 관속을 흐르는 물의 속도가 1m/s이면 유량은 약 몇 cm^3/s인가?
① 3.14   ② 31.4
③ 314   ④ 3140

풀이 • 관속을 흐르는 물의 유량($\dot{Q}$)
$\dot{Q} = Av = 0.000314 m^3/s$

75 감압 밸브, 체크 밸브, 릴리프 밸브 등에서 밸브 시트를 두드려 비교적 높은 음을 내는 일종의 자려 진동 현상은?
① 유격 현상   ② 채터링 현상
③ 폐입 현상   ④ 캐비테이션 현상

풀이 • 채터링(Self Excited Vibration): 감압 밸브, 체크 밸브, 릴리프 밸브 등에서, 밸브 시트를 두드려 비교적 높은 음을 내는 일종의 자려 진동(self excited vibration)

76 한쪽 방향으로 흐름은 자유로우나 역방향의 흐름을 허용하지 않는 밸브는?
① 체크 밸브   ② 셔틀 밸브
③ 스로틀 밸브   ④ 릴리프 밸브

풀이 • 체크 밸브: 유체를 한쪽 방향으로 흐르게 하고 반대쪽 방향으로는 흐르지 못하게 하는 밸브

답 70 ② 71 ① 72 ② 73 ④ 74 ③ 75 ② 76 ①

77 유압 파워 유닛의 펌프에서 이상 소음 발생의 원인이 아닌 것은?

① 흡입관의 막힘
② 유압유에 공기 혼입
③ 스트레이너가 너무 큼
④ 펌프의 회전이 너무 빠름

풀이 • 스트레이너: 기름 속에 붙어 있는 이물질을 제거해서 흡입할 때 사용하는 부품

78 다음 중 유량제어밸브에 의한 속도제어 회로를 나타낸 것이 아닌 것은?

① 미터 인 회로
② 블리드 오프 회로
③ 미터 아웃 회로
④ 카운터 회로

풀이 • 유량제어밸브에 의한 속도제어 회로: 미터인 회로, 미터 아웃 회로, 블리드 오프 회로

79 유공압 실린더의 미끄럼 면의 운동이 간헐적으로 되는 현상은?

① 모노 피딩(Mono-feeding)
② 스틱 슬립(Stick-slip)
③ 컷 인 다운(Cut in-down)
④ 듀얼 액팅(Dual acting)

풀이 • 스틱 슬립(Stick-slip): 미끄러짐 면의 운동이 간헐적으로 되는 현상

80 유체를 에너지원 등으로 사용하기 위하여 가압 상태로 저장하는 용기는?

① 디퓨져
② 액추에이터
③ 스로틀
④ 어큐뮬레이터

풀이 • 어큐뮬레이터: 유압 시스템에서 고압의 기름을 저장하는 용기로 에너지 저장 기능과 함께 충격압을 완화시키기 위한 충격 흡수용으로도 사용한다.

5과목 기계제작법 및 기계동력학

81 반지름 r인 균일한 원판의 중심에 200N의 힘이 수평 방향으로 가해진다. 원판의 미끄러짐을 방지하는 데 필요한 최소 마찰력(F)은?

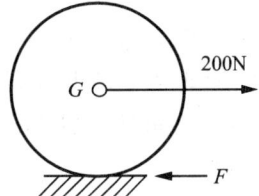

① 200N
② 100N
③ 66.67N
④ 33.33N

풀이 • 미끄러짐을 방지하는 데 필요한 최소 마찰력
$$F = \frac{P}{3} = \frac{200}{3} = 66.67 \leq \mu N$$

82 그림은 스프링과 감쇠기로 지지된 기관(engine, 총 질량 m)이며, m_1은 크랭크 기구의 불평형 회전질량으로 회전 중심으로부터 r만큼 떨어져 있고, 회전주파수는 ω이다. 이 기관의 운동방정식을 $m\ddot{x} + c\dot{x} + kx = F(t)$라고 할 때 $F(t)$로 옳은 것은?

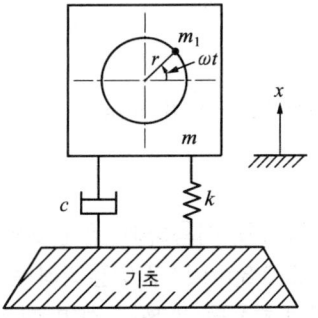

① $F(t) = \frac{1}{2}m_1 r\omega^2 \sin\omega t$

② $F(t) = \frac{1}{2}m_1 r\omega^2 \cos\omega t$

③ $F(t) = m_1 r\omega^2 \sin\omega t$

④ $F(t) = m_1 r\omega^2 \cos\omega t$

 • 회전 원심력 $mr\omega^2$

83 길이가 1m이고 질량이 3kg인 가느다란 막대에서 막대 중심축과 수직하면서 질량 중심을 지나는 축에 대한 질량 관성 모멘트는 몇 kg·m²인가?

① 0.20   ② 0.25
③ 0.30   ④ 0.40

 • 얇은 막대의 질량 중심에 대한 질량 관성 모멘트
$I_G = \frac{mL^2}{12} = 0.25 \text{kg} \cdot \text{m}^2$

84 아이스하키 선수가 친 퍽이 얼음 바닥 위에서 30m 가서 정지하였는데, 그 시간이 9초가 걸렸다. 퍽과 얼음 사이의 마찰계수는 얼마인가?

① 0.046   ② 0.056
③ 0.066   ④ 0.076

 • 마찰계수
$\mu = \frac{v_1^2}{2gs} = 0.076$
여기서, 초기 속도 $(v_1) = 6.7$m/s

85 전동기를 이용하여 무게 9800N의 물체를 속도 0.3m/s로 끌어올리려 한다. 장치의 기계적 효율을 80%로 하면 최소 몇 kW의 동력이 필요한가?

① 3.2   ② 3.7
③ 4.9   ④ 6.2

• 물체를 끌어올리기 위한 최소 동력
동력 = $\frac{T \cdot v}{\eta} \approx 3.7$kW
여기서, T = 물체를 끌어올리기 위한 최소 장력

86 무게 20N인 물체가 2개의 용수철에 의하여 그림과 같이 놓여있다. 한 용수철은 1cm 늘어나는 데 1.7N이 필요하며, 다른 용수철은 1cm 늘어나는 데 1.3N이 필요하다. 변위 진폭이 1.25cm가 되려면 정적평형위치에 있는 물체는 약 얼마의 초기 속도(cm/s)를 주어야 하는가?(단, 이 물체는 수직운동만 한다고 가정한다.)

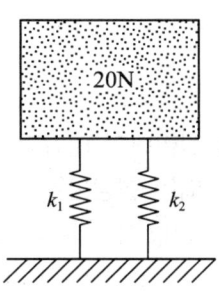

① 11.5   ② 18.1
③ 12.4   ④ 15.2

• 초기 속도
$\dot{x} = X\omega_n = 0.152$m/s
여기서, $\omega_n = 12.13$rad/s

87 그림과 같이 Coulomb 감쇠를 일으키는 진동계에서 지면과의 마찰계수는 0.1, 질량 $m = 100$kg, 스프링 상수 $k = 981$N/cm이다. 정지 상태에서 초기 변위를 2cm 주었다가 놓을 때 4cycle 후의 진폭은 약 몇 cm가 되겠는가?

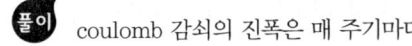

① 0.4 ② 0.1
③ 1.2 ④ 0.8

풀이 coulomb 감쇠의 진폭은 매 주기마다

$\dfrac{4\mu N}{k} = \dfrac{4\mu mg}{k}$ 만큼 감소하므로,

4주기 동안 $4 \times \left(\dfrac{4\mu mg}{k}\right)$

$= 4 \times \dfrac{4 \times 0.1 \times 100 \times 9.8}{981 \times 10^2} = 0.016\text{m}$

만큼 진폭이 감소한다.

- 4주기(cycle) 후 진폭
  초기 변위−4주기 동안 감소한 진폭=0.4cm
  여기서, 4주기 동안 감소한 진폭=0.016m

88 단순조화운동(Harmonic motions)일 때 속도와 가속도의 위상차는 얼마인가?

① $\dfrac{\pi}{2}$ ② π
③ 2π ④ 0

풀이 가속도는 속도를 90° 앞선다.

89 어떤 물체가 정지 상태로부터 다음 그래프와 같은 가속도(a)로 속도가 변화한다. 이 때 20초 경과 후의 속도는 약 몇 m/s인가?

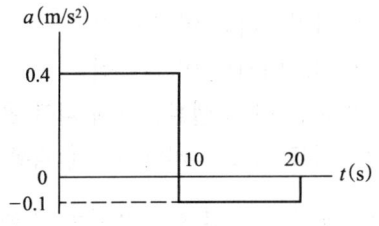

① 1 ② 2
③ 3 ④ 4

풀이
- 20초 경과 후 속도
$v_{t=20} = v_{t=0\sim10} + v_{t=10\sim20} = 3\text{m/s}$

90 축구공을 지면으로부터 1m의 높이에서 자유낙하시켰더니 0.8m 높이까지 다시 튀어 올랐다. 이 공의 반발계수는 얼마인가?

① 0.89
② 0.83
③ 0.80
④ 0.77

풀이
- 반발계수(e)
$e = \sqrt{\dfrac{h_{i+1}}{h_i}} = 0.894$

91 다음 인발가공에서 인발 조건의 인자로 가장 거리가 먼 것은?

① 절곡력(folding force)
② 역장력(back tension)
③ 마찰력(friction force)
④ 다이 각(die angle)

풀이
- 인발가공에 영향을 미치는 주요 인자

㉠ 다이 각(die angle): 단면 감소율이 증가하면 다이 각이 증가하고 전단 변형이 증가

㉡ 마찰력(friction force): 마찰력은 작을수록 좋으며, 마찰계수는 다이 벽면압력, 다이 내부 표면상태, 윤활제 및 윤활 방법 등에 따라 다르다.

㉢ 단면감소율: $\dfrac{\text{인발 전 단면적} - \text{인발 후 단면적}}{\text{인발 전 단면적}}$

㉣ 역장력(back tension): 인발력과 반대 방향으로 가하는 힘, 인발력이 작용하면 다이의 마찰력이 적어 수명이 커지고 정확한 치수의 제품을 얻을 수 있다. 그리고 소재 변형이 균등하며 제품의 잔류 응력이 적고 열 발생이 작아진다.

답 88 ① 89 ③ 90 ① 91 ①

92 다음 중 나사의 유효지름 측정과 가장 거리가 먼 것은?
① 나사 마이크로미터
② 센터게이지
③ 공구현미경
④ 삼침법

풀이 나사의 유효지름 측정에는 나사 마이크로미터(thread micrometer), 삼침법(three wire method), 공구 현미경(tool maker's microscope), 만능 투영기(profle projector) 등이 있으며 가장 정밀도가 높은 유효지름 측정 게이지는 삼침법이다.

93 구성인선(built up edge)의 방지 대책으로 틀린 것은?
① 공구 경사각을 크게 한다.
② 절삭 깊이를 작게 한다.
③ 절삭 속도를 낮게 한다.
④ 윤활성이 좋은 절삭유제를 사용한다.

풀이 • 구성인선 방지법
㉠ 공구 경사각을 크게 한다.
㉡ 절삭속도를 크게 한다.
㉢ 절삭 깊이를 적게 한다.
㉣ 윤활성이 좋은 절삭제를 사용하여 칩과 공구 경사면 간의 마찰을 적게 한다.
㉤ 절삭공구의 인선을 예리하게 한다.

94 다음 중 전주가공의 특징으로 가장 거리가 먼 것은?
① 가공시간이 길다.
② 복잡한 형상, 중공축 등을 가공할 수 있다.
③ 모형과의 오차를 줄일 수 있어 가공 정밀도가 높다.
④ 모형 전체면에 균일한 두께로 전착이 쉽게 이루어진다.

풀이 • 전주(Electro Forming) 가공: 전기 도금의 원리를 이용한 일종의 복제 방법(모형의 표면에 두꺼운 도금 후 이것을 모재에서 박리하여 제품을 만드는 방법), 높은 정밀도를 가지는 미세부분 복제에 주로 사용한다.

95 주조에서 탕구계의 구성 요소가 아닌 것은?
① 쇳물받이
② 탕도
③ 피이더
④ 주입구

풀이 • 탕구계(runner system): 주형에 쇳물을 주입하기 위해 만든 통로로 쇳물받이 → 탕구 → 탕도 → 주입구로 구성

96 다음 중 저온 뜨임의 특성으로 가장 거리가 먼 것은?
① 내마모성 저하
② 연마균열 방지
③ 치수의 경년 변화 방지
④ 담금질에 의한 응력 제거

풀이 • 저온뜨임(100~200℃): 담금질에 의해 발생한 내부 응력이 제거되며, 치수의 경년 변화 방지, 연마균열 방지, 내마모성 향상의 효과를 얻을 수 있다. 주로 경도를 요구할 때 이용되며, 인성이 낮아진다.

97 TIG 용접과 MIG 용접에 해당하는 용접은?
① 불활성가스 아크 용접
② 서브머지드 아크 용접
③ 교류 아크 셀룰로스계 피복 용접
④ 직류 아크 일미나이트계 피복 용접

풀이 • 불활성 가스 아크 용접: 전극(텅스텐 봉, 금속 봉) 주위에 He, Ne, Ar 등의 불활성 가스를 방출로 모재와 전극사이에 아크를 발생시켜 용접을 하는 방법

답 92 ② 93 ③ 94 ④ 95 ③ 96 ① 97 ①

㉠ TIG(불활성 가스 텅스텐 아크) 용접: 불활성가스 분위기 내에서 텅스텐 봉(비소모식)을 전극으로 사용
㉡ MIG(불화성 가스 금속 아크) 용접: 불활성가스 분위기 내에서 모재와 동일 또는 유사한 금속을 전극으로 하여 모재와의 사이에서 아크를 발생시켜 용접 하는 것, 사용전원은 직류 역극성으로 피복제가 필요 없으며, 금속와이어(소모식)를 전극으로 사용

98 다이(die)에 탄성이 뛰어난 고무를 적층으로 두고 가공 소재를 형상을 지닌 펀치로 가압하여 가공하는 성형가공법은?

① 전자력 성형법
② 폭발 성형법
③ 엠보싱법
④ 마폼법

풀이 마폼(marforming)법: 드로잉 가공에서 다이 대신 고무를 사용하는 성형 가공

99 연강을 고속도강 바이트로 셰이퍼 가공할 때 바이트의 1분간 왕복횟수는?(단, 절삭속도=15m/min이고 공작물의 길이(행정의 길이)는 150mm, 절삭행정의 시간과 바이트 1왕복의 시간과의 비 $k=3/5$이다.)

① 10회   ② 15회
③ 30회   ④ 60회

풀이 셰이퍼의 절삭속도 $V = \dfrac{LN}{1,000k}$ [m/min]에서 램(바이트)의 분당 왕복 횟수(stroke/min)

$N = \dfrac{V \times 1000k}{L} = \dfrac{15 \times 1000 \times \dfrac{3}{5}}{150} = 60$

여기서, N: 램(바이트)의 분당 왕복 횟수(stroke/min)
L: 행정 길이(mm)
k: 급속 귀환비

100 드릴링 머신으로 할 수 있는 기본 작업 중 접시머리 볼트의 머리 부분이 묻히도록 원뿔자리 파기 작업을 하는 가공은?

① 태핑
② 카운터 싱킹
③ 심공 드릴링
④ 리밍

풀이 드릴링에서 접시머리 나사의 머리부를 묻히게 하기 위하여 원추형의 자리구멍을 내는 작업

답 98 ④ 99 ④ 100 ②

2019년 2회 일반기계기사 기출문제

1  재료역학

1 원형 축(바깥지름 d)을 재질이 같은 속이 빈 원형 축(바깥지름 d, 안지름 $d/2$)으로 교체하였을 경우 받을 수 있는 비틀림 모멘트는 몇 % 감소하는가?

① 6.25 ② 8.25
③ 25.6 ④ 52.6

풀이 $T_{중공} = \tau \dfrac{\pi(d^4 - (0.5d)^4)}{16 d_2}$, $T_{중실} = \tau \dfrac{\pi d^3}{16}$

$\dfrac{T_{중실}}{T_{중공}} = \dfrac{d^3}{\dfrac{d^4 - (0.5d)^4}{d}} = \dfrac{d^4}{d^4 - (0.5d)^4}$

$= \dfrac{1}{1 - 0.5^4} = 0.0625 \rightarrow 6.25\%$

2 포아송의 비 0.3, 길이 3m인 원형 단면의 막대에 축 방향의 하중이 가해진다. 이 막대의 표면에 원주 방향으로 부착된 스트레인 게이지가 -1.5×10^{-4}의 변형률을 나타낼 때, 이 막대의 길이 변화로 옳은 것은?

① 0.135mm 압축 ② 0.135mm 인장
③ 1.5mm 압축 ④ 1.5mm 인장

풀이 원주 방향의 변형률 $\epsilon' = -1.5 \times 10^{-4}$의 부호가 −이므로 인장하중이 작용된 것이다.

$\mu = \left|\dfrac{가로변형률}{세로변형률}\right| = \left|\dfrac{\epsilon'}{\epsilon}\right|$, $\epsilon' = 1.5 \times 10^{-4} = \mu \epsilon$

$\epsilon = \left|\dfrac{1.5 \times 10^{-4}}{0.3}\right| = 5 \times 10^{-4} = \dfrac{\Delta l}{3}$,

$\Delta l = 1.5 \times 10^{-3}\text{m}$ 인장

3 안지름이 80mm, 바깥지름이 90mm이고 길이가 3m인 좌굴 하중을 받는 파이프 압축 부재의 세장비는 얼마 정도인가?

① 100 ② 110
③ 120 ④ 130

풀이 세장비(slenderness ration, λ)는 기둥의 길이 L을 최소 단면 2차 반경으로 나눈 값으로 $\dfrac{L}{r}$이다.

회전반경(radius of gyration, 최소 단면 2차 반경):
$r = \sqrt{\dfrac{I}{A}}$ 에서 중공축이므로

$r = \sqrt{\dfrac{I}{A}} = \sqrt{\dfrac{\dfrac{\pi(d_2^4 - d_1^4)}{64}}{\dfrac{\pi(d_2^2 - d_1^2)}{4}}} = \sqrt{\dfrac{\dfrac{\pi(d_2^2 - d_1^2)(d_2^2 + d_1^2)}{64}}{\dfrac{\pi(d_2^2 - d_1^2)}{4}}}$

$= \sqrt{\dfrac{d_2^2 + d_1^2}{16}} = \sqrt{\dfrac{0.09^2 + 0.08^2}{16}} \fallingdotseq 0.03$,

$\lambda = \dfrac{L}{r} = \dfrac{3}{0.03} = 100$

4 지름 30mm의 환봉 시험편에서 표점거리를 10mm로 하고 스트레인 게이지를 부착하여 신장을 측정한 결과 인장하중 25kN에서 신장 0.0418mm가 측정되었다. 이때의 지름은 29.97mm이었다. 이 재료의 포아송비(ν)는?

답 1 ① 2 ④ 3 ① 4 ①

① 0.239 ② 0.287
③ 0.0239 ④ 0.0287

풀이 $\nu = \dfrac{\epsilon'}{\epsilon} = \dfrac{\dfrac{\Delta d}{d}}{\dfrac{\Delta l}{l}} = \dfrac{l\Delta d}{d\Delta l}$

$= \dfrac{10 \times (30 - 29.97)}{30 \times 0.0418} \fallingdotseq 0.239$

5 다음과 같은 단면에 대한 2차 모멘트 I_z는 약 몇 mm⁴인가?

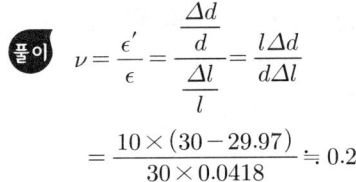

① 18.6×10^6 ② 21.6×10^6
③ 24.6×10^6 ④ 27.6×10^6

풀이 $I = \dfrac{130 \times 200^3}{12} - 2 \times \dfrac{62.125 \times 184.5^3}{12}$

$\fallingdotseq 21.638 \times 10^6$

6 지름 4cm, 길이 3m인 선형 탄성 원형 축이 800rpm으로 3.6kW를 전달할 때 비틀림 각은 약 몇 도(°)인가?(단, 전단 탄성계수는 84GPa이다.)

① 0.0085° ② 0.35°
③ 0.48° ④ 5.08°

풀이 $\phi = \dfrac{T \cdot l}{G \cdot I_P} = \dfrac{32\,T \cdot l}{G \cdot \pi \cdot d^4}$ (rad)

$= \dfrac{32\,Tl}{G\pi d^4} \times \dfrac{180}{\pi}$ (degree),

$T = \dfrac{60 \times 102 \times 9.81\text{kW}}{2\pi n}$ [N·m] $\fallingdotseq 9555\dfrac{1}{N}$kW[N·m]

에서 $T = 9555 \times \dfrac{1}{800} \times 3.6 \fallingdotseq 43$Nm,

$\phi = \dfrac{32\,Tl}{G\pi d^4} \times \dfrac{180}{\pi}$

$= \dfrac{32 \times 43 \times 3}{(84 \times 10^9) \times \pi \times 0.04^4} \times \dfrac{180}{\pi} \fallingdotseq 0.35°$

7 그림과 같이 한쪽 끝을 지지하고 다른 쪽을 고정한 보가 있다. 보의 단면은 직경 10cm의 원형이고 보의 길이는 L이며, 보의 중앙에 2094N의 집중하중 P가 작용하고 있다. 이때 보에 작용하는 최대 굽힘응력이 8MPa 라고 한다면, 보의 길이 L은 약 몇 m인가?

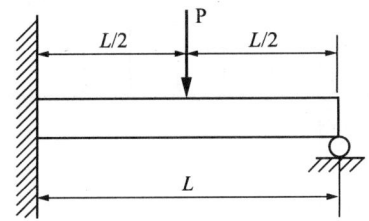

① 2.0 ② 1.5
③ 1.0 ④ 0.7

풀이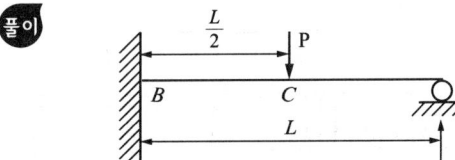

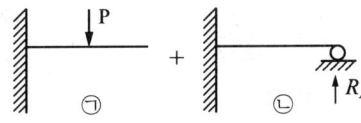

㉠ $v_1 = \dfrac{P}{3E \cdot I}\left(\dfrac{L}{2}\right)^3 + \dfrac{P}{2E \cdot I}\left(\dfrac{L}{2}\right)^2 \times \dfrac{L}{2}$

$= \dfrac{P \cdot L^3}{24E \cdot I} + \dfrac{P \cdot L^3}{16E \cdot I} = \dfrac{5P \cdot L^3}{48E \cdot I}$

㉡ $v_2 = \dfrac{R_A \cdot L^3}{3E \cdot I}$

$v_1 = v_2$이므로 $\dfrac{5P \cdot L^3}{48E \cdot I} = \dfrac{R_A \cdot L^3}{3E \cdot I}$,

답 5② 6② 7①

$R_A = \dfrac{5P}{16}$, $R_B = \dfrac{11P}{16}$

$M_C = \dfrac{5P}{16} \times \dfrac{L}{2} = \dfrac{5P}{32}$,

$M_{A=\max} = \dfrac{11}{16} P \cdot L - \dfrac{L}{2} P = \dfrac{3}{16} P \cdot L$

$M = \sigma_b Z$ 에서

$\dfrac{3 \times 2094}{16} \times L = (8 \times 10^6) \times \dfrac{\pi \times 0.1^3}{16}$, $L = 2\text{m}$

8 다음과 같이 길이 L인 일단 고정, 타단 지지보에 등분포 하중 ω가 작용할 때, 고정단 A로부터 전단력이 0이 되는 거리(X)는 얼마인가?

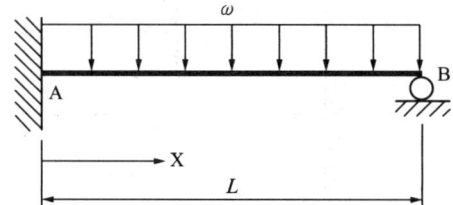

① $\dfrac{2}{3} L$ ② $\dfrac{3}{4} L$

③ $\dfrac{5}{8} L$ ④ $\dfrac{3}{8} L$

풀이
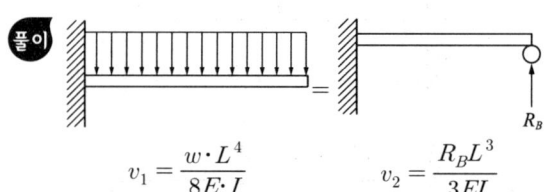

$v_1 = \dfrac{w \cdot L^4}{8E \cdot I}$ $v_2 = \dfrac{R_B L^3}{3EI}$

에서 $v_1 = v_2$이므로

$\dfrac{w \cdot L^4}{8EI} = \dfrac{R_B L^3}{3EI}$ 에서

$R_B = \dfrac{3}{8} w \cdot L$, $R_A = \dfrac{5}{8} w \cdot L$, $F_x = R_A - \omega x = 0$,

$\dfrac{5}{8} \omega L = \omega x$ 에서

$x = \dfrac{5}{8} L$

9 두께 10mm의 강판에 지름 23mm의 구멍을 만드는 데 필요한 하중은 약 몇 kN인가? (단, 강판의 전단응력 τ =750MPa이다.)

① 243   ② 352
③ 473   ④ 542

풀이 $\tau = \dfrac{P}{A} = \dfrac{P}{\pi d t}$,

$P = \tau \pi d t = (750 \times 10^6) \times \pi \times 0.023 \times 0.01 \fallingdotseq 542\text{kN}$

10 그림과 같은 구조물에서 점 A에 하중 $P=$ 50kN이 작용하고, A점에서 오른편으로 $F=$10kN이 작용할 때 평형 위치의 변위 x는 몇 cm인가?(단, 스프링 탄성계수(k)=5 kN/cm이다.)

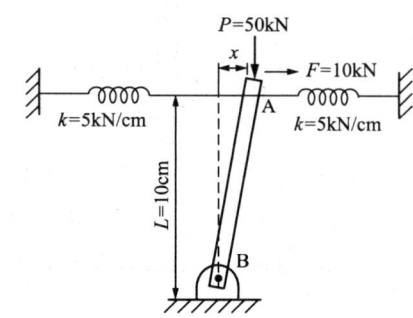

① 1   ② 1.5
③ 2   ④ 3

풀이 외력에 의한 모멘트와 탄성 모멘트가 평형을 이루고 있으므로 $FL + Px = kxL + kxL$,

$(2kL - P)x = FL$, $x = \dfrac{FL}{2kL - P}$

$= \dfrac{10 \times 10}{2 \times 5 \times 10 - 50} = 2\text{cm}$

11 직육면체가 일반적인 3축 응력 σ_x, σ_y, σ_z를 받고 있을 때 체적 변형률 ϵ_v는 대략 어떻게 표현되는가?

답 8 ③ 9 ④ 10 ③ 11 ②

① $\epsilon_v \simeq \dfrac{1}{3}(\epsilon_x + \epsilon_y + \epsilon_z)$

② $\epsilon_v \simeq \epsilon_x + \epsilon_y + \epsilon_z$

③ $\epsilon_v \simeq \epsilon_x \epsilon_y + \epsilon_y \epsilon_z + \epsilon_z \epsilon_x$

④ $\epsilon_v \simeq \dfrac{1}{3}(\epsilon_x \epsilon_y + \epsilon_y \epsilon_z + \epsilon_z \epsilon_x)$

풀이 체적 변형률(volumetric strain)

$\epsilon_V = \dfrac{\Delta V(\text{변화된 체적})}{V(\text{원래 체적})}$

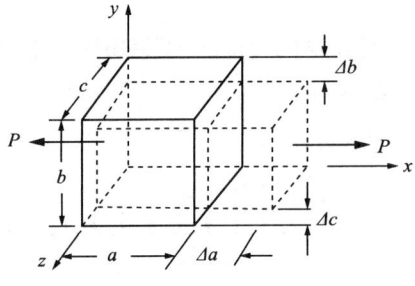

	원래 변위	변화된 변위
x축	a	$a + \Delta a = a + \epsilon_x \cdot a = a(1 + \epsilon_x)$
y축	b	$b + \Delta b = b + \epsilon_y \cdot b = b(1 + \epsilon_y)$
z축	c	$c + \Delta c = c + \epsilon_z \cdot c = c(1 + \epsilon_z)$

$\epsilon_V = \dfrac{\Delta V}{V} = \dfrac{a \cdot b \cdot c (1+\epsilon_x)(1+\epsilon_y)(1+\epsilon_z) - a \cdot b \cdot c}{a \cdot b \cdot c}$

$= \dfrac{a \cdot b \cdot c(1 + \epsilon_x + \epsilon_y + \epsilon_z + \epsilon_x \epsilon_y + \epsilon_y \epsilon_z + \epsilon_x \epsilon_z + \epsilon_x \epsilon_y \epsilon_z) - a \cdot b \cdot c}{a \cdot b \cdot c}$

$= \epsilon_x + \epsilon_y + \epsilon_z$ (변형률 ϵ은 매우 작은 값으로 변형률의 고차항($\epsilon_x \epsilon_y$, $\epsilon_y \epsilon_z$, $\epsilon_x \epsilon_z$, $\epsilon_x \epsilon_y \epsilon_z$)은 0에 근접한 값을 가지므로 0으로 계산한다.)

12 다음 그림과 같이 C점에 집중하중 P가 작용하고 있는 외팔보의 자유단에서 경사각 θ를 구하는 식은?(단, 보의 굽힘 강성 EI는 일정하고, 자중은 무시한다.)

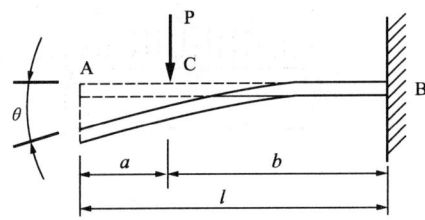

① $\theta = \dfrac{Pl^2}{2EI}$ ② $\theta = \dfrac{3Pl^2}{2EI}$

③ $\theta = \dfrac{Pa^2}{2EI}$ ④ $\theta = \dfrac{Pb^2}{2EI}$

풀이

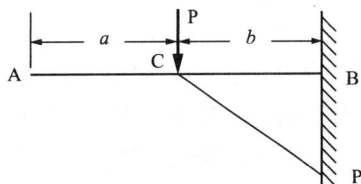

$A_m = \dfrac{1}{2}(b \times Pb) = \dfrac{Pb^2}{2}$, $\theta = \dfrac{A_m}{EI} = \dfrac{Pb^2}{2EI}$

13 단면적이 7cm²이고, 길이가 10m인 환봉의 온도를 10℃ 올렸더니 길이가 1mm 증가했다. 이 환봉의 열팽창계수는?

① $10^{-2}/℃$ ② $10^{-3}/℃$

③ $10^{-4}/℃$ ④ $10^{-5}/℃$

풀이 $\Delta l = \alpha \cdot \Delta T \cdot l$,

$\alpha = \dfrac{\Delta l}{\Delta T \cdot l} = \dfrac{1}{10 \times (10 \times 10^3)} = \dfrac{1}{10^5}$

14 단면 20cm×30cm, 길이 6m의 목재로 된 단순보의 중앙에 20kN의 집중하중이 작용할 때, 최대 처짐은 약 몇 cm인가?(단, 세로탄성계수 $E = 10$GPa이다.)

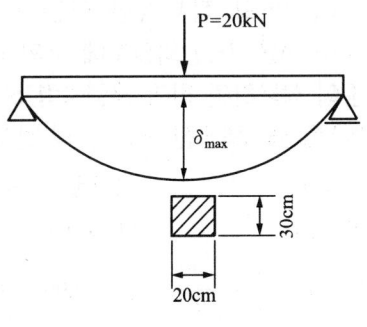

① 1.0 ② 1.5
③ 2.0 ④ 2.5

답 12 ④ 13 ④ 14 ③

풀이 $\delta = \dfrac{Pl^3}{48EI} = \dfrac{(20 \times 10^3) \times 6^3}{48 \times (10 \times 10^9) \times \dfrac{0.2 \times 0.3^3}{12}}$

$= 0.02\text{m} = 2\text{cm}$

15 끝이 닫혀있는 얇은 벽의 둥근 원통형 압력 용기에 내압 p가 작용한다. 용기 벽의 안쪽 표면 응력 상태에서 일어나는 절대 최대 전단응력을 구하면?(단, 탱크의 반경=r, 벽 두께=t이다.)

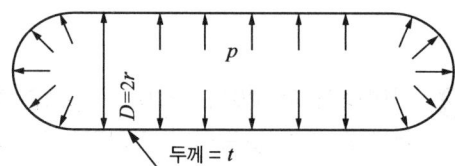

① $\dfrac{pr}{2t} - \dfrac{p}{2}$ ② $\dfrac{pr}{42t} - \dfrac{p}{2}$

① $\dfrac{pr}{4t} + \dfrac{p}{2}$ ② $\dfrac{pr}{2t} + \dfrac{p}{2}$

 원주 방향 응력 $\sigma_\theta = \dfrac{q_a d}{2t} = \dfrac{q_a r}{t}$, 축 방향 응력 $\sigma_a = \dfrac{q_a d}{4t} = \dfrac{q_a r}{2t}$에서 원주 방향에 응력이 크게 작용하고, 용기 벽면 안쪽 표면에서는 내압 p가 작용하므로 최대 전응력 $\tau_{max} = \dfrac{1}{2}(\sigma_\theta + p) = \dfrac{1}{2}\left(\dfrac{pr}{t} + p\right) = \dfrac{pr}{2t} + \dfrac{p}{2}$ 이다.

16 길이 3m의 직사각형 단면 $b \times h = 5\text{cm} \times 10\text{cm}$을 가진 외팔보에 w의 균일분포하중이 작용하여 최대 굽힘응력 500N/cm²이 발생할 때, 최대 전단응력은 약 몇 N/cm²인가?

① 20.2 ② 16.5
③ 8.3   ④ 5.4

 $M = wl \times \dfrac{l}{2} = \dfrac{wl^2}{2}$, $\sigma_{max} = 500 \times 10^4 \text{N/m}^2$.

$M = \sigma_{max} Z = \sigma_{max} \dfrac{bh^2}{6}$에서

$\dfrac{wl^2}{2} = (500 \times 10^4)\dfrac{0.05 \times 0.1^2}{6}$,

$w = \dfrac{2}{3^2}(500 \times 10^4)\dfrac{0.05 \times 0.1^2}{6} ≒ 92.59\text{N/m}$

그러므로 외팔보 고정단의 반력은 92.59×3=277.77N이다. 따라서

$\tau_{max} = \dfrac{3}{2}\dfrac{V}{A} = \dfrac{3}{2} \times \dfrac{277.77}{0.05 \times 0.1} = 83331 \text{ N/m}^2$

$= 8.331 \text{ N/cm}^2$

17 그림에서 C점에서 작용하는 굽힘 모멘트는 몇 N·m인가?

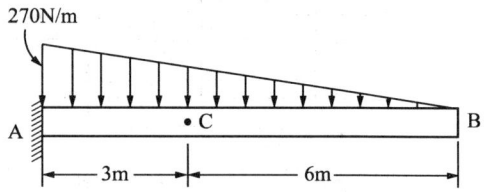

① 270   ② 810
③ 540   ④ 1080

 $270 : 9 = w_C : 6$, $w_C = \dfrac{270 \times 6}{9} = 180\text{N/m}$,

$M_C = \dfrac{1}{2}(w_C \times 6) \times \dfrac{6}{3} = \dfrac{1}{2}(180 \times 6) \times 2 = 1080\text{Nm}$

18 그림과 같은 형태로 분포하중을 받고 있는 단순 지지보가 있다. 지지점 A에서의 반력 R_A는 얼마인가?(단, 분포하중 $\omega(x) = \omega_o \sin\dfrac{\pi x}{L}$ 이다.)

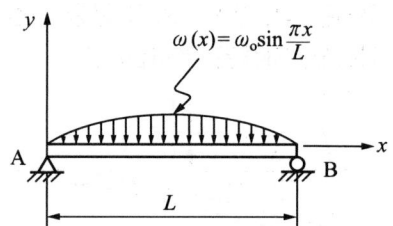

① $\dfrac{2\omega_o L}{\pi}$ ② $\dfrac{\omega_o L}{\pi}$

③ $\dfrac{\omega_o L}{2\pi}$ ④ $\dfrac{\omega_o L}{2}$

풀이

$R_A + R_B = \displaystyle\int_0^l w_0 \sin\dfrac{\pi x}{l} dx$

$\qquad\qquad = \dfrac{w_0 \cdot l}{\pi}\left[\cos\dfrac{\pi x}{l}\right]_0^l$

$\qquad\qquad = \dfrac{2w_0 \cdot l}{\pi}$

$R_A = R_B = \dfrac{w_0 \cdot l}{\pi}$

19 그림과 같은 평면 응력 상태에서 최대 주응력은 약 몇 MPa인가?(단, $\sigma_x = 500$MPa, $\sigma_y = -300$MPa, $\tau_{xy} = -300$MPa이다.)

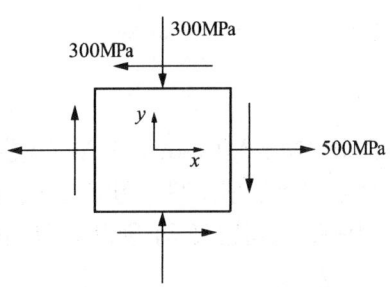

① 500   ② 600
③ 700   ④ 800

풀이

$\sigma_{\max} = \dfrac{\sigma_x + \sigma_y}{2} + \sqrt{\left(\dfrac{\sigma_x - \sigma_y}{2}\right)^2 + \tau_{xy}^2}$

$\quad = \dfrac{\sigma_x + \sigma_y}{2} + \dfrac{1}{2}\sqrt{(\sigma_x - \sigma_y)^2 + 4\cdot\tau_{xy}^2}$

$\quad = 600\text{MPa}$

$\sigma_{\min} = \dfrac{\sigma_x + \sigma_y}{2} - \sqrt{(\dfrac{\sigma_x - \sigma_y}{2})^2 + \tau_{xy}^2}$

$\quad = \dfrac{\sigma_x + \sigma_y}{2} - \dfrac{1}{2}\sqrt{(\sigma_x - \sigma_y)^2 + 4\cdot\tau_{xy}^2} = -400\text{MPa}$

20 강재 중공축이 25kN·m의 토크를 전달한다. 중공축의 길이가 3m이고, 이때 축에 발생하는 최대 전단응력이 90MPa이며, 축에 발생된 비틀림각이 2.5°라고 할 때 축의 외경과 내경을 구하면 각각 약 몇 mm인가?(단, 축 재료의 전단 탄성계수는 85GPa이다.)

① 146, 124   ② 136, 114
③ 140, 132   ④ 133, 112

풀이

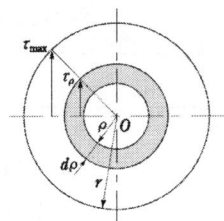

$I_P = \dfrac{\pi}{32}(d_2^4 - d_1^4)$,

$T = \tau\dfrac{I_P}{e} = \tau\dfrac{\dfrac{\pi}{32}(d_2^4 - d_1^4)}{\dfrac{d_2}{2}} = \tau \times \dfrac{\pi(d_2^4 - d_1^4)}{16 d_2}$ 이다.

$\phi = \dfrac{Tl}{GI_P}$ [rad], $\phi = \dfrac{32Tl}{G\pi(d_2^4 - d_1^4)}$ [rad]

$\phi \times \dfrac{\pi}{180} = \dfrac{32Tl}{G\pi(d_2^4 - d_1^4)}$ [degree]이므로

$\phi \times \dfrac{\pi}{180} = \dfrac{32l}{G\pi(d_2^4 - d_1^4)} \times \tau \dfrac{\pi(d_2^4 - d_1^4)}{16 d_2} = \dfrac{2l\tau}{Gd_2}$,

$2.5° \times \dfrac{\pi}{180} = \dfrac{2 \times 3 \times (90 \times 10^6)}{(85 \times 10^9) \times d_2}$

$d_2 = \dfrac{2 \times 3 \times (90 \times 10^6)}{(85 \times 10^9)} \times \dfrac{180}{2.5 \times \pi} ≒ 0.146\text{m}$

$T = \tau \times \dfrac{\pi(d_2^4 - d_1^4)}{16 d_2}$ 에서, $d_1^4 = d_2^4 - \dfrac{T \times 16 d_2}{\tau \pi}$

$\quad = 0.146^4 - \dfrac{(25 \times 10^3) \times 16 \times 0.146}{(90 \times 10^6) \times \pi} ≒ 0.124\text{m}$

답 19 ② 20 ①

2 기계열역학

21 어떤 사이클이 다음 온도(T)-엔트로피(s) 선도와 같을 때 작동 유체에 주어진 열량은 약 몇 kJ/kg인가?

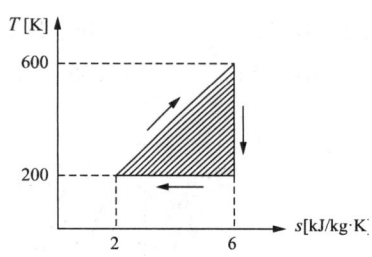

① 4
② 400
③ 800
④ 1600

풀이
- 작동 유체에 주어진 열량
빗금친 도형 면적=800kJ/kg

22 압력이 100kPa이며 온도가 25℃인 방의 크기가 240m³이다. 이 방에 들어 있는 공기의 질량은 약 몇 kg인가?(단, 공기는 이상기체로 가정하며, 공기의 기체 상수는 0.287kJ/(kg·K)이다.

① 0.00357
② 0.28
③ 3.57
④ 280

풀이
- 방 안에 있는 공기의 질량
$m = \dfrac{PV}{RT} = 280.6\text{kg}$

23 용기에 부착된 압력계에 읽힌 계기 압력이 150kPa이고 국소대기압이 100kPa일 때 용기 안의 절대 압력은?

① 250kPa
② 150kPa
③ 100kPa
④ 50kPa

풀이
- 절대 압력=계기압 + 대기압=250kPa

24 수증기가 정상과정으로 40m/s의 속도로 노즐에 유입되어 275m/s로 빠져나간다. 유입되는 수증기의 엔탈피는 3300kJ/kg, 노즐로부터 발생되는 열손실은 5.9kJ/kg일 때 노즐 출구에서의 수증기 엔탈피는 약 몇 kJ/kg인가?

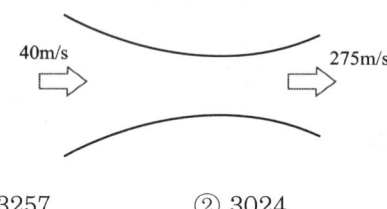

① 3257
② 3024
③ 2795
④ 2612

풀이
- 출구에서 수증기 엔탈피
$h_e = q + h_i + \dfrac{1}{2}(V_i^2 - V_e^2)$
$= 3257087.5\text{J/kg} = 3257\text{kJ/kg}$

25 클라우지우스(Clausius) 부등식을 옳게 표현한 것은?(단, T는 절대 온도, Q는 시스템으로 공급된 전체 열량을 표시한다.)

① $\oint \dfrac{\delta Q}{T} \geq 0$
② $\oint \dfrac{\delta Q}{T} \leq 0$
③ $\oint T\delta Q \geq 0$
④ $\oint T\delta Q \leq 0$

풀이
- 클라우지우스(Clausius) 부등식
$\oint \dfrac{\delta Q}{T} \leq 0$

26 500W의 전열기로 4kg의 물을 20℃에서 90℃까지 가열하는 데 몇 분이 소요되는가?(단, 전열기에서 열은 전부 온도 상승에 사용되고 물의 비열은 4180J/(kg·K)이다.)

① 16
② 27
③ 39
④ 45

답 21 ③ 22 ④ 23 ① 24 ① 25 ② 26 ③

• 소요된 시간

소요된 시간 = $\frac{1170.4}{30}$ min = 39min

여기서, 30kJ/min=주어진 500W 전열기가 분당 발생시키는 에너지

1170.4kJ=주어진 4kg의 물을 20℃에서 90℃까지 가열하는 데 필요한 에너지

27 R-12를 작동 유체로 사용하는 이상적인 증기 압축 냉동 사이클이 있다. 여기서 증발기 출구 엔탈피는 229kJ/kg, 팽창밸브 출구 엔탈피는 81kJ/kg, 응축기 입구 엔탈피는 255kJ/kg일 때 이 냉동기의 성적 계수는 약 얼마인가?

① 4.1　　② 4.9
③ 5.7　　④ 6.8

 • 냉동기 성능계수(COP)

COP = $\frac{h_1 - h_4}{h_2 - h_1}$ = 5.69

28 보일러에 물(온도 20℃, 엔탈피 84kJ/kg)이 유입되어 600kPa의 포화증기(온도 159℃, 엔탈피 2757kJ/kg) 상태로 유출된다. 물의 질량유량이 300kg/h이라면 보일러에 공급된 열량은 약 몇 kW인가?

① 121　　② 140
③ 223　　④ 345

 • 보일러에 공급된 전체 열량($_iQ̇_e$)

$_iQ̇_e = ṁ_물 × {}_iq_e$ = 222.8kW

여기서, $ṁ_물$ = 0.0833kg/s = 공급된 물의 질량 유량

$_iq_e = h_e - h_i$ = 2673kJ/kg = 검사 체적인 보일러의 열전달

29 가역 과정으로 실린더 안의 공기를 50kPa, 10℃ 상태에서 300kPa까지 압력(P)과 체적(V)의 관계가 다음과 같은 과정으로 압축할 때 단위 질량당 방출되는 열량은 약 몇 kJ/kg인가?(단, 기체 상수는 0.287kJ/(kg·K)이고, 정적 비열은 0.7kJ/(kg·K)이다.)

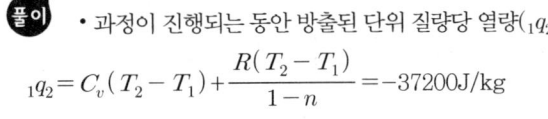

$$PV^{1.3} = 일정$$

① 17.2　　② 37.2
③ 57.2　　④ 77.2

 • 과정이 진행되는 동안 방출된 단위 질량당 열량($_1q_2$)

$_1q_2 = C_v(T_2 - T_1) + \frac{R(T_2 - T_1)}{1-n}$ = -37200J/kg

여기서, T_2 = 428K

30 효율이 40%인 열기관에서 유효하게 발생되는 동력이 110kW라면 주위로 방출되는 총 열량은 약 몇 kW인가?

① 375　　② 165
③ 135　　④ 85

 • 손실 열량(주위로 방출되는 총열량)

손실 열량 = 275 × 0.6 = 165.6kW

여기서, 275kW=열기관에 입력된 동력

31 화씨온도가 86℉일 때 섭씨온도는 몇 ℃인가?

① 30　　② 45
③ 60　　④ 75

 • 섭씨온도와 화씨온도(F)의 관계

섭씨온도 = (F-32) × $\frac{5}{9}$ = 30℃

32 압력이 0.2MPa이고, 초기 온도가 120℃인 1kg의 공기를 압축비 18로 가역 단열 압축하는 경우 최종 온도는 약 몇 ℃인가?(단, 공기는 비열비가 1.4인 이상기체이다.)

답　27 ③　28 ③　29 ②　30 ②　31 ①　32 ④

① 676℃ ② 776℃
③ 876℃ ④ 976℃

- 최종 온도
$T_2 = T_1 \times r_v^{k-1} = 975.8℃$
여기서, r_v = 압축비

33 그림과 같이 실린더 내의 공기가 상태 1에서 상태 2로 변화할 때 공기가 한 일은?(단, P는 압력, V는 부피를 나타낸다.)

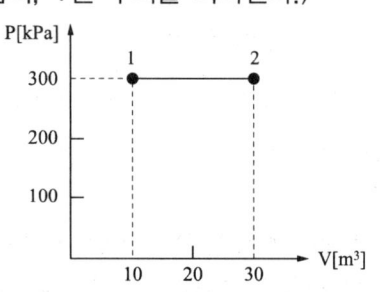

① 30kJ ② 60kJ
③ 3000kJ ④ 6000kJ

- 상태 1에서 상태 2로 경계이동에 의해 실린더 내부 공기가 한 일
$_1W_2 = (V_2 - V_1) \times P = 6000kJ$

34 등엔트로피 효율이 80%인 소형 공기 터빈의 출력이 270kJ/kg이다. 입구 온도는 600K이며, 출구 압력은 100kPa이다. 공기의 정압 비열은 1.004kJ/(kg·K), 비열비는 1.4일 때, 입구 압력(kPa)은 약 몇 kPa인가?(단, 공기는 이상기체로 간주한다.)

① 1984 ② 1842
③ 1773 ④ 1621

- 입구 압력
$P_i = P_e \times (T_i/T_e)^{k/(k-1)} = 1774.5kPa$
여기서, 터빈 출구 온도(T_e) = 263.8K

35 100℃와 50℃ 사이에서 작동하는 냉동기로 가능한 최대성능계수(COP)는 약 얼마인가?

① 7.46 ② 2.54
③ 4.25 ④ 6.46

- 최대성능계수(COP)
$COP = \dfrac{T_L}{T_H - T_L} = 6.46$

36 카르노 사이클로 작동되는 열기관이 고온체에서 100kJ의 열을 받고 있다. 이 기관의 열효율이 30%라면 방출되는 열량은 약 몇 kJ인가?

① 30 ② 50
③ 60 ④ 70

- 방출 열량
$Q_L = Q_H(1 - \eta_{carnot}) = 70kJ$

37 Van der Waals 상태 방정식은 다음과 같이 나타낸다. 이 식에서 $\dfrac{a}{v^2}$, b는 각각 무엇을 의미하는 것인가?(단, P는 압력, v는 비체적, R은 기체 상수, T는 온도를 나타낸다.)

$$\left(P + \dfrac{a}{v^2}\right) \times (v - b) = RT$$

① 분자 간의 작용 인력, 분자 내부 에너지
② 분자 간의 작용 인력, 기체 분자들이 차지하는 체적
③ 분자 자체의 질량, 분자 내부 에너지
④ 분자 자체의 질량, 기체 분자들이 차지하는 체적

- 반데발스(Van der Waals) 상태 방정식에서 $\dfrac{a}{v^2}$ 항

답 33 ④ 34 ③ 35 ④ 36 ④ 37 ②

목은 분자 상호간에 끌어당기는 인력이 압력에 미치는 영향과 관계가 있으며 비체적 항에 나타난 b 항목은 단위 질량(1kg)을 갖는 기체 중에서 기체 분자가 차지하는 부피(체적)를 의미한다.

38 어떤 시스템에서 유체는 외부로부터 19kJ의 일을 받으면서 167kJ의 열을 흡수하였다. 이때 내부 에너지의 변화는 어떻게 되는가?

① 148kJ 상승한다.
② 186kJ 상승한다.
③ 148kJ 감소한다.
④ 186kJ 감소한다.

· 내부 에너지 변화
$U_2 - U_1 = {}_1Q_2 - {}_1W_2 = 186\text{kJ}$

39 체적이 500cm³인 풍선에 압력 0.1MPa, 온도 288K의 공기가 가득 채워져 있다. 압력이 일정한 상태에서 풍선 속 공기 온도가 300K로 상승했을 때 공기에 가해진 열량은 약 얼마인가?(단, 공기는 정압 비열이 1.005kJ/(kg·K), 기체 상수가 0.287kJ/(kg·K)인 이상기체로 간주한다.)

① 7.3J   ② 7.3kJ
③ 14.6J   ④ 14.6kJ

· 풍선에 대한 1법칙
${}_1Q_2 = m_{air} \times C_p \times (T_2 - T_1) = 7.295\text{J}$
여기서, $m_{air} = 604.9 \times 10^{-6}\text{kg}$

40 어떤 시스템에서 공기가 초기에 290K에서 330K로 변화하였고, 이때 압력은 200kPa에서 600kPa로 변화하였다. 이때 단위 질량당 엔트로피 변화는 약 몇 kJ/(kg·K)인가?(단, 공기는 정압 비열이 1.006kJ/(kg·

K)이고, 기체 상수가 0.287kJ/(kg·K)인 이상기체로 간주한다.)

① 0.445   ② -0.445
③ 0.185   ④ -0.185

· 단위 질량당 엔트로피 변화량
$s_2 - s_1 = C_p \ln\dfrac{T_2}{T_1} - R\ln\dfrac{P_2}{P_1} = -185.3\text{J/kg·K}$

3 기계유체역학

41 분수에서 분출되는 물줄기 높이를 2배로 올리려면 노즐 입구에서의 게이지 압력을 약 몇 배로 올려야 하는가?(단, 노즐 입구에서의 동압은 무시한다.)

① 1.414   ② 2
③ 2.828   ④ 4

· 노즐에 공급되는 게이지 압력
$P_1 = \rho g(z_2 - z_1)$이므로, 물줄기 높이$(z_2 - z_1)$를 2배 올리려면 게이지 압력 P_1이 2배가 되어야 한다.

42 수면의 높이 차이가 10m인 두 개의 호수 사이에 손실 수두가 2m인 관로를 통해 펌프로 물을 양수할 때 3kW의 동력이 필요하다면 이때 유량은 약 몇 L/s인가?

① 18.4   ② 25.5
③ 32.3   ④ 45.8

· 유량
$\dot{Q} = \dfrac{\dot{W}_{w,h}}{\rho g H} = 25.5\text{L/s}$
여기서, $H = 12\text{m}$

답   38 ②   39 ①   40 ④   41 ②   42 ②

43 체적 탄성계수가 $2 \times 10^9 \text{N/m}^2$인 유체를 2% 압축하는 데 필요한 압력은?
① 1GPa   ② 10MPa
③ 4GPa   ④ 40MPa

풀이 • 주어진 유체를 2% 압축하는 데 필요한 압력
$\Delta P = E_V \times (-\Delta V/V) = 40\text{MPa}$

44 정지된 액체 속에 잠겨있는 평면이 받는 압력에 의해 발생하는 합력에 대한 설명으로 옳은 것은?
① 크기가 액체의 비중량에 반비례한다.
② 크기는 도심에서의 압력에 전체 면적을 곱한 것과 같다.
③ 경사진 평면에서의 작용점은 평면의 도심과 일치한다.
④ 수직 평면의 경우 작용점이 도심보다 위쪽에 있다.

풀이 압력 중심(y_P)은 도심(y_C)보다 $\dfrac{I_{xx,C}}{y_C A}$ 만큼 아래에 있다.

45 경사가 30°인 수로에 물이 흐르고 있다. 유속이 12m/s로 흐름이 균일하다고 가정하며 연직 방향으로 측정한 수심이 60cm이다. 수로의 폭을 1m로 한다면 유량은 약 몇 m^3/s인가?

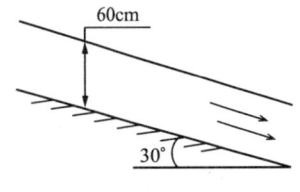

① 5.87   ② 6.24
③ 6.82   ④ 7.26

풀이 • 수로에 흐르는 유량
$\dot{Q} = AV = 6.24 \text{m}^3/\text{s}$

46 일반적으로 뉴턴 유체에서 온도 상승에 따른 액체의 점성계수 변화에 대한 설명으로 옳은 것은?
① 분자의 무질서한 운동이 커지므로 점성계수가 증가한다.
② 분자의 무질서한 운동이 커지므로 점성계수가 감소한다.
③ 분자 간의 결합력이 약해지므로 점성계수가 증가한다.
④ 분자 간의 결합력이 약해지므로 점성계수가 감소한다.

풀이 액체에서 점성은 분자 사이 응집력에 의해, 기체에서는 분자 충돌에 의해 크게 변한다. 액체에서 점성은 온도 증가에 따라 감소하고, 기체에서 점성은 온도 증가에 따라 상승한다.

47 경계층 밖에서 퍼텐셜 흐름의 속도가 10m/s일 때, 경계층의 두께는 속도가 얼마일 때의 값으로 잡아야 하는가?(단, 일반적으로 정의하는 경계층 두께를 기준으로 삼는다.)
① 10m/s   ② 7.9m/s
③ 8.9m/s   ④ 9.9m/s

풀이 $u = 0.99 \times U = 9.9 \text{m/s}$

48 점성계수(μ)가 0.005Pa·s인 유체가 수평으로 놓인 안지름이 4cm인 곧은 관을 30cm/s의 평균속도로 흘러가고 있다. 흐름 상태가 층류일 때 수평 길이 800cm 사이에서의 압력강하(Pa)는?

답 43 ④ 44 ② 45 ② 46 ④ 47 ④ 48 ②

① 120　　　　② 240
③ 360　　　　④ 480

- 압력 손실
$$\Delta P = \frac{128\mu L \times V}{4D^2} = 240\text{Pa}$$

49 다음 중 유선(Stream Line)을 가장 올바르게 설명한 것은?
① 에너지가 같은 점을 이은 선이다.
② 유체 입자가 시간에 따라 움직인 궤적이다.
③ 유체 입자의 속도 벡터와 접선이 되는 가상 곡선이다.
④ 비정상유동 때의 유동을 나타내는 곡선이다.

 유선은 속도장에서 속도 벡터에 접하는 가상 곡선이다.

50 평행한 평판 사이의 층류 흐름을 해석하기 위해서 필요한 무차원수와 그 의미를 바르게 나타낸 것은?
① 레이놀즈수=관성력/점성력
② 레이놀즈수=관성력/탄성력
③ 프루드수=중력/관성력
④ 프루드수=관성력/점성력

 레이놀즈수=관성력/점성력
프루드수=관성력/중력

51 물이 지름이 0.4m인 노즐을 통해 20m/s의 속도로 맞은 편 수직 벽에 수평으로 분사된다. 수직 벽에는 지름 0.2m의 구멍이 있으며 뚫린 구멍으로 유량의 25%가 흘러나가고 나머지 75%는 반경 방향으로 균일하게 유출된다. 이때 물에 의해 벽면이 받는 수평 방향의 힘은 약 몇 kN인가?
① 0　　　　② 9.4
③ 18.9　　　④ 37.7

- 벽면이 받는 수평 방향의 힘
$$F_x = 0.75 \times \rho \dot{Q} V_{x,1} = 37.7\text{kN}$$

52 동점성계수가 $1.5 \times 10^{-5}\text{m}^2/\text{s}$인 공기 중에서 30m/s의 속도로 비행하는 비행기의 모형을 만들어 동점성계수가 $1.0 \times 10^{-6}\text{m}^2/\text{s}$인 물속에서 6m/s의 속도로 모형 시험을 하려 한다. 모형(L_m)과 실형(L_p)의 길이 비(L_m/L_p)를 얼마로 해야 되는가?
① $\frac{1}{75}$　　　　② $\frac{1}{15}$
③ $\frac{1}{5}$　　　　④ $\frac{1}{3}$

- 모형(L_m)과 실형(L_p)의 길이 비(L_m/L_p)
$$L_m/L_p = \left(\frac{V_p}{V_m}\right) \times \left(\frac{\nu_m}{\nu_p}\right) = \frac{1}{3}$$

53 관속에 흐르는 물의 유속을 측정하기 위하여 삽입한 피토 정압관에 비중이 3인 액체를 사용하는 마노미터를 연결하여 측정한 결과 액주의 높이 차이가 10cm로 나타났다면 유속은 약 몇 m/s인가?
① 0.99　　　② 1.40
③ 1.98　　　④ 2.43

- 관속 물의 유속
$$V_1 = \sqrt{\frac{2(P_2 - P_1)}{\rho_\text{물}}} = 1.98\text{m/s}$$
여기서, $P_2 - P_1 = 1960\text{Pa}$

답　49 ③　50 ①　51 ④　52 ④　53 ③

54 바닷물 밀도는 수면에서 1025kg/m³이고 깊이 100m마다 0.5kg/m³씩 증가한다. 깊이 1000m에서 압력은 계기압력으로 약 몇 kPa인가?

① 9560　　② 10080
③ 10240　　④ 10800

• 1000m에서 계기압력
$$P_2 = gh\left(\frac{1}{400}h + 1025\right) = 10069500\text{Pa}$$

55 높이가 0.7m, 폭이 1.8m인 직사각형 덕트에 유체가 가득차서 흐른다. 이때 수력직경은 약 몇 m인가?

① 1.01　　② 2.02
③ 3.14　　④ 5.04

• 수력 직경
$$D_h = \frac{4 \times \text{파이프 단면적}(A_c)}{\text{접수 길이}(p)} = 1.01$$

56 동점성계수가 1.5×10^{-5} m²/s인 유체가 안지름이 10cm인 관 속을 흐르고 있을 때 층류 임계속도(cm/s)는?(단, 층류 임계레이놀즈수는 2100이다.)

① 24.7　　② 31.5
③ 43.6　　④ 52.3

• 층류 임계속도
$$V_{cr} = \frac{Re_{cr} \times \nu}{D} = 0.315\text{m/s}$$

57 다음 중 유체의 속도구배와 전단 응력이 선형적으로 비례하는 유체를 설명한 가장 알맞은 용어는 무엇인가?

① 점성 유체　　② 뉴턴 유체
③ 비압축성 유체　　④ 정상유동 유체

• 뉴턴 유체
$$\tau = \mu \frac{du}{dy}$$

58 속도 포텐셜이 $\phi = x^2 - y^2$ 인 2차원 유동에 해당하는 유동함수로 가장 옳은 것은?

① $x^2 + y^2$　　② $2xy$
③ $-3xy$　　④ $2x(y-1)$

• 유동함수 ψ에 대한 최종식
$\psi = 2xy + C$이므로,
주어진 속도 포텐셜의 2차원 유동에 해당하는 유동 함수로 가장 적당한 것은 ②이다.

59 물을 담은 그릇을 수평 방향으로 4.2m/s²로 운동시킬 때 물은 수평에 대하여 약 몇 도(°) 기울어지겠는가?

① 18.4°　　② 23.2°
③ 35.6°　　④ 42.9°

• 물의 표면이 수평면과 만드는 각의 탄젠트
$$\tan\theta = \frac{a_x}{a_z + g} \rightarrow \theta = \tan^{-1}\left(\frac{a_x}{g}\right) = 23.2°$$

60 몸무게가 750N인 조종사가 지름 5.5m의 낙하산을 타고 비행기에서 탈출하였다. 항력계수가 1.0이고, 낙하산의 무게를 무시한다면 조종사의 최대 종속도는 약 몇 m/s가 되는가?(단, 공기의 밀도는 1.2kg/m³이다.)

① 7.25　　② 8.00
③ 5.26　　④ 10.04

• 종단속도
$$V = \sqrt{\frac{2W}{\rho A C_D}} = 7.25\text{m/s}$$

답　54 ②　55 ①　56 ②　57 ②　58 ②　59 ②　60 ①

4과목 기계재료 및 유압기기

61 다음 중 비중이 가장 작고, 항공기 부품이나 전자 및 전기용 제품의 케이스 용도로 사용되고 있는 합금 재료는?
① Ni 합금 ② Cu 합금
③ Pb 합금 ④ Mg 합금

풀이 • 마그네슘
① 비중은 1.74(실용금속 중에서 가장 가볍고 Al의 2/3 정도), 용융점은 650℃이고 원자의 배열은 조밀육방격자이며, 고온에서 발화하기 쉽다.
② 알칼리에는 잘 견디나, 일반적으로 산이나 염류에는 침식되기 쉽다.
③ 전기전도율은 Cu, Al보다 낮고 강도도 작으나 절삭성은 우수하다
④ 합금 재료로 Mg는 강도, 절삭성이 우수하고 비중이 작아 경량화가 요구되는 항공기, 자동차, 선박 등의 부품이나 전자 및 전기용 제품의 케이스 용도로 사용되고 있으며, 구상흑연주철, CV흑연주철의 첨가제로도 사용된다.
⑤ 감쇠 능력이 주철보다 높다
⑥ 비강도가 커서 휴대용 기기 등에 사용된다.

62 다음의 조직 중 경도가 가장 높은 것은?
① 펄라이트(pearlite)
② 페라이트(ferrite)
③ 마텐자이트(martensite)
④ 오스테나이트(austenite)

풀이 • 경도가 높은 순서: 시멘타이트 > 마텐자이트 > 트루스타이트 > 소르바이트 > 펄라이트 > 오스테나이트 > 페라이트

63 강의 열처리 방법 중 표면경화법에 해당하는 것은?
① 마퀜칭   ② 오스포밍
③ 침탄질화법 ④ 오스템퍼링

풀이 • 표면 경화법: 침탄법(carburizing), 청화법(시안화법, cyaniding), 질화법(nitriding), 고주파 유도 경화법, 플라즈마 화학기상증착법(PCVD: Plasma Chemical Vapor Deposition), 침투법(cementation), 화염 경화법(flame hardening), 쇼트 피이닝(shot peening), 하드 페이싱(hard facing)

64 칼로라이징은 어떤 원소를 금속표면에 확산 침투시키는 방법인가?
① Zn   ② Si
③ Al   ④ Cr

풀이 • 침투법(cementation): Zn, Cr, Al, Si, B, Ti, Co 등을 고온에서 확산 및 침투시키는 표면 처리법
① 세라다이징(ceradizing, Zn 침투): 소형 제품에 적합, 침투층 균일, 내식성 피막 형성
② 크로마이징(chromizing, Cr 침투): 내산, 내마멸성을 향상
③ 칼로라이징(calorizing, Al 침투): 내스케일성 증가, 고온 산화에 강함
④ 실리코나이징(siliconizing, Si 침투): 내식성 향상
⑤ 보로나이징(boronizing, B 침투): 내마모성 증대

65 Fe-C 평형 상태도에서 온도가 가장 낮은 것은?
① 공석점   ② 포정점
③ 공정점   ④ Fe의 자기변태점

풀이

			ferrite (α-Fe) BCC	austenite (γ-Fe) FCC	ferrite (δ-Fe) BCC	⇒ 액상
210℃ A_0 변태	723℃ A_1 변태	768℃ A_2 변태	910℃ A_3 변태		1400℃ A_4 변태	1538℃ 용융점
Fe_3C의 자기변태점 (큐리점, curie point)	공석 변태점	Fe의 자기변태점 (큐리점)		동소변태점		

 61 ④ 62 ③ 63 ③ 64 ③ 65 ①

- 공정반응(eutectic reaction)

$$\text{Melt(Liquid)} \xrightarrow{1148℃(공정점)} \gamma-\text{austenite} + Fe_3C$$
$$(4.3\%C) \qquad\qquad (2.0\%C) \qquad (6.67\%C)$$

액체 ⇌ 고체 A + 고체 B

- 포정반응(peritectic transformation)

$$\text{Liquid} + \delta-\text{Fe} \xrightarrow{1493℃(포정점)} \gamma-\text{austenite}$$
$$(0.53\%C) \quad (0.09\%C) \qquad\qquad\qquad (0.17\%C)$$

액체 + 고체 A ⇌ 고체 B

66 열경화성수지에 해당하는 것은?
① ABS수지 ② 에폭시수지
③ 폴리아미드 ④ 염화비닐수지

풀이 • 열경화성수지: 페놀수지(phenolic resin), 요소수지(urea resin), 멜라민수지(melamine resin), 규소수지(silicone resin), 에폭시수지(epoxy resin), 폴리에스터수지(polyester resin)

67 다음 중 반발을 이용하여 경도를 측정하는 시험법은?
① 쇼어경도시험 ② 마이어경도시험
③ 비커즈경도시험 ④ 로크웰경도시험

풀이 • 쇼어경도(Shore hardness, H_S): 추를 일정한 높이에서 낙하한 후 반발 높이로 경도를 측정하는 반발 경도시험이다.

68 구리(Cu) 합금에 대한 설명 중 옳은 것은?
① 청동은 Cu+Zn 합금이다.
② 베릴륨 청동은 시효경화성이 강력한 Cu 합금이다.
③ 애드미럴티 황동은 6-4 황동에 Sb을 첨가한 합금이다.
④ 네이벌 황동은 7-3 황동에 Ti을 첨가한 합금이다.

풀이 • 구리(Cu) 합금
① 청동(bronze): 구리(Cu)+주석(Sn)의 합금이며, 강도가 크고, 내마모성과 주조성이 좋다.
② 베릴륨 청동(beryllium bronze): Cu+Be 1~3%, 내식성, 내마모성이 크다.
③ 애드미럴티 황동(admiralty metal): 7-3 황동+Sn 1%
④ 네이벌 황동(naval brass): 6-4 황동+Sn 1%, 바닷물에 대한 내식성이 크고, 열간 단조성과 냉간 가공성이 우수하다. 선박의 갑판으로 사용된다.

69 면심입방격자(FCC)의 단위격자 내에 원자수는 몇 개인가?
① 2개 ② 4개
③ 6개 ④ 8개

풀이 • 면심입방격자(Face Centered Cubic lattice, FCC): 입방체의 각 모서리에 원자가 배열되고, 각 면의 중심에 각각 1개씩 원자가 배열된 결정 구조(14개 원자)를 가지고 있다. 소속 원자 수는 $\frac{1}{8}\times 8 + \frac{1}{2}\times 6 = 4$ 이다.

70 합금주철에서 특수합금 원소의 영향을 설명한 것 중 틀린 것은?
① Ni은 흑연화를 방지한다.
② Ti은 강한 탈산제이다.
③ V은 강한 흑연화 방지 원소이다.
④ Cr은 흑연화를 방지하고, 탄화물은 안정화한다.

풀이 • 합금주철: 보통주철에 특수원소(Ni, Cr, Mo, Cu, V, Ti, Al 등)를 하나 또는 함께 첨가하여 기계적 성질을 향상시키거나 특수한 성질을 부여한 주철
① Ni: 흑연화 촉진
② Cr: 흑연화 방지
③ Mo: 흑연화를 방지하며 강도, 경도, 내마모성이 증가되며, 두꺼운 조물조직의 균일화에 영향을 미친다.
④ Cu: 내마모성 및 내식성이 좋아지며 공기 중 내산화성이 증대한다. 염산, 질산, 황산에 대한 내부식성이 향상된다.

답 66 ② 67 ① 68 ② 69 ② 70 ①

⑤ V: 강력한 흑연화 방지
⑥ Ti: 강한 탈산제인 동시에 흑연화를 촉진하며 주철의 성장을 저지하고 내마모성을 향상시킨다.
⑦ Al: 강력한 흑연화 촉진제, 내열성 증대

71 그림과 같은 유압 기호가 나타내는 명칭은?

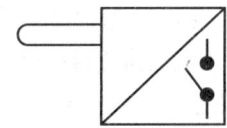

① 전자 변환기
② 압력 스위치
③ 리밋 스위치
④ 아날로그 변환기

풀이 • 리밋 스위치: 리밋 스위치는 보통 실린더의 최종 위치를 감지하고자 할 때 사용되는 접점 개폐 스위치이다.

72 부하의 하중에 의한 자유낙하를 방지하기 위해 배압(back pressure)을 부여하는 밸브는?
① 체크 밸브
② 감압 밸브
③ 릴리프 밸브
④ 카운터 밸런스 밸브

풀이 • 카운터 밸런스 밸브: 배압을 유지해 부하의 낙하를 방지하는 압력제어 밸브

73 어큐뮬레이터(accumulator)의 역할에 해당하지 않는 것은?
① 갑작스런 충격 압력을 막아 주는 역할을 한다.
② 축적된 유압에너지의 방출 사이클 시간을 연장한다.
③ 유압 회로 중 오일 누설 등에 의한 압력 강하를 보상하여 준다.
④ 유압 펌프에서 발생하는 맥동을 흡수하여 진동이나 소음을 방지한다.

풀이 축압기(accumulator)는 에너지 보조원으로 유압 에너지 축적, 충격 압력 흡수, 유체 맥동 흡수 등의 목적으로 사용한다.

74 유압실린더에서 피스톤 로드가 부하를 미는 힘이 50kN, 피스톤 속도가 5m/min인 경우 실린더 내경이 8cm이라면 소요 동력은 약 몇 kW인가?(단, 편로드형 실린더이다.)
① 2.5   ② 3.17
③ 4.17   ④ 5.3

풀이 • 소요동력
소요동력(P)=힘(F)·속도
(v)=$(50 \times 10^3) \times (5/60)$=4166.7W=4.17kW

75 액추에이터의 공급 쪽 관로에 설정된 바이패스 관로의 흐름을 제어함으로써 속도를 제어하는 회로는?

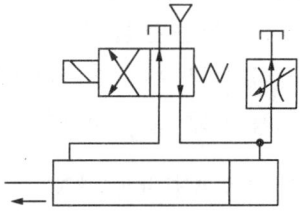

① 배압 회로
② 미터 인 회로
③ 플립플롭 회로
④ 블리드 오프 회로

풀이 실린더 앞에 추가(by pass)한 관로를 통해 실린더로 유입되는 유량을 조정해서 실린더 속도를 조정하는 회로이다.

답 71 ③ 72 ④ 73 ② 74 ③ 75 ④ 75 ④

76 유압 작동유에서 요구되는 특성이 아닌 것은?
① 인화점이 낮고, 증기 분리압이 클 것
② 유동성이 좋고, 관로 저항이 적을 것
③ 화학적으로 안정될 것
④ 비압축성일 것

풀이) 유압 회로에서 사용하기에 적합한 작동유는 인화점이 높아야 한다.

77 유압 시스템의 배관 계통과 시스템 구성에 사용되는 유압기기의 이물질을 제거하는 작업으로 오랫동안 사용하지 않던 설비의 운전을 다시 시작하였을 때나 유압 기계를 처음 설치하였을 때 수행하는 작업은?
① 펌핑   ② 플러싱
③ 스위핑 ④ 클리닝

풀이) 작동 기름을 교환하기 전 배관 계통 등에 남아있는 슬러지나 고형분 등 이물질을 제거하는 청정작업을 플러싱이라고 한다.

78 유동하고 있는 액체의 압력이 국부적으로 저하되어, 증기나 함유 기체를 포함하는 기포가 발생하는 현상은?
① 캐비테이션 현상 ② 채터링 현상
③ 서징 현상   ④ 역류 현상

풀이) • 캐비테이션 현상: 유체기계에서 국부적인 압력 저하로 기포가 발생하고, 발생한 기포가 고압부에 도달하면 파괴되어 불규칙한 고주파 진동이 발생한다.

79 다음 기어펌프에서 발생하는 폐입 현상을 방지하기 위한 방법으로 가장 적절한 것은?
① 오일을 보충한다.
② 베인을 교환한다.
③ 베어링을 교환한다.
④ 릴리프 홈이 적용된 기어를 사용한다.

풀이) • 폐입 현상: 기어펌프에서 발생하는 현상으로 폐입 현상 방지를 위해서 릴리프 홈의 위치에 관한 연구 등이 수행되고 있다.

80 다음 중 오일의 점성을 이용하여 진동을 흡수하거나 충격을 완화시킬 수 있는 유압 응용 장치는?
① 압력계   ② 토크 컨버터
③ 쇼크 업소버 ④ 진동 개폐 밸브

풀이) • 쇼크 업소버: 쇼크 업소버는 진동을 흡수하거나 충격을 완화시키는 기기이다.

5 기계제작법 및 기계동력학

81 20m/s의 같은 속력으로 달리던 자동차 A, B가 교차로에서 직각으로 충돌하였다. 충돌 직후 자동차 A의 속력은 약 몇 m/s인가? (단, 자동차 A, B의 질량은 동일하며 반발계수는 0.7, 마찰은 무시한다.)

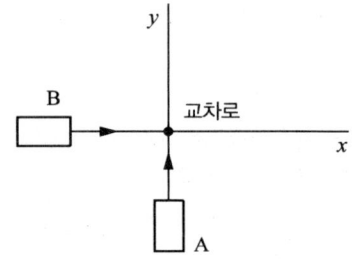

① 17.3   ② 18.7
③ 19.2   ④ 20.4

답 76 ① 77 ② 78 ① 79 ④ 80 ③ 81 ①

• 충돌직후 자동차 A의 속도 크기

$|\vec{v}'_A| = \sqrt{(v'_A)_x^2 + (v'_A)_y^2} = 17.3\text{m/s}$

여기서, 충돌직후 자동차 A의 x방향

속력$(v'_A)_x = 17\text{m/s}$

y방향 속력$(v'_A)_y = 3\text{m/s}$

82 80rad/s로 회전하던 세탁기의 전원을 끈 후 20초가 경과하여 정지하였다면 세탁기가 정지할 때까지 약 몇 바퀴를 회전하였는가?

① 127　　② 254
③ 542　　④ 7620

 • 20초 경과 후 세탁기 회전수

$N = \dfrac{\theta}{2\pi} = 127\text{rev}$

여기서, $\theta = 800\text{rad} = 20$초 동안 회전한 세탁기의 각 변위

83 시간 t에 따른 변위 $x(t)$가 다음과 같은 관계식을 가질 때 가속도 $a(t)$에 대한 식으로 옳은 것은?

$$x(t) = X_0 \sin\omega t$$

① $a(t) = \omega^2 X_0 \sin\omega t$
② $a(t) = \omega^2 X_0 \cos\omega t$
③ $a(t) = -\omega^2 X_0 \sin\omega t$
④ $a(t) = -\omega^2 X_0 \cos\omega t$

 • 가속도($\ddot{x}$)

$\ddot{x} = \dfrac{d(\dot{x})}{dt} = -\omega^2 X_0 \sin\omega t$

84 체중이 600N인 사람이 타고 있는 무게 5000N의 엘리베이터가 200m의 케이블에 매달려 있다. 이 케이블을 모두 감아올리는 데 필요한 일은 몇 kJ인가?

① 1120　　② 1220
③ 1320　　④ 1420

 • 200m 변위를 일으키는 동안 케이블 장력이 한 일

$U_{1\sim2} = T \cdot S = 1120 \times 10^3 \text{N} \cdot \text{m}$

85 $2\ddot{x} + 3\dot{x} + 8x = 0$으로 주어지는 진동계에서 대수 감소율(logarithmic decrement)은?

① 1.28　　② 1.58
③ 2.18　　④ 2.54

• 대수 감소율(δ)

$\delta = \dfrac{2\pi\zeta}{\sqrt{1-\zeta^2}} = 2.54$

여기서, $\zeta = 0.375$

86 다음 그림은 물체 운동의 $v-t$ 선도(속도-시간 선도)이다. 그래프에서 시간 t_1에서의 접선의 기울기는 무엇을 나타내는가?

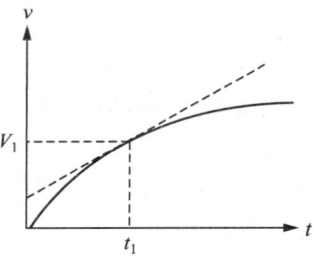

① 변위　　② 속도
③ 가속도　　④ 총 움직인 거리

 • 가속도(a)

$a = \dfrac{dv}{dt}$

답　82 ①　83 ③　84 ①　85 ④　86 ③

87 달 표면에서 중력 가속도는 지구 표면에서의 $\frac{1}{6}$이다. 지구 표면에서 주기가 T인 단진자를 달로 가져가면, 그 주기는 어떻게 변하는가?

① $\frac{1}{6}T$ ② $\frac{1}{\sqrt{6}}T$
③ $\sqrt{6}\,T$ ④ $6T$

풀이 • 단진자 주기와 중력 가속도 관계

$$\frac{T_달}{T_{지구}} = \sqrt{\frac{g_{지구}}{1/6\,g_{지구}}} = \sqrt{6}$$

$$\therefore T_달 = \sqrt{6}\,T_{지구}$$

88 감쇠비 ζ가 일정할 때 전달률을 1보다 작게 하려면 진동수비는 얼마의 크기를 가지고 있어야 하는가?

① 1보다 작아야 한다.
② 1보다 커야 한다.
③ $\sqrt{2}$보다 작아야 한다.
④ $\sqrt{2}$보다 커야 한다.

풀이 진동수비 $\left(\dfrac{\omega}{\omega_n}\right)$가 $\sqrt{2}$ 이상인 곳은 절연 영역, $\sqrt{2}$ 이하인 곳은 확대 영역이라고 부른다.

89 y축 방향으로 움직이는 질량 m인 질점이 그림과 같은 위치에서 v의 속도를 갖고 있다. O점에 대한 각 운동량은 얼마인가?(단, a, b, c는 원점에서 질점까지의 x, y, z 방향의 거리이다.)

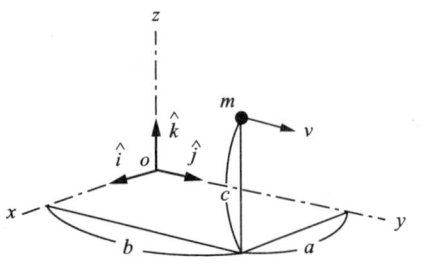

① $mv(c\hat{i} - a\hat{k})$
② $mv(-c\hat{i} + a\hat{k})$
③ $mv(c\hat{i} + a\hat{k})$
④ $mv(-c\hat{i} - a\hat{k})$

풀이 • 질량 m의 운동량(mv)의 O점에 대한 모멘트
$$\vec{H}_o = \vec{r} \times m\vec{v} = mv(-c\hat{i} + a\hat{k})$$

90 질량 50kg의 상자가 넘어가지 않도록 하면서 질량 10kg의 수레에 가할 수 있는 힘 P의 최댓값은 얼마인가?(단, 상자는 수레 위에서 미끄러지지 않는다고 가정한다.)

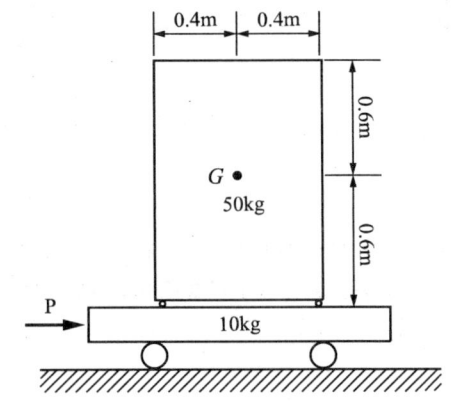

① 292N ② 392N
③ 492N ④ 592N

풀이 • 상자가 넘어지지 않도록 하면서 수레에 가할 수 있는 최대 힘

$$P_{max} = \frac{bmg}{a} = \frac{b(m_1 + m_2)g}{a}$$

$$= \frac{0.4 \times (10 + 50) \times 9.8}{0.6}$$

$$= 392\text{N}$$

여기서, $a=0.6$m, $b=0.4$m, $m_1=10$kg, $m_2=50$kg, $m=m_1+m_2=60$kg, $g=9.8$m/s²

답 87 ③ 88 ④ 89 ② 90 ②

91 레이저(laser) 가공에 대한 특징으로 틀린 것은?

① 밀도가 높은 단색성과 평행도가 높은 지향성을 이용한다.
② 가공물에 빛을 쏘이면 순간적으로 일부분이 가열되어, 용해되거나 증발되는 원리이다.
③ 초경합금, 스테인리스강의 가공은 불가능한 단점이 있다.
④ 유리, 플라스틱 판의 절단이 가능하다.

풀이 레이저 가공: 금속, 목재, 아크릴, 석영유리 및 세라믹 등 재질에 관계없이 용접, 절단 및 가공할 수 있는 가공법
① 레이저를 조절하여 공작물의 일부를 녹이고 증발시키는 가공법
② 버(burr)가 발생하지 않고, 절삭유를 사용하지 않는다.
③ 취성이 많은 재료 가공이 가능하다.
④ 밀도가 높은 단색성과 평행도가 높은 지향성(빛이 확대되지 않고 진행)을 이용한다.

92 다음 표준 고속도강의 함유량 표기에서 '18'의 의미는?

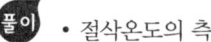

① 탄소의 함유량　② 텅스텐의 함유량
③ 크롬의 함유량　④ 바나듐의 함유량

풀이 • 고속도강(High speed steel)
: W(18%)−Cr(4%)− V(1%)

93 피복 아크 용접에서 피복제의 역할로 틀린 것은?

① 아크를 안정시킨다.
② 용착금속을 보호한다.
③ 용착금속의 급랭을 방지한다.
④ 용착금속의 흐름을 억제한다.

풀이 • 피복제(flux)의 역할
① 대기 중의 산소 및 질소의 침입을 방지하고 용융금속을 보호
② 용착금속의 탈산 정련작용을 한다.
③ 아크를 안정시키고, 용착효율을 높인다.
④ 슬래그 제거 및 비드를 깨끗이 한다.
⑤ 용융금속의 응고와 냉각속도를 지연시켜 준다.
⑥ 모재 표면에 산화물을 제거한다.

94 절삭가공을 할 때 절삭온도를 측정하는 방법으로 사용하지 않는 것은?

① 부식을 이용하는 방법
② 복사고온계를 이용하는 방법
③ 열전대(thermo couple)에 의한 방법
④ 칼로리미터(calorimeter)에 의한 방법

풀이 • 절삭온도의 측정
① 칩의 색깔에 의한 측정
② 열량계(칼로리미터, calorimeter)에 의한 측정
③ 열전대 (thermo couple)에 의한 측정
④ 복사 고온계에 의한 측정

95 선반가공에서 직경 60mm, 길이 100mm의 탄소강 재료 환봉을 초경바이트를 사용하여 1회 절삭 시 가공시간은 약 몇 초인가?(단, 절삭깊이 1.5mm, 절삭속도 150m/min, 이송은 0.2mm/rev이다.)

① 38초　② 42초
③ 48초　④ 52초

풀이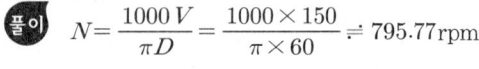

96 300mm×500mm인 주철 주물을 만들 때, 필요한 주입 추의 무게는 약 몇 kg인가?(단, 쇳물 아궁이 높이가 120mm, 주물 밀도는 7200kg/m³이다.)

① 129.6　　② 149.6
③ 169.6　　④ 189.6

풀이 • 쇳물의 압상력
$F = SPH = (0.3 \times 0.5) \times 7200 \times 0.12 = 129.6$ kg
여기서, S: 투영면적, P: 주입 금속의 비중량, H: 주물의 윗면에서 주입구 면까지 높이, V: 코어의 체적

97 프레스 작업에서 전단가공이 아닌 것은?
① 트리밍(trimming)
② 컬링(curling)
③ 셰이빙(shaving)
④ 블랭킹(blanking)

풀이 전단가공의 종류에는 펀칭(punching, 타공), 블랭킹(blanking, 타발), 전단(shearing), 분단(parting), 노칭(notching), 트리밍(trimming), 셰이빙(shaving) 등이 있으며 컬링(curling)은 성형가공이다.

98 다음 중 직접 측정기가 아닌 것은?
① 측장기
② 마이크로미터
③ 버니어 캘리퍼스
④ 공기 마이크로미터

풀이 • 직접 측정기: 눈금이 있는 측정기를 사용하여 측정하는 방법으로 버니어 캘리퍼스, 마이크로미터, 하이트 게이지, 측장기 등이 있다.

99 스프링 백(spring back)에 대한 설명으로 틀린 것은?

① 경도가 클수록 스프링 백의 변화도 커진다.
② 스프링 백의 양은 가공조건에 의해 영향을 받는다.
③ 같은 두께의 판재에서 굽힘 반지름이 작을수록 스프링 백의 양은 커진다.
④ 같은 두께의 판재에서 굽힘 각도가 작을수록 스프링 백의 양은 커진다.

풀이 • 스프링 백(spring back): 굽힘 가공에서 외력을 제거하면 소재의 탄성변형 부분이 원상태로 돌아가려는 현상으로 굽힘 각도나 굽힘 반지름이 커지게 되는 현상이다.
㉠ 탄성한계가 클수록, 경도가 높을수록 스프링 백의 양이 커진다.
㉡ 굽힘 반지름이 같을 때 두께가 얇을수록 스프링 백의 양이 커진다.
㉢ 동일한 판 두께에 대해서 굽힘 반지름이 클수록 스프링 백의 양이 커진다.
㉣ 구부린 각도가 작을수록 스프링 백의 양이 커진다.
㉤ 같은 두께의 판재에서 다이의 어깨 나비가 작아질수록 스프링 백의 양은 커진다.

100 내접기어 및 자동차의 3단 기어와 같은 단이 있는 기어를 깎을 수 있는 원통형 기어 절삭기계로 옳은 것은?
① 호빙 머신
② 그라인딩 머신
③ 마그 기어 셰이퍼
④ 펠로즈 기어 셰이퍼

풀이 • 펠로즈 기어 셰이퍼(fellows gear shaper)
㉠ 기어 절삭기로 피니언(pinion) 커터 이용
㉡ 내접기어나 다단기어를 깎을 수 있다.(마그 기어 셰이퍼는 랙(lack)을 이용하여 기어를 깍기 때문에 내접기어나 다단기어를 깎을 수 없다.
㉢ 생산속도가 빨라 자동차 공업에 많이 사용된다.

답 96 ① 97 ② 98 ④ 99 ③ 100 ④

2019년 4회 일반기계기사 기출문제

1 재료역학

1 단면이 가로 100mm, 세로 150mm인 사각 단면보가 그림과 같이 하중(P)을 받고 있다. 전단응력에 의한 설계에서 P는 각각 100kN 씩 작용할 때, 이 재료의 허용 전단응력은 약 몇 MPa인가?(단, 안전계수는 2이다.)

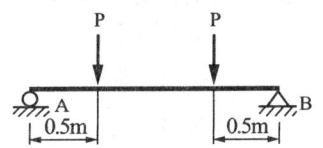
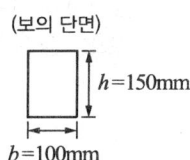

① 10 ② 15
③ 18 ④ 20

풀이 $\dfrac{\tau_{\max}}{s} = \dfrac{3}{2}\dfrac{V}{A}$ 이고, $R_A = R_B = P$ 이므로

$\dfrac{\tau}{2} = \dfrac{3}{2}\dfrac{100 \times 10^3}{(100 \times 150) \times 10^{-6}} = 10\text{MPa}$ 에서 $\tau = 20\text{MPa}$

2 그림과 같이 봉이 평형상태를 유지하기 위해 O점에 작용시켜야 하는 모멘트는 약 몇 N·m인가?(단, 봉의 자중은 무시한다.)

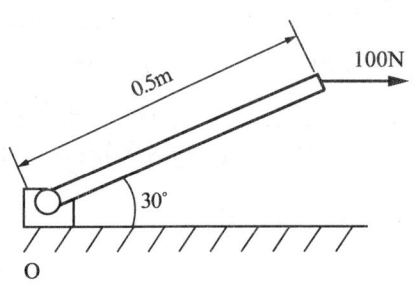

① 0   ② 25
③ 35 ④ 50

풀이 $M_O = 100 \times 0.5 \sin\theta = 100 \times (0.5 \times \sin 30)$
$= 25\text{Nm}$

3 그림과 같은 외팔보에 있어서 고정단에서 20cm되는 지점의 굽힘 모멘트 M은 약 몇 kN·m인가?

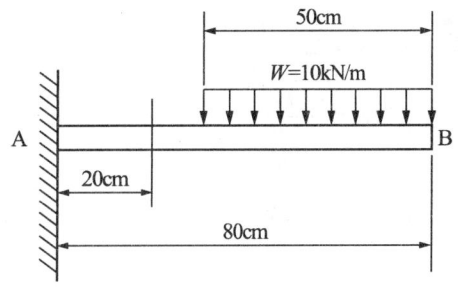

① 1.6   ② 1.75
③ 2.2   ④ 2.75

풀이 $M_{20cm} = (10 \times 10^3) \times 0.5 \times (0.25 + 0.1)$
$= 1750\text{N·m} = 1.75\text{kN·m}$

4 안지름 80cm의 얇은 원통에 내압 1MPa이 작용할 때 원통의 최소 두께는 몇 mm인가?(단, 재료의 허용응력은 80MPa이다.)

① 2.5 ② 5
③ 8   ④ 10

풀이 원주응력$(\sigma_\theta) = \dfrac{q_a d}{2t} = \dfrac{q_a r}{t}$ 에서

답 1 ④ 2 ② 3 ② 4 ②

$$t = \frac{q_a d}{2\sigma_\theta} = \frac{(1\times10^6)\times 0.8}{2\times(80\times10^6)} = 5\times10^{-3}\text{m} = 5\text{mm}$$

축 방향 응력(σ_a) $= \dfrac{q_a d}{4t} = \dfrac{q_a r}{2t}$ 에서

$$t = \frac{q_a d}{4\sigma_\theta} = \frac{(1\times10^6)\times 0.8}{4\times(80\times10^6)} = 2.5\times10^{-3}\text{m} = 2.5\text{mm}$$

원주응력(σ_θ)=축 방향 응력(σ_a)×2이므로 원주응력 기준으로 설계한다.

5 길이가 L이고 직경이 d인 축과 동일 재료로 만든 길이 $2L$인 축이 같은 크기의 비틀림 모멘트를 받았을 때, 같은 각도만큼 비틀어지게 하려면 직경은 얼마가 되어야 하는가?

① $\sqrt{3}\,d$ ② $\sqrt[4]{3}\,d$
③ $\sqrt{2}\,d$ ④ $\sqrt[4]{2}\,d$

풀이 $\phi = \phi_1$ 이므로 $\dfrac{TL}{GI_P} = \dfrac{T\cdot 2L}{GI_{P_1}}$, 동일 재료에 같은 비틀림을 받으므로 $\dfrac{L}{\frac{\pi d^4}{32}} = \dfrac{2L}{\frac{\pi d_1^4}{32}}$, $\dfrac{1}{d^4} = \dfrac{2}{d_1^4}$ 에서 $d_1^4 = 2d^4$

이다. 따라서 $d_1 = \sqrt[4]{2}\,d$

6 그림과 같은 비틀림 모멘트가 1kN·m에서 축적되는 비틀림 변형에너지는 약 몇 N·m인가?(단, 세로탄성계수는 100GPa이고, 포아송의 비는 0.25이다.)

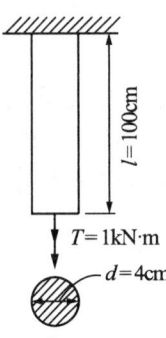

① 0.5 ② 5
③ 50 ④ 500

풀이 $G = \dfrac{mE}{2(m+1)} = \dfrac{3K(m-2)}{2(m+1)}$

$= \dfrac{E}{2(1+\mu)} = \dfrac{100\times10^9}{2(1+0.25)}$

$= 4\times10^{10}\text{Pa}$

$U = \dfrac{1}{2}T\phi = \dfrac{T^2 l}{2GI_P} = \dfrac{1000^2\times 1}{2\times(4\times10^{10})\times\dfrac{\pi\times 0.04^4}{32}}$

$\fallingdotseq 49.736\text{N}\cdot\text{m} \fallingdotseq 50\text{N}\cdot\text{m}$

7 철도 레일을 20℃에서 침목에 고정하였는데, 레일의 온도가 60℃가 되면 레일에 작용하는 힘은 약 몇 kN인가?(단, 선팽창계수 $a = 1.2\times10^{-6}$/℃, 레일의 단면적은 5000mm², 세로탄성계수는 210GPa이다.)

① 40.4 ② 50.4
③ 60.4 ④ 70.4

풀이 $\sigma_T = E\alpha\Delta T = \dfrac{P}{A}$, $P = E\alpha\Delta T\times A$

$= (210\times10^9)\times(1.2\times10^{-6})\times(60-20)\times(5000\times10^{-6})$
$= 50.4$

8 단면의 폭(b)과 높이(h)가 6cm×10cm인 직사각형이고, 길이가 10cm인 외팔보 자유단에 10kN의 집중하중이 작용할 경우 최대 처짐은 약 몇 cm인가?(단, 세로탄성계수는 210GPa이다.)

① 0.104 ② 0.254
③ 0.317 ④ 0.542

풀이 $v_{\max} = \dfrac{P\cdot l^3}{3E\cdot I} = \dfrac{(10\times10^3)\times 1^3}{3\times(210\times10^9)\times\dfrac{0.06\times 0.1^3}{12}}$

$\fallingdotseq 3.17\times10^{-3}\text{m} \fallingdotseq 0.317\text{cm}$

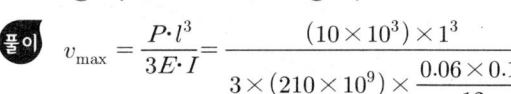

9 평면 응력 상태에 있는 재료 내부에 서로 직각인 두 방향에서 수직 응력 σ_x, σ_y가 작용할 때 생기는 최대 주응력과 최소 주응력을 각각 σ_1, σ_2라 하면 다음 중 어느 관계식이 성립하는가?

① $\sigma_1 + \sigma_2 = \dfrac{\sigma_x + \sigma_y}{2}$

② $\sigma_1 + \sigma_2 = \dfrac{\sigma_x + \sigma_y}{4}$

③ $\sigma_1 + \sigma_2 = \sigma_x + \sigma_y$

④ $\sigma_1 + \sigma_2 = 2(\sigma_x + \sigma_y)$

풀이 • 주평면(Principal plane): 최대, 최소의 수직응력(주응력)이 존재하고 전단응력(τ)이 0인 상태의 평면

$\sigma_{1,2}(\sigma_{\max},\ \sigma_{\min}) = \dfrac{\sigma_x + \sigma_y}{2} \pm \sqrt{\left(\dfrac{\sigma_x - \sigma_y}{2}\right)^2 + \tau_{xy}^2}$

$= \dfrac{\sigma_x + \sigma_y}{2} \pm \tau_{\max}$

$\sigma_1 + \sigma_2 = \sigma_x + \sigma_y$: 서로 수직한 면에 작용하는 수직응력의 합은 항상 일정하다.

10 단면의 도심 o를 지나는 단면 2차 모멘트 I_x는 약 얼마인가?

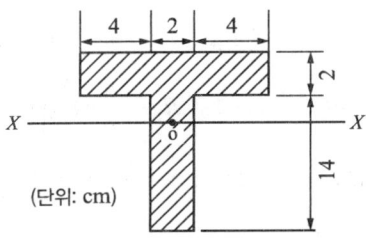

(단위: cm)

① $1210\,\text{mm}^4$ ② $120.9\,\text{mm}^4$
③ $1210\,\text{cm}^4$ ④ $120.9\,\text{cm}^4$

풀이 도심은 $\bar{y} = \dfrac{(14 \times 2 \times 7) + (10 \times 2 \times 15)}{(14 \times 2) + (10 \times 2)}$

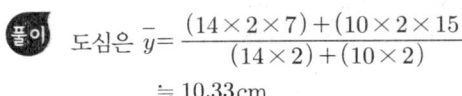

$\fallingdotseq 10.33\,\text{cm}$

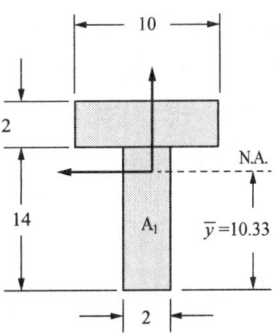

평행축 정리를 이용하여 도심에 대한 단면 2차 모멘트를 중립축에 대한 단면 2차 모멘트 $I_x = I_x' + a^2 \cdot A$를 구하면,

$I_{A_1} = \dfrac{2 \times 14^3}{12} + (10.33 - 7)^2 \times (14 \times 2) \fallingdotseq 767.82$,

$I_{A_2} = \dfrac{10 \times 2^3}{12} + (15 - 10.33)^2 \times (10 \times 2) \fallingdotseq 442.84$

$I_x = I_{A_1} + I_{A_2} \fallingdotseq 1210.67\,\text{cm}^4$

11 그림과 같은 외팔보에서 공정부에서의 굽힘모멘트를 구하면 약 몇 kN·m인가?

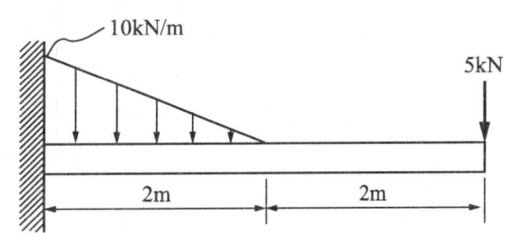

① 26.7(반시계방향)
② 26.7(시계방향)
③ 46.7(반시계방향)
④ 46.7(시계방향)

풀이 $M = (5 \times 10^3) \times 4 + (10 \times 10^3 \times 2) \times \dfrac{1}{3}$

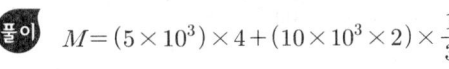

$\fallingdotseq 26.7\,\text{kNm}$

하중에 의한 모멘트는 시계방향이다. 따라서 고정부에서는 반시계방향 모멘트가 작용한다.

12 지름이 d인 원형 단면 봉이 비틀림 모멘트 T를 받을 때, 발생되는 최대 전단응력 τ를 나타내는 식은?(단, I_P는 단면의 극단면 2차 모멘트이다.)

① $\dfrac{Td}{2I_P}$ ② $\dfrac{I_P d}{2T}$

③ $\dfrac{TI_P}{2d}$ ④ $\dfrac{2T}{I_P d}$

풀이 $T = \tau \cdot Z_P = \tau \dfrac{I_P}{e} = \tau \dfrac{I_P}{\frac{d}{2}} = \tau \dfrac{2I_P}{d}$ 에서,

$\tau = \dfrac{Td}{2I_P}$

13 그림과 같이 원형 단면을 갖는 연강봉이 100kN의 인장하중을 받을 때 이 봉의 신장량은 약 몇 cm인가?(단, 세로탄성계수는 200GPa이다.)

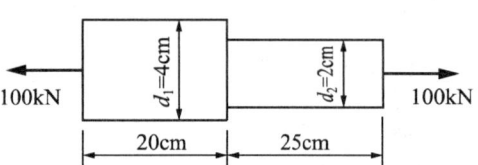

① 0.0478   ② 0.0956
③ 0.143   ④ 0.191

풀이

$\delta = \delta_1 + \delta_2 = \dfrac{P \cdot l_1}{A_1 E} + \dfrac{P \cdot l_2}{A_2 E} = \dfrac{P}{E} \times \left(\dfrac{l_1}{A_1} + \dfrac{l_2}{A_2}\right)$

$= \dfrac{100 \times 10^3}{200 \times 10^9} \times \left(\dfrac{0.2}{\dfrac{\pi \times 0.04^2}{4}} + \dfrac{0.25}{\dfrac{\pi \times 0.02^2}{4}}\right)$

$\fallingdotseq 4.778 \times 10^{-2} \text{m} \fallingdotseq 0.0478 \text{cm}$

14 다음 그림에서 최대 굽힘응력은?

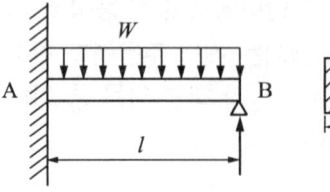

① $\dfrac{27}{64} \dfrac{Wl^2}{bh^2}$ ② $\dfrac{64}{27} \dfrac{Wl^2}{bh^2}$

③ $\dfrac{7}{128} \dfrac{Wl^2}{bh^2}$ ④ $\dfrac{64}{128} \dfrac{Wl^2}{bh^2}$

풀이 $M_x = R_B \cdot x - \dfrac{wx^2}{2}$

$v(A) = \dfrac{1}{EI} \int_0^l \left(R_B \cdot x - \dfrac{wx^2}{2}\right) x \cdot dx$

$= \dfrac{1}{EI} \int_0^l \left(R_B \cdot x^2 - \dfrac{wx^3}{2}\right) dx$

$= \dfrac{1}{EI} \left[\dfrac{1}{3} R_B \cdot x^3 - \dfrac{wx^4}{8}\right]$ 이 되며,

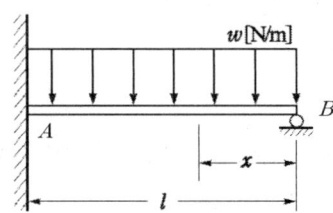

$v(A) = 0$ 이므로 $\dfrac{1}{3} R_B \cdot l^3 - \dfrac{wx^4}{8} = 0$ 에서 $R_B = \dfrac{3}{8} wl$ 이

며, $R_A + R_B = wl$ 이므로 $R_A = \dfrac{5}{8} wl$ 이다.

$\dfrac{dM}{dx} = R_B - wx = 0$ 에서 $x = \dfrac{R_B}{w} = \dfrac{3}{8} l$ 인 지점에서의 모

멘트를 구하면

$M_{x = \frac{3l}{8}} = \dfrac{3}{8} wl \cdot \dfrac{3l}{8} - \dfrac{w}{2} \left(\dfrac{3}{8} l\right)^2$

$= \dfrac{9wl^2}{64} - \dfrac{9wl^2}{128} = \dfrac{9wl^2}{128}$

$M = \sigma_b Z, \ \sigma_b = \dfrac{M}{Z} = \dfrac{\dfrac{9wl^2}{128}}{\dfrac{bh^2}{6}} = \dfrac{6 \times 9wl^2}{128 bh^2} = \dfrac{27}{64} \dfrac{wl^2}{bh^2}$

답 12 ① 13 ① 14 ①

15 그림과 같은 양단이 지지된 단순보의 전 길이에 4kN/m의 등분포하중이 작용할 때, 중앙에서의 처짐이 0이 되기 위한 P의 값은 몇 kN인가?(단, 보의 굽힘강성 EI는 일정하다.)

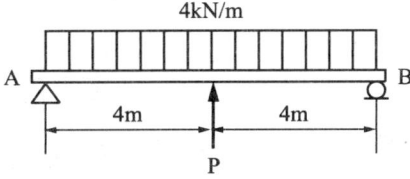

① 15   ② 18
③ 20   ④ 25

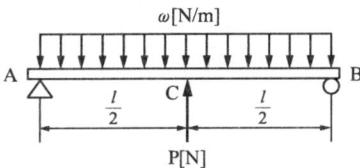

집중하중과 분포하중을 각각 분리하여 처짐을 계산하면
$v_1 = \dfrac{5w \cdot l^4}{384 E \cdot I}$, $v_2 = \dfrac{P \cdot l^3}{48 E \cdot I}$ 이다.

보 중앙점의 처짐이 0이면 $v_1 = v_2$ 이므로

$\dfrac{5w \cdot l^4}{384 E \cdot I} = \dfrac{P \cdot l^3}{48 E \cdot I}$ 에서 $P = \dfrac{5}{8} w \cdot l$ 이다.

$P = \dfrac{5}{8} w \cdot l = \dfrac{5}{8} \times (4 \times 10^3) \times 8 = 20\,\mathrm{kN}$

16 세로탄성계수가 200GPa, 포아송의 비가 0.3인 판재에 평면하중이 가해지고 있다. 이 판재의 표면에 스트레인 게이지를 부착하고 측정한 결과 $\epsilon_s = 5 \times 10^{-4}$, $\epsilon_y = 3 \times 10^{-4}$ 일 때, σ_x는 약 몇 MPa인가?(단, x축과 y축이 이루는 각은 90도이다.)

① 99   ② 100
③ 118 ④ 130

풀이 $\epsilon_x = \dfrac{\sigma_x}{E} - \mu \dfrac{\sigma_y}{E}$ ·············· ㉠

$\epsilon_y = \dfrac{\sigma_y}{E} - \mu \dfrac{\sigma_x}{E}$ ·············· ㉡

식 ㉠에서 $E \cdot \epsilon_x = \sigma_x - \mu \sigma_y$, $\sigma_x = E \cdot \epsilon_x + \mu \sigma_y$,

식 ㉡에서
$E \cdot \epsilon_y = \sigma_y - \mu \sigma_x$, $E \cdot \epsilon_y = \sigma_y - \mu E \cdot \epsilon_x - \mu^2 \sigma_y$

$E(\epsilon_y + \mu \epsilon_x) = (1 - \mu^2) \sigma_y$ 에서 $\sigma_x = \dfrac{E}{1 - \mu^2}(\epsilon_x + \mu \epsilon_y)$,

$\sigma_y = \dfrac{E}{1 - \mu^2}(\epsilon_y + \mu \epsilon_x)$ 이다.

$\sigma_x = \dfrac{E}{1 - \mu^2}(\epsilon_x + \mu \epsilon_y)$

$= \dfrac{200 \times 10^9}{1 - 0.3^2}[(5 \times 10^{-4}) + 0.3 \times (3 \times 10^{-4})]$

$≒ 129.67\,\mathrm{MPa} ≒ 130\,\mathrm{MPa}$

17 그림과 같이 양단이 고정된 단면적 1cm², 길이 2m의 케이블을 B점에서 아래로 10mm만큼 잡아당기는 데 필요한 힘 P는 약 몇 N인가?(단, 케이블 재료의 세로탄성계수는 200GPa이며, 자중은 무시한다.)

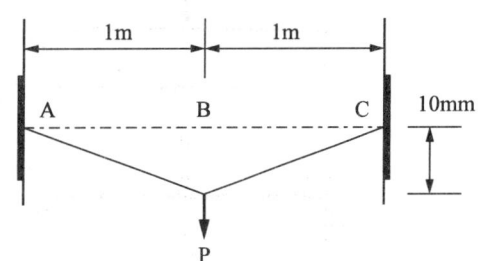

① 10   ② 20
③ 30   ④ 40

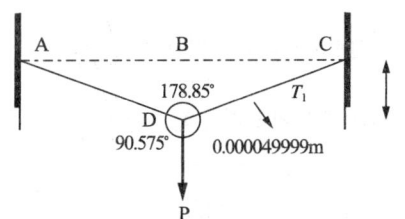

늘어난 길이 $\delta_1 = \sqrt{1^2 + (10 \times 10^{-3})^2} = 1.000049999\,\mathrm{m}$ 이므로 늘어난 길이는 $0.000049999\,\mathrm{m}$ 이다.

답 15 ③ 16 ④ 17 ②

$$\delta_1 = \frac{T_1 l}{AE},$$
$$T_1 = \frac{\delta_1 AE}{l}$$
$$= \frac{0.000049999 \times (1 \times 10^{-4}) \times (200 \times 10^9)}{1}$$
$$= 999.98\text{N}$$

삼각형 CDB에서 $1.000049999 \cos\alpha = (10 \times 10^{-3})$, $\alpha \approx 89.43°$이며, $2\alpha \approx 178.85°$이다.
또한 $360° - 178.85° \approx 181.15°$이며 이를 2로 나누면 약 $90.575°$이다.

사인법칙에 의하여 $\dfrac{P}{\sin 178.85°} = \dfrac{999.98}{\sin 90.575°}$

$P \approx 20\text{N}$

18 다음 그림에서 단순보의 최대 저침량(δ_1)과 양단 고정보의 최대 처짐량(δ_2)의 비(δ_1/δ_2)는 얼마인가?(단, 보의 굽힘강성 EI는 일정하고 자중은 무시한다.)

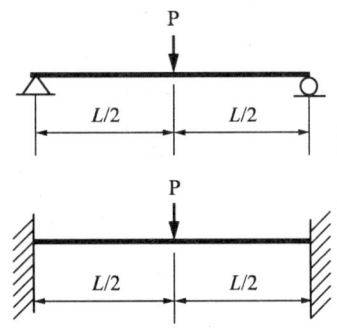

① 1 ② 2
③ 3 ④ 4

풀이 ㉠ 단순보의 최대 처짐 $\delta_1 = \dfrac{Pl^3}{48EI}$

㉡ 양단 고정보의 최대 처짐 $\delta_2 = \dfrac{Pl^3}{192EI}$

그러므로 $\dfrac{\delta_1}{\delta_2} = \dfrac{\frac{1}{48}}{\frac{1}{192}} = \dfrac{192}{48} = 4$

19 8cm×12cm($b \times h$)인 직사각형 단면의 기둥 길이를 L_1, 지름 20cm인 원형 단면의 기둥 길이를 L_2라 하고 세장비가 같다면, 두 기둥의 비 $\left(\dfrac{L_2}{L_1}\right)$는 약 얼마인가?

① 1.44 ② 2.16
③ 2.5   ④ 3.2

풀이 세장비 $\lambda = \dfrac{L}{r}$, 원형 $r = \sqrt{\dfrac{I}{A}} = \sqrt{\dfrac{\frac{\pi d^4}{64}}{\frac{\pi d^2}{4}}} = \dfrac{d}{4}$,

구형 $r = \sqrt{\dfrac{I}{A}} = \sqrt{\dfrac{\frac{b \cdot h^3}{12}}{b \cdot h}} = \dfrac{b}{\sqrt{12}}$

$\lambda_1 = \lambda_2$, $\dfrac{L_1}{\frac{b}{\sqrt{12}}} = \dfrac{L_2}{\frac{d}{4}}$ 에서

$\dfrac{L_2}{L_1} = \dfrac{d\sqrt{12}}{4b} = \dfrac{d\sqrt{3}}{2b} = \dfrac{20\sqrt{3}}{2 \times 8} \approx 2.16$

20 지름 2cm, 길이 20cm인 연강봉이 인장하중을 받을 때 길이는 0.016cm 만큼 늘어나고 지름은 0.0004cm 만큼 줄었다. 이 연강봉의 포아송비는?

① 0.25 ② 0.5
③ 0.75 ④ 4

풀이 $\mu = \dfrac{\epsilon'}{\epsilon} = \dfrac{\frac{0.0004}{2}}{\frac{0.016}{20}} = 0.25$

2 기계열역학

21 포화액의 비체적은 0.001242m³/kg이고, 포화증기의 비체적은 0.3469m³/kg인 어떤 물질이 있다. 이 물질이 건도 0.65 상태로 2m³인 공간에 있다고 할 때 이 공간 안에 차지한 물질의 질량(kg)은?

① 8.85　　② 9.42
③ 10.08　　④ 10.84

풀이 · 상태량
$v_{fg} = v_g - v_f = 0.34566\text{m}^3/\text{kg}$
· 포화 혼합물의 비체적
$v = v_f + v_{fg} \times x = 0.226\text{m}^3/\text{kg}$
· 포화 혼합물의 질량
$m = \dfrac{V}{v} = \dfrac{2}{0.226} = 8.85\text{kg}$
여기서, 물질이 들어있는 공간 체적(V) = 2m³

22 열역학적 관점에서 일과 열에 관한 설명으로 틀린 것은?

① 일과 열은 온도와 같은 열역학적 상태량이 아니다.
② 일의 단위는 J(joule)이다.
③ 일의 크기는 힘과 그 힘이 작용하여 이동한 거리를 곱한 값이다.
④ 일과 열은 점 함수(point function)이다.

풀이 일과 열은 경로 함수이다.

23 기체가 열량 80kJ 흡수하여 외부에 대하여 20kJ 일을 하였다면 내부 에너지 변화(kJ)는?

① 20　　② 60
③ 80　　④ 100

풀이 · 1법칙
$_1Q_2 - {_1W_2} = \Delta U$
$80 - 20 = \Delta U$

24 다음 중 브레이턴 사이클의 과정으로 옳은 것은?

① 단열 압축 → 정적 가열 → 단열 팽창 → 정적 방열
② 단열 압축 → 정압 가열 → 단열 팽창 → 정적 방열
③ 단열 압축 → 정적 가열 → 단열 팽창 → 정압 방열
④ 단열 압축 → 정압 가열 → 단열 팽창 → 정압 방열

풀이 · 브레이턴 사이클: 두 개의 정압과정과 두 개의 등엔트로피 과정으로 구성된 사이클이다.

25 압력이 200kPa인 공기가 압력이 일정한 상태에서 400kcal의 열을 받으면서 팽창하였다. 이러한 과정에서 공기의 내부 에너지가 250kcal만큼 증가하였을 때, 공기의 부피 변화(m³)는 얼마인가?(단, 1kcal은 4.186kJ이다.)

① 0.98　　② 1.21
③ 2.86　　④ 3.14

풀이 공기의 부피 변화는 다음과 같다.
$\Delta V = \dfrac{_1Q_2 - \Delta U}{P} = 3.14\text{m}^3$
여기서, $_1Q_2 = 400\text{kcal} = 1674.4\text{kJ}$
$\Delta U = 250\text{kcal} = 1046.5\text{kJ}$
$P = 200\text{kPa}$

26 오토 사이클의 효율이 55%일 때 101.3kPa, 20°C의 공기가 압축되는 압축비는 얼마인가?(단, 공기의 비열비는 1.4이다.)

① 5.28　　② 6.32
③ 7.36　　④ 8.18

풀이 • 압축비

$$r_v = \left(\frac{1}{1-\eta_{otto}}\right)^{\frac{1}{k-1}} = 7.36$$

27 분자량이 32인 기체의 정적 비열이 0.714kJ/kg·K일 때 이 기체의 비열비는?(단, 일반기체 상수는 8.314kJ/kmol·K이다.)

① 1.364　　② 1.382
③ 1.414　　④ 1.446

풀이 • 주어진 기체의 비열비

$k = C_p/C_v = 0.973/0.714 = 1.363$

여기서, 주어진 기체의 정압 비열(C_p)=0.973kJ/kg·K

28 다음 그림과 같은 오토 사이클의 효율(%)은? (단, $T_1=300$K, $T_2=689$K, $T_3=2364$K, $T_4=1029$K이고, 정적 비열은 일정하다.)

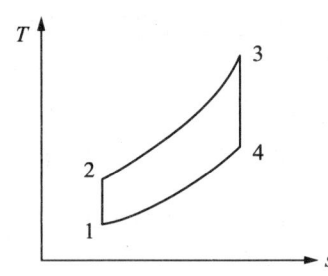

① 42.5　　② 48.5
③ 56.5　　④ 62.5

풀이 • 오토 사이클의 열효율

$$\eta_{otto} = 1 - \frac{T_1}{T_2} = 0.565$$

29 1000K의 고열원으로부터 750kJ의 에너지를 받아서 300K의 저열원으로 550kJ의 에너지를 방출하는 열기관이 있다. 이 기관의 효율(η)과 Clausius 부등식의 만족 여부는?

① η=26.7%이고, Clausius 부등식을 만족한다.
② η=26.7%이고, Clausius 부등식을 만족하지 않는다.
③ η=73.3%이고, Clausius 부등식을 만족한다.
④ η=73.3%이고, Clausius 부등식을 만족하지 않는다.

풀이 • 주어진 조건을 갖는 열기관 효율

$$\eta = 1 - \frac{Q_L}{Q_H} = 0.267$$

• Clausius 부등식 만족 여부

$$\oint \frac{\delta Q}{T} = \frac{Q_H}{T_H} + \frac{Q_L}{T_L} < 0$$

30 메탄올의 정압 비열(C_P)이 다음과 같은 온도 T(K)에 의한 함수로 나타날 때 메탄올 1kg을 200K에서 400K까지 정압과정으로 가열하는 데 필요한 열량(kJ)은?(단, C_P의 단위는 kJ/kg·K이다.)

$$C_P = a + bT + cT^2$$
$$(a=3.51,\ b=-0.00135,\ c=3.47\times10^{-5})$$

① 722.9　　② 1311.2
③ 1268.7　　④ 866.2

풀이 • 메탄올 1kg을 200K에서 400K까지 정압 과정으로 가열하는 데 필요한 열량

$$_1Q_2 = a(T_2-T_1) + \frac{b}{2}(T_2^2-T_1^2) + \frac{c}{3}(T_2^3-T_1^3)$$
$$= 1268.7\text{kJ}$$

여기서, T_1=200K, T_2=400K

답 26 ③　27 ①　28 ③　29 ①　30 ③

31 질량 유량이 10kg/s인 터빈에서 수증기의 엔탈피가 800kJ/kg 감소한다면 출력(kW)은 얼마인가?(단, 역학적 손실, 열손실은 모두 무시한다.)

① 80　　　② 160
③ 1600　　④ 8000

풀이 • 질량 유량 10kg/s인 주어진 터빈 출력
$\dot{W}_t = \dot{m}w_t = 8000\text{kJ/s} = 8000\text{kW}$
여기서, $w_t = 800\text{kJ/kg}$

32 내부 에너지가 40kJ, 절대 압력이 200kPa, 체적이 0.1m³, 절대 온도가 300K인 계의 엔탈피(kJ)는?

① 42　　　② 60
③ 80　　　④ 240

풀이 • 주어진 상태에서 엔탈피
$H U + PV = 60\text{kJ}$

33 열역학 제2법칙에 대한 설명으로 옳은 것은?

① 과정(process)의 방향성을 제시한다.
② 에너지의 양을 결정한다.
③ 에너지의 종류를 판단할 수 있다.
④ 공학적 장치의 크기를 알 수 있다.

풀이 열은 저온에서 고온인 물체로 자연적으로 전달되지 않는다. 이와 같이 과정의 방향성은 열역학 제2법칙으로 설명할 수 있다.

34 공기 1kg을 정압과정으로 20℃에서 100℃까지 가열하고, 다음에 정적과정으로 100℃에서 200℃까지 가열한다면, 전체 가열에 필요한 총에너지(kJ)는?(단, 정압 비열은 1.009kJ/kg·K, 정적 비열은 0.72kJ/kg·K이다.)

① 152.7　　② 162.8
③ 139.8　　④ 146.7

풀이 • 전체 가열에 필요한 총에너지
$Q = {}_AQ_{12} + {}_BQ_{23} = 152.72\text{kJ}$
여기서, 20℃ → 100℃로 가열하는 데 필요한 열량(${}_AQ_{12}$)
$= 80.72\text{kJ}$
100℃ → 200℃로 가열하는 데 필요한 열량(${}_BQ_{23}$)
$= 72\text{kJ}$

35 카르노 냉동기에서 흡열부와 방열부의 온도가 각각 -20℃와 30℃인 경우, 이 냉동기에 40kW의 동력을 투입하면 냉동기가 흡수하는 열량(RT)은 얼마인가?(단, 1RT=3.86kW이다.)

① 23.62　　② 52.48
③ 78.36　　④ 126.48

풀이 • 저온공간으로부터 냉동기가 흡수하는 열량
$\dot{Q}_L = \dot{W}\left(\dfrac{T_L}{T_H - T_L}\right) = 202.4\text{kW}$
$= 202.4 \times \dfrac{1}{3.86}\text{RT} = 52.48\text{RT}$

36 질량이 m이고 비체적이 v인 구(sphere)의 반지름이 R이다. 이때 질량이 $4m$, 비체적이 $2v$로 변화한다면 구의 반지름은 얼마인가?

① $2R$　　　② $\sqrt{2}R$
③ $\sqrt[3]{2}R$　　④ $\sqrt[3]{4}R$

풀이 • 질량이 m이고 비체적이 v인 구의 체적(V_1)과 질량이 $4m$이고 비체적이 $2v$인 구의 체적(V_2)의 관계
$V_2 = 8V_1$
• 체적 V_1인 구의 반지름(R), 체적 V_2인 구의 반지름(R_2)이면
$R_2^3 = 8R^3$
$R_2 = 2R$

답　31 ④　32 ②　33 ①　34 ①　35 ②　36 ①

37 100℃의 수증기 10kg이 100℃의 물로 응축되었다. 수증기의 엔트로피 변화량(kJ/K)은?(단, 물의 잠열은 100℃에서 2257kJ/kg이다.)

① 14.5 ② 5390
③ -22570 ④ -60.5

 • 수증기의 엔트로피 변화량

$$\Delta S = \frac{\delta Q}{T} = 60.5 kJ$$

38 입구 엔탈피 3155kJ/kg, 입구 속도 24m/s, 출구 엔탈피 2385kJ/kg, 출구 속도 98m/s인 증기 터빈이 있다. 증기 유량이 1.5kg/s이고, 터빈의 축 출력이 900kW일 때 터빈과 주위 사이의 열전달량은 어떻게 되는가?

① 약 124kW의 열을 주위로 방열한다.
② 주위로부터 약 124kW의 열을 방열한다.
③ 약 248kW의 열을 주위로 방열한다.
④ 주위로부터 약 248kW의 열을 받는다.

 • 터빈과 주위 사이의 열전달량

$$\dot{Q} = \dot{m}(h_e - h_i) + \frac{1}{2} \times \dot{m}(V_e^2 - V_i^2) + \dot{W}_t = -248.2 kW$$

39 증기 압축 냉동기에 사용되는 냉매의 특징에 대한 설명으로 틀린 것은?

① 냉매는 냉동기의 성능에 영향을 미친다.
② 냉매는 무독성, 안정성, 저가격 등의 조건을 갖추어야 한다.
③ 무기화합물 냉매인 암모니아는 열역학적 특성이 우수하고, 가격이 비교적 저렴하여 널리 사용되고 있다.
④ 최근에는 오존 파괴 문제로 CFC 냉매 대신에 R-12(CCl_2F_2)가 냉매로 사용되고 있다.

풀이 CFC, $R-11$, $R-12$를 대체하는 물질 개발이 필요하다.

40 공기가 등온과정을 통해 압력이 200kPa, 비체적이 0.02m³/kg인 상태에서 압력이 100kPa인 상태로 팽창하였다. 공기를 이상기체로 가정할 때 시스템이 이 과정에서 한 단위 질량당 일(kJ/kg)은 약 얼마인가?

① 1.4 ② 2.0
③ 2.8 ④ 5.6

풀이 • 경계이동에 따른 이상 기체가 행한 일

$$_1W_2 = \int_1^2 Pdv = 일정 \int_1^2 \frac{1}{v} dv = P_1 v_1 \ln \frac{v_2}{v_1}$$
$$= 2772.6 J/kg = 2.8 kJ/kg$$

여기서, $v_2 = 0.04 m^3/kg$

3 기계유체역학

41 표준대기압 상태인 어떤 지방의 호수에서 지름이 d인 공기의 기포가 수면으로 올라오면서 지름이 2배로 팽창하였다. 이때 기포의 최초 위치는 수면으로부터 약 몇 m 아래인가?(단, 기포 내의 공기는 Boyle법칙에 따르며, 수중의 온도도 일정하다고 가정한다. 또한 수면의 기압(표준대기압)은 101.325kPa이다.)

① 70.8 ② 72.3
③ 74.6 ④ 77.5

 • 기포의 최초 위치

$$h = \frac{7 P_{atm}}{\rho_물 g} = \frac{7 \times 101.325 \times 10^3}{1000 \times 9.8} = 72.4 m$$

42 그림과 같이 비중 0.85인 기름이 흐르고 있는 개수로에 피토관을 설치하였다. Δh = 30mm, h =100mm일 때 기름의 유속은 약 몇 m/s인가?(단, Δh 부분에도 기름이 차 있는 상태이다.)

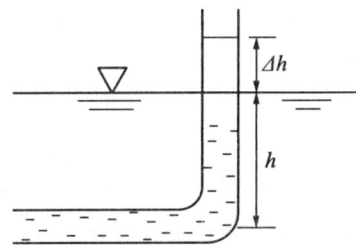

① 0.767　　② 0.976
③ 1.59　　　④ 6.25

 • 기름 유속

$$\therefore V = \sqrt{2g\Delta h} = \sqrt{2 \times 9.8 \times 30 \times 10^{-3}} = 0.767 \text{m/s}$$

43 마찰계수가 0.02인 파이프(안지름 0.1m, 길이 50m) 중간에 부차적 손실계수가 5인 밸브가 부착되어 있다. 밸브에서 발생하는 손실수두는 총 손실수두의 약 몇 %인가?

① 20　　② 25
③ 33　　④ 50

 • 밸브 손실 수두($h_{L.valve}$)와 총 손실 수두(h_L)비

$$\frac{h_{L.valve}}{h_L} = \frac{K}{\left(f \cdot \frac{l}{d} + K\right)} = 0.333$$

여기서, K=부차적 손실계수=5,
f=0.02, l=50
d=0.1

44 2차원 극좌표계(r, θ)에서 속도 포텐셜이 다음과 같을 때 원주방향 속도(v_θ)는?(단, 속도 포텐셜 ϕ는 $\vec{V} = \nabla\phi$로 정의된다.)

$$\phi = 2\theta$$

① $4\pi r$　　② $2r$
③ $\dfrac{4\pi}{r}$　　④ $\dfrac{2}{r}$

 • 속도 성분

$$u_r = \frac{\partial \phi}{\partial r} = 0, \quad u_\theta = \frac{1}{r} \cdot \frac{\partial \phi}{\partial \theta} = \frac{1}{r} \times 2$$

45 지름이 0.01m인 구 주위를 공기가 0.001 m/s로 흐르고 있다. 항력계수 $C_D = \dfrac{24}{Re}$로 정의할 때 구에 작용하는 항력은 약 몇 N인가?(단, 공기의 밀도는 1.1774kg/m³, 점성계수는 1.983×10⁻⁵kg/m·s이며, Re는 레이놀즈수를 나타낸다.)

① 1.9×10^{-9}
② 3.9×10^{-9}
③ 5.9×10^{-9}
④ 7.9×10^{-9}

 • 항력

$$F_D = 3\pi\mu VD = 1.86 \times 10^{-9} \text{N}$$

46 원류를 매분 240L의 비율로 안지름 80mm인 파이프를 통하여 100m 떨어진 곳으로 수송할 때 관내의 평균 유속은 약 몇 m/s인가?

① 0.4　　② 0.8
③ 2.5　　④ 3.1

 • 관내 평균 유속

$$V = \frac{\dot{Q}}{A} = \frac{4\dot{Q}}{\pi D^2} = 0.795 \text{m/s}$$

여기서, 체적유량($\dot{Q}$)=0.004m³/s

답　42 ①　43 ③　44 ④　45 ①　46 ②

47 역학적 상사성이 성립하기 위해 무차원수인 프루드수를 같게 해야 되는 흐름은?
① 점성계수가 큰 유체의 흐름
② 표면 장력이 문제가 되는 흐름
③ 자유표면을 가지는 유체의 흐름
④ 압축성을 고려해야 되는 유체의 흐름

 • 프루드수
$$Fr = \frac{V}{\sqrt{gL}} = \frac{관성력}{중력}$$
프루드수는 자유표면을 갖는 유체 흐름에서 중요한 관성력과 중력의 비를 나타내는 무차원수이다.

48 평판 위를 공기가 유속 15m/s로 흐르고 있다. 선단으로부터 10cm인 지점의 경계층 두께는 약 몇 mm인가?(단, 공기의 동점성계수는 1.6×10^{-5}m²/s이다.)
① 0.75   ② 0.98
③ 1.36   ④ 1.63

 • 선단에서 10cm인 지점의 경계층 두께
$$\delta = \frac{5x}{Re_x^{1/2}} = \frac{5 \times 0.1}{\sqrt{93750}} = 0.00163\text{m}$$
주어진 조건에서 평판 위 유동은 $Re = 93750$으로 층류유동이다.

49 그림과 같이 고정된 노즐로부터 밀도가 ρ인 액체의 제트가 속도 V로 분출하여 평판에 충돌하고 있다. 이때 제트의 단면적이 A이고 평판이 u인 속도로 제트와 반대 방향으로 운동할 때 평판에 작용하는 힘 F는?

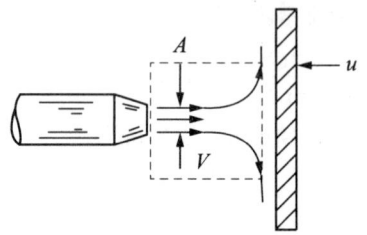

① $F = \rho A(V-u)$
② $F = \rho A(V-u)^2$
③ $F = \rho A(V+u)$
④ $F = \rho A(V+u)^2$

 • 판에 작용하는 힘
$F = \rho A \times (V_{in,x} + u)^2 = \rho A(V+u)^2$
여기서, $V_{in,x} = V$

50 비행기 날개에 작용하는 양력 F에 영향을 주는 요소는 날개의 코드길이 L, 받음각 α, 자유유동 속도 V, 유체의 밀도 ρ, 점성계수 μ, 유체 내에서의 음속 c이다. 이 변수들로 만들 수 있는 독립 무차원 매개 변수는 몇 개인가?
① 2   ② 3
③ 4   ④ 5

 • 무차원수 Π의 개수
$n - m = 6 - 3 = 3$
여기서, 매개 변수 수 $n=6$, 주어진 물리량의 기본 차원은 MLT로 기본 차원 수 $m=3$. 또한, 받음각(α)은 무차원으로 하나의 독립 무차원수이다.

51 안지름이 4mm이고, 길이가 10m인 수평 원형관 속을 20℃의 물이 층류로 흐르고 있다. 배관 10m의 길이에서 압력강하가 10kPa이 발생하며, 이때 점성계수는 1.02×10^{-3}N·s/m²일 때 유량은 약 몇 cm³/s인가?
① 6.16   ② 8.52
③ 9.52   ④ 12.16

 • 유량
$$\dot{Q} = \frac{\Delta P \pi D^4}{128 \mu L} = 6.16 \times 10^{-6} \text{m}³/\text{s} = 6.16\text{cm}³/\text{s}$$

답 47 ③ 48 ④ 49 ④ 50 ③ 51 ①

52 안지름이 0.01m인 관내로 점성계수가 0.005 N·s/m², 밀도가 800kg/m³인 유체가 1m/s의 속도로 흐를 때, 이 유동의 특성은?(단, 천이 구간은 레이놀즈수가 2100~4000에 포함될 때를 기준으로 한다.)

① 층류 유동
② 난류 유동
③ 천이 유동
④ 위 조건으로는 알 수 없다.

풀이 • 레이놀즈수

$Re = \dfrac{\rho VD}{\mu} = 1600 < 2100$ 이므로,

주어진 관내 유동은 층류이다.
$2100 < Re < 4000$ ← 천이 구간

53 밀도가 500kg/m³인 원기둥이 $\dfrac{1}{3}$ 만큼 액체면 위로 나온 상태로 떠있다. 이 액체의 비중은?

① 0.33   ② 0.5
③ 0.75   ④ 1.5

풀이 • 사용한 액체의 비중

$SG = \dfrac{\gamma_\text{유체}}{\gamma_\text{물}} = \dfrac{\rho_\text{원기둥} g}{\rho_\text{물} g} \times \dfrac{3}{2} = 0.75$

54 다음 중 유선(stream line)에 대한 설명으로 옳은 것은?

① 유체의 흐름에 있어서 속도 벡터에 대하여 수직한 방향을 갖는 선이다.
② 유체의 흐름에 있어서 유동 단면의 중심을 연결한 선이다.
③ 비정상류 흐름에서만 유동의 특성을 보여주는 선이다.
④ 속도 벡터에 접하는 방향을 가지는 연속적인 선이다.

풀이 • 유선: 유선 위에 있는 유체의 속도 벡터는 유선의 접선 방향이다.

55 다음 중에서 차원이 다른 물리량은?
① 압력   ② 전단응력
③ 동력   ④ 체적 탄성계수

풀이 • 물리량과 차원관계

물리량	압력	전단응력	동력	체적 탄성계수
차원	$ML^{-1}T^{-2}$	$ML^{-1}T^{-2}$	ML^2T^{-3}	$ML^{-1}T^{-2}$

56 비중이 0.8인 액체를 10m/s 속도로 수직 방향으로 분사하였을 때, 도달할 수 있는 최고 높이는 약 몇 m인가?(단, 액체는 비압축성, 비점성 유체이다.)

① 3.1   ② 5.1
③ 7.4   ④ 10.2

풀이 그림의 ①점과 ②점에 베르누이 방정식을 적용

∴ $\dfrac{P_1}{\rho g} + \dfrac{V_1^2}{2g} + z_1 = \dfrac{P_2}{\rho g} + \dfrac{V_2^2}{2g} + z_2$

$P_1 = P_2 = 0, \ V_2 = 0$

정리하면

∴ $h = z_2 - z_1 = \dfrac{V_1^2}{2g} = \dfrac{10^2}{2 \times 9.8} = 5.1\text{m}$

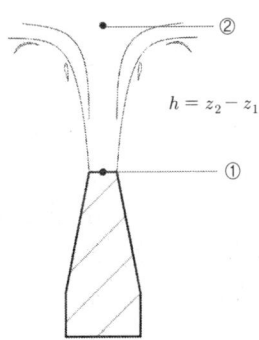

답 52 ① 53 ③ 54 ④ 55 ③ 56 ②

57 유체 속에 잠겨있는 경사진 판의 윗면에 작용하는 압력 힘의 작용점에 대한 설명 중 옳은 것은?

① 판의 도심보다 위에 있다.
② 판의 도심에 있다.
③ 판의 도심보다 아래에 있다.
④ 판의 도심과는 관계가 있다.

 • 압력 중심

$$y_P = y_C + \frac{I_{xx.C}}{y_C A}$$

압력 중심(y_P)은 도심(y_C)보다 $\frac{I_{xx.C}}{y_C A}$ 만큼 아래에 있다.

58 지상에서의 압력은 P_1, 지상 1000m 높이에서의 압력을 P_2라고 할 때 압력비 $\left(\dfrac{P_2}{P_1}\right)$ 는?(단, 온도가 15℃로 높이에 상관없이 일정하다고 가정하고, 공기의 밀도는 기체 상수가 287J/kg·K인 이상기체 법칙을 따른다.)

① 0.80　　② 0.89
③ 0.95　　④ 1.1

 • 지상에서의 압력과 1000m 높이에서 압력비

$$\frac{P_2}{P_1} = 1 - \frac{gh}{RT} = 0.881$$

59 점성계수(μ)가 0.098N·s/m²인 유체가 평판 위를 $u(y)=750y-2.5\times10^{-6}y^3$(m/s)의 속도 분포로 흐를 때 평판면($y=0$)에서의 전단응력은 약 몇 N/m²인가?(단, y는 평판면으로부터 m 단위로 잰 수직거리이다.)

① 7.35　　② 73.5
③ 14.7　　④ 147

 • 평판면에서 전단응력

$$\tau_{y=0} = \mu \frac{du}{dy}\bigg)_{y=0} = 73.5 \text{N/m}^2$$

여기서, 평판면($y=0$)에서 속도 구배

$$\frac{dy}{dy}\bigg)_{y=0} = 750$$

60 그림과 같이 설치된 펌프에서 물의 유입지점 1의 압력은 98kPa, 방출지점 2의 압력은 105kPa이고, 유입지점으로부터 방출지점까지의 높이는 20m이다. 배관 요소에 따른 전체 수두손실은 4m이고 관 지름이 일정할 때 물을 양수하기 위해서 펌프가 공급해야 할 압력은 약 몇 kPa인가?

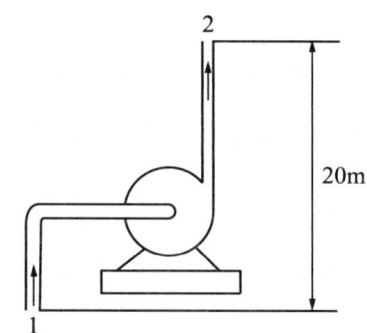

① 242　　② 324
③ 431　　④ 514

 • 펌프가 공급해야 할 압력

$P_{pump} = \rho_{물} g H_{필요수두} = 242060 \text{Pa} = 242 \text{kPa}$

여기서, $H_{필요수두} = 24.7$m

4과목 기계재료 및 유압기기

61 보자력이 작고, 미세한 외부 자기장의 변환에도 크게 자화되는 특징을 가진 연질 자성 재료는?

① 센더스트   ② 알니코자석
③ 페라이트자석   ④ 희토류계자석

풀이
- 보자력(coercive force): 물질에 자기장을 주어 자성체로 만든 후 자기장을 제거하여도 남아 있는 잔류 자기를 0으로 만들 수 있는 자기장의 세기
- 샌더스트(sendust): 대표적인 연질자성 재료(soft magnetic material)로 Fe+Al+Si 합금

62 레데뷰라이트에 대한 설명으로 옳은 것은?

① α와 Fe의 혼합물이다.
② γ와 Fe_3C의 혼합물이다.
③ δ와 Fe의 혼합물이다.
④ α와 Fe_3C의 혼합물이다.

풀이
- 레데뷰라이트(lededburite): 2.0%C의 γ 고용체와 6.67%C 시멘타이트와의 공정조직으로 4.3%C인 주철에서 나타난다.

63 다음 중 공구강 강재의 종류에 해당되지 않는 것은?

① STS 3   ② SM25C
③ STC 105   ④ SKH 51

풀이

공구강 강재	STC	Steel Tool Carbon, 탄소 공구강
	STS	Steel Tool Special, 특수 공구강
	STD	Steel Tool Die, 다이스강
	STF	Steel Tool Forging, 단조 공구강
	SKH	Steel K:공구 High Speed, 고속도 공구강
구조용 탄소강재	SM××C	Steel Machine Carbon, 기계구조용 탄소강 (예) SM45C

64 다음 중 알루미늄 합금계가 아닌 것은?

① 라우탈   ② 실루민
③ 하스텔로이   ④ 하이드로날륨

풀이
① 라우탈(lautal): Al+Cu(3~8%)+Si(3~8%)
② 실루민(silumin): Al+Si(10~13%)
③ 하스텔로이(hastelloy): 니켈을 주요 성분으로 하고 몰리브덴, 철 등이 함유된 내산·내열 합금
④ 하이드로날륨(hydronalium): Al-Mg

65 다음의 조직 중 경도가 가장 높은 것은?

① 펄라이트   ② 마텐자이트
③ 소르바이트   ④ 트루스타이트

풀이 경도가 높은 순서: 시멘타이트>마텐자이트>트루스타이트>소르바이트>펄라이트>오스테나이트>페라이트

66 황동의 화학적 성질과 관계없는 것은?

① 탈아연부식   ② 고온탈아연
③ 자연균열   ④ 가공경화

풀이
- 황동(brass)의 화학적 성질
- ㉠ 탈아연부식(dezincification): 아연(Zn)을 포함한 황동이 수용액 속에서 아연이 용해되고, 동은 남아 있어 구멍이 발생하는 현상
- ㉡ 고온 탈아연 현상(dezincing): 고온에서 증기압이 높은 아연이 황동 표면에서 증발하는 현상
- ㉢ 자연 균열(season crack, stress corrosion cracking): 잔류응력으로 균열이 발생하는 현상

67 베이나이트(bainite) 조직을 얻기 위한 항온 열처리 조작으로 옳은 것은?

① 마퀜칭   ② 소성가공
③ 노멀라이징   ④ 오스템퍼링

풀이
- 오스템퍼링(austempering): 베이나이트 조직을 얻는 방법으로 뜨임이 필요가 없으며, 담금질 변형 및 균열을 방지하고 탄성이 증가한다.

답 61 ① 62 ② 63 ② 64 ③ 65 ② 66 ④ 67 ④

68 재료의 전연성을 알기 위해 구리판, 알루미늄판 및 그 밖의 연성 판재를 가압하여 변형 능력을 시험하는 것은?

① 굽힘시험 ② 압축시험
③ 커핑시험 ④ 비틀림시험

풀이 • 커핑시험(cupping test)/에릭슨시험(erichsen cupping test): 재료의 연성을 알기 위하여 연성판재를 가압하여 변형 능력을 시험하는 방법
㉠ 금속 박판의 연성을 비교하는 데 사용되는 시험법
㉡ 금속 박판을 시험편에 구성하는 상·하형 다이와 박판을 가압하는 펀치로 구성되어 있다.
㉢ 균열이 생기는 가압하중에 따라 연성을 측정

69 회복 과정에서의 축적에너지에 대한 설명으로 옳은 것은?

① 가공도가 적을수록 축적에너지의 양은 증가한다.
② 결정 입도가 작을수록 축적에너지의 양은 증가한다.
③ 불순물 원자의 첨가가 많을수록 축적 에너지의 양은 감소한다.
④ 낮은 가공 온도에서의 변형은 축적에너지의 양을 감소시킨다.

풀이 • 축적에너지에 영향을 주는 원소
㉠ 가공도: 가공도가 클수록 변형이 복잡하여 축적에너지의 양 증가
㉡ 가공온도: 가공온도가 낮을수록 원자 운동이 활발하지 못해 축적에너지의 양 증가
㉢ 순도: 불순물 원자는 전위의 이동을 방해하여 전위증식을 촉진시켜 축적 에너지의 양 증가
㉣ 결정입도: 결정입도가 작을수록 변형에 따라 전위와 입계반응이 잘 일어나서 전위 증식 및 전위반응 촉진으로 축적에너지의 양 증가

70 주철의 특징을 설명한 것 중 틀린 것은?

① 백주철은 Si 함량이 적고, Mn 함량이 많아 화합탄소로 존재한다.
② 회주철은 C, Si 함량이 많고, Mn 함량이 적은 파면이 회색을 나타내는 것이다.
③ 구상흑연주철은 흑연의 형상에 따라 판상, 구상, 공정상흑연주철로 나눌 수 있다.
④ 냉경주철은 주물 표면을 회주철로 인성을 높게 하고, 내부는 Fe_3C로 단단한 조직으로 만든다.

풀이 ① 백주철(white cast iron)
• 주철 중의 탄소가 Fe_3C의 화합상태로 존재하는 것으로 파면은 백색이다.
• 백주철은 Si의 양이 적고, Mn(흑연화 방지)이 많으며, 냉각속도가 빠를 때 발생한다.
② 회주철(gray cast iron)
• 주철 중의 탄소가 일부 유리되어 흑연화(graphite)되어 있는 것으로 파면은 회색이다.
• Si(흑연화 촉진)가 많고 냉각속도가 느릴 때 만들어지며 주조 및 절삭성이 좋다.
③ 구상흑연주철: 주철은 흑연의 상이 편상되어 있기 때문에 강에 비해 연성이 나쁘고, 취성이 크고, 열처리 시간이 길다. 이를 개선하기 위하여 용선에 Mg를 첨가하여 흑연을 소실시키고 Fe-Si, Cu-Si 등을 접종하여 흑연핵을 형성시켜 흑연을 구상화한 것
④ 냉경주철(칠드주철): 표면부는 흑연의 석출 억제로 백선화(chill)되어 경도가 크고, 내부는 응고가 늦어 흑연이 석출하므로 연한 조직이 되는 현상을 칠드 현상이라 하며, 이러한 주철을 칠드주철(강하고 인성이 있는 회주철로서 표면은 백주철이고, 내부는 회주철)이라 한다.

71 액추에이터의 배출 쪽 관로 내의 흐름을 제어함으로써 속도를 제어하는 회로는?

① 방향 제어 회로 ② 미터 인 회로
③ 미터 아웃 회로 ④ 압력 제어 회로

답 68 ③ 69 ② 70 ④ 71 ③

풀이 • 미터 아웃 회로: 유체 유량을 배출 쪽 관로에서 제어해 속도를 조정하는 회로이다.

72 유압 작동유의 구비조건에 대한 설명으로 틀린 것은?
① 인화점 및 발화점이 낮을 것
② 산화 안정성이 좋을 것
③ 점도지수가 높을 것
④ 방청성이 좋을 것

풀이 인화점이 낮으면 불꽃이 발생하는 온도가 낮으며, 발화점이 낮으면 낮은 온도에서 불이 붙게 된다.

73. 실린더 행정 중 임의의 위치에서 실린더를 고정시킬 필요가 있을 때 할지라도, 부하가 클 때 또는 장치 내의 압력 저하로 실린더 피스톤이 이동하는 것을 방지하기 위한 회로로 가장 적합한 것은
① 축압기 회로   ② 로킹 회로
③ 무부하 회로   ④ 압력설정 회로

풀이 • 로킹 회로: 실린더의 부하 변동에 상관없이 임의의 위치에 고정시킬 수 있는 회로로, 유압 실린더를 필요한 위치에 고정하고 자유운동이 일어나지 못하도록 방지하기 위해 사용할 수 있는 회로이다.

74 긴 스트로크를 줄 수 있는 다단 튜브형의 로드를 가진 실린더는?
① 벨로스형 실린더
② 탠덤형 실린더
③ 가변 스트로크 실린더
④ 텔레스코프형 실린더

풀이 • 텔레스코프 실린더(telescopic cylinder): 안테나 실린더라고도 하는 텔레스코프 실린더는 서로 미끄러질 수 있는 다중 실린더로 이루어져 있어 행정길이를 길게 할 수 있다. 수축했을 때는 전체 길이가 최소화된다. 높은 위치까지 화물을 들어 올릴 수 있는 지게차 등에 텔레스코프 실린더가 사용되기도 한다.

75 압력 6.86MPa, 토출량 50L/min이고, 운전 시 소요 동력이 7kW인 유압펌프의 효율은 약 몇 %인가?
① 78   ② 82
③ 87   ④ 92

풀이 • 전 효율
$$\eta_O = \frac{\text{출력 동력}(kW_H)}{\text{입력 동력}(kW_I)} = 81.7\%$$
여기서, 출력 동력=5.716kW, 입력 동력=7kW

76 유압펌프에서 유동하고 있는 작동유의 압력이 국부적으로 저하되어, 증기나 함유 기체를 포함하는 기포가 발생하는 현상은?
① 폐입 현상
② 공진 현상
③ 캐비테이션 현상
④ 유압유의 열화 촉진 현상

풀이 • 공동현상(cavitation, 캐비테이션): 유체 속도가 빨라져 압력이 낮아지면서 유체가 끓어 기포가 발생하는 현상

77 다음 중 압력 제어 밸브에 속하지 않는 것은?
① 카운터 밸런스 밸브
② 릴리프 밸브
③ 시퀀스 밸브
④ 체크 밸브

풀이 • 체크 밸브 → 방향제어 밸브

답 72 ① 73 ② 74 ④ 75 ② 76 ③ 77 ④

78 유압 속도제어 회로 중 미터 아웃 회로의 설치 목적과 관계없는 것은?

① 피스톤이 자주(自走)할 염려를 제거한다.
② 실린더에 배압을 형성한다.
③ 유압 작동유의 온도를 낮춘다.
④ 실린더에 유출되는 유량을 제어하여 피스톤 속도를 제어 한다.

풀이 • 미터 아웃 회로: 미터 아웃 회로는 속도제어 회로로, 유량제어 밸브를 실린더 뒤쪽에 설치해 배출되는 유량을 제어한다. 실린더 뒤에서 교축하기 때문에 배압이 발생하고 부하가 자중 낙하할 위험이 있는 곳에 사용한다.

79 필요에 따라 작동 유체의 일부 또는 전량을 분기시키는 관로는?

① 바이패스 관로   ② 드레인 관로
③ 통기관로   ④ 주관로

풀이 • 바이패스(bypass) 관로: 유체가 주로 흘러가는 배관라인이 아닌 별도로 유체가 우회해서 흘러갈 수 있는 배관라인

80 그림과 같은 유압 기호의 설명이 아닌 것은?

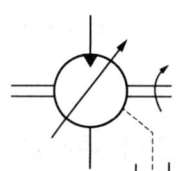

① 유압 펌프를 의미한다.
② 1방향 유동을 나타낸다.
③ 가변 용량형 구조이다.
④ 외부 드레인을 가졌다.

풀이 유압 모터, 1방향 유동, 가변 용량형, 외부 드레인, 1방향 회전형

5과목 기계제작법 및 기계동력학

81 다음 식과 같은 단순조화운동(simple harmonic motion)에 대한 설명으로 틀린 것은?(단, 변위 x는 시간 t에 대한 함수이고, A, ω, ϕ는 상수이다.)

$$x(t) = A\sin(\omega t + \phi)$$

① 변위와 속도 사이에 위상차가 없다.
② 주기적으로 같은 운동이 반복된다.
③ 가속도의 진폭은 변위의 진폭에 비례한다.
④ 가속도의 주기와 변위의 주기는 동일하다.

풀이 변위와 속도는 90°의 위상차가 있다.

82 지면으로부터 경사각이 30°인 경사면에 정지된 블록이 미끄러지기 시작하여 10m/s의 속력이 될 때까지 걸린 시간은 약 몇 초인가?(단, 경사면과 블록과의 동마찰계수는 0.3이라고 한다.)

① 1.42   ② 2.13
③ 2.84   ④ 4.24

풀이 • 블록이 정지상태에서 10m/s의 속력이 될 때까지 이동한 거리

$$s = \frac{50}{g(\sin\theta - \mu\cos\theta)}$$

• 정지된 블록이 미끄러지기 시작하여 10m/s의 속력이 될 때까지 걸린 시간

$$t = \frac{2s}{v_B} = \frac{2 \times 50}{g(\sin\theta - \mu\cos\theta)} \times \frac{1}{v_B} = 4.24초$$

여기서, $v_B = 10$m/s

답 78 ③ 79 ① 80 ① 82 ④

83 물리량에 대한 차원 표시가 틀린 것은?(단, M: 질량, L: 길이, T: 시간)

① 힘: MLT^{-2}
② 각가속도: T^{-2}
③ 에너지: ML^2T^{-1}
④ 선형운동량: MLT^{-1}

풀이

물리량	힘	각가속도	에너지	선형운동량
관계식	질량·가속도	$rad/시간^2$	힘·거리	질량·속도
차원	MLT^{-2}	T^{-2}	ML^2T^{-2}	MLT^{-1}

84 A에서 던진 공이 L_1만큼 날아간 후 B에서 튀어 올라 다시 날아간다. B에서의 반발계수를 e라 하면 다시 날아간 거리 L_2는?(단, 공과 바닥 사이에서 마찰은 없다고 가정한다.)

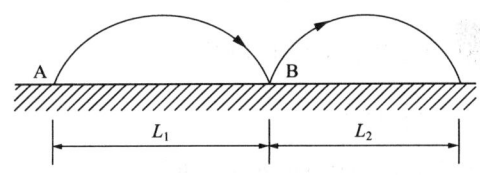

① $\dfrac{L_1}{e}$
② $\dfrac{L_1}{e^2}$
③ eL_1
④ e^2L_1

풀이
- 수평방향 운동은 등속 운동 A 위치에서 B 위치까지 이동한 거리 L_1

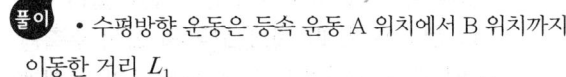

여기서, $v_{A,x}$ = 공의 초기 속도 v_A의 x방향 성분
$v_{A,y}$ = v_A의 y방향 성분

- 수평 방향은 등속 운동으로 공이 바닥면 B에서 튀어 오른 후 다시 날아간 거리 L_2

$$L_2 = v_{A,x} \times 2\sqrt{\dfrac{2h'}{g}} = eL_1$$

여기서, h' = 공이 바닥 B에서 튀어 오른 후 최고점까지 올라간 높이

$$h' = \dfrac{e^2 v_{A,y}^2}{2g}$$

85 그림과 같은 단진자 운동에서 길이 L이 4배로 늘어나면 진동주기는 약 몇 배로 변하는가?(단, 운동은 단일 평면상에서만 한다고 가정하고, 진동 각 변위(θ)는 충분히 작다고 가정한다.)

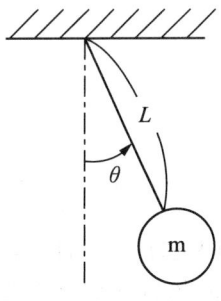

① $\sqrt{2}$
② 2
③ 4
④ 16

풀이
- 단진자의 고유 각 진동수(ω_n)와 주기(T_L)와의 관계

$$\omega_n = \sqrt{\dfrac{g}{L}} = 2\pi \times \dfrac{1}{T_L}$$

$$T_L = 2\pi\sqrt{\dfrac{L}{g}}$$

- 길이가 4배로 늘어난 경우 단진자의 주기

$$T_{4L} = 2\pi\sqrt{\dfrac{4L}{g}} = 2 \times 2\pi\sqrt{\dfrac{L}{g}} = 2T$$

86 길이가 L인 가늘고 긴 일정한 단면의 봉이 좌측단에서 핀으로 지지되어 있다. 봉을 그림과 같이 수평으로 정지시킨 후, 이를 놓아서 중력에 의해 회전시킨다면, 봉의 위치가 수직이 되는 순간에 봉의 각속도는?(단, g는 중력가속도를 나타내고, 핀 부분의 마찰은 무시한다.)

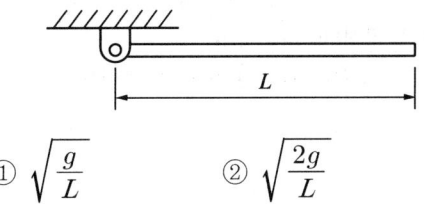

① $\sqrt{\dfrac{g}{L}}$
② $\sqrt{\dfrac{2g}{L}}$

③ $\sqrt{\dfrac{3g}{L}}$ ④ $\sqrt{\dfrac{5g}{L}}$

 • 일과 에너지 원리

$T_1 + U_{1\to 2} = T_2$

$0 + mg \times \left(\dfrac{L}{2}\right) = \dfrac{1}{2} \times \left(\dfrac{1}{3}mL^2\right) \times \omega_2^2$

여기서, 첨자 1은 봉의 수평상태, 첨자 2는 봉의 수직상태

• 수직 위치에서 각속도

$\omega_2 = \sqrt{\dfrac{3g}{L}}$

87 장력이 100N 걸려 있는 줄을 모터가 지속적으로 5m/s의 속력으로 끌어당기고 있다면 사용된 모터의 일률(Power)은 몇 W인가?

① 51 ② 250
③ 350 ④ 500

 • 사용한 모터의 일률(Power)

Power = $F \cdot v$ = 500W

88 x 방향에 대한 운동 방정식이 다음과 같이 나타날 때 이 진동계에서의 감쇠 고유진동수(damped natural frequency)는 약 몇 rad/s인가?

$2\ddot{x} + 3\dot{x} + 8x = 0$

① 1.35 ② 1.85
③ 2.25 ④ 2.75

 • 감쇠고유진동수

$\omega_d = \omega_n\sqrt{1-\zeta^2} = 1.85\,\text{rad/s}$

여기서, 감쇠비(ζ)=0.375,
  비감쇠 고유진동수(ω_n)=2rad/s

89 그림과 같이 반지름이 45mm인 바퀴가 미끄럼이 없이 왼쪽으로 구르고 있다. 바퀴 중심의 속력은 0.9m/s로 일정하다고 할 때, 바퀴 끝단의 한 점(A)의 속도(v_A, m/s)와 가속도(a_A, m/s²)의 크기는?

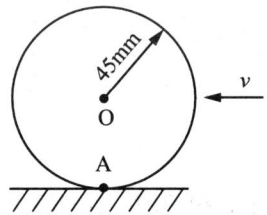

① $v_A = 0$, $a_A = 0$
② $v_A = 0$, $a_A = 18$
③ $v_A = 0.9$, $a_A = 0$
④ $v_A = 0.9$, $a_A = 18$

 • 순간 중심(A)의 가속도

$\vec{a}_A = \dfrac{v_O^2}{r}\vec{j} = 18\vec{j}$

여기서, r=0.045m, v_O=0.9m/s

90 회전속도가 2000rpm인 원심 팬이 있다. 방진고무로 탄성 지지시켜 진동 전달률을 0.3으로 하고자 할 때, 방진고무의 정적 수축량은 약 몇 mm인가?(단, 방진고무의 감쇠계수는 0으로 가정한다.)

① 0.71 ② 0.97
③ 1.41 ④ 2.20

 • 주어진 진동계의 정적 수축량

$\delta_{st} = \dfrac{g}{\omega_n^2} = 0.968\,\text{mm}$

여기서, 비감쇠 자유진동계의 고유진동수(ω_n)
  = 100.59rad/s

답 87 ④ 88 ② 89 ② 90 ②

91 강재의 표면에 Si를 침투시키는 방법으로 내식성, 내열성 등을 향상시키는 방법은?

① 브로나이징
② 칼로라이징
③ 크로마이징
④ 실리코나이징

풀이
• 침투(cementation, 시멘테이션)법: Zn, Cr, Al, Si, B, Ti, Co 등을 고온에서 확산 및 침투시키는 표면 처리법
㉠ 세라다이징(ceradizing, Zn 침투): 소형 제품에 적합, 침투층 균일, 내식성 피막 형성
㉡ 크로마이징(chromizing, Cr 침투): 내산, 내식, 내마멸성을 향상
㉢ 칼로라이징(calorizing, Al 침투): 내스케일성 증가, 고온 산화에 강함
㉣ 실리코나이징(siliconizing, Si 침투): 내식성 향상
㉤ 보로나이징(boronizing, B 침투): 내마모성 증대

92 일반적으로 보통 선반의 크기를 표시하는 방법이 아닌 것은?

① 스핀들의 회전 속도
② 왕복대 위의 스윙
③ 베드 위의 스윙
④ 주축대와 심압대 양센터 간 최대 거리

풀이
• 선반의 크기: 선반의 크기란 절삭할 수 있는 소재의 최대 치수를 의미
㉠ 베드(bed) 위의 스윙(swing)
㉡ 왕복대 위의 스윙
㉢ 주축대와 심압대 양센터 사이의 최대 거리

93 유성형(planetary type) 내면 연삭기를 사용한 가공으로 가장 적합한 것은?

① 암나사의 연삭
② 호브(hob)의 치형 연삭
③ 블록 게이지의 끝마무리 연삭
④ 내연기관 실린더의 내면 연삭

풀이
• 내면 연삭기(internal grinding machine): 구멍의 내면을 연삭하는 연삭기로 구멍의 지름보다 숫돌의 바깥지름이 작아야 하며, 가공면의 정밀도가 떨어진다.
㉠ 보통형: 공작물과 연삭 숫돌의 회전 운동으로 연삭
㉡ 유성형: 대형 또는 형상이 복잡한 공작물의 경우 공작물은 고정시키고 연삭 숫돌의 회전 및 공전 운동으로 연삭
㉢ 센터리스형: 일감을 고정하지 않은 상태로 연삭

94 버니어 캘리퍼스의 눈금 24.5mm를 25등분한 경우 최소 측정값은 몇 mm인가?(단, 본척의 눈금 간격은 0.5mm이다.)

① 0.01
② 0.02
③ 0.05
④ 0.1

풀이
• 최소 측정값

$= \dfrac{\text{어미자 1눈금 간격(본척의 눈금 간격)}}{\text{등분 수}}$
$= \dfrac{0.5}{25} = 0.02$

95 방전가공(Electro Discharge Machining)에서 전극 재료의 구비 조건으로 적절하지 않은 것은?

① 기계 가공이 쉬울 것
② 가공 속도가 빠를 것
③ 전극 소모량이 많을 것
④ 가공 정밀도가 높을 것

풀이
• 전극재료 구비조건
㉠ 방전이 안전하고 가공속도가 클 것
㉡ 구하기 쉽고 값이 저렴할 것
㉢ 기계가공이 쉬울 것
㉣ 가공 정밀도가 높을 것
㉤ 방전가공 시 소모가 적고 전기전도도가 높을 것
㉥ 성형가공이 용이할 것

답 91 ④ 92 ① 93 ④ 94 ② 95 ③

96 렌치, 스패너 등 작은 공구를 단조할 때 다음 중 가장 적합한 것은?
① 로터리 스웨이징
② 프레스 가공
③ 형 단조
④ 자유단조

풀이 • 형 단조(die forging): 다이를 사용하여 정밀도가 높고 대량생산에 적합하며 가격이 저렴하다.

97 용접 시 발생하는 불량(결함)에 해당하지 않는 것은?
① 오버랩
② 언더컷
③ 콤퍼지션
④ 용입불량

풀이 • 용접불량: 언더컷, 오버랩, 슬래그 섞임, 기공, 용입불량, 균열, 선상조직, 은점, 잔류응력의 과대

98 주물용으로 가장 많이 사용하는 주물사의 주성분은?
① Al_2O_3
② SiO_2
③ MgO
④ FeO_3

풀이 • 주물사(moulding sand): 주형 제작에 사용하는 모래로 석영(SiO_2), 장석, 운모, 점토 등이 주성분이다.

99 지름 400mm의 롤러를 이용하여 폭 300mm, 두께 25mm의 판재를 열간 압연하여 두께 20mm가 되었을 때, 압하량과 압하율은?
① 압하량: 5mm, 압하율: 20%
② 압하량: 5mm, 압하율: 25%
③ 압하량: 20mm, 압하율: 25%
④ 압하량: 100mm, 압하율: 20%

풀이 압하량 $= H_0 - H_1 = 25 - 20 = 5$,
압하율 $= \dfrac{H_0 - H_1}{H_0} \times 100\% = \dfrac{25-20}{25} \times 100 = 20\%$

100 절삭유가 갖추어야 할 조건으로 틀린 것은?
① 마찰계수가 적고 인화점이 높을 것
② 냉각성이 우수하고 윤활성이 좋을 것
③ 장시간 사용해도 변질되지 않고 인체에 무해할 것
④ 절삭유의 표면장력이 크고 칩의 생성부에는 침투되지 않을 것

풀이 • 절삭유의 구비 조건
㉠ 마찰계수가 적고 휘발성이 없으며 인화점과 발화점이 높을 것
㉡ 냉각성이 우수하고 윤활성, 유동성이 좋을 것
㉢ 불연성, 난연성이고 위생상 해롭지 않을 것
㉣ 사용 중 점도 저하 방지 및 산성화에 강해야 한다.
㉤ 칩 분리가 용이하며 회수가 쉬울 것
㉥ 장시간 사용해도 변질되지 않고 인체에 무해할 것

답 96 ③ 97 ③ 98 ② 99 ① 100 ④

2·0·2·0

기출문제

일·반·기·계·기·사·8·개·년·과·년·도

2020년 1·2회 일반기계기사 기출문제
2020년 3회 일반기계기사 기출문제
2020년 4회 일반기계기사 기출문제

2020년 1·2회 일반기계기사 기출문제

1 재료역학

1 원형단면 축에 147kW의 동력을 회전수 2000rpm으로 전달시키고자 한다. 축 지름은 약 몇 cm로 해야 하는가?(단, 허용전단응력은 $\tau_w = 50\text{MPa}$다.)

① 4.2   ② 4.6
③ 8.5   ④ 9.9

풀이
동력$(W) = P \times v = Tw = \tau Z_p w$

$W = \tau \dfrac{\pi d^3}{16} \times \dfrac{2\pi N}{60}$

$147 \times 10^3 = (50 \times 10^6) \times \dfrac{\pi d^3}{16} \times \dfrac{2\pi \times 2000}{60}$

$d = \sqrt[3]{\dfrac{(147 \times 10^3) \times 16 \times 60}{(50 \times 10^6) \times \pi \times 2\pi \times 2000}} \fallingdotseq 0.042\text{cm}$

$\fallingdotseq 4.2$

2 그림과 같이 외팔보의 중앙에 집중하중 P가 작용하는 경우 집중하중 P가 작용하는 지점에서의 처짐은?(단, 보의 굽힘강성 EI는 일정하고, L은 보의 전체의 길이이다.)

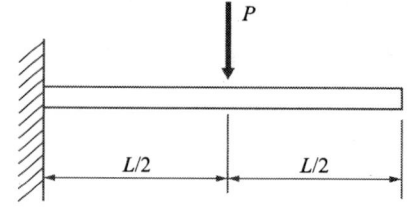

① $\dfrac{PL^3}{3EI}$ ② $\dfrac{PL^3}{2EI}$

③ $\dfrac{PL^3}{8EI}$ ④ $\dfrac{5PL^3}{48EI}$

풀이 $v = \dfrac{Pa^3}{3EI} = \dfrac{P\left(\dfrac{l}{2}\right)^3}{3EI} = \dfrac{Pl^3}{24EI}$

3 직사각형 단면의 단주에 150kN 하중이 중심에서 1m만큼 편심되어 작용할 때 이 부재 BD에서 생기는 최대 압축응력은 약 몇 kPa인가?

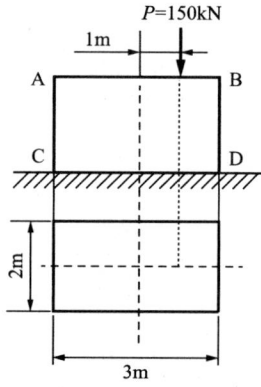

① 25   ② 50
③ 75   ④ 100

풀이 $\sigma_{\max} = \sigma_C + \sigma_B = \dfrac{P}{A} + \dfrac{M}{Z} = \dfrac{P}{A} + \dfrac{Pe}{\dfrac{bh^2}{6}}$

$\sigma_{BD} = \dfrac{150 \times 10^3}{2 \times 3} + \dfrac{(150 \times 10^3) \times 1}{\dfrac{2 \times 3^2}{6}}$

$= 25000 + 50000 = 75000\text{Pa} = 75\text{kPa}$

답 1 ① 2 ② 3 ③

4 그림과 같은 균일 단면의 돌출보에서 반력 R_A는?(단, 보의 자중은 무시한다.)

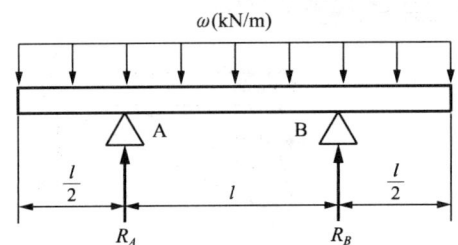

① wl ② $\dfrac{wl}{4}$

③ $\dfrac{wl}{3}$ ④ $\dfrac{wl}{2}$

풀이 $w\left(\dfrac{l}{2}+l+\dfrac{l}{2}\right)=R_A+R_B$이고 좌우대칭이므로
$R_A=R_B=wl$

5 양단이 고정된 축을 그림과 같이 $m-n$단면에서 T만큼 비틀면 고정단 AB에서 생기는 저항 비틀림 모멘트의 비 T_A/T_B는?

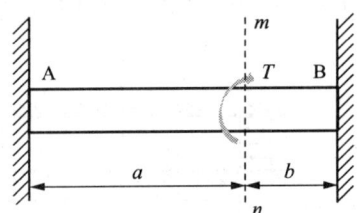

① $\dfrac{b^2}{a^2}$ ② $\dfrac{b}{a}$

③ $\dfrac{a}{b}$ ④ $\dfrac{a^2}{b^2}$

풀이 $T_A=\dfrac{Tb}{a+b},\ T_B=\dfrac{Ta}{a+b},\ \dfrac{T_A}{T_B}=\dfrac{b}{a}$

6 그림의 평면응력상태에서 최대 주응력은 약 몇 MPa인가?(단, $\sigma_x=175$MPa, $\sigma_y=35$MPa, $\tau_{xy}=60$MPa이다.)

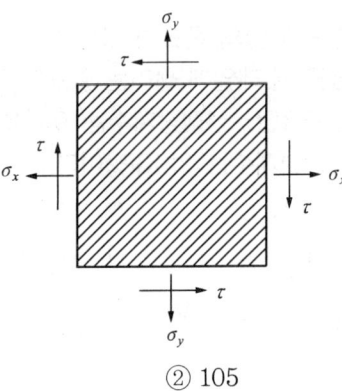

① 92 ② 105
③ 163 ④ 197

풀이 $\sigma_{max}=\dfrac{\sigma_x+\sigma_y}{2}+\sqrt{\left(\dfrac{\sigma_x-\sigma_y}{2}\right)^2+\tau_{xy}^2}$

$=\dfrac{\sigma_x+\sigma_y}{2}+\dfrac{1}{2}\sqrt{(\sigma_x-\sigma_y)^2+4\tau_{xy}^2}=600\text{MPa}$

$\sigma_{max}=\dfrac{175+35}{2}+\dfrac{1}{2}\sqrt{(175-35)^2+4\times60^2}$

$\fallingdotseq 197.2\text{MPa}$

7 동일한 길이와 재질로 만들어진 두 개의 원형단면 축이 있다. 각각의 지름이 d_1, d_2일 때 각 축에 저장되는 변형에너지 u_1, u_2의 비는?(단, 두 축은 모두 비틀림 모멘트 T를 받고 있다.)

① $\dfrac{u_1}{u_2}=\left(\dfrac{d_2}{d_1}\right)^4$ ② $\dfrac{u_2}{u_1}=\left(\dfrac{d_2}{d_1}\right)^3$

③ $\dfrac{u_1}{u_2}=\left(\dfrac{d_2}{d_1}\right)^3$ ④ $\dfrac{u_2}{u_1}=\left(\dfrac{d_2}{d_1}\right)^4$

풀이 $u=\dfrac{1}{2}T\phi=\dfrac{1}{2}T\dfrac{Tl}{GI_p}=\dfrac{T^2l}{2GI_P}$

$=\dfrac{T^2l}{2G\dfrac{\pi d^4}{32}}=\dfrac{T^2l}{G\pi d^4/16}=\dfrac{16T^2l}{G\pi d^4}$

에서 동일한 길이, 동일한 재료이므로 $u\propto\dfrac{1}{d^4}$이다.

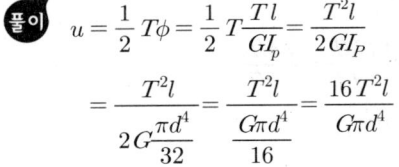

정답 4① 5② 6④ 7①

8 철도 레일의 온도가 50°C에서 15°C로 떨어졌을 때 레일에 생기는 열응력은 약 몇 MPa인가?(단, 선팽창계수는 0.000012/°C, 세로탄성계수는 210GPa이다.)

① 4.41 ② 8.82
③ 44.1 ④ 88.2

$\Delta l = \alpha \Delta T l$, $\dfrac{\Delta l}{l} = \epsilon = \alpha \Delta T$
$\sigma = E\epsilon = E\alpha \Delta T$
$= 210 \times 10^7 \times 0.000012 \times (50-15)$
$= 88.2 \text{MPa}$

9 그림과 같이 양단에서 모멘트가 작용할 경우 A지점의 처짐각 θ_A는?(단, 보의 굽힘 강성 EI는 일정하고, 자중은 무시한다.)

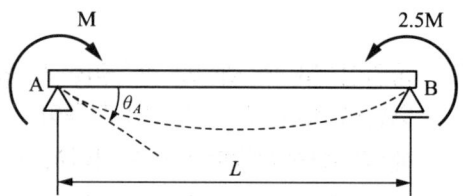

① $\dfrac{ML}{2EI}$ ② $\dfrac{2ML}{5EI}$
③ $\dfrac{ML}{6EI}$ ④ $\dfrac{3ML}{4EI}$

 중첩법을 이용하면
$Q_A = \dfrac{ML}{3EI} + \dfrac{2.5ML}{6EI}$
$= \dfrac{4.5ML}{6EI} = \dfrac{2.7ML}{36EI} = \dfrac{3ML}{4EI}$
$Q_B = \dfrac{ML}{6EI} + \dfrac{2.5ML}{3EI}$
$= \dfrac{6ML}{6EI} = \dfrac{ML}{EI}$

10 그림과 같은 트러스 구조물에서 B점에서 10kN의 수직 하중을 받으면 BC에 작용하는 힘은 몇 kN인가?

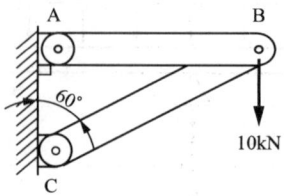

① 20 ② 17.32
③ 10 ④ 8.66

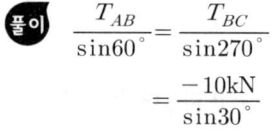 $\dfrac{T_{AB}}{\sin 60°} = \dfrac{T_{BC}}{\sin 270°}$
$= \dfrac{-10\text{kN}}{\sin 30°}$
$T_{BC} = \sin 270° \dfrac{-10 \times 10^3}{\sin 30°}$
$= 20\text{kN}$

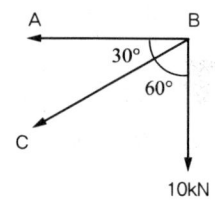

11 그림과 같이 길고 얇은 평판이 평면 변형률 상태로 σ_x를 받고 있을 때, ϵ_x는?

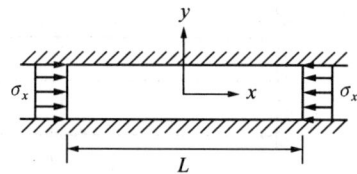

① $\epsilon_x = \dfrac{1-\nu}{E}\sigma_x$ ② $\epsilon_x = \dfrac{1+\nu}{E}\sigma_x$
③ $\epsilon_x = \left(\dfrac{1-\nu^2}{E}\right)\sigma_x$ ④ $\epsilon_x = \left(\dfrac{1+\nu^2}{E}\right)\sigma_x$

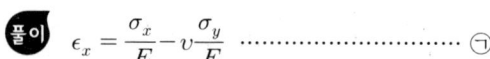 $\epsilon_x = \dfrac{\sigma_x}{E} - v\dfrac{\sigma_y}{E}$ ················ ㉠
$\epsilon_y = \dfrac{\sigma_y}{E} - v\dfrac{\sigma_x}{E}$ ················ ㉡

에서 $\epsilon_y = 0$이므로 $0 = \dfrac{\sigma_y}{E} - v\dfrac{\sigma_x}{E}$, $\sigma_y = v\sigma_x$ 식 ㉠에 대입 정리하면 $\epsilon_x = \dfrac{\sigma_x}{E} - v^2\dfrac{\sigma_x}{E} = \dfrac{\sigma_x}{E}(1-v^2)$

12 그림과 같은 빗금 친 단면을 갖는 중공축이 있다. 이 단면의 O점에 관한 극단면 2차모멘트는?

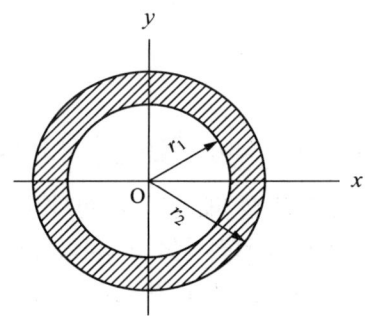

① $\pi(r_2^4 - r_1^4)$
② $\dfrac{\pi}{2}(r_2^4 - r_1^4)$
③ $\dfrac{\pi}{4}(r_2^4 - r_1^4)$
④ $\dfrac{\pi}{16}(r_2^4 - r_1^4)$

풀이 $I_X = \dfrac{\pi \cdot (d_2^4 - d_1^4)}{64} = \dfrac{\pi(r_2^4 - r_1^4)}{4}$,

$I_Y = \dfrac{\pi \cdot (d_2^4 - d_1^4)}{64} = \dfrac{\pi(r_2^4 - r_1^4)}{4}$ 이므로 $I_P = I_X + I_Y$,

$I_P = \dfrac{\pi \cdot (d_2^4 - d_1^4)}{32} = \dfrac{\pi(r_2^4 - r_1^4)}{2}$

13 외팔보의 자유단에 연직 방향으로 10kN의 집중 하중이 작용하면 고정단에 생기는 굽힘 응력은 약 몇 MPa인가?(단, 단면(폭×높이) $b \times h = 10\text{cm} \times 15\text{cm}$, 길이 1.5m이다.)

① 0.9 ② 5.3
③ 40 ④ 100

풀이 $M = \sigma Z$에서

$\sigma = \dfrac{M}{Z} = \dfrac{PL}{\dfrac{bh^2}{6}} = \dfrac{6PL}{bh^2}$

$= \dfrac{6 \times (10 \times 10^3) \times 1.5}{0.1 \times 0.15^2} \fallingdotseq 40 \text{MPa}$

14 지름 300mm의 단면을 가진 속이 찬 원형보가 굽힘을 받아 최대 굽힘 응력이 100MPa이 되었다. 이 단면에 작용한 굽힘 모멘트는 약 몇 kN·m인가?

① 265 ② 315
③ 360 ④ 425

풀이 $M = \sigma Z = (100 \times 10^6) \times \dfrac{\pi \times 0.3^3}{32} \fallingdotseq 265.01 \text{kN·m}$

15 원형 봉에 축방향 인장하중 $P = 88\text{kN}$이 작용할 때, 직경의 감소량은 약 몇 mm인가? (단, 봉은 길이 $L = 2\text{m}$, 직경 $d = 40\text{mm}$, 세로탄성계수는 70GPa, 포아송비 $\mu = 0.30$이다.)

① 0.006 ② 0.012
③ 0.018 ④ 0.036

풀이 $v = \dfrac{\varepsilon'}{\varepsilon} = \dfrac{\dfrac{\Delta P}{d}}{\dfrac{\Delta l}{l}} = \dfrac{l \Delta P}{d \times \Delta l} = \dfrac{l \times \Delta d}{d \times \dfrac{Pl}{AE}}$

$= \dfrac{\Delta d \times AE}{P \cdot d}$

$\Delta d = \dfrac{v \times P \times d}{AE} = \dfrac{(0.3 \times 0.04 \times 88 \times 10^3)}{\dfrac{\pi \times 0.04^2}{4} \times 70 \times 10^9}$

$= \dfrac{(0.3 \times 0.04 \times 88 \times 10^3) \times 4}{\pi \times 0.04^2 \times (70 \times 10^9)} \fallingdotseq 1.2 \times 10^{-5} \text{m}$

$\fallingdotseq 0.012 \text{mm}$

16 전체 길이가 L이고, 일단 지지 및 타단 고정보에서 삼각형 분포 하중이 작용할 때, 지지점 A에서의 반력은?(단, 보의 굽힘강성티는 일정하다.)

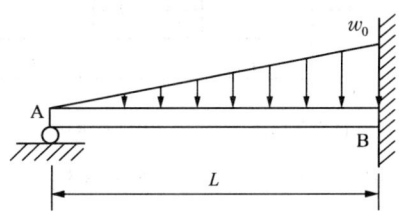

답 12 ② 13 ③ 14 ① 15 ② 16 ④

① $\dfrac{1}{2}w_0 L$ ② $\dfrac{1}{3}w_0 L$

③ $\dfrac{1}{5}w_0 L$ ④ $\dfrac{1}{10}w_0 L$

풀이

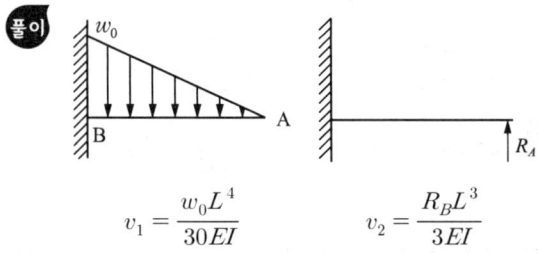

$v_1 = \dfrac{w_0 L^4}{30EI}$, $v_2 = \dfrac{R_B L^3}{3EI}$

$v_1 = v_2$ 이므로 $\dfrac{w_0 L^4}{30EI} = \dfrac{R_A L^3}{3EI}$ 에서 $R_A = \dfrac{w_0 L}{10}$

17 지름 D인 두께가 얇은 링(ring)을 수평면 내에서 회전 시킬 때, 링에 생기는 인장응력을 나타내는 식은?(단, 링의 단위 길이에 대한 무게를 W, 링의 원주속도를 V, 링의 단면적을 A, 중력 가속도를 g로 한다.)

① $\dfrac{WV^2}{DAg}$ ② $\dfrac{WDV^2}{Ag}$

③ $\dfrac{WV^2}{Ag}$ ④ $\dfrac{WV^2}{Dg}$

풀이 원심력 $F = m\dfrac{V^2}{r} = \dfrac{W}{g}V^2$ 에서 $\sigma = \dfrac{F}{A} = \dfrac{WV^2}{Ag}$

18 단면적이 4cm^2인 강봉에 그림과 같은 하중이 작용하고 있다. $W=60\text{kN}$, $P=25\text{kN}$, $l=20\text{cm}$일 때 BC 부분의 변형률 ϵ은 약 얼마인가?(단, 세로탄성계수는 200GPa이다.)

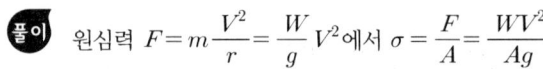

① 0.00043   ② 0.0043

③ 0.043   ④ 0.43

풀이 $\delta_{BC} = \dfrac{(W-P)l}{AE} = \dfrac{[(60-25)\times 1000]\times 0.2}{(4\times 10^{-4})\times(200\times 10^9)}$

$= 8.75\times 10^{-5}$

$\epsilon_{BC} = \dfrac{8.75\times 10^{-5}}{0.2} = 4.375\times 10^{-4}$

19 오일러 공식이 세장비 $\dfrac{l}{k} > 100$에 대해 성립한다고 할 때, 양단이 힌지인 원형단면 기둥에서 오일러 공식이 성립하기 위한 길이 "l"과 지름 "d"와의 관계가 옳은 것은?(단, 단면의 회전반경을 k라 한다.)

① $l > 4d$ ② $l > 25d$

③ $l > 50d$ ④ $l > 100d$

풀이 $I = \int k^2 \cdot dA = k^2 \cdot A$ 에서

$k = \sqrt{\dfrac{I}{A}}$ 에서 $\dfrac{l}{k} > 100$, $k = \sqrt{\dfrac{I}{A}} = \sqrt{\dfrac{\dfrac{\pi d^4}{64}}{\dfrac{\pi d^2}{4}}} = \dfrac{d}{4}$

이므로 $\dfrac{l}{\dfrac{d}{4}} > 100$, $\dfrac{4l}{d} > 100$, $4l > 100d$

20 그림과 같은 단면을 가진 외팔보가 있다. 그 단면의 자유단에 전단력 $V=40\text{kN}$이 발생한다면 단면 a-b 위에 발생하는 전단응력은 약 몇 MPa인가?

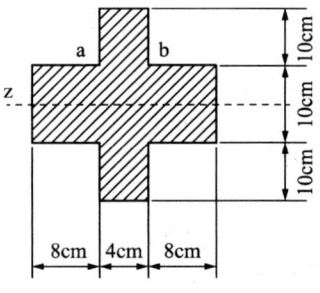

① 4.57   ② 4.22

③ 3.87   ④ 3.14

답 17 ③ 18 ① 19 ② 20 ③

풀이 $I = \dfrac{bh^3}{12}$ 에서

$I = \dfrac{4 \times 30^3}{12} + 2 \times \dfrac{8 \times 10^3}{12} = 10333.3 \text{ cm}^4$,

$Q = A^* \bar{y} = (4 \times 10) \times 10 = 400 \text{ cm}^3$

단면 ab 위에 발생하는 전단응력

$\tau = \dfrac{V}{I \cdot b} Q = \dfrac{40000 \times 400}{10333.3 \times 4} ≒ 387.1 \text{ N/cm}^2 = 3.87 \text{ MPa}$

2 기계열역학

21 압력 1000kPa, 온도 300℃ 상태의 수증기(엔탈피 3051.15kJ/kg, 엔트로피 7.1228kJ/kg·K)가 증기터빈으로 들어가서 100kPa 상태로 나온다. 터빈의 출력 일이 370kJ/kg일 때 터빈의 효율(%)은?

수증기의 포화 상태표 (압력 100kPa / 온도 99.62℃)			
엔탈피(kJ/kg)		엔트로피(kJ/kg·K)	
포화 액체	포화 증기	포화 액체	포화 증기
417.44	2675.46	1.3025	7.3593

① 15.6　② 33.2
③ 66.8　④ 79.8

풀이 • 터빈 효율

$\eta_{turbine} = \dfrac{w_t}{w_{t,iso}} = \dfrac{370}{463.75} = 0.7978$

여기서, $w_{t,iso}$ = 터빈의 이론 출력 = 463.75 kJ/kg
　　　　w_t = 터빈의 출력 일 = 370 kJ/kg

22 열역학 제2법칙에 대한 설명으로 틀린 것은?
① 효율이 100%인 열기관은 얻을 수 없다.
② 제2종의 영구 기관은 작동 물질의 종류에 따라 가능하다.
③ 열은 스스로 저온의 물질에서 고온의 물질로 이동하지 않는다.
④ 열기관에서 작동 물질이 일을 하게 하려면 그 보다 더 저온인 물질이 필요하다.

풀이 • 제2종 영구기관
열원에서 받은 열을 모두 다른 에너지로 변환하는 기관. 제2종 영구기관 제작이 불가능하다는 것을 설명할 수 있는 법칙이 열역학 제2법칙이다.

23 300L 체적의 진공인 탱크가 25℃, 6MPa의 공기를 공급하는 관에 연결된다. 밸브를 열어 탱크 안의 공기 압력이 5MPa이 될 때까지 공기를 채우고 밸브를 닫았다. 이 과정이 단열이고 운동에너지와 위치에너지의 변화를 무시한다면 탱크 안의 공기의 온도(℃)는 얼마가 되는가?(단, 공기의 비열비는 1.4이다.)
① 1.5　② 25.0
③ 84.4　④ 144.2

풀이 • 탱크안의 공기의 온도
$\dfrac{1}{T_2} = \dfrac{1}{T_1} \times \left(\dfrac{P_1}{P_2}\right) + \dfrac{1}{kT_i} \times \left(1 - \dfrac{P_1}{P_2}\right)$

$T_2 = kT_i = \dfrac{C_p}{C_v} \times T_i = 144.2$ ℃

여기서, $P_1 = 0$ (최초에 탱크 안이 진공상태)

24 단열된 가스터빈의 입구 측에서 압력 2MPa, 온도 1200K인 가스가 유입되어 출구 측에서 압력 100kPa, 온도 600K로 유출된다. 5MW의 출력을 얻기 위해 가스의 질량유량(kg/s)은 얼마이어야 하는가?(단, 터빈의 효율은 100%이고, 가스의 정압비열은 1.12kJ/(kg·K)이다.)

답　21 ④　22 ②　23 ④　24 ②

① 6.44　　② 7.44
③ 8.44　　④ 9.44

풀이
- 단위 질량당 터빈 출력
$w_t = h_i - h_e = C_p(T_i - T_e) = 672 \text{kJ/kg}$
- 5MW 출력을 얻기 위한 가스 질량유량
$\dot{m} = \dfrac{\dot{W}_t}{w_t} = 7.44 \text{kg/s}$
여기서, $\dot{W}_t = 5\text{MW}$

25 공기 10kg이 압력 200kPa, 체적 5m³인 상태에서 압력 400kPa, 온도 300℃인 상태로 변한 경우 최종 체적(m³)은 얼마인가? (단, 공기의 기체상수는 0.287kJ/kg·K이다.)

① 10.7　　② 8.3
③ 6.8　　④ 4.1

풀이
- 상태 방정식
$Pv = RT$
$v_2 = \dfrac{RT_2}{P_2} = 0.411 \text{m}^3/\text{kg}$
- 최종 체적
$V_2 = mv_2 = 4.11 \text{m}^3$

26 이상적인 냉동사이클에서 응축기 온도가 30℃, 증발기 온도가 -10℃일 때 성적 계수는?

① 4.6　　② 5.2
③ 6.6　　④ 7.5

풀이
- 냉동기의 성능계수
$COP = \dfrac{T_L}{T_H - T_L} = 6.575$

27 초기 압력 100kPa, 초기 체적 0.1m³인 기체를 버너로 가열하여 기체 체적이 정압과정으로 0.5m³이 되었다면 이 과정 동안 시스템이 외부에 한 일(kJ)은?

① 10　　② 20
③ 30　　④ 40

풀이
- 정압과정 외부에 행한 일
$_1W_2 = P(V_2 - V_1) = 40 \text{kJ}$

28 랭킨(Rankine) 사이클에서 보일러 입구 엔탈피 192.5kJ/kg, 터빈 입구 엔탈피 3002.5kJ/kg, 응축기 입구 엔탈피 2361.8kJ/kg일 때 열효율(%)은? (단, 펌프의 동력은 무시한다.)

① 20.3　　② 22.8
③ 25.7　　④ 29.5

풀이
- 랭킨 사이클의 열효율
(조건에서 펌프 동력은 무시, $w_p = 0$)
$\eta_R = \dfrac{w_{net}}{q_b} = \dfrac{w_t - w_p}{q_b} = \dfrac{w_t - 0}{q_b} = \dfrac{h_3 - h_4}{h_3 - h_2}$
수치 대입하면 다음과 같다.
$\eta_R = \dfrac{h_3 - h_4}{h_3 - h_2} = 0.228$
여기서, 보일러 입구 엔탈피(h_2) = 192.5kJ/kg
터빈 입구 엔탈피(h_3) = 3002.5kJ/kg
응축기 입구 엔탈피(h_4) = 2361.8kJ/kg

29 준평형 정적과정을 거치는 시스템에 대한 열전달량은? (단, 운동에너지와 위치에너지의 변화는 무시한다.)

① 0이다.
② 이루어진 일량과 같다.
③ 엔탈피 변화량과 같다.
④ 내부에너지 변화량과 같다.

풀이
- 정적과정 열전달량
$\delta q + \delta w = du$ ($\delta w = Pdv = 0$, 정적)
$\delta q = du$

답 25 ④　26 ③　27 ④　28 ②　29 ④

30 1kW의 전기히터를 이용하여 101kPa, 15℃의 공기로 차 있는 100m³의 공간을 난방하려고 한다. 이 공간은 견고하고 밀폐되어 있으며 단열되어 있다. 히터를 10분 동안 작동시킨 경우, 이 공간의 최종온도(℃)는?
(단, 공기의 정적비열은 0.718kJ/kg·K이고, 기체상수는 0.287kJ/kg·K이다.)

① 18.1　　② 21.8
③ 25.3　　④ 29.4

풀이
- 검사 질량

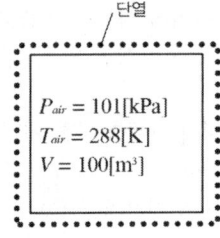

- 1kW 전열기의 발열량
$\dot{Q} = 10^3 \text{J/s} = 10^3 \times 60 \text{J/min}$
- 10분 동안 발열량
$\dot{Q} = (60 \times 10^3 \text{J/min}) \times (10\text{min}) = 600\text{kJ}$
- 열역학 1법칙
$\delta q - \delta w = du$
$\delta q = du = C_v dT$
여기서, $\delta w = Pdv = 0 \quad v = constant$
$_1Q_2 = m_{air} C_v (T_2 - T_{air})$
- 주어진 조건에 들어 있는 공기 질량
$P_{air} V = m_{air} R_{air} T_{air}$
$m_{air} = \dfrac{P_{air} V}{R_{air} T_{air}} = 122.2\text{kg}$
- 히터 가열 후 공간 온도 T_2
$T_2 = \dfrac{_1Q_2}{m_{air} C_v} + T_{air} = 294.8\text{K} = 21.8℃$

31 펌프를 사용하여 150kPa, 26℃의 물을 가역단열과정으로 650kPa까지 변화시킨 경우, 펌프의 일(kJ/kg)은?(단, 26℃의 포화액의 비체적은 0.001m³/kg이다.)

① 0.4　　② 0.5
③ 0.6　　④ 0.7

풀이
- 펌프 일
$w_P = \int_1^2 vdP = v_1(P_2 - P_1) = 0.5\text{kJ/kg}$

32 열역학적 관점에서 다음 장치들에 대한 설명으로 옳은 것은?

① 노즐은 유체를 서서히 낮은 압력으로 팽창하여 속도를 감속시키는 기구이다.
② 디퓨저는 저속의 유체를 가속하는 기구이며 그 결과 유체의 압력이 증가한다.
③ 터빈은 작동유체의 압력을 이용하여 열을 생성하는 회전식 기계이다.
④ 압축기의 목적은 외부에서 유입된 동력을 이용하여 유체의 압력을 높이는 것이다.

풀이
- 압축기는 외부에서 동력을 공급받아 유체의 압력을 높이는 장치이다.

33 피스톤-실린더 장치에 들어있는 100kPa, 27℃의 공기가 600kPa까지 가역단열과정으로 압축된다. 비열비가 1.4로 일정하다면 이 과정 동안에 공기가 받은 일(kJ/kg)은? (단, 공기의 기체상수는 0.287kJ(kg·K)이다.)

① 263.6　　② 171.8
③ 143.5　　④ 116.9

풀이
- 공기가 받은 일
$_1w_2 = \dfrac{R(T_2 - T_1)}{1-k} = -144\text{kJ/kg}$
여기서, 압축 후 온도(T_2) = 500K

34 다음 중 가장 큰 에너지는?
① 100kW 출력의 엔진이 10시간 동안 한 일
② 발열량 10000kJ/kg의 연료를 100kg 연소시켜 나오는 열량
③ 대기압 하에서 10℃의 물 10m³을 90℃로 가열하는데 필요한 열량(단, 물의 비열은 4.2kJ/(kg·K)이다.)
④ 시속 100km로 주행하는 총 질량 2000kg인 자동차의 운동에너지

 • 100kW 출력의 엔진이 10시간 동안 한 일
$100 \times 10^3 \times 10 \times 3600 = 36 \times 10^8 \text{J}$

35 이상기체 1kg을 300K, 100kPa에서 500K까지 "PV^n=일정"의 과정($n=1.2$)을 따라 변화시켰다. 이 기체의 엔트로피 변화량(kJ/K)은?(단, 기체의 비열비는 1.3, 기체상수는 0.287kJ/(kg·K)이다.)
① -0.244   ② -0.287
③ -0.344   ④ -0.373

• 폴리트로픽 과정에서 압력과 온도의 관계
$P_2 = P_1 \times \left(\dfrac{T_2}{T_1}\right)^{\frac{n}{n-1}} = 2143347.1 \text{Pa}$

• 엔트로피 변화량
$S_2 - S_1 = m\left(C_p \ln\dfrac{T_2}{T_1} - R\ln\dfrac{P_2}{P_1}\right) = -0.244 \text{kJ/K}$
여기서, 정압비열(C_p)=1.244kJ/kg·K

36 실린더 내의 공기가 100kPa, 20℃ 상태에서 300kPa이 될 때까지 가역단열 과정으로 압축된다. 이 과정에서 실린더 내의 계에서 엔트로피의 변화(kJ/(kg·K))는?(단, 공기의 비열비(k)는 1.4이다.)
① -1.35   ② 0
③ 1.35   ④ 13.5

 • 단열과정
계와 주위 사이에 열출입이 전혀 없는 과정
$ds = \dfrac{\delta Q}{T} = 0$ (여기서, 단열과정이므로 $\delta Q = 0$)
$s_2 - s_1 = 0 \rightarrow s_2 = s_1$
엔트로피 변화는 없다.

37 다음은 시스템(계)과 경계에 대한 설명이다. 옳은 내용을 모두 고른 것은?

> 가. 검사하기 위하여 선택한 물질의 양이나 공간 내의 영역을 시스템(계)이라 한다.
> 나. 밀폐계는 일정한 양의 체적으로 구성된다.
> 다. 고립계의 경계를 통한 에너지 출입은 불가능하다.
> 라. 경계는 두께가 없으므로 체적을 차지하지 않는다.

① 가, 다   ② 나, 라
③ 가, 다, 라   ④ 가, 나, 다, 라

• 밀폐계(closed system)
밀폐계는 일정한 양의 질량으로 구성되어 있으며 동작물질은 계의 경계를 통과 할 수 없다.

38 용기 안에 있는 유체의 초기 내부에너지는 700kJ이다. 냉각과정 동안 250kJ의 열은 잃고, 용기 내에 설치된 회전날개로 유체에 100kJ의 일을 한다. 최종상태의 유체의 내부에너지(kJ)는 얼마인가?
① 350   ② 450
③ 50   ④ 650

 • 열역학 제1법칙
$_1Q_2 = U_2 - U_1 + {_1W_2}$
$_1Q_2 + {_1W_2} = U_2 - U_1$
여기서, $_1W_2 = -{_1W_2}$ ← 유체가 외부에서 받은 일

답 34 ① 35 ① 36 ② 37 ③ 38 ③

• 최종 상태에서 유체 내부에너지
$U_2 = {}_1W_2 + {}_1Q_2 + U_1 = 550kJ$

39 보일러에 온도 40℃, 엔탈피 167kJ/kg인 물이 공급되어 온도 350℃, 엔탈피 3115kJ/kg인 수증기가 발생한다. 입구와 출구에서의 유속은 각각 5m/s, 50m/s이고, 공급되는 물의 양이 2000kg/h일 때, 보일러에 공급해야 할 열량(kW)은?(단, 위치에너지 변화는 무시한다.)

① 631 ② 832
③ 1237 ④ 1638

풀이 • 보일러에 공급해야 할 열량
$\dot{Q} = \dot{m}q = (0.5555kg/s)(2949238J/kg)$
$= 1638302J/s = 1638.3kW$
여기서, $q = 2949238J/kg$, $\dot{m} = 0.5555kg/s$

40 그림과 같은 공기표준 브레이튼(Brayton) 사이클에서 작동유체 1kg당 터빈 일(kJ/kg)은?(단, $T_1=300K$, $T_2=475.1K$, $T_3=1100K$, $T_4=694.5K$이고, 공기의 정압비열과 정적비열은 각각 1.0035kJ/(kg·K)이다.)

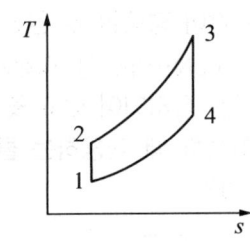

① 290 ② 407
③ 448 ④ 627

풀이 • 작동유체 1kg당 터빈 일
$w_t = h_3 - h_4 = 406.9kJ/kg$

3과목 기계유체역학

41 모세관을 이용한 점도계에서 원형관 내의 유동은 비압축성 뉴턴 유체의 층류유동으로 가정할 수 있다. 원형관의 입구 측과 출구 측의 압력차를 2배로 늘렸을 때, 동일한 유체의 유량은 몇 배가 되는가?

① 2배 ② 4배
③ 8배 ④ 16배

풀이 • 원형관 층류유동
$\dot{Q} = \dfrac{\Delta P \pi D^4}{128 \mu L} \rightarrow \dot{Q} \propto \Delta P$

따라서, 압력차가 2배이면 유체 유량은 2배가 된다.

42 지름이 10cm인 원통에 물이 담겨져 있다. 수직인 중심축에 대하여 300rpm의 속도로 원통을 회전시킬 때 수면의 최고점과 최저점의 수직 높이차는 약 몇 cm인가?

① 0.126 ② 4.2
③ 8.4 ④ 12.6

풀이 • 최대 상승 높이
$z = \dfrac{r^2 \omega^2}{2g} = 12.576cm$

여기서, $r = D/2 = 0.05cm$,
$\omega = 2\pi N/60 = (2\pi \times 300)/60 = 31.4rad/s$

43 그림과 같이 비중이 1.3인 유체 위에 깊이 1.1m로 물이 채워져 있을 때, 직경 5cm의 탱크 출구로 나오는 유체의 평균 속도는 약 몇 m/s인가?(단, 탱크의 크기는 충분히 크고 마찰손실은 무시한다.)

답 39 ④ 40 ② 41 ① 42 ④ 43 ②

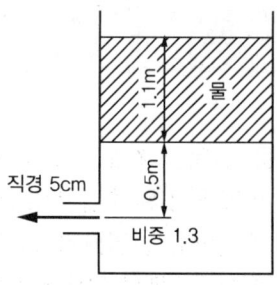

① 3.9 ② 5.1
③ 7.2 ④ 7.7

 • 출구로 나오는 탱크의 평균유속

$$V_1 = \sqrt{\frac{2P_2}{\rho}} = \sqrt{\frac{2(\rho_{물}gh_1 + SG\rho_{물}gh_2)}{SG\rho_{물}}} = 5.14\text{m/s}$$

여기서, V_1=출구로 나오는 유체의 평균유속,
$P_2 = \rho_{물}gh_1 + SG\rho_{물}gh_2$, $h_1=1.1$, $h_2=0.5$

44 다음 유체역학적 양 중 질량차원을 포함하지 않는 양은 어느 것인가?(단, MLT 기본차원을 기준으로 한다.)

① 압력 ② 동점성계수
③ 모멘트 ④ 점성계수

압력	동점성계수	모멘트	점성계수
kg/m·s²	m²/s	kg·m²/s²	kg/m·s
$ML^{-1}T^{-2}$	L^2T^{-1}	ML^2T^{-2}	$ML^{-1}T^{-1}$

45 그림과 같이 오일이 흐르는 수평관로 두 지점의 압력차 $p_1 - p_2$를 측정하기 위하여 오리피스의 수은을 넣은 U자관을 설치하였다. $p_1 - p_2$로 옳은 것은?(단, 오일의 비중량은 γ_{oil}이며, 수은의 비중량은 γ_{Hg}이다.)

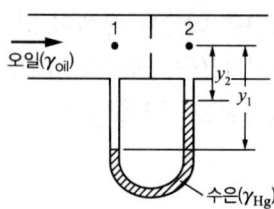

① $(y_1 - y_2)(\gamma_{Hg} - \gamma_{oil})$
② $y_2(\gamma_{Hg} - \gamma_{oil})$
③ $y_1(\gamma_{Hg} - \gamma_{oil})$
④ $(y_1 - y_2)(\gamma_{oil} - \gamma_{Hg})$

• 오리피스에서 두 지점의 압력차
$p_1 + \rho_{oil}g(y_2 + y_1 - y_2) - \rho_{Hg}g(y_1 - y_2) - \rho_{oil}g(y_2) = p_2$
$p_1 - p_2 = -\rho_{oil}g(y_1) + \rho_{Hg}g(y_1 - y_2) + \rho_{oil}gy_2$
$= (y_1 - y_2)(\gamma_{Hg} - \gamma_{oil})$

46 속도 포텐셜 $\phi = K\theta$인 와류 유동이 있다. 중심에서 반지름 r인 원주에 따른 순환(circulation) 식으로 옳은 것은?(단, K는 상수이다.)

① 0 ② K
③ πK ④ $2\pi K$

• 선와류 유동의 포텐셜 함수
$\phi = K\theta$
$u_r = \frac{\partial \phi}{\partial r} = 0$, $u_\theta = \frac{1}{r}\frac{\partial \phi}{\partial \theta} = \frac{1}{r}K = \frac{\Gamma}{2\pi r}$

• 순환
$\Gamma = \frac{1}{r}K \times 2\pi r = 2\pi K$

47 그림과 같이 평행한 두 원판 사이에 점성계수 $\mu = 0.2\text{N·s/m}^2$인 유체가 채워져 있다. 아래 판은 정지되어 있고 윗 판은 1800rpm으로 회전할 때 작용하는 돌림 힘은 약 몇 N·m인가?

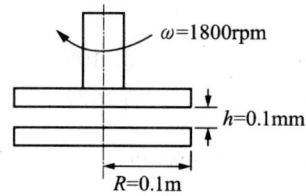

① 9.4 ② 38.3
③ 46.3 ④ 59.2

· 원판에 전달하고 있는 토크

$$\tau = \frac{T}{z_P} \rightarrow \tau = \frac{T}{\frac{\pi d^3}{16}}$$

토크 T에 대해서 정리하고 수치대입하면 다음과 같다.

$$T = \tau \times \frac{\pi d^3}{16} = 37800 \times \left(\pi \times \frac{0.2^3}{16}\right) = 59.37 \text{N} \cdot \text{m}$$

여기서, τ = 원판사이 유체(뉴턴유체)에 발생하는 전단응력
$= 37800 \text{N/m}^2$

48 피에조미터관에 대한 설명으로 틀린 것은?
① 계기유체가 필요 없다.
② U자관에 비해 구조가 단순하다.
③ 기체의 압력 측정에 사용할 수 있다.
④ 대기압 이상의 압력 측정에 사용할 수 있다.

 피에조미터는 끝이 개방된 형태이고 계기 유체 또한 없기 때문에 기체 압력은 측정할 수 없다.

49 밀도가 0.84kg/m³이고 압력이 87.6kPa인 이상기체가 있다. 이 이상기체의 절대온도를 2배 증가시킬 때, 이 기체에서의 음속은 약 몇 m/s인가?(단, 비열비는 1.4이다.)
① 280
② 340
③ 540
④ 720

 · 음속비

$$\frac{C_{2T}}{C_T} = \sqrt{\frac{kR(2T)}{kRT}} = \sqrt{2}$$

$$C_{2T} = \sqrt{2}\, C_T = \sqrt{2}\, \sqrt{kRT} = \sqrt{2} \times \sqrt{\frac{kP}{\rho}}$$

$= 539.8 \text{m/s}$
여기서, C = 음속 = $\sqrt{kRT}$

50 평판 위에 점성, 비압축성 유체가 흐르고 있다. 경계층 두께 δ에 대하여 유체의 속도 u의 분포는 아래와 같다. 이때, 경계층 운동량 두께에 대한 식으로 옳은 것은?(단, U는 상류속도, y는 평판과의 수직거리이다.)

$$0 \leq y \leq \delta : \frac{u}{U} = \frac{2y}{\delta} - \left(\frac{y}{\delta}\right)^2$$
$$y > \delta : \quad u = U$$

① 0.1δ
② 0.125δ
③ 0.133δ
④ 0.166δ

 · 운동량 두께

$$\theta = \int_0^\infty \frac{u}{U}\left(1 - \frac{u}{U}\right)dy = \frac{2}{15}\delta = 0.133\delta$$

51 그림과 같이 폭이 2m인 수문 ABC가 A점에서 힌지로 연결되어 있다. 그림과 같이 수문이 고정될 때 수평인 케이블 CD에 걸리는 장력은 약 몇 kN인가?(단, 수문의 무게는 무시한다.)

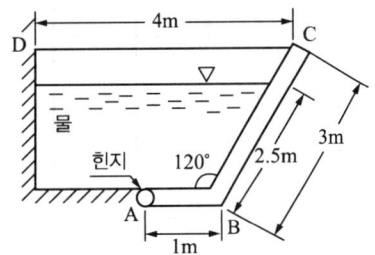

① 38.3
② 35.4
③ 25.2
④ 22.9

 $\sum M_A = 0$

$T \times (3\sin 60°) - (F_2 \times 0.5) - (F_1 \times (\sin 30° + 0.83)) = 0$

$$T = \frac{F_1(\sin 30° + 0.83) + 0.5 F_2}{3\sin 60°} = 35320 \text{N}$$

여기서, T = 수평인 케이블 CD에 걸리는 장력
F_1 = 수문경사면에 작용하는 힘 = 53044N
F_2 = 수문 수평면에 작용하는 힘 = 42435.2N
수문경사면에 작용하는 압력중심점 = 1.67m

답 48 ③ 49 ③ 50 ③ 51 ②

52 지름 100mm 관에 글리세린이 9.42L/min의 유량으로 흐른다. 이 유동은?(단, 글리세린의 비중은 1.26, 점성계수는 $\mu = 2.9 \times 10^{-4}$ kg/m·s이다.)
① 난류유동 ② 층류유동
③ 천이유동 ④ 경계층유동

풀이 • 파이프 유체유동 흐름
$Re = \dfrac{\rho VD}{\mu} = 8271 \geq 4000$
난류유동이다.

53 그림과 같이 날카로운 사각 모서리 입출구를 갖는 관로에서 전수두 H는?(단, 관의 길이를 l, 지름은 d, 관 마찰계수는 f, 속도수두는 $\dfrac{V^2}{2g}$이고, 입구 손실계수는 0.5, 출구 손실계수는 1.0이다.)

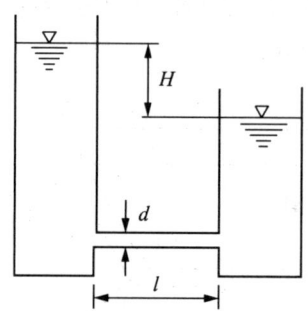

① $H = \left(1.5 + f\dfrac{l}{d}\right)\dfrac{V^2}{2g}$
② $H = \left(1 + f\dfrac{l}{d}\right)\dfrac{V^2}{2g}$
③ $H = \left(0.5 + f\dfrac{l}{d}\right)\dfrac{V^2}{2g}$
④ $H = f\dfrac{l}{d}\dfrac{V^2}{2g}$

풀이 • 총손실 수두
$h_l = K_1 \dfrac{V^2}{2g} + f \cdot \dfrac{l}{d} \cdot \dfrac{V^2}{2g} + K_2 \cdot \dfrac{V^2}{2g}$
$= \left(1.5 + f \cdot \dfrac{l}{d}\right)\dfrac{V^2}{2g} = H$

54 현의 길이가 7m인 날개의 속력이 500km/h로 비행할 때 이 날개가 받는 양력이 4200kN이라고 하면 날개의 폭은 약 몇 m인가? (단, 양력계수 $C_L = 1$, 항력계수 $C_D = 0.02$, 밀도 $\rho = 1.2$kg/m³이다.)
① 51.84 ② 63.17
③ 70.99 ④ 82.36

풀이 • 날개 폭
$b = \dfrac{F_L}{\dfrac{1}{2}\rho V^2 \times C_L \times l} = 51.84\text{m}$

55 그림과 같이 물이 유량 Q로 저수조로 들어가고, 속도 $V = \sqrt{2gh}$로 저수조 바닥에 있는 면적 A_2의 구멍을 통하여 나간다. 저수조의 수면 높이가 변화하는 속도 $\dfrac{dh}{dt}$는?

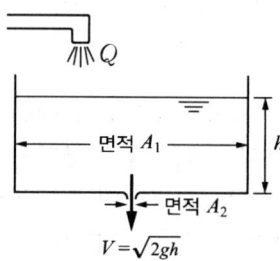

① $\dfrac{Q}{A^2}$ ② $\dfrac{A_2\sqrt{2gh}}{A^1}$
③ $\dfrac{Q - A_2\sqrt{2gh}}{A_2}$ ④ $\dfrac{Q - A_2\sqrt{2gh}}{A_1}$

풀이 • 연속방정식
$Q = \left(A_1 \dfrac{dh}{dt}\right) + A_2\sqrt{2gh}$
$\dfrac{dh}{dt} = \dfrac{Q - A_2\sqrt{2gh}}{A_1}$

답 52 ① 53 ① 54 ① 55 ④

56 그림과 같이 속도가 V인 유체가 속도 U로 움직이는 곡면에 부딪혀 90°의 각도로 유동방향이 바뀐다. 다음 중 유체가 곡면에 가하는 힘의 수평방향 성분 크기가 가장 큰 것은?(단, 유체의 유동단면적은 일정하다.)

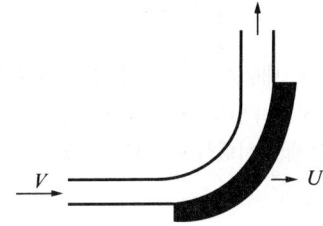

① $V=10$m/s, $U=5$m/s
② $V=20$m/s, $U=15$m/s
③ $V=10$m/s, $U=4$m/s
④ $V=25$m/s, $U=20$m/s

 • 운동량 방정식
$F \propto V$
• 곡면에서 볼 때 곡면에 유입되는 유체의 상대속도
$V_{유체/곡면} = V_{유체} - V_{곡면} = V-U$

57 담배연기가 비정상 유동으로 흐를 때 순간적으로 눈에 보이는 담배연기는 다음 중 어떤 것에 해당하는가?
① 유맥선
② 유적선
③ 유선
④ 유선, 유적선, 유맥선, 모두에 해당됨

 • 유맥선
어떤 위치에 있는 한 점에서 연속해서 연기나 염료를 방출했을 때 얻어지는 곡선. 어느 한 지점을 통과한 유체입자를 연결한 선

58 중력가속도 g, 체적유량 Q, 길이 L로 얻을 수 있는 무차원수는?

① $\dfrac{Q}{\sqrt{gL}}$ ② $\dfrac{Q}{\sqrt{gL^3}}$

③ $\dfrac{Q}{\sqrt{gL^5}}$ ④ $Q\sqrt{gL^3}$

 • 무차원 수
$\Pi = g^\alpha L^\beta Q = (LT^{-2})^\alpha L^\beta (L^3 T^{-1}) \rightarrow \alpha = -\dfrac{1}{2}, \beta = -\dfrac{5}{2}$

$\Pi = g^{-1/2} L^{-5/2} Q = \dfrac{Q}{\sqrt{gL^5}}$

59 길이 150m인 배를 길이 10m인 모형으로 조파 저항에 관한 실험을 하고자 한다. 실형의 배가 70km/h로 움직인다면, 실형과 모형 사이의 역학적 상사를 만족하기 위한 모형의 속도는 약 몇 km/h인가?
① 271   ② 56
③ 18   ④ 10

 • 모형 속도
$V_m = V_p \times \sqrt{\left(\dfrac{L_m}{L_p}\right)} = 18.07$km/h

60 관로의 전 손실수두가 10m인 펌프로부터 21m 지하에 있는 물을 지상 25m의 송출액면에 10m³/min의 유량으로 수송할 때 축동력이 124.5kW이다. 이 펌프의 효율은 약 얼마인가?
① 0.70   ② 0.73
③ 0.76   ④ 0.80

 • 펌프효율
공급된 동력에 대한 유용한 동력의 비

펌프효율$(\eta_{pump}) = \dfrac{\dot{W}_{w.h}}{\dot{W}_{shaft}} = \dfrac{\rho g \dot{Q} H}{\omega T_{shaft}} = 0.7345$

여기서, $H = (10\text{m}) + (21\text{m}) + (25\text{m}) = 56\text{m}$

 56 ③ 57 ① 58 ③ 59 ③ 60 ②

4과목 기계재료 및 유압기기

61 배빗메탈(babbit metal)에 관한 설명으로 옳은 것은?
① Sn-Sb-Cu계 합금으로서 베어링재료로 사용된다.
② Cu-Ni-Si계 합금으로서 도전율이 좋으므로 강력 도전 재료로 이용된다.
③ Zn-Cu-Ti계 합금으로서 강도가 현저히 개선된 경화형 합금이다.
④ Al-Cu-Mg계 합금으로서 상온시효처리하여 기계적 성질을 개선시킨 합금이다.

[풀이] 배빗메탈: 주석(Sn)-안티몬(Sb)-구리(Cu)를 주성분으로 하는 베어링 메탈로 고온·고압에 잘 견디고, 점성이 강해 고속·고하중용 베어링 재료로 사용

62 고용체합금의 시효경화를 위한 조건으로서 옳은 것은?
① 급냉에 의해 제2상의 석출이 잘 이루어져야 한다.
② 고용체의 용해도 한계가 온도가 낮아짐에 따라 증가해야만 한다.
③ 기지상은 단단하여야 하며, 석출물은 연한 상이어야 한다.
④ 최대 강도 및 경도를 얻기 위해서는 기지조직과 정합상태를 이루어야만 한다.

[풀이] 정합변형(coherency strain)에 의한 큰 격자변형 → 전위 운동 방해 → 재료 강화

63 고 Mn강(hadfield steel)에 대한 설명으로 옳은 것은?
① 고온에서 서냉하면 M_3C가 석출하여 취약해진다.
② 소성 변형 중 가공경화성이 없으며, 인장강도가 낮다.
③ 1200°C 부근에서 급랭하여 마텐자이트 단상으로 하는 수인법은 이용한다.
④ 열전도성이 좋고 팽창계수가 작아 열변형을 일으키지 않는다.

[풀이] 고 망간강: 내충격성과 내마모성이 뛰어나며, 연성이 풍부 하지만 열전율이 낮고, 가공 경화성이 높은 비자성 재료이다. 또한 고온에서 서냉하면 M_3C가 석출하여 취약해진다.

64 플라스틱 재료의 일반적인 특징으로 옳은 것은?
① 내구성이 매우 높다.
② 완충성이 매우 낮다.
③ 자기 윤활성이 거의 없다.
④ 복합화에 의한 재질의 개량이 가능하다.

[풀이]
• 합성수지(플라스틱)의 일반적인 성질
① 온도에 의한 변화가 심하다.
② 충격에 약한 것이 많다.
③ 가공성이 크고 성형이 간단하다.
④ 전기 절연성이 좋은 특징을 가지고 있다.
⑤ 일반적으로 비중이 낮으며, 내열성에 약하다.
⑥ 투명한 것이 많고 착색이 용이하다.
⑦ 일반적으로 가볍고 강하나 표면의 경도가 약하다.

65 현미경 조직 검사를 실시하기 위한 철강용 부식제로 옳은 것은?
① 왕수
② 질산 용액
③ 나이탈 용액
④ 염화제2철 용액

[풀이]

철강재료	구리, 황동, 청동	Al 및 그 합금	Au, Pt 등 귀금속
피크린산 용액	염화 제이철 용액	수산화나트륨 용액	왕수

  61 ① 62 ④ 63 ① 64 ④ 65 ③

66 상온의 금속(Fe)을 가열하였을 때 체심입방격자에서 면심입방격자로 변하는 점은?

① A_0 변태점   ② A_2 변태점
③ A_3 변태점   ④ A_4 변태점

ferrite(α-Fe) BCC	→ 910℃	austenite(γ-Fe) FCC	→ 140℃	ferrite(δ-Fe) BCC
	A_3 변태		A_4 변태	1400℃

67 스테인리스강을 조직에 따라 분류할 때의 기준 조직이 아닌 것은?

① 페라이트계   ② 마텐자이트계
③ 시멘타이트계   ④ 오스테나이트계

풀이
- Cr계 스테인리스강: 마르텐사이트계 스테인리스강, 페라이트계 스테인리스강
- Cr-Ni계 스테인리스강: 오스테나이트계 스테인리스강, 오스트나이트계-페라이트계 스테인리스강, 석출경화계 스테인리스강
- 13(크롬) 스테인리스강: 크롬 12~14% 함유
- 18(크롬) 스테인리스강: 크롬 17~20% 함유, 해수용 펌프 및 밸브 재료로 사용한다.
- 18-8(크롬-니켈) 스테인리스강: 크롬 18%, 니켈 8% 함유하고 있으며 오스테나이트(Austenite)계이고 내식성이 우수하며 비자성체이다.

68 담금질한 공석강의 냉각 곡선에서 시편을 20℃의 물속에 넣었을 때 ㉮와 같은 곡선을 나타낼 때의 조직은?

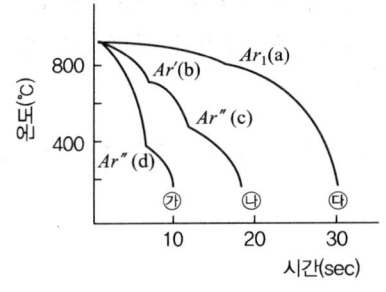

① 펄라이트
② 오스테나이트
③ 마텐자이트
④ 베이나이트+펄라이트

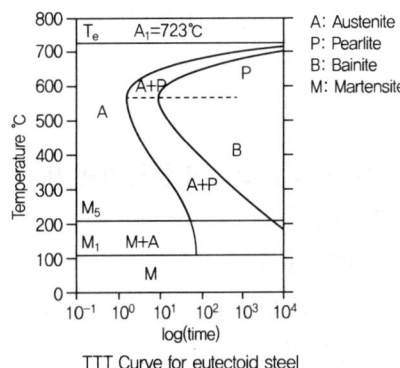

TTT Curve for eutectoid steel

69 항온 열처리 방법에 해당하는 것은?

① 뜨임(tempering)
② 어닐링(annealing)
③ 마퀜칭(marquenching)
④ 노멀라이징(normalizing)

풀이 항온 열처리는 강의 담금질 처리 시 발생하는 파손을 방지하기 위하여 담금질과 뜨임의 두 공정을 같이 행하는 열처리로 강을 항온 염욕에서 가열 및 냉각하여 변태를 조절시킨다.
- 오스템퍼링(austempering): 베이나이트(Bainite) 조직을 얻는 방법으로 뜨임이 필요 없으며, 담금질 변형 및 균열을 방지하고 탄성이 증가한다.
  - 베이나이트: Ferrite와 Cementite로 구성된 미세한 구조. 일반적으로 마텐자이트 보다 부식되기 쉬우며 경도가 작고, Pearlite보다는 경도가 높으며 적당한 강도와 연성(ductility)을 가지고 있다.
- 마템퍼링(martempering): 마텐자이트+베이나이트의 혼합조직을 얻는 방법으로 마텐자이트의 자기뜨임과 담금질 변형을 제거하고 오스트나이트의 베이나이트화에 의한 변형 및 균열이 제거되어 취성이 없어진다.
- 마퀜칭(marquenching): 마텐자이트 조직을 얻는 방법(마아퀜칭 후 뜨임)으로 합금강, 고탄소강, 베어링 등에 적합하다.

답 66 ③ 67 ③ 68 ③ 69 ③

- 오스포밍(ausforming): 과냉 오스테나이트 상태에서 소성변형가공을 하고 그 후 냉각 중에 마텐자이트화하는 항온 열처리
- Ms 퀜칭(Ms quenching): 담금질 균열을 적게 하고 잔류 오스트나이트를 줄이는 방법으로 마텐자이트 생성구역을 급냉하는 열처리방법. Ms점은 마텐자이트에서 페라이트로 되는 온도이다.

70 고강도 합금으로써 항공기용 재료에 사용되는 것은?

① 베릴륨 동
② Naval brass
③ 알루미늄 청동
④ Extra Super Duralumin

풀이

명칭	성분	용도
두랄루민 (duralumin)	Al+ Cu(4%)+ Mg(0.5%)+ Mn(0.5%)+ Si(0.5%)	• 가볍고 강인하여 단조용으로 뛰어난 재료이기에 항공기, 자동차, 운반 기계 등의 재료로 사용된다. • 시효경화성을 가지고 있다.
초두랄루민 (Super duralumin)	두랄루민에 Mg양 증가, Si 감소	항공기 등 각종 구조용 재료, 리벳 기계 등에 사용된다.
초초두랄루민(Extra Super Duralumin, ESD)	Al과 Cu(1.2%), Zn(8.0%), Mg(1.5%), Mn(0.6%), Cr(0.25%)	고강도 합금으로 항공기용 재료에 사용된다.

71 유체 토크 컨버터의 주요 구성 요소가 아닌 것은?

① 펌프   ② 터빈
③ 스테이터   ④ 릴리프 밸브

풀이 • 유체 토크 컨버터의 주요 구성 요소
펌프, 터빈, 스테이터

72 미터 아웃 회로에 대한 설명으로 틀린 것은?

① 피스톤 속도를 제어하는 회로이다.
② 유량 제어 밸브를 실린더의 입구측에 설치한 회로이다.
③ 기본형은 부하변동이 심한 공작기계의 이송에 사용된다.
④ 실린더에 배압이 걸리므로 끌어당기는 하중이 작용해도 자주 할 염려가 없다.

풀이 • 미터 인 회로는 액추에이터에 들어가는(in)기름의 양을 조절해서 속도를 제어한다.

73 압력 제어 밸브의 종류가 아닌 것은?

① 체크 밸브
② 감압 밸브
③ 릴리프 밸브
④ 카운터 밸런스 밸브

풀이 • 체크 밸브 → 방향 제어 밸브

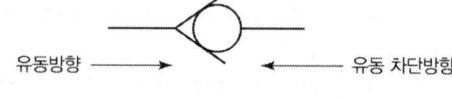

유동방향 ←→ 유동 차단방향

▲ 체크 밸브 도면기호

74 유압유의 구비조건으로 적절하지 않은 것은?

① 압축성이어야 한다.
② 점도 지수가 커야한다.
③ 열을 방출시킬 수 있어야 한다.
④ 기름 중의 공기를 분리시킬 수 있어야 한다.

풀이 유압회로에서 사용하는 유압유는 비압축성이어야 한다.

답 70 ④ 71 ④ 72 ② 73 ① 74 ①

75 유압 장치의 특징으로 적절하지 않은 것은?
① 원격 제어가 가능하다.
② 소형 장치로 큰 출력을 얻을 수 있다.
③ 먼지나 이물질에 의한 고장의 우려가 없다.
④ 오일에 기포가 섞여 작동이 불량할 수 있다.

풀이 • 유압 설비에서 사용하는 작동유는 기름이다. 기름은 인화에 따른 화재 위험이 크며, 먼지나 이물질에 의한 고장이 발생한다.

76 유압 실린더 취급 및 설계 시 주의사항으로 적절하지 않은 것은?
① 적당한 위치에 공기구멍을 장치한다.
② 쿠션 장치인 쿠션 밸브는 감속범위의 조정용으로 사용된다.
③ 쿠션 장치인 쿠션링은 헤드 엔드축에 흐르는 오일을 촉진한다.
④ 원칙적으로 더스트 와이퍼를 연결해야 한다.

풀이 • 쿠션링은 로드 엔드축에 흐르는 오일을 폐지한다.

77 그림의 유압 회로도에서 ①의 밸브 명칭으로 옳은 것은?

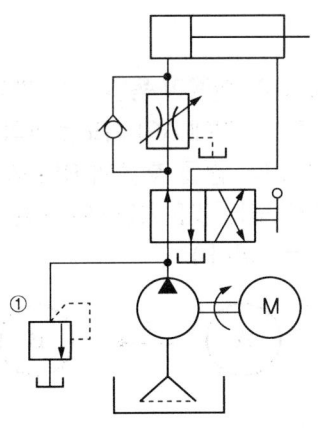

① 스톱 밸브   ② 릴리프 밸브
③ 무부하 밸브   ④ 카운터 밸런스 밸브

풀이 • 릴리프 밸브
회로 전체의 압력을 설정하는 압력 제어 밸브

78 펌프에 대한 설명으로 틀린 것은?
① 피스톤 펌프는 피스톤을 경사판, 캠, 크랭크 등에 의해서 왕복 운동시켜, 액체를 흡입 쪽에서 토출 쪽으로 밀어내는 형식의 펌프이다.
② 레이디얼 피스톤 펌프는 피스톤의 왕복 운동 방향이 구동축에 거의 직각인 피스톤 펌프이다.
③ 기어 펌프는 케이싱 내에 물리는 2개 이상의 기어에 의해 액체를 흡입 쪽에서 토출 쪽으로 밀어내는 형식의 펌프이다.
④ 터보 펌프는 덮개차를 케이싱 외에 회전시켜, 액체로부터 운동 에너지를 뺏어 액체를 토출하는 형식의 펌프이다.

풀이 • 터보 펌프(Turbo-molecular pump)
고정자 깃(stator blade)과 회전자 깃(rotor blade)이 서로 엇갈린 층으로 배치되어 반대 방향으로 회전한다. 고속으로 회전하는 회전자 깃이 기체 분자를 펌프 영역으로 끌어들여 충돌시켜 배기구 방향으로 밀어내는 방식을 채택한 펌프이다.

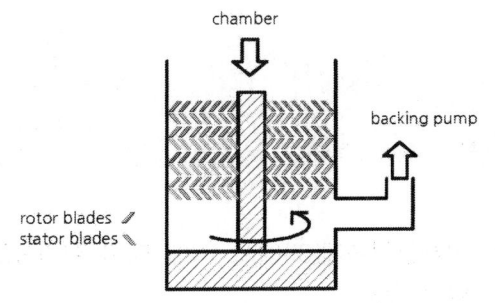

▲ 터보 펌프 개략도

답 75 ③ 76 ③ 77 ② 78 ④

79 채터링 현상에 대한 설명으로 적절하지 않은 것은?
① 소음을 수반한다.
② 일종의 자려 진동현상이다.
③ 감압 밸브, 릴리프 밸브 등에서 발생한다.
④ 압력, 속도 변화에 의한 것이 아닌 스프링의 강성에 의한 것이다.

풀이 • 채터링(chattering) 현상
릴리프 밸브 등에서 밸브 시트를 두들겨 비교적 높은 음을 발생시키는 자려진동 현상이다.

80 그림과 같은 유압 기호의 명칭은?

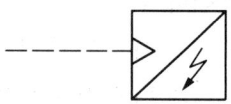

① 경음기　　② 소음기
③ 리밋 스위치　　④ 아날로그 변환기

풀이

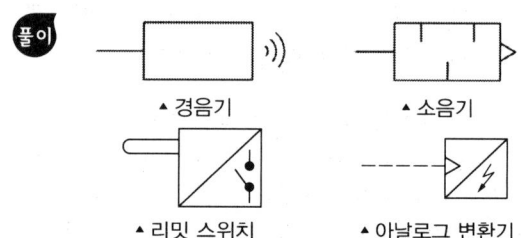

▲ 경음기　　▲ 소음기
▲ 리밋 스위치　　▲ 아날로그 변환기

5 기계제작법 및 기계동력학

81 국제단위체계(SI)에서 1N에 대한 설명으로 맞는 것은?
① 1g의 질량에 1m/s²의 가속도를 주는 힘이다.
② 1g의 질량에 1m/s의 속도를 주는 힘이다.
③ 1kg의 질량에 1m/s²의 가속도를 주는 힘이다.
④ 1kg의 질량에 1m/s의 속도를 주는 힘이다.

풀이 • $1N = 1kg \cdot 1\ m/s^2 = 1kg$의 질량을 갖는 물체가 $1m/s^2$의 가속도를 낼 수 있도록 하는데 필요한 힘

82 30°로 기울어진 표면에 질량 50kg인 블록이 질량 m인 추와 그림과 같이 연결되어 있다. 경사 표면과 블록 사이의 마찰계수가 0.5일 때 이 블록을 경사면으로 끌어올리기 위한 추의 최소 질량은 약 몇 kg인가?

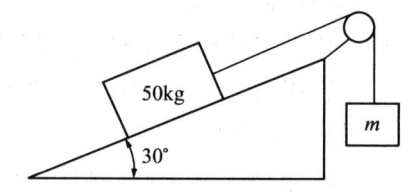

① 36.5　　② 41.8
③ 46.7　　④ 54.2

풀이 • 블록 A를 끌어올리기 위한 추의 최소 질량
$$m_B > \frac{T}{g} = \frac{457.2}{9.8} = 46.7 kg$$
여기서, 블록 A=30°로 기울어진 표면에 있는 질량 50kg인 블록, m_B=질량 m인 추, T=블록 A를 끌어올리기 위한 장력

83 그림과 같이 질량이 동일한 두 개의 구슬 A, B가 있다. 초기에 A의 속도는 v이고 B는 정지되어 있다. 충돌 후 A와 B의 속도에 관한 설명으로 맞는 것은?(단, 두 구슬 사이의 반발계수는 1이다.)

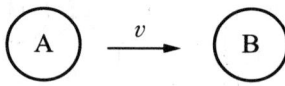

① A와 B 모두 정지한다.
② A와 B 모두 v의 속도를 가진다.
③ A와 B 모두 $\frac{v}{2}$의 속도를 가진다.
④ A는 정지하고 B는 v의 속도를 가진다.

풀이 • 운동량 보존 법칙
$$m_A v + 0 = m_A v'_A + m_B v'_B$$
$$v = v'_A + v'_B$$
• 반발 계수
$$e = \frac{v'_B - v'_A}{v - 0} \rightarrow v = v'_B - v'_A \quad v'_B = v, \quad v'_A = 0$$
구슬 A는 멈추고, B는 v의 속도를 갖는다.

84 그림과 같이 최초 정지상태에 있는 바퀴에 줄이 감겨있다. 힘을 가하여 줄의 가속도(a)가 $a = 4t[\text{m/s}^2]$일 때 바퀴의 각속도(w)를 시간의 함수로 나타내면 몇 rad/s인가?

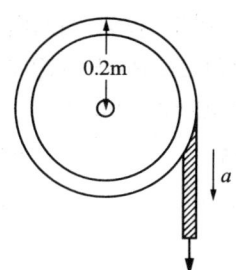

① $8t^2$
② $9t^2$
③ $10t^2$
④ $11t^2$

풀이 • 바퀴의 각속도
$$\alpha = \frac{d\omega}{dt} = 20t$$
$$\int_0^\omega d\omega = \int_0^t 20t\,dt \text{ 정리하면,}$$
$$\omega = 10t^2 \text{rad/s}$$

85 그림과 같이 질량이 10kg인 봉의 끝단이 홈을 따라 움직이는 블록 A, B에 구속되어 있다. 초기에 $\theta = 0°$에서 정지하여 있다가 블록 B에 수평력 $P = 50\text{N}$이 작용하여 $\theta = 45°$가 되는 순간에 봉의 각속도는 약 몇 rad/s인가?(단, 블록 A와 B의 질량과 마찰은 무시하고, 중력가속도 $g = 9.81\text{m/s}^2$이다.)

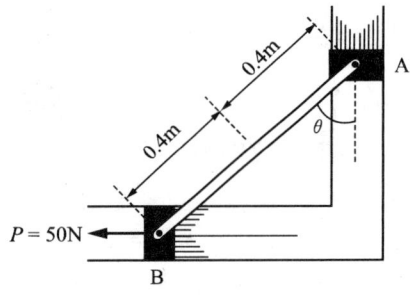

① 3.11
② 4.11
③ 5.11
④ 6.11

풀이 • 일과 에너지 원리
$$T_1 + U_{1\rightarrow 2} = T_2$$
$$0 + 39.8 = 1.067\omega_2^2$$
이 식을 $\theta = 45°$가 되는 순간에 봉의 각속도 $= \omega_2$에 대해서 정리하고 계산하면 다음과 같은 결과를 얻을 수 있다.
$$\omega_2 = \sqrt{\frac{39.8}{1.067}} = 6.107 \text{rad/s}$$
여기서, $T_1 =$ ①인 위치에서 봉의 운동에너지
$T_2 =$ ②인 위치에서 봉의 운동에너지
$\theta = 45°$가 되는 순간에 봉의 각속도 $= \omega_2$

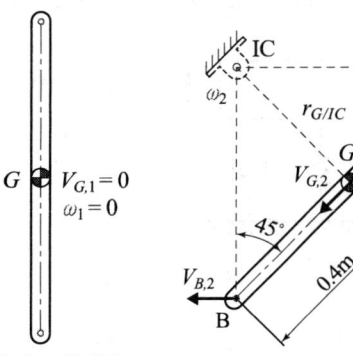

봉이 ①인 위치, 초기 $\theta = 0°$

봉이 ②인 위치, $\theta = 45°$

답 84 ③ 85 ④

86 스프링상수가 20N/cm와 30N/cm인 두 개의 스프링을 직렬로 연결했을 때 등가스프링 상수값은 몇 N/cm인가?

① 10 ② 12
③ 25 ④ 50

풀이

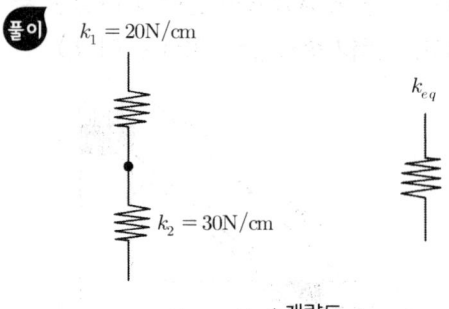

- 직렬연결 등가 스프링 상수

$k_{eq} = \dfrac{k_1 \cdot k_2}{k_1 + k_2} = 12\text{N/cm}$

87 엔진(질량 m)의 진동이 공장 바닥에 직접 전달될 때 바닥에 힘이 $F_0 \sin wt$로 전달된다. 이때 전달되는 힘을 감소시키기 위해 엔진과 바닥 사이에 스프링(스프링상수 k)과 댐퍼(감쇠계수 c)를 달았다. 이를 위해 진동계의 고유진동수(w_n)와 외력의 진동수(w)는 어떤 관계를 가져야 하는가?(단, $w_n = \sqrt{\dfrac{k}{m}}$이고, t는 시간을 의미한다.)

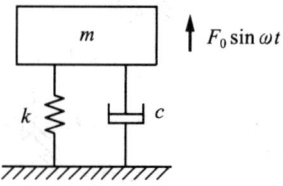

① $w_n > w$ ② $w_n < 2w$
③ $w_n < \dfrac{w}{\sqrt{2}}$ ④ $w_n > \dfrac{w}{\sqrt{2}}$

풀이
- 진동 전달률이 1 이하이려면 진동수 비가 $\sqrt{2}$ 이상이어야 한다.

$\omega/\omega_n > \sqrt{2}$

$\omega_n < \dfrac{\omega}{\sqrt{2}}$

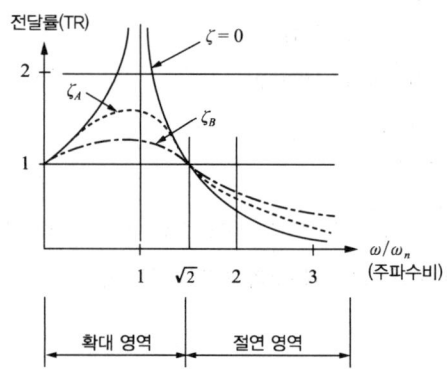

▲ 진동수 비(ω/ω_n)에 대한 진동 전달률(TR)의 변화, $\zeta_B > \zeta_A$

88 90km/h의 속력으로 달리던 자동차가 100m 전방의 장애물을 발견한 후 제동을 하여 장애물 바로 앞에 정지하기 위해 필요한 제동력의 크기는 몇 N인가?(단, 자동차의 질량은 1000kg이다.)

① 3125 ② 6250
③ 40500 ④ 81000

풀이
- 운동방정식

$F = ma = 3125\text{N}$

여기서, 제동에 필요한 감가속도 $= -3.125\text{m/s}^2$
따라서, 장애물 바로 앞에 정지하기 위해서는 3125N 이상의 제동력이 필요하다.

89 다음 중 계의 고유진동수에 영향을 미치지 않는 것은?

① 계의 초기조건
② 진동물체의 질량
③ 계의 스프링 계수
④ 계를 형성하는 재료의 탄성계수

답 86 ② 87 ③ 88 ① 89 ①

풀이
- 고유 각 진동수
$$\omega_n = \sqrt{\frac{k}{m}}$$
여기서, m = 진동체 질량, k = 스프링 상수

90 그림과 같이 질량이 m인 물체가 탄성스프링으로 지지되어 있다. 초기위치에서 자유낙하를 시작하고, 초기 스프링의 변형량이 0일 때, 스프링의 최대 변형량(x)은?(단, 스프링의 질량은 무시하고, 스프링상수는 k, 중력가속도는 g이다.)

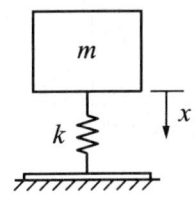

① $\dfrac{mg}{k}$ ② $\dfrac{2mg}{k}$

③ $\sqrt{\dfrac{mg}{k}}$ ④ $\sqrt{\dfrac{2mg}{k}}$

- 중력과 스프링 힘이 한 일

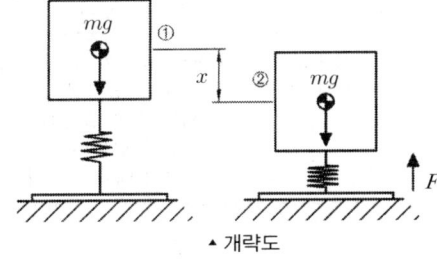
▲ 개략도

- 일과 에너지 법칙
$T_1 + U_{1 \to 2} = T_2$
- 최대 변형량
$x = \dfrac{2mg}{k}$

91 숏피닝(shot peening)에 대한 설명으로 틀린 것은?

① 숏피닝은 얇은 공작물일수록 효과가 크다.
② 가공물 표면에 작은 해머와 같은 작용을 하는 형태로 일종의 열간 가공법이다.
③ 가공물 표면에 가공경화 된 잔류 압축응력층이 형성된다.
④ 반복하중에 대한 피로파괴에 큰 저항을 갖고 있기 때문에 각종 스프링에 널리 이용된다.

풀이 숏피닝(shot peening) : 금속입자를 공작물 표면에 분사시켜 입자의 충격작용으로 금속 표면층의 경도와 강도 증가로 피로 한계를 높여주는 가공법
① 가공물의 표면을 다듬질하고, 동시에 피로강도 및 기계적 성질이 개선된다.
② 표면경도와 피로강도가 증가된다.
③ 숏피닝은 얇은 공작물일수록 효과가 크다.
④ 가공물의 표면에 가공 경화된 압축잔류응력층이 형성된다.
⑤ 반복하중에 대한 피로한도를 증가 시킬 수 있어 각종 스프링에 널리 이용된다.

92 오스테나이트 조직을 굳은 조직인 베이나이트로 변환시키는 항온 변태열처리법은?

① 서브제로   ② 마템퍼링
③ 오스포밍   ④ 오스템퍼링

풀이 오스템퍼링(austempering) : 베이나이트 조직을 얻는 방법으로 뜨임이 필요가 없으며, 담금질 변형 및 균열을 방지하고 탄성이 증가한다.

93 전기 도금의 반대형상으로 가공물을 양극, 전기저항이 적은 구리, 아연을 음극에 연결한 후 용액에 침지하고 통전하여 금속표면의 미소 돌기부분을 용해하여 거울면과 같이 광택이 있는 면을 가공할 수 있는 특수가공은?

답 90 ② 91 ② 92 ④ 93 ③

① 방전가공 ② 전주가공
③ 전해연마 ④ 슈퍼피니싱

풀이 전해연마: 전기도금의 반대 방법으로 가공물을 양극(+)으로 하고 전기저항이 적은 구리, 아연 등을 음극(-)으로 연결하여 전해액 속에서 전기에 의한 화학적인 작용으로 가공물의 미소 돌기를 용출시켜 광택면을 얻는 가공법
- 전해연마 면은 반사능이 좋아서 식기, 장식품 등의 광택과 내식성이 증가한다.
- 기계 부분품 중에서 나사, 스프링 및 단조물의 스케일 제거와 표면처리를 한다.
- 바늘, 주사침 등이 표면 완성가공을 한다.
- 거울면과 같이 광택이 있는 가공 면을 비교적 쉽게 얻을 수 있는 가공법
- 복잡한 형상을 가진 공작물의 연마도 가능하다.
- 연질금속, 알루미늄, 구리 등을 용이하게 연마할 수 있다.
- 가공면에 방향성이 없다.
- 가공 변질층이 없고, 평활한 가공 면을 얻을 수 있다.
- 기계 부분품 중에서 나사, 스프링 및 단조물의 스케일 제거와 표면처리를 한다.
- 내부식성이 좋아진다.

94 주철과 같은 강하고 깨지기 쉬운 재료(메진 재료)를 저속으로 절삭할 때 생기는 칩의 형태는?
① 균열형 칩 ② 유동형 칩
③ 열단형 칩 ④ 전단형 칩

풀이 칩의 형상

유동형 칩(flow type chip)	
발생원인	특징
• 절삭깊이가 적을 때 • 고속 절삭할 때 • 바이트 인선의 경사각이 클 때 • 연성의 재료(구리, 알루미늄 등)을 가공할 때 • 바이트 윗면 경사각이 클 때	• 칩(chip)이 공구의 경사면에 연속적으로 흐른다. • 가공표면이 가장 양호하며 날의 수명이 길다. • 브레이커 등을 이용하여 연속된 칩을 처리한다.

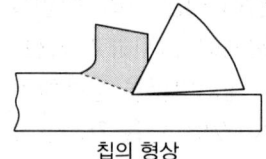
칩의 형상

전단형 칩(shear type chip)	
발생원인	특징
• 칩의 두께가 두꺼울 때, • 연한 재질을 저속 절삭할 때 생긴다.	• 칩이 쉽게 부스러지며, 유동형 칩과 열단형 칩의 중간정도의 다듬질면 거칠기를 가진다.

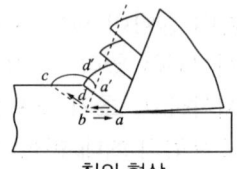
칩의 형상

열단형 칩(tear type chip)	
발생원인	특징
• 경작형(pluck type chip)이라고도 한다. • Al 합금, 동합금 등 점성이 큰 재료의 저속 절삭에서 생기기 쉽습니다.	• 칩이 이어져 나오지 않고 뜯기듯이 부스러져 나오는 형태로 다듬질 면이 거칠고 잔류응력이 크다.

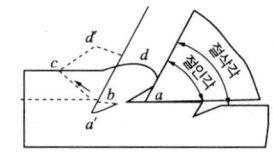
칩의 형상

균열형 칩(crack type chip)	
발생원인	특징
• 주철과 같이 취성재료를 느린 속도로 절삭할 때 생긴다.	• 칩의 균열이 날이 절입되는 순간 공작물 표면까지 순간적으로 발생하는 칩으로 절삭 변동이 크고 다듬질 면이 매우 거칠다.

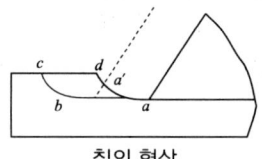
칩의 형상

답 94 ①

95 두께 50mm의 연강판을 압연 롤러를 통과시켜 40mm가 되었을 때 압하율은 몇 %인가?

① 10 ② 15
③ 20 ④ 25

풀이 압하율 = $\dfrac{H_0 - H_1}{H_0} \times 100(\%)$, 압하량 = $H_0 - H_1$

여기서 압연전의 두께: H_0, 압연 후의 두께: H_1

압하율 = $\dfrac{50-40}{50} = \dfrac{10}{50} = 20\%$

96 용접의 일반적인 장점으로 틀린 것은?
① 품질검사가 쉽고 잔류응력이 발생하지 않는다.
② 재료가 절약되고 중량이 가벼워진다.
③ 작업 공정수가 감소한다.
④ 기밀성이 우수하며 이음 효율이 향상된다.

풀이 용접: 재료의 접합 부분을 국부적으로 용융/반 용융 상태 가열하여 접합하는 방법

장점	단점
• 재료 및 공정수 절감으로 재료가 절약되어 중량이 가벼워지고 작업속도가 빠르다. • 기밀 및 수밀성 우수하며 체결(이음) 효율이 좋다. • 자동화가 가능하며 설비 및 작업비가 저렴하다.	• 열에 의한 변형 및 열응력이 발생하고 충격에 약하다. • 용접성은 용접 기술 및 용접 모재의 재질에 따라 좌우된다. • 용접 부위 품질검사가 어렵고 국부적인 잔류응력이 발생한다.

97 프레스가공에서 전단각공의 종류가 아닌 것은?
① 블랭킹 ② 트리밍
③ 스웨이징 ④ 셰이빙

풀이 프레스 가공의 분류
① 전단가공(shearing operation): 펀칭(punching), 블랭킹(blanking), 전단(shearing), 분단(parting), 노칭(notching), 트리밍(trimming), 셰이빙(shaving),
② 성형가공(forming operation): 굽힘(bending), 인장(stretching), 비딩(beading), 딥 드로잉(deep drawing), 스피닝(spinning), 시이밍(seaming), 컬링(curling), 마폼(marforming), 하이드로폼(hydroforming)법, 벌징(bulging)
③ 압축가공(squeezing operation): 코이닝(coining, 압인), 엠보싱(embossing), 스웨이징(swaging), 버니싱(burnishing)

98 주물사에서 가스 및 공기에 해당하는 기체가 통과하여 빠져나가는 성질은?
① 보온성 ② 반복성
③ 내구성 ④ 통기성

풀이 통기성(Permeability): 공기 및 가스에 해당하는 기체가 주물사를 통과하는 정도

통기도$(K) = \dfrac{Qh}{PAt}$

여기서, Q: 시험편을 통한 공기량(cm^3)
h: 시험편 높이(cm)
P: 공기 압력(g/cm^2)
A: 공기가 통과하는 시험편의 단면적(cm^2)
t: 공기 통과 시간(min)
이다.

99 선반가공에서 직경 60mm, 길이 100mm의 탄소강 재료 환봉을 초경바이트를 사용하여 1회 절삭 시 가공시간은 약 몇 초인가?(단, 절삭 깊이 1.5mm, 절삭속도 150m/min, 이송은 0.2mm/rev이다.)

① 38 ② 42
③ 48 ④ 52

답 95 ③ 96 ① 97 ③ 98 ④ 99 ①

풀이 선반의 가공시간

① 절삭 속도: $V = \dfrac{\pi DN}{1000}$ (m/min)

② 회전수: $N = \dfrac{1000V}{\pi D}$ (rpm)

③ 가공 시간: $t = \dfrac{L}{NS}$ (min)

(단, 절삭속도: V(m/min), 회전수: N(rpm), 이송 속도: S(mm/rev), 공작물 지름: D(mm), 공작물 길이: L(mm)

$$t = \dfrac{L}{NS} = \dfrac{100}{\dfrac{1000 \times 150}{\pi \times 60} \times 0.2} = \dfrac{100 \times \pi \times 60}{1000 \times 150 \times 0.2}$$

$\fallingdotseq 0.628$(min) $\fallingdotseq 0.628 \times 60 \fallingdotseq 38\,\text{sec}$

100 침탄법에 비하여 경화층은 얇으나, 경도가 크고, 담금질이 필요 없으며, 내식성 및 내마모성이 커서 고온에도 변화되지 않지만 처리시간이 길고 생산비가 많이 드는 표면경화법은?

① 마퀜칭　　　② 질화법
③ 화염 경화법　④ 고주파 경화법

풀이 질화법(nitriding): 변태점 이하의 500~550℃ 정도의 낮은 온도에서 처리하므로 변형이 없는 표면처리법으로 암모니아가스(NH_3)와 같이 질소를 포함하고 있는 물질로 강의 표면을 경화시키는 방법이다.

① 화학 반응식: $2NH_3 \rightarrow 2N + 3H_2$
② 침탄법에 비해 경화층이 비교적 얇고, 경도가 크다.
③ 내식성 및 내마모성이 좋다. 주로 마모가 심한 곳(자동차의 크랭크축, 캠, 스핀들, 동력전달 체인 등 각종 내마모용 부품)에 많이 사용 된다.
④ 열처리가 필요 없으므로 경화에 의한 변형이 적다.
⑤ 질화 후의 수정은 불가능 하다.
⑥ 침탄법에 비해 내식성 및 내마모성이 커서 고온에도 변화되지 않지만 처리시간이 길고 생산비가 많이 든다.
⑥ 질화법의 효과를 높이기 위해 사용되는 첨가원소로는
　㉠ Cr, Mn: 경도 및 깊이 증가
　㉡ Mo: 경도 증가 및 취화방지
　㉢ Al: 경도 증가 등이 있다.

답 100 ②

2020년 3회 일반기계기사 기출문제

1 재료역학

1 다음 외팔보가 균일분포 하중을 받을 때, 굽힘에 의한 탄성변형 에너지는?(단, 굽힘강성 EI는 일정하다.)

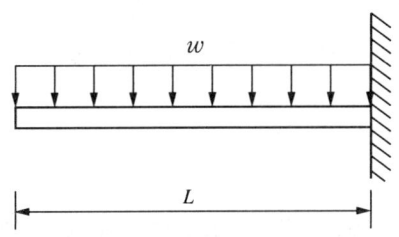

① $U = \dfrac{w^2 L^5}{20EI}$ ② $U = \dfrac{w^2 L^5}{30EI}$

③ $U = \dfrac{w^2 L^5}{40EI}$ ④ $U = \dfrac{w^2 L^5}{50EI}$

풀이 $M_x = w \times x \times \dfrac{x}{2} = \dfrac{wx^2}{2}$ 이므로

$U = \displaystyle\int_0^L \dfrac{M_x^2}{2EI}dx = \dfrac{1}{2EI}\int_0^L \left(\dfrac{wx^2}{2}\right)^2 dx$

$= \dfrac{w^2}{8EI}\displaystyle\int_0^L x^4 dx = \dfrac{w^2 L^5}{40EI}$

2 길이 10m, 단면적 2cm²인 철봉을 100℃에서 그림과 같이 양단을 고정했다. 이 봉의 온도가 20℃로 되었을 때 인장력은 약 몇 kN인가?(단, 세로탄성계수는 200GPa, 선팽창계수 $\alpha = 0.000012/℃$이다.)

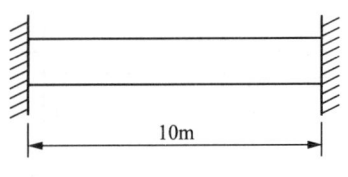

① 19.2 ② 25.5
③ 38.4 ④ 48.5

풀이 $\sigma = E \cdot \alpha \cdot \Delta T = \dfrac{P}{A}$ 에서 $P = E\alpha\Delta T \times A$

$= (200 \times 10^9) \times 0.000012 \times (100 - 20) \times 0.0002$
$= 38400 = 38.4\text{kN}$

3 그림과 같은 단순 지지보에 모멘트(M)와 균일 분포하중(w)이 작용할 때, A점의 반력은?

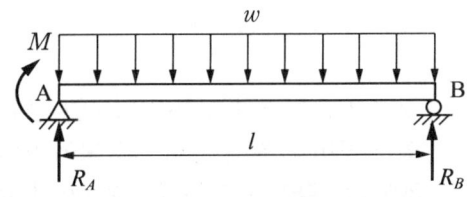

① $\dfrac{wl}{2} - \dfrac{M}{l}$ ② $\dfrac{wl}{2} - M$

③ $\dfrac{wl}{2} + M$ ④ $\dfrac{wl}{2} + \dfrac{M}{l}$

풀이 $\sum M_B = 0$ 에서

$R_A \times l + M - wl \times \dfrac{l}{2} = 0,\ R_A = \dfrac{wl}{2} - \dfrac{M}{l}$

답 1 ③ 2 ③ 3 ①

4 그림과 같이 원형단면을 가진 보가 인장하중 $P=90\text{kN}$을 받는다. 이 보는 강(steel)으로 이루어져 있고, 세로탄성계수 210GPa이며 포아송비 $\mu=1/3$이다. 이 보의 체적변화 ΔV는 약 몇 mm^3인가?(단, 보의 직경 $d=30\text{mm}$, 길이 $L=5\text{m}$이다.)

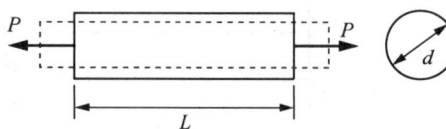

① 114.28 ② 314.28
③ 514.28 ④ 714.28

풀이
$$\epsilon_V = \frac{\Delta V(\text{변화된 체적})}{V(\text{원래 체적})} = \epsilon(1-2\mu)$$
$\Delta V = V \times \epsilon(1-2\mu)$
$= V \times \frac{\sigma}{E}(1-2\mu) = V \times \frac{1}{E}\frac{P}{A}(1-2\mu)$
$= AL \times \frac{1}{E}\frac{P}{A}(1-2\mu) = \frac{LP}{E}(1-2\mu)$에서
$\Delta V = \frac{5 \times (90 \times 10^3)}{210 \times 10^9}\left(1-2\times\frac{1}{3}\right)$
$\fallingdotseq 7.14 \times 10^{-7}\text{m}^3 \fallingdotseq (7.14 \times 10^{-7}) \times 10^9 \text{mm}^3$
$= 714.28 \text{mm}^3$

5 길이 3m, 단면의 지름이 3cm인 균일 단면의 알루미늄 봉이 있다. 이 봉에 인장하중 20kN이 걸리면 봉은 약 몇 cm 늘어나는가?(단, 세로탄성계수는 72GPa이다.)

① 0.118 ② 0.239
③ 1.18 ④ 2.39

풀이
$\delta = \frac{PL}{AE} = \frac{(20 \times 10^3) \times 3}{\frac{\pi \times 0.03^2}{4} \times (72 \times 10^9)} \fallingdotseq 1.1789\text{m}$
$\fallingdotseq 0.118\text{cm}$

6 판 두께 3mm를 사용하여 내압 20N/cm^2을 받을 수 있는 구형(spherical) 내압용기를 만들려고 할 때, 이 용기의 최대 안전내경 d를 구하면 몇 cm인가?(단, 이 재료의 허용 인장응력을 $\sigma_w = 800\text{kN/cm}^2$을 한다.)

① 24 ② 48
③ 72 ④ 96

풀이 원주응력(σ_θ)$= \frac{q_a d}{2t} = \frac{q_a r}{t}$에서
$d = \frac{\sigma_\theta \times 2t}{q_a} = \frac{(800 \times 10^3) \times 2 \times 0.003}{20 \times 10^3}$
$= 0.24\text{m} = 24\text{cm}$

축방향 응력(σ_a)$= \frac{q_a d}{4t} = \frac{q_a r}{2t}$에서
$d = \frac{\sigma_\theta \times 4t}{q_a} = \frac{(800 \times 10^3) \times 4 \times 0.003}{20 \times 10^3}$
$= 0.48\text{m} = 48\text{cm}$

7 그림과 같은 돌출보에서 $\omega = 120\text{kN/m}$의 등분포 하중이 작용할 때, 중앙 부분에서의 최대 굽힘응력은 약 몇 MPa인가?(단, 단면은 표준 I형 보로 높이 $h=60\text{cm}$이고, 단면 2차 모멘트 $I=98200\text{cm}^4$이다.)

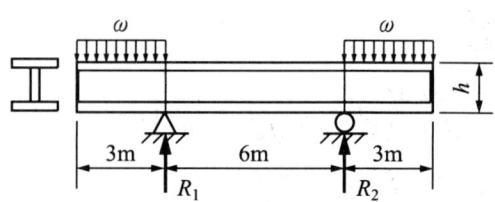

① 125 ② 165
③ 185 ④ 195

풀이 좌우대칭이므로 $R_1 + R_2 = (w \times 3) + (w \times 3)$에서
$R_1 = R_2 = 360\text{kN}$
중앙 부분의 모멘트
$M = -w \times 3 \times (1.5+3) + R_1 \times 1.5$
$= -(120 \times 10^3) \times 3 \times 4.5 + (360 \times 10^3 \times 3)$
$= -540\text{kN}$

답 4 ④ 5 ① 6 ② 7 ②

$M = \sigma Z, \sigma = \dfrac{M}{Z} = \dfrac{M}{I/e} = \dfrac{M}{I/0.3} = \dfrac{540 \times 10^3}{\dfrac{98200 \times 10^{-8}}{0.3}}$

$\fallingdotseq 164969450 \text{Pa} \fallingdotseq 165 \text{MPa}$

8 다음과 같이 스팬(span) 중앙에 힌지(hinge)를 가진 보의 최대 굽힘모멘트는 얼마인가?

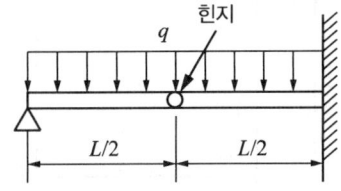

① $\dfrac{qL^2}{4}$ ② $\dfrac{qL^2}{6}$

③ $\dfrac{qL^2}{8}$ ④ $\dfrac{qL^2}{12}$

풀이 겔버보(Gerber Beam): 내부에 힌지가 있는 보로 반력 계산 시 단순보 구간을 먼저 풀고 힌지를 지점으로 간주하여 반력을 계산한다. 그리고 반력을 하중으로 작용시켜 외팔보를 계산한다.

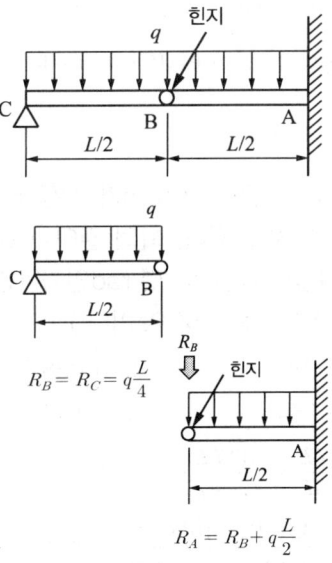

$R_A = R_B + q\dfrac{L}{2}$

$M_A = R_B \times \dfrac{L}{2} + q\dfrac{L}{2} \times \dfrac{1}{2} \times \dfrac{L}{2}$

$= \dfrac{qL}{4} \times \dfrac{L}{2} + q\dfrac{L}{2} \times \dfrac{1}{2} \times \dfrac{L}{2} = \dfrac{qL^2}{4}$

9 다음 그림과 같이 부채꼴의 도심(centroid)의 위치 $\bar{x}$는?

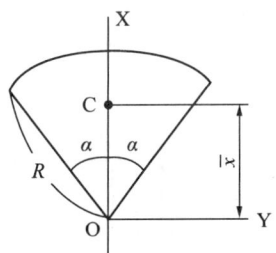

① $\bar{x} = \dfrac{2}{3}R$ ② $\bar{x} = \dfrac{3}{4}R$

③ $\bar{x} = \dfrac{3}{4}R\sin\alpha$ ④ $\bar{x} = \dfrac{2R}{3\alpha}\sin\alpha$

풀이

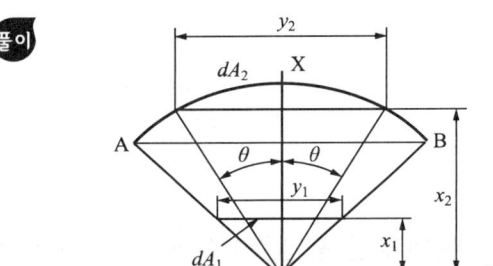

ΔOAB의 면적을 A_1, 나머지 부분의 면적을 A_2로 정의하고 각각의 미소면적을 dA_1, dA_2로 하면,

$y_1 : 2R\sin\alpha = x_1 : R\cos\alpha, \; y_1 = 2x_1\tan\alpha$

$y_2 = 2R\sin\theta, \; x_2 = R\cos\alpha$

$G_X = \int_{A_1} x_1 dA_1 + \int_{A_2} x_2 dA_2$

$= \int_{A_1} x_1 y_1 dx_1 + \int_{A_2} x_2 y_2 dx_2$

$= \int_{A_1} x_1 \times 2x_1 \tan\alpha dx_1 + \int_{A_2} R\cos\alpha \times 2R\sin\theta dx_2$

$= \dfrac{2}{3}R^3 \sin\alpha$

부채꼴의 면적 A는 $2\pi : 2\alpha = \pi R^2 : A$에서

$A = \alpha R^2, \; \bar{x} = \dfrac{G_X}{A} = \dfrac{\dfrac{2}{3}R^3\sin\alpha}{\alpha R^2} = \dfrac{2}{3}\dfrac{R}{\alpha}\sin\alpha$

10 그림과 같이 800N의 힘이 브래킷의 A에 작용하고 있다. 이 힘의 점 B에 대한 모멘트는 약 몇 N·m인가?

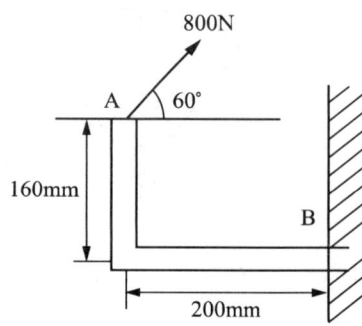

① 160.6 ② 202.6
③ 238.6 ④ 253.6

풀이) $M_B = (800 \times \cos 60) \times 0.16 + (800 \times \sin 60) \times 0.2$
$\fallingdotseq 202.6 \text{ Nm}$

11 다음과 같은 평면응력 상태에서 최대 주응력 σ_1은?

$$\sigma_x = \tau,\ \sigma_y = 0,\ \tau_{xy} = -\tau$$

① 1.414τ ② 1.80τ
③ 1.618τ ④ 2.828τ

풀이) $\sigma_{1,2}(\sigma_{\max},\ \sigma_{\min}) = \frac{\sigma_x + \sigma_y}{2} \pm \sqrt{(\frac{\sigma_x - \sigma_y}{2})^2 + \tau_{xy}^2}$
$= \frac{\sigma_x + \sigma_y}{2} \pm \tau_{\max}$ 에서

$\sigma_1 = \frac{\sigma_x + \sigma_y}{2} + \sqrt{(\frac{\sigma_x - \sigma_y}{2})^2 + \tau_{xy}^2}$
$= \frac{\tau + 0}{2} + \sqrt{(\frac{\tau - 0}{2})^2 + (-\tau)^2}$
$= 1.618\tau$

12 0.4m×0.4m인 정사각형 ABCD를 아래 그림에 나타내었다. 하중을 가한 후의 변형 상태는 점선으로 나타내었다. 이때 A 지점에서 전단 변형률 성분의 평균값(γ_{xy})는?

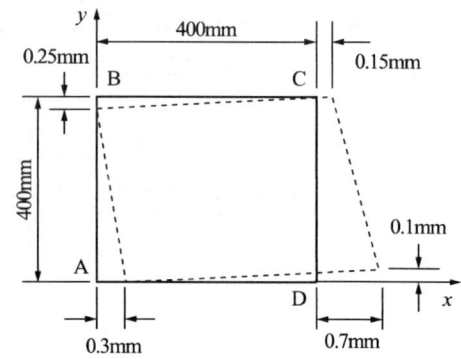

① 0.001 ② 0.000625
③ -0.0005 ④ -0.000625

풀이) $\gamma = \frac{\lambda}{l}$ 에서

$\gamma_{xy} = \frac{1}{4}(\gamma_A + \gamma_B + \gamma_C + \gamma_D)$
$= \frac{1}{4}(\frac{0.3}{400} + \frac{0.25}{400} + \frac{0.15}{400} + \frac{0.1}{400})$
$= \frac{1}{1600}(0.3 + 0.25 + 0.15 + 0.1) = 5 \times 10^{-4}$

13 비틀림 모멘트 2kN·m가 지름 50mm인 축에 작용하고 있다. 축의 길이가 2m일 때 축의 비틀림 각은 약 몇 rad인가?(단, 축의 전단탄성계수는 85GPa이다.)

① 0.019 ② 0.028
③ 0.054 ④ 0.077

풀이) $\phi = \frac{TL}{GI_P} = \frac{32TL}{G \cdot \pi d^4}$
$= \frac{32 \times (2 \times 10^3) \times 2}{(85 \times 10^9) \times \pi \times 0.05^4} \fallingdotseq 0.07669$

14 그림과 같이 외팔보의 끝에 집중하중 P가 작용할 때 자유단에서의 처짐각 θ는?(단, 보의 굽힘강성 EI는 일정하다.)

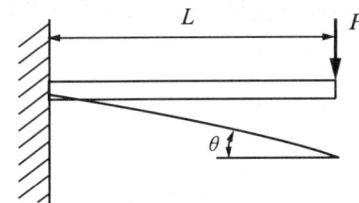

① $\dfrac{PL^2}{2EI}$ ② $\dfrac{PL^3}{6EI}$

③ $\dfrac{PL^2}{8EI}$ ④ $\dfrac{PL^2}{12EI}$

풀이 $E \cdot I \cdot v'' = M = P \cdot x$

$sE \cdot I \cdot v' = \dfrac{1}{2}P \cdot x^2 + c_1$;

초기값 $x = L$(고정단)에서 $v'(\theta) = 0$이므로

$c_1 = -\dfrac{1}{2}PL^2$

$E \cdot I \cdot v' = \dfrac{1}{2}P \cdot x^2 - \dfrac{1}{2}PL^2$;

초기값 $x = 0$에서 $v'_{max}(\theta_{max})$이므로

$v'_{max}(\theta_{max}) = -\dfrac{PL^2}{2EI}$

P를 (−) 방향으로 놓으면 $v'_{max}(\theta_{max}) = \dfrac{PL^2}{2EI}$

15 지름 70mm인 환봉에 20MPa의 최대 전단응력이 생겼을 때 비틀림모멘트는 약 몇 kN·m인가?

① 4.50 ② 3.60
③ 2.70 ④ 1.35

풀이 $T = \tau \dfrac{\pi d^3}{16} = (20 \times 10^6) \times \dfrac{\pi \times 0.07^3}{16}$

$\fallingdotseq 1346.95785 \text{N·m} \fallingdotseq 1.35 \text{kN·m}$

16 다음 구조물에 하중 $P = 1$kN이 작용할 때 연결핀에 걸리는 전단응력은 약 얼마인가? (단, 연결핀의 지름은 5mm이다.)

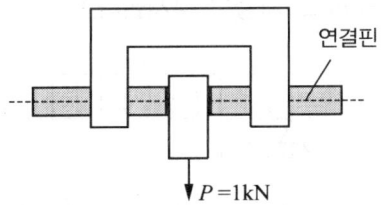

① 25.46kPa
② 50.92kPa
③ 25.46MPa
④ 50.92MPa

풀이 $\tau = \dfrac{P}{A}$에서 전단면이 2곳이므로

$\tau = \dfrac{P}{2A} = \dfrac{1 \times 10^3}{2 \times \dfrac{\pi \times 0.005^2}{4}} \fallingdotseq 25.46 \text{MPa}$

17 100rpm으로 30kW를 전달시키는 길이 1m, 지름 7cm인 둥근 축단의 비틀림 각은 약 몇 rad인가?(단, 전단탄성계수는 83GPa이다.)

① 0.26 ② 0.30
③ 0.015 ④ 0.009

풀이 $\phi = \dfrac{TL}{GI_P} = \dfrac{32TL}{G\pi d^4}$ (rad)

$= \dfrac{32TL}{G\pi d^4} \times \dfrac{180}{\pi}$ (degree)

$T = \dfrac{60 \times 102 \times 9.81 \text{kW}}{2\pi N}$ [N·m]

$\fallingdotseq 9555 \dfrac{1}{N} \text{kW[N·m]}$에서

$T = 9555 \times \dfrac{1}{100} \times 30 \fallingdotseq 2866.5 \text{N·m}$

$\phi = \dfrac{32TL}{G\pi d^4} = \dfrac{32 \times 2866.5 \times 1}{(83 \times 10^9) \times \pi \times 0.07^4} \fallingdotseq 0.01465 \text{radian}$

답 14 ① 15 ④ 16 ③ 17 ③

18 그림과 같이 균일단면을 가진 단순보에 균일하중 ω[kN/m]이 작용할 때, 이 보의 탄성 곡선식은?(단, 보의 굽힘 강성 EI는 일정하고, 자중은 무시한다.)

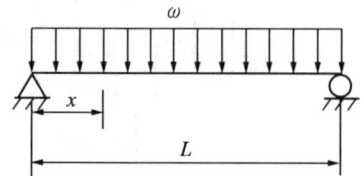

① $y = \dfrac{\omega x}{24EI}(L^3 - 2Lx^2 + x^3)$

② $y = \dfrac{\omega}{24EI}(L^3 - 2Lx^2 + x^3)$

③ $y = \dfrac{\omega}{24EI}(L^3x - Lx^2 + x^3)$

④ $y = \dfrac{\omega x}{24EI}(L^3 - 2x^2 + x^3)$

풀이 $M_x = \dfrac{\omega L}{2}x - \dfrac{\omega \cdot x^2}{2}$, $E \cdot I \cdot v'' = \dfrac{\omega}{2}Lx - \dfrac{\omega}{2}x^2$

$E \cdot I \cdot v' = \dfrac{\omega}{4}Lx^2 - \dfrac{\omega}{6}x^3 + c_1$ ················ ①

$E \cdot I \cdot v = \dfrac{\omega}{12}Lx^3 - \dfrac{\omega}{24}x^4 + c_1 \cdot x + c_2$ ······ ②

식 ②에서 $v = 0$인 지점은 $x = 0$, $x = L$일 때이므로

$x = 0 \to c_2 = 0$, $x = L \to \dfrac{\omega L^4}{12} - \dfrac{\omega L^4}{24} + c_1L = 0$

$c_1 = \dfrac{\omega L^3}{24} - \dfrac{\omega L^3}{12} = -\dfrac{\omega L^3}{24}$

따라서 $E \cdot I \cdot v' = \dfrac{\omega}{4}Lx^2 - \dfrac{\omega}{6}x^3 - \dfrac{\omega L^3}{24}$,

$E \cdot I \cdot v = \dfrac{\omega L}{12}x^3 - \dfrac{\omega}{24}x^4 - \dfrac{\omega L^3}{24}x$,

$E \cdot I \cdot v = \dfrac{\omega x}{24}(2Lx^2 - x^3 - L^3)$ 이므로

$v = \dfrac{\omega x}{24EI}(2Lx^2 - x^3 - L^3)$ 이다.

여기서 ω 방향을 $-$로 하면

$v = \dfrac{\omega x}{24EI}(L^3 - 2Lx^2 + x^3)$ 이다.

19 길이가 5m이고 직경이 0.1m인 양단고정보 중앙에 200N의 집중하중이 작용할 경우 보의 중앙에서의 처짐은 약 몇 m인가?(단, 보의 세로탄성계수는 200GPa이다.)

① 2.36×10^{-5} ② 1.33×10^{-4}
③ 4.58×10^{-4} ④ 1.06×10^{-3}

풀이 $\delta_{max} = \dfrac{PL^3}{192EI} = \dfrac{200 \times 5^3}{192 \times (200 \times 10^9)\dfrac{\pi \times 0.1^4}{64}}$

$\fallingdotseq 1.32629 \times 10^{-4}$ m

20 그림과 같은 단주에서 편심거리 e에 압축하중 $P = 80$kN이 작용할 때 단면에 인장응력이 생기지 않기 위한 e의 한계는 몇 cm인가?(단, G는 편심 하중이 작용하는 단주 끝단의 평면상 위치를 의미한다.)

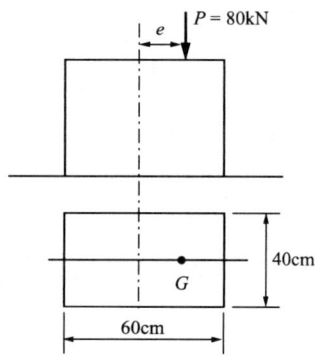

① 8   ② 10
③ 12   ④ 14

풀이 $\sigma_{max} = \sigma_C + \sigma_B = \dfrac{P}{A} + \dfrac{M}{Z}$,

$\sigma_{min} = \sigma_C - \sigma_B = \dfrac{P}{A} - \dfrac{M}{Z}$

여기에서 $\sigma_{min} = 0$일 경우 단주가 튀어 나간다.

$\sigma_{min} = 0 = \dfrac{P}{A} - \dfrac{M}{Z} \Rightarrow \dfrac{P}{A} = \dfrac{P \cdot e}{Z}$,

$e = \dfrac{Z}{A} = \dfrac{\dfrac{bh^2}{6}}{bh} = \dfrac{h}{6} = \dfrac{60}{6} = 10$

기계열역학

21 단열된 노즐에 유체가 10m/s의 속도로 들어와서 200m/s의 속도로 가속되어 나간다. 출구에서의 엔탈피가 2770kJ/kg일 때 입구에서의 엔탈피는 약 몇 kJ/kg인가?

① 4370 ② 4210
③ 2850 ④ 2790

풀이 • 열역학 제1법칙

$q + h_i + \frac{1}{2}V_i^2 + gz_i = w + h_e + \frac{1}{2}V_e^2 + gz_e$

$z_i = z_e,\ q = 0,\ w = 0$

$0 + h_i + \frac{1}{2}(10\text{m/s})^2$

$= 0 + (2770 \times 10^3 \text{J/kg}) + \frac{1}{2}(200\text{m/s})^2$

$h_i = 2789950\text{J/kg} = 2790\text{kJ/kg}$

22 이상적인 교축과정(throttling process)을 해석하는데 있어서 다음 설명 중 옳지 않은 것은?

① 엔트로피는 증가한다.
② 엔탈피의 변화가 없다고 본다.
③ 정압과정으로 간주한다.
④ 냉동기의 팽창밸브의 이론적인 해석에 적용될 수 있다.

풀이 • 스로틀(교축)과정

개방계에 대한 열역학 제1법칙을 스로틀과정에 적용해본다.

$q_i + h_i + \frac{1}{2}V_i^2 + gz_i = w + h_e + \frac{1}{2}V_e^2 + gz_e$

스로틀과정은 유체가 흐르는 통로 면적이 갑자기 작아지면서 발생한다. 유체가 갑자기 작아진 통로를 지나가야 하기 때문에 압력은 급격히 떨어지고 경계면을 통한 일과 열전달은 없으며 위치에너지와 운동에너지 변화는 무시할 수 있을 정도로 작다. 따라서, 스로틀 과정에서 열역학 제1법칙은 다음과 같이 입구와 출구 쪽 엔탈피뿐이다.

$h_i = h_e$

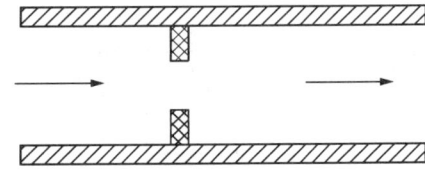

▲ 스로틀(교축)과정

스로틀과정은 엔탈피가 일정한 등 엔탈피과정이며 압력강하 과정이다.

23 다음은 오토(Otto)사이클의 온도-엔트로피 (T-S)선도이다. 이 사이클의 열효율을 온도를 이용하여 나타낼 때 옳은 것은?(단, 공기의 비열은 일정한 것으로 본다.)

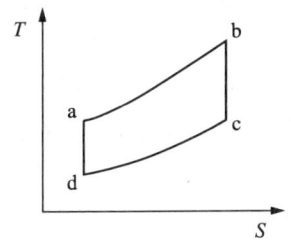

① $1 - \dfrac{T_c - T_d}{T_b - T_a}$ ② $1 - \dfrac{T_b - T_a}{T_c - T_d}$

③ $1 - \dfrac{T_a - T_d}{T_b - T_c}$ ④ $1 - \dfrac{T_b - T_c}{T_a - T_d}$

풀이 • 오토사이클의 열효율

$\eta_{th} = \dfrac{W_{net}}{Q_H} = 1 - \dfrac{T_c - T_d}{T_b - T_a}$

24 전류 25A, 전압 13V를 가하여 축전지를 충전하고 있다. 충전하는 동안 축전지로부터 15W의 열손실이 있다. 축전지의 내부에너지 변화율은 약 몇 W인가?

① 310 ② 340
③ 370 ④ 420

답 21 ④ 22 ③ 23 ① 24 ①

• 축전지의 내부 에너지 변화율
$_1Q_2 = \Delta U = Q_1 - Q_2 = 310 J/s$

여기서, 축전지가 받는 에너지(Q_1)=325W,
축전지 열손실(Q_2)=15W

25 이상적인 랭킨사이클에서 터빈 입구 온도가 350°C이고, 75kPa과 3MPa의 압력범위에서 작동한다. 펌프 입구와 출구, 터빈 입구와 출구에서 엔탈피는 각각 384.4kJ/kg, 387.5kJ/kg, 3116kJ/kg, 2403kJ/kg이다. 펌프 일을 고려한 사이클의 열효율과 펌프 일을 무시한 사이클의 열효율 차이는 약 몇 %인가?

① 0.0011　② 0.092
③ 0.11　　④ 0.18

 • 펌프일을 고려한 순일($w_{net,1}$)과 열효율($\eta_{R,1}$)
$\eta_{R,1} = \dfrac{w_{net,1}}{q_B} = \dfrac{(h_3 - h_4) - (h_2 - h_1)}{h_3 - h_2} = 0.26018$

• 펌프일을 무시한 순일($w_{net,2}$)과 열효율($\eta_{R,2}$)
$\eta_{R,2} = \dfrac{w_{net,2}}{q_B} = \dfrac{h_3 - h_4}{h_3 - h_2} = 0.261316$

• 두 효율의 차
$\eta_{R,2} - \eta_{R,1} = 0.261316 - 0.26018 = 0.001136$

• 두 효율 차의 백분율(%)
$0.001136 \times 100 = 0.1136$

26 다음 중 강도성 상태량(Intensive property)이 아닌 것은?

① 온도　　　② 내부에너지
③ 밀도　　　④ 압력

 • 강도성 상태량(Intensive property)
압력, 온도, 밀도, 비체적

27 압력이 0.2MPa, 온도가 20°C의 공기를 압력이 2MPa로 될 때까지 가역단열 압축했을 때 온도는 약 몇 °C인가?(단, 공기는 비열비가 1.4인 이상기체로 간주한다.)

① 225.7　② 273.7
③ 292.7　④ 358.7

 • 단열과정
$\dfrac{T_2}{T_1} = \left(\dfrac{v_1}{v_2}\right)^{k-1} = \left(\dfrac{P_2}{P_1}\right)^{\frac{k-1}{k}}$

압축 후 온도에 대해서 정리하고 수치를 대입하면
$T_2 = T_1 \times \left(\dfrac{P_2}{P_1}\right)^{\frac{k-1}{k}} = 565.7K = 292.7°C$

28 100°C의 구리 10kg을 20°C의 물 2kg이 들어있는 단열 용기에 넣었다. 물과 구리 사이의 열전달을 통한 평형 온도는 약 몇 °C인가?(단, 구리비열은 0.45kJ/(kg·K), 물 비열은 4.2kJ/(kg·K)이다.)

① 48　② 54
③ 60　④ 78

• 열평형 법칙
구리가 잃은 열량=물이 얻은 열량
$m_{cu} \times C_{cu} \times (T_{cu} - T_2) = m_{water} \times C_{water} \times (T_2 - T_{water})$

• 평형 온도
$T_2 = \dfrac{m_{cu} \times C_{cu} \times T_{cu} + m_{water} \times C_{water} \times T_{water}}{m_{water} \times C_{water} + m_{cu} \times C_{cu}}$
$= 320.9K = 47.9°C$

답　25 ③　26 ②　27 ③　28 ①

29 고온열원(T_1)과 저온열원(T_2) 사이에서 작동하는 역카르노 사이클에 의한 열펌프(heat pump)의 성능계수는?

① $\dfrac{T_1 - T_2}{T_1}$ ② $\dfrac{T_2}{T_1 - T_2}$

③ $\dfrac{T_1}{T_1 - T_2}$ ④ $\dfrac{T_1 - T_2}{T_2}$

풀이 • 열펌프의 성능계수

$$COP = \dfrac{T_H}{T_H - T_L} = \dfrac{T_1}{T_1 - T_2}$$

30 다음 중 스테판-볼츠만의 법칙과 관련이 있는 열전달은?

① 대류   ② 복사
③ 전도   ④ 응축

풀이 • 복사 → 전자기파에 의한 에너지전달(스테판-볼츠만의 법칙)

$$\dot{Q} = \epsilon \sigma A T_s^4$$

31 이상기체로 작동하는 어떤 기관의 압축비가 17이다. 압축 전의 압력 및 온도는 112kPa, 25℃이고, 압축 후의 압력은 4350kPa이었다. 압축 후의 온도는 약 몇 ℃인가?

① 53.7   ② 180.2
③ 236.4   ④ 407.8

풀이 • 압축비(최소 체적에 대한 최대 체적 비)

$r_v = \dfrac{v_1}{v_2} = 17$

• 단열 압축과정(①~② 과정)에서 압력과 체적과의 관계 (k=비열비)

$\dfrac{P_2}{P_1} = \left(\dfrac{v_1}{v_2}\right)^k$

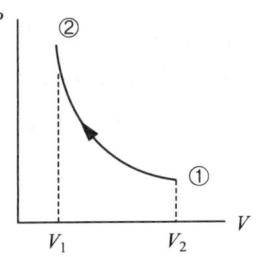

$\dfrac{4350}{112} = 17^k$

$k = 1.29$

• 단열 압축과정(①~② 과정)에서 온도와 체적과의 관계

$T_2 = T_1 \times \left(\dfrac{v_2}{v_1}\right)^{1-k} = T_1 \times \left(\dfrac{v_1}{v_2}\right)^{k-1} = T_1 \times r_v^{k-1}$

$= 404.7℃$

32 어떤 물질에서 기체상수(R)가 0.189kJ/(kg·K), 임계온도가 305K, 임계압력이 7380kPa이다. 이 기체의 압축성 인자(compressibility factor, Z)가 다음과 같은 관계식을 나타낸다고 할 때 이 물질의 20℃, 1000kPa 상태에서의 비체적(v)은 약 몇 m³/kg인가?(단, P는 압력, T는 절대온도, P_r은 환산압력, T_r은 환산온도를 나타낸다.)

$$Z = \dfrac{Pv}{RT} = 1 - 0.8 \dfrac{P_r}{T_r}$$

① 0.0111   ② 0.0303
③ 0.0491   ④ 0.0554

풀이 • 주어진 물질의 20℃, 1000kPa 상태에서의 비체적

$v = Z \times \dfrac{RT}{P} = 0.88716 \times \dfrac{(0.189 \times 10^3)(20 + 273)}{1000 \times 10^3}$

$= 0.049128 \text{m}^3/\text{kg}$

여기서, 주어진 기체의 압축성인자(Z) = 0.88716

33 어떤 유체의 밀도가 741kg/m³이다. 이 유체의 비체적은 약 몇 m³/kg인가?

① 0.78×10^{-3}
② 1.35×10^{-3}
③ 2.35×10^{-3}
④ 2.98×10^{-3}

 • 비체적

$$v = \frac{1}{\rho} = \frac{V}{m} = \frac{1}{741} = 0.00135 \text{m}^3/\text{kg}$$

34 클라우지우스(Clausius)의 부등식을 옳게 나타낸 것은?(단, T는 절대온도, Q는 시스템으로 공급된 전체 열량을 나타낸다.)

① $\oint T\delta Q \leq 0$
② $\oint T\delta Q \geq 0$
③ $\oint \frac{\delta Q}{T} \leq 0$
④ $\oint \frac{\delta Q}{T} \geq 0$

 • 클라우지우스 부등식

열역학 2법칙에 대한 정리 결과가 다음과 같은 클라우지우스 부등식이다.

$$\oint \frac{\delta Q}{T} \leq 0$$

35 이상기체 2kg이 압력 98kPa, 온도 25℃ 상태에서 체적이 0.5m³였다면, 이 이상기체의 기체상수는 약 몇 J/(kg·K)인가?

① 79
② 82
③ 97
④ 102

 • 상태방정식

$Pv = RT$

기체상수에 대해서 정리하고 수치대입하면 주어진 기체의 기체상수는 다음과 같다.

$$R = \frac{Pv}{T} = 82.2 \text{J}/(\text{kg·K})$$

36 압력(P)-부피(V) 선도에서 이상기체가 그림과 같은 사이클로 작동한다고 할 때 한 사이클 동안 행한 일은 어떻게 나타내는가?

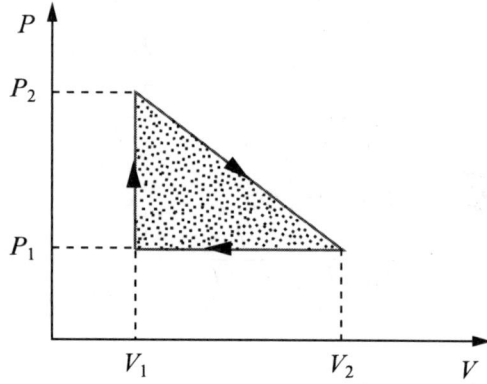

① $\dfrac{(P_2+P_1)(V_2+V_1)}{2}$

② $\dfrac{(P_2-P_1)(V_2+V_1)}{2}$

③ $\dfrac{(P_2+P_1)(V_2-V_1)}{2}$

④ $\dfrac{(P_2-P_1)(V_2-V_1)}{2}$

풀이 • 주어진 PV 선도에서 이상기체가 한 사이클 동안 행한 일

$$_1W_2 = \frac{1}{2}(V_2 - V_1) \times (P_2 - P_1)$$

37 기체가 0.3MPa로 일정한 압력 하에 8m³에서 4m³까지 마찰 없이 압축되면서 동시에 500kJ의 열을 외부로 방출하였다면, 내부에너지의 변화는 약 몇 kJ인가?

① 700
② 1700
③ 1200
④ 1400

답 33 ② 34 ③ 35 ② 36 ④ 37 ①

• 열역학 제1법칙

$_1Q_2 - _1W_2 = U_2 - U_1$

$_1Q_2 - P(V_2 - V_1) = U_2 - U_1$

내부에너지 변화에 대해서 정리하고 주어진 수치를 대입하면 다음과 같은 내부에너지 변화를 얻을 수 있다.

$-500 \times 10^3 - 0.3 \times 10^6 \times (4-8) = U_2 - U_1$

$U_2 - U_1 = 700000J = 700kJ$

38 카르노사이클로 작동하는 열기관이 1000℃의 열원과 300K의 대기 사이에서 작동한다. 이 열기관이 사이클 당 100kJ의 일을 할 경우 사이클 당 1000℃의 열원으로부터 받은 열량은 약 몇 kJ인가?

① 70.0 ② 76.4
③ 130.8 ④ 142.9

 • 고온에서 얻을 수 있는 열량

$Q_H = \dfrac{W}{1 - \dfrac{T_L}{T_H}} = 130.8 kJ$

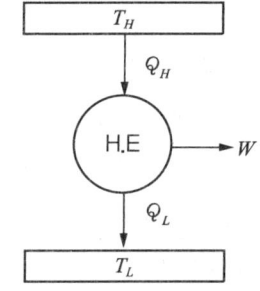

▲ 두 열원 사이에서 작동하는 열기관

39 냉매가 갖추어야 할 요건으로 틀린 것은?

① 증발 온도에서 높은 잠열을 가져야 한다.
② 열전도율이 커야 한다.
③ 표면장력이 커야 한다.
④ 불활성이고 안정하며 비가연성이어야 한다.

 • 표면장력

액체의 표면이 수축해서 작은 면적을 만들어 내려고 하는 힘의 성질

40 어떤 습증기의 엔트로피가 6.78kJ/(kg·K)라고 할 때 이 습증기의 엔탈피는 약 몇 kJ/kg인가?(단, 이 기체의 포화액 및 포화증기의 엔탈피와 엔트로피는 다음과 같다.)

	포화액	포화증기
엔탈피(kJ/(kg)	384	2666
엔트로피(kJ/(kg·K))	1.25	7.62

① 2365 ② 2402
③ 2473 ④ 2511

 • 주어진 습증기의 엔탈피

$h = h_f + x h_{fg}$

$= 384 + 0.868 \times (2666 - 384) = 2364.8 kJ/kg$

여기서, 주어진 습증기의 건도(x)는 0.868이다.

3 기계유체역학

41 유체의 정의를 가장 올바르게 나타낸 것은?

① 아무리 작은 전단응력에도 저항 할 수 없어 연속적으로 변형하는 물질
② 탄성계수가 0을 초과하는 물질
③ 수직응력을 가해도 물체가 변하지 않는 물질
④ 전단응력이 가해질 때 일정한 양의 변형이 유지되는 물질

 • 유체(fluid)는 접선 방향 응력이 작용하면 연속적으로 변형이 발생하는 기체나 액체상태의 물질을 말한다.

답 38 ③ 39 ③ 40 ① 41 ①

42 비압축성 유체가 그림과 같이 단면적 $A(x)=1-0.04x[\text{m}^2]$로 변화하는 통로 내를 정상상태로 흐를 때 P점($x=0$)에서의 가속도(m/s²)는 얼마인가?(단, P점에서의 속도는 2m/s, 단면적은 1m²이며, 각 단면에서 유속은 균일하다고 가정한다.)

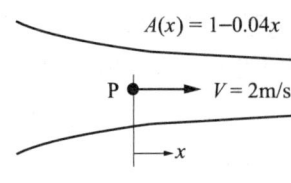

① -0.08 ② 0
③ 0.08 ④ 0.16

풀이
• 연속방정식
$AV = A_0 V_0$
$\left(-0.04\dfrac{dx}{dt}\right)V + (1-0.04x)\dfrac{dV}{dt} = 0$
$(-0.04V)V + (1-0.04x)\dot{V} = 0$
• P점에서 가속도
$\dot{V} = a = 0.16 \text{m/s}^2$

43 낙차가 100m인 수력발전소에서 유량이 5m³/s이면 수력터빈에서 발생하는 동력(MW)은 얼마인가?(단, 유도관의 마찰손실은 10m이고, 터빈의 효율은 80%이다.)

① 3.53 ② 3.92
③ 4.41 ④ 5.52

풀이
• 터빈출력
$\dot{W}_{shaft} = \eta_{turbine}\rho g \dot{Q} H = 3528000 \text{W}$

44 공기의 속도 24m/s인 풍동 내에서 익현길이 1m, 익의 폭 5m인 날개에 작용하는 양력(N)은 얼마인가?(단, 공기의 밀도는 1.2kg/m³, 양력계수는 0.455이다.)

① 1572 ② 786
③ 393 ④ 91

풀이
• 양력
$F_L = \dfrac{1}{2}\rho V^2 A \times C_L$
수치를 대입하면 양력을 다음과 같이 계산할 수 있다.
$F_L = 0.455 \times \dfrac{1}{2} \times 1.2 \times 24^2 \times 5 = 786.24\text{N}$
여기서, A는 물체의 정면도 면적

45 그림과 같이 유리관 A, B 부분의 안지름은 각각 30cm, 10cm이다. 이 관에 물을 흐르게 하였더니 A에 세운 관에는 물이 60cm, B에 세운 관에는 물이 30cm 올라갔다. A와 B 각 부분에서 물의 속도(m/s)는?

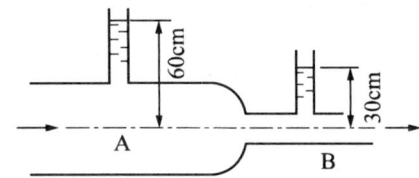

① $V_A = 2.73$, $V_B = 24.5$
② $V_A = 2.44$, $V_B = 22.0$
③ $V_A = 0.542$, $V_B = 4.88$
④ $V_A = 0.271$, $V_B = 2.44$

풀이
• A점과 B점의 압력차
$P_A - P_B = \rho_w g h = 2940 \text{Pa}$
• A점과 B점, 연속방정식
$A_A V_A = A_B V_B$
$V_B = V_A \left(\dfrac{A_A}{A_B}\right)$
• A점과 B점, 베르누이 방정식($z_A = z_B$)
$\dfrac{P_A}{\rho_w g} + \dfrac{V_A^2}{2g} + z_A = \dfrac{P_B}{\rho_w g} + \dfrac{V_B^2}{2g} + z_B$
$\dfrac{P_A - P_B}{\rho_w} = \dfrac{1}{2} \times V_A^2 \times \left\{\left(\dfrac{D_A}{D_B}\right)^4 - 1\right\}$

답 42 ④ 43 ① 44 ② 45 ④

$$\frac{2940}{1000} = \frac{1}{2} \times V_A^2 \times \left\{ \left(\frac{3}{1}\right)^4 - 1 \right\}$$

- 각 지점에서 물의 속도

$V_A = 0.271\text{m/s}$

$V_B = V_A \left(\dfrac{A_A}{A_B}\right) = V_A \times \left(\dfrac{D_A}{D_B}\right)^2 = 0.271 \times \left(\dfrac{3}{1}\right)^2$

$\quad = 2.439\text{m/s}$

46 직경 1cm인 원형관 내의 물의 유동에 대한 천이 레이놀즈수는 2300이다. 천이가 일어날 때 물의 평균유속(m/s)은 얼마인가?(단, 물의 동점성계수는 $10^{-6}\text{m}^2/\text{s}$이다.)

① 0.23   ② 0.46
③ 2.3   ④ 4.6

풀이 · 파이프 유체유동 흐름

$Re_{\text{천이}} = \dfrac{VD}{\nu}$

$2300 = \dfrac{V(1 \times 10^{-2})}{10^{-6}}$

$V = \dfrac{2300 \times 10^{-6}}{1 \times 10^{-2}} = 0.23\text{m/s}$

47 해수의 비중은 1.025이다. 바닷물 속 10m 깊이에서 작업하는 해녀가 받는 계기압력(kPa)은 약 얼마인가?

① 94.4   ② 100.5
③ 105.6   ④ 112.7

풀이 · 계기압력

$P_{gage} = \rho_{\text{해수}} g H = 100450\text{Pa}$

여기서, $\rho_{\text{해수}} = SG_{\text{해수}} \times \rho_{\text{물}} = 1.025 \times 1000 \text{kg/m}^3$

48. 체적이 30m³인 어느 기름의 무게가 247kN이었다면 비중은 얼마인가?(단, 물의 밀도는 1000kg/m³이다.)

① 0.80   ② 0.82
③ 0.84   ④ 0.86

풀이 · 기름의 비중량

$\gamma_{\text{기름}} = \dfrac{W}{V} = 8233.3\text{N/m}^3$

여기서, $W = 247 \times 10^3 \text{N}$, $V = 30\text{m}^3$

· 기름의 비중

$SG_{\text{기름}} = \dfrac{\gamma_{\text{기름}}}{\gamma_{\text{물}}} = 0.84$

여기서, $\gamma_{\text{기름}} = 8233.3\text{N/m}^3$, $\gamma_{\text{물}} = 9800\text{N/m}^3$

49 3.6m³/min을 양수하는 펌프의 송출구의 안지름이 23cm일 때 평균 유속(m/s)은 얼마인가?

① 0.96   ② 1.20
③ 1.32   ④ 1.44

풀이 · 체적유량

$\dot{Q} = A V_{avg}$

평균유속 V_{avg}로 정리하고 수치대입하면

$V_{avg} = \dfrac{\dot{Q}}{A} = 1.44\text{m/s}$

50 어떤 물리적인 계(system)에서 물리량 F가 물리량 A, B, C, D의 함수 관계가 있다고 할 때, 차원해석을 한 결과 두 개의 무차원수, $\dfrac{F}{AB^2}$ 와 $\dfrac{B}{CD^2}$ 를 구할 수 있었다. 그리고 모형실험을 하여 $A=1$, $B=1$, $C=1$, $D=1$일 때 $F=F_1$을 구할 수 있었다. 여기서 $A=2$, $B=4$, $C=1$, $D=2$인 원형의 F는 어떤 값을 가지는가?(단, 모든 값들은 SI 단위를 가진다.)

① F_1
② $16F_1$

답 46 ① 47 ② 48 ③ 49 ④ 50 ③

③ $32F_1$

④ 위의 자료만으로는 예측할 수 없다.

풀이 두 개의 무차원 수에 모형실험 결과를 대입하면
$$\frac{F}{AB^2}=\frac{F}{1\times 1^2}=F_1,\ \frac{B}{CD^2}=\frac{1}{1\times 1^2}=1$$
두 개의 무차원 수에 원형의 값을 대입한 결과는
$$\frac{F}{AB^2}=\frac{F}{2\times 4^2}=\frac{F}{32},\ \frac{B}{CD^2}=\frac{4}{1\times 2^2}=1$$
모형실험 결과와 원형 결과가 같아야 하므로
$$F_1=\frac{F}{32}\ \rightarrow\ F=32F_1$$

51 (x, y) 평면에서의 유동함수(정상, 비압축성 유동)가 다음과 같이 정의된다면 $x=4\text{m}$, $y=6\text{m}$의 위치에서의 속도(m/s)는 얼마인가?

$\psi=3x^2y-y^3$

① 156   ② 92
③ 52   ④ 38

풀이 • 속도장으로 표현하고 수치대입 한 결과는
$_{(4,6)}=-60\hat{i}-144\hat{j}$

• 속도의 크기는 다음과 같다.
$$|\vec{V}_{(4,5)}|=\sqrt{(-60)^2+(-144)^2}=156\text{m/s}$$

52 수면의 높이 차이가 H인 두 저수지 사이에 지름 d, 길이 l인 관로가 연결되어 있을 때 관로에서의 평균 유속(V)을 나타내는 식은?(단, f는 관마찰계수이고, g는 중력가속도이며, K_1, K_2는 관입구와 출구에서의 부착적 손실계수이다.)

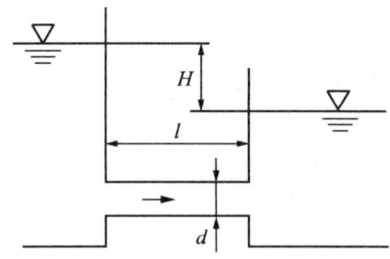

① $V=\sqrt{\dfrac{2gdH}{K_1+f\cdot l+K_2}}$

② $V=\sqrt{\dfrac{2gH}{K_1+fdl+K_2}}$

③ $V=\sqrt{\dfrac{2gdH}{K_1+\dfrac{f}{l}+K_2}}$

④ $V=\sqrt{\dfrac{2gH}{K_1+f\dfrac{l}{d}+K_2}}$

풀이 • 관로의 총손실 수두
$$h_l=K_1\frac{V^2}{2g}+f\cdot\frac{l}{d}\cdot\frac{V^2}{2g}+K_2\cdot\frac{V^2}{2g}=H$$
여기서, h_l=총손실 수두

• 평균유속
$$V=\sqrt{\frac{2gH}{K_1+f\cdot\dfrac{l}{d}+K_2}}$$

53 그림과 같은 두 개의 고정된 평판 사이에 얇은 판이 있다. 얇은 판 상부에는 점성계수가 $0.05\text{N}\cdot\text{s/m}^2$인 유체가 있고 하부에는 점성계수가 $0.1\text{N}\cdot\text{s/m}^2$인 유체가 있다. 이 판을 일정속도 0.5m/s로 끌 때, 끄는 힘이 최소가 되는 거리 y는?(단, 고정 평판사이의 폭은 $h(\text{m})$, 평판들 사이의 속도 분포는 선형이라고 가정한다.)

답 51 ① 52 ④ 53 ③

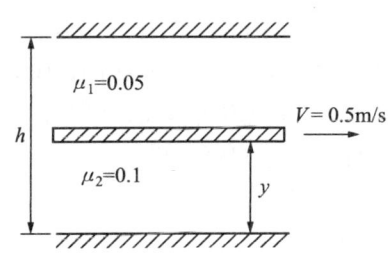

① $0.293h$ ② $0.482h$
③ $0.586h$ ④ $0.879h$

- 평판을 끄는 힘이 최소가 되는 거리
$y = (2-\sqrt{2})h = 0.586h$

54 어떤 물리량 사이의 함수관계가 다음과 같이 주어졌을 때, 독립 무차원수 Pi항은 몇 개인가?(단, a는 가속도, V는 속도, t는 시간, ν는 동점성계수, L은 길이이다.)

$$F(a, V, t, \nu, L) = 0$$

① 1 ② 2
③ 3 ④ 4

- 각 물리량 차원
$[a] = LT^{-2}$, $[V] = LT^{-1}$, $[t] = T$, $[\nu] = L^2T^{-1}$, $[L] = L$
- 기본 차원 수 = 2
- 예상되는 무차원 개수
$\alpha = n - m = 3$
여기서, n = 매개변수 수 = 5, m = 기본차원 수 = 2

55 그림과 같은 노즐을 통하여 유량 Q만큼의 유체가 대기로 분출될 때, 노즐에 미치는 유체의 힘 F는?(단, A_1, A_2는 노즐의 단면 1, 2에서의 단면적이고 ρ는 유체의 밀도이다.)

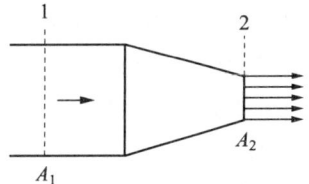

① $F = \dfrac{\rho A_2 Q^2}{2}\left(\dfrac{A_2 - A_1}{A_1 A_2}\right)^2$

② $F = \dfrac{\rho A_2 Q^2}{2}\left(\dfrac{A_1 + A_2}{A_1 A_2}\right)^2$

③ $F = \dfrac{\rho A_1 Q^2}{2}\left(\dfrac{A_1 + A_2}{A_1 A_2}\right)^2$

④ $F = \dfrac{\rho A_1 Q^2}{2}\left(\dfrac{A_1 - A_2}{A_1 A_2}\right)^2$

- 노즐에 미치는 유체의 힘
$P_1 A_1 - F = \rho Q(V_2 - V_1)$
$F = \dfrac{\rho A_1 Q^2}{2}\left(\dfrac{A_1 - A_2}{A_1 \cdot A_2}\right)^2$

여기서, ① 단면에서 압력(P_1) = $\dfrac{\rho Q^2}{2}\left(\dfrac{1}{A_2^2} - \dfrac{1}{A_1^2}\right)$,
$V_2 = \dfrac{Q}{A_2}$, $V_1 = \dfrac{Q}{A_1}$

56 국소 대기압이 1atm이라고 할 때, 다음 중 가장 높은 압력은?

① 0.13atm(gage pressure)
② 115kPa(absolute pressure)
③ 1.1atm(absolute pressure)
④ 11mH₂O(absolute pressure)

① 1atm + 0.13atm = 1.13atm
② 115kPa = $\dfrac{115 \times 10^3}{101325}$ atm = 1.135atm
③ 1.1atm
④ 11mH₂O = $\dfrac{11}{10.3}$ atm = 1.068atm

57 프란틀의 혼합거리(mixing length)에 대한 설명 중 옳은 것은?
① 전단응력과 무관하다.
② 벽에서 0이다.
③ 항상 일정하다.
④ 층류 유동 문제를 계산하는데 유용하다.

풀이 • 난류 전단응력(τ_{turb})은 혼합길이(mixing length, l_m)를 이용해서 다음 식으로 표현한다.

$$\tau_{turb} = \rho\, l_m^2 \left(\frac{\partial \overline{u}}{\partial y}\right)^2$$

• 혼합길이(l_m)는 벽면으로부터 거리에 비례한다.
$l_m = ky$
① 혼합길이를 이용해서 난류 전단응력을 표현한다.
② 혼합길이 $l_m = ky$이므로, $y = 0$인 경우 $l_m = 0$이다.
③ 벽면에서 거리에 비례한다.
④ 난류 유동문제에 유용하다.

58 수평원관 속에 정상류의 층류흐름이 있을 때 전단응력에 대한 설명으로 옳은 것은?
① 단면 전체에서 일정하다.
② 벽면에서 0이고, 관 중심까지 선형적으로 증가한다.
③ 관 중심에서 0이고, 반지름 방향으로 선형적으로 증가한다.
④ 관 중심에서 0이고, 반지름 방향으로 중심으로부터 거리의 제곱에 비례하여 증가한다.

풀이 • 원형 파이프 층류유동의 전단응력 분포는 관 중심에서는 0(영)이고 관 벽까지 직선으로 증가한다.

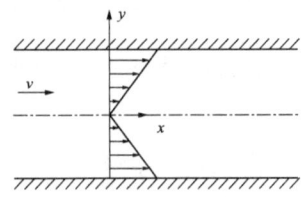

▲ 파이프 층류유동의 전단 응력 분포

59 밀도 1.6kg/m³인 기체가 흐르는 관에 설치한 피토 정압관(Pitot-static tube)의 두 단자 간 압력차가 4cmH₂O이었다면 기체의 속도(m/s)는 얼마인가?
① 7 ② 14
③ 22 ④ 28

풀이 • 두 단자간 압력차($P_2 - P_1$)
$P_2 - P_1 = 4\text{cmH}_2\text{O} = 393.5\text{Pa}$
여기서, 1atm = 760mmHg = 10.3mH₂O = 101325Pa
• 관 속 기체의 속도

$$V_1 = \sqrt{\frac{2(P_2 - P_1)}{\rho_{기체}}} = 22.2\text{m/s}$$

60 그림과 같이 원판 수문이 물속에 설치되어 있다. 그림 중 C는 압력의 중심이고, G는 원판의 도심이다. 원판의 지름을 d라 하면 작용점의 위치 η는?

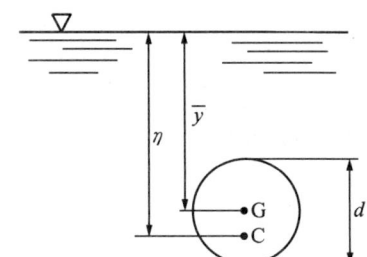

① $\eta = \overline{y} + \dfrac{d^2}{8\overline{y}}$ ② $\eta = \overline{y} + \dfrac{d^2}{16\overline{y}}$

③ $\eta = \overline{y} + \dfrac{d^2}{32\overline{y}}$ ④ $\eta = \overline{y} + \dfrac{d^2}{64\overline{y}}$

풀이 • 압력작용점

$$y_C = y_G + \frac{I_{xx,G}}{y_G A} = \overline{y} + \frac{\frac{\pi d^4}{64}}{\overline{y} \times \frac{\pi d^2}{4}} = \overline{y} + \frac{d^2}{16\overline{y}}$$

답 57 ② 58 ③ 59 ③ 60 ②

4과목 기계재료 및 유압기기

61 다음 중 강종 중 탄소의 함유량이 가장 많은 것은?
① SM25C
② SKH51
③ STC105
④ STD11

풀이
- SM25C: 0.25%C
- SKH51: 0.8~0.9%C
- STC105: 1~1.1%C
- STD11: 1.4~1.6%C

62 주철의 조직을 지배하는 요소로 옳은 것은?
① S, Si의 양과 냉각 속도
② C, Si의 양과 냉각 속도
③ P, Cr의 양과 냉각 속도
④ Cr, Mg의 양과 냉각 속도

풀이 마우러의 조직도(Maurer's diagram): C와 Si의 함량에 따른 주철의 조직을 나타낸 조직 분포도

63 강을 생산하는 제강로를 염기성과 산성으로 구분하는데 이것은 무엇으로 구분하는가?
① 로 내의 내화물
② 사용되는 철광석
③ 발생하는 가스의 성질
④ 주입하는 용제의 성질

풀이 노내의 내화물로 산성 내화물(규석벽돌)을 이용하는 베세머(Becsemer)법과 염기성 내화물(생선회, CaO)을 이용하는 토마스(Themas)법이 있다.

64 염욕의 관리에서 강박 시험에 대한 다음 ( ) 안에 알맞은 내용은?

> 강박 시험 후 강박을 손으로 구부러서 휘어지면 이 염욕은 ( ) 작용을 한 것으로 판단한다.

① 산화   ② 한원
③ 탈탄   ④ 촉매

풀이 염욕의 탈탄을 판단하기 위한 시험 방법으로 강박을 손으로 구부려 미세하게 깨어지면 이 염욕은 탈탄 작용을 하지 않은 것이며, 손으로 구부려 휘어지면 이 염욕은 탈탄 작용을 한 것으로 판단 한다.

65 5~20%Zn의 황동을 말하며, 강도는 낮으나 전연성이 좋고, 색깔이 금에 가까우므로 모조금이나 판 및 선 등에 사용되는 것은?
① 톰백   ② 두랄루민
③ 문쯔메탈   ④ Y-합금

풀이 톰백(tombac): Cu+Zn 5~20%
- 냉간가공이 용이하다.
- 강도가 낮고 전연성이 좋다.
- 색깔이 금색에 가깝고 아름다워 모조금이나 판 및 선등 장식품에 주로 많이 사용된다.

66 다음 중 결합력이 가장 약한 것은?
① 이온결합(ionic bond)
② 공유결합(covalent bond)
③ 금속결합(metallic bond)
④ 반데발스결합(Van der Waals bond)

풀이 화학 결합의 세기는 분자간 힘의 세기보다 크며, 일반적으로 이온결합>공유결합>금속결합>반데르발스 결합의 크기를 가진다.

답 61 ④ 62 ② 63 ① 64 ③ 65 ① 66 ④

67 Ni-Fe계 합금에 대한 설명으로 틀린 것은?
① 엘린바는 온도에 따른 탄성율의 변화가 거의 없다.
② 슈퍼인바는 20℃에서 팽창계수가 거의 0(zero)에 가깝다.
③ 인바는 열팽창계수가 상온부근에서 매우 작아 길이의 변화가 거의 없다.
④ 플래티나이트는 60%Ni와 15%Sn 및 Fe의 조성을 갖는 소결합금이다.

풀이 불변강: 주위 온도가 변화하더라도 재료가 가지고 있는 선팽창계수, 탄성계수 등의 특성이 변화하지 않는 강으로 내식성이 강한 비자성강이다.
① 인바(invar): Fe-Ni(약 Ni 35~36%, Mn 0.4%, C 0.1~0.3%)합금으로 내식성이 우수하며, 상온에서 열팽창 계수가 매우 적어(길이 불변) 측량기구, 표준기구, 시계 추, 바이메탈 등에 사용된다.
② 초인바(Super invar): Fe-Ni-Co(Ni 32%, Co 4~6%) 합금으로 인바 선팽창계수의 1/12밖에 안되며 정밀 기계 부품체에 사용된다.
③ 엘린바(elinvar): 상온에서 탄성계수가 거의 변하지 않는 Fe-Ni-Cr(약 Ni 36%, Cr13%)의 합금으로 기계태엽, 정밀 계측기, 다이얼 게이지, 고급시계, 정밀저울의 스프링등에 사용된다. 엘린바는 탄성이 온도에 따라 변하지 않는다는 뜻이다.
④ 코엘린바(Coelinvar): Ni(10~16%), Cr(10~11%), Co(2.6~5.8%) 정도의 Fe-Ni-Cr-Co 합금으로 공기나 물에서 부식이 않되는 특성이 있어 기상관측용 기구부품에 사용된다.
⑤ 플레티나이트(platinite): Ni(40~50%) 정도의 Fe-Ni 합금으로 열팽창계수가 유리나 백금과 동일하여 전구나 진공관의 도입선으로 사용된다.

68 Fe-Fe₃C 평형상태도에서 A_{cm} 선이란?
① 마텐자이트가 석출되는 온도선을 말한다.
② 트루스타이트가 석출되는 온도선을 말한다.
③ 시멘타이트가 석출되는 온도선을 말한다.
④ 소르바이트가 석출되는 온도선을 말한다.

풀이 m은 시멘타이트(Cementite)의 약자이다.

69 피로 한도에 대한 설명으로 옳은 것은?
① 지름이 크면 피로한도는 커진다.
② 노치가 있는 시험편의 피로한도는 크다.
③ 표면이 거친 것이 고온 것보다 피로한도가 커진다.
④ 노치가 있을 때와 없을 때의 피로한도 비를 노치 계수라 한다.

풀이 노치계수 = $\dfrac{\text{노치가 없는 재료의 피로한도}}{\text{노치가 있는 재료의 피로한도}}$
노치가 있는 부분은 외력이 작용할 때, 응력 집중이 발생하여 큰 반복 피로 하중이 작용한다.

70 유화물 계통의 편석 및 수지상 조직을 제거하여 연신율을 향상시킬 수 있는 열처리 방법으로 가장 적합한 것은?
① 퀜칭 ② 템퍼링
③ 확산 풀림 ④ 재결정 풀림

풀이 확산 풀림(diffusion annealing): 편석의 균일화 및 황화물의 편석을 제거하기 위한 열처리

71 상시 개방형 밸브로 옳은 것은?
① 감압밸브
② 무부하밸브
③ 릴리프밸브
④ 카운터밸런스밸브

답 67 ④ 68 ③ 69 ④ 70 ③ 71 ①

풀이

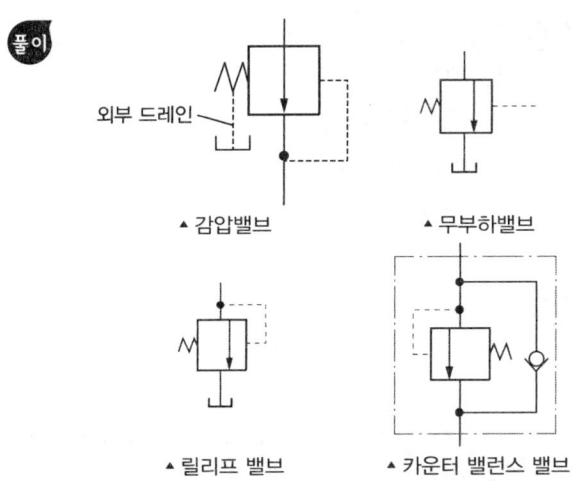

▲ 감압밸브   ▲ 무부하밸브

▲ 릴리프 밸브   ▲ 카운터 밸런스 밸브

72 그림과 같은 단동실린더에서 피스톤에 $F=500N$의 힘이 발생하면, 압력 P는 약 몇 kPa이 필요한가?(단, 실린더의 직경은 40mm이다.)

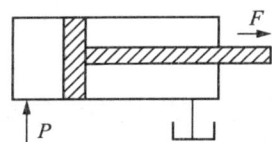

① 39.8   ② 398
③ 79.6   ④ 796

 • 실린더 출력 500N을 얻기 위해 필요한 압력

$$P = \frac{\text{실린더 출력}(F)}{\text{피스톤면적}(A)} = \frac{4F}{\pi D^2} = 398\text{kPa}$$

73 실린더 입구의 분기 회로에 유량 제어 밸브를 설치하여 실린더 입구 측의 불필요한 압유를 배출시켜 작동 효율을 증진시키는 회로는?
① 로킹 회로
② 증강 회로
③ 동조 회로
④ 블리드 오프 회로

풀이 • 블리드 오프 회로

실린더 앞에 추가(by pass)한 관로를 통해 실린더로 유입되는 유량을 조정해서 실린더 속도를 조정하는 회로이다.

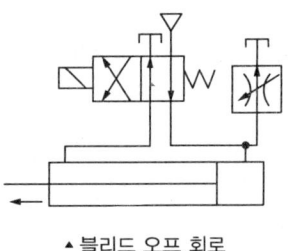

▲ 블리드 오프 회로

74 감압 밸브, 체크 밸브, 릴리프 밸브 등에서 밸브시트를 두드려 비교적 높은 음을 내는 자려진동 현상은?
① 컷인   ② 점핑
③ 채터링   ④ 디컴프레션

풀이 • 채터링(Self Excited Vibration)

감압 밸브, 체크 밸브, 릴리프 밸브 등에서, 밸브 시트를 두드려 비교적 높은 음을 내는 일종의 자려 진동(self excited vibration)

75 그림과 같은 유압기호가 나타내는 것은? (단, 그림의 기호는 간략 기호이며, 간략 기호에서 유로의 화살표는 압력의 보상을 나타낸다.)

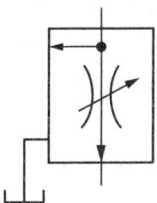

① 가변 교축 밸브
② 무부하 릴리프 밸브
③ 직렬형 유량조정 밸브
④ 바이패스형 유량조정 밸브

답 72 ② 73 ④ 74 ③ 75 ④

풀이 • 바이패스형 유량조정 밸브를 나타내는 간략 기호 이다.

76 기어펌프의 폐입 현상에 관한 설명으로 적절하지 않은 것은?
① 진동, 소음의 원인이 된다.
② 한 쌍의 이가 맞물려 회전할 경우 발생한다.
③ 폐입 부분에서 팽창 시 고압이, 압축 시 진공이 형성된다.
④ 방지책으로 릴리프 홈에 의한 방법이 있다.

풀이 • 폐입 현상
기어펌프에서 발생하는 현상이다. 기어에서 두 이가 서로 맞물려 있을 때 맞물린 두 이 사이 틈새에 유압유가 갇혀 있게 되면, 기어가 회전할 때 유압유가 압축과 팽창을 반복하게 된다. 기어펌프에서 발생하는 이러한 현상을 폐입 현상이라고 한다. 폐입 현상을 방지하기 위해서 릴리프 홈이 적용된 기어 등을 사용한다.

77 어큐뮬레이터의 용도와 취급에 대한 설명으로 틀린 것은?
① 누설유량을 보충해 주는 펌프 대용 역할을 한다.
② 어큐뮬레이터에 부속쇠 등을 용접하거나 가공, 뚫기 등을 해서는 안된다.
③ 어큐뮬레이터를 운반, 결합, 분리 등을 할 때는 봉입가스를 유지하여야 한다.
④ 유압 펌프에 발생하는 맥동을 흡수하여 이상 압력을 억제하여 진동이나 소음을 방지한다.

풀이 • 어큐뮬레이터를 운반, 결합, 분리 등을 할 때는 반드시 봉입가스를 빼야 한다.

78 유압 회로에서 속도 제어 회로의 종류가 아닌 것은?
① 미터 인 회로
② 미터 아웃 회로
③ 블리드 오프 회로
④ 최대 압력 제한 회로

풀이 • 속도 제어 회로
미터 인 회로, 미터 아웃 회로, 블리드 오프 회로

79 유압유의 점도가 낮을 때 유압 장치에 미치는 영향으로 적절하지 않은 것은
① 배관 저항 증대
② 유압유의 누설 증대
③ 펌프의 용적 효율 저하
④ 정확한 작동과 정밀한 제어의 곤란

풀이 • 유압유 점도가 높으면 배관 저항이 커진다.

80 일반적인 베인 펌프의 특징으로 적절하지 않은 것은?
① 부품수가 많다.
② 비교적 고장이 적고 보수가 용이하다.
③ 펌프의 구동 동력에 비해 형상이 소형이다.
④ 기어 펌프나 피스톤 펌프에 비해 토출 압력의 맥동이 크다.

풀이 • 베인 펌프는 피스톤 펌프나 기어 펌프에 비해서 맥동이 적기 때문에 소음이 적다.

답 76 ③ 77 ③ 78 ④ 79 ① 80 ④

5 기계제작법 및 기계동력학

81 다음 그림과 같은 조건에서 어떤 투사체가 초기속도 360m/s로 수평방향과 30°의 각도로 발사되었다. 이때 2초 후 수직방향에 대한 속도는 약 몇 m/s인가?(단, 공기저항 무시, 중력가속도는 9.81m/s²이다.)

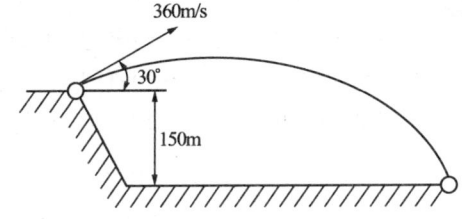

① 40.1 ② 80.2
③ 160   ④ 321

• 2초 후 수직방향 속도
$v_y = 180 - 9.8t = 160.4 \text{m/s}$

82 1자유도의 질량-스프링계에서 스프링 상수 k가 2kN/m, 질량 m이 20kg일 때, 이 계의 고유 주기는 약 몇 초인가?(단, 마찰은 무시한다.)

① 0.63 ② 1.54
③ 1.93 ④ 2.34

• 주어진 질량-스프링계의 고유주기
$T_n = \dfrac{2\pi}{\omega_n} = 0.628\text{s}$
여기서, 고유 각진동수(ω_n) = 10rad/s

83 두 조화 운동 $x_1 = 4\sin 10t$와 $x_2 = 4\sin 10.2t$를 합성하면 맥놀이(beat) 현상이 발생하는데 이때 맥놀이 진동수(Hz)는 약 얼마인가?(단, t의 단위는 s이다.)

① 31.4   ② 62.8
③ 0.0159 ④ 0.0318

• 맥놀이 진동수
$f_b = \dfrac{\epsilon}{2\pi} = 0.0318\text{Hz}$

84 어떤 물체가 $x(t) = \sin(4t+\phi)$로 진동할 때 진동주기 T[s]는 약 얼마인가?

① 1.57 ② 2.54
③ 4.71 ④ 6.28

물체는 운동 $x(t) = \sin(4t+\phi)$을 따르므로
$\sin(4t+\phi) \rightarrow \omega = 2\pi f = 2\pi \times \dfrac{1}{T}$ 으로부터
$2\pi \times \dfrac{1}{T} = 4$
따라서, 진동주기(T)는 다음과 같다.
$T = \dfrac{2\pi}{4} = 1.57\text{s}$

85 200kg의 파일을 땅속으로 박고자 한다. 파일 위의 1.2m 지점에서 무게가 1t인 해머가 떨어질 때 완전 소성 충돌이라고 한다면 이때 파일이 땅속으로 들어가는 거리는 약 몇 m인가?(단, 파일에 가해지는 땅의 저항력은 150kN이고, 중력가속도는 9.81m/s²이다.)

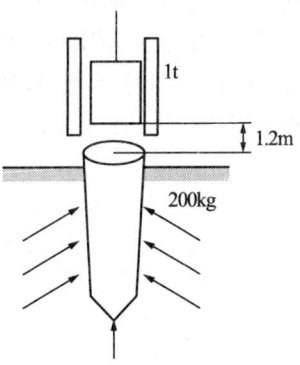

정답 81 ③ 82 ① 83 ④ 84 ① 85 ①

① 0.07　　② 0.09
③ 0.14　　④ 0.19

 • 일·에너지 원리를 적용

$T_1 + \sum U_{1\to 2} = T_2$

$\frac{1}{2}(m_{해머}+m_{파일})v_2^2 + (m_{해머}+m_{파일})gs - F_{저항력}\cdot s = 0$

땅속으로 들어간 거리(s)에 대해서 정리하고 수치를 대입하면 다음과 같은 결과를 얻는다.

$\frac{1}{2}\times(1000+200)\times 4.04^2 + (1000+200)\times 9.81\times s - 150\times 10^3 \times s = 0$ 정리하면 $s=0.0708\text{m}$

여기서, s=땅속으로 들어간 거리
g=중력가속도=9.81m/s²
$m_{해머}$=1000kg=1t
$m_{파일}$=200kg
v_2=해머와 파일로 결합된 계의 속도=4.04m/s

86 1자유도 시스템에서 감쇠비가 0.1인 경우 대수감소율은?

① 0.2315　　② 0.4315
③ 0.6315　　④ 0.8315

 • 대수 감소율

$\delta = \frac{2\pi\zeta}{\sqrt{1-\zeta^2}} = 0.6315$

여기서, δ=대수감소율

87 수평면과 α의 각을 이루는 마찰이 있는(마찰계수 μ) 경사면에서 무게가 W인 물체를 힘 P를 가하여 등속력으로 끌어올릴 때, 힘 P가 한 일에 대한 무게 W인 물체를 끌어 올리는 일의 비, 즉 효율은?

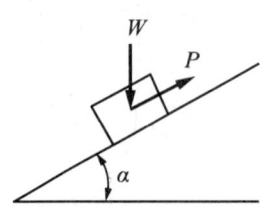

① $\frac{1}{1+\mu\cot(\alpha)}$　　② $\frac{1}{1-\mu\cot(\alpha)}$
③ $\frac{1}{1+\mu\cos(\alpha)}$　　④ $\frac{1}{1-\mu\sin(\alpha)}$

• 힘 P가 한 일에 대한 무게 W인 물체를 끌어 올리는 일의 비

$\frac{U}{U_P} = \frac{1}{1+\mu\cot\alpha}$

88 반경이 r인 실린더가 위치 1의 정지 상태에서 경사를 따라 높이 h만큼 굴러내려 갔을 때, 실린더 중심의 속도는?(단, g는 중력가속도이며, 미끄러짐은 없다고 가정한다.)

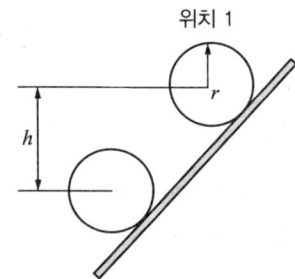

① $\sqrt{2gh}$　　② $0.7070\sqrt{2gh}$
③ $0.816\sqrt{2gh}$　　④ $0.845\sqrt{2gh}$

• 에너지 보존법칙

$T_1 + V_1 = T_2 + V_2$

$mgh = \frac{1}{2}mv^2 + \frac{1}{2}\times(\frac{1}{2}mr^2)\times\left(\frac{v}{r}\right)^2 = \frac{3}{4}mv^2$

• 실린더 중심 속도

$v = \sqrt{\frac{4}{3}gh} = 0.816\sqrt{2gh}$

89 평탄한 지면 위를 미끄럼이 없이 구르는 원통 중심의 가속도가 1m/s²일 때 이 원통의 각가속도는 몇 rad/s²인가?(단, 반지름 r은 2m이다.)

답　86 ③　87 ①　88 ③　89 ②

① 0.2　　② 0.5
③ 5　　　④ 10

풀이 · 원통 중심에서 가속도와 각 가속도

$\alpha = \dfrac{a_G}{r} = 0.5 \text{rad/s}^2$

여기서, $a_G = 1\text{m/s}^2$, $r = 2\text{m}$

90 자동차가 반경 50m의 원형도로를 25m/s의 속도로 달리고 있을 때, 반경방향으로 작용하는 가속도는 몇 m/s²인가?

① 9.8　　② 10.0
③ 12.5　　④ 25.0

풀이 · 법선방향 가속도

$a_n = \dfrac{v^2}{\rho} = 12.5 \text{m/s}^2$

여기서, $v = 25\text{m/s}$, $\rho = 50\text{m}$

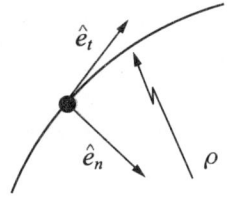

91 3차원 측정기에서 측정물의 측정위치를 감지하여 X, Y, Z축의 위치 데이터를 컴퓨터에 전송하는 기능을 가진 것은?

① 프로브　　② 측정암
③ 컬럼　　　④ 정반

풀이 프로브: 3차원 측정기에서 피 측정물의 좌표 위치를 검출하여 위치 데이터를 컴퓨터에 전송 하는 장치로 접촉 프로브와 비접촉 프로브가 있다.

92 피복아크용접봉의 피복제 역할로 틀린 것은?

① 아크를 안정시킨다.
② 모재 표면의 산화물을 제거한다.
③ 용착금속의 급랭을 방지한다.
④ 용착금속의 흐름을 억제한다.

풀이 피복제(flux)의 역할
· 대기 중의 산소 및 질소의 침입을 방지하고 용융금속을 보호
· 용착금속의 탈산 정련작용을 한다.
· 아크를 안정시키고, 용착효율을 높인다.
· 슬래그 제거 및 비드를 깨끗이 한다.
· 용융금속의 응고와 냉각속도를 지연시켜 준다.
· 모재 표면에 산화물을 제거한다.

93 와이어 컷 방전가공에서 와이어 이송속도 0.2mm/min, 가공물 두께가 10mm일 때 가공속도는 몇 mm²/min인가?

① 0.02　　② 0.2
③ 2　　　　④ 20

풀이 가공속도 = 와이어 이송속도 × 가공물 두께
　　　　　= 0.2 × 10 = 2mm²/min

94 단조용 공구 중 소재를 올려놓고 타격을 가할 때 받침대로 사용하며 크기는 중량으로 표시하는 것은?

① 대뫼　　② 앤빌
③ 정반　　④ 단조용 탭

풀이 앤빌 위에 단조물을 고정하고 해머로 타격하여 필요한 형상을 성형

95 두께 5mm의 연강판에 직경 10mm의 펀칭 작업을 하는데 크랭크 프레스 램의 속도가 10m/min이라면 이 때 프레스에 공급되어야 할 동력은 약 몇 kW인가?(단, 연강판의 전단강도는 294.3 MPa이고, 프레스의 기계적 효율은 80%이다.)

① 21.32　　② 15.54
③ 13.52　　④ 9.63

답　90 ③　91 ①　92 ④　93 ③　94 ②　95 ④

$\tau = \dfrac{A}{P}$, $P = \tau A$에서

동력(W)$\times \eta = P \times V = \tau A \times V$

$W = \dfrac{\tau A \times V}{\eta} = \dfrac{\tau(\pi dt) \times V}{\eta}$

$= \dfrac{(294.3 \times 10^6) \times \pi \times 0.01 \times 0.005 \times 10}{0.8 \times 60}$

$\fallingdotseq 9.63 \text{kW}$

96 목재의 건조방법에서 자연건조법에 해당하는 것은?
① 야적법　　② 침재법
③ 자재법　　④ 증재법

 자연 건조법: 야적법, 가옥적법
인공 건조법: 침재법(water seasoning), 자재법(boiling water seasoning), 진공건조법(vaccum seasoning), 증재법(steam seasoning), 증기건조법(hot air seasoning), 훈재법(smoking seasoning), 전기건조법(electric seasoning), 약제건조법(chemical seasoning)

97 전해연마 가공법의 특징이 아닌 것은?
① 가공면에 방향성이 없다.
② 복잡한 형상의 제품도 연마가 가능하다.
③ 가공 변질층이 있고 평활한 가공면을 얻을 수 있다.
④ 연질의 알루미늄, 구리 등도 쉽게 광택면을 얻을 수 있다.

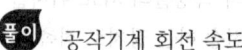 전해연마: 전기도금의 반대 방법으로 공작물을 양극(+)으로 하고 전기저항이 적은 구리 등을 음극(-)으로 연결하여 전해액 속에서 전기에 의한 화학적인 작용으로 가공물의 미소 돌기를 용출시켜 광택면을 얻는 가공법
• 전해연마 면은 반사능이 좋아서 식기, 장식품 등의 광택과 내식성이 증가한다.
• 기계 부분품 중에서 나사, 스프링 및 단조물의 스케일 제거와 표면처리를 한다.
• 바늘, 주사침 등이 표면 완성가공을 한다.

• 거울면과 같이 광택이 있는 가공 면을 비교적 쉽게 얻을 수 있는 가공법
• 복잡한 형상을 가진 공작물의 연마도 가능하다.
• 연질금속, 알루미늄, 구리 등을 용이하게 연마할 수 있다.
• 가공면에 방향성이 없다.
• 가공 변질층이 없고, 평활한 가공 면을 얻을 수 있다.
• 기계 부분품 중에서 나사, 스프링 및 단조물의 스케일 제거와 표면처리를 한다.
• 내부식성이 좋아진다.

98 절연성의 가공액 내에 도전성 재료의 전극과 공작물을 넣고 약 60~300V의 펄스 전압을 걸어 약 5~50μm 까지 접근시켜 발생하는 스파크에 의한 가공방법은?
① 방전가공　　② 전해가공
③ 전해연마　　④ 초음파가공

방전가공(Electrical Discharge Machining, EDM)
• 공작물의 가공 모양에 따라서 적당한 모양으로 만든 전극(공구)을 사용하여 구멍 뚫기, 조각, 절단, 그 밖의 가공을 하는 방법
• 방전가공은 전기가 통하는 재료만 가공이 가능하여 전기가 통하지 않는 아크릴 등은 방전가공이 불가능하다.

99 다음 공작기계에 사용되는 속도열 중 일반적으로 가장 많이 사용되고 있는 속도열은?
① 대수급수 속도열
② 등비급수 속도열
③ 등차급수 속도열
④ 조화급수 속도열

공작기계 회전 속도열
① 등차급수(Arithmatic progression)
② 등비급수(Geometric progression): 속도손실이 모든 회전수에서 동일하며 공작물의 지름이 작은 범위에서도 자주 회전수를 바꾸지 않아도 된다. 일반적으로 많이 사용되는 속도열이다.

답　96 ①　97 ③　98 ①　99 ②

③ 복합 등비급수(Harmonic progression): 구동기구 복잡
④ 대수급수(Logarithmic progression): 공작물의 지름이 작은 범위에서 작은 회전수 변환을 보완하기 위해 고안된 것으로 전체 범위에서 회전수 고르게 분포하나 절삭속도 감소율이 일정하지 않다.

100 저온 뜨임에 대한 설명으로 틀린 것은?
① 담금질에 의한 응력 제거
② 치수의 경년 변화 방지
③ 연마균열 생성
④ 내마모성 향상

풀이 ① 저온뜨임(100~200℃): 담금질에 의해 발생한 내부 응력이 제거되며, 치수의 경년 변화 방지, 연마균열 방지, 내마모성 향상의 효과를 얻을 수 있다. 주로 경도를 요구할 때 이용되며, 인성이 낮아진다.
② 고온뜨임(500~600℃): 높은 인성을 요구할 때 이용하며, 경도 값은 낮아진다.

답 100 ③

2020년 4회 일반기계기사 기출문제

1과목 재료역학

1 자유단에 집중하중 P를 받는 외팔보의 최대 처짐 δ_1과 $W = wL$이 되게 균일분포하중(w)이 작용하는 외팔보의 자유단 처짐 δ_2가 동일하다면 두 하중들의 비 W/P는 얼마인가?(단, 보의 굽힘 강성은 EI로 일정하다.)

① $\dfrac{8}{3}$ ② $\dfrac{3}{8}$

③ $\dfrac{5}{8}$ ④ $\dfrac{8}{5}$

풀이 $\delta_1 = \dfrac{PL^3}{3EI}$, $\delta_2 = \dfrac{wL^4}{8EI}$ 이고, 처짐이 같으므로

$\delta_1 = \delta_2$ 즉, $\dfrac{PL^3}{3EI} = \dfrac{wL^4}{8EI}$

그리고 $w = \dfrac{W}{L}$ 이므로

$\dfrac{PL^3}{3EI} = \dfrac{WL^3}{8EI}$ 에서 $\dfrac{W}{P} = \dfrac{8EIL^3}{3EIL^3} = \dfrac{8}{3}$

2 다음 부정정보에서 고정단의 모멘트 M_0는?

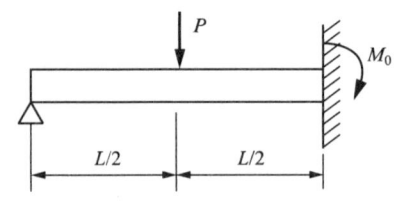

① $\dfrac{PL}{3}$ ② $\dfrac{PL}{4}$

③ $\dfrac{PL}{6}$ ④ $\dfrac{3PL}{16}$

풀이

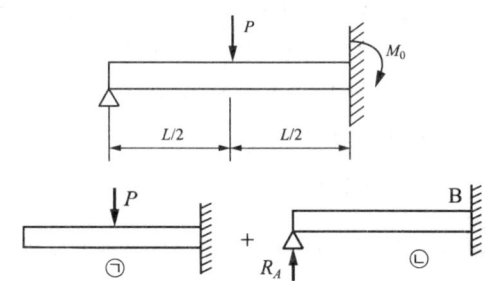

㉠ $v_1 = \dfrac{P}{3E \cdot I}\left(\dfrac{l}{2}\right)^3 + \dfrac{P}{2E \cdot I}\left(\dfrac{l}{2}\right)^2 \times \dfrac{l}{2}$

$= \dfrac{P \cdot l^3}{24E \cdot I} + \dfrac{P \cdot l^3}{16E \cdot I} = \dfrac{5P \cdot l^3}{48E \cdot I}$

㉡ $v_2 = \dfrac{R_A \cdot l^3}{3E \cdot I}$

$v_1 = v_2$ 이므로 $\dfrac{5P \cdot l^3}{48E \cdot I} = \dfrac{R_A \cdot l^3}{3E \cdot I}$, $R_A = \dfrac{5P}{16}$, $R_B = \dfrac{11P}{16}$

$M_0 = \dfrac{11}{16}P \cdot l - \dfrac{l}{2}P = \dfrac{3}{16}P \cdot l$

3 그림과 같은 외팔보에 저장된 굽힘 변형에너지는?(단, 세로탄성계수는 E이고, 단면의 관성모멘트는 I이다.)

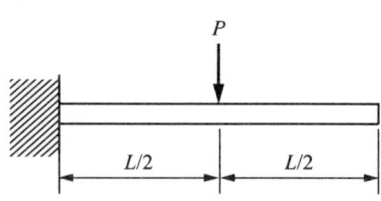

① $\dfrac{P^2 L^3}{8EI}$ ② $\dfrac{P^2 L^3}{12EI}$

③ $\dfrac{P^2 L^3}{24EI}$ ④ $\dfrac{P^2 L^3}{48EI}$

답 1① 2④ 3④

풀이

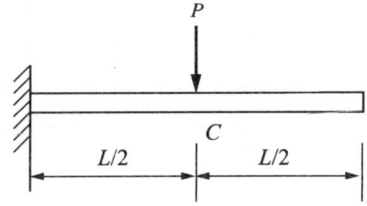

$$\delta_C = \frac{P}{3EI}\left(\frac{l}{2}\right)^3 = \frac{Pl^3}{24EI}$$

$$U = \frac{1}{2}P\delta_C = \frac{1}{2} \times P \times \frac{Pl^3}{24EI} = \frac{P^2l^3}{48EI}$$

4 지름 7mm, 길이 250mm인 연강 시험편으로 비틀림 시험을 하여 얻은 결과, 토크 4.08N·m에서 비틀림 각이 8°로 기록되었다. 이 재료의 전단탄성계수는 약 몇 GPa인가?

① 64 ② 53
③ 41 ④ 31

풀이 $T = \tau \cdot Z_P = \tau \frac{\pi d^3}{16} = G\gamma\frac{\pi d^3}{16} = G\frac{r\phi}{l}\frac{\pi d^3}{16}$,

$T \times \frac{16}{\pi d^3}\frac{l}{r\phi} = G$

$G = \dfrac{4.08 \times 16 \times (250 \times 10^{-3})}{\pi \times (7 \times 10^{-3})^3 \times (3.5 \times 10^{-3}) \times \left(8 \times \dfrac{\pi}{180}\right)}$

$≒ 31\text{GPa}$

5 그림과 같은 보에 하중 P가 작용하고 있을 때 이 보에 발생하는 최대 굽힘응력이 $\sigma_{\max}$라면 하중 P는?

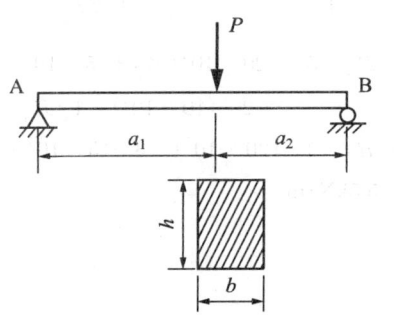

① $P = \dfrac{bh^2(a_1 + a_2)\sigma_{\max}}{6a_1a_2}$

② $P = \dfrac{bh^3(a_1 + a_2)\sigma_{\max}}{6a_1a_2}$

③ $P = \dfrac{b^2h(a_1 + a_2)\sigma_{\max}}{6a_1a_2}$

④ $P = \dfrac{b^3h(a_1 + a_2)\sigma_{\max}}{6a_1a_2}$

풀이 $R_A = \dfrac{Pa_2}{a_1 + a_2}$, $R_B = \dfrac{Pa_1}{a_1 + a_2}$,

$M_{\max} = R_A a_1 = \dfrac{Pa_1a_2}{a_1 + a_2}$ 이다.

$M_{\max} = \sigma_{\max} Z$ 에서 $\dfrac{Pa_1a_2}{a_1 + a_2} = \dfrac{\sigma_{\max}bh^2}{6}$

따라서 $P = \dfrac{\sigma_{\max}bh^2(a_1 + a_2)}{6a_1a_2}$

6 그림과 같이 수평 강체봉 AB의 한쪽을 벽에 힌지로 연결하고 죄임봉 CD로 매단 구조물이 있다. 죄임봉의 단면적은 1cm², 허용 인장응력은 100MPa일 때 B단의 최대 안전하중 P는 몇 kN인가?

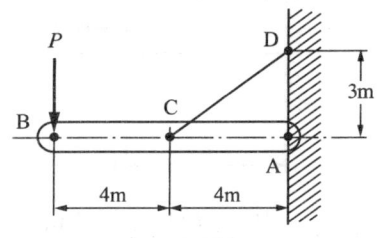

① 3 ② 3.75
③ 6 ④ 8.33

풀이 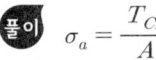 $\sigma_a = \dfrac{T_{CD}}{A}$

$T_{CD} = \sigma_a \times A = (100 \times 10^6) \times (1 \times 10^{-4}) = 10000$

CD의 길이는 $\sqrt{4^2 + 3^2} = 5\text{m}$ 이고,

수직 힘은 $T_{CD} \times \dfrac{3}{5} = 6000$ 이다.

$P \times 8 = 6000 \times 4$, $P = 3000\text{N} = 3\text{kN}$

답 4 ④ 5 ① 6 ①

7 지름 35cm의 차축이 0.2°만큼 비틀렸다. 이때 최대 전단응력이 49MPa이라고 하면 이 차축의 길이는 약 몇 m인가?(단, 재료의 전단탄성계수는 80GPa이다.)

① 2.5 ② 2.0
③ 1.5 ④ 1

풀이 $\phi = \dfrac{Tl}{GI_P} \times \dfrac{180}{\pi}$ (degree)

$l = \dfrac{\phi \times GI_P \times \pi}{T \times 180} = \dfrac{\phi \cdot G \dfrac{\pi d^4}{32} \times \pi}{\tau \dfrac{\pi d^3}{16} \times 180}$

$= \dfrac{\phi G \dfrac{d}{2} \times \pi}{\tau \times 180} = \dfrac{\phi G d \times \pi}{(\tau \times 180) \times 2}$

$= \dfrac{0.2 \times 80 \times 10^9 \times 0.35 \times \pi}{49 \times 10^6 \times 180 \times 2}$

$\fallingdotseq 0.997 \fallingdotseq 1\text{m}$

풀이
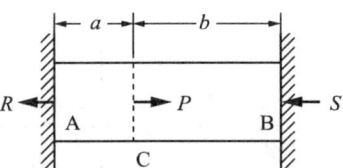
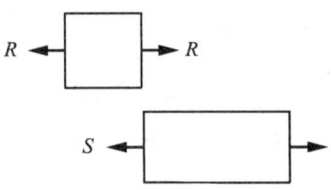

신장량: $\delta_A = \dfrac{R \cdot a}{AE}$,

수축량: $\delta_B = \dfrac{(P-R) \cdot b}{AE}$ 에서 $\delta_A = \delta_B$ 이므로

$R \cdot a = (P-R) \cdot b$

※ $R \cdot a = P \cdot b - R \cdot b$ 에서 $R = \dfrac{P \cdot b}{a+b}$, $S = P - R$ 이므로

$S = \dfrac{P \cdot a}{a+b}$ 이다.

8 양단이 고정된 균일 단면봉의 중간단면 C에 축하중 P를 작용시킬 때 A, B에서 반력은?

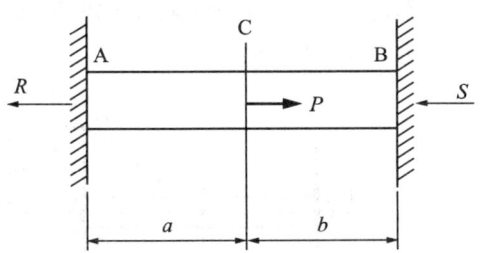

① $R = \dfrac{P(a+b^2)}{a+b}$, $S = \dfrac{P(a^2+b)}{a+b}$

② $R = \dfrac{Pb^2}{a+b}$, $S = \dfrac{Pa^2}{a+b}$

③ $R = \dfrac{Pb}{a+b}$, $S = \dfrac{Pa}{a+b}$

④ $R = \dfrac{Pa}{a+b}$, $S = \dfrac{Pb}{a+b}$

9 아래와 같은 보에서 C점(A에서 4m 떨어진 점)에서의 굽힘모멘트 값은 약 몇 kN·m인가?

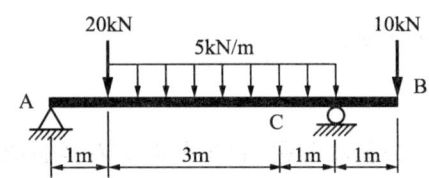

① 5.5 ② 11
③ 13 ④ 22

풀이 $R_A \times 5 = (20 \times 10^3) \times 4 + (5 \times 10^3 \times 4)$
$\times 2 - (10 \times 10^3) \times 1$, $R_A = 22000\text{N}$
$M_C = R_A \times 4 - (20 \times 10^3) \times 3 - (5 \times 10^3 \times 3) \times 1.5$
$= 5.5\text{kN} \cdot \text{m}$

답 7 ④ 8 ③ 9 ①

10 그림과 같은 직사각형 단면에서 $y_1 = (2/3)h$의 위쪽 면적(빗금 부분)의 중립축에 대한 단면 1차모멘트 Q는?

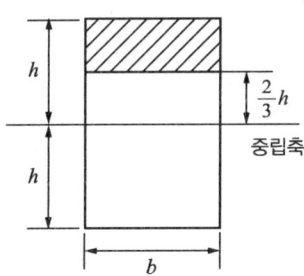

① $\dfrac{3}{8}bh^2$ ② $\dfrac{3}{8}bh^3$

③ $\dfrac{5}{18}bh^2$ ④ $\dfrac{5}{18}bh^3$

풀이 빗금친 부분의 면적 $A^* = \dfrac{h}{3}b$, 중립축에서 A^*의 도심까지 거리 $\overline{y} = \dfrac{2h}{3} + \dfrac{h}{6} = \dfrac{15h}{18}$ 구하고자 하는 지점의 단면 1차모멘트 $Q = A^*\overline{y} = \dfrac{bh}{3} \times \dfrac{15h}{18} = \dfrac{5bh^2}{18}$

11 공칭응력(nominal stress: σ_n)과 진응력(true stress: σ_t) 사이의 관계식으로 옳은 것은?(단, ϵ_n은 공칭변형율(nominal strain), ϵ_t는 진변형율(true strain)이다.)

① $\sigma_t = \sigma_n(1+\epsilon_t)$ ② $\sigma_t = \sigma_n(1+\epsilon_n)$

③ $\sigma_t = \ln(1+\sigma_n)$ ④ $\sigma_t = \ln(\sigma_n+\epsilon_n)$

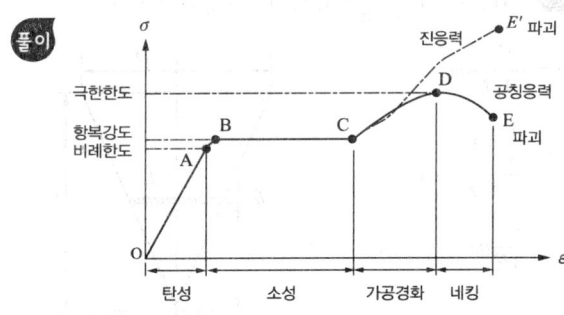

- 공칭응력(nominal stress): 응력계산에 최초의 단면적을 사용 $\sigma_n = \dfrac{P}{A_0}$, A_0는 초기 단면적(변형전 단면적)
- 공칭 변형률(nominal strain): 최초길이에 대한 변화된 길이의 비 $\epsilon_n = \dfrac{l'-l_0}{l_0} = \dfrac{\Delta l}{l_0}$, l_0: 초기 길이, l': 변화된 길이
- 진응력(true stress): 응력 계산시 실제 단면적(변형된 단면적)을 사용 $\sigma_T = \dfrac{P}{A'} = \dfrac{P}{\dfrac{A_0}{1+\epsilon_n}} = \sigma_n(1+\epsilon_n)$, A'는 변화된 단면적
- 진변형률(True strain): 변형률 계산시 변형된 길이에 대한 대한 변형률
$\epsilon_T = \displaystyle\int_{l_0}^{l} \dfrac{dl}{l} = \ln\dfrac{l'}{l_0} = \ln\dfrac{l_0(1+\epsilon_n)}{l_0} = \ln(1+\epsilon_n)$

12 그림과 같이 등분포하중이 작용하는 보에서 최대 전단력의 크기는 몇 kN인가?

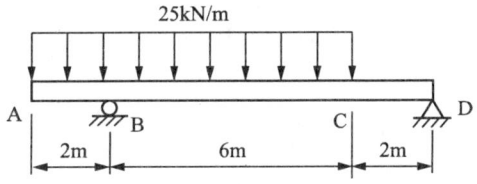

① 50 ② 100
③ 150 ④ 200

풀이 $\sum M_D = 0$에서
$(25 \times 2 \times 9) - R_B \times 8 + (6 \times 25 \times 5) = 0$,
$R_B = 150$ kN이므로 B 지점에서의 전단력이
$-25 \times 2 + 150 = 100$ kN으로 최대전단력 값을 가진다.

13 $\sigma_x = 700$MPa, $\sigma_y = -300$MPa이 작용하는 평면응력 상태에서 최대 수직응력($\sigma_{\max}$)과 최대 전단응력($\tau_{\max}$)은 각각 몇 MPa인가?

① $\sigma_x = 700$MPa, $\tau_{\max} = 300$

② $\sigma_x = 700\text{MPa}$, $\tau_{\max} = 500$
③ $\sigma_x = 600\text{MPa}$, $\tau_{\max} = 400$
④ $\sigma_x = 500\text{MPa}$, $\tau_{\max} = 700$

풀이 $\sigma_n)_{\max} = \dfrac{1}{2}(\sigma_x + \sigma_y) + \dfrac{1}{2}\sqrt{(\sigma_x - \sigma_y)^2}$

$\left(\dfrac{1}{2}(700-300) + \dfrac{1}{2}\sqrt{(700+300)^2}\right)M$

$= (200 + 500)M = 700M$

$\tau_{\max} = \dfrac{1}{2}(\sigma_x - \sigma_y) = \dfrac{1}{2}(700 + 300)M = 500M$

14 안지름이 2m이고 1000kPa의 내압이 작용하는 원통형 압력 용기의 최대 사용응력이 200MPa이다. 용기의 두께는 약 몇 mm인가?(단, 안전계수는 2이다.)

① 5   ② 7.5
③ 10   ④ 12.5

풀이 원주 응력 $\sigma_\theta = \dfrac{q_a d}{2t}$

$t = \dfrac{q_a d \times n}{2\sigma_\theta} = \dfrac{(1000 \times 10^3) \times 2 \times 2}{2 \times (200 \times 10^6)} = 10\text{mm}$

축방향 응력 $\sigma_a = \dfrac{q_a d}{4t}$,

$t = \dfrac{q_a d \times n}{4t} = \dfrac{(1000 \times 10^3) \times 2 \times 2}{4 \times (200 \times 10^6)} = 5\text{mm}$

$\sigma_\theta = 2\sigma_a$, 내압을 받는 얇은 원통의 경우 원주방향의 강도가 축방향 강도의 2배가 되도록 설계해야 하므로 벽 두께는 최소 10mm이어야 한다.

15 양단이 고정단인 주철 재질의 원주가 있다. 이 기둥의 임계응력을 오일러 식에 의해 계산한 결과 $0.0247E$로 얻어졌다면 이 기둥의 길이는 원주 직경의 몇 배인가?(단 E는 재료의 세로탄성계수이다.)

① 12   ② 10
③ 0.05   ④ 0.001

풀이 $\sigma_{CR} = \dfrac{P_{CR}}{A} = \dfrac{n\pi^2 EI}{l^2 \cdot A} = \dfrac{n\pi^2 E \dfrac{\pi d^4}{64}}{l^2 \dfrac{\pi}{4} d^2} = \dfrac{n\pi^2 E \dfrac{d^2}{16}}{l^2}$

$\sigma_{CR} \cdot l^2 = \dfrac{n\pi^2 E d^2}{16}$

$0.0247 E l^2 = \dfrac{4\pi^2 E d^2}{16}$

$l^2 \fallingdotseq 100 d^2$

$l \fallingdotseq 10d$

16 높이가 L이고 저면의 지름이 D, 단위 체적당 중량 γ의 그림과 같은 원추형의 재료가 자중에 의해 변형될 때 저장된 변형에너지 값은?(단, 세로탄성계수는 E이다.)

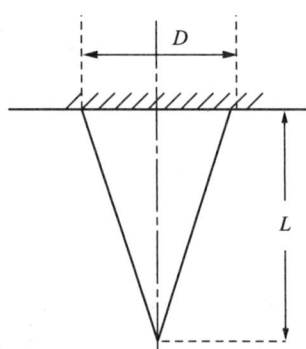

① $\dfrac{\pi\gamma D^2 L^3}{24E}$ ② $\dfrac{(\pi\gamma^2\pi^2 D^3)^2}{72E}$

③ $\dfrac{\pi\gamma D L^3}{96E}$ ④ $\dfrac{\gamma^2 \pi D^2 L^3}{360E}$

풀이 $W_x = \gamma A_x = \dfrac{1}{3}\gamma A_x x$, $V_x = \dfrac{1}{3} A_x x$ 이며

$d\delta = \dfrac{W_x}{A_x E} dx$

$= \dfrac{\dfrac{1}{3}\gamma A_x x}{A_x E} dx$

$= \dfrac{\gamma x}{3E} dx$

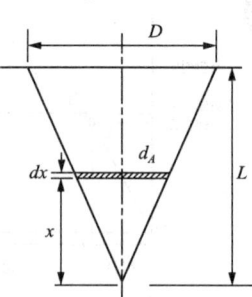

답 14 ③ 15 ② 16 ④

$L : D = x : D_x$ 에서 $D_x = \dfrac{D}{L}x$ 이므로

$A_x = \dfrac{\pi}{4}D_x^2 = \dfrac{\pi}{4}\left(\dfrac{D}{L}x\right)^2 = \dfrac{\pi D^2}{4L^2}x^2$

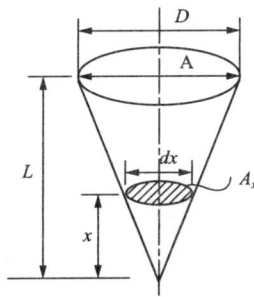

$dU = \dfrac{1}{2}W_x \times d\delta$ 에서

$dU = \dfrac{1}{2}\left(\dfrac{1}{3}\gamma A_x x\right)\left(\dfrac{\gamma x}{3E}dx\right) = \dfrac{\gamma^2 A_x x^2}{18E}dx$

$U = \int_0^L \dfrac{\gamma^2}{18E}A_x x^2 dx = \dfrac{\gamma^2}{18E}\int_0^L \left(\dfrac{\pi D^2}{4L^2}x^2\right)x^2 dx$

$= \dfrac{\gamma^2 \pi D^2 L^3}{360E}$

17 그림과 같은 단면의 축이 전달할 토크가 동일하다면 각 축의 재료 선정에 있어서 허용전단응력의 비 τ_A/τ_B의 값은 얼마인가?

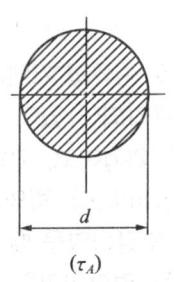 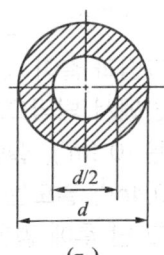

① $\dfrac{15}{16}$ ② $\dfrac{9}{16}$

③ $\dfrac{16}{15}$ ④ $\dfrac{9}{16}$

 $T = \tau_A Z_A = \tau_B Z_A$

$\dfrac{Z_A}{Z_B} = \dfrac{Z_B}{Z_A} = \dfrac{\dfrac{\pi\left(d^4 - \left(\dfrac{d}{2}\right)^4\right)}{16d}}{\dfrac{\pi d^3}{16}} = \dfrac{d^4 - \left(\dfrac{d}{2}\right)^4}{d^4} = \dfrac{15}{16}$

18 단면 지름이 3cm인 환봉이 25kN의 전단하중을 받아서 0.00075rad의 전단변형률을 발생시켰다. 이때 재료의 세로탄성계수는 약 몇 GPa인가?(단, 이 재료의 포아송 비는 0.3이다.)

① 75.5 ② 94.4
③ 122.6 ④ 157.2

 $\tau = Gr$

$G = \dfrac{\tau}{r} = \dfrac{\dfrac{P}{A}}{r} = \dfrac{P}{Ar} = \dfrac{4P}{\pi d^2 r} = \dfrac{4 \times 25 \times 10^3}{\pi \times 0.03^2 \times 0.00075}$

$\fallingdotseq 47.2\text{GPa}$

$G = \dfrac{E}{2(1+\mu)}$ 에서 $E = G \times 2(1+\mu)$

$E = 47.2G \times 2(1+0.3) \fallingdotseq 122.6\text{GPa}$

19 원형단면의 단순보가 그림과 같이 등분포하중 $w = 10\text{N/m}$을 받고 허용응력이 800Pa일 때 단면의 지름은 최소 몇 mm가 되어야 되는가?

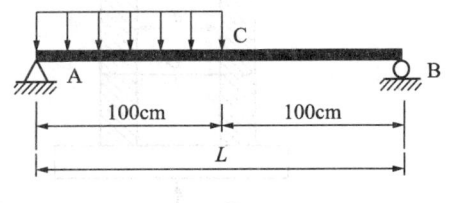

① 330 ② 430
③ 550 ④ 650

 $\sum M_B = 0$ 에서

$R_A \times L - \left(w \times \dfrac{L}{2}\right) \times \left(\dfrac{L}{4} + \dfrac{L}{2}\right) = 0$

$R_A = \frac{3}{8}wL$, $R_A + R_B = \frac{1}{2}wL$, $R_B = \frac{1}{8}wL$

최대 굽힘 모멘트가 일어나는 지점은 전단력이 0인 지점이므로 임의의 x 구간의 전단력 $V_x = R_A - wx$에서 전단력이 0인 지점은 $wx = \frac{3}{8}wL$, $x = \frac{3}{8}L$이다 즉 $x = \frac{3}{8}L$ 지점에서 굽힘 모멘트가 최대이다.

$$M_{\max} = R_A x - wx\frac{x}{2} = \frac{3}{8}wL \times \frac{3}{8}L - w\left(\frac{3}{8}L\right)^2 \frac{1}{2}$$

$$= w\left(\frac{3}{8}L\right)^2 - \frac{w}{2}\left(\frac{3}{8}L\right)^2 = \left(\frac{3}{8}L\right)^2 \times \frac{w}{2}$$

$$= \left(\frac{3}{8} \times 2\right)^2 \times 5 = 2.8125 \text{N/m}$$

$M = \sigma Z$, $M = \sigma \frac{\pi d^3}{32}$ 에서

$d = \sqrt[3]{\frac{32M}{\sigma \pi}} = \sqrt[3]{\frac{32 \times 2.8125}{800 \times \pi}} ≒ 0.3296\text{m} ≒ 330\text{mm}$

20 그림과 같이 지름 d인 강철봉이 안지름 d, 바깥지름 D인 동관에 끼워져서 두 강체 평판 사이에서 압축되고 있다. 강철봉 및 동관에 생기는 응력을 각각 σ_s, σ_c라고 하면 응력의 비(σ_s/σ_c)의 값은?(단 강철(E_s) 및 동(E_c)의 탄성계수는 각각 E_s=200GPa, E_c=120GPa이다.)

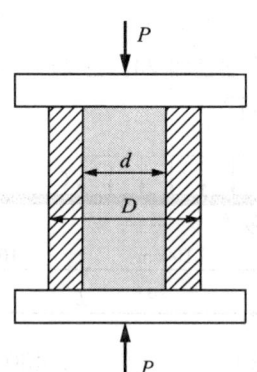

① $\frac{3}{5}$ ② $\frac{4}{5}$

③ $\frac{5}{4}$ ④ $\frac{5}{3}$

풀이 ① 외력(外力)=내력(內力)의 합(合)
$P = P_s + P_c = \sigma_s A_s + \sigma_c A_c$

② 변형율 일정 $\epsilon = \epsilon_s = \epsilon_c = \dfrac{\sigma_s}{E_s} = \dfrac{\sigma_c}{E_c}$

$\Rightarrow \dfrac{\sigma_s}{\sigma_c} = \dfrac{E_s}{E_c} = \dfrac{200}{120} ≒ \dfrac{5}{3}$

2 기계열역학

21 비가역 단열변화에 있어서 엔트로피 변화량은 어떻게 되는가?
① 증가한다.
② 감소한다.
③ 변화량은 없다.
④ 증가할 수도 감소할 수도 있다.

풀이 ・엔트로피 변화량

$$S_2 - S_1 \geq \int_1^2 \frac{\delta Q}{T}$$

여기서, "등호(=)"는 가역과정
"부등호(>)"는 비가역 과정

22 그림과 같이 A, B 두 종류의 기체가 한 용기 안에서 박막으로 분리되어 있다. A의 체적은 0.1m³, 질량은 2kg이고, B의 체적은 0.4m³, 밀도는 1kg/m³이다. 박막이 파열되고 난 후에 평형에 도달하였을 때 기체 혼합물의 밀도(kg/m³)는 얼마인가?

A	B

① 4.8 ② 6.0
③ 7.2 ④ 8.4

• 혼합 후 혼합물의 밀도

$\rho = \dfrac{m}{V} = 4.8\text{kg/m}^3$

여기서, 혼합 후 기체의 질량(m) = 2.4kg
혼합 후 기체 체적(V) = 0.5m³

23 엔트로피(s) 변화 등과 같이 직접 측정할 수 없는 양들을 압력(P), 비체적(v), 온도(T)와 같은 측정 가능한 상태량으로 나타내는 Maxwell 관계식과 관련하여 다음 중 틀린 것은?

① $\left(\dfrac{\partial T}{\partial P}\right)_s = \left(\dfrac{\partial v}{\partial s}\right)_P$

② $\left(\dfrac{\partial T}{\partial v}\right)_s = -\left(\dfrac{\partial P}{\partial s}\right)_v$

③ $\left(\dfrac{\partial v}{\partial T}\right)_P = -\left(\dfrac{\partial s}{\partial P}\right)_T$

④ $\left(\dfrac{\partial P}{\partial v}\right)_T = \left(\dfrac{\partial s}{\partial T}\right)_v$

 • 4개의 Maxwell 관계식

$\left(\dfrac{\partial T}{\partial P}\right)_s = \left(\dfrac{\partial v}{\partial s}\right)_P$, $\left(\dfrac{\partial T}{\partial v}\right)_s = -\left(\dfrac{\partial P}{\partial s}\right)_v$,

$\left(\dfrac{\partial v}{\partial T}\right)_P = -\left(\dfrac{\partial s}{\partial P}\right)_T$, $\left(\dfrac{\partial P}{\partial T}\right)_v = \left(\dfrac{\partial s}{\partial v}\right)_T$

24 냉매로서 갖추어야 될 요구 조건으로 적합하지 않은 것은?

① 불활성이고 안정하며 비가연성이어야 한다.
② 비체적이 커야 한다.
③ 증발 온도에서 높은 잠열을 가져야 한다.
④ 열전도율이 커야 한다.

 • 비체적이 커지면 용기가 커져야 한다.

25 어떤 이상기체 1kg이 압력 100kPa, 온도 30℃의 상태에서 체적 0.8m³을 점유한다면 기체상수(kJ/kg·K)는 얼마인가?

① 0.251   ② 0.264
③ 0.275   ④ 0.293

 • 기체상수

$R = \dfrac{PV}{mT} = 0.264 \text{kJ/kg·K}$

여기서, m = 기체질량 = 1kg
T = 기체온도 = 30℃ + 273℃ = 303K
P = 기체압력상태 = 100kPa
V = 기체체적상태 = 0.8m³

26 어떤 가스의 비내부 에너지 u(kJ/kg), 온도 t(℃), 압력 P(kPa), 비체적 v(m³/kg) 사이에는 아래의 관계식이 성립한다면, 이 가스의 정압비열(kJ/kg·℃)은 얼마인가?

$u = 0.28t + 532$
$Pv = 0.560(t + 380)$

① 0.84   ② 0.68
③ 0.50   ④ 0.28

 • 엔탈피

$h = u + Pv = 0.28t + 532 + 0.560(t + 380)$

• 정압 비열

$C_p = \left(\dfrac{\partial h}{\partial T}\right)_p = 0.84 \text{kJ/kg·℃}$

27 이상적인 가역과정에서 열량 ΔQ가 전달될 때, 온도 T가 일정하면 엔트로피 변화 ΔS를 구하는 계산식으로 옳은 것은?

① $\Delta S = 1 - \dfrac{\Delta Q}{T}$ ② $\Delta S = 1 - \dfrac{T}{\Delta Q}$

③ $\Delta S = \dfrac{\Delta Q}{T}$ ④ $\Delta S = \dfrac{T}{\Delta Q}$

답 23 ④ 24 ④ 25 ② 26 ① 27 ③

- 가역과정에서 엔트로피 변화

$$dS = \left(\frac{\delta Q}{T}\right)_{rev}$$

28 다음 중 경로함수(path function)는?
① 엔탈피 ② 엔트로피
③ 내부 에너지 ④ 일

- 경로함수(path function)

수학적으로 불완전 미분이며 두 상태에 있어 경로에 따라 달라지는 물리적 양이다. 일과 열이 있다.

29 랭킨사이클의 각 점에서의 엔탈피가 아래와 같을 때 사이클의 이론 열효율(%)은?

- 보일러 입구: 58.6kJ/kg
- 보일러 출구: 810.3kJ/kg
- 응축기 입구: 614.2kJ/kg
- 응축기 출구: 57.4kJ/kg

① 32 ② 30
③ 28 ④ 26

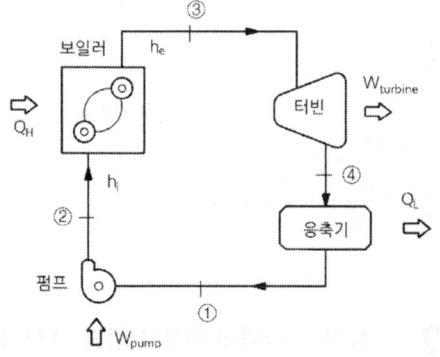

▲ 랭킨사이클 구성요소

- 랭킨사이클 열효율

$$\eta_R = \frac{w_{net}}{q_b} = \frac{(h_3-h_4)-(h_2-h_1)}{h_3-h_2} = 0.2593$$

30 원형 실린더를 마찰 없는 피스톤이 덮고 있다. 피스톤에 비선형 스프링이 연결되고 실린더 내의 기체가 팽창하면서 스프링이 압축된다. 스프링의 압축 길이가 Xm일 때 피스톤에는 $kX^{1.5}$N의 힘이 걸린다. 스프링의 압축 길이가 0m에서 0.1m로 변하는 동안에 피스톤이 하는 일이 Wa이고, 0.1m에서 0.2m로 변하는 동안에 하는 일이 Wb라면 Wa/Wb는 얼마인가?

① 0.083 ② 0.158
③ 0.214 ④ 0.333

- 일 비(Wa/Wb)

$$Wa/Wb = \frac{\int_0^{0.1} kx^{1.5}dx}{\int_{0.1}^{0.2} kx^{1.5}dx} = \frac{\frac{k}{1+1.5}[x^{2.5}]_0^{0.1}}{\frac{k}{1+1.5}[x^{2.5}]_{0.1}^{0.2}} = 0.214$$

31 내부 에너지가 30kJ인 물체에 열을 가하여 내부 에너지가 50kJ이 되는 동안에 외부에 대하여 10kJ의 일을 하였다. 이 물체에 가해진 열(kJ)은?

① 10 ② 20
③ 30 ④ 60

- 가해진 열량

$$_1Q_2 = (U_2 - U_1) + {_1W_2} = 30\text{kJ}$$

32 풍선에 공기 2kg이 들어 있다. 일정 압력 500kPa 하에서 가열 팽창하여 체적이 1.2배가 되었다. 공기의 초기온도가 20℃일 때 최종온도(℃)는 얼마인가?

① 32.4 ② 53.7
③ 78.6 ④ 92.3

- 상태방정식

$$\frac{T}{v} = \frac{P}{R} = 일정 \rightarrow \frac{T_1}{v_1} = \frac{T_2}{v_2}$$

최종온도(T_2)에 대해서 정리하고 수치를 대입하면

$$T_2 = T_1 \times \frac{v_2}{v_1} = 78.6\text{°C}$$

33 처음 압력이 500kPa이고, 체적이 2m³인 기체가 "PV=일정"인 과정으로 압력이 100kPa까지 팽창할 때 밀폐계가 하는 일(kJ)을 나타내는 계산식으로 옳은 것은?

① $1000\ln\frac{2}{5}$ ② $1000\ln\frac{5}{2}$

③ $1000\ln 5$ ④ $1000\ln\frac{1}{5}$

• 과정 동안 밀폐계가 하는 일

$Pv = P_1 v_1 = P_2 v_2 =$ 일정

$\rightarrow \frac{v_2}{v_1} = \frac{P_1}{P_2}$

$\rightarrow w = \int P dv = \int \frac{\text{일정}}{v} dv$

따라서, 팽창하는 과정동안 밀폐계가 하는 일은 다음과 같이 산출할 수 있다.

$$_1w_2 = \text{일정} \ln\frac{v_2}{v_1} = P_1 v_1 \ln\frac{v_2}{v_1} = P_1 v_1 \ln\frac{P_1}{P_2} = 1000\ln 5 \text{ kJ}$$

34 자동차 엔진을 수리한 후 실린더 블록과 헤드 사이에 수리 전과 비교하여 더 두꺼운 개스킷을 넣었다면 압축비와 열효율은 어떻게 되겠는가?

① 압축비는 감소하고, 열효율도 감소한다.
② 압축비는 감소하고, 열효율도 증가한다.
③ 압축비는 증가하고, 열효율도 감소한다.
④ 압축비는 증가하고, 열효율도 증가한다.

• Otto 사이클의 열효율

$$\eta_{th} = 1 - \frac{1}{r_v^{k-1}}$$

압축비$\left(r_v = \frac{V_{\max}}{V_{\min}}\right)$가 감소하면 열효율도 감소한다.

35 고온 열원의 온도가 700℃이고, 저온 열원의 온도가 50℃인 카르노 열기관의 열효율(%)은?

① 33.4 ② 50.1
③ 66.8 ④ 78.9

• 카르노 열기관의 열효율

$$\eta_{carnot} = 1 - \frac{T_L}{T_H} = 0.668$$

36 밀폐계에서 기체의 압력이 100kPa으로 일정하게 유지되면서 체적이 1m³에서 2m³으로 증가되었을 때 옳은 설명은?

① 밀폐계의 에너지 변화는 없다.
② 외부로 행한 일은 100kJ이다.
③ 기체가 이상기체라면 온도가 일정하다.
④ 기체가 받은 열은 100kJ이다.

• 밀폐계 열역학 제1법칙

$$_1W_2 = P(V_2 - V_1) = 100\text{kJ}$$

압력을 일정하게 유지하면서 체적증가로 기체는 외부로 100kJ의 일을 했다.

37 최고온도 1300K와 최저온도 300K 사이에서 작동하는 공기표준 Brayton 사이클의 열효율(%)은?(단, 압력비는 9, 공기의 비열비는 1.4이다.)

① 30.4 ② 36.5
③ 42.1 ④ 46.6

• Brayton사이클의 열효율

$$\eta_{th,brayton} = 1 - \frac{1}{(P_2/P_1)^{(k-1)/k}} = 0.466$$

38 랭킨사이클에서 25℃, 0.01MPa 압력의 물 1kg을 5MPa 압력의 보일러로 공급한다. 이때 펌프가 가역단열과정으로 작용한다고 가정할 경우 펌프가 한 일(kJ)은?(단, 물의 비체적은 $0.001m^3/kg$이다.)

① 2.58 ② 4.99
③ 20.12 ④ 40.24

- 물 1kg을 공급했을 때 펌프가 한 일
$W_P = m \cdot w_P = 4990J$
여기서, w_P=단위 질량당 펌프가 한 일=4990J/kg

39 성능계수가 3.2인 냉동기가 시간당 20MJ의 열을 흡수한다면 이 냉동기의 소비동력(kW)은?

① 2.25 ② 1.74
③ 2.85 ④ 1.45

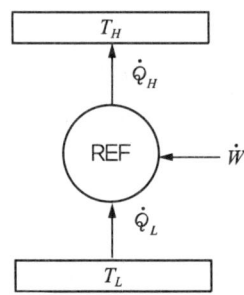

▲ 두 개의 열 저장조 사이에서 작동하는 냉동기

- 냉동기의 성능계수
$COP = \dfrac{\dot{Q}_L}{\dot{W}}$

$3.2 = \dfrac{(20 \times 10^6)}{3600 \times \dot{W}}$

이므로, 주어진 냉동기의 소비동력은 다음과 같다.
$\dot{W} = \dfrac{(20 \times 10^6)}{3.2 \times 3600} = 1736.1W = 1.736kW$

40 이상적인 디젤 기관의 압축비가 16일 때 압축 전의 공기 온도가 90℃라면 압축 후의 공기 온도(℃)는 얼마인가?(단, 공기의 비열비는 1.4이다.)

① 1101.9 ② 718.7
③ 808.2 ④ 827.4

- 단열압축과정
$T_2 = T_1 \left(\dfrac{v_1}{v_2}\right)^{k-1} = (90+273) \times 16^{(1.4-1)}$
$= 1100.4K = 827.4℃$
여기서, T_2=압축 후 온도
T_1=압축전 공기온도=90℃+273℃=363K
$\dfrac{v_1}{v_2}$=압축비=16, k=공기 비열비

3 기계유체역학

41 효율 80%인 펌프를 이용하여 저수지에서 유량 $0.05m^3/s$로 물을 5m 위에 있는 논으로 올리기 위하여 효율 95%의 전기모터를 사용한다. 전기모터의 최소동력은 몇 kW인가?

① 2.45 ② 2.91
③ 3.06 ④ 3.22

- 펌프동력
$\dot{W}_{w,h} = \rho g \dot{Q} H = 2450W$

- 펌프를 구동시키는데 필요한 전기모터 필요동력
$(0.95 \dot{W}_{전기모터}) \times 0.8 = \dot{W}_{w,h} = \rho g \dot{Q} H = 2450$
$\dot{W}_{전기모터}$에 대해서 정리하면 필요한 전기모터의 최소동력은 다음과 같이 계산할 수 있다.

- 전기모터의 최소 필요동력
$\dot{W}_{전기모터} = \dfrac{2450}{0.95 \times 0.8} = 3223.7W = 3.22kW$

답 38 ② 39 ② 40 ④ 41 ④

42 그림에서 입구 A에서 공기의 압력은 3×10^5 Pa, 온도 20℃이면 출구 B에서의 속도는 몇 m/s인가?(단, 압력 값은 모두 절대압력이며, 공기는 이상기체로 가정한다.)

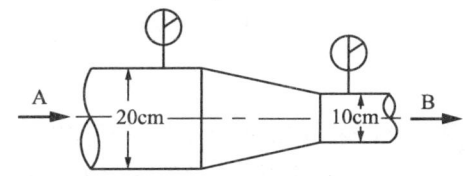

① 10　　　② 25
③ 30　　　④ 36

• 출구 B에서 속도
$$V_B = V_A \times \frac{\rho_A}{\rho_B} \times \frac{A_A}{A_B} = V_A \times \frac{\rho_A}{\rho_B} \times \left(\frac{D_A}{D_B}\right)^2$$
$$= 30.01 \text{m/s}$$
여기서, $V_A = 5$m/s, $\frac{\rho_A}{\rho_B} = \frac{123.2}{82.1}$, $\frac{D_A}{D_B} = \left(\frac{2}{1}\right)$

43 세 변의 길이가 a, $2a$, $3a$인 작은 직육면체가 점도 μ인 유체 속에서 매우 느린 속도 V로 움직일 때, 항력 F는 F=F(a, μ, V)로 가정할 수 있다. 차원해석을 통하여 얻을 수 있는 F에 대한 표현식으로 옳은 것은?

① $\dfrac{F}{\mu V a}$ 　　② $\dfrac{F}{\mu V^2 a} = $ 상수

③ $\dfrac{F}{\mu^2 V} = f\left(\dfrac{V}{a}\right)$ 　　④ $\dfrac{F}{\mu^2 V a} = f\left(\dfrac{a}{\mu V}\right)$

• 함수 F의 기본 차원
$[MLT^{-2}] = K[L]^\alpha [ML^{-1}T^{-1}]^\beta [LT^{-1}]^\gamma$
• 동차성 원리
$\beta = 1$, $\alpha + \gamma = 2$, $\gamma = 1 \rightarrow \alpha = \beta = \gamma = 1$
• 항력 F의 차원 해석을 통해 얻은 표현식
$\dfrac{F}{a\mu V} = $ 상수

44 온도 증가에 따른 일반적인 점성계수 변화에 대한 설명으로 옳은 것은?
① 액체와 기체 모두 증가한다.
② 액체와 기체 모두 감소한다.
③ 액체는 증가하고 기체는 감소한다.
④ 액체는 감소하고 기체는 증가한다.

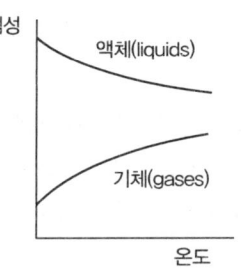
▲ 기체, 액체의 온도변화와 점성관계

45 그림과 같이 지름 D와 깊이 H의 원통 용기 내에 액체가 가득 차 있다. 수평방향으로의 등가속도(가속도=a) 운동을 하여 내부의 물의 35%가 흘러 넘쳤다면 가속도 a와 중력가속도 g의 관계로 옳은 것은?(단, $D = 1.2H$이다.)

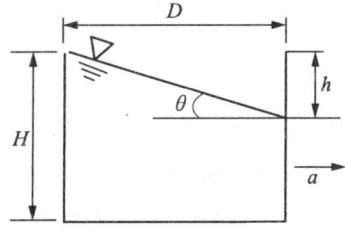

① $a = 0.58g$　　② $a = 0.85g$
③ $a = 1.35g$　　④ $a = 1.42g$

• 기울기
$$\tan\theta = \frac{a_x}{g + a_z} = \frac{a}{g}$$
여기서, $a_x = a$, $a_z = 0$
• 넘쳐흐른 체적= V_a, 원통 체적= V

답　42 ③　43 ①　44 ④　45 ①

$$V_a = \frac{7}{20}V = \frac{7}{20} \times \frac{\pi D^2}{4} \times H = \frac{1}{2} \times \frac{\pi D^2}{4} \times h$$

따라서,

$$h = \frac{7}{10}H$$

$$\tan\theta = \frac{h}{D} = \frac{H}{D} \times \frac{7}{10} = \frac{1}{1.2} \times \frac{7}{10} = \frac{a}{g}$$

• 가속도와 중력가속도의 관계
$a = 0.58g$

46 다음 U자관 압력계에서 A와 B의 압력차는 몇 kPa인가?(단, H_1=250mm, H_2=200mm H_3=600mm이고 수은의 비중은 13.6이다.)

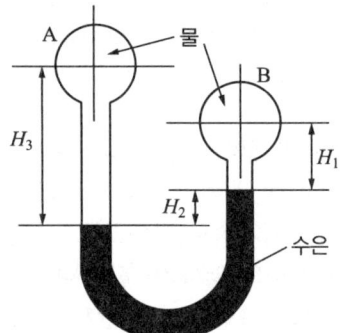

① 3.50 ② 23.2
③ 35.0 ④ 232

풀이 • 압력차
$P_A - P_B = \rho_물 g H_1 + SG_{수은}\rho_물 g H_2 - \rho_물 g H_3 = 23.2\text{kPa}$
여기서, H_1=250mm, H_2=200mm, H_3=600mm,
$SG_{수은}$=13.6, $\rho_물$=1000kg/m³

47 물(μ=1.519×10⁻³kg/m·s)이 직경 0.3cm, 길이 9m인 수평 파이프 내부를 평균속도 0.9m/s로 흐를 때, 어떤 유동이 되는가?

① 난류유동 ② 층류유동
③ 등류유동 ④ 천이유동

풀이 • 원형 파이프 유체유동 흐름
$$Re = \frac{\rho V D}{\mu} = 1777.5 \leq 2300$$
층류유동이다.
여기서, $\mu = 1.519 \times 10^{-3} \text{kg} \cdot \text{m}$, $\rho = 1000 \text{kg/m}^3$,
$V = 0.9 \text{m/s}$, $D = 0.3 \times 10^{-2} \text{m}$

48 정상 2차원 포텐셜 유동의 속도장이 $u = -6y$, $v = -4x$일 때, 이 유동의 유동함수가 될 수 있는 것은?(단, C는 상수이다.)

① $-2x^2 - 3y^2 + C$
② $2x^2 - 3y^2 + C$
③ $-2x^2 + 3y^2 + C$
④ $2x^2 + 3y^2 + C$

풀이 • 유동함수 ψ에 대한 최종 식
$\psi = -3y^2 + g(x) = -3y^2 + 2x^2 + C$
여기서, $g(x) = 2x^2 + C$

49 2차원 직각좌표계(x, y)에서 속도장이 다음과 같은 유동이 있다. 유동장 내의 점 (L, L)에서 유속의 크기는?(단, $\vec{i}, \vec{j}$는 각각 x, y 방향의 단위벡터를 나타낸다.)

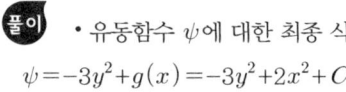

$$\vec{V}(x,y) = \frac{U}{L}(-x\vec{i} + -y\vec{j})$$

① 0 ② U
③ $2U$ ④ $\sqrt{2}\,U$

풀이 • 속도 성분
$u = -\frac{U}{L}x, \quad v = \frac{U}{L}y$
• 유동장 내의 점(L, L)에서 속도 성분 크기
$u(L) = -\frac{U}{L} \times L = -U, \quad v(L) = \frac{U}{L} \times L = U$
• 유동장 내의 점(L, L)에서 유속의 크기
$|\vec{V}| = \sqrt{2}\,U$

답 46 ② 47 ② 48 ② 49 ④

50 표준공기 중에서 속도 V로 낙하하는 구형의 작은 빗방울이 받는 항력은 $F_D = 3\pi\mu VD$로 표시할 수 있다. 여기에서 μ는 공기의 점성계수이며, D는 빗방울의 지름이다. 정지 상태에서 빗방울 입자가 떨어지기 시작했다고 가정할 때, 이 빗방울의 최대속도(종속도, terminal velocity)는 지름 D의 몇 제곱에 비례하는가?

① 3 ② 2
③ 1 ④ 0.5

- 종속도
$$V = \frac{D^2 \gamma g}{18\mu}$$
따라서, 빗방울의 종속도는 지름의 제곱에 비례한다.
여기서, γ = 빗방울의 비중량

51 지름이 10cm인 원 관에서 유체가 층류로 흐를 수 있는 임계 레이놀즈수를 2100으로 할 때 층류로 흐를 수 있는 최대 평균속도는 몇 m/s인가?(단, 흐르는 유체의 동점성계수는 $1.8 \times 10^{-6} m^2/s$이다.)

① 1.89×10^{-3} ② 3.78×10^{-2}
③ 1.89 ④ 3.78

- 레이놀즈 수
$$Re = \frac{\rho VD}{\mu} = \frac{VD}{\nu}$$
원형 파이프 유체유동이 층류로 흐를 수 있는 최대 평균속도에 대해서 정리하면
$$V = \frac{Re \times \nu}{D} = 0.0378 m/s$$

52 계기압 10kPa의 공기로 채워진 탱크에서 지름 0.02m인 수평관을 통해 출구 지름 0.01m인 노즐로 대기(101kPa) 중으로 분사된다. 공기 밀도가 1.2kg/m³으로 일정할 때, 0.02m인 관 내부 계기압력은 약 몇 kPa인가?(단, 위치에너지는 무시한다.)

① 9.4 ② 9.0
③ 80.6 ④ 8.2

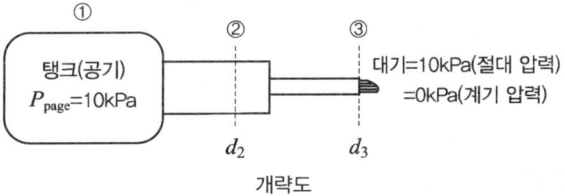
개략도

- 0.02m인 관 내부 계기 압력
$$P_2 = P_1 - \frac{\rho}{2} V_2^2 = 9374 Pa = 9.4 kPa$$
여기서, $V_2 = 32.3 m/s$, $\rho = 1.2 kg/m^3$,
출구에서 속도(V_3) = 129.1 m/s이다.

53 피토정압관을 이용하여 흐르는 물의 속도를 측정하려고 한다. 액주계에는 비중 13.6인 수은이 들어있고 액주계에서 수은의 높이 차이가 20cm일 때 흐르는 물의 속도는 몇 m/s인가?(단, 피토정압관의 보정계수는 C=0.96이다.)

① 6.75 ② 6.87
③ 7.54 ④ 7.84

- 피토 정압관
$$V = C\sqrt{2gh \times \frac{\rho_{Hg} - \rho_{water}}{\rho_{water}}} = 6.75 m/s$$
여기서, 피토정압관의 보정계수(C) = 0.96
액주계 높이차(h) = 0.2m
수은밀도(ρ_{Hg}) = $SG \times \rho_{water}$
$\qquad = (13.6 \times 1000) kg/m^3$
물의 밀도(ρ_{water}) = $1000 kg/m^3$

답 50 ② 51 ② 52 ① 53 ①

54 점성계수 $\mu=0.98$N·s/m²인 뉴턴 유체가 수평 벽면 위를 평행하게 흐른다. 벽면($y=0$) 근방에서의 속도 분포가 $u=0.5-150(0.1-y)^2$ 이라고 할 때 벽면에서의 전단응력은 몇 Pa인가?(단 y[m]는 벽면에 수직한 방향의 좌표를 나타내며, u는 벽면 근방에서의 접선속도[m/s]이다.)

① 0   ② 0.306
③ 3.12 ④ 29.4

• 벽면에서의 전단응력
$\tau_{y=0}=300\mu(0.1-y)=29.4$Pa

55 점성·비압축성 유체가 수평방향으로 균일 속도로 흘러와서 두께가 얇은 수평 평판 위를 흘러 갈 때 Blasius의 해석에 따라 평판에서의 층류 경계층의 두께에 대한 설명으로 옳은 것을 모두 고르면?

> ㄱ. 상류의 유속이 클수록 경계층의 두께가 커진다.
> ㄴ. 유체의 동점성계수가 클수록 경계층의 두께가 커진다.
> ㄷ. 평판의 상단으로부터 멀어질수록 경계층의 두께가 커진다.

① ㄱ, ㄴ   ② ㄱ, ㄷ
③ ㄴ, ㄷ   ④ ㄱ, ㄴ, ㄷ

• 평판 위의 흐름에서 경계층 두께
$\delta \propto \dfrac{\mu}{\rho Vx} \propto \dfrac{\nu}{Vx}$
① 유속이 클수록 경계층 두께는 작아진다.

56 액체 제트가 깃(vane)에 수평방향으로 분사되어 θ만큼 방향을 바꾸어 진행할 때 깃을 고정시키는 데 필요한 힘의 합력의 크기를 $F(\theta)$라고 한다. $\dfrac{F(\pi)}{F\left(\dfrac{\pi}{2}\right)}$는 얼마인가?

(단, 중력과 마찰은 무시한다.)

① $\dfrac{1}{\sqrt{2}}$ ② 1
③ $\sqrt{2}$ ④ 2

• 깃을 고정하는데 필요한 힘의 합력 크기
$F=\sqrt{F_x^2+F_y^2}=\rho QV\sqrt{2(1-\cos\theta)}$
주어진 수치를 대입하면 다음과 같은 결과를 얻는다.
$\dfrac{F(\pi)}{F\left(\dfrac{\pi}{2}\right)}=\dfrac{\sqrt{2(1-\cos\pi)}}{\sqrt{2\left(1-\cos\dfrac{\pi}{2}\right)}}=\sqrt{2}$

57 그림과 같은 수문(ABC)에서 A점은 힌지로 연결되어 있다. 수문을 그림과 같은 닫은 상태로 유지하기 위해 필요한 힘 F는 몇 kN인가?

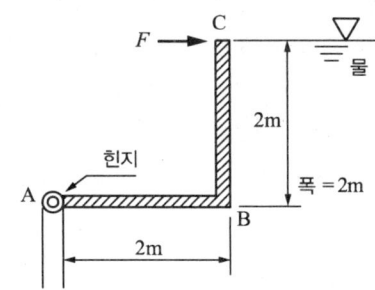

① 78.4   ② 58.8
③ 52.3   ④ 39.2

• 수문을 닫은 상태로 유지하는데 필요한 힘
$F=\dfrac{F_1\times 1+F_2\times 0.67}{2}=52.3$kN
여기서, 수평수문(바닥)에 작용하는 힘(F_1)=수평수문에 작용하는 부력=78400N
수직수문에 작용하는 힘(F_2)=압력에 의한 힘=39200N

답 54 ④ 55 ③ 56 ③ 57 ③

58 관내의 부차적 손실에 관한 설명 중 틀린 것은?

① 부차적 손실에 의한 수두는 손실계수에 속도수두를 곱해서 계산한다.
② 부차적 손실은 배관 요소에서 발생한다.
③ 배관의 크기 변화가 심하면 배관 요소의 부차적 손실이 커진다.
④ 일반적으로 짧은 배관계에서 부차적 손실은 마찰손실에 비해 상대적으로 작다.

풀이 • 짧은 배관계에서는 부차적 손실이 마찰손실에 비해 상대적으로 크게 나타난다.

59 공기 중을 20m/s로 움직이는 소형 비행선의 항력을 구하려고 1/4 축척의 모형을 물 속에서 실험하려고 할 때 모형의 속도는 몇 m/s로 해야 하는가?

	물	공기
밀도(kg/m³)	1000	1
점성계수(N·s/m²)	1.8×10^{-3}	1×10^{-5}

① 4.9   ② 9.8
③ 14.4 ④ 20

풀이 • 모형의 속도

$$V_m = \left(\frac{\rho_p}{\rho_m} \times \frac{\mu_m}{\mu_p} \times \frac{L_p}{L_m} \right) \times V_p = 14.4 \text{m/s}$$

여기서, 조건에서 모형과 실형의 비 $\left(\frac{L_m}{L_p} \right) = \frac{1}{4}$

60 지름이 8mm인 물방울의 내부 압력(게이지 압력)은 몇 Pa인가?(단, 물의 표면 장력은 0.075N/m이다.)

① 0.037 ② 0.075
③ 37.5   ④ 75

풀이 • 물방울 표면 장력

$$P_i = \frac{4\sigma_s}{D} = 37.5 \text{Pa}$$

여기서, P_i = 내부 압력

4과목 기계재료 및 유압기기

61 베어링에 사용되는 구리합금인 켈밋의 주성분은?

① Cu-Sn   ② Cu-Pb
③ Cu-Al   ④ Cu-Ni

풀이 켈밋(Kelmet) : Cu에 Pb를 첨가한 합금으로 고열전도도와 압축강도가 크다. 사용 중 온도 상승이 적어 고속·고하중용 베어링에 적합하다.

62 알루미늄 및 그 합금의 질별 기호 중 H가 의미하는 것은?

① 어닐링한 것
② 용체화처리한 것
③ 가공 경화한 것
④ 제조한 그대로의 것

풀이

질별기호	의미
F	제조한것 그대로의 것
O	어닐링한 것
H	가공 경화한 것
W	용체화 처리한 것

63 다음 중 용융점이 가장 낮은 것은?

① Al   ② Sn
③ Ni   ④ Mo

답 58 ④ 59 ③ 60 ③ 61 ② 62 ③ 63 ②

풀이 용융점: 알루미늄(Al) 약 660℃, 주석(Sn) 약 232℃, 니켈(Ni) 약 1445℃, 몰리브덴(Mo) 약 2,623℃

64 표면은 단단하고 내부는 인성을 가지는 주철로 압연용 롤, 분쇄기 롤, 철도차량 등 내마멸성이 필요한 기계부품에 사용되는 것은?

① 회주철　　② 칠드주철
③ 구상흑연주철　④ 펄라이트주철

풀이 칠드주철(chilled cast iron)
금형에 용탕 주입 후 급랭 시키면, 표면부는 흑연의 석출 억제로 백선화(chill)되어 경도가 크고, 내부는 응고가 늦어, 흑연이 석출하므로 연한 조직이 되는 현상을 칠드현상이라 하며, 이러한 주철을 칠드주철(강하고 인성이 있는 회주철로서 표면은 백주철이고, 내부는 회주철)이라 한다.
① 칠드된 부분의 조직은 시멘타이트 + 마르텐사이트(경도가 크고, 취성 존재)의 형태를 이루고 있다
② 경도, 내마모성, 압축강도, 충격성이 커서 기차바퀴, 로울러(압연, 분쇄기), 내마멸성이 필요한 기계부품에 사용된다.

65 체심입방격자(BCC)의 인접 원자수(배위수)는 몇 개인가?

① 6개　　② 8개
③ 10개　　④ 12개

풀이 체심입방격자(Body-Centered Cubic lattice: BCC)

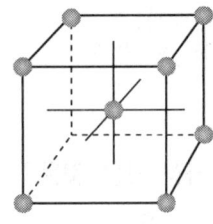

소속 원자 수: $\frac{1}{8} \times 8 + 1 = 2$
인접 원자 수(배위수): 8개

66 탄소강이 950℃ 전후의 고온에서 적열메짐(red brittleness)을 일으키는 원인이 되는 것은?

① Si　　② P
③ Cu　　④ S

풀이 황(S): 흑연화를 방해하며, 유동성을 저하시키고 재질을 경화시킨다. 또한 적열취성 발생의 원인이 된다.

67 금속 재료의 파괴 형태를 설명한 것 중 다른 하나는?

① 외부 힘에 의해 국부수축 없이 갑자기 발생되는 단계로 취성 파단이 나타난다.
② 균열의 전파 전 또는 전파 중에 상당한 소성변형을 유발한다.
③ 인장시험 시 컵-콘(원뿔) 형태로 파괴된다.
④ 미세한 공공 형태의 딤플 형상이 나타난다.

풀이
• 연성 재료의 파괴(Ductile Materia)
① 상대적 의미로 큰 변형률 값에서 파괴되는 재료
② 소성 변형 후 파괴(균열의 전파 전 또는 전파 중에 상당한 소성 변형을 유발한다.)
③ 에너지 흡수가 큼
④ 천천히 진행
⑤ 저탄소강, 구리 등과 같이 변형되기 쉬운 재료
⑥ 일반적으로 전단강도에 약함
⑦ 미세한 공동 형태의 딤플 현상이 나타난다.
⑧ 인장 시험 시 원뿔 형태로 파괴되는 경향이 있다.

• 취성 재료의 파괴(Brittle Material)
① 고탄소강, 유리, 콘크리트 같이 비교적 작은 변형률 값에서 파괴되는 재료
② 소성 변형이 거의 없이 파괴
③ 에너지 흡수가 작음
④ 매우 빠르게 진행
⑤ 일반적으로 인장강도에 약함
⑥ 외부 힘에 의해 구부 수축없이 갑자기 발생되는 단계로 취성 파단이 나타난다.

답 64 ② 65 ② 66 ④ 67 ①

68 열경화성 수지에 해당하는 것은?

① ABS 수지 ② 폴리스티렌
③ 폴리에틸렌 ④ 에폭시 수지

풀이
- 열가소성 수지: 열을 가하면 용융되고 일단 고화된 수지라도 다시 열을 가하면 재사용이 가능한 수지로 대표적으로 ABS 수지(Acrylonitrile butadiene styrene), 폴리에틸렌(Polyethylene: PE), 폴리프로필렌(Polypropylene: PP), 폴리스틸렌(Polystyrene: PS), 폴리아세탈(Polyacetal resin: POM), 폴리카보네이트(Polycarbonate: PC), 폴리아미드(Polyamide: PA), 메타크릴 수지(metacrylate: PMMA), 폴리염화비닐수지(poly vinylacetate: PVC) 등이 있다.
- 열경화성 수지: 열과 압력을 가하면 용융되나 경화과정에서 새로운 합성 수지를 생성하기 때문에 다시 열을 가하더라도 용융되지 않아 재사용이 불가한 수지로 페놀 수지, 요소 수지, 멜라민 수지, 규소 수지, 에폭시 수지, 폴리에스테르 수지 등이 있다.

69 Fe-Fe$_3$C 평형상태도에 대한 설명으로 옳은 것은?

① A$_0$는 철의 자기변태점이다.
② A$_1$ 변태선을 공석선이라 한다.
③ A$_2$는 시멘타이트의 자기변태점이다.
④ A$_3$는 약 1400℃이며, 탄소의 함유량이 약 4.3%C이다.

풀이

		ferrite (α-Fe) BCC	austenite (γ-Fe) FCC	ferrite (δ-Fe) BCC	⇒ 액상
210℃ A$_0$ 변태	723℃ A$_1$ 변태	768℃ A$_2$ 변태	910℃ A$_3$ 변태	1400℃ A$_4$ 변태	1538℃ 용융점
Fe$_3$C의 자기변태점 (큐리점, curie point)	공석 변태점	Fe의 자기변태점 (큐리점)	동소변태점		

70 오스테나이트형 스테인리스강에 대한 설명으로 틀린 것은?

① 내식성이 우수하다.
② 공식을 방지하기 위해 할로겐 이온의 고농도를 피한다.
③ 자성을 띠고 있으며, 18%Co와 8%Cr을 함유한 합금이다.
④ 입계부식 방지를 위하여 고용화처리를 하거나, Nb 또는 Ti을 첨가한다.

풀이 18-8(크롬-니켈) 스테인리스강: 크롬 18%, 니켈 8%함유하고 있으며 오스테나이트(Austenite)계이고 내식성이 우수하며 비자성체이다.

71 유압장치의 운동부분에 사용되는 실(seal)의 일반적인 명칭은?

① 심레스(seamless)
② 개스킷(gasket)
③ 패킹(packing)
④ 필터(filler)

풀이
- 패킹(packing) : 미끄럼 면에서 사용되는 유체의 누설 방지 부품

72 유압 회로 중 미터 인 회로에 대한 설명으로 옳은 것은?

① 유량제어 밸브는 실린더에서 유압작동유의 출구 측에 설치한다.
② 유량제어 밸브는 탱크로 바이패스 되는 관로 쪽에 설치한다.
③ 릴리프 밸브를 통하여 분기되는 유량으로 인한 동력손실이 있다.
④ 압력 설정 회로로 체크 밸브에 의하여 양방향만의 속도가 제어된다.

답 68 ④ 69 ② 70 ③ 71 ③ 72 ③

풀이 ・미터 인 회로는 남는 유량이 릴리프 밸브를 통해 기름 탱크로 방출된다. 따라서, 동력 손실이 크다.

73 그림과 같은 전환 밸브의 포트수와 위치에 대한 명칭으로 옳은 것은?

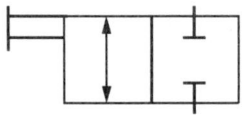

① 2/2-way 밸스   ② 2/4-way 밸스
③ 4/2-way 밸스   ④ 4/4-way 밸스

풀이 방향제어 밸브에서 방향(way)은 밸브 포트 수를 나타낸다. 밸브는 각 위치에 대해서 하나씩 전부 두 개의 사각형을 가지고 있는 2방향 2위치 방향제어 밸브이다.

74 KS 규격에 따른 유면계의 기호로 옳은 것은?

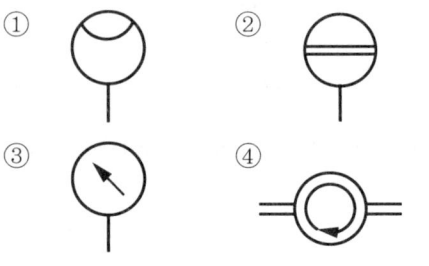

풀이

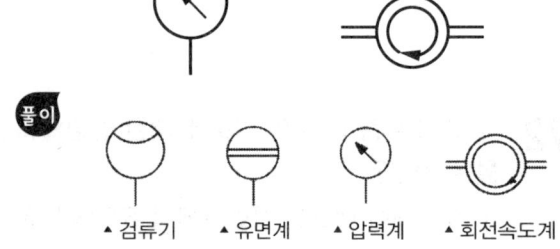

▲검류기   ▲유면계   ▲압력계   ▲회전속도계

75 유압장치의 각 구성요소에 대한 기능의 설명으로 적절하지 않은 것은?

① 오일 탱크는 유압 작동유의 저장기능, 유압부품의 설치 공간을 제공한다.
② 유압제어밸브에는 압력제어밸브, 유량제어밸브, 방향제어밸브 등이 있다.
③ 유압 작동체(유압 구동기)는 유압 장치 내에서 요구된 일을 하며 유체동력을 기계적 동력으로 바꾸는 역할을 한다.
④ 유압 작동체(유압 구동기)에는 고무호스, 이음쇠, 필터, 열교환기 등이 있다.

풀이 유압 모터는 유체동력을 기계적 동력으로 변환하는 장치이고 유압펌프는 기계적 동력을 유체동력으로 변환하는 장치이다. 고무호스, 이음쇠, 필터, 열교환기는 부속기기로 분류한다.

76 속도 제어 회로의 종류가 아닌 것은?
① 미터 인 회로   ② 미터 아웃 회로
③ 로킹 회로   ④ 블리드 오프 회로

풀이 ・로킹 회로
물체의 움직임을 확실히 멈추어 두려할 때 사용할 수 있는 회로이다. 왼쪽 회로는 폐쇄중립(closed center)밸브를 사용한 로킹회로이다.

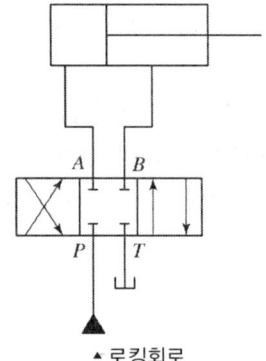

▲로킹회로

77 어큐뮬레이터 종류인 피스톤 형의 특징에 대한 설명으로 적절하지 않은 것은?
① 대형도 제작이 용이하다.
② 축 유량을 크게 잡을 수 있다.
③ 형상이 간단하고 구성품이 적다.
④ 유실에 가스 침입의 염려가 없다.

풀이 ・피스톤 형 축압기는 유실에 가스가 침입할 수 있다.

답 73 ① 74 ② 75 ④ 76 ③ 77 ④

축압기의 도면 기호

 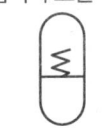 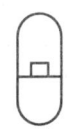
▲ 기체 충전식 ▲ 스프링 하중식 ▲ 중추식

78 유압펌프에서 실제 토출량과 이론 토출량의 비를 나타내는 용어는?
① 펌프의 토크 효율
② 펌프의 전 효율
③ 펌프의 입력 효율
④ 펌프의 용적 효율

풀이 • 체적 효율
실제 유량과 이론 유량의 비를 나타내는 용어

79 난연성 작동유의 종류가 아닌 것은?
① R&O형 작동유
② 수중 유형 유화유
③ 물-글리콜형 작동유
④ 인산 에스테르형 작동유

풀이 • 유압 시스템에서 사용하는 작동 기름 중에서 R&O 형은 석유계로 난연성 작동유에 해당하지 않는다.

80 작동유 속의 불순물을 제거하기 위하여 사용하는 부품은?
① 패킹
② 스트레이너
③ 어큐뮬레이터
④ 유체 커플링

풀이 • 스트레이너
펌프를 이용해 기름 탱크 안에 있는 기름을 흡입 할 때, 기름 속에 붙어 있는 이물질을 제거해서 흡입해야 한다. 이때 사용하는 부품이 스트레이너로 주로 펌프 흡입구에 설치한다.

기계제작법 및 기계동력학

81 등가속도 운동에 관한 설명으로 옳은 것은?
① 속도는 시간에 대하여 선형적으로 증가하거나 감소한다.
② 변위는 시간에 대하여 선형적으로 증가하거나 감소한다.
③ 속도는 시간의 제곱에 비례하여 증가하거나 감소한다.
④ 변위는 속도의 세제곱에 비례하여 증가하거나 감소한다.

풀이 • 등가속도 운동에 관한 식
$v = v_0 + at$
속도는 시간에 대해서 선형적으로 증가하거나 감소하는 1차 식이다.

82 그림과 같이 원판에서 원주에 있는 점 A의 속도가 12m/s일 때 원판의 각속도는 약 몇 rad/s인가?(단, 원판의 반지름 r은 0.3m 이다.)

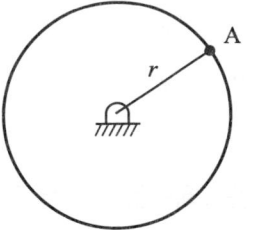

① 10 ② 20
③ 30 ④ 40

풀이 • 원판의 각속도
$\omega = \dfrac{v}{r} = 40 \text{rad/s}$

답 78 ④ 79 ① 80 ② 81 ① 82 ④

83 같은 길이의 두 줄에 질량 20kg의 물체가 매달려 있다. 이 중 하나의 줄을 자르는 순간의 남는 줄의 장력은 약 몇 N인가?(단, 줄의 질량 및 강성은 무시한다.)

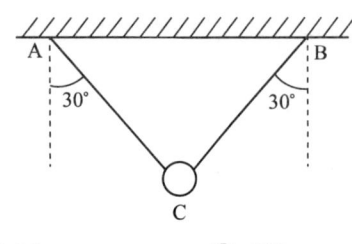

① 98　　② 170
③ 196　　④ 250

풀이

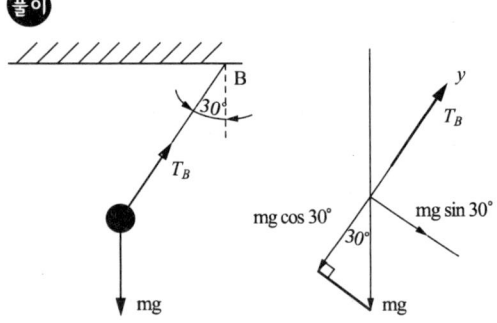

▲ 줄을 자르는 순간 자유물체도

- 힘평형 방정식

$\sum F_y = 0:$

$T_B - mg\cos 30° = 0$

장력 T_B에 대해서 정리하고 수치를 대입하면

$T_B = mg\cos 30° = 169.7N$

84 다음 단순조화운동 식에서 진폭을 나타내는 것은?

$$x = A\sin(\omega t + \phi)$$

① A　　② ωt
③ $\omega t + \phi$　　④ $A\sin(\omega t + \phi)$

풀이
- 단순조화운동에 대한 일반적인 표현

$x = A\sin(\omega t + \phi)$

A는 단순조화운동의 진폭을 나타내며 변수 x는 주어진 각변위($\theta = \omega t$, 위상)에 대한 변위를 나타낸다.

85 균질한 원통(cylinder)이 그림과 같이 물에 떠있다. 평형상태에 있을 때 손으로 눌렀다가 놓아주면 상하 진동을 하게 되는데 이때 진동주기(τ)에 대한 식으로 옳은 것은?(단, 원통질량은 m, 원통단면적은 A, 물의 밀도는 ρ이고, g는 중력가속도이다.)

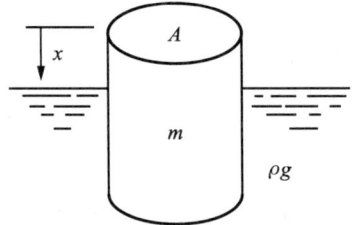

① $\tau = 2\pi\sqrt{\dfrac{\rho g}{mA}}$　　② $\tau = 2\pi\sqrt{\dfrac{mA}{\rho g}}$

③ $\tau = 2\pi\sqrt{\dfrac{m}{\rho g A}}$　　④ $\tau = 2\pi\sqrt{\dfrac{\rho g A}{m}}$

풀이
- 고유각진동수 $\omega_n = \sqrt{\dfrac{\rho g A}{m}} = 2\pi f = 2\pi \dfrac{1}{T}$

- 진동주기 $T = 2\pi\sqrt{\dfrac{m}{\rho g A}}$

86 질량 30kg의 물체를 담은 두레박 B가 레일을 따라 이동하는 크레인 A에 6m 길이의 줄에 의해 수직으로 매달려 이동하고 있다. 일정한 속도로 이동하던 크레인이 갑자기 정지하자, 두레박 B가 수평으로 3m까지 흔들렸다. 크레인 A의 이동 속력은 약 몇 m/s인가?

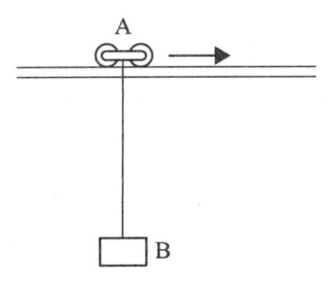

① 1 ② 2
③ 3 ④ 4

 • 하단점에서부터 올라간 높이
$h = l - H = 0.804\text{m}$
여기서, $l = 6\text{m}$, $H = 5.196\text{m}$

• B점의 속도 = A의 속도
$\frac{1}{2}mV_B^2 + 0 = 0 + mgh$
$V_B = V_A = \sqrt{2gh} = 3.9697\text{m/s}$

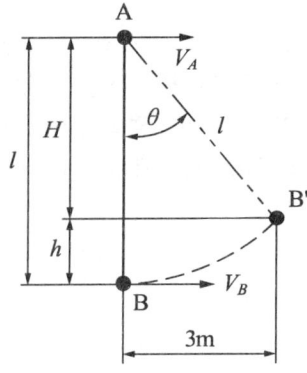

87 다음 그림과 같이 진동계에 가진력 $F(t)$ 가 작용할 때, 바닥으로 전달되는 힘의 최대 크기가 F_1보다 작기 위한 조건은?(단, $\omega_n = \sqrt{\frac{k}{m}}$ 이다.)

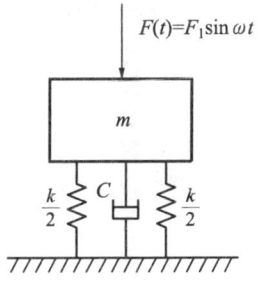

① $\frac{\omega}{\omega_n} < 1$ ② $\frac{\omega}{\omega_n} > 1$

③ $\frac{\omega}{\omega_n} > \sqrt{2}$ ④ $\frac{\omega}{\omega_n} < \sqrt{2}$

 • 진동전달률
$TR < 1 \rightarrow \frac{\omega}{\omega_n} > \sqrt{2}$

진동전달률 그래프에서 주파수비가 $\sqrt{2}$ 보다 큰 곳을 절연영역, $\sqrt{2}$ 보다 작은 곳을 확대영역이라고 한다.

88 두 질점이 정면 중심으로 완전탄성충돌할 경우에 관한 설명으로 틀린 것은?
① 반발계수 값은 1이다.
② 전체 에너지는 보존되지 않는다.
③ 두 질점의 전체 운동량이 보존된다.
④ 충돌 후 두 질점의 상대속도는 충돌 전 두 질점의 상대속도와 같은 크기이다.

• 비탄성충돌(소성충돌)인 경우는 운동량은 보존되나 운동에너지는 보존되지 않는다.

89 길이 1.0m, 질량 10kg의 막대가 A점에 핀으로 연결되어 정지하고 있다. 1kg의 공이 수평속도 10m/s로 막대의 중심을 때릴 때 충돌 직후 막대의 각속도는 약 몇 rad/s인가?(단, 공과 막대 사이의 반발계수는 0.4이다.)

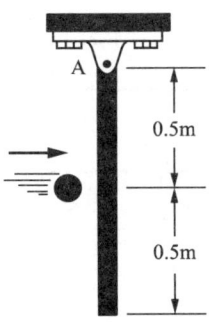

① 1.95 ② 0.86
③ 0.68 ④ 1.23

- 각 운동량 보존법칙

$m_B v_B (0.5\,m) = m_B v_B'(0.5m) + m_r v_r'(0.5m) + I_G \omega'$

$5 = 0.5 v_B' + 3.33 \omega'$

여기서, $v_r' = (0.5\,m) \times \omega'$, $I_G = \dfrac{mL^2}{12} = 0.83\,\text{kg} \cdot \text{m}^2$

- 반발계수

$e = \dfrac{v_r' - v_B'}{v_B - v_r}$

$4 = -v_B' + 0.5\omega'$

- 충돌 직후 막대의 각속도

$\omega' = 1.95\,\text{rad/s}$

90 질량이 18kg, 스프링 상수가 50N/cm, 감쇠계수 0.6N·s/cm인 1자유도 점성감쇠계에서 진동계의 감쇠비는?

① 0.10 ② 0.20
③ 0.33 ④ 0.50

- 감쇠비

$\zeta = \dfrac{c}{c_c} = \dfrac{c}{2\sqrt{mk}} = 0.1$

91 와이어 컷(wire cut) 방전가공의 특징으로 틀린 것은?

① 표면 거칠기가 양호하다.
② 담금질강과 초경합금의 가공이 가능하다.
③ 복잡한 형상의 가공물을 높은 정밀도로 가공할 수 있다.
④ 가공물의 형상이 복잡함에 따라 가공속도가 변한다.

 ① 장점
- 재료의 형상과 경도에 관계없이 고 정밀 가공이 가능
- 표면 거칠기가 양호 하다
- 담금질된 강이나 초경합금의 가공이 가능하다.
- 가공 여유가 적고 전가공이 불필요하며 직접 형상을 얻을 수 있다.
- 소비 전력이 적고, 전극의 소모가 무시된다.
- 컴퓨터 수치제어(CNC)가 필수적이다.
- 복잡한 형상의 가공물을 높은 정밀도로 가공 할 수 있다.
- 가공물의 형상 복잡도에 무관하게 가공속도가 일정하다.

② 단점
- 가공비가 비싸다.
- 전기가 통하는 재료만 가공이 가능

92 어미나사의 피치가 6mm인 선반에서 1인치당 4산의 나사를 가공할 때, A와 D의 기어의 잇수는 각각 얼마인가?(단, A는 주축 기어의 잇수이고, D는 어미나사 기어의 잇수이다.)

① A=60, D=40
② A=40, D=60
③ A=127, D=120
④ A=120, D=127

 $\dfrac{A}{D} = \dfrac{\frac{25.4}{4}}{6} = \dfrac{25.4}{24} = \dfrac{25.4 \times 5}{24 \times 5} = \dfrac{127}{120}$

93 다음 중 소성가공에 속하지 않는 것은?

① 코이닝(coining)
② 스웨이징(swaging)
③ 호닝(honing)
④ 딥 드로잉(deep drawing)

풀이 호닝(honing) : 원통내면의 정밀 다듬질 방법으로 회전 및 직선왕복 운동을 하는 혼(hone)이라는 가는 입자의 숫돌을 방사상으로 배치한 공구를 사용하여 구멍의 내면을 정밀 연마하는 가공법으로 정밀 절삭가공이다.

94 노즈 반지름이 있는 바이트로 선삭할 때 가공 면의 이론적 표면 거칠기를 나타내는 식은?(단, f은 이송, R은 공구의 날 끝 반지름이다.)

① $\dfrac{f^2}{8R}$ ② $\dfrac{f^2}{8R}$

③ $\dfrac{f}{8R}$ ④ $\dfrac{f}{4R}$

풀이 ① 노즈 반경(Nose radious) : 공구 인선의 날끝(노즈)을 둥근 부분을 노즈 반경이라 하며 노즈 반경은 절삭저항이 둥근 부분에서 분산되므로 절삭압력을 감소 시키며 절삭열의 발생이 적어 치핑을 방지한다. 그리고 절삭 칩은 끝부분에서 얇게 된다.
② 노즈 반경(Nose radious)에 의한 표면 거칠기(H_{max})

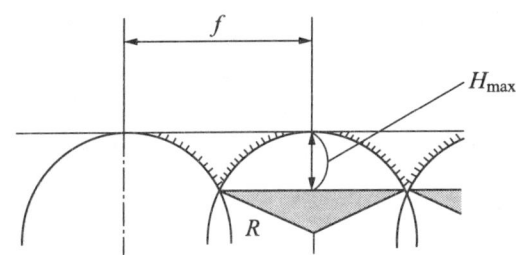

$H_{max} = \dfrac{f^2}{8r}$ mm

95 경화된 작은 강철 볼(ball)을 공작물 표면에 분사하여 표면을 매끈하게 하는 동시에 피로 강도와 그 밖의 기계적 성질을 향상시키는 데 사용하는 가공방법은?

① 숏 피닝   ② 액체 호닝
③ 슈퍼피니싱   ④ 래핑

풀이 숏 피닝(shot peening) : 금속입자를 공작물 표면에 분사시켜 입자의 충격작용으로 금속 표면층의 경도와 강도 증 가로 피로 한계를 높여주는 가공법
① 가공물의 표면을 다듬질하고, 동시에 피로강도 및 기계적 성질이 개선된다.
② 표면경도와 피로강도가 증가된다.
③ 숏 피닝은 얇은 공작물일수록 효과가 크다.
④ 가공물의 표면에 가공 경화된 압축잔류응력층이 형성된다.
⑤ 반복하중에 대한 피로한도를 증가 시킬 수 있어 각종 스프링에 널리 이용된다.

96 Al을 강의 표면에 침투시켜 내스케일성을 증가시키는 금속 침투 방법은?
① 파커라이징(parkeriaing)
② 칼로라이징(calorizing)
③ 크로마이징(chromizing)
④ 금속용사법(metal spraying)

풀이 침투(cementation, 시멘테이션)법: Zn, Cr, Al, Si, B, Ti, Co 등을 고온에서 확산 및 침투시키는 표면 처리법
① 세라다이징(ceradizing, Zn 침투): 소형 제품에 적합, 침투층 균일, 내식성 피막 형성
② 크로마이징(chromizing, Cr 침투): 내산, 내식, 내마멸성을 향상
③ 칼로라이징(calorizing, Al 침투): 내스케일성 증가, 고온산화에 강함
④ 실리코나이징(siliconizing, Si 침투): 내식성 향상
⑤ 보로나이징(boronizing, B 침투): 내마모성 증대

97 다음 중 자유단조에 속하지 않는 것은?
① 업세팅(up-setting)
② 블랭킹(blanking)
③ 늘리기(drawing)
④ 굽히기(bending)

풀이 자유단조(free forging): 앤빌 위에 단조물을 고정하고 해머로 타격하여 필요한 형상을 성형하는 가공법으로 단조 후 절삭가공을 하여 완성품 제조로 늘이기(drawing), 절단(cutting off), 굽히기(bending)와 소재의 특정 단면을 경계로 하여 늘리는 작업인 단 짓기(setting down)그리고 업세팅(up-setting)등이 있다.
블랭킹은 프레스 전단가공이다.

98 주물의 결함 중 기공(blow hole)의 방지대책으로 가장 거리가 먼 것은?
① 주형 내의 수분을 적게 할 것
② 주형의 통기성을 향상시킬 것
③ 용탕에 가스함유량을 높게 할 것
④ 쇳물의 주입온도를 필요 이상으로 높게 하지 말 것

풀이 기공(blow hole): 주형내 수분 과다, 통기성 불량 등으로 주형내의 공기, 가스 및 수증기가 외부로 배출되지 못하여 발생
• 방지책
① 쇳물 아궁이를 크게 할 것
② 통기성을 좋게 할 것
③ 주형 내부의 수분을 제거할 것
④ 쇳물의 주입 온도를 필요 이상 높게 하지 말 것

99 용접 피복제의 역할로 틀린 것은?
① 아크를 안정시킨다.
② 용접에 필요한 원소를 보충한다.
③ 전기 절연작용을 한다.
④ 모재 표면의 산화물을 생성해 준다.

풀이 피복제(flux)의 역할
① 대기 중의 산소 및 질소의 침입을 방지하고 용융금속을 보호
② 용착금속의 탈산 정련작용을 한다.
③ 아크를 안정시키고, 용착효율을 높인다.
④ 슬래그 제거 및 비드를 깨끗이 한다.

⑤ 용융금속의 응고와 냉각속도를 지연시켜 준다.
⑥ 모재 표면에 산화물을 제거한다.

100 방전가공에서 전극 재료의 구비조건으로 가장 거리가 먼 것은?
① 기계가공이 쉬워야 한다.
② 가공 전극의 소모가 커야 한다.
③ 가공 정밀도가 높아야 한다.
④ 방전이 안전하고 가공속도가 빨라야 한다.

풀이 • 방전 가공 전극재료 구비조건
① 방전이 안전하고 가공속도가 빨라야 한다.
② 구하기 쉽고 값이 저렴할 것
③ 기계가공이 쉬울 것
④ 가공 정밀도가 높을 것
⑤ 방전가공시 소모가 적고 전기전도도가 높을 것
⑥ 성형가공이 용이 할 것
• 가공재료(- 전원): 탄소공구강, 초경합금, 고속도강

일반기계기사 8개년 과년도

정가 ┃ 20,000원

지은이 ┃ 이 선 곤
　　　　심 재 호
펴낸이 ┃ 차 승 녀
펴낸곳 ┃ 도서출판 건기원

2020년 4월 20일 제1판 제1인쇄발행
2021년 2월 15일 제2판 제1인쇄발행

주소 ┃ 경기도 파주시 연다산길 244(연다산동 186-16)
전화 ┃ (02)2662-1874~5
팩스 ┃ (02)2665-8281
등록 ┃ 제11-162호, 1998. 11. 24.

• 건기원은 여러분을 책의 주인공으로 만들어 드리며 출판 윤리 강령을 준수합니다.
• 본 수험서를 복제·변형하여 판매·배포·전송하는 일체의 행위를 금하며, 이를 위반할 경우 저작권법 등에 따라 처벌받을 수 있습니다.

ISBN 979-11-5767-579-1　13550